周鹗教授近照

周鹗教授生平简介

周鹗，男，1925 年 1 月 9 日生，汉族，河南开封人，教授，博士生导师，著名电机学专家。

自幼聪颖好学，及至 1941 年春，进河南省立开封高级中学读书，成绩优秀，并参加学生进步社团“社会科学读书社”、“文艺社”。毕业后，1944 年考入重庆中央大学电机系，除致力学业外，继续参加进步活动，1945 年参加共产党领导的地下外围组织“新民主主义青年社”(即新青社)，参加了抗战后期和解放战争时期中央大学历次学生运动。1948 年中央大学电机系毕业，获学士学位。解放前参加了中国共产党。解放初期，参加南京大学、南京工学院的部分学校筹建工作。1953 年在南京工学院电机系任教期间，经学校推荐、教育部选拔赴前苏联留学，先在北京学习一年俄语，1954 年至前苏联莫斯科动力学院攻读研究生(学制四年)，师从前苏联著名电机学专家、通讯院士 Г. Н. 彼得罗夫教授，1958 年毕业，获苏联科学技术副博士学位。

1958 年回国后，在南京工学院(东南大学)继续任教 50 余年。历任教研组、系、研究生处等教学行政职务，担任教学及研究任务，东南大学电机学科博士点创始人、学术领导人。中国电机工程学会理事、常务理事、省学会副理事长，国家教委科技委、学位评委电工专家组成员，全国电力类教学指导委员会副主任委员等社会学术职务。长期从事同步电机、微特电机领域的教学和科研工作，重视理论联系实际，治学严谨，学识渊博。发表有关论文 90 余篇。主编《微电机》、《电机学》、《小型异步电机基础理论与计算》教材和专著，获“国家教委科技进步二等奖、三等奖”，“国家教委国家级优秀教学成果奖”，“能源部优秀教材二等奖”，“江苏省电力局科技进步二等奖”等。近 20 年来，主持完成国家自然科学基金项目、国家教委博士点基金项目、国家和省部级重点项目和多项横向研究课题 20 余项。培养博士后、博士、硕士 50 余名。先后赴美国、日本、英国、俄罗斯进行访问、讲学、开展学术交流活动等。

为中国电机工程学会荣誉会员，国务院特殊津贴获得者。

20 世纪 50 年代，主要从事同步电机基础理论研究，进行大型水轮发电机的设计理论、参数、性能及并网运行稳定性研究，特殊转子结构研究，进行模拟理论及应用研究，有重要的学术、理论和实际意义。50 年代末及 60 年代曾主持《无触点自整角机》、《空心转子伺服电机》、《汽车用永磁直流电机》、《交流力矩电机》等各种微特电机的理论分析和研制工作，为国内最早开展该领域研究者之一。70 年代以后，对迅速发展的各种驱动电机，主要是永磁电机、磁阻电机、单相异步电机、盘式电机、印刷绕组电机、罩极电机、滑差电机等皆进行过理论、设计、研制开发工作，取得丰硕成果。以磁阻电机为例，对其基础理论、参数计算、稳态和暂态性能分析、稳定性、变频特性、测试方法等进行全面深入理论研究，提出新型磁障式、复合实心转子式、永磁及磁阻混合式三种新的结构形式，进行专题理论和实验研究。80 年代开展特种交流电机调速系统研究，在国内率先开展开关磁阻电机调速系统研究，并进行 PWM 控制磁阻电机调速系统、矢量控制永磁直流电机调速及定位系统的研究。在水利电力工业迅速发展形势下，承担了《三峡水轮发电机参数优选》、《30 万 kW 汽轮发电机进相运行》、《大型水轮发电机进相运行》、《中小型变压器优化设计》等课题。结合各项工作长期进行有关电机基础理论、电机 CAD、电力电子、控制、系统分析等研究。

周鹗教授热爱祖国，热爱集体，热爱科学，从事高校教学、科研、人才培养工作近 50 余年，治学严谨，作风正派，为高校教育、电机学科建设和发展作出了不懈和卓有成效的努力。

（摘自专业介绍及个人资料有关内容）

一、研究生培养工作

● 应邀参加哈尔滨工业大学电机系博士生答辩会（20世纪80年代哈尔滨市）

答辩委员：（从右至左）王宗培（哈尔滨工业大学）、陈丕璋（清华大学）、周鹗（南京工学院）、任仲岳（上海交通大学）、陆永平（哈尔滨工业大学）

● 应邀多次参加华中工学院电机系博士生答辩会（20世纪80年代武汉）

答辩委员：（从右至左）陈世坤（西安交通大学）、周鹗（南京工学院）、陈丕璋（清华大学）、熊衍庆（华中理工大学）

● 在上海交通大学主持电机系研究生答辩会（与李仁定等老师）（1989年初上海市）

● 参加上海交通大学答辩会后与金如鳞、谭茀娃等老师相聚会（1989年初上海市）

● 南京工学院电机学科博士生答辩会

答辩委员：（从右至左）王宗培（哈尔滨工业大学）、陈世坤（西安交通大学）、姚守猷（合肥工业大学）、周鹗（南京工学院）等

● 南京工学院博士生学位授予大会后合影
前排为专家和博士生导师（从左至右）苏华钦、邓学钧、宋啟根、周鹗、舒光冀、韦钰（校长）、吴伯修、徐南荣、万德钧、吕志涛、徐益谦等

● 向来校参观专家们介绍东南大学电机学领域的科研成果

● 与年轻教师们共同研究软件系统的开发

● 和电机学科年轻教师们在研究生答辩会后（1995年4月南京市）

● 国家教委学位评委会电工学组专家会议（1986年北京市）

● 国家教委学位评委会电工学组专家会议后留影（1989年广东中山县）

二、电机工程学会活动

● 江苏省电机工程学会庆祝建会35周年暨第四次会员代表大会（1986年11月南京市）

● 在中国电机工程学会理事会议上与参加会议理事合影（1998年青岛市）

● 江苏省电机工程学会第五次代表大会理事（1990年11月南京市）

● 1999年江苏省电机工程学会电机电器学术研讨会（1999年南京市）

● 中国电机工程学会理事会议时留影（1998年青岛市）

● 电机智能学组成立会议主席台上（1986年12月上海县）

● 在杭州富阳县电机智能学组会议上（1988年7月杭州市富阳县）

● 在上海县举行电机智能学组会议（1986年12月上海县）

● 在烟台大学电机智能技术会议上（1991年烟台市）

三、历届电机编审组

• 南京会议（南京工学院）（1983年南京市）

• 成都科技大学会议（1984年成都市）

• 福州大学会议（1985年福州市）

• 西安交通大学会议时在兵马俑展馆前的留影（1986年西安市）

● 武汉华中工学院电力类教材编委会会议暨教学指导委员会成立（1988年武汉市）

● 贵州工学院会议（1990年贵阳市）

● 在贵州黄果树大瀑布风景区的留影（1990年贵阳市）

● 在杭州富阳县电机智能学组会议上（1988年7月浙江）

前排左起第五位为电机界前辈上海交大程福秀教授

四、科技工作活动

● 参加国家教委三峡工程考察团的部分团员在三峡预定坝址中堡岛上（三斗坪）的合影

● 国家教委科技委电工专家组南京会议

● 参加考察团时在三峡景区留影

● 在庐山会议会址的留影（1995年）（与九江船厂洽谈电机自动检测流水线时）

● 在哈尔滨理工大学第一次《电机与控制》学报编委会会议（1986年哈尔滨市）

●《江苏电器》杂志编委会成立会议（在南京电影机械厂）

● 在南京钟表材料厂参加步进电机鉴定会议（哈尔滨工业大学与工厂合作）

● 在镇江参加直线电机电动窗帘鉴定会议（1986年）（江苏大学与工厂合作）

五、国际学术会议

● 北京第一次国际电机学术会议（1987年北京市）（BICEM-87）
在北京会堂与杨秉寿（清华大学）、蒋宗道（第二机械工业部技术开发公司）教授合影

● 在北京第一次国际电机学术会议与潘观海（华南理工大学）等教授合影

● 武汉第二次国际电机学术会议（1991年武汉市）在华中理工大学与叶东、马志云、杨玉荣教授合影

● 第二次开关磁阻电机学术研讨会（1991年9月武汉华中理工大学）

● 国际凸极电机会（1993年华中科技大学）（ISSM-93）

● 杭州第三次国际电机学术会议（1995年杭州市）

在浙江大学与许大中（浙江大学）、王祥珩（清华大学）等教授合影

● 在浙江大学与韩祯祥（浙江大学）、张麟征（澳门大学）教授合影

● 在浙江大学与许大中（浙江大学）、陈清泉（香港大学）教授及国际与会专家合影

● 第四次会议（西安交大1999年）、第五次会议（沈阳工业大学2001年）、第六次会议（南京东南大学2003年）

六、国际访问、讲学活动

● 1980年中大校友会赴美国访问，该代表团为最早被批准赴美访问的代表团之一

● 在美国与陈熙明校友合影

● 爱知工业大学校长友好招待访日代表团

● 1984年赴日本爱知工业大学访问、参观和讲学等，与访日代表团全体成员合影

● 在伦敦参加国际电机与拖动学术会议期间，于会议大厦前留影（1987年）

俄罗斯（1994年访俄罗斯，1995年再次访俄罗斯）

● 莫斯科动力学院著名教授伊万诺夫·斯莫林斯基教授来校讲学，在参观南京电子管厂时与朱春东厂长等合影留念

● 代表团成员与莫斯科动力学院副校长商谈两校合作协议（1995年莫斯科市）

● 与东南大学毛恒才副校长、冯纯伯教授在莫斯科广场合影（1995年）

● 与莫斯科动力学院电机教研室著名电机学教授拉普辛娜交谈（她的《单相和三相小型异步电机》，在初期即译为中文，在我国电机界广为流传和应用，为众多有关人士所称赞）

七、校友活动

● 南京中央大学校友会电机系系友在学校迎宾馆前合影

● 中央大学南京校友会成立大会（南京东南大学礼堂）

● 电机系36级部分级友1994年返校欢聚

● 36级级友1994年返校聚会在六朝松前合影

● 36级级友朱效章夫妇访问南京与南京级友合影

● 几位好友合影留念

● 在宁苏联动力学院老同学合影

● 南京部分中大老同志合影

● “五·二〇”40周年纪念活动后留影（中大校友会堂前）

一排：（从左至右）林醒山、管致中、钱钟韩、周鹗、陈万年

二排：（从左至右）沈丽娟、许荏华、赵之巽、薛国愿、丁传经

三排：（从左至右）张建周、夏祖灼、叶秉如、简耀光、傅启夏

● 两岸校友在南京召开教育交流会议（1995年11月南京市东南大学科技会堂）

● 在北京与几位清华大学留苏同学及好友合影（2006年北京市）

八、家庭照片留念

（以及寿辰活动照片）

• 1948年中央大学电机系毕业时毕业照

• 1954年结婚摄影留念

• 20世纪50年代在苏联留学时摄影留念

• 亲切友好和睦关爱的五兄弟和妯娌们合影（1991年春节在徐州）

• 带小孙子游九华山（南京）

• 80寿辰在家中合影

● 80寿辰各位领导师友各届学子精英欢聚一堂回顾过去，瞻望未来，共庆良辰

● 80寿辰学校领导在会上表示祝贺

● 70寿辰与东南大学电机系部分师生合影

● 80寿辰与东南大学部分师生合影

创新之路

——记近年来对电机学科一些前沿课题的探索及部分业绩回顾

周 鹗 编著

东南大学出版社
·南京·

内 容 提 要

全书主要概述了近年来对电机领域一些前沿性课题，如：新型磁阻电机、开关磁阻电机及其测控系统，电机CAD及CAT技术，大型同步电机理论研究，大型同步电机运行分析，大型水轮发电机参数优选，电磁传导处理等的探索和研究。

根据多年来本学科在相关领域中所做的科研项目成果及发表的论文，遴选有代表性的文章，予以归类，每类冠以必要的"导言"，并由此编辑而成。本书是融科研、教学、人才培养于一体的综合性专业文集，可供相关工程和技术人员学习和参考。

文集从多层面、多方位着重介绍了编者及整个团队的科研和工作业绩，以便把多年来的工作实践和经验，奉献给广大读者，作为回忆和纪念！

图书在版编目(CIP)数据

创新之路：记近年来对电机学科一些前沿课题的探索及部分业绩回顾 / 周鹗编著. —南京：东南大学出版社，2011.12

ISBN 978-7-5641-2742-8

Ⅰ.①创… Ⅱ.①周… Ⅲ.①电机学－研究 Ⅳ.①TM3

中国版本图书馆 CIP 数据核字(2011)第 078969 号

创新之路——记近年来对电机学科一些前沿课题的探索及部分业绩回顾

出版发行	东南大学出版社
责任编辑	陈 跃 E-mail:chenyue58@sohu.com
出 版 人	江建中
社 址	南京市四牌楼2号
邮 编	210096
网 址	http://www.seupress.com
经 销	全国各地新华书店
印 刷	南京凯德印刷有限公司
开 本	880mm×1230mm 1/16
印 张	34.25 **彩插** 20 面
字 数	946 千字
版 印 次	2011年12月第1版 2011年12月第1次印刷
书 号	ISBN 978-7-5641-2742-8
印 数	1—1100 册
定 价	135.00 元

序　言

改革开放以来，我校电机学科的建设进入了一个新的阶段，有了新的发展，尤其在学科同志共同努力下，在教学、科研、人才培养等方面都取得了许多值得称赞的成绩。而良好的学术研究氛围和团结互助的协调关系，对学科的建设和发展有着很大的促进作用。

本书的出版主要是为了记述东南大学电机学科博士点，在改革开放以来，尤其是20世纪80—90年代的工作面貌和进展。是总结，也是纪念，更是对未来的期望！

全书首先介绍了近年来对电机领域几个前沿性课题的探索及部分成果，如：新型磁阻式同步电机，开关磁阻电机及其测控系统，电机CAD及CAT技术，大型同步电机理论研究，大型同步电机运行分析，大型水轮发电机参数优选，电磁信号处理等等。

依据多年来本学科在相关领域中所做科研项目的成果以及发表的论文，遴选有代表性文章，加以归类，每类前冠以“导言”，“导言”简述该领域背景及意义、需要解决的关键问题、进行的主要科研工作、取得的成果及业绩等，并由此编辑而成。实际上，可以说，是把科研、教学、研究生培养融合于一体的综合性专业文集。

其次，概述了有关教学改革、人才培养、学科建设、参加国内外相关学术会议及学术性交流活动所发表的部分有关讲话、文章等内容。

我深感在一个集体中，有团队意识，集体精神，共同开展所从事的工作，是十分重要的。人们常说，一花独开不是春，万紫千红才是春。任何一件事的成功，都需要靠个人和集体的结合，没有个人的努力，就没有事业成功的基础，没有团队集体的力量，单独个人是不可能完成什么伟大事业的！

经历长达半个多世纪的工作和教书生涯，得到组织、学校、社会、团体、家庭以及许多同志和朋友的帮助，这里很难一一提及和描述，但编者的一颗感谢之心，将永远铭记着在人生道路上有缘相遇的这些好人、好事！

本书的出版，得到了东南大学电气工程学院、有关院系领导的关心和支持，得到了有关老师、有关研究人员及工作同志的大力帮助，特此表示衷心的感谢！同时，向本书汇编中所收集文章的作者，一并致以谢意！

社会在前进，教育在发展，电机学科的内涵在不断丰富，新人在不断涌现，希望本书能对电机及有关学科的发展有所启示！

周　鹗

2011.8.23

序 言

综 论

近年来电机学科的更新与发展

——剖析新发展　建立新概念　谱写新篇章

一、电机学科已进入一个新的发展阶段

从目前国内外本学科的发展情况来看，电机学科在许多方面已有了快速的发展，它的内容更丰富，范围更广泛，理论更深入；它的工程实践对科技发展和国家经济建设具有更深远的意义。

以往都认为，电机学科的主要内容是关于电机设备内部的电磁现象、机电现象和能量转换关系等一些规律的研究，而高等学校有关专业的课程设置主要有电机基础理论、电机设计、电机工艺、电工材料、电机暂态过程、特种电机等。近年来，它的内涵已有了很大的变化。

这些新的发展，可以从以下几个方面看出：

1. 电机学科的内容在不断地深化和革新

随着科学技术的迅速发展，电机学科的内容也在不断深化和革新。例如：电机电磁场理论，及与之有关的数值计算方法有了很大发展，得到广泛重视和应用。它促进了电机理论和设计方法的研究，目前，对电机内部电磁场、温度场、应力场等这些关键问题的认识更为深入，计算更为准确，研究结果对生产更有指导意义。过去不得不用近似方法解决或难以解决的问题，今天可以用准确方法、用场的概念去解算，可以得到清楚和满意的结果。

2. 新的学科的注入给电机学科增添了新的激励

微电子技术、电力电子技术、控制技术的发展，给电机学科注入了新的激励。微电子、电机、机械相结合所形成的机电一体化大课题就是一个典型的例子。并且，电机学科目前不再局限于对单个电机运行的研究，而是非常重视对整个系统状态和性能的分析，有伺服系统、测控系统、解算装置、机电一体化装置、柔性加工系统等，作为大系统的电力系统与电机学科更有着血缘的共同进步、共同发展的密切关系。

3. 计算机科学和技术的发展，大大改变了电机分析和研究、电机设计和制造、电机应用和控制等方面原有的面貌

计算机技术不仅只是在电机研究和计算时作为手段和工具，不仅只是缩短计

算周期、提高计算精度、保证设计质量，而且在一定的新技术领域中，还常常希望能用程序软件的开发，代替某些硬件系统的功能。CAD、CAM、CAT等受到广泛重视，并且有智能电机分支的建立。

4. 各种新型特种电机不断地涌现，新型材料的使用为电机学科提出了众多新的研究领域

各种不同类型、结构、性能的特种电机不断出现，对当前生产和技术的发展有着极大的促进和启示。新型材料包括高性能永磁材料的迅速发展，为电机学科带来了新的研究领域和课题。

对于微电机来讲，过去把它们一般分为驱动电机和控制电机两大类，对前者主要重视它们的起动和运行力能指标，对后者特别强调它们的控制精度和快速响应，目前在不少应用场合，对电机有很高的要求，它们必须同时具备驱动和控制双重作用，就是说已经很难给出上述两类电机的明确划分。

在国家“八五”科技发展重点提纲中，关于电工技术部分，除了列入作为电工新技术的超导磁体技术、磁分离技术、磁流体发电三项外，其余就是唯一地把微特电机列为一项。它对科技发展和国家经济建设有着重要的理论和实际意义。

5. 高新技术的发展对电机学科提出了新的要求

如高新技术方面，航空航天需要有太阳能供电、磁悬浮无磨损、高稳定、高精度、长寿命的动力源，机器人中应用的电机在运行控制精度方面有时需要达到万分之一转的水平等。

6. 能源及交通运输方面迅猛增长的需求提出了新的研究课题

能源方面，超大型发电机组的容量已达到近100万kW；多种新能源，如：核电、风力发电、潮汐发电等对电机都提出了新要求；交通运输方面，高速电气列车应用的大功率牵引电机，超高速列车需要的高技术磁悬浮电气装置，电动汽车的研究和发展等，也都是要着手开展的新的研究课题。

电机学科已发展到一个全新的阶段，它已是一个由原有学科与多种新学科相互渗透、相互结合发展形成的综合学科。

为了说明电机学科发展的高度水平，为了说明它与其他各个学科之间的关系，可以作如下比喻：电机学科是一个整体系统，计算机是头脑，控制是脉络，器件是机体，各种有关理论是营养，电机和系统正常运行是生命，而电机则是它的关键心脏部分。

电机学科在继续发展，在新理论、新技术、新材料、新结构、新应用等开发方面，在电机学科理论和实践应用研究方面有大量的工作可做，它是国家经济建设中一个重要的学科领域，它有着美好广泛的发展前景。

目前，电机、驱动、电力电子、电磁场等方面的国际学术会议很多，它们互相渗透，互相结合，有关的学术交流也非常活跃。

二、积极探索，勇于实践，共同关注学科建设

东南大学电机学科历史悠久。解放前，中央大学时期为电机系，分电力和电讯两组，许多知名教授、学者、前辈曾任教于此。解放后，院系调整后不久，电机系分为无线电系和电力系，接着，电力系与机械系的热工部分合并建成动力系。其后，在系内电机教研组已单独建制，创始人为我国著名电机学专家吴大榕教授，电机界前辈严一士教授曾多年主持学科工作。周鹗教授20世纪50年代留苏回国，数十年工作于此，长期为学科主要负责人。在全体教职员工辛勤工作和共同努力下，电机学科的建设虽有曲折，但也不断取得明显进展。可大致分为两个发展阶段。

(1) 在20世纪60年代，电机学科的工作特点是：教学质量高，科研方向明确，实验室设备完整，并有工种配备齐全的电机工厂，形成了教学、科研、实验、生产四结合基地。60年代初，即开始招收电机学科研究生，以控制电机和特种变压器为主要研究方向，为全校最早招收研究生学科之一。在60—70年代，在微电机研究方向，我校为国内领先单位之一，为国内同行所赞誉。

电机学科(教研组)原有教师和实验人员近20人，担任本系和全院电机学教学任务。吴大榕教授所著的《交流电机》、《电机学》等著作大量和多次出版发行，为全国各校通用，有着深远的广泛影响。50年代末，周鹗教授除为本科学生开出“电机学课程”外，还为自控系教师和学生开出“微电机课程”。并且，在原建有600平方米以上的电机教学实验室之外，60年代初即开始新建微电机实验室，在校方领导支持下，前后购置各类当时价格昂贵的数百台控制电机，自制或购置各类测速、测矩、测角装置，有电子管式和旋转电机式425周中频电源，有各式实验用平台装置，可开出所有控制电机教学试验，编写了全国最早的《微电机》参考教材，咨询信件不断寄来，在全国同行中具有一定影响。

此外，有具有相当规模能正规生产的电机工厂，其金工车间400平方米以上，车铣刨磨镗俱全，10吨、20吨、40吨冲床齐备，另有钳工、电工车间，能满足电机和电控柜全套生产工艺要求，有技术师傅和工人30余人，已着手采用电火花加工、线切割加工及喷雾薄膜绝缘一次成型等新技术，除具有列入国家正规计划的电机生产任务外，还为教学和科研服务。所研制无触点自整角机和空心转子伺服电机属精密控制电机类，经北京归口单位鉴定合格，教育部批准试制生产，并下达一定生产任务，有兄弟院校等全国数十个单位前来联系订货。

(2) 20世纪70年代末(文革后)，我校电机学科的发展进入另一个新的阶段。1978年，我校电机学科正式恢复招收电机专业研究生。电机学科有关同志发挥集体智慧和力量，勇于实践，为电机学科建设继续奋斗。一边进行课堂教学改革，一边带领同学到工厂、下车间、到生产第一线，直接参加生产劳动，既理论联系实际，又增长实际知识和接受锻炼，同时还坚持开展科学活动，不但经常为校外

生产服务，还亲手为校内实验室建设研制设备。注意理论探讨，关心学术动态和活动是我们工作的又一项重点，我们参加了全国《电机工程手册》编写，对编写精益求精，同时，还参加所有有关活动，相互合作，友好切磋，持续两年余，圆满完成任务。

70年代末期，在我国家用电器工业刚刚起步的时候，我校电机学科即对电动类家用电器的国内外发展情况，对家电的品种、类型、工作原理、性能要求、结构、电机作用、生产和市场等进行了广泛的调研和关注，并与校外家电行业建立了良好的合作关系。在实际工作基础上，编写出了30多万字家用电器电机专著一书，许多高校同行表示关心和支持，众多的家电工厂表示非常重视，认为该书的编写非常及时。但由于出版业务上的延误，直到80年代后期才正式问世。该书名为《小型异步电机基础理论和计算》，因为国内许多同行皆为知情，所以该书被认为是国内最早编写和出版的家用电器电机方面的书籍。

三、适应形势发展，逐步明确科研方向，凸显科研内容特色

本学科根据国内外电机领域的发展状况和趋势，结合具体的科研任务，通过实践，逐步形成了以微特电机理论和计算，大型机组的运行和设计理论，电机CAD和CAM，以及交流电机调速和检测为主的四个科学研究方向。

先后完成了新型磁阻电动机及其优化设计、开关磁阻电机基础理论及其控制系统、小型同步电动机变频调速系统、小型同步电动机优化设计理论研究、三峡水轮发电机参数优选CAD系统、变极电机理论与设计、大型同步发电机进相运行等十几个国家重点资助项目，以及电力变压器优化设计、锥形转子异步电机及其自动检测系统、盘式电机变频调速系统、三相和单相异步电机CAD系统、电机自动测试装置、变压器性能自动测试装置、电机振动测试仪等二十几项新产品开发和技术改造横向研究课题。

微特电机理论和计算是本学科的主要研究方向之一，近年来对新型磁阻电机的参数计算、稳态特性、暂态特性、电磁场分析、变频运行特性等进行了全面系统的研究，发表了一系列高水平论文。随着稀土永磁材料的发展，永磁电机应用日益广泛，我们在永磁同步电机的基本理论、电磁场计算、设计计算方法等方面做了大量研究工作，提出了一种永磁-磁阻式同步电机新结构。此外，对单相磁阻电机、实心转子磁阻电机、盘式异步电机、锥形转子电机、变极多速电机、直线电机等进行了专题研究，在国内外发表论文多篇，获得专利两项，多项研究成果达到国内领先，国际先进水平，为我国特别是江苏微特电机工业的发展作出了积极的贡献。

大型机组运行和设计理论是另一主要研究方向，随着我国国民经济的迅速发展，能源和电力工业在国民经济中的地位显得十分重要。大型机组的设计和运行理论是电力工业发展的重大关键技术。本学科首先将电力系统安全经济运行与发电机安全运行作为一整体研究对待，开展理论和计算的研究工作，先后完成了多项国家和省部级重点攻关项目，其中，“大型汽轮发电机安全进相运行的问题研究”、“三峡水轮发电机参数优选CAD系统的研究”以及“大型汽轮发电机端部涡流场和温度场研究”等项目都取得了重大理论和应用成果，得到了国内外专家的好评。先后在国内外刊物和会议上发表了几十篇具有较高学术水平的论文和专著。这一研究方向在同行中受到了较高的评价。

电机CAD/CAM技术是大家非常关注的研究方向，是电机学科近年来发展起来的具有极大应用价值的新型研究领域。本学科在对单相和三相异步电机、磁阻和永磁同步电机、大型电力变压器、大型水轮发电机等基础理论和设计方法的研究基础上，开发了高质量的CAD/CAM软件系统，可用于生产和研究等方面。它包括分析和综合设计、数据库和管理系统、优化设计、计算机绘图等方面的内容。学科研究方向十分注重理论为生产实际服务，先后开发的多种实用软件系统不仅具有较高的理论水平，而且具有重大的实用价值，解决了许多生产实际中的问题，产生了可观的社会和经济效益，在全国具有较大的影响，受到有关研究、生产、大专院校电机同行的高度评价。

电机控制与检测也是近年来主要研究方向之一，是随着电工学科发展和生产自动化需要所形成的一个新的研究方向。本学科从20世纪80年代以来，开展了对英国首创的电工界广泛重视的开关磁阻电机及其控制系统的理论研究和装置研制。此外，还开展了PWM控制磁阻电机调速系统稳定性研究，矢量控制永磁电机高性能调速、定位系统的研究，电机的微机检测系统的研究等，所有这些研究都与当前电力电子技术、控制技术、电机基础理论等相关，具有重大理论和实际意义，属高新技术范围。我们在以上研究方面取得了一些重大科技成果，有些达到了国内外先进水平。特别是在开关磁阻电机和永磁同步电机等方面的研究已达到国际先进水平，国内处于领先地位，部分研究成果已推广生产，取得了较高社会和经济效益。

经过长期的实践和发展，我校电机学科已具有扎实和广泛的教学和科研基础。研究特色可以概括为：重视基础理论的研究，强调理论联系实际；所有研究成果不仅具有较高的理论水平，而且具有重大的应用价值和较高的经济效益。本学科的研究始终与电机领域的发展前沿紧密相关，许多研究都处于国内外先进水平。在科研项目选择上也非常重视为国家“四化”服务、为本省经济建设服务的课题。先后为本省电机电器厂家完成了多项科研项目，使厂方取得了明显经济效果。

全省目前有电机电器厂200余家，随着科技发展，将会出现许多急待解决的问题。因此，本学科的发展，对江苏电机电器行业的发展，有着重要的促进作用和意义。

四、学科建设目标和措施

学科建设需要健全的组织、合理的梯队，明确的科研方向和任务，必要的实验仪器设备，其他有关物质条件以及正常的管理制度等。此外，就是要有端正的态度，要有良好的学风和工作作风，要做出众多的高水平的科研成果等。

1. 明确学科建设任务

(1) 教师担任电机学有关教学任务，重视教学研究，重视教学质量与效果。

(2) 学科应以科学研究，培养硕士、博士研究生为主要任务。

(3) 建立德才兼备、学术水平高、能为国家和集体作出卓越贡献的老中青三结合学术梯队。

2. 学科建设分阶段进行

(1) 基础建设阶段　进行基础理论、基本研究方法、基本课题的研究，出成果，创造科研工作条件，并在实践中锻炼队伍。各人在科研方向上各有侧重，互为支撑，使得整个学科学术水平高，知识和技术全面，具有必要的科研条件，为生产和科技发展服务。

(2) 深入研究阶段　研究组成员的业务知识和能力达到较高水平，开展比较深入的科学研究。

(3) 打硬仗阶段　接受重大科研项目，面向社会，面向建设，面向现代技术，面向国际，把学科建设为水平高、实力强、条件好、有特色、出成果、出人才的一流学科。

目前电机学科基本上处于(2)(3)阶段之间水平。

3. 电机学科科研方向在今后几年内基本不变，保持稳定，但根据科研具体任务情况，在力量组织上对某些方向将作适当的调整或加强。

在科研管理上，将另行制订合理的必要的管理制度，使工作更有效，有利于学科发展、出成果、出人才、作出贡献。

4. 加强政治思想工作，培养德才兼备的科研和教学人才

(1) 自觉坚持四项基本原则。

(2) 为人正直诚恳，勤奋向上，愿为集体、学科作出贡献，有严谨的科学作风。

(3) 有理想、有道德、有文化、有知识、会学习、会工作、热爱生活。

(4) 有独立进行科学研究能力。

(5) 业务上达到成熟水平，对于所从事的学科领域有丰富系统的知识，能开展该领域科学研究，有独到深入的见解，能理论联系实际，有高水平论文和成果。

5. 建设结构合理的学术梯队

梯队基本由学科带头人、学科负责人、科研组和课题组负责人及全体研究人员组成。目前急需一个有一定人数的稳定梯队，以担任研究生培养、科研和一定的教学任务。计划到 1995 年在编人数达 15 人左右。教授 3 人，副教授 6—8 人。

6. 编写教材和专著

我校编写的《电机学》教材已列入能源部第三轮教材出版计划，将组织力量对原教材认真修订，争取达到部级优秀教材水平。按期保质完成《微电机》一书的编写。计划编写《磁阻电机》、《电机CAD》专著2册。

7. 实验室管理和建设

实验室为科学研究和培养人才的基地，应配备必需的测试仪器和设备，应符合先进水平，这与科研成果水平和经济效益直接有关。目前急需进行电机CAD中心和电机科研实验室的建设，机房需要扩建，实验室增加急需的测试仪器，并需要有专人进行管理。

8. 加强国际合作和交流

邀请国外有名教授来校讲学和交流，参加国际学术会议，进行博士生联合培养，尽可能创造条件使梯队人员在国内外有进修学习的机会。力争每年在国际学术会议和杂志上发表论文3～5篇。*

五、大力做好研究生培养工作

我校电机学科历史悠久，基础厚实，20世纪60年代初开始招收研究生，为全校最早招收研究生学科之一。“文革”后，1978年恢复招收研究生，1986年经国家学位评定委员会审议、一致通过我校为电机学科博士学位授权单位，并且是当时全国早期电机博士点中唯一没有本科专业的学校。全国电机学科当时原有6个博士点，不久，增至7个，它们都有各自的学科研究特色，如：清华大学以大电机运行、特种电机开发为特色，华中理工大学以特种电机、电机电磁场、电机绕组理论为特色，东南大学以电机基础理论、微特电机、磁阻电机为特色，哈尔滨工业大学以微特电机、步进电机为特色，西安交通大学以直线电机为特色，沈阳机电学院以永磁电机为特色等。

因此，在人才培养方面，一方面本学科担负着与电机学有关的繁重的教学任务，认真进行教学研究，重视教学质量和效果，不断开展教学改革；另一方面结合学科建设，把博士生和硕士生的培养工作作为本学科的主要任务。至90年代中期，本学科共招收培养硕士生60余人，在校近20人，培养博士后、博士生8人，当时在校博士生9人。

在研究生培养工作中，我们着重进行了以下几项工作：

(1) 本学科十分重视研究生的培养质量，重视基础理论教育，研究生进校后，精心为他们安排课程学习，除公共基础课外，还为他们开设微特电机理论与计算、交流电机统一理论、电机电磁场理论与计算方法、现代电机控制理论与监测技术、电机优化设计技术等课程和各种专题讲座，把当前电机研究领域里的新理论、新技术、新方法、新材料等介绍给他们，以启发研究生的学习热情和创造能力。

* 摘自1990年12月“东南大学电机学科‘八五’建设规划”，1990年12月10日。

(2) 研究生培养的另外一个重要环节，就是慎重确定研究生的科研方向和选题，并引导研究生逐步深入科研实践。

在论文选题方面，密切注意电机学科的发展前沿，要符合本学科科研方向，要结合实际科研任务，还要注意与本学科前人所做工作的继承性等，从课题的先进性、可行性、理论意义、应用价值甚至转化为生产力的可能性等多方面综合考虑，予以确定。有时也可根据实际情况，先确定研究方向和范围，再通过大量资料阅读，初步理论探讨和实际工作开展，再明确研究的具体内容、要求、方法和步骤。

可以说，近20年来，我们学科的每个科研方向、每个科研课题、每个研究生的题目的确定和进行，都是在尽可能顺应世界科技发展形势、掌握本学科国内外发展状况和趋势、与同行进行广泛交流，进行大量调查研究和学习、结合本学科具体情况和条件，进行认真细致的分析和考虑，抱着为国家为学校为集体作出贡献的信念、抱着勇于科学实践的态度，并得到有关方面的支持和配合，依靠本学科有关同志和集体的智慧和力量，才逐步明确、确定、开展起来的。

(3) 本学科的研究生培养工作和科研工作都是在紧密结合情况下进行的。这里从研究生培养角度，评估所参与和从事的科研工作。因此，在叙述中会再次涉及到一些科研工作的内容。

例如：关于新型磁阻电机研究，是在国际上很重视而国内研究甚少的情况下，经过比较充分的准备才确定的。从20世纪70年代末开始，采用专题研究逐步深入的办法，在近10年的时间里，对磁阻电机的基础理论、参数计算、稳态运行性能、暂态特性、稳定性、参数测试及变频运行性能等进行了比较全面的探讨，结合理论研究还提出了新型磁障式磁阻电动机、复合实心转子磁阻电动机、永磁-磁阻混合式同步电动机3种转子结构型式，并进行了各种样机的研制和实验研究。前后有青年教师和研究生10余人参加，完成研究生论文8篇，在国内外发表论文20余篇，取得了有创造性研究成果，并在1994年获“国家教委科技进步二等奖”。

1984年我们了解到在英国正在进行开关磁阻电机调速系统的研究和开发，这是一种新的机电一体化装置，宣传说：“具有划时代意义”。经查阅资料，有一定准备后才确定开展此项研究。这一研究涉及面广、技术先进、有理论和实际，适宜于开发，也适宜于研究生综合知识和能力的培养。

在大型电机运行方面，20世纪50年代曾进行过同步电机理论、动态模拟、实心转子电机、大型发电机组运行的研究，当时在校内缺乏研究手段和实验条件，难以深入进行。目前，计算机技术和装置迅速发展，在校内完全可以进行理论研究、运行分析、性能计算、优化设计等项研究工作。近年来，电机学科在大型水轮发电机参数优选、大型汽轮发电机进行运行等方面，已取得了重要成果，有多名研究生完成了学位论文，有的还取得优秀成绩，并多次获得有关学术成果奖励。

在“七五”期间，着重进行了电机CAD的研究，该项目研究工作受到了国家有关领导部门和同行重视，它也是一项重要的、热门研究课题，研究组在广泛交流和了解基础上，才确定开展此项课题的研究。对小型异步电机的基础理论、数学模型、分析和综合设计、数据库及管理系统、优化设计、计算机绘图等进行了系统和深入的研究，研究工作具有自身特色，有重要的理论和实际意义，开发了相应的系统软件。在中小型变压器CAD方面，也进行了大量深入研究，并结合工程实际，开发出具有实用和推广价值的应用系统软件。在CAD方面，有博士生和多名硕士生完成学位论文，工作量大，论文水平高，有典型代表意义。

其他还有不少具体、生动的研究实例，不再赘述。

(4) 研究生培养的最后一个环节，就是严把研究生论文的撰写、评审和答辩关。电机学科历来十分重视这一环节。在学习过程中，认真做好开题报告、阶段总结和专题论述，平日注意资料的积累、计算数据和试验结果的整理，并且结合科研及早考虑论文的结构和主要内容等，采取有关措施既能促进科研工作的深入开展，也为论文撰写工作做好前期准备。在论文撰写中，不仅要求论文能充分反映研究生学习阶段的科研成果，并且要求论文能体现研究成果的学术水平、理论意义和应用价值。研究生指导教师应认真参与论文大纲的制定，亲自进行论文的审阅和修改，以便总结科研成果，保证论文质量。因此，多年来本学科的研究生学位论文受到了国内同行的称赞，不少还达到了优秀论文的水平，为学科和学校赢得了声誉。

(5) 研究生培养，除了基础理论和专业知识学习、科研工作开展和各种能力的锻炼以外，我们还非常重视政治思想和道德品质方面的教育，以便把研究生培养成德才兼备的高级科技人才。

研究生需要坚持政治学习，需要了解历史、社会及其发展，认识自己的历史责任。要向社会上的先进人物和好人好事学习，要参加必要的社会实践。需要树立正确的世界观、人生观，爱祖国，爱人民，有理想，有道德，有奉献精神，还要有辩证唯物的观点和方法，有严谨求实的科学作风，并积极投身于祖国的改革开放和现代化建设中去，作出自己应有的贡献。

(6) 电机学科的学科建设，包括教学工作、科研工作、研究生培养工作和梯队建设等，是在校系两级党政有关领导机关和领导热情关怀和积极支持下进行的。电机学科的同志们，将在新的形势下，开拓进取，艰苦奋斗，为迎接21世纪的到来，再创辉煌！**

东南大学电气工程电机研究室

** 摘自《适应电机学科新发展，认真作好研究生培养工作》一文。
原载《1996年东南大学研究学院成立十周年纪念论文集》。

目 录

第 *1* 部分 微特电机及其测控系统

第 2 部分　同步电机理论及有关系统分析

第 3 部分 学科建设及会议发言

第 1 部分

微特电机及其测控系统

1 磁阻式同步电机的理论与应用

导 言

磁阻同步电动机又名反应式同步电动机，它是利用电机转子直轴与交轴气隙磁导不等而产生转矩，驱动负载工作。磁阻电机转子上不需要励磁，具有结构简单，制造容易，运行可靠，价格低廉等优点，适宜于在各种要求恒速运行的传动装置中应用。

磁阻电动机雏形早已发现。1874年人们发现同步电动机转子励磁断开后仍能继续运转，从而导致对磁阻电动机的关注和研究。在100多年时间里，国际上有很多学者为了改进磁阻电机结构、提高磁阻电机的性能进行了广泛研究，获得许多研究成果，并提出了许多不同的磁阻电机结构方案。磁阻电动机的分类主要按照其转子结构的不同进行，目前大致分为：凸极式(外反应式)、分块转子式、磁障式(内反应式)和磁各向异性轴向迭片式四种磁阻电动机，以及其他组合形式的电机。此外，按电机相数分有单相和三相磁阻电动机；按转子材料分有迭片式转子和实心转子电机等。随着科学技术的不断发展，电机学科的理论和实际知识也在深化，再加上计算机技术和优化设计技术的普及，使磁阻电机的性能有了很大提高，并在纺织工业、造纸工业、玻璃制品工业以及自动控制系统中得到日益广泛地应用。与此同时，由于出现了能在很宽频率范围内稳定运行的内稳定磁阻电机(其典型结构就是磁障式磁阻电机)，从而使磁阻电动机在变频调速系统中广泛地应用提供了可能性。电力电子技术在蓬勃发展，磁阻电机变频调速系统开始出现，并在工业生产驱动装置中获得广泛应用，其典型装置就是化纤工业中广泛使用的长丝、短丝纺丝机变频调速系统。

20世纪70年代以前，我国对磁阻电机的研究甚少，直至70年代末，东南大学以周鹗教授为首的微特电机及测控系统研究室的研究人员，开始对磁阻同步电机进行系统深入的研究。在15年左右的时间里，对磁阻电机的基础理论、参数计算、稳态运行特性、暂态特性、稳定性、参数测试以及变频运行性能等进行了全面的探讨，建立了有关磁阻电机的一套比较系统的理论。结合对磁阻电动机的研究，先后提出了“新型磁障式磁阻电动机”、“复合实心转子磁阻电动机”和“永磁-磁阻混合式同步电动机”三种电机转子结构形式，并进行了长期的各种结构转子样机的研制和实验研究。

为了改善磁阻电动机的异步起动性能，70年代初国际上开始将实心转子引入磁阻电机，但由于实心转子只宜制成凸极结构，故稳态特性不佳。通过在凸极实心转子上外加一个薄壁钢套，构成复合式实心转子磁阻电动机，该电机不仅有优异的异步起动特性，而且其稳态运行性能也与磁障式转子磁阻电动机相近，有优良的综合技术指标。由于该电机结构新颖，制造容易，性能良好，获得了国家专利。在实验研究的同时，还对该电机进行了较系统深入的理论探讨。

随着永磁材料工业的发展，高性能、低价格的新型永磁材料不断出现，为在电机行业中广泛采用永磁材料提供了现实可能性。通过全面分析对比永磁电机和磁阻电机的优缺点，提出在磁阻电机转子上合理设置永磁体，构成了永磁—磁阻混合式同步电动机，该电机的输出力矩为永磁力矩与磁阻力矩之和，综合了永磁电机和磁阻电机的主要优点，有明显的先进性、实用性和新颖性。该电机也获得国家专利。

在这 10 多年时间内，先后有青年教师和研究生十余人参加了该项工作，完成研究生论文 8 篇，在国内外公开发表论文数十篇，取得多项创造性研究成果，为电机理论的丰富和发展作出了贡献，使我国在磁阻电机研究方面逐步缩小了与国际水平的差距，直至目前达到国际先进水平，并在许多方面处于国际领先地位。

所取得的研究成果主要有以下几个方面：

(1) 建立了一套较为系统完整的磁阻同步电动机的分析理论，丰富了磁阻电机的设计计算方法，开发了设计程序和设计软件。

(2) 提出了计算磁阻电机关键参数 X_{d} 和 X_{q} 的“等效磁路网络法”，该方法可精确计算磁路饱和影响，适用于各种结构磁阻电机，并可扩展用于永磁同步电机参数的计算。

(3) 建立了在不同坐标系下磁阻电动机的状态方程，对磁阻电机的异步启动和牵入同步特性进行了分析计算研究，提出了磁阻同步电动机的牵入同步判据，可以方便地确定在一定系统惯量下，电机能够牵入同步的最大负载转矩。

(4) 进行了在小扰动情况下电机运行稳定性的研究，提出了磁阻电动机稳定运行条件，为合理设计和使用磁阻电机提供了理论依据。

(5) 对具有对称转子和不对称转子的磁障式磁阻电动机的稳态和暂态参数计算方法进行了研究，在计及磁路饱和情况下，对该电机的稳态和暂态特性做了系统的分析计算。

(6) 利用双旋转磁场理论和 $d-q$ 坐标以及 $\alpha-\beta$ 坐标的变换，提出了单相电容磁阻电动机稳态运行等效电路，并对其逆序电路的构成进行了讨论，导出了单相磁阻电动机获得圆形旋转磁场及最大效率的条件。

(7) 对实心转子磁阻电动机转子阻抗的计算方法进行了探讨，从电磁场基本理论出发，通过合理的简化，导出了一种简单实用的实心转子阻抗的解析计算公式，分析了电机参数对运行性能的影响。

(8) 对磁阻电机关键参数 X_{d} 和 X_{q} 的测试理论和测试方法进行了研究，提出了一种新的“$P-Q$ 圆图法”，为正确分析磁阻电机的运行性能打下了基础。

(9) 在深入分析永磁-磁阻混合式同步电动机结构和磁路特点的基础上，提出了计算 X_{d}、X_{q} 和 E_0 的磁路法，并与有限元分析结果作了比较，两者吻合较好。

(10) 对磁阻电动机的变频运行性能进行了理论和实验研究，提出了恒转矩和恒功率调速的控制策略和控制方法。

(11) 结合理论研究，先后试制了磁障式磁阻电动机 5 台，单相磁阻电动机 2 台，实心转子磁阻电动机 6 台，永磁-磁阻混合式同步电动机 3 台，以及磁阻同步电动机 SPWM 变频控制系统 1 套。

新型磁阻电动机磁路分析和参数计算

周　鹗　　顾仲圻

（南京工学院动力系）

摘要： 本文提出了等效磁路网络法，以计算内反应槽上设置有饱和磁桥、转子结构复杂的磁障式磁阻电动机的磁路和参数。本方法计及饱和效应，计算准确，可用于磁阻电机新型结构的设计和性能研究。在此基础上提出的新型磁阻电机的力能指标可获得较大提高。研究表明，磁阻电机关键参数 X_q 不仅与转子结构形状有关，还是电机其他参数和运行状态的函数。

关键词： 磁阻电动机，磁路，磁势

1. 引言

磁阻电动机具有无需励磁、结构简单、牢固耐用、运用可靠和价格低廉等突出优点。近年来，国外学者做了大量、深入的理论和实验研究，改进了转子结构，使得性能指标有明显提高，因而受到普遍重视。这种电机在工业和民用领域中都得到广泛应用，例如：反应堆控制杆的操纵，发电机调节器的驱动，纺织、造纸工业生产设备的同步运行以及放映、录音、录像设备和各类自动记录仪器仪表中的传动系统等，均可使用磁阻电机。

国内外研究和生产的磁阻电机，目前主要有四种形式，即：凸极式、分块转子式、磁障式和磁各向异性轴向迭片式磁阻电动机。其中凸极式磁阻电机生产工艺简单，但力能指标差；分块转子式磁阻电机生产工艺复杂，耗用较多不导磁材料，成本高，但力能指标好；磁障式磁阻电机工艺较简单，性能也较好；轴向迭片式磁阻电机工艺复杂，力能指标好，但起动性能较差。

本文认为：根据我国实际生产状况，在异步电动机系列基础上派生磁阻电机时，以磁障式结构最为适宜。在分析研究这种电机磁路和参数计算的基础上，提出了一种新结构形式电机（图 1）。它的结构特点是在 q 轴磁路中由反应槽和鼠笼槽共同形成对 q 轴磁通的磁障；在反应槽的适当位置上设置一定数量的饱和磁桥，这样既保持转子外圆整体性、增加结构强度，又可合理选择鼠笼槽高度，以获得良好的起动性能；并通过优化选用导线匝数、气隙长度、反应槽和磁桥宽度等，使这种磁阻电机两轴磁阻差异大，直轴电抗

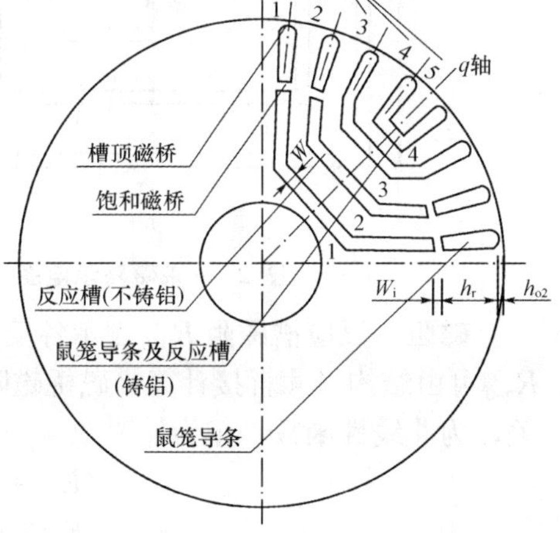

图 1　新型磁阻电机转子结构

《中国科学》(A 辑)，第 6 期。

系数高，$\frac{X_d}{X_q}$值在 5～6 之间，具有良好的力能指标。

由磁阻电机参数来计算其性能的方法已比较完善[1,4]，但其关键参数两轴同步电抗 X_d，X_q 的计算方法仍在研究中[2,3,6]，尤其对近年来不断发展的具有饱和磁桥的磁障式磁阻电机参数 X_d，X_q 的计算，方法尚未完善。本文从电磁学基本定律出发，将电机结构中的反应槽、气隙、饱和磁桥和槽顶磁桥等效为非线性磁路元件网络，导出相应的非线性磁路方程组，用计算机求解各部位磁位、磁通，然后分别用磁势波与磁导波相互作用的方法，及运用等值电路电磁感应定律的方法计算电抗系数，两者计算结果相互一致。

2. 新型磁阻电动机的磁路分析

在分析图 1 所示磁阻电机磁路时，由于 q 轴磁通分别通过导磁性能大不相同的反应槽、气隙、饱和磁桥和槽顶磁桥(图 2)，使得计算异步机磁路常用的等效磁路法无法使用。本文将电机整个磁路中导磁性能各不相同的部位，分别等效为具有不同磁阻的磁路元件，形成非线性磁路网络，由此进行磁路和参数计算，这一方法可称为等效磁路网络法。

图 1 所示的转子结构中，半个极距由四道反应槽分成五个区域。d 轴磁路计算在计及反应槽引起的轭部尺寸减少后，与异步机磁路计算相同。本文将着重分析 q 轴磁路。为不失分析方法的一般性，假定每道反应槽都与鼠笼槽分开，图 2 的 q 轴磁路示意图即按此绘出。

由于铁芯磁导率远大于空气隙磁导率，q 轴磁密远小于 d 轴磁密，铁芯齿部和轭部磁位降是很小的。为简化计算，本文将齿、轭部铁芯磁阻集总起来用饱和磁阻 R_{ms} 表示，此时铁芯五个区域各自成为等磁位体，相互间由代表反应槽、饱和磁桥和槽顶磁桥磁阻的磁路元件 R_{mb}，R_{mi}，R_{mt} 连接在一起，并和表示与转子各区域相对应的一段气隙的气隙磁阻 R_{mg} 共同形成磁路网络(图 3)。

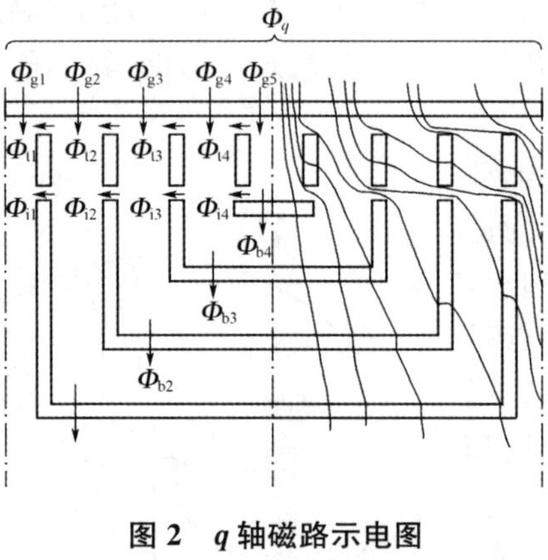

图 2 q 轴磁路示电图

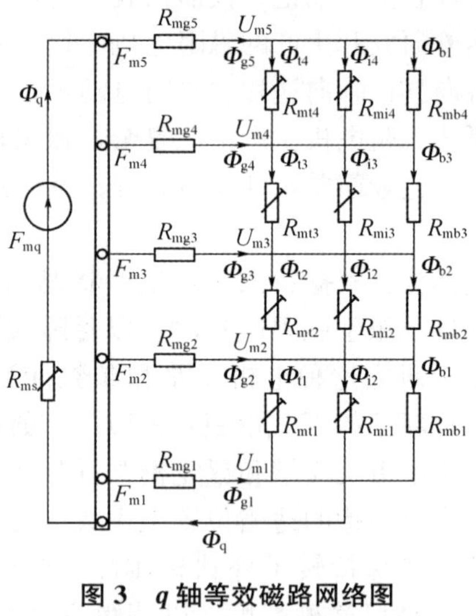

图 3 q 轴等效磁路网络图

磁阻 反应槽磁阻 R_{mbj} 表示各反应槽连同对应的鼠笼槽在内的线性磁阻，它和气隙磁阻 R_{mgj} 可由结构尺寸直接计算。磁桥磁阻 R_{mij}，R_{mtj} 除计及几何尺寸外，还与相应的磁场强度有关，为非线性函数，记为：

$$R_{mij}=R_{mi}(H_{ij}) \quad (j=1,2,3,4) \tag{1}$$

$$R_{mtj}=R_{mt}(H_{tj}) \quad (j=1,2,3,4) \tag{2}$$

饱和磁阻 R_{ms} 表示 q 轴磁路中齿部、轭部各部位铁芯磁阻之和，是 q 轴磁通 Φ_q 的非线性函数，记为

$$R_{ms}=R_{ms}(\Phi_q) \tag{3}$$

磁势 将电机铁芯长度、转子直径、有效气隙、极数、绕组系数、绕组每相串联导线数和定子电流交轴分量分别用 L，D_2，g_e，P，K_{dp}，Z_ϕ，I_q 表示，q 轴磁势为

$$F_{mq}=\frac{1.35K_{dp}Z_\phi I_q}{P} \tag{4}$$

作用在磁路网络上的 q 轴磁势计算值为：

$$F_{mqe}=F_{mq}-\Phi_q R_{ms} \tag{5}$$

设这一磁势按 q 轴位置角 φ_q，正弦分布，各转子区域对应的平均磁势为

$$F_{mj}=\frac{\int_j F_{mqe}\cos\varphi_q \mathrm{d}\varphi_q}{\int_j \mathrm{d}\varphi_q} \quad (j=1，2，3，4，5\text{ 区域}) \tag{6}$$

磁位和磁通 转子各区域磁位记为 U_{mj}，反应槽(包括对应的鼠笼槽)、气隙、饱和磁桥、槽顶磁桥中通过的磁通用 Φ_b，Φ_g，Φ_i，Φ_t 表示。根据基尔霍夫磁路第一、二定律，参照图3，写出相应的磁路方程组：

$$U_{mj}=F_{mj}-R_{mgj}\Phi_{gj} \quad (j=,1,2,3,4,5) \tag{7}$$

$$\Phi_{bj}=\frac{U_{mj+1}-U_{mj}}{R_{mbj}} \quad (j=1,2,3,4) \tag{8}$$

$$\Phi_{tj}=\frac{U_{mj+1}-U_{mj}}{R_{mt}(H_{tj})} \quad (j=1,2,3,4) \tag{9}$$

$$\Phi_{ij}=\frac{U_{mj+1}-U_{mj}}{R_{mj}(H_{ij})} \quad (j=1,2,3,4) \tag{10}$$

$$\sum_{j'=j+1}^{5}\Phi_{gj'}=\Phi_{bj}+\Phi_{tj}+\Phi_{ij} \quad (j=1,2,3,4) \tag{11}$$

$$\Phi_q=2\sum_{j=1}^{5}\Phi_{gj} \tag{12}$$

将式(7)～(12)的非线性方程组全部求解完毕，就可以计算得各个部位的磁通、磁位，在此基础上可以计算磁阻电动机最为关键的参数——q 轴同步电抗 X_q。

3. 新型磁阻电动机的电磁计算

新型磁阻电机的电磁计算关键在 q 轴磁路计算。磁路计算与磁势相关，即取决于电流两轴分量。电流计算又需通过参数和性能计算获得，为计算 X_d，X_q 等参数又要进行磁路计算。因此，这是一个不断迭代逼近的反复计算过程。

1) 参数计算

定子绕组电阻 R_1、漏抗 X_1 的计算与异步机相同。相应尺寸的圆柱转子电抗为

$$X_c=\frac{120\pi LD_2(Z_\phi K_{dp})^2}{p^2 g_c}\times10^{-8} \tag{13}$$

d 轴电抗系数 C_d 可直接计算[见式(43)]。

用 C_q'，F_q'，F_d'表示 q 轴电抗系数、饱和系数、d 轴饱和系数先设值，则

$$d\text{ 轴激磁电抗}\quad X_{ad}=\frac{X_c C_d}{F_d{}'} \tag{14}$$

$$q\text{ 轴激磁电抗}\quad X_{aq}=\frac{X_c C_q'}{F_q'} \tag{15}$$

$$d\text{ 轴同步电抗}\quad X_d=X_1+X_{ad} \tag{16}$$

$$q\text{ 轴同步电抗}\quad X_q=X_1+X_{aq} \tag{17}$$

2）稳态性能计算[4]

$$\text{牵出转矩}\quad T_{po}=\frac{U_1^2}{2X_d}\left(\frac{X_d}{X_q}-1\right)\frac{\sqrt{\left(1+\frac{R_1^2}{X_d^2}\right)\left(1+\frac{R_1^2}{X_q^2}\right)}-\frac{R_1}{X_d}\left(\frac{X_d}{X_q}-1\right)}{\left(1+\frac{R_1^2}{X_dX_q}\right)^2} \tag{18}$$

d 轴阻抗角

$$\theta_d=\arctan\frac{X_d}{R_1} \tag{19}$$

q 轴阻抗角

$$\theta_q=\arctan\frac{X_q}{R_1} \tag{20}$$

额定功率角

$$\theta=\frac{1}{2}\left\{\theta_d+\theta_q-\pi+\arcsin\left[\frac{2\,\overline{X}_d\left(1+\frac{R_1^2}{X_dX_q}\right)^2}{\left(\frac{X_d}{X_q}-1\right)\sqrt{\left(1+\frac{R_1^2}{X_d^2}\right)\left(1+\frac{R_1^2}{X_q^2}\right)}}+\sin(\theta_d-\theta_q)\right]\right\} \tag{21}$$

电流 d 轴分量

$$I_d=\frac{U_1\sqrt{R_1^2+X_q^2}}{R_1^2+X_dX_q}\sin(\theta_q-\theta) \tag{22}$$

电流 q 轴分量

$$I_q=\frac{U_1\sqrt{R_1^2+X_d^2}}{R_1^2+X_dX_q}\cos(\theta_d-\theta) \tag{23}$$

电流

$$I=\sqrt{I_d^2+I_q^2} \tag{24}$$

3）磁路计算——非线性磁路方程组的求解

新型磁阻电机 d 轴磁路与异步机相似，其 d 轴磁通为

$$\Phi_d=\frac{\sqrt{2}X_{ad}I_dU_1}{\pi f Z_\phi K_{dp}}\times 10^8 \tag{25}$$

式中，U_1 和 f 为电源电压和频率。q 轴磁路计算是从 I_q 开始去求解非线性磁路方程组。本文按迭代法设计了计算机程序。计算方法是先设 $C_q{}'$，求取 I_q，计算相应的磁势，由 q 轴中心区域转子磁位 U_{m5} 开始计算各磁路元件的磁通，并使之满足(11)式，依次求解，最后计算所得的位于 d 轴中心区域的磁位 U_{m1} 应等于 0，再由此计算 C_q(见下节)，应与先设值 $C_q{}'$ 吻合。然后分别计算两轴饱和系数 F_d，F_q，并反复调整先设值，直至与计算结果相互一致为止。

4）电抗系数 C_d，C_q 计算式的推导

根据等效前后磁位降和磁通量保持不变的原理，将反应槽、饱和磁桥和槽顶磁桥对 q 轴磁路的共同作用，等效变换为增大了磁导的单一等效反应槽(见图 4b)，然后作出等效磁路展开图(图 4c)。L_j 和 $h_{rj}+L_{rj}$ 分别为反应槽等效展开长度和实际长度。等效变换计算式为

$$W'_j = W \frac{\Phi_{bj}}{\Phi_{bj} + \Phi_{tj} + \Phi_{ij}} \tag{26}$$

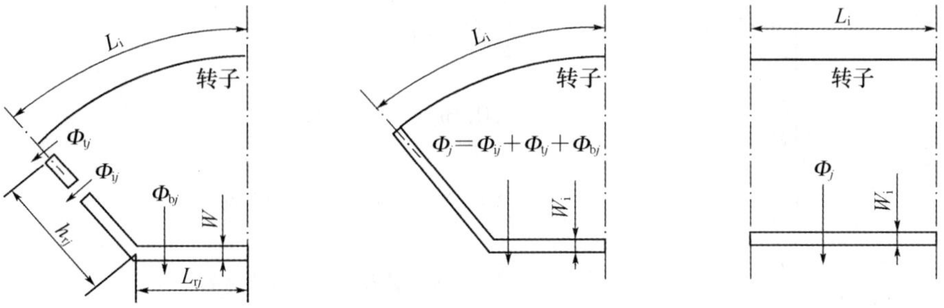

a. 实际磁路示意　　b. 等效磁路示意　　c. 等效磁路展开图

图 4　q 轴磁路的等效转换

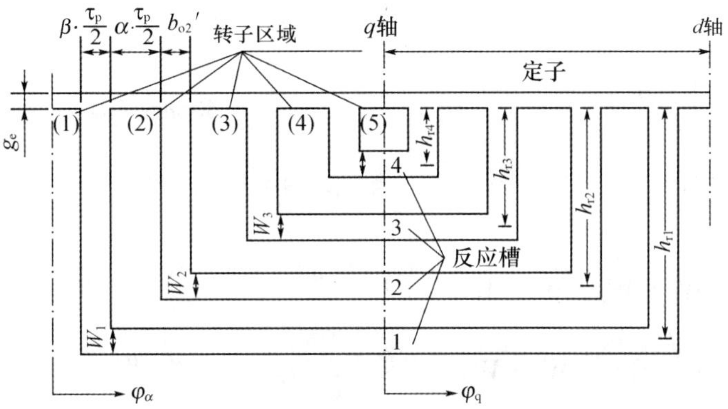

图 5　新型磁阻电动机磁路计算展开图

$$W_j = W \frac{\Phi_{bj}}{\Phi_{bj} + \Phi_{tj} + \Phi_{ij}} \frac{L_j}{h_{rj} + L_{rj}} \tag{27}$$

通过上述变换，可以作出新型磁阻电动机磁路计算展开图(图 5)，图中 α，β 为转子等效开口槽的齿宽系数和槽宽系数，b'_{o2} 为闭口槽的等效开口宽度。根据转子槽顶部等效前后导磁能力、磁通量不变的原理，注意到 d，q 两轴磁通的不等，b'_{o2} 在两轴磁路中的数值是不等的：

$$\left.\begin{aligned} b'_{o2} &= b_{o2} - 2\frac{B_{ms}}{B_{t2d}} h_{o2} - 2g \quad (d\ 轴) \\ b'_{o2} &= b_{o2} - 2\frac{B_{ms}}{B_{t2q}} h_{o2} - 2g \quad (q\ 轴) \end{aligned}\right\} \tag{28}$$

$$\beta = 2\frac{b'_{o2}}{\tau_p} \tag{29}$$

$$\alpha = 0.25 - \beta \tag{30}$$

式中，h_{o2}，b_{o2} 为鼠笼槽顶部高度和宽度，B_{ms} 为铁芯饱和磁密，B_{t2d}，B_{t2q} 为两轴齿磁密，如果(29)式中 $b'_{o2} < 0$，则等效为全闭口槽，取 $\beta = 0$。

经过上述等效转换后，磁通全部径向通过气隙和等效后的反应槽。由此，q 轴磁路中的内部反应槽磁阻可以和外部气隙磁阻迭加起来计算，而反应槽对 d 轴磁路则不起作用。至此，可按图 5 写出对应的气隙磁导波函数：

$$\frac{\mu_0}{g(\varphi_d)}=\begin{cases}\dfrac{\mu_0}{g_e} & \dfrac{P}{\pi}\varphi_d\ \text{区间：}(0,\quad 0.5\alpha)\\ \dfrac{\mu_0}{g_e+h_{r_1}} & (0.5\alpha,\quad 0.5\alpha+\beta)\\ \dfrac{\mu_0}{g_e} & (0.5\alpha+\beta,\quad 1.5\alpha+\beta)\\ \dfrac{\mu_0}{g_e+h_{r_2}} & (1.5\alpha+\beta,\quad 1.5\alpha+2\beta)\\ \dfrac{\mu_0}{g_e} & (1.5\alpha+2\beta,\quad 2.5\alpha+2\beta)\\ \dfrac{\mu_0}{g_e+h_{r_3}} & (2.5\alpha+2\beta,\quad 2.5\alpha+3\beta)\\ \dfrac{\mu_0}{g_e} & (2.5\alpha+3\beta,\quad 3.5\alpha+3\beta)\\ \dfrac{\mu_0}{g_e+h_{ru}} & (3.5\alpha+3\beta,\quad 3.5\alpha+4\beta)\\ \dfrac{\mu_0}{g_e} & (3.5\alpha+4\beta,\quad 1)\end{cases} \tag{31}$$

$$\frac{\mu_0}{g(\varphi_q)}=\begin{cases}\dfrac{\mu_0}{g_e+W_1+W_2+W_3+W_4} & \dfrac{p}{\pi}\varphi_q\ \text{区间：}(0,\quad 0.5\alpha)\\ \dfrac{\mu_0}{g_e+h_{r_4}+W_1+W_2+W_3} & (0.5\alpha,\quad 0.5\alpha+\beta)\\ \dfrac{\mu_0}{g_e+W_1+W_2+W_3} & (0.5\alpha+\beta,\quad 1.5\alpha+\beta)\\ \dfrac{\mu_0}{g_e+h_{r_3}+W_1+W_2} & (1.5\alpha+\beta,\quad 1.5\alpha+2\beta)\\ \dfrac{\mu_0}{g_e+W_1+W_2} & (1.5\alpha+2\beta,\quad 2.5\alpha+2\beta)\\ \dfrac{\mu_0}{g_e+h_{r_2}+W_1} & (2.5\alpha+2\beta,\quad 2.5\alpha+3\beta)\\ \dfrac{\mu_0}{g_e+W_1} & (2.5\alpha+3\beta,\quad 3.5\alpha+3\beta)\\ \dfrac{\mu_0}{g_e+h_{r_1}} & (3.5\alpha+3\beta,\quad 3.5\alpha+4\beta)\\ \dfrac{u_0}{g_e} & (3.5\alpha+4\beta,\quad 1)\end{cases} \tag{32}$$

上述气隙磁导波函数在$\left(-\frac{\pi}{p},\ \frac{\pi}{p}\right)$范围内展开为傅氏级数，并注意到两轴磁导波函数各自对称于自身极轴，有

$$\frac{\mu_0}{g(\varphi)}=\mu_0\left(\frac{a_0}{2}+\sum_{n=1}^{\infty}a_n\cos np\varphi\right) \tag{33}$$

$$a_n=\frac{2p}{\pi}\int_0^{\frac{\pi}{p}}\frac{1}{g(\varphi)}\cos np\varphi\,\mathrm{d}\varphi \tag{34}$$

对于 D，Q 两轴，应分别用相应的转子位置角 φ_d，φ_q 代入。定子磁势波不计高次谐波时为正弦分布，有

$$F_m(\varphi)=F_m\cos\frac{p\varphi}{2} \tag{35}$$

一磁密波：

$$B(\varphi)=\frac{\mu_0}{g(\varphi)}F_m(\varphi) \tag{36}$$

磁通：

$$\Phi_a=\int_{-\frac{\pi}{p}}^{\frac{\pi}{p}}L\frac{D_2}{2}B(\varphi)\mathrm{d}\varphi \tag{37}$$

磁链：

$$\psi_a=\frac{z_\phi}{2}K_{dp}\Phi_a \tag{38}$$

两轴分别计算，可获对应的 ψ_{ad}，ψ_{aq}。相应的激磁电抗为

$$X_{ad}=\frac{\psi_{ad}}{2\pi f\sqrt{2}I_d}\times10^{-8} \tag{39}$$

$$X_{aq}=\frac{\psi_{aq}}{2\pi f\sqrt{2}I_q}\times10^{-6} \tag{40}$$

由(14),(15),(33)—(40)式，可获得：

$$C_d=\frac{pg_e}{2}\int_0^{\frac{\pi}{p}}\frac{1}{g(\varphi_d)}\cos\frac{p\varphi_d}{2}\mathrm{d}\varphi_d \tag{41}$$

$$C_q=\frac{pg_e}{2}\int_0^{\frac{\pi}{p}}\frac{1}{g(\varphi_q)}\cos\frac{p\varphi_q}{2}\mathrm{d}\varphi_q \tag{42}$$

注意到能量转换仅在磁导波与磁势波相互作用后产生基波的情况下才有效，磁导波中仅需计算常数项和二次谐波项。在 q 轴磁路计算中，要注意到内部反应槽、磁桥和槽顶的等效是对基波磁通计算获得的，而在外部气隙磁导波的计算中，也仅需计算常数项和二次谐波项。再考虑到 q 轴齿磁密远小于饱和磁密，由(29)式可知，一般 $\beta=0$。由此获得两轴电抗系数为

$$\begin{aligned}C_d=&4\alpha+\beta\left(\frac{g_e}{g_e+h_{r_1}}+\frac{g_e}{g_e+h_{r_2}}+\frac{g_e}{g_e+h_{r_3}}+\frac{g_e}{g_e+h_{r_4}}\right)+\frac{1}{\pi}\left\{\frac{g_e}{g_e+h_{r_1}}[\sin\pi(0.5\alpha+\beta)-\sin\pi(0.5\alpha)]\right.\\&+\frac{g_e}{g_e+h_{r_2}}[\sin\pi(1.5\alpha+2\beta)-\sin\pi(1.5\alpha+\beta)]+\frac{g_e}{g_e+h_{r_3}}[\sin\pi(2.5\alpha+3\beta)-\sin\pi(2.5\alpha+2\beta)]\\&\left.+\frac{g_e}{g_e+h_{r_4}}[\sin\pi(3.5\alpha+4\beta)-\sin\pi(3.5\alpha+3\beta)]\right\}\end{aligned} \tag{43}$$

$$\begin{aligned}C_q=&\frac{g_e}{g_e+W_1+W_2+W_3+W_4}\sin\frac{\pi}{2}(0.5\alpha)+\frac{g_e}{g_e+W_1+W_2+W_3}\\&\times\left[\sin\frac{\pi}{2}(1.5\alpha)-\sin\frac{\pi}{2}(0.5\alpha)\right]+\frac{g_e}{g_e+W_1+W_2}\\&\times\left[\sin\frac{\pi}{2}(2.5\alpha)-\sin\frac{\pi}{2}(1.5\alpha)\right]+\frac{g_e}{g_e+W_1}\\&\times\left[\sin\frac{\pi}{2}(3.5\alpha)-\sin\frac{\pi}{2}(2.5\alpha)\right]+\left[1-\sin\frac{\pi}{2}(3.5\alpha)\right]\end{aligned} \tag{44}$$

式(44)中 $\alpha=0.25$。如果 $\beta\neq0$，则 C_q 还要计算由外部不均匀气隙引起的 C_q 值减小量。由于 q 轴磁路中磁势、磁通在不同的参数和不同的负载下是变化的，因此等效后的反应槽宽度 W_1-W_4 也是随之变化的。所以，本文认为 q 轴电抗系数 C_q 并不是仅取决于转子外型尺寸的固定参数，而是随电机其他参数(如 Z_ϕ，g_e，R_1，X_1 等)、铁芯饱和程度和运行状态的变化而变化的。例如，当电压降低或负载减小时，q 轴磁势和磁通下降，磁桥饱和程度也随之

下降，使等效反应槽宽度 W_j 减小。因此，C_q，X_q 上升。由此可以成功地解释文献[2，5]中 X_q 随电压下降或负载减少而上升的实验曲线。

5）运用等值电路电磁感应定律计算 C_d，C_q

磁阻电机的相量图和两轴等值电路图与一般同步电机相似，仅是无励磁回路。在用本文提出的等效磁路网络法计算了 q 轴磁位、磁通后，还可以运用 q 轴等值电路和电磁感应定律计算 C_q 值。由电磁感应定律有

$$\frac{d\psi_{aq}}{dt}=-e' \tag{45}$$

e' 对应于激磁电抗 X_{aq} 上的电压降，即有

$$2\pi f\frac{Z_\phi}{2}K_{dp}\Phi_q\times10^{-8}=\sqrt{2}I_qX_{aq} \tag{46}$$

将(15)式代入，得到

$$C_q=\frac{\Phi_q\pi Z_\phi K_{dp}F_q}{2\sqrt{2}I_qX_c}\times10^{-6} \tag{47}$$

研究和计算表明，用(44)式和(47)式计算的 C_q 值是吻合的，从而也表明本文提出的磁路分析计算方法和 q 轴磁路等效转换方法是正确可行的。

d 轴磁路中，由于其实质上与异步电机磁路相同，无论是用等值电路电磁感应定律计算，还是用气隙磁导波与磁势波相互作用计算，C_d 的数值都是一致的。而且新型磁阻电机的 C_d 值一般在 0.95 以上，计算相对误差极小。

4. 计算实例与分析

本文计算了三相 550 W 新型磁阻电动机(结构见图 1)的参数和性能。电机数据如下：

定子外径 13.8 cm，内径 8.4 cm，24 槽。

转子 32 槽，斜定子一槽，铁芯长 7.5 cm，端环宽 0.7 cm，鼠笼槽高 0.8 cm，反应槽宽 0.3 cm，饱和磁桥宽 0.6 mm，槽顶磁桥宽 0.3 mm，气隙长 0.2 mm。

绕组 Y 接法，单链。导线直径 0.71 mm，每槽导线数 116。计算结果如下(以功电流、相电压为标么基值)：

$\overline{R}_1=0.035$	$\overline{X}_1=0.05$	$\overline{X}_c=1.71$
$\overline{X}_{ad}=1.212$	$\overline{X}_{aq}=0.198$	$\overline{X}_d=1.262$
$\overline{X}_q=0.248$	$C_d=0.952$	$C_q=0.119$
$\overline{T}_{po}=1.445$	$\theta=18.5°$	$\overline{I}_d=0.713$
$\overline{I}_q=1.382$	$\overline{I}=1.555$	$\Phi_d=191\,081$(Gs)
$\Phi_q=60\,326$(Gs)	$F_d=1.335$	$F_q=1.031$
$\cos\varphi=0.724$	$\eta=0.854$	

计算表明，新型磁阻电机力能指标较高，同步性能和起动性能都较好。用非线性规划对结构方案进行优化设计后，还可以进一步提高其性能指标。

本文还用两种方法计算了不同方案的 C_q 值，见表 1。

计算结果表明，对于结构数据不同的各个方案用两种方法计算的 C_q 数值十分接近，误差极小。本文还对在 JO_3 系列基础上派生的具有不同转子结构的 2.2 kW 磁阻电机进行了磁路

分析和参数计算，计算结果与产品实验数值接近。这也表明，对于不同转子结构的磁阻电机，只要作出相应的等效磁路网络，用本文的磁路计算方法是同样有效的。

表 1

方案号	鼠笼槽高 h_r/cm	反应槽宽 W/cm	槽导线数 Z/根	气隙 g/mm	气隙磁导波计算 C_q	等值电路计算 C_q	相对误差 %
1	0.95	0.28	116	0.22	0.132	0.130	1.5
2	1.0	0.26	123	0.2	0.125	0.123	1.6
3	0.9	0.35	110	0.25	0.134	0.132	1.5
4	0.7	0.30	100	0.3	0.158	0.158	0
5	0.8	0.30	116	0.2	0.120	0.119	0.8

5. 结论

本文在研究磁障式磁阻电机磁路特点的基础上，所提出的新型磁阻电机具有良好的力能指标。文中提出的等效磁路网络法可以有效地进行磁障式磁阻电机的磁路分析和参数计算。在求解非线性磁路方程组后，分别用等效气隙磁导波与磁势波相互作用的方法，及运用等值电路和电磁感应定律的方法，求取磁阻电机的关键参数——两轴电抗系数 C_d，C_q，结果相互吻合。论证和计算表明，磁阻电动机 q 轴电抗系数 C_q 和同步电抗 X_q是与电机参数、运行状态有关的量。反之，仅认为磁桥中磁路充分饱和而不予定量计算，或仅根据转子结构形状来计算磁障式磁阻电动机 q 轴同步电抗 X_q的方法是不适宜的。

参 考 文 献

[1] Lawrenson P J, Agu L A. PIEE,111(1964), 1435.

[2] Fong W, Htsui J S C. ibid., 117(1970), 545.

[3] Honsinger V B. IEEE. T., PAS-90(1971), 298.

[4] Honsinger V B. ibid., PAS-90(1971), 305.

[5] Honsinger V B. ibid., PAS-91(1972), 1544.

[6] Hassan S A, Osheiba A M F, et al. Electromechanics and Electric Machines, 5(1980), 155.

新型磁阻电机结构参数对性能的影响

顾仲圻　　周　鹗

（南京工学院动力系）

摘要：本文以反应槽上设有饱和磁桥的磁障式磁阻电机为例，分析研究了新型磁阻电机主要结构参数对电机性能的影响，并进一步论述了磁阻电机参数的合理选择，可供磁阻电机性能研究和结构设计时参考使用。

关键词：磁阻电动机，结构参数，电机性能

1. 引言

磁阻电动机结构简单、牢固耐用、运行可靠、价格便宜，适宜于在各类恒速传动装置中应用。近期来，国外学者进行了大量深入的理论和实验研究，改进了转子结构，性能指标得到明显提高，因而受到普遍重视。功率电子学、控制技术的发展以及微机的应用，为磁阻电机的可控变速稳定运行提供了有利条件。可以预期，随着生产的发展，磁阻电动机将会得到广泛的应用。

目前，国内外研究和生产的磁阻电动机，主要有四种形式，即：凸极式、分快转子式、磁障式和磁各向异性轴向迭片式磁阻电动机。其中，磁障式磁阻电机工艺较简单，性能也较好。根据我国实际生产状况，在异步电动机系统基础上派生磁阻电动机时，也以磁障式结构最为适宜。

在“新型磁阻电动机磁路分析和参数计算”[1]一文中，作者提出了一种磁障式磁阻电机的典型结构（见图1），并利用非线性元件网络法，对电机磁路和参数计算等问题进行了理论分析，提出了较为完整的新型磁阻电机参数和性能的计算方法。

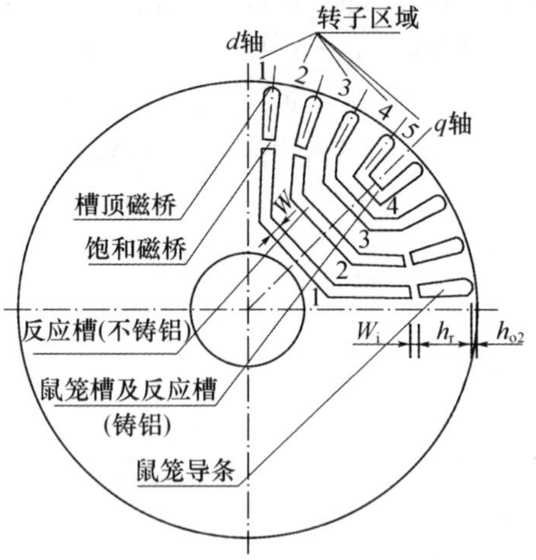

图1　新型磁阻电机转子结构

关于磁阻电机的结构参数对电机性能的影响，在国外文献上也做了不少介绍，其中对凸极式磁阻电机[2,3]和分快转子式磁阻电机[4,5]的讨论比较充分。本文将在现有研究基础上[1]，论述磁障式磁阻电机中的饱和磁桥宽度 W_i、反应槽宽度 W、电机铁芯长度 L、定子每槽导线数、转子鼠笼槽高度 h_r 和气隙长度 g 等这些有重要作用的参数变化时，对电机性能的影响。研究中用 TQ-16 计算机进行计算，参数和性能的计算方法和公式参阅文

《南京工学院学报》，1985 年第 1 期。

献[1，6，7]。

2. 新型磁阻电机结构数据对电机性能的影响

磁阻电动机的定子结构和异步电动机几乎完全相同，但转子结构不同。现以在 JW-9014、750 W 三相异步电机结构上派生的 550 W 三相磁阻电机为基础，计算各种方案，进行对比分析。它的主要数据为：

定子：外径 138 mm，内径 84 mm，24 槽
绕组：节距 1—6，Y 接，线径 ϕ=0.71 mm
转子：32 槽，斜定子 1 槽，4 极
饱和磁桥宽度：W_i=0.6 mm
转子铁芯长度：L=75 mm
内反应槽宽度：W=3 mm
转子鼠笼槽高度：h_r=8 mm
定子每槽导线数：Z=116
气隙长度：g=0.2 mm

以下将讨论 W_i、L、W、h_r、Z、g 等数据变化时，对输入电流 I_1、起动电流 I_{st}、起动转矩 T_{st}、牵入转距 T_{pi}、牵出转矩 T_{po}、功率因数 $\cos\varphi$ 和效率 η 等几项主要性能指标的影响。数据采用标幺值，标幺值的基值为电机额定容量、额定电压和额定功电流。在分析中，为了便于比较，将有关各曲线绘于同一图中，其中坐标轴上各点 A、B、C 对应不同的曲线所代表的数值不同，这些数值集中列于表 1。

表 1　曲线坐标点标度表

坐标点代号	A	B	C	单位
牵出转矩　T_{po}	1.4	1.8	2.2	
功率因数　$\cos\varphi$	0.65	0.75	0.85	
效　率　η	0.84	0.85	0.86	
定子电流　I_1	1.6	1.8	2.0	
起动电流　I_{st}	8	10	12	
起动转矩　T_{st}	1.9	2.5	3.1	
牵入转矩　T_{pi}	1.2	1.4	1.6	
磁桥宽度　W_i	0.4	0.8	1.2	mm
铁芯长度　L	71	79	87	mm
鼠笼槽高度　h_r	7.2	8.8	10.4	mm
反应槽宽度　W	2.6	3.4	4.2	mm
每槽导线数　Z	108	124	140	根
气隙长度　g	0.46	0.27	0.32	mm

1）饱和磁桥宽度 W_i 对电机性能的影响(图 2)

新型磁阻电机的 q 轴磁路中，设置有饱和磁桥，其宽度为 W_i。通常，饱和磁桥处于不同程度的饱和状态，它对电机性能有很大影响。从图 2 中曲线可以看出，随着 W_i 的增大，除起动转矩略有上升外，其他各项性能都一致变差。因此，在通常情况下，加大 W_i 是不可取的。

在转子直径较大的磁阻电机中，可以取较大的 W_i 值；在容量很小的磁阻电机(百瓦以

下)中，如果 W_i 值过大，就很难得到较高的 X_d/X_q 值，也就无法保证一定的性能要求。W_i 值过小，将会影响转子机械强度，也会受到冲压工艺的限制。计算和分析表明：W_i 与转子外径 D_2 之比小于 0.01 时，电机可以获得较好的性能指标。

在反应槽宽度不大(如 3 mm 以下)，且工艺加工允许时，W_i 可以与硅钢片厚度相近。

如果不用饱和磁桥，则 X_d/X_q 更大些，因而电机性能还会有所提高，但转子机械强度大为降低，无法实际应用。如果在靠近 q 轴轴线处的反应槽上也加上磁桥，则 q 轴磁阻减小，性能也会变差。所以，q 轴附近的反应槽包围的铁芯面积不大，转子转动时离心力也较小，且有鼠笼导条的紧固，这种情况可以保持较高的机械强度。为此，从提高电机性能指标考虑，靠近 q 轴的反应槽处以不设饱和磁桥为宜。

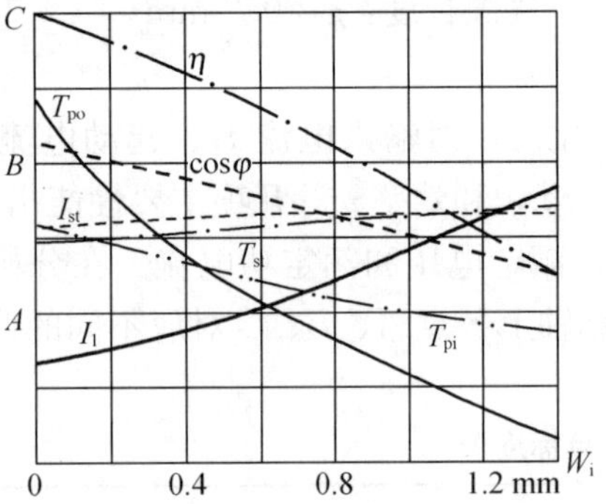

图 2　饱和磁桥宽度 W_i 对电机性能的影响

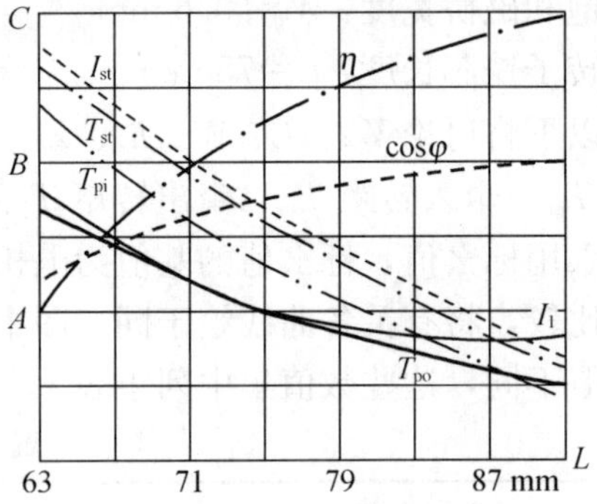

图 3　铁芯长度 L 对电机性能的影响

2) 铁芯长度对电机性能的影响(图 3)

铁芯长度增加，对提高电机功率因数和效率是有益的，并且输入电流 I_1 和起动电流 I_{st} 也会下降。但是，起动转矩、牵入转矩和牵出转矩也都随着减小，电机成本也会加大。因此，在确定铁芯长度 L 时，应综合考虑电机各项性能指标，选择最佳数值。

一般说，若异步电机的电磁设计是合理的，派生的磁阻电机可以选取与之大致相等的铁芯长度。

3) 反应槽宽 W 对电机性能的影响(图 4)

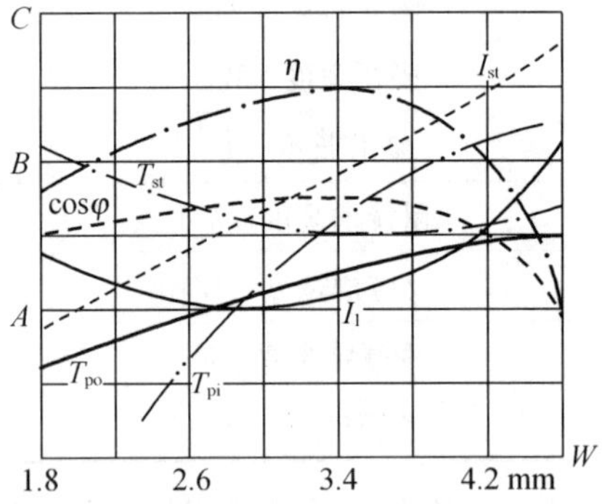

图 4　反应槽宽度 W 对电机性能的影响

磁阻电机 q 轴磁路中的反应槽，增大磁路磁阻，减小 q 轴电抗 X_q，提高电抗比 X_d/X_q，对电机性能有决定性的影响。但是，从图 4 中可以看出，并不是反应槽宽度 W 越大越好。这是因为 W 增大时，固然 X_q 下降，但 d 轴磁路的饱和程度随着增加，W 过大时，d 轴电抗 X_d 迅速下降，使电机性能反而变差。

具体地说，反应槽宽度加大，开始时功率因数和效率都会提高，但 W 过大时，d 轴磁路严重饱和，反而导致功率因数和效率下降。输入电流 I_1 则是先降后升。牵出转矩 T_{po} 随 W 的加大而上升；W 过大后，d 轴磁路饱和，X_d/X_q 比值下降，T_{po} 的上升趋平缓；如再加大 W，还会导致 T_{po} 下降。还有，W 加大后，转子铸铝量增加，转子电阻值下降，这样使牵入转矩加大，起动电流增加，起动转矩下降。

一般来说，图 1 所示新型磁阻电动机转子结构中，反应槽与转子外径之比 $W/D_z \leqslant 0.4$

时，不会引起 d 轴磁路过分饱和。容量较大时，可以使用较宽的反应槽，以取得较好的性能指标。

4）转子鼠笼槽高度 h_r 对电机性能的影响（图 5）

磁阻电机的转子鼠笼仅作为起动绕组用，因此，导条高度 h_r 只影响电机的起动性能，对同步稳态运行几乎没有影响。在图 5 中，功率因数 $\cos\varphi$、效率 η、牵出转矩 T_{po} 和电流 I 等几乎不随 h_r 而变化，近似为水平状的直线。

随着 h_r 的增加，转子电阻减小，起动电流加大，起动转矩下降，而牵入转矩加大。因此，用改变 h_r 的方法来获得适宜的起动性能，是十分有效的。在需要较大起动转矩时，可采用较小的 h_r 值；反之，对要求较高牵入转矩的电机，则应选用较大的 h_r 值。

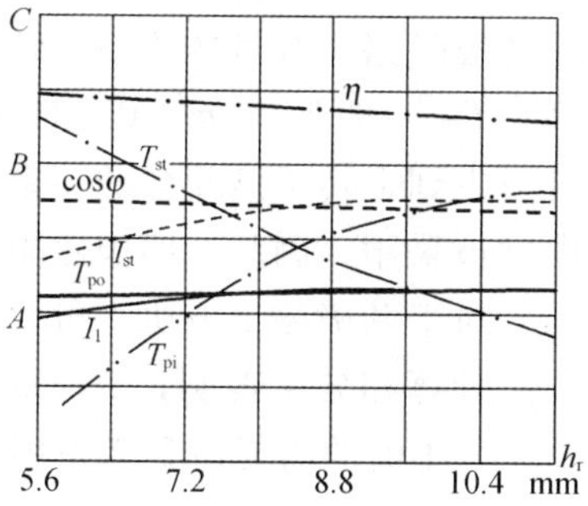

图 5 转子鼠笼槽高度 h_r 对电机性能的影响

新型磁阻电机的部分反应槽中有铸铝，并与鼠笼导条连接为一体，因此转子电阻总比一般的异步电机小。h_r 的值一般可以选为同样外径异步电机转子槽高度的 2/3 左右。

5）气隙长度 g 对电机性能的影响（图 6）

气隙加大后，同步电抗下降，电机的功率因数和效率都明显下降，输入电流加大，起动转矩减小，对电机性能产生不良影响，但牵出转矩和牵入转矩略有上升。

气隙大小还受机械加工和装配工艺的限制，一般可以取比同机座异步电机略小的气隙。在分马力磁阻电机中，气隙最小值可以限定为 0.2 mm。

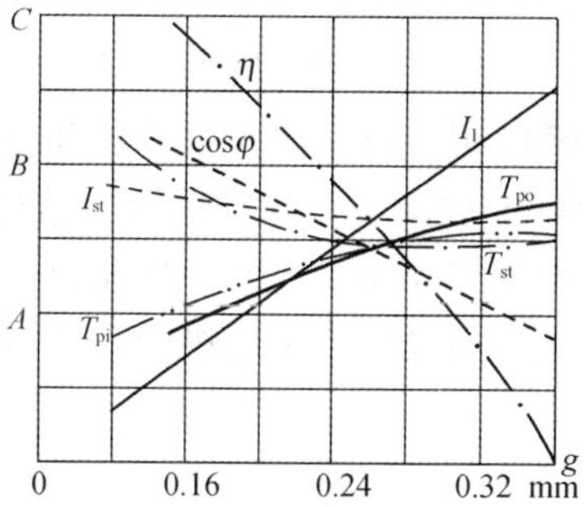

图 6 气隙长度对电机性能的影响

6）每槽导线数 Z 对电机性能的影响（图 7）

每槽导线数 Z 的变化对电机性能的影响十分明显。由于电机电抗常数与 Z^2 成正比，Z 加大后，导致各项电抗很快增加，定子电阻也呈现跳跃式的增加。后者的原因是：在 Z 增大到一定值时，由于受到槽满率的限制，不得不选用截面较小的导线，因而电阻值就会骤然增加。

导线数 Z 增加，使电机各项转矩，包括起动转矩、牵入转矩和牵出转矩，都很快下降。效率在某一 Z 值时有最大值，功率因数则在很大范围内一直趋向增长。因此，在转矩值能够达到一定要求的前提下，适当加大 Z 的数值，可以使功率因数和效率得到提高。对于由异步电机派生的磁阻电机来说，可按同机座的异步电机和同容量（即小一级机座）的异步电机所用导线数的平均值，作为导线数 Z 的初选值，并通过计算比较再行确定。

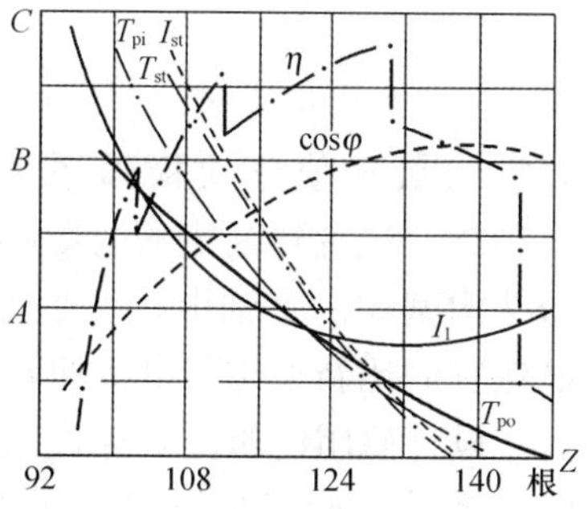

图 7 每槽导线数 Z 对电机性能的影响

7）影响电机性能的其他结构数据

磁阻电机的转子端环是起动绕组的组成部分，其截面积可以比同机座号异步电机的端环尺寸小得多。端环高度受鼠笼导条高度的限制，其厚度可以选择为异步电机端环厚度的 2/3 左右。可用调整端环厚度的办法，作为改变起动转矩和牵入转矩的辅助手段。

为了改善起动性能，转子仍宜采用斜槽结构，一般可以选择斜过定子一个槽距。

磁阻电机定转子槽配合的问题，可以参照异步电机有关说明进行。考虑到电机同步运行时各极磁路应有对称关系，转子每极槽数应取为整数。当定子槽数 $Q_1=24$ 时，异步电机转子槽数 Q_2 一般为 22 或 30；对于磁阻电机来说，Q_2 只能在 20、24、28、32、36 诸值中选取。再考虑到定转子槽配合的关系，其中 20、24、28、36 是不适宜的。而 24/32 的槽配合在实践中常被采用，因此，四极磁阻电机常用 32 槽转子。当 $Q_1=36$ 槽时，36/32 的槽配合也可采用。对于两极磁阻电机，可以采用 24/18、24/20 的槽配合。

计算和分析表明，q 轴磁路结构中，有 3～4 道反应槽已能满足增大 q 轴磁阻、提高 X_d/X_q 比值的需要，不必采用过多的反应槽。q 轴中心处的转子槽仅作为鼠笼的组成部分。

3. 新型磁阻电机参数的合理确定

为了提高磁阻电机的性能指标，必须合理选定电机参数。通常，电机除应满足一定的起动、牵入、牵出转矩的要求外，还应具有较高的效率和功率因数。

1）直轴电抗系数和直轴电抗的选取

新型磁阻电机的直轴磁路与异步电机磁路近似，直轴（d 轴）磁通没有受到任何附加的磁障作用，仅只由于鼠笼槽和反应槽的存在使磁轭截面积有所减小，但电抗系数 C_d 仍然高达 0.95 以上[1]。与其他转子结构型式比较，在同样的 X_q 值下，可以得到更高的 X_d/X_q 比值，使效率和功率因数等性能指标得到提高。

凸极式磁阻电机的直轴电抗系数为[4]

$$C'_d=\alpha+(1+\alpha)\left(\alpha+\frac{\sin\alpha\pi}{\pi}\right)$$

其中 $\alpha=g/g'$ 为主气隙长度与极间气隙长度之比，α 为极弧系数。以常用最佳值 $\alpha=0.5$、$\alpha=\frac{1}{25}$代入，可得 $C'_d=0.8256$。

分块转子式的直轴电抗系数为[4]

$$C''_d=\beta-\frac{\sin\beta\pi}{\pi}$$

以常用最佳值分块极弧系数 $\beta=0.88$ 计算，$C''_d=0.7628$。注意到鼠笼槽的影响，上述磁阻电机两种转子结构型式的直轴电抗系数 C_d'，C''_d 还会有所减小。显然它们比新型磁阻电机的 C_d 值要小得多。

设计磁阻电机时，应注意尽可能得到较高的直轴电抗系数，同时要注意使直轴电抗值 X_d 有适当值。X_d 增加，可以提高 $\cos\varphi$ 和 η；但在 X_d/X_q 比值一定时，牵出转矩 T_{po} 则与 X_d 值近似成反比，见图 8。因此，选取 X_d 值时，应结合 X_d/X_q 比值考虑。计算表明，在 X_d/X_q 近似等于 5 时，取 X_d 值在 1.2 左右为宜。

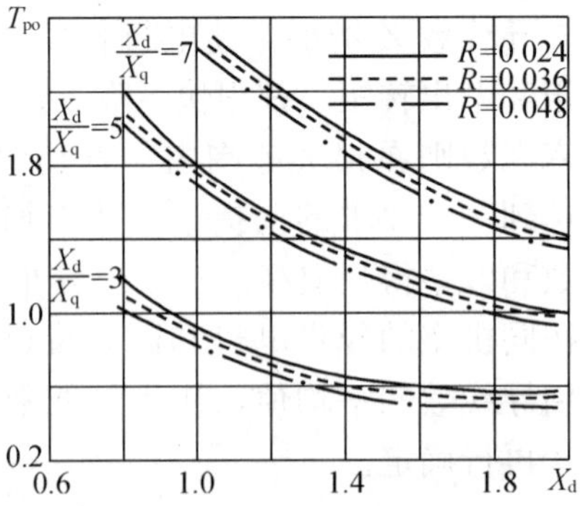

图 8　牵出转矩 T_{po} 随电机参数变化曲线

2）两轴电抗比值 X_d/X_q 的选取

X_d/X_q 比值增高，对增大转矩，提高 η 和 $\cos\varphi$ 一般是有益的，但比值过大时，电机运行的稳定性变差。计算表明 X_d/X_q 值在 5～6 左右为宜。

在新型磁阻电机中，由于有反应槽、饱和磁桥和槽顶磁桥结构，只要适当地控制反应槽宽度和磁桥的宽度，就可以得到合理的 q 轴电抗 X_q 和两轴电抗比 X_d/X_q。

在结构上，饱和磁桥宽度很小，反应槽宽度明显较大，但硅钢片磁导率比反应槽中不导磁材料的磁导率要大得多，因此两者的磁阻大致相当。在电机重载运行时，q 轴磁势和磁通较大[6,7]，磁桥充分饱和，因而 q 轴电抗系数 C_q 变小，使反应槽作用明显，X_d/X_q 变大，电动机产生的磁阻转矩也较大。在空载或轻载运行时，q 轴磁势和磁通大为减少，这时，大部分磁通经过磁桥形成通路，反应槽中磁力线很少，于是 q 轴电抗系数 C_q 增加，X_d/X_q 降低，磁阻转矩减小。应该看到，磁桥饱和程度、q 轴电抗系数 C_q 不仅与转子结构数据有关，而且与电机的运行状态有关[1]。

3）电机参数的选取

定子电阻 R_1 对效率、功率因数和牵入转矩等有较大影响，一般情况下，应选取尽可能小的定子电阻值，最好限制在 0.05 以下。

定子漏抗 X_1 的减小，对提高电机各项性能指标有利，减小漏抗的方法与一般异步电动机中所用方法相同。

磁阻电机牵出转矩是一个十分重要的参数，过高则影响其他性能（如效率和功率因数指标）；过低则同步运行时电机的抗干扰能力较差。我国资料中建议 $T_{po} \geqslant 1.6$，英美文献中要求 $T_{po} \geqslant 1.5$，苏联有些文献中推荐 $T_{po} \geqslant 1.4$。可以认为，新型磁阻电机的 T_{po} 以不小于 1.5 为宜。

磁阻电机的牵入转矩应有较大值，为此，需要减小转子电阻值。这时，要选用较大的反应槽宽度和鼠笼槽高度，如图 9 所示。但牵入转矩 T_{pi} 大时，常引起起动转矩 T_{st} 的减小，因此应根据负载转矩的要求，注意使两者都有适当高的值。在新型磁阻电机设计中，可以选取 $T_{pi} \geqslant 1.3$，$T_{st} \geqslant 2.2$。

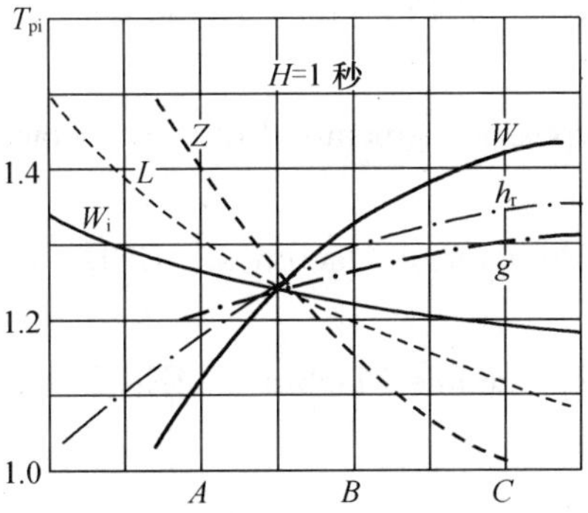

图 9　电动机牵入转矩 T_{pi} 的变化

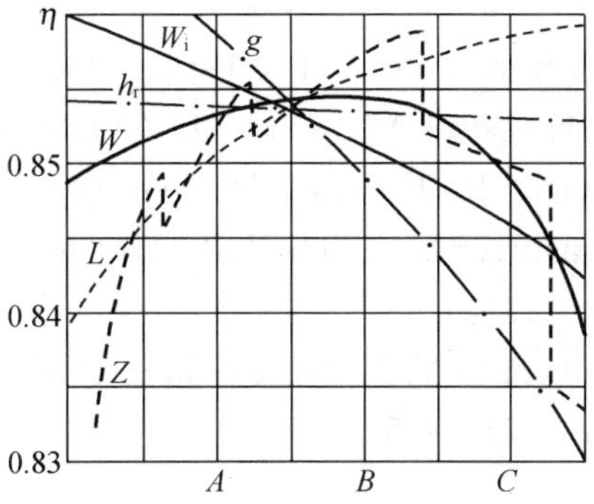

图 10　电动机效率 η 的变化

电机效率 η 的变化规律见图 10。为了提高效率，可采用尽可能小的磁桥宽度和气隙长度，适当加大铁芯长度，并选取适当的反应槽宽度和定子导线数。应该指出，磁阻电机同步运行时，转子绕组无电流、无铜耗，因此效率可以较高。当然，如各项结构数据选择不当，效率也会迅速下降。

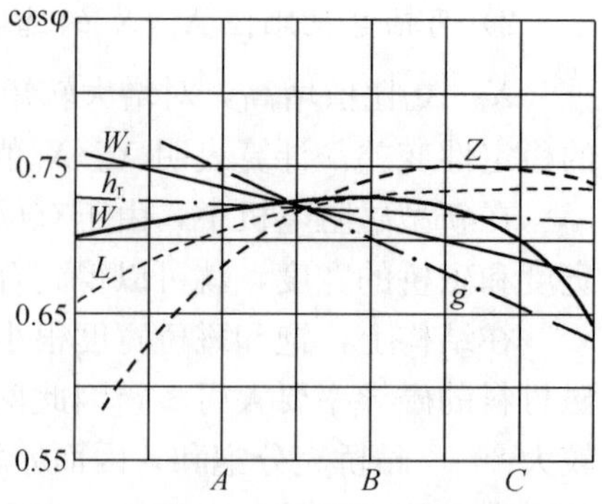

图 11　电动机功率因数 cosφ 的变化

功率因数的大小，与气隙长度、反应槽宽度、磁桥宽度、导线数等都有密切关系，见图 11。

提高电机功率因数是必要的，不过改善功率因数有时可以采用补偿装置来实现，不必为了追求过高的功率因数，以致影响电机其他性能指标的提高。

4. 结论

在理论分析和大量方案计算的基础上，本文研究了磁阻电机主要结构数据对电机性能的影响。给出在磁桥宽度、反应槽宽度、铁芯长度、转子槽高度、气隙长度等不同时，电机定子电流、起动电流、起动转矩、牵入转矩、牵出转矩以及功率因数和效率等的变化规律。各有关量都采用标幺值，可以有较普遍的参考意义。此外，也分析了新型磁阻电机两轴电抗系数、同步电抗、电抗比 X_d/X_q 选值的范围，讨论了提高效率和功率因数的途径。

分析表明，在磁阻电机结构设计中，取较小的磁桥宽度，较小的气隙以及适当的反应槽宽度，可以改进电机运行性能；较小的每槽导线数和稍长的铁芯长度，有助于功率因数和效率的提高；改变鼠笼槽高度和端环厚度，则能有效地改变起动转矩和牵入转矩，以便满足设计要求。当然，各个结构数据的改变，对整机性能都有一定影响。因此，在实践中必须综合考虑各项因素，通过优化设计，使新型磁阻电机的性能达到预期的良好指标。

参考文献

[1] 周鹗，顾仲圻. 新型磁阻电动机磁路分析和参数计算. 中国科学. A辑.，1983(6)：571.

[2] Hassan S A，Osheiba A M F. A Generalized Approach for the Evaluation of Reluctance Motor Reactances. Electric Machines and Electromechanics，Vol. 5，1980：155.

[3] Uezato K，Ueda M. Effect of Parameter Changes on the Performance of Solid Rotor Three-Phase Reluctance Motors. Electric Machines and Power System，Vol. 8，1983：185.

[4] Lawrenson P J，Aqu L A. Theory and Performance of Polyphase Reluctance Machines. P. I. E. E.，Vol. 111，1964：1435.

[5] Ramamoorty M，Rao P J. Optimization of Polyphase Segmented-Rotor Reluctance Motor Design. IEEE. T.，PAS-98，1979：527.

[6] Honsinger V B. The Inductances L_d and L_q of Reluctance Machines. IEEE. T.，PAS-90，1971：298.

[7] Honsinger V B. Steady-State Performance of Reluctance Machines. IEEE. T.，PAS-90，1971：305.

新型磁阻电机起动和牵入同步性能分析

周　鹗　　林明耀

（南京工学院动力系）

摘要：本文运用状态变量法对新型磁阻电机的起动性能进行了分析，包括：建立数学模型、理论分析、仿真计算和实验研究。计算中还计及磁路饱和对起动性能的影响。此外，通过对牵入同步过程的分析，导出了牵入同步判据，并由此给出不同电机参数值时磁阻电机牵入能力的变化规律。

关键词：磁阻电机，同步性能，磁路

1. 引言

近年来，国内外学者对磁阻电机进行了大量的理论和实验研究，改进了转子结构，使其性能指标得到明显提高，因而受到了广泛重视。新型磁阻电机具有许多优点，有着广阔的发展前景，它既可用于各类需要恒速传动的装置中，也可借助变频电源进行可控稳定调速运行。在实际应用中，不仅要求磁阻电机具有良好的稳态性能指标，并且在暂态性能指标方面也应能满足可靠运行的要求。

磁阻电机的暂态性能，主要包括起动特性，牵入同步特性和运行稳定性三个方面，本文对前二者进行了分析，这对磁阻电机的研制、开发和使用都有着重要的理论和实际意义。本文以q轴磁路中设置有饱和磁桥及反应槽的新型磁障式磁阻电机为对象[1]。在分析计算中，各物理量优先采用标幺值。

2. 计算起动性能所用的数学模型

新型磁阻电机的定子结构与一般异步电机相同，转子结构见文献[1]，为一 4 极电机。为导出电机的数学模型，将电机等效为两极机，其物理模型如图 1 所示。其中定子绕组用a、b、c三相集中绕组表示，转子电路用等效的d轴和q轴阻尼绕组表示。

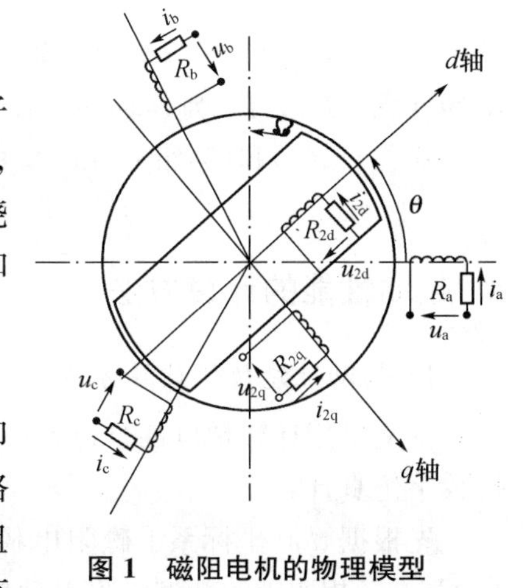

图 1　磁阻电机的物理模型

1) a、b、c 坐标系下磁阻电动机的状态方程

按惯例选定电压、电流和磁通的正方向（如图 1）后，即可写出一组电压方程；一组以相电流为函数的暂不计磁路饱和效应的d、q轴的气隙基波磁通Φ_{ad1}，Φ_{aq1}方程；和一组以气隙基波磁通为函数的各绕组磁链方程。整理这三组方

《中国电机工程学报》，第 8 卷第 2 期，1988 年 3 月。

程即可得相应的状态方程

$$\dot{\boldsymbol{I}}=-(\boldsymbol{L}_{\sigma}+A\boldsymbol{C}_1+B\boldsymbol{C}_2)^{-1}(\boldsymbol{R}+A\dot{\boldsymbol{C}}_1+B\dot{\boldsymbol{C}}_2)\boldsymbol{I}+(\boldsymbol{L}_{\sigma}+A\boldsymbol{C}_1+B\boldsymbol{C}_2)^{-1}\boldsymbol{U} \tag{1}$$

式中，$\boldsymbol{U}$、$\boldsymbol{I}$ 分别为电压和电流的列向量，R 是以各绕组电阻作为元素的对角矩阵，$\boldsymbol{L}_{\sigma}$ 是 5×5 漏感系数阵。$\boldsymbol{C}_1$，$\boldsymbol{C}_2$ 各为 5×5 的绕组磁链与电流的关联矩阵，A，B 为电机结构常数。

电磁转矩 T_e 和转子运动方程分别为

$$\begin{aligned}T_e=&pk_{w1}W\{\Phi_{aq1}[i_a\cos\theta+i_b\cos(\theta-120°)+i_c\cos(\theta-240°)]\\&-\Phi_{ad1}[i_a\sin\theta+i_b\sin(\theta-120°)+i_c\sin(\theta-240°)]\end{aligned} \tag{2}$$

$$\dot{\Omega}=(T_e-T_1-R_{\Omega}\Omega)J \tag{3}$$

式中，p 为电机极对数，$k_{w1}W$ 为定子绕组有效匝数，Ω 为转子机械角速度，T_1 为负载转矩，R_{Ω} 为阻尼系数，J 为转动惯量。Ω 与转子位置角 θ 的关系为

$$\dot{\theta}=p\Omega \tag{4}$$

式(1)、式(3)、式(4)联立即组成磁阻电机在 abc 坐标系下的状态方程。

2) d、q、0 坐标系下磁阻电动机的状态方程

由 a、b、c 坐标系下磁阻电机的状态方程可知，电机绕组的自感和互感系数皆为转子位置角 θ 的周期函数，这样会给分析计算带来一定困难。为此，可运用在功率不变原则下的 $dq0$ 变换，将转子各量归算至定子一侧，得到 $dq0$ 坐标系下磁阻电机的电压状态方程为

$$\frac{\mathrm{d}}{\mathrm{d}t}\begin{pmatrix}i_d\\i_q\\i_{2d}\\i_{2q}\end{pmatrix}=\begin{pmatrix}L_d&0&M_{ad}&0\\0&L_q&0&M_{aq}\\M_{ad}&0&L_{2d}&0\\0&M_{aq}&0&L_{2q}\end{pmatrix}^{-1}\left\{-\begin{pmatrix}R_1&L_qP\Omega&0&M_{aq}p\Omega\\-L_dp\Omega&R_1&-M_{ad}p\Omega&0\\0&0&R_{2d}&0\\0&0&0&R_{2q}\end{pmatrix}\begin{pmatrix}i_d\\i_q\\i_{2d}\\i_{2q}\end{pmatrix}+\begin{pmatrix}u_d\\u_q\\0\\0\end{pmatrix}\right\} \tag{5}$$

其中，L_d、L_q 为定子 d 轴和 q 轴绕组的自感，M_{ad}、M_{aq} 分别为 d 轴和 q 轴定子绕组与转子绕组的互感，L_{2d}、L_{2d} 为 d 轴和 q 轴转子绕组的自感。

式(3)、(4)和(5)组成 $dq0$ 坐标系中磁阻电机的状态方程。其中，电磁转矩为

$$T_e=p[(L_qi_q+M_{aq}i_{2q})i_d-(L_di_d+M_{ad}i_{2d})i_q] \tag{6}$$

3. 起动性能的计算方法

1) 起动性能数值计算方法

本文采用计算精度高且过程稳定的定步长四阶龙格-库塔法，对磁阻电动机的状态方程进行数字仿真计算。

先根据 $dq0$ 坐标系下磁阻电机的状态方程，计算一台 550 W、380 V、2.0 A、Y 联接，50 Hz、三相四极的新型磁阻电动机，它的标幺值参数为

$$R_1=0.029\quad L_d=1.333\quad L_q=0.251$$

$$M_{ad}=1.28\quad M_{aq}=0.214\quad R_{2d}=0.030$$

$$R_{2q}=0.036 \quad L_{\sigma 2d}=0.081 \quad L_{\sigma 2q}=0.083$$
$$R_{\Omega}=3.513\times 10^{-4}\ \mathrm{N\cdot m\cdot s/rad}$$

转子转动惯量 $J_r=1.998\times 10^{-3}\ \mathrm{kg\cdot m^2}$

2）磁路饱和对起动性能的影响

新型磁阻电机的转子磁路中，有着饱和磁桥和槽顶磁桥，其中通过的磁通占有很大比例。在起动过程中，电机绕组电流逐渐衰减，不同瞬间磁路处于不同的饱和状态，因而 d、q 轴的电抗 X_d、X_q 也不再为常数。在电机起动性能仿真计算中应考虑磁路饱和的影响。

X_d 和 X_q 值可通过计算或实测得到，本文采用后一种方法，并认为 X_d 仅为 d 轴电流 I_d 的函数，X_q 仅为 q 轴电流 I_q 的函数。对测量结果进行正交拟合，得到

$$\left.\begin{aligned} X_d&=1.50047+1.11237I_d-2.48573I_d^2+1.55329I_d^3-0.31559I_d^4 \\ X_q&=1.05256-0.68350I_q+0.27120I_q^2-0.06191I_q^3 \\ &\quad +7.09972\times 10^{-3}I_q^4-3.43469\times 10^{-4}I_q^9 \end{aligned}\right\} \tag{7}$$

在电机起动过程中，转子电流不为零，它与定子电流共同作用产生 d 轴、q 轴合成磁势。设

$$\left.\begin{aligned} I_{Md}&=I_d+I_{2d} \\ I_{Mq}&=I_q+I_{2q} \end{aligned}\right\} \tag{8}$$

以 I_{Md}、I_{Mq} 代替式(7)中的 I_d、I_q，修正起动性能计算程序，即可计及磁路饱和对电机起动过程的影响。

在数值计算开始时，并不知道起动电流 I_{Md}、I_{Mq} 的数值，因此，可先按未考虑饱和时的参数计算电机的起动特性，求出起动电流后，再按照式(7)确定相应的电抗值，用修正后的参数重复计算这一运行点，并打印出结果。计算第二个运行点时，先按第一个运行点考虑饱和时的参数进行计算，求出电流 I_{Md}、I_{Mq}，再按式(7)确定新的电抗值，用修改后的参数重复计算第二个运行点，并打印出结果。如此逐点进行计算。

表 1　起动性能计算值与实验值的比较

机电量		i_{amax}/p. u.	T_{emax}/p. u.
实验值		14.9	5.65
计算值	未考虑饱和	14.2	4.25
	考虑饱和	15.2	5.11

为便于同实验结果比较，定子 d、q 轴电流应转换为 a、b、c 相电流。

考虑饱和后，起动电流和起动转矩计算结果更接近于实验值(表 1)。

4. 计算结果与分析

图 2 为 $T_l=0.0051$ p. u.、$J=J_r$ 时新型磁阻电机起动性能数字仿真计算的结果和实验曲线。

由图可见，起动刚开始时，定子和转子绕组电流均达到最大值，随着电机转速上升，电流的幅值均逐渐减小，但转子电流频率较高。当电机牵入同步后，定子电流趋于稳态值，而转子电流则衰减为零。

图 3(a)绘出了与图 2 对应的起动过程中转矩-转差率特性曲线和整个牵入同步过程。

计算结果说明(参见图 3a，3b)，当负载转矩和系统惯量增加时，起动过程中电磁转矩的脉动加剧。但电机牵入同步后，其转子能较快地稳定在同步速运行。

作者曾按照 abc 坐标系下的磁阻电机状态方程进行了数字仿真，所得结果与上述十

分相近，但是所费机时为前者的 3.5 倍。除此，采用 $dq0$ 模型还具有形式简单、物理概念清楚等优点。

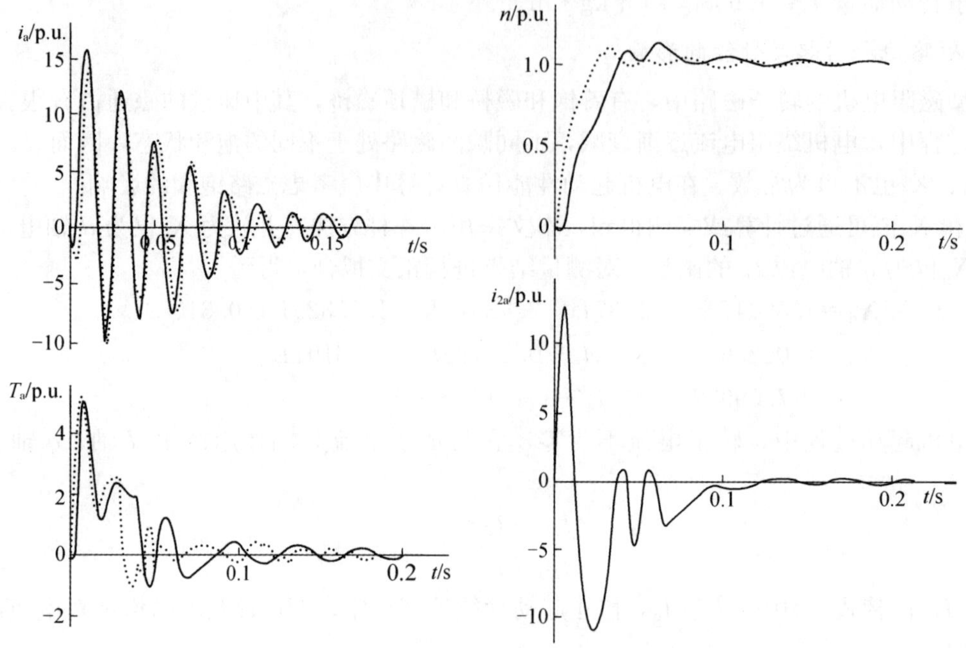

图 2 磁阻电动机起动特性曲线

实线—数字仿真曲线 虚线—实验曲线

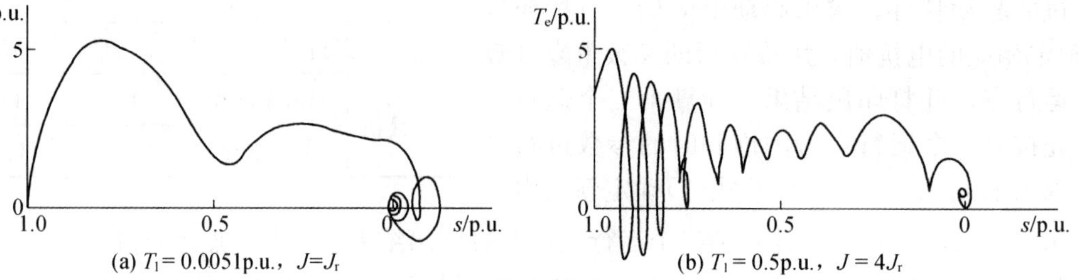

(a) $T_1 = 0.0051$p.u.，$J=J_r$　　(b) $T_1 = 0.5$p.u.，$J = 4J_r$

图 3 磁阻电机的转矩-转差率特性曲线

5. 牵入同步判据

1）平均异步转矩和脉动转矩

磁阻电机的牵入同步是在电机异步起动后，转速接近同步转速时，转子在脉动转矩的作用下继续加速并达到同步转速运行的过程。

磁阻电机能否牵入同步，主要与以下四个因素有关：临界转差率、牵入同步时的磁阻转矩、转动惯量和负载转矩。当牵入同步时的转差率小于临界转差率时，电机才有可能被牵入同步。

若磁阻电机的牵入同步的机电暂态过程以各个不同转差率下的稳态异步运行来代替，则描述磁阻电机暂态性能的微分方程可以表示为复数形式的向量方程，经过求解后，可以得到电磁转矩平均异步转矩分量 T_{av} 和脉动转矩分量 T_p 的表达式[2,3,7]为

$$T_{av}=\frac{3pU^2}{2|\Delta|^2}\left[B+D-\frac{R_1}{V}(2BD-2AE+A^2+B^2+D^2+E^2)+\frac{R_1^2}{V^2}(DA^2+DB^2+BD^2+BE^2)\right.\quad(9)$$

$$T_p=\frac{U_2}{2|\Delta_1|^2}(K_2\sin2\delta+K_3\cos2\delta)\quad(10)$$

式中，$|\Delta|^2$、Δ_1、V、K_2、K_3、A、B、D、E 与电机参数和转差率的关系见附录，U 为电源电压有效值，δ 为电机功率角。

式(9)、式(10)非常复杂，为简化计可以用二次曲线方程近似，结果如下

$$\left.\begin{aligned}T_{av}&=as^2+bs-c\\T_p&=(ds^2+es+f)\sin2\delta+(gs^2+hs+i)\cos2\delta\end{aligned}\right\}\quad(11)$$

式中，a、b、c、d、e、f、g、h、i 为对式(9)、(10)进行插值所得的系数。

2）边界条件

当作用在转子轴上的加速转矩从零值上升时，磁阻电动机开始牵入同步过程，加速转矩使转子加速并促使其进入同步，当加速转矩减小为零时，这一牵入同步过程结束。

在牵入同步过程结束时，由于负载情况不同，磁阻电机可能有两种不同的运行情况：一是电机被牵入同步，如图 4(a)所示；另一是电机不能被牵入同步，转子在异步状态下脉动，如图 4(b)所示。图 4(a)和(b)的差别仅在于两者的转动惯量不同，后者大于前者。

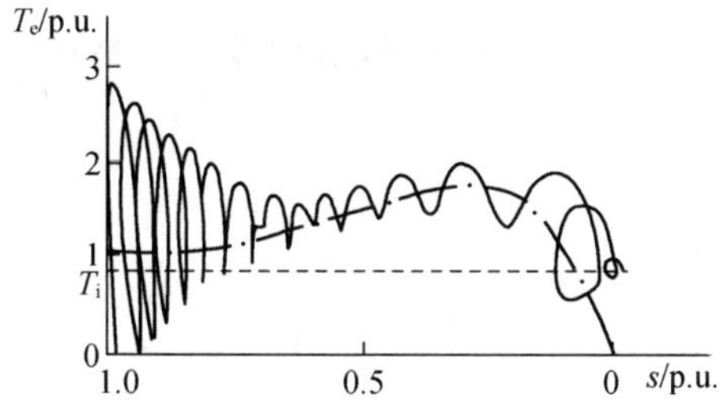

(a) 成功牵入同步

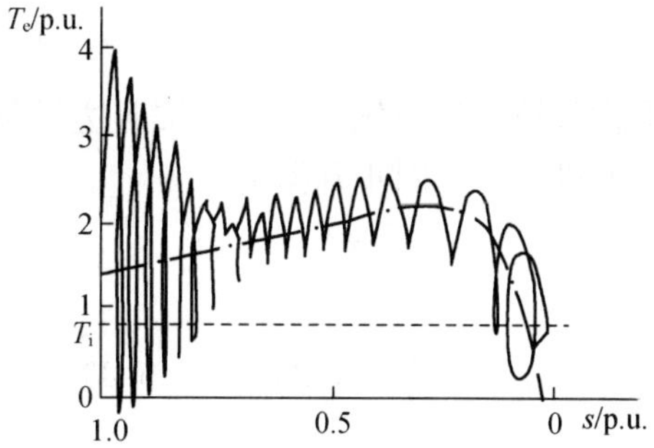

(b) 未牵入同步

图 4　磁阻电机的起动特性曲线

图 5 为磁阻电机的稳态矩-功角特性及不同负载情况下牵入同步过程中的转差率-功角特性曲线。由分析可知，对应(1)、(2)的情况，磁阻电机能被牵入同步，对应(3)的情况为临界牵入情况，加速转矩为零时，电机能否牵入同步将视系统具体情况而定。若系统运行功率角趋向于减小，并且小于 δ_f'，则电机最终将能稳定在功率角 δ_f 上运行，在这种情况下，牵入同步过程中的加速转矩最大，在一定负载转矩下能被牵入同步的转动惯量也最大。由此可以得到牵入同步过程结束时的边界条件为

$$\left.\begin{aligned}s&=0\\\delta&=\delta_f'\end{aligned}\right\}\quad(12)$$

牵入同步过程中，磁阻电机的转差率近似为功率角 δ 的余弦函数[5],[6]，若牵入同步过程开始时的转差率为 $s=s_0$，则

$$s=s_0\cos\left[\left(\delta+\left(\frac{\pi}{2}\right)\right)-\delta_f'\right]\quad(13)$$

由此可知，在牵入同步过程开始时，即 $s=s_0$ 时的边界条件

$$\left.\begin{aligned} &s=s_0\\ &\delta=\delta_f{}'-\left(\frac{\pi}{2}\right)\end{aligned}\right\}\tag{14}$$

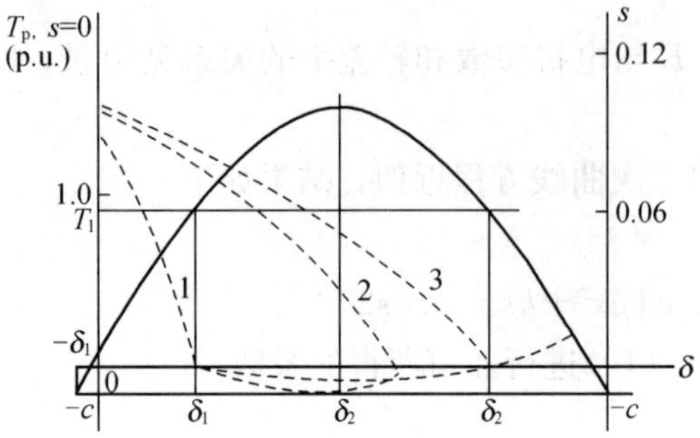

图 5　稳态矩-功角特性和牵入同步过程中转差率-功角特性

——电磁转矩-功角特性曲线；　……转差率-功角特性曲线

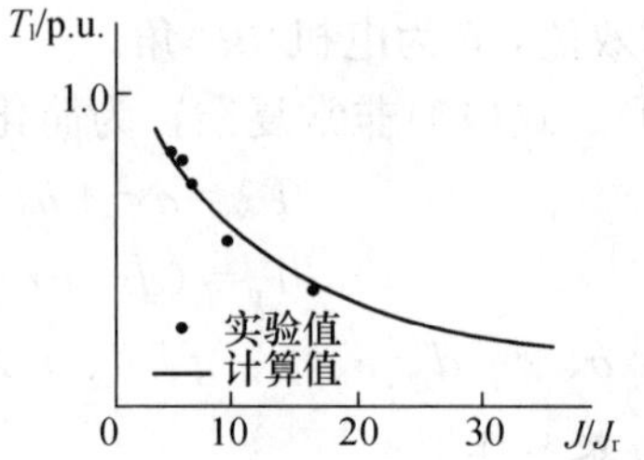

图 6　牵入同步转矩计算和实验结果

3）牵入同步判据

稳态异步运行时磁阻电机转子的运动方程为

$$T_{av}+T_p-T_l=J\,\frac{\mathrm{d}\Omega}{\mathrm{d}t}=-J\,\frac{s}{p}\omega_s^2\,\frac{\mathrm{d}s}{\mathrm{d}\delta}\tag{15}$$

将式(11)、(13)代入上式，按照边界条件式(12)、(14)，对式两边积分，经整理后可得到磁阻电机的牵入同步判据为

$$\begin{aligned}J=\frac{2p}{\omega_s^2 s_0^2}\Big\{&s_0^2\Big[\frac{\pi}{4}a+\frac{1}{2}d\Big(\cos2\delta_0+\frac{\pi}{4}\sin2\delta_0\Big)\\&+\frac{1}{2}g\Big(-\sin2\delta_0+\frac{\pi}{4}\cos2\delta_0\Big)\Big]+s_0\Big[b+e\Big(\frac{1}{3}\sin2\delta_0+\frac{2}{3}\cos2\delta_0\Big)\\&+h\Big(\frac{1}{3}\cos2\delta_0-\frac{2}{3}\sin2\delta_0\Big)\Big]+f\cos2\delta_0-i\sin2\delta_0-(T_l+c)\frac{\pi}{2}\Big\}\end{aligned}\tag{16}$$

式(16)给出带有一定负荷转矩时磁阻电机仍能牵入同步的最大转动惯量。图 6 为按式(16)计算所得的结果与实验结果的比较。

6. 参数变化对牵入同步能力的影响

以下按照所获得的牵入同步判断，计算新型磁阻电机 d 轴、q 轴电抗比 X_d/X_q；转子绕组电阻 R_{2d}、R_{2q}；转子漏感 $L_{\sigma2d}$，$L_{\sigma2q}$以及电源频率 f 等参数取不同值时的牵入同步能力，并将计算结果绘制成曲线。在分析计算中假定，某一参数变化时，其余参数均保持不变。

1）X_d/X_q变化对牵入能力的影响

磁阻电机的 d、q 轴电抗比 X_d/X_q为一重要参数，它的值较大时，功率因数、效率，牵出转矩等稳态性能指标均较高，但从牵入能力来说，并非 X_d/X_q的值越高越好。由图 7 可见，X_d/X_q比值较小时，随着比值上升，电机牵入同步能力上升；X_d/X_q达到某一值时，牵入能力有最大值；其后，牵入能力随着比值 X_d/X_q的上升反而下降。由此，为使磁阻电机具有较大的牵入能力，d、q 轴电抗比 X_d/X_q不应设计得过高。

2）电源频率变化对牵入能力的影响

为使不同电源频率时的气隙磁场保持近似不变，可取电源电压与频率之比为常数。

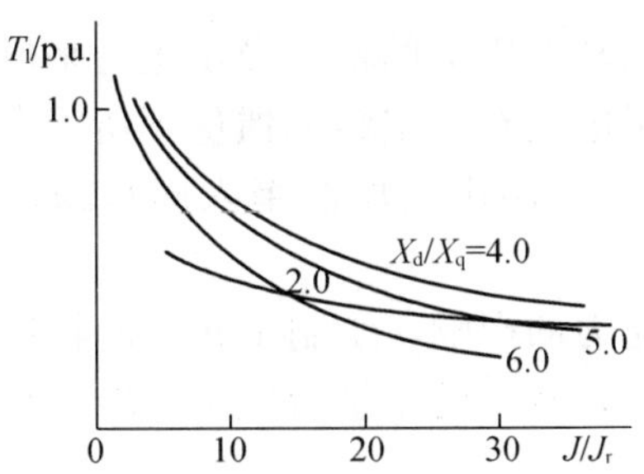

图 7　X_d/X_q变化时的牵入转矩-惯量曲线

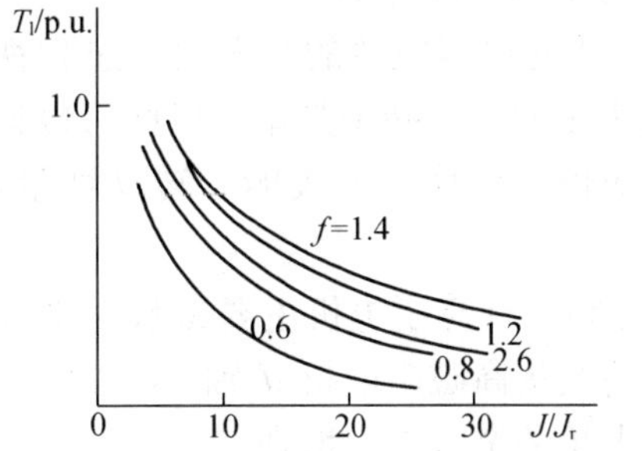

图 8　频率变化时的牵入转矩-惯量曲线

由图 8 可知，随着电源频率上升，牵入同步能力增大。但达到某一最大值后，牵入能力随着频率的上升将下降。当转差率趋于零，异步运行时由于转子凸极影响的平均转矩为

$$T_{av}|_{s\to 0}=-3R_1U^2(X_d-X_q)^2/\omega_s(R_1^2+X_dX_q)^2$$

它的值是负的，类似一负载转矩作用在电机转子上。由上式可见，电压/频率比恒定时，磁阻电机的 $T_{av}|_{s\to 0}$近似地反比于频率。在低频时，其绝对值较大，使牵入能力下降。但在高频时，电机的牵入能力也变得较低，这是由于转子轴上带有一定惯量，在牵入同步过程中加速时，转子贮存的动能近似按转速平方成正比增加，因而使加速转矩所做的功减少。

3）转子电阻变化对牵入能力的影响

由图 9 可知，转子电阻越小，电机牵入能力越大。由计算知，转子电阻减小，平均异步转矩增大，但转差率趋于零时的平均转矩值 $T_{av}|_{s\to 0}$不变，导致牵入能力上升。

4）转子漏感变化对牵入能力影响

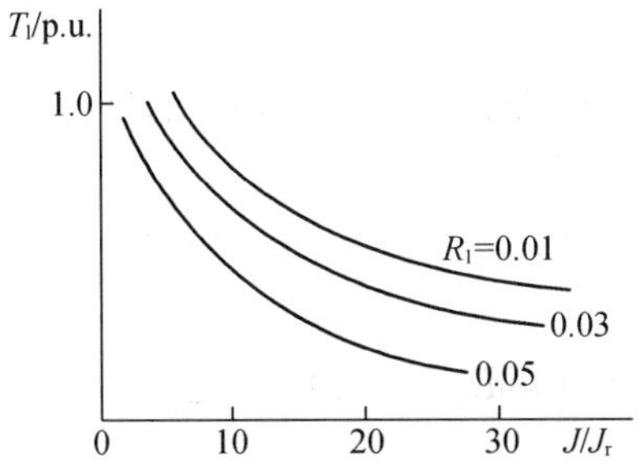

图 9　转子电阻变化时的牵入转矩-惯量曲线

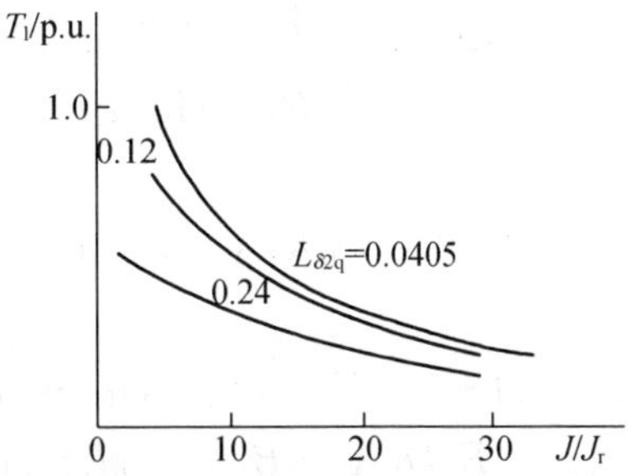

图 10　转子漏感变化时的牵入转矩-惯量曲线

分析、计算时，取 d、q 轴转子漏感相等。由图 10 可知，转子绕组漏感减小后，磁阻电机的牵入能力上升。为使设计的磁阻电机具有尽可能大的牵入转矩，应取较小的转子漏感值。

7. 结论

（1）本文运用状态变量法建立了磁阻电机暂态性能的数学模型。以新型磁阻电机为研究对象，采用定步长四阶龙格-库塔法对其起动性能进行了数字仿真计算。通过实测电机 d 轴、q 轴电抗 X_d、X_q，分别将它们表示为 d 轴、q 轴电流的函数，据此来考虑起动过程中磁路饱和的影响，使计算结果和实验结果较为一致。这也说明本文建立的数学模型是正确的，所用计算方法是可行的。

（2）由磁阻电机起动过程中的转矩-转差率特性曲线看出，它表现有明显的脉动变化。若增大起动时的负载转矩或转动惯量，此种脉动将加剧，但在电机牵入同步后，其转子能较快地稳定在同步转速运行。

（3）文中把磁阻电机的牵入同步过程视为不同转差率下的稳态异步运行来研究，从而导出简单而实用的牵入同步判据，以此可以计算磁阻电机在一定转动惯量下所能牵入同步的最大负载转矩值。计算结果表明，转动惯量增大后，磁阻电机所能牵入同步的负载转矩急剧下降。

（4）分析、计算了电机主要参数对牵入同步能力的影响，绘制了相应的特性曲线族。计算表明，适当提高磁阻电机 d 轴、q 轴电抗 X_d/X_q，减小转子绕组电阻和转子绕组漏感，可以使磁阻电机的牵入能力增强。

附　录

磁阻电机平均异步转矩与脉动转矩表达式中的 $|\Delta|^2$、Δ_1、V、K_2、K_s、A、B、D、E 与电机参数和转差率 s 的关系为

$$|\Delta|^2=\left[\omega_s-\frac{SR_1\omega_s}{V}(B+D)-\frac{R_1^2}{V}(BD-AE)\right]^2+\left[\frac{SR_1\omega_s}{V}(A+E)+\frac{R_1^2}{V}(BE+AD)\right]^2 \tag{A-1}$$

$$\Delta_1=[(1-2s)\omega_s^2+R_1^2(AE-BD)-s\omega_sR_1(B+D)]^2+[R_1(BE+AD)+s\omega_sR_1(A+E)]^2 \tag{A-2}$$

$$V=(1-2s)\omega_s \tag{A-3}$$

$$K_2=3p[(A-E)(K_{1d}K_{2q}+K_{2d}K_{1q})+(B-D)(K_{1d}K_{1q}-K_{2d}K_{2q})] \tag{A-4}$$

$$K_3=3p[(E-A)(K_{1d}K_{1q}-K_{2d}K_{2q})+(B-D)(K_{1d}K_{2q}+K_{2d}K_{1q})] \tag{A-5}$$

$$K_{1d}=(1-2s)\omega_s[1-2s\omega_s^2-\omega_sR_1D+R_1^2(AE-BD)-s\omega_sR_1(B+D)]+R_1^3B(E^2+B^2)+s\omega_sR_1^2(E^2+D^2+AE+BD) \tag{A-6}$$

$$K_{2d}=(1-2s)\omega_s[\omega_sR_1E-R_1^2(BE+AD)-s\omega_sR_1(A+E)]+R_1^3A(D^2+E^2)+s\omega_sR_1^2(AD-BE) \tag{A-7}$$

$$K_{1q}=(1-2s)\omega_s[\omega_sR_1A-R_1^2(BE+AD)-s\omega_sR_1(A+E)]+R_1^3E(A^2+B^2)+s\omega_sR_1^2(BE-AD) \tag{A-8}$$

$$K_{2q}=(1-2s)\omega_s[-(1-2s)\omega_s^2+\omega_sR_1B-R_1^2(AE-BD)+s\omega R_1(B+D)]-R_1^3D(A^2+B^2)-s\omega_sR_1^2(A^2+B^2+AE+BD) \tag{A-9}$$

$$A=\frac{s^2\omega_s^2L_{2d}(L_dL_{2d}-M_{ad}^2)+R_{2d}^2L_d}{(R_{2d}L_d)^2+s^2\omega_s^2(L_dL_{2d}-M_{ad}^2)^2} \tag{A-10}$$

$$B=\frac{s\omega_sR_{2d}M_{ad}^2}{(R_{2d}L_d)^2+s^2\omega_s^2(L_dL_{2d}-M_{ad}^2)^2} \tag{A-11}$$

$$D=\frac{s\omega_sR_{2q}M_{aq}^2}{(R_{2q}L_q)^2+s^2\omega_s^2(L_qL_{2q}-M_{aq}^2)^2} \tag{A-12}$$

$$E=\frac{s^2\omega_s^2L_{2q}(L_qL_{2q}-M_{aq}^2)+R_{2q}^2L_q}{(R_{2q}L_q)^2+s^2\omega_s^2(L_qL_{2q}-M_{aq}^2)^2} \tag{A-13}$$

参 考 文 献

［1］ 周鹗. 新型磁阻电动机磁路分析和参数计算. 中国科学. A辑.，1983(6)：571－580.

［2］ Lawrenson P J. Asynchronous Performance of Reluctance Machines Allowing for Irregular Distributions of Rotor Conductors. proc. IEE，Vol. 119，No. 3，1972：318－324.

［3］ Dash P K. Asynchronous Performance of Reluctance Machines：Starting Performace. 1973 IEEE PES Winter Meeting Papers，C73003－1：1－9.

［4］ Honsinger，V B. The Inductances L and L_d of Reluctance Motors. IEEE Trans PAS－90，1971：289－304.

［5］ Lawrenson P J. Pull-in Criterion for Reluctance Motors. proc. IEE，Vol. 120，No. 9，1973：982－985.

［6］ Ahmed F I. Synchroization of Reluctance Motors. IEEE Trans on PAS，Vol. PAS－100，No. 4：1885－1892.

［7］ 林明耀. 新型磁阻电机暂态性能研究. 南京工学院研究毕业论文，1985.

新型磁阻电机的稳定性研究

林明耀　周　鹗
（南京工学院动力系）

摘要：本文推导出了磁阻电机小变化和小振荡的方程式，据此研究了新型磁障式磁阻电机的运行稳定性，分析中考虑了电机磁路饱和的影响。文中以稳定度λ作为磁阻电机稳定性能的指标，论述了电源电压、频率和电机参数等对稳定性的影响。

关键词：磁阻电机，稳定性，电机参数

1. 引言

磁阻式同步电机由于结构简单、制造容易和价格低廉等突出优点，受到普遍重视。可控硅技术的迅速发展，自动控制理论和微机的应用，为磁阻电动机的可控变速稳定运行提供了良好条件。但据国外学者大量的理论分析和实验研究[3],[4],[6]表明，这种电机在低频运行时，会出现不稳定现象。一般，磁阻电机应用在各类恒速和变速传动装置中，实行精确的位置和速度控制。在一定频率下稳定运行的磁阻电机，当电源电压或负载转矩出现小的扰动，会引起功率角、电磁转矩等量相应的变化，待扰动消失后，若电机不能恢复到同步运行状态，其转子在同步速附近振荡或失步时，会给系统运行造成严重后果。要解决这一问题，可使电机运行时避开不稳定频率区域，或者改进电机的设计，使其在所有的运行频率范围内都能稳定运行，显然后一种方法更为可取。

本文以新型磁障式磁阻电机[1]为研究对象，对它的运行稳定性进行了分析计算。讨论了电源电压、转动惯量、电机d轴与q轴同步电抗比X_d/X_q、定子绕组电阻、转子绕组电阻以及漏抗等对电机稳定性的影响。为便于比较，计算中各量优先采用标幺值，标幺值基值为额定容量P_2、额定相电压U_1和额定电流I_{kW}。

2. 数学模型

1）分析磁阻电机稳定性的方程式

在忽略电机各绕组磁势的谐波分量和不考虑磁路饱和的情况下，磁阻电机在$dq0$坐标系中的电压方程[3]为

$$\begin{bmatrix} u_d \\ u_q \\ 0 \\ 0 \end{bmatrix} = \begin{bmatrix} (R_1+L_dS) & L_q\omega & M_{ad}S & M_{aq}\omega \\ -L_d\omega & (R_1+L_qS) & -M_{ad}\omega & M_{aq}S \\ M_{ad}S & 0 & (R_{2d}+L_{2d}S) & 0 \\ 0 & M_{aq}S & 0 & (R_{2q}+L_{2q}S) \end{bmatrix} \begin{bmatrix} i_d \\ i_q \\ i_{2d} \\ i_{2q} \end{bmatrix} \tag{1}$$

式中，u_d、u_q为电源电压的d轴、q轴分量，R_1为定子绕组相电阻，R_{2d}、R_{2q}为转子d轴、q

《微特电机》，1988，02期。

轴绕组电阻，L_d、L_q 为定子 d 轴、q 轴绕组自感，L_{2d}、L_{2q}为转子 d 轴、q 轴绕组自感，M_{ad}、M_{aq}分别为 d 轴和 q 轴定子绕组与同轴的转子绕组间的互感，$S=\frac{d}{dt}$为微分算子，ω 为转子电角速度。

电机在稳态运行时，转子电流为零，定子绕组电流为恒定值，其导数为零，这时磁阻电机的电压方程为

$$\left.\begin{aligned}u_{d0}&=\sqrt{3}U\sin\delta_0=R_1 i_{d0}+L_q\omega_0 i_{q0}\\u_{q0}&=\sqrt{3}U\cos\delta_0=R_1 i_{q0}-L_d\omega_0 i_{d0}\end{aligned}\right\}\tag{2}$$

式中，δ 为电机功率角，下标“0”代表磁阻电机的稳态量。

若稳态运行中的磁阻电机受到一小扰动，这一扰动量可以是突变的机械转矩，也可以是电源电压的波动，现设该扰动量为机械转矩 ΔT_1，则电机其余各量将偏离各自的稳态值。当扰动量 ΔT_1 有限时，各个机电量的变化也有限，它们可分别以相应的稳态量加上偏移量代替，从而式(1)变为

$$\begin{bmatrix}u_{d0}+\Delta u_d\\u_{q0}+\Delta u_q\\0\\0\end{bmatrix}=\begin{bmatrix}(R_1+L_dS) & L_q(\omega_0+\Delta\omega) & M_{ad}S & M_{aq}(\omega_0+\Delta\omega)\\-L_d(\omega_0+\Delta\omega) & (R_1+L_qS) & -M_{ad}(\omega_0+\Delta\omega) & M_{aq}S\\M_{ad}S & 0 & (R_{2d}+L_{2d}S) & 0\\0 & M_{aq}S & 0 & (R_{2q}+L_{2q}S)\end{bmatrix}\times\begin{bmatrix}i_{d0}+\Delta i_d\\i_{q0}+\Delta i_q\\\Delta i_{2d}\\\Delta i_{2q}\end{bmatrix}\tag{3}$$

以$(\delta_0+\Delta\delta)$代替 d 轴、q 轴电压分量中的 δ_0，展开并注意到

$$\left.\begin{aligned}\cos\Delta\delta&\approx 1\\\sin\Delta\delta&\approx\Delta\delta\end{aligned}\right\}\tag{4}$$

得

$$\left.\begin{aligned}&\sqrt{3}U\sin(\delta_0+\Delta\delta)\\&\quad=\sqrt{3}U(\sin\delta_0+\cos\delta_0\Delta\delta)\\&\sqrt{3}U\cos(\delta_0+\Delta\delta)\\&\quad=\sqrt{3}U(\cos\delta-\sin\delta_0\Delta\delta)\end{aligned}\right\}\tag{5}$$

按电动机运行惯例，磁阻电机的功率角为

$$\delta=\omega_0 t-\theta\tag{6}$$

磁阻电机作为电动机运行时，转子磁轴落后于定子磁场轴线，δ 角为正值。对式(6)两边除 t 外，再求一阶微分，得

$$\Delta\omega=-S\Delta\delta\tag{7}$$

展开式(3)，略去其中的二阶微分项，减去各自的稳态量，整理后得到

$$\begin{bmatrix}[\sqrt{3}U\cos\delta_0+L_q i_{q0}S]\Delta\delta\\-[\sqrt{3}U\sin\delta_0+L_d i_{d0}S]\Delta\delta\end{bmatrix}=\begin{bmatrix}(R_1+L_dS)-\dfrac{M_{ad}^2S^2}{R_{2d}+L_{2d}S} & -L_d\omega_0+\dfrac{M_{ad}^2\omega_0 S}{R_{2d}+L_{2d}S}\\L_q\omega_0-\dfrac{M_{aq}^2\omega_0 S}{R_{2q}+L_{2q}S} & (R_1+L_qS)-\dfrac{M_{aq}^2S^2}{R_{2q}+L_{2q}S}\end{bmatrix}\begin{bmatrix}\Delta i_d\\\Delta i_q\end{bmatrix}\tag{8}$$

磁阻电动机稳态运行时的电磁转矩表达式为

$$T_{e0}=p(\Psi_{q0}i_{d0}-\Psi_{d0}i_{q0})=p(L_q-L_d)i_{d0}i_{q0} \tag{9}$$

式中，p 为电机极对数，Ψ_{d0}、Ψ_{q0} 为定子 d 轴、q 轴绕组磁链。

小扰动情况下，电磁转矩的表达式为

$$T_{e0}+\Delta T_e=p[(\Psi_{q0}+\Delta\Psi_q)(i_{d0}+\Delta i_d)-(\Psi_{d0}+\Delta\Psi_d)(i_{q0}+\Delta i_q)] \tag{10}$$

注意到定子 d 轴、q 轴绕组磁链的增量为

$$\left.\begin{aligned}\Delta\Psi_d&=L_d\Delta i_d+M_{ad}\Delta i_{2d}\\ \Delta\Psi_q&=L_q\Delta i_q+M_{aq}\Delta i_{2q}\end{aligned}\right\} \tag{11}$$

将式(10)减去式(9)，并将式(11)代入，略去两阶微分项后，得

$$\Delta T_e=p\left\{\left[(L_q-L_d)i_{q0}+\frac{M_{ad}^2 i_{q0}S}{R_{2d}+L_{2d}S}\right]\Delta i_d+\left[(L_q-L_d)i_{d0}+\frac{M_{aq}^2 i_{d0}S}{R_{2q}+L_{2q}S}\right]\Delta i_q\right\} \tag{12}$$

解出式(8)中的 Δi_d，Δi_q，代入上式，得到转矩增量 ΔT_e 与 $\Delta\delta$ 间的函数关系，它可被表示为

$$\Delta T_e=G(S)\Delta\delta \tag{13}$$

$G(S)$即为 ΔT_e 与 $\Delta\delta$ 之间的传递函数。

负载转矩为 T_1。转动惯量为 J 时，磁阻电机的转子运动方程为

$$T_e=T_1+\frac{J}{p}\frac{\mathrm{d}\omega}{\mathrm{d}t} \tag{14}$$

小扰动情况下，转子运动方程为

$$\Delta T_e=\Delta T_1-\frac{J}{p}S^2\Delta\delta \tag{15}$$

合并式(13)和式(15)，得到

$$\left.\begin{aligned}\Delta T_e&=G(S)\Delta\delta\\ \Delta T_1&=\Delta T_e+\frac{J}{p}S^2\Delta\delta\end{aligned}\right\} \tag{16}$$

对应的系统结构框图如图1所示。该框图所描述的系统是线性的，所以可以用线性系统理论来研究磁阻电机的稳定性。

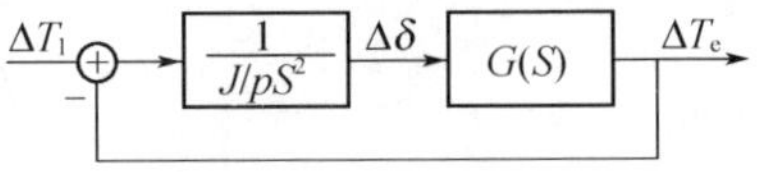

图1　磁阻电机的闭环系统结构图

图1所示系统的传递函数为

$$H(S)=\frac{\Delta T_e}{\Delta T_1}=\frac{G(S)}{J/pS^2+G(S)} \tag{17}$$

令

$$G(S)=\frac{G_1(S)}{G_2(S)} \tag{18}$$

式(17)变为

$$H(S)=\frac{pG_1(S)}{JS^2G_2(S)+pG_1(S)} \tag{19}$$

对应的特征多项式为

$$f(S)=JS^2G_2(S)+pG_1(S) \tag{20}$$

不难证明，上式为六阶特征多项式，可表示为如下形式

$$f(S)=m_0S^6+m_1S^5+m_2S^4+m_3S^3+m_4S^2+m_5S+m_6 \tag{21}$$

式中，m_0、m_1、m_2、m_3、m_4、m_5、m_6 为特征多项式的系数。

2）稳定度

稳定度为系统稳定运行程度的重要指标。一个稳定运行的系统，其特征多项式的根(特征根)均位于复平面 S 的左侧，且特征根的负实部的绝对值越大，系统越稳定。因此，稳定度 λ 可以用离虚轴最近且位于复平面左侧的特征根和虚轴之间的距离来表示。借助对稳定度 λ 的研究，可按所希望的特征根的位置来选择电机的参数，并进行优化设计。

将式(21)中的 S 以$(S-\lambda)$代替，得

$$f(S)=M_0S^6+M_1S^5+M_2S^4+M_3S^3+M_4S^2+M_5S+M_6 \tag{22}$$

其中

$$M_0=m_0$$
$$M_1=-6\lambda m_0+m_1$$
$$M_2=15\lambda^2m_0-5\lambda m_1+m_2$$
$$M_3=-20\lambda^3m_0+10\lambda^2m_1-4\lambda m_2+m_3$$
$$M_4=15\lambda^4m_0-10\lambda^3m_1+6\lambda^2m_2-3\lambda m_3+m_4$$
$$M_5=-6\lambda^5m_0+5\lambda^4m_1-4\lambda^3m_2+3\lambda^2m_3-2\lambda m_4+m_5$$
$$M_6=\lambda^6m_0-\lambda^5m_1+\lambda^4m_2-\lambda^3m_3+\lambda^2m_4-\lambda m_5+m_6$$

从式(21)变换到式(22)，相当于将复平面上的虚轴向左移动了 λ 距离，因而，原来最接近于虚轴的特征根移至虚轴上，原来稳定的系统处于临界稳定状态。

3. 稳定性计算方法和结果

式(22)所描述的系统稳定的充要条件是该特征多项式所有的根均有负实部，运用劳斯-古尔维茨判据可以不必求出特方程的根，就能判断电机的稳定性。

由劳斯-古尔维茨判据知道，一个线性系统稳定的充要条件是描述该系统的特征多项式为古尔维茨多项式，这可以通过判别古尔维茨矩阵的各阶主子行列式的值是否大于零来决定。

由描述磁阻电机稳定性的特征多项式组成的古尔维茨矩阵为

$$\boldsymbol{H}=\begin{bmatrix} M_1 & M_3 & M_5 & 0 & 0 & 0 \\ M_0 & M_2 & M_4 & M_6 & 0 & 0 \\ 0 & M_1 & M_3 & M_5 & 0 & 0 \\ 0 & M_0 & M_2 & M_4 & M_6 & 0 \\ 0 & 0 & M_1 & M_3 & M_5 & 0 \\ 0 & 0 & M_0 & M_2 & M_4 & M_6 \end{bmatrix} \tag{23}$$

对应的各阶主子行列式为

$$\Delta_1=M_1,\quad \Delta_2=\det\begin{bmatrix} M_1 & M_3 \\ M_0 & M_2 \end{bmatrix}$$

$$\Delta_3=\det\begin{bmatrix} M_1 & M_3 & M_5 \\ M_0 & M_2 & M_4 \\ 0 & M_1 & M_3 \end{bmatrix}$$

$$\Delta_4=\det\begin{bmatrix} M_1 & M_3 & M_5 & 0 \\ M_0 & M_2 & M_4 & M_6 \\ 0 & M_1 & M_3 & M_5 \\ 0 & M_0 & M_2 & M_4 \end{bmatrix}$$

$$\Delta_5 = \det\begin{bmatrix} M_1 & M_3 & M_5 & 0 & 0 \\ M_0 & M_2 & M_4 & M_6 & 0 \\ 0 & M_1 & M_3 & M_5 & 0 \\ 0 & M_0 & M_2 & M_4 & M_6 \\ 0 & 0 & M_1 & M_3 & M_5 \end{bmatrix}$$

$$\Delta_6 = \det(\boldsymbol{H})$$

为了确定各阶主子行列式的值在不同运行频率和 λ 时是否大于零，需要进行反复迭代运算，手算难以奏效，文中编制了计算机程序在 PC-8000 微型计算机上运算，图 2 为相应的计算机程序框图。

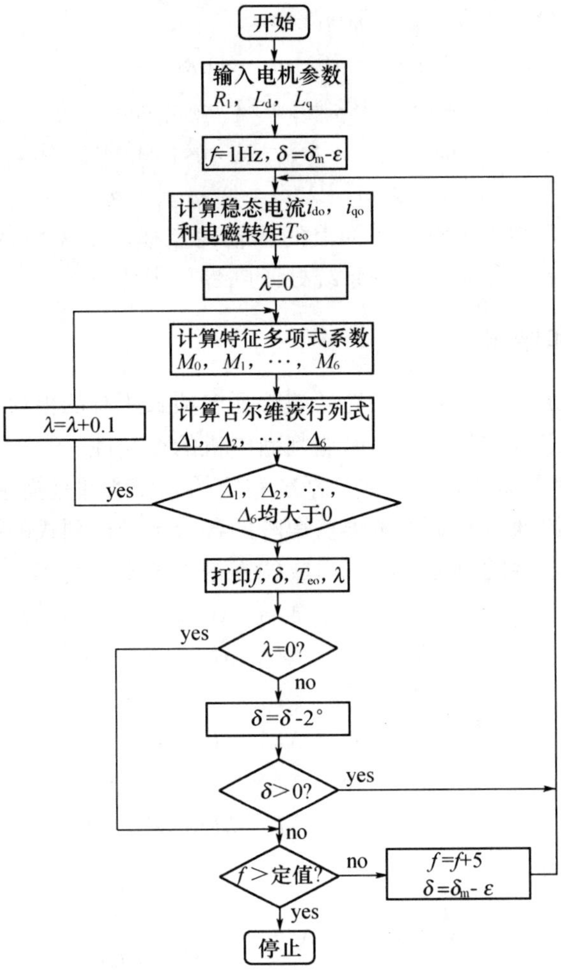

图 2 新型磁阻电机稳定性计算程序框图

图 2 的程序框图中，δ_m 为对应于某一电源频率且电磁转矩为最大值时的功率角，可按下式计算得到

$$\delta_m = \frac{1}{2}\arctan\frac{X_d X_q - R_1^2}{R_1(X_d + X_q)} \tag{24}$$

ε 为一微小的正角度，计算时取 $\varepsilon=1°$。计算开始时功率角不用 δ_m 而取($\delta_m-\varepsilon$)，是为了避开磁阻电机运行的临界稳定点，这可由图 3 的稳态矩角特性加以说明。当磁阻电机运行于功率角为 δ_m 的 a 点时，电磁转矩为最大转矩 T_{em}，但是在该运行点，电机保持静态稳定的能力已

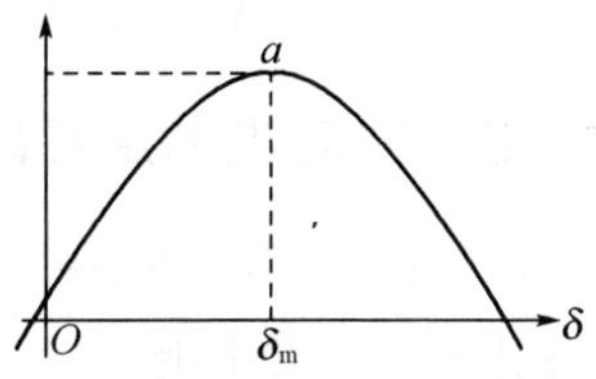

图 3 磁阻电动机的转矩-功率角特性

不再存在。这时，若负载转矩突然变大，磁阻电动机转子将减速，功率角 δ 增大，最后会导致转子失步。因此，a 点为不稳定运行点，计算开始时不应取 $\delta=\delta_m$。数值计算结果也表明，对于不同的电源频率，若开始计算时取功率角为 δ_m，磁阻电机在整个运行频率范围内都是不稳定的，显然这与事实不符。

为使磁阻电机的气隙磁场在不同电源频率时近似保持恒定，计算时，电源电压随频率正比变化

$$U=\frac{f}{50}U_1 \tag{25}$$

稳态运行时的电机电流 i_{d0}、i_{q0} 可按下式计算

$$\left.\begin{aligned} i_{d0} &= \frac{\sqrt{3}U(R_1\sin\delta_0 - x_q\cos\delta_0)}{R_1^2 + x_d x_q} \\ i_{q0} &= \frac{\sqrt{3}U(R_1\cos\delta_0 + x_d\sin\delta_0)}{R_1^2 + x_d x_q} \end{aligned}\right\} \tag{26}$$

计算一台 550 W、380 V、2.0 A、Y 联接、50 Hz 的 3 相 4 极新型磁阻电动机，它的参数为

$$R_1=0.029,\quad L_d=1.333\quad L_q=0.251$$
$$M_{ad}=1.280\quad M_{aq}=0.214\quad R_{2d}=0.030$$
$$R_{2q}=0.036\quad L_{\sigma 2d}=0.081\quad L_{\sigma 2q}=0.083$$

转子转动惯量 $J_r=1.988\times10^{-3}\ \mathrm{kg\cdot m^2}$

一般来讲，磁阻电机空载运行时的稳定性最差，随着负载的增加变得较为稳定。所以，磁阻电机的稳定性研究应对空载状态进行，各个参数也应取空载时的值。就凸极式、分块转子式磁阻电机而言，负载变化时，磁路的饱和程度变化不大，决定电机稳定性能的主要参数 X_d、X_q 也无多大变化，所以，一些文献[3,5]在计算磁阻电机稳定性时，均取额定运行时的参数值。就本文研究的新型磁障式磁阻电机而言，其磁路中设置了饱和磁桥，在其中通过的磁通占有相当大的比例[1]，这使得电机的 d 轴、q 轴电抗 X_d、X_q 的值在空载与额定负载时相比相距甚远，计算时应考虑这种影响。

假定除 d 轴、q 轴电抗 X_d、X_q 外，新型磁阻电机的其他参数在空载和额定负载时的值相同。电机在空载和额定负载时的电抗值如表 1 所示。

表 1 新型磁阻电机空载和额定负载时的 d 轴、q 轴电抗

电抗(p. u.)	负载情况	
	空 载	额定负载
X_d	1.475	1.333
X_q	0.963	0.251

考虑到磁阻电机运行时的实际情况，稳定性计算中取系统惯量为 4 倍转子惯量。数值计算结果表明，新型磁阻电机在所有的运行频率范围内都是稳定的(对应于 $\lambda=0$)，该结果与实验结果相吻合。而凸极式磁阻电机在电源频率下降到 30 Hz，分块转子式磁阻电机在电源频

率下降到 12 Hz，就无法稳定运行[5,6]。

4. 参数变化对电机稳定性的影响

不同频率时，系统和电机参数变化对稳定性的影响，可以用稳定度 λ 表示。图 4 至图 9 是参数变化对稳定度影响的计算结果。这些曲线对应于频率为 0.4、1.0、1.6 倍额定频率表示在图中，计算时取 $\delta=10°$，并假定电机或系统的某一参数变化时，其余参数不变。

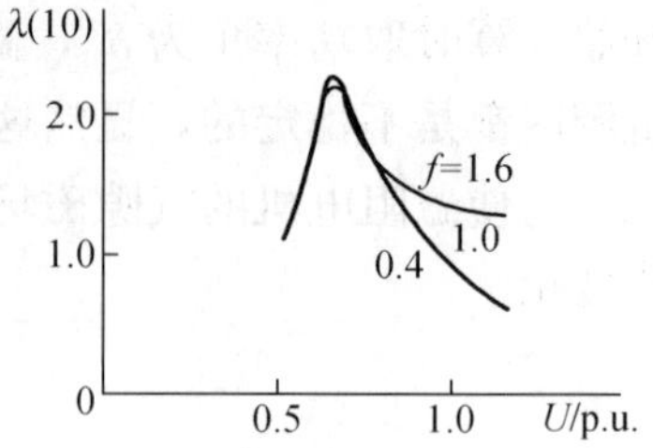

图 4 不同电压时的稳定度变化曲线

1）电源电压变化对稳定度的影响

由图 4 可见，当电源电压大于 0.6 p. u. 时，随着电压的升高，磁阻电机的稳定度下降。电压在 0.6 p. u. 左右时电机的稳定度为最大。当电源电压小于 0.6 p. u. 时，稳定度随着电压的下降而减小。这是因为电磁转矩与电压的平方成正比，当电压下降到 0.6 p. u. 以后，电磁转矩保持电机同步的能力下降很快，使稳定度下降。实验结果也表明，当电压下降到 0.46 p. u. 后，电机已不能稳定在同步速运行，也就谈不上稳定度为多大了。

2）系统转动惯量变化对稳定度的影响

图 5 为不同频率下电机稳定度随着转动惯量 J 变化的曲线。随着转动惯量的增加，电机的稳定度上升，频率较低时，这种变化更为明显。所以，从提高电机的稳定性考虑，电机带惯性负载是有利的。

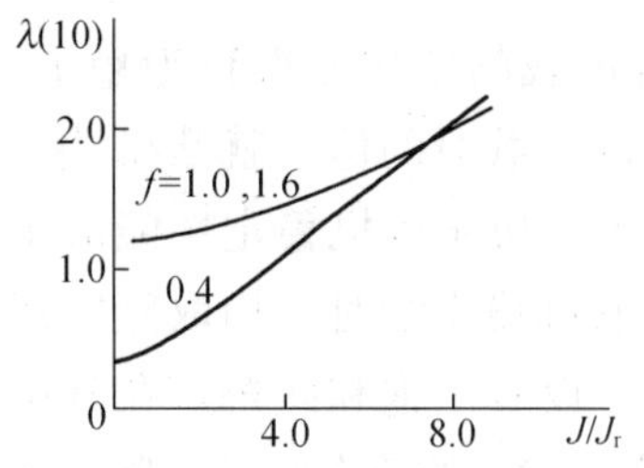

图 5 不同转动惯量时的稳定度变化曲线

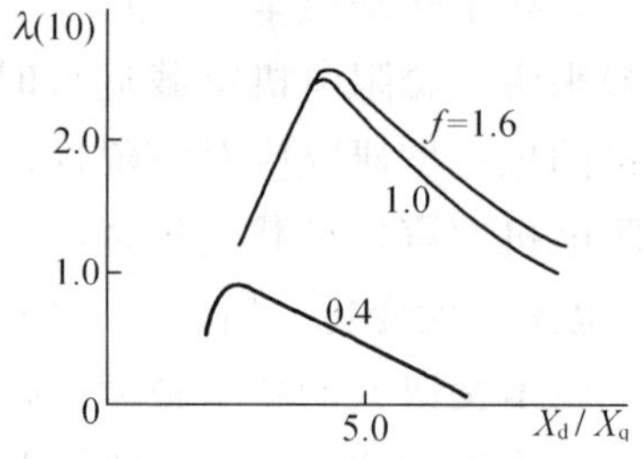

图 6 不同 X_d/X_q 时的稳定度变化曲线

3）d 轴、q 轴电抗比 X_d/X_q 对稳定度的影响

提高 d 轴、q 轴电抗比 X_d/X_q，将使磁阻电机的效率、功率因数和牵出转矩等稳态性能指标上升，但其稳定性并不完全随着该比值的增大而提高。由图 6 可见，当 X_d/X_q 大于某一值时，电机的稳定度随着该值的上升而急剧下降。在 X_d/X_q 为某值时，电机的稳定度最大，过了这个峰点后，电机的稳定度随着比值 X_d/X_q 的下降而下降。这主要是 X_d/X_q 下降后引起电磁转矩的下降，因而电机保持同步的能力下降，在不同的电源频率，出现最大稳定度的 X_d/X_q 值不同。

4）定子电阻变化对稳定度的影响

定子绕组电阻增大后，磁阻电机的稳定性将下降，在不同频率时其下降程度不同。在低频运行时，定子电阻在电机阻抗中所占比例较大，稳定度随电阻的变化较大。而在频率较高时，电阻的电机阻抗中所占比例较小，稳定度随电阻的变化就不十分明显。减小定子绕组电阻对提高电机的稳定性是有利的。

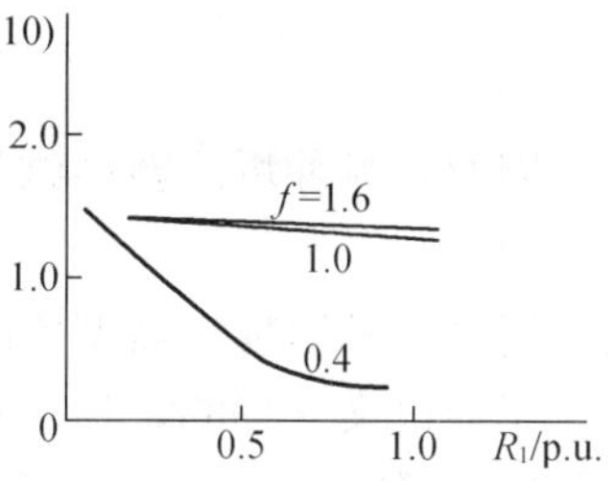

图 7　不同定子绕组电阻时的稳定度变化曲线

5）转子绕组电阻变化对稳定度的影响

图 8(a)为转子 d 轴、q 轴电阻相等，即 $R_{2d}=R_{2q}$时的稳定度计算结果，图 8(b)为 d 轴、q 轴转子电阻比取不同值时的计算结果。从图可见，转子电阻较小时，电机稳定度随着电阻的增大而上升，达到某一最大值后，稳定度反而随着转子电阻的增大而下降。当 d 轴、q 轴转子电阻比为不同值时，电机的稳定度变化并不十分明显。

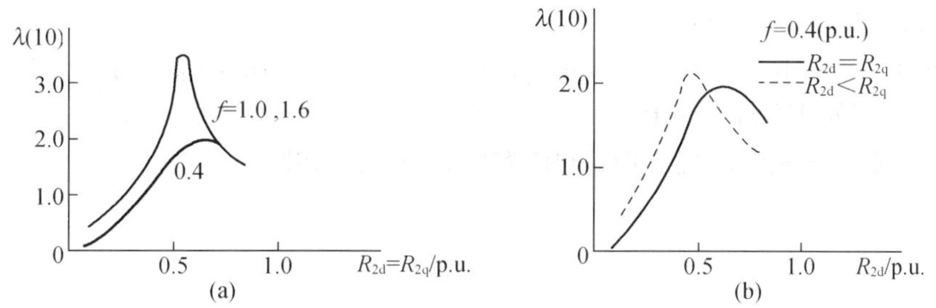

图 8　不同转子电阻时的稳定度变化曲线

6）漏抗变化对稳定度的影响

计算漏抗变化对稳定度的影响时，取定子漏抗与转子 d 轴、q 轴绕组漏抗相等。由图可见，低频时电机漏抗对稳定度的影响与转子电阻对稳定度的影响相类似。

一般来讲，漏抗标幺值不可能很高。对于所研究的新型磁阻电机而言，它的 $X_{\sigma1}=0.053$ p. u.，$X_{\sigma2d}=0.081$ p. u.，$X_{\sigma2q}=0.083$ p. u.。另一方面，磁阻电动机在低频运行时才会出现不稳定现象，故适当提高漏抗值对电机的稳定性是有利的。

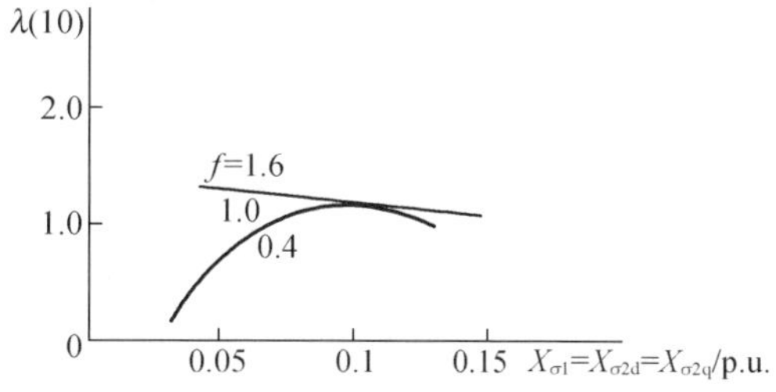

图 9　不同漏抗时的稳定度变化曲线

5. 结论

磁阻电机受到小扰动时，各个机电量的变化有限。文中推导出了小变化和小振荡的方程式，获得机械转矩扰动为 ΔT_1 与响应 ΔT_e 之间的传递函数，其对应的系统为一线性反馈系统，运用劳斯-古尔维茨判据判别系统的稳定性是十分方便和有效的。分析、计算表明，由于新型磁阻电机结构上的特点，它在宽广的频率范围内都是稳定的，这是新型磁阻电机的一大突出优点。

系统或电机参数变化后对电机稳定性的影响，用稳定度 λ 表示最为方便。分析、计算表明，减小定子绕组电阻 R_1，适当降低 d 轴、q 轴电抗比 X_d/X_q，适当增大转子绕组电阻，电机带惯性负载时，磁阻电机的稳定性增强。虽然适当降低电源电压也就提高磁阻电机的稳定性，但由于电磁转矩近似随电压的平方倍下降，因而这种方法是不可取的。

参考文献

[1] 周鹗，顾仲圻. 新型磁阻电机磁路分析和参数设计. 中国科学. A辑.，1983(6)：571-580.

[2] 周鹗，林明耀. 新型磁阻电机起动和牵入性能分析. 江苏省电机工程学会电机电器专业年会论文. 1985，12.

[3] Hoft R G. Liapunov Stability Analysis of Reluctance Motors. IEEE Trans On PAS, Vol PAS-87. 1968(6)：1485-1491.

[4] Lawrenson P J. Stability of Reluctance Machines. Proc. IEE，Vol 118，No. 2，1971. pp. 356-369.

[5] Nanda J. Stability and Transient Response Analysis of a Reluctance Machine，C73，142-7 Winter Meeting papers.

[6] Honsinger V B. Inherently Stable Reluctance Motors Having Improved Performance, IEEE Trans On PAS，Vol PAS-91，1972. 7. 8.，pp. 1536-1543.

[7] B. 阿德金斯. 交流电机统一理论(中译本). 伦敦，1980.

考虑饱和时新型磁阻电动机的异步起动特性

林明耀　蒋　全　周　鹗
（东南大学电气工程系）

摘要： 本文对新型磁阻同步电机的异步起动特性进行了分析和计算。建立了数学模型，根据 d，q 轴电抗曲线 $X_{ad}=f(I_d)$，$X_{aq}=f(I_q)$ 考虑磁路饱和对异步起动特性的影响。计算结果与测试值相吻合。

关键词： 磁阻电动机，同步电动机，饱和/异步起动性能

磁阻式同步电动机由于结构简单、制造容易和运行可靠等优点获得了广泛应用。实际使用中，不仅要求这类电机具有良好的同步运行性能，而且要求它们在起动特性和牵入同步特性等暂态性能方面也能满足一定要求。研究磁阻电动机的异步起动特性，对于磁阻电机的优化设计，检查起动特性曲线在半同步速附近的下凹以及计算牵入同步转矩[1,2]等将是十分重要的。

在不同转差率下稳态异步运行的磁阻电动机，其电流和磁链都是变化的量。在这个过程中，电机磁路处于不同的饱和状态，使决定电机性能的关键参数 X_d，X_q 不再为常数，不考虑它对异步起动过程的影响[3]，这将给计算带来较大误差。特别对在 q 轴磁路中设置有饱和磁桥及反应槽的新型磁障式磁阻电机[4]更是如此。

1. 数学模型

新型磁阻电动机的定子结构与一般异步电动机的相同，定子绕组为一对称的三相分布绕组，转子具有分布的鼠笼槽，q 轴磁路中设置有反应槽，在鼠笼、反应槽中铸铝形成转子绕组。为导出数学模型，将定子绕组以三相集中绕组表示，转子电路以等效的 d、q 轴阻尼绕组表示。

磁阻电动机以不同转差速度稳态异步运行时，根据 Park 变换，其定子电压方程为

$$\left.\begin{aligned} u_d &= R_1 i_d - (1-S)\omega\psi_q + d\psi_d/dt \\ u_q &= R_1 i_q + (1-S)\omega\psi_d + d\psi_q/dt \end{aligned}\right\} \tag{1}$$

转子绕组为短路绕组，其电压方程为

$$\left.\begin{aligned} 0 &= R_{2d} i_{2d} + d\psi_{2d}/dt \\ 0 &= R_{2q} i_{2q} + d\psi_{2q}/dt \end{aligned}\right\} \tag{2}$$

式中，u_d 和 u_q 为电源电压的 d 轴和 q 轴分量，R_1 为定子相电阻，ψ_d 和 ψ_q 为定子 d 轴和 q 轴绕组磁链，S 为转差率，ω 为同步电角速度，R_{2d} 和 R_{2q} 为转子 d 轴和 q 轴绕组电阻，ψ_{2d} 和 ψ_{2q} 为转子 d 轴和 q 轴绕组磁链。

《东南大学学报》，第 21 卷第 6 期，1991 年 11 月，国家教委博士点基金资助项目。

对应于式(1)和(2)的复数方程为

$$\left.\begin{aligned}\dot{U}&=R_1\dot{I}_d-(1-S)\omega\dot{\Psi}_q+\mathrm{j}S\omega\dot{\Psi}_d\\-\mathrm{j}\dot{U}&=R_1\dot{I}_q+(1-S)\omega\dot{\Psi}_d+\mathrm{j}S\omega\dot{\Psi}_q\end{aligned}\right\}\tag{3}$$

$$\left.\begin{aligned}0&=R_{2d}\dot{I}_{2d}+\mathrm{j}S\omega\dot{\Psi}_{2d}\\0&=R_{2q}\dot{I}_{2q}+\mathrm{j}S\omega\dot{\Psi}_{3q}\end{aligned}\right\}\tag{4}$$

式中，$\dot{U}=U\exp(\mathrm{j}\theta_0)$，$U$ 为电源相电压有效值，θ_0 为电源初相角。

定、转子绕组磁链方程为

$$\begin{pmatrix}\dot{\Psi}_d\\\dot{\Psi}_q\\\dot{\Psi}_{2d}\\\dot{\Psi}_{2q}\end{pmatrix}=\frac{1}{\omega}\begin{bmatrix}X_d&0&X_{ad}&0\\0&X_q&0&X_{aq}\\X_{ad}&0&X_{2d}&0\\0&X_{aq}&0&X_{2q}\end{bmatrix}\begin{pmatrix}\dot{I}_d\\\dot{I}_q\\\dot{I}_{2d}\\\dot{I}_{2q}\end{pmatrix}\tag{5}$$

式中，X_d 和 X_q 为 d 轴和 q 轴同步电抗，X_{ad} 和 X_{aq} 为 d 轴和 q 轴电枢反应电抗，X_{2d} 和 X_{2q} 为转子 d 轴和 q 轴电抗。

由式(4)和式(5)得

$$\left.\begin{aligned}\omega\dot{\Psi}_d&=X_d(\mathrm{j}S)\dot{I}_d\\\omega\dot{\Psi}_q&=X_q(\mathrm{j}S)\dot{I}_q\end{aligned}\right\}\tag{6}$$

式中，$X_d(\mathrm{j}S)$ 和 $X_q(\mathrm{j}S)$ 与电机参数的关系为

$$\left.\begin{aligned}X_d(\mathrm{j}S)&=X_d-\mathrm{j}SX_{ad}^2/(R_{2d}+\mathrm{j}SX_{2d})\\X_q(\mathrm{j}S)&=X_q-\mathrm{j}SX_{aq}^2/(R_{2q}+\mathrm{j}SX_{2q})\end{aligned}\right\}\tag{7}$$

将式(6)代入式(3)，得定子 d 轴和 q 轴绕组电流为

$$\begin{aligned}\dot{I}_d&=\frac{R_1-(1-2S)X_q(\mathrm{j}S)}{R_1^2+\mathrm{j}SR_1[X_d(\mathrm{j}S)+X_q(\mathrm{j}S)]+(1-2S)X_d(\mathrm{j}S)X_q(\mathrm{j}S)}\dot{U}\\\dot{I}_q&=\frac{R_1-(1-2S)X_d(\mathrm{j}S)}{R_1^2+\mathrm{j}SR_1[X_d(\mathrm{j}S)+X_q(\mathrm{j}S)]+(1-2S)X_d(\mathrm{j}S)X_q(\mathrm{j}S)}(-\mathrm{j}\dot{U})\end{aligned}\tag{8}$$

与式(8)对应的等效电路如图 1 所示。

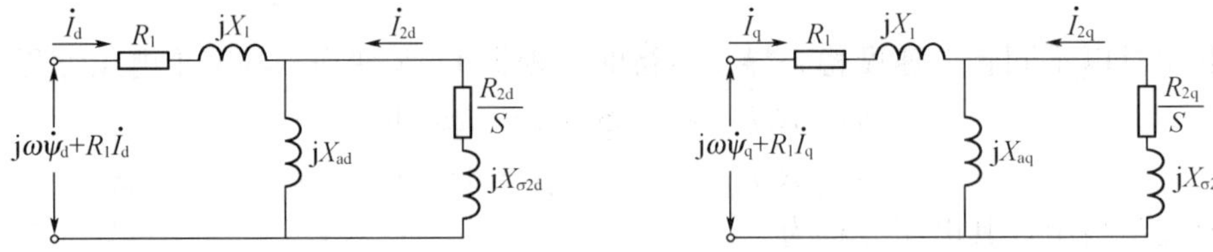

(a) D轴等效电路 (b) Q轴等效电路

图 1 异步运行时磁阻电机的等效电路

图中，X_1 为定子绕组漏抗，$X_{\sigma 2d}$ 和 $X_{\sigma 2q}$ 为转子 d 轴和 q 轴绕组漏抗。

为便于求出电流和电磁转矩的表达式，令 $\theta_0=0$，从而 $\dot{U}=U$，可得

$$\left.\begin{aligned}\dot{I}_d&=Y_d[(1-2S)-R_1Y_q]U/\Delta\\\dot{I}_q&=-\mathrm{j}Y_q[(1-2S)-R_1Y_d]U/\Delta\end{aligned}\right\}\tag{9}$$

$$\left.\begin{aligned}\dot{\Psi}_{d}&=-\frac{1}{j\omega}[(1-2S)-R_{1}Y_{q}]U/\Delta\\ \dot{\Psi}_{q}&=-\frac{1}{\omega}[(1-2S)-R_{1}Y_{d}]U/\Delta\end{aligned}\right\} \tag{10}$$

式中

$$Y_{d}=\frac{1}{jX_{d}(jS)}=B-jA,\ Y_{q}=\frac{1}{jX_{q}(jS)}=D-jC \tag{11}$$

$$\Delta=(1-2S)-R_{1}^{2}Y_{d}Y_{q}-R_{1}S(Y_{d}+Y_{q}) \tag{12}$$

相数为 m，极对数为 p 的磁阻电动机，其电磁转矩表达式为

$$\begin{aligned}T_{e}&=\frac{m}{2}p(\psi_{d}i_{q}-\psi_{q}i_{d})\\ &=\frac{m}{2}p\{\mathrm{Re}[\sqrt{2}\dot{\Psi}_{d}\exp(jS\omega t)]\mathrm{Re}[\sqrt{2}\dot{I}_{q}\exp(jS\omega t)]\\ &\quad-\mathrm{Re}[\sqrt{2}\dot{\Psi}_{q}\exp(jS\omega t)]\mathrm{Re}[\sqrt{2}\dot{I}_{d}\exp(jS\omega t)]\}\end{aligned} \tag{13}$$

经过推导，得定子 d 轴和 q 轴绕组电流的复数形式为

$$\begin{aligned}\dot{I}_{d}&=\frac{U}{|\Delta|^{2}}[BK_{1d}+AK_{2d}+j(BK_{2d}-AK_{1d})]\\ \dot{I}_{q}&=\frac{U}{|\Delta|^{2}}[(DK_{1q}+CK_{2q})+j(DK_{2q}-CK_{1q})]\end{aligned} \tag{14}$$

电磁转矩表达式为

$$T_{e}=T_{av}+T_{p1}\sin 2S\omega+T_{p2}\cos 2S\omega t \tag{15}$$

式中，T_{av}为磁阻电机的平均异步转矩，T_{p1}和 T_{p2}分别为以两倍转差频率脉动的脉动转矩两个分量的振幅，它们为

$$\left.\begin{aligned}T_{av}&=\frac{m}{2}P\frac{U^{2}}{\omega|\Delta|^{2}}\{(1-2S)^{2}(B+D)-(1-2S)R_{1}[2(BD-AC)\\ &\quad+A^{2}+B^{2}+C^{2}+D^{2}]+R_{1}[D(A^{2}+B^{2})+B(C^{2}+D^{2})]\}\\ T_{p1}&=\frac{m}{2}p\frac{U^{2}}{|\Delta|^{4}\omega}K_{2}\\ T_{p2}&=\frac{m}{2}p\frac{U^{2}}{|\Delta|^{4}\omega}K_{3}\end{aligned}\right\} \tag{16}$$

脉动转矩振幅为

$$T_{p}=\sqrt{T_{p1}^{2}+T_{p2}^{2}} \tag{17}$$

式(9)～(16)中 A，B，C，D，K_{1d}，K_{2d}，K_{1d}，K_{2q}，K_{2} 和 K_{3} 与电机参数之间的关系见附录 A。

由上述分析可知，起动过程中，磁阻电动机转子轴上除了类似异步电动机那样受到平均异步转矩的作用外，还受到由于 d 轴和 q 轴磁路磁阻不等而产生的脉动转矩的作用。起动过程中，起作用的是平均异步转矩，而脉动转矩对磁阻电动机的牵入同步起着决定性作用[2]。

由式(14)和 Park 的反变换，即可求得磁阻电机的定子绕组相电流，其有效值为

$$\begin{aligned}I&=\frac{U}{2|\Delta|^{2}}-[(BK_{1d}+AK_{2d}-DK_{2q}+CK_{1q})^{2}\\ &\quad+(AK_{1d}-BK_{2d}-CK_{2q}-DK_{1q})^{2}+(BK_{1d}+AK_{2d}+DK_{2q}-CK_{1q})^{2}\\ &\quad+(BK_{2d}-AK_{1d}-DK_{1q}-CK_{2q})^{2}]^{\frac{1}{2}}\end{aligned} \tag{18}$$

2. 磁路饱和对异步起动特性的影响

起动过程中的磁阻电动机，其定、转子电流是一个变化的量，不同转速时其电流值不同，磁路处于不同饱和状态。假设起动过程中磁路饱和对电机的漏抗不产生影响，仅使 d 轴和 q 轴电枢反应电抗值发生变化。

不同电流下的 X_{ad} 和 X_{aq} 电抗曲线可由 d 轴和 q 轴磁路计算或测量得到。本文通过磁路计算获得电抗曲线。以 q 轴电抗曲线 $X_{aq}=f(I_q)$ 计算为例。给定一个 q 轴电流 I_q，进行 q 轴磁路计算，当计算误差大于所给精度时，计算中反复进行调整，直至误差满足精度要求，求得对应于给定 I_q 的 X_{aq} 值。给定不同的 I_q，重复进行上述计算，得到不同的 X_{aq} 值，从而获得 q 轴电抗曲线 $X_{aq}=f(I_q)$。d 轴电抗曲线的计算与 q 轴相类似。图 2 是东南大学研制的新型磁阻电机 d 轴和 q 轴电抗曲线。

对图 2 中的曲线，根据起动电流的不同值进行分段插值，即可得到 d 轴和 q 轴磁化电抗在不同电流，即不同饱和状态下的数值。

起动过程中，电机的转子绕组电流不为零，它与定子绕组电流共同作用产生 d 轴和 q 轴磁势，设

$$I_{Md}=I_d+I_{2d}, \quad I_{Mq}=I_q+I_{2q} \tag{19}$$

以 I_{Md} 和 I_{Mq} 代替电抗曲线中的 I_d 和 I_q，求取数值计算中的参数 X_{ad} 和 X_{aq}，即可计及磁路饱和对起动过程的影响。

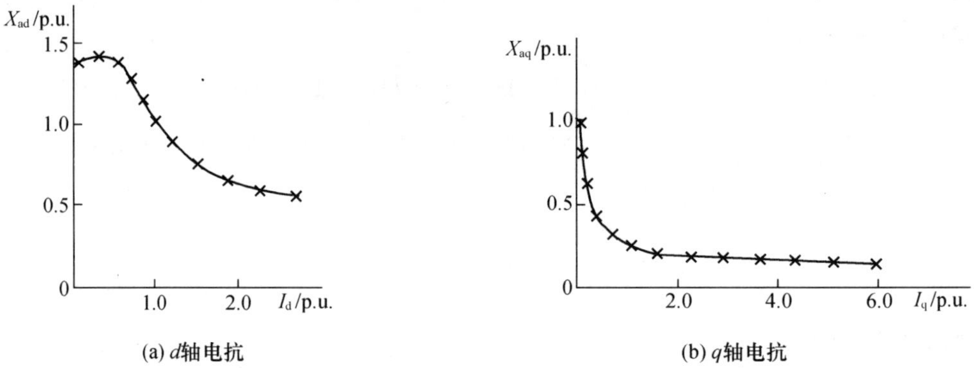

图 2　不同电流下磁阻电机 d 轴和 q 轴电抗曲线

由式(14)和图 1 得

$$\left.\begin{aligned} I_{Md}=&\frac{U}{|\Delta|^2}\{[(BK_{1d}+AK_{2d})^2+(BK_{2d}-AK_{1d})^2]\\ &[R_{1d}^2+S^2(X_{2d}-X_{ad})^2]/(R_{2d}^2+S^2X_{2d}^2)\}^{\frac{1}{2}}\\ I_{Mq}=&\frac{U}{|\Delta|^2}\{[(DK_{1q}+CK_{2q})^2+(DK_{2q}-CK_{1q})^2]\\ &[R_{2q}^2+S^2(X_{2q}-X_{aq})^2]/(R_{2q}^2+S^2X_{2q}^2)\}^{\frac{1}{2}} \end{aligned}\right\} \tag{20}$$

计算磁路饱和对异步起动特性的影响是一个反复迭代的过程，可在计算机上进行。计算开始先假设一组 X_{ad} 和 X_{aq} 值，计算起动电流 I_{Md} 和 I_{Mq}，进行插值得到 X_{ad} 和 X_{aq}，与假设值相

比，若误差较大，则取假设值与计算值的平均值进行第二次迭代计算，再由求得的 I_{Md} 和 I_{Mq} 插值计算得 X_{ad} 和 X_{aq}，与第一次平均值比较，若仍不满足精度要求，重复上述迭代计算过程，直至满足精度要求为止。对不同的转差率 S 进行计算，即可得到完整的异步起动特性曲线。

通过比较不同电压下考虑与不考虑饱和影响时磁障式磁阻电动机的起动电流和起动转矩（$S=1$）的计算值与测试结果（表 1）可知，考虑饱和影响后，起动电流和起动转矩更接近于实际值。

表 1　起动电流和起动转矩测试值与计算值比较

电压/p. u.	机电量/p. u.					
	I_{stt}	I_{stn}	I_{stc}	T_{stt}	T_{stn}	T_{stc}
1.0	6.61	6.04	6.87	2.63	2.17	2.76
0.89	5.80	5.32	6.21	2.02	1.73	2.12
0.79	5.01	4.53	5.49	1.50	1.34	1.52

注：机电量末位下标中，t 表示测试值；n 表示不考虑饱和计算值；c 表示考虑饱和计算值。

3. 计算结果及分析

本文以新型磁阻电机为对象，对其异步起动特性进行了计算。该电机的参数为：

输出功率 $P_N=550$ W，$U_N=380$ V，定子绕组 Y 接法。定子相数 $m=3$，极对数 $p=2$。定子槽数 $Q_1=24$，每槽导体数 $\omega_n=118$，转子槽数 $Q_2=32$。定子外径 $D_1=138$ mm，定子内径 $D_{i1}=84$ mm，转子内径 $D_{i2}=22$ mm，铁芯长 $l_{Fe}=75$ mm，气隙长 $g=0.2$ mm。

由图 3 可见，由于磁阻电动机的转子上有全起动绕组，其平均异步转矩—转差率特性曲线与异步电动机的相类似。另一方面，因其 d 轴和 q 轴磁路不对称，电磁转矩中除了平均异步转矩分量外，还存在一个脉动转矩分量，其振幅随转子转速的升高而增大，正是在该转矩的作用下，磁阻电动机被牵入同步。

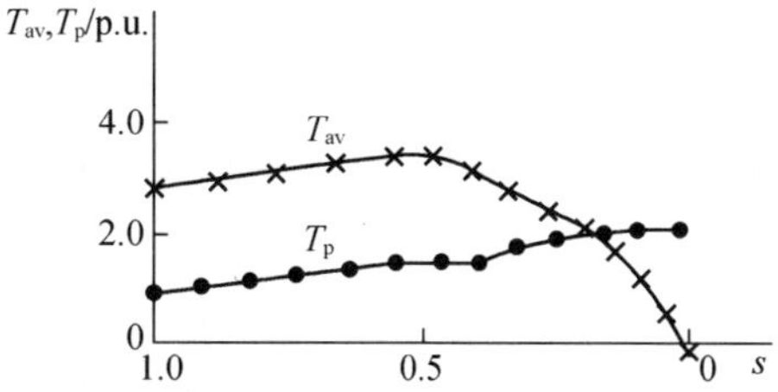

图 3　磁阻电动机的转矩-转差率特性曲线

4. 结论

(1) 将磁阻电动机的起动过程作为不同转差率下的稳态异步运行过程来分析，建立了计算磁阻电动机异步起动特性的数学模型。由计算得到磁阻电机 d 轴和 q 轴电抗曲线 $X_{ad}=f(I_d)$ 和 $X_{aq}=f(I_q)$，据此考虑磁路饱和的影响。通过计算表明，其结果与测试值相吻合。

(2) 起动过程中，磁阻电动机的电磁转矩分为两部分，即平均异步转矩和以两倍于转差频率脉动的脉动转矩。磁阻电动机在平均异步转矩的作用下从静止开始起动，直至转速上升到接近同步速时，在脉动转矩的作用下牵入同步。

参 考 文 献

[1] Ashmea F I. Synchronization of Reluctance Motors. IEEE Trans on PAS，1981，100(4)：1885 - 1892.

[2] 周鹗，林明耀. 新型磁阻电机起动和牵入同步性能分析. 中国电机工程学报，1988，8(2)：64－71.

[3] Dash P K. Asynchronous Performance of Reluctance Machines：Starting Performance，1973 IEEE PES Winter Meeting Papers，C73003－1：1－9.

[4] 周鹗，顾仲圻. 新型磁阻电机磁路分析和参数计算. 中国科学. A辑.，1983(6)：571－580.

[5] 阿德金斯. B等著；唐任远等译. 交流电机统一理论. 北京：机械工业出版社，1980：746－753.

附　录

磁阻电动机起动电流、平均异步转矩和脉动转矩表达式中的 A，B，C，D，K_{1d}，K_{2d}，K_{1q}，K_{2q}，K_2，K_3 和 $|\Delta|^2$ 与电机参数之间的关系为

$$A=\frac{S^2X_{2d}(X_dX_{2d}-X_{ad}^2)+R_{2d}^2X_d}{(R_{2d}X_d)^2+S^2(X_dX_{2d}-X_{ad}^2)^2} \tag{1}$$

$$B=\frac{SR_{2d}X_{ad}^2}{(R_{2d}X_d)^2+S^2(X_dX_{2d}-X_{ad}^2)^2} \tag{2}$$

$$C=\frac{S^2X_{2q}(X_qX_{2q}-X_{aq}^2)+R_{2q}^2X_q}{(R_{2q}X_q)^2+S^2(X_qX_{2q}-X_{aq}^2)^2} \tag{3}$$

$$D=\frac{SR_{2q}X_{aq}^2}{(R_{2q}X_q)^2+S^2(X_qX_{2q}-X_{aq}^2)^2} \tag{4}$$

$$\begin{aligned}K_{1d}=&(1-2S)[(1-2S)-R_1D-SR_1(B+D)+R_1^2(AC-BD)]\\&+R_1^2S(AC+BD+C^2+D^2)+R_1^3B(C^2+D^2)\end{aligned} \tag{5}$$

$$\begin{aligned}K_{2d}=&(1-2S)[R_1C-SR_1(A+C)-R_1^2(AD+BC)]\\&+R_1^2S(AD-BC)+R_1^3A(C^2+D^2)\end{aligned} \tag{6}$$

$$\begin{aligned}K_{1q}=&(1-2S)[R_1A-SR_1(A+C)-R_1^2(AD+BC)]\\&+R_1^2S(BC-AD)+R_1^3C(A^2+B^2)\end{aligned} \tag{7}$$

$$\begin{aligned}K_{2q}=&(1-2S)[-(1-2S)+R_1B+R_1S(B+D)-R_1^2(AC-BD)]\\&-R_1^2S(A^2+B^2+AC+BD)-R_1^3D(A^2+B^2)\end{aligned} \tag{8}$$

$$K_2=(A-C)(K_{1d}K_{2q}+K_{1q}K_{2d})+(B-D)(K_{1d}K_{1q}-K_{2d}K_{2q}) \tag{9}$$

$$K_3=(C-A)(K_{1d}K_{1q}-K_{2d}K_{2q})+(B-D)(K_{1d}K_{2q}+K_{1q}K_{2d}) \tag{10}$$

$$\begin{aligned}|\Delta|^2=&[(1-2S)+R_1^2(AC-BD)-SR_1(B+D)]^2\\&+[SR_1(A+C)+R_1^2(AD+BC)]^2\end{aligned} \tag{11}$$

磁障式磁阻电动机转子参数计算

林明耀　周　鹗　韩亚明

（南京工学院动力系）

摘要： 本文提出了一种计算磁障式磁阻电动机转子参数的方法。以新型磁阻电动机为例，计算了其交轴、直轴电阻和漏抗。根据这些参数计算得到的磁阻电动机异步起动转矩和起动电流值，与测试结果相比十分吻合。

关键词： 磁障式磁阻电动机，交轴电阻，直轴电阻，异步起动

1. 引言

转子电阻和电抗是磁阻电动机的重要参数，准确计算这些数值，对于磁阻电动机的设计，电机起动特性、牵入同步特性和运行稳定性的研究有着十分重要的意义[3,4,5]。

在交轴磁路中设置有磁障的磁阻电动机，转子是不对称的分布槽结构，各鼠笼导条以及与之相连的反应槽是不相同的，因此转子在各个位置上的参数也各不相同。在磁路计算中需将各槽分布参数等效为单绕组集中参数，以便于电机性能的分析和计算。

文中以新型磁障式磁阻电动机为例[2]，按照参数等效前后复功率保持不变的原则，先将各槽参数不等的分布槽结构等效为各槽参数相等的分布槽结构，最后获得交轴、直轴电阻和漏抗等集中参数。

2. 转子电阻、漏抗的计算

1）分布参数的示意

磁障式磁阻同步电动机的结构特点是在交轴磁路中设置有反应槽，由鼠笼导条和反应槽共同形成交轴磁路的磁障。在鼠笼导条和反应槽中铸铝，形成转子绕组。在每一极中，转子绕组关于交轴对称。图 1 为转子绕组分布参数示意图。各极的 8 个转子槽中，每两个尺寸相同的槽对称组成一个槽对，位于不同位置的槽对其槽尺寸不同。以 $RR_1 \sim RR_4$ 表示转子各槽电阻，$XX_1 \sim XX_4$ 表示各槽漏抗，各对槽之间的几何角度为 $2\alpha_1 \sim 2\alpha_4$。

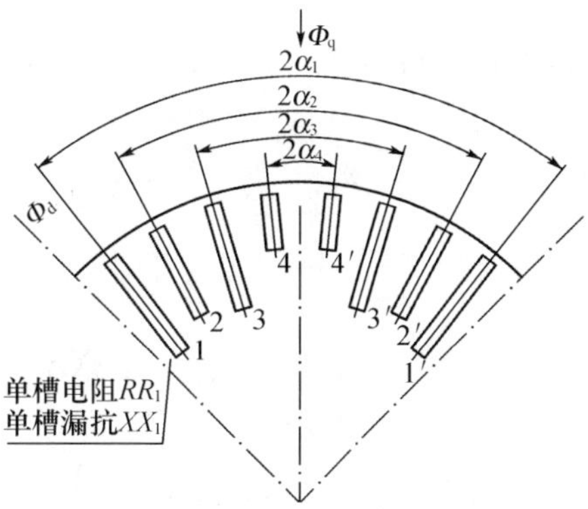

图 1　转子等值参数计算示意图

各槽电阻和漏抗可分别根据它们的导电面积和长度以及转子槽、谐波、端部和斜槽漏抗计算的有关公式计算而得[5]。

《微特电机》，1991 年第 5 期。

2）各槽对中的复功率计算

在不考虑高次谐波影响的情况下，磁阻电机的定子交轴、直轴磁势按各自极轴正弦分布。若以 F_m 表示磁势振幅，p 表示电机极对数，φ 表示相距极轴的机械角度，则磁势表达式为

$$F_m(\varphi)=F_m\cos p\varphi \tag{1}$$

以 $g(\varphi)$ 表示磁阻电机气隙波函数，μ_0 为空气导磁率，则气隙磁密波为

$$B(\varphi)=\frac{\mu_0}{g(\varphi)}F_m(\varphi) \tag{2}$$

磁势所产生的磁通在以本身极轴线为对称的某一区域中的数值正比于磁密在所规定区域中的积分值。若以 $k_1 \sim k_3$ 分别表示某一比例常数，则磁通为

$$\phi(\varphi)=k_1\int_{-\phi}^{\phi}\cos p\varphi \mathrm{d}\varphi \tag{3}$$

转子鼠笼每一槽对中的感应电势与磁通的变化率成正比：

$$\dot{E}_i=k_2\sin p\varphi_i \tag{4}$$

鼠笼槽对中的电流则与感应电势成正比，而与各自的漏阻抗成反比，有

$$\dot{I}_i=k_2\frac{\sin p\varphi_i}{RR_i+\mathrm{j}XX_i} \tag{5}$$

每一回路的复功率为

$$\dot{S}_i=\dot{E}_i\dot{I}_i=k_3\frac{\sin^2 p\varphi_i}{RR_i+\mathrm{j}XX^i} \tag{6}$$

3）各槽参数不等的分布槽等值转换为各槽参数相等的分布槽

我们将上述各槽参数不等的分布槽结构等值转换为各槽参数相等的分布槽结构。等值转换后的各槽电阻记为 RR，漏抗记为 XX。根据等值转换前后复功率保持不变的原则，可以得到

$$\sum_{i=1}^{4}\dot{S}_i=\sum_{i=1}^{4}k_3\frac{\sin^2 p\varphi_i}{RR_i+\mathrm{j}XX_i} \tag{7}$$

将上式进行变换运算，并令等式两边实部和虚部分别相等，则可以获得：

$$\left.\begin{aligned}
RR&=\frac{\left(\sum_{i=1}^{4}\sin^2 p\varphi_i\right)A_1}{{A_1}^2+{B_1}^2}\\
XX&=\frac{\left(\sum_{i=1}^{4}\sin^2 p\varphi_i\right)B_1}{{A_1}^2+{B_1}^2}\\
A_1&=\sum_{i=1}^{4}\left(\sin^2 p\varphi_i\frac{RR_i}{RR_i^2+{XX_i}^2}\right)\\
B_1&=\sum_{i=1}^{4}\left(\sin^2 p\varphi_i\frac{XX_i}{{RR_i}^2+{XX_i}^2}\right)
\end{aligned}\right\} \tag{8}$$

4）交轴参数的等值计算

由图 1 可知，对交轴而言，式(4)～(8)中的 φ_i 即为 α_i 角，代入式(8)中，则等效为参数

相等的分布槽结构后，参数 RR_q、XX_q分别为

$$\left.\begin{aligned}RR_q &= \frac{(\sum_{i=1}^{4}\sin^2 pa_i)A_1}{A_1^2+B_1^2}\\ XX_q &= \frac{(\sum_{i=1}^{4}\sin^2 pa_i)B_1}{A_1^2+B_1^2}\\ A_1 &= \sum_{i=1}^{4}\left(\sin^2 pa_i \frac{RR_i}{RR_i^2+XX_i^2}\right)\\ B_1 &= \sum_{i=1}^{4}\left(\sin^2 pa_i \frac{XX_i}{RR_i^2+XX_i^2}\right)\end{aligned}\right\} \tag{9}$$

转子交轴电阻和漏抗分别为

$$\left.\begin{aligned}R_{2q}&=\frac{RR_q}{Q_2}\frac{2}{m}\\ X_{2q\sigma}&=\frac{XX_q}{Q_2}\frac{2}{m}\end{aligned}\right\} \tag{10}$$

式中，Q_2——转子槽数；

m——电机定子相数；

$\frac{2}{m}$——两轴电路参数折算系数。

5）转子直轴参数的等值计算

对于直轴磁路而言，由图 1 可知：

$$\varphi_i=\frac{\pi}{2}-a_i \tag{11}$$

将上式代入式(8)即可得到直轴等值参数为

$$\left.\begin{aligned}RR_d &= \frac{(\sum_{i=1}^{4}\cos^2 pa_i)A_1}{A_1^2+B_1^2}\\ XX_d &= \frac{(\sum_{i=1}^{4}\cos^2 pa_i)B_1}{A_1^2+B_1^2}\\ A_1 &= \sum_{i=1}^{4}\left(\cos^2 pa_i \frac{RR_i}{RR_i^2+XX_i^2}\right)\\ B_1 &= \sum_{i=1}^{4}\left(\cos^2 pa_i \frac{XX_i}{RR_i^2+XX_i^2}\right)\\ R_{2d} &= \frac{RR_d}{Q_2}\frac{2}{m}\\ X_{2d\sigma} &= \frac{XX_d}{Q_2}\frac{2}{m}\end{aligned}\right\} \tag{12}$$

由式(9)、式(10)和式(12)可以计算出两轴电阻 R_{2d}、R_{2q}和漏抗 $X_{2d\sigma}$、$X_{2q\sigma}$。得到转子绕组漏抗后，即可方便地计算出转子电抗：

$$\left.\begin{aligned} X_{2d} &= X_{2d\sigma} + X_{ad} \\ X_{2q} &= X_{2q\sigma} + X_{aq} \end{aligned}\right\} \tag{13}$$

式中，X_{ad}、X_{aq}——磁阻电机的直、交轴电枢反应电抗。

3. 计算实例

本文计算了三相 550 W 新型磁障式磁阻电动机的转子参数。电机结构数据如文献[2]所示。计算得到的转子电阻和漏抗的标幺值如下：

$$R_{2d}=0.0424 \quad X_{2d\sigma}=0.04864$$
$$R_{2q}=0.03431 \quad X_{2q\sigma}=0.05427$$

根据上述转子参数计算得到的磁阻电动机的起动电流和起动转矩(转差率 $s=1$)值与测试值的比较如表 1 所示。

由表 1 可知，按照本文所提出的转子参数计算方法和给出的计算公式得到的转子参数，计算出的起动电流和起动转矩值与测试值相比较十分接近。

表 1 起动电流与起动转矩计算值与测试值的比较

机电量 \ 电压/p. u.		0.79	1.0	0.89
I_{st}/p. u.	计算值	6.87	6.21	5.49
	测试值	6.61	5.80	5.01
T_{st}/p. u.	计算值	2.78	2.12	1.52
	测试值	2.82	2.02	1.50

4. 结束语

对于转子具有各槽参数不同的分布槽结构的磁障式磁阻电动机，按照等值前后复功率保持不变的原则，将各槽参数不等的分布槽结构等值转换为各槽参数相等的分布槽结构，即可求得转子交、直轴电阻和漏抗。该方法具有物理概念清晰、计算方便的优点，它同样也适用于其他型式磁阻电动机转子参数的计算。

参考文献

[1] Talaat M E. A New Approach to the Calculation of Synchronous Machine Reactance. AIEE. Trans. pt. 3，1955. pp. 176 - 183.

[2] 周鹗，顾仲圻. 新型磁阻电机磁路分析和参数计算. 中国科学. A 辑.，1983(6)：571 - 580.

[3] 周鹗，林明耀. 新型磁阻电机起动和牵入同步性能分析. 中国电机工程学报，1988(2)：64 - 71.

[4] 林明耀，周鹗. 新型磁阻电机的稳定性研究. 微特电机，1988，No. 2. p. 1 - 7.

[5] 上海电器科学研究所. 中小型三相异步电动机电磁计算程序. 1971 年.

[6] Dash P K. Asynchronous Performance of Reluctance Machines：Starting Performance. 1973 IEEE PES Winter Meeting Papers. C73003 - 1. pp. 1 - 9.

复合实心转子磁阻电机稳态性能计算

周 鹗　　程 明

（东南大学电气工程系）

摘要：本文对复合实心转子磁阻电机的结构和磁路进行了分析，提出了计算关键参数X_d、X_q的等效磁路网络法，导出了在凸极上和反应槽内有任意个窄槽时凸极磁阻电机电抗系数的计算公式。对多种样机的试验验证了理论分析的正确性，并表明复合实心转子磁阻电机具有良好的综合性能。

关键词：磁阻电机，实心转子，等效磁路网络法

磁阻式同步电机具有不需直流励磁、结构简单、价格低廉和运行可靠等优点。近年来又出现了多种新型转子结构，使电机性能得到明显提高。图1为一种新型的复合实心转子结构磁阻电机的转子截面图。该转子由两部分复合而成，一为表面开槽的凸极实心转子，一为空心套筒。在凸极转子极面上和反应槽内开有一定数量的窄槽，其作用主要是为了改变实心转子阻抗X_q，并且在转子铸铝后可以使所形成的鼠笼绕组的分布较为均匀，以改善磁阻电机的起动特性。文献[1]曾提出过类似的转子结构，并进行了试验研究，但对结构的合理性未作进一步探讨，也缺乏必要的理论分析，在计算关键参数同步电抗X_d、X_q时还忽略了钢套的影响，这与实际情况明显不符。本文在深入分析该电机结构和磁路特点的基础上，提出了计算X_d、X_q的等效磁路网络法，获得了与实验值较为一致的结果。

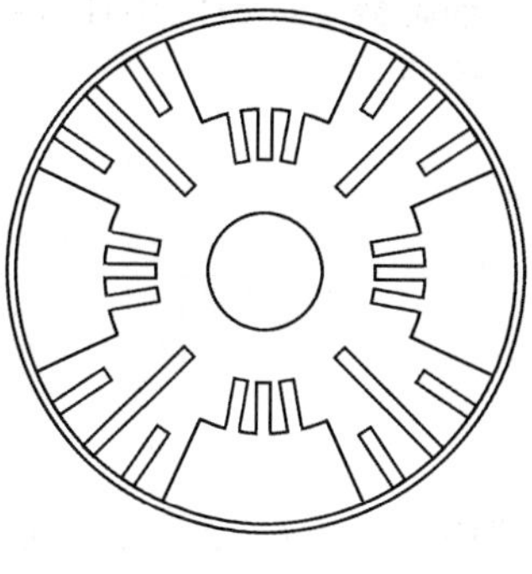

图1　复合实心转子截面图

1. 电抗系数C_d、C_q计算公式

已有的凸极式磁阻电机电抗系数C_d、C_q的计算公式，都是针对特定结构导出的。本文用气隙磁导波与磁势波相作用的方法导出了转子极面和外反应槽内开有任意个窄槽时凸极转子磁阻电机电抗系数C_d、C_q的通用计算公式。在推导过程中，假设铁芯导磁率$\mu=\infty$，气隙磁通径向分布，不考虑饱和的影响。

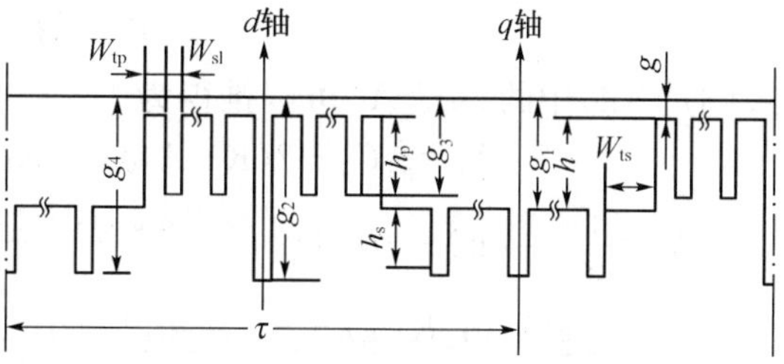

图2　电机展开图(一对极)

图2表示一对极面下电机定转子的展开图。设转子凸极上除中心处的深槽外，另有n_p个窄槽，深为h_p，各槽在极面上均匀分布；外反应

《东南大学学报》，第19卷第1期，1989年1月。

槽内有 n_s 个窄槽，也是均匀分布，深为 h_s。极中心槽的深度为 h_{p0}，宽为 W_{p0}，其余槽宽均为 W_{sl}。

若取 d 轴作为坐标纵轴，则可作出对应的气隙磁导波 $\lambda_\delta(x)$ 波形如图 3 所示。当忽略高次谐波，只考虑基波时，根据双反应原理，此定子正弦基波磁势可表示为其直轴磁势和交轴磁势两分量之和：

$$F_a(x)=F_d(x)+F_q(x)=F_{ad}\cos x+F_{aq}\sin x \tag{1}$$

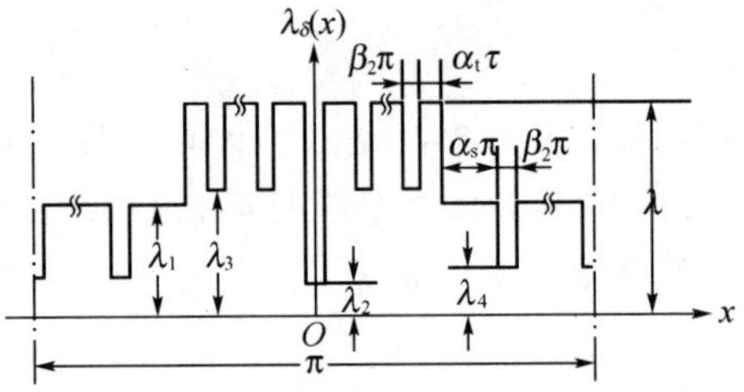

图 3 $\lambda_\delta(x)$ 波形

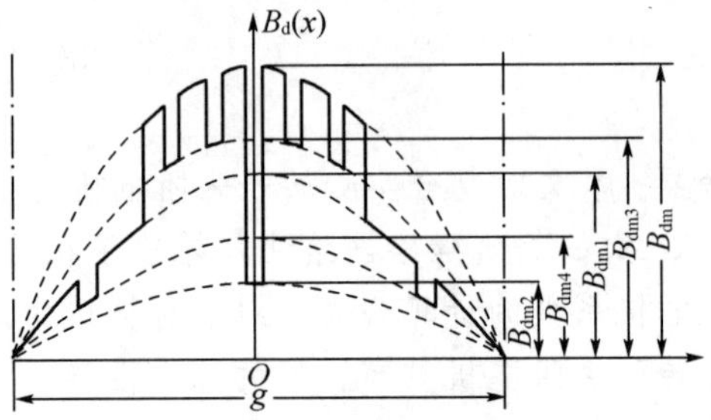

图 4 $B_d(x)$ 波形

直轴磁势 $F_d(x)$ 作用在气隙磁导波上产生直轴气隙磁通密度 $B_d(x)$，其波形如图 4 所示。图中幅值：

$$\left.\begin{aligned}B_{dm}&=F_{ad}\lambda=F_{ad}\mu_0/g_e\\B_{dm_1}&=F_{ad}\lambda_1=F_{ad}\mu_0/g_1=C_1B_{dm}\\B_{dm_2}&=F_{ad}\lambda_2=F_{ad}\mu_0/g_2=C_2B_{dm}\\B_{dm_3}&=F_{ad}\lambda_3=F_{ad}\mu_0/g_3=C_3B_{dm}\\B_{dm_4}&=F_{ad}\lambda_4=F_{ad}\mu_0/g_4=C_4B_{dm}\end{aligned}\right\} \tag{2}$$

式中，$C_1=g_e/g_1$，$g_1=g_e+h_e$；$C_2=g_e/g_2$，$g_2=g_e+h_{p0}$；$C_3=g_e/g_3$，$g_3=g_e+h_p$；$C_4=g_e/g_4$，$g_4=g_e+h_e+h_s$；μ_0 为真空磁导率，B_{dm} 和 $B_{dm_1}\sim B_{dm_4}$ 分别为对应于磁导为 λ 和 $\lambda_1\sim\lambda_4$ 的气隙磁通密度的幅值，见图 4。

将直轴气隙磁通密度曲线用傅氏级数展开，取其基波分量 B_{d_1}，从而可得直轴电抗系数为

$$C_d=B_{d_1}/B_{dm}=A_0+A_1 \tag{3}$$

同样可得交轴电抗系数为

$$C_q=B_{q_1}/B_{qm}=A_0-A_1 \tag{4}$$

式(3)、(4)中的 A_0、A_1 可以推得为

$$A_0=\beta_1C_2+2(K+1)\alpha_i+2KC_3\beta_2+2(R+1)C_1\alpha_s+(2R+1)C_4\beta_2 \tag{5}$$

$$\begin{aligned}A_1=\frac{1}{\pi}\Bigg\{&C_2\sin\beta_1\pi-C_4\sin\beta_2\pi+\frac{2\sin[(K+1)(\alpha_i\pi+\beta_2\pi)]\sin\alpha_i\pi\cos[\alpha_i\pi+\beta_1\pi+K(\alpha_i\pi+\beta\pi)]}{\sin(\alpha_i\pi+\beta_2\pi)}\\&+\frac{2C_3\sin[K(\alpha_i\pi+\beta_2\pi)]\sin\beta_2\pi\cos[2\alpha_i\pi+\beta_1\pi+\beta_2\pi+(K-1)(\alpha_i\pi+\beta_2\pi)]}{\sin(\alpha_i\pi+\beta_2\pi)}\\&+\frac{2C_1\sin[(R+1)(\alpha_s\pi+\beta_2\pi)]\sin\alpha_s\pi\cos[\beta\pi+\alpha_s\pi+R(\alpha_s\pi+\beta_2\pi)]}{\sin(\alpha_s\pi+\beta_2\pi)}\\&+\frac{2C_4\sin[R(\alpha_s\pi+\beta_2\pi)]\sin\beta_2\pi\cos[\beta\pi+2\alpha_s\pi+\beta_2\pi+(R-1)(\alpha_s\pi+\beta_2\pi)]}{\sin(\alpha_s\pi+\beta_2\pi)}\Bigg\}\end{aligned} \tag{6}$$

式中，$\beta=W_p/\tau$ 为极弧系数；$\beta_1=W_{p0}/\tau$ 为深鼠笼槽宽系数；$\beta_2=W_{sl}/\tau$ 为槽宽系数；

$\alpha_i = W_{ip}/\tau = (\beta - n_p\beta_2 - \beta_1)/(n_p + 2)$；
$\alpha_s = W_{is}/\tau = (1 - \beta - n_s\beta_2)/(n_s + 1)$；
$K = n_p/2$；$R = (n_s - 1)/2$。

2. 磁路分析与计算

对图 1 所示的复合实心转子磁阻电机，不能直接应用公式(3)、(4)来计算其电抗系数 C_d、C_q，以及同步电抗 X_d、X_q。这是由于在电机磁路中常有磁路饱和现象存在，特别在图 5 所示的带钢套复合实心转子电机中，由于钢套为铁磁材料，其导磁率远大于空气隙导磁率，因此，钢套中将有相当多的磁通通过，而反应槽的磁阻很大，其中的磁通密度将远小于钢套壁中的磁通密度(图 6 为相关的磁路示意图)。因此无论在 d 轴磁路或者 q 轴磁路中，钢套几乎总是处于饱和状态。为此，可将磁路中的各个部分等效为具有一定磁阻的磁路元件，整个磁路等效为一个非线性磁路网络，如图 7 所示。

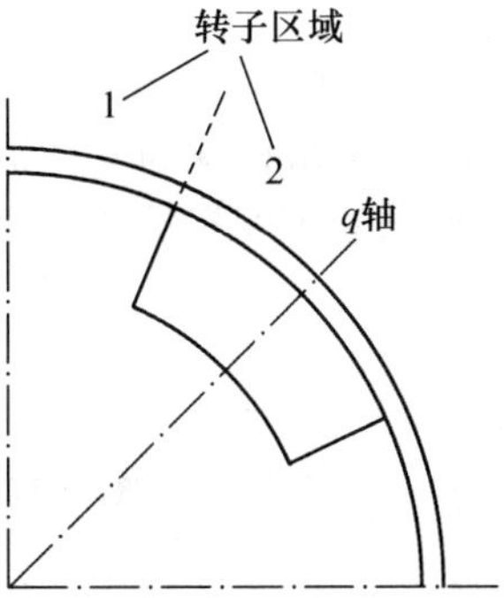

图 5　复合实心转子

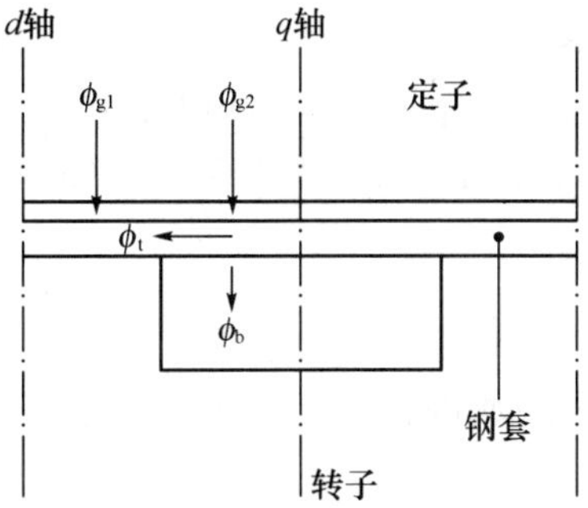

图 6　磁路示意图

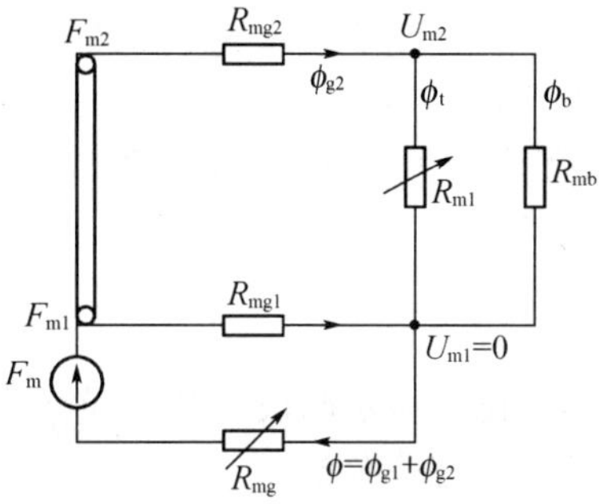

图 7　等效磁路网络

在图 7 中，R_{mg_1} 和 R_{mg_2} 分别为转子区域 1、2 的气隙磁阻，可表示为

$$R_{mg_1} = \frac{8g_e}{\beta\pi D_2 L\mu_0} \tag{7}$$

$$R_{mg_2} = \frac{8g_e}{(1-p)\pi D_2 L\mu_0} \tag{8}$$

R_{mb} 为反应槽磁阻，可表示为

$$R_{mb} = \frac{8h}{(1-\beta)\pi D_2 L\mu_0} \tag{9}$$

R_{mt} 为套壁磁阻，它可以表示为 $\boldsymbol{H}_i$ 的非线性函数

$$R_{mi} = R_{mi}(\boldsymbol{H}_i) \tag{10}$$

R_{ms} 为与磁通在定转子齿、轭部所生磁压降对应的等效非线性磁阻，记为

$$R_{ms} = R_{ms}(\phi) \tag{11}$$

若将各部分的饱和作用集总用 R_{ms} 表示后，则除了钢套壁以外的其他铁芯区域均可以认为导磁率 $\mu = \infty$，而转子铁芯具有等磁位，且等于零(即 $U_{m1} = 0$)。

作用在磁路上的每极磁势幅值 F_m 可表示为

$$F_{mi} = 1.35 K_{W1} Z_{\phi 1} I_i / p \tag{12}$$

其中产生与定转子磁路交链的主磁通所需磁势的计算值为

$$F_{mie} = F_{mi} - \phi_i R_{msi} \tag{13}$$

以上二式中下标 $i = d$，q，分别对应于直轴和交轴。由于磁势在每个极上为正弦分布，因此

通过积分可计算出各区域的平均磁势。对于 d 轴有

$$\left.\begin{aligned} F_{m_1 d} &= \frac{\int_0^{\beta\pi/2} F_{mde}\cos\alpha\,d\alpha}{\int_0^{\beta\pi/2} d\alpha} = \frac{2F_{mde}\sin\frac{\beta\pi}{2}}{\beta\pi} \\ F_{m_2 d} &= \frac{\int_{\beta\pi/2}^{\pi/2} F_{mde}\cos\alpha\,d\alpha}{\int_{\beta\pi/2}^{\pi/2} d\alpha} = \frac{2F_{mde}\left(1-\sin\frac{\beta\pi}{2}\right)}{(1-\beta)\pi} \end{aligned}\right\} \tag{14}$$

同样，对于 q 轴有

$$\left.\begin{aligned} F_{m_1 q} &= \frac{2F_{mqe}\left(1-\cos\frac{\beta\pi}{2}\right)}{\beta\pi} \\ F_{m_2 q} &= \frac{2F_{mqc}\cos\frac{\beta\pi}{2}}{(1-\beta)\pi} \end{aligned}\right\} \tag{15}$$

求解图 7 所示的非线性磁路网络，可得到磁通 ϕ_1、ϕ_b、ϕ_{g_1} 和 ϕ_{g_2}，然后可用一个极弧系数为 β、外反应槽深为 h_e 的凸极实心转子来等效代替原有的极弧系数为 β、反应槽深为 h 的带钢套复合实心转子。其中等效反应槽深 h_e 可根据磁路等效前后磁位降、磁通量必须保持不变的原理求得：

$$h_c = h\,\frac{\phi_b}{\phi_b+\phi_1} \tag{16}$$

为简化，假定凸极上和反应槽内窄槽的数量和尺寸在等效前后保持不变，故在图 5 和图 6 中略去了这些窄槽。

应该指出，由于钢套在 d 轴和 q 轴磁路中的饱和程度是不相同的，因此等效反应槽深 h_{ed} 和 h_{eq} 就必然不相等。所以，统一用 q 轴磁路中的等效反应槽深 h_{eq} 来计算直交轴电抗系统 C_d 和 C_q 是不合适的。因此，对 d 轴和 q 轴必须分别进行计算。求得 h_{ed} 和 h_{eq} 后，将其代入公式(3)、(4)，即得到复合实心转子磁阻电机的直交轴电抗系数 C_d 和 C_q，进而可以计算电机的同步电抗 X_d 和 X_q：

$$\left.\begin{aligned} X_{ad} &= C_d X_c/K_d, \quad & X_{aq} &= C_q X_c/K_q \\ X_d &= X_1 + X_{ad}, \quad & X_q &= X_1 + X_{aq} \end{aligned}\right\} \tag{17}$$

式中，$X_c = 120\pi L D_2 (Z\phi_1 K_{W1})^2 \times 10^{-8}/p^2 g_e$，为相应尺寸的圆柱形转子的电抗。

图 8 为按上述方法计算得到的复合实心转子磁阻电抗直交轴同步电抗随电流的变化曲线。从图 8(b)可以看出，在 I_q 较小时，由于 ϕ_q 小，钢套不饱和，绝大部分磁通经由钢套通过，

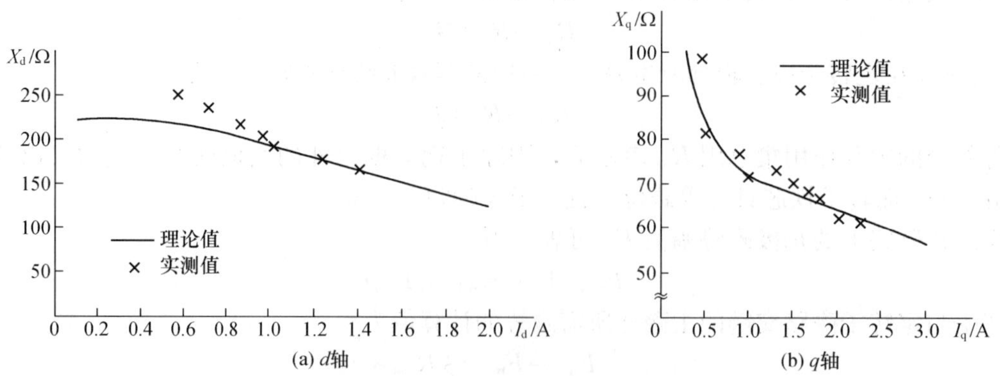

(a) d轴 (b) q轴

图 8 同步电抗随电流的变化曲线

因而 q 轴磁路的磁阻较小，X_q较大。I_q 增加，钢套开始饱和，磁阻增大，X_q迅速减小。当 I_q 进一步增加时，因钢套已充分饱和，新增加的磁通大部分由反应槽通过，因此，X_q变化趋向平缓。

3. 试验研究

为了进行试验研究，制作了多种样机，其定子结构与普通异步机相同，主要参数为：额定功率 550 W，额定电压 380 V，三相四级，星形连接。转子主要结构参数如下(长度单位为 mm)：

$$D_2=83.6，L=75，g=0.2，D=0.6，\beta=0.4$$

$$h=12，h_{p0}=18，h_p=10，h_s=8，W_{p0}=W_{s1}=1.5$$

其材料为 45 号钢，转子铸铝，结构如图 1。

由试验测得样机在不同电流下的同步电抗 X_d和 X_q值[2]，如图 8 中的“×”所示。由图可见，计算值与实测值基本一致，从而说明用等效磁路网络法计算复合实心转子磁阻电机的关键参数 X_d、X_q是正确可行的。表 1 列出了两台样机的主要性能参数，一台为复合实心转子，另一台为凸极实心转子。后者除没有钢套外，其余结构参数与复合实心转子相同。由表 1 中的实测结果来看，两种电机的稳态性能指标可以达到或略优于目前国内同类产品的水平，而起动性能则明显较高(一般磁阻电机的起动转矩在 2 倍左右，起动电流在 6.5 倍以上)。复合实心转子磁阻电机既保持了实心转子电机起动性能好的优点，又提高了牵入转矩，但牵出转矩稍有下降。理论计算表明，通过优选电机的结构参数，可以在保持牵入转矩变化不大的情况下，使牵出转矩得到提高。综上可知，复合实心转子磁阻电机具有良好的综合性能。在需要起动转矩较大并且频繁起动的小型同步运行系统中，采用复合实心转子磁阻电动机是较为适宜的。

表 1　磁阻电机主要性能(实测值)

样机类型	η	$\cos\varphi$	T_{po}/T_N	T_{pi}/T_N	T_{st}/T_N	I_{st}/I
复合实心转子	0.74	0.58	1.37	1.28	3.03	4.34
凸极实心转子	0.68	0.62	1.49	1.0	2.54	4.45

4. 结论

采用非线性磁路网络法，可以将带钢套复合实心结构的转子，等效为在直轴和交轴具有不等反应槽深的凸极转子，进而可以计算电机的关键参数 X_d和 X_q。所得结果与实验值相当一致，说明本文提出的分析计算方法是正确可行的，并且具有简单实用的特点。计算和实验结果表明：复合实心转子磁阻电机不仅具有良好的起动特性，而且有较大的牵入转矩，稳态性能基本相当于同结构叠片转子电机的水平。

附录 1

主要符号表

C_d——直轴电抗系数　　p——极数

C_q——交轴电抗系数　　T_N——额定转矩

D——钢套壁厚
D_2——转子直径
g_c——等效气隙长度
h——反应槽深
I_N——额定电流
I_{st}——起动电流
K_d——直轴饱和系统
K_q——交轴饱和系统
K_{w1}——绕组系数
L——铁芯长度
n_p——极面上窄槽数
n_s——反应槽内窄槽数
T_{pi}——牵入转矩
T_{po}——牵出转矩
T_{st}——起动转矩
W_p——凸极宽
W_s——反应槽宽
X_1——定子漏抗
X_{ad}——直轴反应电抗
X_{aq}——交轴反应电抗
X_d——直轴同步电抗
X_q——交轴同步电抗
Z_{ϕ_1}——每相串联导体数

附录 2

公式(5)、(6)的推导，将图 4 所示的直轴气隙磁感应曲线用傅氏级数展开，并取其基波，可得基波幅值

$$\begin{aligned}
B_{d_1} = {} & \frac{4}{\pi}B_{dm}\Big\{\int_0^{\beta_1\pi/2}C_2\cos^2 x\mathrm{d}x+\int_{\beta_1\pi/2}^{\beta_1\pi/2+\alpha_i\pi}\cos^2 x\mathrm{d}x+\int_{\beta_1\pi/2+\alpha_i\pi}^{\beta_1\pi/2+\alpha_i\pi+\beta_2\pi}C_3\cos^2 x\mathrm{d}x \\
& +\int_{\alpha_i\pi+\beta_2\pi+\beta_1\pi/2}^{2\alpha_i\pi+\beta_2\pi+\beta_1\pi/2}\cos^2 x\mathrm{d}x+\int_{2\alpha_i\pi+\beta_2\pi+\beta_1\pi/2}^{2\alpha_i\pi+2\beta_2\pi+\beta_1\pi/2}C_3\cos^2 x\mathrm{d}x+\cdots \\
& +\int_{(K-1)\alpha_i\pi+(K-1)\beta_2\pi+\beta_1\pi/2}^{K\alpha_i\pi+(K-1)\beta_2\pi+\beta_1\pi/2}\cos^2 x\mathrm{d}x+\int_{K\alpha_i\pi+(K-1)\beta_2\pi+\beta_1\pi/2}^{K\alpha_i\pi+K\beta_2\pi+\beta_1\pi/2}C_3\cos^2 x\mathrm{d}x \\
& +\int_{K\alpha_i\pi+K\beta_2\pi+\beta_1\pi/2}^{\beta\pi/2}\cos^2 x\mathrm{d}x+\int_{\beta\pi/2}^{\beta\pi/2+\alpha_s\pi}C_1\cos^2 x\mathrm{d}x+\int_{\beta\pi/2+\alpha_s\pi}^{\beta\pi/2+\alpha_s\pi+\beta_2\pi}C_4\cos^2 x\mathrm{d}x \\
& +\int_{\beta\pi/2+\alpha_s\pi+\beta_2\pi}^{\beta\pi/2+2\alpha_s\pi+\beta_2\pi}C_1\cos^2 x\mathrm{d}x+\int_{\beta\pi/2+2\alpha_s\pi+\beta_2\pi}^{\beta\pi/2+2\alpha_s\pi+2\beta_2\pi}C_4\cos^2 x\mathrm{d}x+\cdots \\
& +\int_{\beta\pi/2+(R-1)\alpha_s\pi+(R-1)\beta_2\pi}^{\beta\pi/2+R\alpha_s\pi+(R-1)\beta_2\pi}C_1\cos^2 x\mathrm{d}x+\int_{\beta\pi/2+R\alpha_s\pi+(R-1)\beta_2\pi}^{\beta\pi/2+R\alpha_s\pi+R\beta_2\pi}C_4\cos^2 x\mathrm{d}x \\
& +\int_{\beta\pi/2+R\alpha_s\pi+R\beta_2\pi}^{\beta\pi/2+(R+1)\alpha_s\pi+R\beta_2\pi}C_1\cos^2 x\mathrm{d}x+\int_{\beta\pi/2+(R+1)\alpha_s\pi+R\beta_2\pi}^{\pi/2}C_4\cos^2 x\mathrm{d}x\Big\} \\
= {} & \frac{4}{\pi}B_{dm}\Big\{\Big[\frac{\beta_1C_2\pi}{4}+\frac{(K+1)}{2}\alpha_i\pi+\frac{KC_3\beta_2\pi}{2}+\frac{(R+1)C_1\alpha_s\pi}{2}+\frac{RC_4\beta_2\pi}{2} \\
& +\frac{C_4\beta_2\pi}{4}\Big]+\frac{1}{4}[\sin(2\alpha_i\pi+\beta_1\pi)-\sin\beta_1\pi+\sin(4\alpha_i\pi+2\beta_2\pi+\beta_1\pi)] \\
& -\sin(2\alpha_i\pi+2\beta_2\pi+\beta_1\pi)+\cdots+\sin[2K\alpha_i\pi+2(K-1)\beta_2\pi+\beta_1\pi] \\
& -\sin[2(K-1)\alpha_i\pi+2(K-1)\beta_2\pi+\beta_1\pi]+\sin[2(K+1)\alpha_i\pi+2K\beta_2\pi+\beta_1\pi] \\
& -\sin(2K\alpha_i\pi+2K\beta_2\pi+\beta_1\pi)+\frac{C_3}{4}\{\sin(2\alpha_i\pi+2\beta_2\pi+\beta_1\pi) \\
& -\sin(2\alpha_i\pi+\beta_1\pi)+\sin(4\alpha_i\pi+4\beta_2\pi+\beta_1\pi)-\sin(4\alpha_i\pi+2\beta_2\pi+\beta_1\pi) \\
& +\cdots+\sin(2K\alpha_i\pi+2K\beta_2\pi+\beta_1\pi)-\sin[2K\alpha_i\pi+2(K-1)\beta_2\pi+\beta_1\pi]\} \\
& +\frac{C_2}{4}\sin\beta_1\pi+\frac{C_1}{4}[\sin(\beta\pi+2\alpha_s\pi)-\sin\beta\pi+\sin(\beta\pi+4\alpha_s\pi+2\beta_2\pi)
\end{aligned}$$

$$-\sin(\beta\pi+2\alpha_s\pi+2\beta_2\pi)+\cdots+\sin[\beta\pi+2R\alpha_s\pi+2(R-1)\beta_2\pi]$$
$$-\sin[\beta\pi+2(R-1)\alpha_s\pi+2(R-1)\beta_2\pi]+\sin[\beta\pi+2(R+1)\alpha_s\pi+2R\beta_2\pi]$$
$$-\sin(\beta\pi+2R\alpha_s\pi+2R\beta_2\pi)]+\frac{C_4}{4}\{\sin(\beta\pi+2\alpha_s\pi+2\beta_2\pi)$$
$$-\sin(\beta\pi+2\alpha_s\pi)+\sin(\beta\pi+4\alpha_s\pi+4\beta_2\pi)-\sin(\beta\pi+4\alpha_s\pi+2\beta_2\pi)$$
$$+\cdots+\sin(\beta\pi+2R\alpha_s\pi+2R\beta_2\pi)-\sin[\beta\pi+2R\alpha_s\pi+2(R-1)\beta_2\pi]-\sin\beta_2\pi\}$$

经整理和数学运算，最后可得直轴电抗系数：

$$C_d=B_{d_1}/B_{dm}=A_0+A_1$$

式中，A_0 和 A_1 如式(5)、式(6)所示。

用类似方法可得交轴电抗系数 C_q，推导过程从略。

参考文献

[1] 张国忱. 新型磁阻式同步电动机. 电机技术，1984(3)：16－18.

[2] Honsinger V B. The Inductance of L_d and L_q of Reluctance Machines. IEEE Trans, 1971，PAS－90(1)：298－304.

复合实心转子磁阻电机转子阻抗的解析计算

程 明 周 鹗

（东南大学电气工程系）

摘要： 实心转子阻抗计算是一个三维涡流场问题，在磁阻电机中又由于直轴和交轴磁路不对称，使得问题更为复杂。本文通过必要的合理假设，得到了磁阻电机实心转子电磁场的一维模型，从而导出了转子阻抗的解析表达式。利用此式，可以方便地计算不同结构参数时实心转子的阻抗值，进而可以计算相应的电机起动特性，计算结果与样机实测结果吻合较好。本文结论可以用于计算实心转子磁阻电机的异步特性，在研究实心转子异步电机时也可参考应用。

关键词： 磁阻电机，实心转子，电磁场

1. 概述

在磁阻电机转子结构中，实心转子具有结构简单，制作方便，运行可靠等优点。若不考虑高次谐波磁场的影响，实心转子磁阻电机的稳态性能与通常的叠片转子磁阻电机并无不同，但在分析它的异步起动性能时，就必须研究和计算实心转子的转子阻抗值及其随转速变化的规律。

在求解实心转子电磁场时可以用有限元法，它适用于边界条件比较复杂、要求计算精度较高的场合，但是它的解答只能是数值解，在有些场合，例如在分析比较不同结构参数对电机性能的影响时，就需要重复计算，工作量很大。为此，本文在研究复合实心转子磁阻电机时采用了解析法。

本文主要符号的意义与文献[1]相同。

2. 基本假设和分析模型

几点基本假设：

（1）假设转子材料的磁导率 μ 在一定的求解区域内为常数。

（2）忽略定转子的曲率效应，采用直角坐标系求解。

（3）仅考虑场量的基波，且忽略位移电流。

图 1 为所研究的复合实心转子磁阻电机的转子截面图。它由两部分组成，一是在外表面上开槽的凸极实心转子，另一是实心钢套。为改善电机的起动和牵入特性，在凸极转子外表面的槽中可以铸铝。为使问题简化，下面首先考虑无钢套的凸极实心转子，并假设转子为无限长，然后再考虑端环、钢套及铸铝的影响。

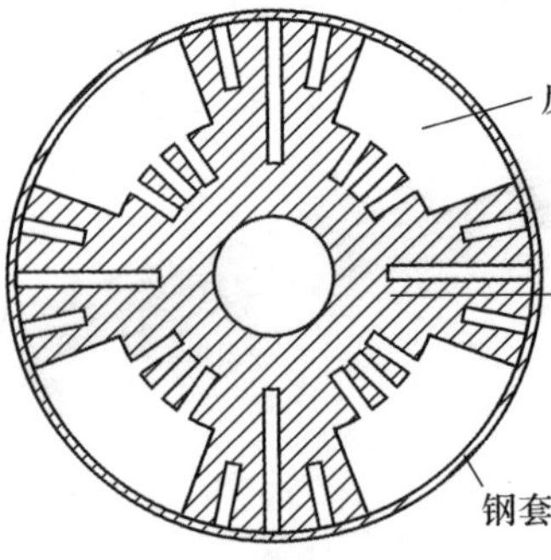

图 1 复合实心转子截面图

《电工技术学报》，1991，第 4 期。

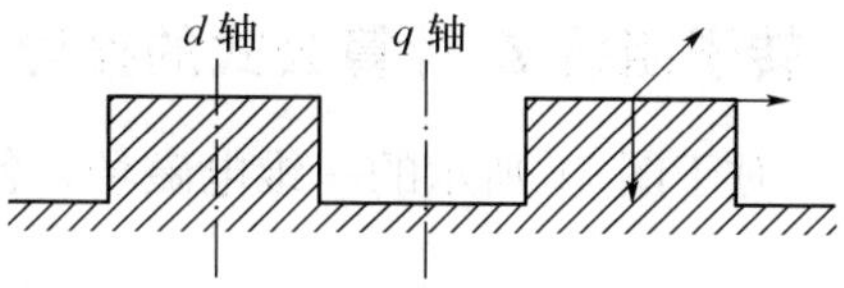

图 2　凸极转子的展开形式与所用的坐标系统

取图 2 所示坐标系统。其中 x 为轴向，y 为切向，z 为径向。当假设转子为无限长时，实心转子三维电磁场只剩二维。但是，即使对于这样的二维电磁场，由于转子开槽，以及直轴和交轴不对称，磁场分布仍十分复杂，要精确计算这种转子的参数仍相当困难。到目前为止，对实心转子异步电机的研究工作主要采用以下两种方法：

(1) 假定开槽区域可以用各向异性的等效匀质介质代替。进入转子的磁通可分解为径向和切向分量，切向磁通依次经过齿部和槽部，因此其磁导率取铁磁材料和空气的复合磁导率，径向磁通仍取铁磁材料的磁导率[2]。

(2) 假设沿齿和槽的轮廓线为磁力线，然后将开槽转子展开为等效无槽转子进行计算[3]。

本文认为，对于具有不对称磁路的磁阻电机，采用后一种方法比较适宜。

根据双反应理论，任一时刻的定子磁势可以分解为直轴分量和交轴分量，在线性情况下，磁势沿直轴和沿交轴产生的磁通彼此独立，故直轴转子阻抗 Z_{rd} 和交轴转子阻抗 Z_{rq} 可以分别计算。

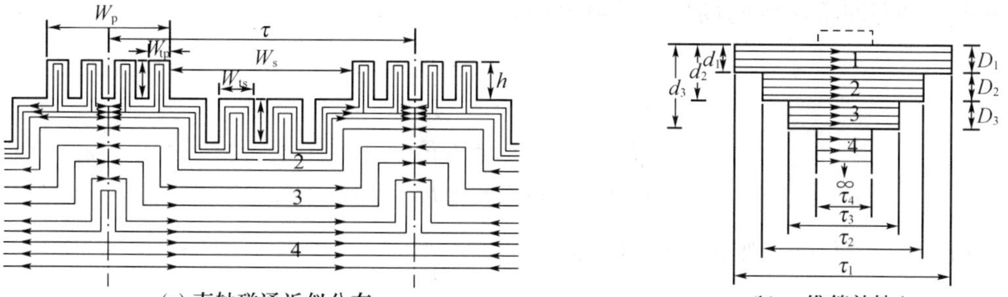

(a) 直轴磁通近似分布　　(b) 一维等效铁心

图 3

综合以上分析，可得表面开槽的凸极实心转子(图 1 中去掉钢套后剩下的部分)直轴磁通分布，如图 3a 所示。从图中可知，按照各部分磁通路径长短的不同，整个转子铁芯可以划分为四层。第 1 层中的磁力线既经过凸极面上的齿，又经过反应槽内的齿，其路径为最长，用 τ_1 表示；第 2 层的磁力线只经过反应槽内的齿部而不进入凸极面上的齿部，故其路径比第 1 层短，用 τ_2 表示；第 3 层的磁力线仅是由于转子的凸极性而发生弯曲，其路径又比第 2 层短，用 τ_3 表示；第 4 层的磁力线为相互平行的直线，其路径为最短，用 τ_4 表示，它等于电机的极距 τ。设想将弯曲的磁力线拉直，则图 3a 所示表面开槽的凸极实心转子可以用图 3b 中实线部分四层光滑无槽的转子铁芯来等效。图 3b 中各量可按以下各式计算：

$$\tau_1=\tau+2(h+n_p h_p+h_{p0}+n_s h_s)$$
$$\tau_2=\tau+2n_s h_s$$
$$\tau_3=\tau+2h_s$$
$$\tau_4=\tau$$
$$D_1=W_{tp}/2$$
$$D_2=(W_{ts}-W_{tp})/2$$
$$D_3=(W_p+W_s)/2$$

在图 3b 中，四层铁芯内的场量虽然不等，但都含有一个分量，例如磁场强度只有切向分量 H_y。至此，无限长转子的二维电磁场被进一步简化为一维电磁场。

3. 转子阻抗 Z_r 计算公式的推导

对于图 3b 所示的一维电磁场，各场量满足麦克斯韦方程

$$\mathrm{rot}\,\boldsymbol{H}=\boldsymbol{J},\qquad \mathrm{rot}\,\boldsymbol{E}=-\frac{\partial \boldsymbol{B}}{\partial t} \tag{1}$$

由于电场强度和电流密度只有轴向分量，磁场强度和磁通密度只有切向分量，故式(1)变为

$$\frac{\partial H_{\mathrm{y}}}{\partial_{\mathrm{z}}}=-J_{\mathrm{x}},\qquad \frac{\partial E_{\mathrm{x}}}{\partial_{\mathrm{z}}}=-\frac{\partial B_{\mathrm{y}}}{\partial_{\mathrm{t}}} \tag{2}$$

因各场量仅有一个分量，为简洁起见，略去下标，则式(2)可改写为

$$\frac{\mathrm{d}H}{\mathrm{d}z}=-J,\qquad \frac{\mathrm{d}E}{\mathrm{d}Z}=-\mathrm{j}\omega B \tag{3}$$

对于各向同性介质，其成分方程为

$$E=\rho J,\qquad B=\mu H \tag{4}$$

由式(3)、(4)可得

$$\frac{\mathrm{d}^2 H}{\mathrm{d}^2 z}=(\mathrm{j}\omega\mu/\rho)H \tag{5}$$

式(5)决定了铁芯四个区域的场量，其解分别为

$$\left.\begin{aligned}H_1(z)&=Ae^{-\lambda_1 z}+Be^{\lambda_1 z}\\H_2(z)&=Ce^{-\lambda_2 z}+De^{\lambda_2 z}\\H_3(z)&=Ee^{-\lambda_3 z}+Fe^{\lambda_3 z}\\H_4(z)&=Ge^{-\lambda_4 z}+He^{\lambda_4 z}\end{aligned}\right\} \tag{6}$$

因为 $E=-\rho\mathrm{d}H/\mathrm{d}z$，则由式(6)可得

$$\left.\begin{aligned}E_1(z)&=\rho_1\lambda_{\mathrm{L}}(Ae^{-\lambda_1}-Be^{\lambda_1 z})\\E_2(z)&=\rho_2\lambda_2(Ce^{-\lambda_2 z}-De^{\lambda_2 z})\\E_3(z)&=\rho_3\lambda_3(Ee^{-\lambda_3 z}-Fe^{\lambda_3 z})\\E_4(z)&=\rho_4\lambda_4(Ge^{-\lambda_4 z}-He^{\lambda_4 z})\end{aligned}\right\} \tag{7}$$

式中，$\lambda_1=\sqrt{\mathrm{j}\omega\mu_1/\rho_1}=(1+\mathrm{j})m_1$

$$m_1=\sqrt{\omega\mu_1/2\rho_1}$$
$$\lambda_2=\sqrt{\mathrm{j}\omega\mu_2\rho_2}=(1+\mathrm{j})m_2$$
$$m_2=\sqrt{\omega\mu_2/2\rho_2}$$
$$\lambda=\sqrt{\mathrm{j}\omega\mu_3/\rho_3}=(1+\mathrm{j})m_3$$
$$m_3=\sqrt{\omega\mu_3/2\rho_3}$$
$$\lambda_4=\sqrt{\mathrm{j}\omega\mu_4/\rho_4}=(1+\mathrm{j})m_4$$
$$m_4=\sqrt{\omega\mu_4\rho_4}$$

式中，$p_1\sim p_4$——四层铁芯的等效电阻率；

$\mu_1\sim\mu_4$——四层铁芯的等效磁导率；

$A\sim H$——由边界条件确定的常数。

根据相邻两层铁芯的交界面上应满足电流连续和电场强度连续的要求[3]。可得如下边界条件：

$$\tau_1 H_1(d_1)=\tau_2 H_2(d_1)$$
$$\tau_2 H_2(d_2)=\tau_3 H_3(d_2)$$
$$\tau_3 H_3(d_3)=\tau_4 H_4(d_3)$$
$$E_1(d_1)=E_2(d_1)$$
$$E_2(d_2)=E_3(d_2)$$
$$E_3(d_3)=E_4(d_3)$$

和当 $z=0$ 时，$H_1(z)=H_1(0)$；当 $z=\infty$时，$H_4(\infty)=0$。

这里 $H_1(d_1)$和 $H_2(d_1)$分别为 $z=d_1$ 处第 1 层和第 2 层内的磁场强度值，余类推。

由式(6)、(7)和上述边界条件，经数学运算，可以导出长度为 L，宽为 τ_1 的铁芯的等值阻抗为

$$Z_r(0)=E_1(0)/H_1(0)=\rho_1(1+j)m_1\mid M\mid(L/\tau_1)\angle\psi=(L/\tau_1)\mid M\mid\sqrt{p_1 s\omega_0/\mu_1}\angle 45^\circ+\psi \tag{8}$$

式中，
$$M^2=[(1+K^2)\mathrm{ch}(2m_1d_1)+2\mid K\mid\cos\theta\times\mathrm{sh}(2m_1d_1)+(K^2-1)\cos(2m_1d_1)+2\mid K\mid\sin\theta\sin(2m_1d_1)]/[(1+K^2)\times\mathrm{ch}(2m_1d_1)+2\mid K\mid\cos\theta\mathrm{sh}(2m_1d_1)-(K^2-1)\cos(2m_1d_1)-2\mid K\mid\sin\theta\sin(2m_1d_1)] \tag{9}$$

$$\psi=\arctan\{[(1-K^2)\sin(2m_1d_1)+2\mid K\mid\sin\theta\cos(2m_1d_1)]/[(1+K^2)\mathrm{sh}(2m_1d_1)+2|K|\cos\theta\mathrm{ch}(2m_1d_1)]\} \tag{10}$$

式中 K 和 θ 可由以下诸式确定：

$$|K_2K|^2=[(1+K_1^2)\mathrm{ch}(2m_2D_2)+2K_1\mathrm{sh}(2m_2D_2)+(K_1^2-1)\cos(2m_2D_2)]/[(1+K_1^2)\mathrm{ch}(2m_2D_2)+2K_1\mathrm{sh}(2m_2D_2)-(K_1^2-1)\cos(2m_2D_2)] \tag{11}$$

$$\theta=\arctan\{[(1-K_1^2)\sin(2m_2D_2)]/[(1+K_1^2)\mathrm{sh}(2m_2D_2)+2K_1\mathrm{ch}(2m_2D_2)]\} \tag{12}$$

$$K_1=\frac{1}{K_3}[K_4\mathrm{sh}(\lambda_3D_3)+\mathrm{ch}(\lambda_3D_3)]/[K_4\mathrm{ch}(\lambda_3D_3)+\mathrm{sh}(\lambda_3D_3)]\approx\frac{1}{K^3}[K_4\mathrm{sh}(m_3D_3)+\mathrm{ch}(m_3D_3)]/[K_4\mathrm{ch}(m_3D_3)+\mathrm{sh}(m_3D_3)] \tag{13}$$

$$K_2=(\rho_1\lambda_1\tau_2)/(\rho_2\lambda_2\tau_1)$$
$$K_3=(\rho_2\lambda_2\tau_3)/(\rho_3\lambda_3\tau_2)$$
$$K_4=(\rho_3\lambda_3\tau_4)/(\rho_4\lambda_4\tau_3)$$
$$D_3=d_3-d_2$$

归算到定子侧，得转子直轴等值阻抗为

$$Z_r=[4mL(W_1K_{W_1})^2/\pi D_2](\tau/\tau_1)|M|\sqrt{\rho_1 s\omega_0\mu_0}\angle 45^\circ+\psi=R_r+jX_r \tag{14}$$

从式中可知，当电机的结构参数一定时，转子等值电阻 R_r 和等值电抗 X_r 的大小就决定于转子材料的等效电阻率 ρ、磁导率 μ 以及转差率 s。

式(14)是从具有四层等效铁芯的直轴磁场导出的，但它亦适用于具有四层以下的等效铁芯的情况。对于交轴磁场来说，极面上开槽时其等效铁芯为二层(如图 4 所示)，极面上无槽时为一层。故式(14)同样可用于交轴转子等值阻抗的计算，只要在公式中将交轴等效铁芯的参数代入即可。

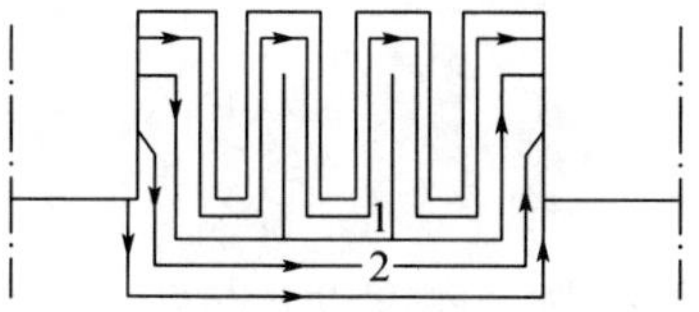

(a) 交轴磁通分布

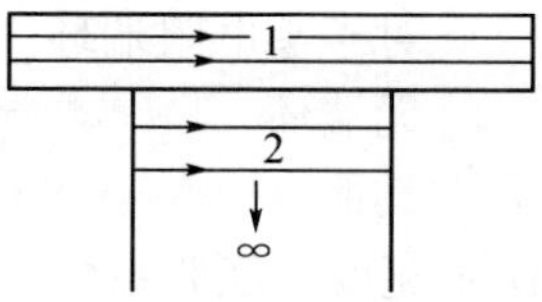

(b) 等效铁芯

图 4　交通磁通近似分布及其等效铁芯

4. 考虑钢套、槽导体和转子有限长度时阻抗的计算

1）钢套

图1所示带钢套复合实心转子的等值阻抗可用类似于上述的方法进行计算，只是在凸极实心转子等效铁芯的顶部再增加一层，如图3b中虚线所示，由此得到五层等效铁芯。第1层的几何尺寸与钢套的实际尺寸有关，宽等于极距 τ，高等于钢套厚 D。

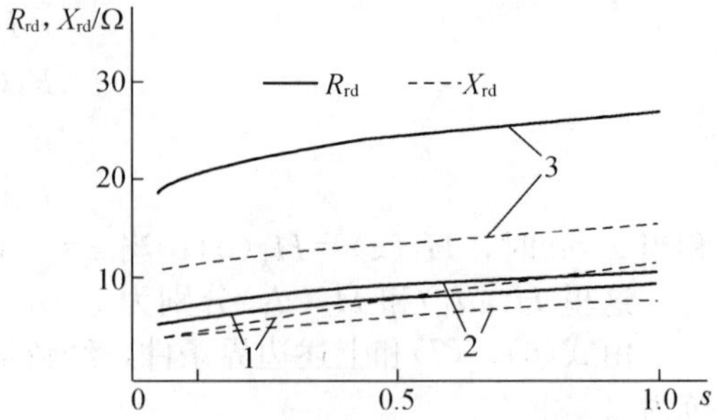

图5 实心转子直轴电阻和电抗

1—复合实心转子，D=0.6 mm，铸铝

2—凸极实心转子，铸铝

3—凸极实心转子，不铸铝

图5为转子直轴等值电阻 R_{rd} 和电抗 X_{rd} 随转差率 s 变化的曲线。曲线1为复合实心转子，钢套厚0.6 mm，曲线2为凸极实心转子。由图可知，钢套使转子电阻减小，电抗增加，这有利于改进电机的牵入性能。

2）槽导体

为改善磁阻电机异步特性，在凸极转子表面槽中加入良导电体构成一笼形绕组，这种导体可称为槽导体。槽导体的存在必然使实心转子的等值阻抗发生变化，转子电流的切向分量依次通过钢和槽导体，钢和槽导体呈串联电路性质，它们的共同作用可用一等效电阻率 ρ_x 表示。转子电流的轴向分量并行地在钢和槽导体中通过，呈并联电路性质，类似地，二者的共同作用可用另一等效电阻率 ρ_y 表示。这样，带槽导体的实心转子可以用一在切向和轴向有不同电阻率的各向异性匀质介质代替。可以推得直轴和交轴在 x、y 方向的等效电阻率分别为

$$\left.\begin{aligned}
\rho_{dx}&=\rho_0\rho_1\tau/[\rho_0(W_s+W_{p0}+n_pW_{st})+\rho_1(W_p-W_{p0}-n_pW_{st})]\\
\rho_{dy}&=[\rho_0(\tau-W_s-n_pW_{st}-W_{p0})+\rho_1(W_s+n_pW_{st}+W_{p0})]/\tau\\
\rho_{qx}&=\rho_0\rho_1W_p/[\rho_0(W_{p0}+n_pW_{st})+\rho_1(W_p-W_{p0}-n_pW_{st})]\\
\rho_{qy}&=[\rho_0(W_p-n_pW_{st}-W_{p0})+\rho_1(n_pW_{st}+W_{p0})]/W_p
\end{aligned}\right\}\tag{15}$$

式中，ρ_0——钢的电阻率；

ρ_1——槽导体的电阻率。

从图5中曲线2、3的对比，可知槽导体对转子阻抗的影响。

3）转子有限长

式(14)的导出是以“无限长”转子为前提的，事实上，电机转子长度是有限的，在转子上除了轴向电流外还有切向电流。切向电流对转子参数的影响称为“端部效应”，在数量上以“端部系数”表示。端部系数计算公式为[4]

$$C_{eei}=1+c(C_{ei}-1),\quad i=1,2,3,4\tag{16}$$

式中，$C_{ei}=\dfrac{1}{1-\mathrm{th}(y_i\sqrt{\rho_x/\rho_y})/(y_i\sqrt{\rho_x/\rho_y})}$；

$y_i=\pi L/\{2\tau[1+0.2(\tau_i/\tau-1)]\}$；

$$c=\begin{cases}0, & \text{对于零电阻端环}\\ 1, & \text{无端环}\\ 0\sim1, & \text{其他}\end{cases}$$

τ_i 为第 i 层等效铁芯宽度。经验系数 c 需根据端环的材料、厚度以及与转子端部的接触情况并结合实现结果选取。有关文献推荐其值在0.3～0.5之间。本文的计算实例中，铜质焊接端环

取 $c=0.4$，铸铝端环取 $c=0.5$。由式(16)求出直轴端部系数 C_{eedi} 和交轴端部系数 C_{eeqi} 后，便可计算直轴和交轴阻抗的电阻率

$$\rho_{di}=\rho_{dx}C_{eedi} \tag{17}$$
$$\rho_{qi}=\rho_{qx}C_{eeqi}, \quad i=1, 2, \cdots$$

需要指出的是，由于转子阻抗的模和相角均与电阻率有关，因此端部系数不仅修正了转子电阻，也修正了电抗。

求出实心转子的等值阻抗后，计算了磁阻电机的起动特性。当 X_d、X_q、x_1 和 R_1 一定时，磁阻电机的起动转矩和起动电流仅决定于转子阻抗，因此，通过起动特性计算结果与实测值的比较可以间接检验转子阻抗的正确与否。表 1 给出两台样机在 $s=1$ 时的起动转矩和起动电流的计算值和实测值。在计算中除转子阻抗外，其他参数均为实测值。由表 1 可知，理论值与实测值吻合较好，说明本文计算转子参数的方法是正确可行的。

表 1　起动转矩和起动电流

样机	项目	计算值	实测值	相对误差
A	T_{st}(N·m)	9.03	9.0	0.33%
	I_{st}(A)	8.84	8.9	0.67%
B	T_{st}(N·m)	8.04	8.4	4.29%
	I_{st}(A)	6.88	6.32	8.86%

5. 结论

(1) 在转子为无限长的前提下，假设沿转子齿和槽的轮廓线为磁力线，可以将实心转子的三维电磁场简化为一维场，从而使计算大大简化，这一方法具有简单、实用的特点。

(2) 以凸极实心转子直轴磁场为例导出的转子阻抗计算公式，亦可用于交轴转子阻抗的计算，并很容易推广到带钢套复合实心转子的情况。为计及实际转子为有限长，在阻抗计算公式中引用了经端部系数修正了的等效电阻率，计算精度符合工程要求。

(3) 带槽导体的实心转子可以用在切向和轴向具有不同电阻率的各向异性匀质代替。

参考文献

[1] 周鹗，程明. 复合实心转子磁阻电机稳态性能计算. 东南大学学报，1990(1)：24-31.

[2] Krishnamurthy M R, et al. Polyphase Induction Machine with Slitted Ferromagnetic Rotor I. IEEE Trans., 1967, PAS-86(7): 835-843.

[3] Rajagopalan P K. et al. Effects of Axial Slits on the Performance of Induction Machines with Solid Rotor. IEEE Trans., 1969, PAS-88(11): 1695-1709.

[4] Russell R L, et al. Eddy Currents and Wall Losses in Screened-Rotor Induction Motor, Proc. IEE, 1958, 105A(20): 163-173.

单相新型磁阻电动机稳态性能分析

周　鹗　　顾克明

（南京工学院动力系）

摘要： 本文用双旋转磁场理论和 d-q 坐标与 α-β 坐标的交换，提出了单相电容磁阻电动机稳态运行的等效电路，并对其逆序电路的构成进行了讨论。由于电机转子磁路的结构比较特殊，在电机稳态性能分析中考虑了电机两轴参数 X_d、X_q 随电机负载状态的变化。本文还从理论上导出了单相磁阻电动机获得圆形旋转磁场及获得最大效率的条件，并分析计算了电机的工作特性。

关键词： 磁阻电机，稳态性能，磁路结构

1. 前言

近年来，一些国家的学者对新型磁阻电机的研究和开发非常重视。这是由于磁阻电机经过结构上的改造后，在性能上有了明显的提高，它在力能指标和经济指标方面几乎达到可以与最为通用的异步电机相比拟的程度，并且它还具有以同步速准确运行的特点。目前，新结构的磁阻电机还在不断出现[2,3,4]，对新型磁阻电机的研究仍有着重要的理论和实际意义。

关于三相磁阻电机稳态和暂态性能方面的研究文章较多。文献[1]、[2]对三相磁阻电机的理论分析、实验研究和设计计算等作了比较系统的说明，并着重指出：磁阻电机的关键参数是同步电抗比 X_d/X_q，它必须达到足够大的值，以满足力能指标的要求；另一方面它又不能过高，否则会引起稳定性降低。近年来也有一些关于单相磁阻电机的文章[3,4,5,6]，研究了单相磁阻电机的转子结构；以单相异步电机的分析方法为基础，分析了单相磁阻电机的稳态、起动、牵入、稳定性；并比较、分析了不同转子结构参数对电机性能的影响等。由于单相磁阻电机转子磁路结构的不对称及定子绕组所产生的旋转磁场一般是椭圆形的，这就给电机稳态及起动性能的准确分析带来了一定的困难。各文章都借用了异步电机的分析方法，并且都没有考虑磁路饱和对电机参数 X_d、X_q 和性能的影响。由此来看，如何较准确地分析单相磁阻电机的性能，还有进一步深入讨论的必要。

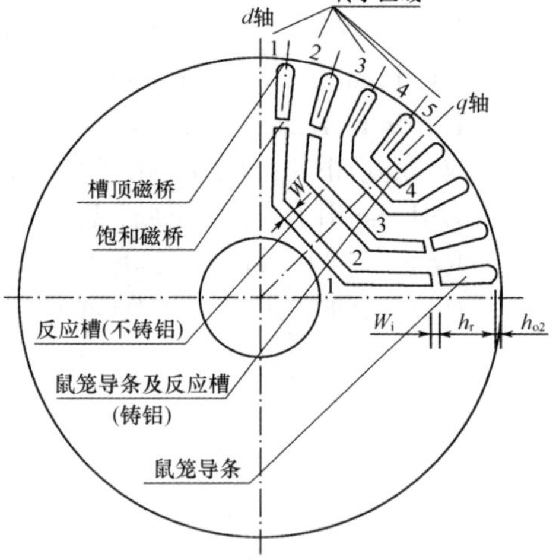

图 1　转子结构图

单相电容磁阻电动机一般情况下皆为不对称运

《微特电机》，第 4 期，1987 年。

行，利用对称分量法可以把不对称的气隙磁势分解为正序与逆序分量，由此获得以同步速旋转的正向和反向两个气隙磁场。当电机同步运行时，正向旋转磁场与电机转子同步旋转，而反向旋转磁场则以二倍同步速相对于电机转子旋转。对正序分量可以采用同步电机统一双轴理论进行分析；对逆序分量则相当于同步电机的异步运行，其转差率 $s=2$。本文采用了单相磁阻电机新的转子结构(图 1)。用正，负序等效电路分析单相磁阻电动机的稳态性能，并针对特殊的转子结构，在电机稳态性能分析中，用反复迭代的方法考虑了电机磁路饱和对电机两轴参数 X_d，X_q 的影响。

2. 同步运行分析

单相磁阻电机的接线图如图 2 所示。如前所述，若电机以同步速运行，可将其不对称运行时的气隙磁场分解成正向和反向旋转磁场两部分，分别予以分析。

1）正向旋转磁场

此时，电机相当于凸极同步电动机运行。由于没有转子励磁，相应的电势 e_0 为零。依照双轴反应理论即可绘出磁阻电动机相量图(图 3)。图中：(a)计及定子电阻与漏抗；(b)忽略定子电阻与漏抗。根据各相量间的几何关系，可以得到：

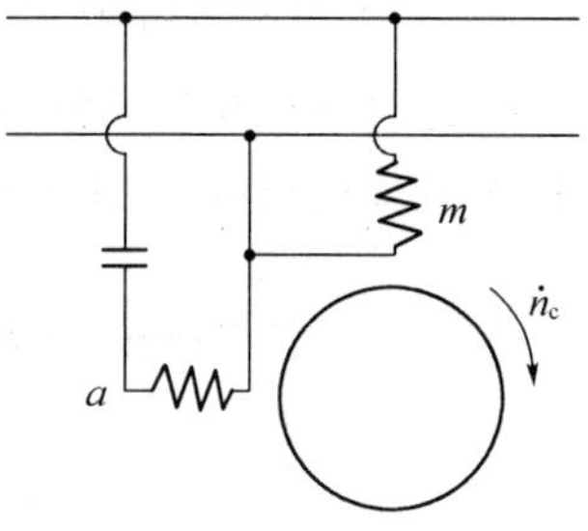

图 2 单相磁阻电机接线图

$$\begin{cases} U\cos\delta = I_d X_d + I_q r_s \\ U\sin\delta = I_q X_q - I_d r_s \end{cases} \tag{1}$$

解上式得：

$$\begin{cases} I_d = \dfrac{U(X_q\cos\delta - r_s\sin\delta)}{X_d X_q + r_s^2} \\ I_q = \dfrac{U(X_d\sin\delta + r_s\cos\delta)}{X_d X_q + r_s^2} \end{cases} \tag{2}$$

以电压 $\dot{U}$ 作为参考相量，有关系式：

$$\begin{cases} I\cos\varphi = I_q\cos\delta - I_d\sin\delta \\ I\sin\varphi = I_q\sin\delta + I_d\cos\delta \end{cases} \tag{3}$$

注意到 $\dot{I}/\dot{U}=Y$，$Y=G-jB$；将式(2)代入式(3)，经整理后可得同步电机的等效电导与电纳：

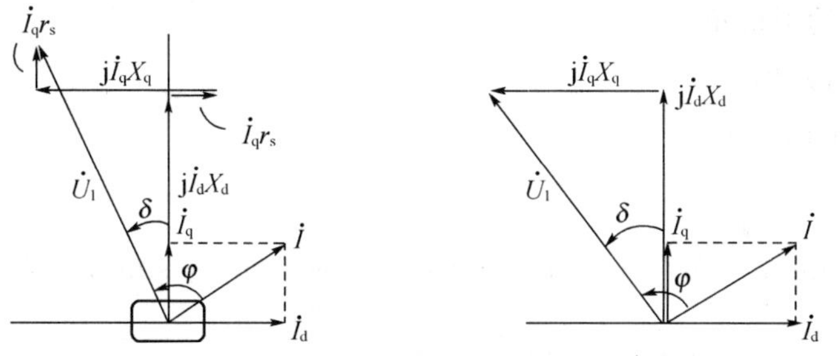

图 3 正序分量相量图

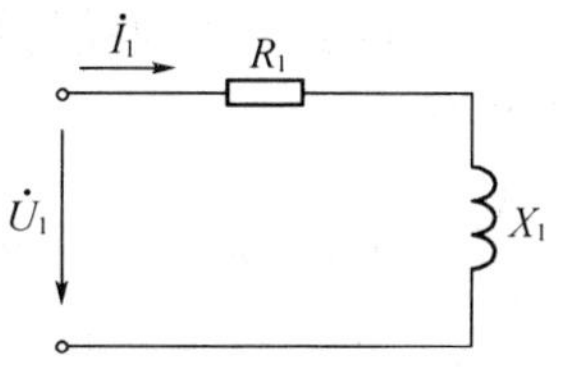

图 4 同步电机每相等效电路

$$\begin{cases} G=\dfrac{2r_s+(X_d-X_q)\sin 2\delta}{2(X_dX_q+r_s^2)} \\ B=\dfrac{(X_d+X_q)-(X_d-X_q)\cos 2\delta}{2(X_dX_q+r_s^2)} \end{cases} \tag{4}$$

或等效电阻与电抗：

$$R=\frac{G}{G^2+B^2} \quad X=\frac{B}{G^2+B^2} \tag{5}$$

由每相的等效电阻 R 与电抗 X,可获得同步电机的等效电路图(图 4)。图中各物理量皆表示磁阻电机相关量的正序分量。由式(4)可知，R 和 X 中不仅含有直轴和交轴电抗，也计及了定子电阻。当忽略定子电阻和漏抗时[图 3(b)]，只要令(1)式中 r_s 和 X_{as} 为零($X_d=X_{ad}+X_{as}$,$X_q=X_{aq}+X_{as}$)。便可求得与(5)式相应的视在等效电阻$\overline{R}$和视在等效电抗$\overline{X}$。

2）*反向旋转磁场*

此时电机相当于同步电机稳态异步运行，转差率 $s=2$。根据 Park 变换，对称运行时电机稳态异步运行的 d 轴和 q 轴等效电路如图 5。

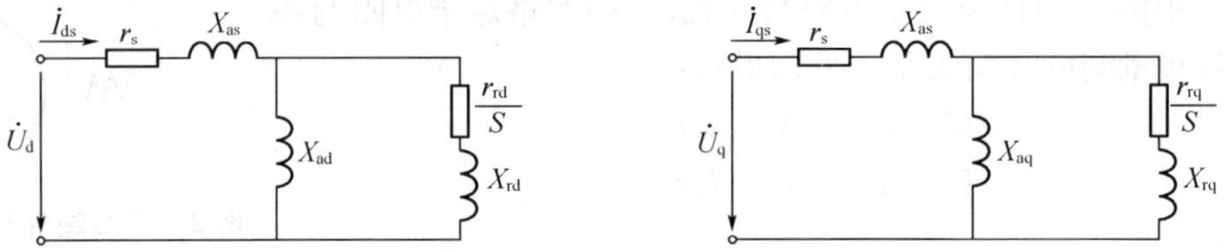

图 5　d 轴与 q 轴等效电路

对磁阻电机，可以利用坐标变换将静止的 d-q 轴上的量转换为旋转的 α-β 坐标系上的量。转换矩阵为(辅绕组的各电量均已折算到主绕组)：

$$\begin{bmatrix} i_\alpha \\ i_\beta \end{bmatrix}=\begin{bmatrix} \cos\theta & \sin\theta \\ -\sin\theta & \cos\theta \end{bmatrix}\begin{bmatrix} i_d \\ i_q \end{bmatrix} \tag{6}$$

其中：

$$\theta=(1-s)\omega t$$

$$\begin{cases} i_{ds}=\sqrt{2}I_{ds}\sin(s\omega t-\theta_d) \\ i_{qs}=\sqrt{2}I_{qs}\sin\left(s\omega t+\dfrac{\pi}{2}-\theta_q\right) \end{cases}$$

式中，θ_d，θ_q——d，q 轴等效电路的阻抗角；

I_{ds}，I_{qs}——d，q 轴电流的有效值；

θ——定子主相轴线与转子 d 轴夹角。

经计算可得：

$$\begin{cases} i_\alpha=\dfrac{\sqrt{2}}{2}I_{ds}[\sin(2s\omega t-\omega t-\theta_d)+\sin(\omega t-\theta_d)]+\dfrac{\sqrt{2}}{2}I_{qs}[\sin(\omega t-2s\omega t+\theta_q)+\sin(\omega t-\theta_q)] \\ i_\beta=-\dfrac{\sqrt{2}}{2}I_{ds}[\cos(\omega t-2s\omega t+\theta_d)-\cos(\omega t-\theta_d)]+\dfrac{\sqrt{2}}{2}I_{qs}[\cos(2s\omega t-\omega t-\theta_q)+\cos(\omega t-\theta_q)] \end{cases} \tag{7}$$

相电流 i_α，i_β 中包含两个分量：一是基波分量；另一是频率为$(1-2s)f_1$ 的谐波分量。取其基波分量有：

$$\begin{cases} i_{\alpha 1}=\dfrac{\sqrt{2}}{2}I_{ds}\sin(\omega t-\theta_d)+\dfrac{\sqrt{2}}{2}I_{qs}\sin(\omega t-\theta_q) \\ i_{\beta 1}=\dfrac{\sqrt{2}}{2}I_{ds}\cos(\omega t-\theta_d)+\dfrac{\sqrt{2}}{2}I_{qs}\cos(\omega t-\theta_q) \end{cases} \tag{8}$$

从式(8)并参照图 5 可以得到磁阻电机异步运行时的每相等效电路(图 6)，取 $s=2$，即得单相磁阻电机逆序等效电路。

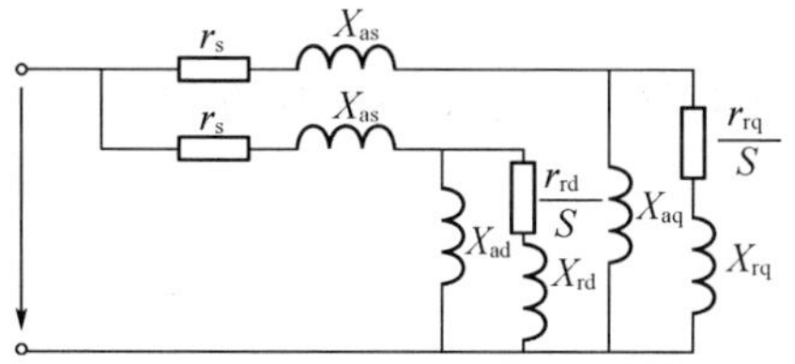

图 6　异步运行时一相等效电路

在单相电机异步运行时，由转子绕组中的感应电势和电流所产生的磁场，对逆序磁场有强烈的去磁作用，电机正序电压远远大于逆序电压。在稳态运行中，正序分量起主导作用。因此，对应于磁阻电机中的逆序分量，可以画出另外两种近似的逆序等效电路(图 7)。

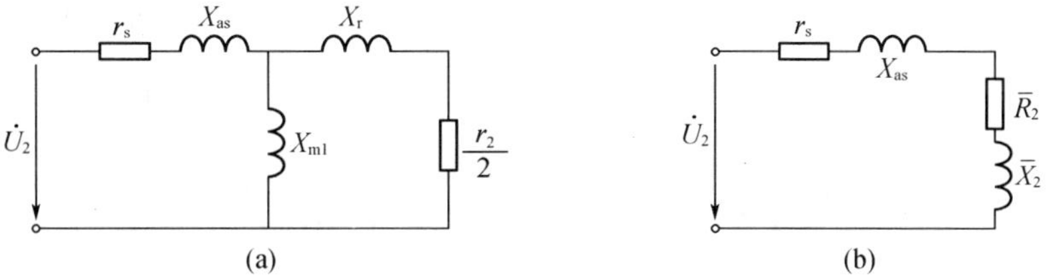

图 7　近似逆序等效电路

图 7(a)是由异步电动机等效电路直接引申而来，其中激磁电抗可以选为

$$X_{m1}=\frac{1}{2}(X_{ad}+X_{aq})$$

根据后面实际计算所得数据与实验值的比较可知，这种简化在工程计算上是允许的。图 7(b)为常用的逆序分量等效电路，其中逆序等效阻抗采用了 d-q 轴参数的平均值。它的计算式为：

$$\begin{cases} \overline{Z}_{ad}=\bar{r}_{ad}+\mathrm{j}\,\overline{X}_{ad}=\dfrac{1}{(1/\mathrm{j}X_{ad})+[1/(r_{rd}/2+\mathrm{j}X_{rd})]} \\ \overline{Z}_{aq}=\bar{r}_{aq}+\mathrm{j}\,\overline{X}_{aq}=\dfrac{1}{(1/\mathrm{j}X_{aq})+[1/(r_{rq}/2+\mathrm{j}X_{rq})]} \end{cases} \tag{9}$$

$$\begin{cases} \overline{R}_2=\dfrac{1}{2}(\bar{r}_{ad}+\bar{r}_{aq}) \\ \overline{X}_2=\dfrac{1}{2}(\overline{X}_{ad}+\overline{X}_{aq}) \\ \overline{Z}_2=\overline{R}_2+\mathrm{j}\,\overline{X}_2 \end{cases} \tag{10}$$

式中，$\overline{R}_2$，$\overline{X}_2$ 为视在逆序电阻和视在逆序电抗；$\overline{Z}_2$ 为视在逆序阻抗；r_{rd}，X_{rd}为转子 d 轴等效电阻与电抗；r_{rq}，X_{rq}为转子 q 轴等效电阻与电抗。

3）单相电容磁阻电动机的等效电路

单相电容磁阻电动机有主、辅两相绕组，设为 m、a 两相。由前两节分析可得 m、a 两相正、负序等效电路如图 8。辅、主绕组有效匝比为 α，辅相中接有电容 C。

由各相序等效电路列出各相序阻抗为

$$\begin{cases} Z_{m1}=(r_s+\overline{R}_{m1})+j(X_{as}+\overline{X}_{m1}) \\ Z_{m2}=(r_s+\overline{R}_{m2})+j(X_{as}+\overline{X}_{m2}) \\ Z_{a1}=(r_s+\gamma_0+\overline{R}_{a1})+j(X_{as}-X_c+\overline{X}_{a1}) \\ Z_{a2}=(r_s+\gamma_0+\overline{R}_{a2})+j(X_{as}-X_c+\overline{X}_{a2}) \end{cases} \tag{11}$$

根据图 8 所示的各相序方程有

$$\begin{cases} \dot{I}_{m1}=\dot{U}\dfrac{Z_{a2}-jZ_{m2}/a}{Z_{m1}Z_{a2}+Z_{m2}Z_{a1}} \\ \dot{I}_{m2}=\dot{U}\dfrac{Z_{a1}+jZ_{m1}/a}{Z_{m1}Z_{a2}+Z_{m2}Z_{a1}} \end{cases} \tag{12}$$

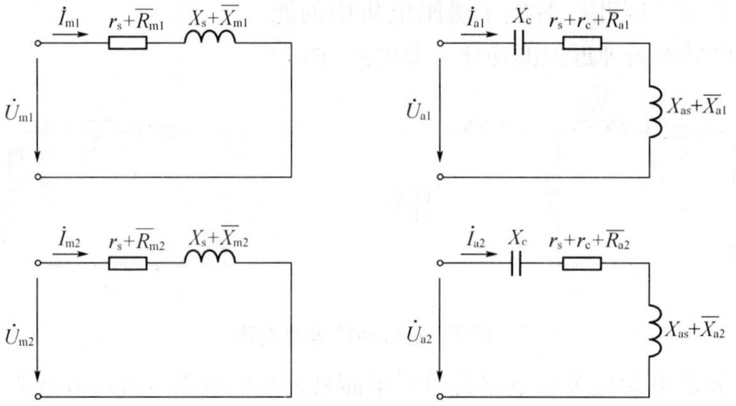

图 8 单相磁阻电动机等效电路

计算可得各相电流：

$$\begin{cases} \dot{I}_m=\dot{U}\dfrac{(Z_{a1}+Z_{a2})+j(Z_{m1}-Z_{m2})/a}{Z_{m1}Z_{a1}+Z_{m2}Z_{a1}} \\ \dot{I}_a=\dot{U}\dfrac{(Z_{m1}+Z_{m2})/a+j(Z_{a2}-Z_{a1})}{Z_{m1}Z_{a2}+Z_{m2}Z_{a1}} \\ \dot{I}_t=\dot{U}\dfrac{\{[(Z_{m1}+Z_{m2})/a^2+Z_{a1}+Z_{a2}]+j[(Z_{m1}-Z_{m2})+(Z_{a2}-Z_{a1})]/a\}}{Z_{m1}Z_{a2}+Z_{m2}Z_{a1}} \end{cases} \tag{13}$$

电磁功率：

$$P_m=\frac{1}{4}[(\overline{R}_{m1}+\overline{R}_{a1}-\overline{R}_{m2}-\overline{R}_{a2})(I_m^2+I_a^2)+2I_mI_a(\overline{R}_{m1}+\overline{R}_{a1}+\overline{R}_{m2}+\overline{R}_{a2})\sin\phi] \tag{14}$$

式中，ϕ——主、辅绕组相电流的相角差；

I_t——两相总电流。

3. 同步运行性能计算

1）电机磁路饱和的影响

新型磁阻电机(图 1)的磁路中有饱和磁桥、齿顶磁桥存在。由于磁路的非线性，使得电机两轴参数 X_d、X_q 随着两轴磁通 ϕ_d、ϕ_q，即两轴电流 I_d、I_q 而变化。经计算[1]可得图 9 曲线。由图可见，当电机运行状态改变时，应取与之相应的 X_d、X_q 参数值，把 X_d、X_q 作为常数是不妥当的。本文采用反复迭代的方法以确定与运行状态相对应的参数 X_{ad}，X_{aq}，由此来计算、分析电机的稳态性能。

在偏离额定运行点时若仍用额定状态下的 X_{ad}、X_{aq}值来计算电机稳态性能，将会产生较大的误差。由表 1 中理论计算与实验值的比较可以说明此点。

表中示出，考虑 X_d，X_q 饱和变化时的计算结果很接近于实验值。所得电流、效率、功率因数的误差较用额定点时的 X_d、X_q 值计算的误差降低 2～3 倍。

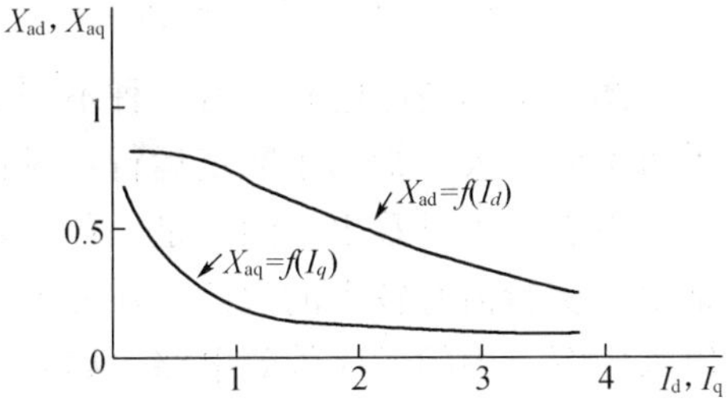

图 9　$X_{ad}=f(I_d)$，$X_{aq}=f(I_q)$ 曲线

图中各量均为标幺值

表 1

($a=1.75$　$C=7\ \mu F$　$P_2=224$ W)

	I_m	I_a	I_t	P_1	η	$\cos\varphi$	$\frac{\|I_t-I_t^*\|}{I_t^*}$	$\frac{\|\eta-\eta^*\|}{\eta^*}$	$\frac{\|\cos\varphi-\cos^*\varphi\|}{\cos^*\varphi}$
利用额定点的 X_d，X_q 的值	1.097	1.060	1.670	397	0.560	0.958	0.144	0.051	0.094
考虑 X_d，X_q 饱和变化的值	1.370	1.040	1.790	374	0.600	0.84	0.082	0.017	0.041
实验值*	1.46	1	1.950	376	0.590	0.876			

2) 计及铁耗时总电流 I_t 的修正

图 8 所示单相磁阻电机的各序分量等效电路是简化的等效电路，在各序电路中均未考虑电机的铁耗。本文把电机铁耗作为一单独成分从等效电路中除去，最后在计算输入功率时再考虑这部分功率。采用这种分析方法所引起的电流、功率因数的计算误差并不大，如表 2。

若要更准确地计算电流和功率因数等，可对不考虑铁耗时计算得到的电流值加以修正。修正的方法是可以把铁耗(P_{Fe})所对应的有功输入电流($P_{Fe}/U=I_{Fe}$)与不考虑铁耗时计算的输入 电流(I_t)之和($I_t'=I_t+I_{Fe}$)作为输入电流的有效值。严格讲 I_{Fe}与 I_t 并不能直接相加，但由于单相电容磁阻电机的功率因数较高(一般 $\cos\varphi>0.80$)，所以可以采用以上两电流直接相加的方法。修正后的一组数据如下表 3。

表 2

($a=1.75$　$C=7\ \mu F$　$P_2=351$ W)

不考虑铁耗			实验值			$\frac{\|I_1-I_1^*\|}{I_1^*}$	$\frac{\|\cos\varphi-\cos^*\varphi\|}{\cos^*\varphi}$	$\frac{\|\eta-\eta^*\|}{\eta^*}$
I_1	η	$\cos\varphi$	I_1^*	η^*	$\cos^*\varphi$			
2.50	0.65	0.98	2.70	0.62	0.92	0.074	0.065	0.048

表 3

($a=1.75$　$C=7\ \mu F$　$P_2=351$ W)

考虑铁耗修正值			实验值			$\frac{\|I_1'-I_1^*\|}{I_1^*}$	$\frac{\|\cos'\varphi-\cos^*\varphi\|}{\cos^*\varphi}$	$\frac{\|\eta'-\eta^*\|}{\eta^*}$
I_t'	η'	$\cos'\varphi$	I_t^*	η^*	$\cos^*\varphi$			
2.70	0.65	0.90	2.70	0.62	0.92	0	0.021	0.048

对电流进行修正后，使电流的计算值与实验值吻合得很好。功率因数也很接近于实验值。

3）三种逆序电路准确度的比较

图 8 中的逆序电路可有三种不同的选择(见图 6,图 7)，采用不同等效电路，计算所得结果将不同。表 4 给出了额定运行点时稳态性能计算的结果。

由表 4 可以看出，图 6 是一种较好的逆序等效电路。利用图 7 中的近似等效电路的分析结果与实验值有较大的误差。在要求电路简单，而对计算结果准确度要求不高的条件下，可以采用图 7 中的逆序等效电路。如要比较准确地分析单相磁阻电动机的稳态运行性能，本文建议采用图 6 的逆序等效电路。

表 4

($a=1.75$　$C=7\ \mu\text{F}$　$P_2=360\ \text{W}$)

	I_1	η	$\cos\varphi$	$\dfrac{\lvert I_1-I_1^*\rvert}{I_1^*}$	$\dfrac{\lvert\cos\varphi-\cos^*\varphi\rvert}{\cos^*\varphi}$	$\dfrac{\lvert\eta-\eta^*\rvert}{\eta^*}$
图 7(a)	2.74	0.651	0.917	0.003 6	0.05	0.042
图 7(b)	2.77	0.690	0.86	0.007 3	0.113	0.102
图 6	2.76	0.634	0.935	0.003 6	0.023	0.024
实验值*	2.75	0.62	0.958			

4）得到圆形旋转磁场的条件

单相磁阻电容电动机的理想最佳运行状态是两相对称运行。根据对相电流的分析，令其逆序分量为零，见式(12)

$$Z_{a1}+\mathrm{j}Z_{m1}/a=0$$

即得圆形旋转磁场的条件为：

$$\begin{cases} a=\dfrac{X_s+\overline{X}_{m1}}{r_s+r_c+\overline{R}_{a1}} \\ C=\dfrac{10^6}{2\pi fa^2\left[X_s+\overline{X}_{a1}+\dfrac{(r_s+\overline{R}_{m1})(r_s+r_c+\overline{R}_{a1})}{X_s+\overline{X}_{m1}}\right]}\quad(\mu\text{F}) \end{cases} \tag{15}$$

5）获得最大效率的条件

当电机接近对称运行时，逆序电流近似为零。由图 3 及式(11)，设定子电阻为零，则得正序阻抗为

$$Z_{m1}=R_{m1}+\mathrm{j}X_{m1}=\mathrm{j}X_q+\frac{1}{\dfrac{1}{\mathrm{j}(X_d-X_q)}+\dfrac{X_d\tan\delta}{X_q(X_d-X_q)}} \tag{16}$$

为使电机效率最高，上式的正序电阻 R_{m1} 应接近最大。在此条件下，计算可得：

$$\tan\delta=\frac{X_q}{X_d}$$

$$R_{m1}=\frac{1}{2}(X_d-X_q)$$

$$X_{m1}=\frac{1}{2}(X_d+X_q)$$

若以获得最大效率作为选择匝比 a 和电容 C 的准则，则：

$$\begin{cases} a=\dfrac{X_d+X_q}{X_d-X_q} \\ C=\dfrac{10^6}{\pi f\left[(X_d+X_q)+\dfrac{(X_d-X_q)^2}{X_d+X_q}\right]a^2} \end{cases} \tag{17}$$

电机设计中，可以此式进行 a 与 C 的初选。

4. 实例计算与实验结果比较

本文计算了一台功率为 360 W、电压 220 V、总电流 2.76 A、四极、1 500 r/min 的电机，其转子结构如图 1，定子主、辅两相为正弦同心式绕组，辅绕组中串接电容 C，总匝比 a 为 1.75，实验样机分别在 $a=1.2$，1.4，1.6 处抽头。本文对样机进行了实验。

1）负载变化时电机性能的计算

图 10 为 $a=1.75$，$C=8\ \mu$F 时的工作特性。I_t、T 随 P_2 增大而单调增大。理论计算与实验结果相当一致。

效率计算式为

$$\eta=\frac{P_2}{P_2+P_{Cu}+P_{Fe}+P_M+P_s} \tag{18}$$

电机的损耗可以分为可变损耗与不变损耗两部分。可变损耗随电流平方变化，不变损耗在运行范围内变化很小。所以，空载时 $P_2=0$，$\eta=0$；当负载从零增加时总损耗增加较慢，故效率曲线上升较快。当 P_2 增大到一定值(额定值附近)时，效率达到最大值。若负载继续增大，由于铜耗增加很快，效率反而下降。如图中所示，本台电机的最大效率可达 0.7 以上。

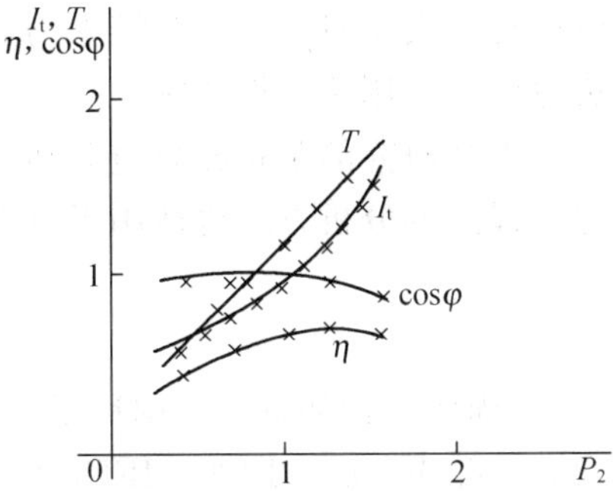

图 10 I_t，T，η，cos$\varphi=f(P_2)$曲线
图中各量均为标幺值，其中：—理论计算值；×实验值

单相磁阻电机一般是从电网吸取滞后电流来激磁，所以当负载较小时，cosφ 较低；随 P_2 增大，cosφ 增大，接近额定负载状态时，cosφ 最大；随 P_2 进一步增大，δ 角增长较快，I_t 大大增大，cosφ 又减小。从图 10 可见，单相电容磁阻电动机的功率因数都比较高，这主要是由于辅绕组中串接电容，对整个电机电路起到补偿作用。

2）匝比 a 及电容 C 对电机性能的影响

适当选取匝比 a 和电容 C，可使气隙磁场接近圆形旋转磁场，削弱逆序分量，改善电机运行性能。电机绕组匝数对电机性能有较大影响，若匝数过多，漏抗按匝数平方成比例增大，绕组电阻也将增大。电机性能指标(η、cosφ，I_t 等)与匝比 a 和电容 C 之间存在着较为复杂的变化关系。本文进行了理论计算并与实验结果相比较，由此可知：

(1) 无论匝比 a 与电容 C 如何配合取值，都很难使电机稳态时的各项性能指标同时达到最优。但适当选取 a 与 C，可使稳态性能在一定范围内总体较优。

(2) 使稳态和起动性能获得最佳状态的 a 与 C 的组合是不同的。若要在不同的运行状态下都得到圆形旋转磁场，电容 C 与匝比 a 必须能够连续变化。所以，实际选择 a 与 C 值时，还需兼顾起动和牵入性能的要求。

3）计算实例

本文在匝比 $a=1.75$，辅绕组串接电容 $C=7\ \mu$F 的情况下，计算了额定状态下电机的稳态性能为：

$$U_{\varphi}=220\,V,\ P_2=360\ \mathrm{W},\ n=1\,500\ \mathrm{r/min},$$
$$T_N=2.29\ \mathrm{N\cdot m},\ I_t=2.76\ \mathrm{A},\ \eta=0.634,$$
$$\cos\varphi=0.94,\ T_{max}/T_N=1.65$$

计算结果表明，新型单相磁阻电动机有较好的稳态性能指标。若对电机结构参数进一步优化，还可获得更高的性能指标。

5. 结论

本文以对称分量法为基础，对单相磁阻电动机的稳态运行性能进行了分析，导出了正序和逆序等效电路以及其性能(电流，转矩等)的计算方法。将以上方法具体应用于较常用的单相电容磁阻电动机，并对不同状态下的稳态性能进行了计算。在计算中考虑了两轴参数随负载状态变化及对电机运行性能的影响。本文还对在定子辅绕组上带有抽头的实验用单相磁阻电机进行了实验研究，试验结果与计算结果比较一致，说明本文的理论分析是正确的，计算方法也可以应用于工程实际。

本文研究的单相磁阻电动机采用了磁障式转子结构，它可以获得较高的稳态性能指标。本文提出的分析方法也适用于具有其他转子结构的单相磁阻电机。

参考文献

[1] 周鹗，顾仲圻. 中国科学，1983(6)：571 - 580.
[2] W. Fong. PROC. IEE，117(1970)，545.
[3] CHANG. S. S. L. AIEE Trans，70(1951)，1978.
[4] J. W. FINCH. PROC. IEE，125(1978)，1350.
[5] J. W. FINCH. ibid，126(1979)，1249.
[6] [苏] И. Π. 叶尔穆林. 小功率电机. 北京：机械工业出版社，1962.

混合式稀土永磁同步电动机的磁路分析和参数计算

程　明　李光富　周　鹗

（东南大学电气工程系）

摘要： 本文在深入分析混合式小型永磁同步电机结构和磁路特点的基础上，提出了关键参数 X_d，X_q 和 E_0 的磁路计算法。结果与有限元计算结果和样机试验结果比较吻合。

关键词： 永磁，同步电动机，磁路，参数

永磁式同步电动机不需要直流励磁，无滑环与电刷接触装置，结构简单且运行可靠，使用维护方便，同时还具有效率高、调整范围宽、易于控制以及能实现多台电机严格同步运行的特点，近年来发展非常迅速，在人造纤维、玻璃制造等需要严格控制速度的许多领域获得了越来越广泛的应用，受到普遍重视。

永磁同步电机价格较高，直接起动比较困难。因此，研制高效节能，起动性能好的新型永磁同步电机具有重要的理论和现实经济意义。经过大量比较和计算分析后，本文选择了在磁障式磁阻电机基础上加装永磁体的转子结构，通过合理设计，不仅可获得良好的起动特性，同时也能保持较高的稳态性能指标。

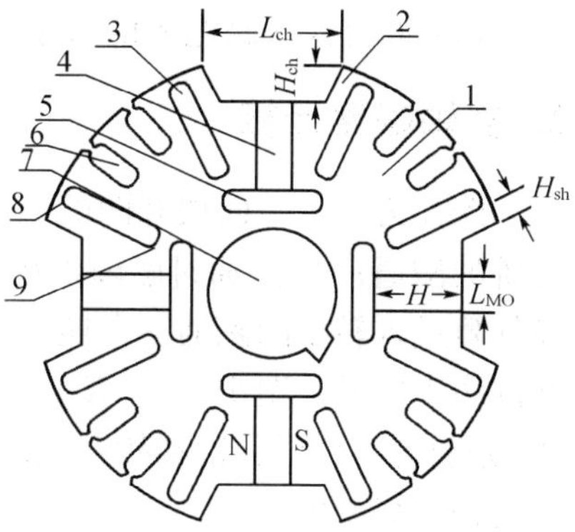

图 1　转子截面图

1—转子铁芯；2—极靴；3—径向磁障；4—磁钢；5—横向磁障；6—导条；7—转轴；8—齿顶桥；9—饱和桥

1. 转子结构及其特点

图 1 为所研究的混合式永磁同步电机的转子截面图。转子呈凸极式，永磁体切向充磁，磁钢周围设置的磁障，可增加交轴磁路的磁阻，引导磁钢所产生的磁通，并能削弱外部磁场对磁钢的去磁作用，注入导电材料后又可用作辅助起动绕组。转轴与横向磁障之间的铁芯，在异步起动过程中起动磁通经此形成回路，在同步运行时可为直轴电枢反应磁通提供通道。磁障槽两端的饱和磁桥，是为了维护转子冲片的整体性以保证有足够的机械强度。但是，磁钢发出的磁通会经过该磁桥直接短路，造成大量漏磁，设计时需综合考虑确定。

由分析可知，与通常的永磁电机相比，混合式永磁同步电机具有以下特点：

(1) 混合式永磁电机的 $X_d > X_q$。在普通永磁电机中因磁钢置于直轴，直轴磁路磁阻比交轴的大，故 $X_d < X_q$。同步电机功角特性近似公式为

《东南大学学报》，第 21 卷第 6 期，1991 年 11 月，国家教委博士点基金资助项目。

$$P_e=\frac{mE_0U}{X_d}\sin\delta+\frac{mU^2}{2}\left(\frac{1}{X_q}-\frac{1}{X_d}\right)\sin 2\delta \tag{1}$$

由该式可知，当 $X_q>X_d$ 时，式(1)中前后两部分的作用相反，负的磁阻力矩势必降低电机的有效输出。而混合式永磁电机的磁阻力矩则与永磁力矩作用方向相同。

(2) 永磁磁通与直轴电枢反应磁通的磁路是并行的。这样，电枢反应磁场对磁钢的去磁作用大大减小，若选用高矫顽力的稀土永磁材料，磁钢长度可以缩到最小，以节省永磁材料用量，降低成本；同时直轴磁路的磁阻较小，起动磁通可以畅通，电机起动转矩较大，起动性能较好。

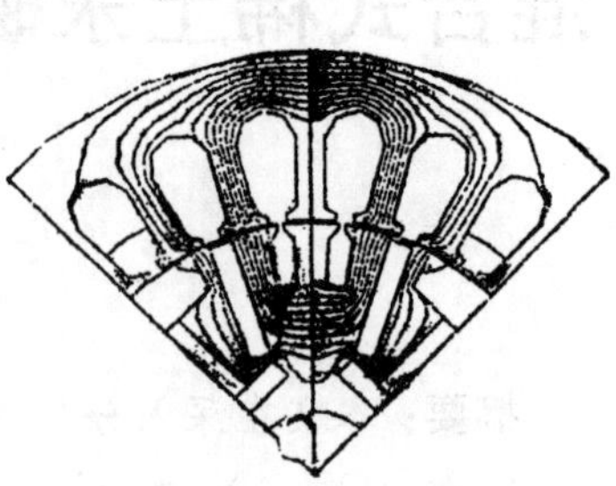

图 2　交轴电枢反应磁场分布图

(3) 由于磁钢位置关系，交轴电枢反应磁场与永磁磁场的相互影响很小。图 2 是有限元法计算的交轴电枢反应磁场分布图，计算中将磁钢视为无磁性介质。由图可见，交轴磁通对永磁体基本上不产生影响，因此交轴磁路的计算可以简化。在不考虑直轴、交轴磁场相互间影响后，交轴磁路与直轴磁路可分开计算。

(4) 混合式永磁电机的转子冲片为一整体，可以省掉加固板，加工工艺性能较好。

2. 交轴磁路计算

图 3 为转子平面展开图的一部分，图中绘出了交轴磁通的流通路径。其中 ϕ_t 为通过齿顶磁桥的磁通；ϕ_b 为通过磁障的磁通；ϕ_i 为通过饱和磁桥的磁通；ϕ_{g1}，ϕ_{g2}，ϕ_{g3} 分别为由定子经气障进入转子的磁通。参照文[1]的处理方法，图 3 所示的交轴磁路可以用图 4 的非线性磁路网络来等效。图中 R_{g1}，R_{g2}，R_{g3} 分别表示与 ϕ_{g1}，ϕ_{g2}，ϕ_{g3} 相对应的气障磁阻；R_{mt}，R_{mi}，R_{mb} 分别为齿顶桥、饱和桥及磁障的磁阻；R_{ms} 为定子和转子齿、轭部磁位降的等效磁阻；F_{mq} 为交轴磁势幅值。

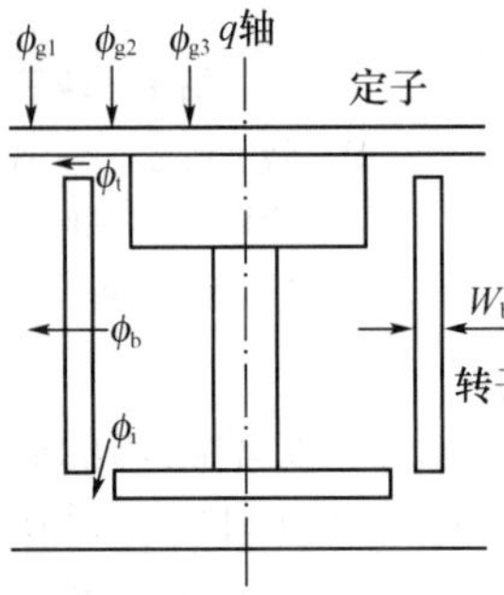

图 3　转子平面展开图(部分)

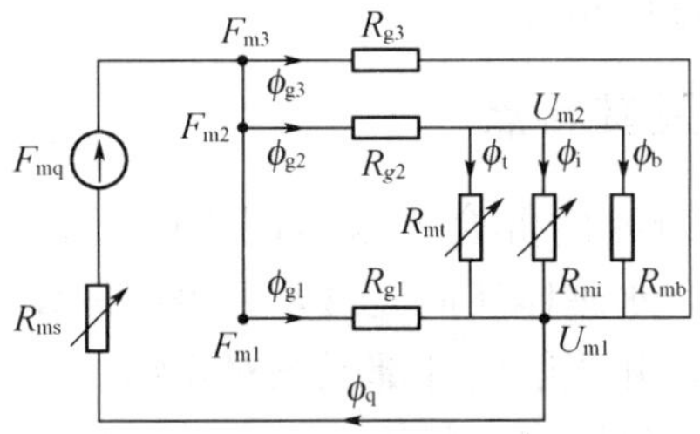

图 4　交轴等效磁路

求解图 4 所示非线性磁路，可得磁通 ϕ_t，ϕ_i 和 ϕ_b。根据磁位降、磁通量不变原则，将饱和磁桥、齿顶磁桥及磁障三部分的作用等效为单一的磁障作用，可得简化交轴磁路如图 5 所示，且有

$$W_b=\frac{\phi_b}{\phi_b+\phi_i+\phi_t}\frac{h_b}{h_b'}W_b' \tag{2}$$

式中，W_b' 和 h_b' 分别为图 3 中实际磁障的宽和总长，W_b 和 h_b 分别为等效磁障(图 5)的宽和长。

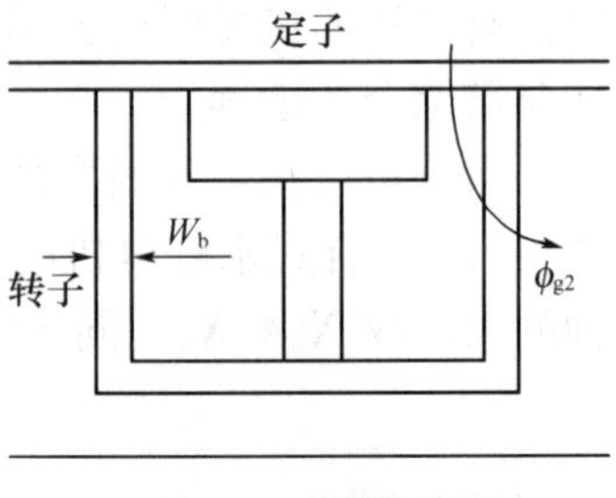

图 5　简化转子平面展开图

对图 5 所示的磁路，可以用磁导波与磁势波相互作用求出总磁通，进而导出交轴电枢反应电抗系数：

$$C_q=C_2(\alpha_1+2\beta_b)+C_3(\alpha-\alpha_1)+2C_1\beta_t-\alpha-2\beta_t-2\beta_b+1+\frac{1}{\pi}[(C_2-C_3)\sin\alpha_1\pi$$
$$+(C_3-C_1)\sin\alpha\pi+(C_1-C_2)\sin(\alpha\pi+2\beta_t\pi)+(C_2-1)\sin(\alpha\pi+2\beta_t\pi+2\beta_b\pi)] \tag{3}$$
$$C_1=g_e/(g_e+W_b),C_2=g_e/(g_e+H_{ch}+W_b)$$
$$C_3=g_e/(g_e+H_{ch}+H_M+W_b),\beta_t=H_{sh}/\tau$$
$$\beta_b=W_b/\tau,\alpha=L_{ch}/\tau,\alpha_1=L_{M_0}/\tau$$

式中，g_e 为有效气隙长，τ 为极距。当已知交轴电流 I_q 时，通过求解上述非线性磁路，即可求出相应的 C_q，从而得到同步电抗

$$X_q=x_1+C_qX_c/K_q \tag{4}$$
$$X_c=16mf(\omega K_{\omega_1})^2\tau L\times10^{-7}/(pg_c)$$

式中，X_c 为相应尺寸的圆柱形转子的电抗；x_1 为定子漏电抗；K_q 为交轴磁路饱和系数；ω 为每相串联匝数；p 为极对数；g_e 为有效气障长度，X_q，X_c 的单位为 Ω。

3. 直轴磁路计算

1）空载时磁路计算

理想空载情况下，电枢电流为零，此时气隙中只有永磁磁场。假定不考虑磁铁本身的漏磁，沿磁化方向任一截面，磁铁内部的磁感应强度均匀分布，磁场强度沿磁化方向呈线性分布，并把漏磁导分别折算到永磁体和极靴两端，如此可得空载等效磁路如图 6 所示（令 $F_{bd1}=0$）。图中，G_{as}，G_{2s}，G_δ和 G_m分别表示定子轭部、齿部、气隙和极靴的磁导；G_{01}为永磁体与槽壁间附加气隙的磁导；G_{sm}和 G_{sM}分别为极靴间和极间漏磁导。各种磁导的具体计算见文献[2]，[3]。

求解图 6 等效磁路，可得

$$\left.\begin{aligned}\phi_{M_g}&=F_{M_0}G_0\\ \phi_{s_g}&=\phi_{sm_g}+\phi_{sM_g}=F_{M_g}G_s\\ \phi_{U_g}&=\phi_{M_0}-\phi_{s_g}=F_{M_g}G_U\end{aligned}\right\} \tag{5}$$

式中，G_0 为永磁体两端处磁路的合成磁导；G_s 为合成漏磁导；G_U 为有效磁导，它们都随磁路饱和程度的变化而改变。

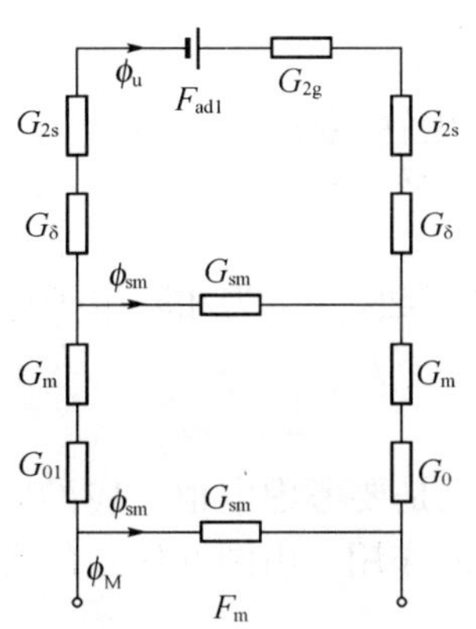

图 6　直轴等效磁路图

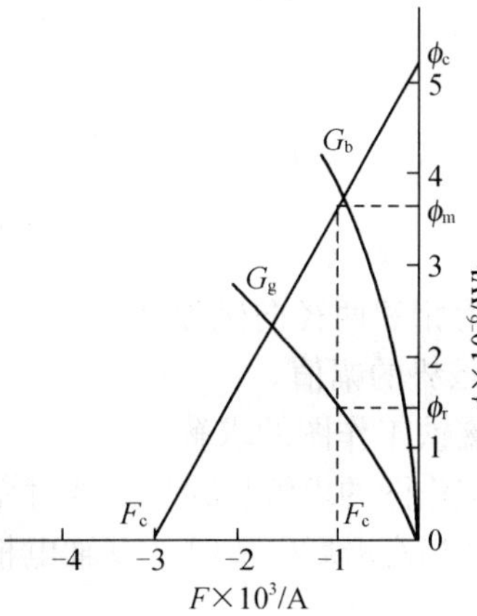

图 7　空载磁铁工作图

在求磁铁工作点时为计及磁路饱和影响，先假定一系列气隙磁密 B_{gi}，计算相应的磁势和磁通，从而得到一组离散点(ϕ_{mi},F_{mi})和(ϕ_{si}，F_{mi})，$i=1$，2，…，绘出曲线如图 7 所示。该曲线形状与二次曲线相似，可用如下二次函数进行拟合

$$\phi=a_1+a_2F+a_3F^2 \tag{6}$$

对于稀土永磁，其去磁曲线为一直线(或近似为一直线)，方程为

$$\frac{\phi}{\phi_\gamma}+\frac{F}{F_c}=1 \tag{7}$$

由式(6)、(7)可得

$$a_3F^2+(a_2+\phi\gamma/F_c)F+(a_1-\phi\gamma)=0 \tag{8}$$

分别将由合成磁导线和漏磁导线拟合所得的系数代入式(8)，即可求出永磁体发出的总磁通 ϕ_{M_0} 和漏磁通 ϕ_{s_0}，于是有效磁通为

$$\phi_{U_0}=\phi_{M_0}-\phi_{s_0} \tag{9}$$

空载电势为

$$E_0=4.44f\omega K_{\omega_1}(2\phi_{U_0}) \tag{10}$$

2）负载时磁路计算

混合式永磁同步电机负载时磁路的计算与普通永磁电机不同。从图 8 所示的直轴磁路可见，直轴电枢反应磁势作用的区域可划分为两个部分，一个是极靴部分(图 8 中区域①)，磁钢位于该区域，磁阻较大，加上作用在该区域的直轴电枢反应磁势的平均值较小，因此流经该区域的磁通很少。绝大部分磁通经过第二部分(图 8 中区域②)和横向磁障下部的铁芯形成回路，这一路径对永磁磁通来说属于漏磁路。可见，就主磁路而言，永磁磁路与电枢反应磁路是独立并行的。故负载后除定子饱和程度改变外，转子部分的饱和程度变化甚小，求解时可将两部分分开计算，然后叠加，不致引起明显误差。

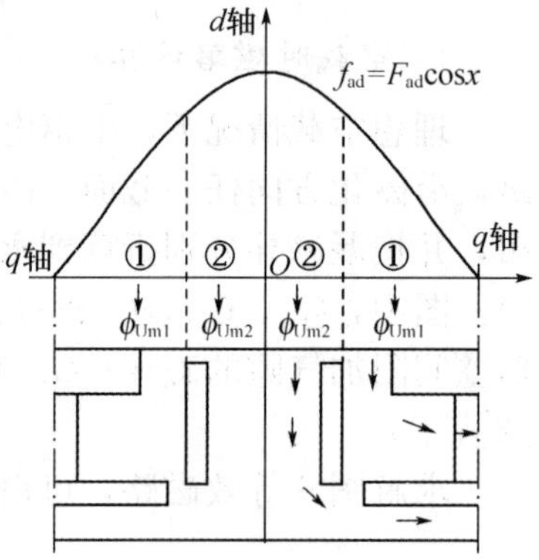

图 8　直轴电枢反应磁场

图 8 中两区域电枢反应磁势的平均值分别为

$$F_{ad1}=\frac{\int_{\beta_i\pi/2}^{\pi/2}F_{adc}\cos\alpha d\alpha}{\int_{\beta_i\pi/2}^{\pi/2}d\alpha}=\frac{1-\sin(\beta_i\pi/2)}{(1-\beta_i)\pi/2}F_{adc} \tag{11}$$

$$F_{ad2}=\frac{\int_{0}^{\beta_i\pi/2}F_{adc}\cos\alpha d\alpha}{\int_{0}^{\beta_i\pi/2}d\alpha}=\frac{2\sin(\beta_i\pi/2)}{\beta_i\pi}F_{ade} \tag{12}$$

以上两式中，β_i 为相邻两径向磁障之间转子铁芯的宽度系数，F_{adc}为扣除定子部分磁位降的有效直轴电枢反应磁势的幅值。

(1) 负载时磁铁工作图的求解

负载时磁铁工作图的求解步骤与空载时完全一样，只是要考虑电枢反应的影响。对于永磁同步电动机而言，当有滞后电流时，直轴电枢反应为增磁作用。由图 6 所示的等值磁路可列出下列方程

$$\left.\begin{aligned}
&F_{\mathrm{M}}=-F_{\mathrm{ad1}}+(\phi_{\mathrm{M}}-\phi_{\mathrm{sM}})\times\left(\frac{2}{G_{\mathrm{m}}}+\frac{2}{G_{01}}\right)+\phi_{\mathrm{U}}\left(\frac{2}{G_{\delta}}+\frac{2}{G_{2\mathrm{s}}}+\frac{1}{G_{\mathrm{as}}}\right)\\
&F_{\mathrm{M}}=\phi_{\mathrm{sM}}/G_{\mathrm{sM}}\\
&(\phi_{\mathrm{M}}-\phi_{\mathrm{sM}})\left(\frac{2}{G_{\mathrm{m}}}+\frac{2}{G_{01}}\right)+\phi_{\mathrm{sm}}/G_{\mathrm{sm}}-\phi_{\mathrm{sM}}/G_{\mathrm{sM}}=0\\
&\phi_{\mathrm{M}}=\phi_{\mathrm{U}}+\phi_{\mathrm{sM}}+\phi_{\mathrm{sm}}
\end{aligned}\right\}\tag{13}$$

经运算有

$$\begin{aligned}
&\phi_{\mathrm{M}}=(F_{\mathrm{M}}+F'_{\mathrm{ad}})G_0, \quad F'_{\mathrm{ad}}=K_{\mathrm{d}\sigma}F_{\mathrm{ad1}}, \quad K_{\mathrm{d}\sigma}=G_{\mathrm{U}}/G_0\\
&\phi_{\mathrm{S}}=(F_{\mathrm{M}}-F''_{\mathrm{ad}})G_{\mathrm{s}}, \quad F''_{\mathrm{ad}}=K_{\mathrm{ds}}F_{\mathrm{ad1}}, \quad K_{\mathrm{ds}}=\frac{G_{\mathrm{U}}}{G_{\mathrm{s}}}G_{\mathrm{sm}}\left(\frac{2}{G_{\mathrm{m}}}+\frac{2}{G_{01}}\right)\\
&\phi_{\mathrm{U}}=(F_{\mathrm{M}}+F''_{\mathrm{ad}})G_{\mathrm{U}}, \quad F'''_{\mathrm{ad}}=F_{\mathrm{d}U}F_{\mathrm{ad1}}, \quad K_{\mathrm{d}U}=1-G_{\mathrm{sM}}\left(\frac{2}{G_{\mathrm{m}}}+\frac{2}{G_{01}}\right)
\end{aligned}\tag{14}$$

式中，$K_{\mathrm{d}\sigma}$为直轴电枢反应作用于磁铁一对极二端的折算系数；K_{ds}为直轴电枢反应对漏磁路的折算系数；$K_{\mathrm{d}U}$为直轴电枢反应对有效磁路的折算系数。

求解上述方程组可得 ϕ_{M} 和 ϕ_{s}，从而得

$$\phi_{\mathrm{Un}_1}=\phi_{\mathrm{M}}-\phi_{\mathrm{S}}\tag{15}$$

(2) 纯直轴电枢反应磁路计算

将永磁磁场与电枢反应磁场分开计算以后，电枢反应部分可用图 9 所示的等效磁路表示。其中 F_{ad_2} 为作用在直轴区域②的直轴电枢反应磁势的平均值，G_{p} 为相邻径向磁障之间转子铁芯的磁导，G_{l} 为横向磁障下铁芯部分的磁导，G'_{sm}为齿顶磁桥、极靴、磁障及磁铁所构成磁路的合成磁导。由图 9 易求出磁通 ϕ_{Un_2}。根据电机学理论，电动机的电枢反应总磁通为

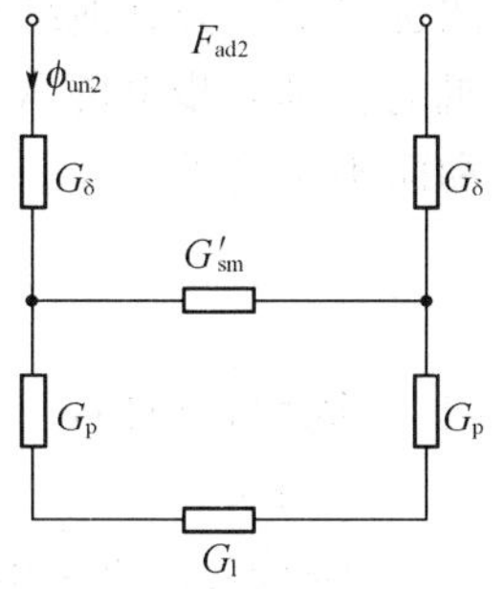

图 9　纯电枢反应磁路

$$\phi_{\mathrm{Un}}=2\times[(\phi_{\mathrm{Un1}}-\phi_{\mathrm{U0}})+\phi_{\mathrm{Un2}}]\tag{16}$$

直轴电枢反应电抗则为

$$X_{\mathrm{ad}}=4.44fWK_{\omega_1}\phi_{\mathrm{Un}}/I_{\mathrm{d}}\ (\Omega)\tag{17}$$

直轴同步电抗为　$X_{\mathrm{d}}=X_1+X_{\mathrm{ad}}$　(18)

4. 算例及结果

在小型异步电机和磁阻式同步电机设计程序的基础上，研制开发了由小型异步电机系列派生混合式永磁同步电动机的电磁计算程序，设计并制作了一台三相 4 极 90 W 的混合式永磁同步电动机。所用磁钢为 1∶5 型钐钴永磁，主要参数为：$B_{\mathrm{r}}=0.97\mathrm{T}$，$H_{\mathrm{c}}=713.8\mathrm{kA/m}$，$(BH)_{\max}=172\ \mathrm{kJ/m^3}$。

表 1　空载电势 E_0　　**单位：V**

磁路法	有限元法	实测值
95.26	93.53	91.5

表 1 为磁路法和有限元法计算的空载电势 E_0 和样机的测量值。图 10 分别示出了直轴和交轴同步电抗 X_{d} 与 X_{q} 随电流变化的曲线。当电流增加时，由于磁路饱和，两轴电抗 X_{d} 和 X_{q} 均减小。由表 1 及图 10 可见，磁路法和有限元法计算结果及样机实测值吻合较好，从而表明本文所采用的参数计算方法是正确可行的。

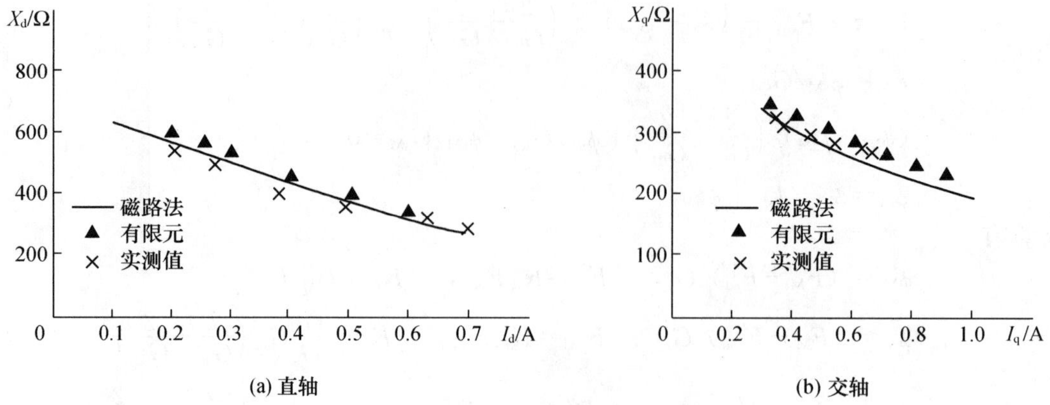

图 10 同步电抗与电流的关系

5. 结论

混合式永磁同步电机因结构关系，电机的永磁磁路、直轴电枢反应磁路以及交轴电枢反应磁路彼此影响很小，可近似视为 3 个独立的磁路。根据这一特点，本文提出了永磁电机关键参数 E_0，X_d，X_q 的磁路计算法。该方法简单实用且有较高的精度。文中所采用的分析方法也可供研究其他结构类型永磁电机参考。此外，分析和计算结果表明，混合式永磁同步电机的直轴同步电抗 X_d 大于交轴同步电抗 X_q，因此，电机的总力矩为永磁力矩与磁阻力矩之和而不是之差。

参 考 文 献

[1] 周鹗，顾仲圻. 新型磁阻电动机磁路分析和参数计算. 中国科学. A 辑，1983(6)：571 - 580.

[2] 陈峻峰. 永磁电机. 北京：机械工业出版社，1982：154 - 224.

[3] 李革，唐任远，郭忠保. 稀土永磁电机磁路设计与计算. 微特电机，1980(4)：1 - 7.

[4] 李光富. 小型混合式永磁同步电动机的研究. 东南大学硕士研究论文，1989.

永磁同步电机牵入同步性能的分析与计算

程 明 周 鹗

（东南大学电气工程系）

摘要：本文从永磁同步电机的基本方程出发，通过对起动和牵入同步过程的分析，提出了永磁同步电机牵入同步判据，计算中考虑了脉动转矩幅值的变化和定子电阻的影响。对电机主要参数变化和负载性质不同时永磁电机牵入同步性能的变化规律进行了较深入的探讨，得出了一些有益的结论。

关键词：永磁电机，牵入同步，起动

1. 引言

近年来，永磁同步电机发展迅速，应用范围日益扩大。在实际应用中，永磁电机不仅要有优良的稳态性能指标，在暂态性能方面也应满足可靠运行的要求，特别是某些特殊应用场合，如化纤工业，电机的起动和牵入同步过程中要带较大的负载惯量，对牵入性能有很严格的要求。因此，准确计算牵入同步性能，对永磁电机的研究、设计和应用都有重要意义。

本文通过对永磁同步电机异步起动和牵入同步过程的分析，从电机基本方程出发，提出了永磁同步电机牵入同步判据，据此可方便地确定电机在不同负载转矩下能够牵入同步的最大负载惯量。计算中考虑了牵入同步过程中脉动转矩幅值随转差率的变化，并计及定子电阻的影响。在此基础上，进一步探讨了主要参数取不同值时永磁电机牵入能力的变化规律。

2. 起动和牵入同步过程分析及牵入同步判据

永磁同步电机的状态方程可用下式表示：

$$p\bar{\boldsymbol{I}}=\bar{\boldsymbol{A}}\,\bar{\boldsymbol{I}}+\bar{\boldsymbol{C}}\bar{\boldsymbol{U}} \tag{1}$$

式中，$\bar{\boldsymbol{I}}$为电流列向量，$\bar{\boldsymbol{U}}$为电压列向量。系数矩阵$\bar{\boldsymbol{A}}$和$\bar{\boldsymbol{C}}$各元素与电机参数的关系见附录Ⅰ．p为微分算子。

由式(1)可对永磁同步电机的起动和牵入同步性能进行全面的仿真计算。图 1～2 给出了一台 6 极 800 W 永磁同步电动机(参数见附录Ⅱ)在不同负载情况下的起动特性。图 1 对应于同步负载转矩为额定值，系统惯量 $J=0.2\ \mathrm{kg\cdot m^2}$ 的情况，由图可知，转矩和转速有明显的脉动，但最终电机仍成功地牵入同步。如果保持其他条件不变，仅仅将转动惯量 J 从 0.20 增加到 $0.21\ \mathrm{kg\cdot m^2}$，则电机便不能牵入同步，最大转速非常接近同步转速，但始终达不到同步，转矩和转速做周期性的等幅振荡，如图 2 所示。可以把此时的情况近似认为是临界状态，则该电机在额定负载下能够牵入同步的最大转动惯量约为 $0.21\ \mathrm{kg\cdot m^2}$。

由此可见，用状态方程(1)进行仿真计算，不仅可清楚地表示出有关物理量在起动和牵入

《中国电机工程学报》，第 16 卷第 2 期，1996 年 3 月。

同步过程中的变化情况，而且可确定某一负载转矩下电机能够牵入同步的最大负载惯量。但是，为找到这一最大转动惯量，要反复试算若干次，特别是，若要确定不同负载情况下的最大牵入惯量，将非常费时。因此，直接用状态方程来仿真计算永磁同步电机的牵入性能，在工程上是不适宜的。

如将永磁电机牵入同步的机电暂态过程以不同转差率下的稳态异步运行来代替，则描述永磁电机暂态性能的微分方程可表示为复数形式的向量方程，经过求解，电磁转矩可表示为[1,2]

$$
\begin{aligned}
T_e &= T_{av} + T_{pm1}\sin\delta + T_{pm2}\cos\delta + T_{pc1}\sin 2\delta + T_{pc2}\cos 2\delta \\
&= T_{av} + T_{pm}\cos(\delta-\beta) + T_{pc}\cos(2\delta-\alpha)
\end{aligned} \tag{2}
$$

由式(2)可知，从起动到牵入同步过程中，电磁转矩由三部分组成，第一为平均异步转矩，包括由鼠笼引起的平均起动转矩和永磁体引起的平均制动转矩；第二是由于永磁体引起的以转差频率脉动的转矩；第三是由于鼠笼存在和转子磁路不对称引起的以二倍转差频率脉动的转矩，即磁阻转矩。理论分析和仿真计算表明，永磁电机能否牵入同步，除与负载转矩和系统转动惯量大小有关外，还与牵入同步过程中脉动转矩有关，脉动转矩的大小对电机牵入同步能力来说是至关重要的。

图 3 为永磁电机稳态转矩-功角特性(实线)和不同负载情况下牵入同步过程中的转差率-功角特性曲线(虚线)。由分析可知，对应(1)、(2)两种情况，永磁电机能被牵入同步。曲线(3)为临界牵入情况，牵入过程结束即当 $s=0$ 时，$\delta=\delta_2$，为不稳定工作点，电机最终能否牵入同步，将视具体情况而定。若系统运行情况倾向于减小功角 δ，则电机将被牵入同步，并将稳定在功角 δ_1 上运行。在此情况下，牵入同步过程中的加速转矩最大，在一定负载转矩下能被牵入同步的转动惯量也最大。反之，若系统运行情况倾向于增大 δ 角，使 $T_e<T_L$，则

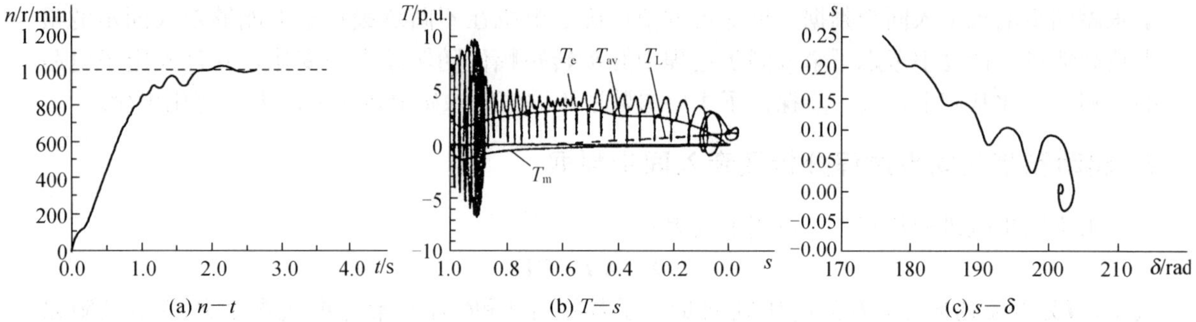

图 1　起动特性($T_{e*}=1$，$J=0.2\ \text{kg}\cdot\text{m}^2$，牵入同步)

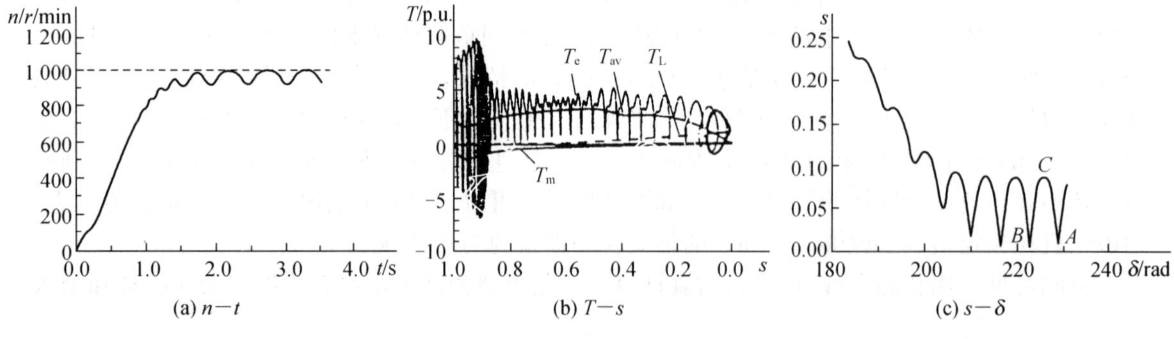

图 2　起动特性($T_{e*}=1$，$J=0.21\ \text{kg}\cdot\text{m}^2$，未牵入同步)

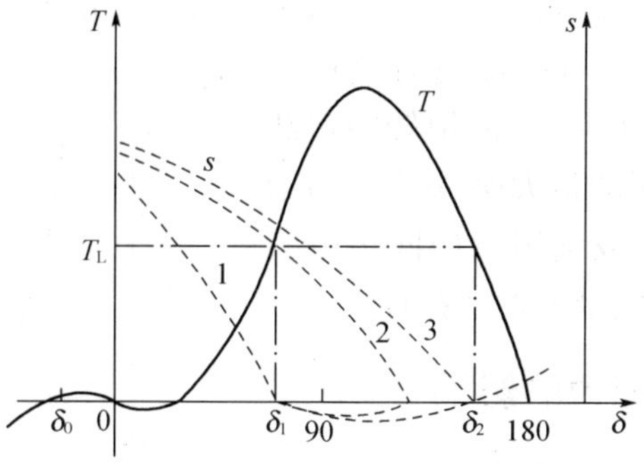

—转矩-功角特性 ---转差率-功角特性

图 3 稳态转矩-功角特性和牵入同步过程中的转差率-功角特性

电机便再次失去同步。由此可以得到牵入同步过程结束时的临界条件为：

$$\left.\begin{aligned} s&=0 \\ \delta&=\delta_2 \end{aligned}\right\} \tag{3}$$

δ_2 可由稳态运行时的转矩平衡关系确定。

由图 2(c)知，牵入同步过程中，永磁电机的转差率 s 近似为功角 δ 的正弦函数。设牵入同步过程开始时的转差率为 $s=s_0$，则有

$$s=s_0\sin\frac{1}{2}(\delta_2-\delta) \tag{4}$$

由此可得牵入同步开始时，即 $s=s_0$ 时的初始条件为

$$\left.\begin{aligned} s&=s_0 \\ \delta&=\delta_2-\pi=\delta_0 \end{aligned}\right\} \tag{5}$$

将式(2)中电磁转矩各个幅值近似用转差率 s 的二次函数表示，并利用式(3)、(4)和(5)的关系，可以得到永磁同步电机在任一负载下能够牵入同步的最大转动惯量为

$$\begin{aligned} J=\frac{P}{\omega_s^2 s_0^2}\Big\{ & s_0^2\Big[\frac{1}{2}\pi U_0-\frac{1}{2}\pi K_{L3}T_c-U_1\cos\delta_2-\frac{\pi}{4}U_1\sin\delta_2+U_2\sin\delta_2-\frac{1}{4}\pi U_2\cos\delta_2 \\ & +\frac{2}{3}U_3\cos2\delta_2-\frac{2}{3}U_4\sin2\delta_2\Big]+s_0\Big[2U_0+2K_{L2}T_c-\frac{2}{3}U_1\sin\delta_2-\frac{4}{3}U_1\cos\delta_2 \\ & +\frac{4}{3}U_2\sin\delta_2-\frac{2}{3}U_2\cos\delta_2-\frac{2}{15}U_3\sin2\delta_2+\frac{8}{15}U_3\cos2\delta_2-\frac{8}{15}U_4\sin2\delta_2-\frac{2}{15}U_4\cos2\delta_2\Big] \\ & +\left[W_0\pi-K_{L1}T_c\pi-2W_1\cos\delta_2+2W_2\sin\delta_2\right]\Big\} \end{aligned} \tag{6}$$

式(6)称为永磁同步电机的牵入同步判据，其推导过程及符号意义可参见文献[2]。但在文献[2]中只考虑了 $T_c=C$ 的恒转矩负载情况，而式(6)考虑了负载性质不同的影响。负载转矩一般可表示为

$$T_L=T_c(K_{L1}-K_{L2}s+K_{L3}s^2) \tag{7}$$

式中，T_c 为同步速时的负载转矩值。K_{L1}、K_{L2} 和 K_{L3} 的不同组合可模拟不同性质的负载。例如，$K_{L1}=1$，$K_{L2}=2$，$K_{L3}=1$，则 $T_L=T_c(1-s)^2$，即转矩与转速平方成正比，风机、水泵等即属此类负载。

由式(6)可方便地计算不同负载转矩下电机所能牵入同步的最大惯量，或反之。图 4 为算例电机的临界牵入特性曲线，其中实线和虚线分别为 $T_L=T_c$ 和 $T_L=T_c(1-s)^2$ 两种负载下由式(6)判据计算的结果，“*”号则为仿真结果，可见，两种方法的计算结果完全吻合，从

而也表明本文所提出的计算永磁同步电机牵入性能的方法是正确可行的。

此外，由图 4 还可看出，负载性质对电机牵入同步能力有明显影响，与 $T_L = T_c$ 的恒转矩负载相比，$T_L = T_c(1-s)^2$ 负载下的最大牵入惯量约增大 20%左右。因此，在设计或选用永磁同步电机时，应结合负载类型合理确定牵入性能指标。

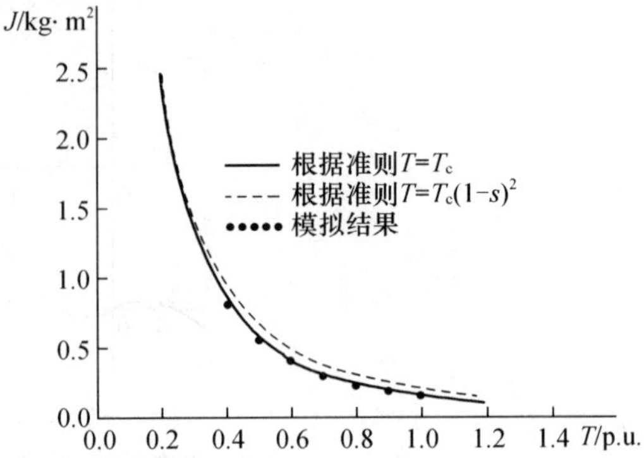

图 4 临界牵入特性曲线

3. 参数变化对牵入同步能力的影响

下面按照所获得的牵入同步判据，以算例电机为对象，计算永磁电机空载电势 E_0、直交轴同步电抗 X_d 和 X_{mq}、定子电阻等参数取不同值时，永磁同步电机的牵入同步能力，并将计算结果绘制成曲线。在分析计算中假定，某一参数变化时，其余参数均保持不变。

1）空载电势 E_0 对牵入能力的影响

永磁电机空载电势 E_0 为一重要参数，其值较大时，功率因数、效率、牵出转矩等稳态性能指标均较高，但从牵入能力来说，并非 E_0 越大越好，E_0 与牵入性能的关系比较复杂，它不仅与 E_0 本身的大小有关，而且还受主要参数之间配合的影响。图 5 示出了算例电机及另一台 2 极 750 W 电机牵入性能与 E_0 的关系，由图可知，不同电机（不同参数配合）牵入性能随 E_0 的变化规律并不完全相同，但在 $T_L = 0.5 \sim 1.0$ 这一区间内，其变化规律是一致的，电机临界牵入惯量开始随 E_0 的增大而增大，并达到某一最大值，其后随着 E_0 的进一步上升，电机的牵入能力反而下降。这是由于 E_0 增大后，虽然使电机的整步力矩增大，但同时永磁制动力矩也随之增加，使合成平均异步力矩减小，牵入同步过程开始时的临界转差率 s_0 增大。当整步力矩增大的影响小于 s_0 增大的影响时，电机牵入能力便下降。由此可知，为使永磁同步电机有较大的牵入能力，E_0 不宜设计得过大。

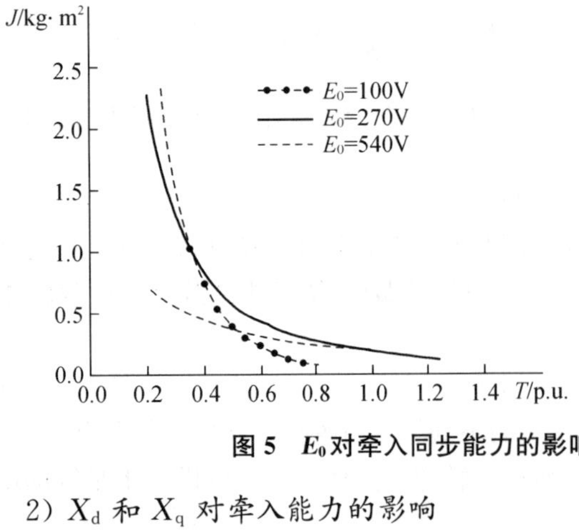

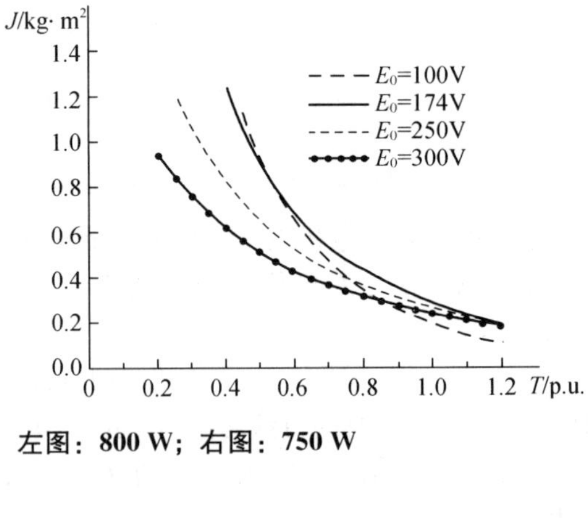

图 5 E_0 对牵入同步能力的影响 左图：800 W；右图：750 W

2）X_d 和 X_q 对牵入能力的影响

X_d 改变时的临界牵入特性如图 6 所示；X_q 改变时的临界牵入特性如图 7 所示。可见，X_d 增大，牵入能力下降，而 X_q 增大，牵入能力增加，并且当 $X_d/X_q<1$ 时有较好的牵入特性。

X_d 和 X_q 对牵入能力的影响可归结为以下三个方面：

(1) 由稳态同步转矩近似表达式：

$$T=\frac{mp}{2\omega_s}\times\left[\frac{E_0U}{X_d}\sin\delta+\frac{U^2(X_d-X_q)}{2X_dX_q}\sin2\delta\right] \tag{8}$$

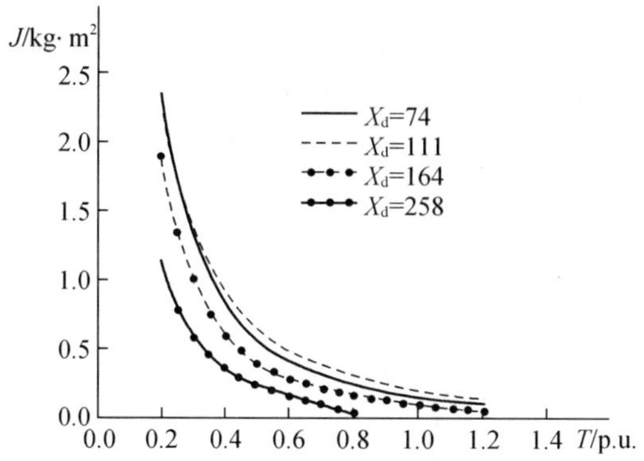

图 6　X_d 对牵入性能的影响

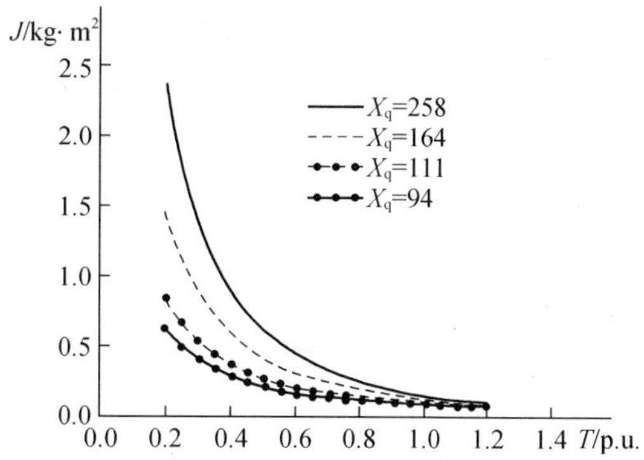

图 7　X_q 对牵入性能的影响

可知，当 X_q 不变，X_d 由大变小时，永磁力矩的幅值增大，故牵入能力提高。

(2) 计算表明，当 X_d 不变，X_q 由小变大时，平均异步力矩增加，使临界转差率 s_0 减小，有利于牵入能力的提高。

(3) 磁阻转矩的作用。磁阻转矩对牵入性能的影响与对稳态性能的影响不同。由式(8)知，稳态时当 $X_d>X_q$，磁阻转矩有正值，在正常稳态运行范围内，与永磁力矩作用方向一致，二者相加；而当 $X_d<X_q$ 时(即反凸极型电机)，磁阻力矩对永磁力矩起削弱作用。

磁阻力矩在牵入同步过程中的作用可用图 8 所示的一台二极永磁电机模型来加以定性说明。其中图 8(a)为反凸极型电机($X_d<X_q$)，图 8(b)为传统凸极型电机($X_d>X_q$)[3]，图中 N_r 和 S_r 分别代表永磁转子的两个磁极，N_s 代表气隙旋转磁场的一个磁极，它以同步速 ω_s 旋转。为简洁起见，气隙旋转磁场的另一个极 S_s 未画出。在同步之前 N_s 以转差速度 $s\omega_s$ 相对转子旋转，牵入同步过程从 B 点开始至 A 点结束。如在 A 点电机仍不能达到同步速，则电机便不可能牵入同步。因为 A 点以后转矩变负，电机又减速，进入新的极差。在 B 到 A 范围内，永磁转矩 T_{pm} 恒为正，但磁阻转矩 T_r 一半为正，另一半为负。理论计算表明，磁阻转矩幅值随转差率 s 而变化，s 越小，T_r 越大，因此，T_r 从 B 点到 C 点的积分就小于由 C 点到 A 的积分，所以，图 8(a)磁阻转矩使牵入能力增强，图 8(b)磁阻转矩使牵入能力下降。

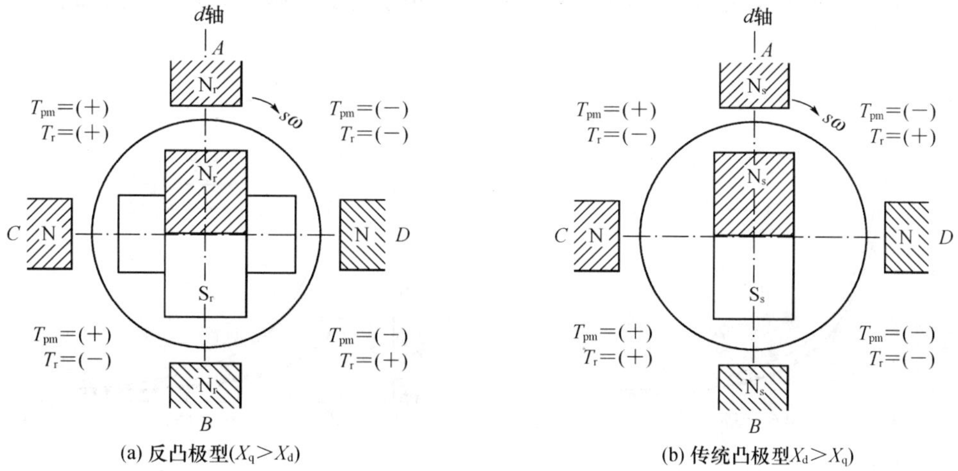

(a) 反凸极型($X_q>X_d$)　　(b) 传统凸极型$X_d>X_q$)

图 8　永磁电机模型

总而言之，如仅就提高电机牵入同步性能而言，应使 $X_d < X_q$，即采用反凸极电机结构为宜。

3）定子电阻 R_1 对牵入性能的影响

图 9 为定子电阻 R_1 取不同值时的临界牵入特性。由图可知，减小定子电阻 R_1 可明显提高永磁电机的牵入能力。同时也说明，在分析计算永磁同步电机牵入性能时，忽略定子电阻将会引起较大误差，对功率较小的电机尤为如此。

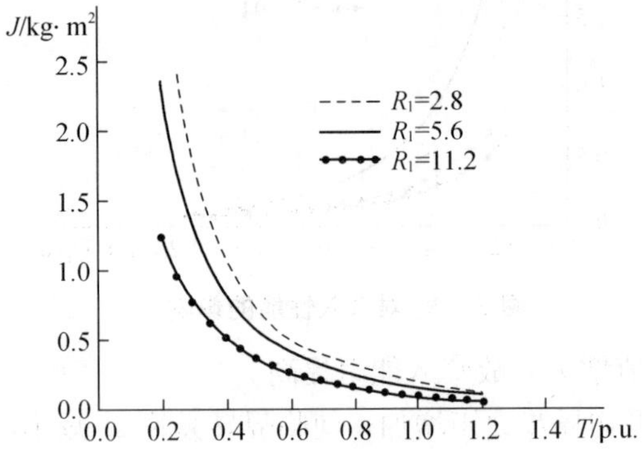

图 9　定子电阻 R_1 对牵入性能的影响

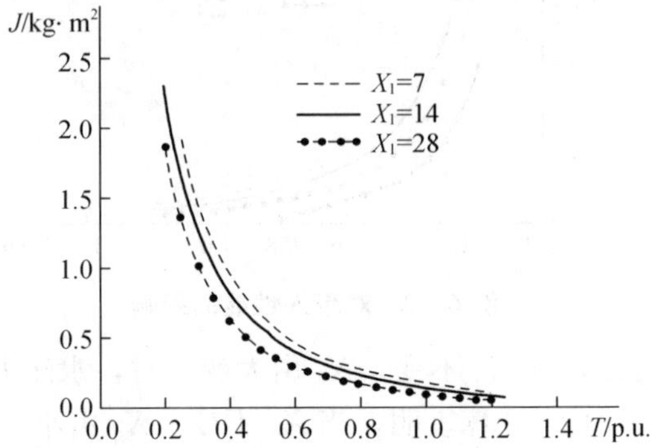

图 10　定子漏抗 X_1 对牵入性能的影响

4）定子漏抗 X_1 对牵入性能的影响

定子绕组漏抗 X_1 对永磁同步电机的牵入性能亦有影响，减小 X_1 有利于改善永磁电机的牵入能力，但其影响程度不如定子电阻 R_1 明显，如图 10 所示。

5）转子绕组电阻对牵入性能的影响

图 11(a)和(b)分别示出了转子电阻 R_{2d} 和 R_{2q} 与牵入特性的关系，可见，减小例转子电阻 R_{2d} 或 R_{2q} 均可提高永磁同步电机的牵入能力，对算例电机而言，R_{2q} 的影响更为明显。

4. 结论

本文对永磁同步电机牵入同步过程及其机理进行了深入的分析，在此基础上，通过将牵入同步的机电暂态过程以不同转差率下的稳态异步运行代替，导出了永磁同步电机的牵入同步判据。分析计算中考虑了脉动转矩幅值随转差率 s 而变化，并计及定子电阻的影响。计算结果与数字仿真结果完全吻合，说明本文所用的分析方法是正确的，所提出的牵入同步判据是可靠的。

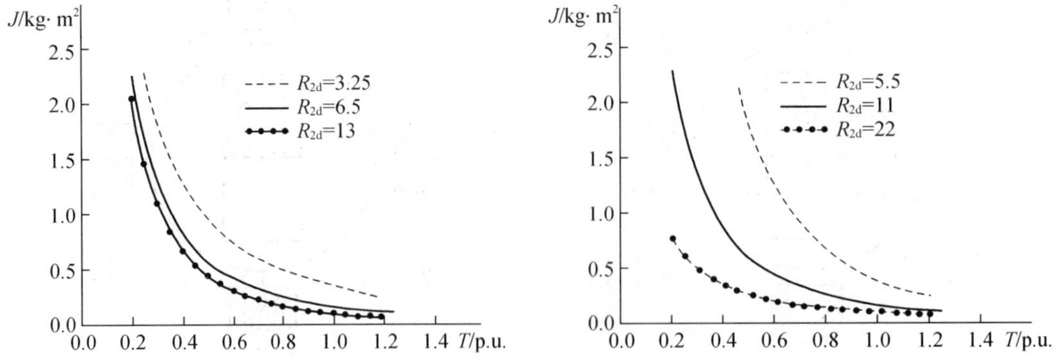

(a) R_{2d}　　(b) R_{2q}

图 11　转子电阻对牵入性能的影响

由牵入同步判据可方便地计算永磁同步电机在任一负载转矩下所能牵入同步的最大转动惯量，或反之。计算结果表明，转动惯量增大后，电机所能牵入同步的负载转矩急剧下降，反之亦然。分析计算了电机主要参数 E_0、X_d、X_q、R_1、X_1、R_{2d} 和 R_{2q} 等改变时，电机牵入同步性能的变化规律。结果表明，空载电势 E_0 是影响永磁电机牵入性能的最基本因素，但 E_0 并非越大越好，存在一个使牵入能力最大的 E_0 值；同步电抗 X_d 减少，X_q 增大，且使 $X_d<X_q$，可提高永磁电机的牵入能力；减小定、转子电阻和漏抗均有利于牵入性能的改善。

永磁电机的牵入性能除与设计参数有关外，还与负载性质有关，恒转矩负载下所能牵入同步的转动惯量最小。

附录Ⅰ　电机状态方程系数矩阵各元素与电机参数的关系

$A=L_d-L_{md}^2/L_{2d}$　　$B=L_q-L_{mq}^2/L_{2q}$

$A_1=1/A$，$B_1=1/B$　　$B_0=-\omega_r L_{md} I_{fm} B_1$

$C_1=-L_{md}/(AL_{2d})$　　$D_1=-L_{mq}/(BL_{2q})$

$D_0=\omega_r L_{md} L_{mq} I_{fm}/(BL_{2q})$

$a_{11}=-R_1/A$　　$a_{12}=\omega_r L_q/A$

$a_{13}=R_{2d}L_{md}/(AL_{2d})$　　$a_{14}=\omega_r L_{mq}/A$

$a_{21}=-\omega_r L_q/B$　　$a_{22}=-R_1/B$

$a_{23}=-\omega_r L_{md}/B$　　$a_{24}=R_{2q}L_{mq}/(BL_{2q})$

$a_{31}=R_1 L_{md}/(AL_{2d})$　　$a_{32}=-\omega_r L_{md} L_q/(AL_{2d})$

$a_{33}=-R_{2d}L_d/(AL_{2d})$　　$a_{34}=-\omega_r L_{md} L_{mq}/(AL_{2d})$

$a_{41}=\omega_r L_d L_{mp}/(BL_{2q})$　　$a_{42}=R_1 L_{mq}/(BL_{2q})$

$a_{43}=\omega_r L_{md} L_{mq}/(BL_{2q})$　　$a_{44}=-R_{2q}L_q/(BL_{2q})$

$a_{55}=-R_\omega/J$

$$\bar{\boldsymbol{C}}=\mathrm{diag}\left[A_1,\ \frac{B_0}{U_q}+B_1,\ C_1,\ \frac{D_0}{U_q}+D_1,\ \frac{P}{2J}\right]$$

$\bar{\boldsymbol{I}}=[i_d,\ i_q,\ i_{2d},\ i_{2q},\ \omega_r]^T$，$\bar{\boldsymbol{U}}=[U_d,\ U_q,\ U_d,\ U_q,\ T_e-T_L]^T$

$U_d=-U\sin\delta$，$U_q=U\cos\delta$

附录Ⅱ　算例电机参数

$P_N=800$ W	$U_N=220$ V	$f=50$ Hz
$m=3$	$E_0=270$ V	$J_r=0.0153\ \mathrm{kg\cdot m^2}$
$R_1=5.6\ \Omega$	$X_1=14\ \Omega$	$X_{md}=97\ \Omega$
$X_{mq}=244\ \Omega$	$X_d=111\ \Omega$	$X_q=258\ \Omega$
$R_{2d}=6.5\ \Omega$	$R_{2q}=11\ \Omega$	$X_{2d}=4.4\ \Omega$
$X_{2q}=2.5\ \Omega$		

参 考 文 献

[1] Honsiger V B. Permanent Magnet Machines: Asynchronous Operation. IEEE Tran PAS, 1980, 99(4): 1503-1509.

[2] 程明. 永磁同步电动机的牵入同步判据. 微特电机，1991，(4)：2-5.

[3] 程明，李光富，周鹗. 混合式稀土永磁同步电动机的磁路分析和参数计算. 东南大学学报，1991(6)：8-15.

PWM逆变器–磁阻同步电动机驱动系统运行稳定性的分析

林明耀　　周　鹗
（东南大学电气工程系）

摘要： 研究了由PWM逆变器供电的磁阻同步电动机的运行稳定性。导出了 $dq0$ 坐标系中PWM逆变器–磁阻电动机的小信号模型，以稳定度 λ 作为稳定性能的指标，应用Routh-Hurwitz判据判定系统的稳定性，并分析了电机和系统参数对运行稳定性的影响，所得结论对变频磁阻电动机的设计具有参考价值。

关键词： PWM逆变器，磁阻同步电动机，稳定性

1. 引言

磁阻式同步电动机由于结构简单、制造容易和价格低廉等突出优点，受到普遍重视。随着电力电子技术的迅速发展和自动控制理论和微处理机的广泛应用，为磁阻同步电动机的可控变速运行提供了良好的条件。广泛应用于变频调速系统中的磁阻电动机，不仅应该具有高效率、高功率因数等良好的稳态性能指标，快速的动态响应特性，而且在变频调速运行的整个频率范围内都应稳定可靠运行。但是，研究表明[1,2]，与异步电动机相类似，即使施加对称的正弦电源电压，磁阻电动机在低频运行时也可能出现不稳定或速度的连续振荡。要解决这一问题，一是电机运行时避开不稳定频率区域，二是通过改进电机的设计，使其在整个运行频率范围内稳定运行，显然后一种方法更为可取。因此，对逆变器供电的磁阻同步电动机运行稳定性进行研究，不仅具有理论意义，也具有重要的工程应用价值。

本文根据同步电动机运行理论，导出逆变器供电的磁阻电动机调速系统受到小扰动后的增量线性微分方程，按照线性系统理论，判断电机的运行稳定性。电机稳态工作点以及系统参数改变时，增量方程的参数将随着改变，电机的运行稳定性也发生变化。进而利用数字仿真方法，研究电源电压、转动惯量、电机 d、q 轴同步电抗比 X_d/X_q、定子绕组电阻以及转子绕组电阻等系统及电机参数对稳定性的影响。

2. 数学模型

1）PWM逆变器电压的表达式

在PWM电压型逆变器–磁阻电动机变频调速系统中，逆变器输出相电压中除了基波分量外，还含有高次谐波分量。电机运行中，电源电压的基波分量和谐波分量同时施加于定子绕组，但是，电源电压的谐波分量在能量转换过程中的作用很小，对稳态工作点和电机受扰动后动态过程的影响可不予考虑[3,4]。因此，研究磁阻电机稳态工作点附近受到小扰动后的运

《电机与控制学报》，第5卷第1期，2001年3月。

行稳定性时，可以仅考虑电压的基波分量。$dq0$ 坐标系中 PWM 电压源逆变器的 d、q 轴电压基波分量为

$$\left.\begin{aligned} u_{\mathrm{d}} &= \frac{2\sqrt{6}E}{\pi}\left[1+\sum_{k=1}^{N}(-1)^{k}\cos\alpha_{k}\right]\sin\delta \\ u_{\mathrm{q}} &= \frac{2\sqrt{6}E}{\pi}\left[1+\sum_{k=1}^{N}(-1)^{k}\cos\alpha_{k}\right]\cos\delta \end{aligned}\right\} \tag{1}$$

式中，E 为逆变器输出电压幅值；$\alpha_{\mathrm{k}}\in(0,\pi)$为开关角；$N$ 为半个周期内$(0<\omega_{\mathrm{e}}t<\pi)$的开关角数，对于一定频率的 PWM 波电压，$\alpha_k$ 和 N 均为常数；δ 为磁阻电动机的功角，令

$$U=\frac{2\sqrt{2}E}{\pi}\left[1+\sum_{k=1}^{N}(-1)^{k}\cos\alpha_{k}\right]$$

则式(1)可表示为

$$\left.\begin{aligned} u_{\mathrm{d}} &= \sqrt{3}U\sin\delta \\ u_{\mathrm{q}} &= \sqrt{3}U\cos\delta \end{aligned}\right\} \tag{2}$$

2）电机的小信号模型

以 R_{a} 表示磁阻电机定子绕组相电阻，i_{d}、i_{q} 分别表示定子 d、q 轴绕组电流，Ψ_{d}、Ψ_{q} 分别表示定子 d、q 轴绕组磁链，ω 表示转子电角速度，X_{d}、X_{q} 分别表示 d、q 轴同步电抗，$D=\frac{\mathrm{d}}{\mathrm{d}t}$为微分算子，并以下标“0”表示稳态值，“Δ”为增量符号，则磁阻电机的定子电压增量方程为

$$\left.\begin{aligned} \Delta u_{\mathrm{d}} &= u_{\mathrm{q0}}\Delta\delta = R_{\mathrm{a}}\Delta i_{\mathrm{d}}+D\Delta\Psi_{\mathrm{d}}+\omega_{\mathrm{e}}\Delta\Psi_{\mathrm{q}}+\Psi_{\mathrm{q0}}\Delta\omega \\ \Delta u_{\mathrm{q}} &= -u_{\mathrm{d0}}\Delta\delta = R_{\mathrm{a}}\Delta i_{\mathrm{q}}+D\Delta\Psi_{\mathrm{q}}-\omega_{\mathrm{e}}\Delta\Psi_{\mathrm{d}}-\Psi_{\mathrm{d0}}\Delta\omega \end{aligned}\right\} \tag{3}$$

定子磁链增量方程

$$\left.\begin{aligned} \Delta\Psi_{\mathrm{d}} &= \frac{X_{\mathrm{d}}(D)}{\omega_{\mathrm{e}}}\Delta i_{\mathrm{d}} \\ \Delta\Psi_{\mathrm{q}} &= \frac{X_{\mathrm{q}}(D)}{\omega_{\mathrm{e}}}\Delta i_{\mathrm{q}} \end{aligned}\right\} \tag{4}$$

式中，$X_{\mathrm{d}}(D)$、$X_{\mathrm{q}}(D)$分别为 d、q 轴运算电抗，ω_{e} 为同步电角速度。转子增量运动方程为

$$\Delta\omega=-D\Delta\delta \tag{5}$$

$$\Delta T_{\mathrm{e}}=\Delta T_{\mathrm{L}}-\frac{J}{p}D^{2}\Delta\delta \tag{6}$$

电磁转矩增量方程为

$$\Delta T_{\mathrm{e}}=p(\Psi_{\mathrm{q0}}\Delta i_{\mathrm{d}}+i_{\mathrm{d0}}\Delta\Psi_{\mathrm{q}}-\Psi_{\mathrm{d0}}\Delta i_{\mathrm{q}}-\Psi_{\mathrm{q0}}\Delta\Psi_{\mathrm{d}}) \tag{7}$$

式(5)～(7)中，T_{e}、T_{L}、J 和 p 分别为电磁转矩、负载转矩、系统转动惯量和电机极对数。由式(3)、(4)、(5)、(7)得

$$\Delta T_{\mathrm{e}}=G(D)\Delta\delta \tag{8}$$

式中

$$\begin{aligned} G(D)=p\Big\{&\left(\Psi_{\mathrm{q0}}-i_{\mathrm{q0}}\frac{X_{\mathrm{d}}(D)}{\omega_{\mathrm{e}}}\right)\left[\left(R_{\mathrm{a}}+\frac{DX_{\mathrm{q}}(D)}{\omega_{\mathrm{e}}}\right)(u_{\mathrm{q0}}+\Psi_{\mathrm{q0}D}) \right.\\ &\left.+X_{\mathrm{d}}(D)(u_{\mathrm{d0}}+\Psi_{\mathrm{d0}}D)\right]+\left(\Psi_{\mathrm{d0}}-i_{\mathrm{d0}}\frac{X_{\mathrm{q}}(D)}{\omega_{\mathrm{e}}}\right) \\ &\left[\left(R_{\mathrm{a}}+\frac{DX_{\mathrm{d}}(D)}{\omega_{\mathrm{e}}}\right)(u_{\mathrm{d0}}+\Psi_{\mathrm{d0}}D)+X_{\mathrm{q}}(D)(u_{\mathrm{q0}}+\Psi_{\mathrm{q0}}D)\right]\Big\}\Big/ \end{aligned}$$

$$\left\{\left(R_a+\frac{DX_q(D)}{\omega_e}\right)\left(R_a+\frac{DX_q(D)}{\omega_e}\right)+X_d(d)X_q(D)\right\}$$

式(8)与式(6)一起组成 PWM 逆变器供电磁阻电动机的闭环系统传递函数，其对应的系统框图如图 1 所示。令

$$G(D)=\frac{G_1(D)}{G_2(D)} \tag{9}$$

则对应于图 1 闭环系统的传递函数为

$$\begin{aligned} f(D) &= pG_1(D)+JD^2G_2(D) \\ &= m_0D^6+m_1D^5+m_2D^4+\cdots+m_5D+m_6 \end{aligned} \tag{10}$$

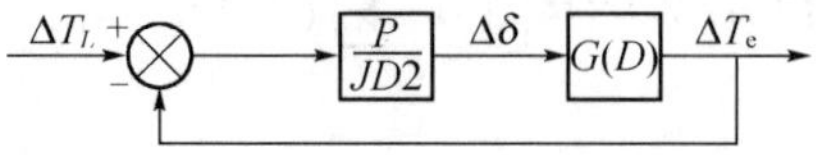

图 1 PWM 逆变器-磁阻电机闭环系统

3）稳定度

取电机的稳定度为 λ 作为衡量系统稳定运行程度的指标。通过对稳定度大小的研究，可以分析磁阻电机调速系统受到小扰动后，其特征方程的根对暂态响应过程的影响，并按希望的特征根的位置来选择系统的参数。由线性系统理论[5]知道，稳定系统特征方程的根均位于复平面 D^* 的左侧，且特征根离虚轴越近，阻尼越小，相应的暂态过程衰减越快。因此，稳定度 λ，用离虚轴最近的特征根到虚轴之间的距离表示，其值越大，则系统的阻尼越大，调速系统就越稳定。

将式(10)中的 D 以 $(D-\lambda)$ 代替，相当于 D^* 平面上的虚轴向左平移 λ 距离，使原来最接近虚轴的根移至虚轴上，本来稳定的系统就处于临界稳定状态，这时式(10)变为

$$f(D)=M_0D^6+M_1D^5+\cdots+M_5D+M_6 \tag{11}$$

式中，

$$\left.\begin{aligned} M_0 &= m_0 \\ M_1 &= -6\lambda m_0+m_1 \\ M_2 &= 15\lambda^2m_0-5\lambda m_1+m_2 \\ M_3 &= -20\lambda^3m_0+10\lambda^2m_1-4\lambda m_2+m_3 \\ M_4 &= 15\lambda^4m_0-10\lambda^3m_1+6\lambda^2m_2-3\lambda m_3+m_4 \\ M_5 &= -6\lambda^5m_0+5\lambda^4m_1-4\lambda^3m_2+3\lambda^2m_3-2\lambda m_4+m_5 \\ M_6 &= \lambda^6m_0-\lambda^5m_1+\lambda^4m_2-\lambda^3m_3+\lambda^2m_4-\lambda m_5+m_6 \end{aligned}\right\} \tag{12}$$

式(11)所描述系统稳定的充要条件是该特征多项式所对应特征方程的根均有负实部，运用 Routh-Hurwitz 判据可以不必求出特征方程的根，就能判断电机的稳定性。

由 Routh-Hurwitz 判据知道，一个线性系统稳定的充要条件是描述该系统的特征多项式为 Hurwitz 多项式，这可以通过判别 Hurwitz 矩阵各阶主子行列式的值是否大于零来决定。

对应式(11)的 Hurwitz 矩阵为

$$[H]=\begin{bmatrix} M_1 & M_3 & M_5 & 0 & 0 & 0 \\ M_0 & M_2 & M_4 & M_6 & 0 & 0 \\ 0 & M_1 & M_3 & M_5 & 0 & 0 \\ 0 & M_0 & M_2 & M_4 & M_6 & 0 \\ 0 & 0 & M_1 & M_3 & M_5 & 0 \\ 0 & 0 & M_0 & M_2 & M_4 & M_6 \end{bmatrix} \tag{13}$$

对应式(13)的各阶主子行列式为

$$\left.\begin{aligned}&\Delta_1=M_1\\&\Delta_2=\det\begin{bmatrix}M_1 & M_3\\ M_0 & M_2\end{bmatrix}\\&\vdots\\&\Delta_6=\det\ [H]\end{aligned}\right\}\tag{14}$$

通过反复循环计算，可以确定在不同频率和系统参数值时式(14)表示的各阶主子行列式的值是否大于零，得到不同频率下的稳定度。

设 U_N 和 f_N 分别为磁阻电机的额定相电压和额定频率，在磁阻电机变频运行的恒转矩区域和恒功率区域，电机相电压取为

$$U=\begin{cases}\dfrac{f}{f_N}U_N, & f\leqslant f_N\\ U_N, & f>f_N\end{cases}\tag{15}$$

3. 运行稳定性分析

通常，磁阻电动机空载运行时的稳定性较差，随着负载的增大变得较为稳定。对不同电机和系统参数时磁阻电动机调速系统的运行稳定性进行计算，应在轻载状态下进行。不失一般性，计算时取功角 $\delta=10°$。以 L_{σ_1}、$L_{\sigma2d}$、$L_{\sigma2q}$分别表示电机的定子绕组漏感、等效转子 d、q 轴绕组漏感，计算一台 550 W、380 V、2.0 A、Y 联接、50 Hz 的三相四极磁障式磁阻电动机，它的标幺值参数为

$$R_a=0.032,\quad X_d=1.417,\quad X_q=0.342$$
$$L_{\sigma_1}=0.037,\quad R_{2d}=0.042\,4,\quad R_{2q}=0.034\,3$$
$$L_{\sigma2d}=0.053\,9,\quad L_{\sigma2q}=0.055$$

转子转动惯量　$J_r=0.001\,988\ \text{kg}\cdot\text{m}^2$。

1) 电源电压对稳定性的影响

图 2 表明，外加定子电压基波分量增加时，电机的运行稳定性下降，增大电源电压值，电机的牵出转矩增大，但这种增大是以缩小电机的稳定运行区域为代价的。不同电压时的稳定度变化规律相同，当频率大于某一值时，频率增大，稳定度变化不大。

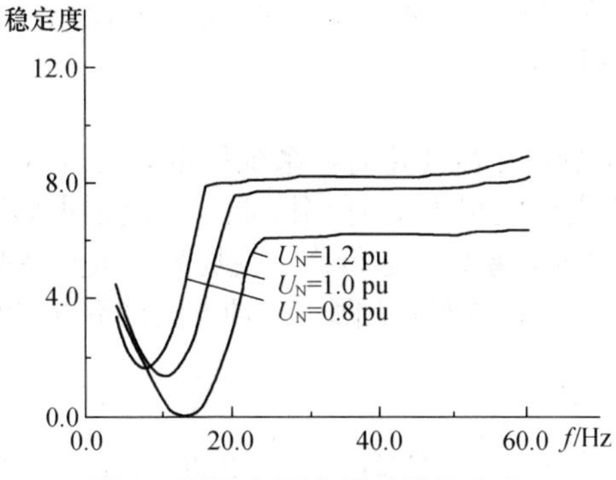

图 2　不同电源电压时的稳定度

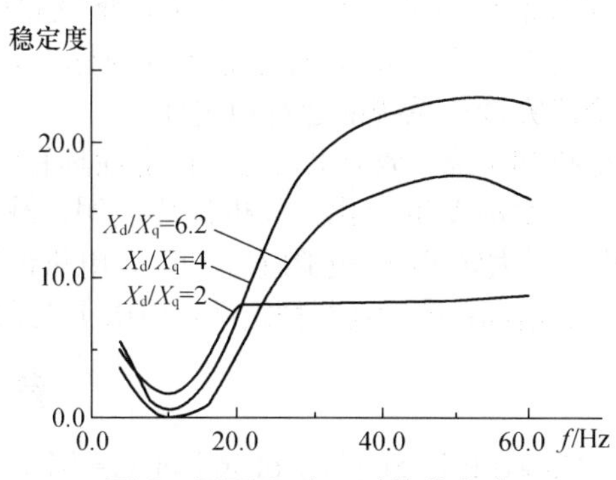

图 3　不同 X_d/X_q 时的稳定度

2) X_d/X_q 对稳定性的影响

增大 X_d/X_q 的值，将使磁阻电机具有高效率、高功率因数等良好的稳定性能指标。但由图 3 可见，随着 X_d/X_q 比值的上升，系统出现不稳定区域。当 $X_d/X_q\leqslant 2.0$ 时，系统在整个变频运行范围内都能稳定运行；当比值 X_d/X_q 增大，系统的不稳定区域增大。因此，过大的 X_d/X_q 对提高电机调速系统运行稳定性是不利的。

3）定子电阻对稳定性的影响

定子绕组电阻对电机稳定性的影响，在不同频率段是不一样的。在 $f>13$ Hz 的频率范围内，系统的运行稳定性随着 R_a 的增大而下降，但在低频段，增大定子电阻，反而使系统的运行稳定性提高，见图 4。

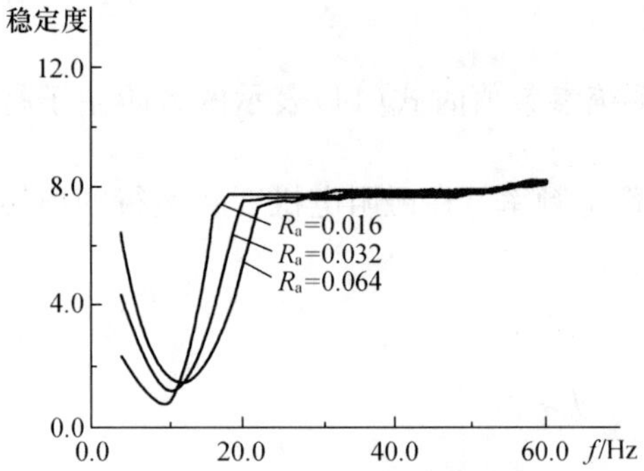

图 4　不同 R_a 时的稳定度

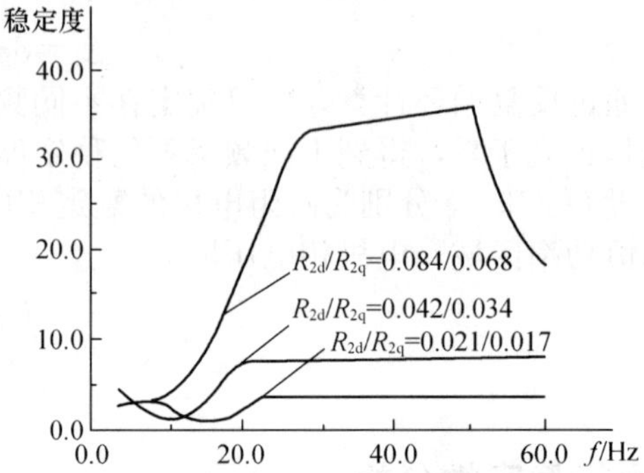

图 5　不同 R_{2d}、R_{2q} 时的稳定度

4）转子绕组电阻对稳定性的影响

增大转子绕组电阻，将提高调速系统的运行稳定性。因此，较高的转子绕组电阻，对磁阻电机调速系统的稳定、可靠运行是有利的，见图 5。

5）系统转动惯量对稳定性的影响

由图 6 所示，增大系统的转动惯量，将增大系统的运行稳定性，当系统惯量大于等于转子的转动惯量，稳定度大于 0，说明磁阻电机在整个运行频率范围内都能稳定运行。从提高系统的运行稳定性来考虑，电机带惯性负载是有利的。

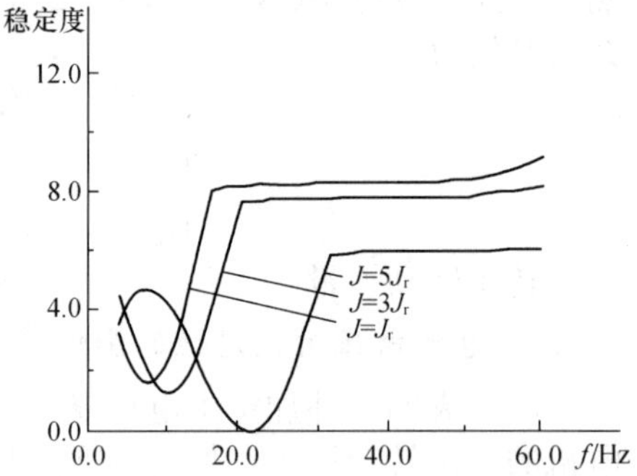

图 6　不同转动惯量时的稳定度

4. 结论

运用小偏移理论所建立的小信号模型，给出了磁阻电机调速系统在某一稳态工作点上变量间的线性关系，以稳定度 λ 作为衡量系统稳定运行的标准，根据线性系统理论研究调速系统的运行稳定性。

电机和系统参数对电机运行稳定性具有明显的影响，参数变化时，系统稳定运行区域的大小和稳定程度都发生变化。分析计算表明，减小定子绕组电阻 R_a，适当降低 d、q 轴同步电抗比 X_d/X_q，增大转子绕组电阻 R_{2d}、R_{2q}，电机带惯性负载时，系统的运行稳定性提高。虽然降低电源电压也能增加系统的运行稳定性，但由于电磁转矩随电压的平方倍下降，这种方法是不可取的。

参考文献

[1] Ahmed F I. Stability of Reluctance Motors. IEEE Trans on PAS, 1981, 100(4): 1885－1892.

[2] Ueda R. Stability Analysis in Induction Motor Driven by V/f Controlled General-Purpose Inverter. IEEE Trans on IA, 1992, 28(2): 472－481.

[3] Lawrenson P J. Stability of Reluctance Machine. Proc IEE, 1971, 118(2): 356－369.

[4] Ong C M. Stability Behaviour of a Synchronous Reluctance Machine Supplied from a Current Source Inverter. IEEE-IAS Annual Meeting Conference Record. 1975.

[5] 陈启宗. 杜正秋，译. 线性系统理论导引. 北京：北京工业学院出版社，1981.

Magnetic Circuit Analysis and Parametric Calculation of the New Type of Reluctance Motors

Zhou E（周鹗）　　Gu Zhongqi（顾仲圻）

(Dep. of Power Engineering, Nanjing Institute of Technology, China)

Abstract: In this paper is presented a new method of calculating the magnetic circuit and parameters of reluctance machine, which possesses saturated magnetic bridges, magnetic barriers, and complicated rotor structure. By taking account of the saturation effects, the more accurate calculating results can be obtained. This method is useful for new structure design and performance study of reluctance machines. The calculated results confirm that the key parameter X_q of reluctance machine not only is related to the form of rotor structures but also varies with other parameters and operation states of this machine.

Ⅰ. Introduction

Reluctance motors have many advantages: not requiring excitation source, simple construction, firm and durable, reliable operation, and low price, etc. In recent years, since many scientists are deeply involved with the theory and construction features of the reluctance motors and devise a lot of new types of rotors, the performance of reluctance motors has been much better improved, which has drawn a great deal of attention to themselves. This kind of motors may be widely used in industry and commercial fields, such as: controlling the link rods of reactors, driving the regulators of generators, synchronizing the operation of production machines of textile and papermaking industries, and using in the driving systems of projectors, audio or video recordings, and various automatic recording instrumentations, etc.

At the present time, reluctance motors have four basic types, i. e. rotor with salient poles, rotor with circumferential segments, rotor with magnetic barriers, and rotor consisting of magnetically anisotropy laminations. The first type is easily manufactured, but its power factor and efficiency are rather low; the second type has complicated construction, expends nonmagnetic stainless steel, and costs dearly, but its performance is greatly improved; the third type has not only simpler construction but also better performance; as for the last type,

Scientia Sinica, (Series A) Vol. ⅩⅩⅥ No. 11

it is difficult to manufacture, though it has good power factor and efficiency, its starting characteristics, however, is not so good in general.

If we design reluctance motors on the basis of induction motor systems, the standard techniques for squirrel cage induction motors may be applied, and the one with magnetic barriers can be proved more attractive. Here a new type of reluctance motor is proposed (Fig. 1). Its construction features are as follows: along with the quadrature-axis of magnetic circuit of the motor, several magnetic barriers are built, which work with the squirrel cage slots to obstruct the flow of q-axis flux; certain amount of saturated magnetic bridges is set up at proper locations of barriers, so that they can maintain the rotor as a whole and increase the construction strength; proper selection of the height of squirrel cage slots can provide good result of starting characteristics; and better performance of the motor can be achieved by optimally choosing the number of conductors of windings, width of barriers and bridges, air gap length, etc. By doing so, we have a bigger difference between d-axis and q-axis magnetic resistances, higher d-axis induction reactance, and the value of X_d/X_q in the region of 5 and 6.

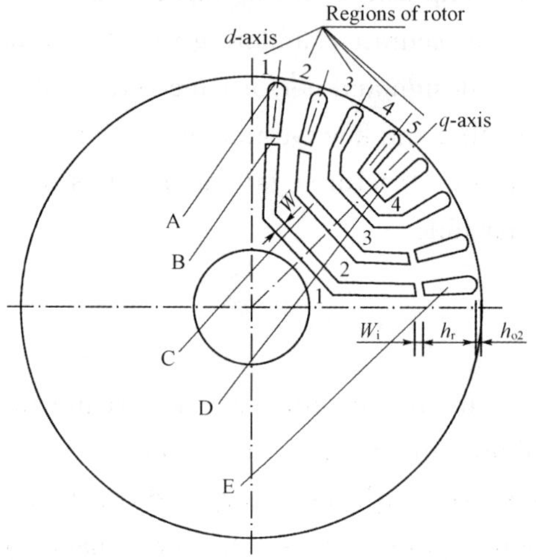

Fig. 1 Rotor lamination of a new type reluctance motor

A—slot-top bridge, B—saturated bridge, C—magnetic barriers (without aluminum), D—squirrel cage slot and barrier (filled with aluminum), E—squirrel cage slot.

The method of studying characteristics of reluctance motors, while the parameters are known, is now well established[1,4]. However, the calculation method of key parameters, synchronous reactances X_d and X_q, has to be heavily searched and more studies have to be done[2,3,6], especially the X_d and X_q of reluctance motors with barriers and saturated bridges at rotor developed in recent years. In this paper a new method for analysing and calculating the key parameter X_q of reluctance motors is presented.

Ⅱ. Magnetic Circuit Analysis of a New Type of Reluctance Motor

In analysing the magnetic circuit of reluctance motor as shown in Fig. 1, the conventional equivalent circuit of A. C. machines is no longer proper, because the magnetic conduction properties of the magnetic barriers, air gap, saturated bridges and slottop bridges are very different from each other (Fig. 2). In this paper, according to fundamental electromagnetic principles, all the individual different parts of magnetic circuit can be equivalent respectively by linear or nonlinear elements with different magnetic resistances, and then an equivalent nonlinear magnetic network is formed and corresponding nonlinear equations are derived. Solving the equations to obtain values of magnetic potential and flux of every part of magnetic circuit, we can analyse the magnetic circuit and calculate the parameters of motors, which may be called equivalent magnetic network method.

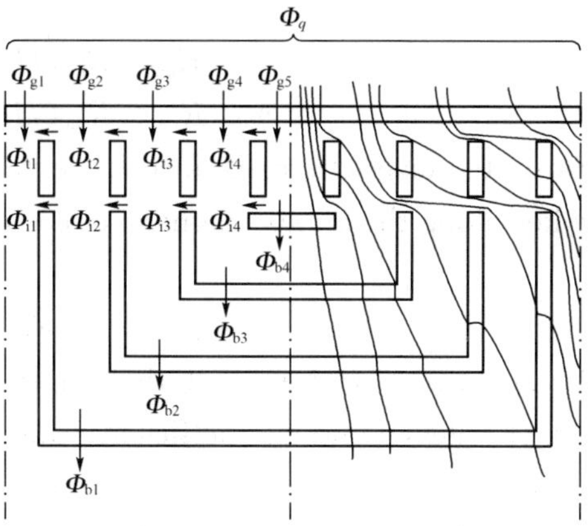

Fig. 2 Schematic diagram of q-axis magnetic circuit

As shown in Fig. 1, the half pole pitch of the motor is divided into five regions by four barriers. The d-axis magnetic circuit of motor is about the same as that of induction motors besides less yoke dimension due to magnetic barriers, and so in this paper we will mainly analyse the q-axis magnetic circuit. For generalization, it is suitable to assume that each barrier is separated from the corresponding squirrel cage slots as shown in Fig. 2.

Because the magnetic conductivity of iron core is much larger than that of air gap, and the magnetic flux density of q-axis is far smaller than that of d-axis, the magnetic potential drops in teeth and yokes of iron core are then very small. For simplicity, the magnetic resistances of these parts are summarized and expressed by a single saturated magnetic resistance R_{ms}. Under this condition the five regions of iron core can be treated as equal potential bodies. They are mutually linked each other by magnetic elements, such as R_{mb}, the magnetic resistances of the barriers; R_{mi}, saturated bridges; and R_{mt}, slot-top bridges. The air gap of half pitch is also divided into five parts, corresponding to the five regions of iron core and with respective magnetic resistance R_{mg}. Obviously, all various magnetic resistances mentioned above may be included in an equivalent magnetic network shown in Fig. 3.

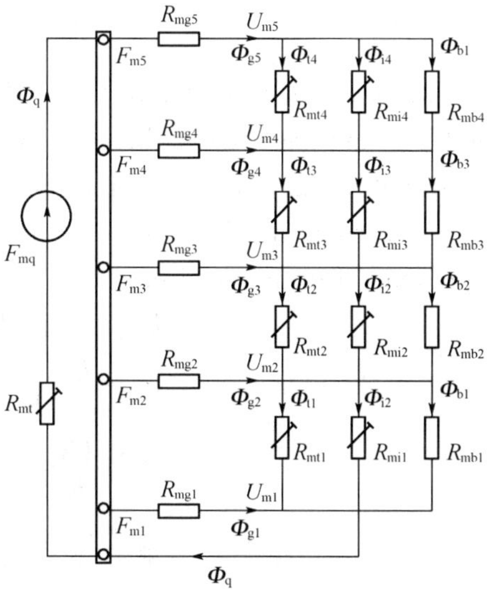

Fig. 3 q-axis equivalent magnetic network

Magnetic resistance. R_{mbj}, the linear magnetic resistance of each magnetic barrier corresponding squirrel cage slots; R_{mgj}, the magnetic resistance of each part of air gap, both of which can be calculated directly from the dimensions of construction. The magnetic resistances of saturated and slot-top bridges, R_{mij} and R_{mij}, are related not only with geometry dimensions but also with the magnetic field intensities. They are nonlinear functions expressed as,

$$R_{mij}=R_{mi}(H_{ij})\quad (j=1,\ 2,\ 3,\ 4) \tag{1}$$

$$R_{mtj}=R_{mt}(H_{tj})\quad (j=1,\ 2,\ 3,\ 4) \tag{2}$$

Saturated magnetic resistance R_{ms} expresses the sum of magnetic resistances of all teeth and yokes along the q-axis magnetic circuit, it is a nonlinear function of q-axis flux, expressed as,

$$R_{ms}=R_{ms}(\Phi_q) \tag{3}$$

Magnetic motive force. If the length of iron core, diameter of rotor, air gap length, number of poles, winding coefficient, number of series-connected conductors of every phase winding, and q-axis component of stator current are expressed respectively by L, D_2, g_e, p, K_{dp}, Z_ϕ and I_q, then the m. m. f. on the q-axis is

$$F_{mg}=\frac{1.35K_{dp}Z_\phi I_q}{p} \tag{4}$$

The net value of m. m. f. on the q-axis for the magnetic network is

$$F_{mge}=F_{mg}-\Phi_q R_{ms} \tag{5}$$

If the m. m. f. is sinusoidally distributed in air gap according to the space angle of q-axis, φ_q, then the average m. m. f. corresponding to every region of rotor is

$$F_{mj}=\frac{\int_j F_{mge}\cos\varphi_q \mathrm{d}\varphi_q}{\int_j \mathrm{d}\varphi_q}\quad (j=\text{region } 1,\ 2,\ 3,\ 4 \text{ and } 5) \tag{6}$$

Magnetic potential and flux. If the magnetic potential of each region of rotor is denoted by U_{mj}, and the fluxes through the barrier (containing the squirrel cage slots), air gap, saturated bridge, and slot-top bridge are expressed by Φ_b, Φ_g, Φ_i, and Φ_t, as shown in Fig. 3, then according to Kirchhoff's law of magnetic circuit, we can write the corresponding equations of magnetic circuit:

$$U_{mj}=F_{mj}-R_{mgj}\Phi_{gj}\quad (j=1,\ 2,\ 3,\ 4,\ 5) \tag{7}$$

$$\Phi_{bj}=\frac{U_{mj+1}-U_{mj}}{R_{mbj}}\quad (j=1,\ 2,\ 3,\ 4) \tag{8}$$

$$\Phi_{tj}=\frac{U_{mj+1}-U_{mj}}{R_{mt}(H_{tj})}\quad (j=1,\ 2,\ 3,\ 4) \tag{9}$$

$$\Phi_{ij}=\frac{U_{mj+1}-U_{mj}}{R_{mi}(H_{ij})}\quad (j=1,\ 2,\ 3,\ 4) \tag{10}$$

$$\sum_{j'=j+1}^{5}\Phi_{gj'}=\Phi_{bj}+\Phi_{tj}+\Phi_{ij}\quad (j=1,\ 2,\ 3,\ 4) \tag{11}$$

$$\Phi_q=2\sum_{j=1}^{5}\Phi_{gj}\quad (j=1,\ 2,\ 3,\ 4) \tag{12}$$

By solving the system of nonlinear Eq. (7)—(12), we can get the magnetic potential and flux of every part of magnetic circuits, and consequently the key parameter, X_q, the q-axis synchronous reactance of reluctance motors.

Ⅲ. Electromagnetic Calculation of New Type of Reluctance Motors

The key to the electromagnetic calculation of new type of reluctance motors lies in calculating the q-axis magnetic circuit. The calculation of magnetic circuit is related with m. m. f., which is determined by two axis components of the stator current, which can be obtained only when the parameters and the performance are known. As for calculating parameters X_d and X_q the magnetic circuit equations must be solved first. Therefore, this is a process of repetitive approach.

1. Calculation of Parameters

The calculating method of stator winding resistance R_1 and leakage reactance X_1 is the same as that of induction motors. The reactance of a cylindrical rotor with corresponding dimensions is:

$$X_c = \frac{120\pi L D_2 (Z_\varphi K_{dp})^2}{p^2 g_e} \times 10^{-8} \tag{13}$$

The coefficient of d-axis reactance, C_d, may be directly calculated (see formula 43).

If C'_q, F'_q and F'_d are respectively the presumed values of q-axis reactance coefficient, q-axis saturation coefficient and d-axis saturation coefficient, then,

d-axis magnetizing reactance

$$X_{ad} = \frac{X_c C_d}{F'_d} \tag{14}$$

q-axis magnetizing reactance

$$X_{aq} = \frac{X_c C'_q}{F'_q} \tag{15}$$

d-axis synchronous reactance

$$X_d = X_1 + X_{ad} \tag{16}$$

q-axis synchronous reactance

$$X_q = X_1 + X_{aq}. \tag{17}$$

2. Calculation of Steady-state Characteristics[4]

Pull-out moment

$$T_{po} = \frac{U_1^2}{2X_d}\left(\frac{X_d}{X_q} - 1\right)\frac{\sqrt{\left(1+\frac{R_1^2}{X_d^2}\right)\left(1+\frac{R_1^2}{X_q^2}\right)} - \frac{R_1}{X_d}\left(\frac{X_d}{X_q} - 1\right)}{\left(1+\frac{R_1^2}{X_d X_q}\right)^2} \tag{18}$$

d-axis impedance angle

$$\theta_d = \arctan \frac{X_d}{R_1} \tag{19}$$

q-axis impedance angle

$$\theta_q = \arctan \frac{X_q}{R_1} \tag{20}$$

Rated power angle

$$\theta=\frac{1}{2}\left\{\theta_d+\theta_q+\pi+\arcsin\left[\frac{2X_d\left(1+\frac{R_1^2}{X_dX_q}\right)^2}{\left(\frac{X_d}{X_q}-1\right)\sqrt{\left(1+\frac{R_1^2}{X_d^2}\right)\left(1+\frac{R_1^2}{X_q^2}\right)}}+\sin(\theta_d-\theta_q)\right]\right\} \tag{21}$$

d-axis component of current

$$I_d=\frac{U_1\sqrt{R_1^2+X_q^2}}{R_1^2+X_dX_q}\sin(\theta_q-\theta) \tag{22}$$

q-axis component of current

$$I_q=\frac{U_1\sqrt{R_1^2+X_d^2}}{R_1^2+X_dX_q}\cos(\theta_d-\theta) \tag{23}$$

Current

$$I=\sqrt{I_d^2+I_q^2} \tag{24}$$

3. Calculation of Magnetic Circuit, a Solution to a Group of Nonlinear Equations

The d-axis magnetic circuit of the new type of reluctance motors is similar to that of induction motors. d-axis flux is

$$\Phi_d=\frac{\sqrt{2}X_{ad}I_dU_1}{\pi fZ_{\phi}K_{dp}}\times 10^8 \tag{25}$$

Where U_1 and f are the voltage and frequency of the applied source. Working from I_q to solving a group of nonlinear equations is the first step of calculating q-axis magnetic circuit. A computing program has been designed according to repetitive method. At beginning we presume values of C'_q, F'_q and F'_d to find I_q, then calculate corresponding m. m. f. F_{mg}. Starting with U_{m5}, the magnetic potential of central part of rotor along q-axis, calculate the fluxes over each element of magnetic circuit, whose values should satisfy the formula (11), keep on this way until the value of magnetic potential of central part of rotor along d-axis, U_{m1}, is found equal to zero. Now we calculate the value of C_q (see the following paragraph), which should be identical to the presumed value of C'_q, and then calculate the saturation coefficients F_d and F_q to F'_d and F'_q respectively. Otherwise, repeat the process each time with a set of different presumed values until the calculated results are in good agreement with the presumed values.

4. Derivation of Formulas for Calculating Reactance Factors C_d and C_q

Under the condition that all the magnetic potential drops and fluxes remain unchanged, we may replace the respective barriers, saturated bridges and slot-top bridges by a single equivalent barrier, which has an augmented magnetic conductance and exerts the same effect as actual construction [see Fig. 4(b)]. Fig. 4(c) is the developed diagram of the equivalent magnetic circuit, in which L_j and $h_{rj}+L_{rj}$ are respectively the developed equivalent length and actual length of the barrier. The formulas for making equivalent transformation are

$$W'_j=W\frac{\Phi_{bj}}{\Phi_{bj}+\Phi_{tj}+\Phi_{lj}} \tag{26}$$

$$W_j = W \frac{\Phi_{bj}}{\Phi_{bj} + \Phi_{tj} + \Phi_{ij}} \frac{L_j}{h_{rj} + L_{rj}} \tag{27}$$

Through the transformation, we may get the developed diagram of the new type of reluctance motor for calculating the magnetic circuit (Fig. 5), in which α and β are the tooth-wide factor and the slot-wide factor of the equivalent open slot, and b_{O2} is the equivalent open width of the closed slot. Furthermore, we suppose that the magnetic conductance of the slot-top bridge and the fluxes passing through it are unchanged before and after the transformation, and consider that the fluxes on the d-axis and the q-axis are different, so that the values of b'_{O2} of the different axes are not the same.

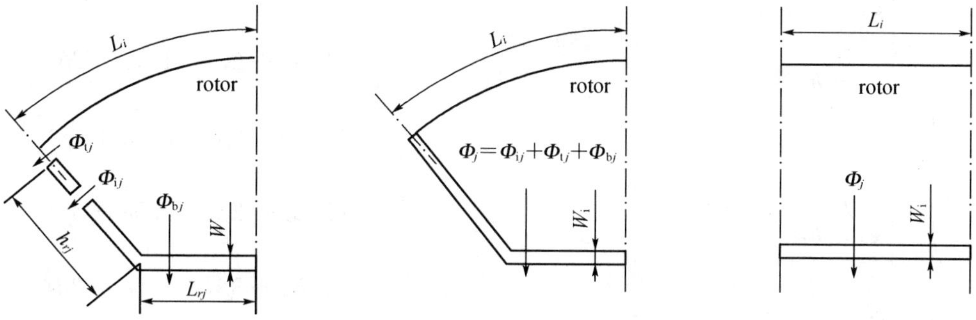

(a) Actual magnetic circuit (b) Equivalent magnetic circuit (c) Developed equivalent magnetic circuit

Fig. 4 Equivalent transformation of q-axis magnetic circuit

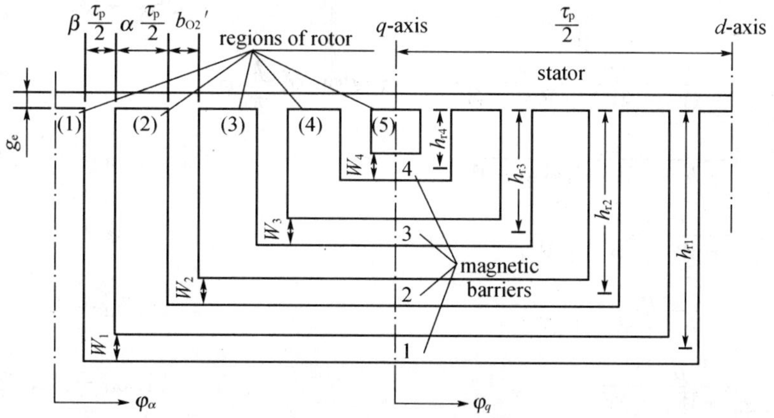

Fig. 5 Developed magnetic circuit of a new type reluctance motor for calculation

$$\left.\begin{aligned} b'_{O2} &= b_{O2} - 2\frac{B_{ms}}{B_{t2d}} h_{O2} - 2g(d\text{-axis}) \\ b'_{O2} &= b_{O2} - 2\frac{B_{ms}}{B_{t2q}} h_{O2} - 2g(q\text{-axis}) \end{aligned}\right\} \tag{28}$$

$$\beta = 2\frac{B'_{O2}}{\tau'_{p}} \tag{29}$$

$$\alpha = 0.25 - \beta \tag{30}$$

Where h_{O2} and b_{O2} are the height and width of squirrel cage slot-top part; B_{ms} is the saturated magnetic density of iron core; B_{t2d} and B_{t2q} are magnetic densities of tooth along d- and q-axis. If $b'_{O2} < 0$ in the formula (29), the slot may be looked upon as full closed and we choose $\beta=0$.

After the equivalent transformation, all fluxes will flow through the air gap and equivalent barriers along radial direction, therefore the magnetic resistances of inner barriers and outer air gap of the q-axis magnetic circuit may be easily added up. On the other hand, the barriers have no obvious effect on the d-axis magnetic circuit. Up to this point, functions of air gap magnetic conductance can be derived from Fig. 5 correspondingly as follows:

$$\frac{\mu_0}{g(\varphi_d)}=\begin{cases}\dfrac{\mu_0}{g_e+h_{r1}} & \text{region of } \dfrac{p}{\pi}\varphi_d \quad (0.5\alpha,\ 0.5\alpha+\beta) \\ \dfrac{\mu_0}{g_e} & (0.5\alpha+\beta,\ 1.5\alpha+\beta) \\ \dfrac{\mu_0}{g_e+h_{r2}} & (1.5\alpha+\beta,\ 1.5\alpha+2\beta) \\ \dfrac{\mu_0}{g_e} & (1.5\alpha+2\beta,\ 2.5\alpha+2\beta) \\ \dfrac{\mu_0}{g_e+h_{r3}} & (2.5\alpha+2\beta,\ 2.5\alpha+3\beta) \\ \dfrac{\mu_0}{g_e} & (2.5\alpha+3\beta,\ 3.5\alpha+3\beta) \\ \dfrac{\mu_0}{g_e+h_{r4}} & (3.5\alpha+3\beta,\ 3.5\alpha+4\beta) \\ \dfrac{\mu_0}{g_e} & (3.5\alpha+4\beta,\ 1)\end{cases} \tag{31}$$

$$\frac{\mu_0}{g(\varphi_q)}=\begin{cases}\dfrac{\mu_0}{g_e+W_1+W_2+W_3+W_4} & \text{region of } \dfrac{p}{\pi}\varphi_q \quad (0,\ 0.5\alpha) \\ \dfrac{\mu_0}{g_e+h_{r4}+W_1+W_2+W_3} & (0.5\alpha,\ 0.5\alpha+\beta) \\ \dfrac{\mu_0}{g_e+W_1+W_2+W_3} & (0.5\alpha+\beta,\ 1.5\alpha+\beta) \\ \dfrac{\mu_0}{g_e+h_{r3}+W_1+W_2} & (1.5\alpha+\beta,\ 1.5\alpha+2\beta) \\ \dfrac{\mu_0}{g_e+W_1+W_2} & (1.5\alpha+2\beta,\ 2.5\alpha+2\beta) \\ \dfrac{\mu_0}{g_e+h_{r2}+W_1} & (2.5\alpha+2\beta,\ 2.5\alpha+3\beta) \\ \dfrac{\mu_0}{g_e+W_1} & (2.5\alpha+3\beta,\ 3.5\alpha+3\beta) \\ \dfrac{\mu_0}{g_e+h_{r1}} & (3.5\alpha+3\beta,\ 3.5\alpha+4\beta) \\ \dfrac{\mu_0}{g_e} & (3.5\alpha+4\beta,\ 1)\end{cases} \tag{32}$$

The above air gap magnetic conductance functions may be developed to a fourier series within the boundary of $(-\pi/p,\ \pi/p)$. Because these functions are symmetrical about their own axes, we have

$$\frac{\mu_0}{g(\varphi)} = \mu_0\left(\frac{a}{2} + \sum_{n=1}^{\infty} a_n \cos np\varphi\right) \tag{33}$$

$$a_n = \frac{2p}{\pi}\int_0^{\pi/p} \frac{1}{g(\varphi)} \cos np\varphi \mathrm{d}\varphi \tag{34}$$

For d-axis and q-axis we should substitute separately the respective rotor space angle φ_d or φ_q into the above formulas. When we neglect the space harmonics, the stator m. m. f. wave has a sinusoidal form as

$$F_m(\varphi) = F_m \cos\frac{p\varphi}{2} \tag{35}$$

magnetic density wave

$$B(\varphi) = \frac{\mu_0}{g(\varphi)} F_m(\varphi) \tag{36}$$

flux

$$\Phi_a = \int_{-\pi/p}^{\pi/p} L\frac{D_2}{2} B(\varphi)\mathrm{d}\varphi \tag{37}$$

flux linkage

$$\psi_a = \frac{Z_\varphi}{2} K_{dp} \Phi_a \tag{38}$$

Thus we can obtain ψ_{ad} and ψ_{aq} for D-and and q-axis. The corresponding magnetizing reactances are

$$X_{ad} = \frac{2\pi f \psi_{ad}}{\sqrt{2} I_d} \times 10^{-8} \tag{39}$$

$$X_{aq} = \frac{2\pi f \psi_{aq}}{\sqrt{2} I_q} \times 10^{-8} \tag{40}$$

from formulas (14), (15), (33)—(40), we have

$$C_d = \frac{p g_e}{2}\int_0^{\pi/p} \frac{1}{g(\varphi_d)} \cos\frac{p\varphi_d}{2} \mathrm{d}\varphi_d \tag{41}$$

$$C_q = \frac{p g_e}{2}\int_0^{\pi/p} \frac{1}{g(\varphi_q)} \cos\frac{p\varphi_d}{2} \mathrm{d}\varphi_q \tag{42}$$

Because the energy conversion is possible only when the mutual action of the permeance wave and m. m. f. wave of the air gap yields fundamental wave, we will consider only the constant and the second order harmonic terms of the permeance wave. It is known that the magnetic density of q-axis tooth is much less than the saturated density, therefore from formula(29), $\beta=0$ generally. Finally, we obtain the reactance factors of d-and and q-axis as follows:

$$\begin{aligned} C_d = {} & 4\alpha + \beta\left(\frac{g_e}{g_e + h_{r1}} + \frac{g_e}{g_e + h_{r2}} + \frac{g_e}{g_e + h_{r3}} + \frac{g_e}{g_e + h_{r4}}\right) \\ & + \frac{1}{\pi}\left\{\frac{g_e}{g_e + h_{r1}}[\sin\pi(0.5\alpha + \beta) - \sin\pi(0.5\alpha)]\right. \\ & + \frac{g_e}{g_e + h_{r2}}[\sin\pi(1.5\alpha + 2\beta) - \sin\pi(1.5\alpha + \beta)] \\ & + \frac{g_e}{g_e + h_{r3}}[\sin\pi(2.5\alpha + 3\beta) - \sin\pi(2.5\alpha + 2\beta)] \end{aligned}$$

$$+\frac{g_e}{g_e+h_{r4}}[\sin\pi(3.5\alpha+4\beta)-\sin\pi(3.5\alpha+3\beta)]\Big\} \tag{43}$$

$$C_q=\frac{g_e}{g_e+W_1+W_2+W_3+W_4}\sin\frac{\pi}{2}(0.5\alpha)+\frac{g_e}{g_e+W_1+W_2+W_3}$$
$$\times\left[\sin\frac{\pi}{2}(1.5\alpha)-\sin\frac{\pi}{2}(0.5\alpha)\right]+\frac{g_e}{g_e+W_1+W_2}\left[\sin\frac{\pi}{2}(2.5\alpha)-\sin\frac{\pi}{2}(1.5\alpha)\right]$$
$$+\frac{g_e}{g_e+W_1}\left[\sin\frac{\pi}{2}(3.5\alpha)-\sin\frac{\pi}{2}(2.5\alpha)\right]+\left[1-\sin\frac{\pi}{2}(3.5\alpha)\right] \tag{44}$$

In formula (44) $\alpha=0.25$. If $\beta\neq0$, the decrease of C_q value must be considered owing to non-uniform air gap. Because the m. m. f. and fluxes of q-axis magnetic circuit vary with the different parameters and different loads, the width of equivalent barriers $W_1\sim W_4$ are also changed, therefore, it is clear that the q-axis reactance factor C_q is dependent not only on the rotor outer dimensions, but also on other parameters (Z_φ, g_e, R_1, X_1, etc.), the saturation degree of iron core, and the operating state of the motor. For example, if the applied voltage drops down or the load decreases, evidently the q-axis m. m. f. and flux decrease, at the same time the saturation degree of bridges also goes down, thus the equivalent width of barriers W_j decrease and the values of C_q and C_d increase. This may explain successfully the experimental results that X_q increases when the applied voltage or the load decrease[2,5].

5. Calculation of C_d and C_q by Using Equivalent Circuit and Electromagnetic Induction Principle

The phase diagram and equivalent circuit of the two axes for reluctance motors are similar to those of synchronous machine, except having no excitation circuit. Once the magnetic potentials and fluxes of q-axis are known, it is possible to calculate the C_q value using equivalent electrical circuit and electromagnetic induction principle. According to the induction principle we have

$$\frac{d\psi_{aq}}{dt}=-e' \tag{45}$$

e' corresponds to the voltage drop on the magnetizing reactance X_{aq} that is,

$$2f\frac{Z_\phi}{2}K_{dp}\Phi_q\times10^{-8}=\sqrt{2}I_qX_{qa} \tag{46}$$

Substituting (15) into the above equation, we get

$$C_q=\frac{\Phi_q\pi Z_\phi K_{dp}F_q}{2\sqrt{2}I_qX_c}\times10^{-6} \tag{47}$$

Analysis and calculation show that the calculation results of C_q according to formulas (44) and (47) are identical. This confirms that the proposed methods of analysing the magnetic circuit and equivalent transformation of the q-axis circuit in this paper are right and workable.

The property of the d-axis magnetic circuit of reluctance motors is virtually the same as that of induction motors. The values of C_d calculated by using above two methods are nearly the same. In addition, the C_d value of the new type reluctance motors is generally above 0.95, hence the relative error introduced by calculations is quite small.

Ⅳ. Example of Calculation

The parameters and performance of a 3-phase, 550-watts new-type reluctance motor (see Fig. 1) are calculated, the data of machine are as follows:

Stator. Outer diameter 13.8 cm, inner diameter 8.4 cm, 24 slots.

Rotor. 32 slots, inclined a stator slot pitch, core length 7.5 cm, end ring width 0.7 cm, squirrel cage slot height 0.8 cm, barrier width 0.3 cm, saturated bridge width 0.6 mm, slot top bridge width 0.3 mm and air gap length 0.2 mm.

Winding. Y-connection, single chain type, diameter of conductors 0.71 mm, number of conductors per slot 116.

The results of calculation are given as follows (taking active current and phase voltage as base values of unit system):

$\overline{R}_1 = 0.035$ $\overline{X}_1 = 0.05$ $\overline{X}_c = 1.17$

$\overline{X}_{ad} = 1.212$ $\overline{X}_{aq} = 0.198$ $\overline{X}_d = 1.262$

$\overline{X}_q = 0.248$ $C_d = 0.952$ $C_q = 0.119$

$\overline{T}_{po} = 1.445$ $\theta = 18.5$ $I_d = 0.713$

$\overline{I}_q = 1.382$ $\overline{I} = 1.555$ $\Phi_d = 191081$

$\Phi_q = 60\,326$ $F_d = 1.335$ $F_q = 1.031$

$\cos\varphi = 0.724$ $\eta = 0.854$

Calculation shows that the power factor and efficiency of the new type of reluctance motors are higher, and its starting and working performances are better. By using optimal design method the characteristics may be further improved.

Values of C_q for various schemes are calculated with two methods described in this paper. The results obtained are listed in Table 1.

Table 1

No.	Rotor Slot Height(cm)	Barrier width h_r(cm)W	Number of Conductors per Slot z	Air Gap (mm)g	C_q by lst Method C_q	C_q by 2nd Method C_q	Relative Error %
1	0.95	0.28	116	0.22	0.132	0.130	1.5
2	1.0	0.26	123	0.2	0.125	0.123	1.6
3	0.9	0.35	110	0.25	0.134	0.132	1.5
4	0.7	0.30	100	0.3	0.158	0.158	0
5	0.8	0.30	116	0.2	0.120	0.119	0.8

Calculated results for various schemes with different construction datas indicate that the values of C_q calculated by the above two methods are quite close and the error is very small. In addition, we had also analysed the magnetic circuit and calculated the parameters of a 2.2 kW reluctance motor, which was built on the basis of JO_3 system of induction motors. The calculated results and the experimental datas are very close. This shows again that for reluctance motors with different rotor constructions the new method of calculating magnetic circuit is also effective, once the corresponding equivalent magnetic network is obtained.

Ⅴ. Conclusion

On the basis of analysing the properties of reluctance motors with magnetic barriers, an improved scheme of reluctance motor is proposed, which has a good power factor and efficiency. This new method, equivalent magnetic network method, can analyse effectively the magnetic circuit and calculate the parameters of reluctance motors having complicated rotor construction. After a group of non-linear equations is solved, we can get the key parameters, the reactance factors C_d and C_q by means of finding the product of air gap magnetic permenance wave and m. m. f. wave, and by using the equivalent electrical circuit and electromagnetic induction principle, the results are nearly the same. Analysis and calculation indicate that the q-axis reactance factor, C_q, and synchronous reactance, X_q, are related with other parameters and working state of this motor. Conversely, it is not so reasonable to consider only the magnetic bridges as sufficiently saturated without quantitative analysis, nor to compute the q-axis synchronous reactance, X_q based only on the rotor constructions.

References

[1] Lawrenson P J, Agu L A. PIEE, 111(1964), 1435.
[2] Fong W, Htsui J S C. ibid., 117(1970), 545.
[3] Honsinger V B. IEEE. T., PAS-90(1971), 298.
[4] Honsinger V B. ibid.. PAS-90(1971), 305.
[5] Honsinger V B. ibid.. PAS-91(1972), 1544.
[6] Hassan S A, et al.. Electric Machines and Electromechanics, 5(1980), 155.

The Analysis of the Variable-Frequency Performance of the New Type Reluctance Motors

Zhou E　　Jiang Aiquan

(Dep. of Power Engineering, Nanjing Institute of Technology, China)

Ⅰ. Introduction

The new type reluctance motors with magnetic barriers have many advantages, such as simple construction, high reliability, low cost and better operating performance. Moreover, they may be used in the wide-range variable frequency speed control systems. On its rotor (Fig. 1) there are several inner reaction slots and squirrel cage slots, which form the magnetic barriers along the q-axis magnetic circuit. This causes the d-axis and q-axis magnetic circuits unsymmetrical and so can produce the reluctance torque. Furthermore, because of the existence of the saturation magnetic bridges and slot-top bridges, the saturation degree of the magnetic circuits varies with different loads. When the motor has light load, the ratio of L_{ds}/L_{qs} is smaller, so the motor has high stability. When the load is increased, the ratio of L_{ds}/L_{qs} rises, so the pull-out torque increases and the motor has better driving ability. At the present, many researchers have paid a great deal of attention to the new type reluctance motors, which may be further developed and widely used in many areas。

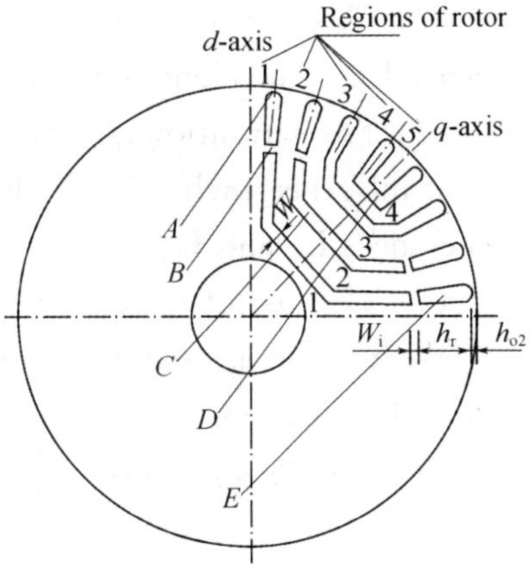

Fig. 1 Rotor construction of the new type reluctance motors

In order that the reluctance motors can be used under variable frequency speed control, the steady state performance of the motors supplied with variable frequency source must be studied firstly. This paper give a useful method of analysing the steady state performance of the new type reluctance motors under variable frequency speed control. In light of constant torque mode and constant power mode, the U_s-f_s curves of the power source have been given, and the steady state performance under these curves is calculated and the experiments about the steady state performance are also made. The other performance, such as stability and

国际电机和驱动会议，伦敦. 1987.11

transient properties, will be given in the other papers.

The main advantages of using reluctance motors in the variable frequency system are as follows: ① the speed can be adjusted accurately by varying frequency. ② the motors need only a. c. voltage source. ③ no speed control loop is required. ④ the multimotor systems can easily operate in synchronism. ⑤ the motors have lower cost and higher reliability than permanent magnet motors.

Ⅱ. The Method of Analyzing the Steady State Performance Under Variable Frequency Speed Control

1) Mathmatical Model of the Reluctance Motors

For obtaining the mathmatical model of the new type reluctance motors, some assumptions which are usually used for analysing synchronous machines are made as follows:

(1) The stator three phase windings are symmetric and the rotor structure is symmetric to both d-axis and q-axis.

(2) The waves of mmf produced by the stator windings and rotor damper windings are sinusoidal along the air gap and the harmonics are neglected.

(3) The rotor damper windings composed of the multi-conductors are represented by two independent equivalent coils, i. e. d-axis and q-axis damper coils. They are short circuited.

(4) The saturation of motor has been taken into account, but saturations along two axes do not influence each other. The saturation degree may be considered by different values of inductances L_{ad} and L_{aq}.

(5) The loss of stator core will be considered approximately.

With above assumptions the machine operating equations in Park's reference frame are obtained as follows:

(1) Voltage equations

$$u_{ds} = \frac{d\psi_{ds}}{dt} + r_a i_{ds} - W\psi_{qs}$$

$$u_{qs} = \frac{d\psi_{qs}}{dt} + r_a i_{qs} + W\psi_{ds}$$

$$0 = \frac{d\psi_{dr}}{dt} + r_{dr} i_{dr}$$

$$0 = \frac{d\psi_{qr}}{dt} + r_{qr} i_{qr} \tag{1}$$

(2) Flux equations

$$\psi_{ds} = L_{ds} i_{ds} + L_{ad} i_{dr}$$
$$\psi_{qs} = L_{qs} i_{qs} + L_{aq} i_{qr}$$
$$\psi_{dr} = L_{ad} i_{ds} + L_{dr} i_{dr}$$
$$\psi_{qr} = L_{aq} i_{qs} + L_{qr} i_{qr} \tag{2}$$

(3) Torque equation

$$T_{em} = \frac{3}{2} p(\psi_{ds} i_{qs} - \psi_{qs} i_{ds}) \tag{3}$$

(4) Rotor motion equations

$$J\frac{\mathrm{d}w}{\mathrm{d}t}=p(T_{em}-T_1)$$

$$\frac{\mathrm{d}\theta_r}{\mathrm{d}t}=w \tag{4}$$

where

J=inertia, p=the pair of poles, θ=angle displacement, Rm=rotor friction coefficient, the subscript symbol: d—d-axis, q—q-axis, s—stator, r—rotor, em—electromagnetical.

2) The d-axis And q-axis Magnetizing Curves

Since the rotor of new type reluctance motor has several saturation magnetic bridges, the key parameters L_{ad} and L_{aq} of the motor, especially L_{aq}, will vary obviously with different saturation degree of the magnetic circuits. In order to accurately calculate and analyse the performance of the new type reluctance motors under different load and frequency, the effect of the saturation must be known. Therefore, the relation between d-axis inductance L_{ad} and d-axis current I_{ds} and the relation between q-axis inductance L_{qs} and q-axis current I_{qs} should be obtained. Here they are called d-axis and q-axis magnetizing curves.

In this paper, the equivalent nonlinear magnetic network method which was provided by Zhou E and Gu Zhongqi[1] is developed to calculate the values of L_{ad}, L_{aq} under different loads. The detail electromagnetic calculation program can be seen in the thesis by Jiang Ai-quan[2], and the computer program has also established.

The data of the new type reluctance motors analysed in this paper are as follows:

550-watts, 110 volts, 4-pole, 50 Hz

number of parallel brances of stator windings 2, Y-connection

The d-axis and q-axis magnetizing curves of the above new type reluctance motor have been calculated and shown in Fig. 2. At the same time, the no-load and load experiments of the motor with 50 Hz power source have also been made, the results of the experiments are shown in Fig. 2, too. The values of L_{ds} and L_{qs} gotten from experiments and calculations are very close. This confirms that the calculating methods of the d-axis and q-axis magnetizing curves are reliable. From Fig. 2(a), it is seen that the values of L_{ds} are almost unchanged at light load and gradually decrease with increasing load. In opposition, Fig. 2(b) shows that the values of L_{qs} changes greatly when the load varies, but in the region of heavy load, i. e. at the time of saturated magnetic circuit, the value of L_{qs} changes slightly.

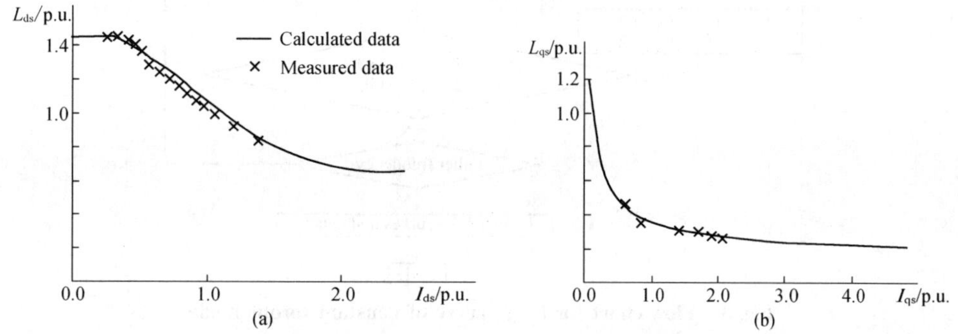

Fig. 2 d-axis and q-axis magnetizing curves

3) The U_s-f_s Curves For Constant Torque And Constant Power Operatings

In order that the new type reluctance motors can be used to realize the constant torgue or constant power speed-adjustment, the U_s-f_s curves must be obtained firstly. Then, the control circuit of variable frequency power source may be designed.

Constant torque mode. The new type reluctance motors are usually designed according to the rated frequency, voltage and power. When the frequency of source is rated, the voltage is generally rated. When the frequency is adjusted, the voltage has to be changed according to some rule. The pull out torques of the reluctance motors are generally 1.3 ~ 1.5 T_n. Therefore, we can assume that the pull out torque should not be less than 4.45 T_n in all range of the variable frequency. Here, the range of frequency is $(0.1 \sim 1.4) f_n$. According to the theoretical analysis in reference[2], when the pull out torque T_{po} is given, the required voltage may be expressed as follows:

$$U_s = 2\pi f_s \sqrt{\frac{2L_{ds}L_{qs}T_{po}}{3p(L_{ds}-L_{qs})F_{po}}} \tag{5}$$

where

$$F_{po} = \frac{\sqrt{1+\frac{r_a^2}{W_s^2L_{ds}^2}}\sqrt{1+\frac{r_a^2}{W_s^2L_{qs}^2}} - \frac{r_a}{w_sL_{ds}}\left(\frac{L_{ds}}{L_{qs}}-1\right)}{[1+(r_a^2/W_s^2/L_{ds}/L_{qs})]^2} \tag{6}$$

When the U_s-f_s curve is calculated, the changes of parameters by reason of the saturation of the motor must be considered. Fig. 3 gives the flow chart of the calculating program. The calculating results are shown in Fig. 4. From the curve, it is known that: when the frequency of source f_s is smaller than the rated frequency f_n, the ratio of U_s/f_s is greater than the ratio of U_n/f_n; and when f_s is greater than f_n, the ratio of U_s/f_s is smaller than the ratio of U_n/f_n. So that if we want the new type reluctance motor to work under the condition of constant torque speed adjustment, the voltage of the source should not varied simply according to constant ratio of U_s/f_s.

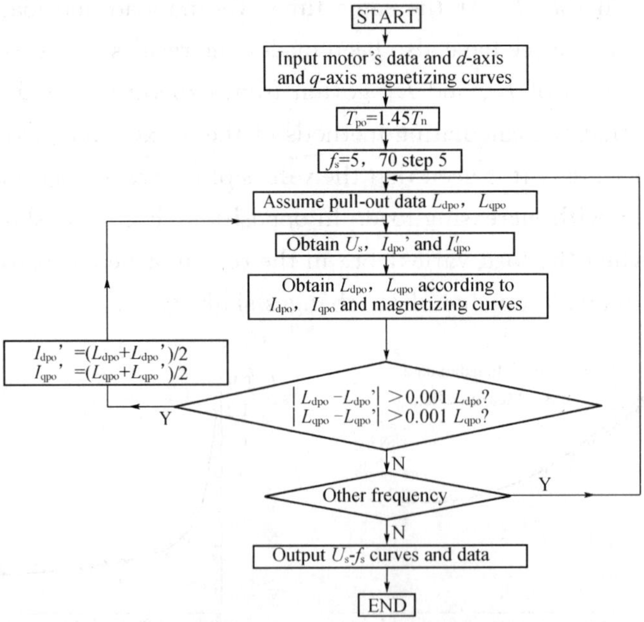

Fig. 3 Flow chart for U_s-f_s curve of constant torque mode

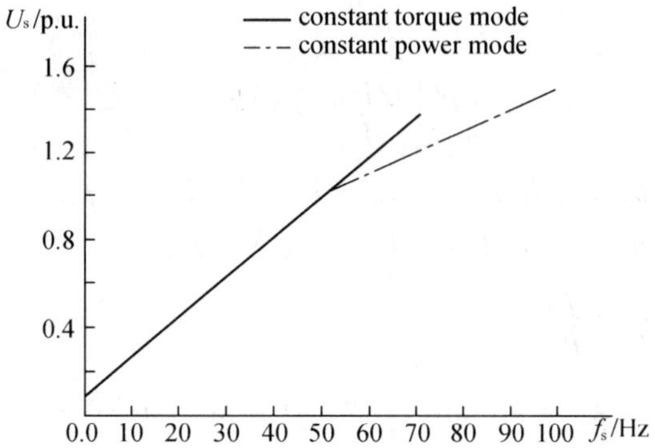

Fig. 4 U_s-f_s curves of constant torque mode and constant power mode

Constant power mode. This mode is generally suitable to such case in which the operating speed is higher than the rated speed. In this case, the range of adjustable speed may be N_n-$2N_n$, frequency may be $f_n \sim 2f_n$, if the mechanical strength and dynamic balance of the motors are allowable. In order that the adjustable speed system has good ability against disturbance, the value of the pull out torque should satisfy the following equation:

$$T_{po} = 1.45\frac{pP_n}{2\pi f_s} \tag{7}$$

Substituing the equation (7) into equation (5), the U_s-f_s curves of constant power mode could be obtained through the similar proceeding as the constant torque mode and show in Fig. 4. The method of calculating U_s-f_s curves used in this paper has considered the effects of the stator resistance and the saturation of the d-axis and q-axis magnetic circuits on the pull out torque.

4) The Steady Stator Model

While the new type reluctance motors is supplied with a sinusoidal voltage source with certain frequency and work steadily with a load, the rotor with damper coils runs is synchronism with the stator magnetic field, so there are no induced emf and currents in the coils. From the equations (1)—(4) and phasor diagram Fig. 5, the mathmatical models of steady state can be obtained. That is

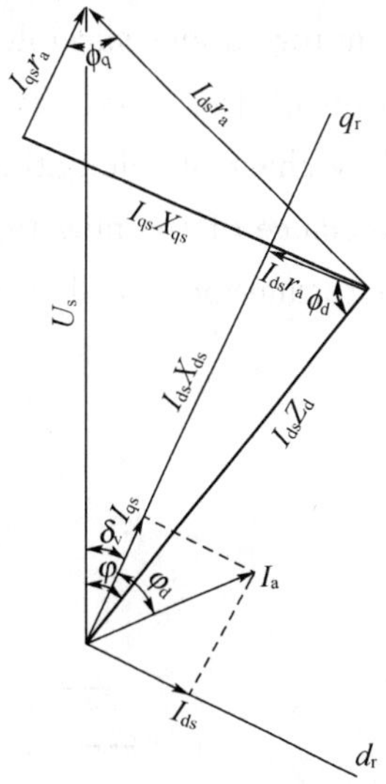

Fig. 5 Phasor diagram of reluctance motor

$$I_{ds} = \frac{U_s^2}{X_{ds}X_{qs} + r_a^2} Z_q \sin(\varphi_q - \delta_v) \tag{8}$$

$$I_{qs} = \frac{U_s^2}{X_{ds}X_{qs} + r_a^2} Z_d \cos(\varphi_d - \delta_v) \tag{9}$$

$$\cos\varphi = \cos(\psi_d + \delta_v) \tag{10}$$

$$T_{em} = \frac{3pU_s^2}{W_s^2}\left(\frac{1}{L_{ds}} - \frac{1}{L_{qs}}\right) f_{w0} \sin(\varphi_q - \delta_v)\cos(\varphi_d - \delta_v) \tag{11}$$

$$T_2 = T_{em} - p\frac{p_{mech}}{w_s} \tag{12}$$

$$T_{po} = \frac{3pU_s^2}{w_s^2 L_{ds}}\left(\frac{L_{ds}}{L_{qs}} - 1\right)F_{po} \tag{13}$$

$$p_{in} = 3I_{ds}I_{qs}w_s(L_{ds} - L_{qs}) + 3I^2 r_a + p_{Fe} \tag{14}$$

$$p_{out} = 3I_{ds}I_{qs}w_s(L_{ds} - L_{qs}) - p_{mech} \tag{15}$$

$$\eta = \frac{p_{in}}{p_{out}} \tag{16}$$

where $\phi_d = \arctan\frac{w_s L_{ds}}{r_a}$, $\phi_q = \arctan\frac{w_s L_{qs}}{r_a}$

$$Z_d = \sqrt{w_s^2 L_{ds}^2 + r_a^2},\ Z_q = \sqrt{w_s^2 L_{qs}^2 + r_a^2}$$

$$I_a = \sqrt{I_{ds}^2 + I_{qs}^2},\ \psi_d = \arctan\frac{I_{ds}}{I_{qs}}$$

$$f_{W0} = \frac{\sqrt{1+\frac{r_a^2}{w_s^2 L_{ds}^2}}\sqrt{1+\frac{r_a^2}{w_s^2 L_{qs}^2}}}{(1+r_a^2/w_s^2/L_{ds}/L_{qs})^2} \tag{17}$$

Ⅲ. The Steady State Performance Under Variable Frequency Speed Adjustment

On the basis of represented above U_s-f_s curves for the constant torque and constant power modes and the operating equations of the motor, the steady state performance of the new type reluctance motors under variable frequency speed control can be investigated. The influence of the saturation of the d-axis and q-axis magnetic circuit has been taken into account. The program flow chart of calculating the steady state performance is shown in Fig. 6. The steady state performance of the new type reluctance motor under rated frequency and rated voltage, at constant torque mode and at constant power mode are calculated and shown in Fig. 7, 8, 9.

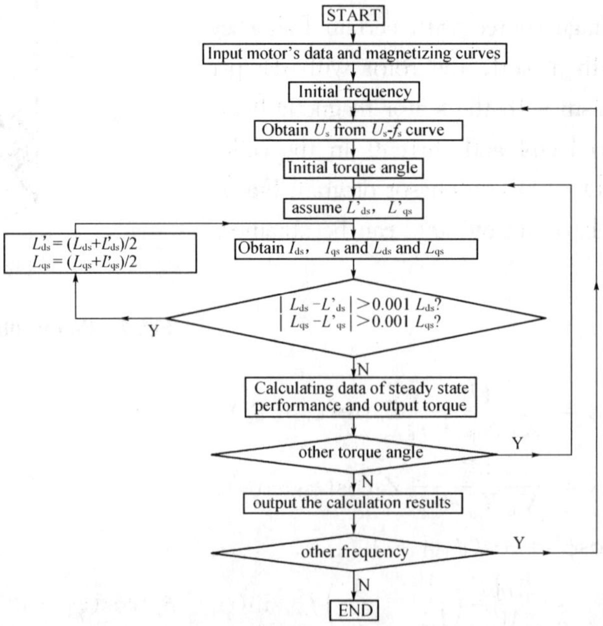

Fig. 6 Flow chart for calculating the variable-frequency performance of the new type reluctance motors

Fig. 7 gives the change patterns of the torque angle δ_v, phase current I_a, power factor $\cos\varphi$, efficiency η, reactances X_{ds}, X_{qs} and so on, while the load is changed. As shown in Fig. 7, when the load is increased, the torque angle and phase current I_a increase quickly, especially, when the load is near to the pull out load. The q-axis current I_{qs} increases from zero nearly to phase current and the d-axis current I_{ds} decreses a little. It is also seen that X_{qs} decreases obviously and X_{ds} has only a little variation. This special characteristic belongs to the new type reluctance motors. Thus, when the motor has light load, the smaller ratio X_{ds}/X_{qs} makes the motor to have a inherent stability; and when the load is increased, the ratio X_{ds}/X_{qs} also increases, so that the motor may have higher pull-out torque and bigger driving ability. Therefore, the variation of the values of X_{ds} and X_{qs} with load may be utilized to improve the performance of the reluctance motors.

As shown in Fig. 8, when the motor operates in the constant torque mode, the power factor and efficiency are almost unchanged and have higher value. As shown in Fig. 9, when the motor operates in the constant power mode, the input power still increases because of the increased iron loss and mechanical loss. So the efficiency is decreases and the power factor increases.

From above analysis, it may be said that the new type reluctance motors have better performance under variable frequency speed control and are suitable to the variable frequency speed adjustment systems.

In order to confirm the calculation results, the experiments of the variable frequency speed adjustment are made using a variable frequency generator. Experimental and theorical results for constant torque mode are shown together in Fig. 10, they are well coincident. Therefore, it is demonstrated that the d-axis and q-axis magnetic curves, the U_s-f_s control curves of both modes and the analysis method of the steady state performance of the new type reluctance motors are reliable and useful.

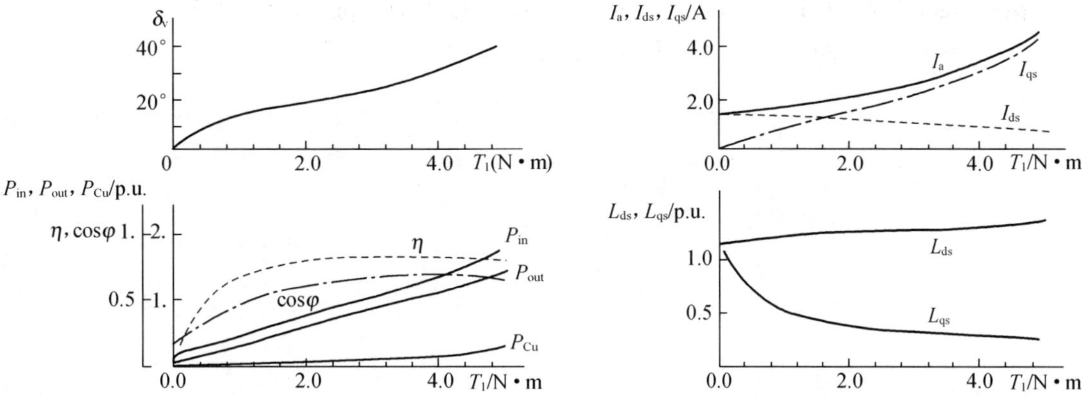

Fig. 7 The load performance of the new type reluctance motor under rated voltage and rated frequency

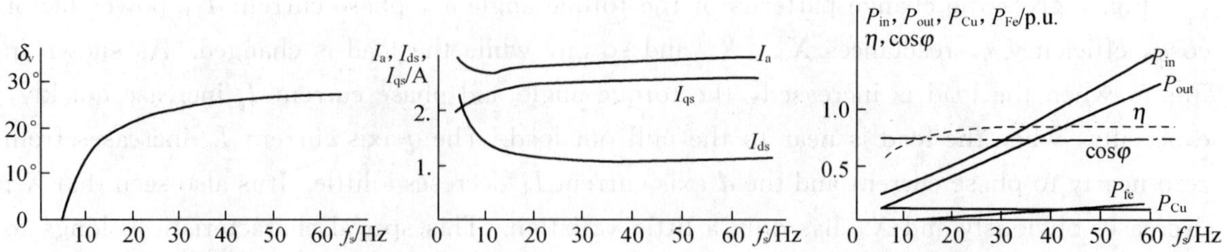

Fig. 8 The steady state performance of the new type reluctance motor under different frequency and rated torque

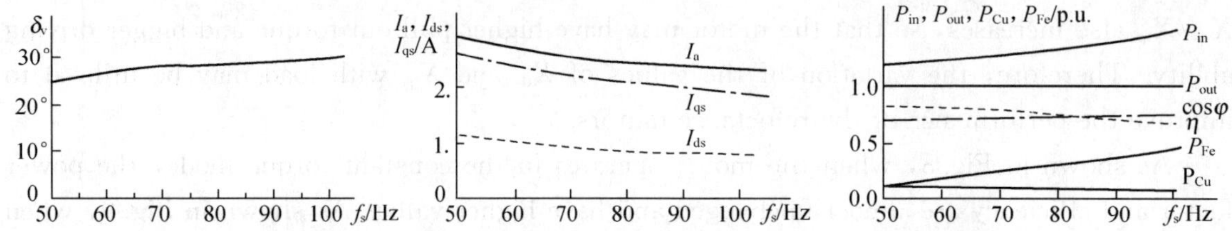

Fig. 9 The steady state performance of the new type reluctance motor under different frequency and rated power

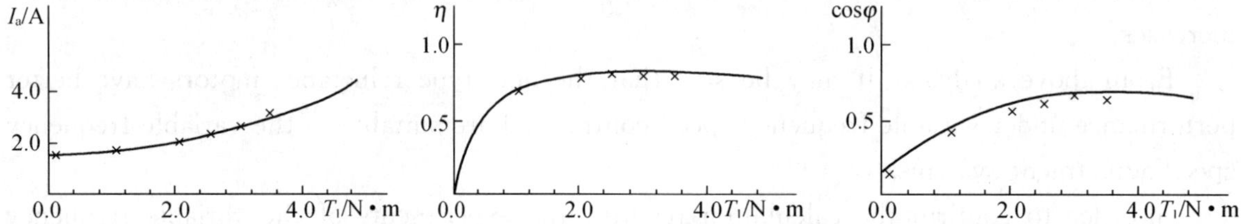

Fig. 10 The steady state performance of the motor under f_s=30 Hz (experimental and theorical results)

Ⅳ. References

[1] Zhou E, Gu Zhongqi. Scientia Sinica. Series A., No. 11, 1983, pp. 1218-1230.

[2] Jiang Ai-quan. Master Degree Thesis, 1986.

[3] Honsinger V B. IEEE. Trans. PAS-90, No. 1, 1971, pp. 305-317.

[4] Lawrenson P J, Agu L A. P. I. E. E., 111, 1964, 1435.

2 开关磁阻电机调速系统的基本理论和实践研究

导 言

开关磁阻电机调速系统是在20世纪70年代末出现的一种新型机电一体化装置，是在电力电子和控制技术迅速发展的时代背景下，在磁阻电机、磁阻式步进电机基础上，发展而成的新型驱动系统。它的工作原理与直流或正弦交流供电的传统电机完全不同，而与大步距角步进电机类似。它结构简单，工作可靠，控制灵活，效率高，输出特性好，受到国际上广泛重视。1983年英国推出第一代产品，得知信息后，1984年在周鹗教授组织指导下，在国内率先及时开展了此项研究。1987年获得自然科学基金资助。该项目涉及面广、综合性强，内涵丰富，既有传统电机理论，又含有高新技术。在技术资料极为缺乏情况下，经过多年刻苦努力，对开关磁阻电机的工作原理、参数及各个静态特性、电机运行特性、电磁场分析、设计理论、优化设计、控制器的结构设计、各环节机理分析、硬件研制、电机与控制器的优化组合、控制策略、系统整体稳态和动态分析、系统最佳设计和运行、软件开发等进行了系统深入研究。1986年完成第一套试验样机，先后进行了三轮电机与控制器样机研制，试制6台开关磁阻电机、4套控制器，完成了1.1 kW和3.0 kW两个功率等级开关磁阻电机调速系统的定型设计和样机研制。目前，正在研制四象限运行最大功率30 kW的样机，以用于电梯驱动系统。由于该调速系统具有不少独特优点，将促进其应用于电动汽车等各种适当设备的驱动系统中。

在10年时间内，先后有中青年教师和研究生十多人参加了该项工作，培养了博士后1名、博士研究生3名、硕士研究生4名。已完成博士学位论文2篇、硕士学位论文3篇，在国内外公开发表论文20余篇，取得了多项创造性研究成果。本研究为开关磁阻电机及其控制系统理论的丰富和发展作出了贡献，缩小了与国外水平的差距，在理论分析和研究方面达到了国际先进水平。莫斯科动力学院电机教研室主任库滋涅夫教授对本课题组第一本博士论文倍加称赞，认为是“在这一研究领域中很值得称道的研究论文”。

本研究课题为国际上前沿课题，有重要学术和应用价值，有良好发展前景，近20年来国内外许多学者都在开展此项研究工作。其应用也日渐广泛。

所取得的研究成果主要有以下几个方面：

(1) 在全面深入研究基础上，提出了一套比较完整的有关开关磁阻电机调速系统的基础理论体系，主要包括：结构、工作原理、参数及静态特性计算、稳态和动态特性分析、控制策略、设计方法等，为国内主要研究基地之一。

(2) 开关磁阻电机结构简单，但其内部磁场分布不均匀，有明显局部饱和现象，呈高度非线性，且随转子位置不同而变化，因而参数计算困难。为此，率先提出了适用于该系统的变网络等效磁路法，能准确方便地计算电机参数，计及饱和及转子位置影响，为系统分析和优化设计打下基础。

(3) 为用有限元法精确计算电机磁场以进行电机性能分析，在国内较早开发了二维有限元法通用软件包，该软件计算速度快、精度高、使用方便、前后处理强，可计算电机各种不同结构形式对其性能的影响，也可适用于其他类型电机。

(4) 用有限元法和实验研究法，分析研究了开关磁阻电机关键问题之一：铁芯损耗问题。提出计算方法，开发软件，计算脉冲磁场下铁芯损耗，分析其规律，得出许多有价值结论。

(5) 在详细分析开关磁阻电机数学模型基础上，进行了该电机的设计理论研究。应用等效磁路法和有限元法软件，开发了开关磁阻电机性能分析计算软件包。

(6) 提出以开关磁阻电机效率最高、转矩脉动最小、电流有效值最小为目标或多目标函数，以电机结构参数及运行控制参数为变量，进行优化设计。编制软件，完成电机全部设计优化程序。

(7) 为降低开关磁阻电机转矩脉动及噪声，在国内外率先提出该电机采用转子斜槽结构，并采用最小转矩脉动控制方法。经样机实验，证明了该方法的有效性。

(8) 对控制器中各种不同功率变换电路的特点和适用场合，对常用主开关元件 GTR 和 IGBT 等的工作机理和合理选择，对有关的驱动、吸收和保护电路等，从方案比较和电路设计出发，进行了全面分析研究工作，在工程实施和调试过程中，进行了大量实验研究，完善电路，排除干扰，取得良好成果。

(9) 根据系统性能要求和控制策略，对微机控制电路、电流和转子位置反馈信号采集、有关硬件和软件开发等进行了大量设计和实际工作，并应用分段 PID、滑模变结构控制原理设计了系统动态调节器，以保证系统正常运行，并具有良好的稳定性和快速反应特性。

(10) 详细分析了开关磁阻电机调速系统的斩波运行、角度位置控制运行、调压运行等情况下的运行特性，提出相应的技术措施和应用场合。对起动、偏压运行、发电运行、故障运行等几种特别运行方式也都进行了专门研究。

(11) 建立了开关磁阻电机调速系统的稳态和动态数学模型，提出一种通用的整体系统仿真算法，编制了仿真计算软件包，有益于系统的方案确定、分析研究和合理设计。

(12) 完成了 1.1 kW 和 3.0 kW 样机的定型设计和控制系统调试，并进行了大量实验研究工作。

(13) 开关磁阻电机系统为电动汽车上最佳驱动电机系统的选择方案之一，为此，对电机汽车及电动自行车的发展现状的趋势，也进行了长时间、较广泛、全面的调研和了解工作。

开关磁阻电机调速系统基本原理

蒋　全　　周　鹗

（东南大学电气工程系）

1. 基本结构和工作原理

开关磁阻电机（也称 SR 电机）调速系统是一种新型的可控调速系统，是随微电子和电力电子技术迅速发展而出现的一种典型的机电一体化装置。如图 1 所示，开关磁阻电机系统由电机本体、功率变换器、位置传感器和控制器四个部分组成，它类似于有位置反馈的大步距角步进电动机闭环控制系统。此系统结构简单，工作可靠，控制灵活，有良好的调速性能。它可以实现3∶1恒功率调速、100∶1 恒转矩调速、四象限运行，也可以实现各种特殊要求的转矩-转速特性，并在宽广的速度和负载范围内具有高输出和高效率。

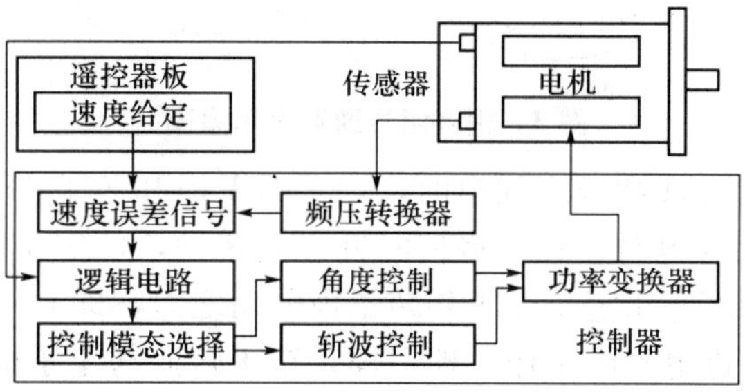

图 1　开关磁阻电机系统框图

开关磁阻电机调速系统可以应用在电力牵引、矿山机械、泵与风机、电动工具、家用电器等领域。

在结构上，开关磁阻电机的定子和转子都是凸极结构，并由硅钢片叠压而成。定子极上装有集中绕组，转子上没有绕组，定、转子极对数不相等。定子上每两个径向相对极上的绕组串接起来形成一相。图 2 为最常见的四相 8/6 极开关磁阻电机及其一相绕组的开关馈电电路示意图。

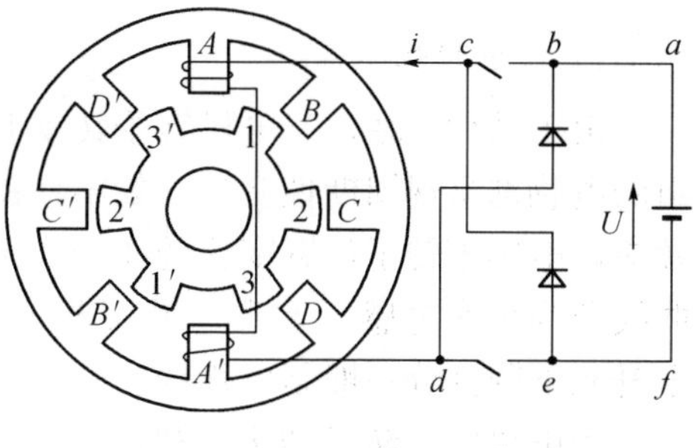

图 2　电机与驱动电路

在一相绕组中通入电流，在电机内所励磁的磁通将由励磁相定子极通过气隙进入转子极，再经过转子轭和定子轭形成闭合磁路。当转子极接近励磁相定子极时，在磁阻转矩作用下，转子将转动并趋向使转子极中心线与励磁定子极中心线相重合。当这一过程接近完成时，适时切断原励磁相电流，并以相同方式给定子下一相励磁，则将开始第

《机电一体化手册》，1994 年。

二个完全相似的作用过程。当定子各相绕组按规定瞬间轮流通、断工作，则转子上将产生一脉动转矩，其平均值将使转子连续旋转。图 3 给出了定、转子极相对位置不同时各相绕组的导通顺序。

转子轴上装有位置传感器，它实时给出转子空间位置信号。定子各相绕组的通断即根据位置信号，通过控制电路，进行及时和准确的控制以产生所需要的转矩和转速。

由图 2 中一相的开关基本电路可知，当电路中开关闭合时，在直流电压源作用下，绕组中流过电流，电流路径为 $abcdefa$。当开关断开时，由于绕组电感的作用，其中电流不可能突变，电流将通过续流二极管继续流通，但此时电流路径为 $cdbafec$。在此期间，因电源电压的反作用，电流迅速减小。绕组中的磁能转换成电能向电源反馈，直至电流为零。

由上述运行情况可知，开关磁阻电机的一个重要特点是：不论相绕组中电流的方向为正或负，将不会影响磁阻转矩和转子旋转的方向。这样，驱动电路中的电流就无需反向，驱动电路每相只要有一个开关元件即可，控制电路大为简化。

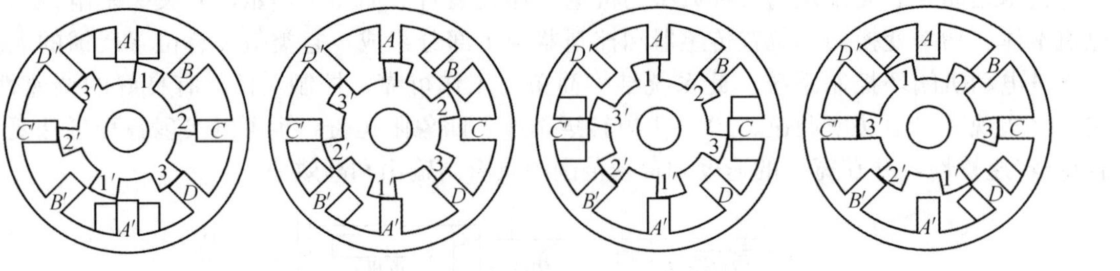

图 3　相绕组导通顺序示意图

此外，由图 3 可知，当 A 相绕组通电时，定子 AA' 极和转子 $11'$ 极的轴线趋于一致。当 A 相绕组断开而 B 相绕组通电时，转子将逆时针方向转动，使定子 BB' 和转子 $22'$ 轴线趋于一致。此时转子转过的角度等于定子极距和转子极距角之差，即 $60°-45°=15°$。显然，开关磁阻电机的工作原理与步进电机的工作原理一样，转子转向与定子极上各相绕组通电顺序相反，只是步距角要大得多。定、转子极数配合为 6/4 极时，相应每步为 30°角，为 4/2 极时，每步为 90°。

2. 主要参数和基本特性

1）电感特性

由于结构关系，当电机转子转动时，定子各相绕组的电感都呈现周期性变化。如不计铁芯磁阻和边缘效应，电感随转子位置变化的曲线如图 4 所示。电感曲线分为最小电感、上升、最大电感和下降四部分，上升和下降部分一般是对称的。

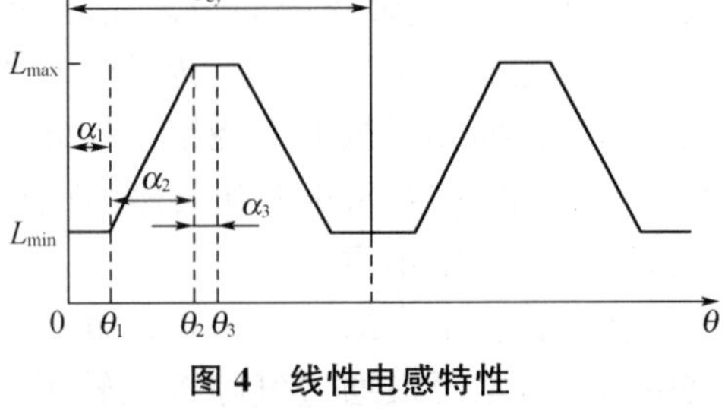

图 4　线性电感特性

由电机定、转子结构可知，电感变化曲线与定子极弧度数 β_s、转子极弧度数 β_r 和气隙长度 g 有密切关系。在转子槽宽大于定子极宽时，有最小电感区；β_r 和 β_s 不相等时，有最大电感区。在 β_s 小于 β_r 时，上升部分相当于转子极前沿进入定子极下直到转子极前沿离开定子极下为止的电感区域；下降部分相当于转子极后沿进入定子极下直到转子极后沿走出定子极下为止的电感区域。

在不计铁芯磁阻和边缘效应时，可推得最大电感和最小电感的表示式为

$$L_{max}=\frac{\mu_0}{g}\min\left(\beta_s\frac{D_{i1}}{2},\ \beta_r\frac{D_2}{2}\right)L_{Fe}N_n^2 \tag{1}$$

$$L_{min}=\frac{\mu_0}{(g+h_r)}\beta_s\frac{D_{i1}}{2}L_{Fe}N_n^2 \tag{2}$$

式中，μ_0——真空磁导率；

N_n——绕组匝数；

D_2——转子外径；

h_r——转子极身高；

L_{Fe}——铁芯长度；

D_{i1}——定子内径。

设定子相数为 m_2，定子和转子极数为 p_s 和 p_r，电感变化周期为 θ_{cy}，最小电感区为 $2\alpha_1$，电感变化区为 $2\alpha_2$，最大电感区为 $2\alpha_3$，则不难得出以下关系：

$$\left.\begin{aligned}\theta_{cy}&=\frac{2\pi}{p_r}\\ \alpha_1&=\frac{1}{2}[\theta_{cy}-(\beta_s+\beta_r)]\\ \alpha_2&=\min(\beta_s,\beta_r)\\ \alpha_3&=\frac{1}{2}|\beta_s-\beta_r|\end{aligned}\right\} \tag{3}$$

根据理论分析，为使开关磁阻电机在任一转子位置时都能起动，定、转子极弧度数必须满足以下关系：

$$\min(\beta_s,\beta_r)>\frac{2\pi}{mp_r} \tag{4}$$

在转速较高时，为产生所要求的转矩，必须有足够大的相电流。为建立这一所需电流，必须存在最小电感区。最小电感区存在的条件是：

$$\beta_s<\frac{2\pi}{P_r}-\beta_r \tag{5}$$

由式(3)和(4)可知，当 $\beta_s>\beta_r$ 时，有

$$\beta_{rmin}=\frac{2\pi}{mp_r},\quad \beta_{smax}=\frac{2\pi}{p_r}\left(1-\frac{1}{m}\right)$$

当 $\beta_r>\beta_s$ 时，有

$$\beta_{smin}=\frac{2\pi}{mp_r},\quad \beta_{rmax}=\frac{2\pi}{p_r}\left(1-\frac{1}{m}\right)$$

因而，β_s 和 β_r 的取值范围为

$$\frac{2\pi}{mp_r}<\beta_s,\quad \beta_r<\frac{2\pi}{p_r}\left(1-\frac{1}{m}\right) \tag{6}$$

实际制造中，为使定子绕组所占空间足够大，一般选择 $\beta_s\leqslant\beta_r$。在需要电机转动惯量特别小的场合，也可选择 $\beta_r<\beta_s$。

在电机实际运行时，由于磁路局部饱和和边缘效应的影响，电感变化曲线将为转子位置 θ 和电流 i 的非线性函数，如图 5 所示。

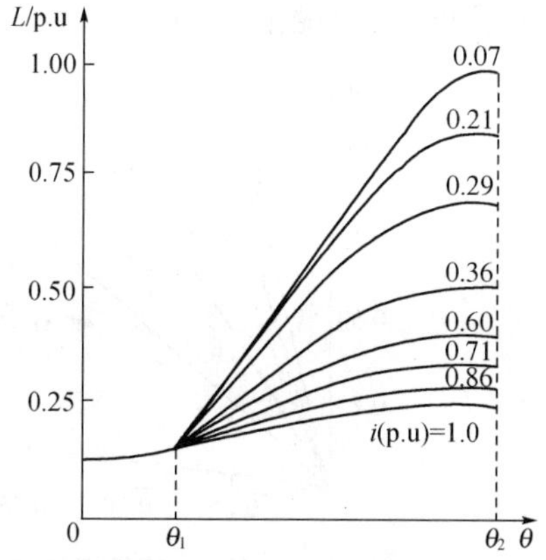

图 5　非线性电感特性

2）相电流波形曲线

图 6 中示出电机运行时几个典型的电流脉冲波形。

图 6(a)的电流脉冲位于电感上升区域。触发在电感上升前进行，此时电感最小，电流可以迅速上升，换流点在电感上升区内。从触发到换流点，绕组通电并吸收电能，其中一部分变为机械能输出，另一部分储存在磁场中，还有一部分转化为铜耗和铁耗。在换流点以后的过程中，磁场所储能量一部分反馈给电源，一部分继续转化为机械能和损耗。由电源输出的平均电流和平均功率决定于电源总供能和回馈电能两者之差。

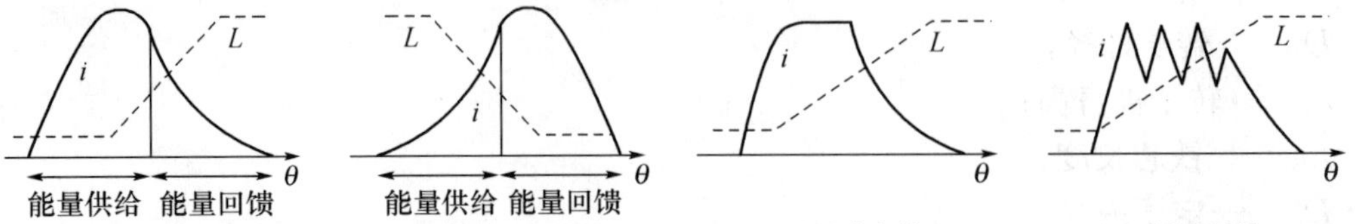

(a) 高速电动　(b) 高速再生制动　(c) 平顶波电流　(d) 低速斩波

图 6　典型的相电流波形

图 6(b)的电流脉冲位于电感下降区域，即转子极离开定子极区间。此时的电流波形与图6(a)中电动工作状态时的电流波形成镜像对称。这种情况为制动或再生发电工作状态，平均电流流向电源，从触发到换流点，能量来自电源和转子方面(后者较小)，并储存在磁场中；在换流点后的反馈过程中，能量来自磁场和转子方面。

在高速运行时，每极周期时间很短，为使电流快速上升，触发应在转子极进入定子极瞬间之前，即在最小电感区进行，以保证建立足够大的电流，达到所需转矩。电流达到峰值后，由于电感继续加大以及绕组中反电动势的作用，电流开始下降，如图 6(a)；或保持近似稳定不变，如图 6(c)，然后开关管关断，换流过程开始，直至电流为零。这种工作模式称为“单脉冲”工作状态。

在低速时，为使电流上升不超过限值，在电感上升区域，通过开关电路的重复接通和关断，使电流变化在上限和下限值之间，其波形如图 6(d)所示，这种模式称为“斩波”工作状态。

如上所述，通过触发和换流的最佳控制，可以使电机在特定的转速和转矩情况下，达到最佳工作状态。另外，也可以很方便地改变电机的运行工况，实现电机的正、反转以及四象限运行。

3）磁链特性

由电感定义可知，磁链与电感、电流之间存在如下关系：

$$\psi(\theta,i)=L(\theta,i)\cdot i \tag{7}$$

由于电感特性一般为非线性的，所以磁链特性也呈现为电流、转子位置的非线性函数。当不考虑铁芯磁阻和边缘效应时，磁链与电流、转子位置角 θ 呈线性关系，如图 7 所示。图 8 给出了非线性的磁链特性。

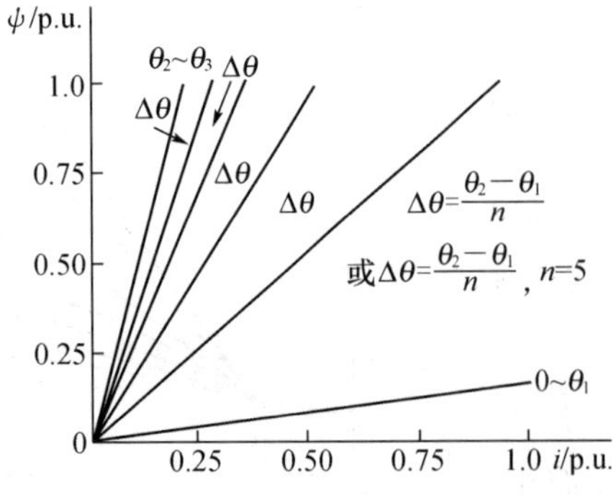

图 7　线性磁链特性

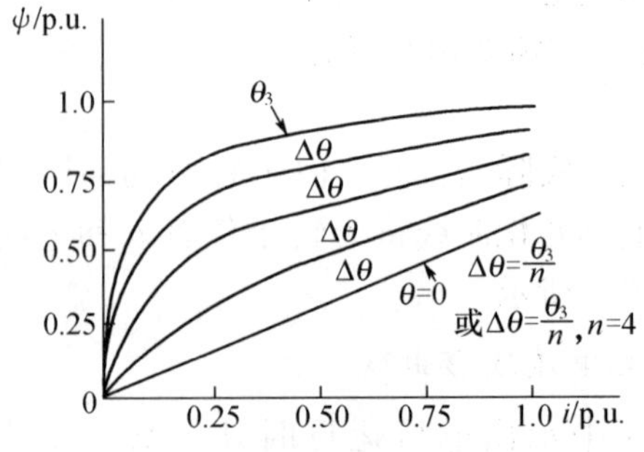

图 8　非线性磁链特性

4）矩角特性

根据机电能量转换原理，当相绕组通以电流 i，转子位置角为 θ 时，磁阻转矩为

$$T(\theta,i)=\frac{\partial W'_{\rm m}(\theta,i)}{\partial\theta} \tag{8}$$

式中，$W'_{\rm m}(\theta,\ i)$ 为电机磁共能，可表示为

$$W'_{\rm m}(\theta,i)=\int_0^i\psi(\theta,i)\mathrm{d}i \tag{9}$$

将式(7)代入上式，磁共能 $W'_{\rm m}(\theta,\ i)$ 可进一步表示为

$$W'_{\rm m}(\theta,i)=\frac{1}{2}\int_0^i L(\theta,i)\mathrm{d}i^2 \tag{10}$$

磁阻转矩也可表示为

$$T(\theta,i)=\frac{1}{2}\frac{\partial}{\partial\theta}\int_0^i L(\theta,i)\mathrm{d}i^2 \tag{11}$$

上式进一步证明了电流方向对磁阻转矩没有影响，即磁阻转矩与电流方向无关。

当不计铁芯磁阻和边缘效应时，开关磁阻电机的静态矩角特性如图 9 所示，是一矩形方波，并且与绕组电流的平方成正比。当考虑铁芯磁阻、饱和效应和边缘效应时，矩角特性如图 10 所示。一般来说，矩角特性也是电流和转子位置角的非线性函数。从图 10 可以看出，电流过大时，由于铁芯饱和作用，在定、转子极中心线接近重合时，转矩将明显减小，转矩与电流近似成正比关系。

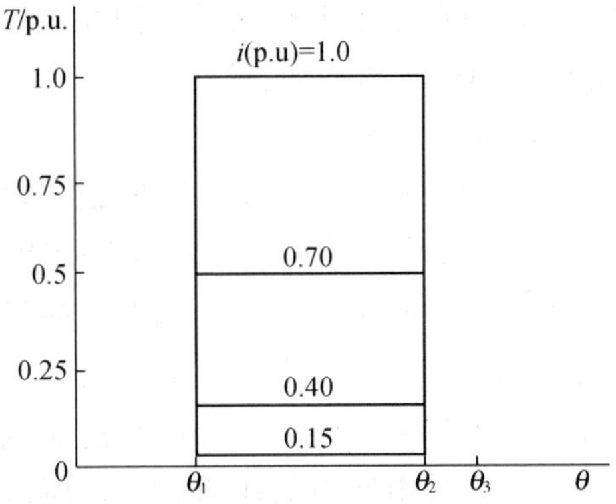

图 9　线性转矩特性

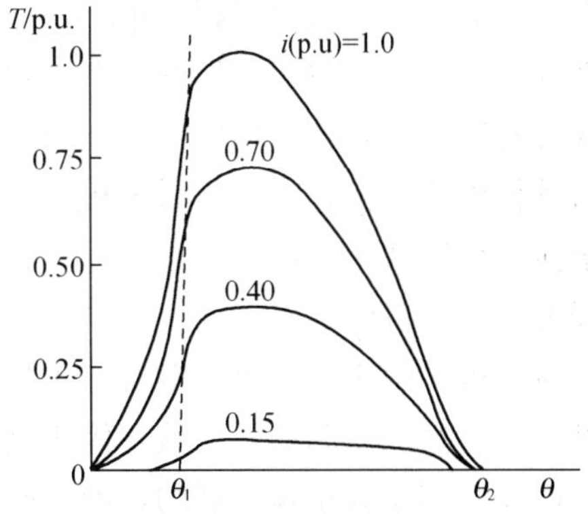

图 10　非线性转矩特性

3. 设计和计算要点

由于开关磁阻电机的结构比较特殊，它的电压和电流波形皆为非正弦波形，电磁作用具有明显的非线性关系。因此，开关磁阻电机的理论分析和性能计算比较复杂，它的设计方法与一般电机也不相同。为了合理地设计电机，使设计精度达到预期的要求，一般说，用数值计算方法所得的结果为基础来进行开关磁阻电机的设计比较合适。由于尚无公认的、成熟的设计方法，以下各点仅供参考。

1）给定转矩-转速特性

开关磁阻电机调速系统作为驱动装置来说必须满足负载工作特性的要求，这主要由转矩-转速负载特性来表示。

图 11 为开关磁阻电机一种典型的负载特性曲线，开始阶段为恒转矩，基速以后为恒功率，转速再高时为串励电机特性。一般情况下，可选取起动转矩为 1.5 倍额定转矩，即 $T_{st}=1.5T_{Nm}$。过载转矩为 $1.1T_{Nm}$。

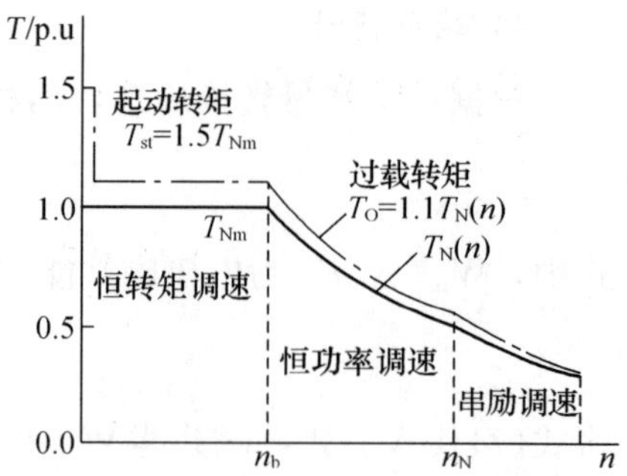

图 11 开关磁阻电机转矩-转速特性

负载的转矩-转速特性所确定的工作区域应包含于驱动系统的有效工作区域之内，并留有适当裕度。显然，某种工作机械选用已有开关磁阻电机产品时，也应注意符合此项原则。

调速系统中最常见和最简单的工作方式为恒转矩驱动，转速从起动到最高速，转矩恒定不变，有时要求有大的起动转矩以克服起动时的静摩擦转矩。在有些场合则只要求中速时转矩恒定，高速时功率恒定，速度再高呈现串励电机特性。还有不少情况转矩随转速上升而上升，如在泵和风机等装置中。

根据转矩-转速特性确定所需转矩的最大值 $T_{Nm}=\max\{T_N(n)\}$，并以该转矩时最高转速为转速基值 n_b。再以最大转矩 T_{Nm} 和转速基值 n_b 为依据即可选择和确定电机的主要尺寸和体积。

2）主要尺寸的确定

理论分析和使用经验表现，开关磁阻电机系统能达到同样大小机座号异步电机相同的输出功率，在有些例子中甚至超过后者。输出功率与损耗、散热和效率有密切关系。开关磁阻电机转子上只有叠片铁耗，损耗很小，冷却不成问题；而在定子上有铁耗和铜耗，但由于通风条件好和定子位于电机外层的关系，损耗所引起的发热也容易冷却。

开关磁阻电机转子结构坚固，因而可以运行在较高速度，这是一明显优点。

与其他电机一样，开关磁阻电机的主要尺寸可以由输出转矩来决定。一般说，输出转矩与转子体积成线性关系。若精心设计，在容量较大时，可使单位体积的转矩值有所增加。

开关磁阻电机的主要尺寸，可参照系列异步电机产品中同机座、同出力电机的尺寸来选定。一般来说，由于开关磁阻电机定子集中绕组的端部要短一些，空间可能有富裕，因此铁芯就可以长一些。铁芯加长，铁芯体积增大，电机单位体积出力将下降，但是这对减少驱动电路变换器的容量大小是有利的，因为驱动电路成本在系统中所占的比重较大，所以这对整个系统成本的降低也是有益的。

3）电磁负荷的选择

由于开关磁阻电机的冷却、散热条件较好，它的电磁负荷可以略高于通常异步电机的电磁负荷。如 B 级绝缘 Y 系列异步电动机定子绕组电流密度的选择范围为 4.5～7.5 A/mm^2，功率小、极数多的电机取较大值。因此开关磁阻电机的定子绕组电流密度可以略高一些。具体选择可依照温升计算来确定。

开关磁阻电机运行中，定、转子极部分重合时，定、转子极身的局部饱和十分严重，对于 DR510－50 硅钢片来说，可达到 2.1～2.3T，基本上达到了硅钢片材料的极限饱和值。为此，电机磁通密度的选择主要受磁性材料饱和的限制。采用高导磁低损耗优质硅钢片时，电机单位体积出力和性能将有明显提高。为使电机铁耗不致过大，定、转子轭部平均磁通密度和极身平均磁通密度不应过高。

4）绕组驱动电压选择

绕组电压可以由直流电源直接供给，或者由交流电源经过整流后供给，直流电源供电时，电源电压就是绕组电压。交流电源供电时，根据整流电路的不同，整流前的交流电压和整流后的直流电压的关系为

$$U_d=\begin{cases}\dfrac{2\sqrt{2}}{\pi}U\dfrac{1+\cos\alpha}{2}\text{（单相全桥）}\\[2ex]\dfrac{3\sqrt{2}}{\pi}\sqrt{3}U\left[1+\cos\left(\dfrac{\pi}{3}+\alpha\right)\right]\text{（三相全桥）}\end{cases}\tag{12}$$

由此，绕组上电压为：$U_s=U_d$ 或 $U_s=U_d/2$，后者仅适用于相数为偶数时。

一般工业驱动，在选用相电压为 220 V 的三相交流电源时，绕组驱动电压有 514 V 和 257 V 两种。绕组电压等级与系统伏安容量无关，但直接影响到开关元件电压、电流等级的选择，并且影响到绕组匝数的设计。磁路一定时，绕组匝数与电源电压基本上成正比。

5）相数

根据开关磁阻电机作用原理，定子上有单相绕组时，转子在某些位置上不能自起动，仅在特定的位置范围内能自起动，但其性能在两个方向是一样的。定子上有两相绕组时，转子可以从任意位置自起动，但只能单方向旋转。定子上有三相绕组时，电机即可从任意位置开始正转或反转运行。四相绕组时，电机性能优于三相绕组电机。

目前最为通用的为四相、定子八极、转子六极的开关磁阻电动机。

6）结构几何尺寸的初步确定

结构几何尺寸的选择与电机系统性能和驱动电路容量有密切关系。开关磁阻电机的几何尺寸由 8 个独立的结构参数来确定，即：定子外径、定子内径、气隙、定子极宽、定子极高、转子极宽、转子极高和铁芯长度。当主要尺寸即定子外径和铁芯长度确定后，其他尺寸可近似参照以下公式选择。

$$\left.\begin{array}{ll}\text{定子内径：} & D_{i1}=(0.45\sim0.65)D_1\\ \text{定子极弧度：} & \beta_s=(0.3\sim0.42)2\pi/p_s\\ \text{转子极弧度：} & \beta_r=(0.9\sim1.3)\beta_s\\ \text{定子极高：} & h_s=(0.5\sim0.65)\times\dfrac{1}{2}(D_1-D_{i1})\\ \text{转子极高：} & h_r=(0.4\sim0.60)\times\dfrac{1}{2}(D_2-D_{i2})\end{array}\right\}\tag{13}$$

气隙应尽量取小值，它由工艺条件所限制。

7）几何尺寸的优化

按上述公式选择的初始几何尺寸，并不总是最合理的，带有一定的经验性，所以须要进行优化选择。为此必须先建立优化目标函数。为提高电机及系统效率，降低电机温升，提高电机单位电流所产生的转矩，开关磁阻电机几何尺寸优化的目标函数，可以有以下三种选择：

（1）一定电流密度 J_{Cu} 下所产生的转矩最大；

（2）一定磁动势 F_m 下所产生的转矩最大；

(3) 一定铜耗 P_{Cu} 下所产生的转矩最大。

当一相绕组通以恒定电流 i 时，其铜耗可表示为

$$\begin{aligned} P_{Cu} &= i^2 R_p = \frac{F_m^2}{N_n^2} \cdot \frac{\rho N_n}{S_{Cu}} L_z \\ &= F_m J_{Cu} \rho L_z \end{aligned} \tag{14}$$

式中，ρ——导线电阻率；

N_n——每相绕组匝数；

F_m——每相绕组磁动势；

L_z——每相绕组平均匝长。

从式(14)可知，在电机铁芯长度一定时，铜耗与电流密度和磁动势 F_m 的乘积成正比，即铜耗既反映了电流密度的大小，也反映了磁动势的大小。为此，目标函数(3)最为合适，这意味着，一定铜耗下所产生的转矩最大等效于一定磁动势和电流密度乘积 $F_m J_{Cu}$ 下所产生的转矩最大。

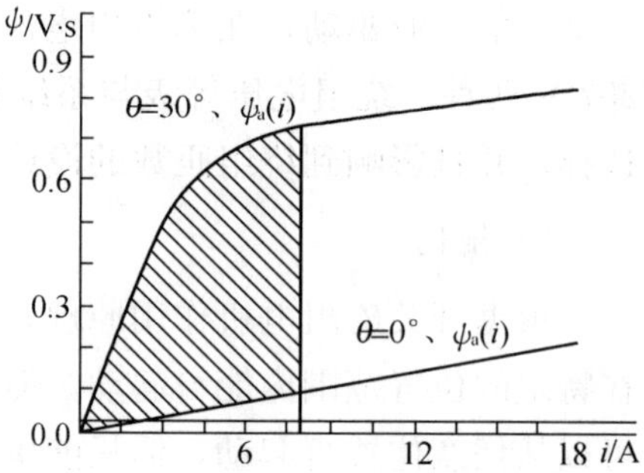

图 12　SR 电机典型位置下的磁链曲线

开关磁阻电动机在定、转子极中心线相重合和定子极中心线与转子槽中心线相重合的两个转子位置时的典型磁链曲线，如图 12 所示。当一相绕组电流恒定为 i 时，转子从极对槽位置旋转到极对极位置所产生的平均转矩为

$$T_{av} = \frac{\Delta W'_m}{\frac{\theta_{cy}}{2}} \tag{15}$$

式中，$\Delta W'_m$ 为磁共能变化量，如图 12 阴影面积所示，它可以表示为

$$\Delta W'_m = \int_0^i \psi_a \mathrm{d}i - \int_0^i \psi_u \mathrm{d}i = \int_0^i (\psi_a - \psi_u) \mathrm{d}i \tag{16}$$

由式(16)看出，绕组电流 i 不同时，平均转矩也将不同，如图 13 所示。当其平均转矩 T_{av} 达到 T_{Nm} 时，可求出产生此平均转矩所需要的磁动势 F_m 和电流密度 J_{Cu} 以及其乘积 $J_{Cu}F_m$。又由于电机几何参数中的定子外径 D_1、铁芯长度 L_{Fe}、转子内径 D_{i2} 在选择主要尺寸时已经确定，气隙 g 应尽可能小，所以可优化的几何尺寸有定子内径 D_{i1}、定子和转子极宽 β_s 和 β_r、定子和转子极高 h_s 和 h_r。因此，开关磁阻电机优化的目标函数可表示为

$$G = \min\{F_m J_{Cu}(D_{i1}, \beta_s, \beta_r, h_s, h_r), T_{av} = T_{Nm}\} \tag{17}$$

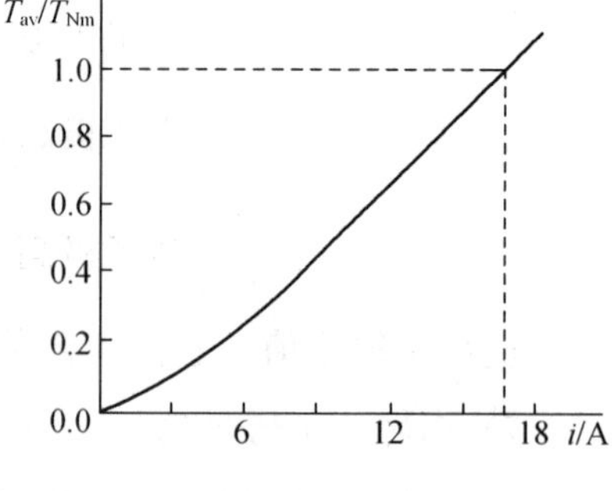

图 13　平均转矩与电流的关系

改变上述参数，可得到 SR 电机不同的几何尺寸方案，再经过式(15)到式(17)的计算，得到相应的磁动势和电流密度的乘积 $G=F_m J_{Cu}$，其中使乘积最小的参数即为 SR 电机的最佳方案。

式(17)中的目标函数与参数之间呈非线性隐含关系，无解析表达式，因此它的优化一般

采用直接法来进行。直接法主要有网格法、单纯形法、模式搜索法、共轭方向法等。其中网格法具有简单直观明确的特点，能反映参数变化对 SR 电机性能的影响，故可用网格法对 SR 电机的几何参数进行优化。网格法的计算时间有时较长。

4. 功率变换器

1）基本电路

功率变换器是开关磁阻电动机调速系统中的重要组成部分。它由单极性直流电源供电，借助其中开关元件的导通和关断，使在电动机绕组中有脉冲电流流过并输入功率。正确控制电流开关角及电流幅值，并按一定规律顺序触发各相开关元件，电机即可在所需要的转速和转矩条件下，连续稳定运行。经过变换器可将电源能量输入电动机，在换流期间也可将电动机内的部分磁场储能反馈回电源。

变换器中几种基本的功率开关电路如图 14 所示。

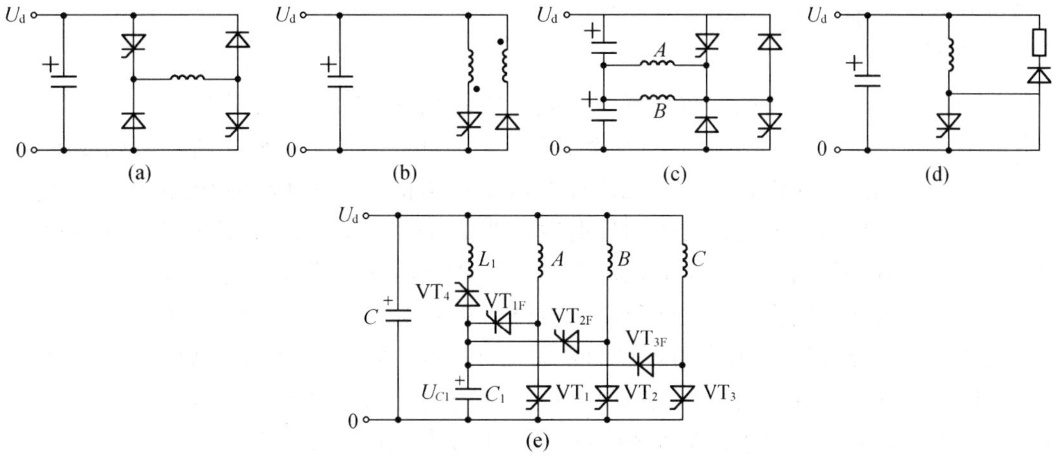

图 14　功率变换器基本电路

第一种电路与图 2 中的电路相同，作用原理已说明。在这一电路中每相需要两个开关元件，两个续流二极管。开关元件的额定电压为电源电压 U_d，续流二极管电压为 U_d+U_a（U_a 为换流时晶闸管上的反向电压）。此种电路可在高压和大功率场合中采用。

第二种电路中每相仅需要一个开关元件，但需要一个与绕组能完全耦合的二次并绕绕组，它在主绕组开关管一旦断开后可以起换流作用。当主副绕组匝比为 1 时，开关元件额定电压为 $2U_d+\Delta U$，而 ΔU 是由双绕组实际上不可能完全耦合即漏感作用引起的。续流二极管电压也为 $2U_d+\Delta U$。这一电路的缺点是电机绕组利用率低，电机与变换器间的连线较多。一般可以应用在电源电压较低的场合，电瓶车驱动装置中采用了这种电路。

第三种电路中给出一台电机的两相绕组，其他两相没有画出，每相同样只需要一个开关元件，一个续流二极管。电源处并联有两只串接的电容，电压从中点一分为两，每相绕组上外施电压为 $U_d/2$。但开关元件和续流二极管所能承受的电压应为 U_d。图中电压中点为两个电容的连接点，若各相平均电流平衡，则上、下两侧的电容电压对称。另一方面，上侧每相导通时，将经过下侧电容成回路，反之亦然。这样，各相之间相互影响，任意一相的故障都可能引起上、下侧电压的偏移，妨碍电机的正常稳定运行。这一电路适用于较高的电源电压，电机的相数必须为偶数。Oulton 公司生产的 SR 控制系统采用了这种电路。

第四种电路是一种结构简单的开关电路，不必采用双绕组，每相只需要一个开关元件，一个续流二极管，特点是有一个公用的泄流电阻可为各相换流提供通路。但是电阻上的功率损耗较大，系统的效率较低，并且为了提高换流速度还需要加大电阻阻值，这就使得开关元件上有可能产生很大的峰值电压。因此，这种电路仅在 745.7 W(1 hp)以下的小功率电机中可以考虑采用。

第五种电路称为电容—存储变换器。基本上实现了每相一个开关元件、一个续流管，不要求相数为偶数，也不需要双绕组结构。当 VT_1 关断时，电流 i_A 开始通过 VT_{1F} 向电容器 C_1 充电，电容器电压升高，使电流很快衰减，并使回馈能量贮存到电容器上。VT_4 导通，C_1 将能量通过谐振电路 L_1 送至电源电容 C，谐振电流为零时，VT_4 关断。开关元件和续流二极管额定电压为 U_d，电动机绕组电压也为 U_d，而开关元件伏安容量仅为前三种电路的一半。它的缺点是换流控制比较复杂，开关元件需要电压保护电路等。

前三种电路为目前实际采用的电路。在使用时可结合电源电压高低、装置功率大小及其应用场合等具体情况，综合考虑进行选择。

2）电路特点

开关磁阻电动机功率变换器与交流变频调速中常用的 PWM 逆变器比较，前者的电路结构具有以下特点：① 由于主绕组中的电流不必反向，即只需要单方向电流，因而变换器中每相绕组只用一个主开关元件，在主要元器件的数量和价格上优于 PWM 电路，这是开关磁阻电动机电流的单向性与开关元件的单向导电性自然结合的体现。② 对变换器电路不断进行了多方面的完善，例如只用一个公用的换流电路供给所有的开关元件进行换流，利用电动机中不工作的绕组作为换向电容电压反向时谐振电路的电感等，这样可以使变换器电路进一步简化和降低成本。③ 各相绕组分别与各自的开关元件串联后跨接于电源，这样不会出现直接短路现象。即使在开关元件无法顺利关断时，由于绕组电感大，电流也不至于上升过快，易于采取相应的保护措施。④ 不像 PWM 电路那样需要复杂的调制控制电路。

总的说来，在相同工作状态下，与 PWM 逆变器比较，开关磁阻电动机变换器具有许多独特的优点。

5. 传感器

SR 控制系统在高速运行时为单脉冲运行模式，通过控制定子电流脉冲的导通角和关断角来调整电流的通断瞬间、时间长短、大小和波形，以便产生所需要的转矩，并调节转速。在低速运行时则为斩波运行模式，这时控制绕组电流的上限值，调整其下限值，以达到控制输出转矩和调节转速的目的。为此，SR 控制系统中必须配备相关的位置传感器和电流传感器。

1）位置传感器

位置传感器可以用来确定转子的相对位置，提供转子位置信号。在 SR 电动机中，它由传感元件和齿盘组成。

位置传感器的类型很多，常见的有以下几种结构型式：① 接近开关式，它的传感元件是一线圈探头，探头固定不动，其线圈与电容等组成振荡电路，当一磁性圆盘旋转时，圆盘与探头之间的距离远近不同，这将引起线圈电感变化，因而使振荡电路的振荡条件变化，由此产生所需要的导通与截断信号，这种传感器基本上不受外界的影响，可靠性较高，但精度较差。② 磁头与磁敏元件式，利用磁敏二极管一类的磁敏元件，检测出磁头磁力线的变化，由此产生所需的导通与截断信号。③ 光电耦合式，利用发光二极管与光电晶体管之间光线的耦合，通过旋转圆盘的作用产生导通与截断信号。

在 SR 电动机中，一般采用光电式位置传感器，它的结构和基本工作原理如下：对于 8/6 极的 SR 电机来说，在定子上装有两个传感元件，相距 15°，转盘上有 6 个齿和 6 个槽，各占 30°，转盘固定在转子轴上。当转子旋转时，根据转盘挡片是否遮住发光二极管光线，在光敏传感元件中会产生相应的位置信号，经过整形后，从 2 个传感元件得到 2 个周期为 60°的方波信号，2 个信号的相位差为 15°，如图 15 所示。2 个方波信号经过逻辑组合后可以出现 4 种不同的状态，分别表示四相绕组的工作位置，见表 1。绕组导通相序为 A、B、C、D 时，电动机逆时针旋转；导通相序为 A、D、C、B 时，电动机顺时针旋转。将位置信号送至边沿检出电路处理，可以在每 60°范围内获得 4 个指示换向位置的脉冲，见图 15。这一系列的跳变信号可以为控制器提供所需要的定转子极的相对位置信号。

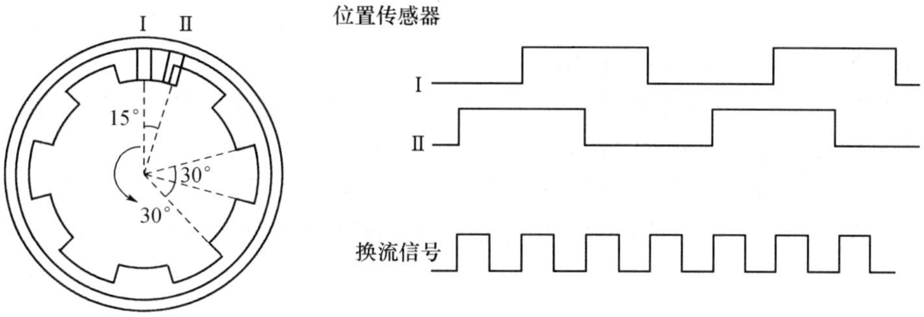

图 15　位置传感器工作原理

表 1　位置传感器信号的相属关系

传感器 I	0	1	1	0
传感器 II	1	1	0	0
相　属	A	B	C	D

定子上安装传感元件的间隔，可以按下式确定：

$$\theta_s=\left(k+\frac{1}{m}\right)\theta_{cy}\quad (k=0,\ 1,\ 2,\ \cdots) \tag{18}$$

式中，θ_{cy}——转子一个极距的角度；

m——相数。

在上例中 $k=0$ 时，$\theta_s=15°$。

还有另一个可以选用的结构方案是采用四个传感元件，它们分别安装在定子上相应于每对极右侧的位置，圆盘挡光片反映转子形状，固定在转子轴上。图 16 给出电动机正向旋转时各传感器给出的位置信号，信号之间相差 15°，按 A－B－C－D 相序排列，反向旋转时信号排列顺序相反。

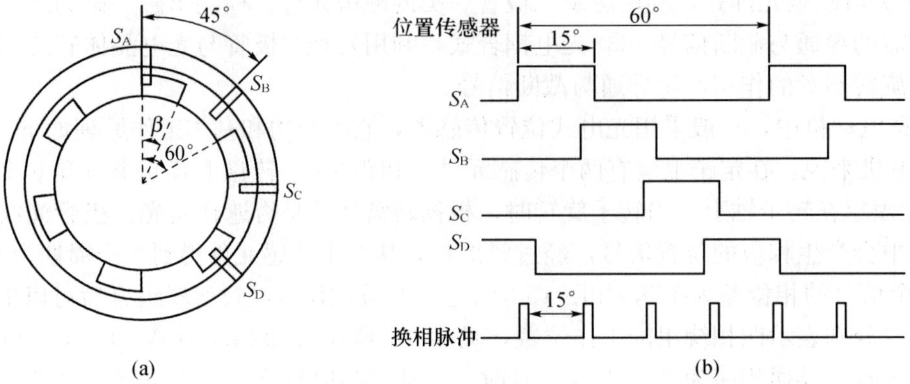

图 16　四传感元件的位置传感器

2）电流传感器

电流传感器用于 SR 电动机在低速运行时检测定子绕组电流，以便进行斩波控制，在高速运行时电流检测也可以起到保护作用。

SR 控制系统所用的电流传感器应该具有以下特点：所测电流为单向电流，是一种在最大开关频率范围内叠加有交流分量的直流电流；在整个运行范围内应具有良好的线性度、稳定性和重复性；载流体与测量器件之间应有足够隔离，应能承受电气、机械及其他故障电流的过载；成本价格较低等。电流传感器所用传感元件主要有精密采样电阻、磁敏电阻和霍尔元件等。

6. 应用

SR 电动机的应用场合十分广泛。作为一种新型能四象限运行的调速驱动系统，原则上它可以用于所有需要调速的电气传动系统，如通用工业机械、冶金设备、化工机械、牵引机车、电动汽车、航空设备、机器人和家用电器等领域。目前国内外已在许多具体场合采用 SR 电动机作为驱动电动机。它们满足了传动系统对转速和转矩的要求，并取得很好的节能效益。这些具体设备是：无轨电车、电瓶电动汽车、离心机、压缩机、航空发电机、化纤成型机、龙门刨床、纺织机械中的多相织机、粗纱机、卷布机、疏棉机、毛巾印花机等。功率范围从 10 W 至 100 kW，转速范围为 5～100 000 r/min，转矩范围为 0.1～10^6 N·m。SR 电机产品面世仅有 10 年，随着人们研究和理解的不断深入，新器件和控制技术的采用，SR 电动机将有着广阔的应用前景。

开关磁阻电机静特性的有限元分析

蒋　全　　周　鹗

（东南大学电气工程系）

摘要： 本文利用二维有限元法对开关磁阻电机的静特性（即磁链特性、电感特性和矩角特性）以及相与相之间的互感进行了详细的计算和分析。在分析中考虑了端部效应的影响，测量了一台试验样机的电感曲线，所得结果与计算结果很吻合，这表明应用有限元法对开关磁阻电机进行分析是足够准确、有效的。

关键词： 开关磁阻电机，有限元，电磁场

引言

开关磁阻电机是20世纪80年代在电机学、微电子学、控制理论和检测技术等不断发展的基础上，综合开发形成的一种新型调速驱动系统[1,2]。它由磁阻电动机、功率变换器、位置传感器和控制器四个部分组成，形成了缺一不可、机电一体化的调速驱动系统。由于它在效率、调速性能和成本等方面有着明显的优点，因而引起了许多学者的广泛重视。目前Qulton公司的4～22 kW的开关磁阻电机已经商品化，它的应用范围十分广泛[3]。在我国，对开关磁阻电机的研制和开发仍处于起步阶段。为此，对开关磁阻电机进行基础理论研究，例如采用有限元法对开关磁阻电机最重要的特性——静特性[1,4]进行准确分析就显得十分必要。虽然论文[5]、[6]、[7]已利用有限元法对开关磁阻电机的磁场和部分特性进行了分析，但都有局限性。本文将对开关磁阻电机的静特性进行更为全面的计算和分析。

1. 有限元法

本文中所分析电机的主要尺寸是根据实验样机结构确定的。电机为定子8个极、转子6个极的双凸极式结构。转子位于转子极与定子极重合位置时结构如图1所示。定子极上的线圈为集中绕组，在相对位置上两极的绕组串联连接成一相。定、转子铁芯均由D23硅钢片制成。

为了建立电机内容电磁场的微分方程、确定求解区域和有限元法求解的边界条件，假定：

(1) 忽略电机外部磁场，定子外表面圆周和转子内表面圆周为一零矢量位面；

(2) 电流密度向量 $\boldsymbol{J}$ 和磁位矢量 $\boldsymbol{A}$ 只有轴向分量，即磁场沿电机轴向均匀分布；

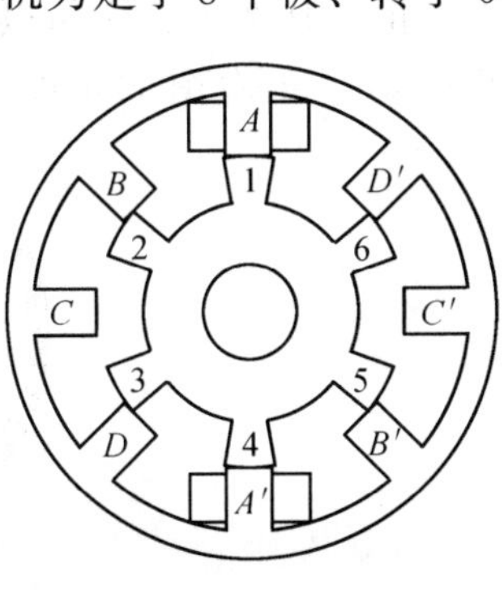

图1　SRM结构图

《东南大学学报》，第19卷第6期，1989年11月，国家自然科学基金资助项目。

(3) 铁芯冲片各向同性，且忽略其磁滞效应；

(4) 有限元法计算中忽略端部效应，在最后计算时通过折算系数考虑端部效应[8]。

根据以上假设，电机内部电磁场为二维平面静磁场。假设矢量磁位为 **A**，根据有限元法有

$$\left.\begin{aligned}&W(A_z)=\iint_{\Omega}\left\{\left[\frac{\partial}{\partial x}\left(\frac{1}{\mu}\frac{\partial A_z}{\partial x}\right)+\frac{\partial}{\partial y}\left(\frac{1}{\mu}\frac{\partial A_z}{\partial y}\right)\right]-A_zJ_z\right\}\mathrm{d}x\mathrm{d}y=\min\\&A_z\Big|_{\sqrt{(x^2+y^2)}=D_{i2}/2,D_1/2}=0\\&A_z\big|_{y=0,x=0}=-A_z\big|_{y=0,x<0}\\&\Omega:D_{i2}/2\leqslant\sqrt{(x^2+y^2)}\leqslant D_1/2,\text{且 }y\geqslant 0\end{aligned}\right\}\quad(1)$$

用三角形单元对图 2 所示的求解区域 Ω 进行剖分，三角形单元的各个边与各种不同介质的交界面相吻合。当电机处于转子极与定子极的中心线错开某一角度时，求解区域的剖分如图 3 所示。本文编制了三角单元自动剖分软件 2D－AMG 和有限元磁场计算软件包 2D－FEM*。根据这两个软件包，可通过方程式(1)求得矢量磁位 A_z 的值且画出相应的磁场分布图。本文所有的计算均在 PC 微机上实现的。

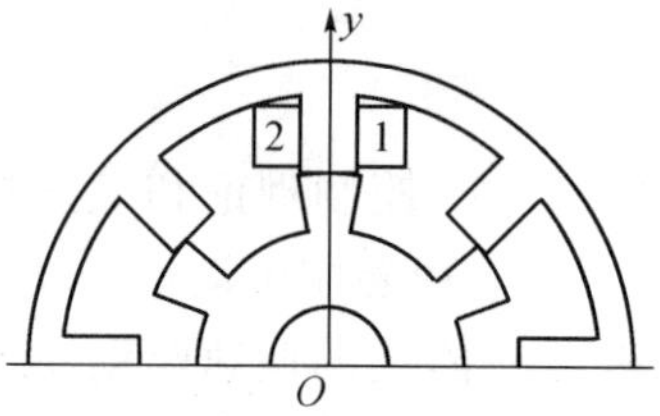

图 2 求解区域

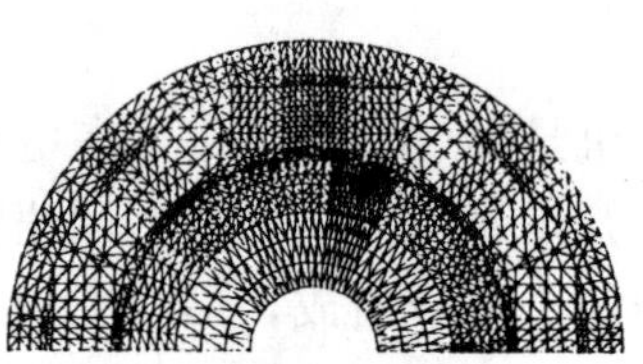

图 3 求解区域剖分图

为了便于说明转子位置，本文定义转子极中心线与定子极中心线的夹角 θ 为转子位置角。当定子极中心线与转子极中心线重合时，转子位置角为 0°；当定子极中心线与转子槽中心线重合时，转子位置角为 30°。上述两位置也分别为最大电感位置和最小电感位置。

本文计算了 16 个转子位置时的磁场分布和每一位置不同电流下的磁链曲线。转子位置角范围为 0°～30°，每隔 2°剖分计算一次。然后再进一步计算矢量磁位可以求得电机的静特性和铁磁材料中的最大磁密(反映局部饱和程度)。转子位置角为 30°、16°时二种典型转子位置的磁场分布如图 4 所示。这些磁场分布均是一相绕组中流过恒定电流 5 A 时，经有限元计算而获得的。从图 4(b)中可以看出定、转子极表面部分重合时，极身上的局部饱和比较严重。根据磁场分布图(图 4)可以为建立等效磁路模型提供合理假设。

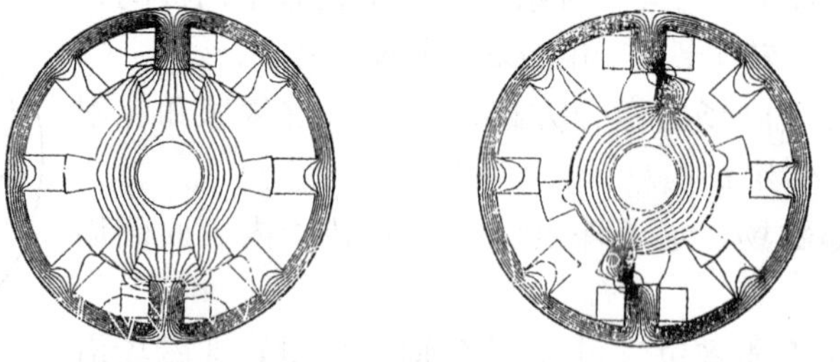

(a) 30°　　(b) 16°

图 4 绕组电流 5 A 时典型转子位置磁场分布

* 参见东南大学微特电机研究室 2D－AMG 和 2D－FEM 用户手册。

2. 静特性及互感曲线的计算

开关磁阻电机的静特性是由磁链曲线 $\psi(\theta,i)$、电感曲线 $L(\theta,i)$ 和矩角特性 $T_{em}(\theta,i)$ 三部分组成。当转子位置角 θ 和 A 相绕组电流为 i 一定值时，有

$$\psi_{pA}(\theta,i)=L_{Fe}\frac{N}{s}(\alpha_{p1}-\alpha_{p2}) \tag{2}$$

$$\alpha_{pi}=\int_{s}A_z(x,y)\mathrm{d}s_{pi} \qquad i=1,2 \tag{3}$$

式中，$p=A$，B，C，D 相，下标 1，2 分别对应绕组截面 1 和 2；s 是绕组的截面积；N 为绕组匝数；L_{Fe} 为铁芯计算长度。

A 相绕组的自感及其与 B、C、D 相之间的互感为

$$L_{pA}(\theta,i)=\frac{\psi_{pA}(\theta,i)}{i} \tag{4}$$

根据机电能量转换原理有

$$T_{em}(\theta,i)=-\left.\frac{\partial W_m{}'(\theta,i)}{\partial\theta}\right|_{i=\text{const}} \tag{5}$$

$$W_m{}'(\theta,i)=\int_0^i\psi_{AA}(\theta,i)\mathrm{d}i \tag{6}$$

根据式(2)～(6)编制相应程序，就可以利用由有限元法计算所得的矢量磁位 A_z 直接求得如图 5 所示的静特性。静特性中在每一位置上绕组电流变化范围为 0～12 A。图 6 给出了 B、C、D 各相与 A 相的互感曲线。图 7 给出了电机铁芯中最大磁密曲线。

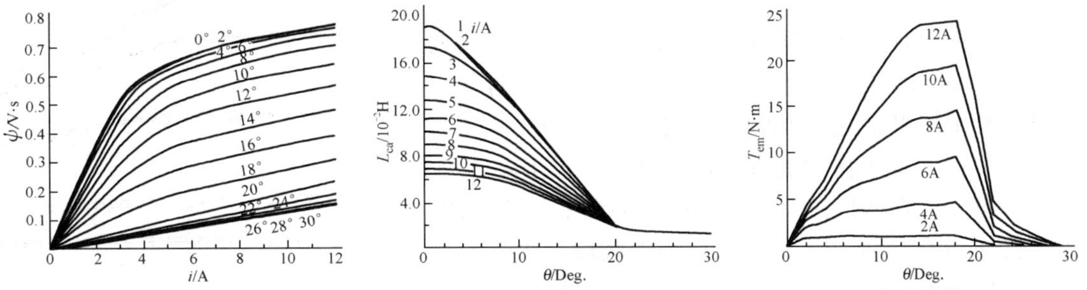

(a) 磁链曲线　(b) 电感曲线　(c) 矩角曲线

图 5　开关磁阻电机静特性

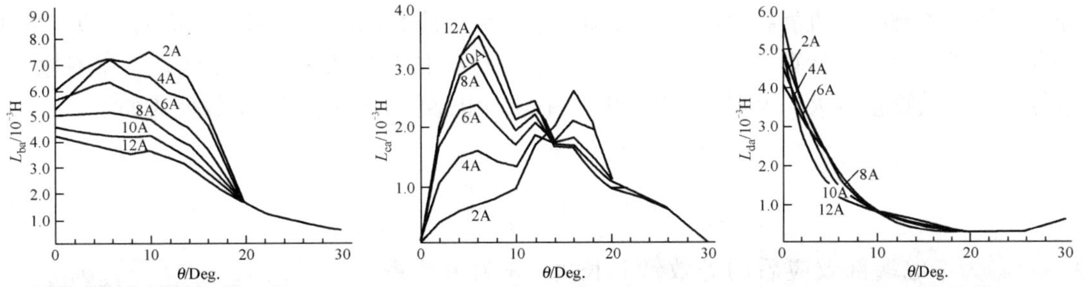

(a) A 相、B 相互感 L_{ba}　(b) C 相、A 相互感 L_{ca}　(c) D 相、A 相互感 L_{da}

图 6　互感特性

从图 5 可以看出，当转子位置角接近 30°时，磁链曲线为一条直线，与电流成正比，电感

值为常数；随着转子位置角从30°渐渐变化至0°时，磁链与电流之间呈非线性关系。随着电流的增加，电感逐渐减小。在同一电流下磁链与电感值都随转子位置 θ 的减小而增大，当转子位置角接近0°时，磁链和电感都增加得十分缓慢。从图5(c)中可以看出，转矩随电流增加而逐渐增大，当电流较大时，转矩增加的幅度较小。在同一电流值，不同转子位置角时，转矩也将不同。在转子位置角为0°，30°时，静转矩均为零，前者为稳定平衡位置，后者为不稳定平衡位置。当转子极、定子极表面部分重合时，转矩则较大。

由图6可见，B 相、D 相与 A 相的 L_{BA} 和 L_{DA} 都随着转子位置角 θ 的减小而增大，其中 L_{BA} 随着电流增加而减小，而 L_{DA} 基本不受电流的影响。C 相与 A 相的互感 L_{CA} 在转子位置角为6°时较大，且随着电流的增加而增大在其他位置则相反。互感 L_{BA}，L_{CA} 和 L_{DA} 与自感 L_{AA} 相比，在图5、图6的范围内有下列关系式：$L_{CA} \leqslant 0.6\% L_{AA}$；$L_{DA} \leqslant 5\%$；$L_{BA} \leqslant (4.4 \sim 8.2)\% L_{AA}$。因此，在本文论述的电机结构中，互感 L_{CA} 和 L_{DA} 可以忽略不计，而 L_{BA} 在准确计算开关磁阻电机性能时则需要加以适当的考虑。

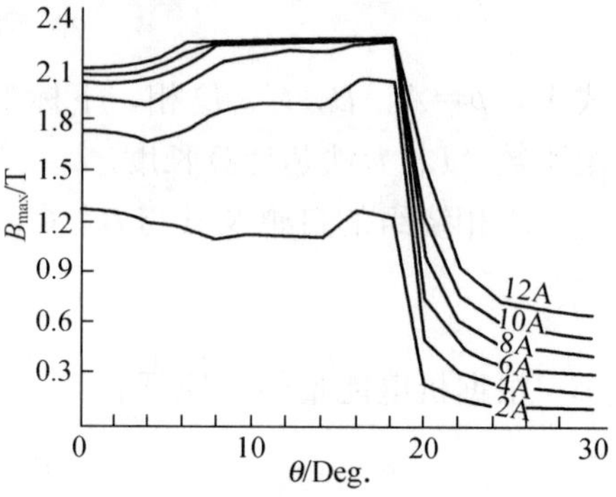

图7 最大磁密曲线

图7表明磁阻电机的局部饱和情况，在转子极、定子极表面部分重合时，极身的局部饱和最为严重，这时局部最大磁密值最高。在其他转子位置下，局部饱和随电流的增大而逐渐增大。

3. 实验结果与有限元法计算结果的比较

为了验证用有限元法所计算的结果是否准确，需要进行实验研究。图8给出了在六个不同转子位置时的电感曲线。其中一组是通过有限元法计算所得的曲线，另一组是经实验测量所得的曲线。从图中可以看出，实验结果与有限元计算结果在大部分区域中都是十分接近的。但是在最小电感位置($\theta=30°$)及其相邻区域，由于端部效应影响较大[8]，而二维有限元法又无法计及这一影响，所以计算值与实测值比较有一定的误差。由理论分析可知开关磁阻电机的性能与最小电感值密切相关，因此，在分析计算开关磁阻电机静特性时，还必须考虑端部效应影响。考虑端部效应的方法有两种：一是利用三维有限元法计算[9]，二是采用修正系数近似估算的方法[8]。显然，三维有限元法比较复杂，且计算量很大，文献[8]中给出了在最小电感位置时的修正系数公式如下：

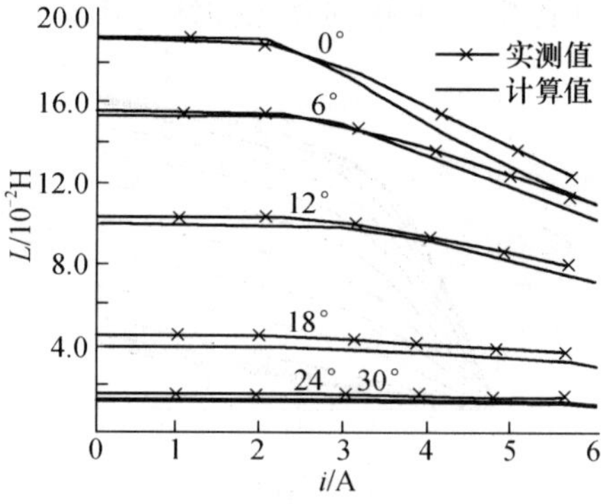

图8 计算和实测的电感曲线

$$L_{Fe}' = L_{Fe} + 2n(1-\sigma) \tag{7}$$

$$\sigma = \frac{2}{\pi}\left\{\arctan\left(\frac{2n}{g_F}\right) - \frac{g_F}{4n}\ln\left[1+\left(\frac{2n}{g_F}\right)^2\right]\right\} \tag{8}$$

式中，L_{Fe}' 为考虑端部效应后的等效铁芯长度；σ 为卡特系数；n 为定子极高的一半。

修正系数所依据的模型如图9所示。该方法较为简单，且能准确反映端部效应的影响。其不足之处在于文献[8]只

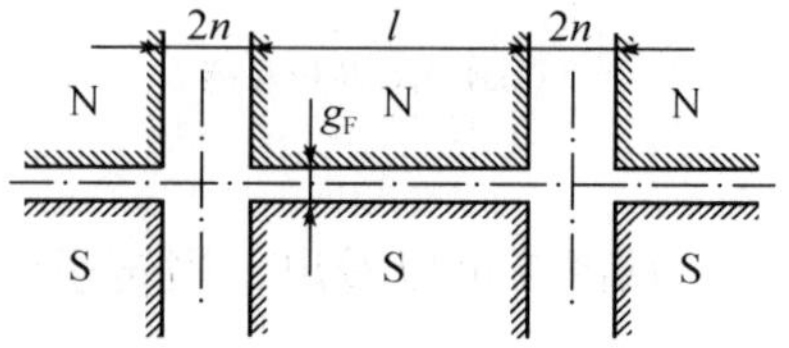

图9 端部效应的近似模型

给出在最小电感位置时的等效气隙 g_F 的计算公式，即只能计及在此位置下的端部效应而不能全面考虑端部效应对静特性的影响。为此，本文作了进一步分析。

文献[8]中 g_F 表示一等效气隙，反映定、转子间气隙磁导的大小。根据这一概念，可以认为在不同转子位置角 θ 时，有

$$g_F(\theta)=\frac{\mu_0\alpha_s}{G_0(\theta)} \tag{9}$$

式中，$G_0(\theta)$为定、转子在转子位置角 θ 时的气隙磁导，α_s 为定子极表面积。将式(9)代入式(8)，就可以求得不同转子位置角 θ 时卡特系数 $\sigma(\theta)$，从而可以近似求得任一转子位置时的端部效应。关于 $G_0(\theta)$ 如何计算，限于篇幅，将在另文中加以叙述。

将根据式(8)、式(9)所求得的修正系数 $\sigma(\theta)$ 代入式(7)中，以等效的铁芯有效长度 L_{Fe} 来计算开关磁阻电机电感曲线，如图 10 所示。从图中可以看出，采用修正系数考虑端部效应以后，理论与实测值更加吻合，精度明显提高。

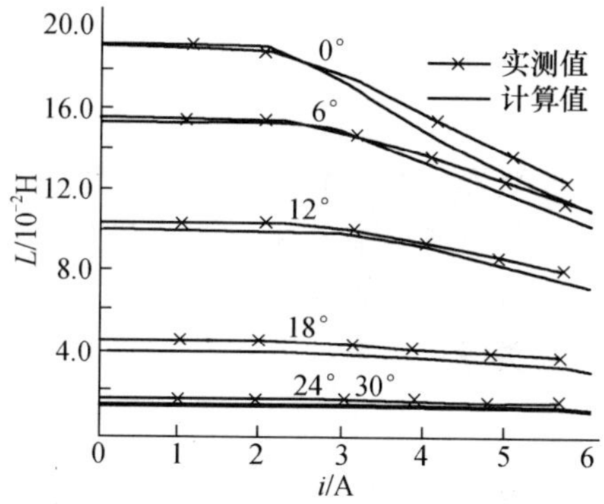

图 10　考虑端部效应的电感曲线

4. 结论

(1) 有限元法可以足够准确地计算出开关磁阻电机的静特性即磁链曲线、电感曲线和矩角特性。但在转子位置角 $\theta=30°$附近，即在最小电感位置附近，还需考虑端部效应的影响，否则将会有一定的误差。

(2) 具有本文所示结构的开关磁阻电机其各相间的互感相当小。C 相和 D 相与 A 相的互感很小，在分析电机性能时，可以忽略不计。B 相与 A 相的互感较大一些，在需要精确分析开关磁阻电机性能时还应适当计及。

(3) 开关磁阻电机最大局部饱和现象，发生在定、转子极表面部分重合位置。最大磁密区域在定、转子极的极尖附近。

参考文献

[1] Lawrenson P J, et al. IEE Proc Pt B, 1980, 127(4): 253-265.
[2] Davis R M, et al. IEE Proc Pt B, 1981, 128(2): 126-136.
[3] Lawrenson P J. Electronics & Power, 1983, March: 144-147.
[4] Stephenson J M, et al. IEEE Proc Pt B, 1979, 126(5): 393-396.
[5] Arumugam R, et al. IEEE Trans on MAG, 1985, MAG-21(5): 1883-1885.
[6] Lindsay J F, et al. IEE Proc Pt B, 1986, 133(6): 347-353.
[7] Dawson Graham E, et al. IEEE Trans on IA, 1987, IA-23(3): 532-537.
[8] Corda J, et al. Proc of Inter Conf on Stepping Motors and Systems, 1979, 50-59.
[9] Simkin J, et al. IEE-Proc Pt B, 1980, 127(6): 368-374.

开关磁阻电机磁场有限元分析与铁耗计算

林鹤云　周　鹗　黄建中　蒋　全
（东南大学电气工程系）

摘要：本文采用有限元计算技术对四相开关磁阻电机（SR 电机）磁场的磁场模式进行了分析研究，阐述了各部分铁芯中磁场变化周期及规律，并借助谐波分析方法估算了电机铁芯损耗。

关键词：特殊电机，铁损，磁场，有限元分析

1. 引言

SR 电机具有双凸极结构，工作原理不同于一般交流电机，其铁芯中磁场的变化规律比较复杂，与电机的结构、转速及控制策略等有着密切关系，且定、转子中磁场的变化频率也不相同[1]。此外，铁芯中的磁密不仅是非正弦、非线性的，而且是变化着的空间矢量，因此，SR 电机铁耗的分析计算是一个具有较大难度的课题。

随着对 SR 电机研究的深入，近年来已有一些文献对 SR 电机铁芯中的磁通波形进行了讨论分析[2~4]。但是，现有研究一般均基于磁路分析，通常以平均磁通或平均磁密的变化规律作为考察对象，因而难以有效地计及漏磁通的影响。此外，SR 电机工作时铁芯中存在严重的局部饱和，而铁芯损耗与磁密变化幅值又呈非线性关系，如果采用平均磁通（磁密）来计算铁耗可能会有较大误差。为了能定量地分析 SR 电机的磁场模式、磁密波形及估算其铁耗，对 SR 电机进行磁场的分析是必要的。

本文应用电磁场有限元分析方法对 SR 电机的磁场分布和铁耗计算进行了研究，开发了 SR 电机磁场及铁耗的分析计算软件 SRM-LOSS。在输入 SR 电机的结构参数及电流波形后，可进行有限元网络自动剖分、磁场计算和场图的显示。完成 0～60°范围内转子不同位置的计算后，即可估算出电机的铁耗。该软件采用下拉式菜单驱动，界面友好。本文应用该软件分析了一台 1.1 kW SR 电机的磁场，给出了铁芯中不同空间位置的磁密波形，并借助于谐波分析预估了电机的铁耗。

2. SR 电机的基本频率

根据 SR 电机的工作原理，定子各相绕组轮流顺序导通。当定子 m 相绕组各导通一次后，转子旋转过一个极距，因此定子铁芯中磁场变化的频率为

$$f_s = \frac{nZ_r}{60} = \frac{\omega Z_r}{2\pi} \tag{1}$$

式中，n——电机的转速；

《电工技术学报》，第 11 卷第 1 期，1996 年 2 月。

ω——角速度；

Z_r——转子极数。

当转子旋转一周后，磁场的大小和方向才开始重复，所以转子铁芯中磁场变化的频率为

$$f_r = \frac{n}{60} = \frac{\omega}{2\pi} \tag{2}$$

文献[2]、[4]从磁路的概念出发指出，对于 m 相 SR 电机，定子轭各段铁芯有 m 个磁通脉冲通过，存在 C_f 种磁通波形

$$C_f = 1 + \text{int}\left(\frac{m}{2}\right) \tag{3}$$

但文献[2]根据磁通的波峰数来确定这些磁通波形的频率分别为

$$f_s' = Kf_s \quad (1 \leqslant K \leqslant m) \tag{4}$$

本文的计算结果表明，尽管定子轭各段铁芯中磁通波形不同，但其变化频率仍均为 f_s。

3. SR 电机的有限元分析模型

为了简化分析，作如下假设[5]：

(1) 电机磁场沿轴向无变化，忽略端部效应，简化为二维电磁场问题。

(2) 铁芯各向同性，磁化曲线单值。

(3) 电机以外的磁场忽略不计。

(4) 忽略铁芯中涡流。

这样，在采用矢量磁位**A**分析 SR 电机磁场时，**A**仅有 A_z 分量，并满足非线性泊松方程，其边值问题为

$$\begin{cases} \dfrac{\partial}{\partial x}\left(\nu \dfrac{\partial A_z}{\partial x}\right) + \dfrac{\partial}{\partial y}\left(\nu \dfrac{\partial A_z}{\partial y}\right) = -J_z \\ A_z = 0 \quad \text{边界 } S_1 + S_2 \text{ 上(见图 1)} \end{cases} \tag{5}$$

式中，ν——媒质磁阻率；

J_z——源电流。

上述边值问题的等价条件变分问题为

$$\begin{cases} W(A_z) = \iint_\Omega \left[\left(\int_0^B \dfrac{1}{\mu} B' \mathrm{d}B\right) - A_z J_z\right] \mathrm{d}x\mathrm{d}y = \min \\ A_z \mid_{S_1+S_2} = 0 \end{cases} \tag{6}$$

根据矢量磁位 A_z 可求得 x，y 两方向上的磁密分量

$$B_x = \frac{\partial A_z}{\partial y} \qquad B_y = -\frac{\partial A_z}{\partial x} \tag{7}$$

无论是单相导通还是两相同时导通方式工作，SR 电机的磁场均呈中心对称性，如果利用此对称性，可取电机截面的一半为计算域，这时两条半径边界为半周期边界。

本文的分析对象为四相 8/6 极结构的 SR 电机，由于定子磁场变化周期为 60°，转子磁场周期为 360°，一般情况下需计算 0°～360°的转子位置才能获得转子一个周期内的磁场变化规律，但考虑到转子各极的磁场在相位上相差 60°，将转子沿周向对称地分割成 6 份，并保证有限元剖分也相同，那么计算 60°范围的转子位置即可获得定、转子铁芯整个周期上的磁密波形。因此，为减少计算次数，计算中仍取整个电机截面为计算域。

四相 SR 电机的有限元网络剖分示意图见图 1(仅绘出定、转子铁芯部分，空气域未画

出），节点数为 1705，单元数 3296。线性方程组求解采用 ICCG 迭代，非线性迭代采用牛顿-拉夫逊算法。

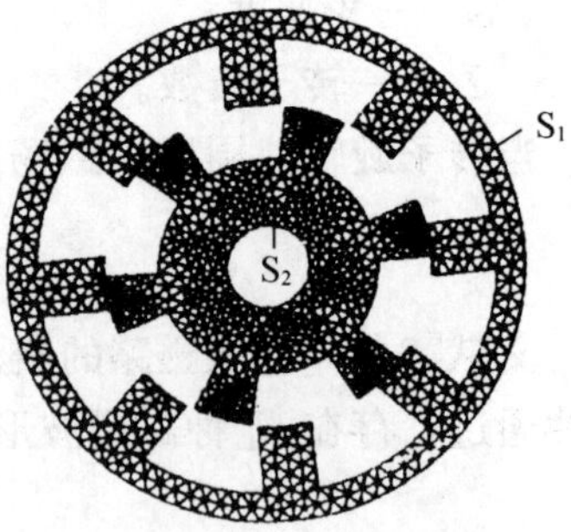

图 1　四相 8/6 极 SR 电机有限元剖分图

4. SR 电机磁密波形的有限元仿真

SR 电机的额定负载工作状态是其基本工作状态，此时一般为单脉冲控制方式。这时电机转速较高，铁芯中磁场变化频率也较高。又由于电机出力大，相电流峰值及平均值高，铁芯中磁密高，电机铁耗也就相应地比较大，因此，对 SR 电机的额定工作状态进行磁场模式分析和铁耗预估是我们首先要解决的问题。

如在 SR 电机设计之初进行磁场分析，其励磁电流波形可通过系统仿真计算得到。由于本文分析的样机及控制系统已经研制，为提高铁耗计算的精确度，本文计算中所用的相励磁电流的波形直接由实验获得，见图 2，开通角 $\theta_0=0°$，关断角 $\theta_p=19.5°$，导通角 $\theta_c=19.5°$，电流的峰值为 8.66 A。计算中所用步长为 1°。

求解有限元方程可得节点上的磁位，然后根据式(7)可求得各单元的磁密 B。由于各点磁密是大小和方向都随时间(转子位置)在变化的空间矢量，即

$$\boldsymbol{B}_{(t)}=B_{x(t)}\boldsymbol{e}_x+B_{y(t)}\boldsymbol{e}_y \qquad (8)$$

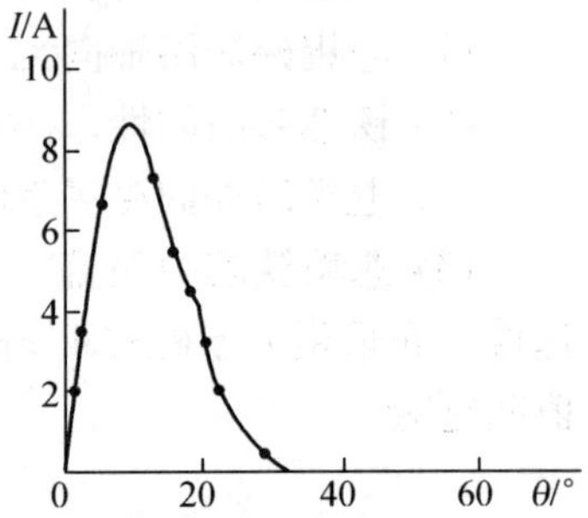

图 2　额定工作状态相电流波形

所以不能直接得到其随时间变化的波形。为便于理解，这里根据 SR 电机磁场分布的特征来求得铁芯各单元磁密的波形。具体方法是，首先根据磁场的分布规律确定各段铁芯的磁通主轴方向，然后以主轴方向上的磁密分量的正负来确定磁密或磁通的正负。考察 SR 电机磁场分布的特征可以知道，在定、转子极部磁通的主轴方向应是 $\boldsymbol{e}_r$ 方向，而轭部主轴方向应是 $\boldsymbol{e}_\theta$ 方向。这样，在极部

$$B=\mathrm{sign}(B_r)|\boldsymbol{B}|$$

在轭部

$$B=\mathrm{sign}(B_\theta)|\boldsymbol{B}|$$

式中，$|\boldsymbol{B}|=\sqrt{B_r^2+B_\theta^2}$。

通过磁场有限元计算并按上述方法对磁密进行处理可得到铁芯各处的磁密波形，本文给出并分析了定、转子铁芯中一些重要位置的磁密波形。这些位置点如图 3 所示。

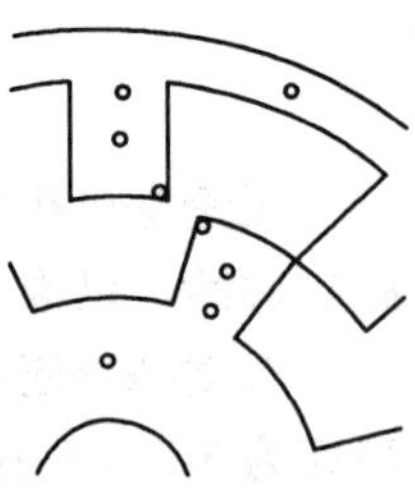

图 3　SR 电机铁芯的一些典型位置

图 4 给出了 A、B、C、D 四相定子极前极尖、极中部和极根部的磁密波形。

图 5 是定子轭 AB、BC、CD、DA' 中点处的磁密波形。

图 6 为转子极前极尖、极中部、极根部与转子轭的磁密波形。

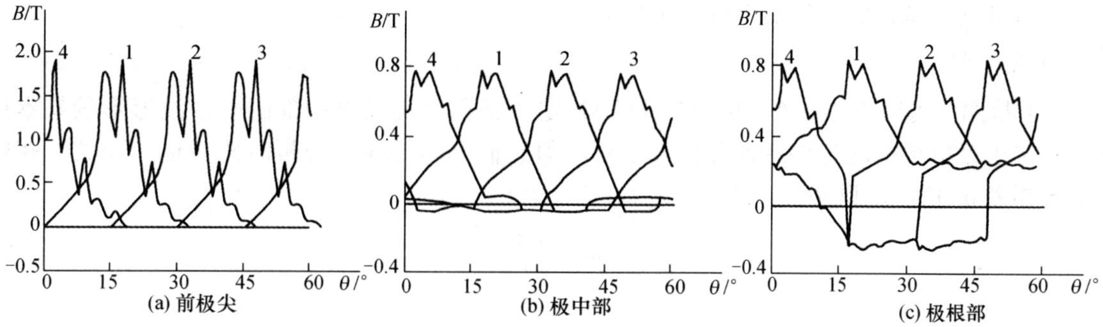

图 4　定子极的磁密波形

1. A相　2. B相　3. C相　4. D相

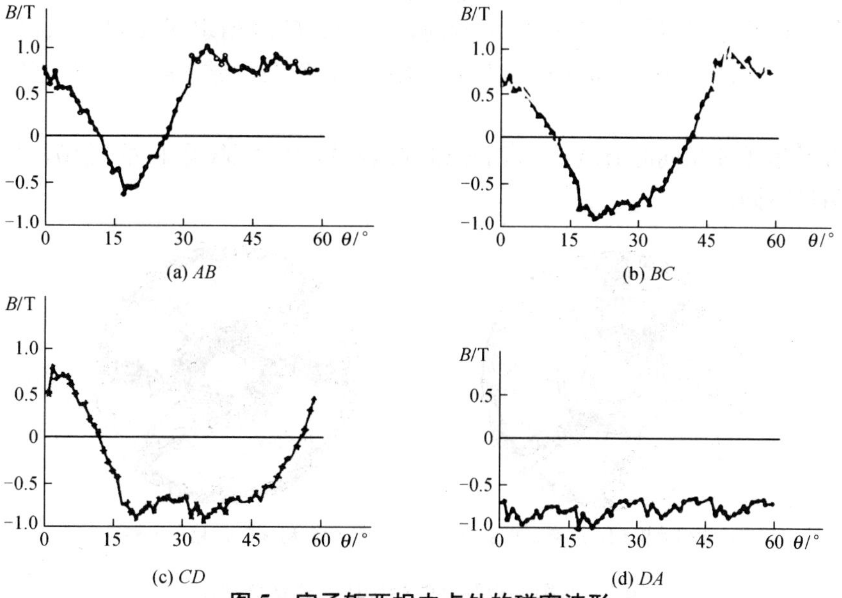

图 5　定子轭两相中点处的磁密波形

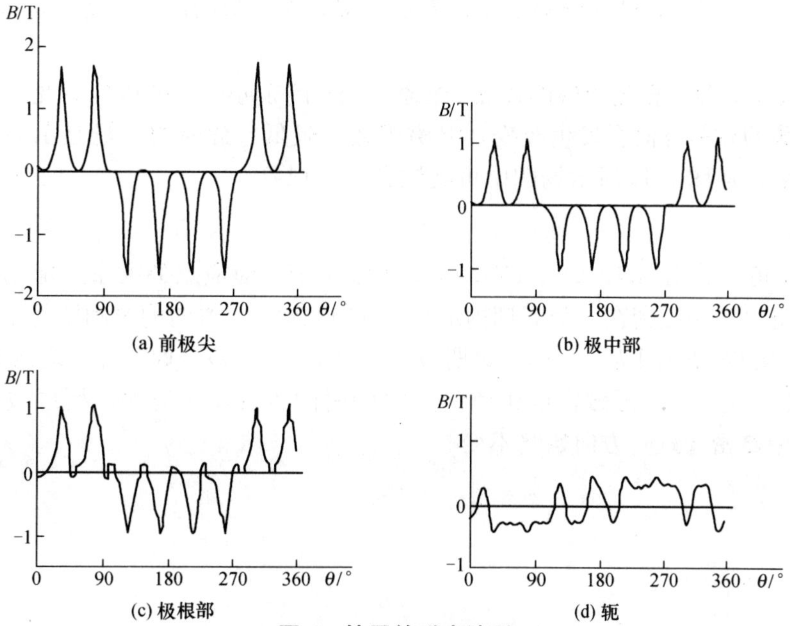

图 6　转子的磁密波形

下面对这些磁密波形分别作进一步分析。

1) 定子极

(1) 从图 4 可以看出，A、B、C、D 四相定子极前极尖及极中部的磁密波形形状基本相同，而定子磁极根部的各相磁密有较大差异，但它们都不是线性分析时的对称三角波。相位上依次相差 θ_d 角，这里 θ_d 定义为

$$\theta_d=\frac{2\pi}{mZ_r} \tag{9}$$

当 $m=4$，$Z_r=6$ 时，$\theta_d=15°$。

(2) 在 $0\leqslant\theta\leqslant\theta_d$ 的范围内定子极磁密波形不同于其他范围内的相应波形。这是由于该时间范围内 A、D 两非邻相同时有励磁，而其他时间内则为相邻两相(如 AB、BC、CD)同时有励磁，所以在忽略其他相导通对本相的影响时，仅 B、C 两相定子极对应点磁密波形相同，A、D 两相均与 B、C 两相不同。如果电机工作时无两相同时有励磁，那么各定子极对应点的磁密波形完全相同。

图 7 给出了非相邻相同时有励磁与相邻相同时有励磁时 SR 电机的磁场，尽管电流值相同，但磁场明显不同。

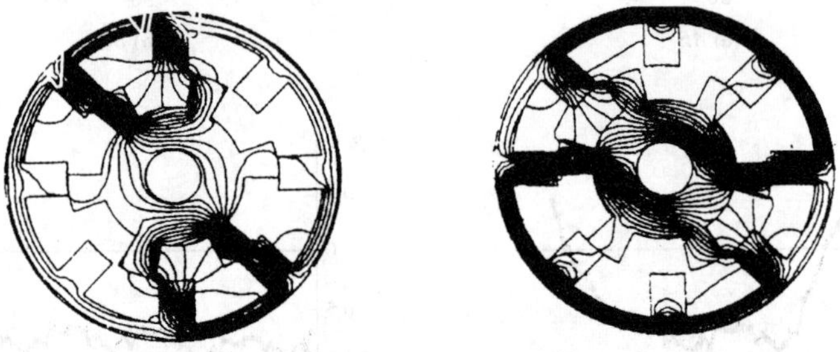

(a) 非相邻相 (A、D 相，θ=8°) (b) 相邻相 (C、D 相，θ=53°)

图 7 非相邻相及相邻相励磁时磁场分布图

(3) 定子极尖处磁密幅值比磁极其他位置高得多，而且脉动幅值也大，因而极尖处的铁耗较多。

(4) A、B、C、D 4 相定子极的磁密(磁通)在整个周期内方向基本不变，只是在其他相励磁时磁极根部的磁密方向会发生改变，但磁密数值较低。此时的磁场是由通过邻接定子轭的磁通扩散而来，从图 7(b)所示场图中可观测到这一现象。

2) 定子轭

(1) 从图 5 可以看出 AB、BC、CD、DA' 4 段定子轭对应点的磁密波形均不相同，而且差异很大。首先表现为磁密在一个周期内取 $+\boldsymbol{e}_\theta$ 方向与取 $-\boldsymbol{e}_\theta$ 方向的时间明显不同，其中各定子轭磁密取 $+\boldsymbol{e}_\theta$ 方向的时间为 $1-i/m$ 周期($i=1, 2, \cdots, m$)，取 $-\boldsymbol{e}_\theta$ 方向的时间为 i/m 周期，见表 1。由于定子 BC 轭磁密取正负两方向的时间各占 1/2 周期，所以波形较接近正弦波。而 DA' 段中磁密(磁通)方向始终不变。

表 1　4 段定子轭磁密取不同方向的时间

方向	定子轭			
	AB	BC	CD	DA'
$+\boldsymbol{e}_\theta$	3/4	1/2	1/4	0
$-\boldsymbol{e}_\theta$	1/4	1/2	3/4	4/4

(2) 根据磁路对称性及电流的周期性可知，对于 AB、BC、CD、DA' 4 段定子轭有

$$\begin{cases} B_{sc}^{BC}(\theta)=B_{sc}^{AB}(\theta-\theta_d) \\ B_{sc}^{CD}(\theta)=B_{sc}^{BC}(\theta-\theta_d) \qquad 2\theta_d\leqslant\theta\leqslant 4\theta_d \\ B_{sc}^{DA'}(\theta)=B_{sc}^{BC}(\theta-\theta_d) \end{cases} \tag{10}$$

式中，$B_{sc}^{AB}(\theta),B_{sc}^{BC}(\theta),B_{sc}^{CD}(\theta),B_{sc}^{DA}(\theta)$——定子轭 AB、BC、CD、DA'中对应点的磁密。

3）转子

(1) 转子各极、轭的对应点磁密波形完全相同，相位上依次相差 θ_d，所以对应的铁耗也相同。

(2) 从图 6 可以观察到，转子极前极尖、极中部、极根部的磁密波形基本相似，只是幅值有所不同。

(3) 转子极、轭的磁密波形的正负半周数值相同，方向相反，所以只有奇次谐波。

(4) 一个周期的转子极的磁密波形由 8 个宽度为 45°的三角波构成，这些三角波波形相同。这是由于转子每转过 45°，定子绕组经过了 3 相导通，每相定子绕组空间位置相差 45°，因而定子绕组磁场在转速的反方向转过 135°，这样定子绕组磁场相对于转子刚好转过 180°角，所以转子磁密开始重复，但磁密的正负取决于该转子极位于以 A 相绕组为中心线的那一侧。

比较文献[4]的磁路分析结果与本文的有限元计算结果不难看出，虽然两者的磁密波形趋势大体接近，但采用磁路方法只能得到一段磁路中的平均磁密，而有限元计算能得到电机铁芯中各点的磁密波形及其脉动的细节，这显然有利于铁耗的定量计算。

5. 铁耗估算

利用有限元计算求得 SR 电机铁芯中各点的磁密后，按上节介绍的方法对磁密进行处理形成各单元的磁密波形，再借助谐波分析即可计算出各次谐波的幅值。转子的磁密波形函数为奇函数，只有奇次谐波。

铁芯损耗一般包括涡流损耗和磁滞损耗，对于正弦磁场，总铁耗可表达为

$$W_{Fe}=W_e+W_m=C_e f^2 B_p^2+C_h f B_p^a \tag{11}$$

式中，C_e，C_h——与铁芯材料特性有关的常数对于非正弦磁场，铁耗可根据下式估算

$$W_{Fe}=K_e W_e+K_h W_h \tag{12}$$

式中，K_e，K_h——涡流修正因子和局部磁滞回线因子，而

$$K_e=\frac{B_1}{B_p}\sum_{i=1}^{n_h}\left(\frac{iB_i}{B_1}\right)^2 \tag{13}$$

$$K_h=1+\frac{0.65}{B_p}\sum_{i=1}^{N}\Delta B_i \tag{14}$$

式中，n_h——计及的谐波次数；

B_i——磁密波形的谐波分量；
N——磁密波形一周期内脉动次数；
ΔB_i——磁密波形的脉动峰值；
B_p——磁密波形的峰值。

将定子铁芯分为对称的 8 个部分，由于磁场的中心对称性，对称于电机中心的两部分磁场规律相同，铁耗相同。转子分 6 个部分，各部分磁场波形相同，只是相位不同，故铁耗也相同。计及 10 次以下谐波，电机的铁耗示于表 2 中。其中的实验数据由 SR 电机与直流电机机组进行试验而得到。

表 2 四相 SR 电机铁耗情况(W)

	涡流损耗	磁滞损耗	实验值
定子	46.63	41.70	
转子	2.05	12.90	
总铁耗	48.68+54.60=103.28		115.0

从表 2 中数据可以看出，本文在磁场有限元分析基础上进行的 SR 电机铁耗计算结果与实验值较为接近，误差能为工程设计计算所接受。

若将磁密波形按相同幅值的正弦波处理，计算的铁耗为 59.12 W，其中涡流损耗为 25.23 W，磁滞损耗为 33.89 W。由此可见，磁密的非正弦变化及脉动使铁耗增加了 74.7%，其中涡流损耗增大了 92.94%，磁滞损耗增大了 61.11%。

6. 结论

本文通过四相 SR 电机额定工作状态下的磁场有限元计算分析了电机各段铁芯中的磁密波形及铁耗，结果表明，SR 电机铁芯的磁密(磁通)波形十分复杂，各段铁芯差异很大，铁耗也不同。由于电机定子中磁通的变化频率几倍于转子，铁耗较多地存在于定子铁芯中。磁密的脉动使铁耗增加很多。为减少电机的铁耗必须尽量减小铁芯磁密波形的脉动，这除了采取合理的控制策略外，更重要的还在于电机结构的优化设计，因而在最初的设计中就应引入场的数值分析。它同时也是演示电机中磁场变化的细节及定量分析 SR 电机铁耗的主要手段。

参考文献

[1] Lawren P J, et al. Variable Speed Switched Reluctance Motors. Proc. IEE, 1980, 127(4): 253 - 265.
[2] Materu P N, et al. Estimation of Switched Reluctance Motor Losses. IEEE Trans, on IA, 1992, 28(3): 668 - 679.
[3] 蒋全. 开关磁阻电机基础理论研究：[博士论文]. 南京：东南大学，1991.
[4] 吴建华，詹琼华，林金铭. 开关磁阻电机的磁通波形. 中国电机工程学报，1993，13(5).
[5] Arumugam R, et al. Magnetic Field Analysis of A Switched Reluctance Motor Using a 2D FE Model. IEEE Trans, on Mag-21, 1985,(36): 1883 - 1885.
[6] Lavers J D, et al. A Simple Method of Estimating the Minor Loop Hysteresis in Thin Laminations. IEEE Trans, on Mag-14, 1978,(5): 386 - 388.

开关磁阻电机调速系统整体稳态性能分析方法研究

周 鹗 叶 炬 蒋 全

（东南大学电气工程系）

摘要：开关磁阻电机调速系统(SRD)的运行机理比较复杂，以往对其稳态性能的研究一般侧重于电机本身，对系统其他重要组成部分如功率变换器中的整流桥、功率变换电路等则很少涉及。因此，SRD 的一些重要性能指标如功率因数、效率等难于准确地计算。本文从系统角度出发，建立了全系统的数学模型，该模型可以用来准确计算系统的稳态性能，计算结果为实验结果所证实。

关键词：功率变换器，整流变压器，开关磁阻电机调速系统

引 言

开关磁阻电机调速系统是一种新型交流调速系统，其理论研究还有待于完善。图 1 是一台 8/6 极电机结构横剖面图，图 2 为其功率变换器示意图。功率变换器包括三相整流桥、功率变换电路、开关器件吸收电路等。本文将对上述结构的开关磁阻电机调速系统进行研究。

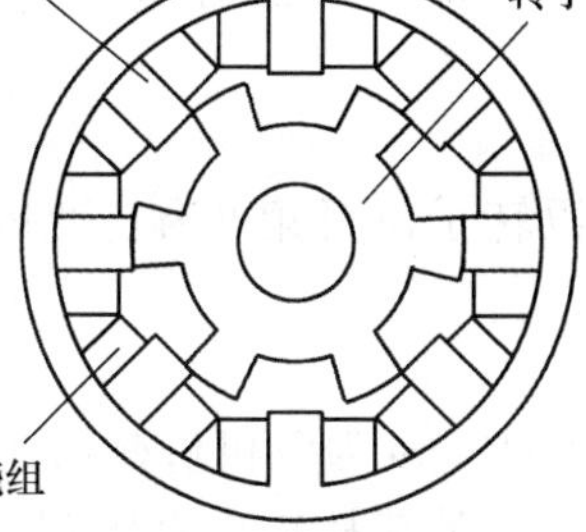

图 1 SR 电机结构横剖面图

SRD 的功率变换器和电机相互影响，构成了一个不可分割的整体。而在以往的分析中却往往忽略了功率变换器对电机的影响，只简单地假定施加到电机相绕组上的电压幅值是一个恒定量。事实上，交流电压整流后不可能得到幅值恒定的直流电压，系统运行时，绕组端部电压总围绕着一个平衡值上下波动，在低速运行时这种波动更为明显。本文将计及上述因素，对 SRD 的稳态性能进行研究。

1. 全系统稳态数学模型

1) 三相整流桥的数学模型

由于电源内部阻抗的影响，整流桥在换相过程中存在换相重叠现象。即在换相阶段，整流桥可能同时有三个整流管处于导通状态。但在一般情况下，电源内部阻抗很小，可以忽略重叠换相的影响，认为任何时刻都只有两个整流管处于导通状态，或者所有整流管都处于关断状态[1]，这时，三相电源内部阻抗可以等效到整流桥输出侧的滤波电感和电阻中，因此，滤波回路的等效电阻和等效电感可以表示为

$$R_d = 2R_n + R_a \tag{1a}$$

$$L_d = 2L_n + L_a \tag{1b}$$

《东南大学学报》，第 23 卷第 5 期，1993 年 9 月，国家自然科学基金会赞助项目。

式中，R_n 为每相电源内部电阻，R_a 为滤波回路电阻，L_n 为每相电源内部电感，L_a 为滤波回路电感。

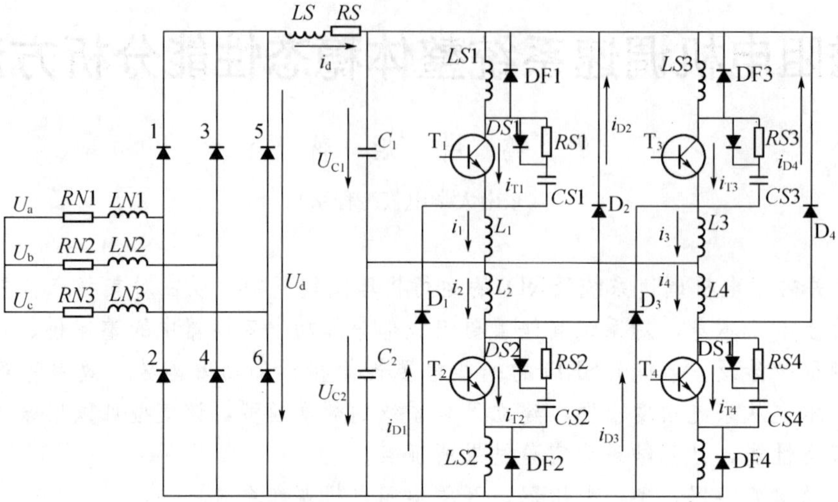

图 2　功率变换器示意图

参照图 2，根据回路电压定理，整流桥的数学模型可以用一阶状态方程表示：

$$\frac{di_d}{dt}=-\frac{1}{L_d}(U_{C1}+U_{C2}+R_d i_d-U_d) \tag{2}$$

以转子位置角 θ 为自变量重写上式：

$$\frac{di_d}{dt}=-\frac{1}{\omega L_d}[U_{C1}(\theta)+U_{C2}(\theta)+R_d i_d(\theta)-U_d(\theta)] \tag{3}$$

其中，ω 为电机机械角速度。

整流桥输出电压 $U_d(\theta)$ 是其前端电源电压和后端均压电容器电压的函数，同时它还与滤波电感上的电流是否为零有关。整流桥输出电压的最大值 U_{dmax} 等于三相电源线电压的最大值。而一个上桥臂整流管和一个下桥臂整流管组合的电路可能导通的必要条件则是它们所对应的线电压为最大，即

$$\left.\begin{array}{l}
当+(u_a-u_c)=U_{dmax}时，D_1 和 D_2 可能导通\\
当-(u_a-u_c)=U_{dmax}时，D_5 和 D_4 可能导通\\
当+(u_b-u_a)=U_{dmax}时，D_3 和 D_4 可能导通\\
当-(u_b-u_a)=U_{dmax}时，D_1 和 D_6 可能导通\\
当+(u_c-u_b)=U_{dmax}时，D_5 和 D_6 可能导通\\
当-(u_c-u_b)=U_{dmax}时，D_3 和 D_2 可能导通
\end{array}\right\} \tag{4}$$

若同时 $U_{dmax}>U_{C1}+U_{C2}$，相应的一对整流管导通，电流正向流通。即 $i_d>0$，并且$\frac{di_d}{d\theta}>0$，i_d 增加。此时下式成立：

$$U_d=U_{dmax} \tag{5}$$

若 $U_{dmax}<U_{C1}+U_{C2}$ 且 $i_d>0$，则$\frac{di_d}{d\theta}<0$，i_d 从正值减小。当 i_d 减小到零时，所有整流管皆处于关断状态，此时下式成立：

$$U_d=U_{C1}+U_{C2} \tag{6}$$

在这种情况下，滤波电感压降为零而且$\frac{di_d}{d\theta}=0$，直到U_{dmax}重新超过$U_{C1}+U_{C2}$。

2）功率变换电路的数学模型

三相交流电源电压经整流后产生的直流电压U_d作用于功率变换电路，从图2可以看出，两个均压电容器C_1、C_2连接的中点将其分为上下对称的两部分。值得注意的是当电机各相绕组顺序导通时均压电容器C_1、C_2上电压的变化。当T_1管开通时，电容C_1放电，其储存的能量转化为电机相应绕组的磁场储能和转子输出的机械能，与此同时，若滤波电感上电流不为零，整流桥将向电容C_1、C_2充电。T_1关断后，绕组电流通过二极管D_1和电容C_2续流。绕组上的磁场储能转变为电容C_2上贮存的电能。显然，在这一个工作周期后，电容C_1的电压将下降，C_2的电压将上升，T_2管工作后的情况则恰好相反。由此可见，电容C_1、C_2上电压的变化将受到整流桥和电机工作方式的影响。正常工作时，电机依序相邻两相可能重叠导通，因而需要考虑电容电压波动时系统稳态性能的影响，只对电机一相进行仿真是不充分的[2]。电容电压的变化情况可以用下式描述：

$$C_1\frac{dU_{C1}}{dt}=i_{C1} \tag{7a}$$

$$C_2\frac{dU_{C2}}{dt}=i_{C2} \tag{7b}$$

而

$$\begin{cases} i_{C1}=i_d+i_{D2}+i_{D4}-i_{T1}-i_{T3} & (8a) \\ i_{C2}=i_d+i_{D1}+I_{D3}-i_{T2}-i_{T4} & (8b) \end{cases}$$

式中i_{C1}、i_{C2}分别为两均压电容器上流通的电流，i_{D1}、i_{D2}、i_{D3}、i_{D4}为电机四相绕组的续流电流，i_{T1}、i_{T2}、i_{T3}、i_{T4}为功率管开通时四相绕组导通电流。

因而功率变换电路的数学模型可用下式描述：

$$\frac{dU_{C1}}{d\theta}=\frac{1}{\omega C_1}(i_d+i_{D2}+i_{D4}-i_{T1}-i_{T3}) \tag{9a}$$

$$\frac{dU_{C2}}{d\theta}=\frac{1}{\omega C_2}(i_d+i_{D1}+i_{D3}-i_{T2}-i_{T4}) \tag{9b}$$

3）SR电机数学模型

SR电机的基本方程为定子相绕组的电压方程：

$$U_p=\frac{d\psi_p}{dt}+i_pR_p,\ p=1,\ \cdots,\ 4 \tag{10}$$

其中，p为相绕组顺序号。

SR电机的数学模型可以表示为以相绕组磁链为状态变量的状态方程。

$$\frac{dU_p}{d\theta_p}=\frac{1}{\omega}(U_p-i_pR_p),\ p=1,\cdots,4 \tag{11}$$

式中，$\theta_p=\theta+(p-1)\times15°$，为电机各相转子相对位置角。

当系统工作时，随着各开关管的顺序导通和关断，电机定子各相绕组上的电压也随之被确定，参照图2，以第一相绕组电压为例：

$$U_1=\begin{cases} U_{C1} & T_1\text{开通，绕组电流流通} \\ -U_{C2} & T_1\text{关断，绕组电流续流} \\ 0 & T_1\text{关断，续流过程结束} \end{cases}$$

综上所述，由方程(3)、(9)、(11)即可构成四相SR电机调速系统的稳态数学模型，它是一个七阶非线性变结构时变的微分方程，现汇总如下：

$$\left.\begin{aligned}&\frac{\mathrm{d}\psi_p}{\mathrm{d}\theta_p}=\frac{1}{\omega}(U_p-i_pR_p),\ p=1,2,3,4\\&\frac{\mathrm{d}U_{C1}}{\mathrm{d}\theta}=\frac{1}{\omega C_1}(i_d+i_{D2}+i_{D4}-i_{T1}-i_{T3})\\&\frac{\mathrm{d}U_{C2}}{\mathrm{d}\theta}=\frac{1}{\omega C_2}(i_d+i_{D1}+i_{D3}-i_{T2}-i_{T4})\\&\frac{\mathrm{d}i_d}{\mathrm{d}\theta}=-\frac{1}{\omega L_d}(U_{C1}+U_{C2}+R_di_d-U_d)\end{aligned}\right\}\tag{12}$$

2. 系统稳态性能指标

1）系统的功率因数

系统的功率因数表示从电源输入到一个电网络中总的电功率利用的比例。从经典意义讲，对于含有感性或容性负载的线性网络，电流相位将滞后或超前于电压，电压和电流间的相角 φ 可以用来表示功率因数：

$$PF=\cos\varphi\tag{13}$$

如果此电网络是非线性的或时变的，上式就失去了意义。我们可以写出功率因数更一般的表达式：

$$PF=\frac{\frac{1}{T}\int_0^T e_a i_a \mathrm{d}t}{e_{rma}i_{rma}}\tag{14}$$

式中，e_{rma}、i_{rma} 为电源电压和电流的有效值，e_a、i_a 可以是任意的以 T 为周期的有界时间函数。

SRD 属非线性负载，当系统接至理想三相交流电压源 u_a 时，三相电流 i_a 是非线性的，对 i_a 作傅立叶级数分解，可以得到：

$$i_a=\sqrt{2}I_{a1}\sin(\omega_s t+\varphi_{a1})+\sqrt{2}\sum_{k>1}^{2}I_{ak}\sin(k\omega_s t+\varphi_{ak})\tag{15}$$

其有效值为

$$I_a=\sqrt{I_{a1}^2+\sum_{k>1}I_{ak}^2}\tag{16}$$

由电流瞬时值同样可以得到电流有效值：

$$I_a=\sqrt{\frac{1}{T}\int_0^T i_a^2\mathrm{d}t}\tag{17}$$

系统从交流电源侧观察到的功率因数为

$$PF=\frac{\frac{1}{T}\int_0^T u_a i_a\mathrm{d}t}{U_a I_a}\tag{18}$$

由于电源电压为基波，因而只有基波电流做功，功率因数也可以表示为

$$PF=\frac{U_a I_{a1}\cos\varphi_{a1}}{U_a I_a}=\frac{I_{a1}\cos\varphi_{a1}}{I_a}=DF\cos\varphi_{a1}\tag{19}$$

其中，U_a 为电源相电压有效值，φ_{a1} 为基波电流相角，DF 为三相电源相电流畸变率。

2）系统的效率

SRD 的损耗包括电机定子绕组铜耗 P_{Cu}，铁芯损耗 P_{Fe}，机械损耗 P_m 和功率变换器的损耗 P_c。其中铁耗仍然是一个有待解决的问题[2]，功率变换器的损耗主要包括开关器件的导通损耗和吸收电路的功耗。

系统的输入功率为

$$P_{in}=3U_aI_a \tag{20}$$

当不计铁芯损耗时，系统的输出功率近似为

$$P_{out}=P_{in}-P_{Cu}-P_m-P_c \tag{21}$$

系统效率近似为

$$\eta=\frac{P_{out}}{P_{in}} \tag{22}$$

3. 分析结果

表 1 给出了所研制的样机在输出额定转矩时的稳态性能指标计算值及实测值。

表 1　系统输出额定转矩时的稳态性能指标计算值及实测值

电机转速(r/min)	系统功率因数 PF	系统效率 η	
		计算值	实测值
1 500	0.953 8	85.4%	83.4%
1 000	0.950 3	82.3%	80.1%
500	0.946 1	71.5%	68.7%
50	0.842 6	42.7%	37.6%

图 3(a)和图 3(b)分别是系统在高速运行区的绕组电流波形计算曲线和实拍波形。图 4(a)和图 4(b)是系统在低速运行区的绕组电流波形计算曲线和实拍波形。对应工况的整流桥输出电压和电流波形如图 5 和图 6 所示。

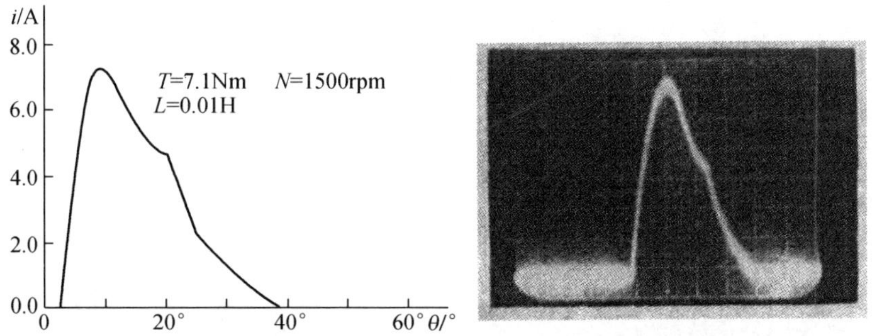

(a)　(b)

图 3　单脉冲工作状态绕组电流仿真及实拍波影

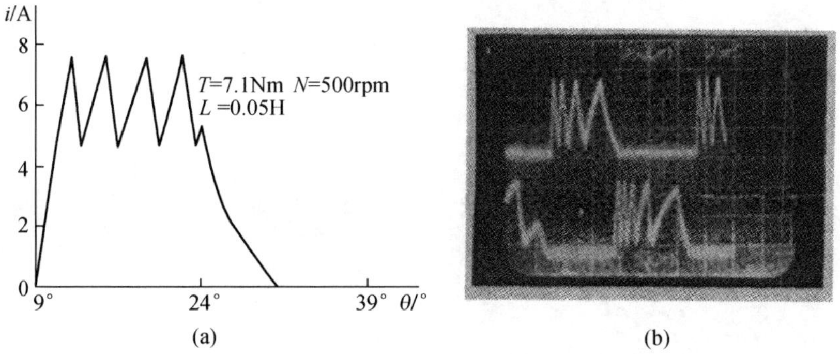

(a)　(b)

图 4　斩波工作状态绕组电流仿真及实拍波形

4. 结论

本文将 SRD 的功率变换器和电机作为一个整体建立系统稳态数学模型，并给出了系统稳态性能指标计算公式，计算结果和实测结果的一致性证实了本文分析的正确性。详细的系统稳态性能计算方法和结果将在文献[3]中给出。

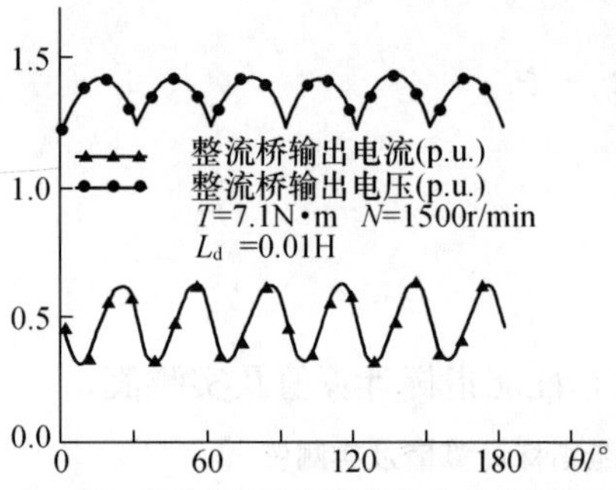

图5 单脉冲方式下整流桥电压和电流

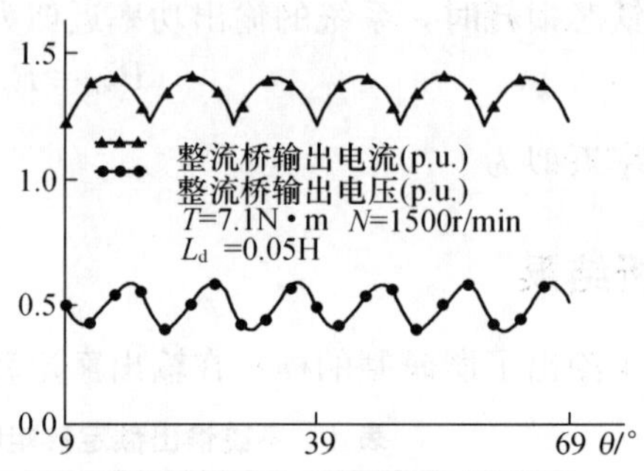

图 6 斩波方式下的整流桥电压和电流

参考文献

[1] Kullcy W, et al. Rectifier Design for Minimun Lino Current Harmonics and Maximum Power factor. International Conference on IA, 1989: 13 - 22.

[2] 蒋全. 开关磁阻电机基础理论研究. 东南大学博士论文, 1991.

[3] 叶炬，周鹗，蒋全. 开关磁阻电机调速系统整体稳态性能数字仿真. 东南大学学报，待发表.

开关磁阻电机调速系统整体稳态性能数字仿真

叶 炬 周 鹗 蒋 全

（东南大学电气工程系）

摘要：在完整地建立了开关磁阻电机调速系统（SRD）的数学模型基础上，本文论述了利用数字仿真技术计算SRD稳态性能的方法，提出了在计算过程中加速系统状态变量迭代收敛速度的措施，给出了系统稳态性能计算的具体结果并进行了分析。

关键词：数字仿真，功率因数，开关磁阻电机调速系统

引言

四相开关磁阻电机调速系统的数学模型是一个七阶非线性时变的微分方程，系统状态方程为

$$\left.\begin{aligned}&d\psi_p/d\theta_p=(u_p-i_pR_p)/\omega,\ p=1,2,3,4\\&du_{C1}/d\theta=(i_d+i_{D2}+I_{D4}-i_{T1}-i_{T3}/\omega C_1)\\&du_{C2}/d\theta=(i_d+I_{D1}+i_{D3}-i_{T2}-i_{T4})/\omega C_2\\&di_d/d\theta=(u_{C1}+u_{C2}+R_di_d-u_d)/\omega L_d\end{aligned}\right\}\tag{1}$$

由于SR电机绕组的电感和磁链是电流和转子角度的非线性函数[1]，加上功率变换器的变结构特点，因而很难用解析法求解系统状态方程，本课题采用数字仿真方法计算，且假设SR电机的静态特性 $\psi(\theta,i)$，$L(\theta,i)$，$T(\theta,i)$在用二维电机电磁场方法求解之后为已知，并以表格的形式在计算机内存储[2,3]。

1. 数字仿真计算方法

1）仿真周期的选取

系统稳态运行时，网络中所有节点电压和器件上的电流都呈周期性变化性质。仿真周期将随着电机转速的变化而变化。

当不考虑整流桥影响时，电机磁链的变化频率为

$$f_m=NN_r/60\ (\text{Hz})\tag{2}$$

其中，N_r 为电机转子极数，本文研究的样机 $N_r=6$；N 为电机转速（r/min）。系统仿真周期为

$$\theta'_{cy}=360°/N_r=60°\tag{3}$$

在考虑整流桥影响后，系统状态变量的变化频率 f 是 f_m 和三相电源工频 f_s（50 Hz）的最大公约数，系统仿真周期为

$$\theta_{cy}=(f_m/f)\theta'_{cy}\tag{4}$$

《东南大学学报》，第24卷第1期，1994年1月，国家自然科学基金资助项目。

表 1 列出了系统仿真周期 θ_{cy} 在一些电机转速下的值。

表 1　不同电机转速时仿真周期 θ_{cy} 的值

电机转速 N/r/min	1 500	1 000	500	250	50
仿真周期 θ_{cy}/°	180	120	60	60	60

2）状态变量初始值的选取

用四阶龙格-库塔法求解 *SRD* 的状态方程(1)，首先需确定状态变量初值，它们一般是未知的，可以先利用一假定值进行迭代求解，直至两次迭代结果的误差在允许范围之内。但对状态变量初值的正确预估将决定迭代的收敛性，选择得当可以加速收敛速度。

若不考虑整流桥的影响，并假定均压电容电压恒定，对电机一相绕组进行仿真计算，即方程组(1)退化为一阶方程。仿真计算的初值可以选择为 $\psi_{10}=0$，$i_{10}=0$，由此可以计算出电机一相的磁链和电流在一个周期内的瞬时值。假设电机四相开关网络对称，电机四相绕组的导通次序为 1－4－3－2－1，四相绕组在 60°转子角度区间内的磁链和电流值可以相应地导出：

$$\left.\begin{aligned} i_p(\theta) &= i_1[\theta+(p-1)\times 15°], \quad p=2,3,4 \\ \psi_p(\theta) &= \psi_1[\theta+(p-1)\times 15°], \quad p=2,3,4 \end{aligned}\right\} \tag{5}$$

其四相绕组电流波形示意图如图 1 所示。

进一步考虑在 60°区间内均压电容器电压的波动情况，但假定两均压电容器电压之和恒定为 U_s。由图 1 可见，每隔 15°，绕组电流的分布形状相同，参照文献[2]的图 2 可知，1、3 相绕组共用电源 U_{C1}，二、四相绕组共用电源 U_{C2}，由功率变换器的工作基理[2]可知，电容电压的变化周期为 30°转子机械角，且在前后两个半周期内呈镜像对称。电容电压波动情况示意图如图 2 所示。

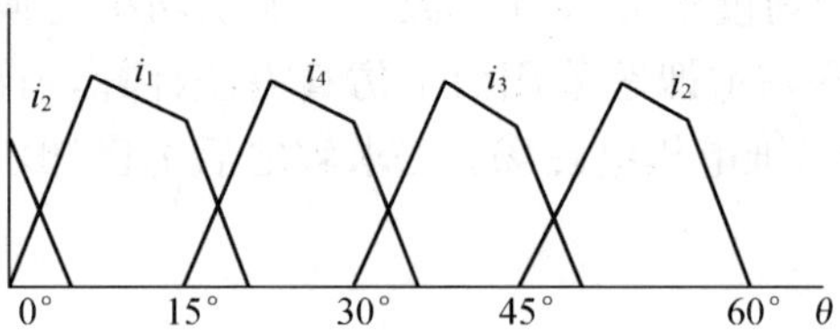

图 1　四相绕组电流波形图

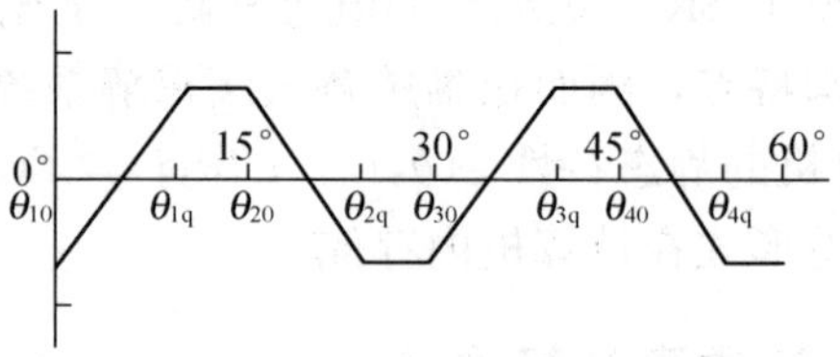

图 2　电容电压波动示意图

在计算出 60°区间内的四相电流瞬时值后，15°区间内电容电压的波动值即可算出。按照式(1)，不考虑整流桥的影响，上桥臂均压电容器的电压为

$$\begin{aligned} U_{C1} &= \frac{1}{\omega C_1}\int_{\theta_0}^{\theta_0+15°}(i_{D2}+i_{D4}-i_{T1}-i_{T3})\mathrm{d}\theta+U_s/2 \\ &= \frac{1}{\omega C_1}\int_{\theta_0}^{\theta_0+15°}(i_{D1}+i_{D2}+i_{D3}+i_{D4}-i_1-i_3)\mathrm{d}\theta+U_s/2 \end{aligned} \tag{6}$$

其中 θ_0 为开关管触发角，$i_p=i_{Dp}+i_{rp}$，$p=1$，2，3，4。同样地，

$$U_{C2} = \frac{1}{\omega C_2}\int_{\theta_0}^{\theta_0+15°}(i_{D1}+i_{D2}+i_{D3}+i_{D4}-i_2-i_4)\mathrm{d}\theta+U_s/2 \tag{7}$$

因而经过 15°转子机械角，电容电压的变化值为

$$\Delta u = |U_{C1}-U_{C2}| \tag{8}$$

波动幅度为 $\Delta u/2$，假定 $C_1=C_2=C$，则

$$\Delta U = \left|\frac{1}{\omega C}\int_{\theta_0}^{\theta_0+15°}(i_2+i_4-i_1-i_3)\mathrm{d}\theta\right| \tag{9}$$

可以看出，电容电压的变化量与均压电容器电容量成反比。为保证电容电压在电机运行时不出现大波动，均压电容器电容一般都选得较大。本文分析的样机系统中的 C 取 1 000 μF。

系统仿真从电机第一相刚刚开始导通即 $\theta=\theta_{10}^{+}$ 时开始计算。在 $\theta=\theta_{10}^{-}$ 时刻，按照电机导通相序，第二相是最近的导通相，其影响是 u_{C_1} 升高，u_{C_2} 降低[2]，因而

$$\left.\begin{aligned} u_{C_{10}} &= U_s/2+\Delta u/2 \\ u_{C_{20}} &= U_s/2-\Delta u/2 \end{aligned}\right\} \tag{10}$$

滤波回路电流 i_d 初始值的选取可以分两种情况考虑。在滤波电感很小时，电流 i_d 是不连续的，即在转子角度的某个区域内 i_d 为零，通过巧妙地选择三相电源电压的初始相角(这种选择并不影响仿真结果)，可以确定 i_d 的初始值为零。本文假设：

$$\left.\begin{aligned} u_a &= 220\sqrt{2}\sin(\omega_s t+\pi/6) \\ u_b &= 220\sqrt{2}\sin(\omega_s t+5\pi/8) \\ u_c &= 220\sqrt{2}\sin(\omega_s t-\pi/2) \end{aligned}\right\} \tag{11}$$

其次，在滤波电感值较大时，电流 i_d 是连续的，即 i_d 始终大于零。这时可以假定 i_d 的初始值为零，准确值经过迭代求得。

通过上述方法，可以得到系统全部状态变量的初始值，同时系统状态变量的变化规律也相应求出。

2. 计算结果

以文献[2]提供的样机进行系统的稳态性能计算。图 3(a)和 3(b)分别是系统在转速为 1 500 r/min和 500 r/min，输出平均转矩为 7.1 N·m 工况下四相合成电磁转矩的瞬时值。系统在高速运行区以单脉冲方式工作，在低速运行区以斩波方式工作。从图 3(b)可以看出，电机低速运行时的转矩脉动较大，这也是 SRD 低速运行时噪音较大的原因。

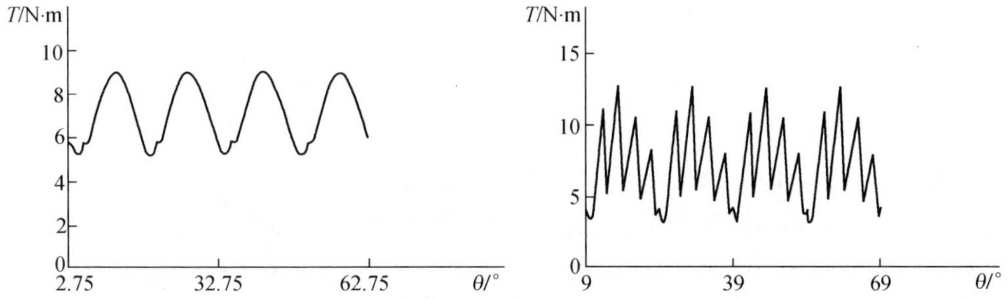

(a) T=7.1N·m，N=1 500r/min，L_d=0.01H　　(b) T=7.1N·m，N=500r/min，L_d=0.05H

图 3　四相绕组合成电磁转矩

使滤波电感值在较宽的范围内变化，研究它对系统稳态性能的影响，可以看到它直接影响系统的功率因数、整流管的电流以及均压电容器的电压。图 4 表示三种典型的电源相电流和相电压波形。其中电压基值为 $U_N=220$ V，电流基值为 $I_N=P/3U_N$(A)。图 4(a)中，滤波电感很小，从图中可以看出电源相电流是不连续的，流经整流管的电流峰值较大，这种情况下的电源相电流严重畸变，系统的功率知数也就不可能很高。图 4(b)中的滤波电感取得很大，这时的电源相电流不仅是连续的，而且基本上看不出有明显的波动，流经整流管的电流比较小，功率因数也较高。滤波电感为无穷大时，系统功率因数最高，达到 0.96，整流桥的电

流容量要求也最低。图 4(c)介于上述两种情况之间。图 5 是斩波工作情况下的一组电源相电压和相电流波形，它和单脉冲工作方式下的情况相似。表 2 是在额定负载工况下系统稳态性能随滤波电感值变化的计算结果。

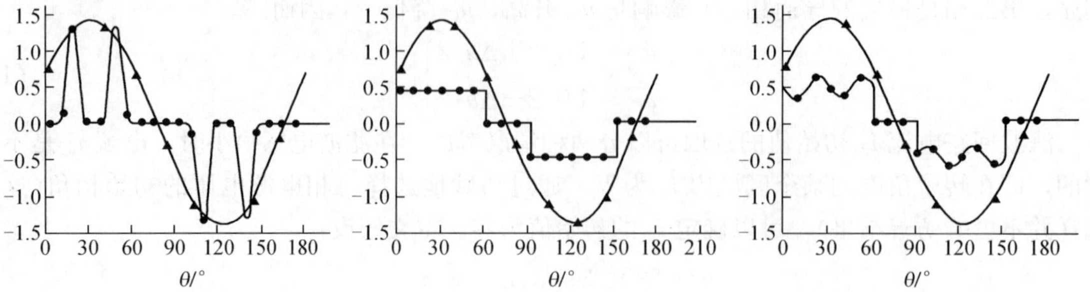

(a) T=7.1 N·m N=1 500 r/min L_d=0.000 5 H
(b) T=7.1 N·m N=1 500 r/min L_d=0.1 H
(c) T=7.1 N·m N=1 500 r/min L_d=0.01 H

图 4 电流电压波形

▲—相电压 ●—相电流

表 2 不同滤波电感下的稳态性能

转速/r/min		滤波电感值 L_d/mH				
		1	5	10	50	100
U_{cav}(V)	1 500	262.179	256.666	256.248	256.202	255.834
	500	270.832	270.131	265.174	262.124	261.743
I_{arms}(A)	1 500	2.700	2.158	1.990	1.916	1.936
	500	1.056	0.919	0.836	0.693	0.695
F_p	1 500	0.685 3	0.858 1	0.928 8	0.953 8	0.954 7
	500	0.595 5	0.713 6	0.797 3	0.946 1	0.952 6

注：U_{cav}为均压电容器电压平均值，I_{arms}为整流管电流有效值，F_P 为系统功率因数。

图 6～图 8 分别是系统在额定工况下的功率因数、整流管平均电流和均压电容器电压平均值随滤波电感值变化的对数图。可见，随着滤波电感值的增大，系统功率因数增大，整流管电流有效值降低，但均压电容器电压平均值将下降。考虑上述诸因素和装置的经济性，对于本文研究的样机系统，兼顾到电机的整个运行工作区，滤波电感 L_d 取 50 mH。

图 9 是均压电容器电压在一个工作周期内的变化波形。可以看出，均压电容器电压是围绕平均值波动的。系统低速运行时，电机反电势较小，相绕组的电流上升率较大，导通时间也较长，导致电容电压波动幅度也增大。图 10 是额定工况下的电容器电流波形。

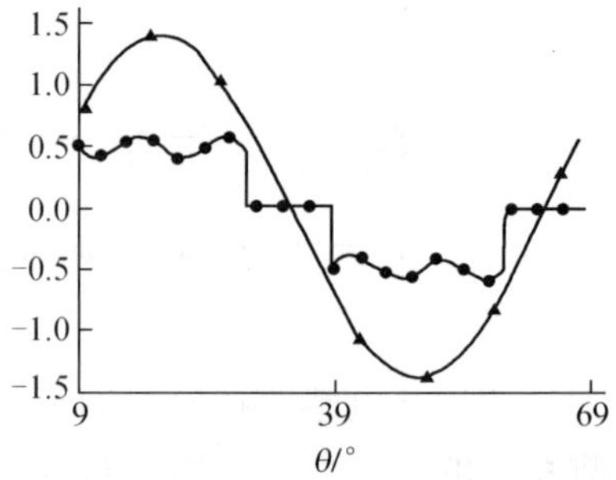

图 5 低速运行区的电源相电压和相电流

T=7.1 N·m N=500 r/min L_d=0.05 H

▲—相电压 ●—相电流

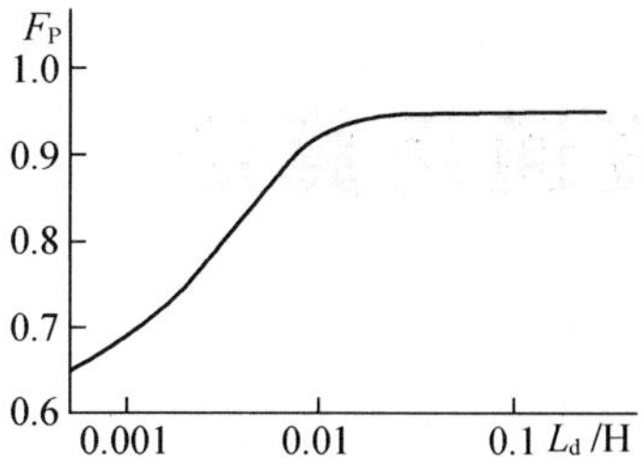

T=7.1 N·m N=1 500 r/min

图 6 系统功率因数

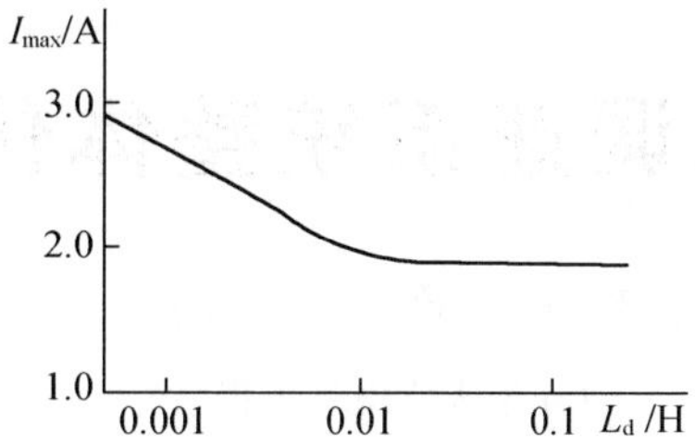

T=7.1 N·m N=1 500 r/min

图 7 整流管电流有效值

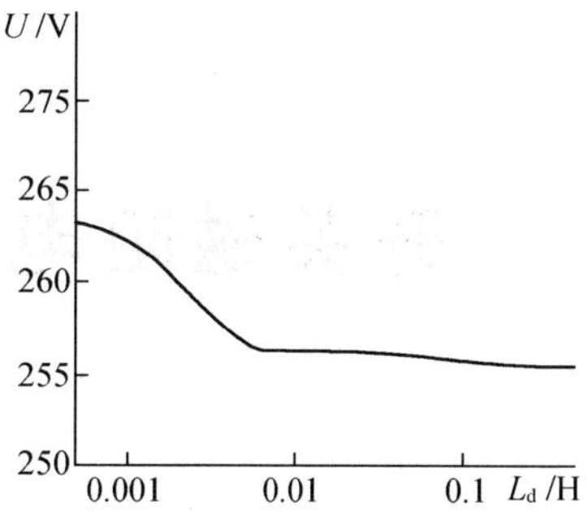

T=7.1 N·m N=1 500 r/min

图 8 均压电容电压平均值

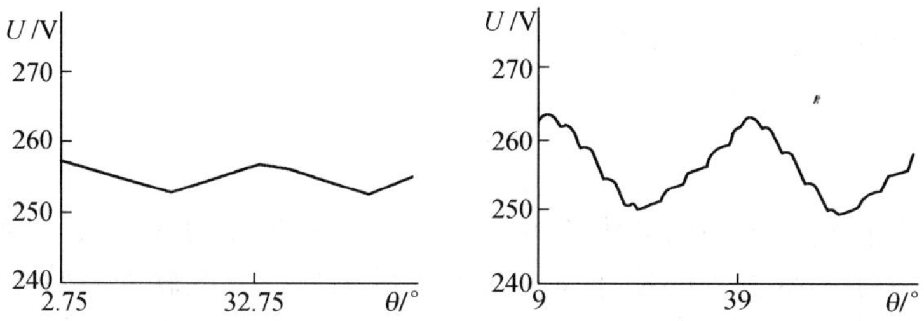

(a) T=7.1 N·m N=1 500 r/min L_d=0.01 H

(b) T=7.1 N·m N=500 r/min L_d=0.05 H

图 9 均压电容电压瞬时值

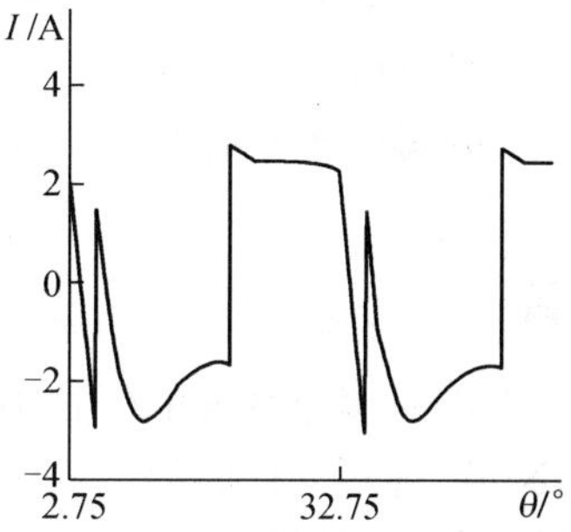

T=7.1 N·m N=1 500 r/min L_d=0.05 H

图 10 均压电容电流波形

3. 结论

利用本文提供的SRD稳态性能计算方法可以迅速和准确地求解系统的状态方程。系统稳态性能的全面分析结果也为功率变换器和电机的优化设计打下了基础。仿真结果显示，系统低速运行性能较差，对功率变换器的要求也较高(这也是所有调速系统共同存在的问题)，需要优化系统控制策略以提高低速运行区的性能。

参 考 文 献

[1] 周鹗，蒋全. 开关磁阻电机的变网络等效磁路模型. 全国电机学术年会论文集. 哈尔滨：中国电工技术学会，1990：640-645.

[2] 周鹗，叶炬，蒋全. 开关磁阻电机调速系统整体稳态性能分析方法研究. 东南大学学报，1993，23(5)：115-121.

[3] 蒋全. 开关磁阻电机基础理论研究：[学位论文]. 南京：东南大学电气工程系，1991.

开关磁阻电机调速系统整体仿真通用算法

黄建中　蒋　全　周　鹗

（东南大学电气工程系）

摘要： 针对开关磁阻电机调速系统功率电路型式较多、包含开关器件和非线性元件的特点，本文提出了一种系统整体仿真的通用算法，并给出了系统仿真实例，仿真结果与实验结果较为一致。

关键词： 开关磁阻电机调速系统，仿真，通用算法

引言

在电机调速系统的仿真中，目前已有多种商品化的仿真软件，如SPICE、EMTP、PSM、SMNON等[1]，它们的主要区别在于系统方程的描述及求解方程的方法，有些软件有特定的分析对象和特定的分析目的，不是真正面向电路；有些软件即使面向电路，但由于开关磁阻电机磁特性的非线性较为严重，常需要用表格形式描述，也难以用商品化软件来仿真整个系统；此外，开关磁阻电机调速系统各部分电路的型式较多，网络结构不同，控制思想也是多样的，商品化软件也难以通用，因此有必要编制适合于开关磁阻电机调速系统的通用仿真程序。文献[2]将电机及控制方式表示为SPICE模型，用SPICE通用软件仿真了开关磁阻电机调速系统的稳态性能及瞬态响应，但其前提是对电机磁特性进行简化，且模型较为复杂。文献[3]将电机和功率变换器看成一个整体，建立了系统的整体稳态数学模型，但主要是针对一特定系统进行的。本文分析了开关磁阻电机调速系统的仿真特点，在此基础上提出初步仿真步骤，推导了开关磁阻电机调速系统基本单元电力电子电路的仿真算法，最后给出仿真及实验结果。

开关磁阻电机调速系统与其他调速系统不同之处主要在于中间直压电路和功率变换电路，随着电机相数、能量回馈方式及控制方式的不同，这两部分电路的型式和电路的拓扑结构也有多种变化。

本文将整流电路、中间直压电路和功率变换电路看作一条电路链，在每一仿真步长内将电路链后一部分等效为前一部分的电流源负载，将前一部分等效为后一部分的电压源输入，其中电流源的大小等于流过后一部分电压源的电流，电压源的大小等于前一部分电流源端电压。在各个部分分别建模后，关键问题是开关磁阻电机调速系统基本单元电力电子电路的仿真。

1. 电力电子电路仿真算法

现有商品化仿真软件的仿真算法主要有两种：基于节点法用伴随模型形成节点导纳方程

《东南大学学报》，第27卷第6期，1997年11月。

和基于网络分析法形成状态变量方程。后者的优点是可以给出一组能完全描述网络动态特性的一阶微分方程。在电力电子电路包含有开关器件时，随着开关器件的通断，电路拓扑结构将不断变化。在电路仿真中如何处理开关器件是一个关键问题。文献［4］、［5］提出了“不变状态空间法”，在开关通断引起电路拓扑结构变化时，保持状态变量不变，但这种方法未计及电压源和电流源，其分析也比较复杂。在此基础上本文推导了一种较为简单的仿真算法。

为简化表示，认为所给网络的各个支路都是简单支路，不是各类元件的组合，设电路包含有：电压源 E、电流源 J、理想开关 S、电阻 R、电感 L 和电容 C，并且满足以下条件：不存在只由 J 或 J、S 构成的割集，也不存在只由 E 或 E、S 构成的回路。

根据网络图论，选取网络的一个正态树，并按一定的顺序对网络的各支路进行编号，列写出基本割集矩阵和基本回路矩阵[6]。为说明原理，认为网络树支中包括电压源、电容、开关、电阻和电感，而连支中包括开关、电感和电流源，实际上这种假设排除了纯电容回路的可能性。考虑开关磁阻电机调速系统中电路的实际情况，这种假设是合理的。但是，由于包括理想开关，可能出现开 S、L、J 组成的割集和闭 S、C、E 组成的回路，实际状态变量会减少，因此与一般电路分析大不相同。对具有 $N+1$ 个节点的、M 条支路的网络来说，则其与树 T 相应的基本割集矩阵为 $N\times M$ 矩阵，基本回路矩阵为 $(M-N)\times M$ 矩阵。

按上述定义的电路基本割集矩阵为

$$\begin{array}{c} \quad\quad E_t\quad C_t\quad S_t\quad R_t\quad L_t\quad S_t\quad L_t\quad J \\ \boldsymbol{Q}=\begin{bmatrix} I_E & & & & & F_{ES} & F_{EL} & F_{EJ} \\ & I_C & & & & F_{CS} & F_{CL} & F_{CJ} \\ & & I_S & & & F_{SS} & F_{SL} & F_{SJ} \\ & & & I_R & & 0 & F_{RL} & F_{RJ} \\ & & & & I_L & 0 & F_{LL} & F_{LJ} \end{bmatrix}\begin{matrix} E_t \\ C_t \\ S_t \\ R_t \\ L_t \end{matrix} = [1 \cdots F] \end{array} \tag{1}$$

基本回路矩阵为

$$\boldsymbol{B}=[-F^T \cdots 1] \tag{2}$$

根据基尔霍夫第一、二定律，

$$\boldsymbol{QI}=0,\qquad \boldsymbol{BU}=0 \tag{3}$$

$$\boldsymbol{I}=[I_{Et}\quad I_{Ct}\quad I_{St}\quad I_{Rt}\quad I_{Lt}\quad I_{St}\quad I_{Lt}\quad I_J]^T$$

$$\boldsymbol{U}=[U_{Et}\quad U_{Ct}\quad U_{St}\quad U_{Rt}\quad U_{Lt}\quad U_{St}\quad U_{Lt}\quad U_J]^T$$

再与支路电压电流关系(VCR 方程)联立，选取树支电容电压和连支电感电流为状态变量，可得网络的状态方程为

$$\dot{U}_{Ct}=-C_t^{-1}F_{CL}I_{Lt}-C_t^{-1}F_{CS}I_{St}-C_t^{-1}F_{CJ}I_J \tag{4}$$

$$\begin{aligned}\dot{I}_{Lt}=&L^{-1}F_{CL}^{T}U_{Ct}-L^{-1}F_{RL}^{T}R_tF_{RL}I_{Lt}\\&+L^{-1}F_{SL}^{T}U_{St}+L^{-1}F_{EL}^{T}U_{Et}-L^{-1}F_{RL}^{T}R_tF_{RJ}I_J-L^{-1}F_{LL}^{T}L_tF_{LJ}\dot{I}_J\end{aligned} \tag{5}$$

其中，$L=L_{Lt}+F_{LL}^{T}L_tF_{LL}$。

将树支中开关的电压 U_{St} 和连支中开关的电流 I_{St} 作为输入，将相应的 I_{St} 和 U_{St} 作为输出，可得开关方程

$$I_{St}=-F_{SL}I_{Lt}-F_{SS}I_{St}-F_{SJ}I_J \tag{6}$$

$$U_{St}=F_{ES}^{T}U_{Et}+F_{CS}^{T}U_{Ct}+F_{SS}^{T}U_{St} \tag{7}$$

进一步可将状态方程和开关方程写成如下形式：

$$\begin{aligned}\dot{\boldsymbol{X}}&=A\boldsymbol{X}+B\boldsymbol{Y}+C\boldsymbol{U}\\ \boldsymbol{Z}&=\boldsymbol{D}X+E\boldsymbol{Y}+F\boldsymbol{U}\end{aligned}\tag{8}$$

其中，$\boldsymbol{X}=[U_{\mathrm{Ct}}\quad I_{\mathrm{Lt}}]^T$，$\boldsymbol{Y}=[U_{\mathrm{St}}\quad I_{\mathrm{St}}]^T$，$\boldsymbol{U}=[U_{\mathrm{Et}}\quad I_{\mathrm{J}}\,\dot{I}_{\mathrm{J}}]$，各系数矩阵可与方程(4)～(7)对应

将状态方程和开关方程合并，可得

$$\boldsymbol{P}\,[Z\quad \dot{X}\quad X\quad Y\quad U]^T=0\tag{9}$$

把 $\boldsymbol{P}=\begin{bmatrix}0 & I & A & B & C\\ I & 0 & D & E & F\end{bmatrix}$定义为系统矩阵。

对理想开关而言，闭 S 两端电压为零，开 S 电流为零。如果树支开关全部闭合，同时连支开关全部断开，则输入量 Y 等于零，状态方程可直接求解，当不满足这个条件时，必须进行处理：将非零的开关变量变为输出，为零的开关变量变为输入。系统矩阵可写为

$$\begin{array}{ccccccccccc} I_{\mathrm{St}} & U_{\mathrm{St}} & \dot{U}_{\mathrm{Ct}} & \dot{I}_{\mathrm{Lt}} & U_{\mathrm{Ct}} & I_{\mathrm{Lt}} & U_{\mathrm{St}} & I_{\mathrm{St}} & U_{\mathrm{Et}} & I_{\mathrm{J}} & \dot{I}_{\mathrm{J}} \end{array}$$
$$\begin{bmatrix} 0 & 0 & I & 0 & 0 & C_{\mathrm{t}}^{-1}F_{\mathrm{CL}} & 0 & C_{\mathrm{t}}^{-1}F_{\mathrm{CS}} & 0 & C_{\mathrm{t}}^{-1}F_{\mathrm{CJ}} & 0\\ 0 & 0 & 0 & I & -L^{-1}F_{\mathrm{CL}}^{\mathrm{T}} & L^{-1}F_{\mathrm{RL}}^{\mathrm{T}}R_{\mathrm{t}}F_{\mathrm{RL}} & -L^{-1}F_{\mathrm{SL}}^{\mathrm{T}} & 0 & -L^{-1}F_{\mathrm{EL}} & L^{-1}F_{\mathrm{RL}}^{\mathrm{T}}R_{\mathrm{t}}F_{\mathrm{RJ}} & L^{-1}F_{\mathrm{LL}}^{\mathrm{T}}L_{\mathrm{t}}F_{\mathrm{LJ}}\\ I & 0 & 0 & 0 & 0 & F_{\mathrm{SL}} & 0 & F_{\mathrm{SS}} & 0 & F_{\mathrm{SJ}} & 0\\ 0 & I & 0 & 0 & -F_{\mathrm{CS}}^{\mathrm{T}} & 0 & -F_{\mathrm{SS}}^{\mathrm{T}} & 0 & -F_{\mathrm{ES}}^{\mathrm{T}} & 0 & 0 \end{bmatrix}\tag{10}$$

系统矩阵导出后，可根据状态方程先求解状态变量，再求得开关变量即开 S 电压和闭 S 电流，并求解其他方程，可得各支路电压和电流，其中，

$$I_{\mathrm{Et}}=-F_{\mathrm{EL}}I_{\mathrm{Lt}}-F_{\mathrm{ES}}I_{\mathrm{St}}-F_{\mathrm{EJ}}I_{\mathrm{J}}\tag{11}$$

$$U_{\mathrm{J}}=-F_{\mathrm{EJ}}U_{\mathrm{Et}}-F_{\mathrm{SJ}}U_{\mathrm{St}}-F_{\mathrm{RJ}}U_{\mathrm{Rt}}-F_{\mathrm{CJ}}U_{\mathrm{Lt}}\tag{12}$$

I_{Et}作为上一电路网络的电流源负载，U_{J} 作为下一电路网络的电压源输入。

根据开关变量，综合开关门极控制信号，判断开关状态是否改变，当开关状态发生变化时，再变换系统矩阵，重复以上步骤。

2. 系统整体仿真

1）基本单元电路分析

（1）整流电路

整流电路有单相整流和三相整流，也有全控、半控和不可控之分，其中的开关器件随电流和电压定额要求不同可以选用不同的电力电子器件。因此，整流电路由电压源、电阻、电感、理想开关、电流源组成，不包括电容。图 1 为对应于图 4 中整流电路部分的线图，实线表示树支，虚线表示连支，共有 16 条支路，12 个节点，其中支路 b_{16} 为等效的电流源负载。

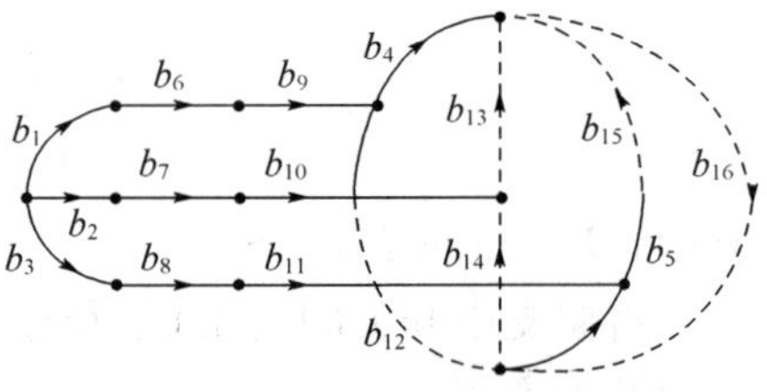

图 1　整流电路线图

（2）中间直压电路

中间直压电路既要将整流输入的电能传递给功率变换电路绕组，又要接受绕组反馈的能

量，其型式较多，有的比较简单，可直接列写出状态方程，如图 4 中的中间直压电路，其前端是整流电路输出的电压作为电压源，后端是电机绕组中流过的电流组成的电流源负载；有的稍许复杂，如 buck 电路，可参照上节所述算法。

（3）功率变换电路

功率变换电路包含非线性电感，且其参数一般要用表格形式存放，每相回路相互独立，状态方程比较明确。无论采用何种功率变换电路型式，开关磁阻电机运行时每相均可分为两个阶段：一是激磁阶段，主开关开通；二是去磁阶段，主开关关断，续流开关开通，两个阶段不断切换。电机每相绕组可看成是电阻和电感的串联，实际四相绕组电流以一相为例，任何功率变换电路均可表示为图 2 形式。其中 U_{S1} 和 U_{S2} 分别为绕组激磁和去磁阶段电源，可以相等，也可以不等，随功率变换电路型式而异，如图 4 中电容分压功率变换器，绕组 1 的激磁电压为电容 C_1 两端的电压，而去磁电压则为电容 C_2 两端的电压。由于主开关管和续流二极管轮流通断，图 2(a)可由图 2(b)等效。由图论分析可知，每条连支与一组树支组成一个基本回路，正好为所有激磁和去磁回路。由于电感为非线性，选取电感磁通为状态变量，设电机相数为 m，则基本回路数为 $2m$。

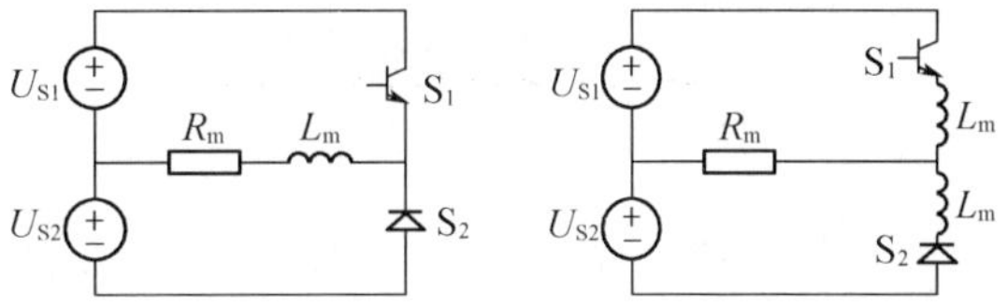

(a) 一相功率变换电路　　(b) 一相系数功率变换电路

图 2　一相功率变换电路形式

开关磁阻电机各相独立控制运行，每相开关模式比较明确，且忽略互感的影响，因此可以直接根据开关状况和控制角调用状态方程，避免反复进行系统矩阵变换。

以上分析了开关磁阻电机调速系统 3 个基本单元电路的仿真特点。整个系统仿真时在每一步长内各个部分依次求解，仿真流程如图 3 所示。

2）仿真实例

本文以带电容分压功率变换器的四相开关磁阻电机调速系统为例，采用上述仿真算法，仿真其稳态运行，系统功率电路如图 4 所示。图 5 为电机运行于单脉冲方式时的部分结果，图 5(a)中的整流电路输出电压脉冲并不完全对称，正是因为考虑了变压器漏抗的影响。图 6 为斩波方式下的仿真。

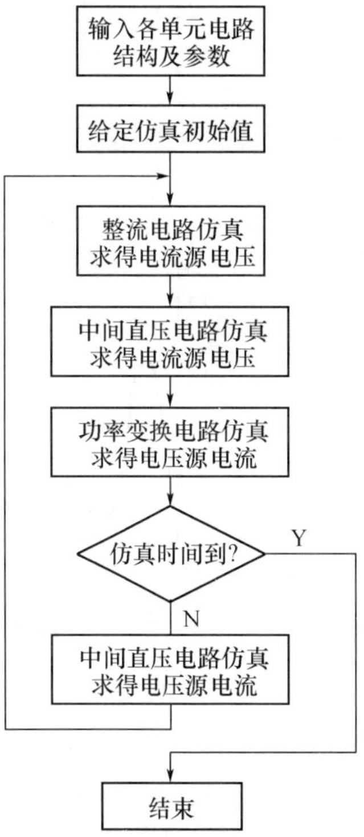

图 3　系统仿真流程图

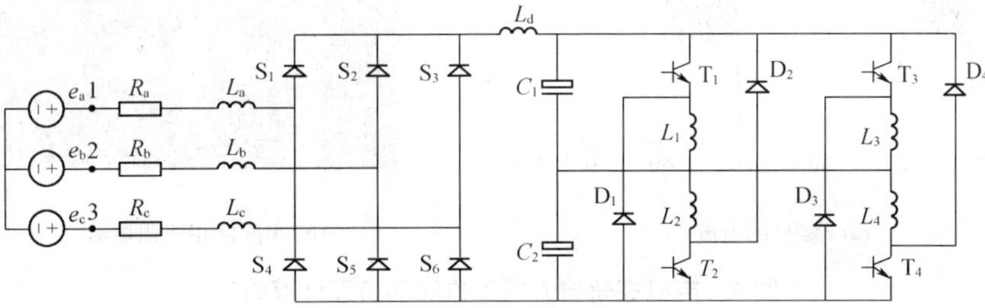

图 4　仿真实例功率电路

$R_a=0.04\ \Omega$，$L_a=0.002$ H，$L_d=0.05$ H，$C_1=C_2=1\ 000\ \mu$F，$P_N=1.1$ kW

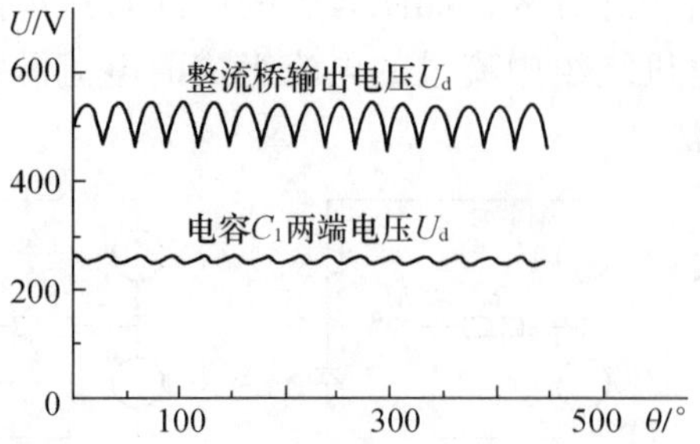

(a) 整流桥输出电压和电容电压

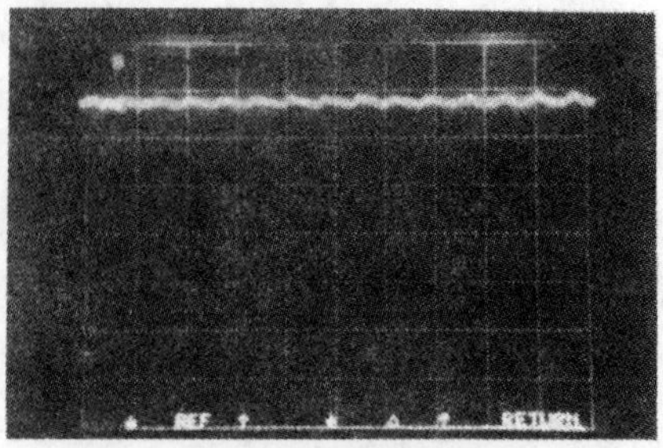

(b) 实际电容电压波形

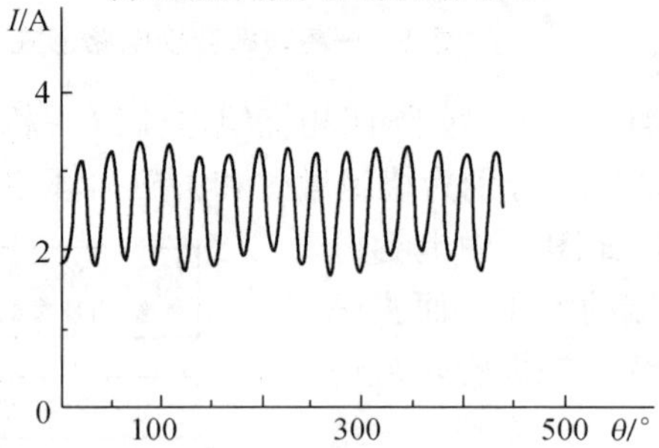

(c) 整流桥输出电流

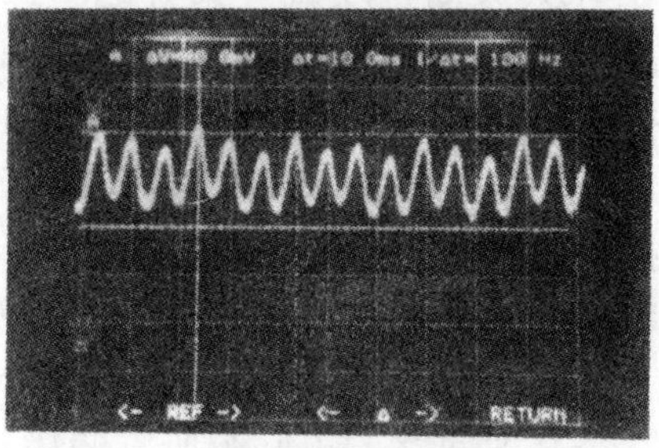

(d) 实际整流桥输出电流

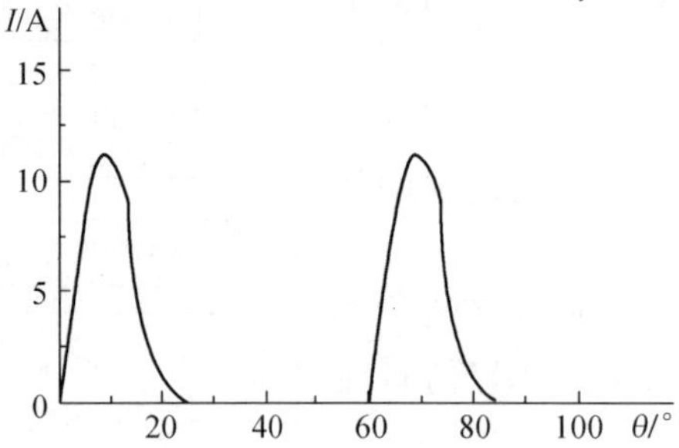

(e) 绕组1的电流

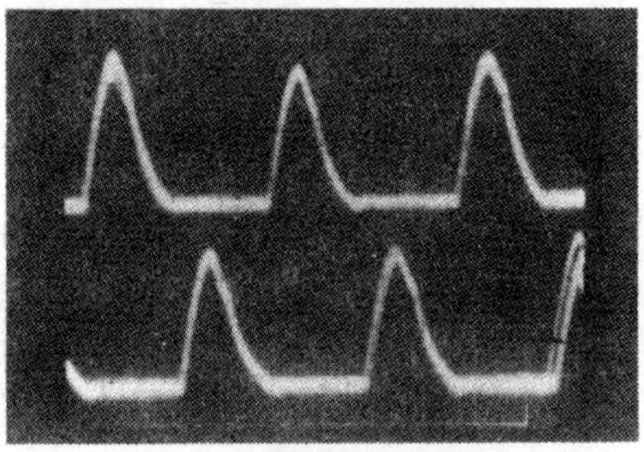

(f) 实际四相绕组电流

图 5　电机单脉冲方式工作时的仿真计算结果

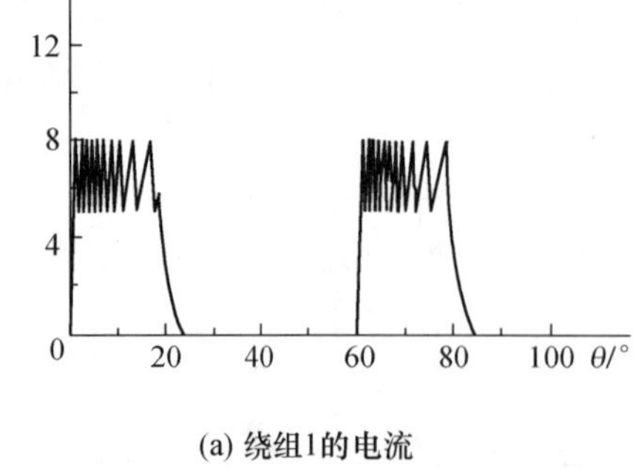

(a) 绕组1的电流

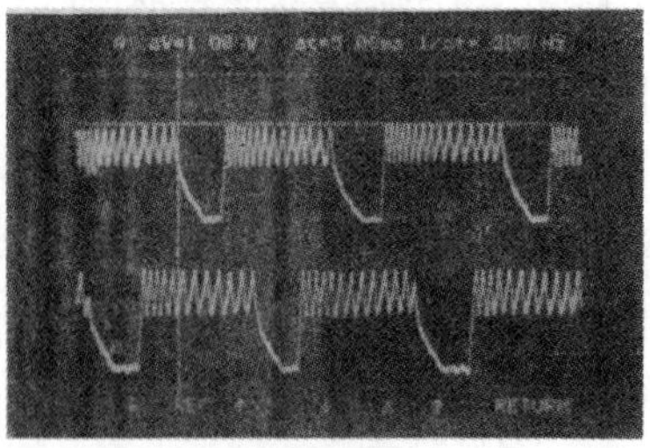

(b) 实际四相绕组电流

图 6　电机在斩波方式工作时的仿真计算结果

3. 结论

开关磁阻电机调速系统功率电路的型式较多，分别适用于不同的电机相数、控制方式及能量回馈方式，另外电路中还包含开关器件及非线性元件，因此提出通用仿真算法以仿真不同功率电路型式下的开关磁阻电机调速系统的性能有较大的意义。本文给出的系统仿实例的仿真结果与实验结果较为一致，本文的方法稍加改动同样可适用于不同仿真要求及包含功率电路的交流电机调速系统的仿真。

参考文献

[1] Mohan N. Simulation of Power Electronics and Motion Control Systems-An Overview. Proc of IEEE，1994，82(8)：1287－1302.

[2] Giovanni Franceschini Spice-assisted Simulation of Controlled Electric Drives：an Application to Switched Reluctance Drives IEEE Trans on IA，1991，27(6)：1103－1110.

[3] 叶炬. 开关磁阻电机控制系统理论研究与实践：[博士论文]. 南京：东南大学，1993.

[4] Murakam i Y. A Method for the Formulation and Solution of Circuits Composed of Switches and Linear RLC Elements. IEEE Trans on CAS，1987，34(5)：496－509.

[5] 王兆安；村上吉繁. 使用系统矩阵的电力半导体电路计算机仿真法. 电力电子技术，1988(2)：6－8.

[6] 贝卡利；陈大培等，译. 网络分析与综合基础. 北京：人民教育出版社，1979.

四相开关磁阻电机控制器设计

黄建中 蒋 全 周 鹗

（东南大学电气工程系）

摘要： 开关磁阻电机调速系统是一种新型调速系统，设计完善可靠的控制器是非常重要的。控制器由微机控制器、功率变换电路、驱动电路、传感器几个部分组成。本文分析了开关磁阻电机的调速方法，对系统主要部分进行了设计，最后给出样机实验结果，证实了系统设计的可行性。

关键词： 磁阻电动机，调速系统，控制器

1. 引言

开关磁阻电机(Switched Reluctance Motor)定子、转子都是凸极结构，定子上有最简单的集中绕组，转子上没有绕组，也没有换向器、滑环，电机结构极为简单，如图 1所示。随着功率电子学、微电子学和控制理论的迅速发展，人们又将兴趣转移至这种远未发挥潜力的电机。最初由英国几所大学进行研究[1]，并成立了公司专门生产 SR 电机调速驱动装置，于20 世纪 80 年代推出了商业化产品。从此许多国家对此进行研究，近年来得到了国际电工界的广泛重视，已成为电机调速领域一个新的分支。目前在许多驱动甚至伺服工业场合得到了应用。

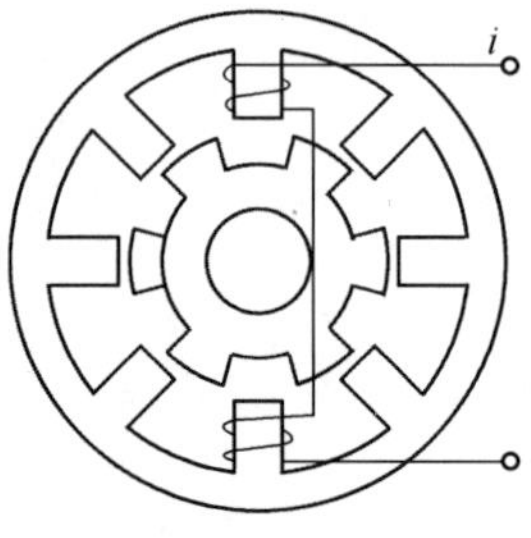

图 1 开关磁阻电机

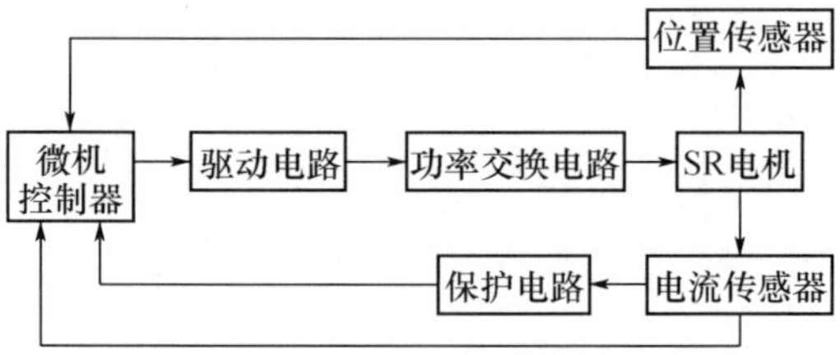

图 2 开关磁阻电机控制器

SR 电机控制器的核心部分是微机控制器，与功率变换电路、位置、电流传感器等几个部分相互关联，协调运行，构成一个机电一体化的整体，如图 2所示。微机控制器是根据反馈的 SR 电机转子位置及转速，采用一定的控制方式，控制功率变换电路来导通和断开定子相应相开关管，即通过控制绕组电流产生一定的电磁转矩来调节电机转速。根据不同的要求，通过修改控制方式，可以得到范围很宽的各种机械特性。

功率变换电路是能量传递的通道，通过它将电源能量馈入电机，也可以将电机内的磁场

《电气传动》，1995 年第 5 期。

储能反馈回电源。驱动电路将微机控制信号脉冲放大以激励变换电路中的开关元件。位置传感器为系统提供位置反馈信号，据此可检测转速，实现转速闭环控制。电流传感器实时检测绕组电流信号。微机控制器管理整个系统，通过它发出一系列指令，贯彻设计者的思想。它的设计决定系统整体性能的优劣。本文针对四相 8/6 极开关磁阻电机样机，对其控制器进行了总体设计。

2. 调速方法

开关磁阻电机是以脉动磁场进行工作的，由于其双凸极结构和磁路饱和效应的影响，使得代表电机本质特征的参数电感不仅是转子位置角函数，也是电流的非线性函数，难以用解析式表达。线性分析表明[5]，绕组电压、开关角固定时，SR 电动机具有与串励直流电动机类似的机械特性，这也是 SR 电机的自然特性。但其可控的开关角能为 SR 电机提供各种要求的转矩转速特性，即任意一个由不同电机转速和输出平均电磁转矩定义的稳态工作点都可以不同的控制参数组合来实现。然而，满足同一工作点的不同控制参数组合对应不同的系统稳态性能。样机系统以降低系统的转矩脉动作为控制策略优化的目标，通过仿真实测不同状态下控制参数变化对优化目标的影响，用近似函数表达式拟合不同工作点所对应的优化值[4]。系统运行时，根据工作点所要求的转速和转矩，利用所得的函数表达式自然地调节控制参数。

SR 电机具有良好的起动性能，为确保起动力矩的平稳和提高起动转矩的幅值，采用相邻两相同时导通的方案，即在电机起动区段每一相的导通宽度为 1/2 周期。电机低速运行时，反电势较小，为防止电流上升过快，采用斩波控制，控制参数为开关角及电流斩波幅值。电机较高速运行时，斩波控制已没有必要，可直接控制开关角。又由于关断角变化对系统性能影响相对较小，控制参数只取为开通角。因此，系统在整个转速运行范围内可分为三段：两相同时导通的起动区、电流斩波控制的斩波区、角度控制的单脉冲区。当不同区段切换时，控制方式就发生突变，因此需设置一个回滞环。

3. 功率变换电路

应该说，SR 电机的驱动电源必须是一种特殊的电子开关电源，通过在一系列离散的区间通断电源完成电机的机电能量转换。人们最初设计了多种结构的变换电路[5]，但四相 SR 电机较集中选择图 3 所示方案。由于电流在整个区间是单方向的，每相只需要一个开关元件，而且电机绕组始终与开关元件串联避免了变频电路中常见的直通现象。整流电压从两电容中点一分为二，此中点亦为绕组续流提供了通路。这样按照设计的控制策略，各相轮流通电，两个电容交替充放电，从而形成一定的电磁转矩。但在实际运行时，由于电机绕组参数不对称，电流传感器一致性不好，斩波电路误差等原因，可能会发生各相绕组电流不平衡，因而电容充放电不均衡，从而引起电容电压值的偏差。当系统运行于角度位置控制区时，开始虽然有各相电流不平衡，但电容电压并没有发生永久偏差。这是因为，随着电容电压的偏离，加在绕组上的电压将发生变化，而绕组的电流会随着电压的变化而调节，最终使上下两电容电压平衡。但在电流斩波方式下运行时，因为有电流最大值的限制，使绕组电流不能随电压调节，从而保持了各相绕组电流的不平衡，因而电容电压偏差会逐渐积累，甚至电压全部加到一个电容上，可能引

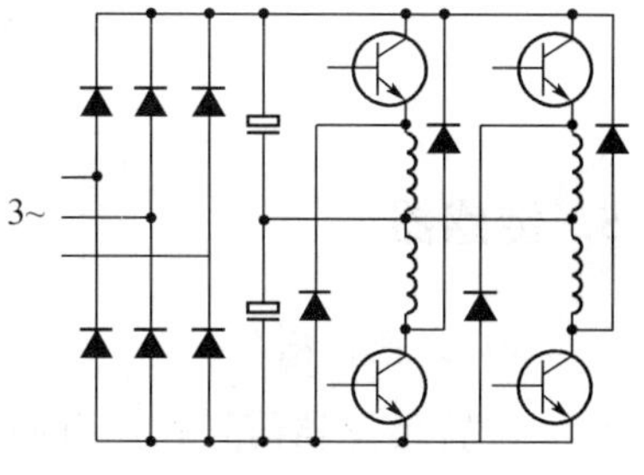

图 3 功率变换电路

起电容毁坏，电机无法运行，使转速调节范围受到限制，影响了系统的运行性能。因此必须对电容电压偏差进行补偿，原则是使各相绕组平均电流能随电容电压的变化而作相应补偿，最终趋向均衡。

SR 电机调速系统的总体成本和运行可靠性在很大程度上依赖于开关元件的价格和工作性能。随着各种新型功率半导体器件投入使用，设计者的选择余地越来越大。可关断晶闸管(GTO)是高电压大电流全控型器件，目前在中大容量 SR 电机的调速系统中得到了应用。GTR 是一种双极型大功率高反压晶体管，在中小功率电机调速系统中得到了广泛应用。MOSFET 适于高频工作，主要应用在小容量系统中。IGBT 是发展较快而且很有前途的一种混和型器件，目前是电机调速系统中的热选器件。样机系统分别使用达林顿 GTR 和 IGBT 作为主开关元件进行了试验[7]。

4. 驱动电路

驱动电路的设计应考虑实现最优化驱动，即以理想的基极驱动电流波形去控制开关元件的开关过程，以提高开关速度，减小开关损耗。图 4 所示是用分立元件设计的 GTR 单极性电源驱动电路，显然主开关元件导通时，基极电流的波形为一电容充电波形，以提供足够大的驱动电流，而关断时电容放电给主开关元件基极——拉电流，使其迅速关断。驱动电路中光耦的选择较为重要，因为在主开关元件开关时产生很大的共模电平，分布电容的影响使光耦输出一个窄脉冲，引起误触发。目前市场上有大规模集成化基极驱动电路，解决了元件多、电路复杂、稳定性欠佳等缺点，但价格偏高。IGBT 目前较多使用集成化驱动电路，如日本富士公司生产的标准型专用集成驱动电路 EXB850[7]。

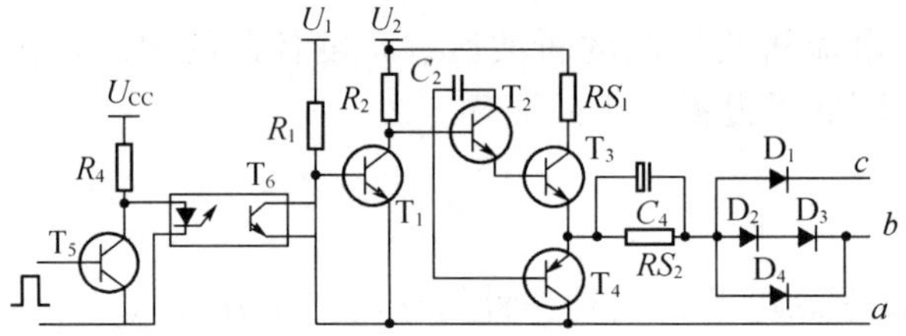

图 4　单极性电源驱动电路

5. 传感器

1）位置传感器

位置传感器信号作用有两点：一是精确指示定子各相与转子相对位置，及时控制相开关的通断；二是用来测量电机转速。

考虑到 SR 电机调速系统对位置传感器性能的要求，即定位精度高，安装调节方便，能在较恶劣的环境下工作，输出波形较“干净”等指标，一般选用光电式位置传感器。它由静止和转动两个部分组成，前者包括光源、光电感应元件，后者为一开有若干个一定角度窗口的遮光盘，并安装于电机转子轴上。遮光盘与电机同步转动，通过遮光盘的遮光、透光，使光敏元件产生导通和关断信号。安装方法之一是在某相定子绕组中心线位置安装一个光电元件，再顺时针转过 15°安装一个，遮光盘有 6 个齿槽，齿槽等分为 30°。当遮光盘和电机同步旋转时，可以输出两相周期为 60°、间隔为 15°的位置信号，通过检测两相位置信号的上下沿亦可得到间距为 15°的脉冲序列。电机绕组电感变化和位置信号的对应关系如图 5 所示。这种方法将定子槽中心线与转子极中心线对齐位置，即最小电感位置，定义为角度基准点，因而比较直观，易于控制。为消除干扰，光电元件输出的信号要经过整形才能送入微机进行处理。位置信号处理电路如图 6 所示。为防止边沿抖动，需要在处理电路中引入一个带滞后回线的比较器，以增强可靠性。另外，在机械安装位置基本正确的前提下，通过软件设计也可以补偿安装位置的偏差。

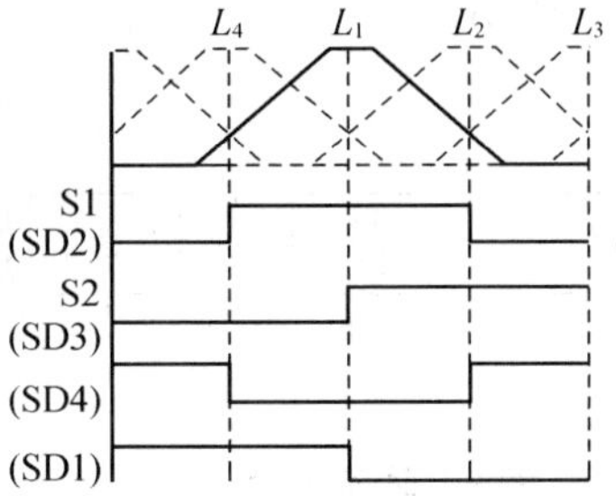

图 5　电感变化与位置信号对应关系

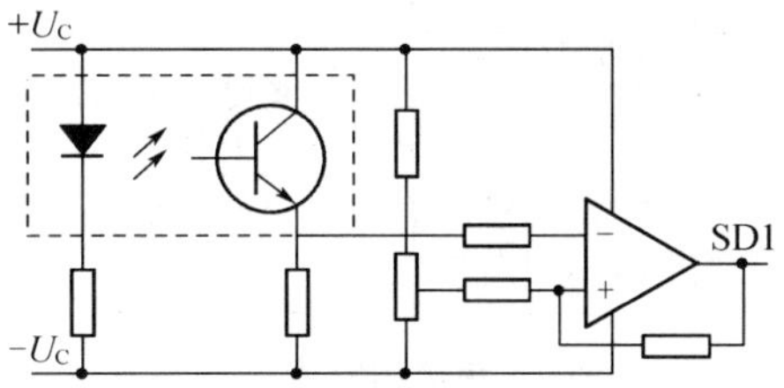

图 6　位置信号处理电路

2）电流传感器

SR 电机在低速运行区采用斩波控制，利用电流传感器检测绕组中的实际电流，与电流斩波幅值比较，提供电流斩波控制信号，通过改变相绕组电流的平均值控制电机的输出转矩。另外，检测的电流亦可以用来判别是否过流。

目前，电流传感器所用的传感元件有精密取样电阻、磁敏电阻和霍尔元件。前面两种方法稳定性较差，因此常使用利用霍尔效应原理制成的 LEM 电流传感器。这种电流传感器线性度很好，测量的频带宽度也很大，而且由于只需要几毫安的恒流偏置电流，功耗很小，其温度稳定性很好，但是价格偏高。

6. 微机控制器

SR 电机微机控制器最初是由模拟电路组成的，但难以胜任复杂的控制要求，以后应用单片机配以适当的外设电路及控制软件构成微机控制器控制 SR 电机。本系统用 8031 构成微机控制器，基本组成如图 7 所示。

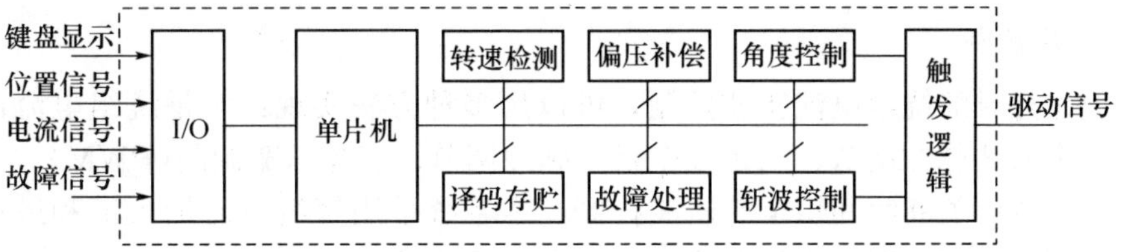

图 7　SR 电机微机控制器

1）角度控制

角度控制的关键在于将角度量转化为相应速度的可控量，同时应兼顾到精度要求及控制复杂性。涉及的问题有：

（1）相电感周期为 60°，而相邻两相相差 15°，相导通角可能重叠，怎样合理控制？

（2）不同速度下，一定角度所对应的时间显然不同，怎样为不同速度下的开关角提供基准？

(3) 开关角的变化将导致系统不同的性能，怎样保证角度分辨率能满足精度要求？

针对第一个问题，为避免控制混乱，每相有一个独立的角度控制器。这样，各相可独立控制，而且每个周期可以根据要求改变角度控制参数，动态响应迅速。

解决第二个问题的办法一般是产生一周期为固定小转角(如0.25°)的角度脉冲，脉冲周期随转速相应变化，用计数器对角度脉冲计数，改变计数值就可调节开关角，即将产生的随转速变化的相应周期的角度脉冲作为角度控制的基准，如图8所示。

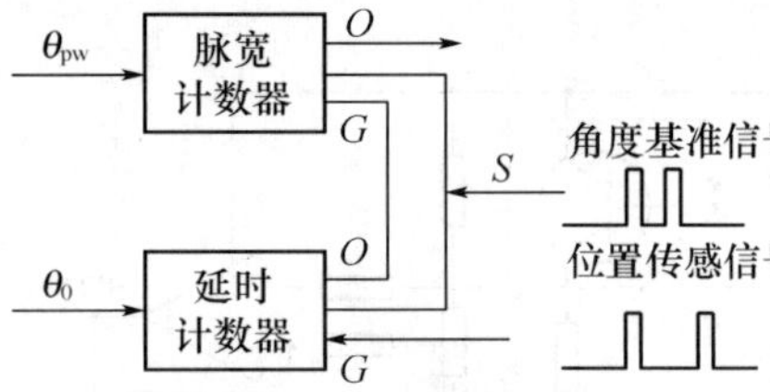

图8 角度控制器

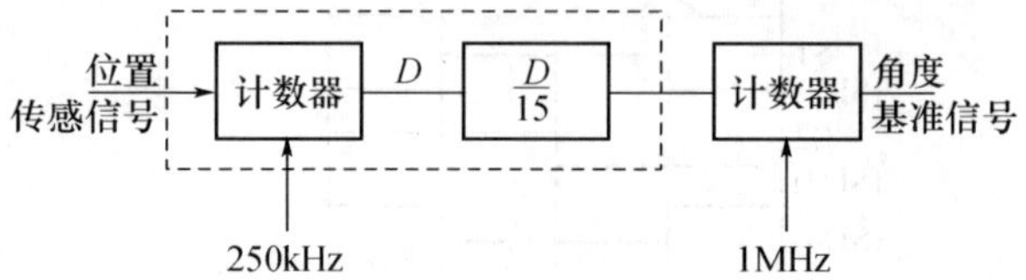

图9 软件倍频

但是由于四相SR电机转子位置传感器每周只能给出24个脉冲，相邻脉冲间的角度为15°，无法作为角度基准信号。当然，角度脉冲发生器设计多种多样。本系统是对位置传感器输出信号(包含转速变化的影响)进行倍频变换(如60倍频)，将脉冲间隔角度缩小，以此作为角度基准，这就要求在系统中引入倍频环节。实现倍频原则上可以用锁相环电路，但实验结果表明，锁相环实现的电路频率响应范围受限制且易受干扰，难以满足要求。而利用单片机实现倍频将十分方便，只需用某一频率对位置信号周期计数，用软件对计数值进行处理后，作为下一个计数器运行于脉冲方式下的计数值，这样就实现了倍频。例如图9，将位置信号进行了60倍频变换，作为角度基准信号。

考虑第三个问题，如将位置信号进行倍频变换产生角度基准信号，角度分辨率显然取决于倍频倍数及单片机本身运算精度。当然，由于位置传感器本身安装精度有误差、机械惯性、实际应用要求不同等因素，控制角度稍许偏差影响不大，一般角度分辨率低于0.5°即能满足要求。

由以上分析，角度基准都是根据前一周期位置信号得出，而且采用角度控制方式，在电机一相导通期间，角度控制量不能改变以跟踪实际变化。这些都会造成响应滞后，动态运行时调节时间增长。解决的办法是根据实际情况及目标要求对角度控制量进行预估或补偿。

2) 电流斩波控制

系统低速运行时的绕组电流斩波控制，可以用多种方法实现：一是绕组电流最大值和最小值恒定的单个斩波脉冲调节；二是多个斩波脉冲调节；三是脉宽调制(PWM)方式；四是绕组电流最大值和器件关断时间恒定的斩波控制。本系统采用绕组电流最大值和最小值恒定的单个斩波脉冲调节，控制器在绕组电流达到最大值后，关断开关器件，并在绕组电流衰减到指定的最小值后重新开通开关器件，使绕组电流上升，这可以通过图10所示的电路来实现。绕组电流可以达到的最大值和最小值由微机通过D/A转换电路设定，电流传感器检测的电流信号和设定值比较后，经RS锁存后，得到绕组电流的斩波逻辑信号。

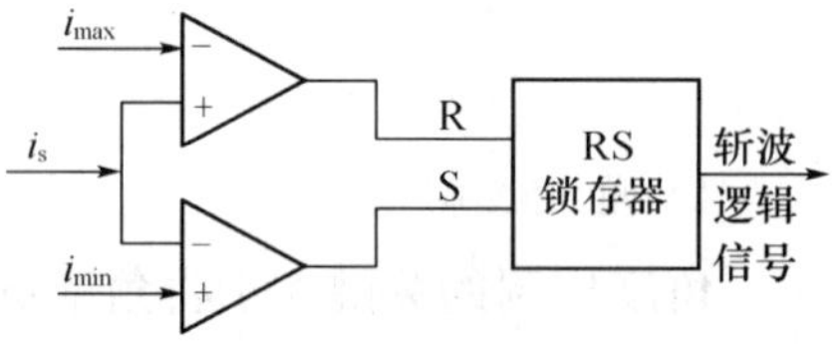

图10 斩波控制电路

3）转速检测

SR电机的转速是根据位置信号进行检测的，一相位置信号周期为60°，而相邻两相信号之间的距离为15°，如利用此信号关系测量转速，显然转速测量的精度可以提高。检测原理如下：用一较高频率对这15°脉冲进行计数，就可以得到反映电机转速的数字量，经过一定的转换，可以得到实际转速，如图11所示。

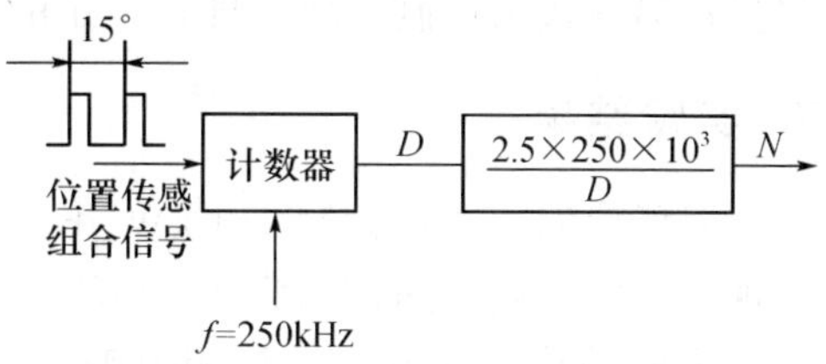

图11　转速检测原理

显然，转速测量的是前一周期转速的平均值，而不是上一个采样周期末了时刻的转速，即转速反馈滞后，滞后时间至少为相邻位置信号的间隔时间，随电机转速降低而成比例地上升。系统动态运行时，利用此滞后转速导出的位置基准必然与实际运行不吻合，使系统动态性能指标下降。有效的方法是根据目前运行状态，利用反馈转速对下一阶段的转速进行预估校正。

值得注意的是，若转速检测周期（以机械角度值表示）一定，不同的速度下，转速检测的分辨率不同。速度较低时，计数时间较长，测速分辨率较高，但是采样周期偏长；速度越高，正好相反。特别在速度很高时，测速分辨率太小，造成测速误差很大，不能满足要求。因此必须采取措施提高测速分辨率。方法之一是在速度较高时提高测速频率，从而增大计数值，但多数系统测速频率固定。方法之二是延长采样周期，即根据需要，每隔几个位置脉冲采样一次转速。这样，与较低速相比，测速分辨率及采样周期大体取得一致。但是，在速度很低时，采样周期仍显得很长。在位置传感器一定的情况下，减小采样周期已不可能，必须使用新的测速方法取代目前的位置传感器，以提高检测精度。

4）外部信号接口

外部信号接口电路一般应包括键盘接口、显示接口、位置电流信号接口、故障信号接口、远程控制接口等。通过键盘接口发出控制命令、设定转速等参数；显示接口除用于及时显示电机运行速度外，还可显示各种信息如保护信息；对于需远程控制的场合，必须留有一定的接口。

5）控制结构

由于转子位置、速度反馈是离散的，微机控制系统按一定的控制周期对这些离散值进行处理，而控制对象SR电机是连续的，因此SRD系统本质上是一离散系统。在转子位置信号的指示下，控制相绕组电流，从而实现电机转速的闭环控制。设计闭环离散系统应考虑以下问题：控制策略、数字调节器、控制周期。图12为采用PI数字调节器以电磁转矩为调节参数的系统控制结构。左边为离散控制部分，右边为电机连续部分。转速采样为一滞后环节，再经一零阶保持器保持。转速偏差采样周期 T_2 即为控制周期，每隔 T_2 采样开关闭合一次，并进行一次控制参数的调节，其中控制参数用零阶保持器保持，在一个控制周期内保持不变。

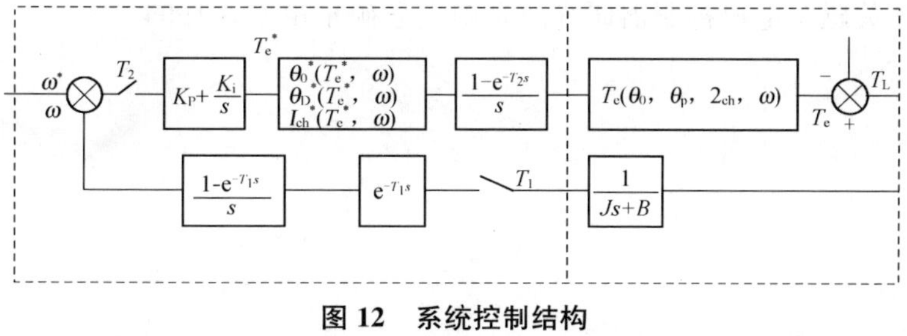

图12　系统控制结构

6）软件编制

软件是系统控制的灵魂，应充分利用硬件资源，融入设计思想，用模块式结构编制程序，做到条理清楚，功能丰富，执行速度快。整个软件可分为两大块：一为键盘、显示等的监控部分；另一块为控制模块，即在一定的控制周期内完成必要的计算，发出控制指令。

7. 实验结果

对所研制的微机控制 1.1 kW 开关磁阻电机在实验室中进行了充分的试验，其主要性能表现为：满负载调速范围为 1∶30(50～1 500 r/min)；低速稳态精度达到±1 r/min，高速稍大，主要是转速检测分辨率的影响；有效地解决了电容偏压问题，系统在较宽的转矩、转速范围内均能保持较高的效率。采用 IGBT 作为主开关元件，系统运行更为可靠，但价格偏高。图 13 为电机分别在低速和高速运行时实拍的电流波形，图 14 为电机起动时转速随时间上升曲线。试验中运行性能良好，证实了所研制系统的可行性。

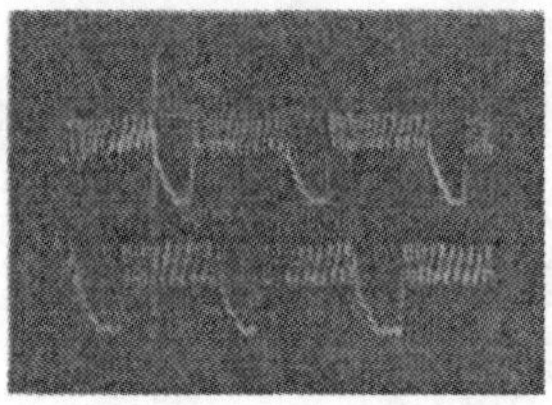

(a)

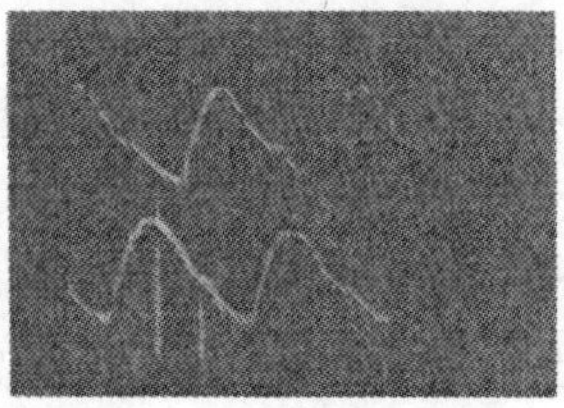

(b)

图 13 实拍电流波形

(a) n=300 r/min，T_L=7.1 N·m

(b) n=1 500 r/min，T_L=7.1 N·m

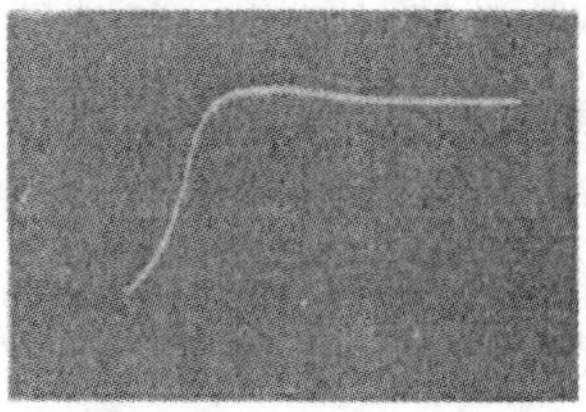

图 14 转速上升曲线

(0～1 500 r/min t_p=0.5 s)

参 考 文 献

[1] Lawrenson P J, et al. Variable-Speed Switched Reluctance motors. IEE Proc, 1980, 127B(4).

[2] Chappell P H, et al. Microprocessor Control of a Variable Reluctance Motor. IEE proc, 1984, 131 B(2).

[3] Bose B K, et al. Microcomputer Control of a Switched Reluctance motor. IEEE Tran., on IA, 1986, IA-22(4).

[4] Quan Jiang, Ju Ye, Zhou E. Control Strategy to Minimise Torque Ripples of Switched Reluctance Motors. Int. Conf. on Electrical Machines, Manchester UK, 1992.

[5] 蒋全. 开关磁阻电机基础理论研究. 东南大学博士论文，1991.

[6] 叶炬. 开关磁阻电机控制系统理论研究与实践. 东南大学博士论文，1993.

[7] 黄建中. 开关磁阻电机控制器研究. 东南大学硕士论文，1994.

开关磁阻电机铁耗实验估算

黄建中 蒋 全 林鹤云 周 鹗

（东南大学电气工程系）

摘要：提出了一种开关磁阻电动机铁耗实验估算方法。讨论了机械损耗、铜耗、器件损耗和杂散损耗的计算方法，并结合实例给出了实验结果。

关键词：开关，磁阻电动机，铁损

1. 前言

开关磁阻电机调速系统（SRD）由微机控制器、功率变换器、电机和检测器等几个部分组成速度位置闭环系统。微机控制器根据控制策略发出指令，控制变换器中开关元件的通断，将电源能量输入电机。馈入电机电源显然是非正弦量，形成的激励磁场是脉动磁场，含有明显的谐波分量，且各种谐波分量幅度较大。然而对于磁场中含谐波分量时电机铁芯损耗的准确计算尚无统一有效的办法。目前由于有限元法求解电磁场技术的发展，能在微机上很方便地进行电机磁场的计算，为电机铁芯损耗的计算提供了一条途径，但铁芯损耗的实验验证却难以准确进行。

根据机电能量转换原理，三相交流电源经变换器的输入电功率，除去中间损耗，可得轴上输出功率。中间损耗主要包括变换电路中器件损耗、铜耗、铁耗、机械损耗及杂散损耗。因此可以通过测量计算输入、输出功率及其中间损耗，来估算电机铁耗。文中第二部分给出实验方法，第三部分讨论了机械损耗、铜耗、器件损耗和杂散损耗的计算方法。最后给出了实验结果。

2. 实验方法

对所研制的微机控制 SRD 系统在实验室中进行了试验，实验机组由一台开关磁阻电机配置一台直流电机构成，试验线路如图 1 所示。

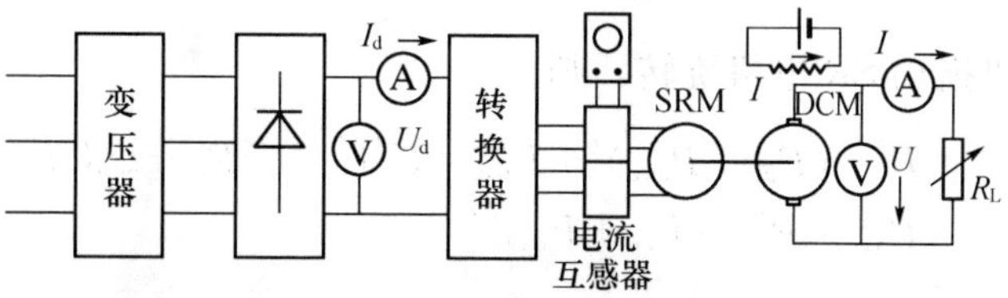

图 1 试验线路

该试验线路可进行电机稳态性能试验。

《中小型电机》，1995 年 02 期。

保持直流发电机励磁电流恒定，负载转矩可以通过改变电阻 R_L 来调节，这样可在某一稳态点进行负载试验。电流传感器用以检测绕组电流，电流表、电压表主要测量变换器直流侧的电流、电压和直流发电机电枢的电流、电压。开关磁阻电机拖动直流发电机负载运行，功率流程如图 2 所示。

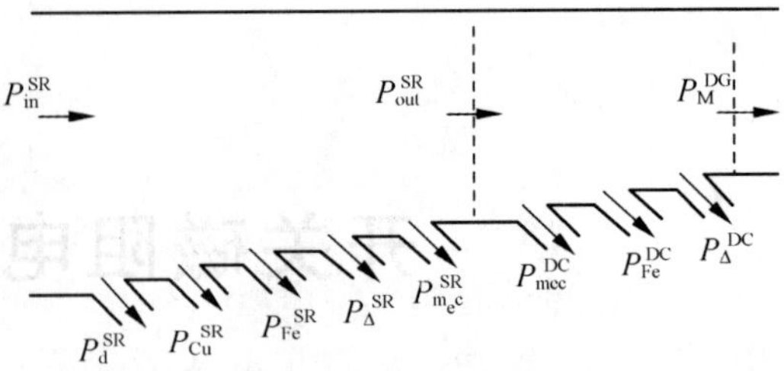

图 2　机组功率流程

由图可以看出，通过计算输入功率 P_{in}^{SR}、输出功率 P_{out}^{SR}、器件损耗 P_d^{SR}、铜耗 P_{cu}^{SR}、机械损耗 P_{mec}^{SR}、杂散损耗 $P_\triangle^{SR}$，即可估算电机铁耗 P_{Fe}^{SR}。

其中输入功率：　　$P_{in}=U_d I_d$

式中，U_d——变换器直流侧电压有效值；

I_d——变换器直流侧电流有效值。

输出功率用以拖动直流发电机负载，可通过测量直流电机有关参数来计算，

$$P_{out}^{SR}=P_M^{DC}+P_{mec}^{DC}+P_{Fe}^{DC}+P_\triangle^{DC}$$

$$P_M^{DC}=U_a I_a+I_a{}^2 R_a+2\Delta U I_a$$

式中，U_a——直流电机电枢电压；

I_a——直流电机电枢电流；

P_{mec}^{DC}——直流电机机械损耗；

P_M^{DC}——直流电机电磁功率；

P_{Fe}^{DC}——直流电机铁耗；

$P_\triangle^{DC}$——直流电机杂散损耗。

因此，根据 SRD 功率流程，SR 电机铁耗为：

$$P_{Fe}^{SR}=P_{in}^{SR}-P_{out}^{SR}-P_d^{SR}-P_{Cu}^{SR}-P_{mec}^{SR}-P_\triangle^{SR}$$

3. 损耗计算

由以上分析可知，其他损耗的计算精度直接影响到铁耗估算值，下面逐一分析。

1）机械损耗

电机在旋转过程中不可避免地有摩擦损耗和风阻损耗，统称为机械损耗。电机在同一速度运转时可以认为机械损耗不变。直流电机空载损耗 P_0 为铁耗 P_{Fe} 及机械损耗 P_{mec} 之和，即

$$P_0=P_{Fe}+P_{mec}=U_0 I_0-I_0{}^2 R_a-2\Delta U I_0$$

同一速度下，直流电机拖动 SR 电机旋转，则

$$P'=(P_{Fe}+P_{mec})'+P_{mec}^{SR}=U'I'-I'^2 R_a-2\Delta U I'$$

$$P_{mec}^{SR}=P'-(P_{Fe}+P_{mec})'$$

根据文献[1]，通过空载实验可绘出直流电机转速为 n 时的 $P_0=f(U_0)$ 曲线。为了使某一负载下电枢电流为 I_a 时的铁耗及机械损耗之和与空载实验时的某一点的 P_0 相等，该负载时的电动势要与空载实验时的电枢电动势相等，即

$$E_a=E_0=U_0-I_0 R_a-2\Delta U$$

又 $$E_a = U_N - I_a R_a - 2\Delta U$$

由于 I_0 较小，所以可近似为

$$U_0 = U_N - I_a R_a$$

这样，即可根据不同负载时的电枢电流 I_a 值求出对应的 U_0，再从曲线 $P_0 = f(U_0)$ 查得对应于 U_0 的铁耗与机械损耗之和。因此直流电机拖动 SR 电机负载旋转时，可先测量计算出 P'，再根据此时的电枢电流求出对应的 U_0'，从曲线查得 P_0'，即 $(P_{Fe}+P_{mec})'$，两者相减可得 P_{mec}^{SR}。同理，SR 电机拖动直流发电机负载时，亦可以根据发电机中电枢电流求出对应的 $P_{Fe}^{DC}+P_{mec}^{DC}$。

2）铜耗

开关磁阻电机定子上有绕组，而转子上无绕组，因此只有定子上有铜耗。定子每相铜耗为

$$P_{Cu}^{SR} = I^2 R_{SR}$$

式中，I——定子绕组电流有效值；

R_{SR}——定子每相导通电阻。

实验中，通过数字记忆示波器锁存，录下了电机各种工况下的绕组电流波形，图 3 为电机在额定条件下的四相绕组电流。由图可见，绕组电流波形是随角度变化的周期性非线性函数，加之每相不是同时导通，不能将每相铜耗简单相加，从能量角度求解四相绕组铜耗。

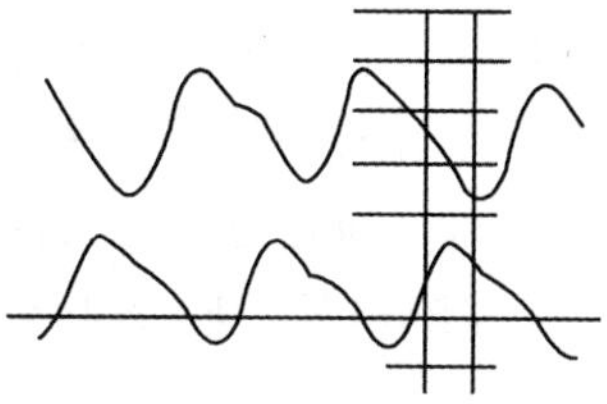

图 3 绕组电流实拍波形

每相绕组 60°周期导通一次，相互间隔 15°，因此四相绕组等效为一相的开关频率为

$$f_S = \frac{n}{60} \times \frac{360}{60} \times 4 = \frac{2n}{5}$$

定子绕组平均铜耗等于绕组能量损耗乘以开关频率：

$$P_{Cu}^{SR} = W_{Cu} \times f_S = \int_{t_0}^{t_q} i^2(t) R_{SR} \mathrm{d}t f_S$$

式中，t_0——电流开通时间；

t_q——电流截止时间。

将时间转化为角度量，$t=\theta/\omega=30\theta/\pi n$，则

$$P_{Cu}^{SR} = \frac{30}{\pi n} R_{SR} \int_{\theta_0}^{\theta_q} i^2(\theta)\mathrm{d}\theta \frac{2n}{5} = \frac{12}{\pi} R_{SR} \int_{\theta_0}^{\theta_q} i^2(\theta)\mathrm{d}\theta$$

式中，θ_0——开通角(rad)；

θ_q——截止角(rad)。

将实验电流波形离散化，再利用数值积分公式可求解上式。

3）器件损耗

SRD 样机功率变换电路如图 4，选用达林顿 GTR MJ10025 作为开关器件。由于开关器件工作在开关状态，其损耗也较大，不可忽略。开关器件总的功率损耗

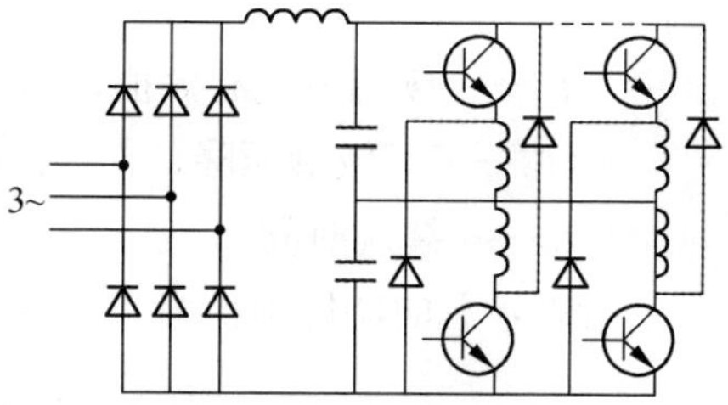

图 4 SRD 功率变换电路

由开通功耗、关断功耗、通态功耗、断态功耗以及驱动功耗等部分组成。驱动功耗与其他功耗相比较小，通常可忽略。另外，绕组续流时还有一部分能量消耗在续流二极管中，因此必须计入。

应该指出，变换电路中的吸收电路并没有增加额外的损耗，它只是将开关器件的开关损耗从器件本身转移至吸收电路内，然后再消耗在电阻上。开关器件损耗减少了，但总的开关损耗并未减少，本文没有重复计入。

(1) 开通与关断功能

开关磁阻电机是电感性负载，由于开关器件开通上升时间或关断延迟时间的影响，在开通和关断瞬态过程中都会有电压最高和电流最大值同时出现的情况。近似认为开关波形线性化，根据文献[2]，开通功耗为

$$P_{on}=W_{on}f_S=\frac{U_{cc}I_m}{2}t_{on}f_S$$

关断功耗为

$$P_{off}=W_{off}f_S=\frac{U_{cc}I_m}{2}t_{off}f_S$$

应该指出，由于开关频率较低，开关损耗较小，且上述计算是理想状态下的开关波形。实际上，由于开关过程中的拖尾电流、超调电压以及续流二极管反向恢复电流的影响，开关损耗要比理论计算值大，应给以足够的估算。

(2) 通态与断态功耗

对 GTR，平均通态功耗可用下式计算：

$$P_C=I_FU_Ft_pf_S$$

式中，I_F——通态电流，即开通时绕组电流有效值；

U_F——开关元件通态压降；

t_p——导通时间。

由于通态压降相对较大，因此通态功耗较大。

开关器件处于断态时有一定漏电流通过，产生损耗，其平均断态功耗为

$$P_B=I_BU_{CC}t_Bf_S$$

式中，I_B——漏电流；

t_B——断态时间。

由于开关管漏电流很小，断态功耗可以忽略不计。

(3) 续流二极管功耗

由于续流二极管导通时有一定压降，续流电流经过时产生一定的功耗：

$$P_D=U_DI_Dt_Df_S$$

式中，I_D——续流电流有效值；

U_D——二极管压降；

t_D——续流时间。

所以，总的器件损耗为

$$P_d^{SR}=P_{on}+P_{off}+P_C+P_B+P_D$$

4）杂散损耗

直流电机与 SR 电机的杂散损耗分析都比较复杂。本文根据已有的经验公式估算。直流电机的杂散损耗为

$$P_{\triangle}^{DC}=0.005P_N$$

SR 电机的杂散损耗以总损耗的 6%计入

$$P_{\triangle}^{SR}=(P_{in}^{SR}-P_{out}^{SR})\times 6\%$$

4. 实验结果

不同速度、不同负载下铁芯内磁通波形各异，饱和程度不等，因此铁芯损耗随速度、负载而变。下面以 1.1 kW 样机额定点为例计算铁芯损耗。表 1 是实验测量数据，表 2 给出了各部分损耗。根据以上公式，可计算出 SRD 各部分损耗。

表 1　实验测量数据

n/r/min	R_{SR}/Ω	R_a/Ω	U_d/V	I_d/A	U_d/V	I_a/A
1 500	2.113	0.424	510	2.74	109.5	6.825

表 2　各部分损耗

P_{in}^{SR}	P_{out}^{SR}	P_{Cu}^{SR}	P_{mec}^{SR}	$P_{\triangle}^{SR}$	P_{d}^{SR}	P_{Fe}^{SR}
1 397.4	1 099.2	116.2	30.0	17.9	23.4	110.7

通过有限元方法计算 SR 电机铁芯磁通波形，并进行傅里叶分解，求得各次谐波磁通密度的幅值，再根据一定的经验公式分别计算出磁滞损耗和涡流损耗，从而可得电机铁耗。计算结果为 103 W，与实验结果相差不大。因此以上铁耗实验估算方法是比较合理、准确的。

参 考 文 献

[1] 郑治同. 电机实验. 北京：机械工业出版社，1981.

[2] 张立，赵永健. 现代电力电子技术. 北京：科学出版社，1992.

[3] 周鹗，等. 电机学. 北京：水利水电出版社，1995.

[4] 黄建中. 开关磁阻电机调速系统控制器实用深化研究. 东南大学硕士论文，1991.

[5] Materu P, Krishnan R. Estimation of Switched Reluctance Motor Losses. IEEE. 1988.

减小开关磁阻电机转矩脉动的控制策略研究

黄建中 蒋 全 周 鹗

（东南大学电气工程系）

摘要：转矩脉冲是开关磁阻电机较为突出的缺点。本文在基本电机结构及参数确定的情况下，提出了制定新的控制策略以减小转矩脉动。为衡量转矩脉动，定义了转矩脉动系数；通过数字仿真方法研究了不同控制参数与电机性能指标的关系；以减小转矩脉动为目标。本文根据仿真结果选择较优的控制参数，并通过拟合给出样机的控制策略；最后分析了在此控制策略下电机的性能。

关键词：开关磁阻电机，控制策略，转矩脉动

1. 引言

开关磁阻电机结构简单，调速性能优越。近 20 年以来，各国学者对其进行了广泛的研究。开关磁阻电机调速系统现已成为调速领域一个新的分支，但仍有一些重要问题有待研究，如转矩脉动、铁耗、振动、噪声等。与一般电机相比，开关磁阻电机转矩脉动明显较大，并由此引起电机噪声及转速波动，从而限制了开关磁阻电机在某些工业场合的应用。开关磁阻电机转矩脉动较为复杂，受到许多因素的影响，如电机结构，几何尺寸、绕组匝数，转速以及控制参数等。因此，分析开关磁阻电机转矩脉动并提出有效减小转矩脉动的方法具有重要的意义。文献[4]分析了转矩脉动与电机结构的关系，文献[5]通过数字仿真方法计算连续合成脉动转矩。显然优化设计电机在一定程度上可以减小转矩脉动，如采用斜槽技术等[3]。本文试图在电机结构及参数已确定的情况下，通过制定合适的控制策略有效减小转矩脉动。

开关磁阻电机一般有两种运行模式，即高速时的单脉冲方式(APC)和低速时的斩波方式(CCC)。控制参数包括开通角、关断角及仅用于斩波方式的斩波电流幅值。开关磁阻电机控制灵活，任意一个由电机转速和输出平均转矩定义的稳态工作点都可以通过不同的控制参数组合来实现。但是，满足同一工作点的不同控制参数组合对应着不同的稳态性能。许多开关磁阻电机调速系统，采用 PI 调节器直接动态调节开通角或关断角，很难得到满意的性能，尤其是没有考虑限制转矩脉动。本文通过选择优化的控制参数以制定一种新的控制策略，从而达到减小转矩脉动的目的。文中第二部分介绍了开关磁阻电机稳态性能的计算，作为本文分析的基础；第三部分分析了转矩脉动，用数字仿真方法得出不同工作方式下的转矩变化，并定义了转矩脉动系数，为衡量转矩脉动打下了基础；第四部分说明了以减小转矩脉动为目标，两种工作方式下控制参数的选择，给出了样机控制策略；最后分析了在本文制定的控制策略下电机的性能。本文分析及计算的结果是依据一台 8/6 极 3 kW 样机，样机结构如图 1。

《微特电机》，1996 年第 6 期。

2. 电机稳态性能计算

为了分析转矩及其他性能指标，需要进行稳态性能的计算。由于开关磁阻电机的双凸极结构，饱和效应、边缘效应比较明显，加上电机运行时的可控性，内部电磁关系更为复杂。因此，与普通电机不同，开关磁阻电机的稳态运行不能用解析式准确求解。为了便于计算，突出主要问题，本文假设绕组电压幅值恒定及功率开关为理想开关，并且各相转矩可线性迭加，同时忽略转矩脉动对转速的影响。

图 1 开关磁阻电机结构

开关磁阻电机稳态运行时的数学模型可表示为

$$\frac{d\psi_p}{d\theta}=\frac{1}{\omega}(u_p-R_p i_p)$$

$$T_{em}=\sum_{p=1}^{4}T_p(\theta_p,i_p) \quad (1)$$

式中，p——电机各相序号，$p=1$，…，4；

ψ_p、u_p、R_p、i_p——p 相磁链、电压、电阻、电流。

式(1)为一阶非线性微分方程，当电机的静态特性 $\psi(\theta, i)$，$T(\theta, i)$已知时，可采用四阶龙格-库塔法求解。这时需要将 $\psi(\theta, i)$反演求得 $i(\theta, \psi)$[1]。

因此，可利用上式通过数字仿真方法计算开关磁阻电机的稳态性能。本文有关波形均根据稳态运行仿真程序计算所得。

3. 转矩脉动分析

前已指出，开关磁阻电机磁路非线性较为严重，绕组电感不仅是转子位置角的函数，也是电流的函数。假设电机模型为理想线性模型即电感只与转子位置角有关，则激磁相绕组通入恒定电流时的转矩为

$$T=\frac{1}{2}i^2\frac{\partial L}{\partial\theta} \quad (2)$$

由于绕组电感对称，一相连续转矩随转角而变化，为一脉冲形状。而事实上，实际电机模型即非线性模型下的一相稳态电流并不恒定，如图 2 所示。可见，激磁电流很不规则，单脉冲方式时为脉冲形，而斩波方式时为锯齿形，因此转矩波形更为复杂。图 3 为不同工作方式下一相转矩及四相合成转矩仿真波形，随工作点及控制参数不同而变化，转矩脉动并没有固定的模式。为衡量转矩脉动，本文定义一简单系数为转矩脉动系数：

$$k_t=\frac{T_{max}-T_{min}}{T_n} \quad (3)$$

式中，T_{max}、T_{min}——连续合成转矩的最大值和最小值；

T_n——额定转矩。

由于电机各相的对称性及电机参数的确定性，最大转矩和最小转矩之差也间接反映了平均转矩。虽然系数 k_t 没有反映转矩脉动频率(由电机结构决定)，但它指示了转矩的脉动范围及平均转矩，因此系数 k_t 是简单、合理的。如图 3(b)的 k_t 为 0.329，而图 3(d)的 k_t 为 0.548。显然，同一转速下，k_t 越小，转矩脉动越低。仿真表明，输出转矩相同时，斩波方式下的转矩脉动比单脉冲方式严重。

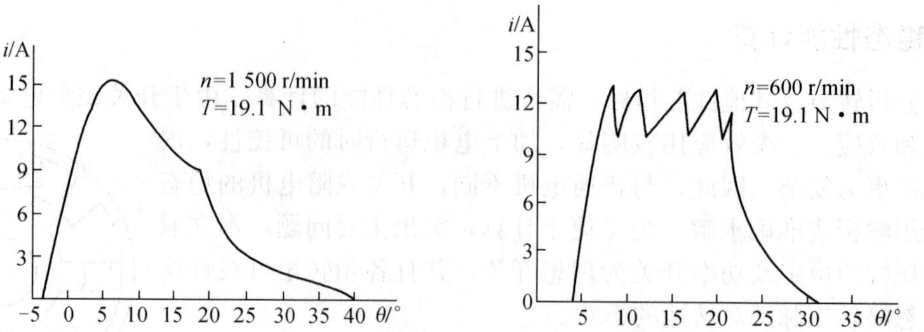

(a) APC方式　　(b) CCC方式

图 2　开关磁阻电机相电流

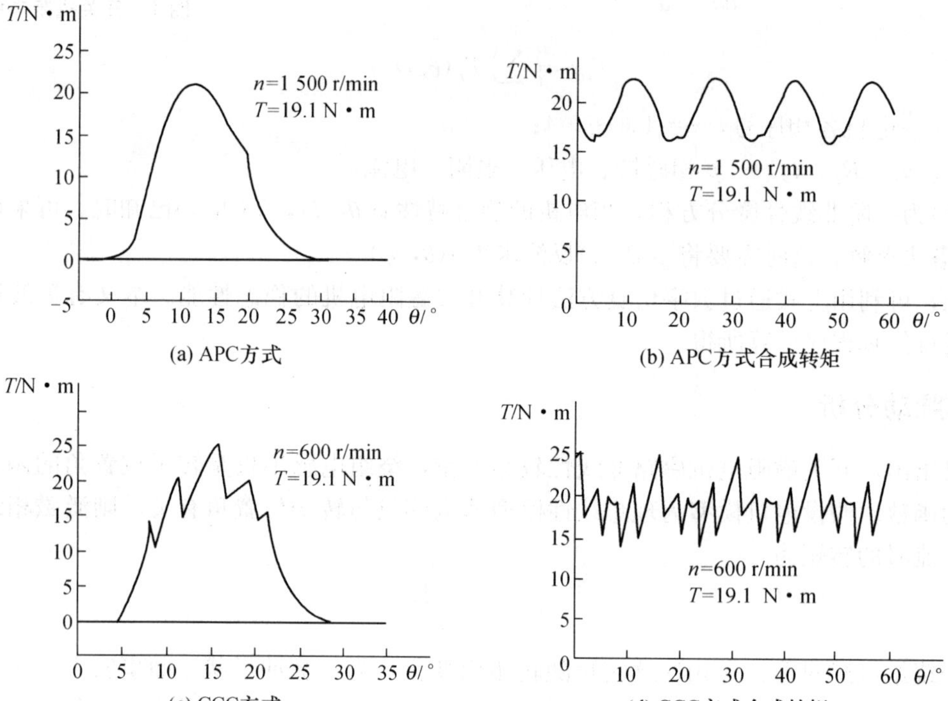

(a) APC方式　　(b) APC方式合成转矩

(c) CCC方式　　(d) CCC方式合成转矩

图 3　仿真转矩

4. 控制策略

在电机尺寸和控制结构一定的前提下，开关磁阻电机的控制参数决定了绕组电流及转矩。图 4 表明样机额定点(1 500 r/min,19.1 N • m)可以通过控制参数开通角和关断角的不同组合实现，但是，控制系数的不同组合反映不同的电机性能，如效率 η、绕组电流密度 J_{Cu}、磁通密度最大值 B_{ps} 及转矩脉动系数 k_t 等。图 5 为关断角一定，开通角增大时，η、J_{Cu}、B_{ps} 及 k_t 不同的变化。因此，如何选择控制参数取决于以哪项指标为优化目标。

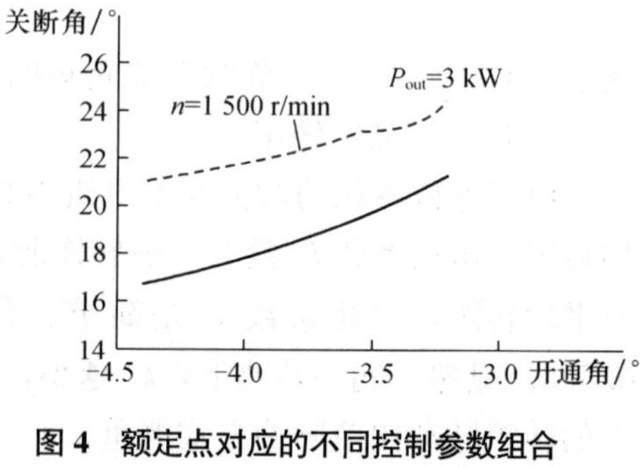

图 4　额定点对应的不同控制参数组合

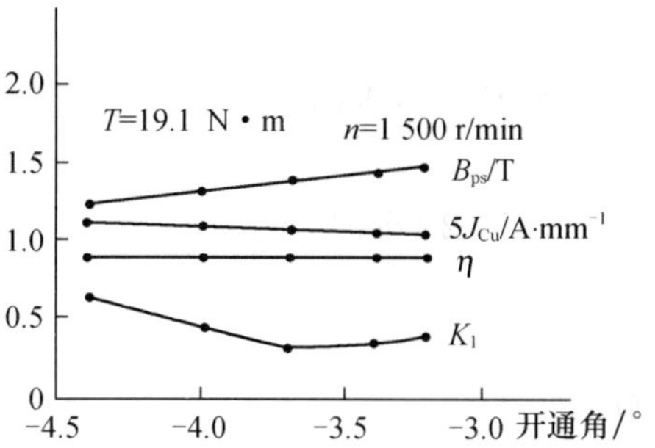

图 5 额定点电机性能随开关角的变化

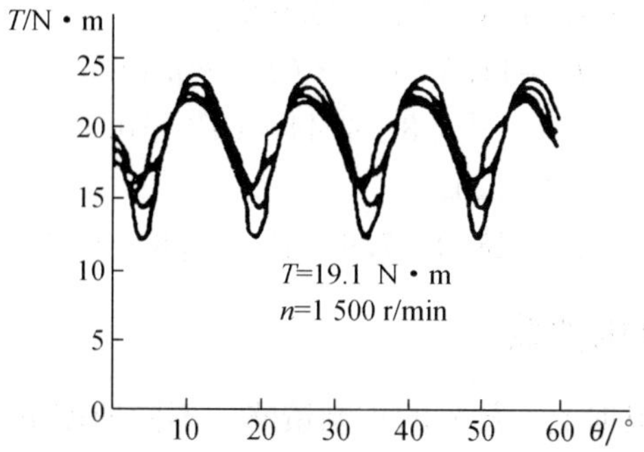

图 6 APC 方式下不同控制参数对应的合成转矩

由于开关磁阻电机铁耗难以精确计算，效率计算并不准确，因此效率的最佳点对应的控制参数组合意义不大。由图 5 知道，转矩脉动系数 k_t 的最佳点即转矩脉动较小点对应的控制参数组合较好，此时的 B_{ps}、J_{Cu}及 η 均较为合理，而且转矩脉动也较小，因此该点的开通角和关断角(－3.7，18.9)可以选作为额定工作点的优化控制参数。图 6 为额定工作点不同控制参数对应的连续合成转矩，其中优化控制参数对应的转矩脉动最小。因此，本文通过仿真，主要以转矩脉动较小为目标，选择优化控制参数。

工作点不同，优化的控制参数相应不同。单脉冲方式时，与额定点分析类似，可得到不同工作点下的优化控制参数。由于关断角的变化影响不大，为易于控制，将关断角固定为一常数。斩波方式时，由于控制参数组合中增加了斩波电流幅值，控制参数的选择将较为复杂。斩波方式下同一工作点的不同控制参数对应的连续合成转矩如图 7，斩波电流幅值 I_c 和电流环宽度 I_h 越小，系数 k_t 越小。但电机低速运行时，为防止磁密和电密过大，系数 k_t 受到一定的限制。本文磁密和电密的限值分别为 1.8 T 和5.5 A/mm^2。为简化控制，在平均输出转矩较大时，开通角只随转速而变化，斩波电流幅值决定于转矩大小，电流环宽度制约于逆变器功率开关管的开关频率；当平均输出转矩较小时，开通角还应随轻微负载而调节。

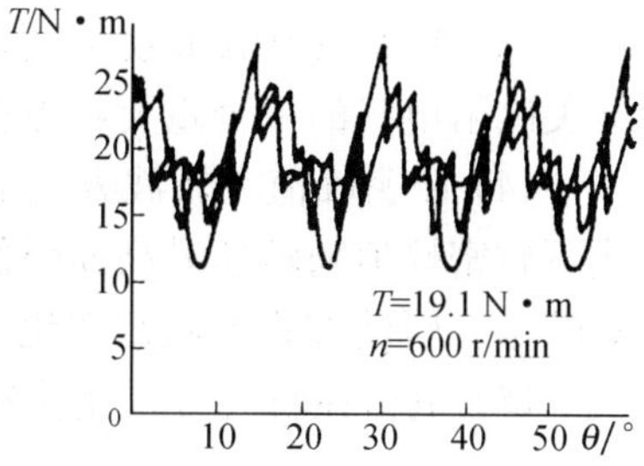

图 7 CCC 方式不同控制参数对应的合成转矩

由以上分析，以转矩脉动较小为目标，根据仿真结果选择控制参数。为易于实现，只计算了额定点、转速最低点及控制方式转换点的性能，并通过拟合形成样机的控制策略：

(1) 斩波方式

$I_h=3.0$ A　　$\theta_{off}=21.0$ (deg)

(a) $0.65\ N_m \leqslant T \leqslant 23.9 N_m$

$\theta_{on}=3.0+1.1\times(n-50)/650$ (deg)

$I_c=1.5+0.524\times(T-0.65)$ A

(b) $T\leqslant 0.65 N_m$

$I_c=1.5$ A

$\theta_{on}=21-1.54\times[18-1.1\times(n-50)/650]/T$ (deg)

(2) 单脉冲方式

$\theta_{off}=18.9$ (deg)　　$T^*=T/T_n$

(a) $1.91\ N_m \leqslant T \leqslant 23.9 N_m$

$$\theta_{on}=11.3-6.9\times(T^{*}-0.1)$$
$$-[4.8+4.44\times(T^{*}-0.1)]\times(n-700)\times1.25E-3\ (\text{deg})$$

(b) $T\leqslant 1.91 N_m$

$$\theta_{on}=18.9-7.6\times T^{*}+4.8\times T^{*}\times(n-700)\times1.25E-2\ (\text{deg})$$

5. 电机性能

根据上一部分的控制策略，不同速度下产生额定转矩时，电机性能指标 k_t、η、B_{ps} 及 J_{Cu} 的变化情况如图 8 所示。可以得出以下结论：

(1) 无论在单脉冲方式或斩波方式下，系数 k_t 随转速下降而增大，但在转速为 700 r/min 即两种方式的交界点时有一突变，因此设立回滞环是必要的。

(2) 整个速度范围内，转矩脉动仍较明显，但在同一转速下，k_t 为较小值。如果不采用优化控制参数，转矩脉动更为严重。

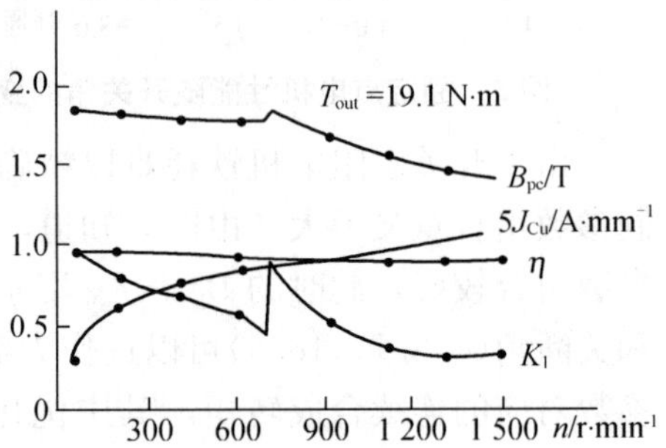

图 8　控制策略对应的电机性能

(3) 开关磁阻电机效率随转速升高而增大，额定转速时达到 89.6%。与一般电机相比，开关磁阻电机的一个重要特点就是从轻载到满载都能保持较高的效率。

(4) 磁密峰值在斩波方式下达到限值，这是转矩脉动进一步减小的限制条件；单脉冲方式下磁密峰值随转速升高而降低，随输出转矩减小而减小，因此开关磁阻电机轻载时铁耗相对较小。斩波方式下磁密变化不大。

(5) 电密在斩波方式变化较小，在单脉冲方式随转速升高而增大，但最大值小于限制值。

6. 结论

开关磁阻电机的转矩脉动、振动及噪声是其较为突出的缺点。本文的研究是基于电机设计参数已经确定的情况，通过选择合适的控制策略，使转矩脉动减小。根据以上分析，本文制定的控制策略发挥了开关磁阻电机控制灵活的优势，有效地减小了转矩脉动，同时其他指标也符合要求。实际运行时，根据转速偏差，可采用 PI 调节器动态调节给定输出转矩，再由控制策略计算出该工作点的控制参数。为易于控制，本文的控制策略进行了适当的简化。

参 考 文 献

[1] Stephenson J. M., et al. Computation of Torque and Current in Doubly Salient Reluctance Motors from Nonlinear Magnetisation Data. IEE, 1979, 126(5).

[2] Moallem M, et al. Predicting the Steady-State Performance of a Switched Reluctance Machine. IEEE Trans. on IA, 1991, 27(6): 1087－1097.

[3] 蒋全. 开关磁阻电机基础理论研究. 东南大学博士论文，1991.

[4] Amin B.. Analysis of the Torque Ripple and Design Considerations for Improving the Rate of the Torque Pulsations in Variable Reluctance Motors.

[5] Corda J.. Computation of Torque Pulsations of Switched Reluctance drive.

开关磁阻电机的控制模式

黄建中　蒋　全　周　鹗

（东南大学电气工程系）

摘要： 本文在分析电机基本特性的基础上，综述比较了开关磁阻电机的控制模式。

关键词： 开关磁阻电机，控制模式

1. 引言

开关磁阻电机具有控制灵活、调速性能好、运行效率高等特点。20 世纪 80 年代商业开关磁阻调速电机的问世，标志着该电机在调速场合占有一席之地。许多学者在这一领域进行了大量的研究工作，但至今系统、完整地阐述开关磁阻电机控制模式的文献较少[1,2]。本文在分析开关磁阻电机基本特性的基础上，综述比较了其控制模式。文中图示结果均根据作者的样机系统所得。

2. 开关磁阻电机的基本特性

开关磁阻电机定转子均是凸极结构，饱和效应、边缘效应较为显著，绕组电感不仅是转子位置角的函数，也是电流的函数，求电流的解析表达式比较困难。为便于理解基本概念，本文首先采用线性模型进行分析，再用非线性模型，用数字仿真方法得到电机的基本特性。

开关磁阻电机线性模型下的电压平衡式为

$$u=Ri+L\frac{\mathrm{d}i}{\mathrm{d}t}+i\frac{\mathrm{d}L}{\mathrm{d}\theta}\omega \tag{1}$$

式中，u、R、i、L——分别为每相绕组电压、电阻、电流及电感；

θ、ω——转子位置及角速度。

相电流解析式可表示为[3]

$$i=\frac{u}{\omega}f(\theta) \tag{2}$$

对于不同的开关角区域，$f(\theta)$不同，它是电机几何尺寸、开关角及转子位置的函数。相电流产生的电磁转矩为

$$T_{\mathrm{em}}=\frac{1}{2}i^2\frac{\partial L}{\partial \theta} \tag{3}$$

对于 m 相电机，设各相完全对称，相周期为 θ_{cy}，其平均电磁转矩为

$$T_{\mathrm{av}}=\frac{m}{\theta_{\mathrm{cy}}}\int_0^{\theta_{\mathrm{cy}}}\frac{1}{2}i^2\frac{\partial L}{\partial \theta}\mathrm{d}\theta=\frac{mu^2}{2\theta_{\mathrm{cy}}\omega^2}\int_0^{\theta_{\mathrm{cy}}}f^2(\theta)\frac{\partial L}{\partial \theta}\mathrm{d}\theta \tag{4}$$

《电气传动》，1997 年第 5 期。

若控制对象电机确定，开关角恒定，上式积分部分为一常数，因此

$$T_{av}=\frac{k}{\omega^2} \tag{5}$$

功率为

$$P=\frac{k}{\omega} \tag{6}$$

同样，采用非线性模型，用数字仿真方法，可得开关磁阻电机在电压、开关角恒定时的转矩/转速特性，如图 1(a)所示。可见，转矩与转速的平方近似成反比，功率与转速的一次方成反比，类似于直流串励电机的特性，这就是开关磁阻电机的自然特性。式(4)又可写为

$$T_{av}=\frac{u^2}{\omega^2}F \tag{7}$$

式中，F 为式(4)中的积分及系数部分，与开关角有关。由此

$$\omega=\frac{\mu\sqrt{F}}{\sqrt{T_{av}}} \tag{8}$$

因此，开关磁阻电机调速的可控参数有：绕组电压 u、开通角 θ_0、关断角 θ_p，改变其中一个或两个参数，即可调节电机转速。

对几何尺寸一定的开关磁阻电机，一般定义在最高外施电压和允许的最大磁链及最大电流条件下电机能获得最大转矩的最高转速为“基速”ω_b。在基速以上，由于电压不能再增加，而开关角调节受相周期限制，因此存在获得最大功率的最高转速，有的文献定义为“第二临界转速”ω_s。典型开关磁阻电机输出特性如图 1(b)所示，即基速 ω_b 以下为恒转矩区，ω_b 与 ω_s 之间为恒功率区，ω_s 以上为电机的自然特性，即串激特性。开关磁阻电机的宽范围特性可以通过简单的控制模式改变而得到。

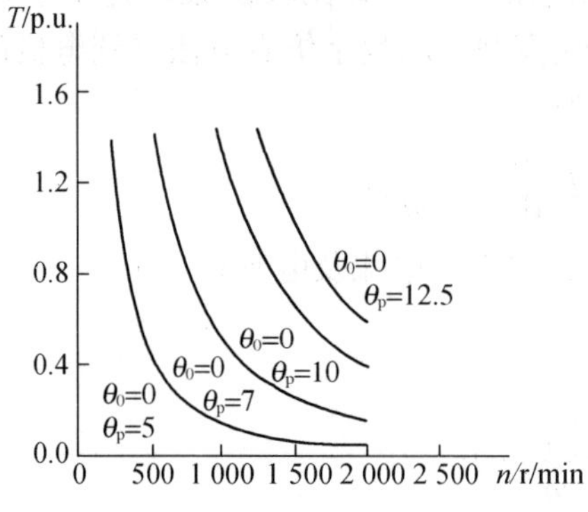

(a) 开关磁阻电机的基本特性

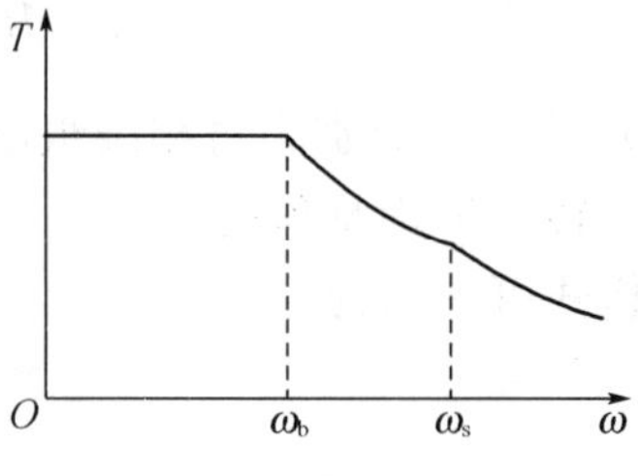

(b) 开关磁阻电机典型输出特性

图 1

3. 控制模式

开关磁阻电机的控制就是如何合理改变控制参数以达到运行点要求。根据改变控制参数的不同方式，开关磁阻电机的控制模式可分为以下几种。

1）角度位置控制

电机较高速运行时，反电势足以抑制电流上升。角度位置控制就是电压保持不变，通过改变开通角和关断角两个控制参数来调节电机转速。图 2 为角度位置控制时的角度控制原理及电流波形。由于电流波形形似脉冲，角度位置控制又称单脉冲控制。角度控制的关键在于将角度量转化为相应速度时的时间可控量，同时应兼顾到精度要求及控制复杂性。角度位置控制一般应用于电机较高速区。

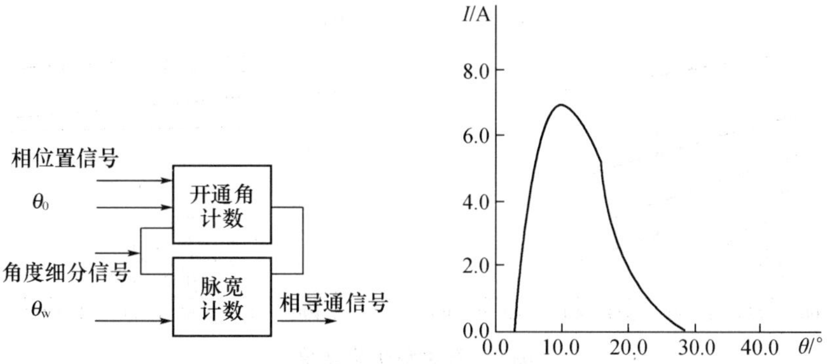

图 2　角度位置控制

对每一个由转速及转矩定义的运行点，开通角、关断角有多种组合，如图 3 所示，每一种组合对应不同的稳态性能。

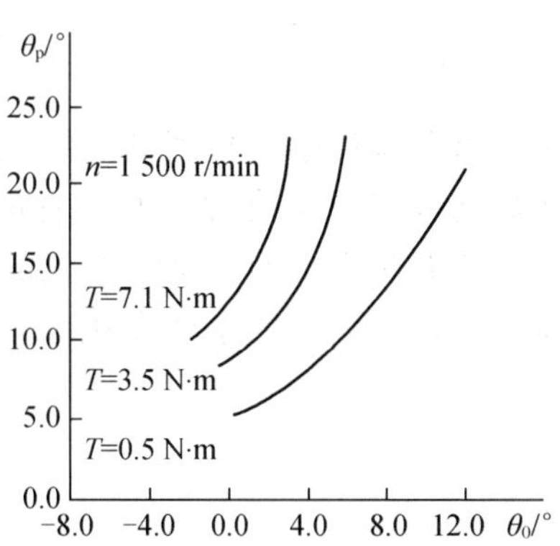

图 3　同一运行点的开关角组合

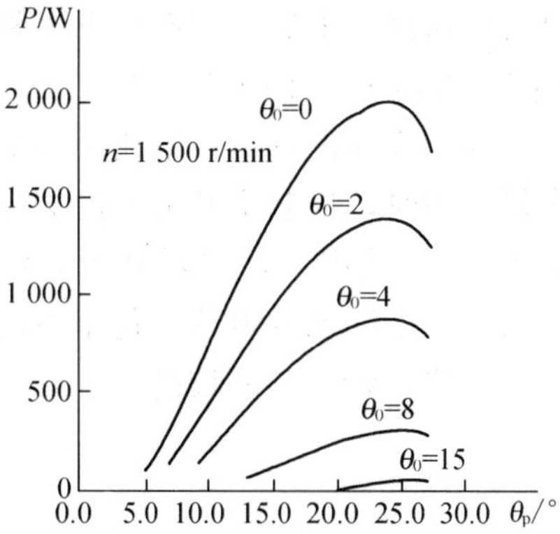

图 4　关断角与电磁功率关系曲线

因此，按照开关角的不同选择准则，角度位置控制又可分为如下几种。

（1）按电磁功率最大为准则（M1）

如图 4，对不同的转速，开通角、关断角在某一值附近电磁功率最大。关断角过小，相电流过早截止，出力减小；关断角过大，续电流进入电感下降区，产生制动转矩，总的出力减小。因此，按电磁功率最大为准则，可将关断角固定于近似获得最大电磁功率的点，只调节开通角；或者粗调开通角，细调关断角。

（2）按其他性能指标最优为准则（M2）

上面一种模式虽然简单易行，但没有充分发挥开关磁阻电机控制灵活的优势，也没有考虑实际应用可能对某些指标的要求，如对效率、转矩脉动、电流有效值等[4]。图 5 所示为以转矩脉动最小为优化目标，在转矩、转速、电密及磁密等约束条件下对开关角的优化结果。

可见，同一转矩下开通角随转速近似线性变化，而关断角近似恒定；开关角又都随转矩变化。因此，开关角均可表示为转矩及转速的函数。实际控制时，可根据转速转矩要求求解开关角模型或查表求取开关角。以效率最高或电流有效值最小为优化目标时，开关角变化趋势与上述类似，但变化范围显然不同。当然，也可兼顾几项性能指标，提出综合目标进行优化。但这种模式需预先根据电机特性进行大量的优化计算，一般适合于特定电机的控制。

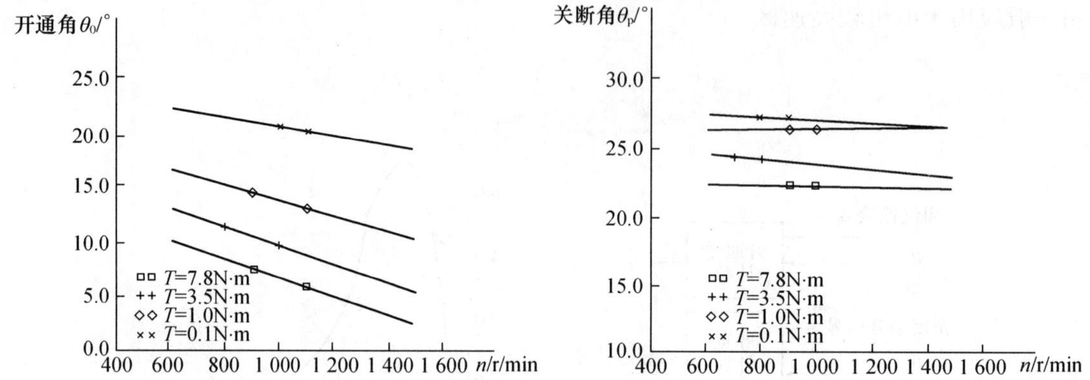

图 5　开关角优化结果

2）电流斩波控制

电压不变，电机低速运行时，反电势较小，电流变化率大，为避免电流上升过快，超过功率开关元件和电机允许的最大电流，可以采用斩波方法限制电流。电流斩波控制模式一般应用于电机低速区。电流斩波有如下多种措施。

（1）限制电流上、下幅值(M3)

在一个控制周期内，给定电流最大值和最小值不变。当电流传感器检测的绕组电流信号大于设定最大值时，控制主开关元件关断；续流电流衰减到调定最小值时，主开关元件重新开通，如此反复。如图 6，实际电流信号和设定值比较，经锁存后，得到绕组电流的斩波逻辑信号。由于一个周期内电感变化率不同，因此斩波频率疏密不均。在电感变化率较大的区间，电流上升快，斩波频率较高。

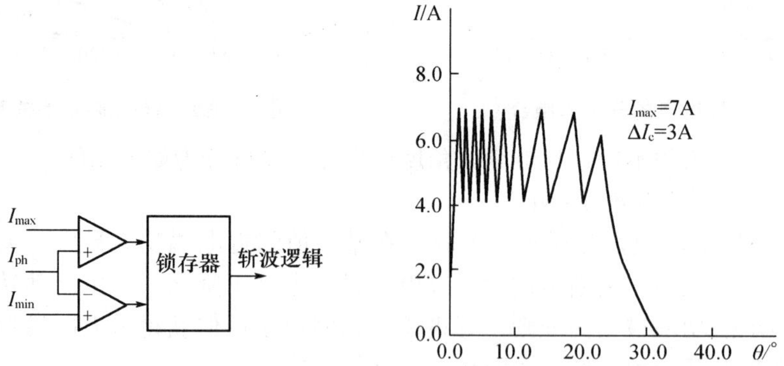

图 6　电流上、下限控制

（2）电流上限和关断时间恒定(M4)

与上面方式相比，区别在于绕组电流达到最大值后，将主开关元件关断一段时间再开通。在每一个控制周期内，关断时间恒定，但电流下降多少取决于绕组电感量、电感变化率、转速等因素，因此电流下限并不一致。关断时间过长，相电流脉动大，发生“过斩”；关断时间过短，斩波频率高。如图 7，实际电流检测信号超过设定最大值，主开关元件关断，启动定时器，经一段时间后重新开通主开关元件。

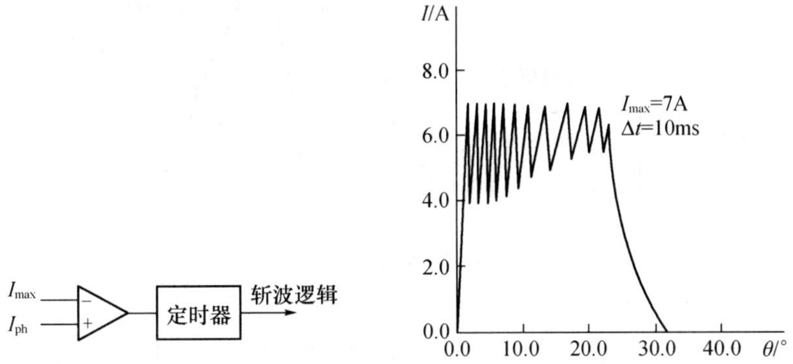

图 7　电流上限、关断时间恒定控制

实际控制时，方式 M3 和 M4 可结合使用，既可防止电流过斩，又可限制斩波频率。

与角度控制方式类似，斩波控制时开关角也可以随转速负载要求调节。将相开关信号与斩波逻辑信号相与后输出主开关元件的触发信号。斩波模式时，由于主开关元件重复通断，实际上是调节电压的有效利用值。

3）电压控制

由前面分析可知，在固定的开关角条件下，不同的绕组外施电压对应不同的转矩转速曲线，因此可以通过调节绕组电压控制电机转速。

（1）直流侧 PWM 斩波调压（M5）

对于采用不可控整流电路的系统，整流电压近似恒定，因此可在直流回路中串联一只开关管 T_C，用 PWM 信号控制 T_C 的通断。根据转速要求，调节 PWM 信号的占空比，从而调节电机绕组的平均供电电压，实现调速目的，如图 8 所示。由于开通角可以保持不变，因此该模式控制简单，较易实现。但各相共接于电源端，公共开关 T 会影响各相的工作状态，可以通过选择合适的占空比保证要求。

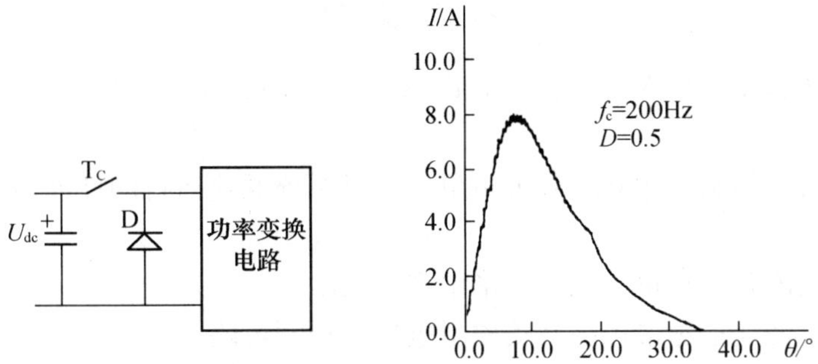

图 8　直流侧斩波调压

（2）相开关斩波调压（M6）

相开关斩波调压就是直流电压保持不变，用 PWM 信号直接控制相开关元件的通断，从而调节施加于绕组上的有效电压。如图 9，其中 f_c 为斩波频率，U_T 为调速电压。与上面一种模式相比，不需要额外增加开关管，而且各相独立控制，换相不受影响，但是每相开关元件均工作于高频斩波状态，开关损耗较大。

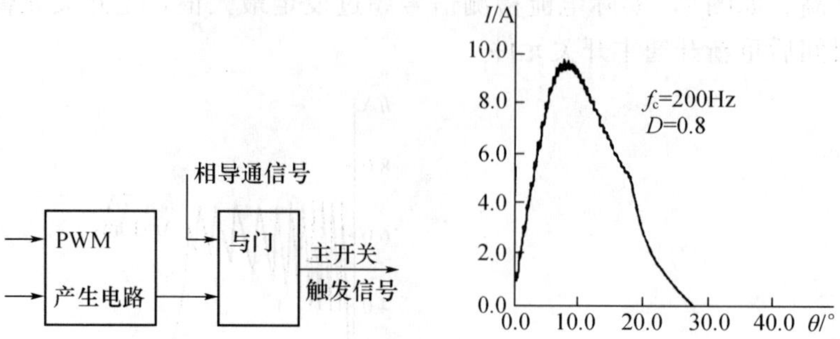

图 9　相开关斩波调压

(3) 无斩波调压(M7)

如图 10，通过调节整流电压 U_{dc} 以响应电机转速要求。与以上方式通过 PWM 控制限制电流不同，图中所示拓扑由于可预先调节 U_{dc}，因此不需 PWM 斩波控制[5]。在整个速度范围内只有一个运行模式，即单脉冲方式，减少了开关损耗，但控制电路稍复杂。

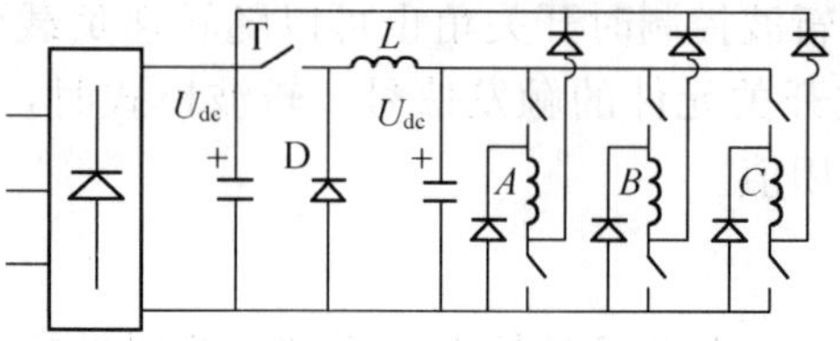

图 10　无斩波调压

4. 结语

开关磁阻电机结构简单，控制灵活。本文在分析电机基本特性的基础上，综述比较了开关磁阻电机的控制方式及初步实现。每种方式各有特点，适用范围也不一样。因此，为充分发挥开关磁阻电机控制灵活的优势，在整个速度范围内多种控制方式应结合使用，同时兼顾到控制成本、复杂性。开关磁阻电机优良的调速性能表明它将得到越来越广泛的应用。

参 考 文 献

[1] Lawrenson P J, et al. Variable-Speed Switched Reluctance Motors. IEEE Proc, 1980 (7)

[2] 高超，肖海兵，胡渝，谢立. 开关磁阻电动机系统低速运行的性能与控制方式. 电气传动，1991(3)

[3] 詹琼华. 开关磁阻电动机. 武汉：华中理工大学出版社，1993.

[4] 黄建中. 基于性能指标最优的开关磁阻电机的控制策略.

[5] Geun-Hie Rim, et al. A Novel Converter Topology for Switched Reluctance Motor Drives Improving Efficiency and Simplifying Control Strategy. PESC' 25th Annual IEEE, 1994: 937-941.

利用正弦交流电源测量基本磁化曲线的方法

蒋 全 周 鹗

（东南大学电气工程系）

摘要： 本文根据基本磁化曲线的定义，提出了一种利用测量正弦交流电压有效值和交流电流最大峰值来确定含铁磁材料装置的基本磁化曲线的方法。这一方法简便、准确，适合于测量饱和程度有很大变化的非线性磁化曲线。它与测量磁化曲线的普通方法不同，能够测量装置静止时非线性磁化曲线，突破了普通方法只能测量装置恒速运转时的非线性磁化曲线的局限。本文通过对开关磁阻电机最饱和位置的基本磁化曲线的测量，验证了该方法的准确性和实用性。

关键词： 正弦交流电源，磁化曲线，磁阻电机

铁磁材料既具有高导磁性能，又具有非线性带有记忆的特点，即其中的磁感应强度 B 与磁场强度 H 不成正比变化，而与其磁化过程的原状态有关。就是说二者之间的关系不是简单函数关系，而是一种多值泛函数关系。图 1 为铁磁物质在不同的磁场强度所形成的一系列磁滞回线，把诸回线的顶点连接起来形成一条曲线为基本磁化曲线。

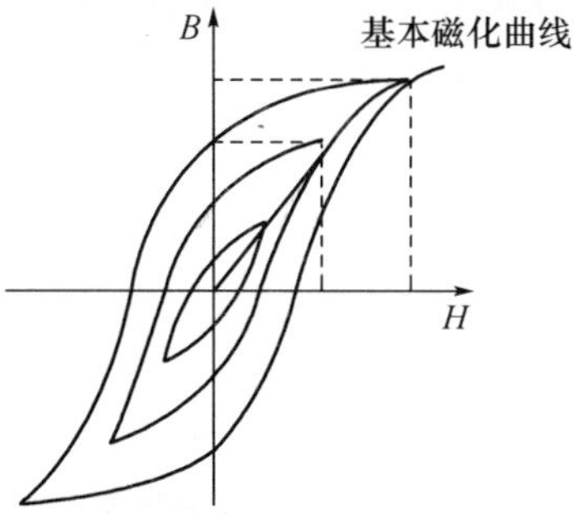

图 1 一系列磁滞回线

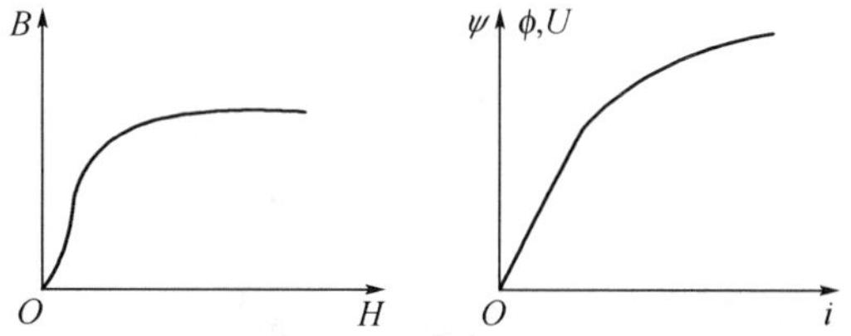

图 2 各种磁化曲线

在电机工程中，绝大部分装置的铁芯都是使用软磁材料。由于软磁材料的磁滞回线呈狭长形状，因此在进行分析计算时，可以忽略磁滞现象影响，采用基本磁化曲线来代替磁滞回线而不会带来明显误差。后面在提到铁磁材料的磁化曲线时，均指基本磁化曲线而言。此外，电机、变压器、继电器等的磁化曲线表达形式大都为图 2 所示的 $\psi-i$、$\phi-i$ 两种形式。它们的表达形式不同，但本质都是一样的。

从图 2 可以看出，含有铁磁材料的各种装置的磁化曲线均是非线性的，因而在测量磁化曲线时就会有一定困难。它们不像在线性时那样，用一个简单的表达式 $L=\psi/i$ 就可以表示整条曲线，而要用逐点测量的办法来得到精确的非线性磁化曲线。另外，由于交流电流或磁通的波形在铁芯饱和时将发生畸变，不再是正弦波，所以也很少用交流激磁来测量磁化曲线，

《微特电机》，1989 年 05 期。

大多采用直流激磁的方法。对于直流电机或同步电机来说，在某一恒定转速下，施加一定的直流激磁电流，然后测取其绕组端的直流电压或交流电压，从而得到激磁电流与绕组端电压之间的关系特性，即为磁化曲线。这是由于直流电机和同步电机的激磁电流是直流，激磁磁通恒定，输出电压是直流电压或正弦波交流电压，因而电机的磁化曲线可以直接由激磁电流和电压之间的关系反映出来。需要说明的是这样得到的磁化曲线还不是基本磁化曲线，有时还需要作一定的修正，例如经过平移才能得到基本磁化曲线。同时还应注意到，只有在直流电机或同步电机以某一恒定转速运转时，才能测取磁化曲线。对于变压器、开关磁阻电机、步进电机等来说，由于它们的磁化曲线通常是静止时的特性，并且开关磁阻电机、步进电机的磁化曲线还是转子位置角的函数，所以很难用普通的直流激磁方法测量其磁化曲线。这就需要寻找新的测量方法。本文提出了一种能测量装置静止时非线性磁化曲线的新方法。

1. 基本原理

从图 1 中可知，当激磁电流 i 作周期性变化时，磁链 ψ 或磁通 ϕ 也作相应的周期性变化，它们形成了一个磁滞回线。对于周期性电流的一个最大值，可以得到唯一的一个对应的磁链或磁通最大值。当施加不同最大值的周期性电流时，可以得到不同的磁链或磁通的最大值，由此得到曲线上一系列的点，连接这一系列的点，就可以得到所需要的基本磁化曲线。这样，问题就在于在施加周期性电流时，如何才能测得磁通或磁链的最大值和周期性电流的最大值。

当激磁绕组接至普通工频交流电源时，显然，激磁电流为单调上升或下降的周期性电流。在这里电流或者磁通是交变的，由于磁化曲线非线性特性的影响，电流或者磁波形必将发生畸变。磁通和电流之间将只能有一个是正弦波，另一个必然不是正弦波，除基波外还将含有 3、5、7 次等奇次谐波分量。并且，饱和程度越大，谐波分量越大，如图 3 所示，其中 3 次谐波分量最大。这时电流或磁通的最大值不能再简单地根据它们的有效值来确定，还必须考虑谐波分量对最大值的影响。

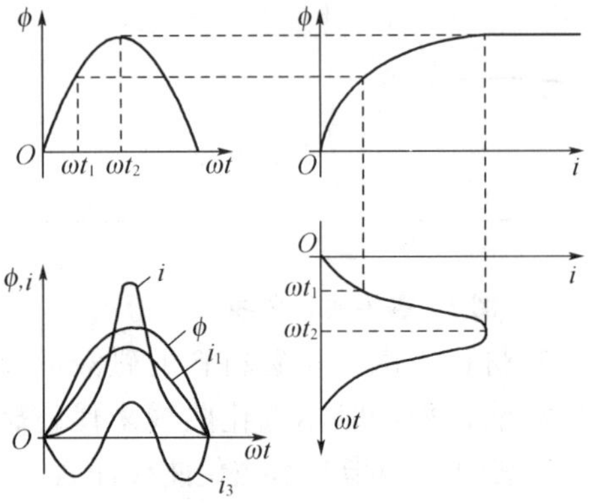

图 3 正弦波磁通下的电流波形

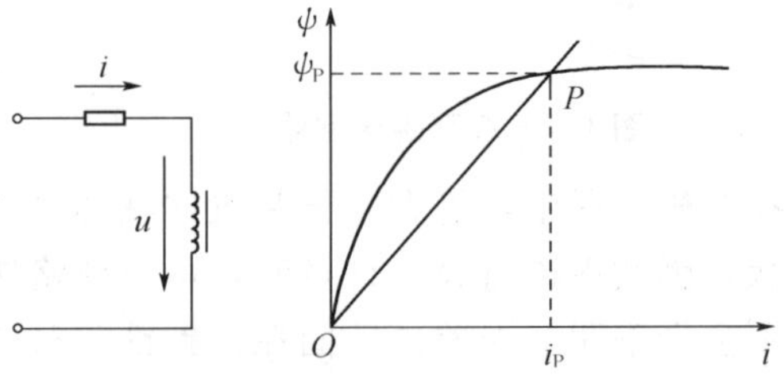

图 4 等效电路和磁化曲线

1）磁链最大值的求取

为说明方便起见，将待测的各类电机、电器，如开关磁阻电机、步进电机、变压器、继电器、非线性电感等，用它们的等效电路来表示，如图 4 所示。

图 4 中的 $L_s(i)$ 称为静态电感，定义为

$$L_s(i)|_p=\psi_p/i_p=\tan\alpha$$

在图 4(a)中，可以将电压 u 和电流 i 表示为

$$u=\sqrt{2}U_1\sin(\omega_s t+\varphi_{u1})+\sqrt{2}U_3\sin(3\omega_s t+\varphi_{u3})+\sqrt{2}U_5\sin(5\omega_s t+\varphi_{u5})+\cdots \quad (1)$$

$$i=\sqrt{2}I_1\sin(\omega_s t+\varphi_{i1})+\sqrt{2}I_3\sin(3\omega_s t+\varphi_{i3})+\sqrt{2}I_5\sin(5\omega_s t+\varphi_{i5})+\cdots \quad (2)$$

电压和磁链的关系式有

$$u=-\frac{\mathrm{d}\psi}{\mathrm{d}t} \quad 或 \quad \psi=-\int u(t)\mathrm{d}t \quad (3)$$

由式(1)和式(3)可以推得

$$\psi=\frac{\sqrt{2}}{\omega_s}U_1\cos(\omega_s t+\varphi_{u1})+\frac{\sqrt{2}}{3\omega_3}U_3\cos(3\omega_s t+\varphi_{u3})+\frac{\sqrt{2}}{5\omega_5}U_5\cos(5\omega_s t+\varphi_{u5})+\cdots \quad (4)$$

将图 4(a)中的输入端接至交流电源，若电源为电网电压时，一般畸变率≤5%，波形很接近于正弦波，也不含有 3 次谐波分量，只含有少量的 5、7、11 次等谐波，其中 5 次谐波分量最大。如果忽略由电流谐波分量所引起的电阻压降和 7 次以上的谐波电压分量，那么式(1)可以近似写为

$$u=\sqrt{2}U_1\sin(\omega_s t+\varphi_{u1})+\sqrt{2}U_5\sin(5\omega_s t+\varphi_{u5}) \quad (5)$$

$$U=\sqrt{U_1{}^2+U_5{}^2} \quad (6)$$

设电压畸变率为 k_u，则有

$$k_u=U_5/U_1 \quad 即 \quad U_5=k_u U_1 \quad (7)$$

将式(7)代入式(6)可得

$$U=\sqrt{1+k_u{}^2}U_1$$

因此，

$$U_1=\frac{U}{\sqrt{1+k_u{}^2}} \quad (8)$$

$$U_5=\frac{k_u U}{\sqrt{1+k_u{}^2}} \quad (9)$$

代入式(4)则有

$$\psi=\frac{\sqrt{2}U}{\omega_s\sqrt{1+k_u{}^2}}\cos(\omega_s t+\varphi_{u1})+\frac{\sqrt{2}U}{\omega_s\sqrt{1+k_u{}^2}}\frac{k_u}{5}\cos(5\omega_s t+\varphi_{u5}) \quad (10)$$

当 $k_u=0$ 时

$$\psi_{\max}=\frac{\sqrt{2}}{\omega_s}U \quad (11)$$

当 $k_u\neq 0$ 时，

$$\psi_{\max}=\left(\frac{1-k_u/5}{\sqrt{1+k_u{}^2}}\right)\frac{\sqrt{2}U}{\omega_s}\sim\left(\frac{1+k_u/5}{\sqrt{1+k_u{}^2}}\right)\frac{\sqrt{2}}{\omega_s}U \quad (12)$$

所以，在畸变率 $k_u\neq 0$；若略去谐波分量的影响，仅用式(11)求 $\psi_{\max}$时，所引起的最大相对误差为

$$E_\psi=\left(1-\frac{1-k_u/5}{\sqrt{1+k_u{}^2}}\right)\times 100\%$$

根据上式，当 $k_u=5\%$时，$E_\psi=1.12\%$；当 $k_u=10\%$，$E_\psi=2.5\%$。由此可见，当电压畸变率小于 5%时，用式(11)代替磁链的最大值所引起的误差不会超过 1.12%，可以忽略不计。此时就可以认为磁链是按正弦规律变化的，并由此来计算磁链的最大值。即当电压有效值为 U

时，磁链的最大值为

$$\psi_{max} \approx \frac{\sqrt{2}U}{\omega_s} \tag{13}$$

2）电流最大值的确定

正如前面分析那样，当磁链按正弦规律变化时，电流必然发生畸变，波形不再是正弦波，这时的电流表达式为式(2)。根据波形的对称性和周期性，并略去磁滞效应，可以推得

$$\varphi_i = \varphi_{i1} = \varphi_{i3} = \varphi_{i5} = \varphi_{i7} = \cdots$$

又由于 3 次谐波分量远大于其他谐波分量，因而可以把 5 次谐波以上的分量略去，这时式(2)可以写为

$$i = \sqrt{2} I_1 \sin(\omega_s t + \varphi_i) + \sqrt{2} I_3 \sin(3\omega_s t + \varphi_i) \tag{14}$$

从该式可知

$$i_{max} = \sqrt{2} I_1 + \sqrt{2} I_3 \tag{15}$$

电流的有效值为

$$I = \sqrt{I_1^2 + I_3^2} \tag{16}$$

根据失真度测试仪的失真度定义[5]

$$k_i = \frac{\sqrt{I_3^2 + I_5^2 + I_7^2 + \cdots}}{\sqrt{I_1^2 + I_3^2 + I_5^2 + I_7^2 + \cdots}} = \frac{I_3}{\sqrt{I_1^2 + I_3^2}} \tag{17}$$

联立解式(15)、(16)、(17)有

$$I_3 = k_i I \tag{18}$$

$$I_1 = \sqrt{1 - k_i^2}\, I \tag{19}$$

$$i_{max} = (k_i + \sqrt{1 - k_i^2})\sqrt{2} I \tag{20}$$

根据静态电感的定义又可知

$$L_s(i) = \frac{\psi_{max}}{i_{max}} = \frac{U}{(k_i + \sqrt{1 - k_i^2}) I \omega_s} \tag{21}$$

故只要用交流电压表和电流表测出电压、电流的有效值，用失真度测量仪测出电流的失真度 k_i，就可以得到磁链的最大值 ψ_{max} 和电流的最大值 i_{max} 以及静态电感 L_s。由于电流是周期性单调变化的，所以也就测出了基本磁化曲线上的一点，不断改变所加的电压值，就可以测出基本磁化曲线。

2. 具体的测量方法和计算

在实际测量中，可以很容易地测得电流的有效值 I 及其失真度 k_i，但要准确地测量电压有效值 U 就比较困难，这是因为一方面激磁绕组往往具有一定的电阻；另一方面在实验中常采用图 5 所示的测试电路，这时，电压表所测得的电压 U_s 并不是 U，而是电流表的阻抗压降、绕组电阻压降与 U 的相量和。根据不同的精度要求和饱和程度，求电压 U 的方法可以有三种。下面分别加以简述。

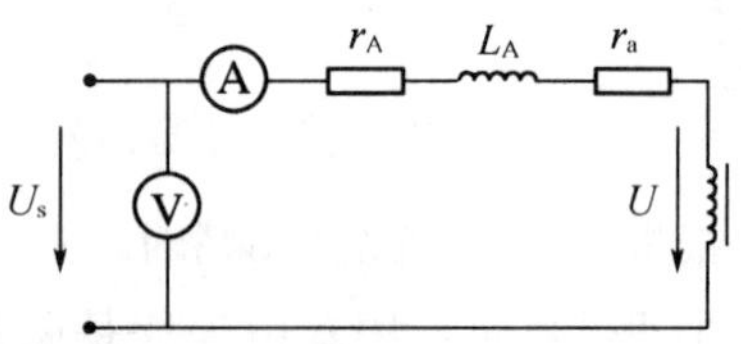

图 5 简化方法、近似方法线路图

1）简化方法

根据图 5 所示的线路进行测量，当不考虑电流表的压降，且认为 U 为纯电感性压降时，电压 U 的表达式可以写

$$U=\sqrt{U_s^2-(Ir_a)^2} \tag{22}$$

式中，r_a 为激磁绕组的电阻。

结合式(13)、式(20)、式(21)，就可以求得磁化曲线上相应一点的磁链、电流或静态电感。这一方法仅需失真度测量仪、电压表、电流表，计算也较为简单。但由于没有考虑电流表压降将引起一定的误差。

2）近似方法

线路图与简化方法时的线路图相同，所用仪表也一样。只是为了提高测量精度考虑了电流表的电阻、电感压降。由于不考虑铁耗，同样可认为 U 为纯电感性压降。因此，电压 U 的表达式就可以写为

$$U=\sqrt{U_s^{\,2}-(r_A+r_a)^2I^2}-\omega_sL_AI \tag{23}$$

式中，ω_s 为电源电压角频率，r_A 为电流表的电阻，L_A 为电流表的电感。

结合式(13)、式(20)、式(21)，就可以求得磁化曲线相应一点的磁链、电流和静态电感。这一方法考虑了电流表的压降，因而消去了由此而产生的误差，提高了测量精度。但需要知道电流表线圈的电阻、电感值。

3）准确方法

上述两种方法均没有考虑铁耗影响，因而会带来一定的误差。当被测磁化曲线的静态电感值较小或铁耗较大时，误差将会很明显。这是因为有铁耗存在时，电压 U 不能被看做是纯电感性压降，因而公式(23)就会带来一定的误差。为了减少误差，必须更进一步准确地计算 U 的值。由于电压 U 不再是纯电感性压降，故电流 I 与电压 U 的相位差不是 90°，需要采用相量法来求解电压 U。实验时可根据图 6 的线路来进行测量。为了便于计算可以假设：

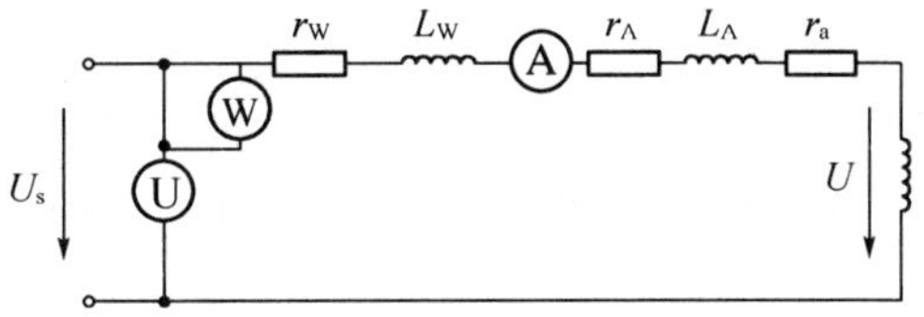

图 6

$$\dot{U}_s=U_s\angle 0° \tag{24}$$

用功率表测得功率 W_0，可求得电流 $\dot{I}$ 的滞后角为

$$\varphi=-\arccos\left(\frac{W_0}{UI}\right) \tag{25}$$

因此电流 $\dot{I}$ 有

$$\dot{I}=I\angle\varphi \tag{26}$$

所以电压 $\dot{U}$ 有

$$\dot{U}=\dot{U}_s-[(r_A+r_w+r_a)+j(L_A+L_w)\omega_s]I \tag{27}$$

式中，r_w，L_w 为功率表电流线圈的电阻、电感值。

根据式(27)准确地求得电压 U 后，再根据式(13)、式(20)、式(21)就可以求得磁化曲线某一点的磁链、电流和静态电感。虽比另两种方法多用一只功率表，计算时要用相量法，稍复杂一些。但由于考虑了铁耗的影响，所测的结果更为准确。

3. 实例

为了验证，选择一种铁芯饱和最为明显的情况，例如测量开关磁阻电机电感为最大值位置时的磁化曲线，所测数据和计算结果列于表 1。这里 ψ_1 为近似方法测得的值，ψ_2 为准确方法测得的值，ψ_0 为理论计算值。从表可见，计算值与实测值十分一致。从表 1 还可以知道，准确方法由于考虑了铁耗影响，所测的结果比近似方法的结果更为准确。

表 1　开关磁阻电机在齿对齿位置时不同电流下的电感

No.	U	I	W_O	k_i%	i_{max}	ψ_0	ψ_1	E_1%	ψ_2	E_2%
1	166.00	4.05	67.00	21.2	6.812	0.706 8	0.746 5	−5.620	0.743 4	−5.174
2	159.00	3.50	54.00	17.1	5.724	0.680 8	0.715 2	−5.056	0.712 4	−4.649
3	149.90	3.00	44.00	13.6	4.779	0.646 9	0.674 3	−4.242	0.671 9	−3.859
4	136.80	2.52	35.00	10.3	3.911	0.602 0	0.615 5	−2.245	0.613 3	−1.876
5	118.60	2.00	31.50	5.0	2.965	0.513 3	0.533 5	−3.934	0.528 7	−3.007
6	106.40	1.75	25.00	3.7	2.565	0.464 2	0.478 6	−3.104	0.474 4	−2.199
7	92.50	1.50	19.00	2.9	2.178	0.402 1	0.416 1	−3.495	0.412 5	−2.587
8	78.60	1.26	13.75	2.5	1.822	0.336 3	0.353 6	−5.140	0.350 5	−4.219
9	62.40	1.00	9.00	2.1	1.443	0.266 4	0.280 7	−5.378	0.278 2	−4.434

电源频率 f_s=50 Hz，绕组匝数 W_n=105，电机绕组电阻 r_a=1.51 Ω。

4. 结论

本文根据基本磁化曲线的定义，提出了一种利用测量正弦交流电压有效值和交流电流最大峰值来确定含铁磁材料装置的基本磁化曲线的方法，并且给出了具体的实验测量方法和相应的计算方法。

由于激磁电流是交变的，所以磁通、磁链也是交变的，这样即使装置在静止时，也可以测得绕组的感应电压。这就解决了装置静止时不易测量其非线性磁化曲线的困难，也就为测量开关磁阻电机、步进电机的非线性磁化曲线提供了一种有效而准确的测量手段。这一方法可用于一切需要测量基本磁化曲线的类似场合。

交流伺服电机高精度转速估计

陈志杰　尚菊明　赵家璧　周　鹗

（东南大学电机工程系）

摘要： 高精度高性能的伺服驱动系统需要在宽范围内有精度高、响应快及分辨率高的转速估计算法。M 法、T 法和 M/T 法的转速估计误差大，且造成伺服驱动系统调节时间增长，稳定裕量下降。用状态观测器估计伺服电机转速，提高了转速估计的精度和分辨率，但状态观测器复杂的计算限制了该方法的推广应用。本文提出了一种新的转速估计算法，提高了转速估计的精度，并且算法简单容易实现。

关键词： 伺服电动机，转速，估算

1. 引言

为了实现伺服电机高性能调速，需要在宽范围内有高精度、响应快及分辨率高的转速估计算法。转速估计通常是对与伺服电机联轴的轴编码器输出信号进行数字处理，估计出电机的转速。轴编码器输出信号为频率与电机转速成正比的数字脉冲序列。常用的转速估计算法有 M 法、T 法和M/T法[1]。

M 法、T 法和 M/T 法估计转速的误差往往造成伺服驱动系统控制性能下降，这是因为这些方法估计的转速是上一个转速环采样周期内转速的平均值，而不是上一个采样周期末了时刻的转速，所以转速测量环节可以近似为一个纯滞后环节。虽然转速测量环节的滞后时间小于转速环采样周期，但交流伺服电机转速环带宽较大，滞后环节造成调节时间增长，稳定裕量下降。

文献[4]提出了用状态观测器估计电机转速，较好地解决了上述问题。但是这种方法计算量大，需要占用大量控制用计算机机时，这在运算量很大的交流伺服系统中就更为显著，故该方法难以推广应用。

本文提出了一种估计电机转速的新算法，提高了转速估计精度，克服了 M 法、T 法和 M/T 法带来的滞后问题。并且较 M 法、T 法量化误差小，与 M/T 法的量化误差基本相同。与用状态观测器估计转速的方法相比，该方法算法简单、计算量小、实现容易。本文给出了该方法应用于永磁同步电动机矢量控制系统的计算机数字仿真结果。

2. 交流电机转速的估计

估计电动机转速的最简单的方法是利用机械角位移的差商作为转速的估计值

《电气传动》，1993 年，第 6 期。

$$\omega=\frac{\theta(k)-\theta(k-1)}{T} \tag{1}$$

式中，T 是转速环的采样周期，k 为采样周期序列号。

这种方法是以转速环上一个采样周期转速平均值作为转速估计值。当电机以较大的加速度加速(或减速)时，这种估计算法将造成较大的估计误差。同时这种方法的滞后效应在转速环带宽较大时造成系统调节时间增长，稳定裕量下降。M 法、T 法和 M/T 法都是用机械角位移的差商作为转速估计值的方法。

为了解决上述问题，文献[4]采用状态观测器估计电机的转速，提高了转速估计的精度和分辨率。常用的状态观测器有开环状态观测器和闭环状态观测器[3]。开环状态观测器可以认为是实际物理系统的计算机仿真，状态观测器与被观测系统并联，系统的控制量也是状态观测器的控制量。图 1 是电机的开环状态观测器原理图。图中上半部分是电机，下半部分是状态观测器[1]。

电机的开环状态观测器结构简单，但电机在运行过程中参数的变化影响转速估计的精度。克服电机参数影响转速估计精度的方法是采用闭环状态观测器。

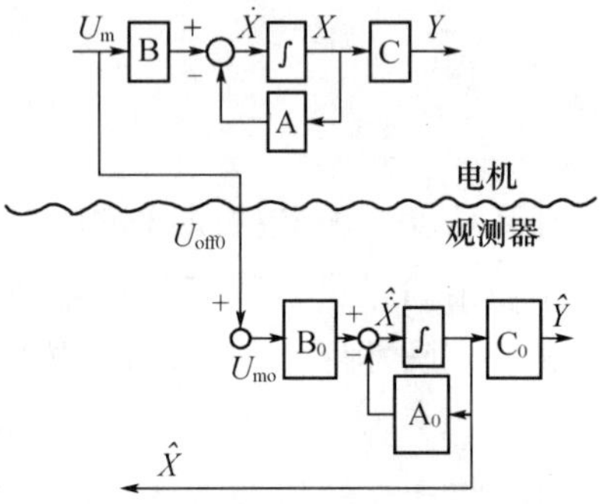

图 1　电机转速开环状态观测器

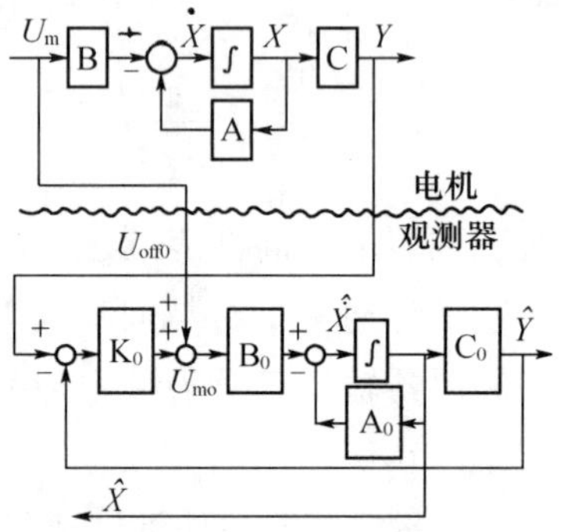

图 2　电机转速闭环观测器

文献[4]还给出了电动机转速闭环观测器，如图 2 所示。闭环状态观测器将电机的角位移信号与状态观测器的角位移估计信号$\hat{\theta}$比较，产生误差信号，控制状态观测器使状态观测器的转速估计值趋近于电机的实际转速，从而克服了开环状态观测器对参数变化敏感的缺点。

文献[4]采用 Motorola 68000 计算机和数字协处理器 Motorola 68881 组成转速状态观测器。这种方法计算量大，需要浮点运算协处理器或者数字信号处理器(DSP)始能实现。因此本文作者提出了一种精度高、计算量小且容易实现的转速估计算法。

3. 一种新的转速估计算法

利用公式(1)估计电机转速的算法实际上是数值微分插值型求导公式的两点公式[2]，带余项的两点公式为

$$\hat{\omega}(k)=\frac{1}{T}[\theta(k)-\theta(k-1)]+\frac{T}{2}\theta'''(\xi) \tag{2}$$

将式(2)减去式(1)，得到转速估计的绝对误差为

$$e=\frac{T}{2}\theta''(\xi) \tag{3}$$

式中 ξ 是上一个采样周期中其一时刻的值。从式(3)可以看出，电机的角加速度越大，利用公式(1)估计转速的误差越大。若采用数值微分的三点分式，理论上讲可以在很大程度上减小电机在加速(或减速)过程中的转速估计误差。

将转速环的一个采样周期二等分，每部分的长度是 $T/2$。电机在转速环采样周期的开始时刻、中间时刻和结束时刻的角位移分别是 $\theta(k-2)$、$\theta(k-1)$ 和 $\theta(k)$，那么采用三点公式的转速估计算法为[2]

$$\hat{\omega}(k)=\frac{[\theta(k-2)-4\theta(k-1)+3\theta(k)]}{T} \tag{4}$$

带余项的转速估计公式为

$$\hat{\omega}(k)=\frac{[\theta(k-2)-4\theta(k-1)+3\theta(k)]}{T}+\frac{T^2}{12}\theta'''(\xi) \tag{5}$$

由式(4)和式(5)可以得到式(4)所确定的转速估计算法的绝对误差为

$$e=\frac{T^2}{12}\theta'''(\xi) \tag{6}$$

在转速环的一个采样周期内力矩给定恒定，电机电磁转矩也基本上可以认为是恒定的，同时负载转矩也可以近似认为是不变的。所以在一个转速环采样周期内，角位移的三次导数较小，因此采用公式(4)估计电机转速理论上可以减小估计误差。但由于轴编码器每转输出的脉冲只有数千个，转速环的采样周期为几毫秒，在每个采样周期内轴编码器输出脉冲极少，这样，利用公式(4)估计电机转速将产生很大的量化误差。公式(4)所确定的转速估计算法并无实际应用价值。

M 法、T 法和 M/T 法是忽略了角加速度的近似算法，三点公式是忽略了角加速度的导数项的近似算法。又如前所述，在转速环一个采样周期内，力矩变化较小，角加速度的导数可近似为零。所以可以忽略角加速度的导数项，即假设角加速度为常数来推导实用的转速估计算法。

转速估计算法的原理图如图 3 所示。上部分的波形为轴编码器输出经 N 分频后的波形。对轴编码器输出进行 N 分频是为了保证在转速环每个采样周期内，经 N 分频后的波形至少有一个周波，略多于一个周波。这样能保证转速估计的精度和分辨率。下半部分为时钟脉冲，时钟脉冲的周期为 T_C。设 t_0、t_1、t_2 和 t_3 时刻电机转速估计值分别为$\hat{\omega}_0$、$\hat{\omega}_1$、$\hat{\omega}_2$ 和$\hat{\omega}_3$。m_1 为 t_0 至 t_1 时刻时钟脉冲输出个数。m_2 为 t_1 至 t_2 时刻时钟脉冲输出个数，m_3 为 t_2 至 t_3 时刻时钟脉冲输出个数。因此有

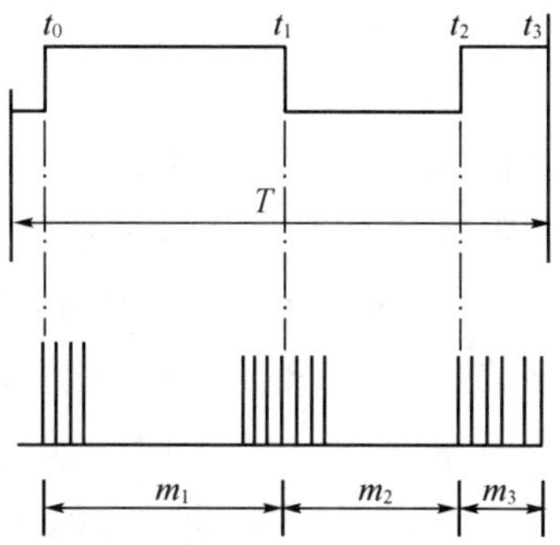

图 3 转速计算原理图

$$\left.\begin{aligned} t_1-t_0&=m_1T_c\\ t_2-t_0&=(m_1+m_2)T_c\\ t_3-t_0&=(m_1+m_2+m_3)T_c \end{aligned}\right\} \tag{7}$$

任意时刻的角速度估计值为

$$\hat{\omega}=\hat{\alpha}(t-t_0)+\hat{\omega}_0 \tag{8}$$

式中$\hat{\alpha}$是角加速度的估计值。

对式(8)积分可得到

$$\hat{\theta}=\frac{1}{2}\hat{\alpha}(t-t_0)^2+\hat{\omega}_0(t-t_0) \tag{9}$$

以 t_0 时刻电机的角位移为 0，在 t_1 和 t_2 时刻电机转过的角度为

$$\theta_1=\frac{2\pi N}{2P}\ (\text{rad}) \tag{10}$$

$$\theta_2=\frac{2\pi N}{P}\ (\text{rad}) \tag{11}$$

式中 P 为电机转一周轴编码器输出脉冲个数。将式(10)和式(11)代入式(9)，得

$$\frac{\pi N}{P}=\frac{1}{2}\hat{\alpha}(m_1T_c)^2+\hat{\omega}_0(m_1T_c) \tag{12}$$

$$\frac{2\pi N}{P}=\frac{1}{2}\hat{\alpha}(m_1+m_2)^2T_c^2+\hat{\omega}_0(m_1+m_2)T_c \tag{13}$$

由式(12)和式(13)解出

$$\hat{\alpha}=\frac{2\pi N}{Pm_2T_c^2}\left(\frac{2}{m_1+m_2}-\frac{1}{m_1}\right) \tag{14}$$

$$\hat{\omega}_0=\frac{\pi N}{PT_c}\left[\frac{1}{m_1}+\frac{1}{m_2}-\frac{2m_1}{(m_1+m_2)\ m_2}\right] \tag{15}$$

由式(8)可得到 t_3 时刻电机转速估计值为

$$\hat{\omega}_3=\hat{\alpha}T_c(m_1+m_2+m_3)+\hat{\omega}_0 \tag{16}$$

式(14)、式(15)和式(16)就是估计电机转速的实用算法。

为了提高转速算法的精度和分辨率，轴编码器输出脉冲经过分频器 N 分频后再进行处理，由式(14)、式(15)和式(16)估计出电机的转速。分频器的分频比由计算机控制，保证在转速环每个采样周期中，分频器输出脉冲略多于一个周波。这样就能够利用式(14)～(16)估计电机转速，同时又具有很高的精度和分辨率。下面将本文提出的转速估计算法应用于永磁同步电动机矢量控制系统的计算机数字仿真，证明该转速估计算法提高了转速估计的精度，克服了通常使用的转速估计算法带来的滞后问题，减少了调节时间，增加了稳定裕量。

永磁同步电动机矢量控制系统原理图如图 4 所示[5,6]。逆变器为电流控制电压型 PWM 逆变器[7]，转速控制器为时间最优控制与 PI 控制相结合的控制器。计算机仿真结果如图 5 和图 6 所示。利用二点公式估计电机转速，并将该转速估计值作为反馈量时，系统的阶跃响应如图 5 曲线 1 所示。利用本文提出的转速估计算法估计电机转速并将该转速估计值作为反馈量时阶跃响应如图 5 曲线 2 所示。绝对误差如图 6 曲线 2 所示。图 6 曲线 1 是电机速度如图 5 曲线 2 时，即以本文提出的转速估计算法估计出的电机转速作为反馈量，以二点公式估计电机转速时的绝对误差曲线。由上述曲线可以

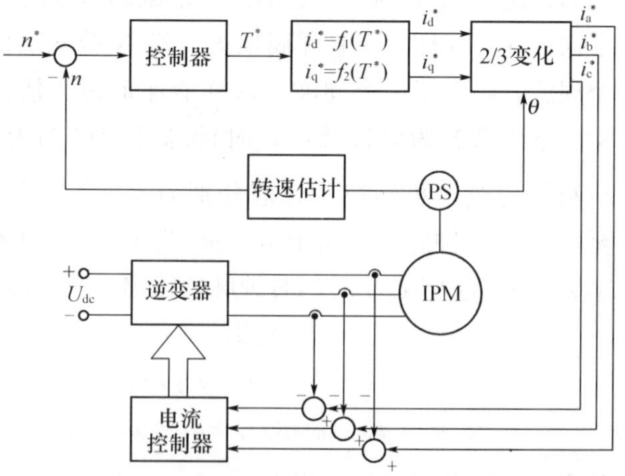

图 4　永磁电动机矢量控制系统

看出，在电机加速(或减速)过程中，二点公式有较大的估计误差，同时造成系统调节时间增长，稳定裕量下降。采用本文提出的转速估计算法后，在电机加速(或减速)过程中转速估计的精度大大提高，同时系统的调节时间减小，稳定裕量增大。

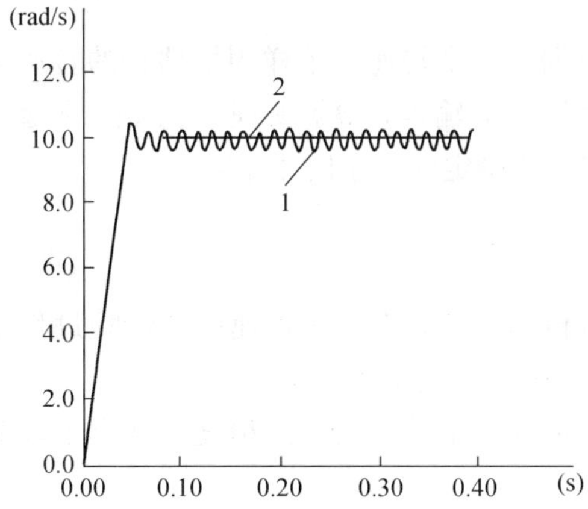

图 5　系统阶跃响应

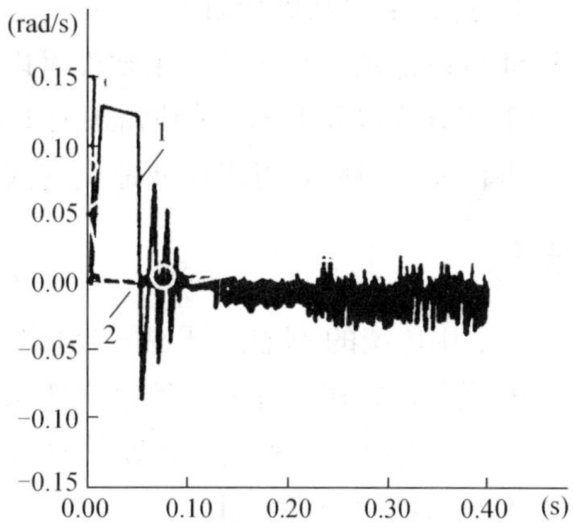

图 6　转速估计误差

本文提出的转速估计算法提高了转速估计的精度，其分辨率与 M/T 法基本相同。在电机匀速运行的条件下，由式(14)～(16)可推导出转速估计公式(单位转换成 r/min)：

$$\hat{n}(k)=\frac{60N}{PT_c(m_1+m_2)} \tag{17}$$

由上式可以看出，若加速度为 0，本文提出的转速估计算法相当于一种改进的 T 法。T 法是通过测量轴编码器输出脉冲一个周波的宽度估计出转速，公式(17)是通过测量 N 个轴编码器输出脉冲的宽度然后估计出转速。显然这种方法分辨率较 T 法高。

公式(7)的分辨率公式为

$$Q=\frac{60N}{PT_c(m_1+m_2-1)}-\frac{60N}{PT_c(m_1+m_2)}=\frac{1}{m_1+m_2-1}\hat{n} \tag{18}$$

分辨率的相对值为

$$q=\frac{Q}{\hat{n}}\times100\%=\frac{1}{m_1+m_2-1}\times100\% \tag{19}$$

例如：已知时钟周期 $T_c=2\mu s$，$P=1\ 024$，转速环采样周期 $T=1$ ms，由式(18)和式(19)可以算出当转速为 150 r/min 时，选择二分频，$m_1+m_2=390$，$Q=0.384$ r/min，$q\%=0.256\%$；当转速为 1 000 r/min 时，选择十六分频，$m_1+m_2=468$，$Q=2.13$ r/min，$q\%=0.213\%$。分辨率基本上与 M/T 法近似，在高速和低速时都有很高的分辨率，克服了 T 法在高速时、M 法在低速时分辨率低的缺点。

4. 硬件实现

采用 MCS-96 单片微控制器对转速进行估计。图 7 是电路原理图，U_a、U_b 为轴编码器输出信号。轴编码器输出的两路脉冲数字信号输入到单片机高速输入口(HSI)。HSI 可以记录输入信号发生跳变的时刻。用控制指令可以实现四种工作方式：

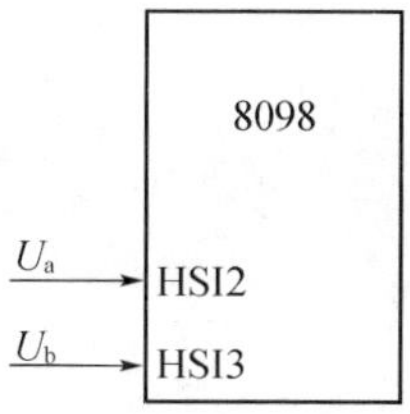

图 7　转速估计硬件实现

(1) 方式 0：每 8 次正跳变触发；

(2) 方式 1：每次正跳变触发；

(3) 方法 2：每次负跳变触发；

(4) 方法 3：每次跳变触发。

HSI 可以记录 8 个事件，用软件可以方便地根据上一个转速环采样周期估计的转速选择 HSI 的工作方式以及 HSI2 单独输入或 HSI2 和 HSI3 同时输入，等效实现 N 分频。通过 HSI 记录的事件发生时间，可以简便地实现式(14)～(16)所确定的转速估计算法。

5. 结论

(1) 采用传统的 M 法、T 法或 M/T 法估计电机的转速，在电机加速(或减速)过程中产生较大的误差，转速估计的滞后效应使系统调节时间增长，稳定性下降。

(2) 本文提出了一种新的转速估计算法，较大地提高了转速估计的精度，减小了调节时间，增加了系统的稳定裕量。

(3) 采用 MCS-8096 系列微控制器 HSI 可以简便地实现本文提出的转速估计算法。

参考文献

[1] 梁汉滨，钟彦儒. 电力电子装置的微型计算机化设计. 北京：机械工业出版社，1990.

[2] 李庆扬，等. 数值分析. 武汉：华中工学院出版社，1982.

[3] 周凤岐，等. 现代控制理论引论. 北京：国防工业出版社，1988.

[4] Robert D L，Keith W V P. High-Resolution Velocity Estimation for All-Digital，AC Servo Drives. IEEE Trans. Ind. Appl.，1991 27(4)：701－705.

[5] Pillay P，Krishnan R. Control Characteristics and Speed Controller Design for a High Performance Permanent Magnet Synchronous Motor Drive. IEEE Trans. Ind. Appl.，1990 15(2)：151－159.

[6] Thomas M J，et al. Interior Permanent－Magnet Synchronous Motor for Adjustable-Speed Drives. IEEE Trans. Ind. Appl.，1986，IA－22(4).

[7] Davld M B，Donald W N. Current Control of VSI－PWM Inverters. IEEE Trans. Ind. Appl.，1985，IA－21(4).

新型分裂绕组双凸极变速永磁电机的分析与控制

程　明　　周　鹗

（东南大学电气工程系）

摘要： 提出了一种新型分裂绕组双凸极变速永磁(doubly salient permanent magnet，简记为 DSPM)电机，对其磁场、静态特性、控制策略等进行了系统深入的理论和实验研究。在理论上，给出了 DSPM 电机的稳态和动态数学模型，进而导出了该电机的输出方程，并论证了采用分裂绕组拓展电机转速范围的可行性。用有限元法分析了电机磁场，计及该电机所特有的外漏磁。根据 DSPM 电机工作原理和静态特性，提出相应的控制策略，制定了控制方案，并在以单片机为核心的控制器上实施，针对四相 8/6 极电机的特点，提出了无中线四相半桥式功率变换器拓扑结构，简化了控制系统。样机实验结果不仅验证了理论分析的正确性，而且表明该新型电机驱动系统具有优良的稳态和动态性能，在很宽的功率范围内具有高效率，分裂绕组能有效拓展电机运行范围。

关键词： 双凸极永磁电机，变速驱动，控制策略，分裂绕组，有限元，漏磁，电感

如何将直流电机优异的调速性能与交流电机结构简单、运行可靠、基本不需维护的优点结合起来，研发出一种新型无刷电机驱动系统，是电机及驱动领域一项长期的奋斗目标。随着电力电子技术、微电子技术和计算机技术的进步，以及新型永磁材料的出现，新型永磁无刷直流电机正在得到迅速发展。与此同时，在过去 10 多年中受到国际广泛重视的另一种无刷电机，便是开关磁阻电机(简称 SR 电机)。

SR 电机的定转子均呈凸极形式，转子上无绕组，无永磁体，结构简单可靠。特别是，该电机的转矩仅与绕组电流大小及绕组电感随转子位置的变化率有关，与电流方向无关，因此可采用单向电流供电，简化功率变换器结构，提高系统工作可靠性。但是，随着研究的深入，SR 电机的一些固有缺陷也显现出来。首先，SR 电机只有在绕组电感随转子位置角增大时给绕组通电才能产生正转矩，因而，一个极距内可用来产生转矩的两个区域只有一个得到利用，运行效率和材料利用率相对较低；其次，开关磁阻电机本质上是一种单边励磁电机，绕组电流中不仅包含有转矩分量，还有励磁分量，这样不仅增大了绕组和功率变换器的伏安容量，还会产生额外的附加损耗；再则，绕组电感较大，为避免绕组电流关断后延续到负转矩区，必须将绕组提前关断，因而削弱了电机出力，等等。为此，人们努力将 SR 电机的简单结构与高性能永磁材料相结合，产生了所谓的双凸极永磁电机(doubly salient permanent magnet motor，简称 DSPM 电机)[1]。

图 1(a)所示为一 8/6 极 DSPM 电机截面图，其本结构与开关磁阻电机相同，为双凸极，

《中国科学（E 辑）》，第 31 卷第 3 期，2001 年 6 月。国家自然科学基金资助项目（批准号：59507001）。

转子上无绕组、无永磁，定子齿上装有集中式绕组，但在DSPM电机定子轭部放了2块永磁体。实际上，DSPM电机的工作原理与SR电机明显不同。图1(b)给出一相绕组磁通ϕ_{pm}和电流i_s随转子位置角θ变化的理想波形，当转子齿进入定子齿区域时，磁通随之增加，此时若绕组中通入正电流，则产生正转矩；当转子齿由与定子齿重叠位置离开定子齿时，磁通随之减小，此时若绕组中通往负电流，仍产生正转矩，因而，2个可以用来产生转矩的区间均得到利用。此外，由于定子铁芯中嵌入了磁导率很低的永磁体(与空气相近)，绕组电感大为减小，使绕组电流快速换向成为可能。这样，DSPM电机正好弥补了SR电机的不足，具有功率密度高，效率高，结构简单，控制灵活等一系列优点，它的出现，受到了国内外学者的广泛关注[2~9]。

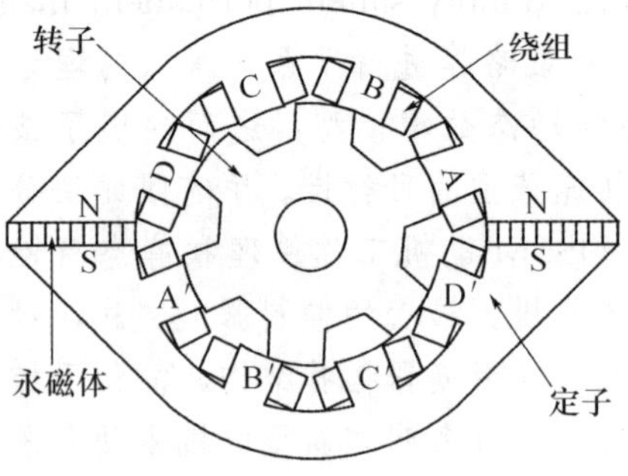

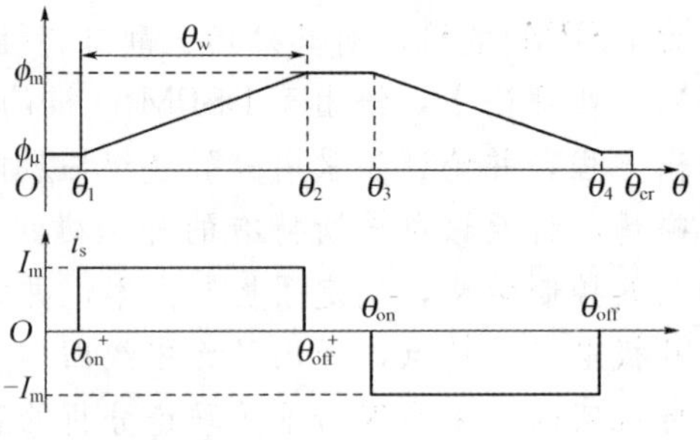

图1　8/6极电机截面图(a)及磁链和电流理论波形(b)

文献[8]提出并分析了8/6极结构的DSPM电机，揭示了8/6极结构相对于6/4极结构[1~7]具有功率密度高、速度范围宽、转矩脉动小等优点。但与多数永磁无刷电机相似(包括6/4极DSPM电机)，由于永磁磁场不可能像电励磁电机中的磁场那样便于调节，其恒功率运行范围十分有限，需要采取适当措施加以拓展，为此，提出了采用分裂绕组扩展电机恒功率运行区的新方法[10]。本文在已有工作基础上，从理论和实验两方面对新型四相8/6极分裂绕组DSPM电机进行了系统深入的分析研究。理论方面，建立了该电机的稳态和动态数学模型，导出了输出方程；用非线性二维有限元法对电机磁场分布以及磁链、电感等静态特性进行了分析，并考虑了因永磁体置于定子而特有的外漏磁问题；提出了控制策略，并在以单片机为核心的控制器上予以实施；在电机绕组与功率变换器连接上，针对8/6极电机特点，提出了无中线连接方案，避开了带分裂电容半桥功率变换器中常有的2个电容电压不平衡问题。样机实验结果不仅验证了理论分析的正确性，而且表明，该电机驱动系统具有良好的稳态和动态性能，通过分裂绕组将每相绕组匝数减少一半，可使电机的速度范围扩展1倍。

1. 理论分析

1) 稳态数学模型

设加于DSPM电机绕组上的相电压为U，绕组电流为方波，幅值等于I_m，如图1(b)所示，其中$\theta_1 \sim \theta_4$由电机结构参数确定，则电机的输入功率为

$$P_1=\frac{m}{T}\int_0^T u i_s \mathrm{d}t=\frac{m}{T}\left[\int_{t_1}^{t_2} U I_m \mathrm{d}t+\int_{t_3}^{t_4}(-U)(-I_m)\mathrm{d}t\right]=\frac{2}{T} m U I_m \Delta T \tag{1}$$

式中，$T=\theta_{cr}/\omega_r$，$\Delta T=\theta_w/\omega_r$，$\theta_{cr}=2\pi/p_r$为以弧度表示的转子极距，$\omega_r$为电机转子角速度，$t_1 \sim t_4$为与$\theta_1 \sim \theta_4$相对应的时间，$\theta_w=\theta_2-\theta_1=\theta_4-\theta_3$，$m$为电机相数。由此，式(1)也可以表

示为

$$P_1 = 2mUI_m(\theta_w/\theta_{cr}) \tag{2}$$

用 η 表示电机效率，则电机输出功率为

$$P_2 = P_1\eta = 2mUI_m\eta(\theta_w/\theta_{cr}) \tag{3}$$

将 θ_{cr} 代入上式，则得

$$P_2 = p_r mk_e EI_m\theta_w\eta/\pi \tag{4}$$

式中，$k_e=U/E$，E 则是由永磁磁链在一相绕组中感应产生的反电势，它可以表示为

$$E = w\frac{d\phi_m}{d\theta}\omega_r \approx w\frac{\phi_m - \phi_u}{\theta_w}\omega_r = w\frac{\Delta\phi_m}{\theta_w}\omega_r \tag{5}$$

式中，w 为每相绕组串联匝数，$\Delta\phi_m$ 可以表示为

$$\Delta\phi_m \approx 0.9\phi_m = 0.9k_d a_s\tau_s l_e B_\delta = 0.9k_d a_s\pi D_i l_e B_\delta/p_s \tag{6}$$

式中，$\tau_s=\pi D_i/p_s$ 为定子极距，a_s 为定子极弧系数，p_s 为定子极数，B_δ 为气隙磁密。D_i 为定子内径，l_e 为有效轴向长度。将式(6)代入式(5)，则可得反电势表示式为

$$E = \frac{0.9\pi k_d w\, a_s D_i l_e B_\delta}{p_s\theta_w}\omega_r \tag{7}$$

另一方面，电流 I_m 可表示为

$$I_m = k_i I_{rms} = k_i\pi D_i A_s/2m\pi w \tag{8}$$

式中，A_s 为线负荷，I_{rms} 为相电流有效值，$k_i=I_m/I_{rms}$。将式(7)和式(8)代入式(4)，并考虑到在通常情况下 $a_s\approx0.5$，可得 DSPM 电机的输出功率为

$$P_2 = \frac{0.9\pi^2}{120}\frac{p_r}{p_s}k_d k_e k_i A_s B_\delta D_i^2 l_e n_s\eta \tag{9}$$

式中，n_s 为 DSPM 电机的额定转速。式(9)是 DSPM 电机稳态性能分析和设计计算的基础，它反映了电机输出功率与主要设计参数之间的关系。例如，从式(9)可知，DSPM 电机的输出功率正比于转子极数与定子极数之比 p_r/p_s，当 A_s 和 B_δ 一定量，p_r/p_s 越大，电机的输出功率越大，因此，8/6 极电机的功率密度要比 6/4 极电机高 12.5%。另外，由式(9)可以得到电机的尺寸方程为

$$D_i^2 l_e = \frac{P_2}{\left(\frac{0.9\pi^2}{120}\frac{p_r}{p_s}k_d k_e k_i A_s B_\delta n_s\eta\right)} \tag{10}$$

根据电机主要技术指标，由式(10)不难确定电机的主要尺寸。

2）动态数学模型

对四相 8/6 极 DSPM 电机，其矩阵形式的电压方程为

$$\overline{\boldsymbol{U}} = \overline{\boldsymbol{R}}\,\overline{\boldsymbol{I}} + d\overline{\boldsymbol{\Psi}}/dt \tag{11}$$

式中，$\overline{\boldsymbol{U}}=[u_1, u_2, u_3, u_4]^T$，$\overline{\boldsymbol{R}}=\mathrm{diag}[r_1, r_2, r_3, r_4]$，$\overline{\boldsymbol{I}}=[i_1, i_2, i_3, i_4]^T$，$\boldsymbol{\Psi}$ 为合成磁链向量，可表示为

$$\overline{\boldsymbol{\Psi}} = \overline{\boldsymbol{L}}\,\overline{\boldsymbol{I}} + \overline{\boldsymbol{\Psi}}_m \tag{12}$$

而 $\overline{\boldsymbol{L}}=[L_{ij}]$，$i=1\sim4$，$j=1\sim4$，$\overline{\boldsymbol{\Psi}}_m=[\Psi_{m1}, \Psi_{m2}, \Psi_{m3}, \Psi_{m4}]^T$，为空载永磁磁链向量。

假设电感 $\overline{\boldsymbol{L}}$ 和永磁磁链 $\overline{\boldsymbol{\Psi}}_m$ 仅是转子位置角的函数，与电流无关，则有

$$\frac{d\overline{\boldsymbol{\Psi}}}{dt} = \overline{\boldsymbol{L}}\frac{d\overline{\boldsymbol{I}}}{dt} + \frac{d\overline{\boldsymbol{L}}}{dt}\overline{\boldsymbol{I}} + \frac{d\overline{\boldsymbol{\Psi}}_m}{dt} = \overline{\boldsymbol{L}}\frac{d\overline{\boldsymbol{I}}}{dt} + \frac{d\overline{\boldsymbol{L}}}{d\theta}\overline{\boldsymbol{I}}\omega_r + \frac{d\overline{\boldsymbol{\Psi}}_m}{d\theta}\omega_r \tag{13}$$

将(13)式代入(11)式并经适当简化，可得 DSPM 电机的状态方程如下：

$$\frac{\mathrm{d}\bar{\boldsymbol{I}}}{\mathrm{d}t}=-\bar{\boldsymbol{L}}^{-1}\left(\bar{\boldsymbol{R}}+\frac{\mathrm{d}\bar{\boldsymbol{L}}}{\mathrm{d}\theta}\omega_{\mathrm{r}}\right)\bar{\boldsymbol{I}}+\bar{\boldsymbol{L}}^{-1}\left(\bar{\boldsymbol{U}}-\frac{\mathrm{d}\bar{\boldsymbol{\Psi}}_{\mathrm{m}}}{\mathrm{d}\theta}\omega_{\mathrm{r}}\right) \tag{14}$$

根据机电能量转换原理，电机转矩为

$$T_{\mathrm{e}}=\frac{\partial W'}{\partial\theta}=\frac{\partial}{\partial\theta}\left(\frac{1}{2}\bar{\boldsymbol{I}}^{T}\bar{\boldsymbol{L}}\bar{\boldsymbol{I}}+\bar{\boldsymbol{\Psi}}_{\mathrm{m}}^{T}\bar{\boldsymbol{I}}\right)=\frac{1}{2}\bar{\boldsymbol{I}}^{T}\left(\frac{\partial}{\partial\theta}\bar{\boldsymbol{L}}\right)\bar{\boldsymbol{I}}+\left(\frac{\partial}{\partial\theta}\bar{\boldsymbol{\Psi}}_{\mathrm{m}}\right)^{T}\bar{\boldsymbol{I}}=T_{\mathrm{r}}+T_{\mathrm{pm}} \tag{15}$$

式中，W'为磁共能，T_{r}代表由于电感变化而产生的磁阻转矩，T_{pm}则是由绕组电流与永磁磁链之间相互作用所产生的永磁转矩。用数值方法求解式(14)状态方程，便可求得 DSPM 电机的各相电流，并进而由式(15)计算出电机的转矩及其各个分量。

在电机分析计算中，除使用数字仿真技术之外，求出绕组电流的解析解，对于更好地理解电机内部的电磁物理过程和主要物理量的变化规律，定性分析电机的主要性能，是十分有益的。为此，考虑一相绕组导通的情况，其电流方程为

$$\frac{\mathrm{d}i_{\mathrm{s}}}{\mathrm{d}t}=-\frac{r+\frac{\mathrm{d}L}{\mathrm{d}\theta}\omega_{\mathrm{r}}}{L}i_{\mathrm{s}}+\frac{U-\frac{\mathrm{d}\Psi_{\mathrm{m}}}{\mathrm{d}\theta}\omega_{\mathrm{r}}}{L} \tag{16}$$

式中，r为相绕组电阻，L为相绕组电感。在理想情况下，电感L和永磁磁链Ψ_{m}均呈现分段直线。因此，各段$\mathrm{d}L/\mathrm{d}\theta$和$\mathrm{d}\Psi_{\mathrm{m}}/\mathrm{d}\theta$为常数值，如电感$L$取其平均值，则式(16)的近似解为

$$i_{\mathrm{s}}=\left(U-\frac{\mathrm{d}\Psi_{\mathrm{m}}}{\mathrm{d}\theta}\omega_{\mathrm{r}}\right)\frac{\left\{1-\exp\left[-\frac{1}{L}\left(r+\frac{\mathrm{d}L}{\mathrm{d}\theta}\omega_{\mathrm{r}}\right)\right]\right\}}{\left(r+\frac{\mathrm{d}L}{\mathrm{d}\theta}\omega_{\mathrm{r}}\right)} \tag{17}$$

电流稳态值为

$$I=\frac{\left(U-\frac{\mathrm{d}\Psi_{\mathrm{m}}}{\mathrm{d}\theta}\omega_{\mathrm{r}}\right)}{\left(r+\frac{\mathrm{d}L}{\mathrm{d}\theta}\omega_{\mathrm{r}}\right)} \tag{18}$$

根据 DSPM 电机基本工作原理，在永磁磁链增加区间，对应相绕组中应通入正电流，在永磁磁链下降区间，对应相绕组中应通入负电流，为此，下式必然成立：

$$|U|-\left|\frac{\mathrm{d}\Psi_{\mathrm{m}}}{\mathrm{d}\theta}\omega_{\mathrm{r}}\right|\geqslant 0 \tag{19}$$

上式说明，当电流电压一定时，DSPM 电机存在着一极限角速度ω_{rmax}，可表示为

$$\omega_{\mathrm{rmax}}=\frac{|U|}{\left|\frac{\mathrm{d}\Psi_{\mathrm{m}}}{\mathrm{d}\theta}\right|}\approx\frac{|U|}{w\left|\frac{\Delta\phi_{\mathrm{m}}}{\theta_{\mathrm{w}}}\right|} \tag{20}$$

将式(6)关系代入式(20)，并经适当简化，可得

$$\omega_{\mathrm{rmax}}=\frac{|U|}{kwB_{\delta}} \tag{21}$$

式中，k为与电机结构参数有关的常数，由上式可知，当电机结构参数和外加电压一定时，其最大转速与绕组匝数和气隙磁密成反比。这里气隙磁密主要决定于永磁体，其数值不易改变，而改变每相绕组匝数则可有效扩展电机转速范围，DSPM 电机采用集中绕组，为改变每

相绕组匝数提供了方便。图 2(a)为一分裂绕组连接示意图，低速时，开关 K_1 闭合，K_2 断开，绕组全部参与工作，以保证对输出转矩的要求；高速时，K_1 断开，K_2 闭合，则每相绕组的有效匝数减少至 50%，可使电机转速范围得以扩展。分裂绕组抽头位置可根据实际需要确定，也可采用多抽头，作为示例，图 2(a)为 50%的单抽头。

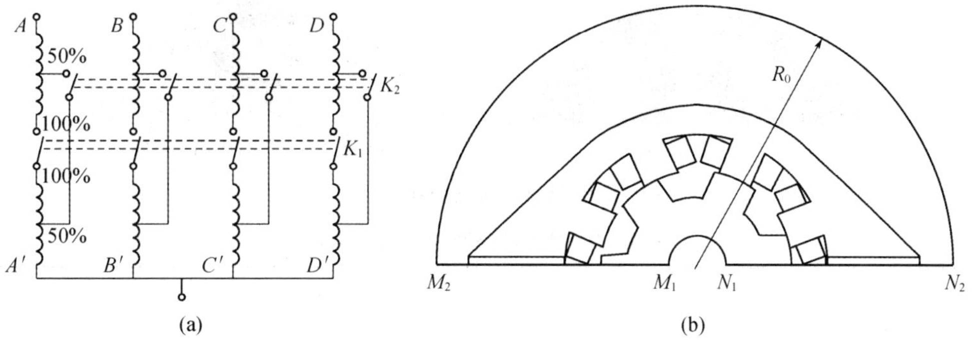

图 2　分裂绕组连接示意图(a)和有限元求解区域(b)

2. 磁场及静态特性分析

1) *磁场分析*

用二维有限元法对 DSPM 电机磁场及静态特性进行了分析。由于电机结构的对称性，可取电机截面的一半作为求解区域。在传统永磁电机中，永磁体通常位于转子，外漏磁(泄漏到定子外围空间的磁通)很小，可忽略不计，因此，一般取定子铁芯的外边界为零磁位面。但 DSPM 电机中的永磁体置于定子，其外漏磁相对较大。为计及外漏磁，将电机求解区域扩展到定子铁芯以外的空间，为方便起见，取半径为 R_0 的半圆为零磁位面，扩展后的求解区域如图 2(b)所示。在该区域内，电机磁场量应满足下列方程

$$\frac{\partial}{\partial x}\left(\nu\frac{\partial A_z}{\partial x}\right)+\frac{\partial}{\partial y}\left(\nu\frac{\partial A_z}{\partial y}\right)=-(J_z+J_{pm}) \tag{22}$$

式中，A_z 和 J_z 分别为矢量磁位 $\mathbf{A}$ 和电流密度 J 的 z 轴分量，J_{pm} 为永磁体等效面电流密度，ν 为磁阻率。对应的边界条件为

$$\begin{cases}\mathbf{A}\,|_{M_1N_1}=A\,|_{M_2N_2}=0\\ \mathbf{A}\,|_{M_1M_2}=-A\,|_{N_1N_2}\end{cases} \tag{23}$$

对不同转子位置、不同负载情况下的磁场进行了分析计算，图 3 给出 B 相转子位置角为 20°时的空载永磁磁场和电枢反应磁场的分布情况。由图 3(a)可见，永磁体产生的磁通，绝大部分经气隙和转子而闭合，在定、转子齿重叠区，磁密很高，在齿尖部存在着较明显的局部饱和。此外，还有一小部分磁通经定子的外围空间而闭合，形成 DSPM 电机特有的外漏磁。理论上，只有当 R_0 为无穷大时才能计入全部外漏磁，但 R_0 过大将使计算量明显增加，因此需选取一个合理的 R_0 值。表 1 给出 R_0 取不同值时对电机有效磁通 ϕ_δ 的影响，R_0=95 与 110 mm 之间的电机有效磁通误差为 0.76%，而 R_0=110 与 120 mm 之间的有效磁通误差仅为 0.18%，因此可认为，对电机算例而言，取 R_0=110 mm 是比较合理的。此外，比较表 1 中无扩展(即取电机的既有区域为求解域)和 R_0=110 mm 时的有效磁通可知，如忽略外漏磁影

响，将使有效磁通计算值增大 2.4%。因此，在 DSPM 电机的分析计算中，计及外漏磁是必要的。图 3(b)表明，电枢反应磁通中大部分经由相邻齿闭合，只有少部分经过永磁体闭合，电枢反应磁场对永磁磁场的影响较小，因此，与传统的永磁电机相比，DSPM 电机具有较强的抗电枢反应磁场去磁的能力。

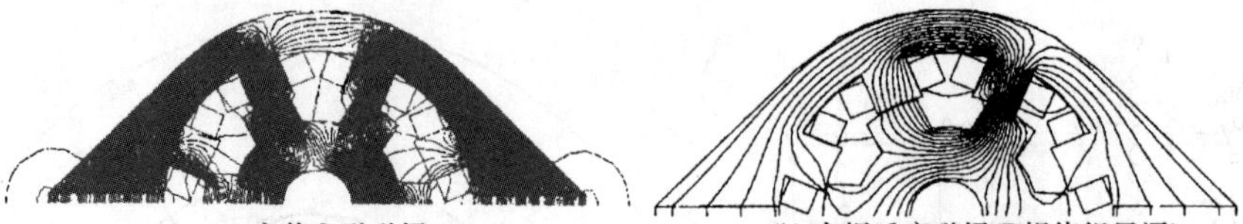

(a) 空载永磁磁场　　(b) 电枢反应磁场(B相绕组导通)

图 3　磁场分布

表 1　R_0 对有效磁通的影响(mWb)

	无扩展	R_0/mm		
		95	110	120
ϕ_a	0.842 94	0.828 56	0.822 19	0.820 41
ϕ_b	1.521 16	1.501 20	1.491 68	1.489 48
ϕ_c	0.818 58	0.804 93	0.798 45	0.796 96
ϕ_d	0.241 80	0.234 56	0.231 64	0.231 12
$\phi_\delta=\sum_{i=a}^{d}\phi_i$	3.424 48	3.369 25	3.343 96	3.337 97

2）静态特性

由有限元法计算结果，可以得到电机磁链和电感随转子位置角变化的关系。图 4 为转子斜槽($\delta=22°$)和不斜槽($\delta=0°$)时的空载永磁磁链特性，由此可得电机每相电势为

$$e=\frac{d\Psi_m}{dt}=\frac{d\Psi_m}{d\theta}\omega_r \tag{24}$$

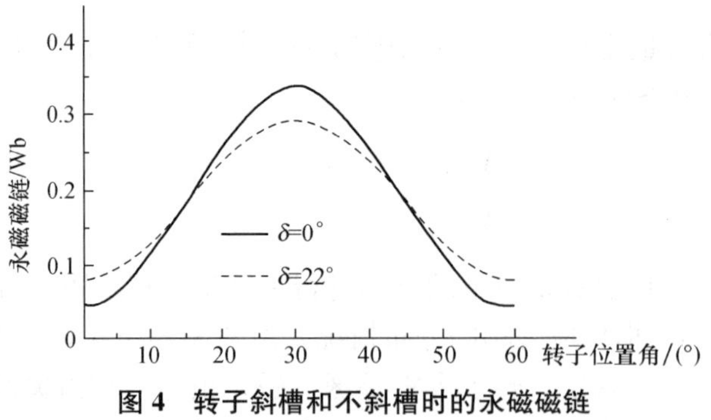

图 4　转子斜槽和不斜槽时的永磁磁链

图 5(a)为样机在额定转速 1 500 r/min 时空载感应电势的计算和实测波形，两者吻合。

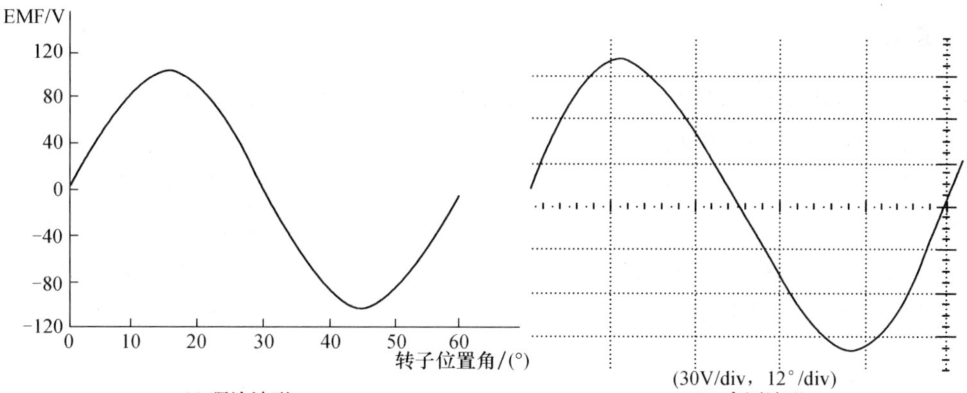

(a) 理论波形　　(b) 实测波形

图 5　空载电势的理论与实测波形

计算电感时，考虑了永磁磁场与电枢反应磁场之间的耦合作用。由于磁路饱和影响，电感的计算需分两步：首先求得永磁体单独作用时的磁链 Ψ_m，然后计算当永磁磁场和电枢反应磁场共同作用时产生的合成磁链 Ψ，则有

$$\Psi = \Psi_m + Li_s \tag{25}$$

式中 i_s 为所加的每相绕组电流。由此可得每相绕组电感为

$$L = (\Psi - \Psi_m)/i_s \tag{26}$$

图 6 给出了当绕组电流为 2 A 时的电感特性曲线，其中“PM＋2A”和“PM－2A”分别表示电枢反应磁场对永磁磁场起增磁和去磁作用。由图可知，DSPM 电机的绕组电感不仅是转子位置的函数，而且与电枢反应磁场与永磁磁场之间的相互作用关系有关。当电枢磁场对永磁磁场起去磁作用时，磁路饱和程度降低，故“PM－2A”时的电感较大，而当电枢反应磁场对永磁磁场为增磁作用时，磁路饱和程度增大，故“PM＋2A”所对应的绕组电感较小。表 2 列出了当电流为 1 A 时几个特定转子位置下电感计算值与测量值的比较，可见，理论值与测量值吻合。

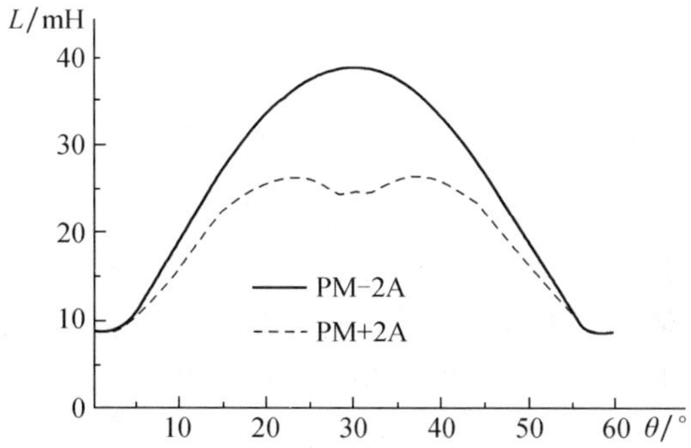

图 6　绕组电感

表 2　绕组电感计算值与测量值比较(i_s＝1 A)

θ	$L_{计算值}$/mH			$L_{测量值}$/mH		
	PM＋1A	PM－1A	平均	PM＋1A	PM－1A	平均
0°	8.63	8.62	8.63	8.77	9.08	8.93
15°	24.03	26.93	25.48	21.7	26.81	24.26
30°	28.15	36.67	32.41	29.05	36.88	32.97

3. 控制策略

DSPM电机的控制策略包含两种基本控制模式，即低速时的电流斩波控制（CCC）和高速时的角度位置控制（APC）。电机转速在基速以下时，由于反电势和电抗均较小，绕组加压后电流上升很快，需要对电流斩波限幅，以实现恒转矩运行，此时，可将控制绕组开关的开通角和关断角固定，通过调节电流限幅值来实现对转矩的控制。当转速在基速以上时，由于反电势和电抗均较大，绕组电流上升缓慢，甚至在尚未达到稳定值之前就又要关断，因此，在每个导通区间内电流无法再保持恒定，需要通过调节导通角来控制输出转矩，实现恒功率运行。

图7(a)给出了DSPM电机驱动系统的控制框图，该系统由速度和电流双闭环组成，与电机转子同轴的转子位置传感器提供转子位置信号。控制系统的核心是一高速16位单片机，它从位置传感器读取转子位置信号，估算电机转子位置和转速，将估计转速 ω_r 与给定转速 ω^* 比较，速度差经PI调节器转变为转矩参考值 T_e^* 输出，再按照既定控制策略给出电流参考值 I^* 和控制角 θ_{on}^+，θ_{off}^+，θ_{on}^- 和 θ_{off}^-，由LEM模块检测绕组电流，经一绝对值电路反馈至电流调节器，与电流参考值进行比较，以实现电流斩波控制。

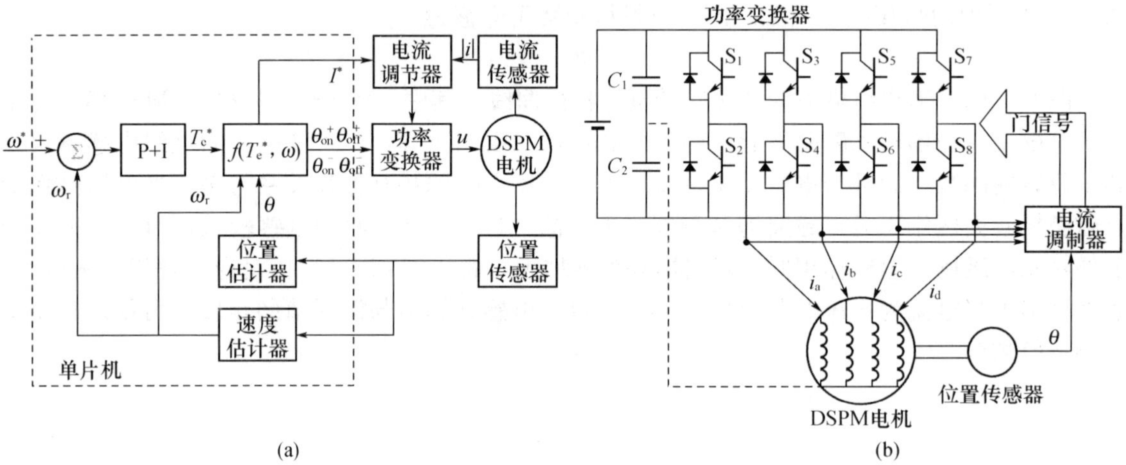

图7　系统控制框图(a)和系统连接图(b)

根据DSPM电机工作原理，功率变换器应能提供双极性电流，可能方案主要有两种，一是每相一个全桥变换器，另一是带分裂电容的四相半桥变换器。为减少功率元件，选用了后一方案，如图7(b)所示。对于三相电机[1~7]，通常在2个分裂电容的中性点与电机绕组中点之间，以中线相连，为换相电流提供通路，如图7(b)中虚线所示。但是，由于电机参数的不对称性，两电容上的电压常常会失去平衡，使上、下桥臂电压不相等，这直接影响DSPM电机的稳态和动态性能，甚至会使一个电容过电压，危及电容和系统安全。因此，必须采取相应软、硬件措施去控制2个电容的充放电，以维持两电容电压的基本平衡[2,11]，这又必然会增加系统的复杂性和成本。然而，在四相8/6极DSPM电机中，由于其结构关系，当 A 相磁链上升时，C 相磁链正好下降，故 A 相上桥臂 S_1 与 C 相下桥臂 S_6 同时导通，互为通路。反之亦然，类似地，B 相与 D 相的上、下桥臂也成对导通，因而，可以将电容中性点与绕组中点之间的中线去掉，不致对电机性能产生明显影响，从而避免了两分裂电容电压不平衡，简化了控制系统。以下给出的运行性能，均基于无中线方案，如图7(b)中实线所示。

4. 运行性能

为验证理论分析的正确性以及新型分裂绕组 DSPM 电机的性能，制作了一台额定功率为 750 W 的实验样机及其控制系统，进行了实验研究。实验中，以一台额定功率为 2.3 kW，额定转速 1 500 r/min 的直流电机为负载，用一台数字式功率分析仪(power analyser)测取 DSPM 电机的输入功率和电流的有效值。

当电机运行于基速以下时，实行斩波控制，电机输出为恒转矩特性，相应的绕组电流波形如图 8(a)所示；当电机运行于基速以上时，实行角度位置控制，电机输出为恒功率特性，对应的电流波形如图 8(b)所示。图 9 则给出了电机在额定转速 1 500 r/min 时效率与输出功率之间的关系。可见，DSPM 电机在很宽的功率范围内有高效率，额定点的效率为 87.7%，比相同功率等级、相同转速感应电机(典型效率值为 75.5%)高 17%。

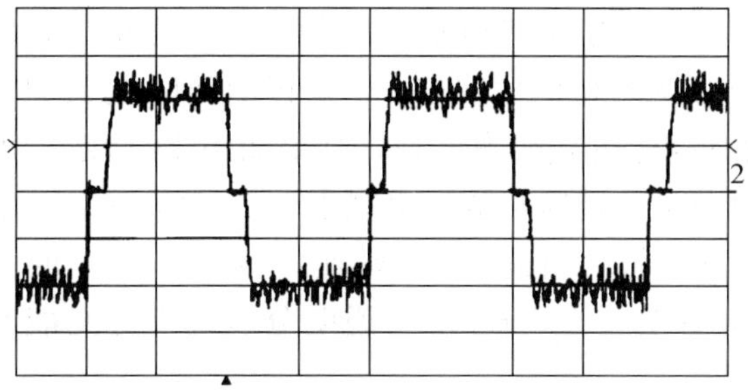

(a) CCC(1 A/div，5 ms/div)

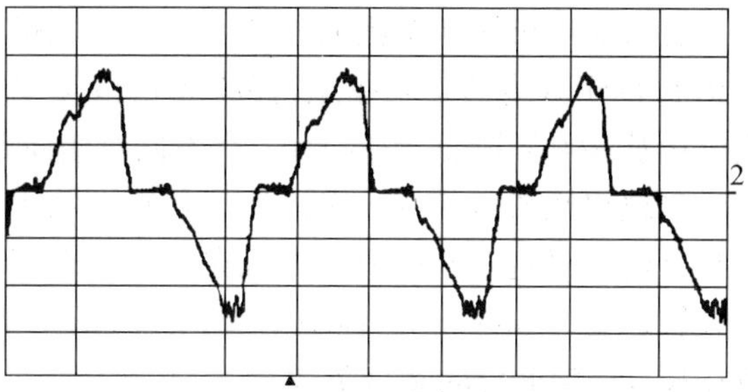

(b) APC(2 A/div，2 ms/div)

图 8 实测电流波形

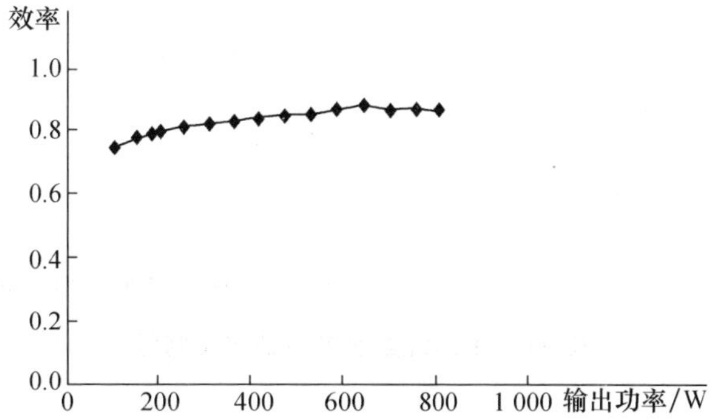

图 9 实测电机效率(1 500 r/min)

为检验 DSPM 电机的动态性能，用示波器记录了 DSPM 电机动态过程中的转速和电流响应特性，如图 10 所示。其中，图 10(a)为 DSPM 电机带动直流电机由静止起动直至额定转速的响应特性，可见，该驱动系统响应速度十分迅速，由静止到达给定速度只需 0.43 s，且既无超调，又无稳态误差。图 10(b)为 DSPM 电机在额定转速时负载转矩由 0.66 N·m 突加至 2.66 N·m时的响应曲线，由图中可见，转速在经历了时间极短、幅度极小的波动后，迅速重新进入稳定状态，反映出该驱动系统具有优良的速度调节特性。

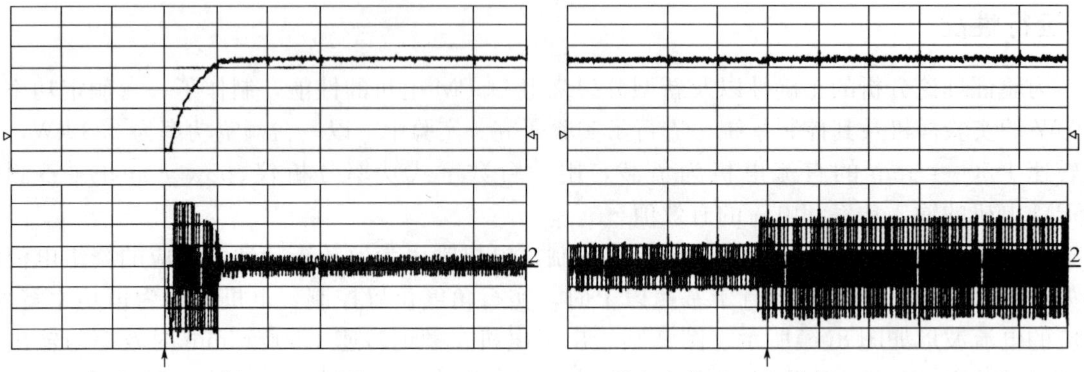

(a) 起动(350 r·min⁻¹/div，1.67 A/div，0.5 s/div)　(b) 突加负载(350 r·min⁻¹/div，2 A/div，0.5 s/div)

图 10　电机动态响应特性(上：转速；下：电流)

受直流电机转速范围的限制，DSPM 电机无法在高速下进行负载试验。为了检验分裂绕组拓展 DSPM 电机恒功率运行范围的能力，进行了两种替代性试验。一是将 DSPM 电机的直流电压从 400 V 降低至 150 V，在不同绕组匝数时进行负载能力试验，结果如图 11 所示，可见，当绕组匝数由 100%减至 50%，相同输出功率时的转速拓宽 1 倍以上。二是将 DSPM 电机与直流电机脱开，DSPM 电机在完全空载情况下运行，测量其最大转速，当 $w=100\%$时的最大转速为3 150 r/min,而当 $w=50\%$时的最大转速为 6 010 r/min。说明分裂绕组方案能有效拓展DSPM电机的运行范围。

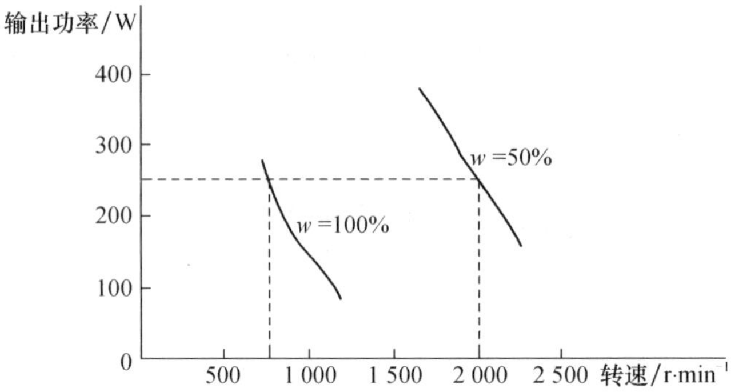

图 11　不同绕组匝数时的输出特性

5. 结论

本文对所提出的新型分裂绕组双凸极永磁电机，进行了较为系统深入的分析计算研究，给出稳态和动态数学模型，导出了 DSPM 电机的输出方程，并从理论上分析了采用分裂绕组拓展 DSPM 电机转速范围的可行性。用有限元法对电机磁场以及静态特性进行了分析，结果表明，绕组电感不仅是转子位置角的函数，而且与电枢磁场对永磁磁场为去磁或增磁作用有关；由于电枢反应磁通主要经由相邻定子齿闭合，只有少部分磁通经永磁体闭合。因此，DSPM 电机具有较强的抗去磁能力；通过将电机求解域扩展到定子之处，考虑了 DSPM 电机特有的外漏磁。在理论分析基础上，进一步探讨了 DSPM 电机的控制策略，制定了相应的控制方案，并在以单片机为核心的控制器上实施，针对四相 8/6 极 DSPM 电机的运行特点，提出了无中线四相半桥功率变换器拓扑结构，不仅所用开关元件少，而且避免了带分裂电容多相半桥功率变换器中常常存在的电容电压不平衡问题，简化了控制系统。样机的实验结果验证了理论分析的正确性，同时表明该DSPM电机驱动系统具有优良的稳态和动态性能，在很宽的功率范围内保持高效率，而分裂绕组方案可有效地拓展DSPM电机的恒功率运行范围，从而说明本文所提出的分析方法和控制策略正确可行，新型分裂绕组DSPM电机不仅具有结构简单、无需维护、功率密度高等优点，而且效率高、转速范围宽、控制灵活，有着良好的发展前景。

参 考 文 献

[1] Liao Y, Liang F, Lipo T A. A Novel Doubly Salient Permanent Magnet Motor. IEEE Transactions on Industry Applications, 1995, 31(5): 1069 - 1078.

[2] Blaabjerg F, Christensen L, Rasmussen P O, et al. New Advanced Control Methods for Doubly Salient Permanent Magnet Motor. In: Conference Record of the 30th IEEE IAS Annual Meeting, Orlando, USA, IEEE, 1995, 272 - 230.

[3] Radulescu M M, Martis C, Biro K. A New Electrically-Commutated Doubly-Salient Permanent-Magnet Small Motor. In: Proc 7th Int Conf Electrical Machines and Drives, Durham, UK, 1995. UK: IEE, 1995, 213 - 216.

[4] 程明. 双凸极变速永磁电机的运行原理及其静态特性的线性分析. 科技通报，1997，13(1): 16 - 20.

[5] 廖海平，陈永校. 新型永磁式开关磁阻电动机电磁场的二维有限元分析. 电机与控制学报，1998，2(3): 166 - 172.

[6] Bian D, Zhan Q. A Novel Single Phase Doubly Salient Permanent Magnet Motor. In: Proc of IEEE Inter Conf on Power Electronics and Drive Systems, Hong Kong, 1999. USA: IEEE, 1999, 725 - 729.

[7] Cheng M, Chau K T, Chan C C, et al. Nonlinear Varying-Network Magnetic Circuit Analysis for Doubly Salient Permanent Magnet Motors. IEEE Transactions on Magnetics, 2000, 36(1): 339 - 348.

[8] Chau K T, Cheng M, Chan C C. Performance Analysis of 8/6-Pole Doubly Salient Permanent Magnet Motor. Electric Machines and Power Systems, 1999, 27(10): 1055 - 1067.

[9] 程明，周鹗，蒋全. 双凸极变速永磁电机的静态特性. 电工技术学报，1999，14(5): 9 - 13.

[10] 程明，周鹗，黄秀留，等. 多抽头绕组宽调速双凸极永磁电机. 中国专利，98111107.6. 2001-02-10.

[11] Huang J Z, Zhou E, Jiang Q. Analysis and Compensation of Voltage Asymmetry in the Split Converter of A Four Phase Switched Reluctance Motor Drive. In: Proc of IEEE Inter Conf on Power Electronics and Drive Systems, Singapore, 1997. USA: IEEE, 1997, 703 - 707.

双凸极变速永磁电机的变结构等效磁路模型

程　明　周　鹗　黄秀留

（东南大学电气工程学系）

摘要：建立了双凸极变速永磁电机的变结构等效磁路模型，推导了气隙比磁导计算公式，通过求解所建立的非线性等效磁路方程，以计算电机的静态特性。计算中计及铁磁材料的非线性以及永磁磁场与电枢反应磁场之间的相互影响。通过引入适当的修正系数，使计算结果与有限元结果吻合。以新提出的12/8极双凸极永磁电机为算例，对电机的永磁磁链、空载电势、电感等静态特性进行了全面的分析计算，并考虑了转子斜槽对静态特性的影响，所得结果与实测值一致，表明该文所提出的分析理论和方法可以快速、有效地分析计算双凸极永磁电机的磁场及静态特性，适合于需要考虑不同结构参数对电机特性影响的应用场合，如优化设计等。

关键词：等效磁路，磁导，静态特性，双凸极电机，永磁电机

1. 引言

双凸极永磁电机DSPM(doubly salient permanent magnet machine)是20世纪90年代初发展起来的一种新型高效节能电机，它由永磁电机、功率变换器、位置传感器和控制器等部分构成，形成缺一不可、机电一体化的变速驱动系统。最新研究结果表明[1~3]，该电机具有结构简单、效率高、力矩电流比大、功率密度高和控制灵活等优点，正日益受到重视。

双凸极永磁电机与开关磁阻电机结构十分相似，定子和转子均为凸极，定子齿上安放有集中式绕组，而转子上无绕组，但在定子(或转子)上放有永磁体，图1为一12/8极定子永磁型DSPM电机的截面图。其工作原理见文献[4]，[5]。

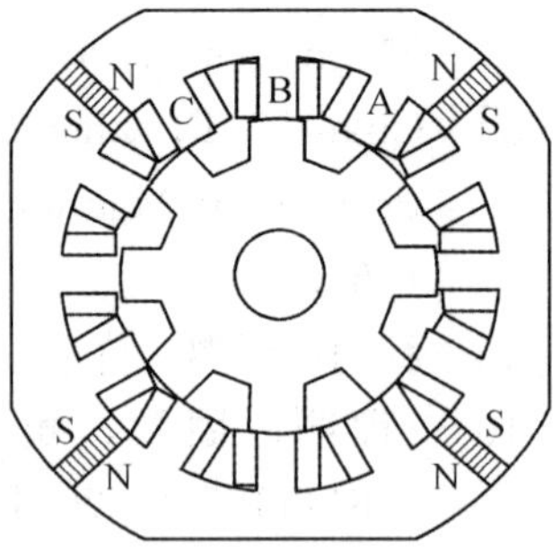

图1　12/8极双凸极永磁电机截面图

双凸极永磁电机的静态特性，包括永磁磁链、空载电势、电感等，是电机设计、分析和控制的基础，是整个研究工作的首要任务。然而，由于在齿尖存在着明显的局部饱和、齿槽边缘效应以及电枢反应磁场与永磁磁场之间的相互耦合，使DSPM电机静态特性的分析计算相当困难。有限元法虽可以准确地求解电机内的磁场分布，进而求得磁链、电感等特性[5]，但有限元法应用不便，十分费时，尤其是需要计算不同电机结构参数下的特性时，任一结构参数发生变化，都要重新剖分，很难将有限元算法嵌入到优化设计程序中去构成一个完整的软件包。本文的目的就是提出一种快速、有效、计算精度符合工作要求的解析法，以计算DSPM电机的静态特性。为

《中国电机工程学报》，第21卷第5期，2001年5月，第5期。

此，提出了 DSPM 电机的非线性变结构等效磁路模型，推导了等效磁路中各部分磁导的计算公式，用节点磁位法建立相应的方程，通过求解该方程，得到磁路各部分的磁通分布，进一步求得静态特性。引入适当的修正系数，使计算结果与有限元结果一致。以笔者提出的 12/8 极 DSPM 电机的实验结果，验证了理论分析的正确性。

2. 变结构等效磁路模型

由图 1 可知，12/8 极 DSPM 电机在结构上具有对称性，可以取其截面的一半作为求解区域，即相当于一台 6/4 极电机，故本文所建立的模型可以直接应用于 6/4 极 DSPM 电机，只需将 6/4 极电机的有关结构参数代入即可。

图 2 所示即为 DSPM 电机的等效磁路模型，图 2(a)对应着 A 相最小电感位置，图 2(b)对应着 A 相最大电感位置。图中，p_{PS}，p_{YS}，p_{PR}和 p_{YR}分别为定子齿、定子轭、转子齿和转子轭部比磁导，它们都是相应磁路中磁密的非线性函数，p_{PYL}，p_{PL}，p_{PM}和 p_{PML}分别为定子极与轭之间的比漏磁导、定子极及极之间的比漏磁导、永磁体比磁导和永磁体比漏磁导，而 p_A则为气隙比磁导，它们均为线性磁导，磁导率为常数；F_{PM}为等效永磁磁势。

为了计及通电绕组的漏磁，将定子绕组磁势及对应的齿磁导一分为二，F_A为 A 相绕组磁势的一半。另外，p'_{YS}表示不需要考虑齿中部对轭部漏磁时的定子轭比磁导，它对应的磁路长度相当于 p_{YS}的 2 倍。

可以看出，图 2(a)中有 8 条 p_A支路，而图 2(b)中则有 10 条 p_A 支路，即等效磁路的网络结构(气隙磁导支路数)随转子位置而改变，因此称之为变结构等效磁路模型。

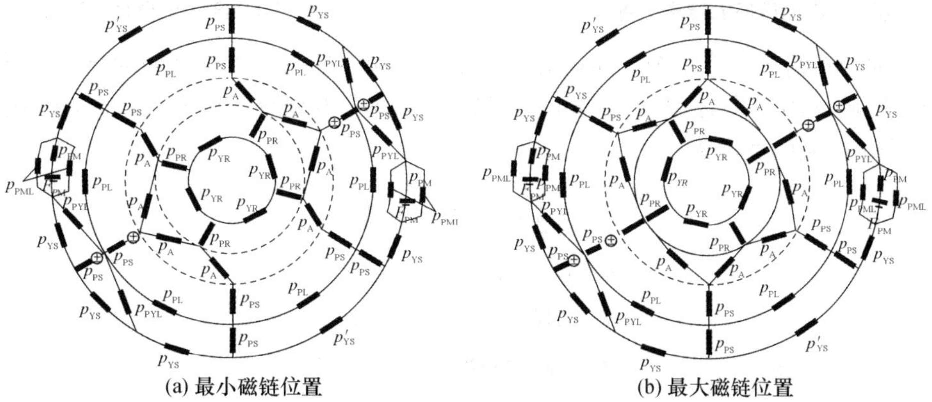

(a) 最小磁链位置　　　　(b) 最大磁链位置

图 2　非线性变结构等效磁路模型

3. 比磁导计算

应用磁通管的概念，可以导出气隙比磁导计算公式。为使问题简化，作如下假设：① 铁磁材料的磁导率为无穷大，定、转子铁芯表面分别为等磁位面；② 磁力线与铁芯表面垂直；③ 磁场沿轴向均匀分布。

根据转子与定子间的不同相对位置，可以将 1 个转子极距划分为可能的 8 个区间，它们由 $\alpha_1 \sim \alpha_8$ 来定义，即

$$\begin{cases}\text{区间 1：} 0\leqslant\alpha\leqslant\alpha_1\\ \text{区间 2：} \alpha_1\leqslant\alpha<\alpha_2\\ \vdots\\ \text{区间 8：} \alpha_7\leqslant\alpha<\alpha_8\end{cases}\tag{1}$$

式中 α 定义为定子齿中心线与转子齿中心线之间的夹角。

图 3 示出了区间 1 和区间 8 中定、转子齿的相对位置关系，其他区间定、转子位置可类似得到，为简化起见，此处略去。$\alpha_1\sim\alpha_8$ 与电机结构参数有关，例如 α_1 可由下式定式

$$\alpha=\frac{1}{2}(\beta_r-\beta_s)\tag{2}$$

式中，β_r 和 β_s 分别为定子和转子的齿宽，以角度表示。

图 4 则示出了 α_1 和 α_8 2 个位置关系。

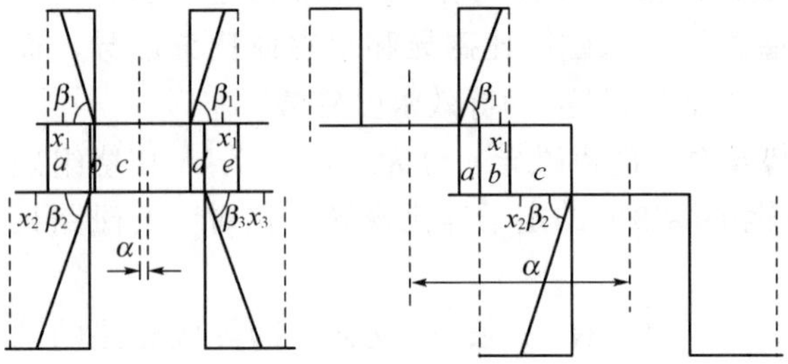

(a) 区间1　(b) 区间8

图 3　不同区间的转子位置

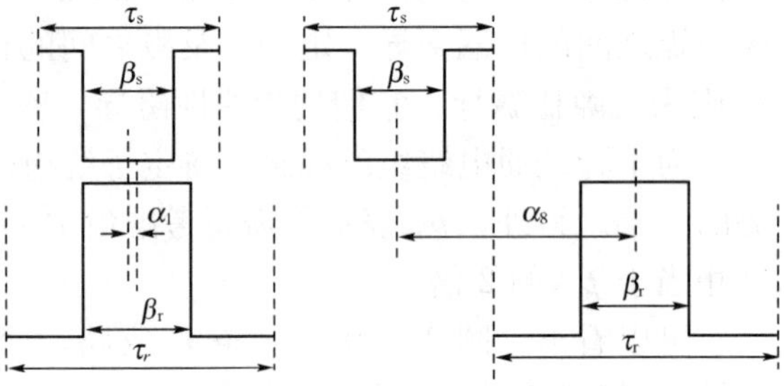

(a) $\alpha=\alpha_1$　(b) $\alpha=\alpha_8$

图 4　区间分界角的定义

根据磁通分布情况，将每个区间再分为若干子区域，使每个子区域内的磁场量近似恒定，这样每个子区域可用 1 个磁通管来表示。例如，区间 1 被划分为 $a\sim e$ 5 个子区域(参见图 3(a))，每个子区域的宽度为

$$a=\left[\frac{1}{2}(\tau_s-\beta_r)+\alpha\right]R_{Si}\tag{3}$$

$$b=(\alpha_1-\alpha)R_{si}\tag{4}$$

$$c=\beta_s R_{si}\tag{5}$$

$$d=(\alpha_1+\alpha)R_{si}\tag{6}$$

$$e=\frac{1}{2}(\tau_s-\beta_s)R_{si}-d\tag{7}$$

式中，R_{si} 为定子内半径；τ_s 为定子齿距，以角度表示。

为了能够用圆弧和直线来等效实际磁力线，并保证等效前后磁位降基本不变，将定子齿和转子齿的侧面边界分别倾斜 β_1、β_2 和 β_3 角[6]，见图 3。它们可由下列经验公式确定[6,7]

$$\begin{cases}\beta_1=\dfrac{\pi}{2}-\dfrac{\beta_s}{2}\\ \beta_2=\dfrac{\pi}{2}-\dfrac{\beta_r}{2}\\ \beta_3=\dfrac{\pi}{2}-\dfrac{\beta_r}{2}\end{cases}\tag{8}$$

对应的分界点为

$$\begin{cases} x_1=\dfrac{h_s}{\tan\beta_1} \\ x_2=\dfrac{h_r}{\tan\beta_2} \\ x_3=\dfrac{h_r}{\tan\beta_3} \end{cases} \tag{9}$$

式中，h_s 和 h_r 分别为定子齿高和转子齿高。

每个磁通管的比磁导可按下式计算

$$p=\mu\frac{A_m}{l_m} \tag{10}$$

式中，A_m 为磁通管宽；l_m 为 2 个等磁位面间的磁力线长度；μ 为相应磁路的磁导率。

下面以区间 1 为例来说明气隙比磁导计算公式的推导。

在子区域 a 内，磁力线由 2 段圆弧，1 段直线组成，其长度则随与转子左边界的距离 x 而变化。由式(10)可得子区域 a 的气隙比磁导为

$$p_{Aa}=\int_0^a\frac{\mu_0\mathrm{d}x}{g_0+\beta_1(x+b)+\beta_2x}=\frac{\mu_0}{\beta_1+\beta_2}\ln\left[1+\frac{(\beta_1+\beta_2)a}{g_0+\beta_1b}\right],\ x_2\geqslant a \tag{11}$$

或

$$\begin{aligned} p_{Aa}&=\int_0^{x_2}\frac{\mu_0\mathrm{d}x}{g_0+\beta_2x+\beta_1(x+b)}+\int_{x_2}^{a}\frac{\mu_0\mathrm{d}x}{g_0+h_r+\beta_1(x+b)} \\ &=\frac{\mu_0}{\beta_1+\beta_2}\ln\left[1+\frac{(\beta_1+\beta_2)x_2}{g_0+\beta_1b}\right]+\frac{\mu_0}{\beta_1}\ln\left[1+\frac{\beta_1(a-x_2)}{g_0+h_r+\beta_1(x_2+b)}\right],\ x_2<a \end{aligned} \tag{12}$$

式中，μ_0 为真空磁导率；g_0 为气隙长度。

在子区域 b 内，磁力线由 1 段圆弧和 1 段直线组成，对应的气隙比磁导为

$$p_{Ab}=\int_0^b\frac{\mu_0\mathrm{d}x}{g_0+\beta_1x}=\frac{\mu_0}{\beta_1}\ln\left[1+\frac{\beta_1b}{g_0}\right] \tag{13}$$

子区域 c 内，磁力线长度保持不变，其气隙比磁导为

$$p_{Ac}=\frac{\mu_0c}{g_0} \tag{14}$$

与子区域 b 类似，子区域 d 的比磁导为

$$p_{Ad}=\frac{\mu_0}{\beta_1}\ln\left[1+\frac{\beta_1d}{g_0}\right] \tag{15}$$

与子区域 a 类似，子区域 e 的比磁导为

$$p_{Ae}=\begin{cases} \dfrac{\mu_0}{\beta_1+\beta_3}\ln\left[1+\dfrac{(\beta_1+\beta_3)e}{g_0+\beta_1d}\right],\ x_3\geqslant e \\ \dfrac{\mu_0}{\beta_1+\beta_3}\ln\left[1+\dfrac{(\beta_1+\beta_3)x_3}{g_0+\beta_1d}\right]+\dfrac{\mu_0}{\beta_1}\ln\left[1+\dfrac{\beta_1(e-x_3)}{g_0+h_r+\beta_1(d+x_3)}\right],\ x_3<e \end{cases} \tag{16}$$

由式(12)～(16)，得总的气隙比磁导为

$$p_A(\alpha)=\sum_{i=a}^{e}p_{A_i} \tag{17}$$

总磁导则为

$$P_A(\alpha)=p_A(\alpha)l_e \tag{18}$$

式中，l_e 为铁芯有效长度。

区间 2～8 气隙比磁导计算公式可用类似方法得到。

如果求得的气隙磁导 $P_A(\alpha)$ 不为零，则在相应的定子齿与转子齿之间就有一条气隙磁导支路。反之，相应的定子齿与转子齿之间没有气隙磁导支路。

铁磁材料部分的比磁导，可根据各段磁路几何尺寸，利用式(11)求得，但磁导率不是常数，需经迭代计算来确定。开始时取铁磁材料磁化曲线线性部分的磁导率代入计算，再由解得的各段磁路的磁通和磁路截面积计算相应段磁路的磁密，查磁化曲线得新的磁导率，重复这一过程，直至2次迭代所得结果的误差小于给定值为止。永磁体磁导及永磁体漏磁导的计算见文献[8]。

4. 磁导修正系数

1）气隙磁导的修正

由于磁路存在饱和，特别是齿尖部分饱和程度往往很高，定子铁芯和转子铁芯表面不再是等磁位面，根据理想条件下导出的比磁导公式(11)～(17)所求得的磁导与实际情况有出入，为改善计算精度，引入如下基于有限元计算结果的修正系数

$$k_c = 1 + \frac{c_1}{1 + c_2\alpha} \tag{19}$$

用有限元法求得2个特定位置，即 $\alpha=0°$(最大磁链位置)和 $\alpha=22.5°$(最小磁链位置)时的比磁导，即可确定系数 c_1 和 c_2。修正后的气隙比磁导为

$$p'_A(\alpha) = \frac{p_A(\alpha)}{k_c} \tag{20}$$

式中，$p'_A(\alpha)$ 为修正后的气隙比磁导。

由于式(20)只是修正基于前述假设而导得的气隙比磁导，k_c 随电机结构参数(如极宽，极高等)的变化并不明显，对于外形尺寸基本确定的电机，其结构参数在一定范围内变化时，无需重新计算 k_c。

2）齿磁导的修正

图5示出了当定子齿与转子齿部分重叠时的局部磁场分布图。在靠近气隙的齿部，磁场分布极不均匀，存在严重的局部饱和，在非重叠部分，磁密很低，如果简单地按照定子齿的几何尺寸和平均磁导率来计算齿部比磁导，其值将明显偏大，为减小因此而产生的误差，有必要对定子齿部比磁导加以修正。但是，由于齿部饱和区的大小随转子位置及绕组电流而变，要准确计及这一影响是困难的。考虑到在图2的磁路模型中，已将通电相定子齿等分为上下两半，且靠近齿根处的半截齿局部饱和不明显，现仅对靠近气隙的半截定子齿的比磁导加以修正。将该半个齿划分为重叠区和非重叠区两部分，由图5可见，非重叠区内的磁力线近似为弧形，故将非重叠区内的磁力线用半径为 R 的圆弧来近似等效，并将 R 和有效磁路宽度取为实际宽度的一半。这样，下半截定子齿的比磁导便由2个分量组成

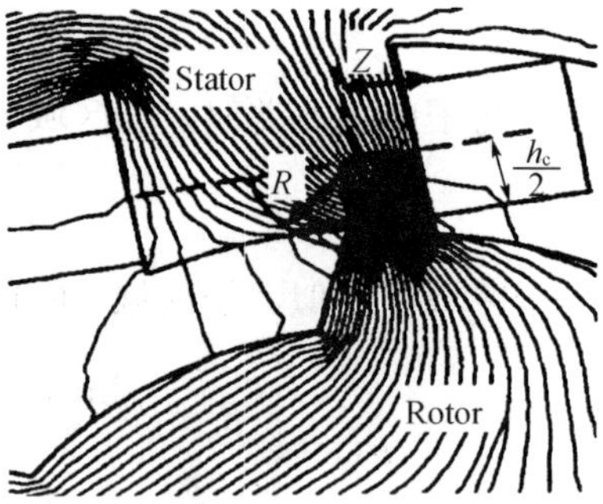

图5　定转子齿部分重叠时的磁场分布

$$p_P = p_{P1} + p_{P2} \tag{21}$$

$$p_{P1} = \mu_{P1}\frac{2z}{h_s} \tag{22}$$

$$p_{P2}=\mu_{P2}=\frac{b_s-z}{\pi R} \tag{23}$$

式中，p_{P1} 和 p_{P_2} 分别为重叠区和非重叠区的比磁导；μ_{P1} 和 μ_{P2} 分别为重叠区和非重迭区的平均磁导率；b_s 为定子齿宽；z 为重叠区宽度。

5. 静态特性

等效磁路网络的支路数随转子位置而变，但节点数固定不变，因此用节点磁位法建立磁路网络方程，并用多变量阻尼迭代法求解(有关磁路方程的建立与求解见文献[9])，得磁路各部分的磁场量，如磁通等，进而得到磁链、电感等静态特性上的一点。将电机转子在 1 个转子极距(0～45°)范围内以一定的步长(例如 1°)旋转，每转一步，重复建立和求解网络方程，便可得到一条完整的静态特性曲线。

1）磁链和反电势

图 6 为按上述方法所得的 12/8 极 DSPM 电机的空载永磁磁链曲线，图中同时绘出了有限元计算结果，两者吻合很好。图 7 则为不同转子斜槽角时的永磁磁链曲线。由永磁磁链特性，不难得到反电势为

$$e=\frac{d\Psi_{pm}}{dt}=\frac{d\Psi_{pm}}{d\theta}\omega_r \tag{24}$$

式中，e 为电枢绕组反电势；Ψ_{pm} 为永磁磁链；θ 为转子位置角(定义为定子齿中心线与转子槽中心线之间的夹角)；$\omega_r=d\theta/dt$ 为转子角速度。

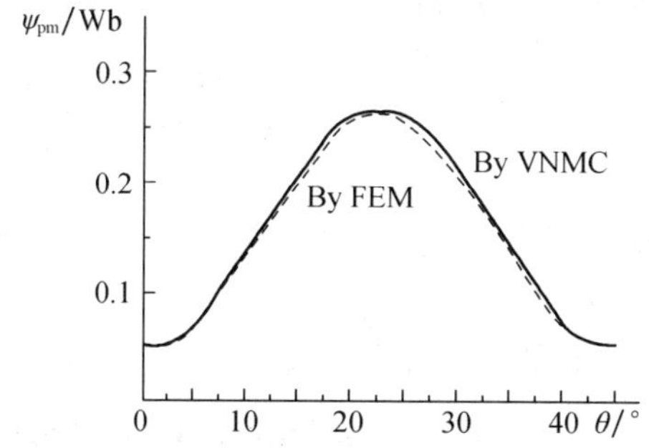

图 6 磁路法和有限元法所得永磁磁链

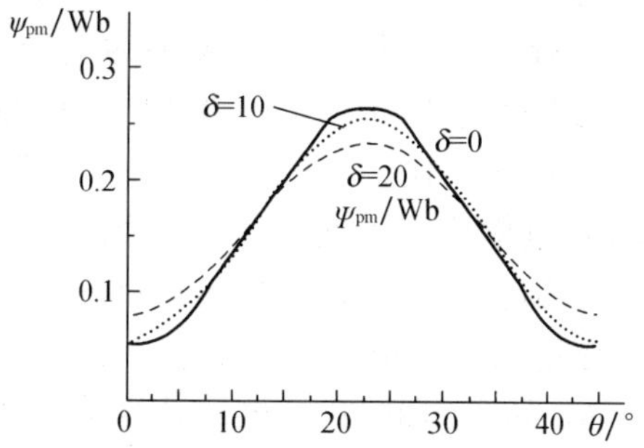

图 7 不同转子斜槽角时的永磁磁链特性

图 8 给出了在额定转速 1 500 r/min 时反电势理论波形与实测波形的比较，图 9 则为转子斜槽角为 20°，转速为 1 500 r/min 时反电势理论波形与实测波形的对比。由图可见，计算值与样机实验结果一致；转子斜槽可有效改善电势波形，使其变化更加平滑，因而使定位力矩(cogging torque)明显减小。

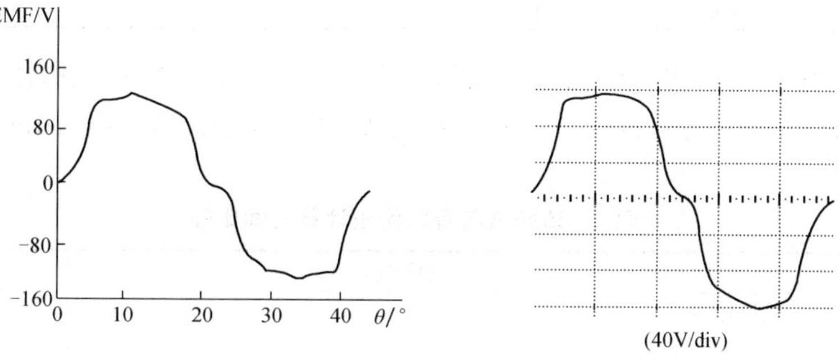

(a) 理论波形 (b) 实验波形

图 8 反电势理论波形与实验波形对比(转子直槽)

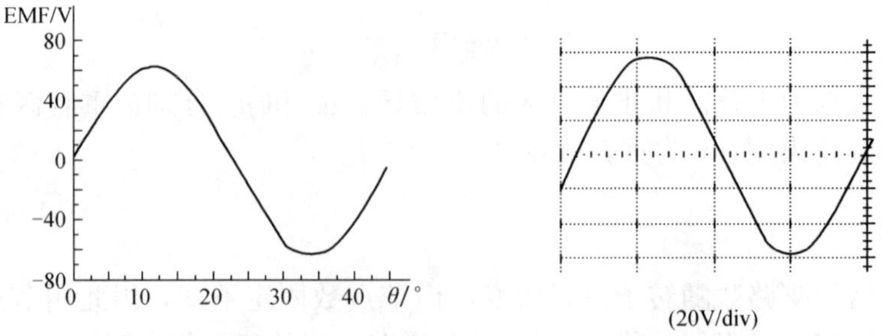

(a) 理论波形　　(b) 实验波形

图 9　转子斜槽时反电势理论波形与实验波形对比

2）绕组电感

计算电感时，考虑了永磁磁场与电枢反应磁场之间的耦合作用。当永磁磁场和电枢电流磁场同时作用时，绕组总磁链为

$$\Psi=\Psi_{pm}+Li_a \tag{25}$$

则一相绕组的电感为

$$L=\frac{\Psi-\Psi_{pm}}{i_a} \tag{26}$$

式(25)、式(26)中，Ψ 为一相绕组合成磁链；i_a 为电枢绕组电流；L 为一相绕组的电感。

当电枢电流磁场与永磁磁场同向时，对永磁磁场起增磁作用，磁路饱和程度增大；当电枢电流磁场与永磁磁场反向时，对永磁磁场起去磁作用，磁路饱和程度降低。因此，一定大小的电流，如方向不同，所对应的电感将不同。图 10 给出了由磁路法和有限元法所得电感特性对比。图中，“PM＋1A”和“PM－1A”分别表示电枢反应磁场对永磁磁场起增磁和去磁作用，而电枢绕组电流为 1 A。它们的平均值基本上反应了与空载时磁路饱和程度相对应的电感。表 1 给出了电枢电流为 1.414 A，转子斜槽 20°时电感计算值与实测值对比。可见，变结构等效磁路法的计算结果与有限元分析结果以及实验结果相符。

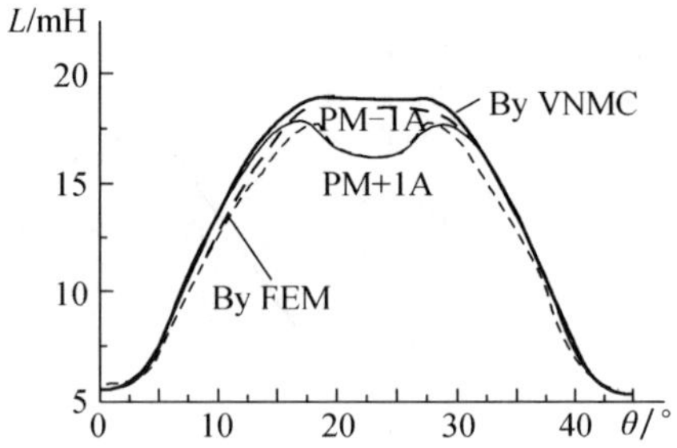

图 10　电枢电流为 1 A 时的电感特性

表 1　转子斜槽、电枢电流为 1.414 A 时的绕组电感

θ	$L_{计算值}$/mH			$L_{测量值}$/mH
	L^+	L^-	L	
7.5°	10.64	10.87	10.75	10.42
22.5°	16.82	17.98	17.40	16.99

表 2 给出了用 VSMC 和有限元法在奔腾微机上计算静态特性一点所用时间的比较，其中，有限元分析所需的部分等前处理时间尚未包括在内。显然，VSMC 法的计算速度要比有限元法快得多。

表 2　磁路法与有限元法计算时间比较

	永磁磁链	电感
VSMC/s	0.16	0.28
FEM/s	90	130

6. 结论

本文为最近提出的 12/8 极双凸极变速永磁电机建立了变结构等效磁路模型，导出了气隙比磁导计算公式。在求解所建立的非线性磁路模型基础上，计算了双凸极永磁电机的磁链、感应电势和电感等静态特性，分析了转子斜槽对静态特性的影响。结果表明，永磁磁场与电枢反应磁场之间的耦合作用，对双凸极电机的电感有显著影响；转子斜槽可明显改善空载感应电势波形，从而减小空载时的定位力矩。通过引入适当的系数对在理想条件下导出的气隙磁导和定子齿磁导进行修正，使计算结果与有限元分析结果吻合。样机的实验结果进一步验证了本文分析理论的正确性和有效性。表明变结构等效磁路模型可以快速、有效地分析计算双凸极永磁电机的磁场以及特性，计算精度符合工程要求，特别适合于需要计算不同结构尺寸下电机特性的场合，如优化设计等。

本文所提方法可推广应用于不同极数(如 6/4，8/6 极等)的双凸极永磁电机，以及其他电机，如开关磁阻电机等。

参考文献

[1] Liao Y, Lipo T A. A New Doubly Salient Permanent Magnet Motor for Adjustable Speed Drives. Electric Machines and Power Systems, 1994, 22(1): 259 - 270.

[2] Liao Y, Liang F, Lipo T A. A Novel Permanent Magnet Motor with Doubly Salient Structure. IEEE Trans on IA, 1995, 31(5): 1069 - 1078.

[3] Chau K T, Cheng Ming, Chan C C. Performance Analysis of 8/6-pole Doubly Salient Permanent Magnet Motor. Electric Machines and Power Systems, 1999, 27(10): 1055 - 1067.

[4] 程明(Cheng Ming). 双凸极变速永磁电机的运行原理及静态特性的线性分析(Principle and Linear Analysis of Static Characteristics of A Doubly Salient Variable Speed Permanent Magnet Motor). 科技通报(Bulletin of Science and Technology), 1997, 13(1): 16 - 20.

[5] 程明，周鹗，蒋全(Cheng Ming, Zhou E, Jiang Quan). 双凸极变速永磁电机的静态特性(Static Characteristics of Doubly Salient Permanent Magnet Motors for Adjustable Speed Drive). 电工技术学报(Transactions of China Electrotechnical Society), 1999, 14(5): 9 - 13.

[6] Pohl R. Theory of Pulsating machines. J. IEE, 1946, pt. II, 93(3): 37 - 47.

[7] 詹琼华(Tang Renyuan). 开关磁阻电动机(Switched Reluctance Motors). 武汉：华中理工大学出版社(Wuhan: Huazhong University of Science and Technology Press), 1992.

[8] 唐任远(Tang Renyuan). 现代永磁电机理论与设计(Theory and Design of Modern Permanent Magnet Machines). 北京：机械工业出版社(Beijing: Mechanical Industry Press), 1997.

[9] 蒋全(Jiang Quan). 开关磁阻电动机基础理论研究(Study of Basic Theory of Switched Reluctance Motors). 南京：东南大学博士论文(Nanjing: Doctoral Thesis of Southeast University), 1991.

新型 12/8 极双凸极变速永磁电机的设计与分析

林明耀 程 明 周 鹗

（东南大学电气工程学系）

摘要： 提出了一种新型 12/8 极双凸极变速永磁 DSPM 电机，它集永磁无刷直流 PMBLDC 电机和开关磁阻 SRM 电机的主要优点于一身，加上其独特的转子斜槽和 12/8 极结构，该电机具有功率密度高、用铜量小、绕组电阻小和转矩脉动小等优点。用有限元法(FEM)对该电机的磁场分布、永磁磁链、反电势和电感特性进行了计算和分析，计算中考虑了永磁磁场和电枢反应的相互作用。样机实验结果验证了理论分析的正确性。

关键词： 双凸极电机，永磁电机，有限元分析，静态特性，设计

随着电力电子技术、微电子技术和计算机技术的进步以及高性能永磁材料的出现，新型永磁无刷直流(PMBLDC)电机正在得到迅速发展。与此同时，过去 10 多年中受到国际电工界广泛重视的另一种无刷电机，便是开关磁阻(SR)电机。

PMBLDC 电机效率高、功率密度高，但位于转子上的永磁体，在高工作温度和电枢反应磁场作用下可能产生不可逆去磁，且不适用于高转速场合。SR 电机的定、转子均采用凸极式，转子上无绕组、无永磁体，结构简单可靠，适合高速运行，特别是该电机的转矩仅与绕组电流的大小及绕组电感随转子位置的变化率有关，与电流的方向无关，因此可采用单向电流供电，简化了功率变换器结构，提高了系统工作的可靠性。但是，随着研究工作的深入，SR 电机的一些固有缺陷也显现出来：① SR 电机只有在绕组电感随转子位置角增大时给绕组通电才能够产生正转矩，因而，一个极距范围内可用来产生转矩的 2 个区域，而只有其中一个得到利用，运行效率和材料利用率相对较低；② SR 电机本质上是一种单边励磁电机，绕组电流中包含转矩分量和励磁分量，增大了绕组和功率变换器的伏安容量，并产生额外的附加损耗；③ 绕组电感较大，为避免绕组电流关断后延续到负转矩区，必须将绕组提前关断，因此削弱了电机出力。为此，人们将 PMBLDC 电机的高功率密度、高效率与 SR 电机的简单结构相结合，产生了高功率密度、高效率和高可靠性的双凸极永磁电机(DSPM 电机)。

文献[1]～[6]中，DSPM 电机的设计和分析主要集中在 6/4 极和 8/6 极结构，而有关 12/8 极 DSPM 电机设计分析的文献甚少。本文提出了一种新型的 12/8 极 DSPM 电机结构，对它进行了系统的分析和研究，揭示出该电机结构的优越性。运用非线性二维有限元法对电枢磁场分布、反电势和电感等静态特性进行了分析，分析中考虑了铁芯材料的非线性饱和及永磁磁场与电枢反应磁场之间的相互影响，为该电机的控制与运行奠定了基础。样机的实验结果验证了理论分析的正确性。

《东南大学学报》（自然科学版），第 32 卷第 6 期，2002 年 11 月。

1. 设计

根据 DSPM 电机的运行原理，设计该类电机时，电机相数 m、定子极数 p_s 和转子极数 p_r 之间有许多种可能的组合，它们之间应满足

$$p_s = 2mk$$
$$p_r = p_s \pm 2k \tag{1}$$

式中，k 为正整数。当电机转子以转速 n 运行时，任一相绕组的换相频率为

$$f_{ph} = \frac{p_r n}{60} \tag{2}$$

为了减小转子磁极和轭中的铁耗以及开关损耗，应降低开关频率，即减小转子极数 p_r。因而，设计电机时，转子极数通常小于定子极数。奇数的转子极数由于在结构上产生不平衡力而很少采用。

为使 DSPM 电机在任一方向上具有自起动能力，电机的相数应大于等于 3。因而，$p_s/p_r = 6/4$，8/6 和 12/8 是可选的定、转子极数比。到目前为止，电机界对三相 6/4 极和 8/6 极 DSPM 电机进行了较为广泛的分析和研究[1,2,4,5]，而对 12/8 极结构至今还没有进行深入的探讨。

本文提出和设计了一种新型的 12/8 极 DSPM 电动机，图 1 是该电机的横截面图。A，B，C 表示三相绕组，N，S 表示永磁磁极，该电机基本采用了与 SR 电机相同的结构，但在定子轭部对称放置了 4 块永磁体。与 PMBLDC 电机相比，DSPM 电机永磁体位于定子，易于冷却，永磁体的高温去磁和高速机械振动等方面的性能得到了较大改善。

与文献[1]～[3]中的三相 6/4 极电机相比，三相 12/8 极电机由于定子圆周被 4 块永磁体分为四等分(在 6/4 极电机中仅分为二等分)，定子轭部磁路较短，轭部磁场降落和铁耗减小。另一方面，12/8 极电机中每极磁通减半，定子轭和齿的宽度也几乎是 6/4 极电机的一半，这样，当定子外径一定时，定子内径和转子外径可适当增大，反之定子外径可减小，从而使得 12/8 极电机能达到较高的功率密度；再者，较小的齿宽大大缩短了定子绕组的端部长度，减少了绕组用铜量和电阻，降低了成本，提高了电机的工作效率。此外，从图 1 可知，12/8 极 DSPM 电机保持了传统电机的截面形状，而不像 6/4 极和 8/6 极电机具有橄榄球式的形状[1～6]。

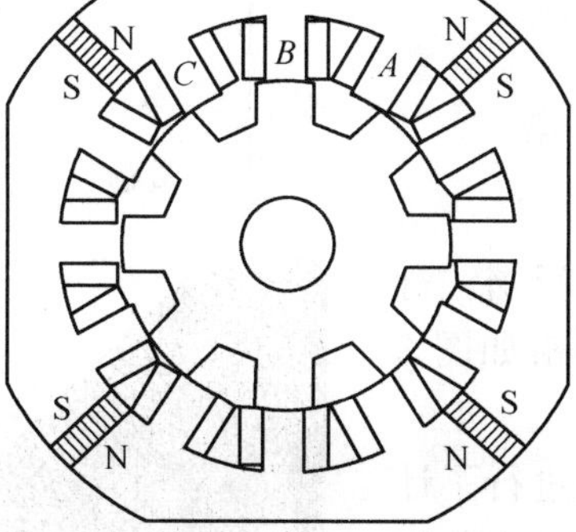

图 1　12/8 极电机截面图

图 2　12/8 极 DSPM 电机样机(非斜槽转子)

表 1 列出了一台额定功率为 750 W，12/8 极 DSPM 电机的主要设计参数。与 6/4 极电机相比较[4]可知，绕组导线长度和电阻值减小 20%。为了说明转子斜槽对转矩脉动和齿槽转矩的影响，

设计了斜槽和非斜槽结构转子，图 2 为具有非斜槽转子的 12/8 极 DSPM 电机的照片。

表 1　12/8 极 DSPM 电机的技术数据

定子内径/mm	迭片长/mm	气隙长/mm	定子极弧/(°)	转子极弧/(°)	定子极高/mm	转子极高/mm	每相绕组匝数/匝	绕组导线长/m	每相绕组电阻/Ω	磁铁剩磁密度/T	磁铁尺寸
75	75	0.45	15	20	15	9	260	150	2.736	1.08	75 mm× 18.5 mm× 6 mm

2. 有限元分析

所研究的 DSPM 电机磁路的高度非线性特性，通常的磁路分析法难以适用。本文采用二维有限元法(FEM)计算 DSPM 电机的磁场和静态特性，并做出如下假设：

(1) 铁芯的 $B-H$ 特性是单值的，即略去磁滞影响；

(2) 不考虑铁芯中的涡流损耗；

(3) 电机内磁场沿轴向恒定，不考虑边缘效应。

由于 12/8 极 DSPM 电机结构的对称性，有限元分析的求解区域为 1/4 电机截面。在该区域内，对应的 Maxwell 方程为

$$\left.\begin{aligned}&\frac{\partial}{\partial x}\left(\nu\frac{\partial A_z}{\partial x}\right)+\frac{\partial}{\partial y}\left(\nu\frac{\partial A_z}{\partial y}\right)=-(J_z+J_{pm})\\&A_z|_{S_1}=A_z|_{S_2}=0\\&A_z|_{S_3}=-A_z|_{S_4}\end{aligned}\right\}\tag{3}$$

式中，A_z 和 J_z 分别为矢量磁位 A 和电流密度 J 的 z 轴分量；ν 为磁阻率；S_1 和 S_2 为第一类边界(Dirichlet 边界)，S_3 和 S_4 为半周期边界；J_{pm} 为永磁体等效面电流密度。DSPM 电机中的矩形永磁体可用与永磁体相同截面线圈等效，其磁导率等于磁铁的退磁磁导率[7,8]，等效电流密度为

$$J_{pm}=\nu B_r=H_c\tag{4}$$

式中，B_r 和 H_c 分别为永磁体的剩磁密度和矫顽力。根据变分原理，对应式(3)的变分表达式如下：

$$\left.\begin{aligned}&W(A_z)=\iint_{\Omega}\left[\int_0^B\nu B'\mathrm{d}B'-(J_z+J_{pm})A_z\right]\mathrm{d}x\mathrm{d}y=\min\\&A_z\Big|_{S_1+S_2}=0\\&A_z\Big|_{S_3}=-A_z\Big|_{S_4}\end{aligned}\right\}\tag{5}$$

式中，B 为磁密；B' 为磁密积分变量符号；$W(A_z)$ 为能量泛函。对整个求解区域用三角形网格进行离散，其对应的剖分网格如图 3 所示。

本文对电机在不同转子位置和不同负载情况下的磁场进行了计算。图 4 给出了不同负载时的典型磁场分布情况。图 4(a)是空载磁场，图 4(b)是永磁体和电枢电流为 2 A 时的合成磁场，图 4(c)为电流 2 A 时的电枢反应磁场。

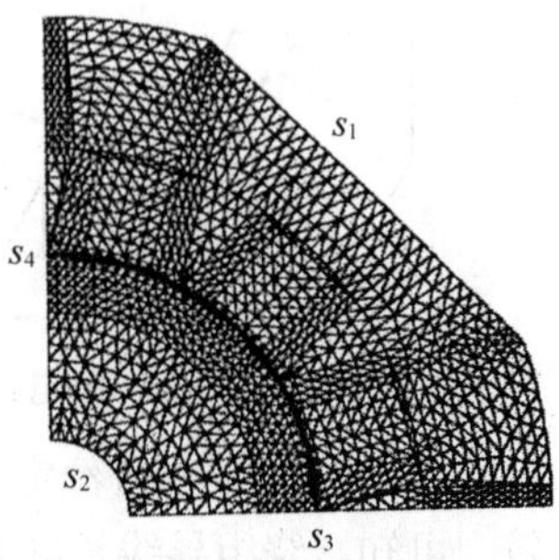

图 3　有限元剖分网格

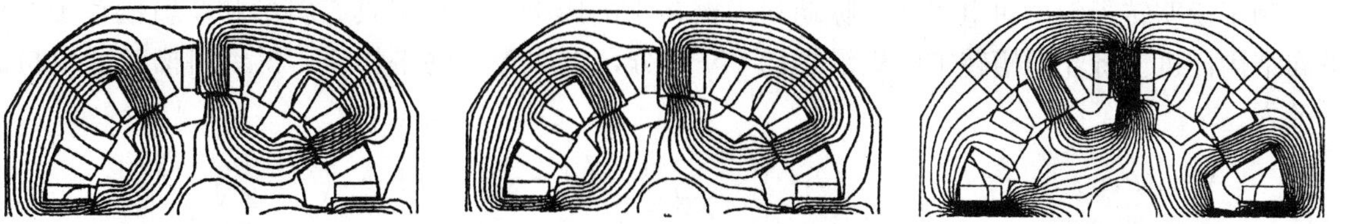

(a) 空载永磁磁场　　(b) 合成磁场　　(c) 电枢反应磁场

图 4　磁场分布

由图可见，永磁体产生的大部分磁通通过磁极，在极尖处出现明显的局部饱和。图 4(c) 说明，电枢反应磁通的大部分经由相邻磁极闭合，只有很少一部分经由永磁体闭合，电枢反应磁场对永磁磁场的影响不大，与传统的永磁电机相比，DSPM 电机具有较强的抗电枢反应去磁能力。

3. 静态特性

1）*磁链和反电势*

通过有限元计算可获得 DSPM 电机的静态特性，包括磁链、反电势和电感。图 5 为永磁磁链和转子位置角之间的关系，由此得到电机每相电势为

$$e=\frac{d\Psi_{pm}}{dt}=\frac{d\Psi_{pm}}{d\theta}\omega_r \tag{6}$$

式中，Ψ_{pm} 为永磁磁链；θ 为转子位置角；ω_r 为电机旋转角速度。图 6 给出样机在额定转速 1 500r/min 时的计算空载感应电势和实测波形，两者相吻合。

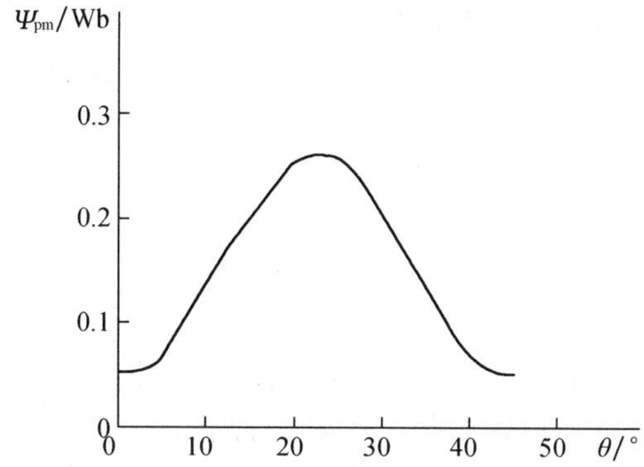

图 5　永磁磁链

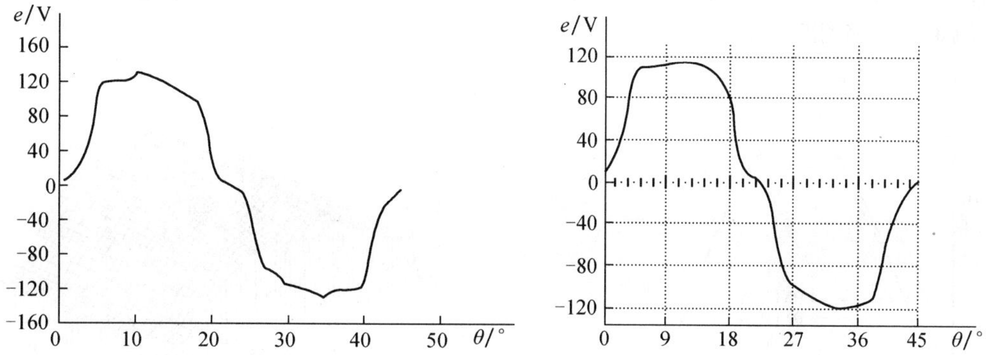

(a) 计算波形　　(b) 实测波形

图 6　1 500 r/min 时非斜槽转子电机的感应电势波形

为了说明转子斜槽对电机转矩脉动和齿槽转矩的影响，设计了具有斜槽和非斜槽转子 2 种不同结构样机。将非斜槽转子电机沿轴向 $2N$ 等分，求取磁链的平均值，得到斜槽转子电机的磁链为

$$\Psi'_{\mathrm{pm}}(\theta,i_{\mathrm{s}})=\frac{1}{2N+1}\left\{\psi_{\mathrm{pm}}(\theta,i_{\mathrm{s}})+\sum_{k=1}^{N}\left[\psi_{\mathrm{pm}}\left(\theta-\frac{k\delta}{2N},i_{\mathrm{s}}\right)+\psi_{\mathrm{pm}}\left(\theta+\frac{k\delta}{2N},i_{\mathrm{s}}\right)\right]\right\} \tag{7}$$

式中，δ 为转子斜槽的角度。图 7 为转子斜槽角度 $\delta=20°$ 时电机的反电势波形，由图可见，计算值和测量值相吻合。转子斜槽大大地改进了感应电势波形，也减小了转矩脉动和齿槽转矩。

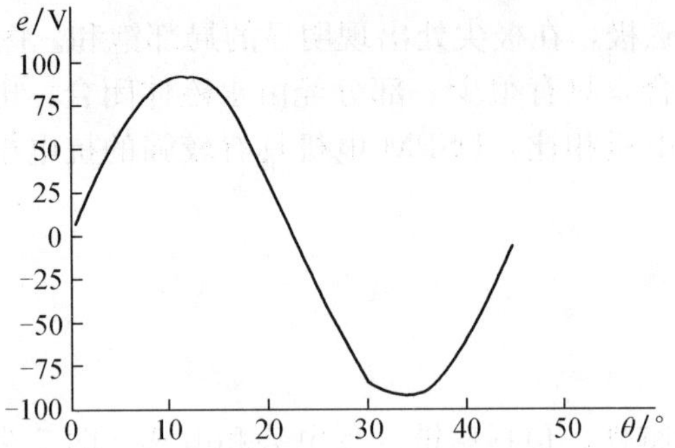

(a) 计算波形

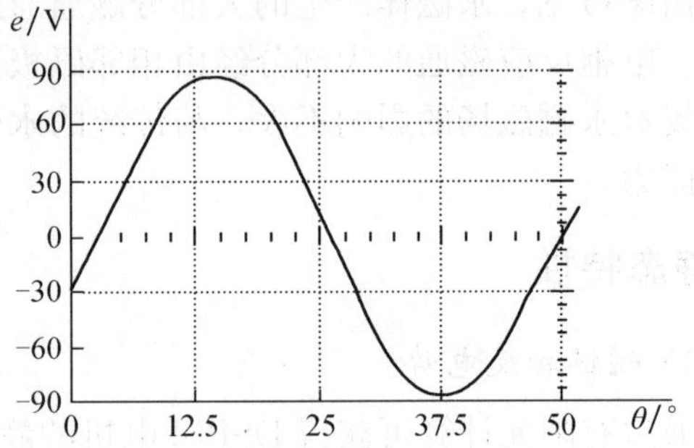

(b) 实测波形

图 7　1 500 r/min 时斜槽转子电机的感应电势

2）电感

电感计算中，考虑了永磁磁场与电枢反应磁场之间的耦合作用。由于磁路饱和影响，电感是转子位置和定子电流的函数，所以，电感的有限元计算分为 2 步。首先求得永磁体单独作用时的空载磁链 Ψ_{pm}，然后计算定子绕组中施加电流 i_{s}，永磁磁场和电枢反应磁场共同作用时产生的合成磁链为

$$\Psi=\Psi_{\mathrm{pm}}+Li_{\mathrm{s}} \tag{8}$$

式中，L 是每相绕组电感。由此可得

$$L=\frac{\Psi-\Psi_{\mathrm{pm}}}{i_{\mathrm{s}}} \tag{9}$$

图 8 给出了不同转子位置角时的电感特性曲线，其中 PM＋2A 和 PM－2A 分别表示绕组电流为 2 A 时电枢反应磁场对永磁磁场起增磁和去磁作用。由图可见，DSPM 电机的绕组电感不仅与转子位置有关，而且与电枢反应的增磁或去磁有关。图 9 则为不同转子位置、不同电流时的电感特性。表 2 给出了典型转子位置时斜槽转子 12/8 极 DSPM 电机绕组电感的计算和实测值，两者相吻合。

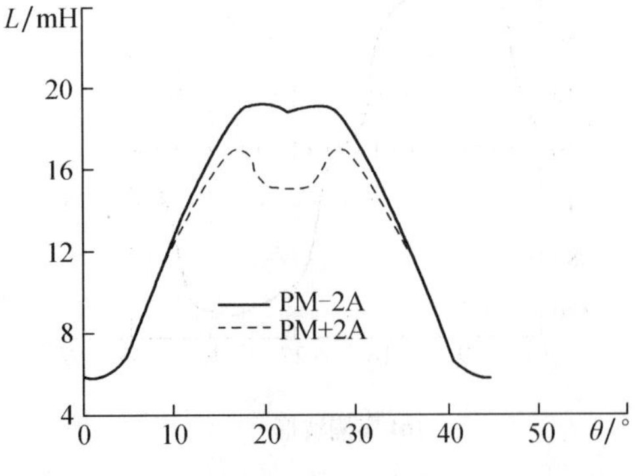

图 8　绕组电感

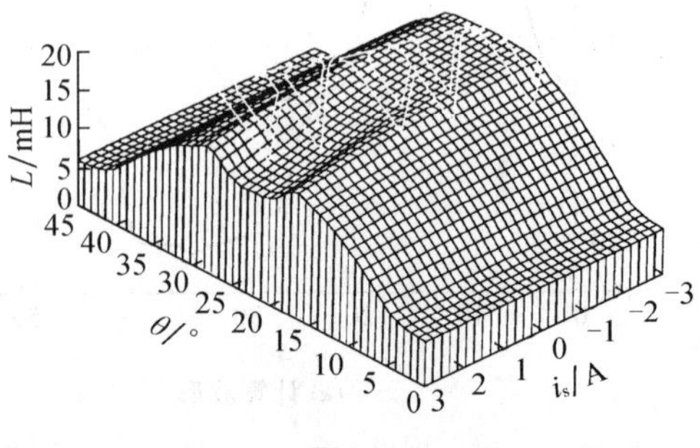

图 9　不同转子位置角和电流时的绕组电感

表 2 电感计算值与测量值比较(i_s=1.4 A)

θ/°	$L_{计算值}$/mH			$L_{实测值}$/mH
	PM+2A	PM−2A	平均值	
7.5	10.64	10.87	10.75	10.42
22.5	16.82	17.98	17.4	16.99

3) 静态转矩

根据所求得的永磁磁链和电感特性，由机电能量转换原理，可以导出电机一相绕组导通时的静态转矩为

$$T_e=\frac{1}{2}i_s^2\frac{dL}{d\theta}+i_s\frac{d\Psi_{pm}}{d\theta}=T_r+T_{pm} \tag{10}$$

式中，T_r 是因电感变化所产生的磁阻转矩；T_{pm} 为永磁磁链与电枢电流相互作用所产生的永磁转矩；T_e 则为合成电磁转矩。当在绕组上施加幅值为 2 A、正负半周对称的方波电流时，可得静态转矩及其分量的波形如图 10 所示。由图可知，磁阻转矩分量的幅值很小，且其平均值接近为零，永磁转矩在 DSPM 电机中起主导作用。

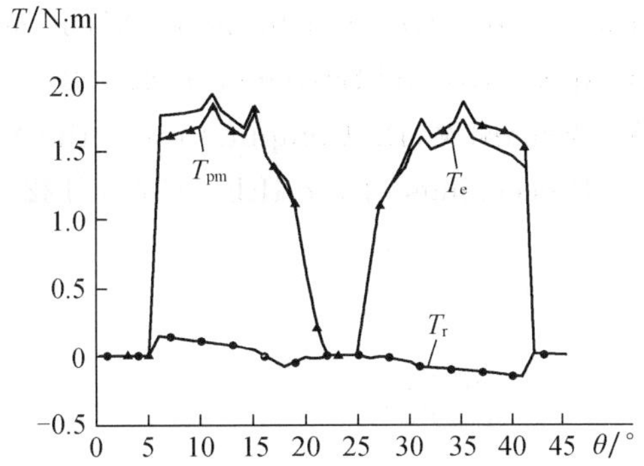

图 10 一相绕组导通时的静态转矩波形(I_m=2 A)

4. 结论

本文对提出的三相 12/8 极 DSPM 电机进行了设计和分析。该电机具有功率密度高、用铜量少、绕组电阻小、磁路较短等优点。使用有限元方法分析了电机的磁场分布，分析中考虑了铁磁材料的非线性及永磁磁场和电枢反应磁场的相互影响。基于有限元分析，得到了电机的静态特性，包括磁链、感应电势和绕组电感特性，并建立了具有斜槽转子结构的电机模型。研究表明，DSPM 电机的电感不仅是转子位置的函数，而且与电枢反应对永磁体的增磁或去磁有关，另外，转子斜槽能有效地改进感应电势的波形，从而减小转矩脉动和齿槽转矩。文中还给出了 1 台 12/8 极 DSPM 电机样机结构参数。样机的实验结果验证了理论分析的正确性。

参考文献

[1] Liao Y, Liang F, Lipo T A. A Novel Permanent Magnet Motor with Doubly Salient Structure. IEEE Trans on Industry Applications, 1995, 31(5): 1069 - 1078.

[2] Blaabjerg F, Christensen L, Rasmusseben P O, et al. New Advanced Control Methods

for Doubly Salient Permanent Magnet Motor. In: Conference Record of the 30th IEEE IAS Annual Meeting. Orlando, USA: IEEE, 1995. 222 - 230.

[3] Cheng M, Chau K T, Chan C C. Static Characteristics of A New Doubly Salient Permanent Magnet Motor. IEEE Trans on Energy Conversion, 2001, 16(1): 20 - 25.

[4] Chau K T, Cheng M, Chan C C. Performance Analysis of 8/6-pole Doubly Salient Permanent Magnet Motor. Electric Machines and Power Systems, 1999, 27(10): 1055 - 1067.

[5] 程明，周鹗. 新型分裂绕组双凸极变速永磁电机的分析与控制. 中国科学，E 辑. 2001，31(3)：228 - 237.

Cheng Ming, Zhou E. Analysis and Control of Novel Split Winding Doubly Salient Permanent Magnet Motor for Adjustable Speed Drives Science in China, Series E. 2001, 31(3): 228 - 237. (in Chinese)

[6] Cheng M, Chau K T, Chan C C. Design and Analysis of A New Doubly Salient Permanent Magnet Motor. IEEE Trans on Magnetics, 2001, 37(4): 3012 - 3020.

[7] Fouad F A, Nehl T W, Demerdash N A. Magnetic Field Modeling of Permanent Magnet Type Electrically Operated Synchronous Machines Using Finite Elements. IEEE Trans on Power Apparatus and Systems, 1981, 100(9): 4125 - 4135.

[8] Bins K J, Jabbar M A, Barnard W R. Computation of the Magnetic Field of Permanent Magnets in Iron Cores. Proceedings of the IEE, 1975, 122(12): 1377 - 1381.

Analysis and Compensation of Voltage Asymmetry of a Four-Phase Switched Reluctance Motor with a Split Converter

Huang Jian-zhong Jiang Quan Zhou E

(Dept. of Electrical Engineering, Southeast University, Nanjing, China)

Abstract: This paper analyzes and simulates the voltage asymmetry of the four-phase switched reluctance motor with the split converter. The compensation methods are presented later. Results from an experimental prototype are given in the end. This study is helpful to the application of this converter topology again.

1. Introduction

The converter with a split-DC source for the switched reluctance motor drive (SRD), shown as Fig. 1, requires only one switch per phase for its current control unlike ac motor usually requiring two switches per phase. But due to voltage asymmetry between two capacitors, this converter topology was gradually unfrequented and many SRD prefer high-costly symmetrical bridge converter requiring two active switches per phase. This paper analyzes voltage variations of the two capacitors during an operating cycle in section 2. Following this, the drive system' mathematical model is proposed to simulate system operations in section 3. Next, the compensation methods for voltage deviation are proposed in section 4. The implementation of overall systems and experimental results are given in section 5. Finally, section 6 provides a summary and conclusion.

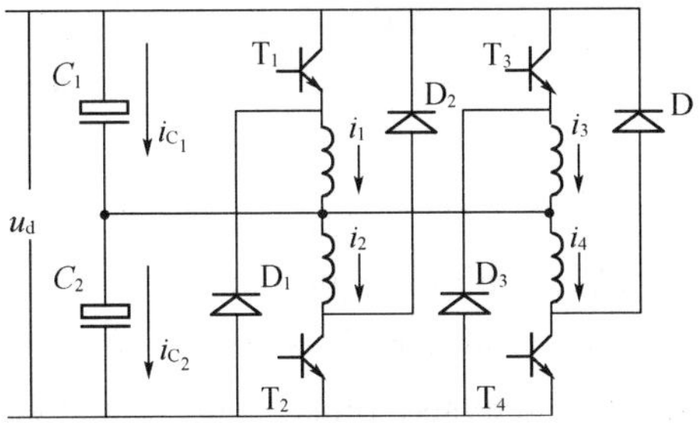

Fig. 1 The split converter for SRM

2. Analysis of voltage asymmetry

In order to simplify analysis, switches in the converter are assumed as ideal devices. Define the corresponding times: t_o—switch turn-on, t_p—switch turn-off, t_q—current decreases to zero.

Each phase in Fig. 1 has two states: magnetization and demagnetization. Assuming that phase

Pro of IEEE PEDS'97 Singapore。

1, 2, 3, 4 are conducted in succession and the initial voltage values of two capacitors are equal, consider phase 1 firstly. As shown in Fig. 1, T_1 is on and winding 1 is magnetized. On the basis of basic circuit principles,

$$i_{C1}+i_1=i_{C2} \tag{1a}$$

$$i_{C1}=C_1\frac{du_{C1}}{dt},\ i_{C2}=C_2\frac{du_{C2}}{dt} \tag{1b}$$

$$u_{C1}+u_{C2}=u_d \tag{1c}$$

$$u_{C1}(t_o)=u_{C2}(t_o)=\frac{u_d}{2} \tag{1d}$$

where i_{C1}, i_{C2}, i_1 are the currents of capacitor C_1, capacitor C_2 and winding 1, respectively. u_{C1}, u_{C2}, u_d are the voltages of C_1, C_2 and the DC source. Solve above equations,

$$i_{C1}=-\frac{i_1}{2},\ i_{C2}=-\frac{i_1}{2} \tag{2a}$$

$$u_{C1}(t_p)=\frac{u_d}{2}-\frac{1}{2C_1}\int_{t_o}^{t_p}i_1\,dt \tag{2b}$$

$$u_{C2}(t_p)=\frac{u_d}{2}+\frac{1}{2C_2}\int_{t_o}^{t_p}i_1\,dt \tag{2c}$$

T_1 is off and the winding current freewheels through D_1 and C_2.

$$i_{C1}=-\frac{i_1}{2},\ i_{C2}=\frac{i_1}{2} \tag{3a}$$

$$u_{C1}(t_q)=\frac{u_d}{2}-\frac{1}{2C_1}\int_{t_o}^{t_q}i_1\,dt \tag{3b}$$

$$u_{C_2}(t_q)=\frac{u_d}{2}+\frac{1}{2C_2}\int_{t_o}^{t_q}i_1\,dt \tag{3c}$$

From above equations, it is seen clearly that capacitor C_1 is discharged and capacitor C_2 is charged whether T_1 is on or off. Both voltage variations are equal if C_1 is equal to C_2. By similar analysis, phase 2 is conducted,

$$i_{C1}=\frac{i_2}{2},\ i_{C2}=-\frac{i_2}{2} \tag{4a}$$

$$u'_{C1}(t_q)=\frac{u_d}{2}+\frac{1}{2C_2}\int_{t_o}^{t_q}i_1\,dt-\frac{1}{2C_2}\int_{t_o}^{t_q}i_2\,dt \tag{4b}$$

$$u'_{C2}(t_q)=\frac{u_d}{2}+\frac{1}{2C_2}\int_{t_o}^{t_q}i_1\,dt-\frac{1}{2C_2}\int_{t_o}^{t_q}i_2\,dt \tag{4c}$$

Similarly it is clear that the increase of capacitor C_1 voltage is equal to the decrease of capacitor C_2 voltage whether T_2 is on or off in the case that C_1 and C_2 are equal.' The conduction of phase 3 and phase 4 repeats that of phase 1 and phase 2 due to the symmetry of the converter. When the current of phase 2 decreases to zero, one cycle of capacitor charge and discharge is thought to end. If the two phase currents are unequal, there is certainly the voltage deviation Δu

$$\Delta u=u_{C1}-u_{C2}=\frac{1}{C}\int_{t_o}^{t_q}(i_2-i_1)\,dt \tag{5}$$

On the other hand, the voltage deviations affect the winding current conversely. It is complicated to analyze this process qualitatively, so the simulating method is used in the next section.

3. Numerical simulation

1) state space model description

A state space model for the dynamic analysis of SRM, which is based upon a four-winding representation, is presented as follows(neglecting the mutual inductance)

$$\frac{d\psi_p}{dt}=u_p-R_p i_p \tag{6a}$$

where p is phase number, ψ_p, u_p, R_p, i_p are flux linkage, voltage, resistance and current of p phase winding, respectively.

The differential equations with state variables u_{C_1} and u_{C_2} are written as:

$$\frac{du_{C1}}{dt}=\frac{1}{C_1+C_2}(i_2+i_4-i_1-i_3) \tag{6b}$$

$$\frac{du_{C2}}{dt}=\frac{1}{C_1+C_2}(i_1+i_3-i_2-i_4) \tag{6c}$$

In additional, the effect of the electromagnetic torque on the state model can be determined by incorporating the relationship:

$$\frac{d\omega}{dt}=\frac{1}{J}(T_e-B\omega-T_l) \tag{6d}$$

Where ω is the rotor speed in radians per second, J is the inertia of the rotor, T_e is the developed torque, B is the coefficient of viscous friction and T_l is the load torque.

$$\frac{d\theta}{dt}=\omega \tag{6e}$$

In this section, using the above state space model, in conjunction with the SRM's flux characteristic $\psi(i, \theta)$ and static torque characteristic $T(i, \theta)$, the capacitor voltage and winding currents with configuration symmetry in two kinds of control modes which are APC and CCC modes are given as follows:

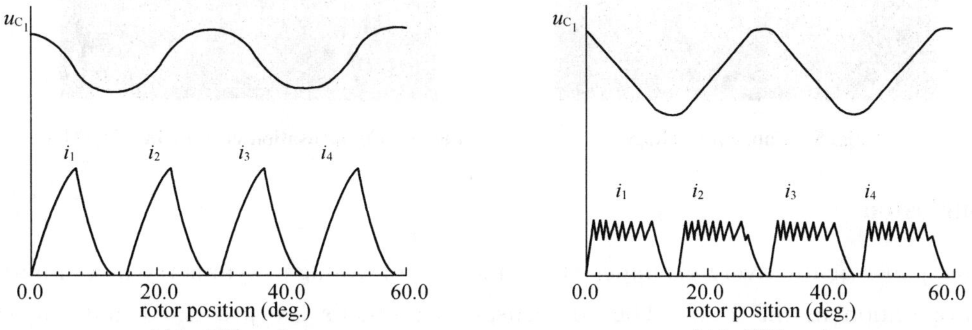

(a) in APC mode (b) in CCC mode

Fig. 2 Capacitor voltage and currents

The operations with configurations asymmetry will be shown in the full paper.

4. Compensation methods

According to the above analysis, the key to solve voltage asymmetry is to keep the capacitor charge-current and discharge-current balanced. One of methods is increasing charge-currents for the low-voltage capacitor. Predetermining that the value of voltage deviation is u_c, the compensation process is as followings:

(a) If$(u_{C1}-u_{C2})>u_c$, it shows that the sum of phase 2 and phase 4 currents in upper bridge legs is larger than that of phase 1 and phase 3 currents in lower bridge legs. Therefore, phase 1 or phase 3 is conducted in advance to increase the charge-current of capacitor C_2.

(b) If$(u_{C2}-u_{C1})>u_C$, phase 2 or phase 4 is magnetized in advance to increase the charge-current of C_1.

The control scheme is shown as fig. 3.

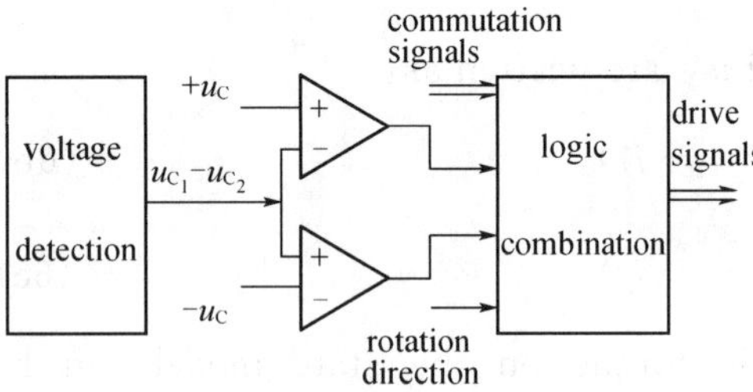

Fig. 3 The scheme of voltage compensation

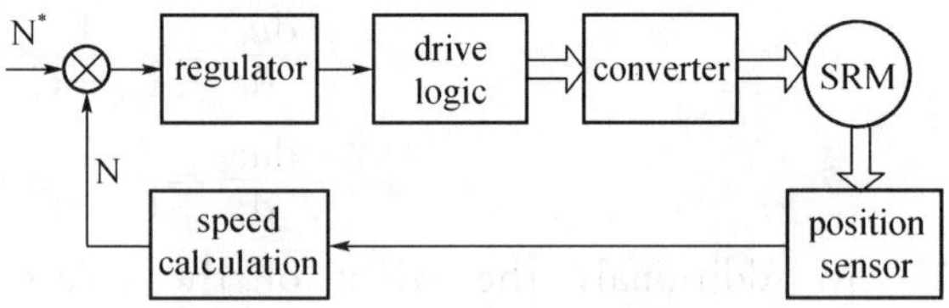

Fig. 4 The control structure of SRM

5. Experimental results

The control structure of SRM is shown as Fig. 4. The experiments were performed on a 1.1 kW. 8/6 SRM.

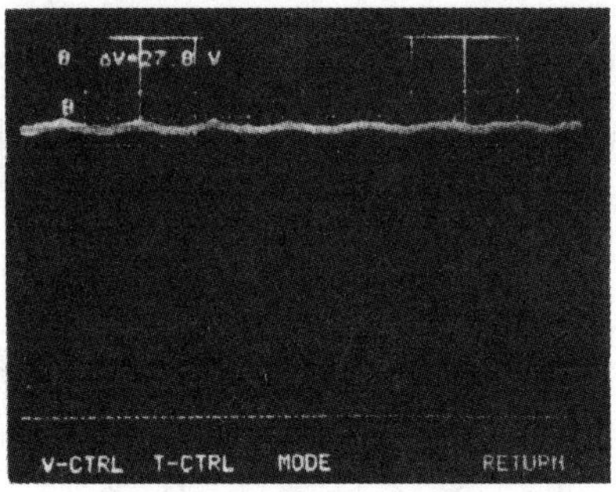

Fig. 5 Capacitor voltage

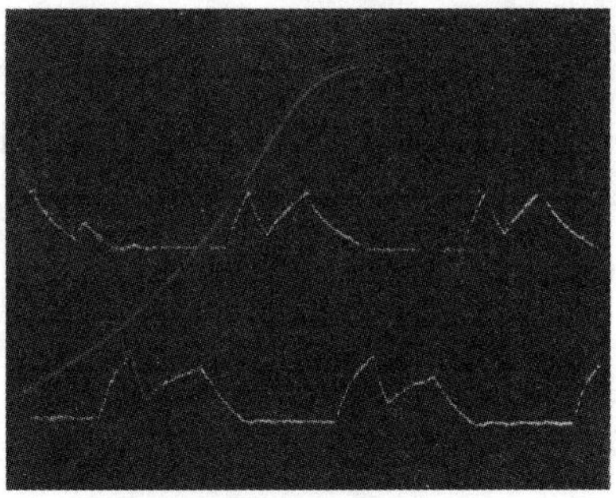

Fig. 6 Compensation current in CCC Mode

6. Conclusion

This paper qualitatively examines the principles of voltage asymmetry and simulates the system operation in this case. The compensation methods are presented and experimental results are given too. It is believed that the proposed scheme is one of the suitable choices to solve this problem and will increase the focus on this converter topology again.

7. References

[1] Slobodan Vukosavic, Victor R. Stefanovic. SRM Inverter Topologies. A Comparative Evaluation. IEEE Tran. on IA, Vol 27., No. 6, 1991.

[2] Lawrenson P J, et al. Variable speed switched reluctance motors. Proc Inst. Elec. Eng, July 1980, p. 253-365.

[3] Stephenson J M, Corda J Computation of Torque and Current in Double Salient Reluctance Motors from Nonlinear Magnetization Data. IEE, Proc. , Vol. 126, No. 5, May 1979 p. 393-396.

[4] Bose B K, et al. Microcomputer Control of a Switched Reluctance Motor. IEEE Tran on IA, Vol IA-22, No. 4, July/August, 1986, p. 708-715.

[5] Arkadan A A, et al. Switched Reluctance Motor Drive Systems Dynamics Performance Prediction and Experimental Verification. IEEE Tran on EC, Vol. 9, No. 1, March 1994, p. 36-44.

3 电机 CAD 技术的研究和开发

导 言

计算机技术和微机的发展，大大改变了电机分析和研究、电机设计和制造、电机应用和控制等方面原有的面貌。它不只是在电机研究和计算时作为手段和工具，不仅只可以缩短计算周期、提高计算精度、保证设计质量，并且在许多高新技术领域中还常常希望能用程序软件的开发来完善或取代某些硬件系统。因而，CAD、CAM、CAT 等技术受到了广泛重视。

20 世纪 80 年代初，在国内个人计算机的应用已逐渐展开，在国外利用计算机辅助设计系统进行产品设计已有了许多范例。为了适应形势的发展，我们及时开展了电机 CAD 技术的研究工作，并与上海交通大学一起积极建议、筹建了中国电工技术学会电机智能技术学组，于 1984 年正式成立，共同开展和交流在 CAD、CAM、CAT 等方面的学术活动及经验和成果。在“七五”期间，电机 CAD 已为国家有关领导部门和同行广泛关注，为前沿课题。

在电机 CAD 技术研究方面，我们开展的工作大致可分为基础研究、开发应用、提高创新三个阶段，取得三个不同层次的成果。

(1) 首先研究了基于我国国情的电机 CAD 技术的研究和开发策略。我们认为，计算机用于电机设计不仅只是用计算机完成人工计算程序，使设计者摆脱繁重的重复计算，而是要对电机设计理论和方法进行相应的变革，使计算结果更准确、更合理、更经济。因而，“为了使电机 CAD 技术得到发展，就需要进行大量的基础理论和方法研究，需要新理论、新方法”。根据这一出发点，开展了多方面的研究工作：① 研究基于计算机的电机高准确度设计分析模型；② 研究通用性和实用性强的电机优化设计方法；③ 研究计算机辅助设计直接和间接综合设计方法；④ 研究电机 CAD 工程数据库管理系统；⑤ 研究计算机辅助电机零部件图绘制方法等。在各方面都进行了大量理论和实际工作。

(2) 在上述研究基础上，对于小型异步电机的基础理论、数学模型、分析和综合设计、数据库和管理系统、优化设计、计算机绘图等进行了系统和深入的研究，研究有特色，有重要理论和实际意义。开发了相应的软件系统，计有：“一般用途三相异步电动机 CAD 系统”、“分马力单相通用异步电动机 CAD 系统”、“家用电风扇电机 CAD 系统”、“电动工具串激电动机 CAD 系统”等。在中小型变压器方面，也进行了大量深入研究，并结合工程实际，开发出具有实用和推广价值的应用软件系统。上述成果，都已达到应用阶段，通过在苏州电机厂、骆驼电器集团公司、无锡微电机厂、南通变压器厂、常州变压器厂、盐城变压器厂、中外合资苏美达电动工具有限公司等各有关单位使用，取得了明显的社会和经济效益。

实际上，结合各项研究任务，例如：对大型水轮发电机参数优选、对磁阻同步电动机、永磁同步电动机、罩极电机、盘式异步电机、力矩电机等都进行了广泛的CAD技术研究。

(3) 随着计算机软硬件技术的迅速提高，在多方面研究工作基础上，我们还开展了更深层次的探讨和研究工作。主要有：应用人工智能技术使CAD系统能充分运用设计者的设计经验，并能发挥设计者的创造力和想象力。为此，开展了两方面的工作：① 研究电机设计模型的表示方法，以便使设计方案的描述更为直观、清晰、方便，以实现真正的参数化设计；② 研究电机设计思想的描述方法，使设计者在CAD系统中能方便地表达其设计思想和经验，以发挥设计者的主观能动性和创造能力。在这些方面都已取得初步成果，为进一步开展今后的研究工作打下了良好基础。

在CAD方面，有博士生和多名硕士生完成学位论文，工作量大，论文有典型代表意义。

小型三相异步电机的直接综合设计法

钱 巍 周 鹗
（东南大学电气工程系）

摘要：本文提出了一种小型三相异步电机的直接综合设计法，该方法根据电机设计要求，运用文中推导出的公式，直接求解电机主要设计参数，省去了大量的试凑过程，具有计算速度快、物理概念清晰、适用面广的特点。

关键词：异步电机，综合设计，直接设计

1. 概述

传统的电机设计方法是借助于一个试凑过程来实现的。设计者根据对初始方案的性能分析结果来调整设计参数，使其满足设计要求，因而在设计过程中设计者的经验发挥着极其重要的作用。随着计算机的应用，电机的设计方法有了进一步发展，出现了优化设计方法[1]、循环设计方法[2]、reinott 综合设计方法[3]及专家系统支持的设计方法[4]等，为设计者找到满足设计要求的设计方案提供了不同的途径。但这些计算机辅助设计方法在设计原理上仍然与传统的设计方法相同。

1983 年，美国纽约理工大学的 Enroco Levi 教授提出了一种直接设计方法[5]。该方法将电机视为系统中一个"多端器件"并通过以下三步综合出电机初始设计方案：

(1) 把电机的额定数据及性能要求转化为"多端器件"的入端特性。

(2) 综合出"多端器件"的回路参数，并由回路参数确定对应的场值(电场与磁场)。

(3) 选择与场值对应的结构尺寸作为初始设计方案。

该方法不再依赖于传统的试凑设计方法，而是直接根据设计要求确定主要设计参数，省去了大量的试凑过程，具有快速、有效、物理概念清晰等优点。

本文在 Levi 的直接设计法基础上，提出一种直接综合设计法。它克服了 Levi 法存在的不足，使设计公式具有较高的通用性，并充分考虑实际电机中铁芯饱和及挤流效应的影响，还能满足不同设计层次的综合设计要求。

2. 直接综合设计法原理

1) 基本思想

直接综合设计法直接根据用户的设计要求(额定数据及性能指标)求解可行设计方案，所采用的设计公式直接表达了用户设计要求与可行设计方案的参数之间的联系，而不必依赖反复的试凑过程。它主要通过如下步骤实现：

《微特电机》，1992 年第 2 期。

(1) 根据输入的额定数据，采用基于数据库系统的类比设计法初步确定电机主要几何尺寸。

(2) 根据输入的电机性能指标要求，综合出等效电路各参数，并由此确定电机的主要设计参数。

(3) 判断初始方案的可行性，对不可行方案进行调整。

2) 电机主要几何尺寸的初步确定

电机主要几何尺寸是指电机的定、转子冲片尺寸及铁芯叠长。考虑到尽可能降低电机制造成本，在设计阶段应尽量采用现有的模具、零部件及原材料；同时还考虑到产品的标准化，新电机至少其安装尺寸应符合基本系列标准。因此，初步确定电机的主要几何尺寸应参考制造厂现有产品和基本系列产品，具体步骤如下：

(1) 借助于数据库管理系统建立现有产品及基本系列产品设计数据。这里作者采用自行开发的专用工程数据库管理系统——EMD EDBMS，用关系型数据模型来描述电机设计数据：数据库每个记录对应于一种规格电机，近 100 个字段描述电机的额定数据、性能指标、结构尺寸、绕组数据等数据。

(2) 查询数据库。根据设计要求(额定功率 P_N 及极对数 p)从数据库中得到以下数据：

① 同类型同极数相近功率电机的额定功率 P'_N、铁芯叠片长 L'和定、转子冲片尺寸。

② 同机座号电机铁芯叠片最大长度 L'_L。

(3) 主要几何尺寸的初步确定。电机的定、转子冲片尺寸初步借用上述同类型同极数相近功率电机的定、转子冲片尺寸，铁芯叠片长则由下式初步确定：

$$L=\begin{cases}\dfrac{P_N}{P'_N}L' & \text{当 } L\leqslant L'_L \text{ 时}\\ L'_L & \text{当 } L>L'_L \text{ 时}\end{cases} \tag{1}$$

当 $P_N L'/P'_N>L'_L$时，可能导致电机结构需重新设计，故暂取其极限数据。

3) 主要设计参数的确定

(1) 定子绕组每相串联导体数 Z_{P1} 及铁芯叠片长 L 的确定。

电机最大转矩指标 T_M 可由下述公式计算：

$$T_M=\frac{p}{2\pi f_1}U_1^2\frac{1}{2c_1\left[R_1+\sqrt{R_1^2+X^2}\right]} \tag{2}$$

式中，$c_1\approx 1+X_1/X_m$；$X=X_1+c_1X_2$。

另外，R_1、X 经变换后可表示为

$$\begin{cases}R_1=R_{10}LZ_{p1}^2+R_{11}Z_{p1}^2\\ X=X_{00}LZ_{p1}^2+X_{01}Z_{p1}^2\end{cases} \tag{3}$$

式中，R_1、X 的第一部分为铁芯部分的定子电阻及总漏抗；第二部分为端部定子电阻及端部总漏抗。其中铁芯部分的总漏抗受电机饱和程度的影响。

令 $\alpha=R_1/X$，则

$$\alpha=\frac{R_{10}L+R_{11}}{X_{00}L+X_{01}} \tag{4}$$

当绕组型式根据电机定子槽数、功率及极数确定以后，α 仅取决于铁芯饱和程度。这时 T_M 可写成

$$T_{\mathrm{M}}=\frac{p\nu_1^2}{4\pi f_1 c_1}\cdot\frac{1}{(X_{00}L+X_{01})\ Z_{\mathrm{Pl}}^2}\cdot\frac{1}{\alpha+\sqrt{\alpha^2+1}} \tag{5}$$

若给出电机铁芯饱和系数初值，则由 T_{M} 及 L 初值可确定 Z_{pl} 的值：

$$Z_{\mathrm{pl}}=\frac{\sqrt{p/(T_{\mathrm{M}}4\pi f_1 c_1)}}{\sqrt{(\alpha+\sqrt{\alpha^2+1})(X_{00}LX_{01})}} \tag{6}$$

同时，由 T_{M} 及 Z_{pl} 初值亦可确定 L 的值：

$$L=(\sqrt{B^2-4AC}-B)/2A \tag{7}$$

式中，$A=(X_{01}T_0)^2$；

$B=2T_0(X_{00}X_{01}T_0+R_{10})$；

$C=(X_{01}T_0)^2+2R_{11}T_0-1$；

$T_0=4\pi f_1 c_1 T_{\mathrm{M}} Z_{\mathrm{pl}}^2/p\nu_1^2$。

当 L 及 Z_{pl} 确定后，由式(3)可求出 R_1、X_1、X_2' 三个等效电路参数，另外还可确定 $\mu_{\mathrm{Fe}}=\infty$ 时的不饱和主电抗：

$$X_{\mathrm{m}\mu}=\frac{0.4\times10^{-8}m_1 f_1(Z_{\mathrm{pl}}k_{\mathrm{dpl}})^2 L_{\mathrm{eff}}\,\tau}{pg_e} \tag{8}$$

(2) 铁芯饱和程度的确定。

为便于分析，将图 1 所示三相异步电机一般采用的形式变换为图 2 的形式，则

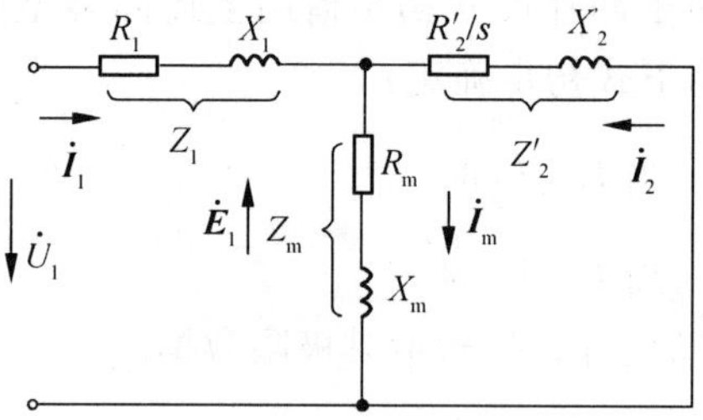

图 1　等效电路(形式 1)

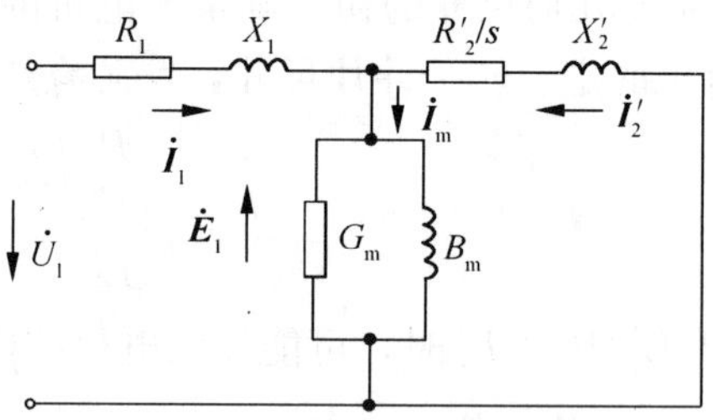

图 2　等效电路(形式 2)

$$G_m=\frac{p_{\mathrm{Fe}}}{3E_1^2} \tag{9}$$

由功率平衡方程式，可得

$$p_{\mathrm{Fe}}=\frac{P_N}{\eta}-[p_{\mathrm{Cu1}}+p_{\mathrm{Cu2}}+p_{\mathrm{fw}}+p_{\mathrm{s}}+p_{\mathrm{N}}] \tag{10}$$

式中，$p_{\mathrm{Cu1}}=3I_{\mathrm{N}}^2R_1$；

$p_{\mathrm{Cu2}}=s_{\mathrm{N}}(P_1-P_{\mathrm{Cu1}}-p_{\mathrm{Fe}})$；

p_{fw}、p_{s}——估算值。

这时，

$$p_{\mathrm{Fe}}=\frac{P_{\mathrm{N}}}{\eta}-\frac{P_{\mathrm{N}}-p_{\mathrm{fw}}-p_{\mathrm{s}}}{1-s_{\mathrm{N}}}-3I_{\mathrm{N}}^2R \tag{11}$$

由图 3 所示异步电机矢量图，感应电势 E_1 可由下式求得：

$$E_1=\sqrt{(U_1\cos\varphi-I_{\mathrm{N}}R_1)^2+(U_1\sqrt{1-\cos^2\varphi}-I_NX_1)^2} \tag{12}$$

至此，图 2 等效电路中 G_{m} 的大小可利用式(9)确定。

X_m 的大小可以由 $\cos\varphi$、s_N 指标确定。由图 2 知，电机入端阻抗为

$$Z_{in}=\frac{\dot{U}_1}{\dot{I}_1}=\frac{Z_1Z_2'+Z_1Z_m+Z_2'Z_m}{Z_m+Z_2'} \tag{13}$$

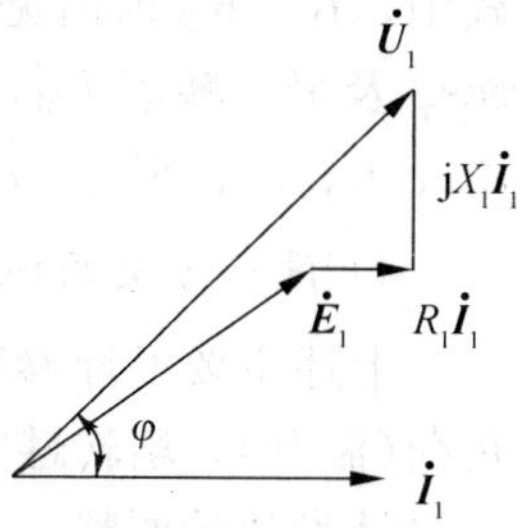

图 3　定子矢量图

式(13)分子为

$$\begin{aligned}&\left\{\left[\left(R_1+\frac{R_2'}{s}\right)+G_m\left(R_1\frac{R_2'}{s_N}+X_1X_2'\right)\right]+\left[\frac{R_2'}{s_N}X_1+R_1X_2'\right]B_m\right\}\\&+j\left\{\left[(X_1+X_2')+G_m\left(\frac{R_2'}{s_N}X_1+R_1X_2\right)\right]-\left[R_1\frac{R_2'}{s_N}-X_1X_2'\right]B_m\right\}\\&\equiv(E+FB_m)+j(G+HB_m)\end{aligned} \tag{14}$$

式(13)分母为

$$\left[\left(1+\frac{R_2'}{s_N}G_m\right)+X_2'B_m\right]+j\left[X_2'G_m-\frac{R_2'}{s_N}B_m\right]\equiv(A+BB_m)+j(C+DB_m) \tag{15}$$

则$[(A+BB_m)-j(C+DB_m)][E+FB_m]+j(G+HB_m)$的相角的余弦即为功率因数，令

$$\alpha\approx\tan\varphi=\frac{(A+BB_m)(G+HB_m)-(C+DB_m)(E+FB_m)}{(A+BB_m)(E+FB_m)+(C+DB_m)(G+HB_m)}=\sqrt{\frac{1-\cos^2\varphi}{\cos\varphi}} \tag{16}$$

由式(16)可通过求解下列方程确定 B_m：

$$b_0B_m^2+b_1B_m+b_2=0 \tag{17}$$

式中，$b_0=(BH-DF)-\alpha(BF+DH)$；

$b_1=(AH+BG-CF-CE)-\alpha(AF+BE+CH+DG)$；

$b_2=(AG-CE)-\alpha(AE+CG)$。

故 R_m、X_m 可由 G_m 与 B_m 求出：

$$\left.\begin{aligned}R_m&=\frac{G_m}{G_m^2+B_m^2}\\X_m&=\frac{B_m}{G_m^2+B_m^2}\end{aligned}\right\} \tag{18}$$

这时，电机主磁路饱和修正系数[8]为

$$SF_m=\frac{X_m}{X_{m\mu}} \tag{19}$$

(3) 转子电阻及端环尺寸的确定。

转子电阻的确定是基于以 s_N 转差率运行时电机可输出足够的功率带动额定负载，故有

$$m_1\frac{E_1^2}{X'^2_2+(R_2'/s_N)^2}R_2'\frac{1-s_N}{s_N}=P_N+p_s+p_{fw} \tag{20}$$

由此得：

$$R_2'=[E_1^2m_1(1-s_N)+\sqrt{E_1^4m_1^2(1-s_N)^2-4(s_NX_2')^2(P_N+p_s+p_{fw})}]\frac{1}{2(P_N+p_{fw}+p_s)} \tag{21}$$

则端环截面积 S_r 为

$$S_r=\frac{\dfrac{D_rP_RK}{\pi p^2}}{R_2'-\dfrac{K_BLP_B}{S_BQ_2}K} \tag{22}$$

式中，K，K_B 取值见文献[7]。至此根据电机额定数据：P_N、s_N、p、f_1，满载性能指标：η、$\cos\varphi$ 及最大转矩 T_M，定出了图 1 等效电路中的 6 个参数，并由此得出电机主要设计参数：Z_{p1}、L、S_r、SF_m、p_{Fe} 等。

4) 设计方案的调整

上述主要设计参数的计算公式是根据电机额定数据及部分性能指标推导出的，它们与热负荷(温升)，堵转性能指标无关，因此得出的设计方案无法保证这些指标也能满足，需要进行设计参数的调整。

(1) 基于热负荷的调整。

当 Z_{p1} 确定后，电机的热负荷即可求出：

$$AJ=\frac{m_1 I_N^2}{\pi D_{i1} a_1 n_1 s_1} Z_{p1} \tag{23}$$

式中，$I_N=P_N\times 10^3/m_1\nu_1\cos\varphi\eta$。

线规 $a_1 n_1 s_1$ 在 Z_{p1} 确定后，可通过自动查找程序求得。

当 AJ 不能满足设计指标时，可通过改变 Z_{p1} 来调整。Z_{p1} 的调整又分等 T_M 与变 T_M 调整。等 T_M 调整在减小 Z_{p1} 的同时，L 亦需依据式(7)作相应变化；变 T_M 调整则仅变化 Z_{p1} 而不改变其他参数。由于直接综合设计的公式是从保证 T_M 指标出发的，所以采用等 T_M 调整可防止可行域的缩小。

(2) 基于铁耗及主磁路饱和的调整。

由式(11)、式(19)可求出电机铁耗 p_{Fe} 及主磁路饱和修正系数 SF_m。另外，当绕组数据确定后，对初步方案进行磁路计算，可得出满载时实际的铁耗 p_{Fe}^* 及主磁路饱和修正系数 SF_m^*。

① 当 $p_{Fe}\geqslant p_{Fe}^*$，$SF_m\leqslant SF_m^*$ 时，说明实际电机铁耗较小，饱和较轻，故电机力能指标仍能满足设计要求。

② 当 $p_{Fe}<p_{Fe}^*$ 或 $SF_m>SF_m^*$ 时，力能指标将不能满足，需进行调整。在保证其他指标不致变坏的调整方法是减少 Z_{p1}，并相应加长 L 的等 T_M 调整。

若忽略电机端部的影响，则

$$T_M\propto\frac{1}{LZ_{p1}^2} \tag{24}$$

当 $Z_{p1}^{(1)}$ 变为 $Z_{p1}^{(2)}$，$L^{(1)}$ 变为 $L^{(2)}$ 时，有

$$\frac{L^{(1)} Z_{p1}^{(1)^2}}{L^{(2)} Z_{p1}^{(2)^2}}\approx 1 \tag{25}$$

则

$$\frac{B_g^{(1)}}{B_g^{(2)}}\cong\frac{Z_{p1}^{(1)} L^{(1)}}{Z_{p1}^{(2)} L^{(2)}}\approx\frac{Z_{p1}^{(2)}}{Z_{p1}^{(1)}} \tag{26}$$

故当 $Z_{p1}^{(2)}<Z_{p1}^{(1)}$ 时，$B_g^{(2)}<B_g^{(1)}$，这与单调整 Z_{p1} 的结果正好相反，这时有

$$Z_{p1}\downarrow L\uparrow\rightarrow B_g^*\downarrow\rightarrow\cos^*\varphi\uparrow,\ SF_m^*\downarrow,SF_m\downarrow$$

$$B_g^*\downarrow\rightarrow p_{Fe}^*\downarrow,p_{Fe}\uparrow$$

(3) 基于转子电阻的调整。

根据由式(21)求出的电阻值，设计转子端环尺寸，还应考虑端环机械强度的要求和端部空间的限制，端环尺寸有一定的变化范围：$S_r\in[S_{r0}, S_{r1}]$，因而转子电阻值也有相应的取值范围：$R_2^{1*}\in[R'_{2mL}, R'_{2mh}]$。

① 当 $\exists R_2'^{*} \in [R'_{2mL}, R'_{2mh}] = R'_2$ 时，则电机的转速要求可满足。

② 当 $\forall R_2'^{*} \in [R'_{2mL}, R'_{2mh}] < R'_2$ 时，则电机的实际额定转差将小于要求的 s_N。

③ 当 $\forall R_2'^{*} \in [R'_{2mL}, R'_{2mh}] > R'_2$ 时，则电机的实际额定转差将大于要求的 s_N。

如果用户不允许额定转速变化或只允许单向变化，则需对后两种情况进行调整。这种调整可通过改变转子导条及端环材料的电阻率来实现，如果用户允许额定转速变化，可采用下式预估新的 s_N 值：

$$s_N \approx \begin{cases} s_N \dfrac{R'_{2mh}}{R'_2}(1-\varepsilon) \\ \text{当} \forall R_2'^{*} \in [R'_{2mL}, R'_{2mh}] < R'_2 \text{时} \\ s_N \dfrac{R'_{2mL}}{R'_2}(1+\varepsilon) \\ \text{当} \forall R_2'^{*} \in [R'_{2mL}, R'_{2mh}] > R'_2 \text{时} \end{cases} \tag{27}$$

式中，ε 可取 0.03。

(4) 基于堵转性能的调整。

三相异步电机堵转时，由于受到漏磁路饱和及集肤效应的影响，等效电路参数与满载时相差甚大，预测堵转时等效电路的参数准确性不易保证，所以只能通过调整使其满足要求。

① 当 $T_{st}^{*}/I_{st}^{*} \geqslant T_{st}/I_{st}$ 时，说明实际电机单位堵转电流产生的转矩满足要求，此时可能有下列三种情况出现：a. $T_{st}^{*} \geqslant T_{st}$，$I_{st}^{*} \leqslant I_{st}$。b. $T_{st}^{*} < I_{st}$，$I_{st}^{*} < I_{st}$。c. $T_{st}^{*} > T_{st}$，$I_{st}^{*} > I_{st}$。

其中，a. 满足设计要求。

② 当 $T_{st}^{*}/I_{st}^{*} < T_{st}/I_{st}$ 时，说明实际电机单位堵转电流产生的转矩不满足要求。

若不改变定、转子冲片尺寸(包括槽形)，则堵转性能只能通过改变 Z_{p1}、L 及导条及端环电阻率来调整：

a. 等 T_M 时，Z_{p1} 及 L 同时变化对堵转性能基本上没有影响。

b. 变 T_M 时，减少 Z_{p1} 或减小 L，将使堵转电流及堵转转矩减小，这种调整对电机单位堵转电流产生的转矩的大小基本没有影响，故仅适用于 $T_{st}^{*}/I_{st}^{*} > T_{st}/I_{st}$ 时，$T_{st}^{*} < T_{st}$，$I_{st}^{*} < I_{st}$ 的情况。但这种调整对力能指标有影响。

c. 提高导条及端环电阻率可以明显地降低堵转电流，增大堵转转矩，提高 T_{st}^{*}/I_{st}^{*}，但也产生满载效率下降，转子温升提高等不利影响。

③ 若在较高的层次上作综合设计，电机的冲片尺寸可以变化，则堵转性能还可通过改变转子槽形及槽截面积来调整：

a. 等槽截面积时，采用刀形槽或凸形槽将使较圆底或平底槽具有较小的堵转电流、堵转转矩及 T_{st}^{*}/I_{st}^{*}，因而可根据初始方案中的槽形来选择调整方法。

b. 改变槽截面积与改变导条电阻率具有相同的调整效果。

c. 作者发现：等 T_M 时，减小槽截面积可在满载性能及 I_{st} 变化不大的基础上，T_{st} 可适用于 $T_{st}^{*}/I_{st}^{*} < T_{st}/I_{st}$ 及 $T_{st}^{*}/I_{st}^{*} \geqslant T_{st}/I_{st}$ 时 $T_{st}^{*} < T_{st}$，$I_{st}^{*} < I_{st}$ 的情况。

关于上述堵转性能调整方法的依据可参见作者论文[8]。

3. 应用示例

表 1 列出了 7.5 kW、2 极三相鼠笼型异步电动机的三种不同的设计要求。① 方案属一般用途电机。② 方案为高效率节能型电机。③ 方案具有正常的起动转矩值，但具有较小的起动电流，采用直接综合设计法进行设计时，只要输入表 1 设计要求，运行直接综合设计程序即

可，在 AST/386 个人微型计算机上运行时间不超过两分钟。

表 1　0.55 kW 4 极电机的三种不同设计要求

方案	额定数据				性能要求					
	P_N/kW	U_L/V	f_1/Hz	n/r/min	η/%	$\cos\varphi$	AJ	T_M/倍	T_{st}/倍	I_{st}/倍
①	0.55	380	50	>1395	74.5	0.76	1200	2.54	2.45	4.90
②	0.55	380	50	>1395	78.0	0.76	1200	2.54	2.20	5.00
③	0.55	380	50	>1125	55.0	0.76	1200	2.54	2.45	3.00

综合设计结果见表 2，①及③方案 T-s 特性，I_1-s 特性的分析结果如图 4。说明直接综合设计法具有运用方便、设计速度快、物理概念清晰、适用面广的特点，它可以为电机 CAD 环境中得到初始可行设计方案提供方便、有效的途径。

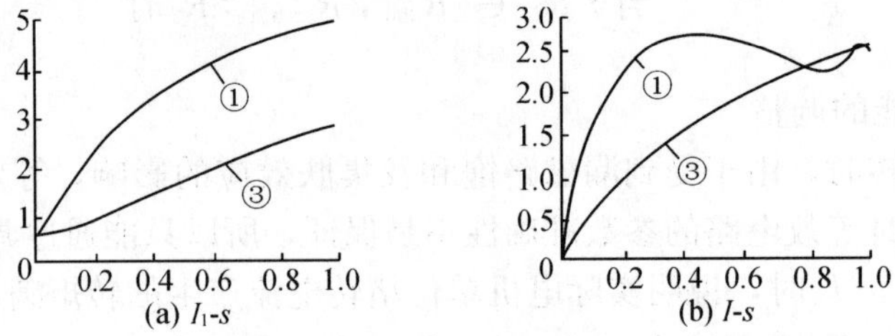

图 4　①及③设计方案的 I_1-s、T-s 特性

表 2　直接综合设计结果

方案		①	②	③
性能指标	空载电流(A)	1.00	0.70	1.25
	满载电流(A)	1.42	1.31	1.69
	效率(%)	76.44	78.94	63.92
	功率因数	0.769	0.806	0.774
	满载转速(r/min)	1 409	1 404	1 158
	满载转矩(N·m)	3.73	3.74	4.53
	最大转矩倍数	2.69	2.59	2.62
	堵转转矩倍数	2.46	2.37	2.62
	堵转电流倍数	4.85	4.99	2.70
	热负荷	995	682	1 130
主要设计参数	D_{S1}	12.0	12.0	12.0
	D_{S2}	7.5	7.5	7.5
	g	0.025	0.025	0.025
	D_{r2}	2.6	2.6	2.6
	Q_1	24	24	24
	Q_2	22	22	22
	Z_{p1}	952	880	968
	L	7.0	9.5	6.5
	ρ_b	0.043 4	0.043 4	0.15
	S_R	1.02	1.05	1.404
	S_B	0.43	0.43	0.44
	绕组型式	单层链式	单层链式	单层链式
	线规	1×0.056	1×0.06	1×0.063

参 考 文 献

[1] Godwin G L. Optimum Machine Design by Digital Computer. AIEE, pt. Ⅲ-A, 1959; 78: 478 - 488.

[2] 俞鑫昌. 电机电器优化设计. 北京：机械工业出版社，1988.

[3] Veinott C G. Synthesis of Induction Motor Design on A Digital Computer. AIEE, 1960, PAS - 79: 12 - 18.

[4] Land C F, Kaplan R, Lun V. An Expert System for the Design of 3-Phase Squirrel Cage Induction Motors. 2nd International Conf. on EMD. 1987, London, 127 - 131.

[5] Enrico L. Polyphase motors, A direct approach. John Wileg & Sous, 1986.

[6] 周鹗，钱巍. 小型鼠笼型三相异步电机设计分析模型的改进与计算. 上海：全国小功率电机学术年会论文集. 1991.

[7] 上海电器科学研究所. 中小型三相异步电动机电磁设计程序，1971.

[8] 钱巍. 小型异步电机 CAD 及优化设计研究. 南京：东南大学博士学位论文，1991.

电机 CAD 系统中工程数据库管理系统的研究

钱 巍 周 鹗

（东南大学电气工程系）

摘要：分析电机 CAD 系统中数据的特点，提出了电机 CAD 系统中数据的 E-R 模型及其相应的无冗余表示方法，并在此基础上开发出一套高性能的工程数据库管理系统，它可实现数据结构的动态管理与维护，并具有数据的实时、动态交互能力。

关键词：电机，CAD，工程，数据库管理系统，数据模型

1. 引言

利用 CAD 技术进行电机设计，目前在国内电机设计、制造行业逐渐普及，CAD 技术的应用大大缩短了电机设计周期，提高了产品的设计质量。

近年来，随着电机 CAD 技术水平的提高，电机 CAD 系统在功能与结构上有了很大发展。在功能上，计算机已不仅仅用于设计方案的校核(分析)运算，还用于设计方案综合、优化、结构设计、辅助制图、电磁场温度场的数值分析、数控加工程序的生成，乃至利用 I-CAD(Intelligent CAD)技术[1]进行系列电机的概念设计等。另外，由于电机产品技术含量的增加(尤其是机电一体化产品)，电机产品的设计更依赖于群体协同设计，计算机硬件客户/服务器(Client/Server)结构的普及为这类群体协同设计完全在计算机上实现带来了可能性。与此相对应，为了使电机 CAD 系统满足这类要求，采用"对数据的加工与处理系统"的结构模式，其结构型式如图 1 所示。

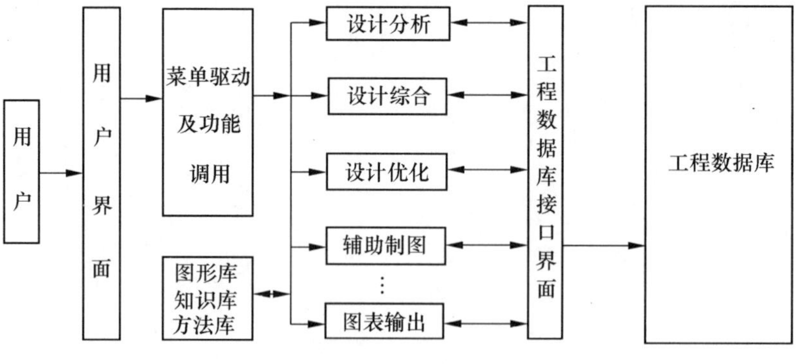

图 1 电机 CAD 软件系统的结构型式

这种型式的集成化模块化 CAD 软件系统为设计者创造了更为先进、方便的设计环境，从而有可能完全取代传统的计算器、图板等辅助设计工具。

《微电机》，1994 年，第 27 卷，第 2 期（总第 85 期）。

研究认为，在高性能的电机CAD系统中，工程数据库系统是核心与桥梁，在协同设计中各部分的设计均要与其发生联系，如果电机某一部分设计发生变更，则只要在数据库中加以体现，就可马上被其他协同设计者所领悟，因而它是系统数据的总交换站；电机数据在数据库中表示的一致性、可靠性、灵活性及安全性，是CAD系统真正能发挥效用的根本保证；数据库管理系统的数据处理效率决定了CAD系统的运行性能。本文拟通过对电机CAD系统中工程数据的分析，探讨电机CAD系统中高性能专用工程DBMS的实现方法。

2. 基本思想与要求

数据库管理系统(DBMS)一般分为二类：商用数据库管理系统及工程数据库管理系统。商用数据管理系统发展已较为成熟，应用也较为普遍，可在个人微机系统上运行的就有Dbase、Foxbase、Oracle、Informix等，而工程数据库管理系统则是数据库管理系统的新兴分支，很少能见到商品化的系统，两者存在着本质区别[2]。

(1) 商用数据库是静态的，而工程数据库有许多动态数据需要管理与维护。

(2) 商用数据量大，但结构简单，固定(如：Dbase、Foxbase Oracle等)，而工程数据类型多，结构复杂，常需同时支持多种不同的用户数据模型。

(3) 商用数据的管理一般仅需使用DBMS环境下的交互命令实现，而工程数据常常强调数据交互的动态性与实时性，对响应速度要求较高。

可见，沿用商用DBMS的CAD系统常常因数据管理能力不够而使系统的功能与运行效率受到很大限制，制约了系统的进一步发展与升级。

电机CAD系统中数据库管理系统的开发方法有两种：① 扩充与改进已有的商用数据库管理系统，使其能满足管理电机CAD系统中工程数据的要求。② 自行开发。本文选择了后者，因为商用DBMS在功能上与高性能电机CAD系统的要求相差较大，扩充工作量较大；在缺乏足够技术资料的情况下，分析与消化引进系统的工作量很大；自行开发虽然周期稍长，但易于今后不断改进、升级。

从电机CAD系统的要求来看，自行开发的工程数据库管理系统，需要具备以下几方面的特性：

① 实时数据交互，CAD系统各模块可在运行过程中直接与数据库交换设计数据。

② 动态数据交互，数据库常用数据浮动至动态数据交换区，以提高数据访问速度。

③ 数据结构的动态管理与维护，描述电机设计方案的数据结构可在设计过程中不断地修改与调整。

④ 具有工程DBMS所具有的特性。

⑤ 数据的一致性。

⑥ 数据的可靠性。

⑦ 数据的灵活性。

⑧ 数据处理的高效性。

⑨ 数据的安全性。

工程DBMS自行开发包含两个方面的内容：① 数据分析，即寻求一种或几种用户数据组织模型，使其能自然、清晰、无冗余地反映电机CAD系统中各类工程设计数据，既易于被用户理解、操纵，又易于转化为物理实现，使数据的一致性与灵活性得以体现。② 技术设计，即研究可用于管理上述管理模型的EDBMS的结构及其功能的实现。

3. 数据分析

1）电机 CAD 系统涉及的工程数据的特点

电机 CAD 系统涉及的工程设计数据一般有两类：

（1）有关设计对象的数据，包括：

① 电机的电磁设计数据。

② 电机的零部件结构设计数据。

③ 电机零部件图形（二维视图或三维实体模型）。

这类数据的共性是其动态特性，数据的值甚至数据的结构均是在设计过程中经多次修改而确定的。

（2）设计环境所需的数据，包括：

① 已有产品设计数据（包括（1）类中的各项数据）。

② 系列电机标准。

③ 材料规格、性能数据。

④ 工程制图标准。

⑤ 测试数据（型式试验数据）。

这类数据的共性是结构变化较少，数据相对稳定，用户与这类数据一般只是存取关系。其中每一项数据均有其自身的特点，如电机的电磁设计数据反映了单个规格电机特有电磁设计方案，绕组型式、线规、磁路尺寸等。理论上不同规格电机之间的这类数据没有必然联系，通常可以通过列表表示；同样，系列电机标准、工程制图标准、测试数据等也可用表格表示；而电机零部件结构设计数据则不仅要反映电机各零部件的几何尺寸，还要反映零部件的组成与装配关系，对于系列电机，由于零部件要有通用性与互换性，因而无法用简单的一张表格表示。但是无论电机 CAD 系统中工程数据如何复杂，通过抽象，总可把数据间的联系表示成三种形式[3]。

a. 一对一关系——两个事物集中，某个事物集中的每一个事物至多和另一个事物集中多个事物有关系。如电机系列标准、电磁设计数据、制图标准数据、测试数据与各规格电机的关系，其自然表示形式通常为表格形式。

b. 一对多关系——两个事物集中每个事物与另一个事物集中多个事物有关，而另一个事物集中的每一个事物至多和它的一个事物有关，如电机零部件的组成关系，即一部件可由多个零部组成。

c. 多对多关系——两个事物集中，其中每个事物都和另一个事物集中多个事物有关。如某一规格电机通常是由多种零件组成，而同一种零件又常被设计成可用于多种规格的电机。

三种关系可用 P. P Chen 的 *E-R* 模型表示[4]，如图 2 所示。

通过对电机 CAD 系统中各类数据的特点及其相应关系的分析，可综合出图 3 所表示的 *E-R* 模型。

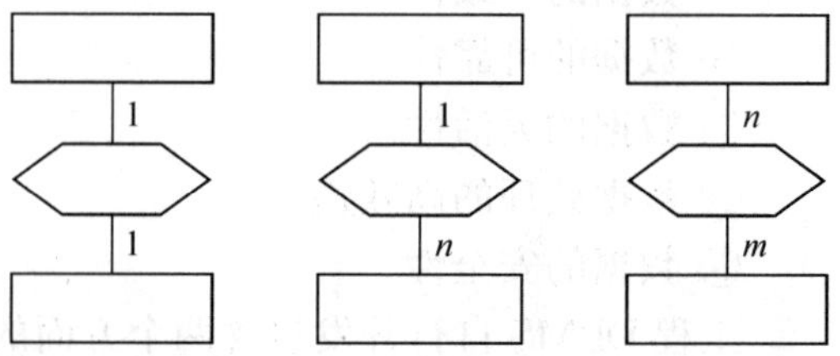

(a)一对一关系 (b)一对多关系 (c)多对多关系

图 2 *E-R* 模型的表示

2）工程数据库的数据模型

考虑到计算机中记录的数据模型易于实现，因而，图 3 *E-R* 模型在计算机上应尽量用三类模型表示。

(1) 关系模型(Ralation Model)——用线性表结构表示事物之间的关系。

(2) 层次模型(Hierarchical Model)——用非线性树表示事物之间的联系。

(3) 网状模型(Network Model)——用网络结构表示事物之间的联系。

它们分别可用于表示一对一关系、一对多关系及多对多关系。从图 3 可以看出,这三种关系在电机 CAD 系统中的工程数据中都存在,需要分别用上述三种数据模型表示。而一般的商用数据库管理系统仅支持关系型模型。若将它们都转换成关系型模型来处理,必然会造成严重的数据冗余。采用尽量简单的数据模型表示 CAD 系统中的工程数据,并保证数据表示的一致性,是自行开发过程中的关键。本文提出采用“关系型”及“层次+关系”型两种数据描述这些工程数据。

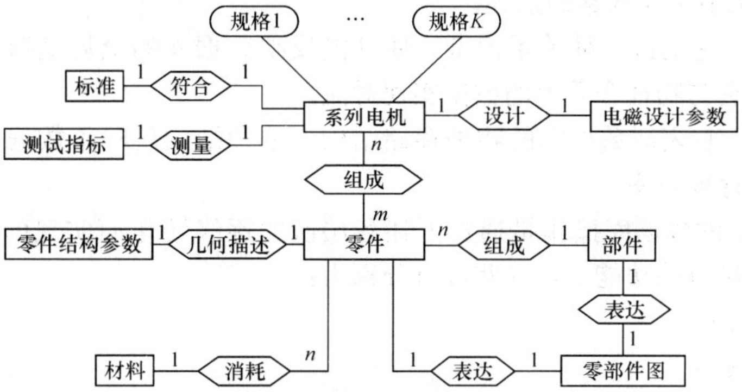

图 3　电机 CAD 系统中工程数据的 $E-R$ 模型

对于工程数据中存在的“多对多关系”,一般可自然地转换为网状模型表示,但考虑到网状模型数据结构的复杂性,这类数据通过以下几步转换处理。

(1) 引进一个数据字典,在这里称其为电机的新的归类方法,使得某种零件在属于某一归类的几个电机规格中通用。如若按中心高归类,即同中心高的电机归于一类,则对于风扇这类零件,它与这类归类是一一对应的,因而可用关系模型表示。

(2) 系列电机零部件的组成关系可以用如图 4 所示的树型结构表示,但是它的“叶子”结点是特殊的结点,它是用关系模型表示的零件与归类的“一对一关系”,即为一张线性数据表格,这种表示方法称为“层次+关系”模型。

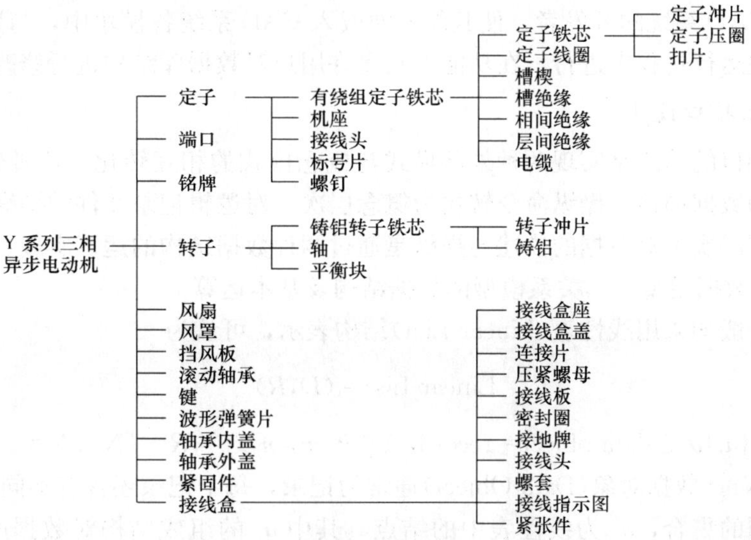

图 4　Y 系列电机零部件组成关系

把网状模型转换成“层次＋关系”模型，不但没有引入数据冗余，而且简化了模型的复杂性，使数据表示仍然自然、一致。

4. 技术设计

1）工程数据库管理系统的结构

EDBMS 的结构仍然采用由 ANSI/SPARC 提出的标准三层次结构（Three-level Architecture）[5]，这三个层次分别为：

（1）外部层次。它支持“关系型”及“层次＋关系型”两种用户数据模型，用于在该层上实现对 CAD 系统中工程数据的描述。

（2）概念层次。它支持一种关系模型，使其能反映数据库的全局逻辑视图，用户的各种数据模型都要通过它与物理介质上的数据实现对流。

（3）内部层次。它表征数据库的物理存储结构，这种结构反映了数据在硬设备上存储空间的利用率及数据存取效率。

EDBMS 支持下的数据库操作是通过上述各层次的逐级转化而实现的，所以 EDBMS 的功能就反映在这些接口的功能上，这些接口分别为：

（1）用户命令接口。

（2）逻辑记录接口。

（3）物量记录接口。

2）用户命令接口设计

用户命令接口的设计主要是解决用户描述与操纵数据的方式。数据的描述与操纵方式一般有两种：①宿主语言方式，即采用数据描述语言 DDL 及数据操纵语言 DML，如 System R 中的 SOQ。②交互命令方式，即在 DBMS 环境下用特定的命令进行数据描述与操纵，如 Dbase、Foxbase 等。

本文研究的工程数据库管理系统，首先应考虑 CAD 系统的要求，故在此采用了交互式 EDBMS 环境与 EDBMS 模块库并存的方法。交互式 EDBMS 采用菜单结构，以方便用户的数据操作，同时又考虑到 CAD 系统在实时性、动态性方面的要求，提供一套完整的管理模块库，面向电机 CAD 系统的开发者，使其能方便嵌入 CAD 系统各模块中，与数据库的数据交互直接在各模块运行过程中进行，在功能上它允许用户对数据库结构进行修改与调整。

3）逻辑记录接口设计

逻辑记录接口的功能是实现两种外部模式与概念模式的相互转化，这种转化体现在用户在外部层次上的数据描述与操纵命令转化为概念层次上对逻辑记录文件的操纵命令。

用户在外部层次上对数据的描述与操纵是通过两种数据结构的运算实现。

（1）第一种数据模型——关系模型的数据结构及基本运算

关系模型一般均采用线性表(Linear List)结构表示，可认为

$$\text{Linear-List}=(D,R) \tag{1}$$

式中，$D=\{a_i \mid a_i\in \text{data object}=\text{record},\ 1\leqslant i\leqslant n,\ n\geqslant 0\}$；$R=\{N\}$；$N=\{\langle a_{i-1},\ a_i\rangle \mid a_{i-1},\ a_i\in D,\ 2\leqslant i\leqslant N\}$。数据对象(Data Object)通常为记录，每个记录还含有不同的数据元素，N 表示了一个序列的集合，a_i 为线性表中的结点。其中 a_i 的组成结构对数据库的性能影响最

大。这里采用了一种存储代价较大，而运算速度较快的双向链表结构，如图 5 所示。它根据 CAD 系统的要求，牺牲存储空间而追求高的存取速度，以提高系统的响应速度。

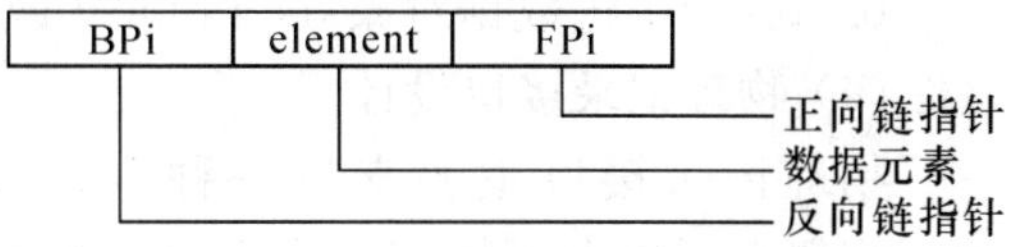

图 5　a_i 结点的组成

基于上述结构，开发了该数据结构的基本运算功能，如 Append(追加记录)、Copy(拷贝一串记录)、Delete(删去一串记录)、Insert(插入一个记录)、List(列表记录)、Move(移动一串记录)、Search(查找一个记录)、Update(更新一个记录)等数据操纵命令。

同样，对于每个记录的结构，也可以用线性表表示，其结点的组成除了双向链表指针外，还包括数据项(或字段)的属性，该扩展的双向链表的基本运算构成了对数据的描述。

(2) 第二种数据模型——“层次＋关系”模型的数据结构与运算

“层次＋关系”模型的特点是其每个结点都是一张关系型数据表，可认为

$$\text{Tree}=(D, R) \tag{2}$$

式中，若 $D=\Phi$，则称 Tree 为空树，否则 $D=\{\text{root}\}UD_r$，$\text{root}\in$ data object＝Linear List 称为树的根。

$$D_r=\bigcup_{i=1}^{m} D_i,\ m>0, \text{且 } D_i\cap D_j=\Phi,\ 1\leqslant i,\ j\leqslant m,\ i\neq j$$

$$R=\{H\}$$

$$H=\begin{cases}\langle \text{root},\ r_i\rangle & r_i \text{ 为树 } T_i \text{ 的根}, T_i \text{ 称为 root 的子树} \\ & T_i=(D_i,\ R),\ D_i=\{r_i\}\cup D_{ri},\ 1\leqslant i\leqslant m,\ m>0 \\ \Phi & m=0\end{cases}$$

结点的构成同样以牺牲存储空间而换取高速响应特点，其构成如图 6 所示。

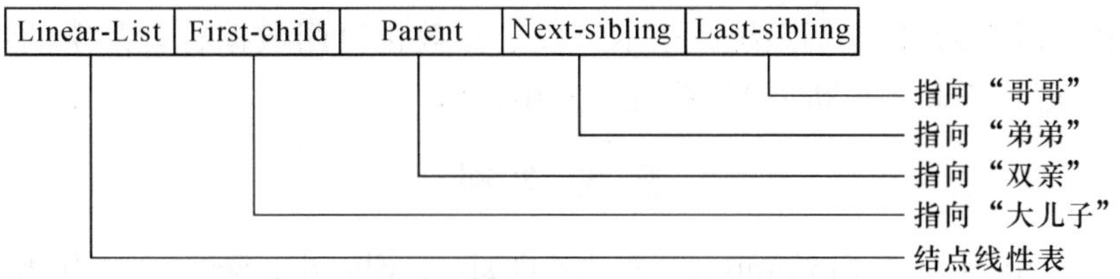

图 6　“层次＋关系”模型的结点组成

对“层次＋关系”模型数据的描述与操纵也分成两层，一层对结点关系模型的描述与操纵，另一层对层次模型的描述与操纵。层次模型的一些运算主要依赖于树的遍历算法，在这里遍历算法是通过将其转换为二叉树实现。

(3) 外部层次与概念层次之间的转化

由于缺少在概念层次和外部层次上的任意抽象数据模型之间命令转化的一般解决方法，外部层次与概念层次之间的转化是有条件的，一般外部层次支持的数据模型应是概念层次支持的数据模型的子模型，但对于本文的工程 DBMS，其概念层次上支持关系型数据模型，而外部层次上支持的“层次＋关系”模型算不上其子模型，其解决方法为：

① 在概念层次上关系模型的数据逻辑结构采用式(1)，而其存储结构采用顺序逻辑记录存储结构。

② 在外部层次上对两种数据模型的数据结构的定义进行修改。

a. 在式(1)中将数据对象 data object 改成概念层次上顺序逻辑记录对应的序号。

b. 式(2)中将数据对象 data object 改为概念层次上对应顺序逻辑记录文件名。

(4) 物理记录接口设计

物理记录接口主要支持一种存取方法，将概念层次上逻辑记录存取命令转化为内部层次上物理记录传递命令，采用了图 7 所示的存取方法。在该方法中，内部层次上的数据载体分为二类，一类是物理存储设备；另一类是可以分配的动态物理记录交换区。该动态交换区的设置可提高数据的存取速度。它是通过 WRITE—F 与 READ—F 两个子过程实现数据向交换区浮动的。概念层次与内部层次的数据交换是通过 PUTIN 与 GETOUT 两个子过程实现，为提高物理存储空间的利用率，这两个子过程通过对数据项重组，对数据进行压缩，另外通过设置加密/解密环节，使 EDBMS 具有设置用户权限功能，保证数据的安全性。

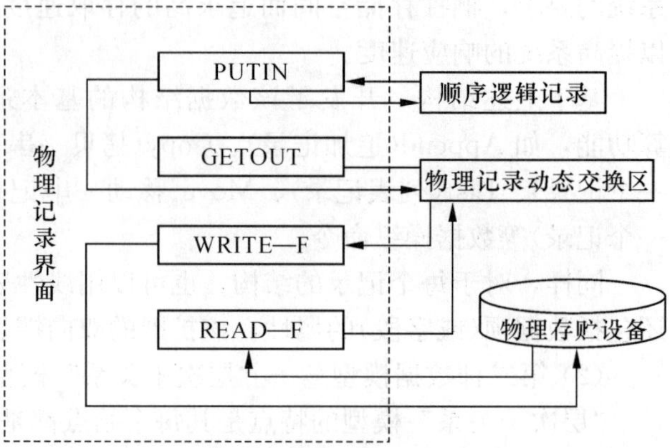

图 7 EDBMS 的存联方法

5. 结语

高性能的工程数据库管理系统的开发成功为 CAD 系统的研制与开发提供了强有力的工具。

笔者曾利用 EDBMS 开发了一套基于图 1 模型的高性能 CAD 系统，以 EDBMS 为辅助工具提出一种新的电机设计综合方法，提出并研制出一套基于 EDBMS 的、具有多层次、多模块结构的电机零部件参数化绘图系统，根本解决了参数化绘图数据管理复杂的难题，使设计与制图联系在一起，提高了电机 CAD 系统的实用价值。

参 考 文 献

[1] Gero J S. Expert System Computer-Aided Design. Elsevier Science Pubishing Company, Inco. 1987.

[2] Boerstra. Engineering Database. Elsevier Science Publishing Company, Inco. 1985.

[3] 汤德忠，李正吾. CAD/CAM 应用技术. 北京：机械工业出版社，1988.

[4] Chen P P. The Entity-relationship Model-Toward a Unified View of Data. ACM trans. on Database System, 1976, 1(1): 9-36.

[5] 周佩德译. 数据库分析与设计. 南京：南京工学院出版社，1987.

计算机辅助电机零部件绘图系统的研究与开发

钱 巍 姚永福 周 鹗

（东南大学电气工程系）

摘要： 提出了一种采用专用数据库系统支持的具有参数化、分层次及多模块结构的计算机辅助电机绘图系统。用于绘制中小型三相异步电机的基本系列（Y 系列）及其派生系列电机零部件图，使绘图系统在出图速度、通用性以及可移植性等方面有了很大改善与提高。从而大大提高了计算机辅助绘图在电机设计、制造领域的实用价值。

关键词： 电机，零件，计算机辅助设计，绘图系统

1. 概述

CAD 技术的应用是当前电机设计、制造领域中技术改造及技术进步的主要内容。电机 CAD 技术的实现可使“从用户提出性能要求到输出满足用户要求的具有优良运行性能和经济指标的设计方案及其生产用零部件图纸”这一完整的电机设计过程完全由计算机来完成，从而可大大提高设计水平，缩短设计周期。计算机辅助电机零部件绘图系统是电机 CAD 技术的一个重要组成部分，它的实现可使设计人员在很短的时间内得到新设计方案的所有生产用图纸，这不仅使设计人员摆脱繁重的制图任务，而且计算机绘图具有速度快、准确、规范和存取方便等特点。

计算机辅助电机零部件绘图系统的研究与开发，已受到广泛的重视，已有许多研究成果[1,2]。本文提出了一种采用专用数据库系统支持的具有参数化、分层次、多模块结构的计算机辅助电机绘图系统，并将其用于小型三相异步电机的基本系列——Y 系列电机。

2. 计算机辅助电机绘图系统原理

1）绘图系统的组成原理

绘图系统采用分层次、多模块结构型式，如图 1 所示。系统由 4 个层次构成，每一层又由多个模块组成：

（1）通用图形系统接口模块；

（2）数据库系统接口模块。

通用图形系统接口模块是绘图系统利用通用图形系统的基本图形功能的桥梁，绘图系统不直接与硬件系统打交道，而是通过通用图形系统及操作系统与硬件相联系，以提高绘图系统的可移植性，这些模块主要用于调用通用图形系统的

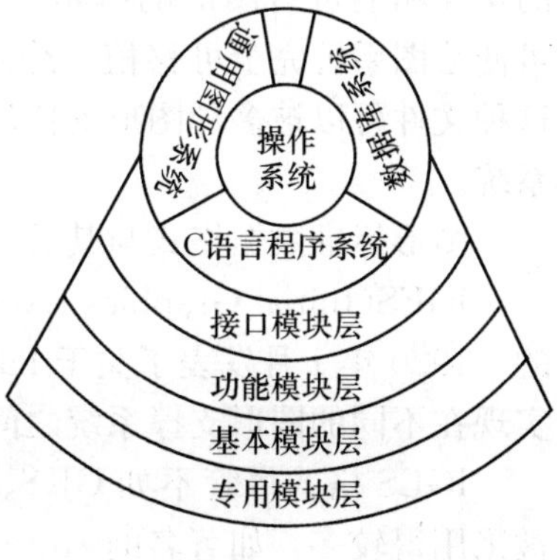

图 1 绘图系统结构

《中小型电机》，1993，20(2).

基本绘图功能，如画点、线、圆、弧、文本和区域填充等；数据库系统接口模块则是绘图系统与数据库系统交换数据的桥梁，它主要用于实现数据的查取、传递和转储等数据管理工作。

第二层为功能模块层，该层上的模块是在接口模块的基础上对系统绘图功能进行扩充及强化，为绘图系统提供优越的软件环境。它主要由以下4部分模块组成：① 一套符合我国机械制图标准的尺寸标注子程序，其中包括公差与配合、粗糙度与形位公差标注等；② 图形变换算法子程序，其中包括图形的旋转、平移、放大及镜像变换等；③ 图形处理算法子程序，如剪裁和遮盖消隐等；④ 画法几何算法子程序，如剖面线、波浪线和几何交切等。

第三层为基本模块层，其包括了电机所有单个零部件以及所需的标准件(如六角螺栓、六角螺角、轴承和键等)的绘制模块，也即将电机拆成许多单个零部件，使它们能用该层中不同的模块绘出。

第四层为专用模块层，该层上每个模块运行后都可得到一张相应的电机零部件图纸，它是通过对基本模块层中得到的基本图形进行拼装、剪裁、遮盖消隐和尺寸标注等来组成一张完整的生产用图纸。这部分模块都具有编程简单和层次分明的特点。

由于采用上述结构，对于某一类电机，只要其单个零部件图可被基本模块层提供的模块绘制出来，则其各种形式的图纸均可方便地绘出。另外，功能模块层对用户开放，用户可利用其提供的软件环境对各层模块进行扩充。因此，有了基本系列(Y系列)电机的整套基本模块，对派生系列仅需再扩充其特殊零件的绘制模块，即可用于绘制派生系列电机的图纸，从而大大提高了绘图系统的通用性。

2）绘图系统的工作原理

绘图系统的工作过程可用图2框图来表示。绘图系统在绘制某一零部件图之前，首先检索数据库找到当前设计方案中与该零部件图有关的结构参数，然后将参数代入该零部件几何模型中，得到所有图形数据，最后将图形数据转换成图形标准数据交换格式，存入交换文件——IGES文件中。通用图形系统作为图形支撑软件，再将绘图系统生成的IGES文件译成自己的图形表示格式，并将图形显示或绘制出来，同时根据需要可利用通用图形软件的交互功能进行图形的编辑工作。采用这种方法，可使绘图系统完全可移植，绘图系统不直接生成图形，而是生成图形的标准数据交换文件，这种文件可以被多种图形支持软件识别，因而在很大程度上不依赖于系统采用何种通用图形系统。

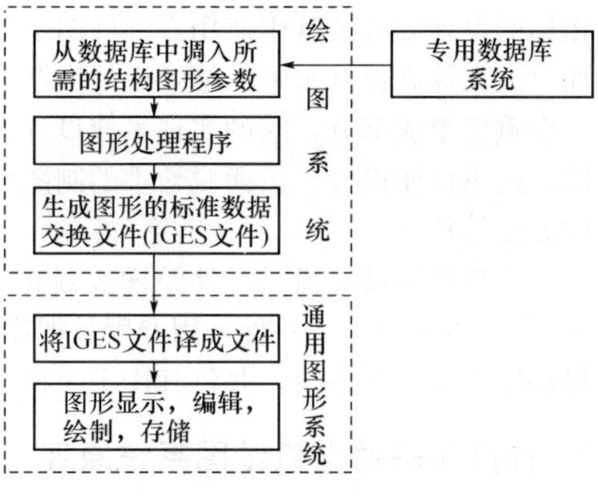

图2 绘图系统工作过程

图形标准数据格式与其对应的交换文件，是用来进行图形信息交换的图形标准。

IGES(Initial Graphics Exchange Specification)格式是美国国家标准局(NBS)1979年提出的，1980年1月发表了关于IGES的第一个报告，1982年7月2日公布了2.0版本，它可以实现在不同的图形支撑系统之间进行图形交换。

IGES格式尽管不如GKS、CORE、PHIGS等那样出名，但在个人电脑通用图形系统中被采用得较多，如著名的Auto CAD2.6以上版本。另外它与Auto CAD、CAD KEY等通用图形系统用得最多的ASCII数据交换文件——DXF文件也很容易相互转换，由于它是标准化格式，因而它与DXF文件的不同之处在于更具有生命力。对于不具备IGES接口的通用图形系统来说，只要编制一个转换接口，使 IGES 文件转换为该系统可接受的图形交换文件即可。

3）专用数据库系统原理

采用参数化绘图方法，可大大提高出图速度，但是由于对较复杂的图形来说，参数较多，管理比较复杂，特别对整个电机系列，其数据量十分庞大，关系错综复杂，管理不善将大大影响系统的运行效率。

（1）系列电机数据的特点

一台电机是由许多单个零部件组成的，一个系列电机的单个零部件数将是每台电机的单个零部件数乘上一个系列电机的规格数。从这一点看，一个系列电机的所有零部件结构参数似乎可以用一张大的线性表来表示，其字段为每台电机的所有结构参数项，每个规格电机的结构参数对应于表中一个记录。但是，由于在系列电机设计时，考虑到加工、制造的方便以及同系列产品之间的互换性，尽量采用相同的零部件，这样就导致了多种规格电机采用同样零部件的情况，如 Y801-2 与 Y802-2 采用相同的定、转子冲片，同中心高电机具有相同的端盖、风扇等等。针对这一特点，采用大的线性表结构将造成许多数据在数据库中的表示大量重复，这不但会造成数据可靠性下降，而且存储效率差，不易作扩充与修改。

（2）系列电机结构参数的数据结构

上述大线性表结构带来的缺点，可采用如下两种数据结构并用的方法来解决：

① 系列中每种单个零部件的参数，采用线性表结构表示，其字段为该种零部件的参数项，每一套参数对应于一个记录，并以记录名来说明该套参数适用的规格范围。如 H90～100 说明该套数据适用于 90～100 中心高的所有规格电机。这样，系列中有多少单个零部件就有多少这样独立的线性表。

② 由于电机复杂图形是由许多单个零部件图拼装而成的。因而在绘制复杂图形（如总装配图）时需要调入组成它的所有单个零部件的参数，所以复杂图形的数据结构，取决于它与各单个零件的组成关系。图 3 表示了 Y 系列电机主要零部件的组成关系。

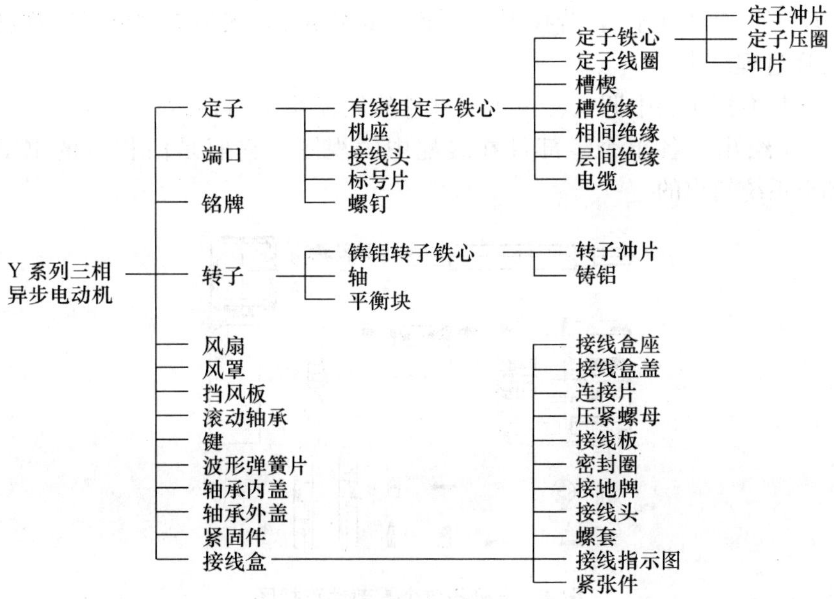

图 3　Y 系列电机零部件组成关系

这种关系反映了系列电机结构参数的分布结构，它是一种非线性树结构。

这样，采用树型数据结构来表示绘图参数的分布结构，用线性表结构表示单个零部件参数的存储结构，从根本上避免了数据重复定义。

(3) 专用数据库管理方法

在个人电脑上流行的数据库管理系统一般均为关系型的(如 DBASE、FOXBASE 等)它只能处理线性表结构数据库。为此，作者开发了一套既能管理关系型数据库，又能管理树型数据库的专用数据库管理系统(EMD-DBMS)，用于管理整个系列电机的结构参数。该管理系统采用交互式管理环境与管理接口模块集并存的结构型式，交互式管理环境可使用户能方便地通过人机对话实现对数据的管理操作；管理接口模块集放在绘图系统的接口模块层中供给图系统调角，它可以使各类绘图模块中具有数据的查询、修改、删除、转贮、排队和传递等一系列管理功能。

至此，专用数据库系统的建立为参数化绘图的实现以及系统运行效率的提高铺平了道路。

3. 计算机辅助电机绘图系统的实现

应用本文提出的方法，作者开发了一套包含有 186 个模块在内的绘图系统，用于绘制 Y 系列电机图纸，其中接口模块 40 个，功能模块 65 个，专用模块 61 个，采用C语言编写，源程序约 11 000 行。下面以 Y 系列电机零部件图中最复杂的装配图的绘制过程，说明系统的实现方法。与图 2 框图相对应，装配图的绘制分如下几步进行。

(1) 从数据库系统中调入当前设计方案中与装配图有关的所有零部件结构参数，数据的查取与传递按如下过程进行：

① 设当前零部件在图 3 中所在的结点的子树为 T_s，找到 T_s 的一个“叶子”结点(即某单个零部件所在结点)；

② T_s 的“叶子”由一张线性表组成，从中找出当前设计方案适用的结构参数记录；

③ 将这个记录存入该单个零部件绘制模块规定的输入数据区；

④ 寻找 T_s 下一个“叶子”，若找到则转至②步作循环，若所有“叶子”都已找到，则数据的查取与传递过程结束。

(2) 分别从基本模块层中调入各单个零部件绘制模块至内存运行，得到各个零部件图的 IGES 文件。图 4 绘出了各单个零部件在装配中的视图。它们是由相应的 IGES 文件利用 Auto CAD 图形系统给出的。

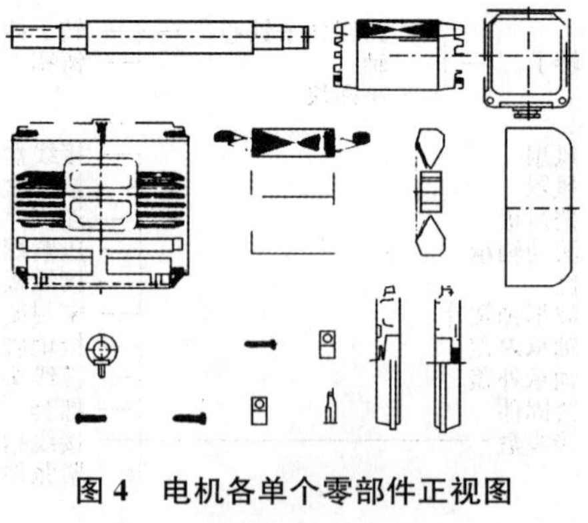

图 4 电机各单个零部件正视图

(3) 将各单个零部件图进行拼装，生成如图 5(a)所示。然后根据装配关系对被遮盖的零件进行遮盖消隐处理，形成一张完整的装配图，如图 5(b)。其中遮盖消隐处理使用十分简单，只要给出遮盖范围，调用 Cover-begin，Cover-doing，Cover-end 即可，从而使复杂图形的绘制方便、灵活和易于实现。

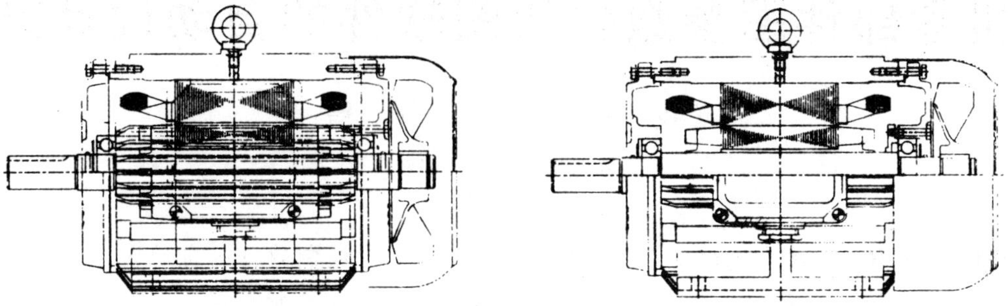

(a) 装配图初图　(b) 装配图

图 5　电机装配图

另外，在上述这套绘图系统的基本模块层中换上一新的转子叶片绘制模块，又成功地用于绘制新型磁障式磁阻电机系列。图 6 为其转子冲片图。由此说明绘图系统具有很强的通用性。

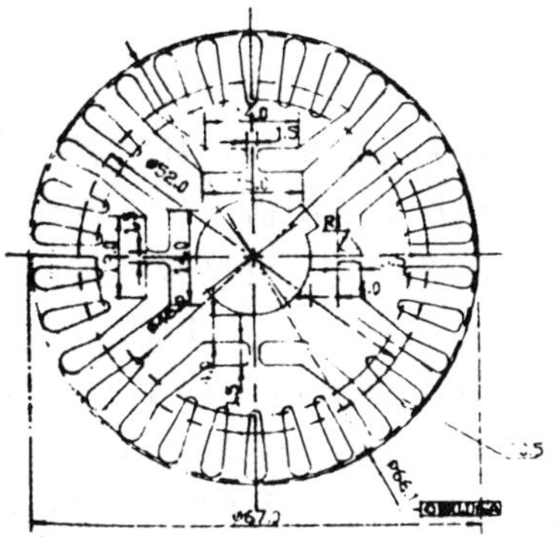

图 6　磁障式磁阻电机转子冲片图

4. 结论

(1) 有专用数据库系统支持的参数化绘图方法用于绘制系列化电机产品的零部件图，能大大提高出图速度。

(2) 采用分层次、多模块结构使系统易于扩充、修改，从而使系统对象易于改变，增强了系统的通用性。

(3) 绘图系统生成图形的 IGES 文件，而不是直接生成图形，避免了对硬件及支撑软件的过分依赖，使系统完全可移植。

参考文献

[1] 葛美德等. 个人微机绘制小型异步电机零部件图软件研制. 中小型电机，1989，16(2)：5－7.

[2] 张子忠等. 用 Auto CAD 绘电机结构图的软件. 微特电机，1989，16(2)：32－35.

电机零部件图参数化绘图软件的自动设计方法

钱 巍 李 彤 周 鹗

（东南大学电气工程系）

摘要： 运用ICAD技术提出了一种电机零部件图参数化绘制软件的自动设计方法。该方法利用高性能的面向对象的图形系统——MTNGS^{++}动态捕获电机零部件的几何模型，并将设计者的特征定义转换为一系列基于框架的知识表示。运用专用知识处理系统的推理机制自动建立电机零部件的参数化几何模型及基于高级程序设计语言的模型求解过程，从而使计算机辅助电机零部件图的绘制工作变得快捷、方便。

关键词： 电机，计算机，程序，设计，绘图，零件，部件

1. 概述

电机零部件图的绘制是电机设计完成后的一项耗时长、强度大、十分繁复的工作，但是图纸的绘制质量又直接影响到产品的加工与制造，是体现设计质量的重要方面。计算机辅助电机零部件绘图方法的实现，不但使设计人员可摆脱繁重的制图工作，提高图纸质量，同时还可极大地提高图纸的生成速度，缩短产品的设计周期。

文献[1]中提出的一种由专用数据库系统支持的、具有参数化、分层次、多模块结构的计算机辅助电机绘图系统，针对电机产品系列化、标准化和通用化的特点，采用参数化绘图方法，不但极大地提高了出图速度与图纸质量，而且易于扩充、修改，具有很强的通用性。该绘图系统与电机CAD系统[2]结合在一起，可以圆满地在CAD环境中完成电机的整个设计任务。

但是文献[1]中绘图方法仍然存在一些不足：① 由于文献[1]采用参数化绘图方法，在绘制某一特殊结构的派生系列电机时，参数化绘图软件的开发工作量很大；② 参数化绘图模块的扩充有一定的专业技术要求，对用户来说难度较大；③ 不能在直观的图形界面中实现变参数。

据于此，本文提出了一种参数化绘图软件的自动设计方法。该方法将交互式与参数化两种绘图方法的优点结合在一起，首先通过借助于一种新型的面向对象的MTNGS^{++}图形系统支撑环境[3]，采用交互方式实现对电机零部件结构的描述；其次利用专用的知识处理系统自动将用户对零部件结构的描述转换为参数化绘图程序，从而使参数化绘图软件由计算机自动设计生成。另外，参数的变化亦可以在MTNGS^{++}中通过“尺寸驱动(Dimension Driven)”实现，更为直观方便。

2. 基本思想

电机零部件参数化绘图软件是建立于零部件的参数化几何模型之上的。文献[1]中电机零部件几何模型用C语言程序来描述，尽管可以很方便地实现参数化，但给模型的描述带来一

《中小型电机》，1995.22(5)。

定的复杂性；而采用交互作图的方法，则可以方便、直观地表达零部件的几何模型，但参数化不易实现。怎样将两者结合起来，即仍然采用参数化的绘图思想，而零部件参数化几何模型则在交互作图的过程中自动生成，克服文献[1]中参数化绘图存在的不足，这是本文的基本思想。

鉴于此，提出一种参数化绘图软件的自动生成方法。该方法的实现过程如图 1 所示。参数化绘图源程序的生成分以下 3 个步骤实现：① 在 MTNGS++ 支撑交互设计环境对电机零部件作概念设计或在该环境下利用界面的功能用草图描述零部件的几何模型，几何模型存入 MTNGS++ 的动态内部数据库(IGDB)。② 对零部件几何模型作特征定义(Feature Definition)。亦即提取几何模型的特征参数，并将用户的特征定义自动转换为知识处理系统中基于框架(Frame)知识表达。③ 知识处理系统依据 IGDB 中的几何模型描述以及用户的特征定义，采用特殊的推理机制得到基于高级程序设计语言的该模型的求解程序。

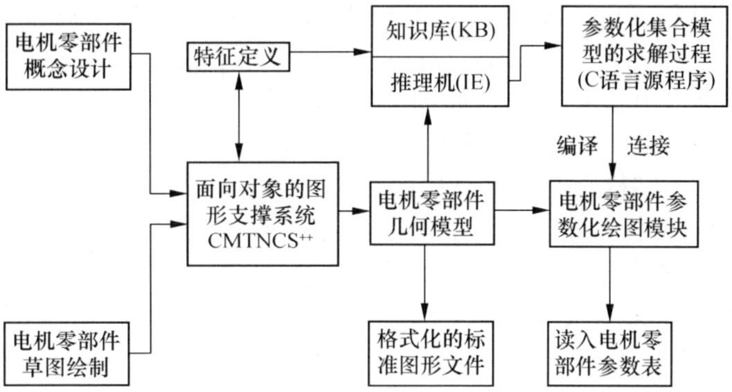

图 1　参数化绘图软件的自动生成方法

3. 方法的实现

1) 面向对象的高性能图形系统 MTNGS++ 的建立

基本思想是要在人机交互绘制草图或概念设计过程中动态捕获电机零部件的几何模型，这就需要有高性能的图形系统来支撑。怎样才能使设计者的“思维模型”能方便、自然地在界面上表述，这是交互式图形支撑系统设计的关键。

面向对象的设计方法把软件系统中的对象结构与直观的图形对象很好地结合在一起，是实现界面图形操作与系统实现过程自然统一的最佳途径[4]。

首先，MTNGS++ 构造一种虚基类——构筑模式(Building-Patlen)，它将图形对象视作一种抽象的数据类型，通过 Show()，Hide()，isPicked()等函数实现其最基本的图形操作。并在其基础上派生两个子类——基元分量及非基元分量。基元分量包含了最基本的各类图素，如点、线、字符等，非基元分量包含了图形块的插入(块引用)，其结构如图 2 所示。

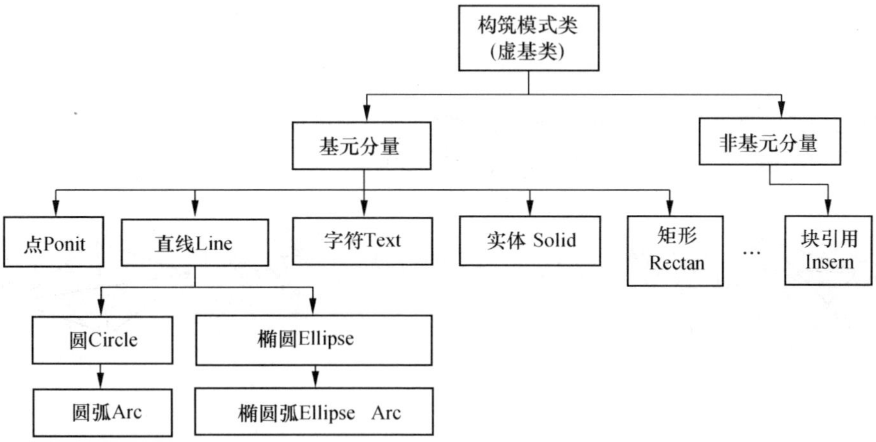

图 2　构筑模式类层次

电机任何零部件的几何模型都可以用该构筑模式链表(Building Pattern List)表达。类似地，几何模型中图素的顶点、交点及尺寸分别用顶点(Vertex)及尺寸(Dimension)类表示。

其次，电机零部件的几何模型用Figure类描述，它是由Building Pattern，Vertex及Dimension 3个类多重继承而来，如图3所示一幅图可以看成是一个Figure类的实例。从类结构来看它具有层次结构特征，从基本图素的组成来看，它具有“吊桶”式的多链表结构特征，并且为实现图块及图层的结构化构造，它们相互引用，因而，零部件的几何模型从整体看是一种多重链式网状(Muti-Trie Netweek)[3]模型。

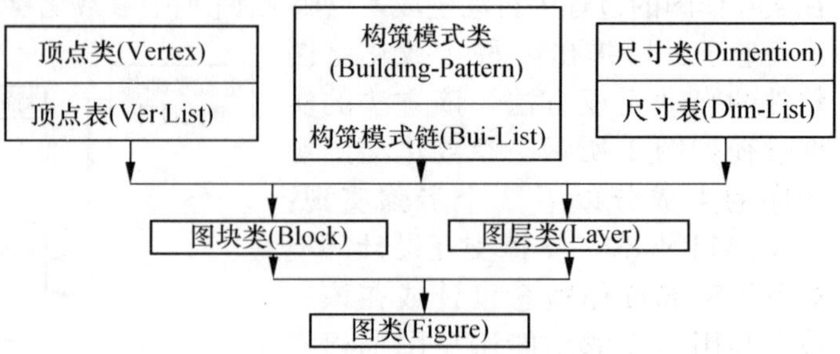

图3 Figure类的多重继承关系

这样，电机零部件几何模型(Figure类)可以表示为

$$F=\{V_i(x_i,\ y_i),\ B_j(P_j),\ D_k(a_k),\ i=0,1,2,\cdots,L,\ j=1,2,\cdots,M,\ k=1,2,\cdots,N\}$$

式中，$V_i(x_i,\ y_i)$——顶点集，$x_i,\ y_i \in R$；

R——实数集；

$V_0(x_0,\ y_0)$——基点；

$B_j(P_j)$为边集，$P_j \in P$；

P——构筑模式类中的基元分量和非基元分量；

$D_k(a_k)$——尺寸集，$a_k \in A$；

A——尺寸类型集合。

另外，由于设计者的思维模型通常通过人机界面操作来表达，MTNGS++通过构造一个辅助图素来帮助用户作图。该类提供一组成员函数，使基本图素可以通过多种途径表达，如直线可以用水平线Horline、竖垂线Verline、切线Tanline等表达。

MTNGS++为设计者提供了优越的图形支撑环境，更有利于设计者在概念设计中表达其设计思想，激发创造力，用它绘制零部件草图比其他基于线性模型的图形系统(如AutoCAD，CADKey等)更快捷灵活，如图4所示。这为电机零部件几何模型的捕获，提供了扎实的基础。

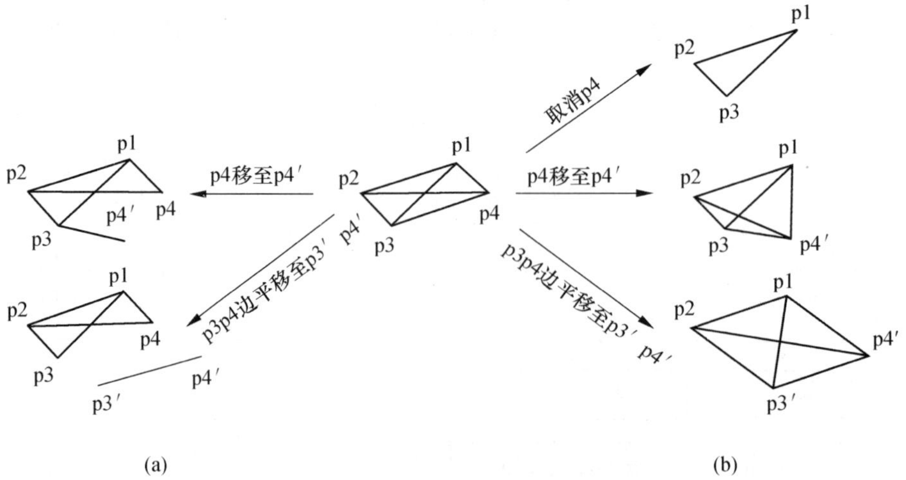

图4 MTN模型与一般线性模型

2）特征定义(Feature Definition)

零部件的参数化几何模型是通过提取前述一般几何模型的特征参数而得到的。特征的定义或描述实际上为一般模型提供了一套几何约束，因此特征的本质是几何模型的参数化约束。参数化约束的表达可以有多种形式，从几何学的观点看，它是一个约束方程组，即可以用一套数学方程组描述，但这很难与界面上设计者的操作自然地联系起来。因此，本文采用的方法是将设计者的特征定义转换为一系列的知识表达(Knowledge Representation)，知识的表达方法采用 Minsky 的框架(Frame)理论实现。这是因为框架理论所包含的绝大部分概念与面向对象的编程(OOP)方法所包含的概念极其相似[5]，易于用 OOP 方法实现。

假设几何模型中有两个顶点 $V_1(x_1,\ y_1)$，$V_2(x_2,\ y_2)$，若设计者对其作水平距离约束，则 $x_2-x_1=L$(L——参数)，则产生图 5 所示两个知识表述，知识库具有动态特征，可以任意添加删减。特征定义的同时产生了一系列的基于框架的知识表达，其内部数据结构为一线性框架链表，正确、有效的约束具有最小完备特征。

Frame：x_1	Frame：x_2
Slots：	Slots：
Name：x_1	Name：x_2
Success ID：False	Success ID：False
Variables：{L，…}	Variables：{L，…}
Var-Exp.：x_2-L	Var-Exp.：x_1+L
NextFrame：x_2	NextFrame：NULL
(a) Frme x1	(b) Frame x_2

图 5 基于框架的知识表示

3）基于知识处理系统的约束求解方法

电机零部件参数化几何模型是由知识处理系统(KBS)根据 IGDB 模型，根据上述线性框架链表推理产生。

(1) 推理机的工作机理

在设计推理机的搜索算法时，通过对比研究采用深度优先的搜索递归算法。从图 6 所示的变量求解树看，某“叶子”变量搜索成功后，将导致该“子树”上大部分变量及早地搜索成功，从而减小搜索过程模式匹配的代价。

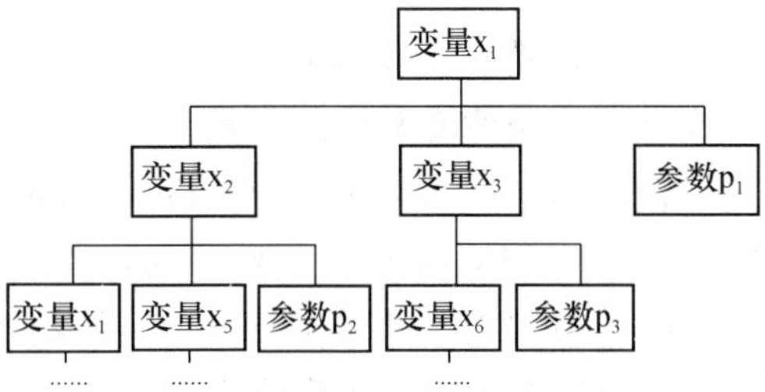

图 6 变量求解搜索树

(2) 参数化绘图软件的自动生成

推理过程如图 7 所示，其中表达式栈(Exp-Stack)与表达式队列(Exp-Queue)是推理过程中实时产生的动态数据结构，推理过程中动态生成了 Exp-Queue，表达式队列反映了图素顶点坐标的求解次序，其节点指针指向顶点坐标的求解表达式。所以 Exp-Queue 队列就是零部件参数化的几何模型的求解过程，将 Exp-Queue 顺序用高级语言(如 C 等)相应的语句表达即产生参数化几何模型的求解程序。程序经编译、连接、运行后求得某组参数下零部件的几何模型。标准化(或格式化)的图形表示借助于 MTNGS^{++} 的 IGES 或 DXF 接口生成。

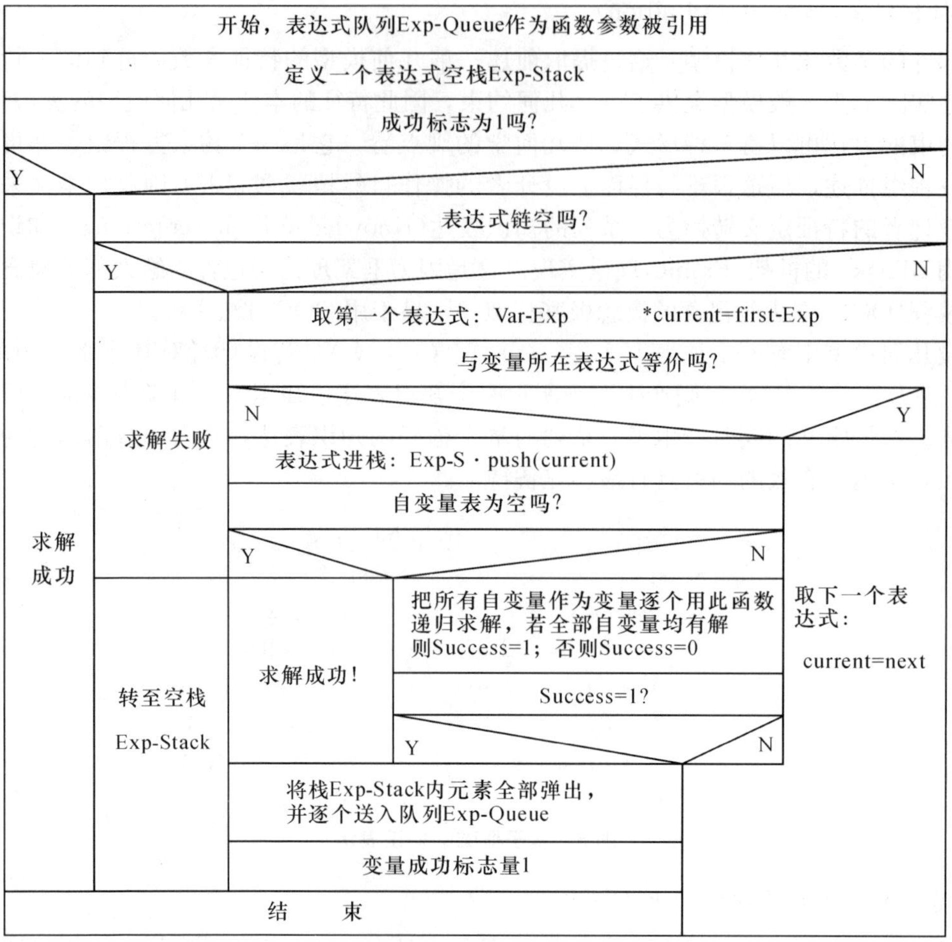

图 7 推理逻辑框图

(3) 约束完备性的判断

设计者定义约束时，若零部件较为复杂时，可能出现两种情况：① 约束不完备，即约束不够，导致模型求解结果有无穷多组；② 约束冗余，即约束过多。前述的推理过程还可以有效地对上述两种情况作出判断。

若$\{C_1, C_2, \cdots, C_x\}$为电机某零部件的几何模型 F 的一组约束，当约束不完备时，存在 $V_i(x_i, y_i) \in F$，$i \neq 0$，x_i 或 y_i 与 $C=\{C_1, C_2, \cdots, C_z\}$无关。由于推理机推理过程是基于设计者的约束定义，所以 x_i 或 y_i 不能从知识库中找到求解方法，因此以 x_i 或 y_i 为根结点的求解“子树”在推理过程中将出现失败。这样可以明确地提示设计者对 $V_i(x_i, y_i)$加入新的约束，从而体现出系统无可比拟的纠错能力。

若约束冗余，即存在 $C' \subset C$，且 $C' \neq C$，可以求解出唯一一组解。若 C' 中有 V 个参数，C 中有 U 个参数，$U>V$，则由 C 可推出几何模型的 C_U^{U-V} 种不同求解过程，不同的约束定义反映了图纸不同的尺寸标注方法，设计者可根据工艺要求选用。

4) 电机部件或总装图绘制模块的生成

电机产品“系列化、标准化、通用化”的设计要求，使电机零部件的组成有一定的规律。它仍然可以用文献[1]中零部件组成的层次模型表示。但是该模型节点的数据结构需作一些扩充定义。使其包含了它在其“父”节点所表示的部件中的插入基点及覆盖关系。因而总装图或部件图的绘制程序，自动调入了其“子树”所有“叶子”节点所表示的各零部件的绘制过程。最后采用覆盖算法[6]实现。

4. 结论

(1) 电机零部件参数化几何模型的建立是电机参数化设计过程中的重要环节。它不但是实现电机零部件参数化绘图、电磁场数值分析前处理和 CAM 等的关键，而且也是实现电机概念设计与详细设计有机结合的关键。

(2) 面向对象的图形支撑系统——MTNGS++ 的研制，给设计者提供了更易发挥创造力的、更加方便灵活的设计环境。使电机零部件几何模型的描述变得简便易行。

(3) 基于知识处理系统电机零部件参数化几何模型的自动建立方法，不但实现了电机零部件参数化绘图软件的自动生成，而且具有速度快、通用性强和能实时纠错等特点，还具有极高的工程应用价值。

参考文献

[1] 钱巍，姚文福，周鹗．计算机辅助电机零部件绘图系统的研究与开发．中小型电机，1993，20(2)：8－11，59.

[2] 钱巍．小型异步电机 CAD 及优化设计研究．南京：东南大学博士学位论文，1991.

[3] 李彤．一种面向对象的高性能电机 CAD 图形支撑系统——MTNGS++ 的研究与开发．南京：东南大学硕士学位论文，1994.

[4] Tetsuo Tomiyama. Object-Oriented Programming Paradigm for Intelligent CAD System. Intellingent CAD System Ⅱ Springer-Verlag，1989.

[5] Ishikawa Y，Tokoro M. Orient84/K：An Object-Oriented Concurrent Programming Language for Knowledge Representation. Object-Oriented Concurrent Porgramming，The MIT Press，1987.

[6] 姚文福．电机零部件参数化绘图系统．南京：东南大学硕士学位论文，1990.

轴向磁场盘式异步电动机的设计与计算

程　明　周　鹗　钱　巍

（东南大学电气工程系）

摘要：介绍了轴向磁场盘式异步电机的基本结构和特点，提出了该电机的设计计算方法，包括主要结构尺寸的确定、参数计算等内容。计算结果与样机实测值相符。

关键词：同步电动机，磁场，参数

1. 前言

轴向磁场盘式电机具有结构简单、轴向长度短、体积小和重量轻等优点，可获得与同功率径向磁场电机相同的电气性能。世界上第一台轴向磁场电动机就是盘式电机，但由于当时一些难以解决的技术问题，曾一度被搁置。随着现代科学技术的进步和生产的需要，20 世纪 70 年代以来，轴向磁场盘式电机在一些先进工业国家重新得到大力发展。

生产盘式电机的关键在于定转子铁芯冲卷机，20 世纪 80 年代中期我国曾从国外引进。80 年代末，我国自行研制成功了这一关键设备，为在我国大力发展盘式电机奠定了良好基础。为进一步促进这种电机的发展，提高电机的设计水平，本文将对该电机的设计方法，主要结构尺寸的确定和参数计算等问题进行比较深入具体的探讨，并将设计计算结果与电机的实测结果进行对比。

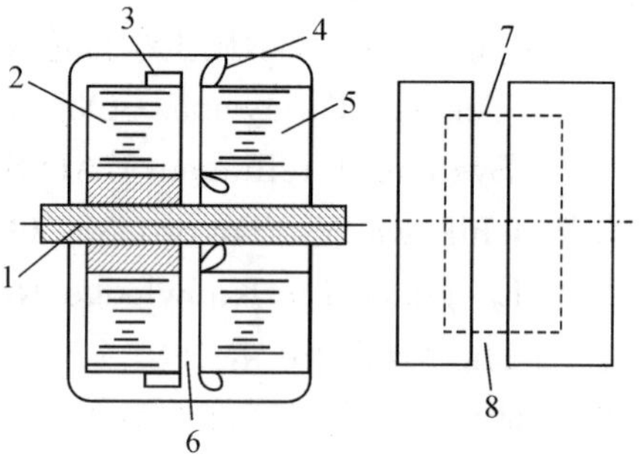

图 1　盘式异步电机结构示意图

1. 轴　2. 转子　3. 端环　4. 绕组　5. 定子　6.8. 气隙　7. 主磁通路径

2. 电机基本结构和主要尺寸的确定

1）电机基本结构

轴向磁场圆盘式异步电动机的基本结构如图 1，它主要由定子铁芯、定子绕组、转子铁芯、转子绕组及转轴等部分组成，定转子相对放置，磁场方向为轴向。定转子铁芯均采用带状硅钢片冲卷而成，材料利用率极高，近似为 100%。在定转子铁芯的一侧开有径向辐射状的槽，在定子铁芯槽中嵌放三相对称绕组。转子一般是铸铝，为减小附加转矩，转子多用斜槽。盘式异步电动机的运行原理与普通异步电机相同。

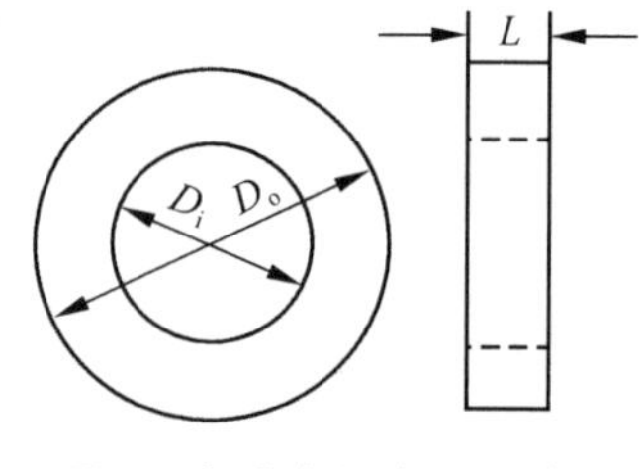

图 2　盘式电机主要尺寸

2）主要尺寸

如图 2 所示，盘式电机的主要尺寸有铁芯外径 D_o、铁芯内径

《江苏电器》，1997 年 1 期。

D_i 和铁芯轴向长度(即钢带宽度)L。

不难证明，盘式异步电动机的输出功率可表示为[1,2]

$$P_2 = K(D_o + D_i)^2(D_o - D_i)n_1 \tag{1}$$

式中，

$$K = 2.282 \times 10^{-2} \times \frac{K_{W1}\eta\cos\varphi}{K_E} AB_\delta \tag{2}$$

n_1——同步转速，r/min；$n_1 = \frac{60f}{p}$；

A——线负荷，A/m；

B_δ——气隙磁密，T；

K_{W1}——基波绕组系数；

η——效率；

$\cos\varphi$——功率因数；

K_E——电势系数；$K_E = 0.85 \sim 0.95$。

令 $K_R = D_o/D_i$，则式(1)可改写为

$$P_2 = \frac{K(K_R^2 - 1)(K_R + 1)n_1}{K_R^3} D_o^3 \tag{3}$$

或

$$D_o = \sqrt[3]{\frac{K_R^3 P_2}{K(K_R^2 - 1)(K_R + 1)n_1}} \tag{4}$$

由式(3)可知，在电磁负荷等有关参数一定的情况下，盘式异步电机的输出功率与外径 D_o 的三次方成正比，而当 D_o 一定时，P_2 与 K_R 直接有关。因此 K_R 是一个非常重要的参数，它直接影响电机的各项经济技术指标。将式(3)对 K_R 求导，不难发现，在其他参数给定的情况下，当 $K_R = 3$ 时，电机的输出功率有最大值。但考虑到其他一些因素，如内圆处电枢绕组端部的排列等，K_R 值一般不超过 2，推荐值为 $K_R = 1.4 \sim 2.0$[1]，功率小者取较小值。

由式(3)还可看出，盘式异步电机的输出功率只与铁芯的内外径有关，而与铁芯轴向长度 L 无关，即与体积和重量无直接关系，从而使其功率体积比有可能较传统电机为大，耗用材料少。但铁芯的轴向长度 L 要受到轭部最大磁密的限制，只要满足这一条件，其长度可尽量缩短。L 值可按式(5)初选，然后根据计算结果再作适当调整。

$$L = \frac{\Phi}{(D_o - D_i)B_y} + \frac{At}{K_f J b} \tag{5}$$

$$\Phi = \frac{K_E U_1}{2.22 f N_{\Phi 1} K_{W1}} \tag{6}$$

式中，t——槽距；

b——槽宽；

J——电流密度，A/m；

$N_{\Phi 1}$——每相串联导体数；

B_y——轭部最大磁密，可参照普通异步电机选取，一般取 $B_y = 1.5$ T；

K_f——槽满率，对铸铝转子取 $K_f=1$。

3. 参数计算

与普通异步电机一样，决定盘式电机性能的参数有定子电阻 r_1、转子电阻 r_2、定子漏抗 $X_{1\sigma}$、转子漏抗 $X_{2\sigma}$以及激磁电抗 X_m。在盘式电机中，电机磁路长度、齿宽、等效气隙长以及磁路饱和程度等均随半径的大小而变化，因此欲准确计算其参数，特别是激磁电抗 X_m 和漏抗 $X_{1\sigma}$、$X_{2\sigma}$比较困难。对于小功率电机，可将其视为一台定子内径为 D_{si}，轴向长为 L_e 的普通径向磁场异步电机，其中 D_{si}，L_e 与盘式电机内外径的关系为

$$\left.\begin{aligned} D_{si}&=(D_o+D_i)/2 \\ L_e&=(D_o-D_i)/2 \end{aligned}\right\} \tag{7}$$

这样，盘式异步电机的参数计算便转换为普通异步电机的参数计算问题。但计算中应注意以下几点：

（1）按上述方法等效的径向磁场异步电机，其转子外径和内径应分别为

$$\left.\begin{aligned} D_r&=D_{si}-2g \\ D_{ri}&=D_r-2L_r \end{aligned}\right\} \tag{8}$$

而定子外径则应为

$$D_s=D_{si}+2L_s \tag{9}$$

上两式中 L_s、L_r 为盘式电机定子铁芯和转子铁芯的轴向长度。

如根据上述尺寸进行磁路计算，定子轭部磁路将比实际的长，而转子轭部磁路将比实际的短。因此应按电机的实际尺寸计算，即定子与转子的轭部磁路长度相等。

（2）盘式电机通常采用平行齿和平行槽，齿部磁路亦应按实际尺寸计算。

（3）由于盘式电机的外端环处的线速度较大，散热条件好，其电流密度通常选得较大，端环的截面尺寸较小，而内端环的线速度小，散热条件差，电流密度选得较小，截面尺寸较大，即内外端环的长度和截面积不相等，计算中应计及这一影响。

对于功率较大的电机，D_o 和 D_i 相差较大，沿半径方向气隙磁密 B_δ、磁路饱和程度等变化明显，如果仍用一圆柱形电机等效，将会产生较大误差。这时，可将盘式电机沿径向等分为 N 段，如图 3 所示。

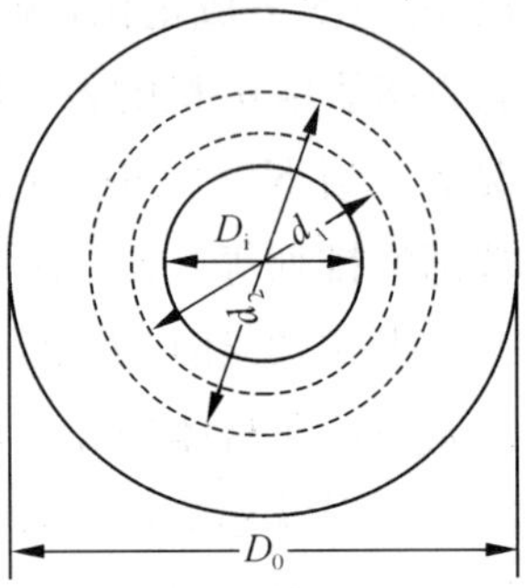

图 3 盘式电机的分段

图中，$d_1=D_i+2H$；

$d_2=d_1+2H=D_i+4H$；

$d_j=D_i+2jH$；

$d_N=D_o$；

$H=(D_o-D_i)/N$；

H 为每一段铁芯的径向长度。

由于每一段内的磁场变化不大，故可近似地视作圆柱形电机进行计算。因各小段磁路是并联的，从而可得盘式电机的等效磁路，见图 4。

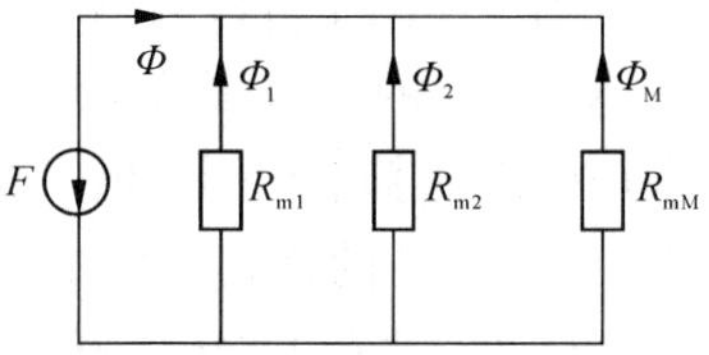

图 4　盘式电机等效磁路

对于第 j 段($j=1,2,\cdots,N$)，取若干个每极磁通 $\Phi_i(i=1,2,\cdots)$，分别对每个磁通值进行磁路计算[3]，得对应的磁势 F 从而可得到第 j 段的磁通-磁势关系曲线，同时还可得到铁耗-磁势关系曲线，它们可分别用二次曲线近似表示，即有

$$\left.\begin{aligned}\Phi_j&=a_jF^2+b_jF+c\\P_{\mathrm{Fe}j}&=u_jF^2+v_jF+w_j\\j&=1,2,\cdots,N\end{aligned}\right\}\tag{10}$$

根据磁势相等原则，将各段磁路的磁化曲线及铁耗曲线相加，得盘式电机总的磁化曲线和总的铁耗曲线为

$$\left.\begin{aligned}\Phi&=aF^2+bF+c\\P_{\mathrm{Fe}}&=uF^2+vF+w\end{aligned}\right\}\tag{11}$$

求出总的磁化曲线和总的铁耗曲线后，可按以下步骤求取有关参数：

(1) 根据负载大小迭代求解电势系数 K_{E} 及每相电势 E_1。

(2) 求取每极磁通 Φ。

(3) 由总磁通-磁势曲线求磁势 F。

(4) 求励磁电流 I_{m} 和激磁电抗 x_{m}。

(5) 由总铁耗-磁势曲线求铁耗。

表 1　主要参数和性能对比(400W)

项目	分段数 N	定子电阻 R_1/Ω	定子漏抗 x_1/Ω	激磁电抗 x_{m}/Ω	$I_{\mathrm{o}}/\mathrm{A}$	$I_{\mathrm{N}}/\mathrm{A}$	$\cos\varphi_{\mathrm{N}}$	η_{N}	n_{N} /r/min
计算值	1	19.16	20.36	316.4	0.66	1.13	0.783	0.683	1 389
	3	19.16	19.71	301.4	0.69	1.15	0.773	0.68	1 389
	5	19.16	19.1	293.7	0.71	1.16	0.769	0.677	1 389
实测值	—	19.6	19.84	293.7	0.68	1.18	0.776	0.663	1 377

有关计算方法和计算过程可参阅文献[3]。饱和漏抗即定转子谐波漏抗，可取各段的平均值。

4. 算例及结果分析

算例　电机为 1 台三相四极，380 V，400 W 盘式异步电动机，定子绕组 Y 连接，$D_{\mathrm{o}}=14.8$ cm，$D_{\mathrm{i}}=9.6$ cm，气隙 $g=0.04$ cm，$L_{\mathrm{s}}=4.5$ cm，$L_{\mathrm{r}}=2.4$ cm，硅钢片牌号为 D_{22}，实测机械损耗 $P_{\mathrm{m}}=25$ W。

图 5 示出了分段数 $N=3$ 时每一段的磁通-磁势曲线及总的磁通-磁势曲线，同时还给出了 $N=1$ 时的磁通-磁势曲线。由图可知，在磁势 F 较小时，磁路不饱和，由 $N=1$ 和 $N=3$ 求得的磁通基本相同。但当磁势较大时，在靠近 D_i 处的磁路首先饱和，D_i 附近区域的磁通减小，故 $N=3$ 的合成磁通-磁化曲线开始弯曲，而 $N=1$ 时是以电机平均直径处的磁密来计算的，没有计及沿半径方向磁路饱和程度的变化，故所求得的磁通比 $N=3$ 时的合成磁通要大。

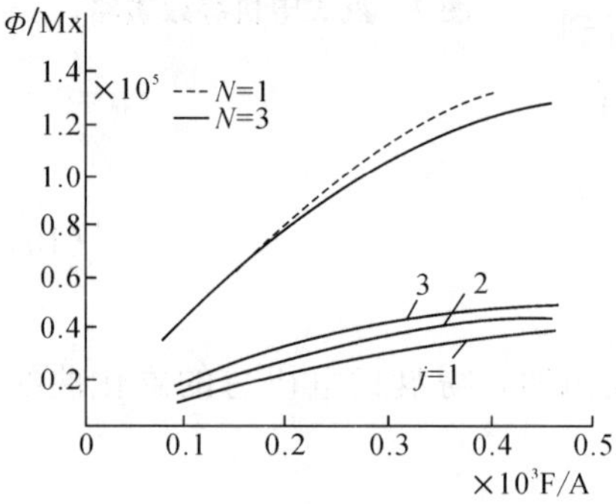

图 5　400 W 盘式电机磁化曲线

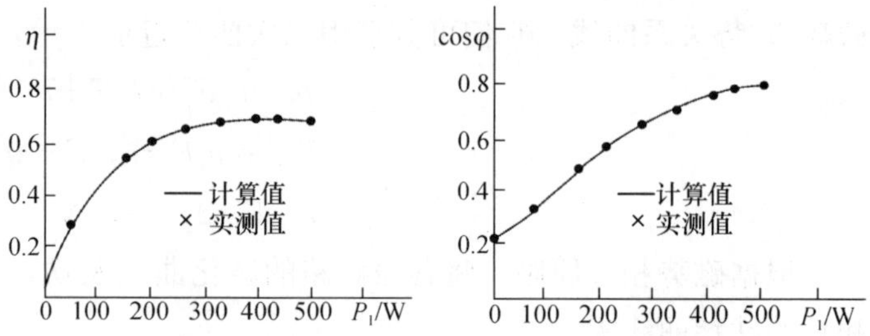

(a) 效率　(b) 功率因素

图 6　400 W 盘式电机特性

上表为 $N=1$，3，5 时电机主要参数和性能指标的计算结果与实测结果对比。结果表明，当分段数较多时，计算值与实测值基本相符。当 $N=3$ 时各项误差均小于 5%。图 6 示出了电机的效率和功率因数的理论曲线($N=3$)和实测曲线，两者基本一致。因此可以认为，对于本文的算例电机，将其分 3 段进行计算便可获得足够精确的计算结果。对于不同的电机，需根据其容量、电磁负荷、磁路饱和程度、K_R 的大小，以及相邻两种分段计算结果的一致程度等来选取合理的分段数。分段数太少将影响计算精度，分段数太多会增加计算量。对于中小型盘式电机，一般取 $N=3\sim5$ 即可。

5. 结论

(1) 本文从电机的基本理论出发，导出了盘式异步电机输出功率与主要结构尺寸的关系，即输出功率仅与电机的外径有关，而铁芯的轴向长度主要决定于轭部最大磁通密度。

(2) 理论分析和计算结果表明，在盘式电机中，气隙磁通密度 B_δ、磁路饱和程度等均沿半径方向变化。为计及这一影响，本文提出了电机参数的分段计算法，计算结果与样机实测值相符，证明本文的分析计算方法是正确的。

(3) 盘式异步电机具有与同功率普通异步电机近似相同的性能指标，而带状硅钢片的利用率(近乎 100%)却远远高于普通电机的最高理想值(74%)，因此它具有耗用材料少、功率体积比大等优点。

参考文献

[1] Chan C. Axial-field Electrical Machines-Design and Applications. IEEE Trans.，1987，EC-2(2).

[2] 吴功清. 轴向磁场盘式感应电机及功率计算. 微特电机，1990(3)：21.

[3] 周鹗，沈善圭. 小型异步电机基础理论与计算. 南京：江苏科学技术出版社，1989.

单相盘式异步电机设计计算

吴惠燕[①] 程 明[②] 周 鹗[③]

(①郑州轻工业学院 ②③东南大学电气工程系)

摘要： 介绍了单相盘式异步电机的基本结构和特点，提出了该电机的设计计算方法，包括主要结构尺寸的确定、参数计算、磁路计算等内容，计算结果与样机实测值吻合。

关键词： 单相盘式异步电机，参数，磁路，设计

1. 引言

单相圆盘式轴向磁场异步电机简称单相盘式异步电机，具有结构简单、紧凑、轴向尺寸短、下线方便、节约原材料、单相电源供电、可获得与同功率普通异步电机相同的电气性能等优点而日益受到人们的重视。国际上，20 世纪 70 年代已将单相盘式电机广泛用于吊扇、壁扇、冷冻机、空调器、食品加工等民用产品中。80 年代，我国对三相盘式电机、直流盘式电机有了一定的研究并有批量产品供应市场，但关于单相盘式异步电机的电磁设计目前还未看到比较完整的计算程序。为顺应我国工业迅速发展的需要，本文对单相盘式异步电机的参数计算、磁路计算、电磁设计方法等进行了较为深入的研究，提出了单相盘式异步电机的设计计算程序，开发出计算机软件，取得较为满意的结果。

图 1 为单相盘式异步电机的结构简图。其定子和转子相对而立，它们是硅钢片带料卷绕成的空心圆柱体。一般定子和转子有相同的内径和外径，但轴向尺寸不同。定子槽多为辐射状直槽，转子槽多为朝某个方向倾斜的直槽。定子绕组通常采用同心绕组，主绕组、副绕组的线圈叠合。

单相盘式异步电机与普通单相盘式异步电机的运行原理相同。

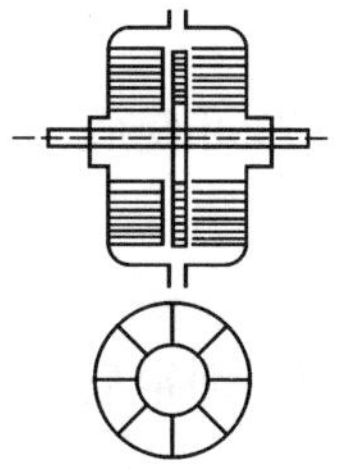

图 1 电机结构简图

2. 单相盘式电机主要结构尺寸的确定方法

1) 单相盘式电机定、转子内外径的确定

设单相盘式电机的额定输出功率为 P_2，则输出功率与额定相电流及额定相电压的关系为

$$P_2=\begin{cases}\sqrt{2}U_1 I_1 \eta\cos\varphi\times 10^{-3} & \text{(电容运转式)}\\ U_1 I_1 \eta\cos\varphi\times 10^{-3} & \text{(电阻或电容启动式)}\end{cases} \tag{1}$$

式中，P_2——额定输出功率(kW)；

U_1——额定相电压(V)；

《微特电机》，1996 年第一期。

I_1——额定相电流(A)；

η——电机效率；

$\cos\varphi$——电机的功率因数。

额定负载的定子绕组的电热 E_1 与电压 U_1 的关系为

$$E_1=K_eU_1 \tag{2}$$

电势 E_1 为

$$E_1=2.22fZ_{am}K_{dp1}\Phi \tag{3}$$

式中，Z_{am}——定子主相绕组每极串联导体数；

Φ——每极磁通；

f——电源频率。

设气隙磁通密度为 B_δ，则每极磁通为

$$\Phi=B\frac{A_P}{p}=B_\delta\frac{\pi(D_o^2-D_i^2)}{4p} \tag{4}$$

线负荷：

$$A_1=\frac{pZ_mI_1}{\frac{\pi}{2}(D_o+D_i)} \tag{5}$$

变换并整理式(2)、(3)、(4)、(5)代入式(1)得：

$$P_2=K(D_o+D_i)(D_o^2-D_i^2) \tag{6}$$

式中：

$$K=\begin{cases}3.2\times10^{-5}\dfrac{K_{dp1}\eta\cos\varphi A_1B_\delta}{K_e} & (\text{电容运转式})\\ 2.282\times10^{-5}\dfrac{K_{dp1}\eta\cos\varphi A_1B_\delta}{K_e} & (\text{电阻或电容起动式})\end{cases} \tag{7}$$

令

$$K_i=\frac{D_o}{D_i}$$

式(7)可变成

$$D_o=\sqrt[3]{\frac{K_i^2P_2}{K(K_i^2-1)(K_i+1)n_0}} \tag{8}$$

当 K_i 确定后，可求得单相盘式电机内径：

$$D_i=\frac{D_o}{K_i}$$

2）单相盘式电机的定转子的钢带宽

虽然单相盘式电机定转子铁芯的带宽与功率无直接关系，参考式(8)，但要受轭部最大磁密的限制，只要满足这一条件，其长度可昼缩短。L_1、L_2 可按式(9)、式(10)初选，然后根据计算结果再作适当调整。

定子带宽

$$L_1=\frac{\Phi}{(D_{o1}-D_{i1})B_{y1}}+\frac{A_1t_1}{s_fJ_1b_1} \tag{9}$$

式中，B_{y1}——定子轭磁密，0.8～1.3 T；

Φ——气隙磁通，T；

A_1——线负荷，120～165 A/cm；

J_1——定子主绕组电流密度，6～8 A/cm^2；

t_1——定子平均槽距，cm；

b_1——定子槽距，cm；

s_f——槽满率，0.65～0.75。

转子带宽：

$$L_2=\frac{\Phi}{(D_2-D_{i2})B_{y2}}+\frac{A_1t_2}{s_fJ_2b_2} \tag{10}$$

式中，B_{y2}——转子轭磁密，0.8～1.3 T；

s_f——槽满率，铸铝转子取 $s_f=1$；

t_2——转子槽距，cm；

b_2——转子槽宽，cm；

J_2——转子导体电流密度，2～5 A/mm^2。

3）单相盘式电机直径比 K_i

由式(8)可知，在电磁负荷等有关参数一定的情况下，单相盘式电机的输出功率与外径 D_0 的三次方成正比，而与铁芯轴向长度 L 无直接关系。当 D_0 一定时，P_2 与 K_i 直接有关，所以 K_i 直接影响单相盘式电机的各项经济指标。在单相盘式电机的分析程序及综合程序中，通过改变 K_i 值，观察和分析它对输出功率 P_2、效率 η、磁密的影响情况，最后得出 K_i 值的选择范围在 1.4～1.9 之间较为合理。

4）电容 C 值的确定

单相盘式异步电机的电容 C 值的计算同普通单相电机。电容值的正确计算与确定直接影响到单相盘式异步电机的起动性能和运行性能。若起动转矩倍数太小，可适当增大电容 C 值，但值过大势必影响电机的效率。

5）主、副绕组有效匝比

$$K=\frac{NK_{dpa}}{N_mK_{dpm}}$$

一般 K 值在电阻分相时取 0.4～0.7，电容起动时取 0.7～1.4，电容运转时取 1.2～2.0。

3. 单相盘式电机的参数计算特点

单相盘式异步电机中，电机磁路长度、齿宽、等效气隙长以及磁路饱和程度等随半径的大小而变，因此单相盘式电机的参数计算及磁路计算就不能类同于普通异步电机，必须找到一种适合于单相盘式异步电机特殊结构的计算方法。由参考文献[1]、[2]知，对于小功率电机，可将其视为一台定子内径为 D_{ai}、轴向长为 L_e 的普通单相异步电机来计算。对于功率较大的电机，可将电机沿径向等分若干段。就每一段而言，又可取平均值进行计算，然后再根据磁势相等的关系进行叠加，即得整个电机的参数。

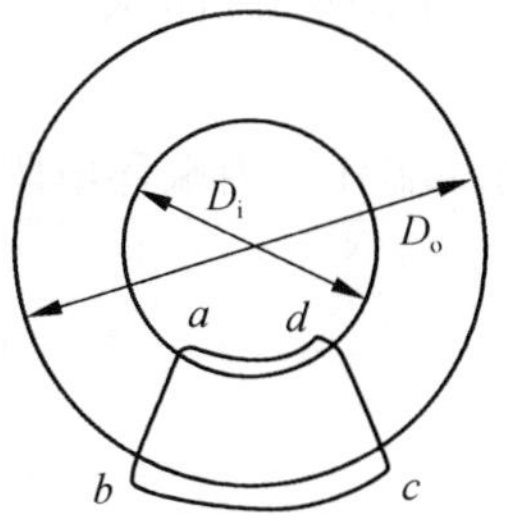

图 2　定子绕组简单示意图

由图 2 定子绕组的简单示意图可以看出，单相盘式异步电机定子绕组采用同心式绕组，但其绕组的内、外端的长度不相等，所以使电阻计算及端部漏抗计算有所不同。

1）定子电阻计算

绕组半匝长：

$$L=\frac{1}{2}(D_o-D_i)+\pi Y_m\frac{1}{2z_1}(D_o+D_i)G_m \tag{1}$$

式中：D_o，D_i——定子外径，内径；

Y_m——绕组平均跨槽数；

G_m——绕组端部系数；

z_1——定子槽数。

单相盘式电机的端部系数要考虑内部系数 $G_{m1}<1$，外端部系数 $G_{m2}>1$，平均端部系数 $G_m=\frac{1}{2}(G_{m1}+G_{m2})$；比普通单相异步电机的选择值大一些，由计算及测试可得端部系数的初选范围。如表 1 所示。

表 1　线圈端部系数的选择范围

p（极数）	2	4	≥6
G_m	1.4～1.7	1.8～2.0	2.0～2.2

定子绕组电阻计算：

$$R=\rho\frac{LZ_m}{S} \tag{2}$$

式中，ρ——导线电阻率；

Z_m——主相串联导体数；

S——导体截面积。

2）转子电阻计算

单相盘式电机的转子电阻包括导条和端环两部分，其中导条电阻 R_{21} 的求法同普通单相异步电机，端环电阻则要根据其内外端环的不同形状（见图 3）分别计算。

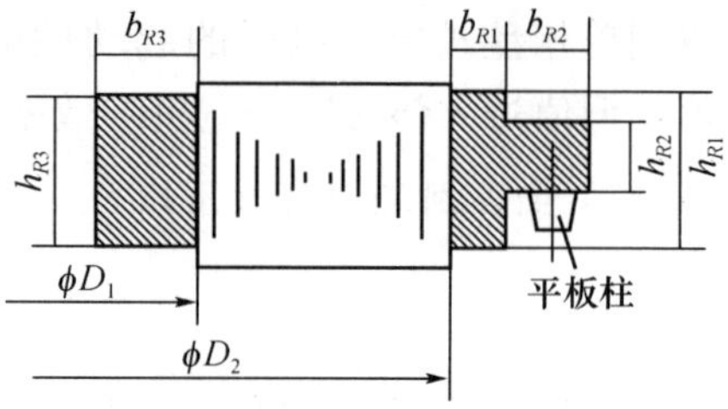

图 3　转子端环

外端环平均直径：

$$D_{Re}=D_0+b_{R1}+b_{R2}$$

内端环平均直径：

$$D_{R1}=D_1-D_{R3}$$

外端环截面积：

$$S_{Re}=b_{R1}h_{R1}+b_{R2}h_{R2}$$

内端环截面积：

$$S_{R1}=b_{R3}h_{R3}$$

则外端环、内端环电阻分别为：

$$R_{221}=\frac{m(Z_mK_{dpm})^2\rho_bD_{Re}}{\pi S_{Re}p^2\times10^4} \tag{3}$$

$$R_{222}=\frac{m(Z_mK_{dpm})^3\rho_bD_{Rl}}{\pi S_{Ri}p^2\times10^4} \tag{4}$$

式中，K_{dpm}——绕组系数；

ρ_b——电阻系数；

p——极数。

端环电阻： $R_{22}=R_{221}+R_{222}$

转子电阻： $R_2=R_{21}+R_{22}$ (5)

式中，R_{21}——导条电阻。

3）定子绕组端部漏抗

绕组端部漏抗与绕组形式、端部结构、端接部分伸出长度和倾斜度等许多因素有关，而且单相盘式电机的定子绕组端部伸出长度有时可能比槽内有效部分的长度还长，且两端不一样，因此就更增加了准确计算绕组端部漏抗的难度。本文着重在端部系数选取上进行了大量的计算，找到一个较能准确反映端部漏抗大小的系数范围，同时将定子绕组看成同心绕组。经推导得计算公式：

$$x_{e1}=K_x G_m \frac{2.5L_e}{z_1}\lambda_{e1} \tag{6}$$

式中，G_m——端部系数，见表1；

L_e——定子有效长度，$L_e=\dfrac{D_o-D_i}{2}$；

K_x——电抗系数；

λ_{e1}——单位漏磁导，$\lambda_{e1}=\dfrac{0.358}{L_e p}Y_m$； (7)

D_e——绕组端部的平均直径，$D_e=\dfrac{D_0+D_i}{2}$。

4. 磁路计算

单相盘式异步电机的导体沿径向排列，如图4所示。磁路尺寸随直径而变化，使得气隙磁场沿径向分布不均，靠内径处可能出现齿饱和，靠外径处可能出现轭饱和。为计这些影响，可将盘式电机沿径向分成 N 个同心圆环形单元磁路，如图5所示。N 的大小需视电机容量、电磁负荷、磁路饱和程度、内外径之比 K_i 的大小等进行初定，再根据相邻两种分段数的计算结果的一致程度最后加以确定。分段数少将影响计算精度，分段数多会增加计算量。一般初算时取 $N=3\sim5$ 即可。对于小功率电机及计算精度要求不高时，也可不分段，即取 $N=1$。

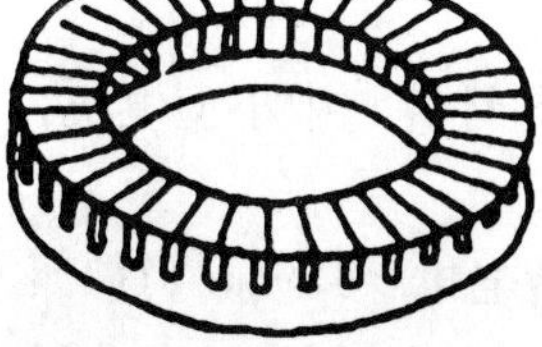

图4 单相盘式电机铁芯

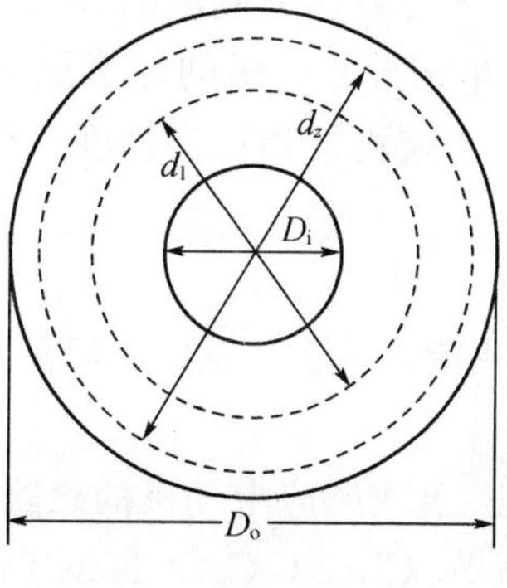

图5

由于每一段内的磁场变化不大，故可近似作为圆柱形电机，即按普通异步电机计算的方法进行计算。图6为单相盘式电机分析设计的流程图。

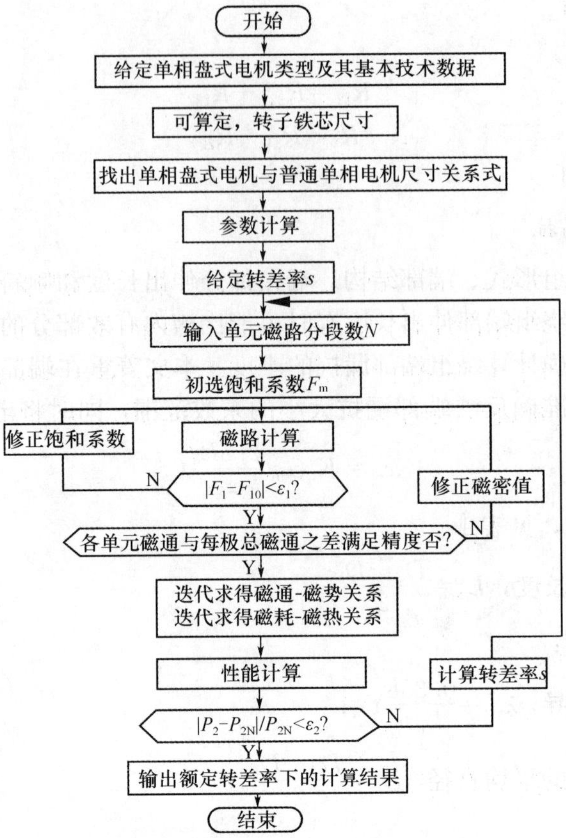

图 6 单相盘式异步电机分析设计流程图

表 2 样机的计算结果及实测数据的比较

项目	输出功率(W)	效率(%)	起动转矩(kg・cm)	电流(A)	最大转矩(kg・cm)	转速(r/min)
计算值(A)	54.82	27.19	0.246	0.919	3.073	2 874
实测值(B)	53.1	25.9	0.241	1.04	3.00	2 872
误差(A—B)/A	0.031	0.047	0.02	−0.022	0.023	0.000 7

利用文中所述方法编制出的分析程序，对厂家几台单相盘式电机样机进行了计算，表 2 为一台 55 W 单相异步电机的计算结果与实测结果的对比。从表中数据看出，计算结果与测试结果接近，主要性能指标的精度已能满足生产的需要。

参 考 文 献

[1] 程明，周鹗，钱魏. 轴向磁场盘式异步电动机的设计与计算. 中小型电机，1992，19(3)：6-9.

[2] 顾其善. 盘式感应电动机的磁路设计和计算. 中小型电机. 1994，21(1)：16-19.

[3] Leag W S，Chan C C. A New Design Approach for Axialfield Electrical Machines：IEEE Trans.，1980：Pas-99(4).

干式电力变压器优化设计及其 CAD 系统

程 明 周 鹗 胡敏强

（东南大学电气工程系）

摘要： 讨论了干式电力变压器优化设计及其 CAD 系统的设计原理、构成方法，介绍了系统的结构特点和主要功能。该系统可在 IBM-PC 及各类兼容微机上运行，适用于电压等级为 10 kV 及以下的干式电力变压器。

关键词： 干式变压器，优化设计，计算机辅助设计

1. 引言

干式电力变压器由于没有易燃的变压器油这一独特优点，在防火要求较高的场合如发电厂、车间内部变电所、住宅或公共建筑物内部变电所、地下铁道、矿井变电所等，得到了日益广泛的应用。据资料介绍，西方发达国家干式变压器的产量已占配电变压器产量的 20%以上，而采用干式变压器的成套变电站已占成套变电站总量的 80%～90%。

我们根据工厂的实际需要，研制开发了干式电力变压器优化设计程序及其 CAD 系统，它能按照用户要求，迅速设计出满足电气性能要求的最佳方案，大大提高了变压器设计水平和速度，缩短产品开发周期，产生了明显的经济效益。

2. 系统结构

整个 CAD 系统可分为用户界面、数据库管理和设计计算三个部分。CAD 系统用户界面的好坏，尽管与变压器设计本身无关，但却是 CAD 系统较重要的评价指标，用户界面如果操作复杂，逻辑模糊，将极大地影响 CAD 系统功能的有效发挥。数据库管理可完成 CAD 系统内部数据的流通与管理，是 CAD 系统的一个核心。我们采用功能最大，操作方便，使用灵活的 FOXBASE 来实现这两部分功能。用户界面采用全汉化下拉式菜单形式，其结构如图 1 所示。使用时可用光标移动键将光标移至所选项，然后按回车键，也可以直接按所选项前的数字。例如在主菜单下，如要进行优化设计，或者先将光标移至“优化设计”上，然后按回车键，或者直接按“3”，屏幕便显示优化设计项下的二级菜单。对二级菜单可用同样方法进行选择。在设计计算之前，首先要输入原始数据，如额定容量、电压等级、损耗等，这时只要按照屏幕提示，在相应位置键入新的数据即可。

现将各部分的作用做简要介绍。

1）设计分析

可对已有变压器进行校核计算。通过计算，可以看出设计方案的可行性与优劣。全面准

《变压器》，1994 年第 8 期。

确的分析计算可以帮助设计者正确把握设计方案的变化规律，为设计调整提供准确依据。利用设计分析程序也可以通过人工反复调整设计变量来挑选合适的设计方案，以适应某些特殊的设计要求。

设计分析程序是CAD系统的基础，它被优化设计程序反复调用，因此，准确性、计算功能和通用性是设计分析程序的主要技术指标。

2）设计综合

它是设计分析的逆过程，即根据用户的设计要求(额定数据及性能指标)求得一个可行的设计方案。

3）优化设计

其功能与设计综合类似，但它不是仅求出一个可行方案，而是计算出一定范围内的所有可行方案，并按照目标函数的大小进行排队，最后输出目标函数最小的十个方案。其中的“结果显示”程序，可以将十个方案的主要设计参数和技术指标逐个显示，并可从打印机上打印出来，设计者通过分析比较，可从十个方案中选出一个最适合其生产工艺要求的方案，再利用“结果输出”程序打印出计算单。

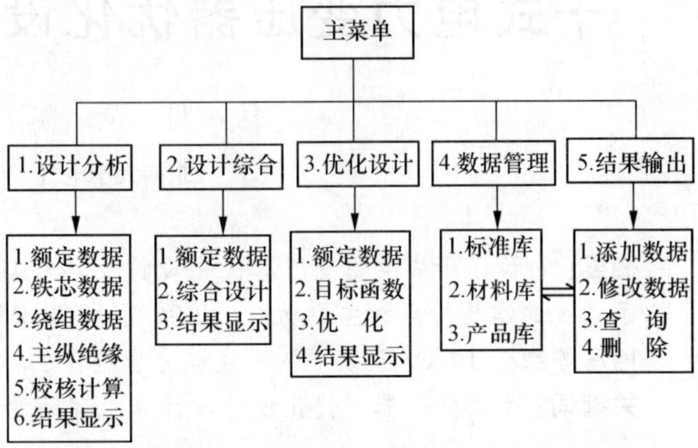

图1 CAD系统菜单结构

在优化设计中，主绝缘距离可以由程序按既定设计原则自动生成，也可由设计人员直接给定，以适应设计原则的不断改进及某些特殊要求。

4）数据管理

实现对标准数据、材料(铁芯材料、导线规格等)数据和产品数据的添加、修改、查询和删除等。

以铁芯材料为例，由于硅钢片型号繁多，新品种不断出现，且各厂使用的材料也不尽相同，因此，没有必要将所有型号硅钢片的性能数据都保存在计算机内，用户可根据各自厂家的不同情况，用“添加数据”功能将常用硅钢片数据输入数据库，进行变压器设计时，程序会自动根据库中硅钢片种类的多少，在屏幕上开出相应大小的窗口，并将各硅钢片型号列出，供设计者选择，被选中的硅钢片数据自动传递给计算程序，对近期不用的材料，可用删除功能将其从数据库中删除。添加或修改数据时，只要按照屏幕提示，在相应位置输入新的数据即可，操作非常方便。

3. 综合优化方法

优化计算的非线性离散规划模型为

$$\min F(x),\ x=(x_1,\ x_2,\ \cdots,\ x_n)^T$$

$$G_i(x)<0,\ i=1,2,\cdots,m$$

$$H_j(x)=0,\ j=1,2,\cdots,s$$

式中的$F(x)$为优化目标函数，可以是变压器有效材料成本，也可以为变压器总损耗，可任选。$G_i(x)$为m个非线性不等式约束条件，$H_j(x)$为s个非线性等式约束条件，它们是求解时必须满足的负载损耗、空载损耗、阻抗电压等性能限制及结构工艺要求。

在优化方法的选择上，考虑到约束遍数法综合优化设计程序的流程清晰，易于修改和扩充，不需提供初始设计方案，能较好地寻找出经验可行设计域中的最优解等特点，所以本系统采用约束遍数法进行变压器的综合优化设计。设计计算程序以 FORTRAN77 语言为编程工具，并采用结构化程序设计技术来实现。

为使程序高效、快速，必须处理好以下几个问题。

1）循环变量的选取

约束遍数法程序的特点是由多重循环语句组成的嵌套式结构，其嵌套的层数就是循环变量的个数。合理选取循环变量十分重要，变量过多，计算时间长，变量过少，则难以得到真正的最优解。通常是将那些对变压器技术经济指标有重大影响的独立变量作为设计循环变量。本程序中的设计循环变量包括铁芯直径，低压绕组匝数，导线并绕根数，高、低压导线线规等。

考虑到变压器绕组不同结构型式，综合优化程序分为两个独立的模块：第一模块适合于容量为 630 kVA 及以下的层式绕组结构；第二模块适合于 630 kVA 以上的饼式绕组结构。两个模块的设计思想基本相同，但设计变量略有区别。

2）循环次序的安排

循环次序包含两层意思，一是指哪个变量在外层，哪个变量在内层。主要原则是，对变压器技术经济指标影响大的设计变量(如铁芯直径)放在外层，要严格控制内层循环的内容，凡不参加循环的计算内容，均放到外一层先进行计算，各层循环层次要分明，尽量互不交叉。第二层意思是就某一个循环变量而言，有一个计算次序问题，是从小到大，还是从大到小计算，这个顺序的选取，应有利于在程序中通过逻辑判断及时中止无意义的计算，直接进入外一层循环，以提高计算速度。

3）循环变量计算范围的确定

合理确定各循环变量的计算范围和步长，往往是综合优化设计成败的关键。计算范围选得好，不但循环次数可以减少，而且容易获得满足要求的可行方案。否则，要么计算时间过长，要么得不到可行方案，全部“脱靶”。

4. 系统运行环境和应用效果分析

1）运行环境

(1) 硬件环境

IBM-PC 及其他兼容机，内存 640 KB 以上，硬盘容量 40 MB 以上，LQ-1 600K 或其他兼容打印机。

(2) 软件环境

DOS 3.3 以上，UCDOS 1.0 以上，FOXBASE 2.1 或以上，FORTRAN 5.0。

2）应用效果分析

用该系统对矿用隔爆型移动变电站干式变压器(GB 8286.2)进行了系列设计，与以往的手工设计相比较，不但优化了产品设计方案，原材料成本下降 5%左右，而且实现了设计过程自动化，减少了设计过程中的错误，大大缩短了产品的研制开发周期，加快了产品的更新换代，经济效益明显。表 1 列出了 KBSG-315/6 和 KBSG-500/6 两个规格变压器的优化方案与原手工设计方案的对比。在 EC-386/33 微机上对一个规格变压器进行一次优化设计，用时 5～10 min，一般可得到数十甚至上千个可行方案，最后保留目标函数最小的 10 个方案。例如，对 KBSG-100/6 进行一次优化设计，用时 5′14″，共计算了 1 595 个可行方案。

表 1 优化设计与手工设计的对比

型　　号	KBSG-315/6		KBSG-500/6	
设计方案	优化方案	原方案	优化方案	原方案
绝缘等级	B	B	H	H
铁芯直径 D/mm	220	220	245	240
铁芯磁密 B/T	1.51	1.56	1.605	1.615
低压绕组匝数 W_D	61	58	46	48
低压绕组电密 J_1/A/mm²	1.423	1.44	1.47	1.44
高压绕组电密 J_2/A/mm²	1.652	1.39	1.452	1.322
铁芯窗高 H_W/mm	405	435	480	530
铁芯柱中心距 M_0/mm	435	445	480	480
阻抗电压 U_k/%	3.994	3.9	3.911	4.0
负载损耗 P_k/W	2 272	2 318	3 196	3 240
空载损耗 P_0/W	1 123	1 255	1 872	1 910
空载电流 I_0/%	0.802	1.03	0.976	0.92
硅钢片重 G_{Fe}/kg	882	934.7	1 253	1 232
导线重 G_{Cu}/kg	340.8	368.2	494.7	555
铜铁费用 F/元	21 690	23 197	33 603.5	35 441
两方案成本比较	−6.5%		−5.2%	

注：选用 DQ151-35 硅钢片，单价 13 元/kg；B 级绝缘选用双玻璃丝包铜线，单价 30 元/kg；H 级绝缘选用硅有机漆双玻璃丝包铜线，单价 35 元/kg。

5. 结语

综上所述可知，本文研制的干式电力变压器优化设计及其 CAD 系统，运行速度快，计算准确可靠，设计方案合理，具有以下主要功能：

(1) 适用于电压等级为 10 kV 级及以下的干式电力变压器的电磁计算和优化设计；

(2) 具有分析计算、综合优化和优化设计功能；

(3) 绝缘等级可为 B 级或 H 级；

(4) 绕组型式包括层式和饼式；

(5) 以原材料费用最低或损耗最小为目标函数，可任选。优化结束保留目标函数最小的 10 个方案，并以规范的计算单形式输出结果；

(6) 综合优化中，主绝缘距离可以由程序自动生成，也可以由设计人员给定；

(7) 对主要输入数据有一定防错功能。

由于该系统中的设计程序采用了结构化设计技术，易于扩充和移植，只要变动部分子程序，如温升计算、主纵绝缘距离等，很容易将该系统用于油浸式电力变压器的设计计算。

三相异步电机在单相电源供电时稳态运行性能的分析和计算

吴新振[①] 金 明[②] 周 鹗[③]

（①②青岛大学电气及自动化工程学院 ③东南大学电气工程系）

摘要：基于分析单相电机稳态运行的等效电流法，结合近代电路理论中网络图论的有关内容，推导了三角形接法三相异步电机在单相电源供电时，以矩阵形式表示的性能计算公式。将计算值和实验值进行比较的结果表明，两者是比较接近的。

关键词：异步电机，等效电流，网络图论

1. 引言

小容量三相异步电动机，在定子绕组外接电容时可由单相电源供电并能带动一定负载稳定运行。三相异步电动机在没有三相电源的情况下，有时可采用这种特殊运行方式，这样可以提高用电的灵活性，扩大电机的运行范围。三相电机对称运行时可取其中一相，利用等值电路进行分析，比较简单。一般的单相电机也只有主、副两相，尽管是不对称运行状态，也可用对称分量法或旋转磁场法分析求解。但三相异步电动机在单相电源供电时，每相绕组的电流均不相同，用对称分量法或旋转磁场法求解比较复杂，相应的计算公式在已有文献中也很少涉及。

本文利用适于处理定子绕组复杂连接关系的等效电流法[1]，结合近代电路理论中网络图论的有关内容，推导出计算三角形接法三相异步电机各支路电流的网络方程。编制了计算程序，利用了计算机进行分析和计算，并将计算结果与实验结果作了比较。

2. 网络方程的推导

1）支路电流与回路电流的关系

图 1 是单相电源供电时三角形接法电机定子连接电路图，其中有 5 条支路，电流分别为 $\dot{I}_1$，$\dot{I}_2$，$\dot{I}_3$，$\dot{I}_4$，$\dot{I}_5$；共有三个独立回路，绕行方向如图 1 所示，回路电流分别为 $\dot{I}'_1$，$\dot{I}'_2$，$\dot{I}'_3$。因此，回路矩阵[2,3]为

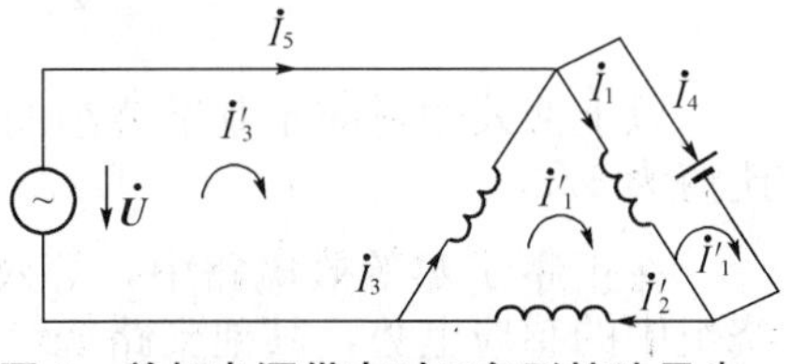

图 1 单相电源供电时三角形接法异步电机定子电路连接图

$$\boldsymbol{B}=\begin{bmatrix} 1 & 1 & 1 & 0 & 0 \\ -1 & 0 & 0 & 1 & 0 \\ 0 & 0 & -1 & 0 & 1 \end{bmatrix} \tag{1}$$

式中，“1”表示支路与回路关联，且支路电流方向与回路电流方向相同；“−1”表示支路与回路关联，而支路电流与回路电流方向相反；“0”表示支路与回路不关联。

《中国电机工程学报》，第 19 卷第 7 期，1999 年 7 月。

支路电流与回路电流的关系式为

$$\begin{bmatrix}\dot{I}_1\\ \dot{I}_2\\ \dot{I}_3\\ \dot{I}_4\\ \dot{I}_5\end{bmatrix}=\begin{bmatrix}1 & -1 & 0\\ 1 & 0 & 0\\ 1 & 0 & -1\\ 0 & 1 & 0\\ 0 & 0 & 1\end{bmatrix}\begin{bmatrix}\dot{I}'_1\\ \dot{I}'_2\\ \dot{I}'_3\end{bmatrix} \tag{2}$$

2）等效正序与逆序电流

在单相电源供电时，三角形接法三相异步电机的运行状态为不对称稳态运行，它的气隙磁场为一正一逆两个幅值不等磁场组成的椭圆形旋转磁场。为了便于分析，设流过电流 $\dot{I}_1$ 的绕组为基准绕组。图 1 的基准绕组为支路 1 中的绕组。虽然正、逆序旋转磁场的磁势幅值与各绕组电流有关，但可以假定产生正、逆序旋转磁场的等效正、逆序电流 $\dot{I}_f$ 与 $\dot{I}_b$ 仅是基准绕组中流过的电流。在不计饱和的情况下，从磁势等效的角度考虑，按空间磁势合成法则[1]，有

$$\frac{2\sqrt{2}}{\pi}(Wk_{W1})\dot{I}_f=\frac{2\sqrt{2}}{\pi}(Wk_{W1})\dot{I}_1+\frac{2\sqrt{2}}{\pi}(Wk_{W1})\dot{I}_2e^{j2\pi/3}+\frac{2\sqrt{2}}{\pi}(Wk_{W1})\dot{I}_3e^{j4\pi/3} \tag{3}$$

$$\frac{2\sqrt{2}}{\pi}(Wk_{W1})\dot{I}_b=\frac{2\sqrt{2}}{\pi}(Wk_{W1})\dot{I}_1+\frac{2\sqrt{2}}{\pi}(Wk_{W1})\dot{I}_2e^{-j2\pi/3}+\frac{2\sqrt{2}}{\pi}(Wk_{W1})\dot{I}_3e^{-j4\pi/3} \tag{4}$$

式中，Wk_{W1} 为支路 1、2、3 中绕组的有效匝数；支路 4、5 中无绕组，有效匝数为零。

为便于计算机处理，根据式(3)、式(4)，支路电流与正、逆序电流的关系可用下列矩阵形式表示

$$\dot{I}_f=[1\quad e^{j2\pi/3}\quad e^{j4\pi/3}\quad 0\quad 0][\dot{I}_1\ \dot{I}_2\ \dot{I}_3\ \dot{I}_4\ \dot{I}_5]^T \tag{5}$$

$$\dot{I}_b=[1\quad e^{-j2\pi/3}\quad e^{-j4\pi/3}\quad 0\quad 0][\dot{I}_1\ \dot{I}_2\ \dot{I}_3\ \dot{I}_4\ \dot{I}_5]^T \tag{6}$$

3）各绕组电势

T 型等效电路是进行异步电机性能计算的基础。设 X_M 为定子上只有基准绕组时的激磁电抗，R'_2、X'_2 为转子边折算到基准绕组的电阻及漏抗。不考虑激磁电阻，在转差率为 s 时，对应于基准绕组的正、逆序阻抗定义为激磁支路电抗与相应的转子支路阻抗相关联后的阻抗。即

$$Z_f=\frac{jX_M(R'_2/s+jX'_2)}{R'_2/s+j(X_M+X'_2)} \tag{7}$$

$$Z_b=\frac{jX_M[R'_2/(2-s)+jX'_2]}{R'_2/(2-s)+j(X_M+X'_2)} \tag{8}$$

以上两式中对应于基准绕组的 X_M、R'_2、X'_2 与电机三相对称运行时的 X_M、R'_2、X'_2 不同，比值为 1/3。

在正序 T 型等效电路中，等效正序电流 $\dot{I}_f$ 是定子边电流，它与正序阻抗的乘积应为基准绕组中的感应电势，其他支路绕组中的电热与基准绕组中的电势在时间上有一相位差。若某一支路中没有绕组，则该支路中的感应电势为零。因此，正序磁场在各支路中的感应电势为

$$\begin{bmatrix}\dot{E}_{f1}\\ \dot{E}_{f2}\\ \dot{E}_{f3}\\ \dot{E}_{f4}\\ \dot{E}_{f5}\end{bmatrix}=\begin{bmatrix}Z_f & 0 & 0 & 0 & 0\\ 0 & e^{-j2\pi/3}Z_f & 0 & 0 & 0\\ 0 & 0 & e^{-j4\pi/3}Z_f & 0 & 0\\ 0 & 0 & 0 & 0 & 0\\ 0 & 0 & 0 & 0 & 0\end{bmatrix}\begin{bmatrix}\dot{I}_f\\ \dot{I}_f\\ \dot{I}_f\\ \dot{I}_f\\ \dot{I}_f\end{bmatrix} \tag{9}$$

把式(5)代入上式并利用矩阵乘法化简得

$$\begin{bmatrix}\dot{E}_{f1}\\ \dot{E}_{f2}\\ \dot{E}_{f3}\\ \dot{E}_{f4}\\ \dot{E}_{f5}\end{bmatrix}=\begin{bmatrix}Z_f & e^{j2\pi/3}Z_f & e^{j4\pi/3}Z_f & 0 & 0\\ e^{-j2\pi/3}Z_f & Z_f & e^{j2\pi/3}Z_f & 0 & 0\\ e^{-j4\pi/3}Z_f & e^{-j2\pi/3}Z_f & Z_f & 0 & 0\\ 0 & 0 & 0 & 0 & 0\\ 0 & 0 & 0 & 0 & 0\end{bmatrix}\begin{bmatrix}\dot{I}_1\\ \dot{I}_2\\ \dot{I}_3\\ \dot{I}_4\\ \dot{I}_5\end{bmatrix}\tag{10}$$

同理，可得逆序磁场在各支路绕组中的感应电热为

$$\begin{bmatrix}\dot{E}_{b1}\\ \dot{E}_{b2}\\ \dot{E}_{b3}\\ \dot{E}_{b4}\\ \dot{E}_{b5}\end{bmatrix}=\begin{bmatrix}Z_b & e^{-j2\pi/3}Z_b & e^{-j4\pi/3}Z_b & 0 & 0\\ e^{j2\pi/3}Z_b & Z_b & e^{-j2\pi/3}Z_b & 0 & 0\\ e^{j4\pi/3}Z_b & e^{j2\pi/3}Z_b & Z_b & 0 & 0\\ 0 & 0 & 0 & 0 & 0\\ 0 & 0 & 0 & 0 & 0\end{bmatrix}\begin{bmatrix}\dot{I}_1\\ \dot{I}_2\\ \dot{I}_3\\ \dot{I}_4\\ \dot{I}_5\end{bmatrix}\tag{11}$$

4）各支路阻抗电压

在每一条支路中，支路电流在绕组本身电阻、漏抗及外接阻抗上均产生压降，统称为支路阻抗电压。在图 1 所示的电路中，支路 1、2、3 只有绕组本身阻抗上的压降，支路 4 只有外接电容容抗上的压降，支路 5 中无阻抗压降。因此，支路阻抗电压的方程为

$$\begin{bmatrix}\dot{U}_{d1}\\ \dot{U}_{d2}\\ \dot{U}_{d3}\\ \dot{U}_{d4}\\ \dot{U}_{d5}\end{bmatrix}=\begin{bmatrix}R_1+jX_1 & 0 & 0 & 0 & 0\\ 0 & R_1+jX_1 & 0 & 0 & 0\\ 0 & 0 & R_1+jX_1 & 0 & 0\\ 0 & 0 & 0 & -j\dfrac{1}{\omega C} & 0\\ 0 & 0 & 0 & 0 & 0\end{bmatrix}\begin{bmatrix}\dot{I}_1\\ \dot{I}_2\\ \dot{I}_3\\ \dot{I}_4\\ \dot{I}_5\end{bmatrix}\tag{12}$$

式中，R_1 为定子绕组电阻；X_1 为定子绕组漏抗；C 为电容器的电容量；ω 为交流电的角频率。

上面的 X_1 取三相异步电机对称运行时的每相绕组漏抗，它已考虑了各相之间的互漏作用。严格来讲，本文研究不对称稳态运行，互漏抗应单独考虑，但下文在进行验证计算时所用的参数为实测数据，它本身就是几种漏抗之和，无法从理论上再把互漏抗分出。又因互漏抗本身的值很小，本文采用三相异步机对称运行时处理互漏抗的方法是可行的。

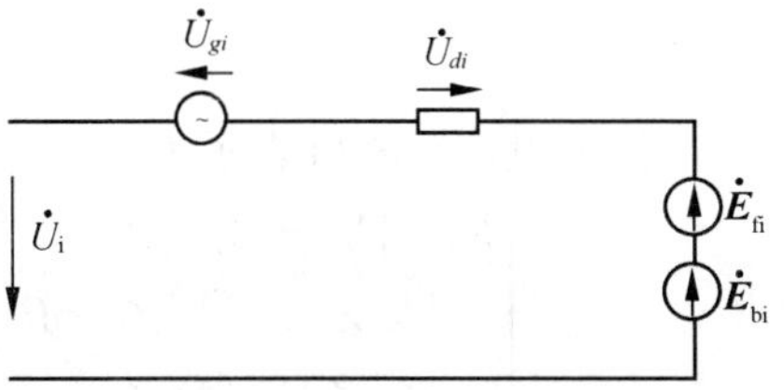

图 2　支路 i 的标准电路图

5）支路电压方程

为列写网络方程，图 2 给出了支路 i 的标准电路示意图，其中 $\boldsymbol{U}_i$ 为该支路的电压，$\boldsymbol{U}_{gi}$ 为该支路中外加的交流电压。在图 1 所示的电路中，对应所有支路，电压方程为

$$\begin{bmatrix}\dot{U}_1\\ \dot{U}_2\\ \dot{U}_3\\ \dot{U}_4\\ \dot{U}_5\end{bmatrix}=-\begin{bmatrix}\dot{U}_{g1}\\ \dot{U}_{g2}\\ \dot{U}_{g3}\\ \dot{U}_{g4}\\ \dot{U}_{g5}\end{bmatrix}+\begin{bmatrix}\dot{U}_{d1}\\ \dot{U}_{d2}\\ \dot{U}_{d3}\\ \dot{U}_{d4}\\ \dot{U}_{d5}\end{bmatrix}+\begin{bmatrix}\dot{E}_{f1}\\ \dot{E}_{f2}\\ \dot{E}_{f3}\\ \dot{E}_{f4}\\ \dot{E}_{f5}\end{bmatrix}+\begin{bmatrix}\dot{E}_{b1}\\ \dot{E}_{b2}\\ \dot{E}_{b3}\\ \dot{E}_{b4}\\ \dot{E}_{b5}\end{bmatrix}\tag{13}$$

因为只有支路 5 有外加交流电压，所以 $\dot{U}_{g1}=\dot{U}_{g2}=\dot{U}_{g3}=\dot{U}_{g4}=0$，$\dot{U}_{g5}=\dot{U}$。

在式(13)等式右边，外加交流电压矩阵中各个元素是已知的，其余 3 个矩阵均可表示为已知阻抗矩阵与支路电流矩阵的乘积。因此，求取各支路电流就成为性能计算的首要任务。

6）网络方程

根据基尔霍夫第二定律，每一回路中各支路的电压和为零。即

$$\begin{bmatrix} 1 & 1 & 1 & 0 & 0 \\ -1 & 0 & 0 & 1 & 0 \\ 0 & 0 & -1 & 0 & 1 \end{bmatrix}\begin{bmatrix} \dot{U}_1 \\ \dot{U}_2 \\ \dot{U}_3 \\ \dot{U}_4 \\ \dot{U}_5 \end{bmatrix}=\begin{bmatrix} 0 \\ 0 \\ 0 \\ 0 \\ 0 \end{bmatrix} \tag{14}$$

根据式(13)、(14)，并进行移项，则有

$$\begin{bmatrix} 1 & 1 & 1 & 0 & 0 \\ -1 & 0 & 0 & 1 & 0 \\ 0 & 0 & -1 & 0 & 1 \end{bmatrix}\left\{\begin{bmatrix} \dot{U}_{d1} \\ \dot{U}_{d2} \\ \dot{U}_{d3} \\ \dot{U}_{d4} \\ \dot{U}_{d5} \end{bmatrix}+\begin{bmatrix} \dot{E}_{f1} \\ \dot{E}_{f2} \\ \dot{E}_{f3} \\ \dot{E}_{f4} \\ \dot{E}_{f5} \end{bmatrix}+\begin{bmatrix} \dot{E}_{b1} \\ \dot{E}_{b2} \\ \dot{E}_{b3} \\ \dot{E}_{b4} \\ \dot{E}_{b5} \end{bmatrix}\right\}=\begin{bmatrix} 1 & 1 & 1 & 0 & 0 \\ -1 & 0 & 0 & 1 & 0 \\ 0 & 0 & -1 & 0 & 1 \end{bmatrix}\begin{bmatrix} 0 \\ 0 \\ 0 \\ 0 \\ \dot{U} \end{bmatrix} \tag{15}$$

把式(10)、(11)、(12)代入(15)并化简可得

$$\begin{bmatrix} 1 & 1 & 1 & 0 & 0 \\ -1 & 0 & 0 & 1 & 0 \\ 0 & 0 & -1 & 0 & 1 \end{bmatrix}\begin{bmatrix} Z_{11} & Z_{12} & Z_{13} & Z_{14} & Z_{15} \\ Z_{21} & Z_{22} & Z_{23} & Z_{24} & Z_{25} \\ Z_{31} & Z_{32} & Z_{33} & Z_{34} & Z_{35} \\ Z_{41} & Z_{42} & Z_{43} & Z_{44} & Z_{45} \\ Z_{51} & Z_{52} & Z_{53} & Z_{54} & Z_{55} \end{bmatrix}\begin{bmatrix} \dot{I}_1 \\ \dot{I}_2 \\ \dot{I}_3 \\ \dot{I}_4 \\ \dot{I}_5 \end{bmatrix}=\begin{bmatrix} 0 \\ 0 \\ \dot{U} \end{bmatrix} \tag{16}$$

其中阻抗矩阵可表示为

$$\begin{bmatrix} R_1+\mathrm{j}X_1+Z_f+Z_b & \mathrm{e}^{\mathrm{j}2\pi/3}Z_f+\mathrm{e}^{-\mathrm{j}2\pi/3}Z_b & \mathrm{e}^{\mathrm{j}4\pi/3}Z_f+\mathrm{e}^{-\mathrm{j}4\pi/3}Z_b & 0 & 0 \\ \mathrm{e}^{-\mathrm{j}2\pi/3}Z_f+\mathrm{e}^{\mathrm{j}2\pi/3}Z_b & R_1+\mathrm{j}X_1+Z_f+Z_b & \mathrm{e}^{\mathrm{j}2\pi/3}Z_f+\mathrm{e}^{-\mathrm{j}2\pi/3}Z_b & 0 & 0 \\ \mathrm{e}^{-\mathrm{j}4\pi/3}Z_f+\mathrm{e}^{\mathrm{j}4\pi/3}Z_b & \mathrm{e}^{-\mathrm{j}2\pi/3}Z_f+\mathrm{e}^{\mathrm{j}2\pi/3}Z_b & R_1+\mathrm{j}X_1+Z_f+Z_b & 0 & 0 \\ 0 & 0 & 0 & -\mathrm{j}\dfrac{1}{\omega C} & 0 \\ 0 & 0 & 0 & 0 & 0 \end{bmatrix} \tag{17}$$

将式(2)代入式(16)，则有

$$\begin{bmatrix} 1 & 1 & 1 & 0 & 0 \\ -1 & 0 & 0 & 1 & 0 \\ 0 & 0 & -1 & 0 & 1 \end{bmatrix}\begin{bmatrix} Z_{11} & Z_{12} & Z_{13} & Z_{14} & Z_{15} \\ Z_{21} & Z_{22} & Z_{23} & Z_{24} & Z_{25} \\ Z_{31} & Z_{32} & Z_{33} & Z_{34} & Z_{35} \\ Z_{41} & Z_{42} & Z_{43} & Z_{44} & Z_{45} \\ Z_{51} & Z_{52} & Z_{53} & Z_{54} & Z_{55} \end{bmatrix}\begin{bmatrix} 1 & -1 & 0 \\ 1 & 0 & 0 \\ 1 & 0 & -1 \\ 0 & 1 & 0 \\ 0 & 0 & 1 \end{bmatrix}\begin{bmatrix} \dot{I}'_1 \\ \dot{I}'_2 \\ \dot{I}'_3 \end{bmatrix}=\begin{bmatrix} 0 \\ 0 \\ \dot{U} \end{bmatrix} \tag{18}$$

令三阶可逆方阵

$$\begin{bmatrix} Z'_{11} & Z'_{12} & Z'_{13} \\ Z'_{21} & Z'_{22} & Z'_{23} \\ Z'_{31} & Z'_{32} & Z'_{33} \end{bmatrix} = \begin{bmatrix} 1 & 1 & 1 & 0 & 0 \\ -1 & 0 & 0 & 1 & 0 \\ 0 & 0 & -1 & 0 & 1 \end{bmatrix} \begin{bmatrix} Z_{11} & Z_{12} & Z_{13} & Z_{14} & Z_{15} \\ Z_{21} & Z_{22} & Z_{23} & Z_{24} & Z_{25} \\ Z_{31} & Z_{32} & Z_{33} & Z_{34} & Z_{35} \\ Z_{41} & Z_{42} & Z_{43} & Z_{44} & Z_{45} \\ Z_{51} & Z_{52} & Z_{53} & Z_{54} & Z_{55} \end{bmatrix} \begin{bmatrix} 1 & -1 & 0 \\ 1 & 0 & 0 \\ 1 & 0 & -1 \\ 0 & 1 & 0 \\ 0 & 0 & 1 \end{bmatrix} \tag{19}$$

则回路电流为

$$\begin{bmatrix} \dot{I}'_1 \\ \dot{I}'_2 \\ \dot{I}'_3 \end{bmatrix} = \begin{bmatrix} Z'_{11} & Z'_{12} & Z'_{13} \\ Z'_{21} & Z'_{22} & Z'_{23} \\ Z'_{31} & Z'_{32} & Z'_{33} \end{bmatrix}^{-1} \begin{bmatrix} 0 \\ 0 \\ \dot{U} \end{bmatrix} \tag{20}$$

根据上面求得的各回路电流，并回代到式(2)，可得出每条支路的电流。以支路电流为基础可以很方便地求取其他有关性能指标。

3. 计算结果

用上述方程对单相电源供电时三角形接法的三相异步电机进行了性能计算。此电机作三相对称运行时的额定功率为 750 W，额定电压为 220 V，额定电流为 3.5 A。作单相运行时带较轻的负载。进行计算时以实测转速对应的转差率代入。表 1 给出了外接电容为 40 μF 及 60 μF 两种不同情况下的有关物理量的计算值与实测值。

表 1　各支路电流与电容电压的计算值与实测值

		I_1/A	I_2/A	I_3/A	I_4/A	I_5/A	U_C/V
U=220 V	计算值	1.27	1.33	1.71	3.21	1.52	246.7
C=40 μF	实测值	1.24	1.26	1.60	3.07	1.56	237.0
U=220 V	计算值	1.94	2.03	1.51	5.03	1.38	266.8
C=60 μF	实测值	2.05	2.08	1.44	4.91	1.45	258.0

从表 1 可以看出，计算结果与实测结果比较接近。说明了用本文所提方法进行计算的正确性。引起误差的原因有以下几点：一是等效电流法必须假设磁路为线性的，而实际电机运行时会出现一定程度的饱和现象；二是用实验方法测得的参数与电机的实际参数间有误差；三是计算时不计电容器的电阻，而实验用的电容器有一定的电阻值。

4. 结语

本文对三相异步电机在单相电源供电时的稳态运行性能进行了分析和计算。对于定子绕组连接较为复杂的电机，以等效电流法为基础，结合网络图论中的内容，用矩阵形式规范地列写方程，很适合于计算机辅助分析计算，它能充分发挥计算机数据处理能力强，运算速度快的特点。此外，在具体编程计算时，程序也比较简单，并且有很强的通用性。由此可见，文中的分析方法为异步电机不对称稳态运行计算，提供了一条新的有效的途径。

参 考 文 献

[1] 孙云鹏. 单相异步电动机及其应用. 北京：机械工业出版社，1994.
[2] 邱关源. 电路. 北京：高等教育出版社，1989.
[3] 高景德，张麟征. 电机过渡过程的基本理论及分析方法. 北京：科学出版社，1983.

基于网络图论的逆变器供电感应电动机调速系统通用仿真算法

何建军　周　鹗　赵家璧

（东南大学电系工程学院）

摘要： 本文提出了一种基于网络图论的逆变器供电感应电动机调速系统通用仿真算法。感应电动机采用定子量保留在 ABC 系统、转子量折算到 $\alpha\beta 0$ 系统的混合模型，既消除了电机电感矩阵中的时变量，又可与逆变器电路直接结合。采用网络图论分析方法，把包括逆变器和电机在内的整个调速系统主电路作为一个拓扑图来处理，得到的仿真模型能对逆变器和电机两部分电路同时求解。该模型能对任何电路结构形式、任意开关模式的逆变器供电感应电动机调速系统进行分析。仿真结果验证了该算法的正确性。

关键词： 逆变器，感应电动机，仿真

1. 引言

在开发、研制逆变器供电感应电动机调速系统时，为提高分析和设计的效率，计算机仿真正日益受到重视。

逆变器供电的感应电动机调速系统，其主回路由逆变器电路和感应电动机两部分组成。很多研究者在对其进行研究时，采取了对两部分电路分开建模的办法，使整个系统的仿真计算，归结为对逆变器电路方程和电机方程的求解。

逆变器电路，实际上是由功率半导体器件构成的开关电路。由于其电路结构的多样性及工作模式的复杂性，使得通用仿真算法不易实现。参考文献[1]采用最大最小电导来反映功率开关元件的通断状态。在电路工作时，认为电路的拓扑结构保持不变，因此电路方程只需建立一次，但方程的系数要随着功率开关元件通断状态的变化而变化。由于电路方程的系数在很宽的范围内变化，方程求解中会出现数值不稳定问题。因此，越来越多的研究者，开始采用变拓扑结构的办法[2,3,4]来解决这一问题。参考文献[2]采用了分段线性化方法，对开关电路的每个工作模式，均编制一个独立的模式子程序与其对应。这种方法，需要预先确定出电路在正常和非正常情况下所有可能的工作模式；丢失了模式，仿真的正确性将难以保证。参考文献[3，4]采用了状态变量法，将电路方程写成标准的状态变量方程形式进行求解，但各系数矩阵的产生并不简单易行，需要大量的计算时间。

感应电动机一般采用 $\alpha\beta 0$ 模型，而逆变器电路的输出是三相的，因此感应电动机的定子量必须通过 2/3 变换才能与逆变器电路结合，不利于分析和计算。

《电气传动》，1997 年第 6 期。

为此，本文从改进电机和逆变器电路的建模方法入手，提出了一种新的通用仿真算法。感应电动机采用混合系统模型[5]，使电机的定子变量保留在 ABC 系统，只把转子量折算到 $\alpha\beta 0$ 系统，在实现对电机定、转子解耦的同时，又使电机模型勿需 2/3 变换便可与逆变器电路直接接口。采用网络图论方法，把整个逆变器供电感应电动机调速系统的主回路作为一个拓扑图来处理，得到的仿真模型可对逆变器和电机两部分电路同时求解，计算量小，精度高，通用性好。

2. 感应电动机的混合系统模型

三相对称感应电动机的 ABC 系统磁链、电压和转矩方程式分别为[6]

$$\begin{bmatrix}\psi_{abc,s}\\ \vdots\\ \psi_{abc,r}\end{bmatrix}=\begin{bmatrix}L_{ss} & \cdots & L_{sr}\\ \vdots & \vdots & \vdots\\ L_{rs} & \cdots & L_{rr}\end{bmatrix}\begin{bmatrix}i_{abc,s}\\ \vdots\\ i_{abc,r}\end{bmatrix} \tag{1}$$

$$\begin{bmatrix}u_{abc,s}\\ \vdots\\ u_{abc,r}\end{bmatrix}=\begin{bmatrix}R_s & \cdots & 0\\ \vdots & \vdots & \vdots\\ 0 & \cdots & R_r\end{bmatrix}\begin{bmatrix}i_{abc,s}\\ \vdots\\ i_{abc,r}\end{bmatrix}+p\begin{bmatrix}\psi_{abc,s}\\ \vdots\\ \psi_{abc,r}\end{bmatrix} \tag{2}$$

$$T_e=\left(\frac{n_p}{2}\right)[i_{abc,s} \quad \cdots \quad i_{abc,r}]p\begin{bmatrix}L_{ss} & \cdots & L_{sr}\\ \vdots & \vdots & \vdots\\ L_{rs} & \cdots & L_{rr}\end{bmatrix}\begin{bmatrix}i_{abc,s}\\ \vdots\\ i_{abc,r}\end{bmatrix} \tag{3}$$

式中各分块阵说明如下：

$$f_{abc,s}=[f_{as}\ f_{bs}\ f_{cs}]^t \quad f_{abc,r}=[f_{ar}\ f_{br}\ f_{cr}]^t$$

（f——广义变量，分别代表 ψ、u 和 i）

$R_s=\text{diag}[R_s \quad R_s \quad R_s]$　$R_r=\text{diag}[R_r \quad R_r \quad R_r]$

$$L_{ss}=\begin{bmatrix}L_{1m}+L_{11} & -\frac{1}{2}L_{1m} & -\frac{1}{2}L_{1m}\\ -\frac{1}{2}L_{1m} & L_{1m}+L_{11} & -\frac{1}{2}L_{1m}\\ -\frac{1}{2}L_{1m} & -\frac{1}{2}L_{1m} & L_{1m}+L_{11}\end{bmatrix}$$

$$L_{rr}=\begin{bmatrix}L_{1m}+L_{21} & -\frac{1}{2}L_{1m} & -\frac{1}{2}L_{1m}\\ -\frac{1}{2}L_{1m} & L_{1m}+L_{21} & -\frac{1}{2}L_{1m}\\ -\frac{1}{2}L_{1m} & -\frac{1}{2}L_{1m} & L_{1m}+L_{21}\end{bmatrix}$$

$$L_{sr}=L_{1m}\begin{bmatrix}\cos\theta & \cos\left(\theta+\frac{2}{3}\pi\right) & \cos\left(\theta-\frac{2}{3}\pi\right)\\ \cos\left(\theta-\frac{2}{3}\pi\right) & \cos\theta & \cos\left(\theta+\frac{2}{3}\pi\right)\\ \cos\left(\theta+\frac{2}{3}\pi\right) & \cos\left(\theta-\frac{2}{3}\pi\right) & \cos\theta\end{bmatrix}$$

$$L_{rs}=L_{ar}^t$$

式中，R_s——定子电阻；

R_r——转子电阻；

L_{1m}——定子主电感；

L_{11}——定子漏感；

L_{21}——转子漏感；

n_p——电机的极对数；

θ——转子位置角。

感应电动机的混合系统模型如图 1 所示。电机的定子变量仍保留在 ABC 系统，只把转子变量变换到 $\alpha\beta0$ 系统，故定、转子的变换阵分别取为

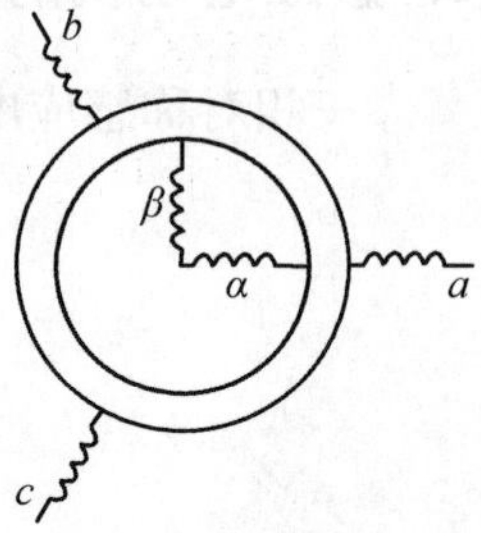

图 1　感应电动机的混合系统电路模型

$$C_s=\begin{bmatrix}1&0&0\\0&1&0\\0&0&1\end{bmatrix}$$

$$C_r=\frac{\sqrt{2}}{\sqrt{3}}\begin{bmatrix}\cos\theta & \cos\left(\theta+\frac{2}{3}\pi\right) & \cos\left(\theta-\frac{2}{3}\pi\right)\\ \sin\theta & \sin\left(\theta+\frac{2}{3}\pi\right) & \sin\left(\theta-\frac{2}{3}\pi\right)\\ \frac{1}{\sqrt{2}} & \frac{1}{\sqrt{2}} & \frac{1}{\sqrt{2}}\end{bmatrix}\tag{4}$$

感应电动机的混合系统电压方程和转矩方程分别为

$$\begin{bmatrix}u_{abc,\,s}\\ \vdots\\ 0\end{bmatrix}=\begin{bmatrix}Z_{11}&\cdots&Z_{12}\\ \vdots&\vdots&\vdots\\ Z_{21}&\cdots&Z_{22}\end{bmatrix}\begin{bmatrix}i_{abc,\,s}\\ \vdots\\ i_{\alpha\beta,\,r}\end{bmatrix}\tag{5}$$

$$T_e=n_p\left(\frac{3}{2}L_{1m}\right)\left[\left(\frac{1}{\sqrt{2}}i_{as}+\sqrt{2}\,i_{bs}\right)i_{ar}-\frac{\sqrt{3}}{\sqrt{2}}i_{as}i_{\beta r}\right]\tag{6}$$

式中，

$$Z_{11}=R_s+L_{ss}p$$

$$Z_{12}=\begin{bmatrix}\frac{\sqrt{3}L_{1m}}{\sqrt{2}} & 0\\ -\frac{\sqrt{3}L_{1m}}{2\sqrt{2}} & \frac{3L_{1m}}{2\sqrt{2}}\\ -\frac{\sqrt{3}L_{1m}}{2\sqrt{2}} & -\frac{3L_{1m}}{2\sqrt{2}}\end{bmatrix}p$$

$$Z_{21}=\begin{bmatrix}0 & \frac{3L_{1m}}{2\sqrt{2}}\omega_r & -\frac{3L_{1m}}{2\sqrt{2}}\omega_r\\ -\frac{\sqrt{3}L_{1m}}{\sqrt{2}}\omega_r & \frac{\sqrt{3}L_{1m}}{2\sqrt{2}}\omega_r & \frac{\sqrt{3}L_{1m}}{2\sqrt{2}}\omega_r\end{bmatrix}+\begin{bmatrix}\frac{\sqrt{3}L_{1m}}{\sqrt{2}} & -\frac{\sqrt{3}L_{1m}}{2\sqrt{2}} & -\frac{\sqrt{3}L_{1m}}{2\sqrt{2}}\\ 0 & \frac{3L_{1m}}{2\sqrt{2}} & -\frac{3L_{1m}}{2\sqrt{2}}\end{bmatrix}p$$

$$Z_{22}=\begin{bmatrix}R_r & \left(L_{21}+\frac{3}{2}L_{1m}\right)\omega_r\\ -\left(L_{21}+\frac{3}{2}L_{1m}\right)\omega_r & R_r\end{bmatrix}+\begin{bmatrix}L_{21}+\frac{3}{2}L_{1m} & 0\\ 0 & L_{21}+\frac{3}{2}L_{1m}\end{bmatrix}p$$

由式(5)、式(6)可知，混合系统模型与 $\alpha\beta0$ 模型一样，不包含转子位置角 θ，实现了对定、转子的解耦；同时，它又与 ABC 系统电机模型一样，能与逆变器电路模型直接接口，便于分析。

3. 调速系统整体仿真模型的建立

逆变器供电的感应电动机调速系统，是一种具有时变拓扑结构的电网络，可采用网络图论来分析。根据基本电路理论，调速系统主电路中的任一元件，包括开关元件在内，都可用图 2 所示的阻抗型等效电路来表示。

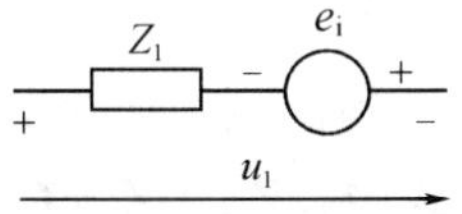

图 2　元件的阻抗型等效电路

采用网络图论来分析调速系统电网络时，可先假定电网络中所有的开关元件全都闭合，形成原网络。当系统正常工作时，电网络中的某些开关元件将断开，引起电网络拓扑结构的变化，形成新网络。新网络的独立回路方程，可由原网络的独立回路方程通过简单的矩阵变换直接导出。

在原网络的有向线图中，应当把尽可能多的开关元件所在支路选为连支，而电机三相定子绕组所在支路应选为树支。由网络图论的基本理论[7]，很容易导出原网络连支与树支间的关系矩阵 $\boldsymbol{B}$，即

$$\boldsymbol{B}=\begin{array}{c} \\ l_1 \\ l_2 \\ l_3 \\ \vdots \\ l_i \\ \vdots \\ l_m \end{array}\begin{array}{c} \begin{array}{ccccccc} b_1 & b_2 & b_3 & \cdots & b_j & \cdots & b_n \end{array} \\ \begin{bmatrix} F_{l_1 b_1} & F_{l_1 b_2} & F_{l_1 b_3} & \cdots & F_{l_1 b_j} & \cdots & F_{l_1 b_n} \\ F_{l_2 b_1} & F_{l_2 b_2} & F_{l_2 b_3} & \cdots & F_{l_2 b_j} & \cdots & F_{l_2 b_n} \\ F_{l_3 b_1} & F_{l_3 b_2} & F_{l_3 b_3} & \cdots & F_{l_3 b_j} & \cdots & F_{l_3 b_n} \\ \vdots & \vdots & \vdots & \vdots & \vdots & \vdots & \vdots \\ F_{l_i b_1} & F_{l_i b_2} & F_{l_i b_3} & \cdots & F_{l_i b_j} & \cdots & F_{l_i b_n} \\ \vdots & \vdots & \vdots & \vdots & \vdots & \vdots & \vdots \\ F_{l_m b_1} & F_{l_m b_2} & F_{l_m b_3} & \cdots & F_{l_m b_j} & \cdots & F_{l_m b_n} \end{bmatrix} \end{array} \tag{7}$$

式中，$l_i(i=1，2\cdots，m)$表示连支，$b_j(j=1，2，\cdots，n)$表示树支，且

$$F_{l_i b_j}=\begin{cases} 1 & b_j \text{ 在 } l_i \text{ 回路内，且与回路方向相同} \\ -1 & b_j \text{ 在 } l_i \text{ 回路内，且与回路方向相反} \\ 0 & b_j \text{ 不在 } l_i \text{ 回路内} \end{cases}$$

电机三相定子绕组所在支路(可选定为 b_1，b_2，b_3)在各独立回路中的电压降，可看作由电机三相定子电压 u_{as}，u_{bs}，u_{cs}控制的受控电压源，其电压增益矩阵 $\boldsymbol{K}_v$，正好是矩阵 $\boldsymbol{B}$ 中对应 b_1，b_2，b_3 三列元素的子阵，则原网络的独立回路方程可表示为

$$\boldsymbol{E}=\boldsymbol{K}_v\boldsymbol{u}_{abc,s}+\boldsymbol{Zi} \tag{8}$$

式中，$\boldsymbol{E}$、$\boldsymbol{i}$、$\boldsymbol{Z}$——原网络独立回路的回路电位升、回路电流和回路阻抗。

原网络的独立回路电流即为相应的连支电流，故原网络的树支电流为

$$i_b=\boldsymbol{B}^t\boldsymbol{i} \tag{9}$$

定义

$$\boldsymbol{i}=\boldsymbol{C}i' \tag{10}$$

式中，i'——新网络的独立回路电流；

$\boldsymbol{C}$——新、原网络变换阵。

式(8)两边同时左乘 $\boldsymbol{C}^t$，整理得新网络的独立回路方程

$$\boldsymbol{E}'=\boldsymbol{C}^t\boldsymbol{K}_v\boldsymbol{u}_{abc,s}+\boldsymbol{Z}'i' \tag{11}$$

式中，$\boldsymbol{E}'$、$\boldsymbol{Z}'$——新网络独立回路的回路电位升和回路阻抗。

故 $\boldsymbol{E}'=\boldsymbol{C}^t\boldsymbol{E}$，$\boldsymbol{Z}'=\boldsymbol{C}^t\boldsymbol{Z}\boldsymbol{C}$。

电机三相定子电流 $\boldsymbol{i}_{abc,s}$ 与 i' 间的关系为

$$\boldsymbol{i}_{abc,s}=\boldsymbol{K}_v^t\boldsymbol{C}i' \tag{12}$$

把式(11)和式(12)代入式(5)，整理得调速系统的整体仿真模型为

$$\begin{bmatrix}\boldsymbol{E}'\\ \vdots \\ 0\end{bmatrix}=\begin{bmatrix}\boldsymbol{Z}'_{11} & \cdots & \boldsymbol{Z}'_{12}\\ \vdots & & \vdots\\ \boldsymbol{Z}'_{21} & \cdots & \boldsymbol{Z}'_{22}\end{bmatrix}\begin{bmatrix}\boldsymbol{i}'\\ \vdots \\ \boldsymbol{j}_{\alpha\beta,r}\end{bmatrix} \tag{13}$$

式中，$\boldsymbol{Z}'_{11}=\boldsymbol{Z}'+\boldsymbol{C}^t\boldsymbol{K}_v\boldsymbol{Z}_{11}\boldsymbol{K}_v^t\boldsymbol{C}$，$\boldsymbol{Z}'_{12}=\boldsymbol{C}^t\boldsymbol{K}_v\boldsymbol{Z}_{12}$，$\boldsymbol{Z}'_{21}=\boldsymbol{Z}_{21}\boldsymbol{K}_v^t\boldsymbol{C}$，$\boldsymbol{Z}'_{22}=\boldsymbol{Z}_{22}$。

新网络的树支电流为

$$\boldsymbol{i}'_b=\boldsymbol{B}^t\boldsymbol{C}\boldsymbol{i}' \tag{14}$$

求解式(13)所需的 $\boldsymbol{B}$ 和 $\boldsymbol{K}_v$ 矩阵，由原网络的有向线图预先确定。变换阵 $\boldsymbol{C}$ 需随着网络拓扑结构的变化而变化。在每一计算步长上，当且仅当网络的拓扑结构发生变化时，变换阵 $\boldsymbol{C}$ 由计算机快速准确地生成[8]。仿真时，先由式(13)求出整个系统的独立回路电流，再由式(14)求出其余支路的电流。特别地，电机定子相电流可由式(12)求出。

4. 仿真实例

图 3(a)为电压型逆变器供电的感应电动机调速系统的简化电路模型，此电机参数为：三相四极，$P_N=1.1$ kW，$U_N=110$ V，$f_N=60$ Hz，$R_S=0.38\ \Omega$。$R_r=0.962\ 2\ \Omega$，$x_m=11.259\ 1\ \Omega$，$x_s=11.735\ 5\ \Omega$，$x_r=11.977\ 6\ \Omega$，$J=0.022\ \text{kg}\cdot\text{m}^2$。图 3(b)为该系统原网络的有向线图，其中实线表示树支，虚线表示连支。由图 3(b)可得

$$\boldsymbol{B}=\begin{matrix} & l_1 & l_2 & l_3 & l_4 & l_5 & l_6 & l_7 & l_8 & l_9 & l_{10} & l_{11}\\ b_1 & 0 & -1 & -1 & -1 & -1 & 1 & 1 & 1 & 1 & 0 & 0\\ b_2 & 0 & 1 & 1 & 0 & 0 & 0 & 0 & -1 & -1 & 0 & 0\\ b_3 & 0 & 0 & 0 & 1 & 1 & -1 & -1 & 0 & 0 & 0 & 0\\ b_4 & -1 & -1 & -1 & -1 & -1 & 1 & 1 & 1 & 1 & 1 & 1\\ b_5 & 0 & 0 & 0 & 0 & 0 & 1 & 1 & 1 & 1 & 1 & 1\end{matrix}^{\,t}$$

$$\boldsymbol{K}_v=\begin{matrix} & l_1 & l_2 & l_3 & l_4 & l_5 & l_6 & l_7 & l_8 & l_9 & l_{10} & l_{11}\\ b_1 & 0 & -1 & -1 & -1 & -1 & 1 & 1 & 1 & 1 & 0 & 0\\ b_2 & 0 & 1 & 1 & 0 & 0 & 0 & 0 & -1 & -1 & 0 & 0\\ b_3 & 0 & 0 & 0 & 1 & 1 & -1 & -1 & 0 & 0 & 0 & 0\end{matrix}^{\,t}$$

图 3(c)是任意选定的一种开关模式，导通的连支有 l_2、l_4 和 l_{11}（即逆变器中的大功率管 S_3，S_4，S_5 导通）。由于树支 b_4 断开，使连支 l_2、l_4 和 l_{11} 不再相互独立，其中 l_2，可由 l_4 和 l_{11} 来表示，且 $i_{l_2}=-i_{l_4}+i_{l_{11}}$。因此，在这种开关模式下，新网络的独立回路电流 $\boldsymbol{i}'$ 和变换阵 $\boldsymbol{C}$ 分别为

$$\boldsymbol{i}'=[i_{l_4}\quad i_{l_{11}}]^t \quad \boldsymbol{C}=\begin{bmatrix}0 & -1 & 0 & 1 & 0 & 0 & 0 & 0 & 0 & 0 & 0\\ 0 & 1 & 0 & 0 & 0 & 0 & 0 & 0 & 0 & 0 & 1\end{bmatrix}^t$$

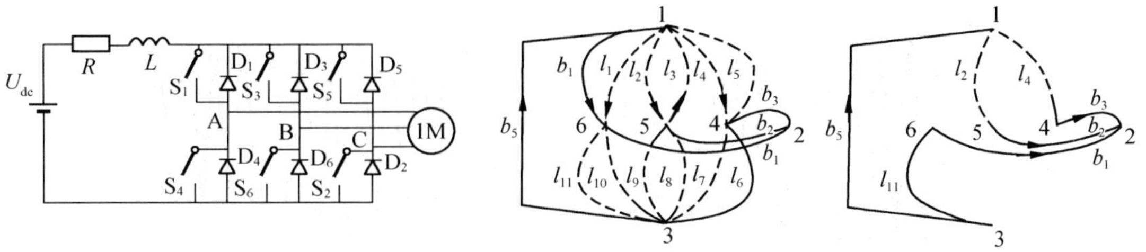

(a) 电压型逆变器供电感应电动机调速系统的简化电路模型　(b) 原网络的有向线图　(c) 任意选定的一种开关模式

图 3　电压型逆变器供电的感应电动机调速系统

实际上，对于图 3(a)所示的系统，变换阵 C 总为 11×2 的矩阵。由式(12)可知，整体仿真模型仅为 4 阶方程组。与传统电路分析方法相比，需要求解的方程数目大大减少。

5. 结论

本文主要介绍了基于网络图论知识来分析逆变器供电感应电动机调速系统的方法。感应电动机混合系统模型，既能实现对电机定、转子解耦，又使感应电动机模型能与逆变器电路模型直接接口。整体仿真模型简洁、明快，计算量小，仿真精度高，并适合任何电路结构、任意开关模式的逆变器供电感应电动机调速系统的仿真分析。

仅作为验证，图 4、图 5 分别给出了 PWM 逆变器供电时感应电动机直接起动过程及供电模式切换过程的仿真结果。PWM 逆变器在 1/4 周期内的开关角由优化方法求得[9]，可消除电压中的 5、7、11、13 和 17 次谐波。

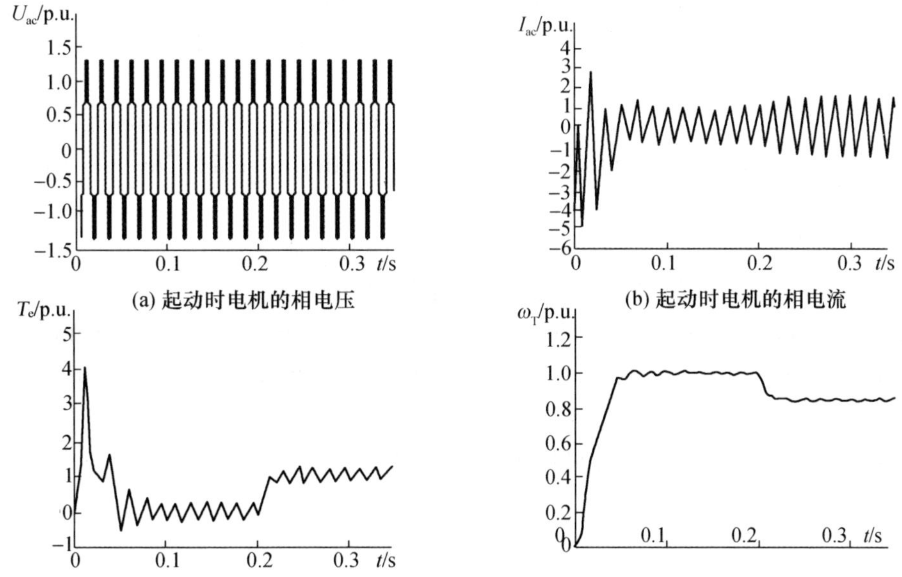

(a) 起动时电机的相电压　(b) 起动时电机的相电流

(c) 起动时电机的电磁转矩　(d) 起动时电机的转速

图 4　电机空载起动至 0.2 s 加额定负载过程的仿真结果

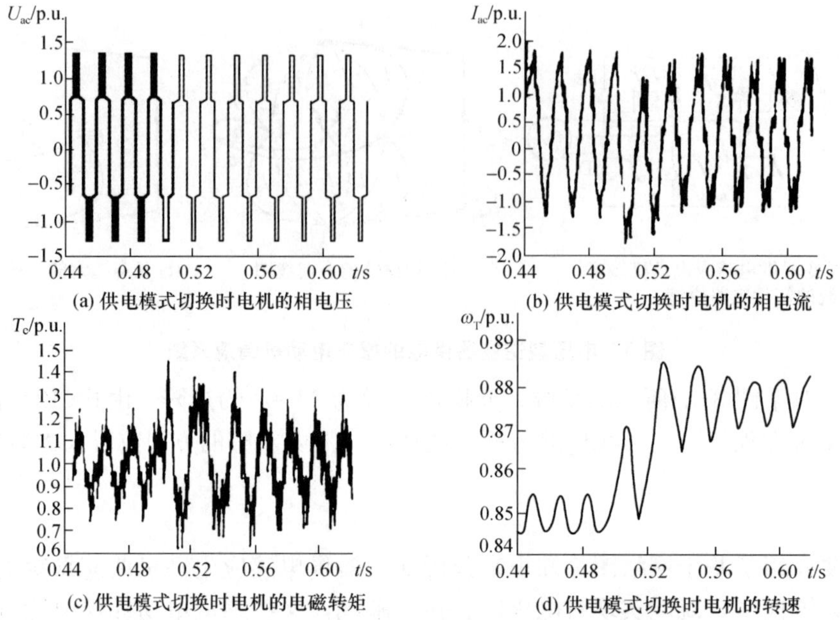

(a) 供电模式切换时电机的相电压 (b) 供电模式切换时电机的相电流

(c) 供电模式切换时电机的电磁转矩 (d) 供电模式切换时电机的转速

图 5 0.5 s 时电机由 PWM 波供电切换为六阶梯波供电过程的仿真结果

参考文献

[1] 鲁爱民，郝容泰．相控电力机车系统的计算机仿真．机车电传动，1988(5)．

[2] 李明，连级三．6K 机车功率因数计算及谐波电流分析．机车电传动，1994(2)．

[3] 程肇基，徐德洪．电力电子电路通用仿真方法的研究．电力电子技术，1989(3)．

[4] 裴云庆，常谦，王兆安．电力电子异步电动机调速系统的通用仿真方法．电工技术学报，1996(2)．

[5] Cheung R W Y，Jin H，Wu B，Lavers J D．A Generalized Computer-aided Formulation for the Dynmic and Steady State Analysis of Induction Machine Inverter Drive Systems. IEEE Trans.，on Energy Conversion，1990(7)．

[6] 陈坚．交流电机数学模型及调速系统．北京：国防工业出版社，1989．

[7] 陈树柏等．网络图论及其应用．北京：科学出版社，1982．

[8] Ong C M，Liu C T，Lu C N．Generation of Connection Matrices for Digtial Simulation of Converter Circuits Using the Tensor Approach. IEEE Trans.，on Power Systems，1987(11)．

[9] 贺益康．交流电机调速系统计算机仿真．杭州：浙江大学出版社，1993．

电机及其测控 CAD 研究开发项目简介

1. 家用电扇用单相异步电机 CAD 系统的研究与开发

该系统为单相异步电机的设计提供一种先进的 CAD 环境，使设计者可以在该环境下方便地完成电机设计分析、综合、优化，工程数据管理及参数化工程绘图，大大缩短了设计周期，提高了设计质量。

2. 单相异步电动机优化设计软件

采用精确的数学模型，计算精度高、准确可靠，具有分析计算、综合设计和优化等功能，适用于电阻起动、电容起动、电容运转等各类单相异步电机。

3. 盘式异步电机优化设计软件包

包括单相盘式电机和三相盘式电机两部分。具有分析计算、综合优化功能，计算准确；优化效果明显。

4. 中小型电力变压器优化设计及其 CAD 系统

适用于电压等级为 35 kV 及以下的中小型电力变压器，可进行标准和非标准电力变压器设计计算，具有分析计算、综合优化和绘图等功能、菜单全汉化，使用方便。

5. 干式电力变压器 CAD 系统

适用于电压等级 10 kV 及以下容量 630 kVA 及以下的干式电力变压器，具有分析计算、综合设计和优化等多项功能，用户界面为菜单式全汉化，使用方便，易学，计算速度快，优化效果明显，最后保留十个最优方案，结果以标准计算单形式输出。

6. 三峡发电机参数优选 CAD 系统研究

本项目针对大型水轮发电机的设计特点，开发了“三峡发电机参数优选 CAD 系统”。该系统包括大型水轮发电机的分析设计、综合设计和优化设计，并且该系统用户界面友好，使用方便，数据的调用、传递、存储以及图形生成均自动由计算机完成。在该系统的基础之上，提出“三峡发电机的参数优选方案”，为三峡发电机的设计和制造提供理论依据。该项目是由东南大学和长江水利委员会共同承担完成的。

7. 罩极电机的设计计算

可对各种形式的罩极电机进行设计计算，并有优化功能。

8. 复合实心转子磁阻同步电动机(专利)

转子采用低碳钢直接加工而成，不用硅钢片，故制造容易成本低。可配用三相或单相定子，构成三相或单相磁阻同步电动机。起动特性好，转速恒定。适合小功率电机。

9. 永磁-磁阻混合式同步电动机(专利)

综合了永磁和磁阻电机的优点，因而起动特性好，力能指标高，效率高，可与普通异步机同机座、同功率。在纺织、印染等领域有广阔用途。

10. 开关磁阻电机调速系统

开关磁阻电机调速系统(简称 SRD)是继直流电机、电磁调速和交流变频器等传统调速系统之后出现的一种新型调速系统，它兼有交流系统和直流系统在结构上和性能上的许多优点，并且具有输出特性变化灵活，电动机转矩惯量比大，能频繁正反转，起制动和在负载转速大范围变化时均具有高效率的优点，是国外在 20 世纪 80 年代推出的一种性能价格比极高的具有典型机电一体化结构的无级调速系统，可以满足工艺调速和节能调速的各种要求。

11. 盘式电机微机变频调速装置研究

交流电动机的变频调速因其具有调速范围宽，可以实现无级调速等独特的优点而受到广泛的重视，而盘式电动机结构新颖、体积小、轴向尺寸短、效率高，正越来越受到用户的欢迎，将两者有机结合的盘式电机变频调速速装置是机电一体化的高技术产品，可以进一步开拓盘式电机的市场，同时也可以兼顾其他类型交流电机的变频调速装置。该系统可以实现无级平滑调速，调频范围为 3～60 Hz，采用 SPWM 被控制方法，频率指令设定方式，以及过流、过压等保障保护及显示等功能。

12. 同步磁阻电动机变频调速系统

本调速系统是一种以 8031 单片机作为控制器，以大功率晶体管 GTR 作为逆变器开关器件，并结合专用大规模集成电路 HEF4752V 构成的全数字化 SPWM 变频调速系统。整个系统结构紧凑，控制方式简单，造价低廉，具有转速闭环和电流闭环调节功能，在 4～60 Hz 调速范围内，运行可靠，性能优良。

13. 高性能永磁同步电机矢量控制系统研究

随着数控机床、机器人等技术对高精度、高动态性能及体积小的伺服驱动不断增长的需求，对永磁同步电机矢量控制系统的研究显得越来越重要。本永磁同步电机矢量控制系统能够实现高精度、高动态性能、大范围的调速或定位控制。本项目研制了一套 180 W、四极永磁同步电机的矢量控制系统。

14. 其他

4 电机 CAT 技术的研究和开发

导 言

1. 电机 CAT 技术的简介

随着计算机和电子技术不断发展，电机 CAT 技术得到广泛关注和应用。它可以大幅度提高测试精度，提高测试质量及效率，降低工作强度，从而改变原有凭借经验、以简单仪表为手段的测试工作状态和面貌。

数字信号处理是 CAT 技术的重要基础理论之一，主要是研究如何用数字序列或者符号序列来表示被测信号，以便用数字计算方法对这些序列进行处理，并把它变换为符合某种需要形式的被测信号。

数字信号处理的主要内容有：频谱分析、数字滤波及信号识别等。通常的运算方法有：差分方程计算、相关系数计算、离散傅里叶变换计算、功率谱密度计算、矩阵运算、对数和指数运算、复频率变换及模数和数值转换等等。应用这些运算方法或再加上一些其他的基本运算，经过适当组合，即可基本上解决很多测试工作中数字信号处理的问题。

在工程测试中，数字信号处理方法已得到了广泛应用，成为测试系统中的重要组成部分。

众所周知，在测试中，首先要用传感器测取被测对象结构或工况的某些参数信号，这些信号多为模拟信号，进行数字信号处理之前，一般先要对该信号进行预处理和数字化处理；而数字式传感器则可将被测信号，通过接口直接与计算机连接，再由计算机或数字信号处理器进行处理。

在工程测试中，数字信号处理系统中的每一环节亦可简要作如下说明。

(1) 预处理

预处理是指在数字处理之前，用模拟方法对信号进行的处理，把信号变成适于数字处理的形式，以减小数字处理的困难。如对输入信号的幅值进行处理，使之与 A/D 转换器的动态范围相适应；衰减信号中不感兴趣的高频成分，以减小频混的影响；隔离信号中的直流分量，以消除趋势项及直流分量干扰等。

(2) A/D 转换

A/D 转换是将预处理后的模拟信号转变为数字信号，存入到指定地方。信号处理系统的性能指标，与 A/D 转换的性能和质量有着密切关系。

(3) 分析计算单元

分析计算单元是对采集到的数字信号进行分析和计算，通常可用数字运算器件组成的信号处理器完成，也可采用通用计算机进行。目前，分析计算速度很快，已近乎达到“实时”。

(4) 结果显示

一般采用数据或图形形式显示结果。

2. 电机CAT技术在电机测试系统中的应用

计算机辅助测试在各领域的应用非常广泛。在电机测试领域中的应用，主要有：电机出厂试验、运行状态检测和故障诊断。

(1) 电机出厂试验

主要是检测电机的各项参数是否合格，测试的项目主要有：① 直流电阻；② 空载、堵转电流及功率；③ 绝缘电阻；④ 匝间绝缘；⑤ 耐压试验等。举例说：在电机出厂检测系统中，以电压、电流传感器检测电机的电压和电流信号，转变为数字信号，通过接口传送到计算机中进行处理；将测试值和计算值，与存储在计算机数据库存中的数据进行综合比较分析，以判断电机的各项参数指标是否符合要求。所有检测和计算工作均由计算机自动完成。

如上所述，电机计算机辅助测试系统一般由传感器、信号调理电路、数字处理电路、计算机和通信单元组成。传感器除了有电压传感器、电流传感器外，还有振动传感器、温度传感器、转度传感器等，这些传感器可以将由电机检测到的相应的信号转换成电信号，再由信号调理电路和数字处理电路处理后传送到计算机，由计算机处理后再经过通信单元，最后送至各个终端。计算机一般可分为*PC*机和嵌入式处理器，后者的使用是一个新的发展，可以使测试系统趋向微型化，向便携式发展，进一步提高处理速度，使测试的实时性得以保证。

(2) 电机状态检测

电机运行状态检测和故障诊断，是计算机辅助测试在电机结构和运行状态测试系统中应用的一个典型例子。

电机状态检测就是通过检测电机在运行过程中的某些参数和特征量，从而对电机运行工况进行评估，以判断电机运行状况是否正常，由此可以对电机等设备进行预知性维修，节约运营成本，保证电机安全运行。这些对生产企业的运营管理和经济效益有着十分重要的意义。

(3) 电机故障诊断

电机故障机理研究的目的，是了解电机故障的形成和发展过程，掌握故障内在的本质及特征；而电机计算机辅助测试是状态检测和故障诊断的实现手段。近些年来，从事电机故障诊断理论研究的专家和人员不断增多，推出了许多新的诊断理论和诊断方法，这给电机故障诊断理论的发展和完善，奠定了坚实的基础。

随着计算机辅助测试技术的高速发展，可以使电机故障诊断技术从理论走向实际应用，为电机故障诊断仪器的最终成功实现提供了基础和条件。

3. 电机学科，非常重视电机试验和检测基本理论与方法的研究

随着技术进步、学科发展，以及电机学科教学和科研工作内容的丰富，作为与电机、电子、电磁信号处理、计算机等理论和技术密切相关的计算机辅助测量CAT技术受到广泛重视，我们结合盐城变压器厂和九江仪表厂外来任务的需要，从20世纪80年代开始，组织了“优势力量”，在有关单位和人员的全力合作下，开展了CAT技术的理论研究和开发工作，取得了值得称赞的成果，得到了校系领导的肯定，以及社会有关方面的良好反映。

值得关注的是，我校电机学科对教学实验室的建设、新实验室的建立、实验室规章制度的制定，特别是老师和学生在试验时的安全问题，从学科建设之初，都给以特别的强调和重视，留下了优良的传统。

计算机辅助测试(CAT)系统中兼容关系数据库的设计方法

曹中华　周　鹗　杜炎森

(东南大学电气工程学院)

摘要： 本文提出的数据库设计方法，在效率上具有C＋＋的简洁、高效性；在数据文件的结构上则和关系数据库(如Foxbase)完全兼容；在操作上具有Windows的良好界面，为中、小型CAT系统提供了一种有效的数据管理手段。

关键词： 计算机辅助测试，数据库

1. 引言

CAT系统中常常需要实时、高效的数据管理手段，一般数据库管理系统难以满足这一要求，而且很难和测试软件有机地结合在一起。Borland C＋＋3.1包容类库中的类Btree为数据管理提供了快捷、有效的办法，同时又能和测试软件融为一体；Windows的良好界面为数据管理的可操作性提供了保证；数据文件和Foxbase的兼容性又为数据作进一步的后续处理或与其他系统共享提供了方便。

2. C＋＋的包容类库

Borland C＋＋有一个庞大的包容类库(Container Class Library)，其中的类可供采用面向对象编程(OOP)方法的程序员使用。类库中的类分成3组，它们分别是简单类、包容类和循环量类(Iterator Class)。其中简单类是不允许递归的类；包容类则可包含一系列其他对象，这些对象本身又可以是包容的；循环量类用来访问或遍历某一数据结构中的元素，还用来简化包容类的使用。包容类库中类的组合使得不需要额外代码或只要写很少的代码就能实现强大的功能。下面简要介绍在数据管理中用到的两个类。

1) 类String

在程序设计中经常用到字符串，因此类库中专门设置了一个类来处理字符串。C＋＋中，字符串是以空字符为结束符的数组，但包容类库中的String类远远不止这些。串对象不仅包含了存储字符数组的存储空间，还提供常用的字符串管理功能，如字符串的自动伸长和缩短，字符串的排序和相等测试以及字符串的输入、输出管理等。由类的继承性，很容易在此基础上派生出功能更强、更丰富的类来处理实际问题。

2) 类Btree

类Btree是Borland C＋＋中定义用来管理B树的类，值得注意的是，这里定义的B树有

《电气传动》，1998年第4期。

别于一般的 B 树，下面给予说明。

（1）树的概念

树是计算机科学中广为使用的一种数据结构，它可以把对象有序地组织在一起，而只需要极少的额外存储空间，因此它具有链表和数组所没有的优点。

在树中，数据是通过结点引用的，把所有结点组织起来就构成了树。结点能拥有孩子的最大数目称为树的度数，如每个结点最多有两个孩子则称其为 2 叉树，最多有 3 个孩子则称其为 3 叉树，最多有 M 个孩子则称其为 M 叉树。形态最简单的树是 2 叉树，它的结构如图 1 所示。

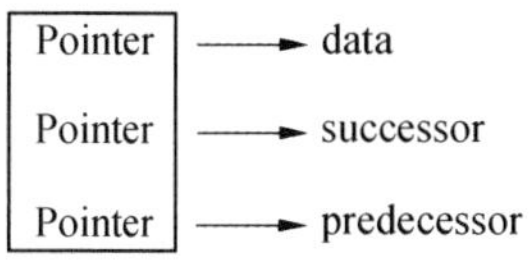

图 1　2 叉树结构

不同形态的树不仅表现在存储结构的不同，还表现在对树元素的查找、插入、删除等基本操作的难易程度和效率不同。2 叉树的形态取决于插入元素的方式，如果元素是随机插入的，整个 2 叉树就趋向于平衡，具有树的性能；如果元素是有序插入的，整个 2 叉树就失去平衡，甚至退化为链表，不再具有树的性能。所以包容类库存中没有使用 2 叉树，而使用了 B 树。

（2）B 树

B 树是为了解决不平衡树的查找低效性而发展起来的一种特殊平衡树。与 2 叉树不同，B 树是多路树，树中每个结点的孩子数可以不止两个，而是多个，结点的孩子数就定义了一棵 B 树的度。值得注意的是 Borland 对 B 树的定义不同于有些计算机科学文献（如 Donald E. Knuth 所著的《The Art of Computer Programming》）中对 B 树的定义。Knuth 把树中的结点可以拥有孩子结点的最大数目定义为该树的度，而 Borland 把孩子结点数减 1 作为树的度。本文讨论的 B 树均指 Borland 定义。

B 树的结构能始终保持平衡，故 B 树的性能是很稳定的。B 树之所以能始终保持平衡，是因为 Borland 有一套规则用来对树进行扩充或压缩。对于任意一个 Borland M 阶 B 树的规则如下：

① 非终端结点最多可以有 M 个关键字和 $M+1$ 个孩子。

② 叶子结点最多可以有 $2+(M+1)$ 个关键字，叶子结点没有孩子。

③ 除根结点外，所有结点中的关键字数目都必须有一个最小值，这个值是由 Inner Low Water Mark 和 Leaf Low Water Mark 定义的。

④ 所有叶子结点与根结点的距离相同，即它们都处于同一层上。

⑤ 一棵 B 树的阶数不小于 3。

⑥ 只有从 Sortable 类派生出来的对象才可以当作关键字处理。

根据以上规则，在一棵 M 阶的 Borland B 树中，每一个非终端结点中最多可以有 M 个关键字（$K1$，$K2$，…，KM）和 $M+1$ 个指向其孩子结点的指针（$P0$，$P1$，…，PM），如图 2 所示。指针 $P0$ 所指向的孩子结点的关键字的值均小于 $K1$，指针 $P1$ 所指向的孩子结点中的关键字的值均在 $K1$ 和 $K2$ 之间，指针 PM 所指向的孩子结点中的关键字的值均大于 KM，每个结点中的指针数要比关键字的数目多 1。图 3 是一棵 3 阶的 Borland B 树的例子。

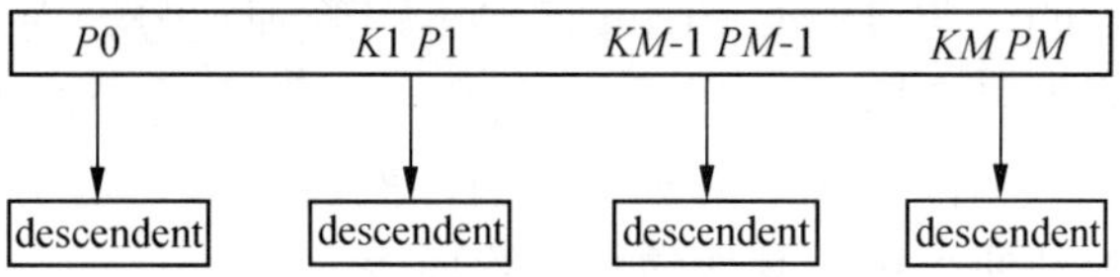

图 2　非终端结点使用的关键字和指针

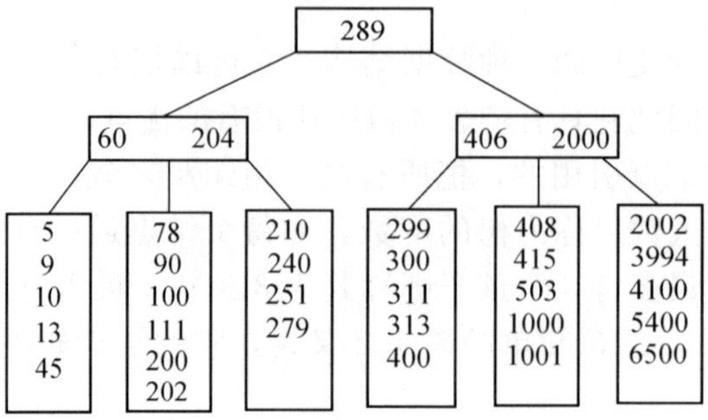

图 3　一棵 3 阶的 Borland B 树

Borland B 树用一个类对象 Node 来处理树中每一个结点的指针和关键字，如果叶子结点中已有 $2\times(M+1)$个关键字，再向该结点插入关键字时，就会造成该结点上溢。如有可能，引起上溢的关键字就被分配到兄弟结点中，否则就把该结点分成两个结点，居中的关键字上移到该点的双亲结点中，把关键字分配到兄弟结点的过程叫做结点平衡(Node Balancing)；如删除一关键字后引起某一结点下溢，就从该结点的双亲结点中移来一个关键字，如果它的双亲结点也发生下溢，就重复以上过程，直至某一祖先结点没有发生下溢为止。

可见，B 树是自平衡树，当处理大量数据时效率是非常高的，当然其内部实现也是很复杂的，所幸的是包容类库中的 Btree 类有效地把 B 树内部实现的复杂性掩藏起来，程序员使用起来就像数组一样方便。

3. 用类 String 和类 Btree 管理数据

考察这样一个测试数据对象，见表 1。

表 1　变压器性能参数表

编号	型号	空载损耗(W)	空载电流(%)	负载损耗(W)	阻抗电压(%)
10001	S7-100/10	290	2.1	2 000	4.0
10002	S7-125/10	340	2.0	2 450	4.0
10003	S7-200/10	470	1.8	3 500	4.0

每台变压器都有一个唯一的编号，与之对应的是该台变压器出厂试验得出的性能参数。假设用一个数据结构来描述每台变压器的性能参数，编号作为关键字插入到 Btree 类对象中。由于 Btree 是包容类，它不直接管理字符串，所以将编号转换成 String 类对象插入 Stree 类对象中。接下来只须通过 Btree 类的查找、插入、删除函数就可以方便地对编号进行处理，具体细节由 Btree 类对象自己完成。以编号为索引就可以对数据文件中的数据项进行处理，从而达到数据管理的目的。

更有效的办法是不直接使用 String 类，而是利用类的继承性，从类 String 派生一个专门用于处理变压器性能参数的子类 Trans String，它不但管理编号，而且管理与编号对应的性能参数。将 Ttans String 类对象插入到 Btree 类对象中，直接进行查找、插入、删除等操作，即可完成数据管理任务，而不像上述以编号为索引，然后再对数据文件中的数据项操作。对于类 Trans String 稍作改动便可用于其他的数据管理。

4. 数据文件的结构

为了便于数据的后续处理以及与其他系统共享，数据文件的结构和 Foxbase 完全兼容。

Foxbase 的 dbf 文件结构分为两大部分：文件结构说明区和数据区。文件结构说明区包括数据库参数区和记录结构表区，如图 4 所示。

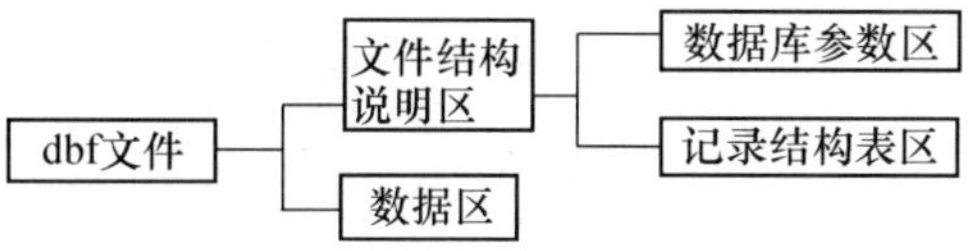

图 4

数据库参数区占 32 字节，其中有用的字节如表 2 所示。

表 2 数据库参数区字节分配表

字 节	内 容
第 1 字节	数据库开始标志 03H
2—4 字节	文件建立或修改的最后日期
5—8 字节	数据库的记录数，低字节在前，高字节在后
9—10 字节	文件结构说明区的长度
11—12 字节	每条记录的总长度
12—32 字节	略

记录结构表区包括各字段参数，每个字段占 32 字节，其中有用的字节如表 3 所示。

表 3 记录结构表区字节分配表

字 节	内 容
1—11 字节	ASCII 码存放的字段名
12 字节	字段类型
13—14 字节	首记录中该字段对应内存地址的偏移量
15—16 字节	首记录中该字段对应内存地址的段地址
17 字节	字段长度
18 字节	小数位数

以 32 字节为一单位的各字段参数区结束后，为数据库结构结束标志，其中 Foxbase 以 0DH 结束。

数据库数据区的每条记录按字段依次存放，没有字段分隔符，也没有记录终止符，唯一特殊之处是每条记录以删除标志 20H 开始。若该记录被删除，则记录的第一个字节为 2AH。数据库文件的最后一个字节为结束标志 1AH。如图 5 所示为数据文件的磁盘存储图。

根据表 2、表 3 及图 5，很容易用 C++在 CAT 系统中创建和 Foxbase 的 dbf 文件完全兼容的数据库文件。

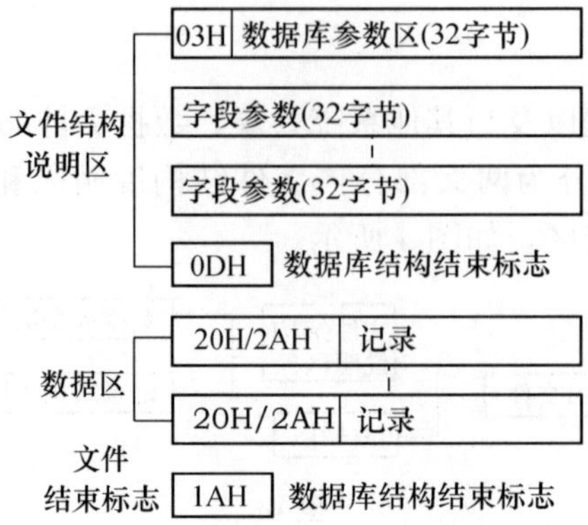

图 5 数据库文件磁盘存储图

5. 程序的编制

Borland C++3.1 除了提供包容类库外，还提供了一个对象窗口库(Object Windows Library)——简称 OWL，它为 Windows 中的界面元素提供了相应的类，这些类掩藏了许多 Windows 程序开发中的底层细节，因而大大地方便了 Windows 应用程序的开发过程。图 6 所示为程序框图。

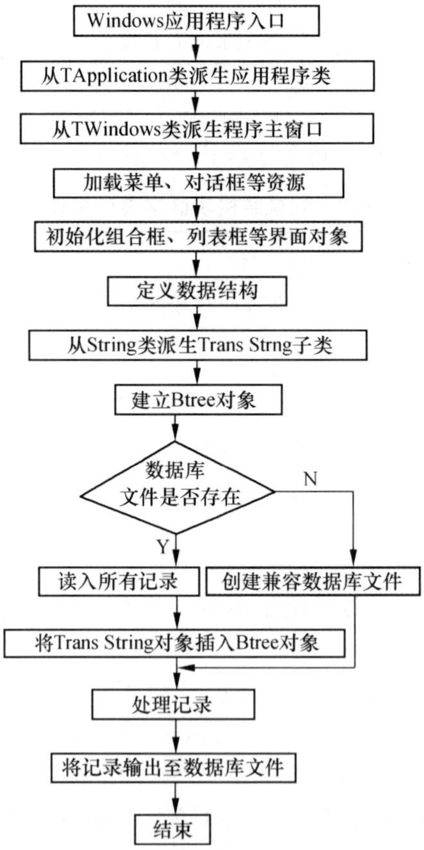

图 6 兼容数据库程序框图

6. 结语

该小型数据管理系统是为 WBC－1 型微机变压器自动测控系统开发的，经使用验证性能良好。在此之前，笔者曾尝试将测试结果保存在 TXT 文件中，然后用 FoxPro 的数据转换功能转换成 dbf 文件，再进行数据管理。这样做不仅没有实时性，效率低，而且软件的整体性较差。改用本文所述方法后性能得到了很大改善，并且查找、插入、删除等基本命令的操作非常方便。改变数据结构便可用在其他系统中。

参 考 文 献

[1] 严蔚敏，吴伟民. 数据结构. 第 2 版. 北京：清华大学出版社，1993.

[2] [美] Ted Faison 著；蒋维杜，吴志美，张新宇，李景淑译. Borland C＋＋3.1 编程指南. 北京：清华大学出版社，1993.

[3] 袁征，杨仁树，严建新. C 语言编程技巧程序集. 北京：电子工业出版社，1994.

[4] [美] James W. Mc Cord 著；钟向群，龙旭东，薛安，陈刚译. Borland C＋＋3.1 开发 Windows 应用程序. 北京：清华大学出版社，1993.

变压器绕组电阻零时间常数测量方法的研究

曹中华　杜炎森　周　鹗

（东南大学电气工程学院）

摘要：本文在分析 LR 电路过渡过程的基础上，讨论了以特定激励源实现变压器绕组电阻零时间常数测量的方法。

关键词：变压器绕组电阻，过渡过程，零时间常数

1. 引言

变压器绕组电阻的测量是变压器试验中的一个重要项目。通过绕组电阻的测量，可以检查出绕组内部导线的焊接质量、引线与绕组的焊接质量、绕组所用导线的规格是否符合设计、分接开关、引线与套管等载流部分的接触是否良好及三相电阻是否平衡等；另外，在变压器的负载试验中，对于附加损耗较大的变压器，要提供测量较准确的绕组电阻，以便计算电阻损耗用。在变压器的温升试验中，用电阻法测量绕组平均温升时，绕组电阻的测量误差最好不要超过±0.2%，以便达到温升试验的要求。

测量绕组电阻的基本方法有电压降法和电桥法。电压降法是在被试电阻上通以直流电流，用多量程的毫伏-伏特表（在自动测试系统中一般用程控放大器）测量电阻上的电压降，然后根据欧姆定律（$R=U/I$）计算出电阻值。测量线路如图 1 所示，为分析方便，绕组被等效成由电阻 R 和纯电感 L 组成。

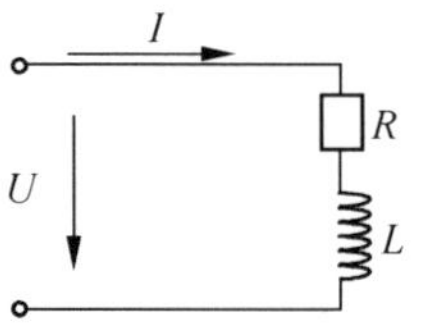

图1　压降法测量电阻线路图

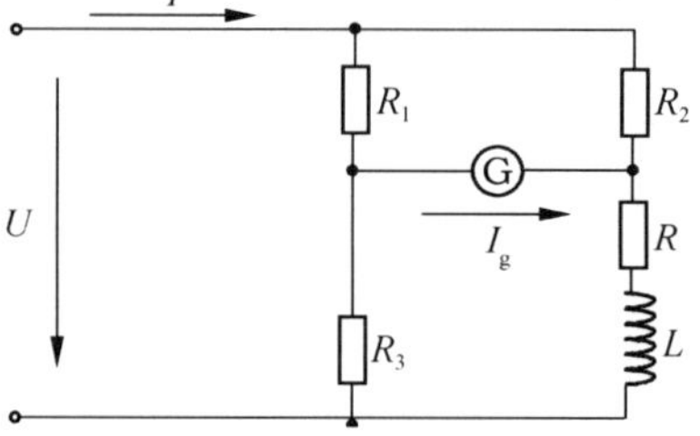

图 2　电桥法测量电阻原理图

电桥测量法是根据电桥平衡原理（图 2）来测量电阻 R 的，当电桥平衡时，流过检流计 G 中的电流 I_g 为 0，此时$\frac{R_1}{R_3}=\frac{R_2}{R}$，故被测电阻 $R=\frac{R_2R_3}{R_1}$。目前最常用的电桥有两种，即单臂电桥（惠斯登电桥）和双臂电桥（凯尔文电桥）。一般单臂电桥用来测量 10 Ω 以上的电阻，双臂电桥用来测量 10 Ω 以下的电阻。

从电压降法和电桥法的测量原理可以看出，两者在测量绕组电阻时都没有考虑电感 L 的

《工业仪表与自动化装置》，1998 年第 6 期。

作用，要得到正确的结果，必须等电流 I 达到稳定值，在此之前，电路处于过渡过程。参考图 1，LR 电路过渡过程的方程为：

$$U=iR+L\frac{\mathrm{d}i}{\mathrm{d}t} \tag{1}$$

式中，R——被测绕组电阻；

L——被测绕组电感。

通过解微分方程，由式(1)可得：

$$i=\frac{U}{R}(1-\mathrm{e}^{t/\tau}) \tag{2}$$

式中，τ——时间常数，等于 L/R。

由式(2)可以计算出瞬时电流 i 在达到测量电流稳定值 $I=\frac{U}{R}$ 之间随时间的变化情况(见表 1)。根据表 1 可给出电流上升曲线(见图 3)。

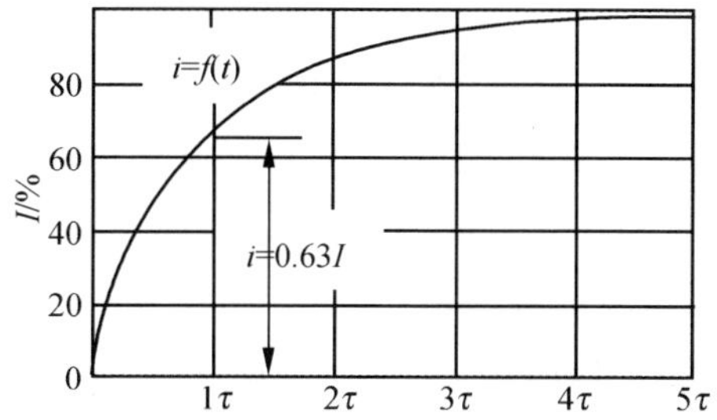

图 3　测量电流和充电时间关系

τ—时间常数　t—充电时间　I—测量电流的稳定值

表 1　电流 i 和充电时间的关系

t	0	τ	2τ	3τ	4τ	5τ	∞
i	0	$0.63I$	$0.865I$	$0.95I$	$0.98I$	$0.995I$	I

很明显，当 $t=5\tau$ 时，瞬时电流 i 才达到稳定电流 i 的 99.5%，如此时测量，尚存在 0.5%的电流误差，因此充电时间要大于 5τ，测量结果方能准确。

2. 变压器绕组的时间常数

由式(2)可知 $\tau=L/R$，而变压器高压绕组有很大的电感和较小的电阻，电感达到数百甚至数千 H 时，而电阻一般仅在 $1\times10^{-1}\sim1\times10^{2}$ Ω 之间，因此有很大的时间常数。通常测量一台大容量变压器高压绕组一个电阻数值的稳定时间需几分钟甚至几十分钟(见表 2)。这显然大大降低了工作效率。

表 2　变压器绕组的充电时间

被试产品	测高压绕组的充电时间
SJ_1 - 50/35	5′28″
SJ_1 - 560/60	5′24″
SFSL - 31500/110	12′30″
SFPSZ - 120000/220	23′35″
YDJC - 750/750	47′

3. 缩短时间常数的方法

为减小时间常数 $\tau(\tau=L/R)$，人们提出了不少快速测量方法。如串联电阻法、大电流法、线圈蓄能法、恒流源法、稳压稳流法、可变电流源法等，根据其工作原理归纳起来为三个方面：一是减小测量回路的电感，二是增大测量回路的电阻，三是强制进入稳态。

减小电感的方法：通常是加大测量电流，使铁芯饱和。由于导磁系数的减小使电感减小，这种方法需增大测量电源的容量，一般不采用。

增大测量回路的电阻是较常用的一种方法，但在测量回路中串入附加电阻会使测量灵敏度降低，为此需相应提高电源电压，但这样增加了电池的能耗，一般只应用于双臂电桥中。

更有效的缩短测量时间的方法是强制进入稳态(突变电路法)，如图 4 所示。测量时先闭合 AN 使附加电阻 R_A 短接，合上 K，合部电压加于被试绕组上，此时有较大的电流上升速度，达到预定电流 I 后断开 AN，则电流由图 3－1 曲线 1 立即稳定到曲线 2 上。

由式(2)可知：

$$i'=\frac{U}{R}(1-e^{-\frac{R}{L}t})$$

$$i=\frac{U}{R+R_A}(1-e^{-\frac{R+R_A}{L}t})$$

式中，i'——R_A 被短接时，回路电流瞬时值；

i——R_A 串入时，回路电流瞬时值。

由图 4 可以看出，当 $i'=I=\dfrac{U}{R+R_A}$时断开 AN 电路突变最为理想，测量电流的稳定时间由 t 缩短为 t'。但实际测量时很难做到，一般情况下 i'不是小于 I 就是大于 I，通常使 $i'>I$，这是因为铁芯的磁滞效应使得电流下降时的电感要比电流上升时的电感小，这样能更有效地缩短测量时间。

以上讨论的方法均是围绕缩短时间常数而进行的，虽有明显的改进，但终受时间常数的约束。本文提出的方法摒弃了时间常数的概念，在直接分析 LR 电路过渡过程的基础上，得出电阻 R 和电感 L 的值。

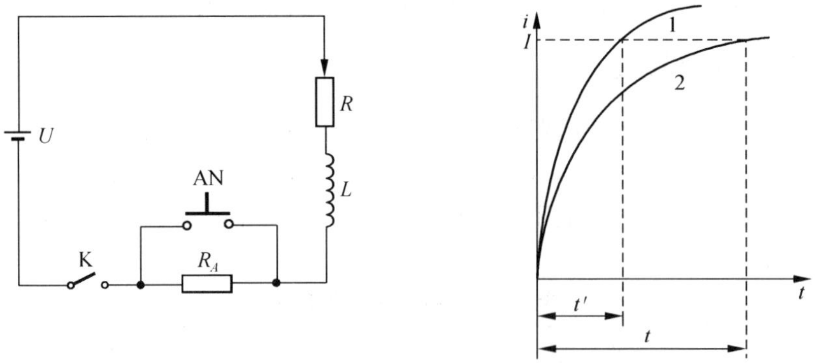

图 4　电路突变法线路图和电流变化曲线

4. 零时间常数测量方法原理

假设图 2 所示的 LR 电路外施电压 u 为时间 t 的一次函数。

则：

$$u=k_u t+u_0 \tag{3}$$

式中，k_u——外施电压变化率，为一常数；

u_0——外施电压初始值，为一常数。

将式(3)代入式(1)可得

$$k_u t+u_0=iR+L\frac{di}{dt}$$

$$\frac{di}{dt}+\frac{R}{L}i=\frac{k_u}{L}t+\frac{u_0}{L}$$

根据一阶线性非齐次微分方程的解法，设

$$\frac{di}{dt}+p(t)i=q(t)$$

则

$$i=e^{-\int p(t)dt}\int q(t)e^{\int p(t)dt}dt+Ce^{-\int p(t)dt}$$

其中

$$p(t)=\frac{R}{L}$$

$$q(t)=\frac{k_u}{L}t+\frac{u_0}{L}$$

C 为一常数。

化简可得：

$$\begin{aligned}
i &= e^{-\int\frac{R}{L}dt}\int\left(\frac{k_u}{L}t+\frac{u_0}{L}\right)e^{\int\frac{R}{L}dt}dt+Ce^{-\int\frac{R}{L}dt}\\
&= e^{-\frac{R}{L}t}\int\left(\frac{k_u}{L}t+\frac{u_0}{L}\right)e^{\frac{R}{L}t}dt+Ce^{-\frac{R}{L}t}\\
&= e^{-\frac{R}{L}t}\left[\int\frac{k_u}{L}\int te^{\frac{R}{L}t}dt+\frac{u_0}{L}\int e^{\frac{R}{L}t}dt\right]+Ce^{-\frac{R}{L}t}\\
&= e^{-\frac{R}{L}t}\left[\frac{k_u}{L}\int\frac{R}{L}t\,de^{\frac{R}{L}t}+\frac{u_0}{L}\frac{L}{R}e^{\frac{R}{L}t}\right]+Ce^{-\frac{R}{L}t}\\
&= e^{-\frac{R}{L}t}\left[\left(\frac{k_u}{L}\frac{L}{R}\left(te^{\frac{R}{L}t}-\int e^{\frac{R}{L}t}dt\right)+\frac{u_0}{R}e^{\frac{R}{L}t}\right]+Ce^{-\frac{R}{L}t}\\
&= e^{-\frac{R}{L}t}\left(\frac{k_u}{R}te^{\frac{R}{L}t}-\frac{Lk_u}{R^2}e^{\frac{R}{L}t}+\frac{u_0}{R}e^{\frac{R}{L}t}\right)+Ce^{-\frac{R}{L}t}\\
&= \frac{1}{R^2}(k_uRt-k_uL+u_0R)+Ce^{-\frac{R}{L}t}
\end{aligned} \tag{4}$$

由于电感线圈电流不能突变，故上述方程的初始条件为

$$i\mid_{t=0}=0$$

所以

$$\frac{1}{R^2}(-k_uL+u_0R)+C=0$$

$$C=\frac{1}{R^2}(k_uL-u_0R)$$

令 $C=0$ 可得：

$$k_uL-u_0R=0 \tag{5}$$

将 $C=0$ 和式(5)代入式(4)可得

$$i=\frac{1}{R^2}k_u Rt=\frac{k_u}{R}t$$

设 $k_i=\frac{k_u}{R}$，则

$$i=k_i t \tag{6}$$

$$R=\frac{k_u}{k_i} \tag{7}$$

将式(3)、式(6)、式(7)及 $k_i=\frac{k_u}{R}$ 代入式(1)可得：

$$L=\frac{u_0}{k_i} \tag{8}$$

由式(6)、式(8)可知，在外施电压 $u=k_u t+u_0$ 满足条件 $k_u L-u_0 R=0$ 时，电阻可表示为 $R=\frac{k_u}{k_i}$，即电压的变化率除以电流的变化率；电感可表示为 $L=\frac{u_0}{k_i}$，即初始电压和电流变化率的比值。

由上述分析可知，在合适的激励电压[见式(3)、(5)] 作用下，电阻的求解[见式(7)] 和时间常数 $\tau=\frac{L}{R}$ 无关，从而实现了变压器绕组电阻的零时间常数测量。但在实际使用中，满足条件 $k_u L-u_0 R=0$ 激励电压 u 无法确定，根据无源线性网络的特性，如果 LR 电路中电流满足式(3)，则电压 u 必满足 i 的推导条件，因此可将 i 作为激励源。为方便起见，进一步假设 $k_i=1$。

由式(3)得：

$$i=t \tag{9}$$

由式(7)得：

$$R=k_u \tag{10}$$

由式(8)得：

$$L=u_0 \tag{11}$$

将 $R=k_u$，$L=u_0$ 代入式(4-1)得：

$$u=Rt+L \tag{12}$$

由式(4)、式(10)、式(11)、式(12)可知，当激励为 $i=t$ 时，u 为一次函数，该一次函数的斜率为 R，截距为 L(见图 5)。

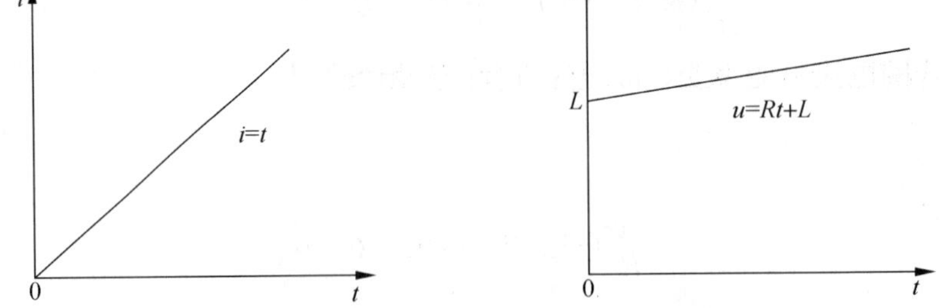

图 5 零时间常数测量时电流、电压关系

5. 零时间常数测量的实现

1）系统框图

测量系统框图如图 6 所示。

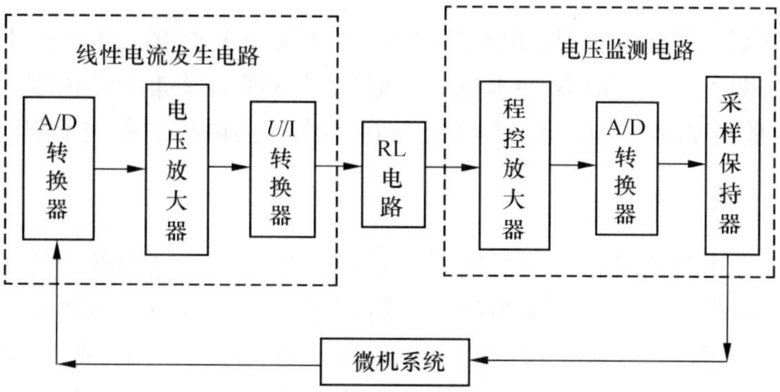

图 6　零时间常数测量系统框图

U/I 转换的实现

U/I 转换器是本测量系统的关键电路，这里就其工作原理加以讨论，其他电路可参考有关资料。

U/I 转换采用跨导放大器，其电路如图 7 所示。

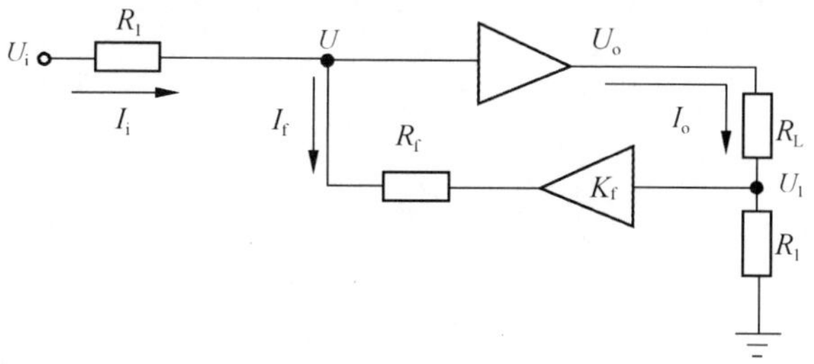

图 7　跨导放大电路原理图

$$I_o=\frac{U_o}{R_L+R_t}$$

$$U_o=KU$$

$$I_i=\frac{U_i-U}{R_i}$$

$$I_f=\frac{U-K_fU_t}{R_f}$$

$$U_t=I_oR$$

$$I_f=I_i$$

由以上几式解得：

$$I_o=\frac{R_f}{K_fR_iR_t}\frac{U_i}{1+\dfrac{(R_t+R_L)(R_i+R_f)}{KR_tR_i}}$$

由上式可知，当 $K\to\infty$ 时：

$$I_o = \frac{R_f}{K_f R_i R_t} U_i$$

由上式可以看出，当 R_i、R_t、K_f 选定后，I_o 只和 U_i 有关，而与负载无关，从而实现了 U/I 转换。

2）R、L 的获得

在一次函数电流的作用下，RL 电路两端电压也是一次函数，从理论上讲，测量不同时间的两次电压值，即可确定电阻 R 和电感 L，但这样不容易保证测量精度。实际测量时应根据 A/D 转换器的速度和微机速度测量尽可能多的样本，用最小二乘法求解。

6. 结语

变压器绕组直流电阻测量，时间常数大，效率低已是一个老问题。为此，人们提出了许多缩短时间常数的方法，有的效果很明显，并得到了广泛的应用，但也有一些缺点，如使用较麻烦，或者没有普适性等。本文提出的零时间常数测量方法，完全抛开了时间常数的概念，旨在得到一种使用方便并具有普适性的感性电阻测量方法。本方法的提出旨在起到抛砖引玉的作用，还有许多问题需进一步研究。

基于思维模式融合故障诊断的专家系统与神经网络

周建华　胡敏强　周　鹗

（东南大学电气工程学院）

摘要：本文以构造电力变压器的故障诊断分析系统为目的，从基于人类思维发展模式的角度，探讨了一种融合设备故障诊断的专家系统ES模型与人工神经网络NN模型的新途径。

关键词：思维，故障诊断，专家系统，人工神经网络，融合

1. 引言

电力变压器是电网的主要高压电气设备之一，其正常运行是保证电力供应与社会正常生产生活的基础，因而研究电力变压器的故障模式和故障诊断方法具有重要的现实意义。变压器故障是变压器本身及其应用环境综合作用和长期积累的结果，因而变压器故障的表象也多种多样，变压器故障表象与故障机理间的联系错综复杂，为了描述变压器故障的各种特性并进行分析，已采用了诸如不确定性的模糊性处理、诊断分析的专家系统智能推理、数据分析的神经网络模式识别等方法，并有了一定的应用成果[1~3]。但同时我们发现，种种单一的方法均存在一定的弊端，本文就如何取长补短将专家系统与神经网络融合成一整体，阐述组成变压器故障诊断分析的系统方法。首先阐述组成变压器故障模式及其诊断分析的专家系统与神经网络方法，然后在讨论人类思维方式的基础上，实现基本思维发展模式进行专家系统与神经网络融合的新思路。

2. 电力变压器故障诊断分析方法

电力变压器作为重要的电能转化设备，在电力系统中占有重要的地位。与其他高压电气设备一样，变压器的绝缘故障是其故障的主要形式，按故障进程分为潜伏性故障和突发性故障，突发性故障虽然具有突然性，但是也是内部故障发展的必然结果，因此诊断变压器的内部潜伏性故障，在故障发生期发现故障隐患并采取措施加以排除尤其重要。及早抓住变压器的绝缘故障隐患是变压器故障诊断领域的主要研究课题。

1）绝缘故障

电力变压器运行中，绝缘体处于热、电及化学的综合作用下，导致绝缘失败的基本故障模式有过热、局部电晕及电弧放电，并可能涉及固体绝缘结构的故障。根据故障表象，目前在线监测变压器绝缘状况的主要方法是进行变压器油中溶解气体的色谱分析(DGA)和变压器

《电工技术学报》，1999年4月，第14卷第2期。

局部放电(PD)测量，其分析手段包括专家系统(ES)分析方法和神经网络(ANN)分析方法等等。

2）绝缘故障诊断的专家系统模型

专家系统由专家知识库、推理机以及用户接口和解释机制等主要部分组成。知识是专家系统的核心与关键，是解决问题的出发点。变压器故障诊断专家系统中涉及的知识按来源分为两类：

(1) 关于变压器原理、运行理论、规程规范及相关领域的确定性的先验知识；先验知识同已知信息一起构成诊断的原始前提。

(2) 根据专家经验、运行实践归纳总结的反映变压器故障机理、故障特征与故障模式关系的具有启发性的诊断知识；它们表现了故障现象与故障性质、原因之间的内在联系，称为规则。

推理机将信息作用于知识体，实现从已有的事实和知识得出新信息的功能，从而揭示出蕴含在已知信息中的关于故障性质的描述。通常采用的推理策略有基于数据的正向推理、基于目标的反向推理及混合推理三种。

电力变压器故障诊断型专家系统(Transformers' Faults Diagnostic Expert System，TFDES)采用如图1所示的结构形式。

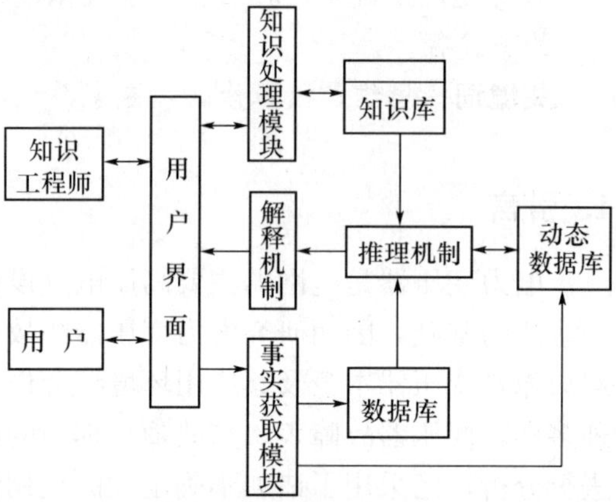

图1 TFDES系统构成

3）绝缘故障分析的神经网络模型

前向神经网络(FNN)具有优良的联想和模式识别能力，它是由输入层、输出层和若干中间隐层组成的多层无反馈连接网络。输入层矢量 $\boldsymbol{X}=\{x_1, x_2, \cdots, x_n\}$ 反应变压器故障的现象及其确信程度，输出层矢量 $\boldsymbol{Y}=\{y_1, y_2, \cdots, y_m\}$ 对应一定的变压器故障模式及其确定性。当训练完成后此神经网络能够实现从故障现象 $\{\boldsymbol{X}^n\}$ 至故障模式 $\{\boldsymbol{Y}^m\}$ 的对应映射，也即根据变压器的故障特征通过前向计算的方法得出其故障模式。

FNN多采用基于δ原则的BP算法[4]。已有根据DGA分析和PD监测实现的ANN模型应用于变压器的故障模式判别中，使得变压器故障诊断分析的实时性与学习性能有了质的提高。

3. 人类思维模式

1）人类思维的发展模式[5]

人类思维按层次由低到高大体可以分为经验思维、逻辑思维及创造性思维。

经验思维是一种类似条件反射式，它首先将在实践中逐渐积累的一些处理问题的方法作为正确模式存储在记忆系统中；当面对具体的外部对象时，就将对象的特定信息与记忆中存储的各种模式特征进行比较，当找到一种匹配或者相对匹配的情况，就按照这种模式处理实际问题。经验思维解决问题快速，但面对新问题时将无所适从。

逻辑思维模式按照逻辑推理的规则来处理问题的信息。输入信息首先被表示为一定的形式，从而与逻辑规则的条件相匹配，在反复的推理过程中解决问题，因而逻辑思维具有严密性和可靠性，对事物的发展能给出符合逻辑的预测。然而逻辑思维过程中应用的逻辑规则难以具备充分的完备性，因而如果前提条件不可靠，则会得出错误的结论。

创造性思维的显著特点是综合与突破。它首先按照经验思维和逻辑思维的手段实现常规的分析与处理，而当矛盾出现时，综合已有信息，提出新的假设来解释矛盾的现象，它是思维的高级阶段，实现着思维方式的突破。

2）逻辑思维——专家系统的优缺点

专家系统利用知识进行从故障表象到本质的推理，是对人类逻辑思维模式的计算机模拟。知识是专家系统的核心，其显示表示使专家系统具有概念明确，长于定性分析、推理路径清晰、易于用户参与、便于解释等显著优点，同时知识的"缺陷"也制约着专家系统的应用，主要表现在：

（1）知识获取的困难。首先专家经验的规则表达缺乏对专家思维过程的描述，因而只能是表象的、缺乏深度的，其次目前专家系统机器学习能力低下、人工方式知识获取效率差必然使专家系统知识难以完备。知识获取难已成为制约专家系统性能的"瓶颈"。

（2）知识维护的困难。专家系统知识大多以定性概念的形式描述，如何进行定性概念的比较从而保证庞大知识库的知识完整性与非矛盾性，算法复杂，导致专家系统建造周期长。

（3）基于知识的推理，存在着"匹配冲突"和"组合爆炸"的问题，尽管可以采取将规则知识分块等处理方法，专家系统的诊断推理尤其是基于不确定性知识的模糊推理仍然速度慢、效率差，难以满足监测控制实时性的要求。

3）经验思维——神经网络的优缺点

神经网络将已有数据和已知故障模式作为样本，通过学习得出数据量与故障模式间的映射关系。在神经网络系统中，信息的存储和处理是合为一体的，能从不完全的、不精确的信息联想出完整的信息，因而神经网络具有强的学习能力、信息处理能力以及学习过程中的完善性能，实现了对人类经验思维的模拟。但由于只是从已知样本中得到解决问题的能力，又存在这些局限性：

（1）一般情况下，由于神经网络不能得到完整的关于对象故事模式的全部样本，因而对奇异故障模式的判断能力差。应用神经网络只能是一个不断完善的过程，而网络自身对这种自我完善的调度性能较差。

（2）神经网络对结论及其过程不能作出解释，而这对于基本故障诊断结论的决策系统的可信性是必不可少的和至关重要的。

（3）单纯对数据的应用使得神经网络诊断方法缺乏全局观，不能对被诊断对象的所有问题层面进行整体分析，这是神经网络应用中的主要缺陷。

4. 专家系统与神经网络的融合

1）融合的基础

从上面的分析可见，专家系统与神经网络有不同的优点，为克服彼此的缺陷提供了可能：

（1）用神经网络方法进行故障的诊断分析，不需要组织大量的规则知识，也不需进行搜索推理，网络可以进行自组织与自学习，这为传统专家系统最感困难的知识获取和推理等问题提供了全新的解决途径。

（2）专家系统具有很强的过程分析和解释能力，只要将神经网络的计算过程反映为一定的规则应用，并将定量数据与结论定性化即可以进行神经网络过程的总体调度和行为解释，并能对实际中遇到的奇异情况进行更深度的分析判断。

同时，人类通过综合与假设验证的创造性思维模式，为实现 ES 与 ANN 的发展与融合提供了思维原形。

2）ES-ANN 结合的一般途径

专家系统和神经网络是故障诊断的根本上不同的两种方法，分别偏重于基于符号的启发式和着眼于数学的运算。为了相互补充，形成既利用专家系统高层次上的推理能力又具备神经网络低层次上的信息处理能力的混合 ES-ANN 系统，专家系统与神经网络的结合策略[6,7]有层式和混合式两大类。

在层式结合中，ES 与 ANN 组成串联式结构，分别完成所擅长的启发式逻辑推理或数据模式判别功能，不存在 ES 与 ANN 之间的反馈作用。

在混合式结合系统中，基于专家系统对被诊断对象进行全方位的描述，推理机制进行多重分析任务的过程调度，因而专家系统用作系统水平上的总控(Overall Controller)。神经网络则作为专家系统中的学习模块，并实现部分数据加工处理，构成为融合在专家系统中的功能模块，如在图 2 所示的变压器故障诊断系统中专家系统对神经网络的控制包括：数据预处理、神经网络启动、结论解释及必要的反馈等。

3）变压器故障诊断的 ES-ANN 融合系统

基于思维的发展模式，将变压器绝缘故障诊断的专家系统与神经网络分析模型进行混合式的融合，是提高变压器故障诊断系统分析性能的必然要求。

变压器绝缘故障诊断的 ES-ANN 融合系统以专家系统为主要骨架、辅助以神经网络模块，如图 2 所示(图中虚线部分为神经网络的学习控制流程)。在 ES-ANN 系统中，ES 执行着变压器故障诊断专家系统的所有性能，包括：数据收集数据综合及数据库的管理、知识形成及知识库的维护、推理策略及推理机制、解释机制和人工接口，其模糊性处理模块同时执行着变压器故障及其诊断分析过程中具有不确定性特征的数据、知识以及诊断结论等的转化表达，来源于不同信息源(观察、监测、试验、用户确认)的信息汇集在专家系统的数据库形成为被诊断对象的总体状态的认识，通过动态数据库“发布”到各个诊断模块实现对被诊断对象的分析，诊断的结论也通过动态数据库由解释机制进行结论的解释说明，传递给用户或保存在数据库中。

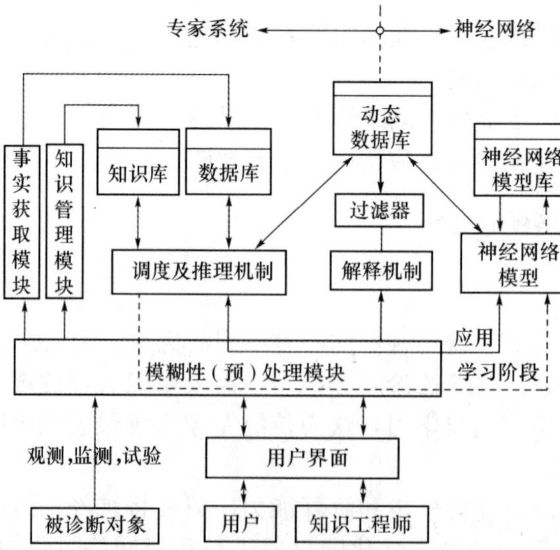

图 2 ES-ANN 综合诊断分析系统

在ES－ANN系统中，神经网络作为一支模块存在，执行着DGA和PD数据分析及故障模式判别功能，它由专家系统的推理机制激发，从数据库和动态数据库中获取必要的学习样本(已经过预处理)及诊断实例，将学习结果存储于网络模型数据库，而判断结果作用于动态数据库以便推理机作出进一步的综合与解释。神经网络的作用是在专家系统支配下的相互作用的过程。

4）ES－ANN系统分析机制

从思维发展的角度看，变压器故障诊断的ES－ANN系统是在逻辑思维(TFDES)支配下，适当运用经验思维(ANN)的成果，并通过用户参与机制从假设出发实现一定范围内的创造性思维(假设-验证)，从而基本上实现了电力变压器故障诊断分析的智能化。

ES－ANN系统故障诊断系统的分析包括从“事实获取”→“任务分析”→“神经网络诊断”→“专家系统诊断”→“用户干预”→“结论综合”的流程，其中形成若干的自反馈，如图3所示。通过专家系统进行对象的全局分析，从系统的角度识别变压器的总体状态，在专家系统的统一控制下完成变压器内部故障的诊断，使得神经网络的数据处理与模式差别能力和专家系统的总体协调、启发式推理能力同时得到充分的发挥，并在用户的积极参与下实现知识和样本的创造，实践证明，这极大地提高了故障诊断系统的可塑性和扩充性能，专家系统与神经网络的性能也得到了相应的改善和完备。

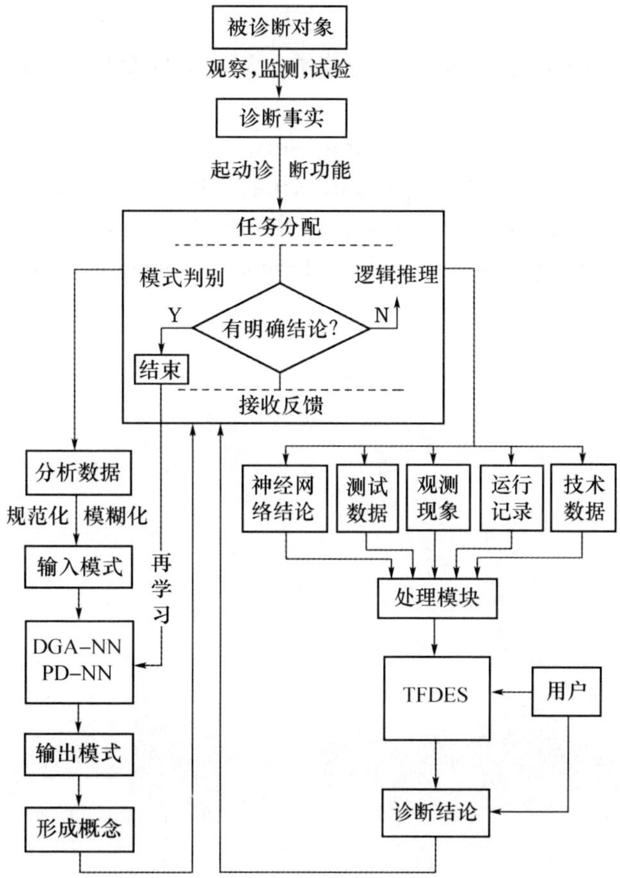

图3 ES－ANN系统诊断分析机制

5. 结论

基于人类思维的发展模式将电力变压器绝缘故障诊断的专家系统方法与神经网络方法融合成一个整体系统，合理的分配故障诊断任务，在创造性的相互协作中不断完善，对增强诊断分析能力、提高判断性能、完善系统的实用性具有显著的意义，利用融合的思维发展专家系统，神经专家系统必将是未来故障诊断技术发展的一个具有广阔前途的方向。

但必须指出，要使计算机真正达到人类思维的深刻性、批判性、灵活性、独创性和敏捷性的全面高度，计算机技术和智能技术的研究者还有许多工作要做，还需要经历漫长的实践过程。

参考文献

[1] 何跃英，江荣汉. 基于模糊理论的电力设备故障诊断专家系统. 电工技术学报，1994，9(1)：43-46.

[2] Fuhr J，et al. Detection and Location of Internal Defects in the Insulation of Power Transformers. IEEE Trans. on Electrical Insulation，1993，28(6)：1057-1065.

[3] Zinoulis T，et al. Use of Neural Networks for Discriminar Tion of Partial Discharges in Tranformer Oil. CEIDP Annual Report，1995. 357-370.

[4] Rumelhart D E，McClelland(Eds.) J L. Parallel Distributed Processing Vol. 1-Vol. 2. Mit press，1986.

[5] 钟义信，潘新安，杨义先. 智能理论与技术——人工智能与神经网络. 北京：人民邮电出版社，1992.

[6] Becraft W R，et al. Intergated Neural Network/Expert System Approach for Fault Diagnosis. Computer & Chemical Engineering，1993，17(10)：10001-1014.

[7] Yuan Yufei，et al. On the Integration of Neural Networks and Fuzzy Logic Systems. Proceeding of the IEEE International Conference on Systems，Man，Cynernetics，1995，1：452-457.

基于数据库的电气设备故障诊断智能系统

周建华　胡敏强　周　鹗

（东南大学电气工程系）

摘要： 文章阐述了电站电气主设备基于数据库技术、模糊理论、人工智能专家系统及神经网络原理构造的故障诊断系统。在系统实现中，用隶属函数反应故障现象特征的模糊性和模糊关系，基于关系数据库进行知识的模糊表达，用模糊性更新传播算法实现基于规则的模糊推理，以人工神经网络实现基于示例的学习，统一以专家系统进行诊断过程管理。并以实例证明了系统的正确性与实用性。

关键词： 故障诊断，模糊性，数据库，专家系统，神经网

1. 引言

发电机、变压器、电动机等电气主设备的正常运行是保证电站安全稳产的基础，监视这些设备的状态、分析出现的异常现象、预防事故的发生并迅速定位引发故障的原因是电气设备故障诊断的内容。故障诊断是一项复杂的技术性的任务，涉及设备的运行机理、故障发生发展机制、装置维护的现状、运行条件等诸方面。为了高效地解决需要高技能才能解决的诊断问题，本文引入了人工智能技术，构成了基于模糊性、应用神经网络技术的电站电气设备故障诊断专家系统。

电气设备的故障表现存在着由于随机性和模糊多义性等引起的不确定性，故障与现象、原因之间的联系也存在着模糊性，因而必须采用模糊理论对知识、数据进行模糊处理，进而实现模糊推理。

专家系统[1]基于人工智能研究，擅长于符号处理、经验启发式推理，在求解问题时能够推导出专家级的解并能够解释自己的推理行为，其可扩充的动态知识库能处理动态变量输入。因而多年来，专家系统已成功地应用于科研活动、生产实践的各个领域。为了克服专家系统知识获取中的困难，本文又借助神经网络的学习功能实现了部分规则模型的自学习与完善判断。

2. 系统构成

电站电气设备故障诊断系统简称 EFDS，如图 1 所示，各模块功能如下：

① 知识管理模型及知识库：进行专家经验与电机领域知识的学习、管理、查询。

② 事实获取模块及数据库：输入原始事实、收集推理结论、进行数据的转换维护。

③ 推理机制：运用正、反向结合的混合推理及近似匹配不断扩充事实得出结论。

④ 模糊性处理模块：将定性知识和数据定量化、结论定性化，以一定的更新算法在推理过程中传播模糊性。

《计算机工程与应用》，1999 年第 2 期。

⑤ 神经网络模块：运用例子数据库中的事例进行自学习，并对电气设备的相似的工作状况实现模式匹配判断。它同时作用于数据库、知识库及动态库，与专家系统实现着同步或互助式的推理诊断。

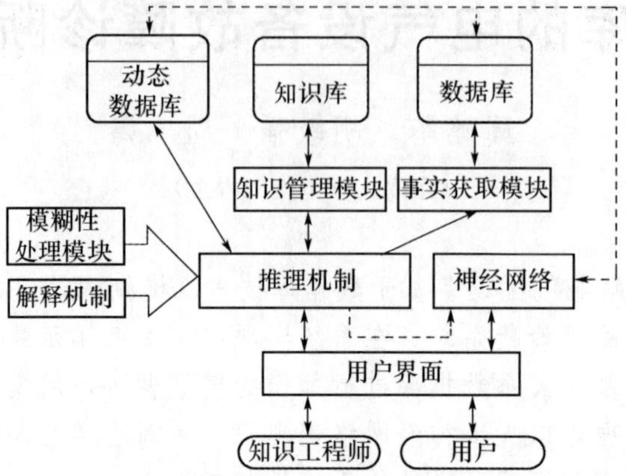

图 1 EFDS 系统构成

⑥ 解释机制与用户界面：解释假设与结论，与用户交换信息，回答用户关于系统如何推理及怎样推理的提问。

⑦ 动态知识库：临时记录推理过程的中间知识及其模糊性，是智能诊断推理系统的数据交换中心。

3. 模糊性的表达

1）模糊性及模糊事实和模糊概念的表达形式

电气设备及其故障诊断中的模糊性表现多种多样，如关于故障现象发生范围及大小的不确定性描述、定性概念如"电压过高"、"油位偏低"等的含糊性、反映故障现象与故障原因之间相互联系的紧密程度、数据处理中的中间值及多义性(如变压器色谱分析中的编码)的处理等等，都必须应用模糊性进行表达和处理。

L. A. Zadeh 在 1965 年提出了用模糊集表示模糊性[2]。设 U 是一个对象组成的论域，则论域 U 上的一个模糊集 A 定义为隶属函数：$\mu_A(x):U\to 0,[1],x\in U$。

它把 U 中元素映射到[0，1]中的正实数，隶属函数 $\mu_A(x)\in[0,1]$，表示 A 取值 x 的可信度，设定 $\mu_A(x)=1$ 表明可信度为 1、$\mu_A(x)=0$ 表明可信度为 0、$\mu_A(x)=0.5$ 表明未知即具有完全模糊性，这样模糊集或隶属函数即表达了一个模糊事实或概念。

例 1 发电机的线电压取值论域为连续的正实数。设某发电机的额定电压 U_N，允许运行的过电压倍数为 U_d，认定存在过电压的电压倍数为 U_u，则定义定性概念"电压过高"的隶属函数 $\mu_{电压过高}(u)$为

$$\mu_{电压过高}(u)=f(U_d,U_u,U_N,u)=\begin{cases}0, & \dfrac{u}{U_N}\leqslant U_d\\ \sqrt{\left(\dfrac{u}{U_N}-U_d\right)/(U_u-U_d)} & U_d<\dfrac{u}{U_n}<U_u\\ 1, & \dfrac{u}{U_N}\geqslant U_u\end{cases}$$

已知某发电机各值为 $U_N=10.5$ kV，$U_d=1.05$，$U_u=1.20$，则运行实测电压值 $u=12.3$ kV 属于"电压过高"的隶属度等于 0.90，即认为此时发电机"电压过高"的可信度是 0.90。

例 2 依据导则[4]变压器油中溶解气体色谱分析三比值之一 $CH_{4/2}$ 的取值范围为(0，∞)，而“$CH_{4/2}$ 的编码”的取代值论域 U 为离散的有限集{0，1，2}。为了处理三个取值的分界情况，本文引入模糊隶属函数 μ_0、μ_1、μ_2 分别计算对应于三种编码的隶属度，则编码描述为模糊集合{μ_0，μ_1，μ_2}，同时定性概念“$CH_{4/2}$ 的编码为 1”可用模糊集{0，1，0}表达。

2）关于的模糊表达

设 X_1，X_2，…，X_n 为故障现象论域，Y_1，Y_2，…，Y_m 为故障性质或故障原因论域，定义在论域 $U=X_1\times X_2\times\cdots\times X_n\times Y_1\times Y_2\times\cdots\times Y_m$ 上的模糊集称为 X_1，X_2，…，X_n 和 Y_1，Y_2，…，Y_m 间的模糊关系，记为

$$R: X_1\times X_2\times\cdots\times X_n\times Y_1\times Y_2\times\cdots\times Y_m\rightarrow[0,\ 1]$$

其隶属函数记为：$\mu_R(x_1,\ x_2,\ \cdots,\ x_m)$，$x_i\in X_i$，$y_j\in Y_j$，$i\in(1,\ \cdots,\ n)$，$j\in(1,\ \cdots,\ m)$。其中，$\mu_R\in[0,\ 1]$，它表示了关系的可信度，亦即故障现象对故障性质或原因的支持程度。

4. 基于数据库的知识表达与知识推理

知识是专家系统诊断的基础。电气设备故障诊断智能系统中应用的知识按其内涵可分为事实、概念、规则及方法等。其中，事实和概念对被诊断对象的各种属性值进行定量或定性描述；规则是反映电机领域知识和专家经验的启发性知识的总和，表示了电气设备故障现象与性质、原因之间的内在联系；方法简单地描述为从已有的知识推出新知识的过程。构造专家诊断系统包括获取知识、表达知识、运用和处理知识等步骤，本节主要讨论知识的表达与运用处理两个方面。

1）数据库的特点与知识表示

关系数据库具有较高的数据独立性、数据一致性，允许实行查询优化、关系中的关系性明确且关系具有相对性(即一个关系可看作一个实体的表示，也可看作一个 n 元的关系)。因此，本文利用关系数据库方便地表示了各类模糊知识，并进而实现了基于关系数据模型的知识推理。

(1) 事实的模糊关系表示

电气设备的故障事实和规则有精确(非模糊)与模糊之分，将精确性看做是隶属度为1(模糊性为 0)的模糊性，则统一地用模糊性来刻画它们。事实(也称为对象)通过其各层面的属性描绘为：“事实:(属性 1，属性 2，…属性 i…)”其中，不同的属性 i 具有不同的取值论域 U_i。用关系数据库的一个元组描述一个事实，从而构成“模糊值事实数据库”。

例 3 反映发电机运行状况的事实表示为

运行状况:(设备，日期时间，电压，电流，负荷，温升，保护状况，……)

定义“运行状况”数据库，它含有字段“设备，日期时间，电压……”，其中，电压电流负荷等属性取精确值，温升等取模糊值或精确值。此时数据库中的一个元组即存储了发电机设备的一个“运行状况”事实。

(2) 规则的模糊关系表示

反应电气设备的故障现象原因的关系知识用产生式规则的形式描述为

“前提”组合⇒“结论”组合，CF(可信度)，τ(阈值)的形式，当前提与结论中都是不含有变量的命题时，用关系模型表示为

规则:(前提 1，…，前提 n，结论 1，…，结论 m，CF，τ)

其中，命题都可以取模糊值；$CF\in[0,\ 1]$表示规则强度，是前提条件组合为真时规则对

结论的支持程度；$\tau\in[0,1]$称为规则阈值，表示激活规则的所需前提最低可信度。在规则触发时，结论的可信度是前提可信度与规则强度的函数。这样以关系数据中的一个元组表示一条规则，增加一元组即追加一规则，称为“模糊值模糊关系数据库”。当某些规则的前提或结论不足 n 或 m 个时，采用“恒真命题”替代。

当前提与结论中有含有变量的命题时，称此规则为规律。通过举例方法反应命题的变量后，用一个规则组来描述一条规律。

2）基于模糊数据库的模糊知识推理

模糊知识推理的过程就是知识模糊性的传播过程，从已有事实计算规则前提的模糊性或可信度，并激活某些规则，执行结论的动作；或者假设一结论可信，反证前提的可信度，获取用户的事实支持。因此，模糊推理的关键在于模糊性匹配和模糊性的更新传播。

（1）模糊数据的匹配-模糊语义距离

在精确数学中匹配指定完全相等，而模糊数据的匹配是指两模糊数的相似程度大于某设定的限值或者两模糊数的语义距离小于某设定的限值，本文主要采用模糊数据的距离来定义模糊数的匹配程度。

设用隶属函数表示的两个模糊数 A、B，它们的隶属函数分别为 $\mu_A(x)$、$\mu_B(x)$，且在相同的论域 U 上取值，则定义 A 与 B 之间的语义距离为 $SD(A,B)=\max|\mu_A(x)-\mu_B(x)|,x\in U$。于是模糊数 A 与 B 之间的匹配程度 $R(A,B)=1-SD(A,B)$，值 R 越大表示 A 与 B 越匹配，反之则越不匹配。

例 4 在变压器一组色谱数据中，“$CH_{4/2}$的编码”的模糊值为$\{0,0.33,0.67\}$，从例 2 已知定性概念“$CH_{4/2}$的编码为 1”可用$\{0，1，0\}$模糊表示，则计算出此编码与定性概念的匹配程度为：$R=1-SD=1-\max\{|0-0|,|0.33-1|,|0.67-0|\}=1-0.67=0.33$。于是在实际情况下，定性概念的可信度为 0.33。

（2）模糊性更新传播算法

专家系统应用规则知识从已有事实推出未知结论时，前提组合的隶属度通过规则以一定的算法传递给结论，如果此结论又是另一规则的前提项，则又继续传递给又一结论，这个逻辑推理过程同时也是模糊性随着知识的传播过程。

考察专家系统中的规则：$P_1\wedge P_2\wedge\cdots\wedge P_n\Rightarrow Q$，$CF$，$\tau$ 其中 P_1，P_2，…，P_n 为 n 个前提条件，均可以取模糊值，它们的可信度分别记为 $T(P_1),T(P_2),\cdots,T(P_n)$；$\wedge$ 表示 n 个前提的“与”组合；Q 为结论命题，假设已知其可信度为 $T(Q')$；$CF,\tau\in(0,1)$分别为规则的规则强度与应用阈值。前提的综合可信度 $T(P)$计算为：$T(P)=\hat{i}\{P,(P_i)\}$，$i=1$，$\wedge n$，其中 $\wedge$ 取极小值运算形式。如果 $T(P)>\tau$，则激活规则得出结论 Q，Q 为真的可信度更新为 $T(Q)=T(Q')+(1-T(Q'))T(P)CF$。该过程即是模糊性更新传播，同样适用于由多条规则推出同一结论时的真度处理。

（3）模糊专家系统推理策略

由于引入了知识的模糊描述，因而不能要求一定得出肯定性即可信度(真度)为 1 的诊断结论，模糊推理的目的即变为：

① 推出具有最大真度的结论 Q_0，即

$$T(Q_0)=\max\{T(Q_i)\},\ i=1,\cdots,m$$

② 证明假设 Q_0 的真度是否大于某一设定的要求真度 τ_0，即 $T(Q_0)>\tau_0$?；

③ 推理计算某一假设 Q_0 的真值 $T(Q_0)=$?。

本文针对不同的推理目的采用与之相适应的推理策略。针对推理目的(1)，采用“数据驱动”的正向推理策略；而对推理目的(2)、(3)，采用“目标驱动”的反向推理策略，推理过程分别如图 2 和图 3 描述。

在图 3 中，$R(Q_0, Q)$表示假设目标 Q_0 与规则结论的模糊匹配程度，r_0 为设定的规则激活匹配值，一般取 $r_0 \geqslant \tau_0$；虚框中的判别部分只应用于推理目的(2)。

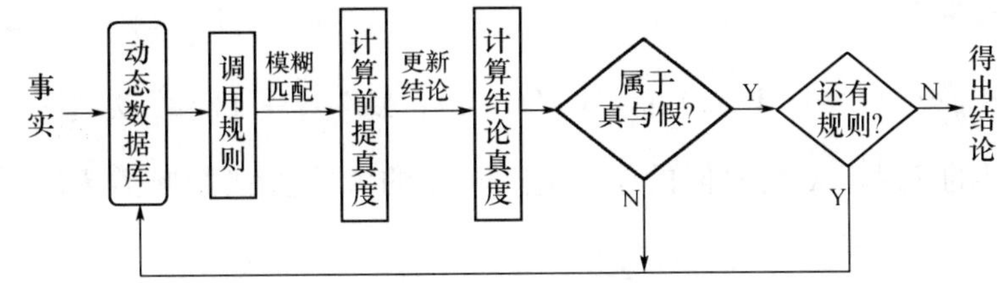

图 2　数据驱动的正向推理流程

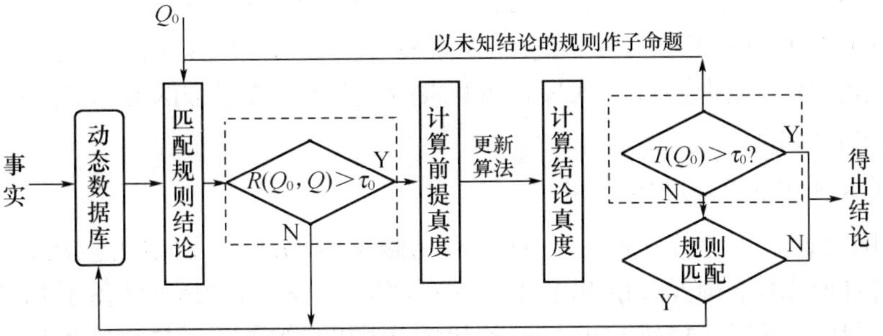

图 3　目标驱动的反向推理流程

5. 神经网络的应用

1) 神经网络模型

神经网络(Neural Networks)是由许多神经元以层次方式组织并行联结成网，它模拟生物神经系统的思维方式处理真实世界的对象。神经网络学习的知识以不同的连接权值{W}及神经元阈值{(}的形式分布存储在整个网络中。在诊断应用中，其输入表示被诊断对象的征兆存在与否及其确定程度，而输出即代表特定故障模式的可能性度量。

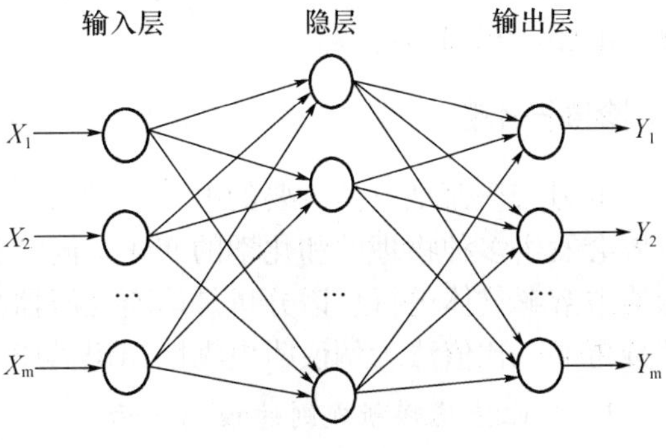

图 4　前向神经网络 FNN

对如图 4 所示的前向神经网络(FNN)，网络不仅有输入层节点，输出层节点，而且有一层或多层隐节点。输入信号$\{X_i\}$前向传播到隐层，经节点非线性函数作用后再传到输出层，得到对应的输出。如果网络输出与期望输出有差异，则通过修正各连接权值使总体误差最小，这个就是前向网络的学习训练过程。

2) 基本学习算法

BP 算法[6]即误差的反向传播算法是前向网络有监督学习的有效方法。对图 4 所示的前向神经网络，没有 N 个学习样本$\{X_k, Y_k\}(k=1, 2, \cdots, N)$，对应第 k 个样本，节点 i 的输出为O_{ik}，节点j的输入$\mathrm{net}_{jk}=\sum W_{ij}O_{ik}$(将神经元阈值$\theta$看作是至输出为1的节点的连接权值)。以网络输出与样本输出的偏差平方和为网络学习的目标函数E，即

$$E=\frac{1}{2N}\sum_{h-1}^{N}(Y_k-\hat{Y}_k)^2$$

其中，$\hat{Y}_k$为网络的实际输出，采用梯度法在负梯度方向搜寻E的最小值，则神经元间联系权值的修正式为

$$W_{ij}(t+1)=W_{ij}(t)+\Delta W_{ij}(t+1),\Delta W_{ij}(t+1)=-\lambda\frac{\partial E}{\partial W_{ij}}$$

式中，t反映学习的进程，λ是权值的学习速率，λ的大小直接影响着BP学习的快慢与收敛性。

$$\frac{\partial E}{\partial W_{ij}}=\sum_{k-1}^{N}\frac{\partial E_k}{\partial W_{ij}}$$

该式反应了E在权值空间$\{W\}$上的梯度方向，其计算过程即是输出误差通过网络连接的反向传播过程，因而称为Back-Propagation算法(简称BP)。对BP算法进行适当的改进，如限制权值空间的幅值、加入噪声进行训练等，可以提高神经网络算法的收敛性能，有效地改善网络容错、抗过配合性能。

3）神经网络在诊断系统中的应用

前向神经网络通过误差修正的自学习，反复修正网络神经元间的连接权值，将隐含在样本中的规律性反映到网络神经元的联系中，一旦学习完毕，网络即具备了相当于样本组合的判断能力。如果用来学习的样本在电气设备故障现象与性质关系方面具备代表性，则由此得到的前向网络即也具备诊断判别的正确性，可用来分析故障的普遍现象。

在电气设备故障诊断专家系统中，神经网络作为模块存在。它从专家系统的推理机制和模糊性处理获取必要的学习样本及诊断实例，将学习结果存储于神经数据库，而判断结果作用于动态数据库以便推理机作出进一步的综合与解释。因而神经网络的作用是在专家系统支配下的相互作用的过程。

6. 诊断一例

电力变压器是电站重要的电气主设备之一。当存在潜在故障隐患或发生故障时，变压器本体会发生多种物理的和化学的变化，同时记录数据与保护有异常突变和动作。对变压器绝缘油中溶解气体进行色谱分析是诊断变压器内部故障及发现故障隐患的重要手段，本例以色谱分析的三比值法为例说明模糊性知识描述、神经网络应用与模糊诊断的过程。

1）三比值及判断规则的模糊表示

应用导则[4]推荐的三比值编码及其判断方法，3个比值“$C_2H_2/_2H_4$编码”、“$CH_4/_2H_6$编码”、“$C_2H_4/_2H_6$”分别取模糊值，如例2所示简示为$\{\mu_1,\mu_1,\mu_2\}$。其中，μ_0，μ_1，μ_2值域为[0，1]，分别表示编码取值0，1，2的隶属度或可信性，用隶属函数描述。

将三比值法的每一行描述为一条规则，定性概念编码为0、1、2分别表示为{1，0，0}、{0，1，0}、{0，0，1}，根据经验与实际运行分析，本文设定三比值规则强度为$CF=0.9$，阈值$\tau=0.65$。

2）神经网络的构造与样本组织

以三比值编码作为前向神经网络的输入，则共有9个输入情况，选取故障特征(共9种)

为网络的输出。Kolmogorov 定理表明取节点数分别为{n，($2n$+1)，m}的三层网络即可以实现 $n \to m$ 维的映射。将神经元的阈值用至输出为 1 的节点的连接权表示，则取输入层神经元数为 9+1，输出层神经元数为 9，隐层神经元数初选为 19+1。网络中的连接权值初始为(−1，1)间的随机实数。

输入矢量为 $\boldsymbol{X}$={1，i_1，i_2，i_3，i_4，i_5，i_6，i_7，i_8，i_9}，其中 1 对应于阈值节点，其余变量分别对应 C_2H_2：C_2H_4，CH_4：H_2，C_2H_4：C_2H_6 的编码等于{0，1，2}的真度。输出矢量为 $\boldsymbol{Y}$={o_1，o_2，o_3，o_4，o_5，o_6，o_7，o_8，o_9}，分别对应 9 种故障特征的真度。以三比值规则为依据，标准训练样本组织如表 1 所示。在标准学习样本中，输出取 1 表示具备此项故障特征，反之输出取为 0。

表 1　神经网络学习样本(表中空白均为 0 值)

序号	输入									输出								
	i_1	i_2	i_3	i_4	i_5	i_6	i_7	i_8	i_9	o_1	o_2	o_3	o_4	o_5	o_6	o_7	o_8	o_9
1	1			1			1			1								
2	1				1		1				1							
3		1			1		1					1						
4		1		1				1					1					
5		1		1					1					1				
6			1	1				1					1					
7			1	1					1				1					
8	1			1				1							1			
9	1					1	1									1		
10	1					1		1									1	
11	1					1			1									1

3）诊断

一台主变的两组色谱数据如表 2 所示。进行模糊性处理，在数据库中得到两个模糊元组为(SFP7 - 360000/220、920805、{1，0，0}、{0，0，1}、{0.08，0.92，0})和(SFP7 - 360000/220、920826、{1，0，0}、{0，0，1}、{0，0.33，0.67})，作为神经网络的待判断实例，则网络的输入矢量分别为{1，1，0，0，0，0，1，0.08，0.92，0}和{1，1，0，0，0，0，1，0，0.33，0.67}。

表2　主变 SFP7 - 360000/220（西安变压器厂生产）

日期	H_2	CH_4	C_2H_4	C_2H_4	C_2H_2	
1992.8.03	172.9	382.45	133.4	208.3	0	
2002.8.26	248.9	726	278.1	938.2	0	
日期	$\frac{C_2H_2}{C_2H_4}$ 比值	$\frac{C_2H_2}{C_2H_4}$ 模糊编码	$\frac{CH_4}{H_2}$ 比值	$\frac{CH_4}{H_2}$ 模糊编码	$\frac{C_2H}{C_2H}$ 比值	$\frac{C_2H_4}{C_2H_4}$ 模糊编码
1992.8.05	0	{1，0，0}	2.21	(0，0，1)	1.34	{0.08，0.92，0}
1992.8.26	0	{1，0，0}	2.92	{0，0，1}	3.37	{0，0.33，0.67}

应用专家系统进行模糊推理。对应两组色谱分析数据的两个元组与[4]中三比值规则 7 及

8 的匹配度分别为 0.92、0.67，与其余规则的匹配度均为 0。对应第一元组，$T(P)=0.92>\tau=0.65$,激活规则 7，得到结论 Q_1 为“300～700℃中温过热故障”，结论真度 $T(Q_1)=T(P)\times CF=0.92\times 0.9=0.83$。对应第二元组，$T(P)=0.67>\tau=0.65$，激活规则 8，得到结论 Q_2 为“高于 700℃高温过热故障”，真度 $T(Q_2)=0.65\times 0.9=0.59$。综合两次色谱分析结果，专家系统得出结论：“主变发生过热温度不断增大的热故障”，典型原因为“磁通集中引起的铁芯局部过热”。

将两组输入矢量施加于神经网络的输入端，网络的输出矢量分别为

$$\boldsymbol{Y}_1=\{0,0.008,0,0.007,0,0,0.033,0.955,0.015\}$$

$$\boldsymbol{Y}_2=\{0,0.005,0,0.003,0,0.005,0.018,0.203.0.758\}$$

取最大输出为可能故障特征，则由神经网络给出结论分别为“300～700℃中温过热故障”和“高于 700℃高温过热故障”。

实际运行一段时间后，内部检查得出结论为：“拉筋板隔磁槽在中部人为短路，运行中漏磁产生环流”。这正是一个过热程度逐步恶化的过程，诊断系统判断结论与之符合。证明用系统诊断的结论是准确的。

在应用神经网络进行故障分析时，对于由于学习样本组合不完全引起的误判，网络在给出输出的同时，将信息反馈给推理机制，作用于专家系统知识库进行深度推理，并建议据此生成新的样本用于再学习，在专家系统和神经网络的相辅相成中不断改善系统分析多故障组合的能力和准确性。实践证明，基于模糊数学方法用专家系统及神经网络综合进行电气设备的故障分析是切实可行的，且在实际应用中能不断提高自身的诊断能力。

7. 结论

该文针对电气设备故障诊断知识设计了基于关系数据库及神经网络的描述方法，在诊断系统的研制中引入了模糊性，用隶属函数描述反映模糊性的真值可信度，通过模糊性在推理中的更新传播，从而由故障的现象逐步得出关于故障性质与故障原因的具有一定可信度的推理结论。由于引入了模糊性，使得可以由不完全的信息得出可信的结论，这也正是模糊性引入的又一优势。在部分知识的表示中，本文运用神经网络技术进行自学习和诊断，形成了基于特定诊断对象(如某些变压器)的指定诊断网络，从而能够针对对象特殊性进行诊断处理，以便诊断结论的准确性得到提高。以本文思想构造的“电站电气设备故障诊断智能系统”已经应用于电厂，实际运用表示，这种模糊专家智能诊断的方法具有良好的适应性、较高的精确性，并具有一定的学习性能，系统具有广泛的应用性。

参 考 文 献

[1] Kandel A, et al. Fuzzy Expert Systems. Boca Raton: CRC Press, FL, 1991.

[2] Zadeh L A. Fuzzy Sets. Information and Control. 1965, 8: 338 - 353.

[3] Yufei Y, Michael J S. Induction of Fuzzy Cecisiontrees. Fuzzy Sets and Systems, 1995, 69: 125 - 139.

[4] GB7252 - 1987 变压器油中溶解气体分析和判断导则. 国家标准局，1987.

[5] 何新贵著. 模糊数据库系统. 北京：清华大学出版社，1994.

[6] Salomon R, Hemmen J L V. Accelerating Backpropagation Through Dynamic Self - Adaptation. Neural Networks, 1996(4): 589 - 601.

单相异步电动计算机集成测试系统简述

小型异步电机具有用途广泛、需求量大的特点。在世界范围内，各个发达国家每年的产量都在数千万台以上，在我国，随着工农业发展和人民生活水平不断提高，对小型异步电机的需求量也在日益增加。因此，对小型异步电机基础理论、优化设计、现代工艺、测试方法及手段的深入研究，都具有重要的经济和社会意义。

1995 年 7 月，根据中国船舶公司九江仪表厂生产的需要，提出了研制“单相异步电机计算机集成测试系统”的项目。在周鹗教授主持下，研制组经过近两年的辛勤努力，胜利地完成了这一大型测试装置的研制工作。

该测试系统是一种与生产节拍相适应的在传输流水线上完成电机出厂全部测试项目的自动化设备，系统先进性表现在：① 采用基于计算机的先进的硬、软件设计方案，测试功能强、自动化程度高、测量数据准确可靠；② 传输线间歇运动，在快节拍下能稳定可靠运转，最快达到每 5 秒 1 台的测试速度，每天测试 4 000～5 000 台；③ 测试系统融出厂测试、测试数据分析及管理于一体；④ 在节拍上可以与生产流水线柔性接口，为工厂今后 CIMS 系统的建立打下基础。

1997 年 2 月由原江苏省机械厅主持通过省级鉴定，鉴定委员会一致认为，测试系统的整体性能与质量达到国内领先水平。

单相电机微机测试系统中附加电阻及接触电阻的影响和消除

郑建勇　钱　巍　周　鹗
（东南大学电气工程学系）

摘要： 对单相异步电动机出厂试验微机自动测试水线中测量电路附加电阻的影响和消除方法进行了分析，提出了“5导条”和“4导条”测试方法，适用于所有单相异步电动机微机自动测试系统。

关键词： 单相异步电动机，微机测试系统，接触电阻

1. 引言

随着国内电机行业的发展及电机产品市场竞争的日益激烈，各电机制造企业都在向集团化方向迈进，尤其是单相异步电动机生产厂。生产规模的不断扩大必然要求在生产技术、质量管理上有更高的起点，目前高质量的标准要求电机废品率在千分之几的范围内，为此大多数电机制造厂都已采用100％试验，而不是随机抽检的办法。要实现大批量电机100％测试，必须采用微机全自动测试系统。

微机自动测试系统为能实现快速、可靠、全自动、多功能的目的，必须对所有试验项目实行在线并行测试，即并行试验、并行测量及微机智能化管理。为达到此目的，通常在测试流水线上并列设置所有试验测试工位，以实成电机所需的出厂试验。当各电机在相应工位上完成某试验后，测试线自动前行一段距离，使电机进入下一测试工位，等待进行下一项试验。这就要求测试线上各工装板(放置被测电机的塑料托板)与各试验电源之间必须采用滑动接触形式。滑动接触常用“碳刷-铜条”接触或“铜刷-铜条”接触形式，必然存在接触电阻。另外，测试系统控制框与测试流水线之间通常有较长的距离，连接电缆也会产生附加电阻。在进行各项试验时，接触电阻和附加电阻与电机绕组相串联，若不消除，必然会影响各试验的测量精度。本文主要针对测量电路附加电阻和滑动接触电阻的测量计算方法进行了探讨。

2. 测量电路附加电阻和滑动接触电阻的测量计算方法

测量电路附加电阻因阻值固定，相对来说容易计算和消除。例如在测试系统安装完毕后，电缆电阻也就确定了，可事先通过测量得到各电缆阻值，并在相应试验中将其扣除即可。

接触电阻的大小则随电刷表面干洁程度、电刷铜条之间接触的良好程度以及通电电流大小等随时变化，且具有非线性，很难预测。若采用扣除固定接触电阻的方法显然不准确，必须通过一定的方法测量或在原理上将其消除。测量接触电阻最简单直观的方法是将工装板上

《中小型电机》，2000，27(1)。

的被测电机绕组短接，此时，测试系统所测电阻阻值就是电缆附加电阻与接触电阻之和。但在测试线上实现电机绕组短接很复杂，若要在运动的工装板上实现电机绕组短接，最有效的方法是在每一块板上装设继电器，而一条测试线上虽然试验工位只有十多个，但试验工装板通常有近百个，如此就必须有近百个继电器及近百条控制线路，不仅接线复杂，而且投资巨大。因此必须采取一种行之有效，又简单可靠的方法测量并消除附加电阻及接触电阻。

1）“5 导条”测试法

所谓“5 导条”测试法，就是在测试流水线上每个测试工位放置 5 根铜条，利用多次测量的方法将接触电阻及附加电阻计算出来并消除。测量原理如图 1 所示。

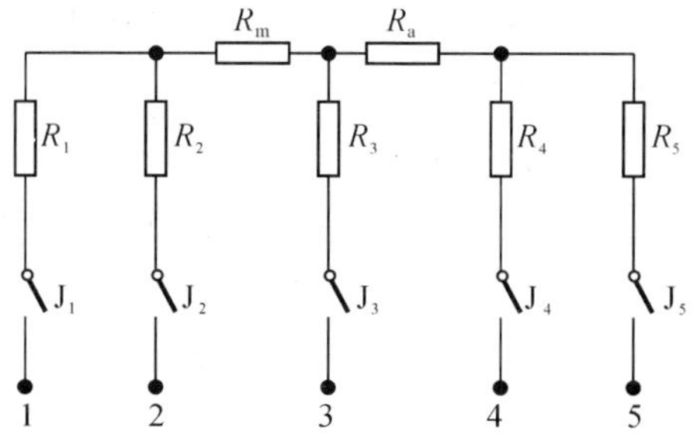

图 1　“5 导条”测量原理图

图中，R_m、R_a 分别为单相电机主绕组电阻和辅绕组电阻，R_1、R_2、R_3、R_4、R_5 分别为 1～5 号电刷与导条的接触电阻及电缆电阻之和，J_1～J_5 为测试线路的控制继电器触点。由图可知，测量的目的就是得到 R_2、R_3、R_4、R_m、R_a 阻值，为此，测量控制顺序如下：

（1）J_1，J_2 闭合，通过电压电流法测得电阻 R_A，断开 J_1，J_2；

（2）J_1，J_3 闭合，通过电压电流法测得电阻 R_B，断开 J_1，J_3；

（3）J_2，J_3 闭合，通过电压电流法测得电阻 R_C，断开 J_2，J_3；

（4）J_4，J_5 闭合，通过电压电流法测得电阻 R_D，断开 J_4，J_5；

（5）J_5，J_3 闭合，通过电压电流法测得电阻 R_E，断开 J_5，J_3；

（6）J_4，J_3 闭合，通过电压电流法测得电阻 R_F，断开 J_4，J_3；

（7）J_2，J_4 闭合，通过电压电流法测得电阻 R_G，断开 J_2，J_4。

由图 1 可得，

$$R_A = R_1 + R_2$$
$$R_B = R_1 + R_m + R_3$$
$$R_C = R_2 + R_m + R_3$$
$$R_D = R_4 + R_5$$
$$R_E = R_5 + R_a + R_3$$
$$R_F = R_4 + R_a + R_3$$
$$R_G = R_2 + R_m + R_a + R_4$$

由上述表达式即可计算出 R_2，R_3，R_4，R_m，R_a 阻值为

$$R_2 = \frac{R_C - R_B + R_A}{2} \tag{1}$$

$$R_4 = \frac{R_F - R_E + R_D}{2} \tag{2}$$

$$R_3 = \frac{R_C + R_F - R_G}{2} \tag{3}$$

$$R_m = R_C - R_2 - R_4 = \frac{R_B + R_G - R_A - R_F}{2} \tag{4}$$

$$R_a = R_F - R_4 - R_3 = \frac{R_E + R_G - R_C - R_D}{2} \tag{5}$$

“5导条”测试法直观可靠，通过7次测量可计算出电机主、辅绕组电阻及电缆附加电阻和“铜条-铜刷”接触电阻，为各试验中误差修正提供了可靠依据。但“5导条”测试法所用“铜条-铜刷”数比正常试验多了2对(正常试验只需要3对)，电缆也相应增加两根，控制继电器较多，控制步骤较复杂，成本相对较高。要降低成本，需设法减少导条数。

2)“4导条”测试法

“4导条”测试法首先需测得电机主、辅绕组电阻，测量原理如图2所示。

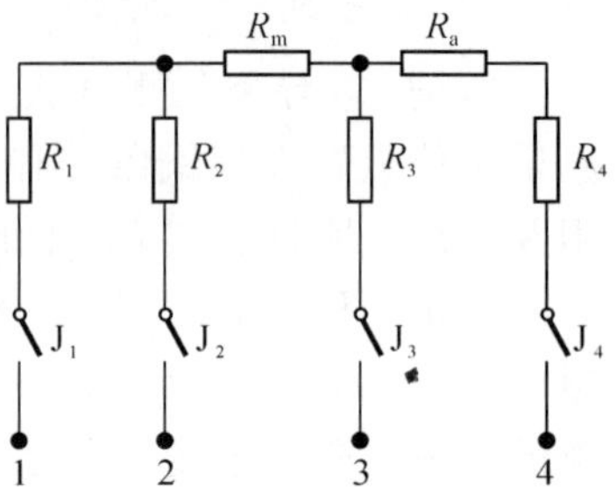

图2 “4导条”测量原理图

测量控制顺序为

(1) J_1，J_2 闭合，通过电压电流法测得电阻 R_A，断开 J_1，J_2；

(2) J_1，J_3 闭合，通过电压电流法测得电阻 R_B，断开 J_1，J_3；

(3) J_3，J_4 闭合，通过电压电流法测得电阻 R_C，断开 J_3，J_4；

(4) J_2，J_4 闭合，通过电压电流法测得电阻 R_D，断开 J_2，J_4。

由图2得

$$R_A=R_1+R_2$$
$$R_B=R_1+R_m+R_3$$
$$R_C=R_3+R_a+R_4$$
$$R_D=R_2+R_m+R_a+R_4$$

由上述表达式可计算出 R_m 为

$$R_m=\frac{R_B+R_D-R_A-R_C}{2} \tag{6}$$

辅绕组电阻 R_a 可在另一测试工位上采用上述同样方法求得，这里不再重复。

测量计算出电机主、辅绕组电阻后，在以后各试验工位上即可进行电缆附加电阻和“铜条-铜刷”接触电阻的测量计算。测量控制顺序为

(1) J_1，J_2 闭合，通过电压电流法测得电阻 R_A，断开 J_1，J_2；

(2) J_1，J_3 闭合，通过电压电流法测得电阻 R_B，断开 J_1，J_3；

(3) J_2，J_3 闭合，通过电压电流法测得电阻 R_C，断开 J_2，J_3；

(4) J_3，J_4 闭合，通过电压电流法测得电阻 R_D，断开 J_3，J_4。

由图2得

$$R_A=R_1+R_2$$
$$R_B=R_1+R_m+R_3$$
$$R_C=R_2+R_m+R_3$$
$$R_D=R_3+R_a+R_4$$

由此可计算出 R_2，R_3，R_4 为

$$R_2=\frac{R_C-R_B+R_A}{2} \tag{7}$$

$$R_3=R_C-R_2-R_m=\frac{R_C+R_B-R_A}{2}-R_m \tag{8}$$

$$R_4 = R_D - R_3 - R_4 = R_D - \frac{R_C + R_B - R_A}{2} + R_m - R_a \tag{9}$$

采用“4 导条”测试法需增加两个测试工位测量电机主、辅绕组电阻，但电机出厂试验时大都需要测量电机冷态电阻，因此增加两个工位是必要的。且“4 导条”法使“铜条-铜刷”数、电缆及控制继电器等均大幅度减少，控制步骤也较“5 导条”法简单，因此是测试流水线上比较理想的测量方法。虽然电机在经过一系列试验后，因发热会造成主、辅绕组阻值变化从而带来修正误差，但实践证明电机绕组因每个出厂试验测试时间很短(通常约为 1 s)，发热很小，阻值变化误差可忽略不计。

3. 结论

本文提出的“4 导条”和“5 导条”测试法，可在单相异步电动机微机全自动测试线上准确的得到测量回路附加电阻及滑动接触电阻的阻值，不仅可对各试验数据进行修正，保证测量结果的准确性，还能检测出测量电缆是否完好以及滑动接触是否严重接触不良等，以便设备维护。在我校与某电机厂联合研制开发的“单相异步电动机计算机集成测试系统”(获原国家教委“科技进步三等奖”)项目中使用了上述测量方法，实践证明，对微机自动测试系统中附加电阻及接触电阻的测量和消除是行之有效的，不可缺少的。

参考文献

[1] 徐伯雄等. 电机量测. 北京：清华大学出版社，1990.
[2] 张万来. GCH－180 电机出厂自动检测线. 中小型电机，1996(3).

单机异步电动机自动检测系统的研制

史旺旺 郑建勇 钱 巍 张尧鹏 周 鹗

（东南大学电气工程系）

摘要：对自行研制的单相异步电动机自动检测系统的工作原理、结构、硬件、软件及信号处理进行了阐述。

关键词：单相，异步电动机，检测系统，工业控制计算机

1. 引言

单相异步电动机自动检测系统(以下简称检测系统)是针对用于家用波轮式全自动洗衣机的单相异步电动机的出厂试验而研制的。检测系统以工业控制计算机为主要测量和控制设备，采用现代信号处理技术实现了在线转速和噪声的自动检测，从而真正实现了电动机出厂试验全自动检测。检测系统的软件、硬件和机械传动部分经过精心设计，达到 5 s/台的高测试速度。检测系统的研制成功，极大地提高了测试效率和测试精度。检测系统改变了传统的逐台单项人工操作和目测读数的检测方法，克服了测试精度低及受人为因素影响大等缺点，检测系统融数据采集、信号处理、判断、显示、报警、统计、打印等多功能于一体，极大地方便了用户。

检测系统由 PC－610 型 PC 总线工业控制机、传感器、接口电路、应用软件、强电、机械传动部分组成。

本文对检测系统的实现功能、强电和机械传动、工作原理、设计特点等作一简单的介绍。

2. 总体方案设计

测试系统对单相电容运转异步电动机的以下项目进行实时检测[1,2]：主、副绕组冷态直流电阻，低压正、反转电流，高压正、反转电流，空载运行正、反转电流和功率，堵转正、反转电流和功率，耐压，泄漏电流，绝缘电阻，转速估算，空载正、反转电磁和机械噪声等。

1）检测系统的组成

测试系统由机械、电气两大部分组成。机械部分主要由机械传输线、消声室等组成。传输线负责传送被测电动机至各测试工位；消声室采用隔声、吸声措施，将环境噪声降低，实现电动机在线空载噪声测试。电气部分包括工控机、大屏幕、打印机、A/D 板卡、I/O 板卡、信号调理电路、电量非电量变送器及耐压、绝缘、泄漏测试仪等。电量非电量变送器、耐压、绝缘、泄漏测试仪等输出信号经调理电路转换为标准模拟信号或开关信号后送入工控机中的

《中小型电机》，1998，25（4）。

A/D 板卡或 I/O 板卡，由计算机负责数据处理、判断、统计、分析及显示打印。检测系统的组成原理图如图 1 所示。

2）测试系统的工作过程

当传输线运行时，大屏幕实时模拟显示各测试工况；静止时系统进入测试状态，此时测试系统以一定顺序控制传输线上各电动机的通断电，并读取各测试工位电动机的测量值，进行计算、处理和判断。对出线工位的电动机，在屏幕上显示电动机合格与否，不合格则显示不合格的项目，同时接通显示灯及蜂鸣器报警。程序测试的开始由行程开关控制，行程开关采用霍尔集成开关，当电动机到测试工位时，行程开关闭合，输出标准“1”态信号作为中断信号起动数据采集程序。在第 4 个下线工位的两侧配有光电开关，用于紧急停机。当下线工位电动机未来得及卸去时，光电开关光路被阻断，发出信号起动继电器动作，切断调速电动机励磁回路，实现紧急停机。当电动机下线时，其测试数据被存储。每班工作结束时，可对被测电动机的测试数据进行分析、统计、打印等工作。

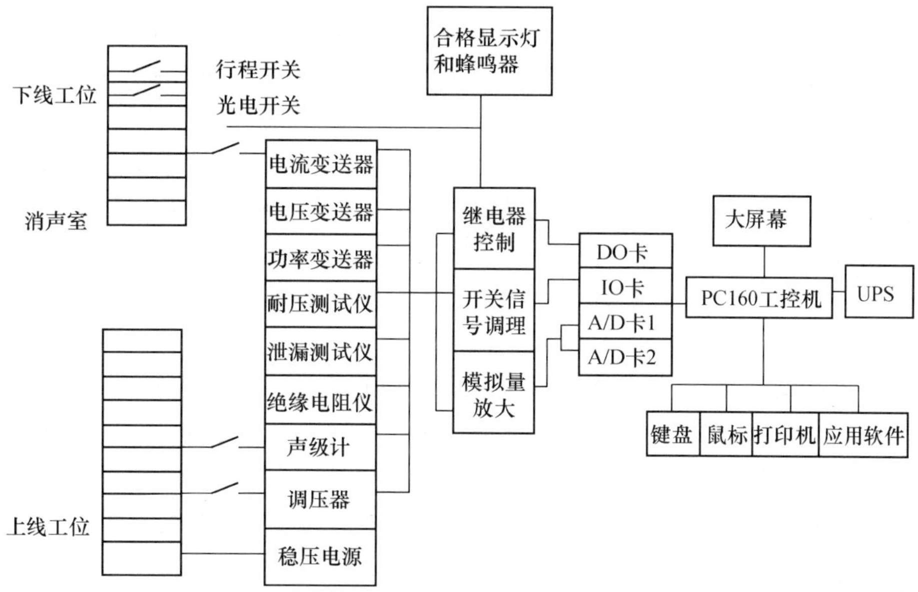

图 1

3）检测系统的特点

(1) 传输线采用缺齿传动机构实现间歇运动，避免拖动电动机频繁起动，延长电动机寿命，并实现了 5 s/台的高速测试。

(2) 传输线上的消声室经特殊处理和采用小波分析等技术，实现了电动机噪声的在线检测。

(3) 采用模糊神经网络技术进行在线转速估计。

(4) 采用高精度直流变送器，提高了检测的精度和速度。

(5) 采用多组电容，通过开关切换，以适用不同类型的单相异步电动机。

(6) 耐压、泄漏电流、绝缘电阻的测试仪器采用专业厂家定型产品，通用性强、可靠性高、简化了设计。

(7) 软件集多功能于一体，使用十分方便和灵活。

(8) 采用多种抗干扰措施和可靠性设计保证系统长期稳定运行。检测系统因工作在生产现场，工作条件恶劣，检测系统内有 220 V、88 V、286 V、1 800 V 各种规格交流电压和 500 V直流电压，信号不可避免存在干扰，为此采取一些抗干扰措施：

① 采用精密净化稳压电源，减小了由于电网电压波动而引起检测的误差。稳压电源有过流保护，为防止故障的进一步扩大。

② 改变导电方式，用带有弹簧的铜刷头代替碳刷，接触电阻小、耐磨性好。

③ 接口电路采用光电隔离电路，声级计、绝缘电阻测试仪等输出的微弱信号的信号线采用屏蔽线，它们的信号相互独立，减小了相互干扰。

④ 微机系统采用 UPS 电源，消除来自电网的干扰。软件采用数字滤波技术，减小随机干扰的影响。

3. 强电及机械传输线设计

强电部分主要为被检测电动机提供稳定可靠的单相电源，为此采用高精密交流净化稳压电源，输出分成两路，一路直接接电动机主绕组；另一路经电容与副绕组相连。测试中的低压、高压运行要求不同的电源电压，低压部分通过调压变压器产生 88 V 低压；高压部分采用调压变压器及升压变压器产生 286 V 的高压(130%额定电压)。测试泄漏电流、耐压、绝缘电阻的电源均由仪器提供。各测试工位上均装设过流保护装置，确保系统安全。

机械传输线长 12 m，整条线体共有 32 个有效工位，其中＃ 1～＃ 15、＃ 18、＃ 23 共 17 个工位为测试工位，由固定导条供电，另有上、下线工位各 4 个，其余均为无电工位；消声室位于传输线之上，传输线与消声室之间的间隙通过精心的减震、隔音设计，使消声室内外噪声相差达 10 dB；传输线由 3 kW 的电磁调速电动机拖动，行走方式采用步进式，由间隙传动机构传动，步进周期 5～25 s 可调，传输线走、停既可由线体独立控制，也可由计算机控制，当工装板行至测试位置时，线体发出信号告知可开始测量。在上下线工位各装急停按钮，供需要时使用，最后一个下线工位上装一光电开关，当电动机未来得及下线时紧急停机。

4. 接口电路设计

为了减轻计算机负担，电动机的电流、电压、功率测量均采用输出 0～5 V 标准直流信号的电流、电压、功率变送器。耐压、绝缘电阻、泄漏电流测量数据分别采自耐压、绝缘电阻和泄漏测试仪，上述仪器均与计算机接口，可方便地控制仪器的起动、复位、测量，同时可以读取其模拟值及合格信号，合格极限值可手动调节，适应于不同的标准。

A/D 卡 1 和 A/D 卡 2 是 HY－6041 型光电隔离型(A/D)板，在 IBM PC 及兼容机上运行，A/D 分辨率为 12 位，精度为 0.03%，采样频率 10 kHz，具有 16 路模拟输入通道，提供了程控放大增益选择。A/D 板支持查询和中断两种方式的数据操作，同时提供了 2 路隔离数字输入和输出。两块 A/D 板主要用于电动机电流、电压、功率、声级计输出、冷态电阻测量、环境温度、泄漏电流等模拟量的测量。

数字量输出板采用 HY－6130 隔离型(DO)板，该板具有 32 通道，每一通道用光电器件隔开，有效地阻断了现场地与计算机系统地之间的地环路，提高了系统的抗干扰能力。输出板信号主要用于继电器驱动电路的控制信号，从而控制测试电路的通断和测试结果的指示灯显示。

数字量输入、输出(I/O)板 HY－6120 具有 16 路隔离的输入、输出通道，DIO 板的 16 路输入用于接收耐压、泄漏、绝缘电阻测试仪的开关测试结果信号及传输线的位置信号，16 路输出用于控制上述仪器的起动、测量、复位。

模拟信号的处理由两块电路板完成，与两块 A/D 板接口。其中一块用于变送器输出信号的 16 路的放大、滤波。另一块用于绕组电阻测量的恒流源电路、噪声信号的有效值整流滤波电路、温度测量电路。

数字量输出电路与 HY－6130 数字输出板接口，将输出板的 32 路输出信号经驱动放大控制 32 路继电器，用于电动机测量电路的控制和下线工位电动机的合格显示。

一块数字量输入输出电路与 HY－6120 板接口。该电路输出部分主要控制 3 台测试仪的运行。输入部分接收 3 仪器的电位、触点信号，将其变成标准数字信号送入 DIO 板。

5. 应用软件设计

应用软件由 Borland C＋＋语言和 MASM 5.0 汇编语言混合编写。汇编程序主要进行数据采集和简单的处理，程序速度快，供主程序调用。应用程序采用前后台工作方式。前台处理实时性不强的响应，后台完成快速数据处理。前台主要工作有：界面显示、用户操作、数据库管理等。后台程序由行程开关产生的中断触发。主要工作有：系统运行控制、测试信号采集、性能计算、电动机下线工位结果显示等。

1) 程序主要功能

(1) 适用多种规格电动机和不同要求的测试。设置程序的系统设置功能完成电动机型号、测试参数的合格范围和测试项目选择。设置灵活方便，适用不同用户要求。

(2) 具有系统自检功能。自检程序完成电气接触、模拟量检测、数字输入输出检测、模拟通道数据采集和显示。系统自检由鼠标控制每一通道的通断和每一模拟通道的采集量，模拟通道数据采集实时地显示通道在规定时间内的波形，波形也可打印。系统自检为系统设计、故障检测、信号分析提供了极大的方便。

(3) 电动机参数的数据库管理。对测试结果进行存储(按测试项目)统计，在显示器上显示统计曲线、饼图等，亦可输出至打印机。测试数据存储在专用数据库中，可实现参数查询、显示及打印。

(4) 计算机对系统的控制。屏幕实时地显示传输线工位上电动机的运动情况。能够实时判别电动机是否空工位，传输线的起、停可由计算机控制。屏幕能监测传输线的起、停状态和实时时钟等。

2) 程序设计的主要特点

(1) 程序的菜单操作只能由鼠标进行，防止由键盘误操作引起的故障。菜单采用弹出式菜单，占用屏幕空间少，在屏幕中可任意放置。界面在大屏幕高分辨率下显示，仿 WINDOWS 风格，中文显示，美观、操作方便。

(2) 程序采用混合语言编程、前后台工作方式，数据采集程序利用微机时钟中断实现分时，数据采集时的电动机控制顺序经过精心设计，既不破坏微机系统，又保证数据的快速测量。

（3）每一模拟通道的数据各采样 10 次，去掉最大值和最小值再取平均值作为测试结果。测量结果放缓冲区保存。噪声测试采集量经复杂的数字滤波和小波分析，减小了噪声的随机性对测量结果的影响。

（4）测量结果经计算后在屏幕上显示各测量工位的值，并进行合格判断。当电动机到达出线工位时，屏幕和显示灯同时显示合格情况，不合格时同时报警。电动机的各测量参数送数据库保存以便分析、统计。

6. 结束语

单相异步电动机自动检测系统已于 1997 年 1 月通过验收投入使用。该检测系统在机械、电气、接口电路、软件上的精心、可靠设计保证了高测试速度，解决了噪声、速度等不能在线测量的难题，从而真正实现了电动机出厂试验的全自动检测。检测系统的研制成功，满足了生产规模不断扩大的要求，大大地提高了经济效益和社会效益。

参考文献

[1] 孙云鹏．单相异步电动机及应用．北京：机械工业出版社，1987.
[2] 单相异步电动机试验方法．GB139651－188.

《单相异步电动机计算机集成测试系统》研制总结报告

（东南大学电气工程系）

1. 研制背景

随着国内电机工业的发展及电机产品市场竞争的日益激烈，电机生产厂家开始相对集中，生产规模逐渐扩大，电机产量较以往有大幅度提高。这对电机制造企业提出了新的要求，要求在生产、技术、管理上有更高的起点。单相异步电动机是家用电器产品中使用最多的电机品种，广泛应用于洗衣机、电风扇、空调器、冰箱及厨房用具中，它具有需求量大，质量要求高等特点，同时该类产品的市场竞争也十分激烈，必须在大规模生产的同时严格把好质量关，才能为企业创造出可观的经济效益。

电机的出厂试验是产品流向市场的最后一个关口，传统的测试方法存在着：① 测试速度慢，不能满足大规模生产的要求；② 测试结果带有人的主观成分，测试结果的可信度不高，常常使不合格电机流向市场，影响企业形象。《单相异步电动机计算机集成测试系统》的研制，就是在这样的背景下，用先进的技术手段来解决大规模生产时产品的出厂检测问题。

1995 年 7 月，东南大学电气工程系结合中国船舶工业总公司九江仪表厂电机分厂“洗衣机电机计算机集成测试系统”项目，组织了由 8 人组成的研究小组，在周鹗教授的带领下，经过历时 1 年半的攻关，终于完成了项目的设计与研制工作，于 1997 年 1 月通过了用户验收。在研制过程中，得到了九江仪表厂的大力协作与支持；南京黑马工业装饰公司承担了机械传输线及消声室的加工，加工质量高，外观美，为项目的顺利完成打下了基础。

2. 研制思想

《单相异步电动机计算机集成测试系统》是一种在与生产节拍相适应的传输流水线上完成电机出厂测试的自动化设备，它是一种集测试与管理于一体的系统，能够对厂家生产的每一台电机产品的性能测试数据进行存档与分析，能够形成指导产品设计、工艺改进的技术文件。

在研制过程中，主要把握如下几个设计思想：

(1) 能够在较宽的范围内满足不同的运行节拍，无论在生产淡季或旺季都能适应不同的生产节拍；最快能实现 5 秒/台的吞吐量，做到超过 1 000 000 台/年(按每天运行 7 时、每年工作 240 天计为 1 209 600 台/年)的测试量；

(2) 利用计算机进行测量，保证测量精度达 GB 9651 的要求；

(3) 能够在流水线上测试电机的噪声，并能尽量减小环境噪声的影响，提高测量准确度；

(4) 强调系统的可靠性与实用性，使系统在实际运行中，能减少故障机会，并提供方便易学的操作方式；

(5) 有尽可能全面的测试功能，使系统有一定的适应面。

3. 研制过程

《单相异步电动机计算机集成测试系统》的研制过程大致经历了三个阶段。

1）方案设计阶段

1995年7月，中船公司九江仪表厂根据其生产发展的需要，提出了“洗衣机电机自动测试流水线”的研制项目，我们作为乙方承担该项目的研制任务。并以其作为“单相异步电动机计算机集成测试系统”的研制的起点。首先我们对国内现有的相关产品进行了大量的调研与技术分析工作，认为现有产品尽管在某些方面能够完成对电机的出厂测试，但要满足大规模集团化生产的需要，提高测量结果的准确性，仍然存在一些技术问题需要解决。

鉴于此，在方案设计阶段，我们集众家之长，在关键部分设计时采取了一些行之有效的措施：

(1) 采用自研的铜刷-铜条接触方式，减小接触电阻。电气上采用“到位送电，离位断电”方式，避免接触面打火，保证良好的接触；测量时将整个供电回路的附加电阻作为测试量，计算时加以修正，以消除附加电阻的影响。

(2) 电气接触部分采用防尘设计，避免接触点污染。

(3) 通过对比试验，确定传动机构采用缺齿传动方案，电机连续工作，避免了电机的频繁启停，传输链采用部分自由悬挂方式，增加了系统的柔性，保证系统在快节拍时稳定运行。

(4) 测试系统能自动识别传输线的“停/走”状态，使其能自动适应传输线的运行节拍。

(5) 测试系统主机采用工业级PC，保证系统的可靠性；监视器采用了20寸高分辨率大屏幕彩色显示器，使操作与监视直观、清晰；工作时采用鼠标操作，避免了使用键盘易产生的误操作。

(6) 测试仪表采用国内名牌厂家新产品，并加装计算机接口，由系统主机操纵实现自动测量；测试系统的关键部件(如继电器)采用进口器件，保证其可靠性与耐用性。

(7) 自研的信号接口电路，采用抽屉式结构，便于调试、维护。

(8) 控制柜采用标准的GGD机柜(800×600×2200)易于结构调整与功能扩充。

(9) 噪声测试在跨于传输线上的消声室中进行，消声室中敷设隔声/消声复合材料，出入口及线体内设声学屏障以造成良好的声学条件。

(10) 测试系统使用10 kW高精度净化稳压电源，保证供电电压的准确性。

最后，于1995年9月形成完整的技术设计与相关的加工图纸。

2）开发、研制阶段

在总体设计完成以后，整个研制任务分成测试系统电路设计与设备成套、测试系统软件的开发、传输线的加工与制造、消声室的详细设计与加工4个部分，分别着手研制与开发工作，这4部分为：

(1) 测试系统硬件电路设计与设备成套

测试系统硬件包括传感器件、测试仪器、信号处理电路及设备控制线路等。我们以准确、可靠、易维护为前提，形成自己独特的硬件系统。

① 采用模块化设计思想，把系统分割成若干单元，互相独立，自成模块，便于调试维护及升级。

② 在电量测试中，必须对瞬态测量与稳态测量进行对比分析，认为稳态测量可以直接得

到所测物理量，避免了计算误差，节省主机时间，故采用电流、电压、功率变送器来获取电量。

③ 绕组冷态电阻测量时，为得到准确的结果，电路上采用恒流供电，并通过分步测量得到回路的附加电阻，使扣除附加电阻后的测试准确度大为提高。

④ 耐压、绝缘电阻、泄露测试设备为专业厂家的定型产品，测量稳定、可靠、准确，但都基于手工测量，为此专门设计了其计算机接口电路，实现由计算机统一操纵，测量结果通过模拟及数字通道获取。

⑤ 电机供电回路设一组继电器，实现供电回路自动通断，即“到位送电，离位断电”，防止了电气接触部分因火花造成接触不良与干扰，保证了系统运行可靠性与测量准确性。继电器采用日本进口 OMRON 产品，可靠耐用。

⑥ 传输线体设有 4 组急停开关，防止电机因遗忘没有下线造成事故。

⑦ 采用霍尔元件构成传输线启停识别电路，使测试系统能够适应不同节拍。

⑧ 信号调理及接口电路元器件均经过严格测试、筛选，具有较高的可靠性。所有线路板集中于抽屉式的信号调理单元中，便于调试、维护与更换，并有一定的抗干扰性能。

⑨ 为防止被测电机故障对测试系统的影响，硬件系统中加入了防过流、短路措施，即便将接线盒短路，系统亦能自动识别，不会对系统安全造成任何影响。

测试系统于 1996 年 6 月全部安装、调试、成套完毕，并经连续一周的通电老化，且在以后的试运行中未出现电路硬件故障，为系统打下了坚实的基础。

(2) 测试系统软件的开发

软件系统的开发涉及系统的控制、物理量测量、系统的自诊断、测试数据的管理与分析及用户的操作，是系统的重要环节。从总体设计要求来看，它是一个功能多、要求高、规模大的集成系统；故开发的工作量很大，我们花了近 8 个月的时间不断开发、完善。尤其在以下几个方面花了很大功夫：

① 采用我们多年开发的成果——仿 MS. Windows 的面向对象的编程方法，将系统中的各种功能分割成若干模块分别开发，并且对硬件电路有很大的适应性，扩充及升级也很方便。

② 鉴于系统采用 20 寸高分辨率彩色显示器，故编程上图形界面采用 800×600 的分辨率，为达到这一分辨率，我们在显示驱动卡、基于 Borland 公司的 BGI(Borland Graphic Interface)驱动程序、高分辨率的鼠标驱动程序等低层开发工作方面作了大量的工作，其中也遇到了不少困难。

③ 在测量方面，采用了系统自定义分时工作方式实现各测试工位的测试机制，使系统在不同运行节拍运行时能有条不紊地工作。

④ 软件分前后台工作。前台完成用户的操作命令，后台进行电机的性能测量，系统的资源得到了充分的利用，并保证快节拍时不受影响。

⑤ 软件系统的开发中，还花了很长的时间开发系统的自检程序，实践证明，它在调试及今后的运行与维护起到了很大的作用。

⑥ 系统软件中还设有模拟量采集、曲线显示与处理等模块，它用来分析物理量的动态变化、信号的抗干扰能力等，非常实用、有效。

⑦ 测试数据的管理与分析是系统的一个重要工具。开发中采用了我们以前的开发成果，即基于 EMS 的嵌入式数据管理语言，可以支持庞大的数据库，并且具有很强的动态性和快速性。数据分析采用多种形式表示，直观、方便。

⑧ 整个软件系统执行模块 360 K 左右，源代码共有 43 000 编译行，编译时采用速度优化。

(3) 传输线的加工与制造

传输线的加工过程中也遇到了很多技术难题，积累了很多经验。

① 在缺齿的设计过程中，我们在东南大学机械工程系有关教授的帮助下，对其尺寸、强度、防顶齿等方面进行大量的计算与模拟；安装方程中又积累了丰富的经验，使这一在传动机构中的关键部件运行可靠、耐用。

② 在传动方面，最早我们曾遇到在快节拍运行时的抖动问题，通过实践和专家会诊，找到了解决问题的途径，经过设计修改，使传输线在快节拍时也能可靠平稳运行。

③ 在接线方式上，我们花了不少的精力和时间。首先要保证接线接触的可靠性；其次要考虑接线工人的劳动强度。通过大量的调研和试验，选择了现用的接线盒。该接线盒以往用于大型的音响设备中，接触可靠、美观，属标准件，易于更换。但也存在接线孔小、接线时间长的问题。为此，我们对它进行了一些改选，增加了有效孔径方便了接线，但总的来说仍不十分满意。

④ 由于传动机构复杂性，局部磨损对系统运行有一定的危害，为此日常维护变得十分重要，故我们在传动部分上加进了自动润滑措施，方便了维护，并保证了系统的可靠性。

(4) 消声室的设计与加工

消声室的设计我们特地请东南大学机械工程系的专业教师帮助设计，并请邗江环保设备厂专业承制。但是，在消声室到货后发现其外观质量不够理想、拆卸不方便，为保证整体质量水平，又重新委托南京黑马装饰公司按原有技术要求重新加工，获得了较为满意的效果。

在噪声测试方面，测试环境不仅取决于消声室，还与现场环境有关。鉴于此，在各关键部分设置了多道声学屏障。另外，还要在现场设置消声措施。

4. 结语

《单相异步电动机计算机集成测试系统》研制成功，解决了单相异步电动机规模化生产的出厂测试问题，为电机生产厂家提高生产效率，保证质量品质，改进设计方案，降低生产成本提供了新的技术装备与手段。

《单相异步电动机计算机集成测试系统》采用基于计算机的先进的硬、软件设计方案，自动化程度高，测试功能强，测量数据准确可靠，操作维护方便。同时，它融出厂测试、测试数据的管理及分析于一体，可以为厂家积累宝贵的技术数据。

另外，测试系统的传输流水线采用独特的传动结构，可以在快节拍下稳定、可靠地运行，在节拍上可以与生产流水线柔性接口，为工厂今后 CIMS 系统的建立打下了基础。

《洗衣机电机计算机集成测试系统》用户验收报告

1997年1月19日至21日，九江仪表厂电机分厂、机动处一行4人作为用户对东南大学电气工程系研制的《洗衣机电机计算机集成测试系统》进行验收。验收意见如下：

(1) 洗衣机电机计算机集成测试系统(以下简称测试系统)具有如下测试项目：绕组冷态电阻、低压试运行、高压试运行、绝缘电阻测试、耐压测试、泄漏测试、空载测试、堵转测试、空载转速估算、电磁噪声及机械噪声等，通过样机的实际测试，达到《单相异步电机计算机集成测试系统技术条件》规定的指标。

(2) 该测试系统的硬件采用模块化设计，设备制作精良，结构合理、规范，选用测试仪表与设备均为国内专业名牌厂家制造，可以满足电机出厂试验的要求。

(3) 该测试系统的软件采用面向对象的编程方法，M. S. Windows界面风格，鼠标操作简便易学，采用动态模拟图使测试结果指示直观、清晰，软件系统还具有系统自检、数据采集与分析，测试数据库管理的功能，完全可以满足实际运行的要求。

(4) 该测试系统中的步进式传输线用料讲究，结构合理，外观与色彩美观大方，行走稳定，可以真正在5 s/步的节拍下平稳运行。设计中采用缺齿传动避免了快速行走时电机的频繁起动，提高了系统的可靠性，采用铜质电刷大大提高了接触性能及使用寿命。

(5) 测试系统采用工业级PC作为中央控制单元，继电器全部采用进口产品(日本OMROM)，并设有多种抗干扰措施，保证了系统的可靠性；控制柜及传输线接地可靠，耐压测试工位设有防护罩，保证了系统的安全运行；传输线传动部分的齿轮均设置自动润滑装置，电刷、铜条接触部分采用防尘形式，减少了日常维护工作量，延长了寿命；传输线及消声室侧门采用可拆卸结构，传输线上线侧设传送链调整螺丝，维修方便。

(6) 建议在工厂管理水平日益提高的情况下，将合格电机的测试数据也加入测试数据库中；另外，在测试线处于快节拍运行时，希望能进一步改进接线方式，以减轻劳动强度，提高劳动效率。

九江仪表厂电机分厂

1997年2月

《单相异步电动机计算机集成测试系统》技术经济分析报告

1. 概述

《单相异步电动机计算机集成测试系统》以工业控制计算机为核心，采用了现代信号处理技术，融数据采集、信号处理、判断、显示、报警、统计、打印等多功能于一体。彻底改变了传统的逐台单项人工操作和测读数等落后的检测方法，大大提高了测试精度及测试效率。该测试系统的使用可为用户产生可观的直接或间接经济效益。

2. 直接经济效益分析

(1) 测试设备投资

该测试系统价格：35 万～40 万/套(4 000～5 000 台/天)

原测试台价格：5 万～10 万/套(100～150 台/台)

要保证每天测 4 000 台电机，则至少需要 30 套测试台，每套按 5 万元计算，共需 150 万左右。

所以采用该测试系统，设备投资可节省 100 万左右。

(2) 人员工资

为保证每天测试 4 000 台电机。

该测试系统需辅助人员：10 人左右。

测试台所需辅助人员：2 人/套×30 套=60 人。

每人按平均 500 元/月计算，每年可节省 30 万元左右。

3. 间接经济效益分析

(1) 该测试系统可保证每台电机全性能测试，从而确实保证每台电机的质量。对生产厂来说，质量稳定，产量必然提高(订货增加)，按年产量增加 20 万台计算，产值可增加 3000 万～4000 万元。对使用厂来说，配件质量稳定，才能保证整机质量，整机产值的增加更为可观。

(2) 该测试系统具有数据管理及分析的功能，通过分析可有效的指导生产、改进设计，从而大大提高生产效率，减轻劳动强度，降低电机成本，所带来的经济效益亦颇为可观。

(3) 单相异步电动机目前广泛应用于家电产品，如洗衣机、电风扇、电冰箱等，产品质量的好坏，对每个家庭都会产生一定影响，因此其所带来的社会效益也是不可估量的。

《单相异步电动机计算机集成测试系统》鉴定意见

《单相异步电动机计算机集成测试系统》鉴定委员会的委员们听取了《研制总结报告》、《试验与检测报告》、《用户验收报告》等技术报告，审阅了技术报告和产品图样，并到现场进行考察和部分项目的抽测，一致认为东南大学电气工程系研制和开发的“单相异步电动机计算机集成测试系统”，针对单相异步电动机大规模生产时，出厂检测量大、精度要求高、测试项目多等特点，采用基于工业PC机的先进的硬、软件设计方案，实现了在流水线上自动测量所有12个电机出厂测试项目，具有测试性能强、自动化程度高、测量数据准确可靠、操作维护方便等特点。同时，它集出厂测试与测试技术数据管理于一体，为电机生产厂家提高生产效率、保证质量品质、改进设计方案、降低生产成本提供了新的技术装备与手段。

测试系统硬件电路结构合理、可靠，扩充、升级容易，维护方便；软件系统编程方法先进，功能完善，界面显示采用动态模拟图直观、新颖，测试结果及运行工况指示清晰、操作简便易学；传输流水线质量考究、外形美观，采用缺齿传动方式实现间歇行走，可以在快节拍下稳定、可靠地运行，通过节拍调整还可以方便地与加工流水线衔接，为工厂今后CIMS系统的建立打下基础。

“单相异步电动机计算机集成测试系统”经测试达到了GB 9651及技术任务书所规定的要求，经用户单位——九江仪表厂验收，反映良好。它的研制成功，解决了单相异步电动机规模化生产的出厂测试问题，能够满足电机实际生产和电机应用厂家的需求，具有很高的推广应用价值，其整体性能与质量达到国内领先水平。

东南大学提供的技术文件齐备，内容正确统一，能够指导生产和今后进一步的研制、开发工作。

鉴定委员会一致同意通过鉴定，希望今后继续努力，积极推广应用，以满足广大用户的需求。

主任委员　施敬民(南京调速电机厂总工程师、教授级高级工程师)

1997年2月28日

5 电工信号的快速精密测量技术

导 言

在电工领域中，有许多与信号分析有关的问题，例如电力谐波监测、扰动信号分析、电气设备故障诊断等，有着重要的理论和实际意义，有深远的影响。

通常，多是用离散傅里叶变换(DFT)技术来确定信号中各次谐波的幅值、相位等参数，这已成为信号分析中普遍采用的方法。但是一般的电工信号是似稳周期信号，频率是不断波动的，信号中往往含有非整次谐波，所以对电工信号进行离散采样时，很难做到真正的同步，因而用传统的 DFT 算法分析电工信号往往带来很大的误差。

20 世纪 70 年代以来，随着信号处理理论和微电子技术的迅速发展，国外学者提出了用加窗和插值 FFT 算法来改善和提高传统 DFT 算法的测量精度。一些学者分别提出了几种不同的窗函数，如矩形窗、汉宁窗和 Rife-Vincent 窗等。尽管如此，这些算法用于电工信号仍不能令人满意，主要原因是上述数字滤波方法没有针对电工信号的特点。

在基金支持下，我们重点做了两个方面的工作，相应取得了两项重要的研究成果。

我们首先分析了窗函数与 DFT 算法误差之间的关系。根据信号谐波对零频分量泄漏最小的原则设计出的一类窗函数，用于畸变波形电功率的测量，精度明显提高。与其他同阶窗函数比较，基波和低次谐波对平均功率的引入误差减小了一个数量级。

在国内外有关研究成果基础上，我们重点研究了电工领域内一般电工信号的频谱分析理论，取得了重大进展。首先，从理论上严格导出了一类组合窗函数在不同测量时间和采样频率时的频率分析误差，并据此获得了在满足测量精度条件下的最低采样频率。结果表明，到达相同精度，本算法所需的采样频率约为国外通常使用的采样频率的 1/3 左右。其次，在 IFFT 算法的核心——反函数计算问题上，首次提出了离散插值方法，计算量大为简化，实时性得到大大提高。

理论分析和仿真计算都表明，所提出的 IFFT 算法在测量精度和实时性方面显著提高，明显优于国外已出现的有关算法；而且研究的算法便于推广应用，具有重要的应用价值。

国家自然科学基金项目，编号：5907731。

一种可调窗函数及其在电功率测量中的应用

潘 文 钱俞寿 周 鹗

（东南大学电气工程系）

1. 引言

非正弦供电情况下，平均功率和其他电量均值已广泛采用了离散采样的测量方法，相继出现了几种不同的算法。可分为二类：一类基于时域积分，如同步采样算法[1]、采样补偿算法[2]；另一类基于数字滤波，如准同步采样算法[3]、改进算法[4]等。后一类具有硬件实现容易，准确度高，抗干扰性能好，允许频率波动等突出点，因而越来越被人们所采用。应用数字滤波技术测量平均功率的关键是窗函数的选择。文献[3]使用了基于矩形窗的一种重复卷积方法。文献[4]作了改进，用基于矩形窗和哈明窗的组合窗对功率信号的离散采样值作数字滤波，获得了较好的效果。

本文设计了一种新的可调窗函数。理论分析和仿真计算都表明，与前述几种窗相比，该窗具有更理想的频率特性，用于测量平均功率或其他周期信号的均值可以获得更高的准确度。

2. 测量原理

假定周期为 T 的功率信号 $p(t)$ 傅里叶分解为

$$p(t)=p_0+\sum_{k=1}^{L} P_k\sin(k\Omega_0 t+\Phi_k) \tag{1}$$

离散采样 $p(t)$，我们得到序列 $p(0)$，$p(1)$，…，$p(N-1)$。采样周期为 T_s。平均功率的一次估计可表达为

$$P_0^*=\sum_{n=0}^{N-1} h(N-1-n)p(n) \tag{2}$$

式中，$h(N-1-n)(n=0,1,\cdots,N-1)$ 为加权系数。可见式(2)实质上是信号 $p(t)$ 的一种 FIR 数字滤波。由于平均功率 P_0 就是功率信号 $p(t)$ 中的零频分量问题，因而平均功率的估计问题就转化为获取周期信号中的零频分量问题。文献[4]已证明式(2)可演化成

$$P_0^*=H_0P_0+\sum_{k=1}^{L}\alpha_k H_k P_k \tag{3}$$

式中，α_k 是与采样周期 T_s 和初相角 Φ_k 有关的不大于 1 的量；H_k 是窗函数$\{h(n)\}$的幅频特性 $H(\omega)$ 在各次谐波频率 $k\omega_0$ 处的取值（这里已作频率变换 $\omega=\Omega T_s$）。因此，平均功率估计的准确度完全取决于窗函数幅频特性在信号频率整数倍的数值 $H_k(1\leqslant k\leqslant L)$。由于一般功率信号的频率是波动的，因而我们特别关心这些频率附近的幅值变化。在很多场合，信号 $p(t)$ 中某个谐波分量幅值特别大(如两倍基波频率处)，此时式(3)中 P_0^* 的估计误差主要取决于该谐波分量引起的误差。所以，我们认为较理想的窗函数应在保持对一般谐波有良好的衰减的

《仪器仪表学报》，第 14 卷第 4 期，1993 年 11 月，国家自然科学基金资助项目，本文于 1991 年 12 月收到。

前提下，应对某个特殊谐波分量有尽可能的衰减。这就是本文的指导思想。

3. 窗函数的设计

定义——新窗

$$h_p(n)=\frac{1+\cos\left(\frac{2\pi n}{N}+\theta\right)}{N}\quad 0\leqslant n\leqslant N-1 \tag{4}$$

式中，α 和 θ 均是待定常数。欲使窗函数具有线性相位频率特性，必须满足 $h_p(n)=h_p(N-1-n)(n=0,1,\cdots,N-1)$。容易得到 $\theta=\frac{\pi}{N}$ (5)

这时窗函数 $\{h_p(n)\}$ 的频率特性为

$$H_p(e^{j\omega})=H_R(e^{j\omega})+\frac{\alpha}{2}e^{j\frac{\pi}{N}}H_R(e^{j(\omega-\frac{2\pi}{N})})+\frac{\alpha}{2}e^{-j\frac{\pi}{N}}H_R(e^{j(\omega+\frac{2\pi}{N})}) \tag{6}$$

其中

$$\begin{cases}H_R(e^{j\omega})=H_R(\omega)e^{-j\frac{N-1}{2}\omega}\\ H_R(\omega)=\dfrac{\sin\left(\frac{N\omega}{2}\right)}{N\sin\left(\frac{\omega}{2}\right)}\end{cases} \tag{7}$$

式中，$H_R(e^{j\omega})$ 是矩形窗的频率特性；$H_R(\omega)$ 是该窗的幅频特性。由式(6)、式(7)可以推得新窗的幅频特性为

$$H_p(\omega)=H_R(\omega)-\frac{\alpha}{2}H_R\left(\omega-\frac{2\pi}{N}\right)-\frac{\alpha}{2}H_R\left(\omega+\frac{2\pi}{N}\right) \tag{8}$$

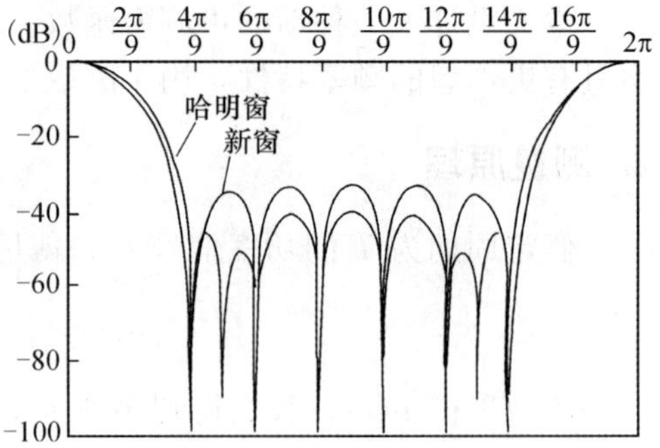

图 1 哈明窗和新窗的幅频特性

假定信号 $p(t)$ 中 k 次谐波幅值较大，由于信号频率是波动的，因而我们希望幅频特性 $H_P(\omega)$ 在其零点 $\omega_k=k\frac{2\pi}{N}(k\geqslant 2)$ 附近变化尽可能小，以便在 ω_k 附近获得较大的衰减。因而可令导数

$$\left.\frac{dH_p(\omega)}{d\omega}\right|_{\omega=\omega_k}=0 \tag{9}$$

$$\begin{cases}\left.\dfrac{dH_R(\omega)}{d\omega}\right|_{\omega=\omega_k}=\dfrac{(-1)^k}{2\sin\left(k\frac{\pi}{N}\right)}\\ \left.\dfrac{dH_R\left(\omega-\frac{2\pi}{N}\right)}{d\omega}\right|_{\omega=\omega_k}=\dfrac{(-1)^{k-1}}{2\sin\left[(k-1)\frac{\pi}{N}\right]}\\ \left.\dfrac{dH_R\left(\omega+\frac{2\pi}{N}\right)}{d\omega}\right|_{\omega=\omega_k}=\dfrac{(-1)^{k+1}}{2\sin\left[(k+1)\frac{\pi}{N}\right]}\end{cases}\quad k\geqslant 2 \tag{10}$$

由式(9)、式(10)整理得到($k\geqslant 2$)

$$\alpha=-\frac{\sin\left[(k-1)\frac{\pi}{N}\right]\sin\left[(k+1)\frac{\pi}{N}\right]}{\sin^2\left(k\frac{\pi}{N}\right)\cos\left(\frac{\pi}{N}\right)} \tag{11}$$

若满足　$N \gg k$，则

$$\alpha \approx -\frac{k^2-1}{k^2} \tag{12}$$

由上式可见，欲使幅频特性 $H_p(\omega)$ 在 k 次谐波频率处获得较大的衰减，只需式(4)定义的可调窗函数 $\{h_p(n)\}$ 中待定常数 α 按上式取值就可以了。图 1 是哈明窗和新窗的幅频特性比较。在高频段，两者相差无几；但是在所选定的特殊频率附近，新窗的衰减要大得多。图中选择 $\alpha=0.75$，相应地在两倍基波频率处获得了极大的衰减，如图 1 所示。

4. 误差分析

下面进一步讨论采用矩形窗、哈明窗和新窗时平均功率估计算法的误差。由于 α_k 只取决于采样周期和 k 次谐波初相角(与所选取的窗函数无关)，适当选择时域窗系数总可以使 H_0 保持为 1，因此式(3)可转化成

$$\begin{aligned} P_0^* &= P_0+\sum_{k=1}^{L}\alpha_k H(k\omega_0)p_k \\ &\approx P_0+\sum_{k=1}^{L}\alpha_k H^1\left(k\frac{2\pi}{N}\right)\beta k\frac{2\pi}{N}p_k \end{aligned}$$

式中，$\beta=\frac{f-f_N}{f_N}$ 为信号频率变化的相对值。可见，采用不同窗函数引起的平均功率估计误差完全取决于该窗函数幅频特性在各零点 $k\frac{2\pi}{N}$ 处的导数值。由式(10)可直接得到

$$\begin{cases} \dot{H_R}\left(k\frac{2\pi}{N}\right)\approx(-1)^k\frac{N}{2\pi k}; & k\geqslant 1 \\ \dot{H_{HM}}\left(k\frac{2\pi}{N}\right)\approx(-1)^k\frac{N(0.148k^2-1)}{2\pi k(k^2-1)}; & k\geqslant 2 \\ \dot{H_p}\left(k\frac{2\pi}{N}\right)\approx(-1)^k\frac{N(0.25k^2-1)}{2\pi k(k^2-1)}; & k\geqslant 2,\ \alpha=0.75 \end{cases}$$

显然，与后两种窗相比，矩形窗仅在基波频率处导数相对较小，而在其余谐波频率处远大于后两种窗相应的导数。与哈明窗相比，新窗在大多数谐波频率处导数值略大，但在可选择的某个谐波频率(上式中选择 $2\omega_0$)处导数为 0，从而使该谐波产生极大的衰减。这个结论与本文的出发点是完全一致的。表 1 列出了信号频率波动时新窗与矩形窗、哈明窗在两倍信号频率附近的衰减对比。计算结果与理论分析完全吻合。

表 1　矩形窗、哈明窗和新窗的衰减性能对比(N=64)

β	矩形窗	哈明窗	新窗
0.020	2.0E-02	−2.4E-03	2.5E-04
0.016	1.6E-02	−1.9E-03	1.6E-04
0.012	1.2E-02	−1.5E-03	9.3E-05
0.008	7.9E-03	−1.0E-03	4.2E-05

续表 1

β	矩形窗	哈明窗	新窗
0.004	4.0E-03	−5.3E-04	1.1E-05
−0.000	2.8E-08	1.5E-08	1.6E-08
−0.004	−4.0E-03	5.6E-04	1.1E-08
−0.008	−8.1E-03	1.1E-03	4.4E-05
−0.012	−1.2E-02	1.8E-03	1.0E-04
−0.016	−1.6E-02	−2.4E-03	1.8E-04
−0.020	−2.0E-02	−3.1E-03	2.8E-04

5. 结论

本文提出了一种新的可调窗函数。理论分析和仿真计算都表明该窗具有下列优点：

① 保持对一般谐波衰减较大的同时，能对个别谐波衰减非常大。这是经典的窗函数如矩形窗、汉宁窗、哈明窗等不具有的。显然这有助于提高算法的准确度。② 保持线性相位特性，因而可推广到其他电参数测量。③ 窗函数性能调节方便，适应范围较广。适当选择待定常数 α，也可以在基波频率非整数倍处获得极大的衰减。

参考文献

[1] R. S. Turgel. IEEE Trans. IM－23，8，(1974)，337－341.
[2] 潘文. 仪器仪表学报. 1990，2：191－197.
[3] 戴先中. 仪器仪表学报. 1984，4：390－396.
[4] 潘文，钱俞寿. 仪器仪表学报. 1991，2：149－155.

基于加窗插值 FFT 的电力谐波测量理论(Ⅰ) 窗函数研究

潘 文 钱俞寿 周 鹗

(东南大学电气工程系)

摘要: 本文首先分析了传统频谱分析方法(DFT)引入的泄漏误差，提出了用一类组合余弦窗对采样数据加权，进而减小谐波相互干扰误差的方法，并严格导出了窗的频谱特性和信号加窗后的频谱公式。对多种窗的零点特性和旁瓣特性的综合分析表明，Hanning 窗、Blackman 窗和 4 项 Blackman-Harris 窗能较好地抑制整数次和非整数次的谐波泄漏，测量时间大于 4 个信号周期时，4 项 Blackman-Harris 窗最优。

关键词: 电力系统，谐波，测量

1. 引言

随着高压直流输电技术的迅速发展，大容量的整流换流设备在电力系统中得到了日益广泛的应用，电网谐波对系统的影响与危害已不容忽视，谐波问题已成为电力部门普遍重视和关心的问题[1]。谐波测量是谐波问题研究中的一项重要内容，是分析和控制电网谐波含量的依据。传统的谐波测量方法一般都是将离散化的被测信号用经典的快速傅里叶变换(FFT)处理，获取信号各次谐波的幅值、频率和相位。假定测量时间是信号周期严格的整数倍，并且采样频率大于 Nyquist 频率，该方法是可以获得较高的测量精度的。但是，由于电网频率是不断波动的，被测信号中除了含有基波和整数次谐波之外还可能含有非整数次的谐波，因而即使采用了跟踪锁相技术，也难以实现严格的同步采样，使传统 FFT 在频谱分析时产生泄漏误差(Leakage Error)[2]，难以获得高精度的谐波测量结果。

加窗插值 FFT 理论正是针对这一背景而提出的[3]。随着信号处理理论和微电子技术的发展，近年来该理论已引起国外许多学者的极大关注[4~8]。它的基本内容包括加窗和插值算法两个部分，本文就前者作一探讨。

2. 泄漏的产生

为讨论方便，我们首先研究稳态电网信号中任一频率信号 $x(t)=A_0\sin(2\pi f_0 t+\varphi_0)$。对 $x(t)$ 以间隔 T_s 均匀采样 N 个数据，采样频率 $1/T_s$ 大于 Nyquist 频率，则得到一组序列

$$x(n)=A_0\sin(2\pi f_0 nT_s+\varphi_0),\quad n=0\sim N-1 \tag{1}$$

序列$\{x(n)\}$实质上可理解为对连续信号 $x(t)$ 离散采样后，用长度为 N 的矩形窗截断的结

《电工技术学报》，第 1 期，1994 年 2 月，国家自然科学基金资助项目(59077317)。

果。由附录可得相应频率为

$$X_R(\lambda)=\frac{A_0}{2j}[e^{j\varphi_0}W_R(\lambda-\lambda_0)-e^{-j\varphi_0}W_R(\lambda+\lambda_0)] \tag{2}$$

式中

$$W_R(\lambda)=\frac{\sin(\pi\lambda)}{N\sin(\pi\lambda/N)}e^{-j\frac{N-1}{N}\pi\lambda} \tag{3}$$

假定 λ_0 为整数，即观测时间 NT_s 为信号周期的整数倍，则 $X_R(\lambda_0)$ 恰好正是序列频谱 $X_R(\lambda)$ 的一个 DFT 谱值，并有

$$X_R(\lambda_0)=\frac{A_0}{2j}e^{j\varphi_0}$$

被测信号三个参数 A_0、f_0 和 φ_0 可以由 $X_R(\lambda_0)$ 准确计算得到。这就是传统频谱分析方法的理论依据。但是，由于采样过程实际上很难做到严格同步，λ_0 一般不为整数，因而就会产生严重的泄漏误差，如图 1 所示。

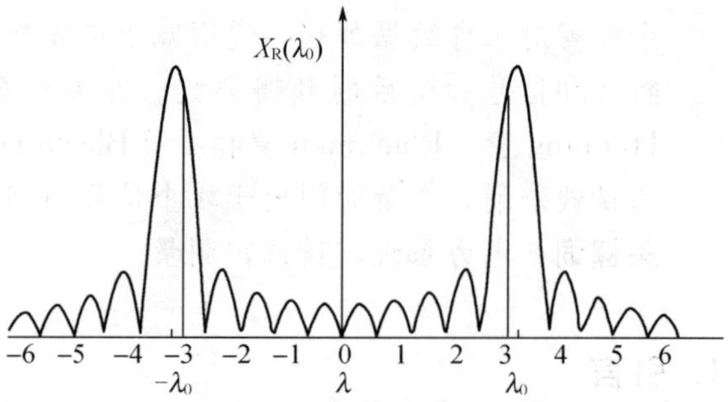

图 1　采样不同步产生的信号频谱

显然泄漏误差来自两个方面，由信号负频分量引入的长范围泄漏(Long-Range Leakage)和由窗的扇形损失引入的短范围泄漏(Short-Range Leakage)。提高频谱分析精度的关键就在于如何尽可能减小这两种不同的泄漏误差。通常长范围泄漏可通过采用性能优良的窗函数或增加测量时间来解决，而短范围泄漏则采取插值 FFT 的方法加以克服。本文只讨论前者。

3. 窗的类型选择

迄今为止，已有许多从事信号处理工作的学者设计了多种不同特性的窗函数。在信号测量中应用较多的主要有三种：第一种窗具有旁瓣幅值衰减最快的特点，如 Hanning 窗、Blackman 窗、Rife-Vincent(Ⅰ)窗等；第二种窗在旁瓣幅值一定时具有最小的主瓣宽度，如 Hamming 窗、Rife-Vincent 窗、Dolph-Chebyshev 窗、4 项 Blackman-Harris 窗等；第三种则是上述两种的折中，如 Rife-Vincent(Ⅲ)窗等。

一般电网信号主要含有整数次谐波，因而我们重点研究一类基于余弦窗的组合窗。这类窗具有这样的特点：只要选取观测时间是信号周期的整数倍，其频谱在各次整数倍谐波频率处幅值为零，因而谐波之间不发生相互泄漏，即使信号频率作小范围波动，泄漏误差也较小。这类窗函数一般可以表达为

$$w(n)=\frac{1}{N}\sum_{h=0}^{H}a_h\cos\frac{2\pi nh}{N},\quad n=0\sim N-1 \tag{4}$$

表 1 列出了不同项数的组合窗的系数。显然，窗的项数越多，主瓣宽度越大，从而引起频谱分辨力的降低。但同时较多项数的窗函数能够产生较大的旁瓣衰减，有利于提高频谱计算精度。组合窗的项数一般不大于 4。

表 1 组合窗的系数表

窗	项数	a_0	a_1	a_2	a_3
Rect.	1	1.0			
Hann.	2	0.5	−0.5		
Hamm.	2	0.54	−0.46		
Bl.	3	0.42	−0.5	0.08	
R-V(Ⅰ)	3	1.0	−4/3	1/3	
R-V(Ⅲ)	3	1.0	−1.196 85	0.196 85	
B-H	4	0.358 75	−0.488 29	0.141 28	−0.011 08
R-V(Ⅰ)	4	1.0	−3/2	3/5	−1/10
R-V(Ⅲ)	4	1.0	−1.435 96	0.497 54	−0.061 58

4. 组合窗的频谱

容易得出

$$W(\lambda)=\sum_{h=0}^{H}\frac{1}{2}a_h[W_R(\lambda-h)+W_R(\lambda+h)] \tag{5}$$

将式(3)代入式(5)并简化，得到

$$W(\lambda)=\sin\pi\lambda\ e^{-j\pi\lambda}\left[\sum_{h=0}^{H}\frac{a_h}{2N}\frac{\sin\frac{2\pi\lambda}{N}}{\sin\frac{\pi(\lambda-h)}{N}\sin\frac{\pi(\lambda+h)}{N}}+j\sum_{h=0}^{H}a_h\right] \tag{6}$$

式(6)表明，欲使组合窗具有线性相位特性，应满足 $\sum_{h=0}^{H}a_h=0(H\geqslant1)$，这对提高插值 FFT 算法精度是非常必要的。显然，表 1 中的 Hamming 窗不满足此条件。对其他窗，式(6)可简化为

$$W(\lambda)=\sin\pi\lambda\ e^{-j\pi\lambda}\sum_{h=0}^{H}\frac{a_h}{2N}\frac{\sin\frac{2\pi\lambda}{N}}{\sin\frac{\pi(\lambda-h)}{N}\sin\frac{\pi(\lambda+h)}{N}} \tag{7}$$

图 2 是组合窗的幅频特性,图中(a)、(b)、(c)、(d)分别对应于 1 项、2 项、3 项和 4 项窗函数。

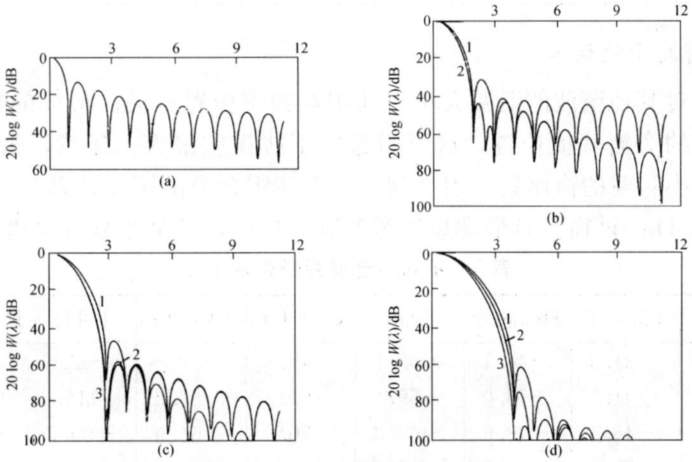

图 2 组合窗的幅值频率特性

(a) 矩形窗 (b) 1. Hanning 窗 2. Hamming 窗 (c) 1. Rife-Vincent(Ⅰ)窗 2. Blackman 窗 3. Rife-Vincent(Ⅲ)窗 (d) 1. Rife-Vincent(Ⅰ)窗 2. Rife-Vincent(Ⅲ)窗 3. Blackman-Harris 窗

5. 多个频率信号存在时的泄漏误差

对于电力谐波信号，由于电网频率的波动和非整数次谐波的存在，在测量时间内通常不表现出周期性。我们假定在一次测量过程中(一般取 4～20 个基波周期)，各个频率信号是稳定的，这时，各次谐波的泄漏误差除了自身负频分量的引入误差之外，还有其他谐波泄漏引起的误差。我们把所有这些误差分为整数次谐波干扰误差和非整数次谐波干扰误差两类来讨论。

1) 整数次谐波干扰误差

由组合窗频谱公式(6)可得其幅频特性零点为 $\lambda=k$(k 为整数)，并且矩形窗 $|k|\geqslant 1$，2 项窗 $|k|\geqslant 2$，3 项窗 $|k|\geqslant 3$，4 项窗 $|k|\geqslant 4$。

如果测量时间为信号周期整数倍(且大于 4)，则基波和各次谐波频率归一化后正好位于上述组合窗幅频特性零点，此时整数次谐波相互干扰误差为零。当信号频率波动时，各次谐波频率在窗零点附近也作一定的波动，由于不同窗的零点附近特性不同，因而产生的泄漏误差也不相同。表 2 列出了测量时间为 4 个信号额定周期时不同组合窗对基波和高次谐波的衰减比较。显然，4 项 Blackman-Harris 窗和 4 项 Rife-Vincent(Ⅲ)窗对大多数谐波衰减 90 dB 以上，性能最优。

表 2　组合窗零点附近的衰减比较　(dB)

窗	相对频移+5%				相对频移−5%			
	基波	2 次	3 次	4 次	基波	2 次	3 次	4 次
Rect.	−27	−29	32	−39	−26	−28	−31	−38
Hann.	−51	−66	−76	−88	−49	−63	−74	−85
Hamm.	−47	−46	−49	−58	−48	−45	−48	−55
Bl.	−63	−74	−84	−96	−62	−71	−81	−93
R-V(Ⅰ)	−62	−90	−108	−125	−57	−86	−104	−121
R-V(Ⅲ)	−64	74	−84	−96	−63	−72	−82	−93
B-H	112	−95	−105	−120	−74	−94	−102	−115
R-V(Ⅰ)	−62	−107	−133	−155	−53	−100	−126	−149
R-V(Ⅲ)	−74	−101	−117	−133	−61	−97	−113	−129

2) 非整数次谐波干扰误差

非整数次谐波对其他谐波的泄漏大小与其相对频率位置有关。最坏的情况是非整数次谐波位于窗幅频特性的旁瓣峰值位置，这时引起的干扰误差最大。显然，为了减小这类误差，我们应选用具有较小旁瓣的窗函数。表 3 列出了上述组合窗的第 1 到第 10 个旁瓣的衰减。可见，4 项 Blackman-Harris 窗具有最理想的旁瓣衰减特性，其最小衰减也达到了−92 dB。

表 3　不同组合窗旁瓣衰减比较　(dB)

窗项数	Rect. 1	Hann. 2	Hamm. 2	Bl. 3	R-V(Ⅰ)3	R-V(Ⅲ)3	R-H4	R-V(Ⅰ)4	R-V(Ⅲ)4
1	−13.3	−31.5	−44.1	−58.1	−46.8	−59.7	−92.0	−61.0	−73.9
2	−17.8	−41.5	−56.0	−59.4	−60.2	−60.2	−115.2	−76.9	−88.6
3	−20.8	−48.5	−43.6	−63.3	−70.0	−63.9	−99.2	−88.9	−91.2
4	−23.0	−53.9	−42.7	−67.1	−77.8	−67.6	−93.0	−98.6	−95.9
5	−24.7	−58.4	−43.2	−70.5	−84.4	−71.0	−93.1	−106.8	−100.6
6	−26.2	−62.2	−44.1	−73.6	−90.1	−74.1	−94.7	−114.0	−105.0

续表 3

窗项数	Rect. 1	Hann. 2	Hamm. 2	Bl. 3	R-V(Ⅰ)3	R-V(Ⅲ)3	R-H4	R-V(Ⅰ)4	R-V(Ⅲ)4
7	−27.4	−65.5	−45.0	−76.4	−95.1	−76.8	−96.9	−120.5	−109.1
8	−28.5	−68.5	−45.9	−78.9	−99.5	−79.3	−99.2	−126.2	−112.8
9	−29.5	−71.1	−46.7	−81.2	−103.6	−81.6	−101.6	−131.4	−116.3
10	−30.4	−73.5	−−47.4	−83.4	−107.2	−83.8	−104.1	−136.3	−119.5

6. 结论

(1) 在信号频率波动，并含有非整数次谐波的情况下，用基于矩形窗的传统 FFT 作频谱分析会产生很大误差，采用组合余弦窗可有效减小频谱泄漏，提高分析精度。

(2) 如果允许一次测量时间大于 4 个信号周期，应优先选用 4 项 Blackman-Harris 窗，从而可将谐波相互泄漏衰减 92 dB 以上。计算表明，要达到同样衰减，3 项窗需测 10 个信号周期，2 项 Hanning 窗则需测 15 个周期，而 Hamming 窗和矩形窗几乎不可能(需很长的测量时间)。

7. 附录

对连续信号 $x(t)$的离散序列$\{x(n)\}$，用长度为 N 的窗序列$\{w(n)\}$加权截断，得到一组新序列

$$x_w(n)=x(n)w(n),\ n=0\sim N-1 \tag{1}$$

其对应的频谱为[2]

$$X_w(f)=\int_{-\infty}^{\infty} X(y)W(f-y)\mathrm{d}y \tag{2}$$

式中

$$\begin{cases} X(f)=\int_{-\infty}^{\infty} x(t)\mathrm{e}^{-\mathrm{j}2\pi ft}\mathrm{d}t \\ W(f)=\sum_{n=0}^{N-1} w(n)\mathrm{e}^{-\mathrm{j}2\pi fnT} \end{cases} \tag{3}$$

将 $x(t)=A_0\sin(2\pi f_0t+\varphi_0)$代入上式，得

$$X(f)=\frac{A_0}{2\mathrm{j}}[\mathrm{e}^{\mathrm{j}\varphi_0}\delta(f-f_0)-\mathrm{e}^{-\mathrm{j}\varphi_0}\delta(f+f_0)]$$

$$X_w(f)=\frac{A_0}{2\mathrm{j}}[\mathrm{e}^{\mathrm{j}\varphi_0}W(f-f_0)-\mathrm{e}^{-\mathrm{j}\varphi_0}W(f+f_0)] \tag{4}$$

频率变量 f 用频率间隔 $F=1/NT_s$ 归一化，并定义 $\lambda=f/F$，$\lambda_0=f_0/F$，则得到

$$X_w(\lambda)=\frac{A_0}{2\mathrm{j}}[\mathrm{e}^{\mathrm{j}\varphi_0}W(\lambda-\lambda_0)-\mathrm{e}^{-\mathrm{j}\varphi_0}W(\lambda+\lambda_0)] \tag{5}$$

参 考 文 献

[1] Ortmeyer T H, Chakravarthi K R, Mahmoud A A. The Effects of Power System Harmonics on Power System Equipment and Loads. IEEE Trans., 1985, PAS-104 (9): 2555-2563.

[2] Harris F J. On the Use of Windows for Harmonic Analysis with the Discrete Founer

Transform. Proc. IEEE, 1978, 66(1): 51 - 83.

[3] Rife D C, Vincent G A. Use of the Discrete Fourier Transform in the Measurement of Frequencies and Levels of Tones. The Bell System Technical Jourmal, 1970(1): 197 - 228.

[4] Jain V K, Collins W L, Davis D C. High-accuracy Analog Measurements Via Interpolated FFT. IEEE Trans., 1979, IM - 28(2): 113 - 122.

[5] Grandke T. Interpolation Algorithms for Discrete Fourier Transform of Weighted Signals. IEEE Trans., 1983, IM - 32(2): 350 - 355.

[6] Narduzzi C, Offelli C. Real-Time High Accuracy Measurement of Multifrequency Waveforms. IEEE Trans., 1987, IM - 36(4): 964 - 970.

[7] Offelli C, Petri D. Interpolation Techniques for Real-time Multifrequency Waveform Analysis. IEEE Trans., 1990, IM - 39(1): 106 - 111.

[8] Andria G, Savino M, Trotta A. Windows and Interpolation Algorithms to Improve Electrical Measurement Accuracy, IEEE Trans., 1989, IM - 38(4): 856 - 863.

基于加窗插值 FFT 的电力谐波测量理论
(Ⅱ)双插值 FFT 理论

潘　文　钱俞寿　周　鹗

(东南大学电气工程系)

摘要：本文用四项 Blackman-Harris 窗对采样数据加权，再用两次插值快速精密地计算出信号的谐波参数。与国外有关算法相比，达到相同的计算精度，本文提出的算法所需的采样频率约为国外通常使用的 1/3 左右。在信噪比大于 40 dB 时，一般信号谐波幅值、频率和相位精度分别可达 0.5 级、0.1 级和 1 级。

关键词：电力系统，谐波，测量

1. 引言

离散傅里叶变换(DFT)是人们普遍采用的信号谐波分析方法，但这种方法对信号的周期性和测量的同步性要求较高。当信号频率波动导致测量时间不等于信号周期整数倍，或者信号含有非整数次谐波时，由 DFT 获得的信号频谱中的各次谐波频率一般都偏离了信号真实谱线位置；同时，由于窗的扇形损失，谐波幅值也将产生误差。对此，许多学者作了研究。较有代表性的有 V. K. Jain[1]、T. Grandke[2] 和 G. Andria[3] 提出的分别基于矩形窗、汉宁窗和 Rife-Vincent 窗的插值 FFT 理论(IFFT)，频谱计算精度较传统 FFT 方法有了较大提高，而计算复杂性仅略有增加。但是在测量精度和实时性方面，他们提出的 IFFT 仍然不能令人满意，例如通常需要测 20 个信号周期，需要 1 024 个样本数据等。

本文选择了 4 项 Blackman-Harris 窗对采样数据加权，用两次插值准确地获取信号谐波参数。理论分析和计算都表明，改进后的双插值 FFT 不仅大大缩短了测量时间，而且计算精度和速度均有较大提高。

2. 插值 FFT 理论

不失一般性，假设测量时间大于 4 个信号周期，先以信号中某一频率信号为例进行分析。由于采用了 4 项 Blackman Harris 窗，谐波相互干扰误差均可略去(衰减 92 dB 以上)，这时加权后信号频谱可表达为

$$X_w(\lambda)=\frac{A_0}{2j}e^{j\varphi_0}W(\lambda-\lambda_0) \tag{1}$$

式中，A_0 和 φ_0——频率信号的幅值和相角；

《电工技术学报》，第 2 期，1994 年 5 月，国家自然科学基金资助项目 59077317。

λ_0——信号频率 f_0 用频率间隔 $F=1/NT_s$ 归一化的结果。

令

$$f_0=(l_0+\delta_0)F \quad (l_0 \text{ 正整数}, |\delta_0|\leqslant 1/2) \tag{2}$$

式中，l_0 是通过寻找谱峰而确定的。为了确定频率偏差 δ_0，再令 l_0 附近较大的谱值与 l_0 处谱值之比为 a，则

$$a=\frac{|X_w(l_0+1)|}{|X_w(l_0)|}=\frac{|W(1-\delta_0)|}{|W(-\delta_0)|} \tag{3a}$$

或

$$a=\frac{|X_w(l_0-1)|}{|X_w(l_0)|}=\frac{|W(-1-\delta_0)|}{|W(-\delta_0)|} \tag{3b}$$

式(3a)和式(3b)的选用取决于 $|X_w(l_0+1)|$ 和 $|X_w(l_0-l)|$ 的大小，由于 $X_w(l_0-l)$、$X_w(l_0)$ 和 $X_w(l_0+1)$ 是采样数据加权后经传统 FFT 算法得到的。因而幅值比 a 也可确定，而 δ_0 的快速准确计算构成了整个插值 FFT 算法的核心问题，后面将专门讨论。一旦 δ_0 确定，则谐波频率 f_0 由式(2)可计算得到。而谐波幅值和相角可采用下面公式计算

$$A_0=2\frac{|X_w(l_0)|}{|W(-\delta_0)|} \tag{4}$$

$$\varphi_0=\arg[X_w(l_0)]-\arg[W(-\delta_0)]+\frac{\pi}{2} \tag{5}$$

通常，电力谐波含有多个频率信号，只要对加窗后信号的各 DFT 谱值逐一搜索寻峰，再重复运用上述算法就可依次得到各次谐波的 3 个参数。

3. 实际算法

组合窗的频谱特性可推导为

$$W(\lambda)=\sin\pi\lambda\cdot e^{j\pi\lambda}\sum_{h=0}^{H}\frac{a_h}{2N}\frac{\sin\frac{2\pi\lambda}{N}}{\sin\frac{\pi(\lambda-h)}{N}\sin\frac{\pi(\lambda+h)}{N}} \tag{6}$$

式中，采样点数 N 一般较大，因而上式可近似为

$$W(\lambda)\approx\sin\pi\lambda\cdot e^{-j\pi\lambda}\sum_{h=0}^{H}a_n\frac{\lambda}{\pi(\lambda^2-h^2)} \quad (|\lambda|<1) \tag{7}$$

上式在 $|\lambda|<1$ 范围内近似误差正比于 $1/N^3$，一般可略去。这时式(3a)可演化为

$$a=\frac{\left|\sum_{h=0}^{H}a_h\frac{1-\delta_0}{(1-\delta_0)^2-h^2}\right|}{\left|\sum_{h=0}^{H}a_h\frac{-\delta_0}{\delta_0^2-h^2}\right|} \tag{8}$$

式(3b)同样处理。

容易推得

$$\text{矩形窗：}\quad a=\frac{\delta_0}{1-\delta_0} \quad \delta_0=\frac{a}{a+1} \tag{9}$$

$$\text{汉宁窗：}\quad a=\frac{1+\delta_0}{2-\delta_0} \quad \delta_0=\frac{2a-1}{a+1} \tag{10}$$

矩形窗和汉宁窗对应的频率偏差计算公式(9)和(10)与文献[1]、[2]的推导结果是完全一

致的。对 3 项和 4 项窗，频率偏差与谱值比之间的关系 $\delta_0=f(a)$ 很难从式(8)直接求得，这是一个反函数求解问题：文献[4]采用了多项式逼近的方法，为了得到满意的精度，确定每次谐波频率一般需计算 7 次以上的多项式，因而影响了测量的实时性，另外将导致舍入误差的增大。

考虑到由式(3a)确定的反函数完全依赖于窗函数的主瓣特性，而 3 项以上的组合窗在 $|\lambda|\leqslant 1$ 范围内的主瓣特性很平滑，因此我们提出了用线性插值计算频偏 δ_0 的方法。主要求解步骤如下(假定区间 $0\leqslant\lambda\leqslant 1$ 作 M 等分)：

(1) 计算主瓣幅值 $W\left(\dfrac{i}{M}\right)$ 和谱值比 $R\left(\dfrac{i}{M}\right)$，$0\ i\,M$，以表格形式存入内存。

(2) 对加窗并作 FFT 计算后信号的频谱寻找谱峰位置 l_0，计算相应的 a。

(3) 确定 a 在比值表的区间 $R\left(\dfrac{i}{M}\right)\leqslant a\leqslant R\left(\dfrac{i+1}{M}\right)$，则

$$\delta_0=\frac{i}{M}+\frac{1}{M}\,\frac{a-R\left(\dfrac{i}{M}\right)}{R\left(\dfrac{i+1}{M}\right)-R\left(\dfrac{i}{M}\right)} \tag{11}$$

(4) 求出 δ_0 处主瓣值

$$W(\delta_0)=W\left(\frac{i}{M}\right)+\frac{W\left(\dfrac{i+1}{M}\right)-W\left(\dfrac{i}{M}\right)}{\delta_{i+1}-\delta_i}(\delta_0-\delta_i) \tag{12}$$

(5) 由式(3a)、式(4)、式(5)确定谐波频率、幅值和相位，然后返回步骤(2)继续，直至结束。

4. 算例

1) 无噪声信号

$$x(n)=A_0+A_1\sin(2\pi f_1 n/N+\varphi_1)+A_3\sin(2\pi f_3 n/N+\varphi_3)$$

式中，$A_0=0.2$，$A_1=6$，$f_1=20.2$，$\varphi_1=0.1$，$A_3=1$，$f_3=60.6$，$\varphi_3=0$。

这个例子已被众多文献用来验证算法的有效性。表 1 列出了采用本文提出的算法的计算结果和其他文献的计算结果，各项数据均以绝对误差列出。由表 1 可见，本文算法所需的样本数据长度大大低于其他文献，而计算精度反而更高，其原因正是 4 项 Blackman-Harris 窗较其他两种窗对谐波干扰误差有较大的衰减。为了更清楚地看到不同窗函数对 IFFT 算法的影响，表 2 列出了测量时间降为 4.2 个基波周期的计算结果。

表 1　无噪声信号的仿真结果对比

	窗	N	A_0	A_1	f_1	φ_1	A_3	f_3	φ_3
文献[1]	Rect.	2048	4.0e-2	1.0e-3	2.0e-4	7.0e-3	2.0e-3	6.0e-4	5.0e-3
文献[2]	Hann.	2048	1.7e-7	1.2e-8	1.6e-7	1.0e-4	5.5e-6	4.7e-7	1.5e-5
本文算法	B-H	256	3.1e-7	4.8e-6	0.6e-7	2.2e-6	1.1e-6	0.0e-7	2.3e-6

表 2 采用不同窗时本文算法的计算结果

窗	A_0	A_1	f_1	φ_1	A_3	f_3	φ_3
Rect.	1.9e-1	5.8e-3	2.9e-4	2.8e-2	2.9e-2	−3.7e-3	−1.8e-1
Hann.	−1.1e-2	4.1e-5	3.1e-5	−5.3e-4	5.1e-5	−1.1e-3	5.2e-3
Bl.	−2.6e-3	1.5e-5	1.4e-5	−2.0e-4	1.3e-5	−4.9e-4	2.2e-3
B-H	−8.0e-4	1.9e-6	−9.5e-7	1.1e-5	−7.2e-7	4.8e-5	−1.8e-4

2）含噪声信号

$$x'(n)=x(n)+n(n)$$

式中，$x(n)$——基波频率 4.2 Hz 的与上例格中信号其余参数不变；

$n(n)$——一个无偏的白噪声序列。

定义信噪比

$$\mathrm{SNR}=20\log\frac{U_{\mathrm{RMS}}^2}{\frac{1}{N}\sum_{n=0}^{N-1}n^2(n)} \tag{13}$$

我们分别采用矩形窗、汉宁窗、Blackman 窗和 Blackman-Harris 窗进行了仿真计算，图 1 给出了基波幅值、频率和相位的计算误差随信噪比变化的关系曲线，图中 e_A、e_f 和 e_φ 均是绝对误差。由图可见，用 4 项 Blackman-Harris 窗加权的 IFFT 算法对含噪声的信号仍然具有较其他窗更高的计算精度，SNR≥40 dB 时，基波幅值相对误差小于0.04%，基波频率相对误差小于0.02%，基波相位绝对误差小于 0.1，这个结果是样本点数 N 取 256 时获得的。高次谐波参数计算误差与谐波次数和谐波幅值有关，上例中三次谐波幅值、频率和相位的计算误差分别小于0.5%（相对误差）、0.01%（相对误差）和 0.1（绝对误差）。

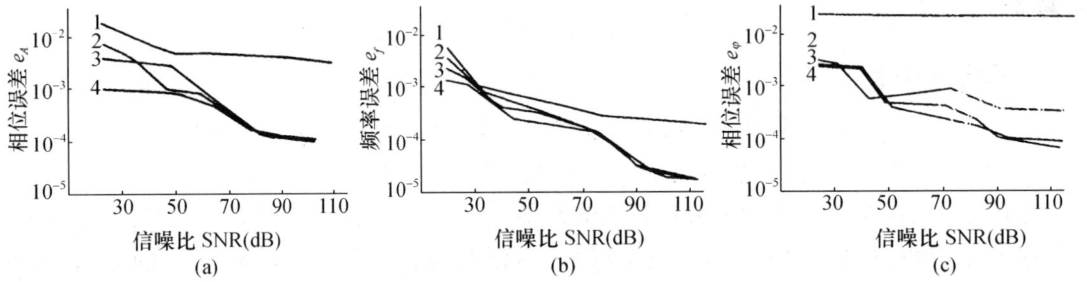

图 1 SNR 变化时谐波参数的计算误差对比

(a) 基波幅值 (b) 基波频率 (c) 基波相位

1. 矩形窗 2. 汉宁窗 3. Blackman 窗 4. Blackman-Harris 窗

5. 结论

本文提出了一种新的谐波分析方法——双插值 FFT 算法。对无噪声信号，采用该算法在采样频率降低到国外通常采用的 1/3 倍左右，仍然获得了比国外几种算法更高的精度；对含白噪声信号，信噪比 SNR≥40 dB 时，谐波频率、幅值和相位的计算精度分别优于 0.1 级、0.5 级和 0.1。与国外另一种高精度 IFFT 算法[4]相比，我们采用线性插值求解反函数 $\delta_0=f(a)$，大大加快了算法处理速度。

对于频谱分析中的另外一个重要问题——频谱分辨力，限于篇幅，将另文讨论。就两个等幅的谐波而言，确定最低样本点数可根据 F. J. Harris 提出的 6 dB 带宽的概念[5]计算，可使两个谐波能够准确地分辨出来。

参考文献

[1] Jain V K, Collins W L, Davis D C. High-Accuracy Analog Measurements Via Interpolated FFT. IEEE Trans, 1979, IM-28(2): 113-122.

[2] Grandke T. Interpolation Algorithms for Discrete Fourier Transform of Weighted Signals. IEEE Trans., 1983, IM-32(2): 350-355.

[3] Andria G, Savino M, Trota A. Windows and Interpolation Algorihms to Improve Electrical Measurement Accurecy. IEEE Trans, 1989, IM-38(4): 856-863.

[4] Offelli C, Petri D. Interpolation Techniques for Real-Time Multifrequency Waveform Analysis. IEEE Trans., 1990, IM-39(1): 106-111.

[5] Harris F J. On the Use of Windows for Harmonic Analysis with the Discrete Fourier Transform. Proc. IEEE, 1978, 66(1): 51-83.

An Improved Interpolated FFT Algorithm and Its Application in Power Harmonics Measurement

Pan Wen Qian Yu Shou Zhou E

(Dept. of Electrical Engineering, Southeast University, Nanjing, China)

Abstract: This paper proposes an improved interpolated FFT algorithm. in which new windows having little devivatives at their zeros in low frequency band are designed so that large atenuations on the interference errors caused by the adjacent harmonics can be obtained by using these windows in IFFT algorithms. Hence, the power harmonies measurement of high performance, i. e. of high speed and high accuracy can be realized.

1. Iniroduction

With the increasing of using nonlinear loads, the effects of harmomes on power system equipments are becoming very serious and so high performance, i. e. high speed and high accuracy, measurement of power system harmonies is more and more interesting[1]. It is well known that the Fast Fourier transform (FFT) algorithins are the powerful tools of harmonics analysis, for they provide a nonparametric approach and only require a low computational effort. Unforturnately, even though a phase-locked loop of high performance is used in mesouring deviees, this algorithm does not give the high accuracy results in two offen encountered cases, that is the case of frequency rapidly deviating and the case of non-interger index harmonics existing in network waveforms.

In recent years, several algorithms[2~7] have been suggested for high performance harmonics analysis, which are called "Interpolated FFT algorithm (IFFT)". The first step of these algorithms is to window the sampled data and to do the FFT, and then each harmonic parameter is determined from the interpolations of the discrete spectrum samples. In order to decrease the errors caused by the harmonics interference, combined cosine windows (Such as the Hanning window, the Blackman Window, the Rife-Vincent Window, …, and so on) are used in the algorithms respectively. Considering that the effects of the short-range leakage caused by the window scalloping losses can be overcome in terms of simple interpolation formulas, this paper will focus only on the method of decreasing the undesired effects of the harmonic interference due to the long-range spectral leakage, in which new windows with

This paper is supported by the National Natural Scientific Fund of China.

good characteristics are used.

2. Basic Theory of IFFT Algorithms

1) IFFT *Algorithms*

Let us examine a frequency signal in power system $x(t)=A_0\sin(2\pi f_0 t+\varphi_0)$. Sampling $x(t)$ at a frequency $1/T_s$ (larger than the Nyquist frequency, T_s is the sampling period), we can get the N sample data

$$x(n)=A_0\sin(2\pi f_0 nT_s+\varphi_0),\ n=0\sim N-1 \tag{1}$$

Weighting the sequence $\{x(n)\}$ by using the window $\{w(n)\}$ of length N, a new sequence

$$x_w(n)=x(n)w(n),\ n=0\sim N-1 \tag{2}$$

can be gotten. Its frequency characteristic has been derived as[8]:

$$X_w(\lambda)=\frac{A_0}{2j}[e^{j\varphi_0}W(\lambda-\lambda_0)-e^{-j\varphi_0}W(\lambda+\lambda_0)] \tag{3}$$

where $\lambda=f/F$, $\lambda_0=f_0/F$, $F=1/NT_s$.

Selecting a suitable measuring time (depending on the windows used) so that the harmonics interference errors can be omitted, we can get

$$X_w(\lambda)\approx\frac{A_0}{2j}e^{j\varphi_0}W(\lambda-\lambda_0) \tag{4}$$

let

$$\lambda_0=l_0+\delta_0,\ l_0 \text{ is integer and } |\delta_0|\leqslant\frac{1}{2} \tag{5}$$

where l_0 is determined by searching the spectrum peaks and the frequency deviation δ_0 can be computed from the formulas follows:

$$a=\frac{|X_w(l_0+1)|}{|X_w(l_0)|}=\frac{|W(1-\delta_0)|}{|W(-\delta_0)|} \tag{6}$$

In which a can be easily gotten from the spectrum samples and δ_0 can be obtained either by the different degrees of the polynomial approximation of the inverse of (6)[5] or by the linear interpolations[8].

Once δ_0 has been calculated, the parameters A_0, f_0 and φ_0 of the frequency signal can be gotten by using the following fomulas:

$$A_0=2\frac{|X_w(l_0)|}{|W(-\delta_0)|} \tag{7}$$

$$\varphi_0=\arg[X_w(l_0)]-\arg[W(-\delta_0)]+\frac{\pi}{2} \tag{8}$$

and

$$f_0=(l_0+\delta_0)F \tag{9}$$

In the cases of a multifrequency signal actually existing in power systems, the harmonic parameters of each frequency signal can be calculated by using the same method as above.

2) *Influcnce of Windows*

It has been pointed out that the goal of windowing the sampled data is to decrease the errors due to the long-range leakage and the selection of windows is very important. Several algorithms previously published almost all use well-known windows, such as the rectanglar window, the Hanning window, the Rife-Vincent window, etc. and by applying these windows they can get good results, but not the best, when the power harmonics measurement is done, although these windows are classical and attractive. This is because most of the power harmonic frequencies are the integer times of the system frequency and when the sampling frequency not synchronized with the system frequency, the harmonic frequencies of main interference spectrums are normally sited in the locations close to the zeros of the magnititude frequency characteristics of the windows, but the windows mentioned above does not have a desirable performance, i. e. , not have a large attenuation nearby their zeros, although they almost have a large attenuation rate of their sidelobe magnititudes. These reasons lead to the start point of new window designs as follows.

3. Designs of New Windows

1) *Principles of New Windown Design*

On the basis of above analysis, clearly the desired windows should have a characteristic which has as large attenuation at the locations close to their zeros of low frequencies as possible. And so, the new windows are defined as:

$$h(n)=\sum_{m=0}^{M}(-1)^m a_m\cos(2\pi mn/N),\ n=0\sim N-1 \tag{10}$$

where a_m is a coefficient to be determined. The transform of the windows is

$$h(e^{j\omega})=\sum_{m=0}^{M}(-1)^m 0.5a_m\left[H_R(e^{j(\omega-m\frac{2\pi}{N})})+H_R(e^{j(\omega+m\frac{2\pi}{N})})\right] \tag{11}$$

where $H_R(e^{j\omega})=\dfrac{\sin\left(\frac{N_\omega}{2}\right)}{N\sin\left(\frac{\omega}{2}\right)}e^{\frac{N-1}{2}\omega}$, The corresponding magmtitude frequency characteristic.

$$H(\omega)\approx\sum_{m=0}^{M}0.5a_m\left[H_R\left(\omega-m\frac{2\pi}{N}\right)H_R\left(\omega+m\frac{2\pi}{N}\right)\right] \tag{12}$$

can be easily derived when $N\gg1$, in which $H_R(\omega)$ is the magnitiude frequency characteristic of $H_R(e^{j\omega})$.

Since the harmonics frequencies of large magnititudes in power systems almost locate in a low frequency band, in order to make the $H(\omega)$ varying slowly nearby their zeros of these windows, we can let

$$\begin{cases}\left.\dfrac{dH(\omega)}{d\omega}\right|_{\omega=\omega_K}=(-1)^{K-M}\beta \\ \sum\limits^{M}a_m=1,\ k=(M+1)\sim 2M\end{cases} \tag{13}$$

where $(M+1)$ is the window terms, ω_k is the frequency at zeros of these windows and β is the controllable derivatives at zeros of $H(\omega)$. The value β can be estimated by the following method: the relative error of actual observed time to ideal can be easily restricted to less than 0.2% by using a simple PLL devices and if the attenuation 80 dB on the interference error caused by adjacent harmonics is desired, then $\beta=10/(0.2\%\frac{2\pi}{N}2)\approx 1$ when two signal periods are observed and $N=256$.

2) *Characteristics of New Windows*

The coefficients a_m of new windows have been solved from (13), listed in Table 1. The magnititude freqnency characteristics of these new windows and the classical windows are compared in Fig. 1. Clearly it has been showed that the new windows have a larger attenuation on the neighboring harmonics interference errors than the classical windows though they does not perform a rapider attenuation rate of their sidelobe magnititudes relative to the latters.

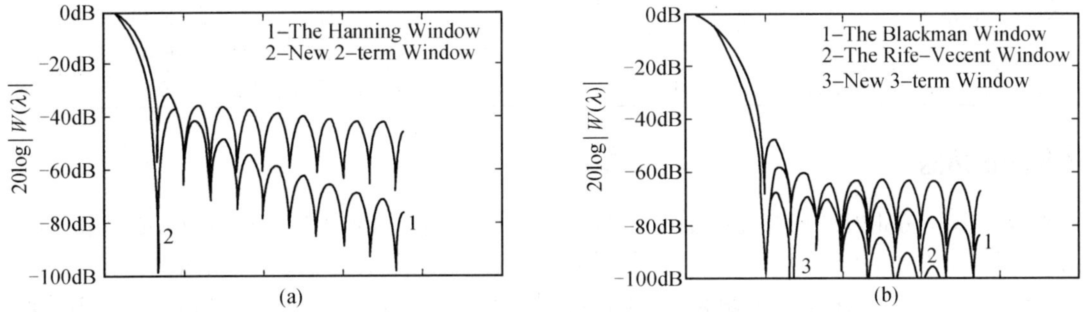

Fig. 1 The Magnititude Frequency Characteristic $W(\lambda)$ of 2 and 3 Term Windows, $\lambda=15$.

4. Results of Algorithm Proposed

In order to compare the results obtained in this paper with in the literatures published, we have used the same signal as in [2], [3] and [5], that is, where $A_0=0.2$, $A_1=6$, $\lambda_1=2.02$(2−term)or 3.03 (3−term), $\varphi_1=0.1$, $A_3=1$, $\lambda_3=3\lambda_1$, $\varphi_3=0$. The simulation results have been listed in Table 2. It is worthwhile noticing that the absolute errors obtained by using 2−or 3-term windows in Table 2 occur in $N=256$ and $N=32$ instead of $N=2\,048$ in [2], [3] and they are comparable or even better because no noises in sampling process in [2]~[4] are impossible. Furthermore, even if the results are obtained by using less sample date in this algorithm presented, they are still attractive.

Table 1 Coefficients of the Different Windows

WINDOW	a_0	a_1	a_2
Rectangle	1.000		
Hanning	1.000	−1.000	
New 2 term	1.000	−0.750	
Blackman	1.000	−1.190	0.190
Rife Vincent	1.000	−1.333	0.333
New 3 term	1.000	−1.105	0.134

$$X(n)=A_n+A_P\sin(2\pi\lambda_1 n/N+\varphi_1)+A_P\sin(2\pi\lambda n/N+\varphi_3) \quad (14)$$

Table 2 Simulation Results of the Algortthm Proposed

TYPE	Observed time (bins)	N	Digital bits	A_0	A_1	λ_1	φ_1	A_3	λ_3	φ_3
Rectangle[2]	20.2	2048	≫16	-4E-4	-1E-3	2E-4	7E-3	-2E-3	-6E-4	3E-3
Hanning[3]	20.2	2048	≫16	1E-7	-1E-8	2E-7	-5E-6	-6E-7	-9E-6	7E-4
Max decay 3-term[5]	20.2	256	≫16	-9E-7	-1E-9	2E-9	1E-8	2E-9	5E-8	-2E-7
New 2 term	2.02	256	16	-7E-5	-4E-3	1E-3	-3E-3	-8E-3	1E-2	-4E-2
	2.02	32	16	-3E-3	-4E-3	1E-3	-4E-3	-8E-3	1E-2	-5E-2
	2.02	256	12	-2E-4	-4E-3	1E-3	-4E-3	-8E-3	1E-2	-4E-2
New 3 term	3.03	256	16	-7E-5	-3E-4	1E-4	-5E-4	-7E-4	2E-3	-6E-3
	3.03	32	16	-7E-4	-4E-4	2E-4	-8E-4	-6E-4	1E-3	-7E-3
	3.03	256	12	-2E-4	-3E-4	3E-4	-1E-3	-9E-4	2E-3	-6E-3

5. Conclusions

A new interpolated FFT algorithm based on new windows has been proposed. These windows are designed to have the allowed derivatives by varying the coefficients of them, so that the large attenuations on adjacent harmonics interference errors are obtained. It means that higher speed and higher accuracy are desirable by using the algorithm in this paper. Simulation results have showed that.

6. References

[1] Ortmeyet T H, Chakravarthi K R, Mahmoud A A. The Effects of Power System Harmonics on Power System Equipment and Loads. IEEE Trans. Power Appr. Syst. Vol. PAS 104, 1985, pp. 2555 - 2563.

[2] Jain V K, Collins W L, Davis D S. High accuracy Analog Measurements Via Interpolated FFT. IEEE Trans. Instrum. Meas, vol. IM 28. June 1979, pp. 113 - 122.

[3] Grandke L. Interpolation Algorithms for Discrete Fourier Transform of Weighted Signals. IEEE Trans. Instrum. Meas, Vol. IM 32, June 1983, pp. 350 - 355.

[4] Narduzzi C, Offelli C. Real-Time High Accuracy. Measurement of Multifrequency Waveforms. IEEE Trans. Instrum. Meas, Vol. IM 36, 1987. pp. 964 - 970.

[5] Offelli C, Petri D. Interpolation Techniques for Real Time Multifrequency Waveform Analysis. IEEE Trans. Intrum. Meas. Vol. IM - 39, 1990, pp. 106 - 111.

[6] Andria G, Savino M, Trotta M. Windows and Interpolation Algorithms to Jmprove Electrical Measurement Accuracy. IEEE Trans. Instrum. Meas, Vol. IM 38, 1989, pp. 856 - 863.

[7] Offelli C, Petri D. The Influence of Windowing on the Accuracy of Multifrequency Signal Parameter Estimation. IEEE Trans. Instrum. Meas. , Vol. IM 41, No. 2, 1992, pp. 356 - 261.

[8] Pan Wen, Qian Yu Shou, Zhou E. Power Harmonics Measurement Based on Windowing and Interpolated FFT(1) Study of Windows. Trans. of China Electr. Society, No. 1, 1994, pp. 50 - 54.

《电工信号的快速精确测量技术》研究工作总结

在电工领域，通常待测信号频率是波动的，同时存在较丰富的高次谐波，因此信号谐波参数的快速精密测量是一个国内外公认的难度很大的研究课题。国内在这方面的研究几乎是空白，国外自 20 世纪 80 年代以来发展了一种加窗插值快速傅里叶变换(IFFT)理论，较有代表性的有 Jaic、Grandke、Andria 等人先后发表的基于矩形窗、汉宁窗和 Rife-Vincent 窗滤波的 IFFT。由于他们对众多的窗函数没有作系统的研究，所采用的窗函数都不是最优的，因而在信号测量的精度和速度上仍然不能令人满意。

在基金委支持下，我们重点做了两个方面的工作。相应取得了两项重要研究结果。

1. 电工信号测量中窗函数的研究

首先分析了电工信号测量中窗函数的作用和影响，对窗函数的类型选择、窗函数减小谐波测量误差的机理作了深入的研究。根据信号谐波对零频分量泄漏误差最小的原则设计的一类窗函数用于畸变波形电功率测量，精度明显提高，与其他同阶窗函数相比，基波和低次谐波对平均功率的引入误差减小了一个数量级。研究结果分别发表在“国际会议 ISEMA92”和《仪器仪表学报》上。在此基础上，我们设计了在给定测量精度和测量时间条件下应选用的最优窗函数的软件包。该软件既为第二部分工作做了准备，又能独立地广泛应用于其他有关测量领域。

2. 谐波的快速精密测量研究

在第一部分工作和国外有关研究成果的基础上，我们又重点研究了电工领域内一般电信号的频谱分析理论- IFFT 算法，取得了重大进展。

(1) 从理论上严格推出了一类组合窗函数在不同测量时间和不同采样频率时频谱分析误差公式，并据此获得了在满足一定测量精度的条件下可选用的最低采样频率。结果表明，我们达到相同测量精度所需的采样频率约为国外通常使用采样频率的 1/3 左右，这就大大降低了该理论应用时所需的硬件要求。

(2) 谐波频率的快速准确估计是影响整个 IFFT 算法精度和速度的核心部分。由原始 FFT 频谱点计算各次谐波频率时涉及一个复杂的反函数计算问题，国外一般采样两种方法：① 用低阶窗，如矩形窗和汉宁窗；② 用高阶窗，如 Rife-Vincent，反函数用多项式逼近。结果前者反函数容易获得，但精度较低；而后者计算仍然比较复杂，实时性比较差。我们采用了四阶最优窗，从而将谐波相互干扰的引入误差比前几种窗减小近一个数量级，而对反函数计算问题首次采用了离散插值方法，即反函数值由预先存好的反函数离散值用插值公式计算

国家自然科学基金资助项目。

得到，结果计算量大为简化，实时性和计算精度得到提高，一般只需增加约 1 KB 的存储量。

理论分析和计算都表明，改进后的 IFFT 算法在测量精度和实时性方面显著得到提高。对同一信号、相同测量时间条件下信号各次谐波估计精度提高了约半个数量级，明显优于国外已出现的有关算法，而且研究的算法便于推广应用，可望从根本上改变目前我国高档谐波分析仪完全依赖进口的局面。

至此，我们已经完全实现了项目申请时的预定目标，研究成果达到了国际先进水平，计算精度均达到预定指标；信噪比 SNR＞40 db，一般信号的谐波频率、谐波幅值、谐波相位的计算精度分别优于 0.1 级、0.5 级和 1 级。

（在本项目的研究过程中，国外同行也取得了进展，但有的项目是从离线估计角度对以往五种 IFFT 方法作的比较研究，与本项目（在线精密测量）的研究出发点不同，项目研究成果的先进性不同。）

根据本项目的研究工作，我们认为今后的工作可以着重于实际应用研究，例如可以重点研究不同性质和信噪比信号、在不同精度和速度要求下的最优算法等。

1992 年 12 月 1 日

本单位学术委员会评价

基金项目《电工信号的快速精密测量技术》是一个理论性、难度很大的研究课题。以周鹗同志为首的课题组全体同志，在两年时间内刻苦攻关，按期高质量地完成了该项目的研究工作，发表了多篇高质量论文，取得了二项重要成果。特别在 IFFT 理论的核心部分取得了较大突破。该项目的研究成果已达到目前国际先进水平，并具有重大的应用价值和广泛的应用前景。

《电工信号的快速精密测量技术》补充材料

周 鹗 潘 文 钱俞寿

1. 与国外同类研究的水平比较

在电机工程领域，许多被测信号(如电网谐波信号、发电机组振动信号等)的频率是波动的，而且信号除了含有整次谐波以外，还可能含有非整次谐波。对这类信号，传统的谐波分析方法一般需要很大的测量时间和较多的样本数据，而达到的精度也不同(一般低于1%)。插值快速傅里叶变换(IFFT)正是针对这一背景而提出的。它的显著特点是计算速度快(比经典的FFT计算量略有增加)、计算精度高(比经典的FFT精度可能提高一个数量级至几个数量级)，能计算出包括非整次谐波在内的所有谐波参数。因而，近年来已引起国外许多学者的广泛关注。我们在基金委资助项目《电工信号的快速精密测量技术》中，对IFFT也重点进行了研究，为了直观反映出本项目的研究水平，我们将国外几种算法与本项目提出的算法的测量条件、计算精度等数据列成表1以供参考。

需要说明的是，各文献提出算法的仿真条件是不完全相同的，有的用无噪声信号来验证，有的用含噪声信号来验证，有的用绝对误差表达，有的用相对误差表达等等。在表1中，统一表达为：基波幅值、频率的误差以相对误差给出，相位以绝对误差(弧度)给出。

表1 本项目与国外文献的研究水平对比

文献	窗	测量时间(周波数)	样本时间	A/A	f/f	φ	仿真条件
[1]	矩形窗	20	2048	2e-4	1e-5	7e-3	无噪声信号
[2]	汉宁窗	20	2048	2e-9 1e-3	1e-8 1e-6	5e-6 无	无噪声信号 SNR=40 dB
[3]	矩形窗	20	1024	2e-4	3e-6	无	实际装置
[4]	Rife窗	20	512	2e-3	4e-4	3e-2	SNR=40 dB
[5]	四项窗	20	256	1e-7	4e-8	8e-6	无噪声信号
[6]	Blackman-harris窗	20	256	8e-7 4e-4	0e-8 2e-4	2e-6 2e-3	无噪声信号 SNR=40 dB

表中，无噪声信号 $x(n)=0.2+6.0\sin(2\pi 20.2)k/N+0.1)+\sin(2\pi(60.6)k/N)$，$SNR=40$ dB是指在纯净信号 $x(n)$ 中加入信噪比为40 dB的无偏白噪声序列。

从上述几种算法对同一个无噪声信号和具有相同信噪比的信号的频谱分析结果来看，本项目研制的算法需要的样本点数少，而计算精度高。在确定各次谐波频率-IFFT算法的核心

国家自然科学基金资助项目。

问题上，文献[4]采用解方程组的方法，计算量大，实时性较差；文献[5]有所改进，但确定各次谐波频率需要计算七次以上的多项式。本项目在仔细分析 Blabkman-Harris 窗的基础上，采用了线性插值方法，即保证了足够的精度，又大大加快了算法的处理速度。

参考文献

[1] Jain V K, Collins W L, Davis D C. High-Accuracy Analog Measurement via Interpolated FFT. IEEE Trans. Vol. IM-28, 1979(2): 113-122.

[2] Grandke T. Interpolation Algorithms for Discrete Fourier Transform of Weighted Signals. IEEE Trans., Vol. IM-32, 1983(2): 350-355.

[3] Narduzzi C, Offelli C. Real-Time High Accuracy Measurement of Multifrequency Waveforms. IEEE Trans., Vol. IM-36, 1987(4): 964-970

[4] Andria G, Savino M, Trotta A. Windows and Interpolation Algorithms to Improve Electrical Measurement Accuracy. IEEE Trans., Vol. IM-38, 1989(4): 856-863.

[5] Offelli C, Petri D. Interpolation Techniques for Real-Time Multifrequency Waveform Analysis. IEEE Trans., Vol. IM-39, 1990(1), 106-111.

[6] 潘文，钱俞寿，周鹗. 基于加窗 FFT 的电力谐波测量理论(Ⅱ)双插值 FFT 理论. 电工技术学报(待发表).

2. 应用价值和前景

从插值 FFT 理论的突出优点以及现有器件的性能和价格水平，目前已完全能够将这一研究成果产品化，解决目前工程中许多信号的测量问题，替代进口产品。可能的应用领域主要有以下三个方面：

(1) 电力系统谐波的实时监测。

(2) 大型发电机组和其他旋转机械的多种振动的在线精密测量。

(3) 各种逆变电源和电力电子设备的谐波测量。

以电力谐波测量为例，据国外最新的几篇文献报道，目前电力谐波的谐波测量仍然沿用传统的 FFT 谐波分析方法，为了减小电网频率波动引起的谐波计算误差（属原理误差），通常利用卡尔曼滤波器提高谐波估计精度，可是所达到的计算精度仍比 IFFT 低得多，而且需要较长的测量时间，计算量大，因此 IFFT 谐波分析方法必将得到广泛的应用。

参考文献

[1] Girgis A A. Clapp M C. Measurement and Characterization of Harmonic and High Frequency Distortion for a Large Industrial Load. IEEE Trans., Vol. PWRD-5, 1990 (1): 427-434

[2] Girgis A A, Chang W B. A Digital Recursive Measurement Scheme for On-Line Tracking of Power System Harmonics. IEEE Trans., Vol. PWRD-6, 1991(3): 1153-1160

第 2 部分

同步电机理论及有关系统分析

6 三峡发电机参数优选CAD系统

导 言

过去对大型电机和系统开展研究工作，常需要借助于动态模拟或模型电厂实验，而当前由于计算机技术迅速发展，就为在高校和研究单位开展这一方面的研究工作，提供了有力的工具和手段。

1）项目背景

三峡水利枢纽工程是一项举世瞩目、全国人民关心的重大工程，是治理开发长江的关键工程，经过国家长期论证规划，有巨大的防洪、发电、航运综合效益。仅在发电方面，按规划，三峡水电站总装机容量达1768万kW，年平均发电840亿度，供电华中、华东和川东地区，可解决电力不足，减轻环境污染，促进经济发展，造福于人民。

关于发电机组，其单机容量选择、结构型式确定、主要结构和电气参数优化、性能指标制定、经济指标评估，以及电机并网后稳态和暂态性能分析等，皆与电站及电力系统的经济、安全、稳定运行有密切关系。显然，对大型发电机组的核心问题，即其参数和运行性能的研究将对机组设计方案的论证和确定有着非常重大的技术和经济意义。

1990年4月经协商确定，东南大学和长江水利委员会等有关部门在周鹗教授主持指导下，共同承担水利部三峡及水利水电重大装备“七五”科技攻关项目《三峡发电机参数优选CAD系统研究》。

2）项目主要内容和意义

(1) 对现有国内外大型水轮发电机在设计、生产和运行中的数据、经验和研究成果进行了广泛搜集，在深入研究大型水轮发电机设计原理基础之上，对水轮发电机设计中的损耗和效率、额定励磁电流、飞轮力矩等一些关键问题的计算进行了研究，改进和完善了原有设计方法，编制出了大型水轮发电机分析设计程序。通过对现有多台大型水轮发电机进行校核计算，表明本项目所研制的分析计算程序可以满足工程设计要求，所采用的理论和计算方法是正确可行的。

(2) 对大型水轮发电机主要尺寸的选取和综合调整方法进行了研究，提出了基于所要求的飞轮力矩并综合考虑其他性能指标的主要尺寸确定方法，以及适合于大型水轮发电机综合设计的综合调整方法，进而编制了大型水轮发电机综合设计程序。通过验算校核，证明该综合设计方法具有适应性强、可靠性高的特点。

(3) 大型水轮发电机设备庞大、造价昂贵，因此，对大型水轮发电机进行最优化设计具有重大意义。针对大型水轮发电机优化设计的特点，本项目采用了惩罚-乘子法和边界搜索法进行大型水轮发电机的优化设计。计算表明，通过优化计算的水轮发电机设计结果优于原设计结果。在水轮发电机优化设计的基础之上，提出了对水轮发电机参数的优选方案，全面分析了大型水轮发电机的造价与效率、功率因数、电压、飞轮力矩、直轴瞬变电抗等的关系，进而选出大型水轮发电机的最优参数，而后者对水轮发电机的设计及参数指标选择具有指导意义。

(4) 为了使水轮发电机的设计方案能够符合生产工艺要求，且便于选用规范化材料和部件，在广泛收集有关产品标准、技术规范和材料性能的基础上，建立了水轮发电机设计标准规范数据库，包括：槽数和槽形选择规范库、定子绕组并联支路选择规范库、定子铁芯分瓣选择规范库、定子导线材料规范库、定子铁芯材料规范库等。利用上述数据库，可以保证水轮发电机设计方案的合理性。

(5) 成功地开发了一套“三峡发电机参数优选 CAD 系统”软件包。其内容有：大型水轮发电机的分析设计程序、综合设计程序、优化程序、参数优选程序，还包括整个系统的管理、数据处理、图形显示等部分。经过应用证明，该软件具有构思新颖、内容完整、结构严谨、使用方便等特点。

(6) 应用开发的软件系统，对许多现有国产和引进的大中型水轮发电机组进行了验证计算，结果表明本项目所提出的理论和设计方法是正确的，应用软件计算所得的结果可靠，精度较高，可为实际设计和开发论证等各项工作提供有力的参考数据。

(7) 对三峡水轮发电机的参数优选问题进行了理论和计算研究，对电压等级、效率、功率因数、飞轮力矩、直轴瞬变电抗、冷却方式及绝缘等级等皆进行了具体分析论述，提出了三峡水轮发电机的参数优化方案，对三峡电站建设具有重要的参考价值。

本项目开发的“三峡发电机参数优选 CAD 系统”不仅能够应用于三峡发电机的计算机辅助设计和参数优选工作，也可用于其他中、大型水轮发电机的参数优化、性能分析和设计方案评估等。该软件系统具有应用范围广和实用价值高的特点。

课题组经过两年多的辛勤劳动和努力工作，胜利完成了研究任务，并于 1994 年 3 月通过了由水利部三峡及水利水电重大装备办公室组织的鉴定。鉴定认为本课题成果达到了国内外先进水平。

三峡发电机的参数优选

曾朝晖　胡敏强　杜炎森　周　鹗

（东南大学电气工程系）

摘要：在全面研究大型水轮发电机优化设计的基础上，提出水轮发电机的参数优选方法，并对水轮发电机的造价与效率、功率因数、电压、飞轮力矩、直轴瞬变电抗等关系进行了分析，提出了对三峡发电机参数优选的建议，为三峡发电机的设计和制造提供了理论依据。

关键词：水轮发电机，优化，参数

经过专家论证和研究，初步提出了三峡发电机的技术要求[1]。基于这些基本要求，运用最优化设计技术，研究了水轮发电机的参数变化对发电机造价的影响，提出参数优选方案。水轮发电机设计的最优化，通常表达为如下的最优化问题：

$$\left.\begin{array}{l}\min C(X),\ X=[x_1,x_2,\cdots,x_n]^T\in R^n\\ \text{s.t.}\ \ S_i(X)\geqslant 0,\quad i=1,2,\cdots,m\end{array}\right\} \tag{1}$$

其中，$C(X)$是目标函数；$S_i(X)$是约束条件，包括水轮发电机的性能要求和设计准则等；X是n维优化变量。

水轮发电机的最优化问题具有如下的特点：① 最优化设计的目标函数和约束条件是非线性的，并且不能简单地用显式表达；② 多变量离散最优化问题。

目前对水轮发电机最优化设计的研究多着重于某些最优化方法或最优解，不能对水轮发电机最优化设计问题全面了解[2,3]。本文提出了一种参数优选方法，运用惩罚-乘子法和边界搜索法来研究水轮发电机设计的最优化问题。

1. 水轮发电机的最优化设计方法

1）惩罚-乘子法

罚函数法存在一些缺点，即随着迭代的进行，惩罚因子越来越大(或越来越小)，使罚函数的性态越来越差，求解这样的无约束极小问题变得十分困难。惩罚-乘子法是用经典的Lagrange乘子法逐次逼近非线性规划的最优解，能解决单纯使用罚函数法的缺陷。对方程(1)的最优化问题，惩罚-乘子形式为

$$P_M(X,\lambda_k,M_k)=C(X)+\frac{M_k}{2}\sum_{i=1}^{m}[0,S_i(X)+\lambda_k/M_k]^2 \tag{2}$$

其中，M_k 为罚因子；λ_k 为乘子，其调整公式为

$$\lambda_{i,k+1}=\min[0,M_kS_i(X_k)+\lambda_{i,k}] \tag{3}$$

东南大学学报第26卷第5期，1996年9月，国家“七五”科技攻关项目。

惩罚-乘子法的流程示于图1，其中 c_k 为收敛判据，它和因子 $\lambda_{i,k+1}$ 及 M_k 的调整依据为

$$c_k = \max_{1\leqslant i\leqslant m} |\min[0, S_i(X_k)]| \tag{4}$$

收敛判据为：$c_k \leqslant \in$，其中 $\in$ 为给定的较小值。

在惩罚-乘子法中需要运用无约束问题的寻优方法，本文选用了模式搜索法，而未采用 Powell 法、单纯形法等，这是由于模式搜索法方法简单，不需要进行一维搜索，而且离散化方便。将离散变量的离散矩阵概念运用于模式搜索法，可较容易解决变量离散化问题，并且不仅适用于求解等步长离散变量问题，也可以求解变步长意义下的离散最优解。

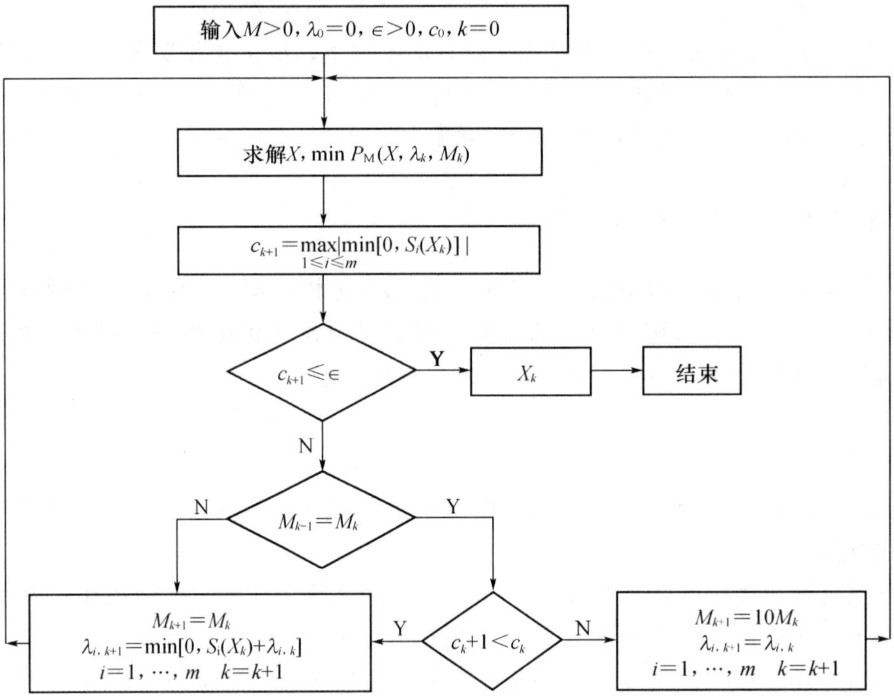

图1 惩罚-乘子法的流程图

2）边界搜索法

电机最优化设计问题可以近似为凸规划问题，即可以认为，如果目标函数无约束极值点位于约束边界内，则该点为不等式约束全局最优点，更多的情况是目标函数无约束极值点位于约束边界之外，则有不等式约束下的极值点，包括全局最优点一定在某些约束边界上，只要沿着约束边界搜索所有的点，从中选出目标函数最优的点，就可以找到不等式约束的全局最优点。

运用边界搜索法时，采用降维的序贯分解法。具体步骤如下：

(1) 将变量分解为若干对（l 对），相应地原问题也分解为 l 个子问题：

$$\left.\begin{array}{ll} \min C_i(X_i, r_i) & i = 1,2,\cdots,l \\ \text{s.t. } S_j(X_i, r_i) \geqslant 0 & j = 1,2,\cdots,m \end{array}\right\} \tag{5}$$

其中，X_i 是子问题 $C_i(X_i, r_i)$ 中的一对变量；r_i 是除 X_i 以外的其他各组成对变量，在该子问题中都维持常量。

(2) 依次对每个子问题进行优化，把子问题优化中得到的最优点 X_i^* 代替原来的 X_i 后，

进行下一个子问题的优化(如图 2 所示)，这样每个子问题的最优解就会优于(至少等于)上一个子问题的最优解，即

$$C(X_{i+1}^*, r_{i+1}) \leqslant C(X_i^*, r_i) \tag{6}$$

(3) 对 l 个子问题都作了优化后，就算完成一个循环计算。

(4) 反复进行多轮优化，就会得到一个单调下降(广义地说)的目标函数正值序列。当相继两轮优化得出的目标函数值之差小于给定精度 δ 时，停止寻优即终止搜索的判据为

$$|C[X^*(t)] - C[X^*(t+1)]| \leqslant \delta \tag{7}$$

其中，t 为总的优化循环计算次数。于是 $X^*(t+1)$ 即为所求得的最优解。

对每个子问题(两个变量)的边界搜索，通常采用图 3 所示的方法进行。

边界搜索法可以求得一定步长意义下的全局最优解。

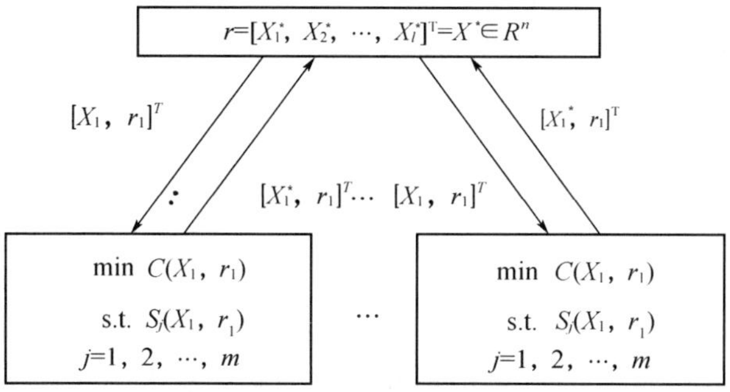

图 2 序贯分解法的降维方法

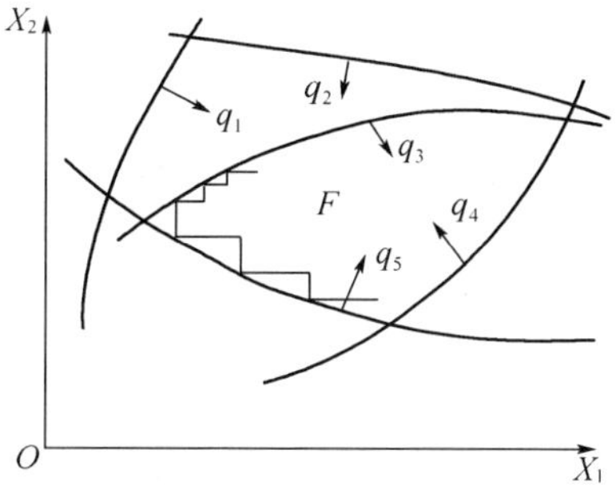

图 3 边界摸索过程图

2. 大型水轮发电机的最优化

水轮发电机的制造成本是水轮发电机设计时的重要指标，因此采用制造成本最低为水轮发电机最优化问题的目标函数。由于大型水轮发电机的制造成本计算十分复杂，这里选用有效材料消耗代替制造成本作为优化的目标函数。水轮发电机的有效材料消耗主要包括有效铜重和铁重。大型水轮发电机优化设计的约束条件包括各项性能指标和其他设计准则，主要为如下所示约束：

$$\begin{gathered} B_\delta \leqslant B_{\delta\max},\ B_j \leqslant B_{j\max},\ B_t \leqslant B_{t\max},\ B_m \leqslant B_{m\max} \\ X'_d \leqslant X'_{d\max},\ X''_d \geqslant X''_{d\min},\ K_c \geqslant K_{c\min},\ \theta_{Cu} \geqslant \theta_{Cu\max} \\ \eta \geqslant \eta_{\min},\ GD^2 \geqslant GD^2_{\min} \end{gathered} \tag{8}$$

式中所示为各部分磁密约束、直轴瞬变和超瞬变电抗约束、短路比约束、电枢温升约束、效率约束、飞轮力矩约束等。选取的优化变量为：D_i(定子铁芯内径)、l_t(定子铁芯长度)、Z(槽数)、c(定子线棒并联股线数)、a 和 b(定子线棒厚度和宽度)、δ(气隙长度)、n_B(阻尼条数)、b_m 和 h_m(极身宽度和高度)、b_p 和 h_p(极靴宽度和高度)，共 12 个变量。

运用上述两种方法，对多台大型水轮发电机进行优化设计计算以验证其合理性，结果证明这些方法是有效和可靠的[4]。

3. 三峡发电机的参数优选

水轮发电机的参数优选中，主要研究了额定电压、功率因数、飞轮力矩、直轴瞬变电抗、

效率等与发电机造价的关系，以期获得水轮发电机的最佳参数，使发电机的造价最低。

1）额定电压的优选

水轮发电机的额定电压值是和其他参数相关联的，并且直接影响电力系统送变电设备的造价，发电机额定电压变低，通常会减少发电机绝缘材料和有效材料的消耗，研究了大型水轮发电机常采用的几个电压等级(15.75 kV，18 kV，20 kV)和制造成本的关系，其计算结果如图 4 所示。图 4 所示的曲线表示了在不同的电压等级下，保持发电机其他技术要求不变，对水轮发电机制造成本进行最优化设计而获得的计算结果。由图可见，随着电压等级的提高，发电机有效材料的消耗是逐渐上升的。

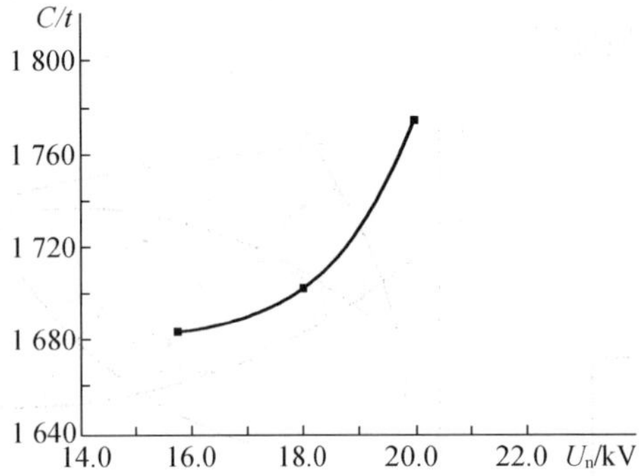

图 4 U_n 与 $C(t)$ 关系曲线图

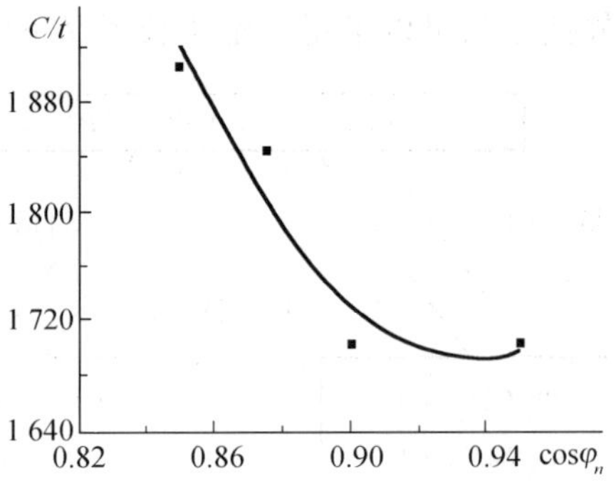

图 5 $\cos\varphi_n$ 与 $C(t)$ 关系曲线图

2）功率因数优选

水轮发电机的额定功率因数是由电网送变电距离和负载特点决定的，同时水轮发电机的功率因数与制造成本也有关系。目前，我国大容量水轮发电机的功率因数多取 0.85～0.9，而在工业发达国家多取 0.9～0.95。

图 5 给出了三峡水轮发电机的功率因数和制造成本的关系曲线，该曲线是在不同的功率因数和其他技术要求不变的条件下，对水轮发电机制造成本进行最优化的计算结果。如图所示，当发电机功率因数较低(从 0.85 到 0.875)时，发电机制造成本下降很快，而功率因数较高(从 0.9 到 0.95)时，下降较小。因此，对三峡发电机选择功率因数 0.9～0.95 较为经济合理。

3）飞轮力矩优选

通常随着水轮发电机飞轮力矩(GD^2)要求的增大，发电机的制造成本也相应增加，这一点从下面的计算结果也可以看出（图 6）。图 6 是在不同的飞轮力矩要求下(从 37.3×10^6 N·m^2 到 43.1×10^6 N·m^2)，其他要求不变时，对发电机制造成本最优化的计算结果。可以看出，随着 GD^2 的增大，发电机制造成本也是上升的。

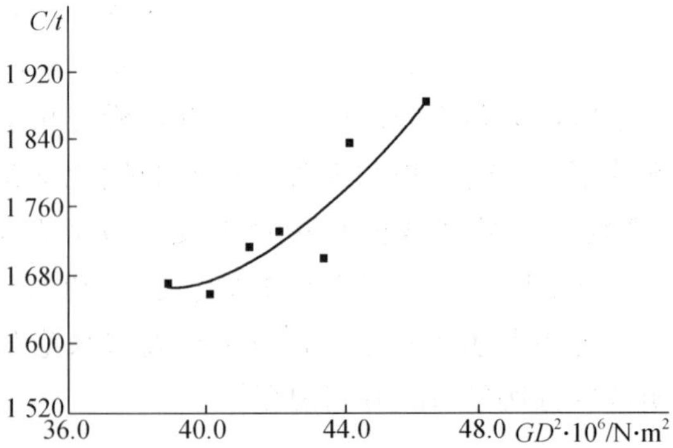

图 6 CD^2 与 $C(t)$ 关系曲线图

4）效率的优选

一般认为水轮发电机效率的提高会引起制

造成本的增加。下面的计算结果给出了三峡发电机制造成本与效率的关系。

图 7 的曲线是在不同的效率下，其他技术要求不变时，发电机制造成本最优的计算结果。从图中可以看出，发电机的效率与制造成本呈 U 形曲线关系，即存在一个最优的效率范围，使发电机的制造成本较低，对于三峡发电机的效率最优范围是 98.5%～98.7%。这是由于水轮发电机的损耗与其他类型电机有不同的特点，其机械损耗(包括轴承损耗和通风损耗)占总损耗的比重相当大，当发电机的电磁负荷由于其他约束的限制变化不大时，铜耗和铁耗的变化有限，则机械损耗对效率的变化就起相当大的作用，机械损耗的变化通常引起发电机主要尺寸的变化，从而引起发电机制造成本的改变，便出现了图 7 所示的关系。

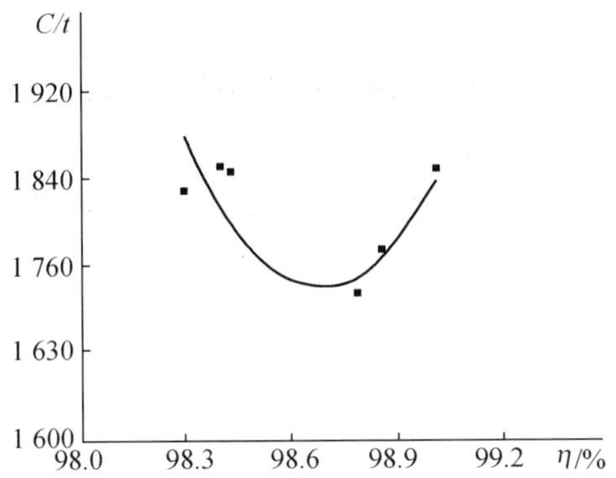

图 7　η 与 $C(t)$ 关系曲线图

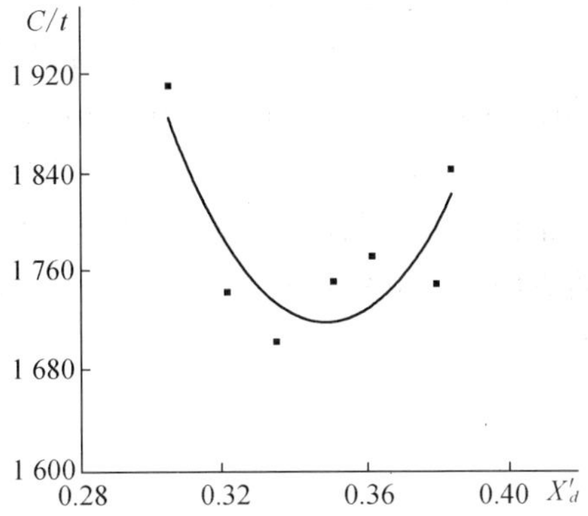

图 8　X'_d 与 $C(t)$ 关系曲线图

5) 直轴瞬变电抗优选

从电力系统的稳定性要求出发，直轴瞬变电抗(X'_d)越小越好，但通常认为随着 X'_d 的减小，发电机的制造成本增加，从以下的计算结果分析中可以得到另外的一些结论(图 8)。图 8 所示的曲线是在 X'_d 变化，其他技术要求不变时，发电机最小制造成本的计算结果。可以看出，直轴瞬变电抗 X'_d 和发电机制造成本的关系呈一种类似于 U 型曲线，即存在一个较优的 X'_d 区域使发电机的制造成本较低，在此区域以外发电机的制造成本将增加。这样可以得出，三峡发电机的最佳 X'_d 区域为 0.33～0.35。

4. 结论

本文不仅研究了大型水轮发电机的最优化方法和优化结果，而且全面研究了大型水轮发电机的优化问题，运用参数优选方法对大型水轮发电机的参数进行最低成本优选。本文针对三峡发电机，提出参数优选结果主要有如下几点：

(1) 随着电压等级的提高(15.75～20 kV)，发电机有效材料的消耗逐渐上升；

(2) 综合考虑三峡机组的造价和系统对机组的要求，功率因数选 0.9～0.95 较合适；

(3) 发电机飞轮力矩的增大将会引起有效材料消耗的增加；

(4) 发电机的功率与有效材料消耗的关系呈现 U 形曲线关系，选取 98.5%～98.7%较为经济合理；

(5) 直轴瞬变电抗 X'_d 与有效材料的消耗存在 U 形曲线关系，在满足电力系统要求的前提下，发电机直轴瞬变电抗选取 0.33～0.35 使机组造价较低。

参考文献

[1] 桂炎森，胡敏强，周鹗，等．三峡水电站水轮发电机参数优选的定量分析．人民长江，1992，23(1)：44－47.

[2] Appelbaum J，Fuchs E F，White J C. Optimization of Three-Phase Induction Motor Design. Part Ⅰ：Formulation of the optimization technique IEEE Transactions on Energy Conversion，1987，2(3)：407－114.

[3] Appelbaum J，Khan I A，Fuchs E F. Optimization of Three-phase Induction Motor Design. Part Ⅱ：The efficiency and cost of an optimal design. IEEE Transactions on Energy Conversion，1987，2(3)：415－422.

[4] Zhou E，Du Yanshen，Hu Mingqiang，et al. Optimization CAD System for Large Hydrogenerator. Proceedings of ISSM'93，1993，327－376.

[5] 林宪枢，俞国勤，郭景斌．水轮发电机制造成本与纵轴瞬态电抗关系的分析-优化设计的应用．大电机技术，1991(5)：1－7.

Parameter Optimization of TGP Generator

Zeng Zhao-hui　Hu Ming-qiang　Du Yan-shen　Zhou E

(Dept. of Electrical Engineering, Southeast University, Nanjing, China)

ABSTRACT: As we all know, the Three Gorges Project (TGP) is going to be constructed. The selection of the TGP generator parameters is one of the key problems that should be studied carefully. In this paper, a comprehensive study on the optimization of large hydrogenerator is performed. It includes the relation between generator cost, efficiency, power factor, flywheel effect, direct-axis transient reactance and other effects as they occur in an optimal design. From this study, some useful conclusions are made, and the optimal parameters of TGP generator are obtained. Theoretically these can be used as a guide to the design of TGP generator.

Ⅰ. INTRODUCTION

The Three Gorges Project(TGP) is a worldwide concerned huge project. In the project, the selection of generator capacity, the determination of installation construction, the parameter optimization, the economic estimate of the unit and the transient and stable stability of the generator are closely connected to the generator reliability, cost and stability. As the TGP generator cost plays an important part of the project investment, it makes the optimization of the TGP parameter, which can result in minimum cost, very important.

From a long time study, the TGP generator requirements and performance have been determined as follows:

Capacity:	756 MVA
rated voltage:	18 kV
power factor:	0.9
rated speed:	75 rpm
runaway speed:	165 rpm
direct-axis transient reactance:	≤0.35
direct-axis sub-transient reactance:	≥0.2
short-circuit ratio:	≥1.1
efficiency:	≥98.5%
flywheel effect:	≥420 000 tf · m^2

The optimization of large hydrogenerator design is usually formulated as a general nonlinear programming problem, as follows:

$$\begin{cases} \min C(X), & X = [X_1, X_2, \cdots, X_n]^T \in R^n \\ \text{s.t. } S_i(X) \geqslant 0, & i = 1, 2, \cdots, m \end{cases} \tag{1}$$

$C(X)$ is the objective function. $S_i(X)$ is referred to as constraints, which include the performance, additional requirements and dimensional limits. X are the n variables from which the optimization is to be performed.

The optimization of electric machine is different from the general mathematic programming method. So the hydrogenerator optimization has its specific features:

(1) The objective and constraint functions are nonlinear. It is difficult to be defined as any simple functions.

(2) It is a multi-variable optimization. Among variables, there are some discrete ones. So it is a discrete variable optimization program.

Although optimization techniques have been applied for decades, a effective and reliable method of solving this nonlinear and discrete variable problem has not been found. These make the application of general programming methods to hydrogenerator optimization very difficult.

Moreover, most studies of hydrogenerator optimization are focused on the optimization technique which was employed and the results of single(or several) optimal design(s)[4]. This cannot give a comprehensive study of large hydrogenerator optimization. So it is necessary to give a more comprehensive study on large hydrogenerator optimization.

Ⅱ. Large Hydrogenerator Optimization Techniques

In order to develop a best method for large hydrogenerator optimization design, several advanced optimization techniques including Penalty-Multiplier Method and Boundary Search Method are investigated.

1) Penalty-Multiplier Method

Penalty-Multiplier Method is developed from the Penalty Method. The Penalty Method is widely used for optimization of electric machine. However, it has an inherent weakness. Near the boundaries of the feasible region, the penalty function becomes very steep, and this always leads to the deterioration in the computation and possible failure in optimization. To overcome these shortages, the Penalty-Multiplier Method is developed. In this method, the augment function takes the form.

$$P_M(X, \lambda_K, M_K) = C(X) + \frac{M_K}{2} \sum_{i=1}^{m} \min[0, S_i(X) + \lambda_K / M_K]^2 \tag{2}$$

where M_k is a penalty factor with an adjustable positive value, and λ_K is the multiplier vector having components for each of the constraints.

The multiplier λ_K is set according to:

$$\lambda_{i,K+1} = \min[0, M_K S_i(X_K) + \lambda_{i,K}] \tag{3}$$

The flowchart for Penalty-Multiplier Method is shown in Fig. 1. In Fig. 1, a maximum constraint error C_K is obtained as follows:

$$C_K = \max_{1 \leqslant i \leqslant m} |\min[0, S_i(X_K)]| \tag{4}$$

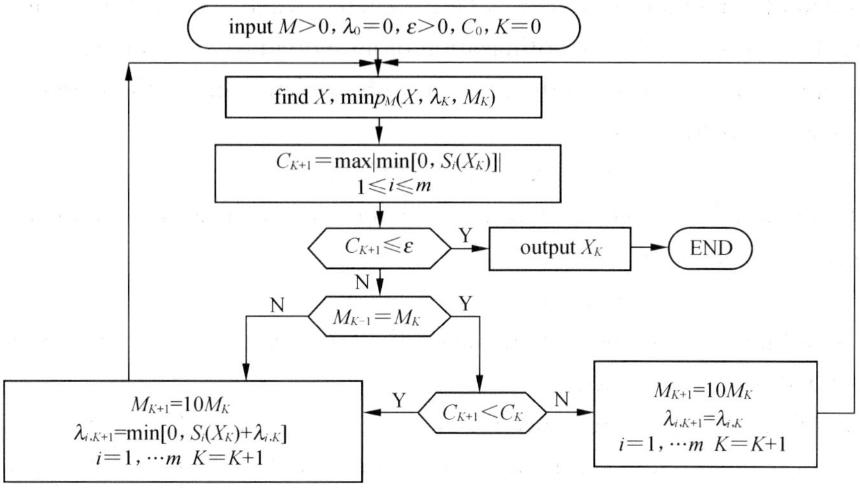

Fig. 1 Flowchart of Penalty-Multiplier Method

In the Penalty-Multiplier Method an unconstrained optimization technique should be employed. After studying several unconstrained optimization methods, such as Simplex Alternation Method, Hooke-Jeeves Method and Powell Method, the Hooke-Jeeves Method is selected. All these methods need not to calculate the gradient of objective or constraint functions. The Hooke-Jeeves Method is proved to be useful. It can give a optimization solution with certain discrete steps. By introducing the discrete variable matrix to the Hooke-Jeeves Method, it is possible to obtain a discrete solution not only for the equal step variables, but also for unequal step variables.

2) Boundary Search Method

The Boundary Search Method is based on the property of the polynomial objective function. If the optimization of the objective function lies within a feasible region, it can be located by any standard unconstrained optimization techniques. If the optimization of $C(X)$ is outside the feasible region, the constrained problem will have a conditional optimum on the boundary, and the best point can then be chosen from the points on the boundary.

In general, the minimization problem $C(X)$ [eq. (1)], may be decomposed into a sequence of suboptimization problems, $C_i(X_i, r_i)$, $i=1, 2, \cdots, 1$. The r_i is a set of real-valued coordination variables, that consists of all the constant values of variables, except those variables X_i that are being optimized in $C_i(X_i, r_i)$. Each suboptimization problem is defined as follows [Fig. 2]:

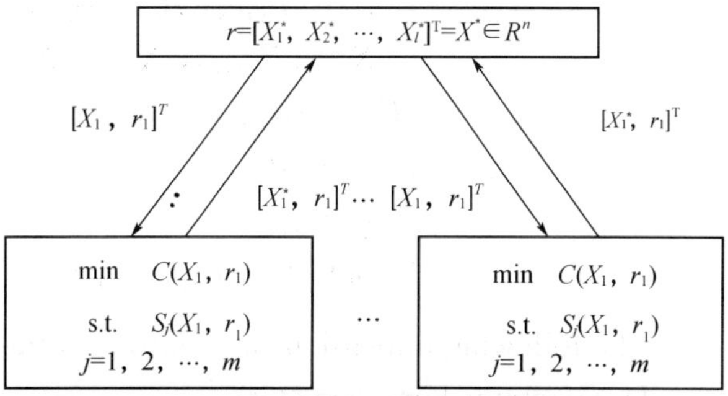

Fig. 2 Sequential decomposition of the optimization

$$\begin{aligned} &\min C_i(X_i, r_i), && i=1,2,\cdots,1 \\ &\text{s. t. } S_j(X_i, r_i)\geqslant 0, && j=1,2,\cdots,m \end{aligned} \tag{5}$$

An iteration of computation is said to be completed when each of the 1 subproblems has been sequentially optimized. In the optimization of an individual subproblem, the optimization is bound to improve with respect to the previous subproblem, and in the worst case there will be no improvement, as follows:

$$C_{i+1}(X_{i+1}^{*}, r_{i+1}) \leqslant C_i(X_i^{*}, r_i) \tag{6}$$

Computation is halted when an iteration is completed with no improvement in cost from that of the previous cycle, that is:

$$|C(X^{*}(t)) - C(X^{*}(t+1))| \leqslant \delta \tag{7}$$

where δ is a small positive number depending on the required accuracy, and t is the number of iterations required for convergence.

For each suboptimization problem, the method of finding the optimal point is to search along the feasible region boundary [Fig. 3].

The Boundary Search Method is said to be able to converge to the globe optimal point at a certain variable step[4]. With this method it is possible to obtain a graphical representation and improve the physical insight with plots of the generator characteristics in different planes.

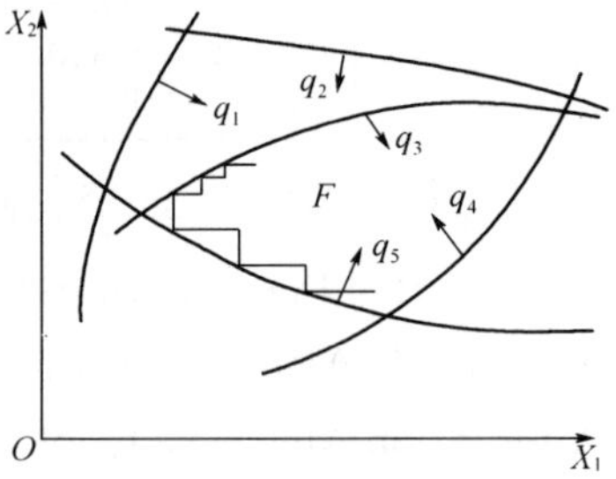

Fig. 3 Boundary search along the constraints

Ⅲ. Large Hydrogenerator Optimization

The production cost of large hydrogenerator is concerned by the water power station and generator designers. So the generator cost is used as the objective function of the optimization design. The production cost of a large hydrogenerator is quite difficult to be obtained, so the material consumption is used instead. To make it simple, the material consumption is defined as the mass of effective material, which includes the mass of core stamping and copper.

The constraints of hydrogenerator optimization are technical requirements, performance and other limits, as follows;

$$\begin{cases} B_\delta \leqslant B_{\delta\max},\ B_j \leqslant B_{j\max},\ B_t \leqslant B_{t\max},\ B_m \leqslant B_{m\max} \\ X'_d \leqslant X'_{d\max},\ X''_d \geqslant X''_{d\min} \\ K_C \geqslant K_{C\min} \\ \theta_{Cu} \leqslant \theta_{Cu\max} \\ \eta \geqslant \eta_{\min} \\ GD^2 \geqslant GD^2_{\min} \end{cases} \tag{8}$$

The following dimensions are chosen as the optimization variables for the optimization:

D_i——stator bore diameter;

I_t——stator core length;

z——slot number;

c——number of conductor strands;

a, b——tickness and width of trands;

δ——radial length of air-gap;

n_B——number of damper bars;

b_m, h_m——width and height of rotor pole;

b_p, h_p——width and heigth of rotor rim.

checking computations show that the techniques proposed are proved to be useful and reliable[6].

Ⅳ. TGP Generator Parameter Optimization

The generator cost is closely related to its parameters. In order to see the relation between the generator cost and its parameters, the above described optimization techniques are employed. The relation between generator cost and its parameters, such as U_n, $\cos\varphi_N$, GD^2, X'_d, η, and so on, are studied in view of minimum generator cost.

1) Rated Voltage Optimization

The rated voltage of large hydrogenerator is related to other requirements and can affect the cost of power system transformer and transmission equipments. A lower rated voltage always leads to the decrease of insulation and effective material cost. Several rated voltages which is used for most large hydrogenerators are studied with the relation to generator cost [Fig. 4].

This curve is obtained by minimizing the generator cost with various rated voltages and other constraints remain unchanged. It shows that with the increase of rated voltage, the generator cost also increases.

2) Power Factor Optimization

The power factor of hydrogenerator is determined by power transmission distance and load properties. The hydrogenerator power factor is also related to its cost. In China, the accepted power factor of large hydrogenerator is 0. 85～0. 9, but in western countries, it is 0. 9～0. 95. From the view of getting an optimal power factor for TGP generator which result in minimum generator cost, the relation between power factor and generator cost is studied and the result is shown in Fig. 5.

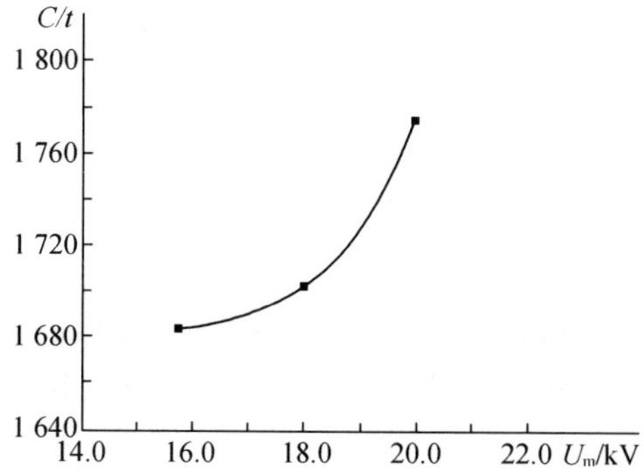

Fig. 4 Rated voltage-cost

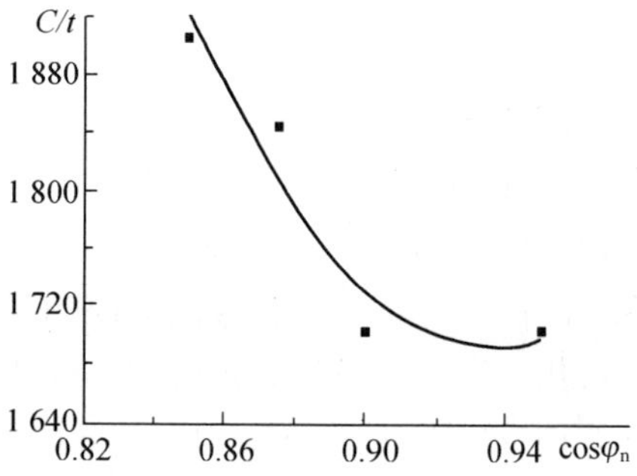

Fig. 5 Power factor-cost

The study of the power factor and generator cost relation is performed by minimizing of generator cost with various power factor (0. 85, 0. 875, 0. 90, and 0. 95) and other constraints unchanged. The curve shows that when power factor is low (from 0. 85 to 0. 875), the generator cost decreases very fast, and when power factor is high (from 0. 9 to 0. 95), the decrease of generator cost is limited. That is to say, the optimal power factor for TGP generator which result in a lower generator cost is 0. 9~0. 95.

3) Flywheel Effect Optimization

The increase of the flywheel effect always leads to the increase of generator cost, and this also can be shown from following calculation [Fig. 6].

This study is obtained by minimizing the generator cost with the variation of GD^2 constraint and other constraints unchanged. The curve shows that with the increase of GD^2 (from 380 000 tf • m^2 to 460 000 tf • m^2), the generator cost increases.

4) Efficiency Optimization

The general idea of the relation between generator cost and efficiency is that generator cost increases with the increase of efficiency. But from the calculation listed below, it shows that this is not the fact [Fig. 7].

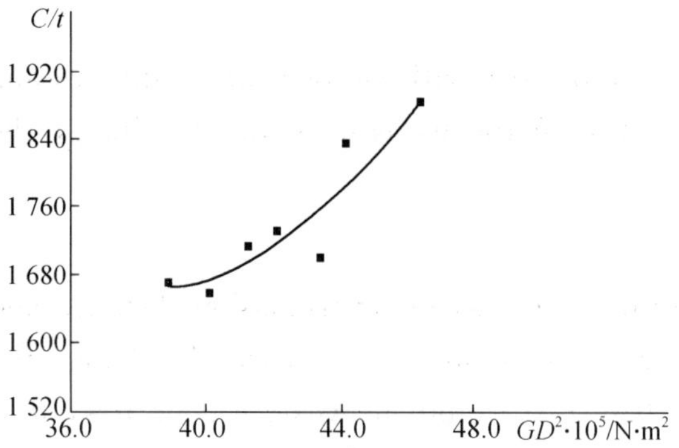

Fig. 6 Flywheel effect-cost

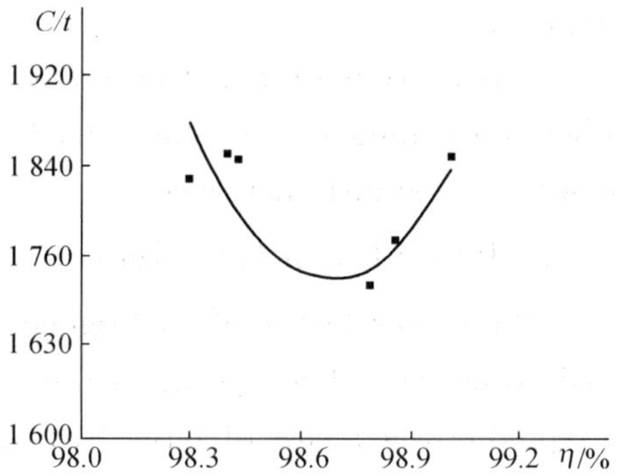

Fig. 7 Efficiency-cost

The curve is obtained by minimizing generator cost with various efficiency constraint and other constraints unchanged. It shows that the relation between generator cost and efficiency is an U-form curve. That is to say, there is a best region of efficiency which can result in much lower generator cost. This region for the TGP generator is from 98. 5% to 98. 7%. The loss of hydrogenerator includes not only winding and core loss, but also mechanical loss (includes bearing and windage loss). The variation of windings and core loss is limited because of the limited suitable electromagnetic loading. So the mechanical loss plays an important part in the total loss, especially when the windings and core loss cannot be too large or too small. The variation of mechanical loss usually leads to the change of main dimensions (D_i and l_t), which can cause the change of generator cost.

5) Direct-axis Transient Reactance Optimization

From the viewpoint of power system stability, X_d' is better to be low. The general idea is that when X'_d decreases the generator cost will increase. The study of the relation between the generator cost and its direct-axis transient reactance is performed by minimizing the generator cost with the variation of X'_d constraint and other constraints unchanged [Fig. 8].

Fig. 8 the variation of hydrogenerator cost with direct-axis transient reactance is an U-curve. There is a best region of X'_d which can lead to a much lower generator cost. Beyond this region the generator cost will increase with the variation of X'_d. This best region for X'_d of TGP generator is 0.33~0.35.

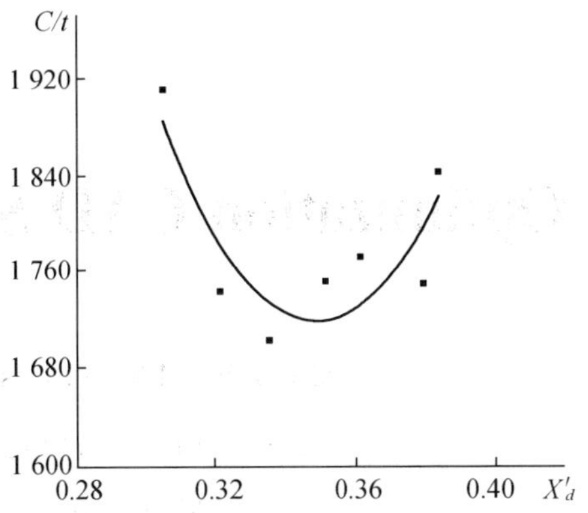

Fig. 8 X'_d-cost

Ⅴ CONCLUSION

This paper not only describes the optimization techniques and several optimal results of large hydrogenerator design, but also gives a comprehensive study on large hydrogenerator optimization. It is possible to study the relation between the generator cost and its parameters and obtain the optimal parameters which can result in minimum generator cost. Several useful conclusions of the TGP generator optimal parameters are given.

REFERENCES

[1] Bai Yan-nian. Hydrogenerator Design and Calculation. Machinery Industry Press, Peijing, 1987.

[2] Walker J H,. Large Synchronous Machines Design, Manufacture and Operation. Clarendon Press, Oxford, 1981.

[3] Lin Xianshu, Xu Guoqing, Guo Jingbin. Analysis of relationship between production cost and d-axis transient reactance—optimization design application. Large Electric Machine Technology, No. 5, 1991, pp. 1 - 5.

[4] Appelbaum J, Fuchs E F, White J C. Optimization of Three-Phase Induction Motor Design. Part Ⅰ: Formulation of the Optimization Technique. IEEE Transaction on Energy Conversion, Vol. EC-2, No. 3, Sept. 1987, pp. 407 - 414.

[5] Appelbaum J, Khan I A, Fuchs E F. Optimization of Three-Phase Induction Motor Design. Part Ⅱ: The Efficiency and Cost of An Optimal Design. IEEE Transaction on Energy Conversion, Vol. EC-2, No. 3, Sept. 1987, pp. 415 - 422.

[6] Zhou E, Du Yanshen, Hu Mingqiang, Zeng Zhaohui, Yi Puji, Liu Hao, Xiao Yonggang. Optimization CAD Syetem for Large Hydrogenerator. ISSM-93, Wuhan, China, 1993.

Optimization CAD System for Large Hydrogenerator

Zhou E Du Yan-shen Hu Ming-qiang Zeng zhao-hui

(Dept. of Electrical Engineering, Southeast University, Nanjing, China)

Yi Pu-ji Liu Hao Xiao Yong-gang

(Yangtze-River Water Resources Commission)

Abstract: In order to make the design of large hydrogenerator more accurate, reliable and easy, a "Large Hydrogenerator Optimization CAD System" is developed. In this paper, the fundamental theory of the CAD system, the system structure, the supported software and hardware and the design and calculation functions are described. According to lots of checking computations, this program is proved to be accurate and reliable.

1. Introduction

With the development of water power, the study of large hydrogenerator design and manufacture becomes very important. There are several large water power stations which are being built on the Yangtze-River and its tributaries. How to design these large hydrogenerators and the Three Gorges Project (TGP) generators well becomes a serious problem.

For a long time the design of large hydrogenerator is based on closed-form functions and data. It always takes a long time to get a feasible or optimum design. The old method obviously cannot catch up with the fast development of water power exploitation.

With the development of computer technology, computer-aided design technique is widely used in the engineering design fields. It can improve the design standard of products, shorten the time of design cycle and give full play to the designer's skill and creativeness.

The computer-aided design technique has been introduced into the electric machine design for decades. In China, a lot of work have been done on the electric machine computer-aided design, especially for the small electric machines. But in the field of large hydrogenerator computer-aided design, less work has been done. In this paper, CAD technique is applied to the large hydrogenerator design and a "Large Hydrogenerator Optimization CAD System" is developed.

This project is supported by Yangtze-River Water Resources Commission.

2. Large Hydrogenerator CAD Fundamental Theory and Analysis Procedure

The old method of large hydrogenerator design is always based on closed-form functions and data. It is difficult and takes a long time to get a feasible design. So a new large hydrogenerator design program which is accurate and suitable for computer usage should be developed urgently. Analysis procedure is the base of the whole CAD calculation procedures which include synthesis and optimization procedures.

As we all know, large hydrogenerator is quite different from other generators. The large hydrogenerator design also has its own features. Because of this, some special problems should be studied for the development of a more accurate analysis procedure.

The flywheel effect (GD^2) calculation is one of the key problems in the large hydrogenerator design. A new method of GD^2 calculation which is suitable for computer program is developed. Because large hydrogenerator has a special cooling system and installing construction, the calculation of its loss and efficiency is different from other generators. Mechanical loss (including windage loss and bearing loss) account for more than 30% of the total loss. Because the mechanical loss is closely related to the constructional design of hydrogenerator, a new method which is related to the hydrogenerator construction is worked out. By studying several methods of calculation of field ampere-turns on load(F_{fN}), the swedish Rector Diagram Method is selected to be used in the program. This method can be easily used in computer program and can calculate F_{fN} accurately.

By studying the CAD fundamental theory, the synchronous machine design theory and above results, a large hydrogenerator analysis design program is developed. This program is used for several already built generators in order to check its accuracy and reliability.

Tab. 1 Comparison of analysis results with actual generator data

Type	SF300 - 48/1230		SF210 - 40/1035		SF170 - 11 -/1760	
Item	Actual	Analysis	Actual	Analysis	Actual	Analysis
X_d	1.035	0.981	1.126	1.125	0.951	0.945
X'_d	0.36	0.342	0.335	0.330	0.305	0.303
X''_d	0.235	0.229	0.200 9	0.197 4	0.197	0.199
K_c	1.114	1.189	1.035	1.034	1.563	1.598
B_δ(GS)	7 800	7 998	7 790	7 752	7 430	7 449
η(%)	98.42	98.40	98.18	98.27	97.96	97.99
GD^2(tf · m²)	70 000	68 734	33 000	33 771	172 000	171 761

In tab. 1, the calculation results are quite close to the parameters of actual generators. Using this program, the designer can get the analysis results from designed parameters and see the influence of designed parameters on machine performance.

3. Synthesis Procedure

Synthesis procedure is an inverse procedure of analysis.

Because usually there is not only a feasible design of electric machine synthesis, but a feasible design region, there are different synthesis methods to obtain a feasible design. In this paper, a synthesis adjustment method is described for the synthesis design.

The first step of synthesis procedure of large hydrogenerator design is to determine the main dimensions from the requirements. The old methods rely on the design experience and closed-form functions, and these always made the main dimensions obtained unsuitable for later synthesis procedure. A method which is based on meeting GD^2 requirement and consideration of other requirements influence is worked out. This will give a more reliable results for main dimension determination.

The main dimensions should be adjusted properly to get a feasible design. A proper adjustment method, which considers not only one requirement, but also the relationship between each variables and requirements. As the hydrogenerator synthesis procedure is at a higher design level, the synthesis adjustment method is more complicated.

A large hydrogenerator synthesis design program using above results has been worked out. This program can give a feasible design to meet various performance and other requirements.

Tab. 2 Comparison of synthesis design with actual generator data

Type	SF300 - 48/1230		SF210 - 40/1035		SF170 - 11 -/1760	
Item	Actual	Synthesis	Actual	Synthesis	Actual	Synthesis
$\cos\varphi$	0.875		0.875		0.875	
U_n(V)	18 000		15 750		13 800	
K_c	1.114	1.22	1.035	1.05	1.563	1.632
X_d'	0.36	0.344	0.335	0.312	0.306	0.31
X_d''	0.235	0.237	0.20	0.203	0.197	0.195
GD^2(tf·m^2)	70 000	71 369	33 000	34 971	172 000	178 444
η(%)	98.415	98.52	98.175	98.47	97.96	98.46
D_i(cm)	1 230	1 270	948	980	1 699	1 700
l_t(cm)	275	254	240	225	200	213

From tab. 2, the synthesis method worked out is reliable and suitable for various types of large hydrogenerators. Because there are more than one feasible designs, the result is probably not an optimum design.

4. Parameter Optimization Procedure

As optimization technique is widely used in many fields, it becomes one of the important part of the CAD system for electric machines.

The optimization of large hydrogenerator design is usually formulated as a general nonlinear programming problem, as follows:

$$\begin{cases} \min C(X) \qquad X=[x_1, x_2, \cdots, x_n]^T \in R^n \\ \text{s. t } \ S_i(X) \geqslant 0, \quad i=1,2,\cdots,m \end{cases}$$

$C(X)$ is the objective function. Here it represents the generator cost. To make it simpler, the generator cost is defined as the weight of effective material (that is weight of steel and copper). $S_i(X)$ is referred to as constraints, which include the performance, additional requirements and dimensional limits. X are the n variables from which the optimization is to be performed. X include stator core diameter, stator core length, slot number, number of conductor strands, thickness and width of a strand, radial length of air-gap, number of dampers, width and height of rotor pole, width and height of rotor rim.

In the large hydrogenerator optimization procedure, several useful methods, such as Penalty-Multiplier Method and Boundary Search Method, has been used. These methods can easily solve the special problems of large hydrogenerator optimization, such as nonlinear problem and variable discrete problem.

These optimization technique is used to a type of large hydrogenerator(SF300-48/1230), and the optimization sesign is obtained(tab. 3).

Tab. 3 Comparison of actual data and optimization results

Item	SF300-48/1230	Requirement	Optimization results	
			P-M method	B-S method
B_δ(Gs)	7 800	≤8 500	8 540	8 484
X'_d	0. 36	≤0. 36	0. 323 8	0. 345 8
X''_d	0. 235	≥0. 22	0. 224 9	0. 259 5
K_C	1. 114	≥1. 1	1. 128	1. 110 5
η(%)	98. 415	≥98. 4	98. 57	98. 47
GD^2(tf · m^2)	70 000	≥70 000	70 382	70 088
D_i(cm)	1 134		1 146	1 158
I_t(cm)	275		253	260
Z	468		468	468
δ(cm)	2. 6		2. 5	2. 6
h_s(cm)	24. 48		22. 14	24. 48
b_s(cm)	2. 88		2. 4	2. 08
b_m(cm)	44		53	42
h_m(cm)	31		23	28
n_B	8		7	7
$C(X)$(t)	902. 9		840. 9	841. 9

On the besis of the optimization of large hydrogenerator, the relationship between generator parameters (GD^2, η, X'_d and so on) and generator cost can be studied. This technique is useful to the optimum parameter selection for large hydrogenerator, especially to a new water power station.

5. CAD System Introduction

On the basis of the above analysis, synthesis and optimization programs, a "Large Hydrogenerator Optimization CAD System" can be worked out. This CAD system implements the structure of multilayer and multimodule (Fig. 1) and there is a close logic relation among modules. Data modification and storage are accomplished automatically by this system. With a friendly interface, it can be used easily and conveniently.

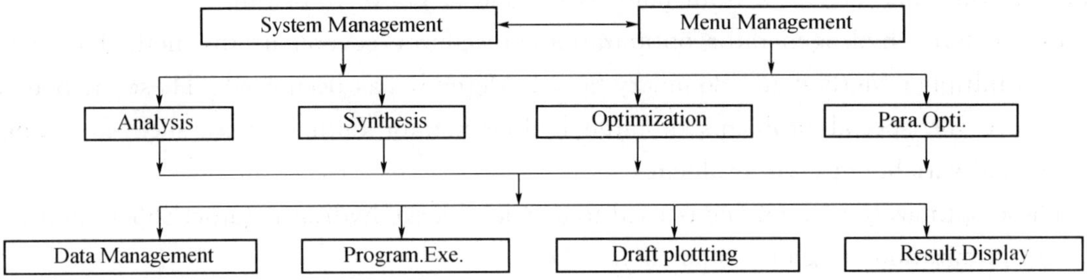

Fig. 1 Fundamental structure of the CAD system

Computer-aided drafting is now an unseparable part of a CAD system. This large hydrogenerator CAD system also develops a large hydrogenerator installation construction blueprint drafting system. According to the specific features of hydrogenerator installation construction, a multilayer and multimodule structure passive drafting system has been developed. When the design date of a large hydrogenerator are obtained, this drafting system can automatically draw out the installation construction of the generator designed and give the designer a reference installation construction drawing. It can also display, edit, plot and store the drawings.

This CAD system is designed to be performed on personal computers. It is suitable for IBM/PC and other compatible computers.

6. Conclusion

A "Large Hydrogenerator Optimization CAD System", which includes the analysis, synthesis, optimization and drafting procedures, is described in this paper. It makes the design of large hydrogenerator more accurate, reliable and easy. It is proved that this system is worthwhile to be spread for wide application, especially for power station design departments and related institutions.

《三峡发电机参数优选CAD系统研究》成果说明

1. 成果简介

本项目是水利部三峡及水利水电重大装备“七五”科技攻关项目。

三峡工程规划中，大型发电机组参数和运行性能的研究对机组设计方案的论证有着非常重大的技术和经济意义。本项目研究了大型水轮发电机的设计理论，对原有设计方法进行了改进，提出了适合大型水轮发电机设计的可靠方法；研究了电机的综合设计方法，提出大型水轮发电机的综合设计方法；将先进的优化设计方法引入大型水轮发电机设计，提出了大型水轮发电机的参数优选方法。在以上理论工作基础上，编制了《三峡发电机参数优选CAD系统》软件包。

本项目研究开发的《三峡发电机参数优选CAD系统》具有充分的理论和实际依据，内涵丰富，功能齐全，操作应用方便，适用面广，具有很高的实用价值。

本项目开发的《三峡发电机参数优选CAD系统》不仅适用于三峡发电机的计算机辅助设计和参数优选工作，也可应用于其他中、大型水轮发电机的参数优化、性能分析和设计方案评估等。该系统具有应用范围广和实用价值高的特点，不仅已运用于三峡发电机组的招标和初步设计，也为国内其他新建电站的初步设计提供了有力的参考数据。

2. 科学技术背景

目前，我国水电事业迅速发展，对大型、超大型水轮发电机的设计和制造提出了很高的需求。

长期以来，国内水轮发电机的计算设计主要依靠手工计算，不但费时费力，且设计计算误差较大。在国外，大型水轮发电机的计算机辅助设计技术发展较快，并已在工程实际中有较多的应用，但由于大型水轮发电机通常是单台设计，并与各制造厂家的技术特点有较密切的联系，从我国电机行业发展的实际情况出发，无法照搬国外的技术和软件。因此，在大型水轮发电机设计中必须运用新的手段和设计思想才能适应当前的发展需要。

目前，计算机辅助设计技术已在国内外众多的工程设计领域中运用，并带来了巨大的社会和经济效益。在电机设计领域中，国内外主要侧重于通用的小型三相、单相电动机计算机辅助设计的研究和推广，并取得了一定的成果，但对大型水轮发电机的计算机辅助设计研究较少。该项目的研究不仅将较先进的计算机辅助设计技术引入到大型水轮发电机设计，而且运用国内外先进的最优化设计方法，提出了有独创意义的水轮发电机参数优选方法。该技术填补国内空白，并且在国际上有先进意义。运用该技术可为水电站水轮发电机的参数确定、初步设计提供有力的理论依据。

摘自《三峡发电机参数优选CAD系统研究》文集。

3. 详细科学技术内容

本项目对现有国内外大型水轮发电机在设计、生产和运行中的数据、经验以及一系列研究成果进行了广泛地收集、整理，在认真分析研究的基础上，对大型水轮发电机的基础理论和设计方法进行了全面研究，并对设计中存在的一些特殊问题进行了深入探讨，对大型水轮发电机的设计计算方法进行了改进，使之更适合于计算机辅助设计方法的应用。研究目前国内外迅速发展的计算机辅助设计技术，针对大型水轮发电机的设计特点，将计算机辅助设计技术引入大型水轮发电机设计中。研究电机综合设计方法，提出大型水轮发电机的主要尺寸的确定方法和综合调整方法，得出大型水轮发电机的综合设计方法。研究电机最优化设计方法，选择几种适合于大型水轮发电机的最优化设计方法，并且在此基础之上，提出了大型水轮发电机的参数优选方法，全面分析大型水轮发电机的主要参数(电压等级、功率因数、飞轮力矩、效率、直轴瞬变电抗等)以及冷却方式、绝缘等级等对水轮发电机造价的影响，给出了一整套水轮发电机的参数优选方法。特别是提出了三峡发电机的参数优选方案，对三峡电站的建设具有重要的参考价值。

本项目在以上理论工作基础之上，成功地开发了‘三峡发电机参数优选 CAD 系统’软件包，其中主要包括大型水轮发电机的分析设计程序、综合设计程序、优化程序、参数优选程序，同时还包括整个系统的管理、数据处理、图形显示等部分。

经大量实际验算证明，该软件功能齐全，计算结果可靠，适用面广，界面友好，操作方便，对水轮发电机设计方案的论证、参数优选、初步设计等都具有很高的实用价值。该软件包已在水利部长江水利委员会等机构成功地应用，并在三峡等大型、超大型水电站的初步设计、参数优选、方案选择等方面进行了实际运用，取得了良好的效果。

4. 该项目与国内外同类研究、同类技术的综合比较

长期以来，我国水轮发电机的设计、计算主要依靠手工计算，不但计算费时费力，而且由于较多地依靠经验公式的设计推算，缺乏足够方案论证比较，设计计算误差较大。国内对电机的计算辅助设计研究已进行了 10 多年，并取得了不少成果，但主要集中在中小型通用电机领域范围之内，对大型水轮发电机的计算机辅助设计研究较少，并且相关的科研成果报道较少。本项目不仅研究了大型水轮发电机的分析、综合设计方法，而且研究了最优化设计方法，提出了大型水轮发电机的参数优选方法。针对我国目前水电事业迅猛发展的状况，为新建水电站机组的初步设计、参数分析、经济性分析等提供了能够快速、准确、可靠进行分析、计算的工具，填补了国内的空白，具有较高的理论和实际推广价值。

计算机辅助设计技术在国外各个工业设计领域中都得到了广泛的应用，对于电机的计算机辅助设计，国外不仅已普遍运用，而且已研制开发出功能很强的较成熟软件。针对大型水轮发电机的设计特点，各国的计算机辅助设计软件都有其特点和侧重面，而我们并无现成的软件可以借鉴。本项目研制的《三峡发电机参数优选 CAD 系统》软件，立足于我国设计制造大型水轮发电机的特点，并兼顾国外机组的情况，是较为成熟的大型水轮发电机计算机辅助设计软件。同时，本项目独创性地提出大型水轮发电机的参数优选方法，并将其运用于大型水轮发电机的计算机辅助设计，在理论和实际意义上都处于国际领先地位。

5. 关键科学技术及创造点

(1) 对大型水轮发电机的基础理论和设计方法进行了系统全面的研究，对大型水轮发电

机的设计计算进行了改进，提出了大型水轮发电机的分析设计方法。

(2) 提出一套合理的大型水轮发电机主要尺寸确定方法和综合调整方法，提出了大型水轮发电机的综合设计方法。

(3) 运用最优化设计方法，研究大型水轮发电机的最优化设计。建立了大型水轮，发电机优化设计数学模型，提出采用惩罚-乘子法和边界搜索法来求取大型水轮发电机的最优设计。

(4) 在最优化设计的基础之上，提出大型水轮发电机的参数优选方法。对大型水轮发电机的主要参数与最省发电机制造成本的关系进行了全面的研究，并对三峡发电机的参数进行了优选计算，为三峡水轮发电机的初步设计、参数优选提供了有力的理论依据。

(5) 开发了《三峡发电机参数优选 CAD 系统》软件包，该系统具有良好的用户界面、功能齐全、适用面宽的特点。

6. 应用、推广情况

本项目开发的《三峡发电机参数优选 CAD 系统》软件包，具有很高的推广应用价值，具体反映在如下几个方面：

(1) 运用该软件包，对三峡发电机组进行初步设计、参数优选计算和分析，长江水利委员会已将其用于三峡发电机组的初步设计、参数论证和国际招标中，并将其结果与国内外专家进行讨论，多次参加国内有关三峡机组参数论证专家会议和国际学术会议，受到各方面专家的好评，在国内外都具有较大的影响。

(2) 该软件包是以发电机最省材料为目标函数来进行最优化和参数优选工作，可以明显地降低三峡发电机的造价，经济效益十分巨大。

(3) 该软件包已应用于若干新建、已建成水电站各种中大型水轮发电机的初步设计、优化设计和参数优选，取得了较好的结果。针对我国水电事业迅速发展状况，具有十分重大的意义。

(4) 该软件包可以缩短水轮发电机的设计周期。增加设计的可靠性和准确性，有较大的经济效益。

7. 经济、社会效益

本项目开发的《三峡发电机参数优选 CAD 系统》主要应用于大型水轮发电机的设计、优化等方面，也可应用于电站的初期论证、规划和参数确定等方面。

在水电站的初步设计中，水轮发电机参数的选择对机组的经济性、安全性和可靠性具有十分重要的意义，运用本项目的研究成果，能够为水电站的初步设计，标书的确定和议标等提供重要的理论依据。大型水电站的建设投资十分巨大，应用本系统对水轮发电机的参数进行优选，一方面可以节省电站的投资，另一方面可以减少电站建设的盲目性和失误。因此，本项目的研究成果具有很大的经济和社会效益。

本项目已对葛洲坝、清江等水电站的发电机组进行了参数优选和设计校核计算，其结果是令人满意的。本项目对三峡发电机参数优选和初步设计的研究成果已作为我国三峡电站的初步设计的重要依据之一，并多次参加国内外专家研讨会，受到了国内外专家和公司的高度评价。

《三峡发电机参数优选 CAD 系统》成果说明及鉴定意见

1. 应用情况及社会效益

(1)《三峡发电机参数优选 CAD 系统》可应用于大、中型水轮发电机的参数检验、参数优选、机组改造等方面，对于电站初期可行性研究，初步设计阶段、制造工厂不可能做设计的情况下很有用，特别在配合电站机型选择和机组台数的比较、水位方案论证均很重要。对于老机组的改造也能起到导示的作用，可作为电站设计行业的工具，社会效益巨大。

(2) 三峡电站发电机参数的选用在初步设计和技术设计中都应用过该优化程序，有一定的实用价值和指导意义，三峡发电机参数优选带来的经济效益显著。计算结果已作为参数论证的依据之一，估计在下阶段机组招标中，对个别参数的调整将继续起作用。

(3) 对已造的大型电站如葛洲坝、清江等的发电机进行过校核计算，结果是比较满意的。

(4) 软件实用性强，应用方便，得到诸多专家的赞赏。

长江水利委员会设计局　机电设计处（印章）

1994 年 8 月 10 日

2. 科学技术成果鉴定证书

鉴定意见

本项目对现有国内外大型水轮发电机在设计、生产和运行中的数据、经验以及一系列研究成果进行了广泛收集，并进行了尽可能多的调研工作，在认真研究、分析综合的基础上，对大型水轮发电机的基础理论和设计方法进行了全面研究，对设计中存在的一些特殊问题进行了深入探讨，对计算方法进行了改进和完善，详细讨论了电机性能调整方法及电机优化设计方法，完成了适用于编制计算机程序的完整的、计算精度较高的巨型水轮发电机参数与性能计算程序，成功地开发了一套“三峡水轮发电机参数优选 CAD 系统”。其内容有：分析设计程序、综合设计程序、参数优选程序等。经应用证明，该软件具有构思新颖、内容完整、结构严谨、使用方便等优点。

本项目应用已开发的软件系统，对现有国产和引进的大中型水轮发电机组进行了验证计算，结果证明本软件包计算结果可靠，精度较高，可为实际设计和开发论证等各项工作提供有力的参考数据。

本项目根据国家规划部门提供的三峡水轮发电机的主要性能指际，应用本项目所研制的软件系统对三峡发电机参数进行了优选，对电压等级、功率因数、效率、直轴瞬变电抗及冷却方式、绝缘等级等都进行了详细的论述，提出了三峡发电机参数优化的方案，对三峡电站建设具有重要的参考价值。

本项目软件包可运用于其他中大型水轮发电机的参数优化、性能分析及设计和评估工作等。

评审专家一致认为，该课题已完成了合同所规定的全部任务，内容丰富充实、观点明确、方法正确、工作量大、富有创造性。所研制的软件功能齐全，计算结果可靠，运用面广，界面友好、操作方便，对水轮发电机设计方案论证，参数优选，机组招标，评标等都具有很高的实用价值。整个研究工作有重要的理论和学术价值，有重大的技术和经济意义。研究工作处于国内外先进水平。

鉴定技术负责人　汪国梁

西安交通大学教授

1994 年 4 月 12 日

《“七五”三峡工程重大装备科技攻关项目》研究报告(提纲)

合同编号：76—60—03—03—03—01
课题名称：三峡发电机参数优选 CAD 系统研究
课题负责人：周鹗，易卜吉
报告日期：1992 年 10 月
承担单位名称：水利部长江水利委员会，东南大学

水利部三峡及水利水电重大装备办公室制

第一部分　三峡发电机计算机辅助设计理论和分析设计研究

1-1　前言

分析设计过程是根据电机设计数据计算其性能指标的过程，它是电机计算机辅助设计的重要步骤。

分析设计程序通常从其准确性、通用性及计算功能三方面考核。分析计算的准确性是指电机性能的实测值与设计分析得出的计算值的吻合程度，准确性高可以有效地提高设计质量，减少设计环节。分析设计的通用性是指分析计算方法的运用范围大小，反映设计系统的应用面，这里开发的分析设计程序主要是针对大型、超大型水轮发电机分析设计计算。计算功能反映分析设计中的设计参数变化对电机性能的影响，使设计人员更详细地了解分析结果，掌握设计规律。因此，为达到以上要求，需针对目前大型水轮发电机设计状况，修改现有的设计计算程序，以适应其在计算机上的应用。

本项目以大电机设计理论为依据，参照国内外现有有关大型水轮发电机设计公式和经验，经过整理、推导和修正，建立了一套适合于我国大型水轮发电机的设计计算程序。以此为依据，编制了计算程序，并加以验证。

1－2　大型水轮发电机的设计特点

（内容略）。

1－3　大型水轮发电机分析计算中几个特殊问题的研究

1. 飞轮力矩（GD^2）的计算（内容略）
2. 损耗和效率计算（内容略）
3. 负载磁动势（额定励磁电流）计算（内容略）

1－4　大型发电机分析设计程序

1. 程序功能（内容略）
2. 程序框图及说明（内容略）
3. 分析设计程序校核验算（内容略）

第二部分　三峡发电机和综合设计方法

2－1　前言

水轮发电机的综合设计是按照给定的容量、电压、相数、频率、功率因数、转速等额定值和其他技术要求来确定电机有效部分尺寸、电磁负荷、绕组数据及性能参数等。

电机综合设计的结果通常具有不唯一性，亦即能满足性能、技术要求的解不止一个，存在一个可行设计域。因此，不同的综合设计方法可以从不同的途径来求得可行方案。综合设计方法通常有直接综合法和间接综合法。直接综合法是按照用户提出的设计要求，根据电机各设计参数与用户设计要求之间的内在联系，直接确定电机各设计参数。该方法采用了较多的经验公式，最终方方案的可行性无法保证，发展还不成熟，本项目没有采用。间接设计方法是源于传统的尝试设计过程，即设计方案的求得是通过重复的方案分析设计与调整来实现，是建立在分析设计基础之上的。常用的间接设计方法有交互设计法、综合调整法、循环综合法、综合优化法、专家设计系统法等。这几种方法各有特色，其中的综合优化法，是将优化设计方法归于综合设计之中，将在后面做详细论述。由于综合调整方法速度快、概念清晰，在三峡发电机的综合设计中采用了这种方法。

综合调整方法，其实质就是指自动地调整设计参数，重复执行性能分析计算，最终求得可行方案。按照综合设计的功能不同，又可分为多个层次。由于大型水轮发电机设计通常是单台设计，则其综合设计是在较高层次基础上进行。一般来说，综合水平较高的设计程序比较复杂，对各参量的初步选择、参量之间的相互作用影响以及对性能的影响，事先要作较周密的分析和比较，在程序中作全面的考虑和安排。因此，水轮发电机综合设计程序比较复杂。本项目着重对大型水轮发电机主要尺寸的选择、电机综合设计调整方法等方面进行详细的研究。

2-2 大型水轮发电机主要尺寸的选取

(1) 综合考虑 GD^2 的要求和其他性能指标要求的主要尺寸确定方法(内容略)
(2) 定子槽数选择(内容略)
(3) 计算程序及验算(内容略)

2-3 大型水轮发电机综合调整方法研究

(1) 选择调整变量(内容略)
(2) 综合调整循环的处理(内容略)

2-4 大型水轮发电机的综合设计程序

(1) 程序框图及说明(内容略)
(2) 程序的校核验算(内容略)

第三部分 三峡发电机参数优选研究

3-1 前言

目前，最优化技术得到了广泛运用，在电机的计算机辅助设计中，最优化设计已成为不可缺少的部分。在大型水轮发电机设计方面，最优化技术的运用还不成熟，有关大型水轮发电机计算机辅助设计的专门论述也较少，国内主要是在一些研究所、工厂及院校等单位中进行研究。但大型水轮发电机设备庞大，造价昂贵，是电网中的关键设备之一，因此，对大型水轮发电机进行最优化设计意义十分重大。对于三峡发电机组这样的超大型机组，投资大、设计要求高，对其进行最优化设计研究，意义尤为重大。

电机优化设计的一般数学模型表达成：

$$\begin{aligned} &\min f(x) \quad x=[x_1,x_2,\cdots,x_0]^T\in R^n \\ &\text{s.t.}\ S_t(x)>0,\quad i=1,2,\cdots,m \end{aligned} \tag{3-1}$$

x 为 n 维设计变量；$f(x)$为目标函数，指电机优化设计的最优目标；$S_t(x)$为约束函数，即电机设计中的技术指标与要求。如果存在某一设计方案 $x=[x_1,x_2,\cdots,x_m]^T$，使$S_t(x)>0$，$i=1$，2，…，m 成立，则称该方案为可行方案，所有可行设计的集合为可行设计域。

电机的最优化设计有别于普通数学规划中的最优求解方法，在大型水轮发电机最优化设计中也具有如下特点：

(1) 电机优化设计中，目标函数和约束函数一般均为非线性函数，通常也无法用一般的显式来描述，需要一些复杂的计算过程来求解。

(2) 多设计变量，设计变量通常也不是纯数意义，有其各自的物理意义和量纲，同时在电机设计中有些变量常为离散变量，即存在离散最优化的问题。

这些特点都给最优化方法在电机设计中的运用带来困难。目前，虽然最优化方法作为专门学科已经发展了数十年，但对于这种高度非线性、多变量、离散化的数学问题仍没有十分有效、可靠的求解方法。

目前在大型水轮发电机最优化技术研究方面，对不少问题做了有益的尝试，提出了一些有价值的方法。但也存在许多问题，其中的一个重要问题就是目前的电机最优化方法中，大多数只对某个最优化方法或某个最优解进行论述，而通常对电机优化设计无全面的认识。这里将选择目前最优化数学规划中适合于电机最优设计的几种方法，对大型水轮发电机最优设计做全面的分析。

3－2　大型水轮发电机最优化方法研究

目前，在电机的优化设计中运用得比较成熟的优化方法有罚函数法(SUMT 法)、可变容差法、约束遍数法、复合形法等，也不断有新的方法运用于电机的优化设计。对于优化设计程序及该方法运用的优劣主要从可靠性、快速性、通用性、简便性等方面考核。下面提出在本项目中采用的大型水轮发电机最优化方法。

(1) 惩罚-乘法子

罚函数法是大家比较熟悉的方法，外罚函数法的罚函数构造如下：

$$F(x,r)=f(x)+r\sum\{\min[0,S_i(x)]\} \tag{3-2}$$

其中，$i=1$，r 为罚因子。

内罚函数法的罚函数构造也相类似。不论其外点法或是内点法，都有一个缺点，即是随着迭代的进行，惩罚因子越来越大(或越来越小)，使惩罚函数的性态越来越差，求解这样的无约束极小问题变得十分困难。这里介绍的惩罚-乘子法是将经典的 Lagrange 乘子法来逐次逼近非线性规划的最优解。这样可以避免纯使用惩罚函数法在数值上的缺陷。

现对不等式约束的非线性规划问题进行讨论，其标准形式如式(3－1)所示。针对这一问题提出的惩罚-乘子形式为：

$$P_M(x,\lambda_k,M_k)=f(x)+\frac{M_k}{\alpha}\sum_{i=1}^{m}[0,S_1(x)+\lambda_k/M_k]^2 \tag{3-3}$$

(2) 边界搜索法

3－3　大型水轮发电机的参数优选

(1) 大型水轮发电机的优化设计(内容略)

(2) 大型水轮发电机的参数优选(内容略)

3－4　大型水轮发电机的参数优选

(1) 三峡发电机的综合设计和优化设计(内容略)

(2) 三峡发电机的参数优选(内容略)

(3) 冷却方式及绝缘等级的选择(内容略)

第四部分　三峡发电机参数优选 CAD 系统的开发

4-1　前言

随着计算机技术的迅猛发展，在工程设计领域中，计算机辅助设计(CAD)技术也越来越得到广泛地运用，并且实践证明这一技术的运用可以大幅度地提高产品的设计水平、成倍地缩短设计周期、更充分地发挥与体现设计者的创造能力。

国外的电机 CAD 技术已经有较长的发展历史，而且运用也相当普遍。国内的电机 CAD 技术也经过了一二十年的发展，通过国家重点攻关以及各大专院校、研究所、生产厂家的开发，已拥有了相当多的电机 CAD 软件。目前，电机 CAD 较多的是解决中小型电机设计问题，特别是小型三相异步电机的计算机辅助设计技术已经有了较多的成果。对于大型水轮发电机的计算机辅助设计，国内也已有所研究，但主要是注重分析计算方面，没有形成系统的软件，这里介绍的“三峡发电机参数优选 CAD 系统”，不仅在大型水轮发电机的计算机辅助设计方面做了许多工作，而且在整个系统的研制及其绘图功能、用户界面等方面也进行了较多的研究。

4-2　三峡发电机参数优选 CAD 系统简介

(1) 硬件系统(内容略)

(2) 软件系统(内容略)

(3) 用户界面(内容略)

(4) 应用范围(内容略)

4-3　三峡发电机绘图系统介绍

(1) 交互式绘图方法(内容略)

(2) 被动式绘图方法(参数式绘图)

留苏学习片段回忆

——对大型电机的关注

这是一篇关于三峡考察的报告，是在“教育部三峡工作考察团”结束工作以后，返回校内向教职工代表汇报考察状况时的一份发言稿。考察团由教育系统的领导、一些高校专家学者代表以及部分学生代表组成，校党委决定由我和土木系的一名学生干部一同参加。考察过程中，湖北省领导特派一位教育厅陶醒世副厅长全程陪同，他原为华中工学院电机学教授，多年从事控制电机教学，彼此较为了解。同行的各校代表也有一些认识，甚至熟悉，途中相伴，共同参观访问，获益匪浅。

事实上，我对大型水轮发电机的关注，并非偶然。20 世纪 50 年代在莫斯科动力学院攻读研究生时，师从前苏联著名电机学专家彼得罗夫教授，根据计划和安排，除对必要的理论数学基础、理论电工基础以及语言类、哲学类等课程，需要强化学习外，在专业知识方面，当时主要侧重于对同步电机理论及有关知识的系统学习和掌握，以及与研究课题有关的物理模拟理论、电机设计理论等。也就是说，我从事的学习和研究主要是在大型同步发电机方面。其时，前苏联对电力工业的发展甚为重视，国家在建设，经济在发展，地域又辽阔，在前苏联西伯利亚部分和欧洲部分的大河上，建成和在建众多的大型水坝和巨型水力电站，有的电站总容量达数百万千瓦之多，单机容量当时也可谓世界之最。

根据工作的需要，曾到列宁格勒市前苏联最大的电机制造工厂“电力”实习参观，得到该厂领导和技术人员的关心和帮助，时间达数周之多。在组装加工车间，仔细观看了各种类型的正在加工的大型同步电机定子、转子、绕组等各种部件，对工人紧张辛苦的加工劳动的场面留下深刻印象。

在前苏联及学成归国后，得知为适应国家建设，我国有关水利领导部门，也在研究、规划长江三峡水利资源的开发和大型水坝及电站工程的建设问题，作为从事电力电机工业的技术人员，深受鼓舞。

1980 年，随南京工学院赴美参观访问团在美国访问时，作为访问和交流活动之一，曾到马里兰大学、哥伦比亚大学及纽约市立大学等学校进行参观、交流、访问；并且到美国最大电机制造工厂“电气公司”，包括公司的大型组装车间参观访问，受到热情接待和帮助，受益匪浅，深受启发！

20 世纪 50 年代开始议论，时隔 30 余年之久，在国家改革开放之际，对开发建设长江三峡工程问题，需要各界人士和各方面专家取得最后的共识。为对这一有重大意义和影响的工程慎重起见，国家决定组织各系统代表团进行深入实地考察。1992 年，“国家教委三峡工程考察团”组成，我作为成员之一，参加了这一非常有教育意义的考察工作。

之后，1990 年国家决定，宣布该项有历史有国际意义的工程正式开工。

实际上，1990 年我们已与长江三峡工作委员会机务处联系，经过协商，达成参加“三峡水轮发电机参数优选系统”开发项目的工作，有机会为这一工程做出一些贡献，实堪庆贺！

周　鹗

参加国家教委三峡工程考察团活动的考察报告

一、考察团简况

1992年2月国家教委经批准组织了“国家教委三峡工作考察团”，有48个学校参加，其中学校领导、专家教授65人，学生56人，还有国家教委工作人员13人，陪同的三峡工程专家11人，还有湖北省教委领导，共约150人组成。团长为中央顾问委员会委员周林同志(原北大校长、教委副主任)，副团长为教委办公厅副主任马樟根同志、水利部(副部级)顾问屈健同志。

2月19日在宜昌报到集中，20日开始活动，直到28日晚结束，29日返校，共10余天。考察团的活动安排得非常紧凑，组织很周密，内容非常丰富，准备很充分，收获很大，是难得的机会。

考察分四个阶段：① 在宜昌听取有关三峡工作的总的报告、宜昌专署和市的报告，参观葛洲坝电站，看大坝合垄的录像等，共两天；② 沿江而上，到三斗坪三峡枢纽工程坝址、秭归县、巴东县、巫山县、奉节县考察，即三峡工程库区，听取各县镇有关领导的报告，到有关城、镇、乡、工厂、文化古绩等实地现场参观，了解它们的现状和今后规划，与三峡工程有关的工作情况，共四天；③ 然后再返程到宜昌以下的沙市、当阳(城陵矶)，了解两湖防洪保护区情况，共两天；④ 最后一天在武汉市听湖北省报告，参观长江水利委员会，开总结会，胜利完成考察工作。

通过考察对三峡工程有了比较全面、比较深入、也比较符合实际的认识，更进一步认识到这一工程的必要性、重要性以及工程的伟大意义，同时目睹了祖国的山河及大川，欣赏了三峡雄伟秀丽的风光。

所谓三峡枢纽工程，就是在世界第三大河——长江险峻的三峡河段上，筑起一座大坝，防洪、发电，造福人民。

现就以下几个问题，分别给予介绍。

二、三峡工程的历史回顾

长江三峡河段，是世界上最大的水资源宝库之一。

三峡工程的兴建是否在最近才提出来的？不是，新中国成立前，最早提出三峡工程设想的，是中国民主革命先驱孙中山先生，1919年10月在《实业计划》一文中，就曾提出了改善川江航道，开发三峡水电的设想(原文从略)；1924年在《民生主义》一文中，进一步阐述了开发三峡水力资源的重要性，说明根据考察从宜昌到万县一带的水力，可以发生3 000余万匹马力的电力。

1932年10月，当时政府的建设委员会，组织了勘测队，从供电范围和技术条件考虑，比较了几处方案，推荐在宜昌上的葛洲坝或黄陵庙兴建低坝的方案，拟建水头12.8 m，装机容量30万kW的电站，有通航船闸。编写有“报告”。1933年4月、1936年又提出改革，但都存案备查，束之高阁(因社会经济凋零，工程巨大……)。

最早提出具体开发计划的是1944年美国的经济学家潘绥(G. R. Passhal)，建议建1 050万kW的一座水力发电厂。同年5月资源委员会请美国著名坝工专家萨风奇(J. L. Savage)查勘，编写《长江三峡计划初步报告》，在宜昌上游不远、南津关至石牌间选坝址，建水位200 m高程，发电1 056万kW枢纽，同时有防洪、灌溉、航运之利，投资约10亿美元。

1945年资委会组成三峡水力发电计划技术研发委员会，钱昌照为主任委员(讨论三峡计划，包括航运、灌溉、库区淹没、人口迁移、肥料制造、库区测量等问题)。正式成立勘测队。1946年先后编写了三峡水库勘测、经济调查、地质等报告，先后派50余人赴美参加三峡工程设计。

1947年停止有关设计工作。

新中国成立后，长江的防洪问题一直很严重，不只是黄河水灾，历年到了汛期都要防洪，经常有水灾，特别是长江中下游地区。长江三峡指的是瞿塘峡、巫峡、西陵峡，入口处为奉节县的夔门，靠近白帝城，出口为南津渡。在宜昌上游不远的区域，基本上为窄谷山陵地区，三峡之后从宜昌开始属中下游地段(防洪问题后面还要专门介绍)。

1949年长江流域发生较大洪水，中下游有些地段堤防溃决成灾，最重要的荆江大堤形势极为严峻，在有些地段发生大滑坡。

新中国成立后政府非常重视，认为长江防洪在全国是具有全局性的问题。

1952年2月成立长江水利委员会(1956年后曾称为长办，即长江流域规划办公室)，在武汉，用5年时间对新中国成立前水文资料进行整编，为长江综合利用规划和三峡工程设计进行了水文基本资料的准备。

1952年原政务院决定兴建荆江分洪工程，提出在长江治本工程未完成之前，北岸加固荆江大堤，南岸开辟分洪区，乃是当前急迫需要的措施。

为了防洪，1952～1953年曾提出，对长江上游金沙江(四川宜宾以上的长江干流)、岷江、乌江兴建控制性水库。但若像1935年7月湖北五峰一带暴雨移到三峡地区，宜昌洪峰流量仍达10万m^3/s,无法解决中下游特别荆江的防洪问题。毛主席说:“费了那么大力量修支流水库，还达不到控制洪水的目的，为什么不集中在三峡卡住它呢?”

1954年5～8月，长江流域连续暴雨，中下游出现本世纪最大洪水。三次运用荆江分洪工程，降低沙市水位0.9 m，保住了荆江大堤，但灾情仍十分严重，受灾农田4 755万顷，受灾人口1 888万人，死亡3万余人。

1954年中央决定开展长江流域规划工作。1955年长委会全面开展长江流域综合利用规划，进行大规模勘测、规划、设计、科研、经济调查等。

1959年编制了《长江流域综合利用规划要点报告》，1983年补充修订，1990年上报，经全国水资源与水土保持工作领导小组审议通过，9月国务院正式批准。在规划过程中，三峡工程又现实地摆在人们面前。

三峡工程不仅是一座巨大的水电站，更重要的是对中下游防洪可以起控制作用的关键工程，对改善川江航道也有重大作用。

20世纪50年代开始，党中央、国务院、中央领导同志(毛泽东、周恩来、邓小平等)都非常关心和亲自过问过三峡工程建设问题。

1958年春节(2月～3月份)周总理冒风雪视察了荆江大堤和三峡坝址，有中央和地方负责人和中外专家100多人参与考察，且主持讨论，听取意见。3月，党中央成都会议通过了《中共中央关于三峡水利枢纽和长江流域规划的意见》，指出从国家长远的经济发展和技术条件两个条件考虑，三峡水利枢纽需要修建而且可能修建。

1959～1960年底，在大量科研成果基础上(中科院、国家科委组织200多个单位近万名人员)，长办提出《初步设计要点报告》和《初步设计报告》。建议大坝正常蓄水位200 m，推荐三斗坪坝址。

之后，国家出现暂时经济困难，还有当时面临严峻的国际形势，原准备20世纪60年代兴建的三峡工程的进程放慢了，但仍进行以泥沙、地质、分期建设等三峡工程的前期研究工作。

1969年底，由于防洪和华中用电紧张，又提出此问题，当时处于战备时期，中央未考虑。这时提出宜昌葛洲坝工程问题。1970年决定先建葛洲坝水利枢纽。

葛洲坝工程是三峡工程的组成部分，也是为三峡工程作"实战准备"，为三峡的设计施工，如泥沙研究、深水围堰的建筑、大江截流、通航船闸、机械化施工等积累了丰富经验，锻炼了一支有相当水平的设计、施工和科研队伍(对大型水利枢纽工程)。

1979年葛洲坝一期工程将完成，又提出了三峡工程的建设，水利部召开研究坝址选定会议，太平溪和三斗坪坝址各有利弊，河床开阔些，应按照：① 筑坝工程要小些；② 装机排不开，要开挖山洞厂房；③ 地方拥挤，施工队伍伸展不开。11月向国务院报送《关于三峡水利枢纽的建议》，要求尽早决策，争取20世纪90年代建成。

1980年8月，国务院常务会议决定，由国家科委、建委组织专家继续论证，长办编制了《三峡工程论证报告》。

1982～1983年，为减少淹没损失，提出正常蓄水位150 m的《三峡水利枢纽可行性研究报告》。1983年5月国家计委组织300多位专家审查通过，1984年4月国务院原则批准，做施工前期准备工作，争取1986年正式开工。队伍开到三斗坪，大有壮志未成身先死之势。

这时，国内有关部门和社会人士从不同角度提出了意见和建议，中央和国务院十分重视三峡工程，采取积极而又慎重的方针，按重大决策科学化、民主化的原则。1986年6月(中共中央国务院)发出通知，责成水电部组织对三峡工程重新论证。钱正英(部长)任论证小组组长，邀请21位特约顾问，成立14个专家组(地质地震、枢纽建筑物、水文、防洪、泥沙、航运、电力系统、机电设备、移民、生态与环境、施工、投资估算、综合规划与水位、综合经济评价等)，412位专家学者，做了大量工作(复核原有研究成果，针对重大和有疑虑的问题，在勘测设计、科研和高校配合下做大量补充工作)，最后形成14个专题论证报告，9个一致通过，5个有9位10人次专家有不同意见，未签字。

1989年5月领导小组责成长办编制了《长江三峡水利枢纽可行性研究报告》上报国务院审查。报告的主要结论是：三峡工程对我国四化建设是必要的，工程在技术上可行，经济上合理，建比不建好，早建比晚建有利，建议早建决策。

1990年7月国务院召开三峡工程论证汇报会，成立以邹家华为主任的国务院三峡工程审查委员会。会后"分专题、分阶段"进行审查，21位委员，163位专家组成10个专题预审，然后由委员会集中审查。1991年8月完成审查工作，通过了可行性报告，报国务院正式审批，提请全国人大审议。

从提出至今，跨越70年，(新中国成立后)40年工作，30年争论，目前是得出结论决策的时候了，不仅中国科学、工程技术界付出大量精力和心血，国外不少专家也曾参与工程规划、设计研究和咨询工作。投入人力雄厚、工程量浩瀚，在世界工程史上罕见。

这是一项伟大民族工程，对国家民族的经济繁荣，对千秋后代造福，都有重大深远影响，众多人们殷切希望……。

三、工程的基本情况

三峡水利枢纽工程的坝址在三斗坪，位于黄陵庙不远，西陵峡长江上游出口，葛洲坝电站出口南津口下游不远，在葛洲坝工程上游38 km处，在几百公里沿江区域中只有这里有十几公里比较完整的花岗岩地质结构是个宝地，对下可以防洪，离华东上海也较近，便于供电。

中国经济发展的制约因素，一个是水，一个是交通。中国的工业区布局都是沿着铁路，只有水利航运防洪问题解决了，才能沿江发展，前景在长江沿岸。工程有十分深远影响，花费570亿元可以保持中华民族的兴旺。

三峡枢纽工程由拦江大坝、水电站和通航建筑物三部分组成。

建设方案中重大问题之一是正常蓄水位的选择。

1958年成都会议规定水位高程在200 m以下，避免淹没而影响重庆市区。蓄水位愈高，综合利用效益愈大。20世纪70年代集中研究蓄水位为190～200 m的方案。

工程兴建时间后延，水库淹没区的人民和经济不断增长，淹没损失急剧增加，移民安置困难对蓄水位的选择成了重要的制约因素。

为减少移民安置困难，20世纪80年代提出蓄水位为150 m的方案，与蓄水位为200 m的方案比较，综合效益有较大幅度降低，但仍有较大防洪、发电、航运效益。方案主要缺点是：遇20年一遇洪水，水库将超蓄运行，上游会有一些临时淹没，水库回水不到重庆，万吨级船队不能直达重庆港。

国家原则批准了蓄水位为150 m方案，这时重庆市和交通部的要求提高到蓄水位为180 m。

关键是如何正确处理好综合利用要求和水库淹没这一影响因素之间的关系。经过全面技术经济比较(150 m、160 m、170 m、180 m，二级开发)，反复研究协商听取各主管部门和地方政府意见，最后推荐采用“一级开发，一次建成，分期蓄水，连续移民”的建设方案。

大坝最终规模以185 m一次建成。初期蓄水位156 m，已有相当大综合利用效益，正常蓄水位可以基本满足防洪、发电、航运三方面要求，万吨级船队直达重庆港。

初期移民人数仅为全部人数一半，减轻移民安置工作的强度和难度。后期水位时泥沙淤积对重庆港有影响，经研究可以采取措施解决。

已报中央和国务院决策。

发电：26台＝12＋14，每台68万kW，共1 768万kW，年发电840亿kW·h。

单向通航年5 000万吨(原1 000万吨)，改善航道650 km，船闸5级，双道。

四、防洪的紧迫性和必要性

在中国，洪水灾害给国民经济造成的损失相当可观，长江流域是我国洪灾甚为严重的地区之一，特别是中下游地区。

历史记载：汉代至清末的2000年间，大洪灾214次；20世纪，3次严重洪灾，1931年和1935年，淹地5 090万顷和2 264万顷，死亡人口14.5万和14.2万；1954年，保住了荆江大堤和武汉市，但淹地4 755万顷，受灾人口1 888万，死亡人口3万多，京广铁路100天不能正常通车，直接损失100亿元以上，间接损失无法估算。

最近几年在湖北和湖南，常有洪水灾害发生。

今年防洪战斗又已开始……

新中国成立以来，防洪是长江水利工作的重点。根据长江洪水特点，社会经济和自然条件等因素，国家和有关部门制订有长江流域防洪方案。

长江中下游洪灾威胁的主要原因，是上游暴雨形成的洪水峰高量大，超出河道安全泄流能力，二者不相适应。为此防洪方案的基本方针是：以荆江防洪为重点，“蓄泄兼筹，以泄为主”、“江湖两利”“南北岸兼顾”、“上下游协调”。

荆江大堤在湖北境内，西从沮漳河不远的枣林岗开始，沿长江北岸经江陵、沙市、郝穴等地，到监利为止，全长182.5 km，经过千百年的历史，特别是新中国成立后的加固加宽修筑，形成目前的荆江大堤。

长江洪患以中游的荆江河段（即长江的一部分）最为严重。荆江上起湖北枝城，下到湖南城陵矶，因流经古荆州而得名，全长 337 km(1467～1472 年截湾前为 404 km)，其间以藕池口为界分为上下荆江(上 167 km，下 170 km)。枝城以上约 9 km 处在宜都有支流清江入汇，在沙市从北有沮漳河入汇。在荆江南部有松滋、太平、藕池、调弦四口分流入洞庭湖，与洞庭湖南边的湘、资、沅、澧四江汇合后，于城陵矶注入长江。(见长江宜昌-武汉防洪形势示意图，亦即荆江、洞庭湖防洪工程位置示意图)。

长江在枝城以上两岸均为山地，出枝城后，以高屋建瓴之势进入地势平坦的两湖平原，由于地势低洼，汛期洪水常高出堤内地面 7～8 m 到十多米。

看了沙市荆江大堤，确是如此，堤外江水高，堤内城市路面低，人都说：人在水下走，船在天上行。

荆州地区在湖北省中南部(江北)，总面积 29038 km^2(平原湖区 18703 km^2，64.4%；丘陵区 10335 km，35.6%)，有 6 县 5 市，238 乡镇，耕地 1379 万顷，1991 年人口 1098 万人)，经济地位在湖北占第二位，仅次于武汉市。

荆州地区南有长江特别江险段——荆江段，北有汉水，境内河流纵横，湖泊众多，人民依堤为命，伴水度日。每到汛期，有 700 万人(约 2/3)、1000 万顷耕地(3/4)处于洪水线以下。领导和人民群众每年的防汛任务非常繁重(严重)。

荆江南岸有洞庭湖平源，面积 18780 km^2，人口 760 万；北有江汉平原(只算荆江洪水影响部分)，面积 18000 km^2，人口 800 万。两岸耕地 2170 万亩，正常年景粮食产量 95 亿 kg。

荆江洪水灾害频繁，1788 年(清乾隆 53 年)到 1954 年的 166 年间有 6 次特大洪水。

1788 年荆江沙市以上地区溃口 22 处，荆州城被淹达两月之久，“兵民淹死无数”，这一浩劫震动清朝最高统治，处分上至总督下至县承大小官员 20 多人。

1860 年，大水淹没枝江、松滋、公安等地(江南)，冲开藕池口进入洞庭，所经之处“民舍漂没殆尽，沿江炊烟断绝，灾民嗷嗷……百年未有之患也。”

1870 年，枝城流量 11 万 m^3/s，洪水夺路进入洞庭湖，直逼城陵矶，席卷两湖平民，“……数百年未有之奇灾。”“汛期大疫，人多暴死”，此次波及江西、安徽。

1931 年，长江、汉水同时涨水，两湖平原除丘陵地全部被淹，荆江大堤多处溃口，武汉被淹，“纵横千里，一片汪洋，田禾牲畜，荡然无存，十室九空，骨肉离散，鄂中鄂西淹没无遗。死 14 万。”

1935 年，又一次同等大灾，死亡 14 万人。

1954 年，组织军民全力防汛抢险，但损失仍很惨重，平原湖区基本被淹，受灾人口 387 万。长江干堤溃口 10 多处，运用了荆江分洪区，并在一些地区破堤分洪，才保住荆江大堤，倒塌房子 89364 栋，死亡 2.5 万人。

此外，常有洪灾，1931～1949 年共 18 年中就有 16 年发生了洪灾，几乎年年淹水，新中国成立后，1954 年以后 1964 年、1980 年、1988 年、1989 年、1991 年都有洪涝灾害发生，有些地方甚至很严重。

政府整修加固荆江大堤及其他堤防 5000 多 km，兴建荆江、洪湖、杜家台三个分蓄洪工程及其他水利工程，发挥了巨大作用。

我们考察了荆江分洪工程(沙市南岸)，两湖平原地区的防洪台、防洪建筑等。

洪灾严重的主要原因有：

① 长江上游洪水来量大于荆江河段允许通过的流量，荆江河段包括洞庭湖分流只能安全通过 6 万 m^3/s，汉口安全流量 7 万 m^3/s。

② 洞庭湖调蓄面积、容量面积日益减少。

③ 四口(见前述)向洞庭湖分流减少，必然提高荆江水位。

④ 荆江河段防洪标准太低。

如果再出现 1954 年洪水，南岸防洪将更严重，如出现 1860 年、1870 年洪水，荆水两岸将不可避免一场洪水浩劫。单靠加高堤防防御特大洪水不能解决问题，也无法实现。

有了三峡工程，经过水库调蓄，(1860 年、1870 年)枝城最大流量 11 万 m^3/s 可减至 8 万 m^3/s，配合荆江分洪工程，沙市水位不超过 45.0 m，(1954 年、1930 年、1935 年)可以不用荆江分洪。

没有三峡工程，两湖平原永无宁日！

就是说，荆江地区防洪标准可以由目前的 10 年一遇，提高到百年一遇，如遇百年一遇，配以分洪工程，也可避免荆江河段干堤溃决，防止毁灭性灾害发生。

近百年没有 1860 年、1870 年特大洪水，因而特大洪水危险性正在增长！

第一次感到这样的高效益、高质量的组织工作，高水平的内容，与到国外参观访问相比，毫不逊色，出差一般是日行夜宿，这次是日考察工作夜行。

既有感性也有理性知识，这次考察收获甚大！

三峡工程也是人类与自然斗争，求得繁荣发展的长期历史中的一个伟大事件，与中国、世界的长治久安有着密切关系……

周　鹗

1992 年 4 月于南京

7 大型发电机组进相运行研究

导 言

随着电力工业不断发展，动力资源不断开发，我国电网中总装机容量每年以大于1000万kW的速度在增长，高压、超高压线路在不断地兴建投运，并采用了各种新技术、新设备来完善电站、变电站和系统等。我国电力事业已进入大电网、大机组、高参数、自动化时期。而保证电力系统安全、经济、可靠、稳定运行，以满足经济建设和人民生活需要仍然是当前根本任务，因此，对电网运行中的有功调峰、无功补偿、电压稳定等必须采用有效的手段和措施。

目前，高电压、长距离输电系统中的无功过剩与稳定性问题是电网运行中的主要问题之一。在某些地区处于负荷低谷时，将使系统电压过高，严重影响电网供电质量和用户用电安全。解决该问题的相应措施有：采用调相机、并联电抗器或串联电容装置等，但这些都需要附加设备投资，并浪费能源，使用上也有限制。目前认为，使运行中的发电机组投入进相运行以吸收过剩无功、发出有功是解决上述问题的一项技术上简便可行经济性也较高的有效措施。

发电机进相运行是发电机的一种特殊运行方式。进相运行时，发电机本身有两个重要特点：一方面发电机端部漏磁较大，造成端部铁芯与金属构件的温度升高，甚至超过允许值；另一方面，当机组并网运行并作进相运行时，发电机处于低励状态，反电势减小，引起运行稳定性降低，进相深度受到限制。为了论证进相运行措施的合理性和可行性，必须进行深入的理论研究和认真的分析计算及试验测试工作。

近年来，我们与江苏电力局合作，在国内率先开展了有关进相运行理论和试验测试方面的研究工作，其中涉及300MW和200MW汽轮发电机以及大型水轮发电机等多种机组方面的研究，解决了一系列重要的理论和技术问题。承担完成了“300MW双水内冷汽轮发电机进相及高力率运行的研究”、“大容量水轮发电机安全进相运行问题的研究”、“200MW汽轮发电机进相运行问题的研究”等项目。

已取得的重要研究成果具体表现在：

(1) 应用有限元法，对大型发电机在进相运行时，电机端部的电磁场、涡流损耗、温度场的分布进行了全面研究；建立了有关数学模型，对计算域边界条件作了合理假设，提出了一套有重要实用价值的计算方法。首次开发研制成功了应用数值分析方法计算发电机进相运行状态下端部涡流电磁场和温度场的软件系统，开辟了电机运行状态研究的新途径。

(2) 在理论和计算方法研究及应用软件开发基础上，以 QFS－300－2 型大型汽轮发电机为例，对该型发电机在进相运行状态下，其内部的电磁分布规律、能量转换关系展开了详尽的研究。经过对有关计算结果与实测结果的详细比较，证明了所提方法的合理性、有效性、准确性和实用性。

(3) 根据发电机在进相运行状态下的基本工作原理和性能分析方法以及电机内部的电磁关系，对发电机并网进相运行时的稳定性及电机内部温升进行了详细计算和分析研究，首次给出了发电机稳态安全运行的极限功率图，这对于指导发电机组的实际运行有着十分重大的理论和实际意义。

(4) 对发电机有关结构参数与发电机进相运行能力的关系作了深入探索和研究，提出了提高发电机组进相运行能力的设计方法，为电机制造厂家提供了有实用价值的理论依据。

项目已于 1994 年 12 月通过了江苏省电力局主持的鉴定，鉴定专家一致认为该研究项目的理论性强，方法先进，成果有很好实用价值，在国内处于领先水平。

项目研究成果已得到了国家电力调度中心、华东电管局和江苏省电力局等有关领导和专家的高度重视和好评，在全国范围产生了较大影响。在该项成果基础上，江苏省电力局于 1996 年 9 月下达正式文件，要求有关厂家在需要时按调度指令进行进相运行；华东电力局将该项成果列为 1997 年五年重点推广科技成果之一，并在 1996 年全国电力技术改造和技术进步工作会议新技术新产品展示会(济南)作了宣传。

大型发电机进相安全运行有限元方法分析

周　鹗　　胡敏强

（东南大学电气工程系）

摘要： 本文应用有限元法，对大型发电机在进相运行时电机端部的电磁场、涡流损耗、温度场的分布进行了全面研究。建立了有关数学模型，对计算域边界条件作了合理假定，推导论证了专用计算方法，编制了应用计算程序。对 300 MW 汽轮发电机进行了实例计算，得出了在考虑各种限制因素条件下的 P-Q 运行图。本文计算结果与相关实验结果一致。本研究成果可作为大型发电机安全进相运行的依据。

关键词： 发电机，进相运行，有限元法

随着电力系统发展，高压和超高压输电线路及配电网络中的电缆线路不断增加，有关线路相与相和相与地之间的电容随之增加，这相当于系统接入了容性负载，要吸收大量容性无功功率。当电力系统中某些地区处于负荷低谷时，将出现感性无功功率过剩，使系统的电压升高，严重影响电网供电质量和用户的安全用电。

为保证电力系统运行中的电压稳定，在上述情况下，需采取相应措施使电网中的有功和无功功率达到平衡。一种措施是采用调相机或并联电抗器的办法来吸收剩余感性无功功率，但这将需要附加设备投资，浪费大量能源，使用上也受到限制。目前普遍认为，使适当的发电机组投入进相运行是一种吸收无功功率、发出有功功率、解决电网低谷运行时无功功率过剩、电网电压过高、技术上简便可行、经济性也较高的有效措施，受到了国内外的普遍重视。

发电机进相运行对发电机本身而言是一种特殊运行状态，它受到以下条件限制：① 发电机各部分温升不得超过规定限度；② 发电机定转子绕组中的电流不得超过额定值；③ 发电机运行要符合静态稳定性要求。

发电机进相运行不只是一个单纯的进相运行能力问题，作为一个复杂系统整体，还必须对电机内部的电磁现象进行深入研究。本文率先用有限元法对发电机进相运行时的内部电磁场、温度场的分布和计算作了全面研究，解决了在这一研究中的技术难点，提出了用数值计算方法求解发电机进相运行安全范围的新方法。

1. 端部涡流电磁场有限元计算

发电机在高功率和进相运行情况下，温升最高处于其端部金属结构件上。要研究端部发热，就必须首先研究电机端部的电磁场分布。求解发电机端部电磁场是一个三维涡流电磁场问题，用解析方法难以获得准确解，更无法获得金属构件-压圈上的涡流分布。因而，本文应用有限元法来求解其端部电磁场分布。

《东南大学学报》第 25 卷第 4 期，1995 年 7 月，江苏省电力局重点科技攻关项目。

为简化求解过程，本文作了以下必要的假设：① 在求解域内，定转子绕组中的电流以体电流层分布形式表现，并只计其时间和空间基波分量；② 由于作为激励源的电源频率较低，可忽略电磁场求解中的位移电流；③ 假设定转子铁芯和外壳的 $\mu=\infty$，$\sigma=0$；④ 求解域内媒质及边界面沿圆周方向为连续分布。

经比较后，本文采用修正矢量磁位 **A** 为求解变量。在上述假设下，根据电磁场理论，导出了涡流场复数形式的边值方程为[1]

$$\left.\begin{aligned}&\nabla\times[\gamma\nabla\times\boldsymbol{A}(p)]+\mathrm{j}\omega\sigma\boldsymbol{A}(p)=\mathrm{j}, &&(\forall p\in\Omega)\\&\boldsymbol{A}(p)=\boldsymbol{A}_0 &&(\forall p\in\Gamma_1)\\&n\times[\nabla\times\boldsymbol{A}(p)]=-\mu H_1 &&(\forall p\in\Gamma_2)\end{aligned}\right\}\quad(1)$$

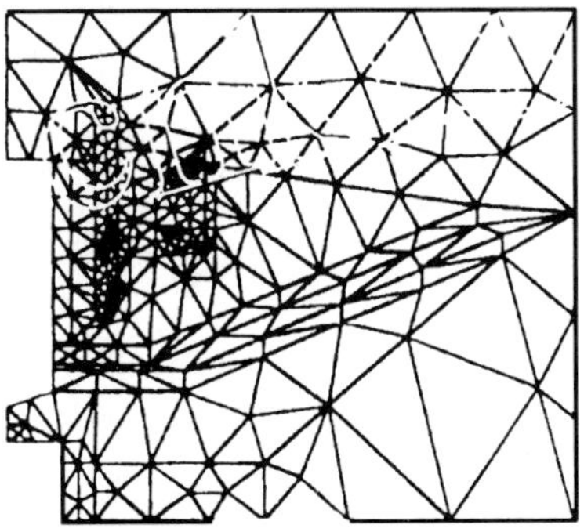

图 1　求解域剖分图

根据能量泛函分析，得出与方程(1)等价的条件变分，再应用有限元法获得求解域内求解变量的代数方程组，即涡流电磁场的计算公式，由此，可获得求解域内的电磁场分布。因篇幅限制，对详细推导本文不作论述。

本文以 QFS-300-2 型大型汽轮发电机为例，作了实例计算。将其端部求解域离散为 463 个三角形单元、254 个节点，部分图示于图 1。

本文计算了 0.75 倍额定电流情况下，三相对称短路时的磁场分布，并绘出了磁力线分布图(图 2)。从图可见：由于电屏蔽和磁屏蔽环的存在，大部分磁力线被挤到端部金属构件以外，因而其上磁密明显降低，可减少涡流损耗，改善发热状况。

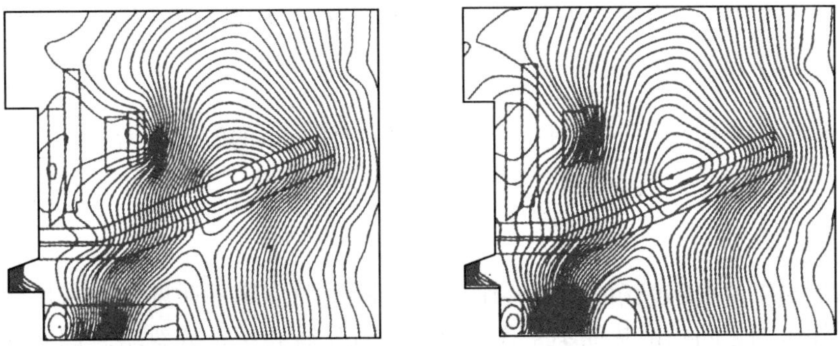

(a) 有电磁屏蔽　　(b) 无电磁屏蔽

图 2　$0.75I_N$ 三相短路时端部磁场分布

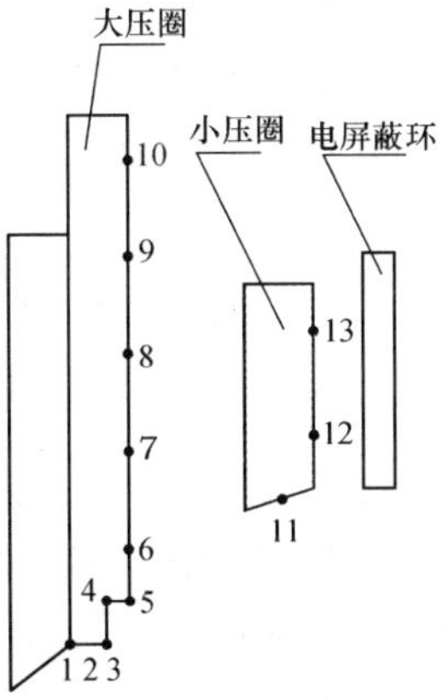

图 3　压圈上磁密测量点

图 3、图 4 为内外压圈上磁密计算点位置及计算点上的磁密值，并附有相关点的磁密实测值。由图可以看出，计算值与实测值比较吻合，计算误差较小。

为说明电屏蔽的作用，本文计算了额定工况下有无电屏蔽环的情况，计算点如图 2 所示，计算结果如图 5 所示。显然，在电磁屏蔽的作用下，各点的磁密普遍下降。特别是在小压圈上，各点的磁密下降了很多，大大改善了端部发热状况。

为了进一步研究端部结构设计与端部电磁场分布的关系，本文还计算了定子绕组端部直线伸出段长、定子线圈弯曲部分圆锥角、转子轴向长度以及转子绕组直线段伸出长等因素对端部磁场的影响[1]，并给出了端部涡流损耗与这些因素之间的定量关系，为进一步改进端部结构设计提供了理论依据。

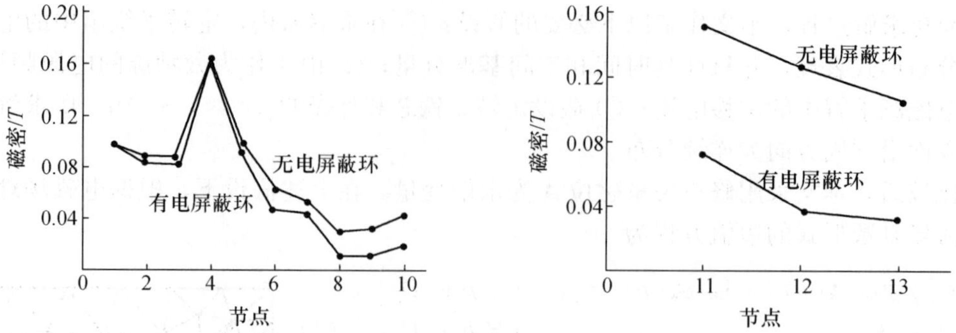

(a) (b)

图 4 0.75I_N 三相短路时的磁密值

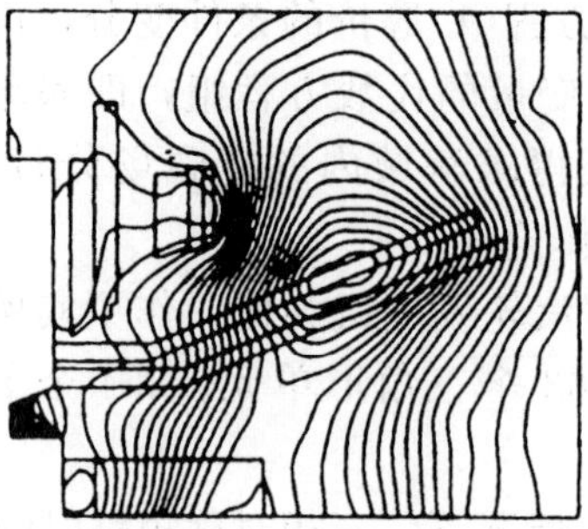

图 5 额定工况下端部磁密分布

2. 端部温度场有限元计算

应用上节电磁场有限元计算方法，可以准确获得端部区域内任一点的磁场分布和矢量磁位 **A** 值。根据 **A** 值，可由

$$\delta = -\mathrm{j}\omega\sigma\boldsymbol{A} \tag{2}$$

获得压圈上任一点的涡流密度。基于式(2)，可进一步求出压圈上任一点的发热率为

$$Q_\mathrm{i} = \frac{\delta\delta^*}{2\sigma} \tag{3}$$

在式(2)、(3)中，σ 为压圈电导率。

考虑到电机端部的冷却结构，对温度场的求解域作了以下假设：① 第一磁屏蔽和齿压板之间为绝热面；② 由于内外压圈之间的散热筋不是连续分布，且比较狭窄，故忽略它们之间的热传导；③ 忽略压指和外压圈温升对内压圈温度场计算的影响。

根据上述假设及经验，端部压圈最高温升点在内压圈上，因此本文只计算内压圈的温度场，如图 6 所示。

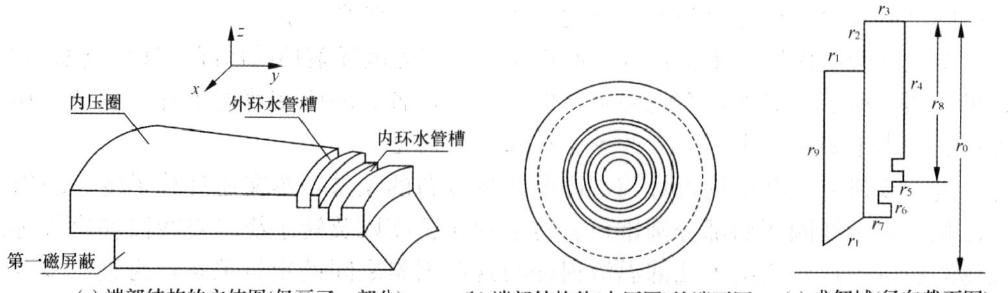

(a) 端部结构的立体图(仅画了一部分) (b) 端部结构件(内压圈)的端面图 (c) 求解域(径向截面图)

图 6 温度场计算域

在计算域内，温度场的定解问题可描述为[3]

$$
\left.\begin{array}{l}
\nabla \cdot (\lambda_{\mathrm{T}} \nabla T) = -Q \\
(\forall p \in \Omega_1 \cup \Omega_2) \\
T \mid r_1 = T_{\mathrm{W}} \\
(\forall p \in \Gamma_1) \\
\partial T / \partial n \mid r_2 = 0 \\
(\forall p \in \Gamma_2) \\
-\lambda \partial T / \partial n \mid r_3 = a(T - T_f) \\
(\forall p \in \Gamma_3)
\end{array}\right\} \tag{4}
$$

式中，Q 为体积发热率；λ_{T} 为导热系数张量；a 为散热系数；T_{W} 为已知散热表面温度；T_{f} 为冷却介质温度；Γ_1，Γ_2，Γ_3 为第一、二、三类边界条件所在的边界面。在求解域中，冷却水管的进出水温度是已知的，因而此壁面为一类边界面；Γ_9 面为绝热面，故为二类边界条件面；其余面为第三类边界条件面。

本文根据求解域表面冷却气体的流动状态、流量及其流体的物性，求出了求解域各表面的散热系数[2]，它们分别表示了各表面的换热效果。

在本文温度场求解域中，由于存在多种材料，并且在磁屏蔽中具有沿各个传递方向的不一致性。因而，求解域内的热传导系数是各向导性的。

压圈中的冷却水管是为了改善压圈散热条件，降低其温升而设置的。冷却水从入口处开始沿水管流动，沿途不断地吸收压圈传递来的热量，使温度不断升高，至出口处达到最高。由于沿着水管各点温度不同，导致各处散热系数不一致。本文根据传热学基础理论，经过严格数学推导，得到了水管中的散热系数与温度的关系式[2]：

$$T_x = \left[T_0 + \int_0^x g(x) \mathrm{e}^{\varphi(x)} \, \mathrm{d}x \right] \mathrm{e}^{-\varphi(x)} \tag{5}$$

式中，x 为水管中某点离水管入口处的距离，T_x 和 T_0 分别为 x 点和入口点水的温度。其中

$$\varphi(x) = \int_0^x \frac{a(x)u}{GC_{\mathrm{p}}} \mathrm{d}x, \quad g(x) = \frac{a(x)u}{GC_{\mathrm{p}}} T_x$$

式中，C_{p} 为流体热量的焓，u 为水流过的湿周，G 为流体物体。

依据上述数学模型，可用有限元法求解端部温度场分布。整个求解域离散为 2 100 个立方体单元，2 772 个节点。为用微机求解三维场问题，在编程中采用了分块存贮技术及波阵法解代数方程组方法。计算结果与江苏省电力试验研究所对谏壁电厂和石洞口电厂的 QFS-300-2 型机组所作的试验结果进行了比较，结果表明：本文理论分析和推导是正确的，计算误差较小(图 7、图 8)。

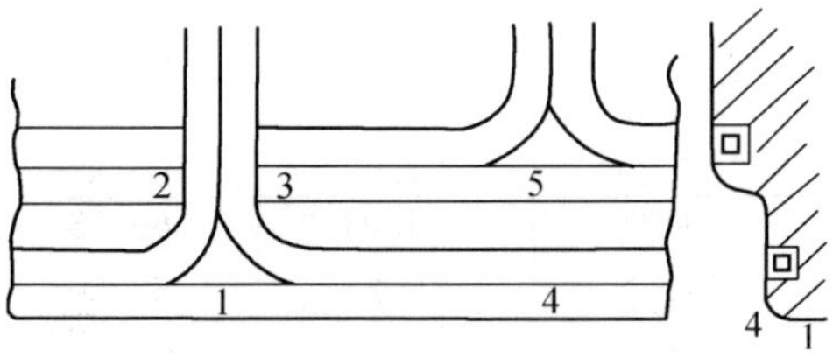

图 7　谏壁电厂 9 号机测点示意图

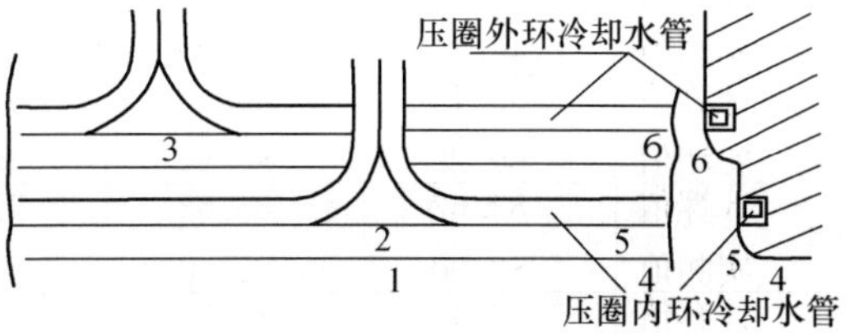

图 8　石洞口电厂 1 号机测点示意图

为较直观地反映压圈上各处的温度分布，图 9 和图 10 给出在额定工况下，不同径向和轴向

截面的等温线图。由图可见，冷却水管具有强大的散热效果；温升最高位置在压圈的内圆处。

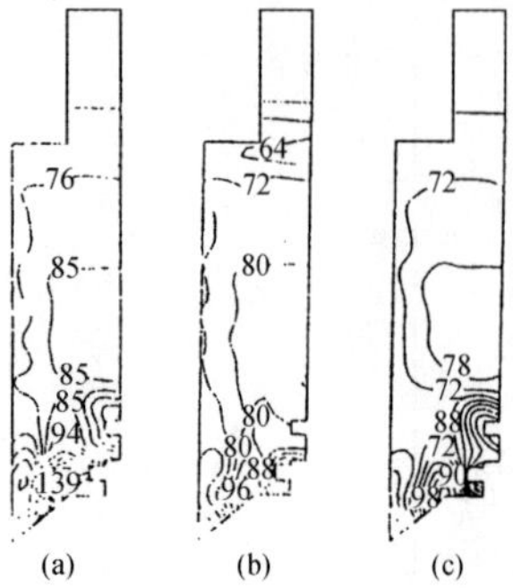

图 9　额定工况下各径向截面的温度分布

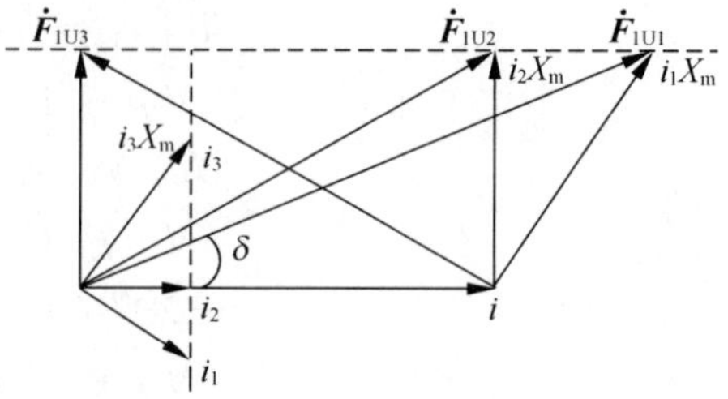

图 10　P 为常数时调节励磁电流相量图

本文还详细分析和计算了在改变冷却水管布置、尺寸和水流速度等情况下，压圈上温度的分布规律，提出了进一步优化 QFS-300-2 型发电机端部冷却设计的方案，为进一步提高发电机进相运行能力提供了理论依据[2]。

表 1　谏壁电厂 9 号机的计算结果　（单位：度）

测点		工况（MW）					
		p=298.08 $\cos\varphi$=0.983	p=301.05 $\cos\varphi$=0.951	p=209.73 $\cos\varphi$=0.938	p=270.00 $\cos\varphi$=0.950	p=239.49 $\cos\varphi$=0.981	p=224.37 $\cos\varphi$=0.984
1	计算值	110.14	127.12	110.40	127.20	145.05	131.00
	实测值	112.40	130.20	103.00	122.90	130.0	124.60
2	计算值	66.55	73.33	68.34	70.65	75.95	72.15
	实测值	69.40	74.20	67.00	72.00	76.00	75.60
3	计算值	57.48	75.91	81.95	75.11	83.50	78.50
	实测值	64.40	71.20	83.00	67.90	72.60	70.50
4	计算值	70.59	78.84	71.72	76.09	82.12	74.53
	实测值	66.40	72.20	85.00	68.90	73.60	72.80
5	计算值	70.10	78.00	69.50	74.93	80.81	76.03
	实测值	73.40	80.20	69.00	76.90	83.60	77.00

表 2　石洞口电厂 1 号机计算结果　（单位：度）

测点		工况（MW）					
		p=293.08 $\cos\varphi$=0.983	p=301.05 $\cos\varphi$=0.951	p=209.73 $\cos\varphi$=0.938	p=270.00 $\cos\varphi$=0.950	p=239.49 $\cos\varphi$=0.981	p=224.37 $\cos\varphi$=0.984
1	计算值	120.82	123.95	105.7	106.51	90.84	84.58
	实测值	106.80	106.00	95.20	92.70	81.90	71.00
2	计算值	153.00	157.10	132.40	133.30	112.10	103.60
	实测值	146.20	147.20	124.80	123.00	108.00	101.20
3	计算值	69.16	89.59	64.89	64.05	60.55	58.81
	实测值	60.20	81.80	55.50	55.20	51.00	50.80
4	计算值	83.62	85.62	73.77	74.34	64.09	60.03
	实测值	83.00	82.60	73.50	71.40	60.20	63.30
5	计算值	82.49	83.37	50.61	58.59	50.73	48.32
	实测值	60.20	31.20	56.80	55.60	52.50	51.50
6	计算值	48.33	48.67	44.83	44.63	41.29	39.87
	实测值	54.50	56.00	53.00	52.20	49.50	40.00

3. 静态稳定安全运行分析

同步发电机进相运行是一种同步低励磁持续运行方式，属稳态运行。图 11 为发电机输出一定有功功率 P 条件下，调节励磁电流时的相量图。图 12 为相应的功角特性曲线。

汽轮发电机的功角关系为[5]

$$P=\frac{E_c U\sin\delta}{x_0} \tag{6}$$

由图可见，降低励磁电流时，空载电势 E_0 将减小，而功角 δ 将增大。在 I_2 处，发电机将从迟相运行转入进相运行，直到 I_3 处，即 $\delta=90°$处，发电机达到静态稳定运行的极限位置。当发电机参数已知，并已知其输出的功率 P 和功率因数 $\cos\varphi$ 时，就可以求出电机的定子电流 I、定转子电流夹角 θ、功率 δ 以及空载电势 E_0，进而求得在此工况下的励磁电流 I_f。本文通过计算，获得 QFS-300-2 型汽轮发电机的在不同运行工况下定转子电流间的关系，如图 13 所示。

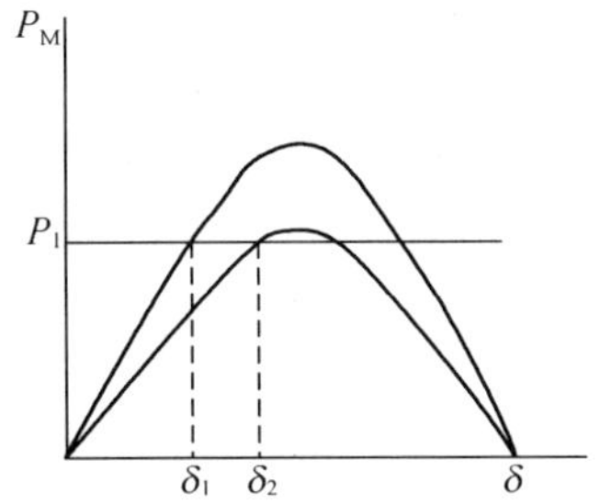

图 11　不同励磁电流时的功角图

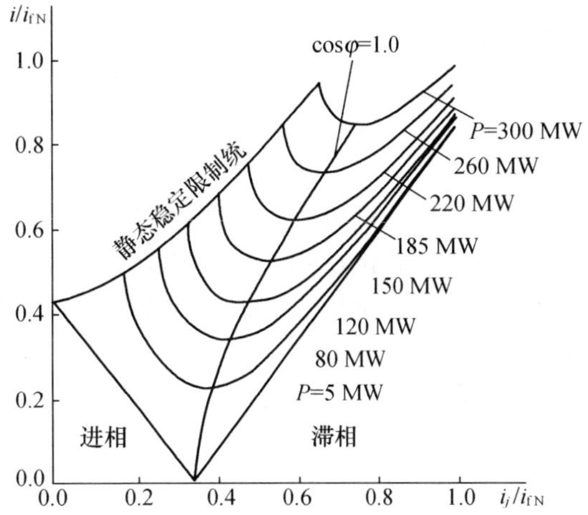

图 12　P 不同时定转子电流间关系曲线

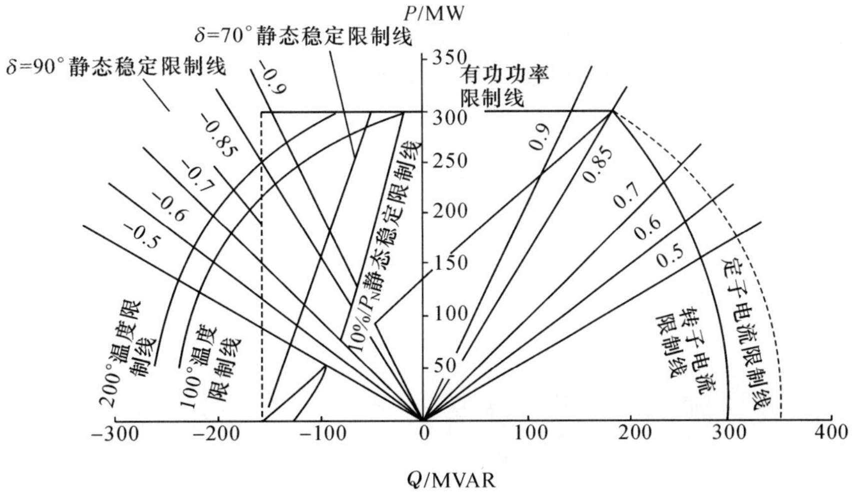

图 13　QFS-300-2 型发电机 P-Q 运行图

4. 发电机安全进相运行 $P-Q$ 图

根据图 12 中在一定工况下定转子电流的关系，不难获得为计算端部涡流电磁场和温度场所需要的给定值。应用本文第 2 节和第 3 节的计算方法，便可精确获得不同工况下压圈上的温度分布。再根据发电机进相运行限制条件，即：静态稳定性、定转子电流不超过额定值和端部金属构件的温升不超过规定值，可作出发电机在额定电压下的安全运行 $P-Q$ 图，如图 13 所示。

考虑到发电机现场实际运行的需要，通过精确定量计算，在图 13 中给出了端部结构件上最高温度为 200 ℃和 180 ℃两条温度限制线，即 ab 和 cd；还给出了功角 $\delta=70°$ 和 $\delta=90°$ 两条稳定限制线，即 eh 和 ef；以及留有 $10\%P_N$ 的静态稳定储备限制线 gc。

从图 13 可以看出：① 若保持额定有功功率 300 MW 输出，在进相运行到 C 点时，将受到 $10\%P_N$ 静态稳定储备的限制；在运行到 f 点时，受到 $\delta=70$ ℃的限制；在运行到 a 点受到温升 200 ℃的限制。为了保持安全可靠运行，在额定输出功率下，建议尽量不使发电机处在深度进相运行状态。② 当降低有功功率输出时，发电机进相运行深度可以提高。但应根据现场运行实际情况，使之处在限制线以内。

5. 结论

本文根据当前电力系统实际运行需要，提出了应用有限元法研究发电机进相运行问题的新途径，具有理论性强、实用价值高、经济性好的特点。本文所提出的研究方法，具有推广应用价值，完全可用于其他型号发电机进相运行问题的研究中。本文首次给出在考虑各种限制条件下，QFS-300-2 型汽轮发电机安全运行的 P-Q 图，可以为指导电厂发电机实际进相运行提供依据。

参考文献

[1] 黄学良. 大型汽轮发电机端部电磁场研究. 南京：东南大学电气工程系，1994.
[2] 刘磊. 大型汽轮发电机端部温度场研究. 南京：东南大学电气工程系，1994.
[3] 俞昌铭. 热传导及其数值分析. 北京：清华大学出版社，1983.
[4] 周鹗. 电机学. 北京：水利电力出版社. 1988.

电机不对称运行时转子涡流损耗的有限元分析

周　鹗　杜炎森　胡敏强　韩亚明
（东南大学电气工程系）

摘要： 本文应用有限元法求解电机在不对称运行时转子涡流损耗的分布。完整地考虑了电机内部的复杂结构，建立了在半周期条件下，电机转子涡流损耗的计算模型。应用 Fortran 语言编写了计算程序，以 QFQS-200-2 型电机为实例，得到了转子锻件和槽楔上的涡流损耗分布曲线。

1. 引　言

在交流电机中，由于事故或者负载的不对称，往往会使得电机处于不对称运行状态。此时，定子电流不仅产生同步于转轴的正序旋转磁场，而且还产生相对于转子的以 2 倍同步速度运动的负序旋转磁场。它在转子锻件本体和转子槽楔中将产生 2 倍工频的涡流，出现局部温升过高和部分绝缘烧坏的现象。为此，精确地分析和计算电机在不对称运行时的转子涡流损耗，对提高电机性能和质量都具有重要的意义。20 世纪 70 年代初期，Chari 等[1]首先将有限元法引入电机电磁场的计算中，使得电机内许多难以用传统解析法求解的电磁场问题得以解决。文献[2]首先应用有限元法求解了电机负序涡流场和损耗。但是，文中忽略了定转子铁芯的曲率效应和定子齿槽的影响；文中将定子绕组看成电流层，忽略它的实际电流分布。虽然，这种简化可以方便计算，却会带来较大的计算误差，无法准确地给出齿槽中的涡流分布规律。本文完整地考虑了电机内部的复杂结构，根据定子绕组的空间的实际分布情况，给定了三相电流值。在有限元计算中，采用半周期边界条件，讨论它的有限元实施过程。以 QFQS-200-2 型电机为实例，得出了转子锻件和槽楔上涡流分布曲线。计算结果与理论分析十分吻合。

2. 数学模型

由电机学知识可知，由于三相负载阻抗不等，造成了电机不对称运行。应用对称分量法，即把负载端的不对称电压和电流看成三组（即正序、负序和零序）对称电压和电流的叠加。每个相序的三个电流都将分别建立自己的气隙磁场和漏磁场。零序电流由于电枢绕组的 Y 型接法，使得气隙磁场为零，仅产生漏磁场，它不在转子上产生涡流；正序电流产生的磁场，以同步于转子转速旋转，与转子之间无相对运动，故不产生涡流损耗；负载电流产生的磁场，以相对于转子 2 倍的速度旋转，它将在转子上产生较大的涡流损耗。为此，本文仅须考虑负

* 《微特电机》，1990. 6(2－3).

序电流产生的磁场。为了简化计算，本文特作如下假设：

（1）不考虑由于正序旋转磁场存在而造成的定转子磁路的饱和。认为磁路是线性的。

（2）假设转子不动，定子负序电流产生的磁场相对于转子以2倍工频的速度运动。即$\omega=$ 200弧度/s。

（3）不考虑电机的端部效应，负序涡流仅有轴向分量。

（4）认为所有的场量均随时间作正弦变化。

在上述假设下，考虑电机结构的对称性，可以取电机的一个极距为求解域，如图1所示。

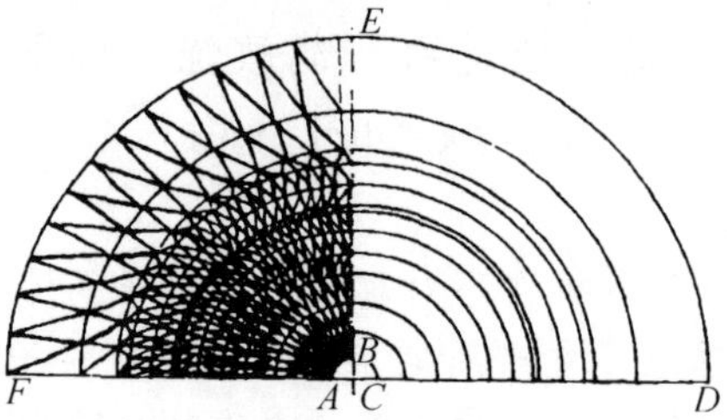

图1 求解域

由电磁场的基本原理可以得到，矢量磁位$\boldsymbol{A}_z$在求解域内满足的基本方程为

$$\nabla^2\boldsymbol{A}_z=\begin{cases}-\mu_0\boldsymbol{J} & \{\text{存在 } P \text{ 属于定子绕组}\}\\ 0 & \{\text{存在 } P \text{ 属于定子轭、气隙、励磁区}\}\\ J\omega\sigma\mu\boldsymbol{A}_z & (\text{存在 } P \text{ 属于楔齿和转子轭})\end{cases}\tag{1}$$

矢量磁位$\boldsymbol{A}_z$在边界上满足的条件为：

（1）在边界$\widehat{ABC}$上，由于$B_n=0$，则$\boldsymbol{A}_z=0$；

（2）在边界$\widehat{FED}$上，由于$B_n=0$，则$\boldsymbol{A}_z=0$；

（3）在边界$\overline{FA}$和$\overline{CD}$上，由于它们相隔一个极距，所以满足半周期边界条件，即

$$\begin{cases}\boldsymbol{A}_z\mid_{\overline{FA}}=-\boldsymbol{A}_z\mid_{\overline{CD}}\\ \nu\dfrac{\partial\boldsymbol{A}_z}{\partial n}\mid_{\overline{FA}}=-\nu\dfrac{\partial\boldsymbol{A}_z}{\partial n}\mid_{\overline{CD}}\end{cases}$$

由方程（1）和边界条件，就构成了电机不对称运行时转子涡流损耗计算的电磁数学模型。

3. 有限元法

由文献[3]可知，满足上节边值问题的等价条件变分问题为

$$\begin{cases}F(\boldsymbol{A}_z)=\displaystyle\iint_{\Omega}\left\{\frac{\nu}{2}\left[\left(\frac{\partial\boldsymbol{A}_z}{\partial X}\right)^2+\left(\frac{\partial\boldsymbol{A}_z}{\partial y}\right)^2\right]-J\boldsymbol{A}_z+\frac{\mathrm{j}\omega\partial^2}{2}\boldsymbol{A}_z^2\right\}\mathrm{d}\Omega-\int_{\Gamma}\nu\frac{\partial\boldsymbol{A}_z}{\partial n}\boldsymbol{A}_z\,\mathrm{d}\Gamma=\min\\ \boldsymbol{A}_z\mid_{\Gamma FA}=-A\mid_{\Gamma CD};\boldsymbol{A}_z\mid_{\Gamma\widehat{ABC}\cup\Gamma\widehat{FED}}=0\end{cases}\tag{2}$$

将求解域离散为三角形单元，如图1所示。在它上面构造插值函数，采用等参元插值函数法。设某e单元上的3个节点为i，j，m，则有

$$\begin{cases}A_1=N_iA_i+N_iA_{zj}+N_mA_{zm}\\ X=N_iX_i+N_jX_j+N_mX_m\\ y=N_iy_i+N_iy_i+N_my_m\end{cases}\tag{3}$$

式中，

$$\begin{cases} N_i=\dfrac{1}{2\Delta}(a_1+b_1X+c_1y) \\ N_j=\dfrac{1}{2\Delta}(a_2+b_2X+c_1y) \\ N_m=\dfrac{1}{2\Delta}(a_3+b_3X+c_3y) \end{cases}$$

Δ——e 单元的面积。

a_i，b_i，$c_i(i=1,\ 2,\ 3)$——三角形单元 e 的 3 个节点的坐标函数。

考虑单元 e 上的泛函变分，得到

$$\frac{\partial F_e}{\partial \boldsymbol{A}_{zi}}=\int_{\Omega_e}\nu\left(\frac{\partial \boldsymbol{A}_z}{\partial X}\frac{\partial N_i}{\partial X}+\frac{\partial \boldsymbol{A}_z}{\partial y}\frac{\partial N_i}{\partial y}\right)\mathrm{d}\Omega-\int_{\Omega_e}JN_i\mathrm{d}\Omega+\int_{\Omega_e}\mathrm{j}\omega\sigma\boldsymbol{A}_zN_i\mathrm{d}\Omega-\int_{\Gamma}\nu\frac{\partial \boldsymbol{A}_z}{\partial n}\mathrm{d}\Gamma\quad(i=1,2,3) \tag{4}$$

由于边值问题中不存在二类边界条件，故上式中右边第 4 项为零，此处可以不讨论边界积分项。考虑式(4)的极值条件，不难求出关于求解域有关节点矢量磁位的 $\boldsymbol{A}^z$ 值代数方程组：

$$[K]_e\{\boldsymbol{A}\}_e=\{P\}_e \tag{5}$$

在(6)式中，有

$$\begin{cases} k_n=\dfrac{\nu}{4\Delta}(b_i^2+c_i^2)+\dfrac{\mathrm{j}\omega\sigma\Delta}{6} \\ k_{ij}=\dfrac{\nu}{4\Delta}(b_ib_j+c_ic_j)+\dfrac{\mathrm{j}\omega\sigma\Delta}{12}\quad(i,j=1,2,3) \end{cases}$$

$$P_i=\frac{4J_e}{3}$$

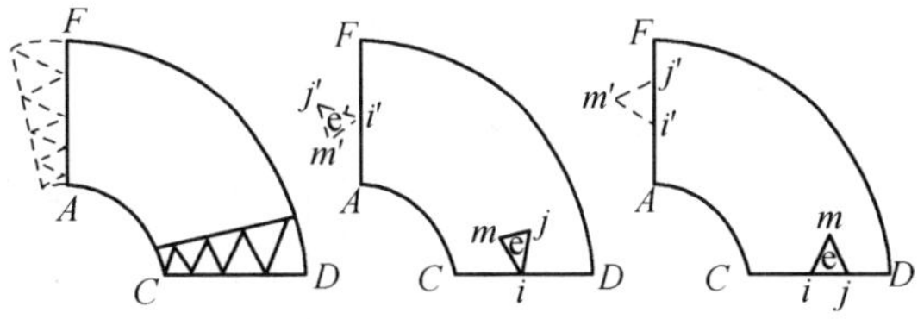

图 2 半周期条件的处理

由于求解域中存在半周期性边界条件，在计算中必须作特别处理。在求解域外假想有一排虚拟单元，如图 2 所示。假想单元与真实单元相对应，此时，我们可以分别建立假想单元与真实单元的方程式(5)，考虑半周期边界条件，则有：$\{A\}_{e'}=-\{A\}_e,\{P\}_{e'}=-\{P\}_e$，此时，$u_i'=-u_i,u_j'=-u_j,u_m'=-u_m,p_i'=-p_i$。对单元 e′和 e 之间有两种情况，如图 2(b)和(c)所示。现分别讨论如下：

(1) 仅节点 i 为周期点，则单元 e 的方程可改写为

$$\begin{bmatrix} k_n & -k_{ij} & -k_{im} \\ -k_{ji} & k_{jj} & k_{jm} \\ -k_{mi} & k_{mj} & k_{mm} \end{bmatrix}_e \begin{bmatrix} A_i \\ A_j \\ A_m \end{bmatrix}=\begin{bmatrix} -p_i \\ p_j \\ p_m \end{bmatrix}_e \tag{6}$$

(2) 节点 j，i 为周期点，则单元 e 的方程可改写为

$$\begin{bmatrix} k_n & k_{ij} & -k_{im} \\ k_{ji} & k_{jj} & -k_{jm} \\ -k_{mi} & -k_{mj} & k_{mm} \end{bmatrix}_e \begin{bmatrix} A_2 \\ A_3 \\ A_m \end{bmatrix}=\begin{bmatrix} -p_i \\ p_j \\ p_m \end{bmatrix}_e \tag{7}$$

将式(6)和式(7)作为 e 单元建立的方程迭加到合成矩阵中，则不难得到整个求解域中的代数方程

$$[K]\ \{\boldsymbol{A}\}\ =\ \{\boldsymbol{P}\} \tag{8}$$

考虑第一类边界，修改式(8)，可以获得关于整个求解域内未知矢量位的代数方程组：

$$[K]'\{\boldsymbol{X}\}=\{\boldsymbol{P}\}' \tag{9}$$

解（9）式，求得域内所有节点的 $\boldsymbol{A}_z$ 值；从而可以获得域内每个单元的场强，完成场的求解过程。

4. 计算结果及其分析

本文应用有限元法，编写了计算程序，针对 QFQS-200-2 型电机作了实例计算。本文采用了列主元高斯消去法解方程。求解域被离散为 1 096 个三角形单元，它共包含 588 个节点。在涡流值的计算过程，采用了逐个单元求平均值的方法。由电磁场的基本原理，不难得到某单元的涡流值为

$$I_e=-\frac{j\omega\sigma\Delta(A_i+A_j+A_m)}{3} \tag{10}$$

有了涡流值，就不难获得转子上单元的涡流损耗。

本文针对不同材料的槽楔作了计算，求出了转子表面单元上有关齿槽上的涡流分布。结果列于表 1。有关槽楔和齿号见图 3。在图 3 中，i 与 i' 相对应($i=1$，2，…，8)，标号为 i 的矩形是与槽楔高相等的齿区域。本文计算以 $I=0.04I_N$ 为负序电流的幅值。从表 1 中不难看出，随着槽楔电导率的增大，槽楔上的涡流值将增大；相应的，与之相对应的齿区域的涡流值减少。并且，槽楔上涡流的增加量，近似地与齿区域中减少量相等。由此，我们可以得到一个重要的结论，无论选用什么材料的槽楔，转子上总的涡流值在定子电流确定下，是一个常量。为了直观地看出转子表面单元中的涡流分布，将表 1 中的涡流值绘于图 4。从图 4 中不难看出，转子表面的涡流分布近似于正弦，与电机设计时的假设一致。涡流损耗的分布也不难由图 4 求得，在此不再赘述。

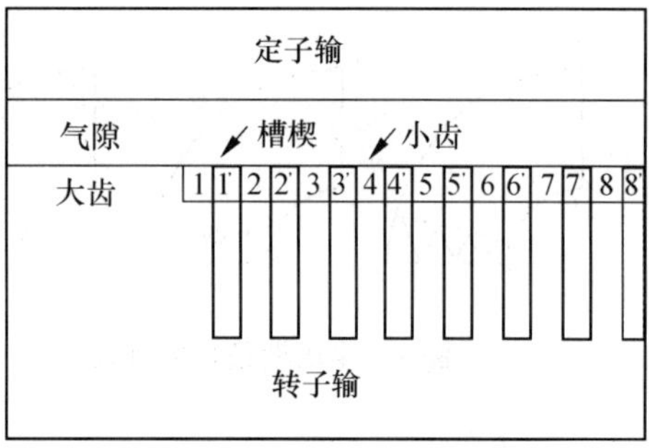

图 3　齿楔号示意图

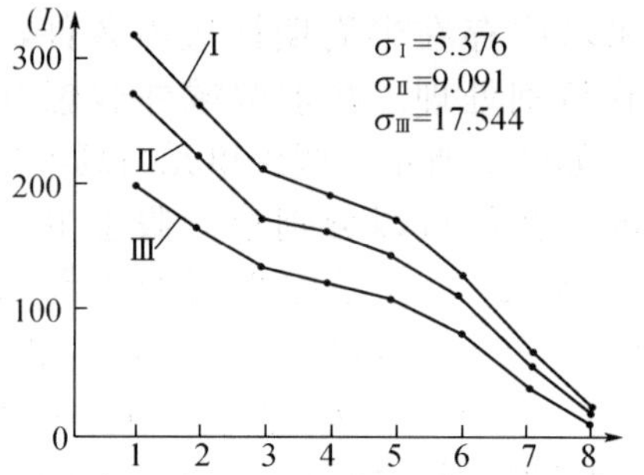

图 4　转子表面的涡流分布

表 1　有关区域的涡流值

σ 槽楔	5.3476		9.091		17.544	
齿楔号	小齿	槽楔	小齿	槽锲	小齿	槽楔
1	323.702	200.891	269.875	244.971	202.595	289.683
2	258.646	159.292	215.258	198.085	160.819	240.939
3	210.111	122.963	174.350	153.02	129.913	186.926
4	191.856	111.027	159.277	137.854	118.912	167.516
5	175.404	103.751	145.905	128.638	109.028	156.065
6	134.870	89.884	112.685	111.427	84.424	135.371
7	67.844	51.391	56.821	64.422	42.452	79.268
8	18.299	14.552	15.172	18.865	11.225	24.206

5. 结论

应用有限元法求解电机不对称运行时转子涡流损耗是十分有效的。人们可以应用它在电机的设计阶段就掌握转子齿槽上的涡流分布，计算电机的有关性能，从而达到优化设计电机的目的。本文上节得出的关于转子涡流总值不变的结论，对于优化设计电机十分重要。人们可以通过改变槽楔的材料，而达到改变转子上涡流的分布；最后可以修正气隙磁场的波形。

参考文献

[1] Chari M V K. Finite Element Solution of the Eddy Current Problem in Magnetic Structures. IEEE Trans on PAS，1971.

[2] 胡显承，李端敏，陈丕璋. 汽轮发电机负序涡流场的有限元计算. 清华大学学报，119(1)，1979.

[3] 胡之光. 电机电磁场分析与计算. 北京：机械工业出版社，1982

汽轮发电机端部似稳涡流场数学模型

黄学良　胡敏强　杜炎森　周　鹗
（东南大学电气工程系）

摘要： 导出了描述发电机端部涡流场的边值问题，并讨论了此问题的确定性。导出了与此边值问题等价的条件变分问题，并给出了三维行波场下变分式的具体形式。对QFS-300-2型汽轮发电机的端部场作了实例计算，计算结果与测试结果是一致的，证实了本文所提出的数学模型的正确性。

关键词： 发电机运行，涡流损耗，变分，行波，汽轮发电机

大型发电机端部涡流场的研究是当前电机研究中的前沿课题，电机端部涡流场的数学模型问题至今没有得到很好的解决。目前人们通常认为电机的涡流场可以由下述复泛函的极小问题来描述[1]：

$$F(\dot{\mathbf{A}}) = \int_{\Omega}\left[\frac{1}{2}\nu(\nabla\times\dot{\mathbf{A}})^2 + \frac{1}{2}\mathrm{j}\omega\sigma\dot{\mathbf{A}}^2 - \dot{\mathbf{A}}\cdot\dot{\mathbf{J}}_s\right]\mathrm{d}\Omega - \int_{s_2}\dot{\mathbf{H}}_s\cdot\dot{\mathbf{A}}\mathrm{d}\tau = \min$$

$$\dot{\mathbf{A}}\,|_{T_1} = A_0$$

但是，复数是无大小的，因此写成 $F(\dot{\mathbf{A}})=\min$ 的形式是不妥的。倘若将此式理解成 $F(\dot{\mathbf{A}})$ 的实部和虚部分别取极值，也是没有根据的。

为了解决这个问题，本文从复矢量磁位出发，提出了三维似稳正弦涡流场的对偶变分原理，为应用有限元法求解电机端部涡流场奠定了理论基础。

1. 涡流场问题的数学描述

由微分形式的麦克斯韦方程组所描述的电磁场为[2]

$$\left.\begin{aligned}&\nabla\times\boldsymbol{H}=\boldsymbol{J}_s+\boldsymbol{J}_\sigma+\frac{\partial\boldsymbol{D}}{\partial t}\\&\nabla\times\boldsymbol{E}=-\frac{\partial\boldsymbol{B}}{\partial t}\\&\nabla\cdot\boldsymbol{D}=\rho\\&\nabla\cdot\boldsymbol{B}=0\end{aligned}\right\}\tag{1}$$

介质的特性方程为

$$\boldsymbol{D}=\varepsilon\boldsymbol{E},\quad \boldsymbol{J}_\sigma=\sigma\boldsymbol{E},\quad \boldsymbol{B}=\mu\boldsymbol{H}\tag{2}$$

上面两式中，$\boldsymbol{B}$ 为磁感应强度，$\boldsymbol{H}$ 为磁场强度，$\boldsymbol{E}$ 为电场强度，$\boldsymbol{D}$ 为电位移矢量，ρ 为电荷体密度，$\boldsymbol{J}_s$ 为传导电流密度，$\boldsymbol{J}_\sigma$ 为涡流密度，ε 为介电常数，σ 为电导率，μ 为磁导率。

东南大学学报第25卷第2期，1995年3月。

由于$\nabla \cdot \boldsymbol{B}=0$，所以存在矢量$\boldsymbol{A}$，满足

$$\boldsymbol{B}=\nabla\times\boldsymbol{A} \tag{3}$$

又由于$\nabla\times\boldsymbol{E}=-\dfrac{\partial \boldsymbol{B}}{\partial t}$，即$\nabla\times\left[E+\dfrac{\partial \boldsymbol{A}}{\partial t}\right]=0$，故必存在标量$\varphi$，满足

$$\boldsymbol{E}=-\nabla\varphi-\frac{\partial \boldsymbol{A}}{\partial t} \tag{4}$$

所研究的问题中，场的激励源为工频，其电磁波长远大于求解域的几何尺寸，故可将求解的端部电磁场当作似稳场处理[3,4]，则有

$$\frac{\partial \boldsymbol{D}}{\partial t}=0 \tag{5}$$

将式(5)、式(4)和式(3)以及式(2)中的第 2 式代入式(1)中第 1 式，得

$$\nabla\times(\nu\nabla\times\boldsymbol{A})=\boldsymbol{J}_s+\sigma\left(-\nabla\varphi-\frac{\partial \boldsymbol{A}}{\partial t}\right) \tag{6}$$

式中，$\nu=1/\mu$，为媒质的磁阻率。

将式(4)和式(2)中的第 1 式代入式(1)中的第 3 式(设$\rho=0$)，得

$$\nabla^2\varphi+\frac{\partial}{\partial t}(\nabla\cdot\boldsymbol{A})=0 \tag{7}$$

若令

$$\boldsymbol{A}'=\boldsymbol{A}+\nabla\psi,\quad \varphi'=\varphi-\frac{\partial\psi}{\partial t} \tag{8}$$

式中，ψ为一标量函数。

则当A、φ满足式(3)和式(4)时，不管φ为何标量函数，$\boldsymbol{A}'$、φ'亦满足式(3)和(4)。

若选取ψ为如下形式的标量函数

$$\psi=\int_{-\infty}^{t}\varphi \mathrm{d}t \tag{9}$$

则

$$\left.\begin{aligned}\boldsymbol{A}'&=\boldsymbol{A}+\int_{-\infty}^{t}\nabla\varphi \mathrm{d}t\\ \varphi'&=0\end{aligned}\right\} \tag{10}$$

将式(10)代入式(6)，得

$$\nabla\times(\nu\nabla\times\boldsymbol{A}')=\boldsymbol{J}_s-\sigma\frac{\partial \boldsymbol{A}'}{\partial t} \tag{11}$$

将式(10)代入式(7)，得

$$\frac{\partial}{\partial t}(\nabla\cdot\boldsymbol{A}')=0 \tag{12}$$

对式(11)两边取散度，得

$$\nabla\cdot[\nabla\times(\nu\nabla\times\boldsymbol{A}')]=\nabla\cdot\boldsymbol{J}_s-\nabla\cdot\left(\sigma\frac{\partial \boldsymbol{A}'}{\partial t}\right) \tag{13}$$

由于$\nabla\cdot(\nabla\times\boldsymbol{A}')\equiv0$，故当传导电流$\boldsymbol{J}_s$满足连续性条件时，由式(13)得

$$\frac{\partial}{\partial \mathrm{t}}(\nabla\cdot\boldsymbol{A}')=0$$

所以，当$\boldsymbol{J}_s$满足连续性条件时，式(11)隐含了式(12)。

由于场的激励源作正弦变化，故$\boldsymbol{A}'$亦作正弦变化。因此式(12)可表示为

$$\nabla\cdot\boldsymbol{A}'=0 \tag{14}$$

由式(2)中第 2 式及式(4)和式(10)，得涡流密度为

$$\boldsymbol{J}_\sigma = -\sigma \frac{\partial \mathbf{A}'}{\partial t}$$

在电机电磁场中，一般只含一、二类边界条件，且场量随时间作正弦变化。故得到似稳正弦涡流场边值问题的复数形式的数学描述

$$\left.\begin{aligned} &\nabla\times[\nu\nabla\times\dot{\mathbf{A}}(P)] = \dot{\boldsymbol{J}}_s - \mathrm{j}\omega\sigma\dot{\mathbf{A}}(P) && \forall P\in\Omega \\ &\dot{\mathbf{A}}(P) = \dot{\mathbf{A}}_0 && \forall P\in\tau_1 \\ &\boldsymbol{n}\times[\nabla\times\dot{\mathbf{A}}(P)] = -\mu\dot{\boldsymbol{H}}_i && \forall P\in\tau_2 \end{aligned}\right\} \quad (15)$$

以下为叙述方便起见，将 $\dot{\mathbf{A}}'$ 仍记为 $\dot{\mathbf{A}}$。

2. 涡流场的确定性问题

设两个矢性函数 $\dot{\mathbf{A}}_1$、$\dot{\mathbf{A}}_2$ 都满足式(15)，且 $\dot{\mathbf{A}}_1\neq\dot{\mathbf{A}}_2$。构造一个矢性函数 $\dot{\mathbf{A}}$：

$$\dot{\mathbf{A}} = \dot{\mathbf{A}}_1 - \dot{\mathbf{A}}_2 \quad (16)$$

由于式(15)中作用于矢量的算子皆为线性算子，则得到关于 $\dot{\mathbf{A}}$ 的边值问题如下：

$$\left.\begin{aligned} &F(\dot{\mathbf{A}}) = 0 && \forall P\in\Omega \\ &\dot{\mathbf{A}} = 0 && \forall P\in\tau_1 \\ &\boldsymbol{n}\times(\nabla\times\dot{\mathbf{A}}) = 0 && \forall P\in\tau_2 \end{aligned}\right\} \quad (17)$$

式中，$F(\dot{\mathbf{A}})=\nabla\times(\nu\nabla\times\dot{\mathbf{A}})+\mathrm{j}\omega\sigma\dot{\mathbf{A}}$。

将 $F(\dot{\mathbf{A}})$ 与 $\dot{\mathbf{A}}$ 的共轭函数 $\dot{\mathbf{A}}^*$ 之积作体积分，有

$$\int_\Omega F(\dot{\mathbf{A}})\dot{\mathbf{A}}^*\,\mathrm{d}\Omega = 0 \quad (18)$$

对式(18)应用奥氏公式，得

$$\oint_{s=T_1+T_2} \nu\dot{\mathbf{A}}^*[\boldsymbol{n}\times(\nabla\times\dot{\mathbf{A}})]\mathrm{d}s + \int_\Omega[\nu\,|\,\nabla\times\dot{\mathbf{A}}\,|^2 + \mathrm{j}\omega\sigma\,|\,\dot{\mathbf{A}}\,|^2]\mathrm{d}\Omega = 0 \quad (19)$$

将式(17)代入式(19)，得

$$\int_\Omega[\nu\,|\,\nabla\times\dot{\mathbf{A}}\,|^2 + \mathrm{j}\omega\sigma\,|\,\dot{\mathbf{A}}\,|^2]\mathrm{d}\Omega = 0 \quad (20)$$

由于 $\nu|\nabla\times\dot{\mathbf{A}}|^2$ 为纯实数，$\mathrm{j}\omega\sigma|\dot{\mathbf{A}}|^2$ 为纯虚数，故要使式(20)成立，有且只有下式成立：

$$\left.\begin{aligned} &\int_\Omega \nu\,|\,\nabla\times\dot{\mathbf{A}}\,|^2\mathrm{d}\Omega = 0 \\ &\int_\Omega \sigma\,|\,\dot{\mathbf{A}}\,|^2\mathrm{d}\Omega = 0 \end{aligned}\right\} \quad (21)$$

由于任何媒质的 $\nu>0$，$\sigma\geqslant0$，故由式(21)可得

$$\left.\begin{aligned} &\nabla\times\dot{\mathbf{A}} = 0 && \forall P\in\Omega \\ &\dot{\mathbf{A}} = 0 && \text{在 }\sigma>0\text{ 的媒质中} \end{aligned}\right\} \quad (22)$$

在上式中，仅得出在 $\sigma>0$ 的媒质中 $\dot{\mathbf{A}}$ 解是唯一的。下面继续分析 $\sigma=0$ 的媒质中的情况。

由式(14)、式(22)知 $\dot{\mathbf{A}}$ 为一调和场。设 V 为 $\dot{\mathbf{A}}$ 的势函数，则显然有

$$\nabla^2 V = 0 \tag{23}$$

由式(22)中第 2 式，知在 $\sigma=0$ 的媒质的边界上有

$$\frac{\partial V}{\partial n} = (\nabla V)_n = -(\dot{\boldsymbol{A}})_n = 0 \tag{24}$$

由格林第 1 公式，得

$$\int_{\Omega} |\nabla V|^2 \mathrm{d}\Omega = 0 \tag{25}$$

所以在 $\sigma=0$ 的媒质中

$$\dot{\boldsymbol{A}} = -\nabla V = 0 \tag{26}$$

由式(22)第 2 式及式(26)知

$$\dot{\boldsymbol{A}} = 0 \qquad \forall P \in \Omega \tag{27}$$

所以

$$\dot{\boldsymbol{A}}_1 = \dot{\boldsymbol{A}}_2 \qquad \forall P \in \Omega \tag{28}$$

3. 似稳正弦涡流场边值问题的等价变分原理

1）似稳正弦涡流场算子方程的非自伴性

将式(15)写成算子方程的形成如下：

$$\left.\begin{aligned} &T\dot{\boldsymbol{A}} = \dot{\boldsymbol{J}}_s && \forall P \in \Omega \\ &\dot{\boldsymbol{A}} = \dot{\boldsymbol{A}}_0 && \forall P \in \tau_1 \\ &n \times (\nabla \times \dot{\boldsymbol{A}}) = -\mu H_i && \forall P \in \tau_2 \end{aligned}\right\} \tag{29}$$

式中，T 为算子，且 $T=\nabla\times[\nu\nabla\times(\ \ )]+\mathrm{j}\omega\sigma(\ \ )$。

设 $\dot{\boldsymbol{A}}_1$，$\dot{\boldsymbol{A}}_2$ 是符合式(29)边界条件的函数集中的两个函数，构造一个算子 S：

$$S = \nabla \times [\nu \nabla \times (\ \ )] - \mathrm{j}\omega\sigma(\ \ ) \tag{30}$$

作两个内积并相减，得

$$\begin{aligned} &(T\dot{\boldsymbol{A}}_1, \dot{\boldsymbol{A}}_2) - (\dot{\boldsymbol{A}}_1, S\dot{\boldsymbol{A}}_2) \\ &= \int_{\Omega} [\nabla \times (\nu \nabla \times \dot{\boldsymbol{A}}_1) + \mathrm{j}\omega\sigma\dot{\boldsymbol{A}}_1]\dot{\boldsymbol{A}}_2^* \mathrm{d}\nu - \int_{\Omega} \dot{\boldsymbol{A}}_1 \times [\nabla \times (\nu \nabla \times \dot{\boldsymbol{A}}_2) - \mathrm{j}\omega\sigma\dot{\boldsymbol{A}}_2]^* \mathrm{d}\nu \\ &= \int_{\Omega} \{[\nabla \times (\nu \nabla \times \dot{\boldsymbol{A}}_1)]\dot{\boldsymbol{A}}_2^* - [\nabla \times (\nu \nabla \times \dot{\boldsymbol{A}}_2^*)]\dot{\boldsymbol{A}}_1\} \mathrm{d}\nu = 0 \end{aligned} \tag{31}$$

因为 $T\neq S$，所以，算子 T 是非自伴的，且 S 是 T 的伴随算子。

2）与似稳正弦涡流场边值问题等价的变分问题

对式(29)第 1 式两边取共轭，得

$$\nabla \times (\nu \nabla \times \dot{\boldsymbol{A}}^*) - \mathrm{j}\omega\sigma\dot{\boldsymbol{A}}^* = \dot{\boldsymbol{J}}_s^* \tag{32}$$

对照式(30)，可知式(32)可以改写为

$$S\dot{\boldsymbol{A}}^* = \dot{\boldsymbol{J}}_s^* \tag{33}$$

故确定性算子方程 $T\dot{\boldsymbol{A}}=\dot{\boldsymbol{J}}_s$ 与式(33)等价。

构造如下形式的泛函式

$$F(\dot{\boldsymbol{A}})=\langle T\dot{\boldsymbol{A}},\dot{\boldsymbol{A}}^{*}\rangle-\langle\dot{\boldsymbol{A}},\dot{\boldsymbol{J}}_{s}^{*}\rangle-\langle\dot{\boldsymbol{J}}_{s},\dot{\boldsymbol{A}}^{*}\rangle \tag{34}$$

式(34)的变分为

$$\begin{aligned}\delta F(\dot{\boldsymbol{A}})&=\langle T\delta\dot{\boldsymbol{A}},\dot{\boldsymbol{A}}^{*}\rangle+\langle T\dot{\boldsymbol{A}},\delta\dot{\boldsymbol{A}}^{*}\rangle-\langle\delta\dot{\boldsymbol{A}},\dot{\boldsymbol{J}}_{s}^{*}\rangle-\langle\dot{\boldsymbol{J}}_{s},\delta\dot{\boldsymbol{A}}^{*}\rangle\\&=\langle\delta\dot{\boldsymbol{A}},S\dot{\boldsymbol{A}}^{*}-\dot{\boldsymbol{J}}_{s}^{*}\rangle+\langle T\dot{\boldsymbol{A}}-\dot{\boldsymbol{J}}_{s},\delta\dot{\boldsymbol{A}}^{*}\rangle\end{aligned}$$

因为$\langle T\dot{\boldsymbol{A}}-\dot{\boldsymbol{J}}_{s},\delta\dot{\boldsymbol{A}}\rangle=\langle\delta\dot{\boldsymbol{A}},S\dot{\boldsymbol{A}}^{*}-\dot{\boldsymbol{J}}_{s}^{*}\rangle$，所以

$$\delta F(\dot{\boldsymbol{A}})=2\langle\delta\dot{\boldsymbol{A}},\dot{\boldsymbol{A}}^{*}-\dot{\boldsymbol{J}}_{s}^{*}\rangle \tag{35}$$

由于$\delta\dot{\boldsymbol{A}}$的随意性，故变分方程

$$\delta F(\dot{\boldsymbol{A}})=0 \tag{36}$$

与确定性算子方程(33)等价。因此等价的变分方程为

$$\delta[F(\dot{\boldsymbol{A}})]=\delta\left\{\int_{\Omega}([\nabla\times(\nu\nabla\times\dot{\boldsymbol{A}})+\mathrm{j}\omega\sigma\dot{\boldsymbol{A}}]\cdot\dot{\boldsymbol{A}}-2\dot{\boldsymbol{A}}\cdot\dot{\boldsymbol{J}}_{s})\mathrm{d}\nu\right\}=0 \tag{37}$$

应用矢量恒等变换式及奥氏公式，可得

$$F(\dot{\boldsymbol{A}})=\int_{\Omega}[\nu\mid\nabla\times\dot{\boldsymbol{A}}\mid^{2}+\mathrm{j}\omega\sigma\mid\dot{\boldsymbol{A}}\mid^{2}]\mathrm{d}\nu-2\int_{\Omega}\dot{\boldsymbol{A}}\cdot\dot{\boldsymbol{J}}_{s}\mathrm{d}\nu-2\int_{\tau_2}\boldsymbol{H}_{i}\cdot\dot{\boldsymbol{A}}\mathrm{d}\nu \tag{38}$$

这样就得到似稳正弦涡流场边值问题的等价条件变分问题为

$$\left.\begin{aligned}&\delta[F(\dot{\boldsymbol{A}})]=0 &&\forall P\in\Omega\\&\dot{\boldsymbol{A}}=\dot{\boldsymbol{A}}_{0} &&\forall P\in\tau_{1}\end{aligned}\right\} \tag{39}$$

4. 三维行波涡流场的变分

根据实际情况，可以认为$\dot{\boldsymbol{A}}$，$\dot{\boldsymbol{J}}_{s}$，H_{i}有如下形式：

$$\left.\begin{aligned}\dot{\boldsymbol{A}}&=[\dot{A}_{r}(r,z)e_{r}+\mathrm{j}\dot{A}_{\theta}(r,z)e_{\theta}+\dot{A}_{z}(r,z)e_{z}]\mathrm{e}^{\mathrm{j}p\theta}\\\dot{\boldsymbol{J}}_{s}&=[\dot{J}_{s}(r,z)e_{r}+\mathrm{j}\dot{J}_{s\theta}(r,z)e_{\theta}+\dot{J}_{sz}(r,z)e_{z}]\mathrm{e}^{\mathrm{j}p\theta}\\\dot{\boldsymbol{H}}_{i}&=[\dot{H}_{tp}(r,z)e_{r}+\mathrm{j}\dot{H}_{t\theta}(r,z)e_{\theta}+\dot{H}_{tz}(r,z)e_{z}]\mathrm{e}^{\mathrm{j}p\theta}\end{aligned}\right\} \tag{40}$$

式(40)中p为电机极对数，θ为电机的旋转机械角。将式(40)代入式(38)，得

$$\begin{aligned}F(\dot{\boldsymbol{A}})=&\int_{\Omega}\left\{\nu_{r}\left(\frac{\partial\dot{A}_{\theta}}{\partial z}-\frac{P}{r}\dot{A}_{z}\right)^{2}+\nu_{\theta}\left(\frac{\partial\dot{A}_{r}}{\partial z}-\frac{\partial\dot{A}_{s}}{\partial r}\right)^{2}+\frac{\nu_{z}}{r}\left[P\dot{A}_{r}-\frac{\partial(r\dot{A}_{\theta})}{\partial r}\right]^{2}\right\}\mathrm{e}^{2\mathrm{j}p\theta}r\mathrm{d}r\mathrm{d}z\mathrm{d}\theta\\&+\mathrm{j}\omega\sigma\int_{\Omega}(\dot{A}_{r}^{2}+\dot{A}_{\theta}^{2}+\dot{A}_{z}^{2})\mathrm{e}^{2\mathrm{j}p\theta}r\mathrm{d}r\mathrm{d}\theta\mathrm{d}z-2\int_{\tau_2}(\dot{H}_{tp}\dot{A}_{p}+\dot{H}_{t\theta}\dot{A}_{\theta}+\dot{H}_{ts}\dot{A}_{z})\mathrm{e}^{2\mathrm{j}p\theta}r\mathrm{d}\tau\mathrm{d}\theta\\&-2\int_{\Omega}(\dot{A}_{r}\dot{J}_{r}+\dot{A}_{\theta}\dot{J}_{\theta}+\dot{A}_{s}\dot{J}_{s})\mathrm{e}^{2\mathrm{j}p\theta}r\mathrm{d}r\mathrm{d}z\mathrm{d}\theta\end{aligned} \tag{41}$$

式(41)中θ的积分限为$0\sim2\pi$。

从式(41)右端可以看出，泛函$F(\dot{\boldsymbol{A}})$中含有一个常数项$\int_{0}^{2\pi}\mathrm{e}^{2\mathrm{j}p\theta}\mathrm{d}\theta$。该常数项并不影响变分

式(41)的成立。因此为了简便起见，可以略去此常数项，从而由在体积分下的泛函式(41)得出面积分下的泛函式 $F'(\dot{\mathbf{A}})$：

$$F'(\dot{A})=\int_s\left\{\nu_r\left(\frac{\partial\dot{A}_\theta}{\partial z}-\frac{P}{r}\dot{A}_z\right)^2+\nu_\theta\left(\frac{\partial\dot{A}_r}{\partial z}-\frac{\partial\dot{A}_s}{\partial r}\right)^2+\frac{\nu_z}{r}\left[P\dot{A}_r-\frac{\partial(r\dot{A}_\theta)}{\partial r}\right]^2\right\}r\mathrm{d}r\mathrm{d}z$$
$$+\mathrm{j}\omega\sigma\int_s(\dot{A}_r^2+\dot{A}_\theta^2+\dot{A}_z^2)r\mathrm{d}r\mathrm{d}z-2\int_s(\dot{A}_r\dot{J}_r+\dot{A}_\theta\dot{J}_\theta+\dot{A}_z\dot{J}_z)r\mathrm{d}r\mathrm{d}z$$
$$-2\int_{\tau_2'}(\dot{H}_{tp}\dot{A}_r+\dot{H}_{t\theta}\dot{A}_\theta+\dot{A}_{tz}\dot{A}_z)r\mathrm{d}\tau \tag{42}$$

式(42)中 τ_2' 即为二类边界面 τ_2 与平面 θ=某常数的交线，即为$(r,\ z)$平面域上的二类边界。

以下为简便起见，将 $F'(\dot{A})$、τ_2' 仍记为 $F(\dot{A})$、τ_2。请注意区别。

对式(42)求变分，可得

$$\mathrm{d}F(\mathbf{A})=2\int_s\left\{\nu_\theta\left(\frac{\partial\dot{A}_r}{\partial z}-\frac{\partial\dot{A}_s}{\partial r}\right)\frac{\partial(\delta\dot{A}_r)}{\partial z}+\frac{\nu_s}{r^2}\left(P\dot{A}_r-\frac{\partial(r\dot{A}_s)}{\partial r}\right)P\delta\dot{A}_r+\mathrm{j}\omega\sigma\dot{A}_r\delta\dot{A}_r-\dot{J}_r\delta\dot{A}_r\right\}r\mathrm{d}r\mathrm{d}z$$
$$-2\int_{\tau_2}\dot{H}_{tr}\delta\dot{A}_r r\mathrm{d}\tau+2\int_s\left\{\nu_r\left(\frac{\partial\dot{A}_s}{\partial z}-\frac{P}{r}\dot{A}_s\right)\frac{\partial(\delta\dot{A}_s)}{\partial z}-\frac{\nu_s}{r^2}\left(P\dot{A}_r-\frac{\partial(r\dot{A}_s)}{\partial r}\right)\frac{\partial(r\delta\dot{A}_s)}{\partial r}+\mathrm{j}\omega\sigma\dot{A}_s\delta\dot{A}_s\right.$$
$$\left.-\dot{J}_s\delta\dot{A}_s\right\}r\mathrm{d}r\mathrm{d}z-2\int_{\tau_2}\dot{H}_{t\theta}\dot{A}_s r\mathrm{d}\tau+2\int_s\left\{-\nu_r\left(\frac{\partial\dot{A}_s}{\partial z}-\frac{P}{r}\dot{A}_s\right)\frac{P}{r}\delta\dot{A}_s-\nu_s\left(\frac{\partial\dot{A}_r}{\partial z}-\frac{\partial\dot{A}_s}{\partial r}\right)\frac{\partial(\delta\dot{A}_s)}{\partial r}\right.$$
$$\left.+\mathrm{j}\omega\sigma\dot{A}_s\delta\dot{A}_s-\dot{J}_s\delta\dot{A}_s\right\}r\mathrm{d}r\mathrm{d}z-2\int_{\tau_2}\dot{H}_{tr}\delta\dot{A}_s r\mathrm{d}\tau \tag{43}$$

将式(43)代入式(39)，得

$$\left.\begin{aligned}&\delta[F(\dot{\mathbf{A}})]=0 && \forall P\in s\\&\dot{\mathbf{A}}=\dot{\mathbf{A}}_0 && \forall P\in\tau_1\end{aligned}\right\} \tag{44}$$

5. 计算实例

按照上述原理，运用有限元法(FEM)，编制了一套程序，用于计算 QFS-300-2 型汽轮发电机端部涡流场。该汽轮发电机的端部结构如图 1 所示。根据实际情况，做了如下假设：① 认为定、转子绕组中的电流在求解域内是以体电流层分布，且只计及其对时间、空间的基波分量。② 由于场源频率较低，故忽略其中的位移电流。③ 由于转子本体与电流层产生的旋转磁场转速相同，在转子中不感应涡流，故将其等效为 $\mu=\infty$、$\sigma=0$ 的媒质；由于定子铁芯是由电阻率很高的硅钢片迭合而成，故亦认为是 $\mu=\infty$、$\sigma=0$ 的媒质。④ 认为边界面在圆周方向是连续分布的。

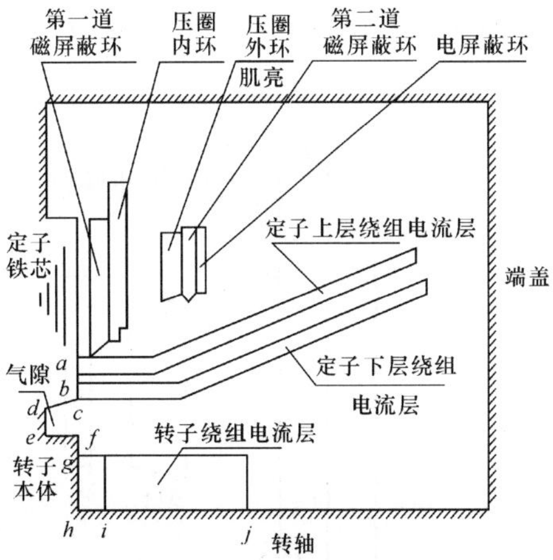

图 1　发电机端部结构

在上述假设下，有关边界条件确定如下：

（1）由于端盖离电流源较远，磁场较弱，故取端盖为第一类齐次边界，认为其上 $\dot{\boldsymbol{A}}=0$。

（2）在边界 ab、$cdefg$ 段，由于有面电流密度 δ_ε，故此边界上 $|\dot{\boldsymbol{H}}_i|=|\delta_\varepsilon|$ 。在此两段，$\delta_\varepsilon=0$，$\dot{\boldsymbol{A}}_\varepsilon=0$，则其边界条件为

$$(\nu\nabla\times\dot{\boldsymbol{A}})\times\boldsymbol{n}=-\delta_\varepsilon,\quad \dot{\boldsymbol{A}}\cdot\boldsymbol{n}=0$$

（3）在边界的其余部分，由于都为铁磁面，且无面电流密度流过，故 $\dot{\boldsymbol{H}}_\varepsilon=0$，则边界条件为

$$(\nu\nabla\times\dot{\boldsymbol{A}})\times\boldsymbol{n}=0$$

在端区求解域内采用三角形离散单元，离散结果见图 2。

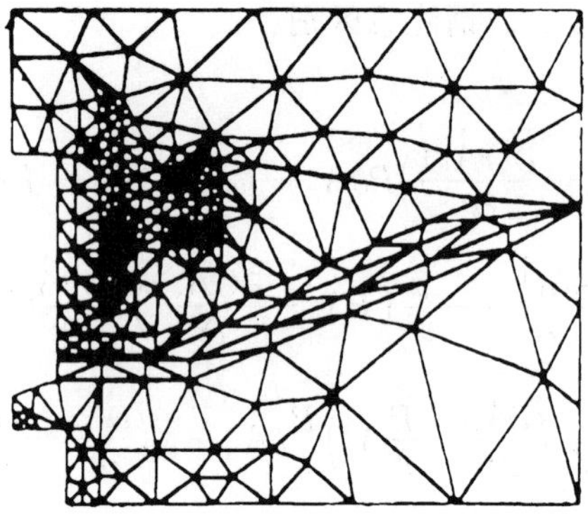

图 2　端部剖分图

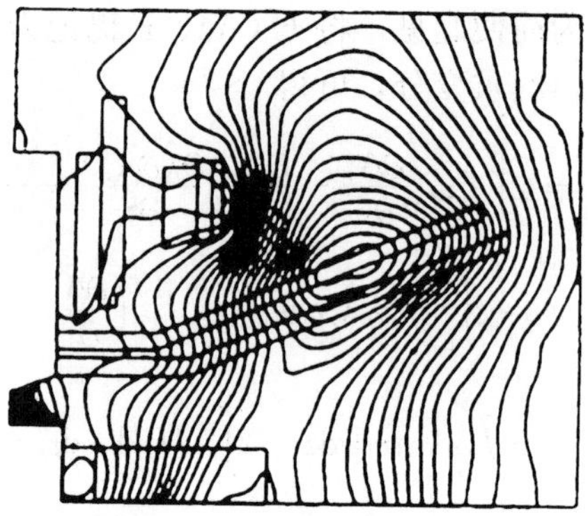

图 3　0.75I_N 三相短路时端部磁力线

本文计算了 0.75 倍额定电流对称三相短路时的端部磁场。图 3 是该工况下的端部磁力线图。从图中可知，端部件附近的磁力线被电屏蔽、磁屏蔽环挤到了端部件的外面，使得端部结构件中的磁密明显下降。因此，电磁屏蔽对于减少端部件中的涡流损耗，改善压圈上的发热程序具有相当重要的作用。

图 4、图 5 是内、外压圈上的计算点位置和这些点上的磁密计算值。图 5 中打“▲”处为部分点上的磁密实测值。从图中可以看到，计算结果与测量结果是吻合的。

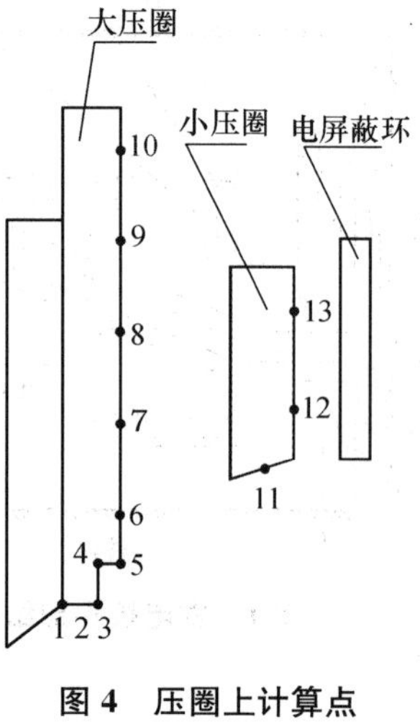

图 4　压圈上计算点

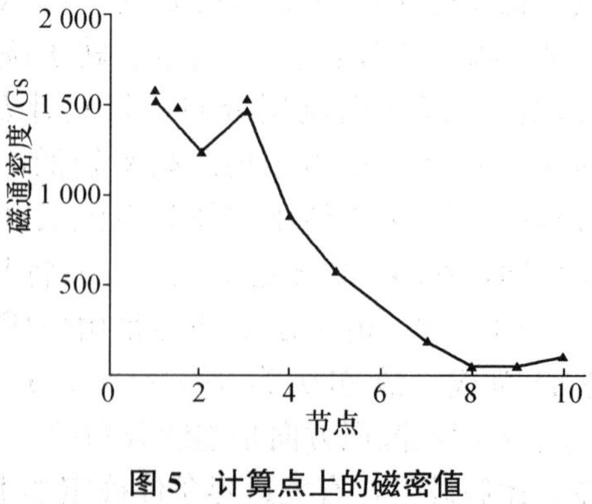

图 5　计算点上的磁密值

6. 结语

本文指出了被不少文献所引用的描述发电机端部似稳正弦涡流场变分式中的错误，应用矢量磁位 $\dot{\boldsymbol{A}}$ 导出了描述三维似稳正弦磁场的边值问题，并给出了与此边值问题等价的条件变分问题。本文将此方法应用于 QFS-300-2 型汽轮发电机的端部场计算。计算结果与实测值很接近，由此证明了本方法的正确性。

参 考 文 献

[1] 吴海容. 似稳正弦磁场对偶变分原理的数学分析. 哈尔滨电工学院学报，1994(1)：1-10.

[2] 陈丕璋. 电机电磁场理论与计算. 北京：科学出版社，1986. 30-38.

[3] Emson C R I. An Optimal Method for 3-D Eddy Currents. IEEE，1983，8(MAG-19)：2450-2452.

[4] 盛剑倪. 工程电磁场数值分析. 西安：西安交通大学出版社，1991. 25-33.

[5] 胡之光. 电机电磁场的分析和计算. 北京：机械工业出版社，1982. 172-181.

汽轮发电机端部涡流电磁场及影响因素的研究

黄学良　胡敏强　杜炎森　周　鹗

（东南大学电气工程系）

摘要：本文导出了描述汽轮发电机端部涡流场的边值问题及其与之对应的等价条件变分问题。对 QFS-300-2 型发电机的端部场作了实例计算，计算结果与实例结果相吻合。本文对影响发电机端部场的各种因素进行了详细的定性和定量分析，为大型汽轮发电机端部结构的改进提供了理论依据。

关键词：汽轮发电机，磁场，变分法，涡流

1. 前言

随着汽轮发电机单机容量的不断增加，其电磁负荷越来越高，造成端部磁密升高，使端结构件局部发热及端部绕组受力的问题变得越来越严重，因此，汽轮发电机端部磁场分析一直是电机界研究的重点之一。本文对汽轮发电机端区磁场计算作了探讨，并着重就影响端区磁场的种种因素作了详细分析。

2. 发电机端区磁场的数学模型

发电机端区的电磁场是一个复杂的三维涡流电磁场问题。图 1 为 QFS-300-2 型发电机的端区结构。根据实际情况，对端区结构和材料特性如下假设：

(1) 假设定、转子绕组中的电流沿圆周方向是正弦分布的，且只计及基波分量。

(2) 由于场源频率很低，故忽略其中的位移电流。

(3) 假设定、转子铁芯及外壳的材料特性系数为 $\mu=\infty$，$\sigma=0$。

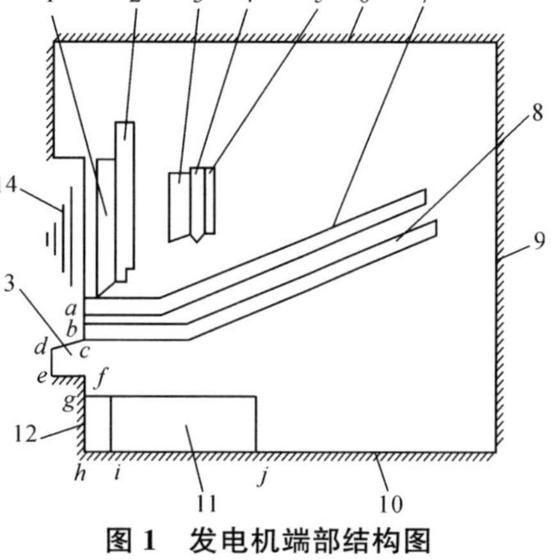

1. 第一道磁屏蔽环　2. 压圈内环
3. 压圈外环　4. 第二道磁屏蔽环
5. 电屏蔽环　6. 机壳
7. 定子上层绕组电流层　8. 定子下层绕组电流层
9. 端盖　10. 转轴
11. 转子绕组电流层　12. 转子本体
13. 气隙　14. 定子铁芯

图 1　发电机端部结构图

《电工技术学报》，第 11 卷第 2 期，1996 年 4 月。

在上述假设条件下，根据电磁场理论，可以得到以矢量磁位$\dot{A}$描述的端部场数学模型

$$\left.\begin{aligned}&\nabla\times(\nu\nabla\times\dot{\boldsymbol{A}})+\mathrm{j}\omega\dot{\boldsymbol{A}}=\dot{\boldsymbol{J}}_s && (\forall p\in\Omega)\\&\dot{\boldsymbol{A}}=\dot{\boldsymbol{A}}_0 && (\forall p\in\tau_1)\\&(\nu\nabla\times\dot{\boldsymbol{A}})\times\boldsymbol{n}=\dot{\boldsymbol{H}}_t && (\forall p\in\tau_2)\end{aligned}\right\}\tag{1}$$

式中，ν——磁阻率；

σ——电导率；

ω——角频率。

式(1)中当$\dot{\boldsymbol{J}}_s$满足连续性条件时，此式已隐含条件$\nabla\cdot\dot{\boldsymbol{A}}=0$。

有关边界条件确定如下：

(1) 在端盖部分，由于磁场较弱，故取端盖上$\dot{\boldsymbol{A}}=0$。

(2) 在边界ab，$cdefg$段，由于有面电流密度$\dot{\boldsymbol{\delta}}_s$，故此边界上满足

$$\left.\begin{aligned}&(\nu\nabla\times\dot{\boldsymbol{A}})\times\boldsymbol{n}=-\dot{\boldsymbol{\delta}}_s\\&\dot{\boldsymbol{A}}\cdot\boldsymbol{n}=0\end{aligned}\right\}$$

(3) 在边界的其余部分，由于都为铁磁面，且无面电流密度流过，故此边界上条件为

$$\left.\begin{aligned}&(\nu\nabla\times\dot{\boldsymbol{A}})\times\boldsymbol{n}=0\\&\dot{\boldsymbol{A}}\cdot\boldsymbol{n}=0\end{aligned}\right\}$$

通过一定的推导[1]，可知问题(1)与下面的变分问题等价

$$\left.\begin{aligned}&\delta F(\dot{\boldsymbol{A}})=0 && (\forall p\in\Omega)\\&\dot{\boldsymbol{A}}=\dot{\boldsymbol{A}}_0 && (\forall p\in\tau_1)\end{aligned}\right\}\tag{2}$$

式中，$F(\dot{\boldsymbol{A}})=\int_\Omega[\nu\mid\nabla\times\dot{\boldsymbol{A}}\mid^2+\mathrm{j}\omega\sigma\mid\dot{\boldsymbol{A}}\mid^2-2\dot{\boldsymbol{A}}\dot{\boldsymbol{J}}_s]\mathrm{d}\Omega-2\int_{\tau_2}\dot{\boldsymbol{H}}_1\cdot\dot{\boldsymbol{A}}\mathrm{d}\tau.$ (3)

考虑到发电机端部磁场的特性，可以认为$\dot{\boldsymbol{A}}$，$\dot{\boldsymbol{J}}_s$，$\dot{\boldsymbol{H}}_t$有如下形式[2]

$$\left.\begin{aligned}&\dot{\boldsymbol{A}}=[\dot{\boldsymbol{A}}_r(r,z)\boldsymbol{e}_r+\mathrm{j}\,\dot{\boldsymbol{A}}_\theta(r,z)\boldsymbol{e}_\theta+\dot{\boldsymbol{A}}_z(r,z)\boldsymbol{e}_z]\mathrm{e}^{\mathrm{j}p\theta}\\&\dot{\boldsymbol{J}}_s=[\dot{\boldsymbol{J}}_{sz}(r,z)\boldsymbol{e}_r+\mathrm{j}\,\dot{\boldsymbol{J}}_{s\theta}(r,z)\boldsymbol{e}_\partial+\dot{\boldsymbol{J}}_{sz}(r,z)\boldsymbol{e}_z]\mathrm{e}^{\mathrm{j}p\theta}\\&\dot{\boldsymbol{H}}_t=[\dot{\boldsymbol{H}}_{tr}(r,z)\boldsymbol{e}_r+\mathrm{j}\,\dot{\boldsymbol{H}}_{t\theta}(r,z)\boldsymbol{e}_\theta+\dot{\boldsymbol{H}}_{tz}(r,z)\boldsymbol{e}_z]\mathrm{e}^{\mathrm{j}p\theta}\end{aligned}\right\}\tag{4}$$

式中，p——电机极对数。

将式(4)代入式(3)，得

$$\begin{aligned}F(\dot{\boldsymbol{A}})=\int_\Omega\Big\{&\nu_z\Big(\frac{\partial\dot{\boldsymbol{A}}_\theta}{\partial z}-\frac{p}{r}\dot{\boldsymbol{A}}_z\Big)^2+\nu_\theta\Big(\frac{\partial\dot{\boldsymbol{A}}_r}{\partial z}-\frac{\partial\dot{\boldsymbol{A}}_z}{\partial r}\Big)^2\\&+\frac{\nu_z}{r^2}\Big(pA_r-\frac{\partial(r\dot{\boldsymbol{A}}_\theta)}{\partial r}\Big]^2\mathrm{e}^{2\mathrm{j}p\theta}r\mathrm{d}r\mathrm{d}z\mathrm{d}\theta\\&+\mathrm{j}\omega\sigma\int_\Omega(\dot{\boldsymbol{A}}_r^2+\dot{\boldsymbol{A}}_\theta^2+\dot{\boldsymbol{A}}_z^2)^2\mathrm{e}^{2\mathrm{j}p\theta}r\mathrm{d}r\mathrm{d}z\mathrm{d}\theta\\&-2\int_{\tau_2}(\dot{\boldsymbol{H}}_{tr}\dot{\boldsymbol{A}}_r+\dot{\boldsymbol{H}}_{t\theta}\dot{\boldsymbol{A}}_\theta+\dot{\boldsymbol{H}}_{tz}\dot{\boldsymbol{A}}_z)\mathrm{e}^{2\mathrm{j}p\theta}r\mathrm{d}\theta\mathrm{d}t\\&-2\int_\Omega(\dot{\boldsymbol{A}}_r\dot{\boldsymbol{J}}_r+\dot{\boldsymbol{A}}_\theta\dot{\boldsymbol{J}}_\theta+\dot{\boldsymbol{A}}_z\dot{\boldsymbol{J}}_z)\mathrm{e}^{2\mathrm{j}p\theta}r\mathrm{d}r\mathrm{d}z\mathrm{d}\theta\end{aligned}\tag{5}$$

3. 计算实例

本文计算了 0.75 倍额定电流三相对称短路时的端部涡流磁场。图 2 是该工况下的端部磁力线圈。由此图可以看出，电屏蔽环、磁屏蔽环将磁力线挤到端部件外，使得端部件中的磁密明显下降。因此，电、磁屏蔽对于减少端部件中的涡流损耗，改善端部件的发热程度，具有很重要的作用。

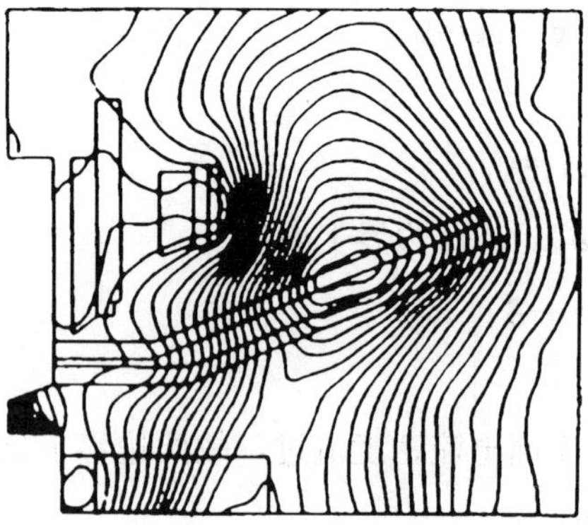

图 2　0.75I_N 三相短路时端部磁力线

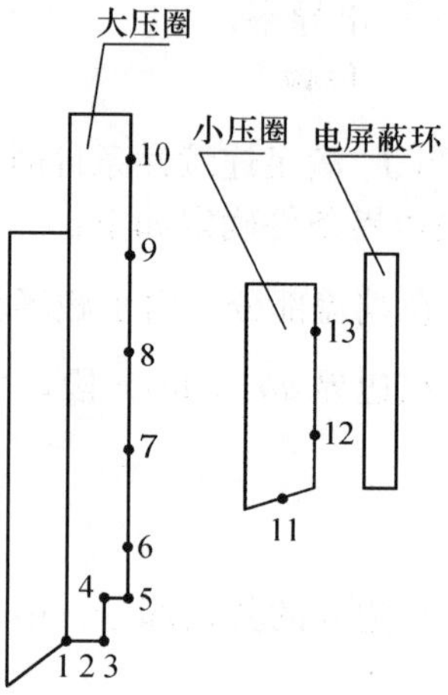

图 3　压圈中计算点位置

图 4 是 0.75I_N 三相短路时，压圈上有关节点处的磁密计算值与实测值的对比。其中节点位置见图 3。从图 4 中可以看出，计算结果与测量结果是吻合的。

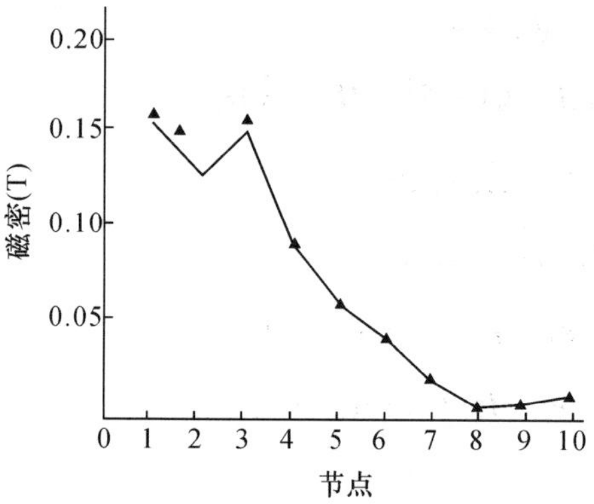

图 4　0.75I_N 三相短路时压圈节点处磁密计算值与实测值

▲——实测值

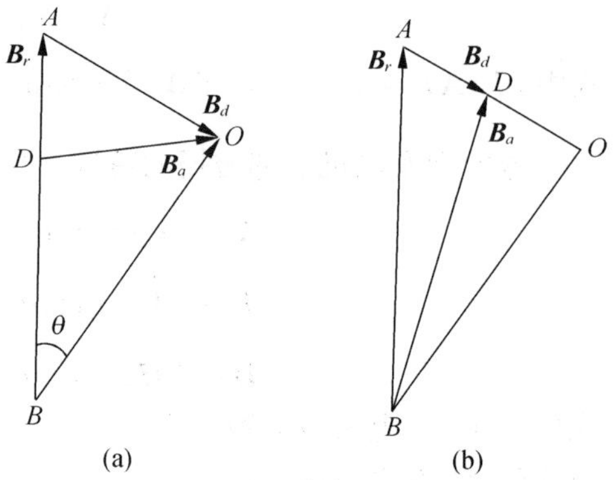

图 5　端部磁密矢量图

4. 汽轮发电机端部磁场的一般分析

在发电机端部磁场中，定义某一点的磁阻为经过此点的小截面的磁力管的磁阻。令某一点相对于定子绕组所产生的磁场的磁阻为 R_d，相对于转子绕组所产生的磁场的磁阻为 R_f。显然，靠近定子绕组的点，$R_d<R_f$；反之，$R_d>R_f$。相应的端部磁密矢量图亦有两种，如图 5 所示。其中图 5(a)中满足 $AD/AB=R_d/R_f$，图 5(b)中满足 $AD/AO=R_f/R_d$。图中 OA 为电枢反应磁势，AB 为转子励磁磁势。B_d，B_r，B_a 分别为按一定的比例关系所得的定、转子绕组在端部某点产生的磁密以及该点的合成磁密。下面研究当电枢反应磁势保持不变时，端部磁

密与功率因数角 φ 之间的关系。

图 6 所示，$\triangle OAB$ 为发电机的磁势三角形。图6(a)中，OD 表示端部某点的合成磁密，图 6(b)中，BD 表示端部某点的合成磁密。首先研究图 6(a)中 D 点的变化轨迹。假设 OB 长为 d，OA 长为 r_0，根据比例关系，可得 $r_0=K\mu\frac{I_1}{R_d}$，$d=K\mu\frac{U}{X_sR_d}$，其中 K 仅与某点位置有关。再设 $AD/AB=R_d/R_f=C_1$，A 点坐标为$(x_0,\ y_0)$，D 点坐标为$(x,\ y)$，显然有以下关系成立

$$\left.\begin{aligned}\frac{x+d}{x_0+d}=\frac{BD}{BA}=1-C_1\\ \frac{y}{y_0}=\frac{BD}{BA}=1-C_1\end{aligned}\right\}\tag{6}$$

由于保持电枢反应磁势不变，即 OA 不变，则 A 点满足

$$x_0^2+y_0^2=r_0^2\tag{7}$$

由式(6)、(7)可得

$$(x+C_1d)^2+y^2=(1-C_1)^2r_0^2\tag{8}$$

由此可得，当 $R_d<R_f$ 时，D 点的轨迹为以点$(-C_1d,\ 0)$为圆心，$(1-C_1)r_0$ 为半径的半圆，如图 6(a)所示。

又由于

$$\left.\begin{aligned}x_0=r_0\sin\varphi\\ y_0=r_0\cos\varphi\end{aligned}\right\}\tag{9}$$

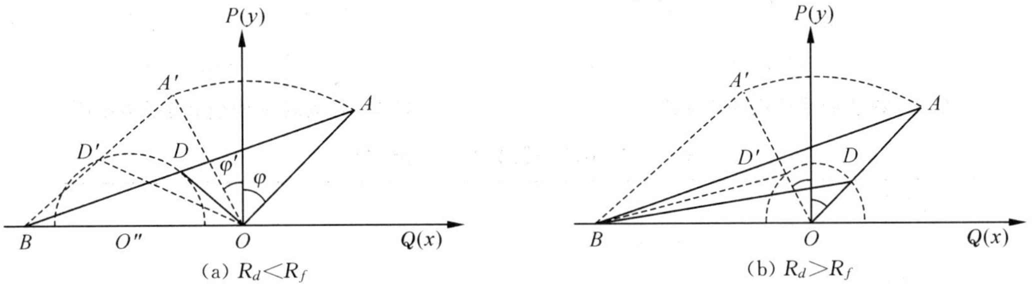

图 6　端部磁密的变化轨迹

将式(9)代入式(6)可得

$$\left.\begin{aligned}x=(1-C_1)r_0\sin\varphi-C_1d\\ y=(1-C_1)r_0\cos\varphi\end{aligned}\right\}\tag{10}$$

故当 $R_d<R_f$ 时，合成磁密 B_a 为

$$B_a=|OD|=\sqrt{x^2+y^2}=\sqrt{(1-C_1)^2r_0^2+C_1^2d^2-2C_1(1-C_1)r_0d\sin\varphi}\tag{11}$$

同理，可推出当 $R_d>R_f$ 时，D 点的轨迹方程和合成磁密分别为

$$x^2+y^2=(1-C_2)^2r_0^2\tag{12}$$

$$B_a=|BD|=\sqrt{(1-C_2)^2r_0^2+d^2+2(1-C_2)r_0\sin\varphi}\tag{13}$$

其中 $C_2=AD/AO=R_f/R_d$，D 点轨迹见图 6(b)。

由于 C_1、C_2 都为小于 1 的数，因此可以得出以下结论：

(1) 在端部域中，凡是 $R_d<R_f$ 的区域，当汽轮发电机在由滞相运行到进相运行的过程中，磁密将上升；凡是 $R_d>R_f$ 的区域，当汽轮发电机在同样的过程，磁密将下降。这个结

论说明汽轮发电机由滞相运行到进相运行的过程中，端部域磁密上升与否是由该点的磁阻决定的。

(2) 在端部区域中的任意点，当汽轮发电机保持电枢反应磁势不变时，该点磁密的平方值与 $\sin\varphi$ 为直线关系，并且对于 $R_d<R_f$ 的点，是直线递减；反之，则递增。

5. 实例分析

下面运用电磁场的数值计算方法来具体地分析各种因素对 QFS-300-2 型汽轮发电机端部场的影响。

1) $\cos\varphi$ 对端部场的影响

当 $\cos\varphi$ 变化时，铁芯端面上各点和靠近转子绕组各点的磁密如图 7、图 8 所示(定子绕组电流 i_1 取 0.885 p. u.)。图中曲线 1～6 分别与 $\cos\varphi=-0.8$，-0.88，-0.96，0.96，0.88，0.8 相对应。我们还计算了端部件上的涡流损耗，见表 1。

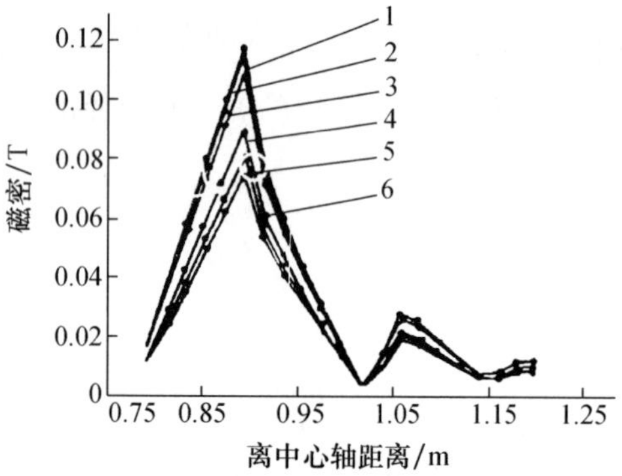

图 7　铁芯端面各点的磁密图

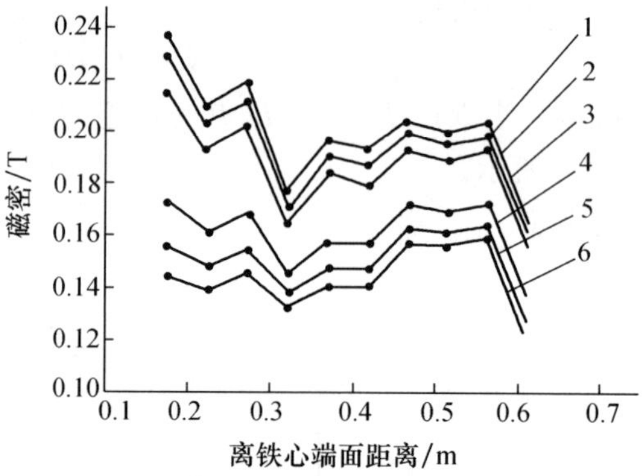

图 8　靠近转子绕组处各点的磁密

表 1　各种功率因数时的涡流损耗

涡流损耗(kW) ＼ $\cos\varphi$ ＼ i_1 (A)	0.80	0.88	0.96	−0.96	−0.88	−0.80
10023.4	148.8	157.4	170.7	209.2	222.6	231.2
8687.0	109.3	116.7	128.3	161.6	173.2	180.7

从图 7、图 8 和表 1 可见，当定子绕组电流保持不变时，在发电机由滞相运行到进相运行的过程中，在 $R_d<R_f$ 的点磁密上升，在 $R_d>R_f$ 的点磁密下降。在此过程中，端部件上的涡流损耗呈上升趋势。这是由于这些端部结构件位于定子绕组的上方，即位上 $R_d<R_f$ 的区域，在发电机由滞相运行到进相运行的过程中，端部结构件附近的磁密上升，导致结构件中的涡流损耗增大。上述计算结果证实了前面的结论(1)。

此外，还研究了铁芯端面上某点和靠近转子绕组某点处的磁密平方值与 $\sin\varphi$ 的关系，如图 9 所示。从图中可以看出，区域中某一点的磁密平方值与 $\sin\varphi$ 呈直线

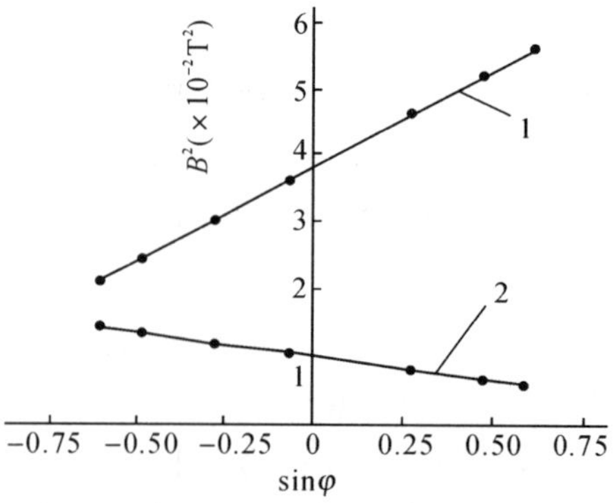

图 9　$B^2-\sin\varphi$ 关系图

1. 靠近转子绕组的点

2. 铁芯端面上的点

关系。在 $R_d<R_f$ 的区域，按直线递减；在 $R_d>R_f$ 的区域，按直线递增。该结果与前面的结论(2)相吻合。

2) 电磁屏蔽环对端部磁场以及结构件涡流损耗的影响

(1) 电屏蔽环对端部场和损耗的影响

在大型发电机中，往往采用在端部压圈的外面加一个金属环(即电屏蔽环)的方法来降低磁密。当定子端部漏磁通在电屏蔽环中交变时，电屏蔽环内将感应出电势，并产生涡流。这个涡流阻止漏磁通在其中经过。为了便于说明，首先假设端部无磁屏蔽。经过计算可知，在额定工况下，汽轮发电机大、小压圈有关节点上的磁密图如图 10 所示。其中压圈上的节点位置见图 3，相应的端部结构件上的涡流损耗如表 2 所示。

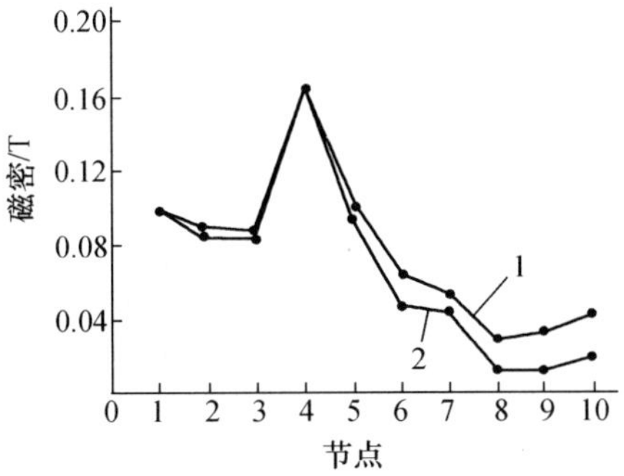

(a) 大压圈

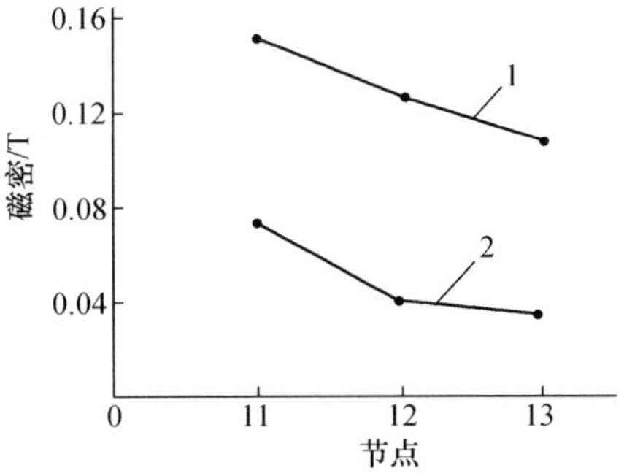

(b) 小压圈

图 10　压圈上的有关节点的磁密

1. 无电屏蔽环　　2. 有电屏蔽环

表 2　端部件上涡流损耗

部件 \ 涡流损耗(kW) \ 情况	有屏蔽环	无屏蔽环
大压圈	116.3	129.1
小压圈	25.1	176.4
电屏蔽环	86.8	
总损耗	228.2	305.5

注：假设无磁屏蔽.

从图 10 和表 2 可知，电屏蔽环的存在对减小压圈附近的磁通密度以及端部件中的损耗具有明显的作用。去掉电屏蔽环后，端部涡流总损耗由 228.2 kW 上升到 305.5 kW，增加 33.9%，尤其是小压圈中的涡流损耗，由 25.1 kW 上升到 176.4 kW，增加 6.03 倍。这是由于电屏蔽环更靠近小压圈，它更多地屏蔽掉通过小压圈上磁通的缘故。从图 10 中也可以看出，电屏蔽环对于小压圈附近磁密的影响比对大压圈附近磁密的影响要大得多。

(2) 磁屏蔽环对端部磁场和损耗的影响

为了进一步降低端部结构中的涡流损耗，改善端部发热状况，往往采用磁屏蔽环的方法，以造成漏磁通分路。采用两道磁屏蔽环，第一道磁屏蔽环设置在压圈内环靠近定子铁芯侧，第二道磁屏蔽环设置在压圈外环与电屏蔽环之间。下面分三种情况来研究磁屏蔽环对端部磁场以及损耗的影响：① 正常情况。② 同时去掉电屏蔽环与第二道磁屏蔽环。③ 去掉第一道磁屏蔽环。以上三种情况都在 0.75 倍额定电流三相对称短路下进行分析。具体计算结果见表 3、表 4。其中的计算点位置参见图 3。

表 3　不同情况下有关节点上的磁密

磁密 ($\times10^{-4}$T) ＼ 情况 / 节点	①	②	③
1	1301.4	1140.0	2004.2
2	889.6	687.5	946.0
3	1390.1	1355.8	1476.2
4	775.2	1031.4	772.6
5	475.9	752.9	445.9
6	418.7	571.5	420.2
7	453.3	472.8	406.2
8	98.7	233.0	97.4
9	106.4	264.1	103.3
10	159.2	348.3	157.7
11	652.4	1222.8	684.4
12	301.9	714.8	316.4
13	101.9	521.6	103.3

表 4　不同情况下端部件上的涡流损耗

涡流损耗 (kW) ＼ 情况 / 端部件	①	②	③
大压圈（内）	58.9	69.9	83.7
小压圈（外）	20.2	113.2	19.0
电屏蔽	57.2		57.7

从计算结果可以看出：

① 同时去掉第二道磁屏蔽环与电屏蔽环后果，与正常情况相比，大压圈上除第 1、2、3 点外，其余点磁密上升，同时大压圈上的涡流损耗由 58.9 kW 上升到 69.9 kW。这意味着大压圈上损耗密度最大点的位置上移。小压圈上的磁密全面上升，涡流损耗由正常时的 20.0 kW 上升到 113.2 kW。

② 去掉第一道磁屏蔽后，大压圈上靠近定子端部绕组直线部分的那些点的磁密明显上升，其他点的磁密变化不大。大压圈上的涡流损耗则由 58.9 kW 上升到 83.7 kW。这说明大压圈底部的涡流密度明显增大，发热程度更加严重。小压圈上点的磁密略增大一点，涡流损耗亦变化不大。此结果说明第一磁屏蔽环对于减小大压圈的涡流损耗，改善大压圈的发热程度具有重要意义。发电机现场运行亦表明大压圈底部的发热程度是所有端部结构件中最严重的，这进一步说明了第一磁屏蔽环存在的重要意义。

从以上的分析可知，在汽轮发电机端部，选择适当的电磁屏蔽，通过它们对磁通的屏蔽或吸引作用，一方面减少端部件中的涡流损耗，另一方面降低端部件某些部位的磁通密度，对于改善大型汽轮发电机端部件中的过热现象具有十分重要的意义。

3）定、转子端部绕组伸出长对端部场的影响

通过研究定、转子端部绕组伸出长对端部场的影响，可知从降低铁芯边段温度的角度出发，应缩小定子绕组直线伸出段长度。从减小端部结构件上温升的角度看，适当增加伸出段长度反而是有好处的。当转子轴向长度增加时，将有利于削弱端部场。因此，适当地增加转子轴向长度，亦是削弱汽轮发电机端部场的一个重要途径。

6. 结语

本文对发电机端区磁场的计算作了研究，计算结果与实测结果是吻合的，由此证明了本方法的正确性。本文着重分析了影响发电机端部场的有关因素，为大型汽轮发电机端部结构的改进提供了依据。

参 考 文 献

[1] 胡敏强. 大型汽轮发电机进相运行时端部涡流场和温度场的研究. 武汉：华中理工大学. 1989.
[2] 屠关镇. 三维行波电磁场的有限元法. 电工技术学报，1988(2).
[3] 林必渊. 汽轮发电机端部结构件涡流损耗及屏蔽效应的计算. 大电机技术，1987(1).

电机三维温度场新的有限元计算模型

黄学良　胡敏强　周　鹗

（东南大学电气工程系）

摘要： 提出了一种新的适合于电机温度场计算的圆柱坐标系下的有限元模型。通过数值计算结果与解析计算结果的实例对比，证明了本方法的正确性与有效性。最后应用本文提出的模型，对SF125-96/1560型发电机的定子铁芯三维温度场进行了计算，并与实测结果作了比较，计算精度满足工程计算的要求。

关键词： 电机，温度场，有限元法

1. 引言

随着计算机技术和数值计算方法的发展，人们对应用数值计算方法研究电机(特别是大型发电机)温度场分布的兴趣越来越高。电机温度场的准确计算，不仅能保证电机的安全运行，而且在提高大型机组运行效率、优化机组设计、降低电机制造成本等方面有着重要的应用价值。因此电机的设计制造和运行部门历来都十分重视该问题的研究。

国内外学者已经发表了一批有关这方面研究的文章[1,3~9]，大大推动了该项研究工作的开展。但在上述文献中，都采用直角坐标系下的温度场计算模型。将这种模型应用于电机温度场研究中，存在计算表达式较繁琐、雅可比矩阵为满阵、有剖分误差等缺点。

针对上述问题，本文提出了基于拱形体单元的计算电机温度场的有限元模型，该法可以克服上述缺点，并具有较高的计算精度。

2. 圆柱坐标系下各向异性媒质中温度场的变分问题

圆柱坐标系中，各向异性媒质中三维稳态温度场的边值问题为

$$\left.\begin{aligned}&\frac{1}{r}\frac{\partial}{\partial r}\left(\lambda r\frac{\partial T}{\partial r}\right)+\frac{1}{r}\frac{\partial}{\partial\theta}\left(\frac{\lambda_\theta}{r}\frac{\partial T}{\partial\theta}+\frac{\partial}{\partial z}\left(\lambda_z\frac{\partial T}{\partial z}\right)+Q=0 && (\Omega)\\&T=T_0 && (\Gamma_1)\\&(-\lambda\nabla T)_n=q_0 && (\Gamma_2)\\&(-\lambda\nabla T)_n=\alpha\ (T-T_f) && (\Gamma_3)\end{aligned}\right\}\qquad(1)$$

式中，Q为热源强度，λ为导热系数，q_0为热流密度，α为散热系数。

设T是问题(1)的解，T_1满足该问题的边界条件，且$T\neq T_1$。若令$U=T-T_1$，并记算子$A=-\nabla\cdot[\lambda\nabla(\quad)]$，则问题(1)等价于下述关于$U$的边值问题

《中国电机工程学报》，第18卷第2期，1998年3月。

$$\left.\begin{array}{ll} AU=Q' & (\Omega) \\ U=0 & (\Gamma_1) \\ (\lambda\nabla U)_n=0 & (\Gamma_2) \\ (\lambda\nabla U)_n=-\alpha U & (\Gamma_3) \end{array}\right\} \tag{2}$$

式中 $Q'=Q-AT_1$。

显然在问题(2)中，由 Γ_1、Γ_2、Γ_3 上所有满足边界条件的函数可以构成一个线性空间，记为空间 D_{b0}。则 $\forall W$、$V\in D_b$，在边界上恒有 $W(\lambda\nabla V)_n-V(\lambda\nabla W)_n=0$。则可以得到

$$\langle AW,V\rangle=\langle W,AW\rangle \tag{3}$$

由上式知，算子 A 具有 Largrange 意义下的自伴性。故问题(2)与下列变分方程等价[10]

$$J\{U\}=\langle AU,U\rangle-\langle U,Q'\rangle-\langle Q',U\rangle=\min \tag{4}$$

式(4)中 $J\{U\}$ 为

$$J\{U\}=\iiint_\Omega\left[\lambda_r\left(\frac{\partial U}{\partial r}\right)^2+\lambda_\theta\frac{1}{r^2}\left(\frac{\partial U}{\partial \theta}\right)^2+\lambda_z\left(\frac{\partial U}{\partial z}\right)^2-2Q'U\right]\mathrm{d}\Omega+\iint_{\Gamma_3}\partial U^2\mathrm{d}s \tag{5}$$

将 $U=T-T_1$ 代入上式，得

$$\iiint_\Omega\left[\lambda_r\left(\frac{\partial T}{\partial r}\right)^2+\lambda_\theta\frac{1}{r^2}\left(\frac{\partial T}{\partial Q}\right)+\lambda_e\left(\frac{\partial T}{\partial Z}\right)^2-2QT\right]\mathrm{d}\Omega+\iint_{\Gamma_3}\partial(T^2-2TT_f)\mathrm{d}sT_3+g(T_1)$$

上式中 $g(T_1)$ 为

$$g(T_1)=\iiint_\Omega\left[\lambda_r\left(\frac{\partial T_1}{\partial r}\right)^2+\lambda_\theta\frac{1}{r^2}\left(\frac{\partial T_1}{\partial \theta}\right)^2+\lambda_z\left(\frac{\partial T_1}{\partial z}\right)^2+2QT_1-2T_1AT_1\right]\mathrm{d}\Omega+\iint_{\Gamma_3}\alpha T_1^2\mathrm{d}s \tag{6}$$

若令泛函 I 为

$$I\{T\}=\iiint_\Omega\left[\frac{1}{2}\lambda_r\left(\frac{\partial T}{\partial r}\right)^2+\frac{1}{2}\lambda_\theta\frac{1}{2}\lambda_\theta\frac{1}{r^2}\left(\frac{\partial T}{\partial \theta}\right)^2+\frac{1}{2}\lambda_z\left(\frac{\partial T}{\partial z}\right)^2-QT\right]\mathrm{d}\Omega+\iint_{\Gamma_3}\frac{1}{2}\alpha(T^2-2TT_f)\mathrm{d}s$$

由于 $g(T_1)$ 为常数，故问题(4)与变分方程 $I=\min$ 等价，则问题(1)的等价变分问题为

$$\left.\begin{array}{l} I=\min \\ T\mid_{\Gamma_1}=T_0 \end{array}\right\} \tag{7}$$

3. 拱形体单元的定义及其形状函数

对计算域进行剖分时，为了克服由于采用以平面(直线)代替曲面(曲线)的方法所引起的离散误差，本文提出了一种适合于具有圆柱体结构区域的剖分单元——拱形体单元。图 1 为拱形单元示意图，它由 $r=r'$，$r=r''$，$\theta=\theta'$，$\theta=\theta''$，$z=z'$，$z=z''$共 6 个曲面所包围。定义空间坐标曲面分别为等值面 1：$\theta=C_1$，等值面 2：$z=C_2$，等值面 3：$r=C_3$，记坐标曲面 1 与 2 的交线为坐标曲线$\in'$，坐标曲面 2 与 3 的交线为坐标曲线 η'，坐标曲

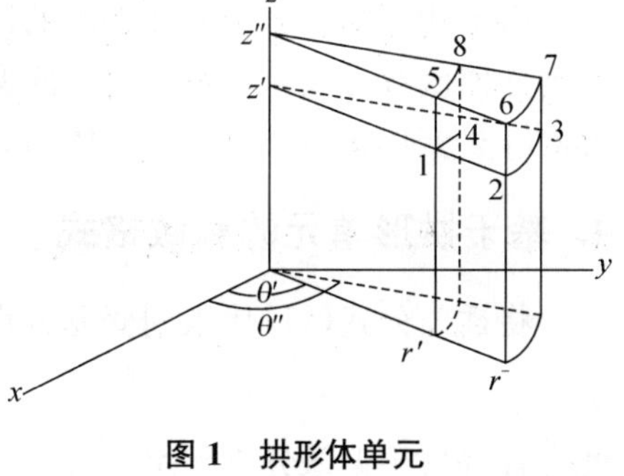

图 1 拱形体单元

面 3 与 1 的交线为坐标曲线 ζ'。空间中任一点坐标(r, θ, z)与曲面坐标$(\epsilon, \eta', \zeta')$之间的关系由下式决定：

$$\left.\begin{aligned}\epsilon'&=\frac{2r-(r'+r'')}{(r'-r'')}\\ \eta'&=\frac{2\theta-(\theta'+\theta'')}{(\theta'-\theta'')}\\ \zeta'&=\frac{2z-(z'+z'')}{(z'-z'')}\end{aligned}\right\}\tag{8}$$

设ϵ，η，ζ为一直角坐标系，作如下形式的变换

$$\left.\begin{aligned}\epsilon&=\epsilon'\\ \eta&=\eta'\\ \zeta&=\zeta'\end{aligned}\right\}\tag{9}$$

在上述形式的坐标变换下，图 1 中的拱形体单元被变换成ϵ，η，ζ坐标系下的标准单元，如图 2 所示。图中标准六面体的 Lagrange 型形状函数

$$N_i(\epsilon,\eta,\zeta)=\frac{1}{8}(1+\epsilon\epsilon_i)(1+\eta\eta_i)(1+\zeta\zeta_i)\tag{10}$$

上式中 $i=1, 2, \cdots, 8$。

单元内任一点的近似温度 T 由下面的插值公式来决定

$$\widetilde{T}=\sum_{i=1}^{8}N_iT_i\tag{11}$$

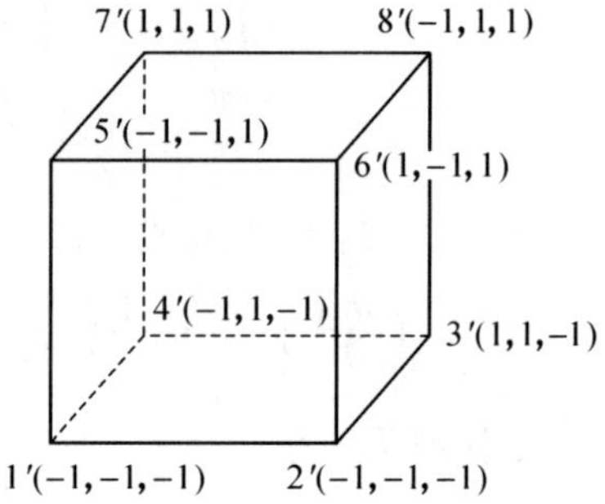

图 2　标准单元

容易验证，坐标变换式也可以转化成下列形式

$$\left.\begin{aligned}r&=\sum_{i=1}^{8}N_ir_i\\ \theta&=\sum_{i=1}^{8}N_i\theta_i\\ z&=\sum_{i=1}^{8}N_iz_i\end{aligned}\right\}\tag{12}$$

由此可知，在上述形式的变换下其雅可比矩阵为

$$\left.\begin{aligned}[j(\epsilon,\eta,\zeta)]&=\mathrm{diag}\left[\frac{r_2-r_1}{2},\frac{\theta_2-\theta_1}{2},\frac{z_2-z_1}{2}\right]\\ [J(r,\theta,z)]&=\mathrm{diag}\left[\frac{2}{r_2-r_1},\frac{2}{\theta_2-\theta_1},\frac{2}{z_2-z_1}\right]\end{aligned}\right\}\tag{13}$$

由上式可知，采用本文提出的拱形体单元及相应的坐标变换后，能保持坐标插值函数与温度插值函数形式上的统一性，能保证形状函数形式上的标准型，又使得雅可比矩阵及其逆阵的计算变得相当简洁，为具体计算提供了极大的便利。

4. 基于拱形单元的离散格式

将插值公式(11)代入到变分方程(7)中，得

$$I\{\widetilde{T}\}=\min\tag{14}$$

此方程等价于偏微分方程组

$$\frac{\partial I\{\widetilde{T}\}}{\partial T_i}=0 \tag{15}$$

上式中 $i=1,2,\cdots,n$，n 为区域上所有剖分节点数。

对单元(不含边界)泛函式 I_e 求偏导，可得单元系数矩阵中的元素 K_{ij} 为

$$K_{ij}=\iiint_{\Omega_e}\left(\lambda_r\frac{\partial N_j}{\partial r}\frac{\partial N_i}{\partial r}+\lambda_\theta\frac{1}{r^2}\frac{\partial N_i}{\partial\theta}\frac{\partial N_j}{\partial\theta}+\lambda_z\frac{\partial N_i}{\partial z}\frac{\partial N_j}{\partial z}\right)\mathrm{d}\Omega \tag{16}$$

右端项元素 P_i 为

$$P_i=\iiint_{\Omega_e}QN_i\mathrm{d}\Omega \tag{17}$$

经过推导可得

$$\begin{aligned}K_{ij}=&\frac{(r''-r')(\theta''-\theta')(z''-z')}{8}\left\{\frac{\lambda_r}{(r''-r')^2}\frac{\epsilon_i\epsilon_j}{4}(r''+r')\left(1+\frac{\eta_i\eta_j}{3}\right)\left(1+\frac{\zeta_i\zeta_j}{3}\right)\right.\\&+\frac{\lambda_z}{(z''-z')^2}\frac{\zeta_i\zeta_j}{4}\left[(r'+r'')+\frac{(r'+r'')\epsilon_i\epsilon_j+(r''-r')(\epsilon_i+\epsilon_j)}{3}\right]\left(1+\frac{\eta_i\eta_j}{3}\right)\\&\left.+\frac{\lambda_\theta}{(\theta''-\theta')}\frac{\eta_i\eta_j}{2}\left(1+\frac{\zeta_i\zeta_j}{3}\right)\int_{-1}^{1}\frac{1+(\epsilon_i+\epsilon_j)\epsilon+\epsilon_i\epsilon_j\epsilon^2}{[(r''-r')\epsilon+(r'+r'')]\mathrm{d}e}\right\}\end{aligned} \tag{18}$$

$$P_{ij}=\frac{Q}{16}(r''-r')(\theta''-\theta')(z''-z')\left[(r''+r')+\frac{\epsilon_j(r''-r')}{3}\right] \tag{19}$$

对域内所有单元进行处理，考虑三类边界上的面积分，并对一类条件进行处理，最后可得一组关于域内各节点上温度的代数方程组。求解该方程组，则可得场解。

5. 实例验证

下面对上述计算模型进行实例验证。

算例 1 图 3 为一有限长圆柱体模型，设该柱体内的热源强度 Q，柱面上的散热系数 α 以及柱体内的传热系数 λ 已知，且设该柱体两端面为绝热面，周围介质温度 T_f 已知。在这种情况下，显然满足 $\partial T/\partial\theta=\partial T/\partial z=0$，则由温度控制方程(1)可得此温度场的解为

$$T=-\frac{1}{4}\frac{Q}{\lambda}r^2+\frac{1}{4}\frac{Q}{\lambda}R^2+\frac{1}{2}\frac{QR}{\alpha}+T_f \tag{20}$$

若取 $\phi=20$ m，$L=10$ m，$\lambda=10$ W/(m·℃)，$Q=20$ W/m^3，$\alpha=20$ W/(m·℃)，$T_f=20$ ℃，则数值计算结果与解析计算结果如图 4 所示。从图中可以看出，数值计算结果与解析计算结果是吻合的。另外，通过数值计算可以验证 θ，z 方向上温度梯度为 0。

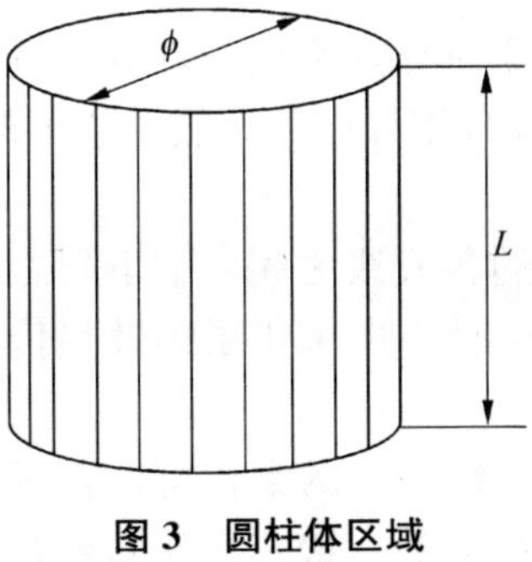

图 3　圆柱体区域

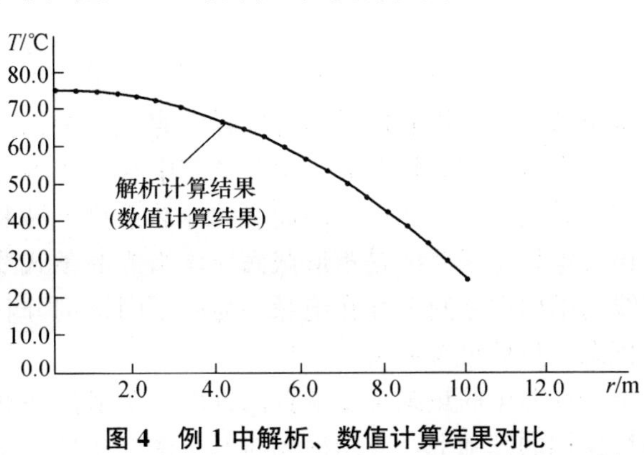

图 4　例 1 中解析、数值计算结果对比

算例 2 计算域同算例 1，设柱体圆柱面为绝热面，两端面散热系数 α、热源强度 Q、传热系数及周围介质温度 T_f 均已知。此种情况下，显然满足 $\partial T/\partial\theta=\partial T/\partial r=0$，由由方程(1) 可得此温度场的解为

$$T=-\frac{1}{2}\frac{Q}{\lambda}z^2+\frac{1}{2}\frac{Q}{\lambda}L_z+\frac{QL}{2\alpha}+T_f \tag{21}$$

若取有关参数与例 1 中相同，则其数值、解析计算结果如图 5 所示。从图中可以看出，两种方法所得结果相吻合。由数值计算，容易验证 θ、r 方向的温度梯度为 0。

通过上述实例，完全证实了本文提出的圆柱坐标系下应用有限元法计算三维温度场的数学模型的正确性和有效性。

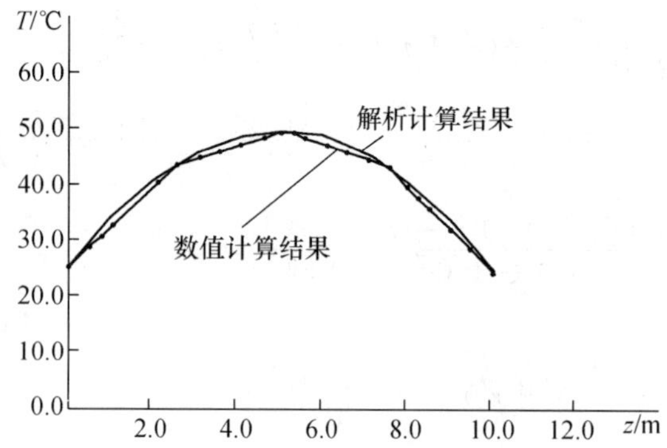

图 5 例 2 中解析、数值计算结果对比

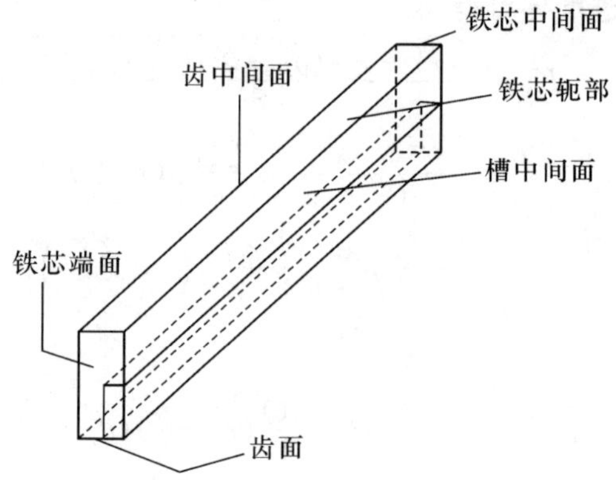

图 6 定子铁芯求解域

6. 应用于大型水轮发电机定子铁芯温度场计算

作为实例应用，本文计算了 SF125-96/1560 型发电机的铁芯温度场。为了简化计算，根据实际情况，作如下假设：

(1) 由于几何对称性和损耗分布的对称，在不考虑端部散热不均匀性的前提下，认为通过齿中间面和槽中间面的热流密度为 0。

(2) 应用等效热传导系数的方法，来考虑通风沟的散热效应。

在上述的假设前提下，可以将定子铁芯的轴向半个铁芯长度、周向半个齿距的三维区域作为求解域，如图 6 所示。在此区域内共存在三种媒质：定子铁芯、定子绕组及其绝缘体。此问题的边界条件为

$$\left.\begin{aligned}&\frac{\partial T}{\partial n}=0 && \text{(齿、槽、铁芯中间面)}\\&-\lambda\frac{\partial T}{\partial n}=\alpha(T-T_f) && \text{(铁芯端面、轭部及齿面)}\end{aligned}\right\} \tag{22}$$

求解域中定子铁芯区域为各向异性媒质，根据多层串、并联时导热系数的计算原则，可以得到各个方向的导热系数。由于铁芯中绝缘介质的导热系数较硅钢片中的导热系数小得多，故铁芯中轴向导热系数比径向周向的导热系数小得多。

该发电机定子绕组是矩形截面导体组成的条式线圈，绕组的各股线之间、上下层之间以及股线与槽内壁之间都存在绝缘，为便于网络剖分和减少节点，计算中采用了等效热传导系数的概念，具体可参见文献[11]。

定子铁芯中的热源主要来自两方面：绕组铜耗和铁芯损耗。绕组中的铜耗可以在考虑槽漏磁场作用的基础上，应用损耗与电流密度及导电率之间的关系得到。铁芯损耗则须在电机

电磁场计算的基础上，求得铁芯中的磁场分布，并利用所提供的损耗曲线求得。

本文应用波阵法计算了电机铁芯中的三维温度场分布。图 7 是温度场求解域应用拱形体单元得到的剖分图。图 8 是计算所得的额定工况下，发电机铁芯上的表面温度分布图。表 1 是不同工况下各点温度计算值与实测值的对比。图 9 是铁芯各段背部轴向的温度分布。由表 1、图 9 可知，铁芯温度场的求解结果与试验数据是吻合的，其精度满足工程计算的要求。

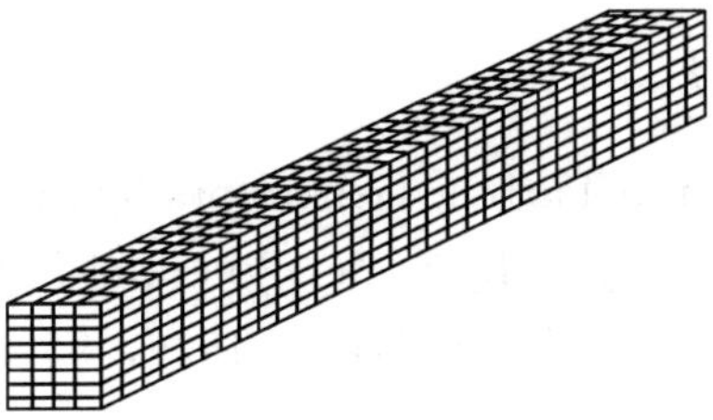

图 7 剖分图

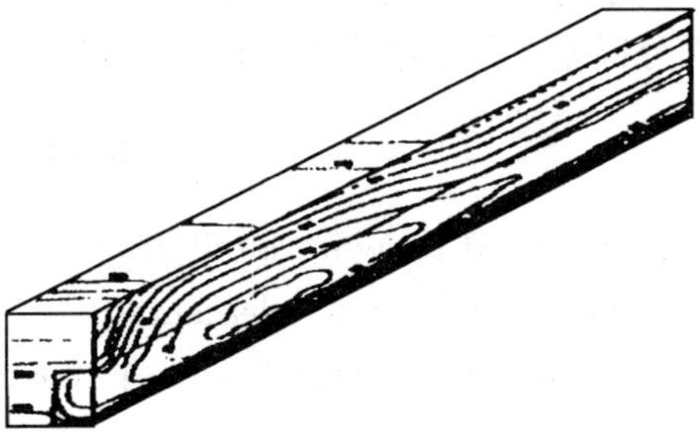

图 8 温度分布图

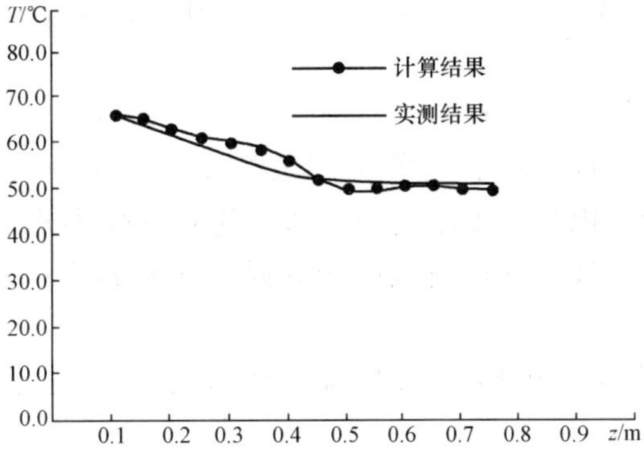

图 9 铁芯背部温度计算与实测结果

表 1 各处温度计算值与实测值的对比 单位:℃

工况	1	2	3	4	5	6	7	8	9	10
	实测值(计算值)	实测值(计算值)	实测值(计算值)	实测值(计算值)	实测值(计算值)	实测值(计算值)	实测值(计算值)	实测值(计算值)	实测值(计算值)	实测值(计算值)
下端一阶梯	29.7 (30.5)	35.2 (34.1)	33.7 (31.9)	34.9 (33.8)	39.5 (37.0)	44.1 (46.2)	51.6 (48.6)	48.8 (51.2)	48.0 (50.8)	57.1 (61.2)
下端二阶梯	28.0 (27.4)	33.3 (29.8)	33.2 (31.0)	34.0 (34.4)	38.3 (36.6)	42.9 (43.1)	49.4 (44.9)	45.4 (46.9)	44.4 (47.0)	51.6 (55.9)
下端三阶梯	28.7 (30.5)	34.0 (33.5)	34.6 (31.3)	35.6 (35.2)	40.2 (37.6)	44.8 (46.3)	52.0 (48.2)	47.8 (50.7)	47.1 (50.6)	55.2 (60.5)

工况 1：三相短路：I_K=4 718 A，i_f=570 A

工况 2：三相短路，I_K=6 000 A，i_f=714 A

工况 3：空载，U_0=13 800 V，i_f=867 A

工况 4：P=40 MW，Q=15 M var，I=1 760 A，i_f=1 041 A

工况 5：P=80 MW，Q=20 M var，I=3 040 A，i_f=1 170 A

工况 6：P=100 MW，Q=37 M var，I=4 240 A，i_f=1 357 A

工况 7：P=125 MW，Q=46 M var，I=5 240 A，i_f=1 503 A

工况 8：$P=128$ MW，$Q=-42.1$ M var，$I=5\,560$ A，$i_f=885$ A

工况 9：$P=128$ MW，$Q=-62.0$ M var，$I=5\,760$A，$i_f=798$ A

工况 10：$P=128$ MW，$Q=-81.0$ M var，$I=6\,840$ A，$i_f=738$ A

7. 结论

本文提出了适合于电机三维温度计算的有限元法模型。该方法计算精度高，计算表达简洁，且无剖分误差，特别适合于电机等具有圆柱体结构区域的温度场问题的工程实际计算。

参考文献

[1] Amor A F. Heat Flow in the Stator Core of Large Turbine Generators by the Method of Three-Dimensional Finite Elements Part Ⅰ：Analysis by Scaler Potential Formulation. Part Ⅱ：Temperature Distribution in the Stator Iron IEEE Trans，1976，95(5)：1648－1668.

[2] Sarkar D. Use of 3-Dimensional Finite Elements for Computation of Temperature Distribution in the Stator of an Induction Motor IEE Proceeding B，1991，138(2)：75－86.

[3] 李德基. 汽轮发电机氢直接冷却转子三维温度场计算. 电工技术学报，1986，1(3).

[4] 向德万. 汽轮发电机氢内冷转子三维温度场研究. 中国电机工程学报，1991，11(2).

[5] 曹国宣. 水内冷汽轮发电机转子温度场计算. 电工技术学报，1993，8(1).

[6] 斐远航. 用有限元方法计算汽轮发电机端部涡流场和温度场. 电工技术学报，1989，4(2).

[7] 曹国宣. 氢内冷汽轮发电机转子局部风路堵塞时温度场计算. 中国电机工程学报，1995，15(2).

[8] 杨寿敏. 汽轮机转子暂态温度场及弹塑性应力有限元分析及其应用. 中国电机工程学报，1990，10(4).

[9] 杜炎森等. 大型汽轮发电机端部三维温度场研究. 中国电机工程学报，1996，16(2).

[10] Zhang Wen-Xun. Engineering Electrom agnetism：Functional Method. ELLIS Hor Wood Limited，1991.

[11] A. N. 鲍里先科. 电机中的空气动力学与热传递. 北京：机械工业出版社，1985.

有限元分析三维涡流场的A，V-ψ方法

林鹤云　　周　鹗

（东南大气电气工程系）

摘要：本文建立了有限元分析三维涡流场的 **A**，V-ψ 方法的数学模型，讨论了标量电位 V 在涡流计算中的作用，详细推导了 **A**，V-ψ 方法的 Calerkin 有限元离散过程及系数矩阵的计算公式，并给出了矢量磁位 **A** 与标量磁位 ψ 间的耦合形式。最后用国际 TEAM 问题 7 验证了 **A**，V-ψ 方法计算三维涡流场的有效性。

关键词：有限元，电磁场，涡流，分析与计算

1. 引言

高速度大容量电子计算机的出现及数值分析方法的发展为工程电磁场的数值分析提供了良好的条件。目前，二维场及三维静态场的分析已基本成熟，而对于三维涡流场虽然人们对它进行了大量的研究，但远未达到成熟的阶段，其中一个很重要的方面是求解三维涡流场的数学模型尚没有完善，因此，对三维涡流求解方法的研究仍然是工程电磁场领域的前沿课题。

近年来，许多数学模型被提出用于三维涡流场的有限元分析[1-3]。基于矢量磁位的有 $\boldsymbol{A}^*$（修正矢量位）、$\boldsymbol{A}^*-\psi$、**A**，V-**A** 和**A**，V-ψ 等方法，基于矢量电位的有 T-Ω、R-ψ 等，也有在特定的情况下直接用电磁场量本身，如 **E**、**H** 方法，这些方法各有不同的适用条件，又具有各自的特点，有的解决复杂不连续媒质很方便，有的易于处理边界条件，有的则因计算变量少而求解容易。综合多项指标后，本文认为 **A**，V-ψ 方法适合于实际工程问题的求解。首先，绝大多数涡流场为开域问题，非涡流区占很大比例，**A**，V-ψ 方法中此区域引入标量磁位，较矢量位大大减少了求解变量数，降低了对计算机内存与机时的需求；其次，涡流区中矢量位 **A** 与非涡流区中的标量位 ψ 根据交界面条件耦合后，能形成对称的有限元刚度矩阵，计算中只需存贮系数阵的上(或下)三角部分，从而发挥了有限元方法的优势；而涡流区中引入标量电位 V，则使得 **A**，V-ψ 方法适合于求解导体电导率不均匀的涡流问题，而且涡流区表面电流密度法向分量为零的条件足。所以，对 **A**，V-ψ 方法进行深入研究对分析工程涡流问题有重要意义。

2. A，V-ψ 方法分析涡流场的数学模型

典型的涡流问题如图 1 所示，Ω_e 为涡流区，Ω_a 为非涡流区，Ω_J 为源电流区。为简化分析，可作如下假设：

（1）激励源与各场量按正弦规律变化，不考虑谐波分量。

（2）介质各向同性。

《中国电机工程学报》，第 13 卷第 5 期，1993 年 9 月。

(3) 工频时，忽略位移电流 $\partial \boldsymbol{D}/\partial t$，按似稳场处理。

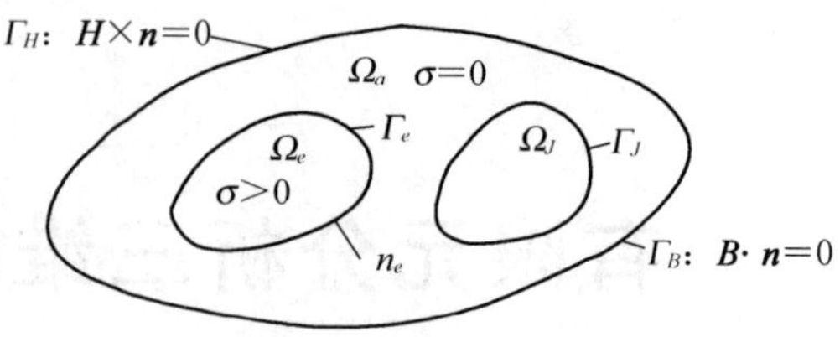

图 1 典型的涡流问题

在涡流区 Ω_e 中，引入矢量磁位 $\boldsymbol{A}$ 和标量电位 V 来描述磁感应强度 B 和电场强度 E，即

$$\boldsymbol{B}=\nabla\times\boldsymbol{A} \tag{1}$$

$$\boldsymbol{E}=-\mathrm{j}\omega\boldsymbol{A}-\nabla V \tag{2}$$

式中，ω 为场变化的角频率。将(1)、(2)代入似稳场所满足的麦克斯韦方程，不难得到涡流区场控制方程为

$$\begin{cases}\nabla\times(1/\mu)\nabla\times A+\sigma(\mathrm{j}\omega\boldsymbol{A}+\nabla V)=0\\ \nabla\cdot\sigma(\mathrm{j}\omega\boldsymbol{A}+\nabla V)=0\end{cases} \tag{3}$$

这里 μ，σ 分别为媒质的磁导率和电导率。式(3)中的第一式为安培环路定律，第二式是电流连续性方程。

源电流区 Ω_J 中也用矢量磁位 $\boldsymbol{A}$ 表达 $\boldsymbol{B}$，场控制方程为

$$\nabla\times(1/\mu)\nabla\times\boldsymbol{A}=\boldsymbol{J}_s \tag{4}$$

$\boldsymbol{J}_s$ 为源电流密度。

在非涡流区中，引入标量磁位 ψ，即 $\boldsymbol{H}=-\nabla\psi$，它满足的方程为

$$\nabla\cdot\ (\mu\nabla\psi)\ =0 \tag{5}$$

综合式(3)、(4)、(5)，可以给出用位函数 $\boldsymbol{A}$，V，ψ 表达的典型涡流问题的数学模型如下[4]：

$$\begin{array}{ll}\begin{cases}\nabla\times(1/\mu)\nabla\times\boldsymbol{A}+\sigma(\mathrm{j}\omega\boldsymbol{A}+\nabla V)=0\\ \nabla\cdot\sigma(\mathrm{j}\omega\boldsymbol{A}+\nabla V)=0\end{cases} & \Omega_e\\ \nabla\times(1/\mu)\nabla\times\boldsymbol{A}=\boldsymbol{J}_s & \Omega_J\\ \nabla\cdot(\mu\nabla\psi)=0 & \Omega_a\\ \mu\nabla\psi\cdot n=0 & \Gamma_B\\ \psi=\psi_0\text{(常数)} & \Gamma_H\\ \nabla\times\boldsymbol{A}\cdot\boldsymbol{n}_e+\mu\nabla\psi\cdot\boldsymbol{n}_e=0 & \Gamma_e\\ (1/\mu)\nabla\times\boldsymbol{A}\times\boldsymbol{n}_e+\nabla\psi\times\boldsymbol{n}_e=0 & \Gamma_e\\ -\sigma(\mathrm{j}\omega\boldsymbol{A}+\nabla V)\cdot\boldsymbol{n}_e=0 & \Gamma_e\\ \partial V/\partial n=0 & \Gamma_e\\ V=V_0\text{(一般 }V_0\text{ 取零值)导体对称面上或某一点} & \\ \boldsymbol{A}=\boldsymbol{A}_0\text{(一般 }\boldsymbol{A}_0\text{ 取零值)}\Gamma_e\text{ 和 }\Gamma_J\text{ 上 }\boldsymbol{A}\text{ 的参考点} & \end{array} \tag{6}$$

式中，Γ_e 和 Γ_J 为涡流区和源电流区的边界，Γ_B 和 Γ_H 为非涡流区 $\boldsymbol{B}\cdot\boldsymbol{n}=0$ 和 $\boldsymbol{H}\times\boldsymbol{n}=0$ 的边界，$\boldsymbol{n}_e$ 为 Γ_e 的法向矢量。注意式(6)的边值问题中 Γ_e 上给定了 $-\sigma(\mathrm{j}\omega\boldsymbol{A}+\Delta V)\cdot\boldsymbol{n}_e=0$ 和 $\partial V/\partial\boldsymbol{n}=0$，这样 $\boldsymbol{A}\cdot\boldsymbol{n}_e=0$ 的条件的自动满足，计算表明，$\boldsymbol{A}\cdot\boldsymbol{n}_e=0$ 强加与否不影响计算结果，所以式(6)中未列出这一条件，这也是考虑到 $\boldsymbol{A}\cdot\boldsymbol{n}_e=0$ 有时很难强加。

另外，在矢量磁位 $\boldsymbol{A}$ 使用的区域，若有 $\boldsymbol{B}\cdot\boldsymbol{n}=0$ 的对称面，那么有 $\boldsymbol{A}\times\boldsymbol{n}_e=0$ 的条件，若有 $\boldsymbol{H}\times\boldsymbol{n}_e=0$ 的对称面，那么可给定 $\boldsymbol{A}\cdot\boldsymbol{n}_e=0$，否则应将某一点作为矢量磁位 $\boldsymbol{A}$ 的参考点。

3. 标量电位 V 的作用

在电磁场理论中，标量电位是用来描述自由电荷对电场强度贡献的一个标量位函数，根

据定义 $\boldsymbol{E}=-\nabla V_1$ 标量电位应具有电位的量纲，从式(2)可知，在涡流有限元分析中，通常它与矢量磁位 $\boldsymbol{A}$ 一道表达电场强度。由于它的引入增加了计算的复杂性，具体表现在涡流区域节点上的变量多达四个，为简化计算，人们试图通过一个数学变换引入修正矢量磁位[5]

$$\boldsymbol{A}^* = \boldsymbol{A}+\int_{-\infty}^{t}\Delta V\mathrm{d}t \tag{7}$$

将标量电位 V 从场控制方程中消去，即让标量电位的作用隐含于 $\boldsymbol{A}^*$ 之中。显然式(7)的数学替换总是成立的，将它代入式(6)所表达的边值问题也是无条件的，但是采用有限元作为数值求解的手段时，这种数学替换将是有前提条件的。

我们知道在有限元分析中，单元分界面上无论是矢量位函数还是标量函数一般都是连续的，因此如果据式(7)替换掉标量电位，那么 $\boldsymbol{E}=-\mathrm{j}\omega\boldsymbol{A}^*$，这样 $\boldsymbol{A}^*$ 的连续性将隐含电场强度在媒质分界面上也必须是连续的，对于电导率不均匀的导体区域，计算将遇到困难，因为在不同导电率的交界面上电场强度的法向分量不连续。另外，作者在文[6]中曾指出，即使导体电导率为常数，但如果导体表面凹角点时，式(7)的替换仍然是不能实现的。计算与分析均已表明，消去标量电位将导致“角点”现象，即导体表面凹角点处电流连续性不能保证。事实上凹角点处的电场强度也是不连续的。

显然，标量电位 V 在涡流有限元分析中的一个重要作用就是用其梯度来描述不连续的那部分电场强度。进一步分析可以知道，正是 $\partial V/\partial n$ 在媒质交界面两侧的可跃变性，使得电流密度法向连续得以保证。例如在电导率分别为 σ_1 和 σ_2 的交界面上

$$J_{1n}=-\mathrm{j}\omega\sigma_1 A_{1n}-\sigma_1(\partial V/\partial n)_1 \tag{8}$$

$$J_{2n}=-\mathrm{j}\omega\sigma_2 A_{2n}-\sigma_2(\partial V/\partial n)_2 \tag{9}$$

由于 $A_{1n}=A_{2n}=A_n$，要满足 $J_{1n}=J_{2n}$，则必须

$$\sigma_1(\partial V/\partial n)_1-\sigma_2(\partial V/\partial n)_2=\mathrm{j}\omega(\sigma_2-\sigma_1)A_n \tag{10}$$

对于上述结论，本文作了数值验证。计算模型为导电率不均匀的长导体置于均匀交变磁场中，取其截面的1/4作为求解域，但矢量磁位有两个分量，图2将 $\boldsymbol{A}$，V 方法算得的涡流分布分解为两部分，一部分是由 $-\mathrm{j}\omega\sigma\boldsymbol{A}$ 表达，另一部分由 $-\sigma\nabla V$ 表达。从中可以看出，不同导电率的交界上的电流密度的法向连续是由标量电位实现的。

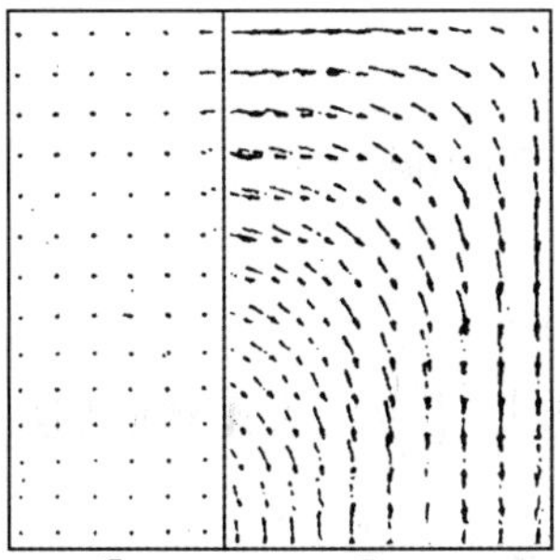

(a) $J_1=-\mathrm{j}\omega\sigma A$

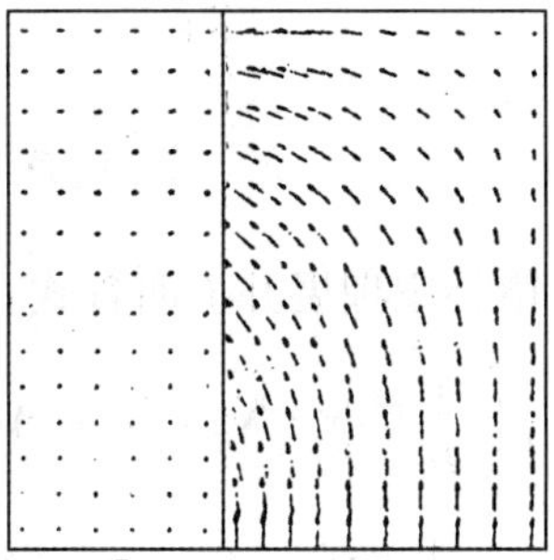

(b) $J_2=-\sigma\nabla V$

图2 A，V 方法求得的涡流被分解成两部分 $J=J_1+J_2$ ($\sigma_1=10\sigma_2$)

4. 边值问题的Galerkin有限元离散

下面采用加权余量法推导式(6)表达的边值问题的Galerkin有限元离散。

假设计算区域被离散成 m 个单元，其中涡流区单元 m，非涡流区单元 m_2，n 个节点，单

元节点数 n_e，在各单元中对位函数进行插值

$$\begin{cases} \varphi = \sum_{i=1}^{n_e} N_i \varphi_i = [N]^T[\varphi] \\ V = \sum_{i=1}^{n_e} N_i V_i = [N]^T[V] \\ \boldsymbol{A} = \sum_{i=1}^{n_e} \boldsymbol{N}_i \boldsymbol{A}_i = [\boldsymbol{N}]^T[\boldsymbol{A}] \end{cases} \tag{11}$$

其中 N 为形状函数，而

$$[\boldsymbol{N}] = \begin{bmatrix} [\boldsymbol{N}] & & \\ & [\boldsymbol{N}] & \\ & & [\boldsymbol{N}] \end{bmatrix}$$

$$[\boldsymbol{A}] = [\ [A_x]\ [\boldsymbol{A}_y]\ [\boldsymbol{A}_z]]^T$$

设$\widetilde{\boldsymbol{A}}$，$\widetilde{V}$，$\widetilde{\varphi}$为式(6)表达的边值问题的近似解，代入各自满足的控制方程，则将分别产生余量 R_1、R_2 和 R_3(对源电流区方程不作推导，只需令涡流区方程中的 σ 为零即可得到源电流区域的有限元方程)

$$\begin{cases} R_1 = \nabla \times (1/\mu) \nabla \times \widetilde{\boldsymbol{A}} + \sigma(\mathrm{j}\omega \widetilde{\boldsymbol{A}} + \nabla \widetilde{V}) \\ R_2 = \nabla \cdot \sigma(\mathrm{j}\omega \widetilde{\boldsymbol{A}} + \nabla \widetilde{V}) \\ R_3 = \nabla \cdot (\mu \nabla \psi) \end{cases} \tag{12}$$

根据加权余量法的原理[7]，令所有单元的余量在加权意义下取零值，在 Galerkin 有限元法中权函数与形状函数相同，因此矢量权函数为$[\boldsymbol{N}]$，标量权函数为$[N]$，将权函数作用于式(12)有(在以下的推导中省去近似符号～)

$$\sum_{i=1}^{m_1} \int_{V_e} [\boldsymbol{N}] \cdot \nabla \times \frac{1}{\mu} \nabla \times \boldsymbol{A} + \sigma(\mathrm{j}\omega \boldsymbol{A} + \nabla V)]\mathrm{d}\nu = 0 \tag{13}$$

$$\sum_{i=1}^{m_1} \int_{V_e} [\boldsymbol{N}][\nabla \cdot \sigma(\mathrm{j}\omega \boldsymbol{A} + \nabla V)]\mathrm{d}\nu = 0 \tag{14}$$

$$\sum_{i=1}^{m_2} \int_{V_e} [\boldsymbol{N}][\nabla \cdot (\mu \nabla \psi)]\mathrm{d}\nu = 0 \tag{15}$$

利用矢量恒等式及格林定理展开上面各式有

$$\sum_{i=1}^{m_1} \left\{ \int_{V_e} \frac{1}{\mu} \nabla \times [\boldsymbol{N}] \cdot \nabla \times \boldsymbol{A} \mathrm{d}\nu - \int_{\Gamma_e} [\boldsymbol{N}] \cdot \left(\frac{1}{\mu} \nabla \times \boldsymbol{A} \times n_e \right) \mathrm{d}s \right.$$
$$\left. + \mathrm{j}\omega \int_{V_e} \sigma [\boldsymbol{N}] \cdot \boldsymbol{A} \mathrm{d}\nu + \int_{V_e} \sigma [\boldsymbol{N}] \cdot \nabla V \mathrm{d}V \right\} = 0 \tag{16}$$

$$\sum_{i=1}^{m=1} \left\{ \int_{V_e} \sigma \nabla [\boldsymbol{N}] \cdot (\mathrm{j}\omega \boldsymbol{A} + \nabla V)\mathrm{d}\nu - \int_{\Gamma_e} \sigma [\boldsymbol{N}](\mathrm{j}\omega \boldsymbol{A} + \nabla V) \cdot \boldsymbol{n}_e \mathrm{d}s \right\} = 0 \tag{17}$$

$$\sum_{i=1}^{m_2} \left\{ \int_{V_e} \mu \nabla [\boldsymbol{N}] \cdot \nabla \psi \mathrm{d}\nu + \int_{T_e} \mu [\boldsymbol{N}] \nabla \psi \cdot \boldsymbol{n}_e \mathrm{d}s \right\} = 0 \tag{18}$$

注意到式(16)左端的面积分项中有

$$(1/\mu)\nabla\times\boldsymbol{A}\times\boldsymbol{n}_c=H_1t$$

式(18)面积分项中

$$\mu\nabla\psi\cdot\boldsymbol{n}_c=-B_{2n}$$

所以在涡流区与非涡流区的交接界上可根据 $H_1t=H_2t$，$B_{1n}=B_{2n}$ 耦合矢量磁位 $\boldsymbol{A}$ 及标量磁位 ψ

$$\int_{\Gamma_e}[\boldsymbol{N}]\cdot\left(\frac{1}{\mu}\nabla\times\boldsymbol{A}\times\boldsymbol{n}_e\right)\mathrm{d}s=\int_{\Gamma_e}[\boldsymbol{N}]\cdot(\boldsymbol{n}_e\times\nabla\psi)\mathrm{d}s \tag{19}$$

$$\begin{aligned}\int_{\Gamma_e}[\boldsymbol{N}](\mu\nabla\psi\cdot\boldsymbol{n}_e)\mathrm{d}s&=-\int_{\Gamma_e}[\boldsymbol{N}](\nabla\times\boldsymbol{A}\cdot\boldsymbol{n}_e)\mathrm{d}s\\&=\int_{\Gamma_e}\boldsymbol{A}\cdot(\boldsymbol{n}_e\times\nabla[\boldsymbol{N}])\mathrm{d}s\end{aligned} \tag{20}$$

式(20)中已考虑 $\oint_{\Gamma_e}\nabla\times([\boldsymbol{N}]\cdot\boldsymbol{A})\mathrm{d}s=0$，另外，在式(17)中

$$\sum_{i=1}^{m_1}\int_{\Gamma_e}\sigma[N](\mathrm{j}\omega\boldsymbol{A}+\nabla V)\cdot\boldsymbol{n}_e\mathrm{d}s=\int_{\Gamma_e}[N]J\cdot\boldsymbol{n}_e\mathrm{d}s=0 \tag{21}$$

综合以上各式并考虑源项，可以得到 $\boldsymbol{A}$，V-φ 方法的有限元离散方程，以矩阵形式表达为

$$\begin{bmatrix}[S]+[M] & [Q] & [U]\\ [Q]^T & [R] & [O]\\ [U]^T & [O] & [G]\end{bmatrix}\begin{bmatrix}[\boldsymbol{A}]\\ [V]\\ [\psi]\end{bmatrix}=\begin{bmatrix}[F_s]\\ [O]\\ [O]\end{bmatrix} \tag{22}$$

显然上式矩阵方程的系数矩阵是对称的，其中单元刚度矩阵有

$$[S]^e=\int_{V_e}\frac{1}{\mu}\nabla\times[\boldsymbol{N}]\cdot\nabla\times[\boldsymbol{N}]^T\mathrm{d}\nu$$

$$[M]^e=\mathrm{j}\omega\int_{V_e}\sigma[N]\cdot[N]^T\mathrm{d}\nu$$

$$[Q]^e=\int_{V_e}\sigma[\boldsymbol{N}]\cdot\nabla[N]^T\mathrm{d}\nu$$

$$[R]^e=-\frac{\sigma}{\mathrm{j}\omega}\int_{V_e}\nabla[N]\cdot\nabla[N]^T\mathrm{d}\nu$$

$$[G]^e=-\int_{V_e}\mu\nabla[N]\cdot\nabla[N]^T\mathrm{d}\nu$$

$$[U]^e=-\int_{\Gamma_e}[\boldsymbol{N}](n_c\times\nabla[N]^T)\mathrm{d}s$$

右端项中 $[F_s]^e$ 由源电流产生，具体表达为

$$[F_s]^e=\int_{V_e}[\boldsymbol{N}]\cdot[N][J_s]\mathrm{d}\nu$$

解线性方程组(22)即可求得各节点上的位函数，然后进一步求取各单元的磁感应强度或

涡流密度等场量。

依据本文方法，作者开发了一个较通用的三维涡流分析程序，它兼容了 $\boldsymbol{A}^*$-ψ 方法，存贮系数矩阵的数据结构为线性表，仅存上三角阵中的非零元，方程的求解采用 ICCBCG 迭代或 LDU 分解。

5. 算例

本文采用的算例为国际 TEAM 问题之七，其定义见图 3，即一块开有一方孔的导电率为 3.526×10^7 S/m 的铝板上放一方形线圈，线圈中通以正弦交流电，安匝数为 2 724，频率分别为 50 Hz 和 200 Hz。

由于导体中有一方孔，如果在此区域使用标量磁位计算，则出现多连通问题，为解决此问题，计算中可用低导电率材料填充此洞，一般电导率可取导体电导率的 10^{-6} 位左右，这样涡流区的电导率就不是常数了，因此必须使用标量电位 V。

计算中线圈的四个角近似为直角，按问题要求，场域范围为 $-1\ 353\ \text{mm}\leqslant x,\ y\leqslant 1\ 647\ \text{mm}$，$-300\ \text{mm}\leqslant z\leqslant 449\ \text{mm}$。有限元网格剖分示意图见图 4，总节点数 6 615，单元为 5 600 个六面体，方程总数(变量数)7 222。

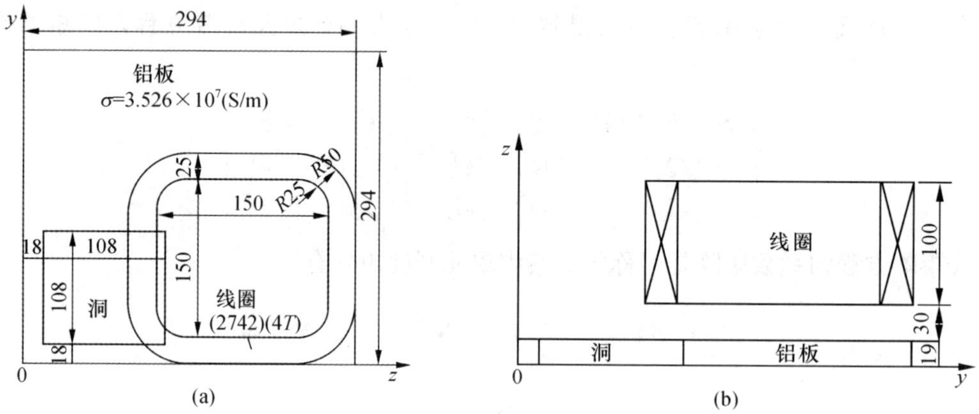

图 3 TEAM 问题 7 的定义

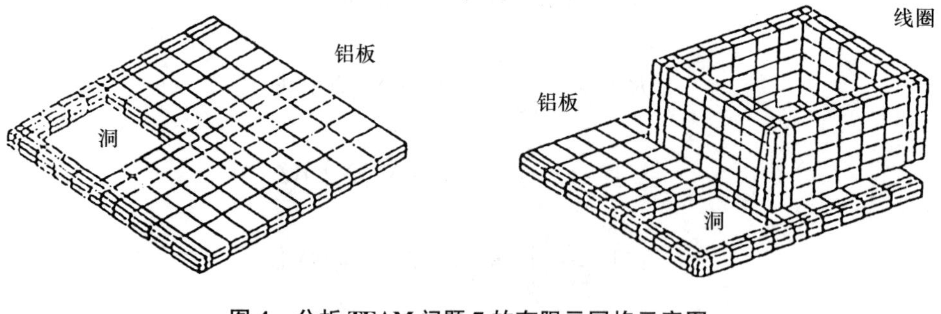

图 4 分析 TEAM 问题 7 的有限元网格示意图

图 5(a)给出了频率为 50 Hz 时 $z=34$ mm，y 分别为 72 mm 和 144 mm 处 B_z 的计算结果与实测值的比较，图 5(b)则是频率为 200 Hz 时的结果比较。从图 5 可以看出，计算结果与实测值是比较吻合的，误差能为工程计算所接受。

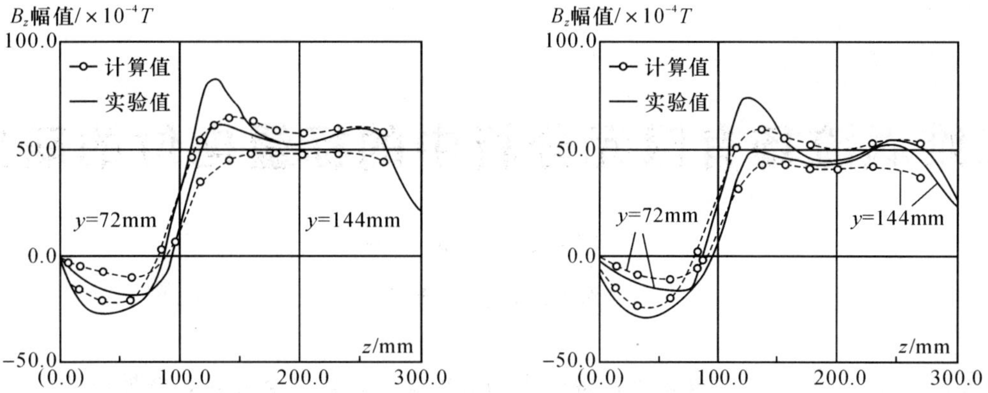

(a) 频率50Hz时，z=34mm　　(b) 频率200Hz时，z=34mm

图 5　B_z 计算结果与实测结果比较

6. 结论

本文研究的有限元分析三维涡流场的 $\boldsymbol{A}$，V-ψ 方法具有变量少，适用范围广和系数矩阵对称等优点，非常适合于求解大型工程实际问题。文中基于加权余量法的 Galerkin 有限元离散较泛函方法直观简单，所给例验证了基于本文推导所开发的三维涡流场有限元分析程序。

参 考 文 献

[1] Trowbridge T W. Low Frequency Electromagnetic Field Computation in Three Dimensions. COMPEL，Vol. (52) 1985，pp. 653 - 674.

[2] Demendash N A. Solution of Eddy Current Problems Using 3D Finite Element Complex Magnetic Vector Potential. IEEE PAS-101，(11)1982，pp. 4222-4229.

[3] Preston，M R. Solution of 3D Eddy Current Problems；T-Ω Method. IEEE on Mag-18，1985，pp. 486-497.

[4] Biro O，et al. On the Use of Magnetic Vector Potential in the Finite-element Analysis of 3D Eddy Currents. IEEE Trans. on Mag-15，(4)，July 1989.

[5] Emson C R I. et al. An Optimal Method for 3D Eddy Current. IEEE Trans. on Mag-19，Nov. 1983，pp. 2450-2453.

[6] Sun Y S，Lin H Y，et al. Eddy Current Continuity Around Conductor Corners in Three Dimensional Eddy Current Field Computation. Compumag-91，Italy，July，1991.

[7] 周克定. 工程电磁场专论. 武汉：华中工学院出版社，1986.

三维涡流场有限元分析中的标量电位的研究

林鹤云　　周　鹗

（东南大学电气工程系）

摘要： 本文以三维涡流场有限元计算中所遇到的角点问题为突破口，分析讨论了标量电位在三维涡流计算中的作用，指出了消去标量电位以引入修改矢量位的前提条件。

关键词： 三维涡流场，有限元法，电磁场分析

1. 引言

在三维涡流场有限元分析中，矢量磁位 **A** 和标量电位 V 是经常使用的一组辅助位函数。而修改矢量位法，即通过一个替换消去标量电位后的仅由矢量磁位描述涡流场的一种计算方法，一直为众多研究者所采用[1,2,3]。究其原因，是由于使用修改矢量位计算涡流时，导体域中每节点上只有三个变量，较 **A**，V 方法为少，不仅缩短了计算时间，而且计算程序的编制也大为简化。然而对于消去标量电位的条件一直未作深入的探讨和研究。作者在应用修改矢量位法模拟一无损检测问题时，发现当导体表面存在凹角点时，其附近的涡流分布不合理，涡流的连续性不能满足，本文将此现象称之为角点问题。事实上，角点问题在文献[3，4，5]所给结果中也存在，只是常被粗的有限元网格所掩盖。另外在较多的涡流分析中，被关心的结果多是导体以外区域的磁场分布或者是导体域中涡流的总损耗，而涡流分布的细节被忽略了。本文将演示角点问题并分析其起因，讨论标量电位的作用，指出消去标量电位以引入修改矢量位的前提条件。

2. 修改矢量位

引入矢量磁位 **A** 和标量电位 V 来描述涡流问题时，涡流区的场控制方程为

$$\begin{cases} \nabla\times\dfrac{1}{\mu}\nabla\times\mathbf{A}+\sigma\left(\dfrac{\partial\mathbf{A}}{\partial t}+\nabla V\right)=0 \\ \nabla\cdot\sigma\left(\dfrac{\partial\mathbf{A}}{\partial t}+\nabla V\right)=0 \end{cases} \tag{1}$$

式中，μ，σ 分别为导体的磁导率和电导率。

有较多文献认为，当导体电导率 σ 为常数时，可以引入新的矢量位：

$$\mathbf{A}^*=\mathbf{A}+\int_{-\infty}^{t}\nabla V\mathrm{d}t \tag{2}$$

并称之为修改矢量位。这样方程(1)可简化为

《中国电机工程学报》，第 14 卷第 3 期，1994 年 5 月。

$$\nabla\times\frac{1}{\mu}\nabla\times\boldsymbol{A}^{*}+\sigma\frac{\partial\boldsymbol{A}^{*}}{\partial t}=0 \tag{3}$$

显然，对上式求散度，可以得到

$$\nabla\cdot\sigma\boldsymbol{A}^{*}=0 \tag{4}$$

由于矢量磁位 $\boldsymbol{A}^{*}$ 的散度由上式确定，所以修改矢量位法被认为具有唯一解。但文献[6]指出，当 σ 数值较小及激励频率较低时，式(3)中第二项在数值上较小，式(4)的满足只是弱满足。

如果非导体区域引入矢量磁位 $\boldsymbol{A}$ 来描述磁感应强度 $\boldsymbol{B}$，则构成 $\boldsymbol{A}^{*}-\boldsymbol{A}$ 方法；若引入标量磁位 ϕ 描述磁场强度，即 $\boldsymbol{H}=-\nabla\psi$，在两区域的交界面上以正确的边界条件耦合两种位，可构成 $\boldsymbol{A}^{*}-\psi$ 方法，由于该方法变量较前者为少，所以被较多地应用于三维涡流分析。

3. 角点问题

图 1 表示一个导体带凹角点的涡流模型，一个开槽的长导体置于均匀交变磁场中，外加磁场为 z 方向。考虑到导体比较长，计算中取其一个截面作为计算域。以矢量位求解时，矢量位的两个分量必须被考虑，即 $\boldsymbol{A}^{*}=\boldsymbol{A}_x^{*}\,\mathrm{i}+\boldsymbol{A}_y^{*}\,\mathrm{j}$。同样导体中各点的涡流密度也有 x、y 两个方向上的分量。

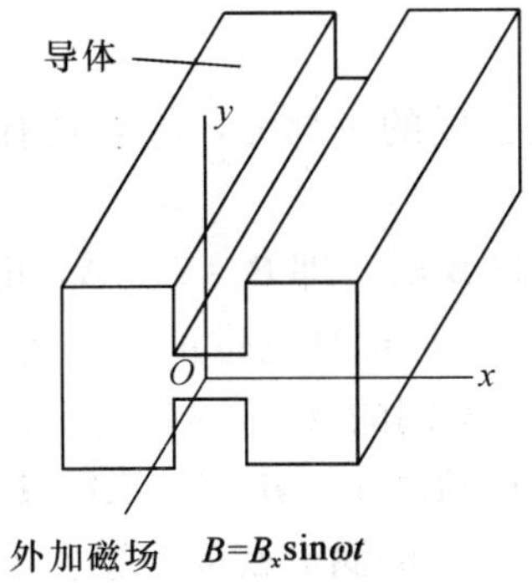

图 1　一个导体带角点的涡流模型

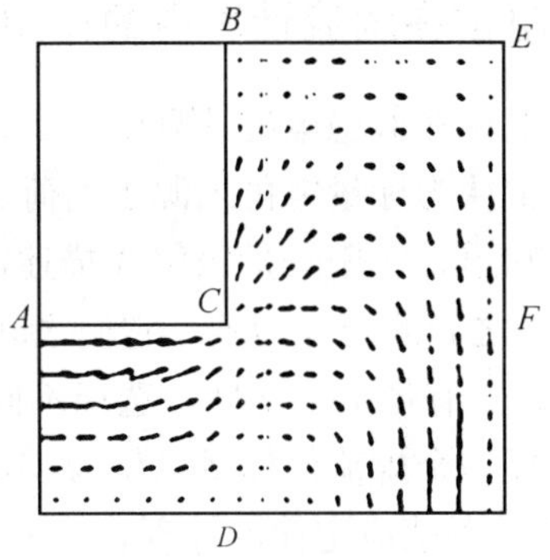

图 2　A^{*} 方法求得的涡流密度($\omega t=0$)

因(4)式对 $\boldsymbol{A}^{*}$ 散度的约束，使 $\boldsymbol{A}^{*}\cdot\boldsymbol{n}=0$ 在导体表面得到自然满足，计算表明导体表面是否强加 $\boldsymbol{A}^{*}\cdot\boldsymbol{n}=0$ 以保证电流连续性，结果是一样的。图 2 给出了 $\omega t=0$ 时刻导体内的涡流分布。

仔细观察图 2 不难发现，在角点 C 附近涡流分布不合理，其连续性没有得到保证，此现象扩展到以 C 点为起始点的延长线 CD 和 CF。

下面就来分析产生上述现象的原因。

由于在 $\boldsymbol{A}^{*}$ 方法中，$\nabla\cdot\sigma\boldsymbol{A}^{*}=0$ 由控制方程隐含，$\boldsymbol{A}^{*}\cdot\boldsymbol{n}=0$ 在导体表面得以保证，这必然导致导体角点处 $\boldsymbol{A}^{*}=0$。

以图 3 中角点 C 为例，在导体表面 CA 上，$\boldsymbol{A}^{*}\cdot\boldsymbol{n}=0$ 即为

$$\boldsymbol{A}_y^{*}=0 \tag{5}$$

而在 CB 上则为

$$\boldsymbol{A}_x^{*}\sin\alpha-\boldsymbol{A}_y^{*}\cos\alpha=0 \tag{6}$$

这里 α 为角 ACB 的角度。

显然，只要 $\alpha\neq0$ 和 $\alpha\neq180^{\circ}$，在矢量 $\boldsymbol{A}^{*}$ 为连续的情况下，在点 C 处必然有

$$\boldsymbol{A}_x^{*}=\boldsymbol{A}_y^{*}=0 \tag{7}$$

由于 $\boldsymbol{A}^*$ 与涡流密度具有正比关系，$J=-\sigma(\partial\boldsymbol{A}^*/\partial t)$，所以在导体角点上电流密度自然为零。这说明，用 $\boldsymbol{A}^*$ 方法计算涡流时，角点现象的出现是必然的。

当 $0<\alpha<180°$ 时，导体角为凸角，此处涡流密度应该为零。但当 $\alpha>180°$，即角点成凹角时，该角点及其附近区域的涡流密度一般不为零，理论上讲，角点处涡流密度为无穷大，该点为一奇异点，这时数值分析得到的结果将不再合理。

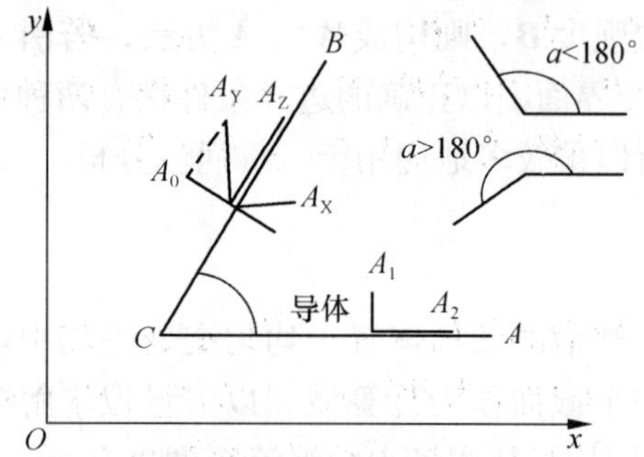

图 3 角点问题分析图

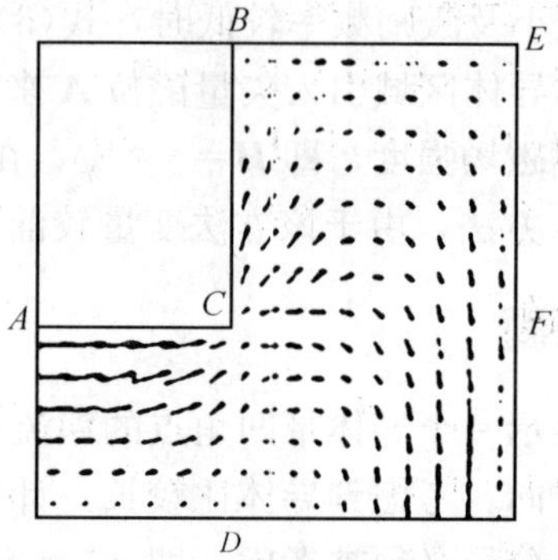

图 4 A、B 方法求得的涡流密度($\omega t=0$)

4. 标量电位在涡流计算中的作用

标量电位在似稳电磁计算中，是以其梯度来表达电场强度的一部分，故它具有电位的量纲，因而常认为标量电位来源于电荷。

我们知道，在用矢量磁位 $\boldsymbol{A}$ 描述涡流域中的磁感应强度 $\boldsymbol{B}$ 时，即 $\boldsymbol{B}=\nabla\times\boldsymbol{A}$，电场强度 $\boldsymbol{E}$ 与 $\partial\boldsymbol{A}/\partial t$ 之和的旋度为零，它们之间可以差一个标量的梯度，标量电位正是由此而定义的。由于 $\boldsymbol{B}$、$\boldsymbol{E}$ 具有规范不变性，选择不同的规范条件可以得到不同的 $\boldsymbol{A}$、V 解答。从理论上讲，总可以选择一个规范使标量电位为零，这时的场由矢量位单独决定：$\boldsymbol{B}=\nabla\times\boldsymbol{A}$，$\boldsymbol{E}=-\partial\boldsymbol{A}/\partial t$，后者是磁感应定律的体现，$-\sigma(\partial\boldsymbol{A}/\partial t)$ 即代表导体中感应的涡流密度。事实上，这样得到的 $\boldsymbol{A}$ 与修改矢量 $\boldsymbol{A}^*$ 是一致的，所以用修改矢量位描述涡流在理论上完全可行。

然而，上述结论在有限元数值分析中则是有条件的。这是因为有限元节点上位函数的单值性，使得单元交界面上位函数具有连续性。

用修改矢量位进行涡流分析时，其定义：$E=-\partial\boldsymbol{A}^*/\partial t$，隐含了电场强度 $\boldsymbol{E}$ 必须是连续的，因此当 E_n 不连续时，仅用矢量磁位计算，就会产生矛盾，必须辅以标量电位。例如，在电导率分别为 σ_1 和 σ_2 的交界面上，有

$$\sigma_1 E_{1n}=\sigma_2 E_{2n} \tag{8}$$

而

$$E_{1n}=-\frac{\partial A_{1n}}{\partial t}-\frac{\partial V_1}{\partial n} \tag{9}$$

$$E_{2n}=-\frac{\partial A_{2n}}{\partial t}-\frac{\partial V_2}{\partial n} \tag{10}$$

在 $A_{1n}=A_{2n}$ 时，有

$$\sigma_1\left(\frac{\partial V_1}{\partial n}\right)-\sigma_2\left(\frac{\partial V_2}{\partial n}\right)=(\sigma_1-\sigma_2)\left(\frac{\partial A_n}{\partial t}\right) \tag{11}$$

显然此时必须使用标量电位。

当导体电导率均匀，但存在凹角点时，前面的分析已表明，仅采用矢量磁位是不充分的，仍要使用标量电位。

综上所述，在三维涡流有限元计算中，如果导体域中存在电场强度法向分量不连续，标量电位就应使用。

对于这一结论，本文作了数值验证。首先，用 $\boldsymbol{A}$，V 方法计算了图 1 所示的模型，其涡流示于图 4 中，图中所示角点 C 处的涡流分布是合理的。然后，将图 4 的涡流密度矢量分解成两部分，一部分是由 $-\sigma(\partial \boldsymbol{A}/\partial t)$ 表示的，另一部分是由 $-\sigma\nabla V$ 产生的，见图 5(a)、(b)。从中不难看出，凹角点 C 处的涡流连续性是由标量电位实现的。

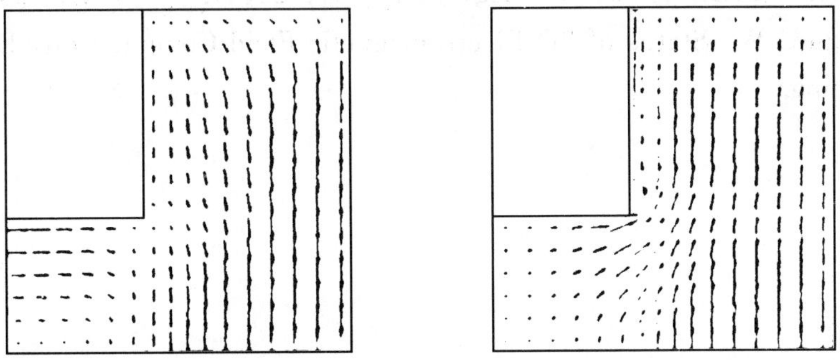

(a) $J_1=-\sigma\frac{\partial \boldsymbol{A}}{\partial t}$　　(b) $J_1=-\sigma\nabla V$

图 5　A、V 方法求得的涡流密度被分解成两部分 $\boldsymbol{J}=\boldsymbol{J}_1+\boldsymbol{J}_2$

那么标量电位在何种条件下可以消去呢？根据电流连续性定律：

$$\nabla\cdot\sigma\left(\frac{\partial \boldsymbol{A}}{\partial t}+\nabla V\right)=0 \tag{12}$$

有 $\nabla^2 V=-\frac{\partial}{\partial t}(\nabla\cdot\boldsymbol{A})-\frac{1}{\sigma}\nabla\sigma\cdot\boldsymbol{E}=0$，才可得到 $\nabla^2 V=0$，即 V 满足拉普拉斯方程，从而可消去标量电位。

在二维和轴对称情形下，$\nabla\sigma$ 与 $\boldsymbol{E}$ 相互正交，$\nabla\sigma\cdot\boldsymbol{E}\equiv 0$。因平行平面场中 $\boldsymbol{A}$ 只有 A_z 分量，且不是 z 的函数；轴对称时 $\boldsymbol{A}$ 仅有 A_θ 分量，且不是 θ 函数，所以 $\nabla\cdot\boldsymbol{A}$ 必然为零，仅用矢量磁位分析就可以了。

应该指出的是，导体域电导率为常数时，区域边界上 $\nabla\sigma$ 并不为零。另外，导体凹角点处 $\nabla\sigma\cdot\boldsymbol{E}$ 在三维情形下一般也不为零。

5. 结论

用修改矢量位方法进行三维涡流有限元分析时，有可能出现导体凹角点处电流密度不连续现象。标量电位在三维涡流有限元数值分析中所起的一个重要作用，是描述电场强度的法向不连续性，只有当导体域中各处满足 $\nabla\sigma\cdot\boldsymbol{E}=0$ 的条件才能消去标量电位而仅采用矢量磁位分析。

参考文献

[1] Jeske U. Eddy Current Calculations in 3D Using the Finite Element Method. IEEE Trans. on Mag, March 1982; 18(2): 426.

[2] Rodger D, Eastham J F. A Formulation for Low Frequency Eddy Current Solutions.

IEEE Trans. on Mag, Nov. 1983; 17(6): 2443.

[3] Emson C R I, Simkio S. An Optimal Method for 3D Eddy Current. IEEE Trans. on Mag, Nov. 1983; 19: 2450.

[4] Kameari A. Three-Dimensional Eddy Current Calculation Using Finite Element Method with ***A***-*V* in Conductor and ψ in Vacuum. IEEE Trans. on Mag, Jan. 1988; 24(1).

[5] Biro O, Preis K. On the Use of Magnetic Vector in the Finite Element Analysis of 3D Eddy Current, IEEE Trans. on Mag, July 1989; 25(4).

[6] Trowbridge C W. Status of 3D Electromagnetic Field Computation, BISEF′ 88, Oct, 1988, Beijing.

低频涡流电磁场复值变分问题分析

黄学良　胡敏强　周　鹗

（东南大学电气工程系）

摘要：首先给出了电机似稳涡流场复矢量边值问题的数学提法，在分析复矢量场有关理论的基础上，给出了与似稳涡流场复矢量边值问题等价的变分问题。最后，针对目前涡流场复矢量边值问题研究中存在的一些问题作了探讨，指出了这些问题的错误所在。

关键词：涡流，电机，矢量，变分法

1. 似稳涡流场复矢量边值问题

低频涡流电磁场(如电机电磁场)中，由于源点和场点的几何距离较近，不存在滞后位的问题不必考虑波的传播。另外，因为电压不是太高，在所研究的问题中可以忽略电位移矢量及电荷密度。这样可得低频涡流场的边值问题为[1]

$$\left.\begin{aligned} &\nabla\times[\nu(\nabla\times\boldsymbol{A})]=\boldsymbol{J}_s-\sigma\frac{\partial\boldsymbol{A}}{\partial t} && (\Omega)\\ &\boldsymbol{A}=\boldsymbol{A}_0 && (\Gamma_1)\\ &\boldsymbol{n}\times[\nu(\nabla\times\boldsymbol{A})]=-\mu\delta_s && (\Gamma_2)\end{aligned}\right\} \quad (1)$$

必须指出，忽略标量电位对磁场的影响不大，计算结果往往能满足工程精度的要求。在电机中，由于场量随时间作正弦规律变化，因此在求解稳态情况下的场分布时，可以将上式中的变量写成正弦量形式，这样就可得电机内涡流场的复矢量边值问题。

2. 三维涡流电磁场边值问题的等价变分原理

1）复矢量场分析的有关理论

设 Ω 是具有一定边界的有界区域，且边界 Lipshitz 连续。考虑 Ω 上的三维复矢量函数所构成的线性空间，记为 D。对于空间 D 中的任意两个复矢量 $\dot{\boldsymbol{U}}$、$\dot{\boldsymbol{V}}$，其表示方法可以有以下两种[7]

$$\left.\begin{aligned}\dot{\boldsymbol{U}}&=\dot{U}_1e_1+\dot{U}_2e_2+\dot{U}_3e_3\\ \dot{\boldsymbol{V}}&=\dot{V}_1e_1+\dot{V}_2e_2+\dot{V}_3e_3\end{aligned}\right\}$$

和

$$\left.\begin{aligned}\dot{\boldsymbol{U}}&=\boldsymbol{U}_R+\mathrm{j}\boldsymbol{U}_C\\ \dot{\boldsymbol{V}}&=\boldsymbol{V}_R+\mathrm{j}N_C\end{aligned}\right\}$$

式中 $\dot{U}_1$、$\dot{U}_2$、$\dot{U}_3$、$\dot{V}_1$、$\dot{V}_2$、$\dot{V}_3$ 均为通常意义上的复数，$\boldsymbol{U}_R$、$\boldsymbol{U}_C$、$\boldsymbol{V}_R$、$\boldsymbol{V}_C$ 均为通常意义上

《电工技术学报》，第 13 卷第 3 期，1998 年 6 月国家教委博士点基金资助课题。

的实矢量。

定义 1 设$\dot{\boldsymbol{U}}$、$\dot{\boldsymbol{V}}\in D$，则复矢量$\dot{\boldsymbol{U}}$、$\dot{\boldsymbol{V}}$的点积为

$$\dot{\boldsymbol{U}}\cdot\dot{\boldsymbol{V}}=\dot{U}_1\dot{V}_1+\dot{U}_2\dot{V}_2+\dot{U}_3\dot{V}_3$$

定义 2 设$\dot{\boldsymbol{U}}\in D$，则其共轭矢量$\dot{\boldsymbol{U}}^*$定义为

$$\dot{\boldsymbol{U}}^*=\boldsymbol{U}_R-\mathrm{j}\boldsymbol{U}_C$$

定义 3 设$\dot{\boldsymbol{U}}$，$\dot{\boldsymbol{V}}\in D$，则复矢量的内积定义为

$$\langle\dot{\boldsymbol{U}},\dot{\boldsymbol{V}}\rangle=\iiint_{\Omega}\dot{\boldsymbol{U}}\cdot\dot{\boldsymbol{V}}^*\,\mathrm{d}\Omega$$

定义 4 复矢量函数$\dot{\boldsymbol{U}}\in D$，则该函数的变分

$$\delta\dot{\boldsymbol{U}}=\in\dot{\eta}_1e_1+\in\dot{\eta}_2e_2+\in\dot{\eta}_3e_3$$

表示函数形式的微小变化。上式中$\in\ll1$，它是任意给定的小常数，$\dot{\eta}_1$、$\dot{\eta}_2$、$\dot{\eta}_3$可取复变函数。

定理 1 $\forall\dot{\boldsymbol{U}}\in D$，$S[\Omega]$为区域$\Omega$的分片光滑边界，$\boldsymbol{n}$为边界上的单位外法矢量，则

$$\iiint_{\Omega}\nabla\cdot\dot{\boldsymbol{U}}\mathrm{d}\Omega=\oiint_{S[\Omega]}(\dot{\boldsymbol{U}}\cdot\boldsymbol{n})\mathrm{d}S$$

证明 将$\dot{\boldsymbol{U}}$按实、虚部展开，并利用实矢量函数的奥氏公式即可得证。

定理 2 $\forall\dot{\boldsymbol{U}}\in D$，$L$为一光滑闭曲线，$\sigma$为以$L$为边界的光滑曲面，则

$$\oint_L\dot{\boldsymbol{U}}\cdot\mathrm{d}L=\iint_{\sigma}(\nabla\times\dot{\boldsymbol{U}})\cdot\boldsymbol{n}\mathrm{d}S$$

这里积分路径L与σ上单位法矢量$\boldsymbol{n}$的方向构成右手螺旋关系。

证明 将$\dot{\boldsymbol{U}}$按实部、虚部展开，并利用实矢量函数的斯托克斯公式即可得证。

2）三维涡流电磁场边值问题的等价变分

记算子$T=\nabla\times[\nu\nabla\times(\ )]+\mathrm{j}\omega\sigma(\ )$，则正弦涡流场边值问题可以写成

$$\left.\begin{aligned}&T\dot{\boldsymbol{A}}=\dot{\boldsymbol{J}}_s && (\Omega)\\&\boldsymbol{A}=\boldsymbol{A}_0 && (\Gamma_1)\\&\boldsymbol{n}\times[\nu(\nabla\times\boldsymbol{A}]=-\mu\boldsymbol{\delta}_s && (\Gamma_2)\end{aligned}\right\}\tag{2}$$

假设$\dot{\boldsymbol{A}}$是边值问题(2)的解，$\dot{\boldsymbol{A}}_1$是满足边界条件的某一复矢量，且$\dot{\boldsymbol{A}}_1\neq\dot{\boldsymbol{A}}$。若令$\dot{\boldsymbol{C}}=\dot{\boldsymbol{A}}-\dot{\boldsymbol{A}}_1$，则$\dot{\boldsymbol{C}}$是以下边值问题的解

$$\left.\begin{aligned}&T\dot{\boldsymbol{C}}=\dot{\boldsymbol{D}} && (\Omega)\\&\dot{\boldsymbol{C}}=0 && (\Gamma_1)\\&\boldsymbol{n}\times[\nu(\nabla\times\dot{\boldsymbol{C}})]=0 && (\Gamma_2)\end{aligned}\right\}\tag{3}$$

式中，$\dot{\boldsymbol{D}}=\dot{\boldsymbol{J}}_s-\nabla\times(\nu\nabla\times\dot{\boldsymbol{A}}_1)-\mathrm{j}\omega\sigma\boldsymbol{A}_1$

易知满足式中边界条件的所有复向量函数可以构成一个子空间，记作H。现构造算子$S=\nabla\times[\nu\nabla\times(\ )]-\mathrm{j}\omega\sigma(\ )$，对于$H$中的任意两个复矢量函数$\dot{\boldsymbol{U}}$、$\dot{\boldsymbol{V}}$作如下运算可得

$$(T\dot{\boldsymbol{U}}\dot{\boldsymbol{V}})-(\dot{\boldsymbol{U}},S\dot{\boldsymbol{V}})=\oiint_{S[\Omega]}\{\dot{\boldsymbol{V}}^*\cdot[\boldsymbol{n}\times(\nu\nabla\times\dot{\boldsymbol{U}})]-\dot{\boldsymbol{U}}[\boldsymbol{n}\times(\nu\nabla\times\dot{\boldsymbol{V}}^*)]\}\mathrm{d}S=0$$

由于 $T \neq S$，可见算子 T 是非自伴的，且 S 是 T 的伴随算子。

命题 1 设 $\dot{\boldsymbol{U}}$ 为空间 D 中的任意一函数，算子 T 如前所示，则有

$$\delta(T\dot{\boldsymbol{U}})=T(\delta\dot{\boldsymbol{U}})$$

证明 在直角坐标系下证明该命题。设

$$\dot{\boldsymbol{U}}=\boldsymbol{U}_x e_x+\boldsymbol{U}_y e_y+\boldsymbol{U}_z e_z$$

则 $$\nabla\times\dot{\boldsymbol{U}}=\left(\frac{\partial\dot{\boldsymbol{U}}_z}{\partial y}-\frac{\partial\dot{\boldsymbol{U}}_y}{\partial z}\right)e_x+\left(\frac{\partial\dot{\boldsymbol{U}}_x}{\partial z}-\frac{\partial\dot{\boldsymbol{U}}_z}{\partial x}\right)e_y+\left(\frac{\partial\dot{\boldsymbol{U}}_y}{\partial x}-\frac{\partial\dot{\boldsymbol{U}}_x}{\partial y}\right)e_z$$

由旋度的计算式以及变分的定义可得

$$\delta(\nabla\times\dot{\boldsymbol{U}})=\nabla\times(\delta\dot{\boldsymbol{U}})$$

重复应用该式可得

$$\delta[\nabla\times(\nu\nabla\times\dot{\boldsymbol{U}})]=\nabla\times[\nu\nabla\times(\delta\dot{\boldsymbol{U}})]$$

因 $\delta(\mathrm{j}\omega\delta\dot{\boldsymbol{U}})=\mathrm{j}\omega\delta(\delta\dot{\boldsymbol{U}})$ 显然成立，故命题 1 成立。

命题 2 由已知函数 $\dot{\boldsymbol{D}}$ 和未知函数 $\dot{\boldsymbol{C}}\in H$ 所构成的算子方程为

$$T\dot{\boldsymbol{C}}=\dot{\boldsymbol{D}} \tag{4}$$

则此方程等价于下列泛函驻定的变分方程

$$\delta G\{\dot{\boldsymbol{C}}\}=0 \tag{5}$$

式中，$G\{\dot{\boldsymbol{C}}\}=\langle T\dot{\boldsymbol{C}},\dot{\boldsymbol{C}}^*\rangle-\langle\dot{\boldsymbol{C}},\dot{\boldsymbol{D}}^*\rangle-\langle\dot{\boldsymbol{D}},\dot{\boldsymbol{C}}^*\rangle$。

证明 由于 $\dot{\boldsymbol{C}}\in H$，故

$$\oiint_{S[\Omega]}\dot{\boldsymbol{C}}\cdot[\boldsymbol{n}\times(\nu\nabla\times\delta\dot{\boldsymbol{C}}]\mathrm{d}S=0$$

$$\oiint_{S[\Omega]}\delta\dot{\boldsymbol{C}}\cdot[\boldsymbol{n}\times(\nu\nabla\times\dot{\boldsymbol{C}}]\mathrm{d}S=0$$

则由命题 1 可得

$$\delta G\{\dot{\boldsymbol{C}}^*\}=2\langle T\dot{\boldsymbol{C}}-\boldsymbol{D},\delta\dot{\boldsymbol{C}}^*\rangle。$$

由于 δC 的随意性，故当 $\dot{\boldsymbol{C}}\in H$ 时，式(4)与式(5)等价。若记

$$F\{\dot{\boldsymbol{A}}\}=\frac{1}{2}\iiint_{\Omega}(\nu\nabla\times\dot{\boldsymbol{A}})\cdot(\nabla\times\dot{\boldsymbol{A}})\mathrm{d}\Omega+\frac{1}{2}\mathrm{j}\omega\sigma\iiint_{\Omega}\boldsymbol{A}\cdot\dot{\boldsymbol{A}}\mathrm{d}\Omega-\iiint_{\Omega}\boldsymbol{A}\cdot\dot{\boldsymbol{J}}_s\mathrm{d}\Omega-\iint_{\Gamma_2}\boldsymbol{A}\cdot\dot{\boldsymbol{\delta}}_s\mathrm{d}S \tag{6}$$

则 $G\{\dot{\boldsymbol{C}}\}=2F\{\dot{\boldsymbol{A}}\}+g(\dot{\boldsymbol{A}}_1)$

由于 $g(\boldsymbol{A}_1)$ 为常数，不影响变分结果，故涡流场的复边值问题与下列变分问题等价

$$\left.\begin{aligned}&\delta F\{\dot{\boldsymbol{A}}\}=0 && (\Omega)\\&\dot{\boldsymbol{A}}=\dot{\boldsymbol{A}}_0 && (\Gamma_1)\end{aligned}\right\} \tag{7}$$

这里须特别指出，现有不少文献中有关电机涡流场复矢量边值问题和变分问题中的一些提法是不妥的，值得进一步商榷。

提法之一 变分问题的提法为[3,6]

$$F\{\dot{\boldsymbol{A}}\}=\iiint_{\Omega}\left[\frac{1}{2}\nu(\nabla\times\dot{\boldsymbol{A}})^2+\frac{1}{2}\mathrm{j}\omega\sigma\dot{\boldsymbol{A}}^2-\dot{\boldsymbol{A}}\cdot\dot{\boldsymbol{J}}_s\right]\mathrm{d}\Omega-\iint_{\Gamma_2}\dot{\boldsymbol{A}}\cdot\dot{\boldsymbol{H}}_t\mathrm{d}S=\min$$

$$\dot{\boldsymbol{A}}\mid\Gamma_1=\dot{\boldsymbol{A}}_0$$

分析 众所周知，复数是不能比较大小的，故上述提法显然有误。

提法之二 变分问题中泛函数 $F\{\dot{\boldsymbol{A}}\}$ 的表达方式为[2]

$$F\{\dot{\boldsymbol{A}}\}=\iiint_{\Omega}\left[\frac{1}{2}\nu\mid\nabla\times\dot{\boldsymbol{A}}\mid^{2}+\frac{1}{2}\mathrm{j}\omega\sigma\dot{\boldsymbol{A}}^{2}-\dot{\boldsymbol{A}}\cdot\boldsymbol{J}_{s}\right]\mathrm{d}\Omega-\iint_{\Gamma_2}\boldsymbol{A}(\nu\nabla\times\dot{\boldsymbol{A}}\times\boldsymbol{n})\mathrm{d}S$$

分析 由前面的分析可知

$$\mid\nabla\times\dot{\boldsymbol{A}}\mid^{2}=(\nabla\times\dot{\boldsymbol{A}})\cdot(\nabla\times\boldsymbol{A})^{*}\neq(\nabla\times\dot{\boldsymbol{A}})\cdot(\nabla\times\dot{\boldsymbol{A}})$$

对照式(6)可知，该表达式是不妥的。

提法之三 复矢量边值问题中，第二类边界条件的提法为[3,5]

$$\boldsymbol{n}\times[\nu(\nabla\times\dot{\boldsymbol{A}})]=-\mu\dot{\boldsymbol{H}}_{t}$$

分析 磁场强度 $\boldsymbol{H}$、面电流密度 δ_s 及边界面上的法矢量 $\boldsymbol{n}$ 的方向如图 1 所示。由全电流定律易知 $|\boldsymbol{H}|=|\boldsymbol{H}_T|=|\delta_s|$；另一方面，$\delta_s$ 垂直于由 $\boldsymbol{H}$、$\boldsymbol{n}$ 所决定的平面，并且 $-\delta_s$ 的方向符合从 $\boldsymbol{n}$ 经角($\boldsymbol{n}$，$\boldsymbol{H}$)到 $\boldsymbol{H}$ 的右手规则。综合上述两方面因素可知，此边界面上实矢量意义下的边界条件为 $\boldsymbol{n}\times\boldsymbol{H}=-\delta_s$，推广到复矢量意义下的边界条件则为 $\boldsymbol{n}\times[\nu(\nabla\times\dot{\boldsymbol{A}})]=-\mu\delta_s$，因此，该边界条件的提法有误。

有关本文研究内容的实际应用，可以参见文献[1]。

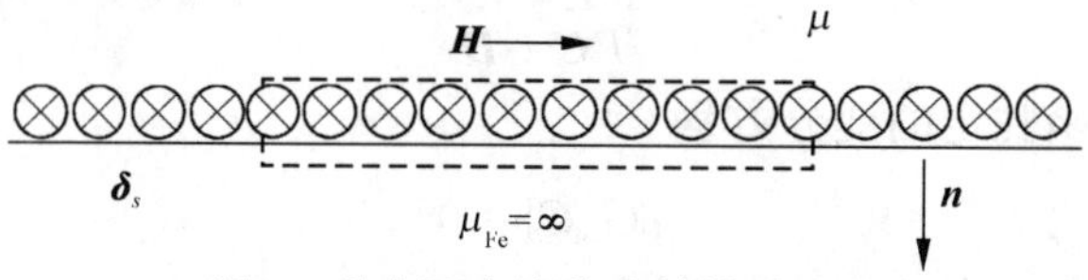

图 1 具有面电流密度的铁磁边界

3. 结语

本文在分析复矢量场有关理论的基础上，给出了与似稳涡流场复矢量边值问题等价的变分问题，并针对目前涡流场复矢量边值问题研究中存在的有关问题作了探讨，澄清了工程上关心的一些问题。

参考文献

[1] 黄学良，胡敏强，等. 汽轮发电机端部涡流电磁场及影响因素的研究. 电工技术学报，1996，11(2).

[2] 裴远航等. 用有限元法计算汽轮发电机端部涡流场和温度场. 电工技术学报，1989，4(2).

[3] 傅丰礼等. 用三维向量磁位有限元法计算实心转子异步电动机的磁场分布. 大电机技术，1988(5).

[4] Chari M K. Application of 3D Electromagnetic Analysis Methods to Electrical Machinery and Devices IEEE Trans.，1986，EC-1(2).

[5] 陈贤珍. 三维涡流场的数值计算法——综合物理场有限元法. 华中理工大学学报，1988，16(5).

[6] 陈伟华. 非自伴算子问题的自伴变分表述. 哈尔滨电工学院学报，1985，8(3).

[7] 吴海容. 似稳正弦磁场对偶变分原理的数学分析. 哈尔滨电工学院学报，1994，17(1)：1-10.

大容量水轮发电机进相运行理论及应用研究

1. 研究目的、意义和成果的预计去向

随着电力系统的发展，在送变电中高压输电线和电缆长度的不断增加，使得线路相间和相对地电容大幅度增加，相当于在电力系统中，增加了大量的容性负载。此外，为了补偿高峰负荷时的无功不足，而装设的静电电容，在低负荷时产生的容性无功功率，可能超过感性无功，因而，可能在电网的某些枢纽点上出现电压超过规定的上限值，严重影响电网的质量。为了改善电网质量，提高电力系统的经济运行，国内外电力部门都在积极研究发电机组在电负荷处于低谷时发电机的进相运行状态(即发电机欠励运行状态)。目前，随着我国水力电力资源的加速开发利用，大容量水轮发电机组将在电网中占有越来越重要的地位，特别是“三峡”工程和一批大型水电站的建设，大批大容量水轮发电机将投入电网运行，因此，对大容量水轮发电机进相运行进行理论研究显得尤为迫切和重要。

由于大容量水轮发电机的电磁负荷很高，在进相运行时，存在许多理论和运行问题急需解决，主要体现在以下几个方面：

(1) 发电机端部漏磁场随着超前功率因数角的增大而增加，将导致水轮发电机端部结构件上损耗过大，温升过高，甚至烧坏绝缘。因此大容量水轮发电机在进相运行状态下，存在端部电磁场和温度场的问题。

(2) 水轮发电机是凸极结构，其交直轴电抗不相等，使电磁功率中有附加分量，因此存在水轮发电机凸极结构对进相运行影响的机理问题。

(3) 水轮发电机在进相运行状态下，内部电磁关系发生了很大的变化，因此在进相运行状态下，机组的稳定性是一个突出的问题。

本项目针对上述几个问题进行深入系统的研究，这将对大容量水轮发电机的设计、制造和运行有十分重要的意义，为大容量水轮发电机的合理设计、安全运行提供理论依据，得以改善电网质量。

2. 研究课题所涉及的科学领域，国内外达到的水平，存在的主要问题；本课题的学术思想，立论根据，主攻关键及独到之处

本项目的研究是当前国内外大型水轮发电机设计和运行理论的关键问题之一，它涉及广泛的科学技术领域，其中包括电机设计理论、电磁场理论电动力学、传热学、空气动力学和材料科学等。

国内外对大型发电机进相研究是从 20 世纪 80 年代中期开始的，但主要局限于一些理论分析，解析求解和实验验证等方面的专题研究，至今没有提出一套完整的理论和系统的定性、

申请国家教委博士点基金项目有关材料，申请日期 1993，3.18。

定量分析方法，而对大型汽轮发电机组的进相运行确定较多，对大型水轮发电机组的进相运行研究较少。

众所周知，电机是一个机电能量转换元件，它包含有能量源的电系统和机构系统两个方面，而磁场或电场是机电系统之间能量转换的媒介，机电能量转换过程始终伴随着电能、磁能、机械能的储存和相互之间的转换，因此，电机的内在本质是电磁场的能量变化。本课题的研究拟从电机的本质——电磁场能量转换出发，结合先进计算技术，对大容量水轮发电机进行深入研究，通过对其电磁场、温度场和力场的分析和计算，研究其进相运行理论，力争提出一套完整、实用的确定大容量水轮发电机进相运行安全范围的方法，并为提高其进相运行能力提供强有力理论依据，以对其合理设计有重要指导意义。

3. 研究内容，工作方案

本项目的研究内容和措施主要包括以下几个方面：

(1) 综合分析和研究国内外对大容量水轮发电机进相运行问题的研究成果，深入研究在进相运行状态下电机内部的电磁能量转换机理，从而为本项目研究提供可靠的理论依据。

(2) 从电磁场的基本理论出发，根据大容量水轮发电机的设计结构，建立合理和可靠的在进相运行状态下的电磁场数学计算模型。通过计算，确定水轮发电机内部的电磁能量变化机理，并给出发电机的近相运行对端部电磁场能量的定量变化关系和交、直轴结构的影响。

(3) 应用空气动力学、传热学的理论，建立在电磁能量作用下，发电机进相运行时端部温度场的计算模型。通过计算，确定水轮发电机进相运行端部发热情况，为改进水轮发电机的通风散热设计和制定进相运行范围的确定提供理论依据。

(4) 研究大容量水轮发电机进相运行状态下，由欠励引起的发电机稳定问题。

(5) 研究和分析在各种限制条件下水轮发电机进相运行的 *P*-*Q* 运行图，为电力系统的经济运行提供可靠的理论依据。

4. 课题组已具备的工作基础和实验室条件

1987 年 9 月申请的博士点基金项目“同步电动机的变频控制系统”，已于 1990 年 12 月按原计划完成。

该研究项目内容比较丰富，包括新型磁阻电机，实心磁阻电机，永磁磁阻复合电机，永磁同步电机等各种结构的小型同步电动机的理论研究和样机研制，并研究以上若干电机的数学模型、稳态和动态分析、设计优化、实用软件开发等。该项目系统完整地研究小型同步电动机的控制和设计理论，有理论和实际意义。主要采用 SPWM 控制系统，并在系统计算、控制策略、样机调试及性能测试等方面做了许多工作。

大型水轮发电机三维温度场新的有限元计算模型

黄学良　胡敏强　周　鹗

（东南大学电气工程系）

摘要：本文首先提出了目前电机温度场计算中存在的不足之处，并提出了新的适合于电机温度场计算的圆柱坐标系下的有限元模型。还对本方法进行了验证，通过数值计算结果与解析计算结果的对比，证明了本方法的正确性与有效性。最后应用本文提出的模型，对SF125-96/1560型发电机的定子铁芯三维温度场进行了计算，并与实测结果作了比较，计算精度满足工程计算的要求。

关键词：电机，三维温度场，有限元法，圆柱坐标系，变分

1. 引言

随着计算机技术和数值计算方法的发展，人们对应数值计算方法研究电机(特别是大型发电机)温度场分布的兴趣越来越高。电机温度场的准确计算，不仅能保证电机的安全运行，而且在提高大型机组运行效率、优化机组设计、降低电机制造成本等方面有着重要的应用价值。因此电机的设计制造和运行部门历来都十分重视该问题的研究。

在所有的数值计算方法中，有限单元法以其计算精度高，对于各类边界条件适应性好而受到广泛关注，国际上较早应用有限元法研究大型发电机温度场的是美国的 A. F. Armor 等人，他们于 1976 年在 IEEE Trans. 上发表了有关大型汽轮发电机定子铁芯热流问题的文章[1]，但该文章对电机模型作了较多的假设，并忽略了定子铁芯与定子铜绕组之间的热传递，使该问题的研究略显粗糙。国内从 20 世纪 80 年代后期开始，陆续发表了一些有关这方面的研究文章[3]~[9]，大大推动了国内在这方面研究工作的开展。在上述文献中，它们都采用直角坐标系下的温度场计算模型。这种计算模型不仅表达式较繁琐，没有显式计算公式，而且由于雅可比矩阵为满阵，该阵及其逆阵的计算显得较为不便，另外由于采用以平面代替曲面的方法，故必定存在剖分误差，使得温度场计算难以达到较高精度。

针对上述问题，本文提出了圆柱坐标系下各向异性媒质中电机温度场的计算模型，并应用本文提出的拱形体单元计算了发电机中的温度场分布。与应用传统的直角坐标系下的计算模型相比，本文提出的方法具有明显优点：计算精度高、计算表达简洁、雅可比矩阵及其逆阵的计算很方便，无任何剖分误差等，特别适合于各类电机温度场计算。有关这方面的工作国内至今尚无报道。国外曾于 20 世纪 90 年代初，D. Sarkar 等人在 IEE Proc. 上在这方面作过探讨[2]，但该文采用的坐标变换方式不当，计算表达式仍显过于复杂，难以体现圆柱坐标系计算模型的优越性。

《大型发电机组进相运行研究文集》，P. 51－61。

2. 圆柱坐标系下各向异性媒质中温度场的计算模型

各向异性媒质中三维稳态温度场的边值问题为：

$$\left.\begin{array}{ll}\nabla\cdot(\lambda\nabla T)+Q=0 & (\Omega)\\ T=T_0 & (\Gamma_1)\\ (-\lambda\nabla T)_n=\alpha_0 & (\Gamma_2)\\ (-\lambda\nabla T)_n=\alpha(T-T_n) & (\Gamma_3)\end{array}\right\} \tag{1}$$

式中，Q 为热源强度，W/m^3；λ 为导热系数张量，其各分量单位为 W/(m·℃)；α_0 为热流密度，W/m^2；α 为散热系数，W/(m^2·℃)。

圆柱坐标系下，问题(1)可以展成

$$\left.\begin{array}{ll}\frac{1}{r}\frac{\partial}{\partial r}\left(\lambda_r,r\frac{\partial T}{\partial r}\right)+\frac{1}{r}\frac{\partial}{\partial\theta}\left(\frac{\lambda_\theta}{r}\frac{\partial T}{\partial\theta}\right)+\frac{\partial}{\partial Z}\left(\lambda_Z\frac{\partial T}{\partial Z}\right)+Q=0 & (\Omega)\\ T=T_0 & (\Gamma_1)\\ (-\lambda\nabla T)_n=q_0 & (\Gamma_2)\\ (-\lambda\nabla T)_n=\alpha(T-T_f) & (\Gamma_3)\end{array}\right\} \tag{2}$$

设 T 是问题(2)的解，T_1 满足该问题的边界条件，且 $T\neq T_1$。若令 $u=T-T_1$。并记算子 $A=-\nabla[\lambda\nabla(\quad)]$。则问题(2)等价于下述关于 u 的边值问题

$$\left.\begin{array}{ll}Au=Q' & (\Omega)\\ u=0 & (\Gamma_1)\\ (\lambda\nabla u)_n=0 & (\Gamma_2)\\ (\lambda\nabla u)_n=-\alpha u & (\Gamma_3)\end{array}\right\} \tag{3}$$

式中，$Q'=Q-AT_1$。

显然在问题(3)中，由 Γ_1、Γ_2、Γ_3 上所有满足边界条件的函数可以构成一个线性空间，记为空间 D_b。

$\forall W$、$V\in D_b$，下式恒成立

$$W(\lambda\nabla V)_n-V(\lambda\nabla W)_n=0 \qquad (S[\Omega]) \tag{4}$$

式中 $S[\Omega]$ 表示包围域 Ω 的边界，则

$$\begin{aligned}\langle AW,V\rangle-\langle W,AV\rangle &= \iiint_{\Omega}[W\nabla\cdot(\lambda\nabla V)-V\nabla\cdot(\lambda\nabla W)]\mathrm{d}\Omega\\ &= \oiint_{S[\Omega]}[W(\lambda\nabla V)_n-V(\lambda\nabla W)_n]\mathrm{d}s=0\end{aligned}$$

即
$$\langle AW,V\rangle=\langle W,AV\rangle \tag{5}$$

由式(5)知，算子 A 具有 Lagrange 意义下的自伴性。故问题(3)与下列变分方程等价[10]

$$J\{u\}=\langle Au,u\rangle-\langle u,Q'\rangle-\langle Q',u\rangle=\min \tag{6}$$

式(6)中，$J\{U\}$ 为

$$
\begin{aligned}
J\{u\} &= \iiint_{\Omega} -u\nabla\cdot(\lambda\nabla u)\mathrm{d}\Omega - 2\iiint_{\Omega} Q' u\,\mathrm{d}\Omega \\
&= \iiint_{\Omega}(\lambda\nabla u)(\nabla u)\mathrm{d}\Omega - \iiint_{\Omega} 2Q'u\,\mathrm{d}\Omega - \iiint_{\Omega}\nabla(u\lambda\nabla u)\mathrm{d}\Omega \\
&= \iiint_{\Omega}[(\lambda\nabla u)(\nabla u) - 2Q'u]\mathrm{d}\Omega - \oiint_{S[\Omega]}(\lambda\nabla u)_n\mathrm{d}s \\
&= \iiint_{\Omega}\left[\lambda_r\left(\frac{\partial u}{\partial r}\right)^2 + \lambda_\theta\frac{1}{r^2}\left(\frac{\partial u}{\partial\theta}\right)^2 + \lambda_2\left(\frac{\partial u}{\partial n}\right)^2 - 2Q'u\right]\mathrm{d}\Omega + \iint_{\Omega} a u^2\mathrm{d}s
\end{aligned} \tag{7}
$$

将 $u=T-T_1$ 代入式(7)，得

$$
J = \iiint_{\Omega}\left[\lambda_r\left(\frac{\partial T}{\partial r}\right)^2 + \lambda_\theta\frac{1}{r^2}\left(\frac{\partial T}{\partial\theta}\right)^2 + \lambda_z\left(\frac{\partial T}{\partial z}\right)^2 - 2QT\right]\mathrm{d}\Omega + \iint_{\Gamma 3}\alpha(T^2 - 2TT_f)\mathrm{d}s + g(T_1) \tag{8}
$$

上式中 $g(T_1)$ 为

$$
g(T_1) = \iiint_{\Omega}\left[\lambda_r\left(\frac{\partial T_1}{\partial r}\right)^2 + \lambda_\theta\frac{1}{r^2}\left(\frac{\partial T_1}{\partial\theta}\right)^2 + \lambda_z\left(\frac{\partial T_1}{\partial z}\right)^2 + 2QT_1 - 2T_1AT_1\right]\mathrm{d}\Omega + \iint_{\Gamma 3}\alpha T_1^2\mathrm{d}s \tag{9}
$$

若令泛函 I 为

$$
I\{T\} = \iiint_{\Omega}\left[\frac{1}{2}\lambda_r\left(\frac{\partial T}{\partial r}\right)^2 + \frac{1}{2}\lambda_\theta\frac{1}{r^2}\left(\frac{\partial T}{\partial\theta}\right)^2 + \frac{1}{2}\lambda_z\left(\frac{\partial T}{\partial z}\right)^2 - QT\right]\mathrm{d}\Omega + \iint_{\Gamma 3}\frac{1}{2}\alpha(T^2 - 2TT_f)\mathrm{d}s \tag{10}
$$

由于 $g(T_1)$ 为常数，故问题(6)与变分方程 $I=\min$ 等价。则问题(1)的等价变分问题为

$$
\left.\begin{aligned}
&I=\min \\
&T\mid_{\Gamma_1}=T_0
\end{aligned}\right\} \tag{11}
$$

3. 三维温度场的确定性问题

假设两个不同的数量场 T_1、T_2 都满足问题(1)。令 $T=T_1-T_2$，显然 T 满足下列边值问题

$$
\left.\begin{aligned}
&\nabla\cdot(\lambda\nabla T)=0 && (\Omega) \\
&T=0 && (\Gamma_1) \\
&(\lambda\nabla T)_n=0 && (\Gamma_2) \\
&(\lambda\nabla T)_n=-\alpha T && (\Gamma_3)
\end{aligned}\right\} \tag{12}
$$

由于
$$
\iiint_{\Omega}\nabla\cdot[T(\lambda\nabla T)]\mathrm{d}\Omega = \iiint_{\Omega}[T\nabla\cdot(\lambda\nabla T) + (\lambda\nabla T)\cdot(\nabla T)]\mathrm{d}\Omega \tag{13}
$$

将式(12)及奥式公式代入式(13)得

$$
\oiint_{S[\Omega]} T(\lambda\nabla T)_n\mathrm{d}s = \iiint_{\Omega}[\lambda\nabla T]\cdot(\nabla T)\mathrm{d}\Omega \tag{14}
$$

显然式(14)左端项 $=\iint_{\Gamma_3}-\alpha T^2\mathrm{d}s\leqslant 0$，右端项 $\geqslant 0$。故要使该式成立，有且只有下式成立

$$\left.\begin{aligned}&\iint_{\Gamma_3} -\alpha T^2 \mathrm{d}s = 0\\&\iiint_{\Omega}(\lambda \nabla T)\cdot(\nabla T)\mathrm{d}\Omega = 0\end{aligned}\right\}\tag{15}$$

由式(15)第二式得 $\nabla T=0 \quad (\Omega)$ (16)

由上式及微分中值定理很容易证明在域 Ω 上恒有下式成立

$$T=\text{const}\tag{17}$$

分几种情况讨论：

(1) 当 $\alpha\neq 0$，即问题含三类条件时

由式(15)第一式及式(17)得 Ω 上 $T=0$，即解唯一。

(2) 当 $\alpha=0$，即问题中不含三类条件，只含一类或一、二类条件时

由式(12)第二式及式(17)可得 Ω 上 $T=0$，即解唯一。

(3) 当问题中不含一、三类条件，只含二类条件时

这种情况表示区域上所有边界都为绝热面，则当 $q\neq 0$ 时，区域中的温度场是一个不稳定的场，温度随时间不断上升。在这种情况下，已无法应用描述稳态场的边值问题(12)来求解。

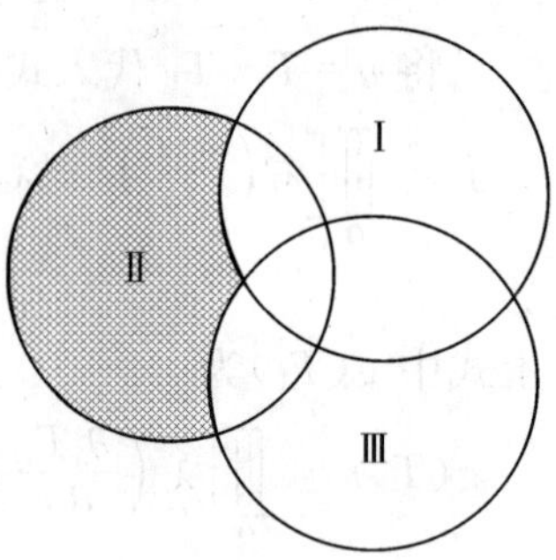

图1 具有确定解的场类

综上所述，若以集合Ⅰ、Ⅱ、Ⅲ分别表示含一、二、三类条件问题的集合，则由以上分析可知，当所求解的问题不属于图1中阴影线所示范围内的问题时，则问题具有唯一确定的解。

4. 拱形体单元的定义及其形状函数

在有关利用有限元法求解电机三维温度场的文章中[1][3]~[9]，大多利用现有直角坐标系下的温度场计算模型。在对计算域进行剖分时，大多采用以平面(直线)代替曲面(曲线)的方法，这样做必然会引起较大的离散误差。此外，它还使得有限元计算过程中的各种数学表达式显得过于复杂，使用很不方便。为此，本文提出了一种适合于具有圆柱体结构区域的剖分单元——拱形体单元，并提出了一种性能较好的坐标变换系统。

图2为拱形体单元，它由 $r=r'$，$r=r''$，$\theta=\theta'$，$\theta=\theta''$，$z=z'$，$z=z''$ 共6个曲面所包围。单元上8个节点分别表示为1、2、3、4、5、6、7、8。定义空间坐标曲面分别为等值面1：$\theta=C_1$。等值面2：$z=C_2$，等值面3：$r=C_3$，记坐标曲面1与2的交线为坐标曲线 ε，坐标曲面2与3的交线为坐标曲线 η'，坐标曲面3与1的交线为坐标曲线 ζ'。空间中任一点坐标 (r, θ, z) 与曲面坐标 $(\varepsilon, \eta', \zeta')$ 之间的关系由下式决定：

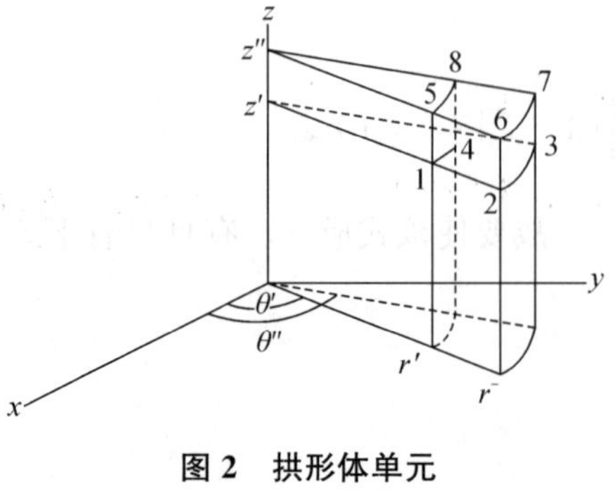

图2 拱形体单元

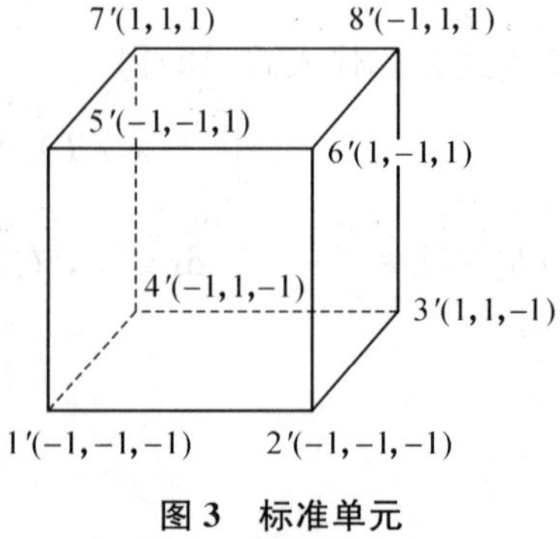

图3 标准单元

$$\left.\begin{aligned}\varepsilon&=\frac{r-\frac{1}{2}\ (r'+\boldsymbol{r})}{\frac{(r-\boldsymbol{r})}{2}}\\ \eta&=\frac{\theta-\frac{1}{2}\ (\theta+\boldsymbol{\theta})}{\frac{(\theta-\boldsymbol{\theta})}{2}}\\ \zeta&=\frac{z-\frac{1}{2}\ (z+\boldsymbol{z})}{\frac{(z-\boldsymbol{z})}{2}}\end{aligned}\right\}\tag{18}$$

设 $\varepsilon\eta\zeta$ 为一直角坐标系，作如下形式的变换

$$\left.\begin{aligned}\varepsilon&=\varepsilon'\\ \eta&=\eta'\\ \zeta&=\zeta'\end{aligned}\right\}\tag{19}$$

在上述形式的坐标变换下，图 2 中的拱形体单元被变换成 ε，η，ζ 坐标系下的标准单元，如图 3 所示，实际单元与标准单元之间的坐标关系为

$$\left.\begin{aligned}r&=\frac{r_2-r_1}{2}\varepsilon+\frac{r_2+r_1}{2}\\ \theta&=\frac{\theta_2-\theta_1}{2}\eta+\frac{\theta_2+\theta_1}{2}\\ z&=\frac{z_2-z_1}{2}\zeta+\frac{z_2+z_1}{2}\end{aligned}\right\}\tag{20}$$

图 3 中标准六面体的 Lagrange 型形状函数为

$$N_1(\varepsilon,\eta,\zeta)=\frac{1}{8}(1+\varepsilon\varepsilon_i)(1+\eta\eta_i)(1+\zeta\zeta_i)\tag{21}$$

上式中 $i=1$，2，…，8。

单元内任一点的近似温度 $\widetilde{T}$ 由下面的插值公式来决定

$$\widetilde{T}=\sum_{t=1}^{8}N_tT_i\tag{22}$$

容易验证，坐标变换式(20)也可以转化成下列形式

$$\left.\begin{aligned}r&=\sum_{i=1}^{8}N_ir_i\\ \theta&=\sum_{t=1}^{8}N_t\theta_t\\ z&=\sum_{t=1}^{8}N_tz_t\end{aligned}\right\}\tag{23}$$

易知，在上述形式的变换下其雅可比矩阵为

$$\left.\begin{aligned}[J(\varepsilon,\eta,\zeta)]&=\mathrm{diag}\left[\frac{r_2-r_1}{2},\frac{\theta_2-\theta_1}{2},\frac{z_2-z_1}{2}\right]\\ [J(r,\theta,z)]&=\mathrm{diag}\left[\frac{2}{r_2-r_1},\frac{2}{\theta_2-\theta_1},\frac{2}{z_2-z_1}\right]\end{aligned}\right\}\tag{24}$$

由上式可知，采用本文提出的拱形体单元及相应的坐标变换后，能保持坐标插值函数与温度插值函数形式上的统一性，能保持形状函数形式上的标准型，又使得雅可比矩阵及其逆阵的计算变得相当简洁，为具体计算提供了极大的便利。

5. 基于拱形体单元的离散格式

将插值公式(22)代入到变分方程(11)中，得

$$I\{\widetilde{T}\}=\min \tag{25}$$

此方程等价于偏微分方程组

$$\frac{\partial I\{\widetilde{T}\}}{\partial T_t}=0 \tag{26}$$

上式中 $i=1$，2，…n. n 为区域上所有剖分节点数。

对单元(不含边界)泛函式 I_e 求偏导，可得

$$\begin{aligned}\frac{\partial I_t}{\partial T_t} &= \iiint_{\Omega e}\left\{\lambda_r\left[\sum_{i=1}^{8}\frac{\partial N_J}{\partial r}T_J\right]\frac{\partial N_t}{\partial r}+\lambda_\theta\frac{1}{r^2}\left[\sum_{J=1}^{8}\frac{\partial N_J}{\partial \theta}T_J\right]\frac{\partial N_J}{\partial \theta}+\lambda_z\left[\sum_{J=1}^{8}\frac{\partial N_J}{\partial z}T_J\right]\frac{\partial N_t}{\partial z}-qN_t\right\}\mathrm{d}\Omega \\ &= \iiint_{\Omega e}\left\{\left[\sum_{i=1}^{8}\left(\lambda_1\frac{\partial N_j}{\partial r}\frac{\partial N_t}{\partial r}+\lambda_\theta\frac{1}{r^2}\frac{\partial N_j}{\partial \theta}\frac{\partial N_t}{\partial \theta}+\lambda_z\frac{\partial N_j}{\partial z}\frac{\partial N_i}{\partial z}\right)T_J\right]-qN_1\right\}\mathrm{d}\Omega=0\end{aligned} \tag{27}$$

式中 $i=1$，2，…8。

将式(27)改写成矩阵形式，得

$$[K_\eta]_{8\times 8}\begin{bmatrix}T_1\\T_2\\\vdots\\T_8\end{bmatrix}_{8\times 1}=[P_1]_{8\times 1} \tag{28}$$

上式中单元系数矩阵中元素 K_{ij} 为

$$K_{ij}=\iiint_{\Omega_e}\left(\lambda_r\frac{\partial R_J}{\partial r}\frac{\partial N_t}{\partial r}+\lambda_\theta\frac{1}{r^2}\frac{\partial N_J}{\partial \theta}\frac{\partial N_t}{\partial \theta}+\lambda_2\frac{\partial N_J}{\partial z}\frac{\partial N_t}{\partial z}\right)\mathrm{d}\Omega \tag{29}$$

右端项元素 P_t 为

$$P_t=\iiint_{\Omega_e}qN_t\,\mathrm{d}\Omega \tag{30}$$

经过推导可得

$$\begin{aligned}K_{ij}=&\frac{(r''-r')(\theta''-\theta')(z''-z')}{8}\left\{\frac{\lambda_r}{(r''-r')}\frac{\varepsilon_i\varepsilon_j}{4}(r''+r')\left(1+\frac{\eta_i\eta_j}{3}\right)\left(1+\frac{\zeta_i\zeta_j}{3}\right)+\right.\\ &\frac{\lambda_2}{(z''-z')}\frac{\zeta_i\zeta_j}{4}\left[(r-r'')+\frac{(r'-r'')\varepsilon_i\varepsilon_j+(r''-r')(\varepsilon_i+\varepsilon_j)}{3}\right]\left(1+\frac{\eta_i\eta_j}{3}\right)+\\ &\left.\frac{\lambda_\theta}{(\theta'-\theta)^2}\frac{\eta_i\eta_j}{2}\left(1+\frac{\zeta_i\zeta_j}{3}\right)\int_{-1}^{1}\frac{1+(\varepsilon_i+\varepsilon_j)\varepsilon+\varepsilon_i\varepsilon_j\varepsilon^2}{[(r''-')\varepsilon+(r'+r'')]}\mathrm{d}\varepsilon\right\}\end{aligned} \tag{31}$$

$$P_{tj}=\frac{q}{16}(r''-r')(\theta''-\theta')(z''-z')\left[(r''+r')+\frac{\varepsilon_i(r''-r')}{3}\right] \tag{32}$$

式(31)中的最后一项积分项虽然可以得出精确计算公式，但实用上由于计算机字长有限所致。当 r'、r'' 比较接近时，应用精确计算公式将产生无法接受的误差，故推荐使用高斯积分法对

其进行积分。

对求解区域内所有单元进行分析，考虑边界单元上三类边界上的面积分，并对一类条件进行处理，最后可得一组关于域内各节点上温度向量[T]的代数方程组。求解该方程组，则可得域内各节点处的温度，并应用式(22)，得域内的温度场分布。

6. 实例验证

下面对上述计算模型进行实例验证：

算例 1 图 4 为一有限长圆柱体模型，设该柱体内的热源强度 Q，柱面上的散热系数 α 以及柱体内的传热系数 λ 已知，且设该柱体两端面为绝热面，周围介质温度 T_f 已知。在这种情况下，显然满足$\partial T/\partial\theta=\partial T/\partial z=0$，则由温度控制方程(2)可得此温度场的解为

$$T=-\frac{1}{4}\frac{Q}{\lambda}r^2+\frac{1}{4}\frac{Q}{\lambda}R^2+\frac{1}{2}\frac{QR}{\alpha}+T_f \tag{33}$$

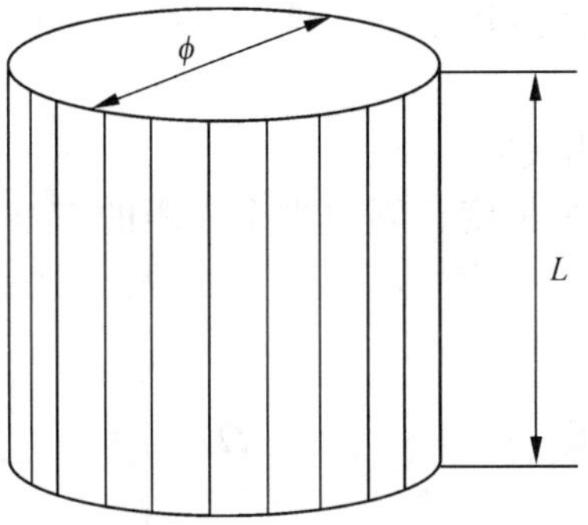

图 4 圆柱体区域

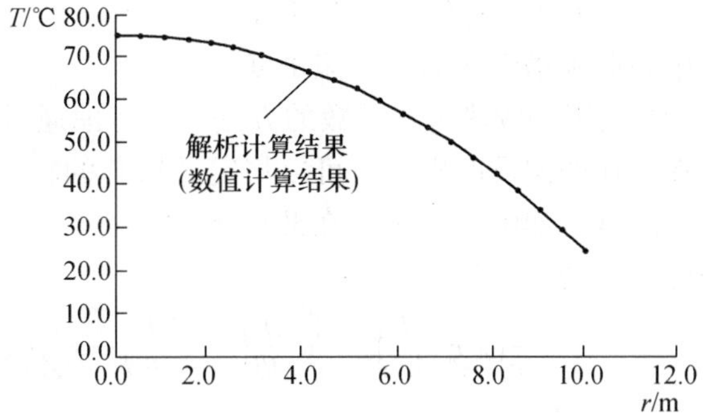

图 5 例 1 中解析、数值计算结果对比

若取 $\Phi=20$ m，$L=10$ m，$\lambda=10$ W/(m·℃)，$Q=20$ W/m^3，$\alpha=20$ W/(m·℃)，$T_f=20$ ℃，则数值计算结果与解析计算结果如表 1、图 5 所示。从图表中可以看出，数值计算结果与解析计算结果是吻合的。另外，通过数值计算可以验证 θ、z 方向上温度梯度为 0。

表 1 例 1 中不同径向位置解析、数值计算结果对比

r(m)	0.5	1.5	2.5	3.5	4.5	5.5	6.5	7.5	8.5	9.5
解析计算结果(℃)	74.88	73.88	71.88	68.88	64.88	59.88	53.88	46.88	38.88	29.88
数值计算结果(℃)	75.31	74.19	68.99	64.77	59.72	53.85	46.60	38.79	29.60	

表 2 例 2 中不同轴向位置解析、数值计算结果对比

r(m)	0.5	1.5	2.5	3.5	4.5	5.5	6.5	7.5	8.5	9.5
解析计算结果(℃)	29.75	37.75	43.75	47.75	49.75	49.75	47.75	43.75	37.75	29.75
数值计算结果(℃)	28.75	36.25	43.75	46.25	48.75	48.75	46.25	43.75	36.25	28.75

算例 2 计算域同算例 1，设柱体圆柱面为绝热面，两端面散热系数 α、热源强度 Q、传热系数及周围介质温度 T_f 均已知。此种情况下，显然满足$\partial T/\partial\theta=\partial T/\partial r=0$，则由方程(2)可得此温度场的解为

$$T=-\frac{1}{2}\frac{Q}{\lambda}z^2+\frac{1}{2}\frac{Q}{\lambda}Lz+\frac{QL}{2\alpha}+T_f \tag{34}$$

若取有关参数与例 1 中相同，则其数值、解析计算结果如表 2、图 6 所示。从图表中可以看出，两种方法所得结果相吻合，通过数值计算，容易验证 θ、r 方向的温度梯度为 0。

通过上述例子的验证，完全证实了本文提出的圆柱坐标系下有限元法计算三维温度场的数学模型的正确性和有效性。

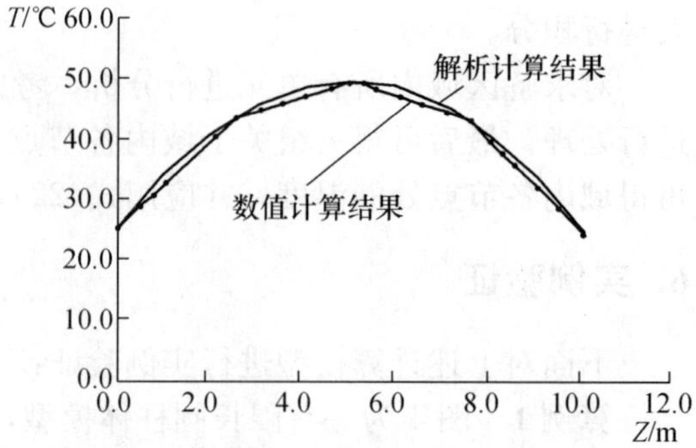

图 6 例 2 中解析、数值计算结果对比

7. 应用于大型水轮发电机定子铁芯温度场计算

作为实例应用，本文计算了 SF125-96/1560 型发电机的铁芯温度场。

为了简化计算，根据实际情况，作如下假设：

(1) 由于几何对称性和损耗分布的对称，在不考虑端部散热不均匀性的前提下，认为通过齿中间面和槽中间面的热流密度为 0。

(2) 应用等效热传导系数的方法，来考虑通风沟的散热效应。

在上述的假设前提下，可以将定子铁芯的轴向半个铁芯长度、周向半个齿距的三维区域作为求解域，如图 7 所示。在此区域内共存在三种媒质：定子铁芯、定子绕组及其绝缘体。此问题的控制方程为

$$\left.\begin{aligned}&\frac{1}{r}\frac{\partial}{\partial r}\left(\lambda_r r\frac{\partial T}{\partial r}\right)+\frac{1}{r}\frac{\partial}{\partial\theta}\left(\frac{\lambda_\theta}{r}\frac{\partial T}{\partial\theta}\right)+\frac{\partial}{\partial Z}\left(\lambda_z\frac{\partial T}{\partial Z}\right)+Q=0 && (\Omega)\\&\frac{\partial T}{\partial r}=0 && (134)\\&-\lambda\frac{\partial T}{\partial r}=\alpha(T-T_f) && (256)\end{aligned}\right\}\qquad(35)$$

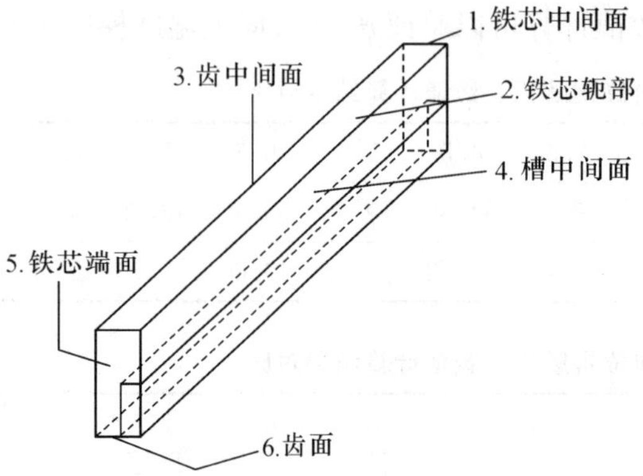

图 7 定子铁芯求解域

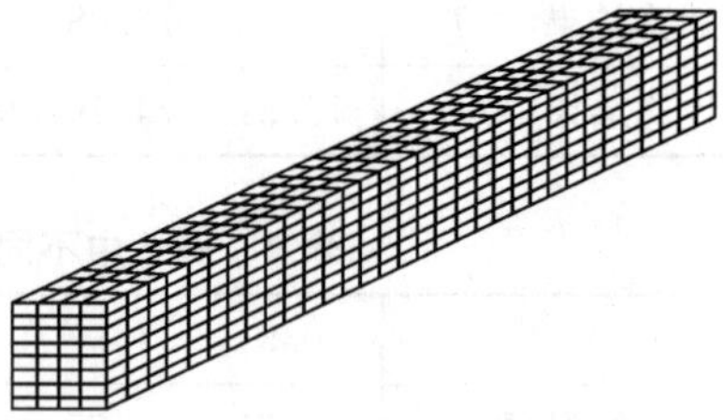

图 8 剖分图

由于此问题中含有三类条件，则根据式(35)中的讨论可知，此问题具有唯一确定的解。

求解域中定子铁芯为各向异性媒质，根据多层串、并联时导热系数的计算原则，可以得到各个方向的导热系数，由于铁芯中绝缘介质的导热系数较硅钢片中的导热系数小得多，故铁芯中轴向导热系数比叠片方向的导热系数小得多。

该发电机定子绕组是由矩形截面导体组成的条式线圈，绕组的各股线之间，上下层之间以及股线与槽内壁之间都存在绝缘，为便于网格剖分和减少节点，计算中采用了等效热传导

系数的概念，具体可参见文献[11]。

定子铁芯中的热源主要来自两方面：绕组铜耗和铁芯损耗，绕组中的铜耗可以在考虑槽漏磁场作用的基础上，应用损耗与电流密度及导电率之间的关系得到。铁芯损耗则须在电机电磁场计算的基础上，求得铁芯中的磁场分布，并利用所提供的损耗曲线求得。

本文应用波阵法计算了电机铁芯中的三维温度场分布。图 8 是发电机温度场求解域应用拱形体单元得到的剖分图。图 9 是计算所得的额定工况下，发电机铁芯上的温度分布图。表 3 是不同工况下各点温度计算值与实测值的对比。图 10 是铁芯各段背部轴向的温度分布，由表 3、图 10 可知，铁芯温度场的求解结果与试验数据是吻合的，其精度满足工程计算的要求。

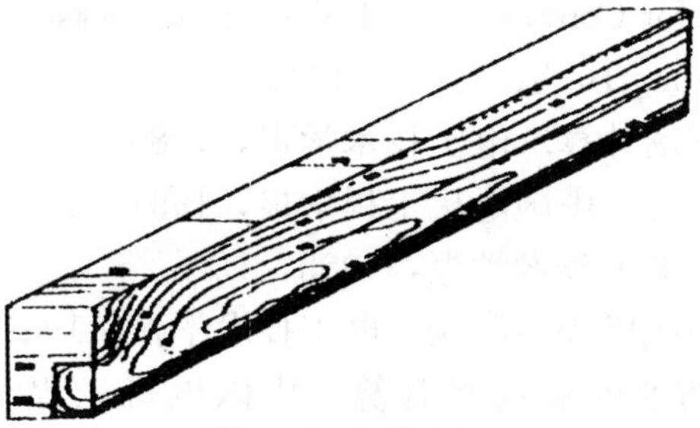

图 9　温度分布图

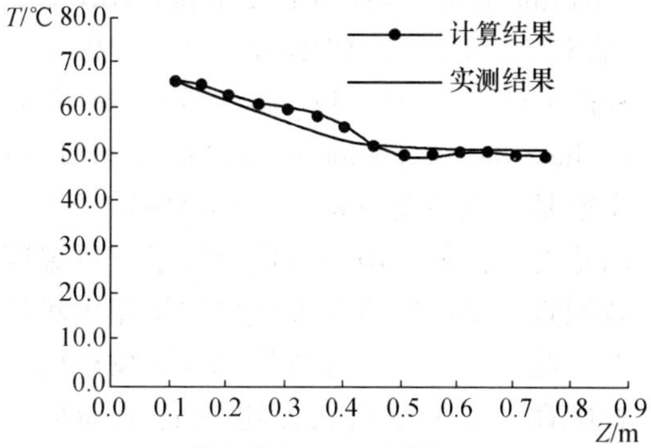

图 10　铁芯背部温度计算与实测结果
打"•"者为计算结果

表 3　各点温度计算值与实际值的对比　　**单位:℃**

工　况	1 实测值 (计算值)	2 实测值 (计算值)	3 实测值 (计算值)	4 实测值 (计算值)	5 实测值 (计算值)	6 实测值 (计算值)	7 实测值 (计算值)	8 实测值 (计算值)	9 实测值 (计算值)	10 实测值 (计算值)
下端一阶梯	29.7 (30.5)	35.2 (34.1)	33.7 (31.9)	34.9 (33.8)	39.5 (37.0)	44.1 (46.2)	51.6 (48.6)	48.8 (51.2)	48.0 (50.8)	57.1 (61.2)
下端二阶梯	28.0 (27.4)	33.3 (29.8)	33.2 (31.0)	34.0 (34.4)	38.3 (36.6)	42.9 (43.1)	49.4 (44.9)	45.4 (46.9)	44.4 (47.0)	51.6 (55.9)
下端三阶梯	28.7 (30.5)	34.0 (33.5)	34.6 (31.3)	35.6 (35.2)	40.2 (37.6)	44.8 (46.3)	52.0 (48.2)	47.8 (50.7)	47.1 (50.6)	55.2 (60.5)

工况 1：三相短路：I_K=4 718 A，if=570 A

工况 2：三相短路，I_K=6 000 A，if=714 A

工况 3：空载，U_0=13 800 V，if=867 A

工况 4：P=40 MW，Q=15 M var，I=1 760 A，if=1 041 A

工况 5：P=80 MW，Q=20 M var，I=3 040 A，if=1 170 A

工况 6：P=100 MW，Q=37 M var，I=4 240 A，if=1 357 A

工况 7：P=125 MW，Q=46 M var，I=5 240 A，if=1 503 A

工况 8：P=128 MW，Q=−42.1 M var，I=5 560 A，if=885 A

工况 9：P=128 MW，Q=−62.0 M var，I=5 760A，if=798 A

工况 10：P=128 MW，Q=−81.0 M var，I=6 840 A，if=738 A

8. 结论

本文提出了适合于电机三维温度场计算的有限元法模型。该方法计算精度高。计算表达式简洁，且无任何剖分误差，特别适合于电机等具有圆柱体结构区域的温度场计算，本文提出的方法具有较高的理论性和应用价值，适合于工程实际计算。

参考文献

[1] Armor A F. Heat Flow in the Stator Core of Large Turbine Generators by the Method of Three Dimensional Finite Elements. Part I: Analysis by Scalor Potential Formulation: Part Ⅱ: Temperature Distribution in the Stator Iron. IEEE Trans. Vol. PAS-95. No. 5, PP1648-1668. 1976.

[2] Sarkar D. Use of 3-Dinensional Finite Elements for Computation of Temperature Distribution in the Stator of an Induction Motor. IEE Proceeding B, Vol. 138, 1991.

[3] 李德基. 汽轮发电机氢直接冷却转子三维温度场计算. 电工技术学报，1986，3.

[4] 向德万. 汽轮发电机氢内冷转子三维温度场研究. 中国电机工程学报，1991，2.

[5] 曹国宣. 水内冷汽轮发电机转子温度场计算. 电工技术学报，1993，1.

[6] 裴远航. 用有限元方法计算汽轮发电机端部涡流场和温度场. 电工技术学报，1989，2.

[7] 曹国宣. 氢内冷汽轮发电机转子局部风路堵塞时温度场计算. 中国电机工程学报，1995，2.

[8] 杨寿敏. 汽轮机转子暂态温度场及弹塑性应力有限元分析及其应用. 中国电机工程学报，1990，4.

[9] 杜炎森等. 大型汽轮发电机端部三维温度场研究. 中国电机工程学报，1996，2.

[10] Zhang Wen-xun. Engineering Electromagnetism: Functional Method. ELLIS Horwood Limited, 1991.

[11] A. N. 鲍里先科. 电机中的空气动力学与热传递. 北京：机械工业出版社，1985.

第 3 部分

学科建设及会议发言

8 电机学科发展概述及有关会议发言

电机内部物理场的分析和计算(代导言)

1. 电机学科是电工类基础学科之一

19 世纪初，奥斯特·法拉第首先发现了电磁感应现象，提出了著名的电磁感应定理。在这一发现的基础上，人们致力于电力机械、输电线路的研究，为大量生产和利用电能开拓了新纪元。到 19 世纪末叶，各种基本的交、直流电机已陆续生产问世，发电和输电系统也初具规模，长期来作为动力源的蒸汽机和水轮机已逐步为电力机械所替代。与此同时，电机理论得到相应发展，许多学者写下了不少经典著作，逐步形成了完整体系，开拓了具有重大科学技术和经济意义的电机学科领域。

20 世纪的前 50 年，电机学科发展迅速，受到业内外的普遍重视，是最有活力的学科之一。60 年代前后，由于电子技术和计算机科学的兴起，世界各国学术界纷纷致力于现代科学技术的开发，曾一度放松了对机械、电力和电机等基础学科的重视。随着能源科学受到极大的重视，它与空间科学、生物科学、环境科学一起被称为当代四大科学。以电能生产和应用为研究对象的电力、电机等电工学科又受到各方面的关注和重视。近年来国内外在电工学科方面的学术活动和各类新型电工产品的研制开发又呈现新的活跃局面。

2. 必须充分重视大型发电机的研究工作

电力工业为工业、农业、国防等国民经济各个部门提供所需要的动力。它可以把煤炭、石油、天然气、水力和风力等自然界中的资源和储能，借助发电机转换为电能，然后再加以利用。

通常发电厂多位于燃料和水力资源开发地区，位置偏僻，为要远距离经济地输送大容量电能，需要用变压器将电压升高，而在用电区域又要用变压器降低电压。

随着科学技术水平的不断提高，电力工业不断发展，发电机和变压器的单机容量不断增加，这是大型电机制造工业的重要趋势。根据电磁计算，理论分析和实践证明，随着发电机的单机容量增加，每千瓦所需的材料降低、损耗减小、造价减低。同时，由于单机容量增加，电站的机组台数减少，厂房面积可缩小，工作人员也可减少，可节约基建投资及维护费用。

新中国成立前，我国几乎不能自行生产发电设备，新中国成立后，电力、电机工业得到了很大发展。目前已能制造 30 万 kW 以下水轮发电机组和汽轮发电机组的成套设备。但是，国产的 20 万 kW 大型机组制造和开发技术还需巩固，30 万 kW 机组制造和开发还需改进，60 万 kW 机组还在研制中。与世界先进水平相比较差距还很大，国外 50 万 kW 机组的生产技术已经相当成熟，百万千瓦甚至更大一些的机组也已成为现实。

长期以来，为了提高发电机的单机容量，人们在各方面进行了大量的工作。如改进绝缘、加强冷却、改进电磁设计、采用优质材料等。可以看出，无论是新材料、新结构和新工艺以及合理的电磁设计，都不单纯是一些工程实际问题，其中有不少深刻的理论问题值得进一步研究探讨。

我国有关部门决定引进 30 万 kW 和 60 万 kW 大型机组，引进是需要的，更应组织力量消化吸收这些设备的先进技术部分。目前，我国学术界应根据国家在电力、电机工业方面的近期和远期规划，配合建设需要，积极承担电机电磁场理论、电机设计基础理论、新结构及新材料研究以及测试技术等方面基础理论的探讨，以便使我国电机学科的理论研究和电机设备的生产水平迅速地适应我国四化建设的需要。

3. 电机电磁场的理论研究概况

自从世界上第一台电机问世以来，对电机内部电磁场性质及其工作状况的研究，历来是电机学科中的核心问题。在传统的电机理论中，习惯上把场的问题作为磁路和场路结合的情况来处理，利用简化了的经验公式、图表作近似计算，这可使分析和计算简化，由此也必然使计算结果存在着不同程度的误差。但是，随着大型电机和微特电机的发展，如实心转子电机、永磁电机、新型磁阻电机、直线电机等，引入了许多过去没有解决而现在又需认真解决的新问题。例如：大型电机端部漏磁场、直线电机的三维空间磁场、复杂磁路或不对称磁路的计算、饱和磁路计算、实心转子的磁滞涡流效应等都需急待解决。兹以大型电机为例，发电机的端部发热、振动，槽中部分的附加损耗、电晕现象，不正常运行时负序磁场引起的发热，以及大型电机的起动等，无不与电机内部的电磁状态有关。

自 20 世纪 60 年代计算技术迅速发展以来，数值解法逐步得到推广，并愈来愈受到重视，它的计算精度较高，能考虑复杂的边际条件。目前，二维场问题较易解决，而三维场问题的分析计算难度较大。

对于电磁场问题，国内外都进行了大量研究，论著甚多。考虑到我国经济建设的需要，以及事实上存在的与国外水平的差距，在电机电磁场理论方面有着甚多的具有现实意义的课题应该去探讨解决。

无疑，电磁场研究是一切电机基础理论研究的核心。除电磁场外，为要制造优质的大型机组，还必须重视对电机内部温度场和应力场的研究。

对此类理论性质课题，借助近代科学工具，已有可能进行深入的理论探讨和比较精确的数值计算。这些问题的研究，可以为电机性能改进、最佳电磁设计和机械设计等，提供可靠的理论基础和有益的资料数据。

4. 微特电机

第二次世界大战后，由于自动控制技术的发展，工业自动化和军事技术现代化的需要，各类控制电机应运而生。如伺服电机、自整角机、回转变压器、测速电机、力矩电机、步进电机等。有些系统对微特电机还提出了极高的精度要求，例如火炮控制、卫星跟踪、导弹发射以及精密机床、轧压装置、自动测试仪表等，都对控制电机的理论、结构、工艺等方面不断提出新的更高要求。

世界上对小型驱动电机的需求量极大，据有关资料统计，各工业先进国家每年小电机的产量达数千万台，从发展趋势来看，仍在不断上升。其原因一方面由于工作、农业、国防等生产机械的需要，另一方面日常生活用微电机数量猛增。家用电器、音响设备、汽车设备、电动工具、医疗设备、计时装置、各种自动装置等都需用小型电机。当前，国内外对小型电机的研究甚为关心，这是现代技术发展和人们物质生活水平不断提高所引起的必然趋势。但至今还有不少理论和实际问题需要解决。在这方面国产电机一般说还较落后，迫切需要就基础理论、最佳化设计、先进工艺等方面进行深入研究。

随着电子技术和微型计算机的发展，数字控制和增量运动控制技术得到运用，它对微特电机的性能提出许多新的要求。此外，采用适当的变流器件和控制器件，实现异步电机的复杂控制已完全可能。近10年来，国外在交流异步电机控制和系统的研究方面有着很大进展，国内有些单位也正开展此类工作，但基础理论方面的工作开展较少。可以说：功率电子技术，控制技术和微计算机的发展，为电机运行开辟了新的途径。

从以上简略说明可以看出，电机学科历史悠久，有着深刻的理论知识，也有丰富的工程实践。长期来，它在科学技术领域中占有重要地位，目前又与不少新兴科学和尖端技术有着密切联系。它在国家建设中具有重大经济意义。应该看到，随着生产的发展和科学技术水平的提高，它本身的内容也在不断地深化和更新。

为此，建议将以下内容列入教育部电工学科基础研究规划：

(1) 电机内物理场基础理论及测试实验的研究。

(2) 微特电机设计基础理论、运行分析及测试技术的研究。

(3) 微特电机的控制和应用。

南京工学院电机教研组

1983年9月

电工学科发展及我国电力、电机工业发展概况

1. 电机学科和电机工业的发展

电工学科，是以研究和应用电磁现象为主的技术科学，它包括了以电磁形式存在的能量和信息的产生、输送、量测、控制、使用、设备制造，以及事业规划等多方面的内容。随着科学技术的发展，无线电技术、自动化技术、计算机技术等得到迅速发展，它们又从电工学科中先后独立出去了，成为新的学科。这样，电工学科就成为除了分出去的一些学科之外，一切其他研究电磁现象的学科的总称。事实上，这些学科有着共同的学科基础，彼此之间有着密切的联系。电工学科的内容十分广泛丰富，对人类社会进步和人民生活改善有着重要影响，在当前，它对促进社会经济的发展有着重要的意义。

电机学科是电工学科的重要组成部分。

19 世纪初(1821—1831 年)奥斯特・法拉第先后发现了电磁感应现象，并提出了著名的电磁感应定理。在这一发现基础上，为了生产和利用电能，人们致力于电力机械、输电线路的研究。

1832 年和 1834 年先后制成了比较原始的直流发电机和直流电动机，这些设备主要供照明和电气化学之用。后来经过长期的不断改进，直流电机的结构得以逐步完善。在 1882 年时有了最初的直流输电系统，直流电机为 2 kW，电压 1 500～2 000 V，输电系统长 57 km。为了把较大的电功率输送至较远的距离，人们在 19 世纪 70 年代时就尝试用交流传输电能，但是直到 1889～1891 年经过一系列的研究、实验，才终于制成了三相电动机和三相变压器，建成了第一个三相交流输电系统，在爱因河畔的法兰克福城展出了这一系统，发电机容量 230 kVA，电压 95 V，经变压器升高到 15.2 kV，系统长 175 km，传输 200 kW，然后降压到 112 V，供给照明和电动机使用，电动机功率 75 kW。交流输电系统的建成是电力工业、电机工业发展的一个重要阶段。进入 20 世纪以后，在电气化基础上，大型工业企业不断集中，发展迅速，要求传输的功率不断加大，距离变远，电压等级变高，为适应社会进展，电力工业和电气设备在不断经历着巨大的变革和发展。

迄今为止，电力工业的发展已有 1 个多世纪的历史。从社会发展的历史来看，100 余年的历史不算太长，但是电力工业对于社会经济和人类生活的深远影响，可以清楚地显示出来。当前，大家都在关心着新的世界工业革命，即社会将发展到信息社会阶段，但是，如果没有能源和动力，社会的生产和人们的生活仍难以得到提高和发展。

2. 我国近几十年来电力、电机工业发展的概况

从 1949 年新中国成立 35 年以来，我国的电力工业取得了很大的发展。新中国成立以前，我国历史上最高的年发电量约为 59 亿度，1949 年为 40 余亿度，而 1981 年为 3 093 亿度，增长了 70～80 倍，每年增长平均 14.3%。装机容量 1949 年为 185 万 kW，到 1981 年装机容量

已达6 000万 kW 以上(不包括小型电站和小型发电设备)。单机容量过去最大的火电机组为2.5 万 kW，水电机组为 6.5 万 kW，目前最大的发电机组容量为 30 万 kW 和 35 万 kW 两种。电压等级也从以前的几万伏提高到 33 万 V 至 55 万 V。全国已经形成了 6—7 个大型电力网系统，容量有数百万千瓦到将近千万千瓦，并有进一步联网的趋势。

对表 1 中中国和世界有关国家年发电量和装机容量进行比较可以看出，1982 年中国在世界各国的序位：发电量为第 6 位，装机容量为第 8 位。

表 1　中国和世界有关国家年发电量和装机容量

国家	年发电量(亿度)			年底装机容量(万 kW)		
	1980	1981	1982	1980	1981	1982
美　国	23 561	23 651	23 137	63 078	65 201	66 673
前苏联	12 950	13 300	13 600	26 240	27 710	28 760
日　本	5 775	5 833	5 864	14 370	15 004	15 439
前联邦德国	3 688	3 688	3 673	8 725	8 958	
加拿大	3 667	3 883	3 765	8 200	8 376	
英　国	2 849	2 778	2 727	7 364	7 016	
法　国	2 465	2 643	2 659	6 286	7 100	7 390
意大利	1 858	1 816	1 837	4 682	4 773	
中　国	3 006	3 093	3 277	6 050	6 336	6 639

在装机容量中，美国的水电容量和核电容量均为世界首位。但是以在总容量中所占的比重来看，加拿大的水电占 59%，世界第一位；法国的核电占 31%，世界第一位，我国的水电装机容量约占总容量的 29%。

上述所知，中国的电力工业在新中国成立后的进展是很大的，但是从国家电气化程度来说，与世界先进各国比较，还有很大差距。从人均年发电量来看仅 309 度，在农村少数地区，尚缺乏电力供应，电力生产增长速度还赶不上生产发展需要，人均生活用电量很低，下面是一些国家人均生活用电量(单位为度)，以作参考比较。

表 2　一些国家人均生活用电量　　**(单位:度)**

国家	美国	前苏联	日本	前联邦德国	英国	波兰
1980	3 151	584	994	1 391	1 539	301
1981	3 143	584	1 031	1 408	1 435	
1982	3 145	619				

前苏联和日本工业用电量超过 60%，美、英、加三国的生活和商业用电超过 50%，前苏联农村用电占 10%，其他国家多数在 2%以内。

在电力工业的技术经济指标(技术水平)方面，以每度电平均煤耗(g/度)和输配电线路损耗率(%)来比较，可见下表：

表 3 一些国家年电力工业的技术经济指标

	年度	美国	前苏联	日本	前联邦德国	加拿大	英国	法国	意大利	中国
供电煤耗(g/度)	1980	378	328	339	340	383	383	350	330	448
	1981	378	327	337	348			353	332	442
	1982		327					355		438
线损率(%)	1980	8.4	7.9	5.8	4.1	9.3	8.1	6.8	9.1	8.9
	1981	7.9		6.0	4.3	7.2	7.7	6.6	9.0	8.9
	1982									8.6

我国每度电平均煤耗比先进国家多 0～100 g，线损与先进水平比较也偏高。

总的来说，新中国成立以来，我国电力工业在年发电量，装机容量、技术水平等方面都有很大的发展和提高，但是还远远不能满足我国工农业发展、人民生活供电等方面的迫切需要。

我国在积极进行四化建设，我们经济建设的总任务是要在 20 世纪末在工农业总产值方面要翻两番，即增加到当前产值的 4 倍左右。那么电力工业如何满足经济建设发展的需要，就成为我国领导和电力行业共同关心的重要课题。

电力消费的年平均增长率和工农业总产值的年平均增长率的比值为电力弹性系数。迄今为止，世界各国近十年的电力弹性系数都大于 1，其详情见表 4。

表 4 世界一些国家近 10 年电力弹性系数对比情况

年份	美国	前苏联	日本	前联邦德国	英国	法国
1970—1980	1.26	1.16	1.01	1.51	0.74	1.59
1950—1980	1.84	1.27	1.09	1.55	1.97	1.49

根据统计，世界各国的能源弹性系数(能源消费增长率和国民经济增长率之比)，一般都随着经济的发展呈现逐步下降的趋势。电力弹性系数与国民经济的增长率也有着紧密关系，但是随着国民经济的发展，有一个以电能替代非电能源和不断扩大用电范围的特点，因而到目前为止世界各国电力弹性系数都大于 1。

电力弹性系数与工农业总产值的每单位产值的电耗(亿度电/亿元产值)有直接联系。特别敏感的是工业用电方面的单位产值的电耗，例如耗能、耗电很大的钢铁和重化工行业在总产值的所占比重略减少，机械制造行业略上升，则在电力弹性系数上可以有所反映，即可以有所减小。当然，影响电力弹性系数的因素很多，例如：劳动生产率的提高，原材料的合理利用，可能使各类不同产值电耗有增有减，城市建设和生活用电的发展，又可能使弹性系数有所增大等等。

我国 1970～1980 年的电力弹性系数为 1.22。至于今后的电力弹性系数可能有三种情况，即大于 1、基本为 1 或小于 1，到 2000 年发电量的相应水平将分别为 13 000 亿度、11 400 亿度和 9 000 亿度。由此我们可以分析，这是一个与电力工业发展速度和国民经济发展速度有密切关系的重要问题，受到国家和各方面专家学者的重视。

在资源开发方面，我国水力发电资源的开发大约只有 4%，尤其是长江流域和西南地区有着丰富的水力资源可以利用。今后我国应多开发水电，发展核电，大力建设火电，以便使我国的电力事业能迅速的发展，以适应国民经济发展的需要。

我国电工设备的制造工业，在新中国成立以前是很少的，在新中国成立以后得到了空前的发展。目前我国已能制造30万kW以下水轮发电机组和汽轮发电机组的成套设备。330千伏以下的成套输变电设备，60万kW机组和50万伏成套设备也都在研制中。但是与国外先进水平比较还有差距。国外50万kW机组的生产技术已经相当成熟，百万千瓦甚至更大一些的机组也已投入运行。

长期以来，我国对提高大型发电机组单机容量的问题非常重视，有关专家和技术人员在这方面进行了大量的工作，如改进绝缘、加强冷却、改进电磁设计、采用优质材料等等。

到2000年时装机容量的增长数量还待确定，但是就按照我国1981～1985年电厂建议的总规模约为3 600万kW，计划投产运行1 300万kW的情况来看，每年平均要投产约250万kW以上。电力建设的周期比较长，一个较大的电站工程建设项目从开工到投产要4～8年，甚至更长的时间，还不包括工程的前期工作。这样，同期进行的电站建设的容量将在1 000万kW以上，这些情况还是目前统计的数据，还没有计及今后必会有递增数据。

我国已经有一批具有一定规模的制造大型发电设备和输变电设备的工厂企业，有一批相应的研究机构，今后要有计划地扩大制造能力，要提高产品质量，提高产品的可靠性和经济性，增加设备的品种、规格，降低成本，提高设备的成套性。要加强研究工作，引进必要的先进技术，逐步地使我国的电力电工产品达到世界先进水平，这些方面要做的工作很多，大型火电设备要更新换代，要引进核电设备的先进技术，要研制新型水电设备，要研制远距离超高压输电设备，等等。

中国在电力工业和电机工业方面，面临着发展新的高潮。

（1984年赴日本讲学讲稿之一）

略述我国微型电机发展的现状和趋势

1. 微型电机的分类

微电机是体积小，重量轻，能满足各种不同功能要求的小功率电机。微电机的类型品种繁多，应用面广，要求量大，近几十年来，在国内外已形成了一个专门的技术范畴。长期以来，在中国，习惯把微电机又区分为驱动微电机和控制微电机两大类，对前者主要重视它们的起动和运行力能指标，而对后者特别强调它们的性能精度和快速响应等。

西方各国在论述微电机时，一般不把控制微电机和驱动微电机分开来谈，常用微电机或小电机的称谓，把各种微电机都包罗在内。事实上，不少微电机是既属于控制电机又属于驱动电机，并无明确界线。

在英美欧各国，关于微电机的定义有着不同描述：

国际电工委员会术语 IEC50(411)，“折算至 1 500r/min 时连续额定功率不超过 1.1 kW 的电机”。

(美国)全国电气制造商协会 NEMA 标准和英国标准 BS5000，“折算至 1 000r/min 连续额定功率不超过 750 W 的电机”。

(前苏联)国家标准 OCT 16264-78 规定的功率范围为 1～750 W，对应最高转速为 3 000 r/min(异步和同步电机)18 000r/min(整流子电机)。

中国电工名词术语 GB2900・26，“一般折算至 1 000r/min，连续额定功率 750 W 及以下，或机壳外径不大于 160 mm，轴中心高不大于 90 mm 的电机”以上都是按照电机的功率和尺寸，从大型、中小型电机自然向下延伸来规定的。在西方国家中流行的“分马力电机”，通常也是指的这个范围的电机。

如果按照电机的用途来划分，IEC50(411)中把旋转电机分为一般用途、特定用途和特殊用途三种。这是国际上从 20 世纪 40 年代以来一致采用的方法，也适用于微电机。

1) 一般用途微电机

一般用途微电机(general purpose)，IEG411－03－35 规定：“按标准额定值设计制造电机，其运行特性和机械结构适用于一般工作条件，而不限于某一特定用途或某一类型的用途。

所称一般工作条件，按 IEC34－1 规定为：冷却介质温度不超过 40 ℃，海拔高度不超过 1 000 m,连续工作制(SI)，电源电压的工作波形为实际正弦波，多相电源为实际对称系统，电压值允许偏离额定电压±5%等。

这类电机包括微型的单、三相异步电动机(分相起动、电容起动、电容运转、双值电容、推斥式、罩极电机)，微型同步电机(磁滞式、永磁式、磁阻式、亚同步磁阻电机)，微型直流电机(并激式、串激式、复激式、永磁式)，微型交流换向器电机(单相串激、交直流两用)等。

在工业、农业、交通以及日常生活的各个方面，例如电动工具、医疗器械、仪器仪表、日用电器等都需要大量的各类不同的一般用途微型电机。随着国民经济的发展和人们生活水平的提高，这类电机的需求量不断上升，使用范围不断扩大。在各工业发达国家里，这类电机的年产量都以数千万台计，例如前苏联为1亿台，前联邦德国和日本约为5 000万台等。

2）特定用途微电机

特定用途微电机(definite purpose)，IEC411－03－36规定：“按标准额定值设计制造电机，其运行情况和机械结构适宜于某一特定类型的用途。”在美国标准NEMA和英国标准BS4227中都作了专门说明，它们适用于特定的场合，有专用电机的性质。

这类电机如泵用电机，潜水电机，纺织电机，林业用电机，船舶电机，矿山设备用电机，电扇、洗衣机、冰箱等专用电机等。对这类电机性能的要求与对一般用途电机的要求不同，例如：洗衣机电机的堵转转矩倍数一般为0.8～0.95，甚至更高，超过一般用途电机。纺织电机特性中的加速转矩很重要，起动转矩约4倍于负载转矩。潜水电机的密封性能要求极高等。这种电机常常在某些特殊环境条件下运行，例如易燃易爆，有腐蚀性气体和粉尘，辐射、虫蛀等，或者电源为非标准的，电机负载为周期变换等。

3）特殊用途电机

特殊用途电机(special purpose)，IEC4ll－03－37规定：“为某一特殊用途设计，具确特殊运行性能或特殊结构或两者兼有，并且不属于一般用途和特定用途范围之内的电机。”

这种特殊用途的电机品种极多，无法一一阐述，现举例如下：

(1) 电源变换电机，包含变频机、变流机、升压机等。它是为了满足在特殊场合下对电源性质的某种要求而设置的，它们的主要指标是输出电压、频率等的大小和稳定度。

(2) 计时电机必需恒速运行。直流计时电机的优点是效率高，转速与电压之间线性度较好，起动转矩大等。但为了提高转速精度还需要增加稳速器，稳速器有离心式、电子式、电子和机械振荡式。这种电机通常为永磁式，工作电压较低。交流计时电机一般为永磁同步电机，它的走时精度与电源频率有关，一般应有专用稳频电源。

(3) 高速电机应有专用中频电源供电，用于高速离心泵(60 000 r/min)、高速磨头(25 000—180 000 r/min)、尼龙抽丝(约100 000 r/min)等。这种电机的转子要进行精确的动平衡，转子圆周线速度应加以限制，一般为200 m/min，应选用闭口槽，气隙要小等。特别重要的是要使用特殊的轴承，甚至采用空气悬浮轴系统。

(4) 陀螺电机用于飞行或航海用的陀螺仪，作角速度指示器，为惯性测量元件。这种电机常用磁滞电机，也有用鼠笼式或实心转子式小型异步电机或永磁直流电机的。

(5) 在控制系统中用作检测或伺服元件的微型控制电机的品种很多，它们的工作特性较为特殊。一般对它们的性能精度和动态特性等要求很高。有时也称作精密电机，常用的有伺服电机、测速电机、自整角机、旋转变压器等。

“伺服电动机”一词在1899年已经使用，它在控制系统中作伺服元件用，伺服系统在工业、国防等方面应用极为重要，如通过遥控来操作鱼雷的方向舵，变换船舶引擎所啮合的齿轮传动装置等。直流伺服电机有印刷绕组式、动卷式、永磁式、串激式并激式、无刷式等等。前两种的转子惯量很低，响应快，机械时间常数可在10 ms以下，角加速度达20 000 rad/s^2

以上。低惯量电机和反馈环节可组成精密闭环控制系统。转子无铁心、无齿槽效应、导体均匀排列，这样有利于使电机所生的转矩平稳，适于匀速或低速运行。

表1 微型电机分类表

一般用途微电机	异步电动机	三相电动机
		单相电动机：分相式、电容起动式、电容起动和运转式、双值电容式、罩极式、推斥式、单相串激式
	同步电动机	磁滞式：单速或多速、内转子或外转子 磁阻式：单相或三相、亚同步磁阻式 永磁式
	直流电动机	串激式、并激式、复激式、永磁式、齿轮减速
特定用途微电机	异步电动机	泵用电动机、纺织用电动机、潜水潜油电动机、海洋及船用电动机、矿山设备用电动机、农林牧用电动机、洗衣机用电动机、化工用电动机
	同步电动机	计时用电动机
	直流电动机	玩具用电动机、电唱机用电动机、低电压车辆用电动机
特殊用途微电机	自整角机	力矩式：发送机、接收机、差动发送机、差动接收机
		控制式：发送机、差动发送机、变压器式
		多极式
	旋转变压器	解答器：正余弦、比例式、线性、特殊函数
		传输器：旋变发送机 旋变差动发送机 旋变变压器多极式
	伺服电动机	交流：鼠笼式、空心杯式、绕线转子式、实心转子式
		直流　电磁式
		永磁式：无刷式、印刷绕组、杯形电枢、无槽电枢、宽调速
	测速发电机	交流、脉冲、直流
	步进电动机	反应式、永磁式、永磁反应式
	力矩电动机	交流：鼠笼式、空心杯式、线绕式 直流
	低速电动机	反应式、谐波式、滚切式
	高速电动机	
	复合式电机	无刷直流电机、变频调速电机、锁相同步电机
	电源电机	变流机、变频机、升压机
	其他电机	

2. 我国微型电机工业的发展

我国的微电机工业也是在新中国成立以后，从小到大逐步地但是迅速地发展起来的。

从世界范围来看，第二次世界大战以后，随着工业技术的发展，工业自动化和军事技术现代化的需要，各类自动控制用微电机得到迅速发展。其中伺服电机、自整角机、测速发电机、旋转变压器等，无论在品种、数量和技术方面都有较大进展。并且它们多数是适应军事方面的需要而发展的，据有关文献记载，直至 20 世纪 60 年代初期，这些微电机的 90%都用于军事设备。自动控制系统对这些微型电机提出了很高的精度要求，在重量和体积方面也有苛刻限制。显然，在制造过程中对选材、工艺和加工精度都要求很高，因而这类电机的价格一般也很高。

我国原有的一些工厂，能够小批生产一些单、三相分马力异步电机和串激交直流电动机等。只是在新中国成立初期才建立了几个为国防工业服务的专门微电机工厂，之后又在上海、天津等地建立了微电机工厂。这些工厂当时除生产部分一般用途微电机外，着重生产控制微电机，其中多数为仿苏产品。如 u、cc、H、HC 有触点自整角机，无触点自整角机，2ACM 交流伺服电机，C 直流伺服电机，TR、TT、AT 测速发电机以及 CKBT 旋转变压器等系列。随后，在全国各地又陆续建立一些新的微电机工厂，在 20 世纪 60 年代初期，微特电机行业成为我国一个新兴行业。当时全国已有 20 余家微电机工厂。

随着国家经济发展，工农业生产增长，人民生活水平提高，对微电机的需求量越来越大，品种规格要求越来越多，因而微电机工厂也在不断增加。到目前，全国微电机工厂约有七八十家，职工约 2 万余人。

在微电机技术水平方面也有很大提高，60 年代中期，已从过去的仿制转入自行设计和进一步发展的阶段，建立了相应的研究机构，已初步形成了一个完整的工业体系。

此外，应该特别说明的是：这些工厂中的绝大多数，除了生产一定的控制电机外也都大量生产一般用途的驱动电机，并且其中的许多工厂也正是近期在生产一般用途驱动电机中建立和发展起来的。这是因为在我国目前对小型驱动电机的需求量很大，从发展趋势来看，仍在不断上升。其原因，一方面由于工业、农业、国防等方面生产机械的需要，另一方面日常生活用微电机数量猛增。后一因素在我国社会生活中具有相当大的影响。

大家知道，在一些技术发达的国家中，20 世纪 50 年代以来，家用电器工业已成为国民经济中的重要产业部门。近年来，家用电器工业产量大、产值高，在一般家庭中，家用电器相当普及。据统计，在 1978 年时，世界上主要家电总产量分别为：电风扇 4 000 万台、洗衣机 2 800 万台、电冰箱 3 800 万台、空调器 2 500 万台、吸尘器 3 200 万台。美国、日本、前苏联等国家每年的家电产品产量都在 400 万～500 万台以上。洗衣机普及率在日本为 93.8%，意大利为 84%，前联邦德国为 86%；电冰箱普及率在日本为 99.5%，美国为 99.8%，意大利为 95%。每一个家庭中家用电器使用的微电机数量，平均可达 20～30 台之多，在美国每个家庭用微电机有 30～50 台，这些都以直流电动机、单相电动机和罩极电动机为主，因为它们价格便宜、使用方便。

随着我国工农业生产不断发展，国家日益富强，人民生活水平也正逐步得到提高和改善。为了满足人们普遍增长的物质文化生活需要，减轻家务劳动，提高生活水平，在电气实用技术普及，电子工业迅速发展的情况下，家庭生活用具和文娱设备也将会逐渐实现电气化、电子化，家用电器工业会出现迅速发展的局面。

在几种常见家用电器中，电风扇已由过去的高档产品变为普通民用产品。城镇中已较普遍，并已开始进入农村。但是，从普及率看，与国外比较，差距仍然很大。洗衣机的生产历史较短，就全国来讲，仍处于发展的初始阶段，但发展很快。在一些大城市中，需求量增长迅速，那些物美价廉、质高耐用的名牌产品更为畅销。目前，洗衣机已受到人们普遍欢迎，但是普及率仍然不高。近来，对于那些家庭生活水平较高的用户，电冰箱也已成适销产品。至于空调器、吸尘器等，目前仍为集团使用产品。

1980 年轻工业系统关于几项主要家用电器的产量如下表所示。

家用洗衣机	15 万台	比 1979 年增长	7 倍
家用电冰箱	4.5 万台	比 1979 年增长	45%
电风扇	300 万台	比 1979 年增长	66%
电烫斗	300 万台	比 1979 年增长	23%

国家统计局关于 1981 年国民经济计划执行结果公报中，主要轻工业产品产量见下表。

电视机	539.4 万	比 1980 年增长	1.2 倍
收音机	4 057 万台	比 1980 年增长	35.1%
家用洗衣机	128.1 万台	比 1980 年增长	4.2%
家用电冰箱	5.56 万台	比 1980 年增长	13.5%
电风扇	1 050 万台	比 1980 年增长	45%

上海市统计局 1981 年公报中，主要轻工业产品的产量中见下表。

电视机	170 万台	比上年增长	59.3%
收音机	688 万台	比上年增长	65.8%
家电洗衣机	3.8 万台	比上年增长	3.7%
家用电冰箱	4 800 台	比上年增长	13.5%
电风扇	150 万台	比上年增长	37.4%

国家统计局 1982 年公报中，主要轻工业产品的产量见下表。

电视机	592 万台	比上年增长	9.8%
收音机	1 724 万台	比上年增长	−57.5%
家电洗衣机	253.3 万台	比上年增长	97.7%
家用电冰箱	9.99 万台	比上年增长	79.7%
电风扇		比上年增长	

国家统计局 1983 年公报中，主要轻工业产品的产量见下表。

电视机	684 万台	比上年增长	15.5%
收音机	1 999 万台	比上年增长	16%
家电洗衣机	365.3 万台	比上年增长	44.5%
家用电冰箱	18.85 万台	比上年增长	88.7%
电风扇		比上年增长	

从以上统计数字可以看出，我国近几年来家用电器中一些主要产品产量的增长速度是快速的。我国人口众多，有一个极大的潜在市场存在。在我国四化建设的进程中，新兴的家用电器工业会有广阔的发展前景。

显然，家用电器普及率提高，随之微电机的用量也将剧增。这是我国目前微电机行业发展的一个重要因素。

在微型驱动电机中，异步电机使用最为广泛，其中又以单相异步电机用得最多。单相电机为不对称供电，定子两相绕组一般也不对称，气隙磁场为椭圆形，性能显然没有对称电机的好。为此，可以利用磁路和电路的不对称来加以改善。目前不少单相电机都采用外形为正方形或八角形的冲片，以及一些特殊连线办法来改善单相电机的性能。单相电机的铁耗、附加损耗、附加转矩和起动转矩的计算都是比较困难的。

罩极电机结构简单，使用方便，但它的计算分析比较繁难。罩极电机的起动转矩小，效率较低。一般说，功率在 10 W 以内时，效率为 10%～15%；10～15 W 时，效率 15%～25%；50～150 W时，效率为 30%左右，它的磁场分布，参数计算，性能计算，谐波影响，气隙大小，短路线圈和磁桥结构对性能都有明显影响。

近年来，世界上有关技术刊物上登载了不少有关罩极电机的文章，一般都是探讨其磁场分布及结构形状，尺寸对性能的影响，以获得较准确的计算方法。这说明，直至现在，由于罩极电机成本低，牢固耐用，因而它的应用仍很广泛。

单相电机的调速也比较方便，有串电抗、串电容、绕组抽头及可控硅调速等方法。

微型同步电机中的磁滞电机有良好的起动性能和运行性能，但是磁滞材料较贵，工艺加工要求高，成本也高，一般在特定场合应用。

磁阻电机结构简单，但是它的力能指标低，因此它们的应用受到限制。但最近期间，新型磁阻电机出现，受到国内外普遍重视。

永磁同步电机近年来也有很大发展。

在驱动电机中，除交流电机外，微型直流电动机的应用也很广泛，例如缝纫机电机、吸尘器电机都有不少品种生产；电动工具中使用着各种规格的交直流两用串激电动机。有不少是用电池来供电的，例如电剃刀、电动玩具、汽车内电器等，这些设备需要便于移动或携带，常采用永磁直流电动机。对于直流电机来说，它们滑环上火花的大小、对无线电的干扰以及寿命、噪声等问题，都很重要，是直流电机的重要性能指标。

铁氧体电机结构简单、重量轻、体积小、效率较高、成本也低，便于大批量生产。因此近几年来在我国发展很快，在对电机性能要求不高的场合应用的相当广泛。例如在汽车上用的很多，它用作汽车暖风电动机，汽车刮水电动机，用于汽车上的电扇，空调、天线升降、气泵等等。在电剃刀、电动玩具等中用的很多。目前对磁瓦性能的研究也很重视。

我国生产的铝镍钴直流永磁电动机的品种也不少，力能指标较好，但寿命较短，有的产品性能还不够稳定。

稀土永磁是永磁材料发展中的一个重大突破。20 世纪 70 年代初期，美、日等国家已开始研制稀土永磁电机，稀土钴永磁合金的磁能积为铝镍钴的 3～5 倍，铁氧体的 8～9 倍。从 60 年代出现稀土永磁合金以采，它在各类电子设备、仪表、医疗设备、微特电机及大型电机等方面的应用越来越多。

我国稀土元素资源丰富，稀土磁纲的研究已达到国际先进水平[见《微特电机 1980 年 3 期》]，1983 年 9 月在北京召开了稀土磁钢及其应用的国际会议。目前稀土资源充分，四川、上海有关厂都可按需要供给，虽然价格还较贵，但稀土磁钢广泛应用的条件已成熟，它在永磁电机中的应用受到电机界的广泛重视。

计算技术迅速发展，在计算机外围设备中，如驱动磁盘、驱动磁头、打印设备等都需要微型电机。这类微电机应该响应快和精确度高。计算机的计算速度越来越高，微电机的快速响应是重要指标之一。计算机不断向微型化发展，磁盘存储量越来越大，轨迹越密，因此要求电机的定位精度也高。音圈电机、印制绕组电机等低惯量电机可以满足计算系统的需要。

录像和录音设备发展迅速，产量很大，它们对高性能直流电动机的需要量日益增多。在这些设备中，不仅电机的平均转速应该恒定不变，并且电机的瞬时速度也应该很稳定，就是说转速的抖动应低至 0.04%～0.05%。在这类电机中常采用稳速装置，稳速装置的类别有机械稳速、电子稳速和频率反馈稳速，后者的性能最佳，多用于高级录音机和录像机中。

据有些统计资料指出，直流电动机的机械故障占总故障的 72%。而电刷磨损所引起的故障占机械故障的 80%，因此直流电动机的工作寿命及可靠性在很大程度上与电刷的磨损情况有关。而无刷电机不用电刷和整流子，可以大大提高电机的寿命和可靠性。目前在不少高级录音机和录像机中都采用无刷直流电机，在一些高级电唱机中也采用这种电机直接驱动，在通讯卫星上也很适用。在音响设备中的直流电机，有刷式的工作寿命 1 000～2 000 h，无刷式则在10 000 h以上。无刷电机一般说体积稍大，有些音响用电动机的抖动度要非常小，它的电子整流电路中的某些元件对环境条件比较敏感。已在探索用集成块整流电路代替目前的分立元件电路，无刷直流电机已在向大功率发展，可达 2 马力，用途也在扩展。目前价格较高，因而它的使用也受到限制。

自整角机最早的专利是在 1879 年提出的，在 1914～1918 年战争中德国海军部门应用过，1927 年美国海军实验室也研制了自整角机。它的原理和结构是由线绕式交流电动机演变来的，多用于同步联系系统。最先为指示式自整角机，用于小功率的运动装置和远距离指示装置，例如远距离水位指示，船舰舵的角度指示等，这类电机只带轻的负载，精度偏低，接着为力矩式自整角机，能够带动负载，系统精度也能提高，第二次世界大战后，自控系统迅速发展，系统精度越来越高，对自整角机的研究、制造和应用都有很大进展。根据在系统中作用不同，有发送机、接收机、差动发送或接受机，当接受机还要带动一伺服系统以驱动负载时，接受机的职能是送出一与空间位置角相应的信息，这时为变压器式。

旋转变压器用于模拟计算装置中，进行平面和球面三角运算，矢量分解或合成，以及坐标变换等，它的性能对计算结果的准确度直接相关。当输入机械角 θ 变化时，根据输出电讯号与 θ 角的函数关系，可以有正弦、余弦、线性、比例式旋转变压器等。

直流伺服电动机具有控制性能好、效率高等优点，但是由于有电刷和整流子之间的摩擦接触关系，会产生火花，有无线电干扰，电枢的转动惯量较大，对系统的快速响应不利，它的应用受到一定限制。为了使直流伺服电机有更好的性能，即有更佳的机械特性、调节特性、更小的时间常数和更小的起动电压等，近年来，对直流伺服电动机进行了许多较大的改革。

除传统的永磁式和电磁式伺服电动机外，发展了印刷绕组、元槽电枢、杯形电枢、无刷等类型的直流伺服电动机，在快速动作，低速运行和起动以及低噪音和减小无线电干扰方面都有很大改进。

交流伺服电动机是最早发展的控制电机之一，产量较大，使用面也较广。鼠笼转子和非磁性杯形转子式电机各有优点。20 世纪 60 年代以来，一般采用鼠笼式电机较多，对这类电机希望降低价格、提高效率和降低起动电压等。有些国家的产品的起动电压为额定控制电压的0.3%左右。

测速发电机也是比较早就使用的电机，它的特性中线性精度非常重要。目前，不论直流或交流测速发电机，线性精度都比较高，直流达 0.7%，交流达 0.3%～0.05%。

步进电机很早就开始使用，过去发展缓慢，20 世纪 60 年代后发展迅速，主要原因为：一是由于数字控制系统的发展，需要用脉冲驱动装置，二是电子技术发展，为步进电机的脉冲供电电源提供了有利条件，这也使步进电机的运行特性得到很大改进。目前，步进电机仍处在不断发展阶段，在增量运动控制系统中，基本上都采用步进电机为驱动电机。提高步进电机的输出转矩，降低步距角、提高单位体积输出转矩，以及研究其控制线路都很受到重视。

力矩电机发展于 20 世纪 60 年代，进展也很快，一般采用多极结构，适用于低速甚至堵转状态下运行，可以直接与所带动的负载连接。有快速范围内，二调速范围广，低速运行时转速的瞬时精度约为 0.1%，在规定转速范围内，有快速适应的能力。

自整角机、旋转变压器、伺服电动机和测速发电机为最早发展的控制电机，它们的设计理论比较成熟，品种规格比较多，产量大，使用面也广。对于这些产品，主要是提高性能指标，以适应高精度的要求。

20 世纪 50 年代初自整角机的电气误差在 7～10 角分，或 5～7 角分之间，到 20 世纪 60 年代为 3～5 角分，通过改进设计和工艺，有些产品的电气误差可降至 20 角秒。旋转变压器输出的电信号与标准函数间的误差可达到 0.05%或更小。伺服电动机的主要性能指标是加速度能力，理论加速度达到 10 000 rad/s^2 的电动机即可作为伺服电动机，目前交流伺服电动机的理论加速度一般为 30 000～40 000 rad/s^2，最高可达 10 000 rad/s^2。测速发电机的线性精度一般可达 0.05～0.07。

传统结构的控制电机由于原有结构和原理的限制，进一步提高性能是相当困难的。因此，研制新原理、新结构的控制电机，以适应现代化自动控制系统发展的需要，显得很是重要。

例如多极自整角机和多极旋转变压器的精度有很大提高，电气误差达到5角秒。又如杯形转子印刷绕组直流电动机理论加速度最高可达250 000 rad/s^2 等。

3. 微型电机的发展趋势

综上所述，数十年来，我国微电机行业产品在数量、质量和品种方面都有很大发展，基本上可以满足国家建设和人民生活的需要。20世纪50年代仿制较多，之后，已经能够自行设计制造各类产品。尤其近期以来高等院校，研究单位和工厂企业的科研技术力量相结合，重视基础理论、最佳设计、先进工艺等方面的探讨，学术活动和新产品研制都呈现出新的活跃局面。

但是，在迅速发展过程中，常常也会有不足的地方。例如：① 除了统一设计的基本系列产品以外，不少产品的性能指标还较低，不够稳定，材料消耗较多，型号规格较乱，在标准化、系列化、通用化方面还要作大量工作，包括与国际标准比较；② 专业化生产的水平不高，专用设备少，工艺不够先进，生产率低，因而成本偏高，产品质量受到影响；③ 科学研究和新产品开发工作还需要加强等。

关于微型电机的发展趋势作简略的介绍。

控制微电机除了用于国防工业外，随着各种自动控制系统的发展，适用于民用工业的控制微电机受到重视，这就要求降低产品价格，延长工作寿命。

在特殊用途时，电机的结构和材料都需要专门考虑。例如，为了在高、低温情况下，设为－55～＋125℃环境温度下都能正常工作，那么就要选用耐高温的绝缘材料和耐高、低温的轴承滑润油脂；为了保证电机在高空可靠工作，电机的电刷与滑环的接触和电机的换向性能都必须良好，这些部件需要选用专门的材料；为了防潮、防霉、防锈蚀，就要用不锈钢，或进行必要的特殊处理。另外，在体积和重量方面限制很严，在运行精度和输出功率方面要求很高，这就要选用价格很高的永磁及其他有效材料。还有，加工精度高、品种多、批量小，都使价格增高。

在民用工业中，电机工作的环境条件比较正常，在加工和性能方面的要求也比较容易达到，因而可以简化结构，用普通材料代替贵重材料，工艺加工也较易，就可以大大降低产品价格。

在特殊用途时，对电机的工作寿命常常要求不高，例如几千小时；但对民用工业来说，一般希望工作上万小时，甚至要求长期工作，不低于一般电机寿命。为此，采用无接触结构，适当加大结构尺寸，合理进行电磁设计，都可使寿命相应提高。

对微型控制电机来说，除一般通用外，还用于军事、航天等尖端技术，以及各种自动控制系统中。因此，对它们工作的可靠性、精度、重量和体积，适应各种恶劣环境条件的能力等都有严格的要求。这类产品的发展动向有以下几点：

(1) 无接触结构

影响微型电机工作可靠性和寿命的主要因素之一是电刷与滑环或整流子之间的滑动接触，采用无接触结构是比较理想的。在通讯卫星上使用的机电元件的无接触化显得更为重要。20

世纪 50 年代，前苏联已有无触点自整角机等，但结构复杂，体积较大；60 年代，美国在这方面有新的发展，英、日等国也很重视。现无接触式自整角机和旋转变压器已有系列生产，并且性能和价格与接触式产品相差不大。

无刷直流电机已在通讯卫星系统和高保真度的音响装置中使用，我国对这类产品的研制极为重视，目前其价格较贵，影响推广应用。

(2) 组合式结构

在 20 世纪 50 年代末已有伺服和测速机组出现。之后，组合式结构得到很大发展，由简单趋于复杂，它可以把有关的控制微电机、放大器、精密齿轮等组成一体，这样可以使结构紧凑、体积小，并为使用者解决了电气元件和机械元件的配合问题，以及系统工作的稳定性等问题，使系统设计工作简化，便于调整，有一航空导航用伺服机构，包括 2 个自整角变压器、2 个伺服放大器、2 个伺服电动机、1 个差动自整角机、9 个输出自整角机、2 个输出电位器及精密减速齿轮等，总体积仅为 100 in(约 0.016 4 m^3)。

(3) 微型化

在伺服和各种控制系统中，电子线路和器件很小，目前已多采用集成化电路，控制电机就成为影响系统小型化的突出因素，通常便携式仪器仪表等也需要机电元件的微型化。采用高磁能积的磁化材料有助于直流伺服电机的小型化。电子手表的发展也要求步进电机微型化，需要超微型电动机。

(4) 快速响应和高精度

在计算机的外围设备中要求具有快速响应能力的伺服电机，在不少控制系统中也是如此，为了降低电机惯量和提高其响应能力，人们在微电机结构和使用材料方面作了许多努力。

在某些特殊条件下，要求有耐高温的控制微电机。

(5) 数字脉冲化

数字控制技术得到发展，但一般控制微电机为模拟式元件，在系统中应用时还要采用模-数或数-模变换装置，使系统复杂化。但是脉冲测速发电机和步进电机等则可直接用于数字控制系统中，在国际上受到重视。

目前电子技术和微型计算机的发展，对微型电机的技术发展有着很大的促进作用。印刷绕组直流电动机的低压电源，步进电动机的脉冲电源，无刷直流电动机的换向电路等都与电子技术的发展有密切关系。印刷绕组电机和步进电机，都是在大功率闸流管问世后，有了合适可靠也比较廉价的供电电源后，才得到更为广泛的发展。伺服电机的控制线路也与电子技术有着直接关系。目前，多有电机、控制线路和电源配套出售的，无刷电机的换向电路更是它的不可缺少的组成部分。电子整流电路替代传统的电刷和整流子结构，可以解决自有直流电机以来就存在的换向问题。电机的变频调速运行也在迅速发展。可以看出，微型电机和电子技术的综合开发应用，将是今后电机学科中的一个重要课题。

目前，已广泛应用计算机对微电机进行设计、分析、控制和试验，计算机辅助设计可以大大缩短计算时间，并可以进行多变量计算，在大量计算基础上选取最佳的设计方案。以往在电机设计时，要作许多简化和忽略，采用许多经验数据和曲线；计算机计算时，可以建立较精确的电机运行数学模型，使计算结果与电机实际性能很接近，这可以减少样机试制工作量，加速新产品的发展。

应用计算机可以对电机性能的计算和分析进行较系统全面和深入的探讨。用计算机控制电机测试，可以省时、准确，避免差错等。

在驱动电机方面，高效(节能)微电机的发展值得特别重视。电能为目前主要能源之一，据统计，工业发达国家中全部发电量的一半以上用于电动机运行上(美国1976年占64%)，因此提高电动机使用效率对节能有重要意义。有人提出，20世纪80年代电动机发展口号就是“效率”。当然，对于微型驱动电动机来说，也是重要的。

提高使用电机效率的主要途径是降低各种损耗，铁芯中涡流和磁滞损耗、绕组铜耗、轴承等的摩擦和风耗、杂散损耗等。要选用较薄和性能较好的硅钢片，增大绕组导线截面，改善通风设计，选用优质轴承，机械加工精度高等，这些都使成本变高。但把生产成本和使用维持费用综合起来考虑，计及寿命的延长，高效电机还是有良好的经济效益的。

我国能源的开发还满足不了社会发展的需要，人口众多，生产发展很快，微电机的需要和使用数量迅速增加，节能问题一直是各方面十分重视的问题。

总的说，我国电机工业在建国以后的数十年中有了很大的进步，但是与先进国家的生产和技术水平比较还有不小差距，也满足不了社会建设迅速发展的需要。因此，我国的电机工业还有待于进一步积极地迅速地发展。

电机学科历史悠久，包含着深刻的理论知识，也有着丰富的工程实践。长期来，它在科学技术领域中占有重要地位，目前，又与不少新兴学科和尖端技术有着密切联系，它在国家经济建设中具有重大经济意义。随着生产的发展和科学技术水平的提高，它本身的内容也在不断地深化和更新。

(1984年在日本讲学稿之一)

电动车课题研究策划与开发

在20世纪70年代末及接着的一段时间，我们对“新型磁阻电机”的理论以及它的应用和开发，做了比较系统、完整，也比较深入的研究。因此，在80年代初，当英国一旦推出“世纪新结构电机”——“开关磁阻电机”，这一在原理和结构上都有明显创意的新型电机时，我们就对这一新课题非常重视，迅速进行了初步研究，主要从理论分析、设计计算、样机试制和实验等方面着手，接着又进行了比较系统的理论分析、优化设计和控制系统改进及完善等研究。在英国里兹大学，是先研究磁阻电机，结合电子控制新技术，推出开关磁阻新电机；在东南大学亦然，即先研究磁阻电机，在得知有关信息后，立即进行开关磁阻电机研究。可以说，这不是偶然巧合，而是一种有科研规律性的事例。

除研究新型磁阻电机、开关磁阻电机及系统外，我们还开展了对永磁电机、步进电机、无刷电机、新型异步电机、各种新型实用电机的理论、开发、应用研究等，也取得比较满意的成果。

在70～80年代，随着新技术的不断涌现和发展，高等学校的教育科研事业也在迅速发展，我们在开展“电机与控制”新理论、新研究、新产品研究的同时，也非常关注国内、国际新形势、新科技以及社会新需要的信息和趋势。

结合对开关磁阻电机的研究和实践，结合社会新科技的发展和需要，在80年代中期，我们对电动自行车、电动汽车的研究课题开始关心和重视。经过多年来的信息收集、关注、思考、评估和研究，结合对磁阻及开关磁阻电机、永磁电机、无刷电机等的研究和应用，我们提出了对电动自行车、电动汽车这一新科技的综合性现状、理论、技术、趋势、前景、问题、解决方案等的研究意见和报告。

这里的两篇文章，是80年代末写的内部参考资料，很快已过去了近20年，社会进步和科技发展很快，电动车情况已有了很大变化和发展，但在这些报告中所论及的基本情况、观点和意见，仍然有着很大的生命力。为此，仍将其公之于世，作为有识者参考、采用！

电动自行车发展现状及特点

1. 发展状况

电动自行车是一种介于自行车和轻骑之间由电动机驱动的代步工具。它的主要优点：① 比自行车舒适、省力；② 与轻骑相比，噪音低、无污染，所用直流电源可以在夜晚低谷用电时充电，社会效果好，节省开支；③ 具有机动性，又保持了自行车的方便和灵活。这些优点使电动自行车与其他轻便交通工具相比，具有明显独特的优势。

随着我国经济的发展，汽车已进入一些富裕家庭，但对于广大市民来说，在目前和今后一定时期内，仍然是不易实现的事情。而轻骑、摩托以及目前在一些城市风靡的助力车，都带来噪音和污染，并且非常浪费燃料，在目前油料供应有限、社会环境保护受到重视的情况下，它们的性能有待改进，它们的发展也会受到限制。

在 20 世纪 70 年代初，由于世界石油危机，美、英、日、德等国积极拨款支持发展电动自行车。但随着石油危机的缓解，因这些国家汽车很普及，汽车的舒适、速度和行程都占绝对优势，因而电动自行车的发展受到影响。近来，在一些国家：如西欧，为了保护环境，减少车辆拥挤，又在提倡用自行车代步。

我国在 70 年代末 80 年代初，不少单位已开始电动自行车的研制工作，在 1983 年已有样机甚至小批量产品问世，但终因电机和电池技术未能达到预期要求，形成不了市场，研制者悄然停滞下来。

近年来，由于环境保护和节能的需要，对电动车辆的研制和发展，在世界范围内，得到了广泛的重视。在美国、日本、德国有些城市和地区，已有电动汽车在正常行驶，取得了令人鼓舞的进展。在我国，根据我国经济发展、城市建设、人民生活改善等的实际现状，在开展对电动汽车研制工作的同时，对广大市民所关注和欢迎的电动自行车的研制也恢复了活力。

最近，我们专程赶赴上海，参观了 1996 年中国国际自行车展览会，有来自中国内地、印度、意大利、日本、英国、中国香港、中国台湾等国家或地区 300 多家厂商参展，以促进我国自行车行业进一步迅速发展。在展品中，已有十余家展出电动自行车产品：上海 3 家、福建 2 家、张家港 2 家、山东 1 家、广州 1 家，还有中国台湾 2 家、意大利 1 家。实际上，上海 1 家、张家港 2 家、广州 1 家也都是台湾来的配件和技术，福建 2 家未注明。真正自己研制的看来不多，只上海 1 家和山东 1 家。近期，中国台湾在沿海一带在积极推销产品，这说明电动自行车又一次引起了人们的关注。

2. 特点

研制电动自行车大致有以下几个问题：电池问题、电机问题、起动变速安全控制问题、车身设计问题、交通管理部门认可问题以及市场开发问题等。这些问题需要统筹考虑，以便总的决策，当然，在考虑中也要根据具体情况，对每个问题分别予以研究处理。

电动自行车性能的特点是：

(1) 它主要是机动，但也能脚踏，两套系统同时存在。

(2) 驱动系统用蓄电池，希望蓄电池寿命长，比容量大(重量轻些，体积小些，储电量大些)，工作可靠，使用方便，充电方便等。希望一次充电后，能持续的行程长些，同时也要有一定的过载能力，就是说，电动自行车主要在城市行驶，但也要有一定的爬坡能力。满足这些要求，既要有高质量的电池，也要有高效的电机。

(3) 车体要轻便，造型要美观大方，舒适，又要安全，这主要是车体设计问题，但与控制操作车子的起动、变速、减速、刹车等有密切关系。

对于电动自行车的性能指标，目前没有统一的标准，指标项目可大致罗列如下：

① 车身重量，带电池重量，载重；

② 一次充电后持续行程 30～40 km；

③ 正常行驶速度 10～24 km/h；

④ 电机结构形状盘式为主，额定功率 180～250 W；

⑤ 电机的效率、力矩；

⑥ 蓄电池的储电容量、结构、形状、尺寸；

⑦ 蓄电池的寿命，保证充放电次数，充电方法；

⑧ 电机类型，减速机构问题；

⑨ 车身造型、尺寸，车胎选择；

⑩ 控制器性能。

对于电动车辆来说，蓄电池问题是很重要的问题，人们一直在追求研制出寿命长、比能量高的新产品，这样电池可以轻些、小些、持续工作时间长些、过载能力大些、结构上便于充电，在车辆上安装要得体，以适应广大使用者的需要。20 世纪 80 年代，为了配合电动自行车的研制，我国一些蓄电池厂作了不少尝试，使电池的寿命和比能量有所提高，但仍然很难达到便于电动自行车正常行驶的程度。国内外对此都作为重要课题进行研究，瞄准电动汽车开发推广的趋势，国外不少集团在深入研究这一问题。根据报导，在世界电动汽车开发竞争中，日本最为领先，前不久日本的丰田汽车公司开始销售一种新型的用镍氢电池的电动汽车，一次充电行程 250 km，比一般铅酸电池增加 0.5 倍，寿命 6～7 年，比铅酸电池长一倍。又据报导，日本动力系统公司等新研制成功一种长寿电池，由电容及专用电路组成，寿命是普通电池的 30 倍，很适合于电动自行车用。

又据报导，法国很流行电动汽车，已在 22 个城市试行电动汽车营运，电力公司与汽车制造商联合成立了开发结构，法国现有电动汽车 1 500 辆，政府与生产厂商签定协议今年生产 7 000辆，预计本世纪末，将有 10 万辆在公路上行驶。美国通用汽车公司的电动汽车已成批生产，在加州等地已有上千辆行驶，加州已用法律形式规定电动汽车今后的发展进度。美国和日本等国的各大汽车厂家都在竞相研制电动汽车。显然，这些先进国家对电池的研究和成果已经能够达到基本满足应用的阶段。最近又报导，3M 公司开发的固态蓄电池可使电动车行驶 480 km。从以上例子看出，为了电动车辆的需要，世界各国都在大力研究开发高性能的蓄电池。已经有了可资应用的成果，也还在追求新的开发和更为满意的成果。

最近在上海 1996 年自行车展销中展出的电动自行车，无一例外地都还采用铅酸蓄电池(有少数也说明可用镍镉蓄电池)，充电一次的行程大约是 20～30 km，寿命大约一年多，换一个售价大约 200 余元人民币，这显然还不能让人满意地采用。

有了蓄电池，并不是一切问题都解决了，这只解决了电动车的“粮食”问题。电动车本身的开发研究工作很多，在当今开发电动车辆为大势所趋的时代，坐等电池问题完全解决之后再去开发研究电动车，显然是坐失良机的事。

从这次1996上海自行车展览情况看，电动自行车所用电机有三种类型：大多数仍选用永磁直流电机。这种电机寿命不够长，需要维护，但目前比较通用，价格也较便宜；个别厂家采用了印刷绕组式电机，这种电机寿命短，很难说是一种合适的选择；有两家(国外1家)选用了永磁无刷直流电动机，这种电机无滑动接触，效率高，便于控制，寿命也较长，但控制部分的结构较为复杂，价格也要高些。从优选和发展的观点来看，以第三个方案较好。电机与控制器部分应一起研制，为电动自行车的关键部件。

车体结构的设计，一种是在原来自行车基础上改型设计，一种是采用轻便摩托助力车类型。要注意外形、强度、舒适、轻使等，又要实用方便，适应用户购物心理。在家电行业中，目前已注意到，用户购买家用电器，不仅注意到它的性能指标，还注意它的装饰价值，甚至一些企业单位购买仪表及加工设备，也还注意它们的外形设计，更何况人们购买一辆经常随身用的新型电动交通工具。

安全问题非常重要，是用户和交通管理部门首先关注的问题。

我们也可通过Internet(国际信息网)进行检索，试图了解国外有关电动自行车的技术、生产和市场等方面的情况，由于通道拥挤，检索速度甚慢，未得到满意的结果。

3. 问题

(1) 对电池问题如何决策。

(2) 电机和控制器问题。

① 完全依靠引进技术和设备，快速上马；

② 依靠国外的技术和资料，自己开发；

④ 购置国外主要部件，组装销售。

(3) 车体问题。

① 运用原有自行车改装；

② 专门设计，结合考虑今后批量生产。

(4) 生产问题。

4. 样车研制所需经费初步估算

(1) 资料、出差、购车、购电池等：8万元。

(2) 电机及控制器研究及加工：10万元。

(3) 车体改装及加工：8万元。

东南大学电机及控制研究所

1996年10月20日

电动汽车发展的现状、前景和对策

1. 引言

自从德国卡尔·本茨在1886年发明制造了世界第一辆汽车后，世界汽车工业已有了100多年的发展历史，在近50年，特别是最近20年，世界汽车工业得到了蓬勃发展。目前，世界汽车每年总产量约5 000万辆，而全世界拥有的汽车总量已达5亿辆。

原来汽车制造和销售市场多集中在美国、德国、法国、英国和意大利等西方工业发达国家，日本在20世纪70年代趁世界两次严重的石油危机，大力开发多用、节能、低价的家用汽车，由此其汽车工业得到迅速发展，打破了西方大汽车公司对市场的垄断。接着韩国汽车工业也迅速发展，以价格低廉为特点，大力出口，开拓市场。当然包括中国在内的一些其他新兴国家的汽车工业也在不断取得进展。

美国汽车占有率目前每千人约430辆，西欧360辆，到21世纪初还会有所增加，不断更新换代对汽车生产也有重大影响。据说，在我国目前私人购买汽车已经超过250万辆，预计2000年进入富裕人家，2010年进入普通人家；据国外统计，我国目前汽车占有率每千人3辆，到21世纪初可达30辆。

总的说来，世界汽车工业还将会迎来新的繁荣，主要的动力在于亚洲、拉丁美洲和非洲，一些新兴国家和发展中国家经济的发展，居民生活水平的提高，在经济条件许可时，对汽车的需求就会有大量的增长。

汽车工业发展，汽车数量剧增，给人们带来了方便，但同时给社会也引发了环境污染、燃料供应紧张、交通堵塞、交通事故等一连串急需认真对待和解决的问题。以世界拥有4亿辆轿车来计，每年消耗汽油7亿吨，而排放的有害物质就有2亿吨以上，约占空气污染物总量的61%。在大城市中，汽油和柴油汽车带来的空气污染就更为明显、严重。这不仅只是污染环境，损害人们的健康，由此产生的大量CO_2，还会引起温室效应，使地球逐渐变暖，对人类有赖生存的地球自然环境将会有深远的有害影响。这是世界环保组织和人们普遍极为关注的重大问题。

目前，世界各大汽车公司、电力部门、交通部门、国家经济计划部门都在非常关心无污染、低噪音、节能类汽车的研究和开发工作。电动汽车的开发成为人们关注的一项有非常重要意义的中心议题。

早在20世纪初，世界上已有电动汽车的存在，迄今它已经是几经兴衰。在20世纪70年代，由于世界范围的石油危机，电动汽车得到重视和发展。现在由于环境保护和能源问题，又再次兴起对电动汽车的重视、研究和发展。

近年来，正是由于前述原因，世界各国，特别是欧、美、日等国纷纷兴起开发电动汽车热，并且从法律、政策、财政、减免税等方面资助、鼓励开发、生产、使用电动汽车。可以说，电动汽车是当前世界各国环保部门、电力部门以及汽车制造业、电池制造业共同关心、共同投入、共同研究开发的产品。目前，在一些工业发达国家已经有批量生产，在不远的将来，预计会有大批量电动汽车生产。它是解决人们交通问题的绿色产品，将会形成一种新的产业。

2. 电动汽车的发展现状

1）电动汽车的组成

从广义上说，电动汽车是以电动机作为原动机行驶的汽车。目前研究开发的电动汽车都是用蓄电池来提供电能的。电动汽车大致上由5个部分组成：

（1）车身（或车体），包括减速机构、差动机构、安全制动机构、刹车系统以及刮水机构等；

（2）蓄电池组，由功率电池系统和辅助电路电池系统组成；

（3）驱动系统，包括电动机、电动机调速装置、再生制动控制器等；

（4）驾驶控制系统，包括电池能量管理系统、电子差动系统、车速自动控制系统、导航辅助系统等；

（5）其他辅助设备，车载充电器、冷暖空调器、电动门窗、音响设备、照明系统等。

此外，为了推广电动汽车，还需要得到电力供应部门的配合，建立电池快速充电站网络。这些充电站可建于停车场，允许多台电动汽车同时快速充电，或在夜间停车时缓慢充电。

2）各国发展概况

（1）日本

早在1965年日本就开始研制电动车，于1967年成立了日本电动车辆协会。到1994年，全日本约有电动汽车1 300辆。目前，日本东京电力公司研制开发的4人座电动轿车，是世界上最先进的一种电动车，该车采用镍镉电池（NiCd），最高时速176 km/h，充电一次行程548 km，车体采用碳纤维复合材料，重量轻，车体的风阻和车轮阻力都很小，但造价昂贵，难以进入商品化生产。日本大发公司开发的1人座电动车，能在一般道路上行驶，最高时速45 km/h，充电一次需要8～10 h，持续行程约30 km，利用通常100 V电源即可以充电。Nissan公司开发的FEV电动车，使用NiCd电池，可快速充电，充电时间缩短为15min。艾姆西公司推出的电动车的充电时间更短，只需7～10 min。值得一提的还有日本四国电力公司开发的YONDEN电动车，它采用了4台轮式无刷直流电动机直接驱动方式，并配合各轮独立的驱动控制装置，具有一般汽车达不到的就地旋转或横向行驶的功能，它采用电子差动器取代机械式差动器，主要数据，见表1。

表1　YONDEN电动车采用电子差动器后主要数据

	项目	主要数据	备注
尺寸	全长	4.126 m	小型汽车
	宽	1.671 m	
	高	1.603 m	
	车轴距	2.730 m	
	轮距 前	1.400 m	
	轮距 后	1.400 m	
重量	空车重量	2 200 kg	
	定员重量	4人	
	总重量	2 420 kg	
性能	最高时速	100 km/h	
	爬坡能力	30%	$tg\theta$
	最小旋转半径	1.6 m	就地旋转时以恒速40 km/h行驶
	一次充电行驶距离	200 km	

YONDEN电动车是应用轮式电动机、四轮直接驱动的典范，也是世界上最先进的电动车之一。

(2) 美国

美国开发电动汽车比日本晚，但他们推出的电动汽车在综合技术性能方面超过了日本。1993年11月，福特公司研制出“环保之星”Ecostar双人座电动汽车。该车载重量453.6 kg，由钠硫(NaS)电池供电，续驶行程为160～208 km，用220 V电压充电，充电时间约6 h。当时，克莱斯勒汽车公司已经有50辆Teven电动车在进行路试。通用汽车公司也推出了50辆双人座电动车——“冲击”Impact作长期实验，该车代表了美国电动车的目前水平。该车在高速公路上最高时速达128 km/h，一次充电行程144 km，该车采用三相异步电动机，最高转速为18 000 r/min，峰值功率达102 kW，而电机仅重67 kg。研究开发电动汽车的工作在美国进展较快，到1995年初，美国正在公路上行驶的电动汽车已有2 300辆。

(3) 法国

法国是电动汽车研究、开发投入最大的国家，1995年已有电动车正式上市。其代表性产品有雪铁龙公司1992年研制的“希特拉”电动轿车，采用NiCl电池，时速40 km/h时的续驶里程为210 km，在城市中使用行驶里程为110 km，连续最高时速为90 km/h，瞬时最高时速为110 km/h，加速到时速50 km/h的时间为8.5 s。车子的特点是采用模块结构，从保护环境出发，凡可以利用的塑料零件都标有记号，以便反复利用。另一代表性产品是雷诺公司1992年10月研制成的“支姆”电动轿车，它是专为城市上、下班而设计的，能够在狭小空间停车，使用NiCd电池。“支姆”电动轿车在市区续驶里程约为150 km，当时速为50 km/h时，则为260 km，加速至50 km/h需时6 s，电机为交流同步电机，由Matra Automobile公司制造，功率为25 kW。目前，法国在使用的电动汽车保有量在1 500辆左右。要解决的首要问题是停车场和夜晚充电等问题。法国很可能率先进入无污染的汽车时代。

(4) 德国

从事电动车开发的厂商有奥迪、宝马、MAN、奔驰、Neoplan、大众、Ford、OPEL等公司。从事高能电池及电机开发的厂商有ABB、AEG和西门子等。其代表性电动汽车有Benz 190小型车，采用Na/NiCd电池，最高时速达115 km，续驶里程150 km。其最有特点的研究是采用燃料电池的电动车。目前DAMRA Benz公司采用燃料电池的样车可行驶500 km，最高时速达145 km/h。而燃料电池的体积和重量比其他电池小而轻。目前，德国电动汽车保有量约为500辆。

(5) 英国

英国可以说是世界上电动车最早发祥地之一。目前，其低速电动车(含电瓶车)的保有量仍属世界首位。1991年统计，计有：① 牛奶运送车27 000辆；② 扫路车1 000辆；③ 乘用车100辆；④ 空港用车250辆；⑤ 轮椅车55 000辆；⑥ 急救车500辆；⑦ 改良型电动车450辆；⑧ 工业用货车120 000辆；⑨ 空港内货物搬运车50辆。

此外，还有北欧诸国如荷兰、挪威、丹麦、瑞典、瑞士，以及意大利等国也正在进行电动汽车的研究工作。

(6) 我国及香港地区

面对各发达国家研制开发电动车的情况，早在20世纪80年代我国有关方面已提出并着手开发电动车。目前，我国已开发出16座面包车，电池采用密封铅酸电池，由20个12 V，165 A·h(5h)组成，总电压为240 V，电池总重1 080 kg。采用无刷直流电机，功率为22 kW，最大功率43 kW，6 000 r/m，电机控制器逆变器采用IGBT。最高时速为80 km/h，爬坡能力为12%，加速到40 km/h需要14 s。一次充电续驶里程为120 km，时速40 km/h。香港大学开发的U2001电动轿车为5人座，采用NiCd电池，每个6 V 140 A·h，总共44个，总计264 V。电动机采用永磁无刷直流电机，额定功率30 kW，最大功率45 kW，最高转速11 000 r/m，最高时速110 km/h，续驶里程为176 km，时速88 km/h，爬坡能力为30%。装有车载充电器，车上还配有语音导航系统和热泵温度调节椅，蓄电池配有电池能量管理系统。

3）电动汽车技术现状

（1）车体

由于蓄电池技术水平的限制，目前要求电动汽车的车体尽量轻，空气阻力要小，轮胎的摩擦系数也要小。车体现在一般有三种：

① 采用燃油汽车的车体改装；

② 采用铝合金支架、塑料外壳或玻璃钢外壳；

③ 专门为电动车设计的车体；

④ 用碳纤维复合材料。

电动车在最大车速$v_{e\max}$(km/h)时所需的功率$P_{e\max}$可由下式表示：

$$P_{e\max}=\frac{1}{\eta_T}\left(\frac{GFv_{e\max}}{3\,600}+\frac{C_DAv_{e\max}}{76\,140}\right)$$

$$v_{e\max}=n_{e\max}\times R\times 0.377/i_0$$

式中，G——车重；

η_T——传动系统效率；

A——汽车迎风面积(m²)；

i_0——主减速比。

f——车行驶时滚动阻力系数；

C_D——空气阻力系数；

R——车轮半径(m)。

根据公式可知，为了减少电动汽车所需的电动机功率，需要尽量降低车重G，空气阻力系数C_D，汽车迎风面积A和车轮滚动阻力系数f。因此，除了车体采用轻型材料外，也采用特制的低滚动阻力轮胎以及根据空气动力学专门设计的低空气阻力系数和小迎风面积的汽车外形。

（2）蓄电池

蓄电池是目前电动汽车发展和广泛应用的主要制约因素。美国三大汽车公司(福特、通用、克莱斯勒)和能源部共同组建了“美国先进电池财团”，计划在3年内投资26亿美元开发电动车用的新一代电池。而性能优良，运行可靠，价格低廉，可被人接受的蓄电池不易研制出来。一旦此类电池研制成功，电动汽车的广泛应用即指日可待。下面将电动汽车目前使用的电池作一分析，见表2。

表2 电动汽车使用电池的主要技术指标

电池类型	铅电池		NiCd	NdS
	开启	密封		
公司名	克劳拉依道	藏恒奈固	ABB，SAFT	克劳拉依道
型号	3ET205	6V160	STM500	PB
重量能量密度(wh/kg)	33	32	57.5	150

续表 2

体积能量密度	70	65	104	
充电时间	8	8	6.5	10
过充电率(%)	15～20	1	13	10
能量效率(%)	68	89	76	91
重量功率密度(W/kg)	93	127	191	98
寿命	1 000	500	2 000	600

(3) 驱动电机及其控制

电动汽车的电机及其驱动系统(包括调速控制装置)是电动车关键技术之一。

早期电动车常采用直流串接或直流并接电动机，稍后采用永磁直流电动机，用晶闸管斩波驱动控制。近年来，各种形式的交流调速装置已进入实用阶段，包括交流异步电动机、永磁同步电动机、永磁无刷电动机、开关磁阻电动机等。控制器的逆变器大多采用高性能的IGBT 器件或 IGBT 智能模块，并大多采用高性能 16 位以上的单片机或微处理器进行控制。表 2 是美国通用汽车公司关于电动车 4 种电机 6 项技术指标的评价。

表 3　电动汽车用电机的技术指标

类别	直流电动机	元刷电动机	开关磁阻机	异步电机
最高效率(%)	85～89	95～97	90	91～94
10%负载时的效率(%)	80～87	73～82		93～94
最高转速(r/min)	4 000～6 000	4 000～10 000	15 000 以上	9 000～15 000
单位输出功率成本($/kW)	20～30	5～20		2.75～5.0
配套电子装置相对成本	1.0	3.7～6	4～10	2.5～3.0

(4) 驾驶控制和辅助设备

为便于用户随时掌握电池的工作状态和延长可行驶的里程，一般均需配备电能量(类似油量)指示器，并提示驾驶人员以何种速度行驶可延长续驶里程。为了驾乘人员的安全，除了电动机系统可以实现能量反馈控制外，还需加装电伺服真空泵，以控制机械式制动刹车装置。

为便于晚间充电，大多电动车都配有随车充电器，它可以用最佳充电方式充电，延长电池寿命。

对于高性能的电池，电动车还会配备智能量管理系统，确保电池的寿命和延长一次充电的续驶里程。

对于高级电动车，一般都配有热泵型温度调节器，确保驾乘人员的舒适感。

为使电动车能按照行驶里程最短的路线行驶，在电动车上还配备语音导航系统，以帮助驾驶人员选择最佳路线。

3. 电动汽车的前景

随着人们对环保问题的日益重视，各国政府纷纷要求汽车制造商开发、推广电动汽车供用户使用。为保护环境，美国加利福尼亚州当局于 1990 年 9 月立法，至 1998 年加州销售的汽车配额中有 2%必须是电动汽车(约 4 万辆)，到 2001 年必须有 5%是电动车(10 万辆)，到

2003 年必须有 10%是电动车(20 万辆)。随后美国东北 12 个州和华盛顿哥伦比亚特区都已效法加州，作出类似的立法。有人估计，实施大气环保法规后，在 2001 年美国电动车的的销售量约有 85 万辆。

在日本，1991 年 10 月通产省公布了以 2000 年为目标的电动车普及计划，到 2000 年日本电动车将普及到 20 万辆，年产量 10 万辆。

在德国，由科技部批准和投资建立了电动车试验区，总投资 4 000 万马克，其中国家投资2 200万马克，其余由企业提供。从 1992 年 10 月起开始对约 60 辆各种类型的电动车在试验区进行研究性试验，这些电动车包括轿车、面包车、货车、大客车，是由 5 大汽车公司奔驰、大众、欧宝、宝马和纽普兰分别提供的。到 2 000 年年产量预计 10 000 辆。

目前，法国在使用的电动车保有量在 1 500 辆左右。三大公司打算在 1996 年生产电动车共5 000辆左右(标致、雪铁龙各 2 000 辆，雷诺 1 000 辆)。法国政府打算到 1999 年末或 2000 年初，使电动车行驶保有量达 10 万辆。

其他国家如英国、意大利均有可供出售的电动汽车，北欧诸国如挪威、丹麦、瑞典、瑞士、荷兰也在积极开发电动汽车。

目前，我国电动汽车的研制还流于“拼凑”或“改装”，还达不到轻型化、低噪音的要求，甚至可靠性问题还未能解决，这将直接影响电动汽车的使用和普及。目前，国家科委和计委已将电动车的研究列入国家计划，并组织具体研究开发。从 1993 年起，国家科委确定开展的国家十大重点科技工程中，电动车工程已于当年 6 月底优先启动，在广东设点，建立电动车试验区和示范区，争取依靠地方力量实现电动车的产业化。但实事求是地说，国产的车在车体、电池、电动机及其控制器等关键技术与商业化批量生产电动汽车的目标上，还有相当大的距离，还有许多工作和技术问题有待研究、开发。香港地区是电动汽车的积极推广和使用的地区之一，为了降低空气污染和噪音，政府部门已在九龙地区开辟电动出租汽车试验运行区，从政策和税收上给予扶持。

4. 对策

为赶上国际上电动汽车的发展水平，早日在我国推广和应用电动汽车，减少大气污染，改善人们的居住环境，特别是大城市的生态环境，有必要积极组织力量研制和生产电动汽车。目前我国在汽车整体设计和制造水平上还落后于世界水平，在电池方面除铅酸电池外，我国还没有其他先进电池供电动车使用，在电力电子技术，尤其是可靠的器件方面相对落后，所以在我国研制、开发电动汽车将会遇到更多的困难。这项工作很需要政府部门和电力部门在政策和财政上的支持。具体对策主要以下几方面：

1) 争取政府部门在政策上的支持

政府部门尤其是科委、计委和环保部门，应该对电动汽车开发项目优先立项，提供一定的启动资金和无息贷款。从另一方面讲，电动汽车的开发和发展(作为龙头)也将会带动一批相关行业和技术的发展。由于电动汽车的广泛应用将会使电力部门受益，电动汽车的夜间充电将会提高电力系统夜间负荷，减少日夜峰、谷负荷的差距，提高电力系统的效益和稳定性，所以应该争取电力部门的支持和帮助，比如提供资金，帮助建立快速充电站和夜间充电网络，为电动汽车的推广应用提供基础设施。在销售时，降低税收和附加费用。对生产厂家进行减免税等措施来扶持电动汽车形成产业。

2) 车型选择

针对我国目前在城市汽车与自行车并存的交通现状，在市区的汽车车速一般只有 30～50

km/h，平均日行驶路程为100 km/日，加上因道路拥挤和停车场少的关系，个人小汽车的发展会受到一定的限制。因此，在我国目前比较适宜于发展小型电动公共汽车、每日行车路线固定的轻型电动货车，例如邮政货车、牛奶货车和肉类、蔬菜等轻型货车。在条件允许时，当然也可以发展大中型电动汽车、高性能电动轿车供单位、机关和出租车在市区内使用。另一个可以做的工作是发展高性能(高效率、高可靠性、易于操作)的各类电瓶车和电动车，在机场、火车站、码头、厂区和仓库推广应用，也可减少局部地区的空气污染。

3）车体

（1）采用现有汽车的车身进行改装；

（2）采用先进材料和技术进行专门研究设计，如采用轻质铝合金支架和热塑性塑料等。

4）蓄电池

由于目前电池技术发展的限制，又为了使电动汽车的价格对用户说可以接受，目前可以先采用价格较低的密封铅酸、循环使用的电池，当更先进的电池出现后，再予更换。镍镉电池是目前可以采用的另一种电池，但价格非常昂贵。

5）电动机及其驱动控制技术

根据我国目前已有的电机及其驱动技术的水平和国际电动汽车技术发展的水平来看，可以采用的方案有：异步电动机、无刷永磁直流电机和开关磁阻电机三种调速系统。除电机本身外，很关键的问题是要研制出可靠的控制器和高速位置传感器。在起步阶段，为要尽快推出产品，也可以采用斩波器控制的有刷永磁直流电机。

6）辅助设备

根据需要，研制电池能量管理系统、电量指示器和车载智能充电器，从而便于驾驶，延长电池的使用寿命。

5. 研制小型电动公共汽车所需经费预算

研制1～2辆样车，该样车为16座，最高速度80 km/h，一次充电行程150～250 km，爬坡能力约20%。时间约2年，最终产品价格为10万元/辆。其所需经费如下：

（1）车体	20万元(含改装费)
（2）蓄电池	5万元
（3）电动机及控制器	20万元
（4）电池智能管理系统	10万元
（5）充电器	10万元
（6）专用测试仪器和设备	50万元
（7）材料消耗和出差费用	20万元

根据我校的实际情况，又为了尽快开发出电动汽车的产品，我们建议最好能与汽车制造厂商合作，共同进行。

东南大学电机及控制研究所

1996年10月20日

百年校庆 80 年系庆大会讲话

各位院系领导，各位系友！

在东南大学(南大、东大等九所高校)热烈庆祝百年华诞之际，我校电气工程系来自全国各地的 700 多位校友和校内老师、同学，欢聚一堂，共同庆祝我们的校庆和系成立 80 周年的系庆，能够参加这次盛会，非常高兴。借此机会，向远道而来回到母校的各位系友表示热烈欢迎，对各位系友长期以来对母校和系的关心，以及在工作上所给予的支持和帮助，表示衷心感谢！

我们系是本校历史最悠久的系科之一，历史上可以追溯到 20 世纪 1923 年，当时，由茅以昇教授等联名倡议，老东南大学(1921～1927 年)领导批准，建立了电机、机械、土木三个系，至今已经过了 80 多个年头。

历经各位前辈、老师们，艰苦创业，辛勤耕耘，我们系的建设、教学、科研等工作，都取得了很大成绩，系的声誉可说是知名于海内外。数十年来，我们毕业了许多同学，大多数走向社会，献身工作，成绩卓著，不少系友为革命工作和祖国建设做出了重大贡献，也有不少系友远渡重洋，负笈国外，事业有成，为国争荣。至今统计起来，我们毕业和在校的系友，已有 5 000 名之多。

我是 1944 年，在重庆沙坪坝，考取中央大学电机系的。当时，考入中央大学很难，考入电机系更难，可谓是“百里挑一”，报名全校有数万人，录取数百人，约占 3%左右。一年级在柏溪，二年级在沙坪坝，直到 1945 年抗战胜利，1946 年学校迁回南京，1948 年毕业。

在校四年，感受最深的是：① 中央大学当时是全国最高学府，教学、师资、学术皆属一流，是国内外校誉很高的学校；② 电机系的教师队伍很强，学习课程的内容很先进，学生学习平均成绩也很高，很重视实验室建设，系的建设发展很快，是最受当时同学们羡慕的系。

例如，我们在校学习时，教电工基础的是程式教授(德国柏林工业大学博士)，教电机学的是萨本栋教授(美国麻省理工学院博士)，教交流电路的是陈宗善教授(麻省理工学院博士)，教无线电是陈章教授(美国普度大学硕士)，教热工学是钱钟韩教授(留学英国、瑞士)，教计算方法是顾毓秀教授(麻省理工学院博士)等。由此可见，本系对优秀教师队伍的建设是非常重视的。教画法几何、投影几何是史宣教授(最早赴美留学生)，至于金工学、机械学、物理、数学、外语等课的教师，也都是资深教师或有名教授。这些老师学识渊博，治学严谨，品格高尚，不仅传授知识，还启示我们如何做人。

可以说，当时，我们选择报考电机系，报考中央大学的电机系，并由此得以一生从事于电机学科事业的建设和发展，至今事实证明，这一选择是很正确的，也是很幸运的。

我们一直都很怀念我们的系、感谢教过我们的老师们，怀念在大学学习时美好、丰富的生活，当时的系友、级友、同学们，随着年龄的增长，这种怀念和感觉也会愈深！

南京一解放，我就被党组织调回到母校工作，原来的中央大学改名为南京大学，由于工作需要，我参加过当时南京大学学校初期的恢复和建设工作。院系调整时，又参加过南京工学院的筹建工作。南京工学院一经建立，我就回到系里工作，直到现在，已经过去了50多个春秋。

大家知道，我们电机系有悠久的历史。新中国成立前，我们系在高年级时，有电力组和电讯组之分；新中国成立后，1952年南工成立时，由原电机系分出了无线电系，1954年，电机系和机械系热机部分合并，成立了动力系，1958年前后，动力系增建了自动控制专业和计算机专业，后来又分离出去，单独成系。之后，动力系又经历了将近30个年头，于1984年我们又从动力系分离出来，独立建制，成立电气工程系，直至今日。

几十年来，我们系，随着国内外形势的变化，国家建设的发展，科学技术的进步，我国高等教育事业的不断进步和发展，我们学校和系也在不断的发展！

这一次，在省委、省政府的关注和支持下，我们召开了学校百年庆典大会。江泽民主席发来了贺信，在贺信中指出："九所高校一脉同源，有着光荣的革命传统，长期以来在我国革命、建设、改革中做出了突出成绩。"在贺信中希望："高校认真贯彻党的教育方针，面向现代化，面向世界，面向未来，以培养高素质创新人才为根本任务，传播先进文化，增强创新能力，攀登科学高峰，在回答和解决中国现代化进程中面临的重大理论和实际问题上有重大的作为。"还希望："广大青年学生学习和继承我国知识分子热爱祖国、服务人民、追求真理、献身科学的高尚精神，勤奋学习、加强修养、提高本领，努力担负起振兴中华的历史使命，创造无愧于时代和人民的业绩。"

江泽民主席在贺信中，对学校的过去和工作作了很高的评价和充分的肯定，对当前的学校领导和青年学生寄予了殷切的希望。

这些年中，深感学无止境，特别是在社会、科技迅速发展的今天，认识到21世纪的社会是学习型社会、信息型社会、国际型社会，学习已成为生存的需要。对于老年人来说，应尽力不断地学习，活到老学到老。相信，我们的系友们在各自的岗位上，将会坚持学习，努力工作，以优异成绩走向新时代，担负起振兴中华的历史重担，为祖国作出更大贡献；也相信，我们的系在预期的将来一定会在教学、科研、学术和人才培养等工作方面，创造出新的更大的辉煌！

谢谢！

周　鹗

2002年6月于南京

第八届国际电机与系统会议在南京隆重召开

本报讯 2005 年 9 月 26 日上午，第八届国际电机与系统会议在南京国际会议大厦酒店开幕。我校电气工程系系主任程明主持了开幕式，校长顾冠群院士致开幕词。我校电气工程系 81 岁的知名电机专家周鹗教授，中国电工技术学会关志成理事长，美国 IEEE 工业应用学会前会长、美国威斯康辛大学 Bob 教授分别致辞。

本次会议主席由周鹗教授担任，国际知名学者 Bob(美国)，D. Howe(英国)，Soo-Hyun Baek(韩国)，Tadashi Fukao(日本)，担任会议副主席。参加这次会议的有来自美国、英国、韩国、日本、伊朗、印度、法国、香港等 28 个国家和地区的 400 多名学者。本次会议组委会创纪录地收到 28 个国家和地区的 1 028 篇论文摘要，经过二轮评审，最终精选了 550 篇论文，出版了论文集和光盘。会议论文数量、质量和到会人数都取得破纪录的好成绩。

（原载《东南大学校报》）

“第八届国际电机与系统学术会议”开幕式致词

各位尊敬的来宾，各位亲爱的同事，女士们，先生们!

首先，请允许我代表这次大会(的主办单位)，向前来参加“第八届国际电机与系统(学术)会议”的各位代表，表示热烈的欢迎和崇高的敬意!

今天，是大会开幕的一天，也是非常值得纪念的一天，很高兴有机会来主持这次大会的召开!

大家知道，去年，在韩国济州岛的 Ramada Plaza 宾馆，由韩国电工学会，成功地举办了国际电机与系统 2004 年会议。不少代表亲身经历了那次会议，会议的整个历程、会议所提供的环境条件以及招待服务，给予大家很大的欣慰和鼓励!

今年，国际电机与系统 2005 年会议，在南京由东南大学组织召开。这次大会得到了中国电工技术学会(CES)、中国电机工程学会(CSEE)、韩国电机工程学会(KIEE)和日本电机工程学会(IEEJ)的支持和帮助。美国电机与电子协会工业应用学会经过协商，自 2001 年起与中国电工界开展了很好的合作活动。

国际电机与系统会议，最初起始于 1987 年在北京举办的北京国际电机会议(BICEM)。会议由清华大学、中国科学院电工研究所主办，中国电工技术学会、中国电机工程学会赞助。会议期间，召开了有关几所高校及研究单位的协商会议，就今后学术会议召开的时间、地点、主办单位等达成了原则性的共同意见，希望每隔四年分别在不同城市举办一次会议。其后，会议名称更改为“中国国际电机会议(CICEM)”，1991 年在武汉、1995 年在杭州、1999 年在西安都成功地举办了会议。2001 年在沈阳举办会议时，由于情况发展，会议名称进一步更改为“国际电机与系统会议(ICEMS)”。

2001 年，中国电工技术学会与韩国电机工程学会达成协议，共同支持 ICEMS 的活动。2002 年，日本电机工程学会也被邀成为共同支持 ICEMS 活动的单位，由此，使得国际电机与系统会议，发展演变成为在电机与系统技术领域、具有广泛国际意义的学术会议之一。

ICEMS 2005，将为展示和讨论电机与系统领域先进的前沿课题，提供良好平台，会议与相关企业保持着密切联系，可以进行科研成果的交流。

本届会议的组织委员会，邀请了比往届更多的专家和学者。

参加这次会议的，有来自 28 个国家和地区的 500 多位专家、教授、大学生和工程技术人员，大家共聚一堂，研讨和交流电机与系统领域有关的理论研究和实用技术问题。

通过会议，与会者可以得悉许多新近的信息，分享许多前沿课题研究的成果，并与本领域许多有名的专家和学者建立起友好联系。

组织委员会将致力于促使 ICEMS，能成为本领域具有高水平、高质量的会议之一，能够在信息交流和技术发展方面，起到更大更广泛的影响。

作为本届会议主席，在这里，特向这次会议的所有各位参加者、报告人、投稿人、主持分会的专家学者以及提供研究成果和各种信息的朋友们，表示衷心的感谢！

在这里，还要特别感谢那些为与会代表提供支持和帮助的人，有关机构、学校以及研究单位等。

我衷心地希望，在会议期间，您和您的同事和朋友们工作顺利，身心愉快健康！

谢谢！

周 鹗

"第八届国际电机与系统学术会议"开幕式致词（英文稿）

Honorable Guests, Dear Colleagues, Ladles and Gentlemen.

It is a great pleasure and honor to welcome all of you to the Eighth International Conference on Electrical Machines and Systems(ICEMS'2005).

Today is a memorable day for the opening of ICEMS'2005 on applied electric machines and systems technology. I am pleased to take this opportunity to host this conference in Nanjing.

As you know, Last year, the ICEMS'2004 was successfully held at Ramada Plaza Jeju Hotel, Korea. Throughout that conference, we were inspired by all the processes, supports and facilities provided.

This year, the ICEMS'2005 has been organized by the Southeast University.

And this conference is sponsored by China Electrotechnical Society(CES), the Korean Institute of Electrical Engineers(KIEE) and the Institute of Electrical Engineers of Japan (IEEJ), and has been in cooperation with IEEE IAS since 2001.

ICEMS was Initially named as BICEM held in Beijing, 1987. Since that time, it was named as CICEM and had been held in dlfferent cities, as in Wuhan(91), in Hangzhou(95) and in Xi'an (99). Finally, the conference was renamed again as "ICEMS" in Shenyang, 2001.

In the beginning, ICEMS was hosted by CES and CSEE etc. . However, in 2001, CES and KIEE agreed to host ICEMS. In 2002, Japan was also invited as one of the host countries and to promote ICEMS to globalized conference in the field of electrical machines and systems technologies.

ICEMS'2005 aims to provide a forum for presentation and discussion of advanced cutting edge topics in this field.

Also ICEMS'2005 has maintained close contact with the relevant Industries, informing the Industry of research results.

The Steering Comminee of ICEMS'2005 has invited more experts in this field than ever before .

We are delighted that over 500 people(includlng specialists, professors, students and engineers) from 28 countries are gathered here to enhance the applied technology of electric machlnes and systems.

Throughout the conference we can face many new challenges and share the cutting edge solutions and meet many experts who are specialists in this field.

The Steering Comminee is to promote ICEMS to one of the highly qualified conference in the world. in the near future.

As the conference chairman, I wonld like to thank all the participants in this international conference, in particular the speakers, the chairpersons and those who have contributed papers and communications.

Our special thanks are also given to the exhibitors, financial supporters, universities and research instituts that fully or partially supported the participation of their representatives.

I sincerely hope that all of you have pleasant time with your colleagues and partners during this conference.

Thank you !

周 鹗

2005 年于南京

周鹗先生80华诞庆祝会在我校隆重举行

本报讯1月8日，周鹗先生80华诞暨周鹗奖学金设立庆祝会在我校隆重举行。会上，副校长孙载阳、校长助理胡敏强、电气工程系系主任程明分别致贺词。到会祝贺的单位和个人还有：校长办公室、老干部处、研究生院、江苏省电机工程学会的领导和电气工程系的部分师生以及从世界各地赶回母校的周先生培育的历届研究生。会上，孙载阳副校长向周先生颁发了奖学金设立证书。

周鹗先生是一位从青年时代就参加革命，新中国成立前加入中国共产党的老党员、老同志，长期在学校工作，数十年如一日，在教学、科研、管理岗位上辛勤耕耘。

周鹗先生是一位学术造诣很高的资深教授。周先生20世纪40年代后期中大毕业，50年代初留学苏联，获科技副博士学位，70年代末受聘为教授，80年代中期被国家学位委员会评为博导，是我校电机学博士点的创建人和学科带头人，从教半个世纪，著述颇丰，桃李满园。

周鹗先生还是一位热忱学术活动和教学研究交流工作的社会活动家。曾担任多届国家教委科技委电工专家组成员，国家教委学位评委会电工专家组成员，长期担任全国电机工程学会常务理事，江苏省电机工程学会副理事长，中国电工技术学会电机智能技术专委会副主任委员和全国高校电力类专业教学委员会副主任委员，在国内电机学界享有较高声誉。

周先生90年代中期离休以后，虽退出教学第一线，但却时刻关心学校、系和学科的建设与发展并为之奔走操劳，这次又在昔日众弟子校友的支持下设立面向全校的周鹗奖学金，以鼓励与鞭策在校学生积极上进，这令大家十分感动。

会上，周先生和历届弟子进行了热烈的座谈。周先生向弟子们对奖学金的设立所给予的支持表示感谢。弟子们感谢母校特别是周先生的培养，并表达了要进一步加强与母校交流与合作的愿望。

中午，为周先生80华诞而准备的生日宴会如期举行，大家举杯共祝周鹗先生80华诞暨周鹗奖学金设立。

（原载《东南大学校报》2005年1月）

周鹗教授80华诞庆祝会纪实文稿

吴杰书记：

今天，我们会议的主题是：庆祝周先生80华诞，主角是周先生，还有周夫人。参加会议的有：孙校长，还有胡校长，还有校长办公室副主任戴主任，老干部处张处长，研究生院沈处长，还有江苏省电机工程学会秘书处乔工。其他，一些周先生的得意门生们，从远道赶来，一些在国外的弟子们发来了贺信、贺电。一些校友们还送来了不少大花篮。系里工作的同志和几位教研组主任，也特地来为我们的老寿星祝寿。下面就请我们孙校长致贺词。

孙载阳副校长：

尊敬的周鹗教授，各位校友，老师们，同学们，同志们！今天，在元旦刚过、新春佳节将临之际，在外面尽管是一个严寒的冬天，但是我觉得，在电气工程系却是在进行一个非常有意义、非常温暖、非常让人感动的、师生齐聚一堂的活动，庆祝周鹗教授80华诞暨周鹗奖学金设立的发布会。我代表学校的领导，向周先生致以衷心的祝贺，对专程远道而来的校友们表示热烈的欢迎。周先生是一位从青年时代就参加革命，新中国成立以前加入中国共产党的老党员，老同志，长期在学校里工作，数十年如一日，在教学科学的管理岗位上和第一线上辛勤的耕耘。周先生是一个名望很高的资深教授，20世纪40年代后期中大毕业，50年代初留学前苏联，得到了科学副博士学位，70年代末受聘为教授，80年代中期被国家学位委员会评为博导，是我校电气学科博士点的创建人和学科带头人，从教了半个世纪，著作甚丰，桃李满园。周先生还是一位热忱学术活动和教学研究活动的社会活动家，曾经担任多届国家科技委电工专家组成员，国家教委学位评委会电工专家组成员，长期担任全国电机工程学会的理事、常务理事，江苏省电机工程学会的副理事长，中国电工技术学会电机智能技术专委会的副主任委员和全国高校电力类专业教学委员会的副主任委员等。在国内电气学界，享有较高的声誉。周先生20世纪90年代中期，离休以后，虽然退出了教学第一线，但仍时刻关心着学校与系，关心着学科的建设与发展，并为之奔走操劳。这次，在周先生及其弟子、众校友的关心下，设立了周鹗奖学金，以鼓励、鞭策在校学生勤奋上进，令我们非常之感动。我们要学习周先生诲人不倦的精神，把各项工作不断地向前推进。最后，衷心地祝愿我们周先生健康长寿，祝愿我们在座的各位身体健康，天天愉快，谢谢大家。

孙校长向周鹗教授颁发证书，赠纪念品，赠书。

教师代表和校友向周先生献花、献礼，摄影留念。

郑州轻工业学院电气信息工程系，向周老师献礼、表示祝贺。

下面由电气工程系系主任程明主任致祝贺词。

程明主任：

尊敬的周教授和夫人王老师，尊敬的孙校长，各位领导，各位来宾，各位校友，我的师兄师弟师妹们，大家好。今天，我们非常高兴的欢聚一堂，庆贺我们的老师周鹗教授80华诞，还有周鹗教授奖学金的设立。周老师是我们电气学科的老前辈，是我们的老师，所以，感到特别高兴，特别激动。在这里，请允许我代表东南大学电气系的全体师生员工，并以我个人的名义，向周鹗教授致以衷心的祝贺。同时，也对不远千里万里从世界各地赶来的(我们就有位校友专门从丹麦赶了回来)，从全国各地赶来的，从北京、上海、郑州、湖南等很多地方赶来的，还有打电话、传话来的，这么多的校友们来参加这个活动，表示热烈的欢迎。同时，我也向我们学校的孙校长及各位领导以及我们电机工程学会的乔工等来参加这次活动，表示欢迎和感谢。

周鹗教授真可谓是桃李满天下，刚才我们孙校长已经作了很多介绍，作为电气系的一员，我跟随周老师已有 20 多年了。从 1984 年起，我就师从周老师读研究生，毕业后一直留在学校，这么多年算在一起，真的已经 20 多年了。我们学科已赢得了应有的学术地位，举例说，在 1986 年申请成功博士点之后，全国有六个电机学科博士点，东南大学是其中之一，在六个电机学科博士点里面，我们是唯一没有电机本科专业的单位，就是说我们只培养研究生，其他各校都有本科专业，在这种情况下能够获得国内同行的认可，周老师在里面是起了至关重要的作用，这和周老师和他的学生们做出的众多贡献是密不可分的。第二个就是对我们电机学科的发展作出了重要贡献，给学科确立了科研方向，周老师及时把握了电机学科国际国内当前的发展情况，给学科确定了四个主要研究方向，而这些方向直到现在有很多仍然是我们很多年轻教师正在从事的主要研究方向，多年来，我们还在一直沿着这些方向做下去。从学术上来说，这一贡献是非常重要的。另一点我认为也可以说是最重要的一点，就是为电机学科以及电气系培养造就了一批具有较高学术水平和良好业务素质的学科队伍，这支队伍目前也得到了国内外同行们公认，比如说，我们不谈许多杰出的校友们毕业后在外面做的许多非常出色的成就，就从学校电气系来说，在校工作的现在有 8 位学生，目前有 6 位是教授，电气系的教授，2 位是副教授，像胡教授现在是在学校工作，另外有很多是在系里工作，包括我们电机教研室，而几位教研室主任都是周老师的学生。这就充分说明了周老师经过辛勤努力为电气学科培养了这样的一批年轻的业务素质很好的一个队伍。我觉得这是最重要的。这使得我们电气系能有今天这样一个状况，我感到这是周老师对电机学科、对电气系最大的一个贡献。还有一个方面，我跟随周老师这么多年，使我体会很深的就是我们周老师几十年来对事业的一直坚持不懈的努力，即使在他离休以后也还经常到学校里来对我们电机学科的建设和发展，一直关心、操劳、出谋划策，仍然作出很大的贡献。在这里作为我个人来说，我还有个非常深的体会，就是 1997 年去香港读书的时候，我指导的有几个研究生 2 个硕士 1 个博士，他们在 3 年多时间里主要就是在周老师帮助和指导下完成他们学业。他对工作从不计较报酬和得失。所以，我也要借今天这个机会，向周老师表示感谢!

今天，是周老师 80 华诞的日子，在这一喜庆的日子里，由周教授及夫人他们个人出资以及各位弟子赞助设立了东南大学周鹗教授奖学金，用于鼓励学生积极向上。我想这也体现了周教授几十年来一贯的事业心和追求，体现了周鹗教授对教育事业的忠诚和热爱，体现了周鹗教授对年轻一代的关怀。同时，我觉得今天在这里庆贺周教授的 80 华诞和周教授奖学金的设立，也是对我们目前正在电气系教学科研第一线工作的一些年轻教师们的鼓舞和鞭策。我在这里也代表电气系、代表年轻教师队伍表示：我们一定要向周教授学习，要努力把电气系各项工作推向新的高度，为把东南大学建成国内一流国际有影响的大学，做出我们应有的贡献。最后，我再次祝周教授健康长寿。

沈理彪处长(研究生院)：

尊敬的周鹗先生，今天是您 80 华诞的大好日子。研究生院的全体人员在此向您表示最诚挚的祝福，并祝您健康长寿。20 世纪 80 年代初，在您出任南京工学院研究生处处长之际，正值我校在全国第二批学位授权工作中收效甚微的时候，是您，率先提出并提请校领导加强学校的学科建设，为我校现在学科的辉煌，贡献了您的力量；是您，开始规范我校研究生的培养，率先制定了电力系统及自动化学科专业硕士研究生的培养方案，并以此为基础，在全校制定出我校各专业第一套研究生培养方案，我校是全国最早制定出硕士研究生培养方案单位之一。当时有清华大学、复旦大学、还有我们学校。是您，狠抓研究生培养促进学科的建设。当时电子系统学科专业评估取得了全国第二的好成绩，更重要的是为我校试办研究生院奠定了坚实的基础。是您，开创了我校电机与电气博士点学科，为我校建成电机工程一级学科贡献了你的力量。是您，为国家、为我校培养出一批优秀研究生，一批高质量的博士研究生，他们已成为我国现代经济建设中的杰出精英，有的已成为东南大学的学科带头人。

老干部处张处长：

周先生现在是我校的离休干部，我代表离休老干部处对周鹗先生 80 华诞及周鹗教授奖学金设立大会表示祝贺，祝周鹗老师 80 华诞快乐。

省电机工程学会秘书处乔工：

周鹗老师，长期以来，是我们江苏省电气工程学会的理事和副理事长，对我们江苏省电气工程学会的建设非常关心，热心认真地做了很多工作，而在学会工作开展中经常提出很多有益的意见和建议，对我们学会工作的开展和队伍的建设作出了很大的贡献……

胡敏强校长助理：

首先向周老师、王老师表示热烈的祝贺，对于周老师我想讲三个方面的内容，就是周老师是我们可敬的长辈，是我和校友非常尊敬的导师，更是我们学习的好领导。现在，我先讲关于长辈。我是在 1989 年与周老师认识的，周老师在 1989 年 4 月份被邀请到华中理工大学来参加我的博士论文答辩，我就认识了周老师，就有了缘分，从那时起就跟着周老师，后来，到东南大学来读博士后。当时，我就只认识周老师，其他我一个老师都不认识。来了以后，首先遇到的就是生活问题，例如爱人的调动、家庭的安排，都是周老师一手帮助关心解决，向学校多方面联系呼吁，包括小孩上学都替我们考虑，所以我觉得，周老师一直对我们非常地关心帮助。我们安顿下来以后，周老师和王老师也经常到我们住的地方来，看我们情况怎么样，生活如何。所以，我觉得周老师首先是像个长辈那样地关心我们。第二个，我觉得周老师是我们可敬的导师，在我的学业上，周老师是非常的关心和爱护，周老师自己不仅治学严谨，对学生的要求应该讲也是非常严格的，如果没有他的严谨和严格，我想我们在座的各位学生，也就不可能取得今天这么好的成绩。周老师在学术上非常有造诣，是我们的导师，正如刚才我们程主任已经介绍的，在我们整个电气学科的发展、发展方向以及我们学科的建设、实验室的建设等方面，周老师都作出了巨大的贡献！也才有今天我们电气学科的发展！我们现在是校重点学科，我们还在积极努力。向省重点学科迈进，希望在下一轮评选中。取得更好的成绩。这一次在全国一级学科评估中，我们东南大学电气工程系被评为一级学科，大家都作出了很好贡献，我校电气系的程主任和其他很多同志，都是我们周老师的学生，周老师是我们的导师，对我们个人学术方面的成就有很大的帮助，我觉得周老师是一位非常可敬的老师。这里，我可以用很多事情来描述，比如我到了东南大学，第一次参加的科研项目的申请书就是周老师写的，第一个科研项目的签订是在周老师指导下完成的，第一个学科的阶段性总结，也是在周老师指导下完成的，第一次参加校际间学术会议也是周老师带我到机械工业厅去的，第一次参加教育部科技委领导在我校的活动也是周老师推荐我去参加的，如果没有周老师这么多的第一，如果没有周老师的指导帮助和推荐，那么我想也就不会有我们很多专家的今天，也就没有我的今天，所以，我觉得对我们来讲周老师做得尽心尽力，是非常可敬的老师。第三个，我觉得周老师也是一位好领导，由于工作的关系，我也走上了周老师走过的道路，在系里做，又到研究生院里去做，应该讲做的是非常相似的。我到研究生院，很多研究生院的老同志对周老师都非常的尊重！周老师在研究生院所做的很多工作为我们今天研究生院的发展奠定了很好的基础，大家觉得，周老师在研究生院尽管只有短短的三年时间，但对研究生的培养工作、研究生院的自身建设以及学校的学科建设，都提出了许多非常好的思路、非常好的工作模式。实际上，在学校周老师不仅是一位专家，也是我们的好老师，我觉得更重要的周老师还是一位好领导。

上面从三个方面谈了我的感想，还有很多很多话可谈，因为今天在座的人很多，我就不再多说了。总之，对一切一切，我们都非常感谢，从个人、从学校、从我系的角度，我们都非常感谢我们的周老师。今天大家在这里，这么多的人踊跃参加，就反映了周老师在大家心目中拥有的崇高威信。同时我也感觉，这一次我们与其他高校没有去联系，我想到周老师 90 岁、100 岁的时候，再大范围地庆贺，我想会更加热闹的。我祝周老师健康长寿，周老师全家新年快乐。借此机会，正值新年之际，也向在座的这么多的师兄师姐师弟师妹们，拜个早年，祝大家新年愉快，万事如意，全家幸福，祝大家在今后的事业当中取得更加辉煌的成绩。谢谢大家！

单渊达教授：

周老师从前苏联回来的时候，是我们的领导。后来，成立了专业委员会，我们是电力系统的，不是电机的，是两个专业，合并后成立了专业委员会，周老师是专业委员会的负责人。我觉得和周老师相处，没有领导和部下关系的感觉，倒是同志和朋友的关系比较多。跟周老师谈问题、研究问题的时候，是比较随和的，而且周老师是比较容易接受意见的。后来，在工作当中，我觉得有很多事情，虽然不是一个专业，但周老师都是很关心支持的，比如我们这个专业在申请博士点时，周老师在北京开会，说我们这个专业的材料不够，后来是我又收集整理了以后，把材料带到北京给周老师的。所以说，我们这个专业有许多事情，周老师也是在那里帮我们奋斗努力的。当时，我们系有两个学科一起申请到了博士点。所以，就周老师来讲，虽然那时候人是在北京，但是对整个系里面学科的发展一直是很关心的，起了很大的作用。另外呢，在学校外面活动的时候，比如电机工程学会的活动，我在电机工程学会也担任了专业委员会负责人的工作，他是江苏省学会副理事长，全国学会理事、常务理事，在这两个地方开会，都能感觉到周老师在前面已做了很多工作。还有课题和论文材料评审的工作，我也参加过很多次评审，评审的时候也总能感到周老师在前面已做了大量工作。这是因为参加评审的这些人物很多都是周老师的老朋友。应该说，许多事都有周老师的功劳，周老师在我系里对系里所有学科的发展都起了很大的作用。还有一个事情我感到周老师退休对我系来讲应该是一个很大的损失，后来有很多事情是我跑出去联系，周老师在的话都是他处理。真是很大的损失。由于前面的工作，周老师的影响一直是存在的。现在，周老师反正已经不在系里了，也不在领导位置上了，也不在工作位置上了，作为我系来讲，作为我系里好多原来的学科来讲，我觉得面临的形势还是很严峻的，所以，我想，周老师虽然人已经退休了，但还是要多关心系里面的情况，关心学校的情况。当然，我系和我们学科的发展，还是随时可以得到系里的帮助的。

顾仲圻(南通职大)：

我是周老师的硕士研究生，家在南通，毕业后就回到自己的家南通了，在南通职业大学做教学工作。在学校这么多年，感谢周老师对我们的栽培，祝愿周老师身体健康，也谢谢大家。

周教授插话：

当时学校和系都在大力发展，学校领导非常重视人才培养，队伍建设。他是 1982 年那一届毕业的，他们那一届全校只有 28 人，学生很少，这些情况今天在座的沈处长都知道。当时，学校院长是管致中同志，还有刘忠德书记，两个人都是我们学校一把手，两个一把手都说要留他在这里，并且做他的工作，结果他想回南通去，只有让他回去了。后来他的论文在《科学》杂志上发表了，应该说是有很好的理论水平和应用价值的。法国巴黎国家图书馆，曾专函来索要过这篇文章(英文版)。

王老师：

还有，蒋全的论文也很有水平，1994 年我们在莫斯科科技工业大学时，当时的学科主任库兹涅佐夫教授专门向我们推荐说：有位中国同志，他的论文做的很好，很值得参考。他从书桌上专门拿出来给周老师看，结果一看，那本论文就是蒋全的博士论文，封面上还有指导教师周老师的名字(论文是中文的)。

周老师：

他说这篇论文在国际上都很少见到，非常全面，分析非常透彻。另外，程明同志后来在《科学》杂志上也发表了一篇论文，这都是非常难能可贵的。

林明耀(东南大学)：

大家都认识我，我是 1982 年入学读研究生的，1985 年毕业。毕业后留校，当教师。到了 1994 年，当了 9 年教师后，接着就攻读博士学位，1995 年毕业，一直在校工作。相对我们大师兄来讲，我在这里的时间实际上是最长的了。所以我对在座的师弟师妹们都认识，到现在，我还能叫出大家的名字来。

吴新振(烟台大学)：

主要就是要感谢周老师，我说有两个要感谢，第一个就是当时考试以后，我考的不是东南大学，但周老师收留了我。第二个就是，在上学期间，周老师给我指明了一个研究方向，这个方向使我一生受益，那时是在读硕士，我本来还不想研究这个方向，但后来还是按周老师说的去做了，现在回过头来想想，这个方向还真是很好的，它很能体现我的特点。第三个呢，有些遗憾，就是 1989 年时，周老师准备留我读博士，当时我总在想出国，后来也准备出去过，还拿过美国全额奖学金，但因为家庭原因，后来我就放弃了。2002 年我才又回到清华大学跟着王祥珩老师读博士。我感到很欣慰，就是说在我读硕士和博士的时候，导师都是国内电机界的名家，周老师是电机学科的，王老师原来研究电子，现在又在研究大电机。我在清华时，王老师还常说我带有好多东南大学的特点。我在东大跟周老师研究的是异步电机，研究单向电机，后来在清华还是研究异步电机，是研究大电机，当时研究异步电动机，后来是异步发电机，当时是研究单相，后来是研究 12 相，当时是研究单相机，现在是研究单相机系统，所以，我现在感到很是高兴。另外，我再谈一下我的体会，正像刚才程明师兄说的，东南大学的教师梯队解决的比较好。从我的亲身经历体会来说，我觉得这是很对的。这次来，王老师跟我说，周先生跟高景德先生，他们都是留苏的，周先生是莫斯科动力学院的，高先生是列宁格勒多科工学院的，他们是一辈的。王老师让我给周先生带了一本书，才出版的

(周：谢谢王老师)。我还有一个体会，我现在在那里也算年长的了，还有许多年纪小的，1990年代后录取的学生，他们也都知道周老师，我有时说到我在东大的导师是周老师，他们都说周老师我们都知道，他是研究电机、电力系统的，说周老师的名气非常大。我还是觉得，关于梯队问题，东南大学解决的较好。你看现在，程师兄他们，现在都起来了。清华王老师说，现在研究电机分析的，东南大学是研究得比较好的。周老师带领我们这些人，对我们的要求都是很严格，我们现在虽然不在这儿，但是有时候想想，就是在东大打下了一个很好的基础，有一个方向，受益一生。最后，再次表示，非常感谢周老师，同时，谢谢大家！

朱维政(嘉兴电力局)：

从这里毕业后，我是分配到江苏电力局的。弟子不材，我原来是从西南交大，考到了东南大学，我的专业也不对口，不过，周老师还是把我收下来了！通过两年多时间的学习，顺利地把硕士学位拿了下来。被分配到嘉兴，当时1989年正好是学潮，工作确实很难，也很辛苦，在嘉兴，在基层干过，现在从事管理工作，主要分管电网建设，包括变电所和线路等。我们省公司下有10个地市局，嘉兴也是其中之一。应该说，非常感谢我们的周老师，给我两年多的时间学习，给我打下了坚实的基础，虽然毕业以后又换了一个专业，换到电力系统方面，但基础打好了以后，在电力方面钻研的也比较快，通过自己努力，各方面的工作还是比较顺利的。

孙玉胜(郑州轻工学院)：

我们系在1989年开始申报硕士点。到现在已有三个硕士点，今年，又申报成功了河南省重点建设学科。这几年发展比较快，这和周老师的帮助是分不开的，多年来给我们的工作打下了很好的基础！尽管说，这些年，我们学校在东大进修过的一些老师，他们有些出国了，但有些还是留下来了。希望周老师、胡老师、程老师有时间的话，可以到我们那里去看看，继续指导，谢谢。

叶炬(江苏省机械进出口公司)：

我是1986年到周老师这里来读博士的，1993年毕业。毕业后，离经叛道，做国际贸易工作了。江苏机械进出口公司离东大算最近的了，在长江路上，主要从事机电产品的国际贸易，公司有独资的，也有合资的。在这里，和程主任有一些课题上的合作，包括硕士生联合培养，和一些有关的引进合作。借这个机会，祝我们周老师身体健康，幸福长寿，谢谢。

曾朝晖(丹麦)：

在东南大学，我从读硕士到读完博士，课题做了不少，1996年底，论文答辩基本结束。在这儿，就是跟周老师学习，和胡老师及其他老师也有过一些合作，在校时间不短，有7年的时间，就是说，从做电机设计、做软件工程，到做电机工程。1997年以后，我就到丹麦一所大学里做研究工作，工作大概有一年多时间。之后，到公司里工作，主要搞电子方面的硬件研究工作。这么多年，工作内容在不断变化，但是，我觉得在学校的7年中在周老师的培养下，最深刻的感受就是，做科研心里要有个底，不怕做什么，新的还是旧的，也不管做什么东西，都能去做。这么多年，周老师一直在培养我做科研工作，现在我还继续在做科研工作，我觉得这些年在东南大学打下的基础，对我来说是获益匪浅的。现在，我在公司主要还是做电子元件方面的研究工作。最近，开始在国内也有些联系，包括国内的有些大学，我们在苏州那边也准备做一些开发工作。祝周老师健康长寿。

严劲秋(上海保险公司)：

我1986年到1988年在华中科技大学读本科，1990年考取东南大学硕士研究生，我要感谢周老师，还有缪老师，我读了3年，是1993年毕业的，从我本身来说，我觉得自己电机专业的知识有些不足，毕业以后，在一家公司做保险，现在还在上海。虽然，我现在不再从事本专业的研究工作，但是，我对周老师那种严谨的治学态度，不管从事哪一个行业都是非常有用有帮助的。所以，借今天这个参加周老师80寿辰的机会，祝周老师、王老师健康长寿，谢谢大家。

黄建中(罗克韦尔自动公司)：

首先，祝周老师、王老师生日快乐，身体健康。下面利用这个机会向大家汇报一下前段时间的一些情况。目前，我到上海去了，从事其他方面的工作，刚才跟大家提到了，本来是想留在学校的，最后还是走出去了。打个比方吧，留在学校的，他们是一朵花，我们走出去的，衬托一下，我们就是那些绿叶。可能我们现在不从事学术方面的研究工作，但是我觉得，在学校里这么多年的学习，给我们打下了非常好的基础，包括周老师教会我们怎么做人的道理以及工作态度、吃苦耐劳的精神等等，对我们来说，我想是受益一生。20世纪90年代的时候，我就听周老师讲过这么一句话，学电机不是每个人都能学的，我最近也感到非常自豪，就是作为东南大学的学生，作为电气工程系的学生，周老师的学生，永远感到自豪。确实是这样的，我想在座的大家和我都会有同感，我们无论走到哪里，在外面有很多学校，也有很多学生，但是，当我们面对整个社会其他学校学生的时候，我们还是很有信心，我们能够做的更好。这就非常感谢周老师的培养，学校的培养。确实，我们出去的学生有一个非常深的体会，就是出去以后还是非常怀念在学校的学习生活，总觉得学校的学习生活是我们 一辈子最难忘、最美好的一段记忆。我想，我们在一起时我们会经常想起、回忆起学校里的一些事情，很多有趣的事情，还有很多值得怀念很有意义的事情。学校和老师是我们永远的话题，非常有意思。最后，再一次祝周老师健康长寿，希望我们能再一次参加您90华诞的庆祝。

刘　徽(江苏省投资管理有限公司)：

我毕业后在省投资管理公司工作，还是跟电力有关系的，曾经做过配电厂的总工，做了一个蓄水发电站的设计，现在运行的不错。

黄学良(东南大学)：

5分钟前，李彤给周老师刚刚发来了一个短信，她现在在成都，她特意交代我一定要声情并茂地把她的短信给周老师唸一下：“周老师，岁月如歌，师恩难忘，喜闻老师今日80寿辰，学生遗憾，未能到场祝寿，请黄师弟转达我的祝福，祝恩师寿比南山，健康幸福！李彤”我呢，我也简短的说两句话，我是1991年跟着周老师读硕士的，我叫黄学良，今天真是非常高兴，在这里给周老师祝寿，祝贺周老师、王老师！还有，今天有这个非常难得的机会，见到这么多我以前从来都没有见到过的师兄，非常高兴。我是1991年进校，进来以后，第一感觉就是周老师治学非常严谨，对工作真是一心一意地扑在上面。我说实话，我当时的感觉就是抖抖擢擢，周老师怎么这么严厉啊？然后，周老师经常就是问这个、问那个，经常跟我们探讨问题，当时，周老师安排我做一个电机联网运行时电机内部磁场计算的问题，周老师是经常听汇报的，那时候，周老师比较严格，同一级的人也比较多，有刘磊、孙玉胜等，所以，一开始大家对学习还有些抓得不够紧，也就是说一开始有些不自觉被迫地学习，后来就变成很自觉地学习了。每天晚上如此，现在事后我们向周老师汇报，那个时候，我们一般每天晚上都学习到11点，12点!

何建军(上海罗克韦尔公司)：

祝周老师身体健康，家庭幸福，……，谢谢。

曹中华(苏州电子测量技术公司):

我是1994年的学生，确切地讲，我应该是师弟。当时，我对周老师讲我想读博士，周老师就答应了，然后让我到研究生院报名，当时研究生院说报名已经过了，第二天就要考试了。在这种情况下，不给我报了，我就找到周老师，然后周老师就帮我写了一个条子，这件事呢，我至今还记忆犹新。因为，打开了这扇门，让我有了这个机会在周老师门下从事研究工作，这个是第一个感谢。第二个感谢呢，就我自己来说，我是让周老师比较费心的一个学生，我自己感觉得到。但是不管怎么说，只要我说我是东南大学周老师的弟子，不管我学的怎么样，人家最后都会敬我几分，为以后的工作打下了一个很好的基础，提供一个很好的展现自己的平台。第三个感谢，就是我希望，我自己也有很多切身的体会，周老师的学生这么好，我希望我的儿子，将来还能得到周老师的栽培。祝周老师永远年轻！同时在这里，也借这个机会，感谢我们的杜老师，4年博士期间也得到了杜老师无微不至的关怀，非常感谢。

周老师插语:

他做的课题(变压器性能自动测试设备)是非常有价值的课题。在工作中进行不断的完善，软件和硬件都已完成，已基本上达到了可以应用的程度。这两年，课题还在继续进行，我对这件事情还是非常关心的。

周建华(东南大学):

我是1992年到这里来的，读研究生时是跟着周老师，还有胡老师指导。1995年时读博士，也是跟着周老师，还有胡老师的指导。现在我还在学校里，以后，还有机会努力。最后，祝各位师兄、师弟们身体健康。

王爱民(江苏省机械设备进出口公司):

我跟万佑红都是周老师的学生，我们是1995年进东南大学读研究生，1998年毕业的。现在，我跟叶总是在一个单位，做成套项目。今天，真是非常高兴，能够有这个机会参加周老师80华诞的庆祝会，借这个机会，我祝周老师、王老师身体健康，万事如意，谢谢。

万佑红(南京邮电学院):

从我入学到毕业期间，得到了周老师、胡老师，还有吴老师无微不至的关怀和指导，也得到了各位师兄的关心。在这里，借这个机会，向在座的各位表示深深感谢。另外，我感受最深的就是，在读书期间、在工作期间，一直以周老师为榜样，以周老师为目标，在工作和学习上面，处处严格要求自己。所以，我感觉对我的帮助很大。在这里，祝周老师福如东海，寿比南山，也祝各位老师和师兄们新年快乐，万事如意。

李海文(东南大学):

记得当我一入校的时候，印象很深的是一次面试，我当时住的离这儿很远，过来的时候，就迟到了，其他人都已面试过了，就剩我一个人，我很紧张。当时，我记得胡老师、程老师都在场。周老师很体贴我，因为我是在企业工作，一些基础知识可能忘了不少，周老师当时就没有给我很大的压力，开始问了我一个问题："你在写作这方面怎么样?"因为，我就最害怕他问我理论方面的问题，所以我对这场面试好像一下子就有了很大的信心。后来进到学校学习，我感觉在东南大学的学习应该说是我人生的一个转折点！使我从过去那种工作环境、工作状态，发生了很大变化。在周老师治学严谨、严格要求方面，许多师兄弟已经讲了很多，我就不重复了。对我个人来讲，我觉得是使我终生受益的。谢谢大家！

郑建勇(东南大学):

他们都比我小，但是，我是1994年师从周老师，1999年才博士毕业，人家是属于笨鸟先飞，我是属于笨鸟后飞，读了很长时间，读了 5 年才出来，也真不容易。我感觉周老师对我这关门弟子，是最关心的，也是最和蔼可亲的。前面的弟子基本上都被周老师批评过，我呢，周老师基本上没有批评过我。所以，我觉得周老师对关门弟子，对我是特别的宠爱。所以，从年龄上来讲，我今天就可以在这里代表所有的师兄、师姐、师弟、师妹，包括来的，包括没有来的，祝周老师、王老师身体健康，万事如意。谢谢！

林明耀(东南大学)：

刚才，大家发言都讲了很多，实际上，我们这边，长期以来，周老师对每一个弟子都是非常的关心。我在这里的时间属于最长的了，我的体会是最深的了，因为我在学校从南京工学院 1978 年开始，在这边有 30 年了。读研究生的时候中间我又生病了两次，1988 年有一次气胸，1994 年又复发，前后加起来一共住了一年医院。第一次住了半年，第二次又住了半年，我在这个一年期间体会最深的是，周老师的确是对我无微不至的关怀，住在胸科医院的时候，周老师经常来看我，看过好几次。我的确是非常的感谢周老师。另外，在治学方面我印象最深的是，我们那时候查文献，博士生就是查半年，周老师指点我们查的时候每一个内容都要记下来，这种研究方式很有效，现在我对自己的研究生，也是这样讲这样做的。从这些点点滴滴中我体会到，为了我们的学习，为了后面的人生、我们的成长和工作，周老师的确是倾注了很大的心血。在这个地方，我想周老师看到我们这么多弟子今天有这个机会能够欢聚一堂，肯定是非常高兴的。我代表我自己，也代表各位师兄弟祝周老师 80 大寿健康长寿，也祝我们王老师健康长寿。

周老师：

今天，大家花了好多时间，在这里聚会，我确实非常高兴。平时很不容易见面，说实在话，我对大家是很想念的，今天能够见面，觉得非常高兴。另外一方面，大家都很忙，像我们这里今天所有在座的，在校的，现在都是肩挑重担，发挥着重要作用，都已是比较成熟的骨干力量、领导力量，大家能够到这里来，开这么一个会，我对大家非常的感谢。大家谈的很多，实际上这都反映了一个问题，反映了我们国家、我们学校、我们这个集体，应该说是有一个很好的风气。

80 年是一个漫长的过程，我也没有认真仔细地总结过我这个过程，所以，只能谈些肤浅的看法。

从我经过的 80 年，与大家可能在时代上有些不一样，在后期，我们大家团结工作生活在一起，几十年，但是在前面，可能有点不太一样，我经历过比较早的 20 世纪 20 年代、30 年代、40 年代、抗战和解放战争时期一直到南京解放，这是一步一步地走过来的。对于我的经历，我想谈谈有三个特点，两个感想和一些希望。第一个特点，关于我的家庭，我的父亲是一个职员，家住在城市里，我父亲那时找工作都很困难，我弟兄五个，我是老三，家庭比较清贫。所以，我们家庭生活和我的学习条件在过去旧社会里和一般人比，应该是比较拮据的。另外，在我十几岁上初中的时候，在 40 年，我父亲就去世了，所以，以后就都是我的哥哥来担负这个家庭的重任。他们不仅担当家庭重担，并且对我的学习，对我的各个方面，都给予了很大鼓励和关怀。兄弟之间相处得非常好。一直到现在这么几十年，两个哥哥都相继去世了，还有两个嫂嫂和两个弟弟、弟媳都健在，以及下一代孩子们，家庭相处得比较和谐。另外，他们对我的工作，对我在外面所有的活动，也都非常支持。他们对我，只有付出支持，而不索要回报。解放以后，我跟王老师工作在一起，两个人就走到一起来了，这么几十年，我不得不讲她对我在工作、在生活方面，都给了我很多无微不至的关怀和支持，而她自己的工作也非常的忙碌。所以，我觉得父母兄弟和家人对一个人的成长是有着很深刻的影响的。第二个特点，就是我从小上学，我所上的学校从上小学到初中到高中到大学，直到新中国成立后组织上送我到苏联进修培养，我所经过的学校，从现在角度来看，都是名校名师。我上的小学是开封市有名的，上的初中是全省第一流的，高中也是全省头块牌子，就是在国内很有些知名的开封高中，老师清一色全是北大毕业的。在莫斯科动力学院学习时师从的老师也是全苏联最著名的专家、学者彼得罗夫教授院士。这些老师对我的学习成绩，对我的表现，都很肯定和赞赏。名师名校，应该说对我的成长，对我的学识、做人都有着很深的教育和影响。第三个特点，我认为是自己经历了那么一个时代，当时国内是处于战争环境，高中一年级时，正值反动力量掀起第二次反共高潮，学校进步力量也很活跃，我接受了进步思想影响，且参加了校内一个党领导下的进步青年组织——社会科学读书社。当时，活动还是比较多的，读书啊，讨论啊，唱革命歌曲啊，锻炼身体啊等。我 1941 年参加活动，1943 年元旦该校就发生了逮捕进步学生的事情。这些学习和进步活动，对我的成长及后来所走的道路都产生了很大影响。高中毕业，就到重庆考学，考上了中央大学，进校后，继续参加了进步学生活动，1945 年参加新青社，从参加地下党直到 1949 年迎接解放。经过这个阶段，让我对社会对人生对做人对事业的认识慢慢地成熟起来，逐渐形成一种比较明确的思想，就是：人生不只是单纯地为了自己，自己要努力，要考虑为他人，考虑为社会，考虑为人民。新中国成立后，我又直接调到学校参加行政工作，直接作为大学的人民教师，一直这么走过了 50 多年。根据这几个特点，我觉得：一个人的成长，是和客观上的诸多因素，和自己主观上的愿望及努力分不开的。

下面谈谈我的两点想法，第一个感想，就是在人生的道路上会逐渐地认识和体会到，自己个人的成长无论如何是脱离不了学校的学习，老师对你的关心，离不了朋友，离不了同志，脱离不了集体，也脱离不了社会、组织和领导。不管在哪一个时代，哪一个社会，这都是无法否认的事实。因此，我们不能忘记历史、忘记父母、老师、兄弟朋友、同志和集体！（举例从略）

第二个感想，就是在学习工作生活过程中，要通过实践，不断地锻炼提高自己，要努力做一个有理想、有敬业精神、敢于创新、能平和地与他人共事的人，还应形成自己积极进取、不怕困难、奋发图强的性格特点，要尽力使自己、家庭、亲友、社会不断地进步、愉快和幸福！（举例从略）

我曾经想过，我这一生(在长大后，高中及以后)，想的最多、做得最多的是什么呢？特别是解放半个多世纪以来，我努力的方向是什么呢？人生应该注意什么呢？我想，应该注意的是：

人生要追求远大的理想！

人生要为所在集体、学科尽力拼搏！

人生要很好地做人！

人生要报效祖国与人民！

人生要刻苦钻研，追求真理，致力于学习和研究！

人生要追求光辉的业绩和事业，造福于人民和社会！

东南大学“周鹗奖学金”实施办法

东南大学周鹗教授，是国内外电气工程领域著名专家学者，培养了大批优秀专业人才，为我国高教事业和学校建设作出了卓越贡献。为进一步支持学校发展，激发东大学子的学习热情和创新精神，周鹗教授和夫人王慕臧教授在东南大学设立“周鹗教授奖学金”，以嘉奖优秀学生。现制定该奖学金实施办法如下：

一、奖学金名称：“周鹗奖学金”。

二、奖学金总额：总金额人民币捌万元。2005 年 1 月 15 日前一次性汇入东南大学指定帐号。其总额的 10%作为基础学科奖励及校教育基金会的管理费。

三、奖学金资金来源：周鹗教授及夫人个人捐资、众高足捐赠。

四、奖励范围：东南大学电气工程系研究生(包括博士生、硕士生)和本科生以及学校其他院系的本科生。

五、奖励年限、方式及额度：本奖学金奖励年限自 2005 年至 2014 年，共计 10 年。奖学金每年评审一次，2005 年至 2013 年，每年奖励 6 人，其中，研究生 2 人 1 500 元/人，本科生 4 人 1 000 元/人(电气系 3 人，其他院系 1 人)；2014 年，奖励 8 人，其中，研究生 2 人 1 500人/人，本科生 6 人 1 000 元/人(电气系 4 人，其他院系 2 人)。

六、评奖办法：由东南大学教育资金会和电气工程系共同按照东南大学奖励基金考评体系操作。

七、评审程序及时间：本奖学金每年 4 月份开始评审，6 月份颁奖。

东南大学电气工程系

代表：郑建勇

2005 年 1 月

访周鹗教授

——人物专访

李良胜　　冯　辉

周鹗教授是我系电机学科科研工作的主要负责人，也是我国高校电工类专业中颇具影响的名教授之一。他于解放前即毕业于中央大学电机研究生系，后留校工作、任教。并于1953年经学校推荐、考核，1954年赴苏在动力学院电机学科攻读研究生4年，获科技副博士学位。回国后，周教授在从教的同时，长期担任动力系(含电机系)副主任，负责科研、研究生等各项工作。其时，他主要从事大型水轮发电机机组参数和运行的研究，稍后，又负责给部分教师讲授关于自动控制用电机的基础知识，并主编了约15万字的《微电机》一书，该书通过全国电力类教材编审委员会审定，是我国公认的最早的同类学科的专业用书。周教授于1983年调至校研究生处工作，3年后又回本系执教，次年又主持了《电机学》这本颇具权威的全国统编教材的重新修订工作。

周教授认为，一个高校知名度的提高，仅只靠教学工作是不够的，也是不全面的。显然，高校的基本任务是培养人才即教学，但只有把科研、学术工作同步地、有机地搞上去，才能使教育者的学识更为深透，基础更加扎实，教学更为优秀，高校才能有所成就。而教学与科研不是绝对对立、相互排斥的，只要处理得当、安排得法，就可以做到相互渗透、相互促进。与此同时，教学、科研也要积极有效地与实践、生产相结合，与我国的经济建设相结合。在这方面，应该说，我国的现行教育方针是正确的，成功的。

周教授谈到，我校、我系都非常重视研究生的培养工作。就我系而言，系里总是千方百计地为研究生创造良好的实验条件，为他们测试设备、硬件制作等提供便利，从而使研究生在把握基础理论知识的同时，还能自觉地将其知识应用于实践。此时，融会贯通，分析及解决问题的能力无形中也得以提高和增强。我系的专业内容广，覆盖面宽，包罗电机、电子、控制、微机等多方面学科，开展研究就必将花费较多的时间和精力。而我系研究生的学习气氛浓郁，他们勤奋钻研，刻苦攻关，在难题面前，普遍感到“有路子，有办法”，而且他们对于许多现代技术如设计程序、开发软件、电子技术的掌握，也具备有一定的能力和优势。当然，科学是发展的，竞争是激烈的，学习如逆水行舟，不进则退，我们每一位老师、同学时刻都要有一种迫切的赶超意识，要更为扎实地工作、学习。校、系都应保证“学术、科研、人才培养”的齐驱并进。这样，才有希望早日实现把我校建设成“国际有影响，国内第一流”的宏伟目标。

周教授年逾花甲，却是一位至今不分节假日，工作繁忙的辛勤园丁及导师。他每年都要参加许多校外的诸如学术交流、成果评审、研究生答辩、学会等活动，而且眼下在系里仍带有博士后、博士生及硕士生多名。他们目前的攻关课题性质主要为“基金类”，即为国内外较为热门的，时兴的，档次高、难度大的研究课题。当然，也有部分科研项目是横向与工厂合作开发的。总之课题是新型的、尖端的，科研基金基本能满足研究生工作的开展，尽管不是那么宽裕。

采访结束了，我们感谢周老师的不吝赐教。并祝他在教学科研领域取得更新成就。

(摘自《东南电气》18期，1990年10月10日)

理想，追求，贡献

——记校优秀教师电气系周鹗同志

徐　曼

星期三下午，我按约定时间来到周鹗老师的办公室，见我来了，他忙放下手中的工作很热情地接待了我。年届古稀的周老精神矍铄，爽朗健谈，与我想像之中70岁老人大不一样。

周老原毕业于中央大学，后留在母校，开始从事教学科研工作，至今已50年。从20世纪50年代末到1983年，他一直担任电气系科研、外事副系主任的职务；1983年开始被任命为研究生处处长(后改为研究生院)负责全校的研究生工作；1986年因电机学科亟须发展，周老重返电气系，全身心地投入到电机学科的建设及研究生的培养工作中。半个世纪的风风雨雨，周老为电机学科的建设立下了汗马功劳。

一

周老是全国著名的电机专家之一。在工作上他始终保持着一丝不苟、精益求精的严谨作风，在完成国家的自然科学基金，“八五”攻关等多项重大课题中，取得了丰硕的科研成果。其中。最为瞩目的一项成果，就是“开关磁组电机及其控制系统的研究”。20世纪70年代末80年代初，国外专家开始着手研究此项课题，而在国内，周老最早涉及此课题并取得了丰硕的科研成果，得到国内电机界专家的一致公认与好评，在国外也产生了积极的影响。研究期间，周老指导的两篇博士论文，及三个硕士生的论文，也都得到了专家的好评。在1994年，周老就有两项成果通过国家级和省级鉴定，其中“新型磁组电机理论和应用”获得国家教委科技进步二等奖。这项研究自70年代末就已经开始，国内其他电机专家很少人涉足此课题的研究，而周老带领他的学生十几年如一日，勤勤恳恳，兢兢业业地攻克了一系列难题，最终形成了一套完整的系统化的有特色的“磁组电机理论”。

周老不仅在电机学科的研究方面取得了成就，同时，他又长期担任中国电机工程学会常务理事，江苏省电机工程学会副理事长等职务。在许多荣誉与名利面前，周老始终保持着一份平静如水的心情，得到奖励不是他的目的，荣誉不是他用来炫耀的资本，用他自己的话说：“参加这么多社会工作，可以与校外同行进行学术交流，获得许多最新的信息，同时又可扩大我们学校的对外影响，对学校的教学科研活动，有很大的促进作用。”周老就是这样一个从来不知为自己争名夺利的人，在他的脑子里永远装着的是电机事业的发展和电机事业的人才培养。

二

“电机事业的发展，电机事业的未来，少不了年轻人”。周老谈起他的爱徒，神色之中无不充满了欣喜与赞赏之情。

周老主要在微特电机理论、大型电机运行、现代交流调速控制系统、电机微机检测这四个方面培养硕士研究生与博士研究生。在研究生的培养上，周老始终严格要求，坚持标准，保证了较高的人才培养质量。

周老对学生的要求首先是勤奋，只有勤奋才能出真知。多年来，周老为社会培养了四五十名有真才实学的优秀人才，受到了用人单位的普遍好评。“学生的才识固然要注重培养，但绝不能忽视学生的道德情操方面的培养。”身为共产党员，周老以身作则，为学生树立了一个模范榜样，他说：“一个人要有理想，有追求，有贡献，这不仅仅是要求一个人有丰富的知识内涵，同时也要求一个人有较高的素质、修养、能力。”注重学生德智的双向培养是周老多年来的教育体验。此外，周老特别强调了“人和”这样一个因素，他说：“我们学科的学术气氛较好，重要的一点就是人际关系比较和谐，无论是师生之间，还是同学之间，都能互相理解，这对学科的建设有很大的促进作用。”谈起年轻人，周老说：“年轻人有许多优点，也存在不少缺点，对他们的优点要给予充分肯定，对他们的缺点，我们要多站在他们的地位上想想，给他们指正，帮他们解决，我们不能光使用年轻人，更重要的是我们应该理解年轻人，关心年轻人。”

周老为培养电机事业的接班人，呕心沥血，甘做人梯。

三

周老在搞好教学与科研的同时，还十分重视校、系事业的发展。即使到现在，他还仍然经常长途出差，争取科研项目和经费，加强对外联系。

1994 年 9 月间，周老出访俄罗斯莫斯科动力学院。他曾在此留学四年，接受当时苏联最著名的电机专家彼得罗夫院士的指导。为了能使我校与莫斯科动力学院建立友好关系，他退掉机票，放弃了去列宁格勒参观的机会，把时间用在同莫斯科动力学院的交流上。他向该学院详细介绍了我校的情况，深入交换意见，表示希望能与该校互派工作人员，互派研究生，进行学术交流，建立国际上的校际合作。莫斯科动力学院对周老的提议非常重视。后写信给我校领导要求建立友好关系。

周老的身上并未有过什么“惊天地，泣鬼神”的壮举，半个世纪来，每个平凡的日子里，他踏踏实实所做的事或许只如那小溪里的水一样涓涓流淌，虽不一定激起澎湃的波涛，但小溪中的每一滴水珠都折射出一个老党员的闪光的人格魅力与崇高的奉献精神。

（原载《东南大学报》1995 年 9 年 30 日第 657 期）

祝贺校庆话传统　新长征中攀高峰

——中大民主传统教育文稿

周　鹗*　　林醒山**

趁校庆27周年之际，与同学们谈谈新中国成立前我院的进步学生运动，以便共同学习，更好地发扬革命传统，在新长征中勇攀高峰。

我院的前身，在抗战前，是旧中央大学。1937年抗日战争爆发，学校迁往重庆沙坪坝；1946年夏，迁回南京四牌楼现址；1952年院、系调整时，单独建院。

我们学院有着光荣的革命斗争历史。很多同志，数十年来学习、战斗、工作在这个学校中，岁月变迁，多少往事，犹在眼前！

嘉陵江畔的民主浪涛

新中国成立前，在反动统治下，政治黑暗腐败，经济落后凋零，人民没有民主，生活在水深火热之中。抗战时的重庆，是国民党统治的心脏地区，更是群魔乱舞，特务横行。当时的中央大学位于嘉陵江畔，在沙坪坝的松林坡上。长期来，反动派一直企望完全控制这座"最高学府"。但是，有黑暗就有燎原的火种，在党的领导下，一些进步同学不屈不挠地坚持着秘密的和公开的革命斗争。

1944年末，日寇最后挣扎，出兵湘、贵，占领独山，逼近四川，直指重庆。战局岌岌可危！此时中央大学学生纷纷起来，发出要求民主，要求团结抗日的正义呼声，掀起了学生民主运动的新高潮。

在党的直接领导下，一些进步同学冒着生命危险，在夜深人静时上街头张贴革命传单；各种进步社团相继建立；还不断组织进步同学穿过封锁线到解放区去。到1945年年初，中大建立了党的秘密外围组织"新民主主义青年社"（以下简称"新青社"），具体组织当时的进步学生运动。同志们单线联系，分头活动，碰头的方式很多。有时是在热闹的茶馆"摆龙门阵"，有时是在静寂的嘉陵江畔滩头漫步……

1945年8月10日，日本政府发出乞降照会，14日正式宣布无条件投降，中国人民经过8年的艰苦抗战，英勇奋斗，终于取得了抗日战争的伟大胜利。消息传来，人们奔走相告，欢欣若狂。经过8年离乱、饱经辛酸的人们多么希望胜利，多么希望和平！和平、民主是当时我们党的斗争方针，也是亿万人民的心愿！

但是，国民党依仗美援，正在磨刀霍霍，阴谋发动内战……

为了揭露美帝和反动派的真面目，团结教育广大人民，尽一切可能争取和平，8月底，毛主席亲自到重庆谈判。《双十协定》之后，周恩来同志和王若飞同志等留在重庆和国民党继

---

* 周　鹗，新青社员，中共党员；东南大学教授，博士生导师。

** 林醒山，新青社员，中共党员；东南大学教授，原南京建筑工程学院院长。

续谈判，1946 年 1 月 10 日签订了《停战协定》，并从 1 月 10 日到 31 日和国民党、民主党派等举行了政治协商会议。

人们关心国家命运，关心和平，关心保卫胜利果实。1946 年初，敬爱的周恩来同志曾亲临重庆大学小礼堂，作了精辟生动的形势报告。他详细阐述党的主张，强调政治民主化的重要，驳斥国民党的军队国家化谬论，指出进步力量的前途和任务，给到会同志极大的教育和鼓舞。

正是在这样的历史背景下，为了促进政治协商会议成功，以中大为主，组织了 1 月 25 日声势浩大的重庆学生大游行。游行队伍徒步跋涉 20 余里，从沙坪坝到重庆城里，沿途高呼“反对内战，要求和平”、“政治协商会议只准成功，不准失败”等革命口号。临近重庆时，当时的中大校长吴有训教授也参加到游行队伍中来，走在前面，直到政协会议场址前的小广场上。政协会议的代表们会见了游行同学，国民党和各民主党派代表相继表态，最后周恩来同志给大家讲话，表示坚决支持同学们的爱国进步行动，并且号召大家“要团结起来！我们要求和平，但是和平是要经过斗争才能得到的”。

1946 年 2 月，在东北发生了“张莘夫被害事件”，反动派乘机组织反动力量，利用同学们不了解事实真相，欺骗蒙蔽，掀起了一股反苏反共逆流。特务们兴风作浪，同学们也在激烈地争论。进步同学在“新青社”带领下，一面向同学宣传，揭露这股逆流的反动实质，一面对反动势力进行了坚决有力的回击，不怕围攻，坚持真理。

2 月 22 日反苏游行的事实教育了广大群众，当游行队伍经过重庆新华日报社门前时，事先集结的特务打手，一声呼啸，蜂拥而入，砸碎门窗，撕毁资料，纸片飞扬，碎屑满地；同时，另一家进步报刊《民主报》也遭捣毁。多少同学目睹暴行惨状，不禁深思，这是为什么？为了爱国吗？不！这是向民主学生运动反扑，这是在为撕毁“停战协定”、为发动反共反人民内战制造舆论。“2·22”反苏游行使进步同学和不少正直学生经受了一次战斗的洗礼！

石头城的革命洪流

学校迁回南京后，在党的领导下，“新青社”带领着社员，团结广大同学和部分教工，继续向反动统治进行英勇斗争。1946 年，反动派在美帝支持下，经过精心策划，向解放区发动了全面进攻。在国民党统治区，征兵征粮，苛捐杂税，压制民主，蹂躏人民，而美军暴行则日有所闻。12 月，美军强奸中国女学生事件，激起了全国人民的愤怒。1947 年初，南京学生举行了反美反蒋示威游行，队伍游行到上海路美国使馆门前，表示了强烈抗议，要求严惩罪犯，要求美国佬滚出中国去。学生运动又进入新的高潮。

当时，反动派大打内战，物价飞涨，民不聊生。在中大校园的民主墙上，有的同学作了详细统计，在平均 2 分 32 秒时间内的内战费就相当于全休学生一个月的伙食费。有的同学提出，要求加公费，不要打内战！这些呼声得到同学们的纷纷响应。同志们已逐渐认识到经济斗争和政治斗争有着密切联系。党组织抓住时机，因势利导，通过“新青社”向同学进一步广泛宣传，掀起了“反饥饿，反内战，反迫害，抢救教育危机”的民主运动新高潮。

红五月，同学们先到成贤街伪教育部请愿，要求增加公费。继而又到三牌楼伪行政院门前示威，数千同学包围行政院，强烈抗议政府打内战，高呼“我们要饭吃”的口号，在行政院门口的朱红大柱上用墨笔写上了“朱门酒肉臭，路有冻死骨”的大幅对联。示威游行的代表和伪行政院副院长进行了面对面的谈判斗争。

1947年初，国民党驱逐我党驻南京、上海等地代表，宣布国共谈判破裂，要召开伪国大，并攻打延安，反动气焰十分嚣张。而在南京，5月18日发布了命令，严禁罢工、罢课、游行示威，加紧镇压民主学生运动。但是，革命洪流不可阻挡。经过严密组织，又经过19日通宵达旦的准备，5月20日，京沪苏杭16所院校数千名学生举行了联合大游行。

清晨，数千名同学齐集四牌楼大操场上，列队待发。8时许，联络的同学带来了金陵大学和丁家桥医学院被大批军警包围的消息，同学们立即从校西门出发，前往接应，同时金大同学也已冲破重围前来汇合。9时许，会师于鼓楼，同学们精神振奋、情绪高涨，随即沿中山路向南进发。

10时许抵达珠江路口，但遭到了反动派的严密封锁。同学们忍无可忍，团结一致，英勇斗争，不怕水龙棍棒的封锁，不顾军警、宪特的包围，高呼："反对内战！反对饥饿！"的口号，挽着臂膀，冲上前去。敌人悍然演出全武行，大打出手，十余敌人围殴一女同学；该女同学头部重伤，鲜血直流，倒地后还被拳打脚踢；一男同学腿部严重骨折；战友们倒卧在血泊之中！有同学气愤地高喊："这是什么政府，这是一群吃人的野兽！"敌人残酷镇压，造成了轻、重伤百余人，这就是震惊全国的"五·二〇血案"。

珠江路口的搏斗历时约两小时，许多同学冲过封锁，重整队伍，继续前进！中午，抵达国府路(现长江路)，敌人大批马队、防护团、青年军、宪兵、警察，层层封锁，再次挡住去路。街道两旁，机枪排列，实弹待射。反动派外战外行，内战内行，用全副武装对付赤手空拳的学生。同学们高唱："团结就是力量"歌曲，高呼："中国人不打中国人"口号，斗志不懈。下午2时许，倾盆大雨，同学巍然不动，坚持斗争。最后国民党反动政府不得不接受同学们提出的负责医疗费、释放被捕同学、严惩凶手等要求。

在现场之外，我校老司机不顾个人安危，支援青年学生，载运游行的联络组、宣传组、后勤组、卫生组人员，奔驰校内校外；广大市民，掩护同学，指引道路，端茶送水，纷纷伸出同情鼓舞之手。青年同学们的斗争打击了敌人，教育了广大群众。毛主席在《蒋介石政府已处在全民的包围中》一文中高度评价了"五·二〇"爱国学生运动，指出："现在又出现了第二条战线，这就是伟大的正义的学生运动和蒋介石反动政府之间的尖锐斗争。"

1948年5月，在中大大操场上举行了"五·二〇"周年营火晚会。全校通道路旁，灯火齐明，上万同学如潮似浪，汇聚一起，歌唱进步歌曲，笑看"袁世凯登基"等讽刺活报剧(指蒋介石紧锣密鼓，召开伪国大，欲粉墨登场)。多年来，在地下党的领导下，配合全国形势，开展进步活动，革命队伍不断壮大，先进同学经受锻炼，广大同学逐渐觉醒，连学校的老教授也有人站到了进步同学一边。几个进步教授也参加了晚会，林学院梁希老教授在会上还讲了话，他激动地喊出："黎明即将到来！"这正代表了当时不少进步教师的心声。

反动派不甘心失败，当晚会散场后，在返校途中，中大、金大同学各1人被捕。为了营救同学，第二天又举行了游行，包围了位于鼓楼坡下的伪青年部，用油漆把牌子改写为"刮民党特务部"，在特务虎视眈眈下，同学们爬上墙头，安装广播，宣传鼓动，围坐示威，直到把被捕同学营救出来。

几年来，在党的领导下，进步同学利用各种关系，组织各种进步社团，如自然科学研究社、电社、工社、水社、野马社、钟山合唱团、立社……，开展多种形式活动，团结教育广大同学。

几年来，为了争夺“学生自治会”的领导权，每届竞选都有激烈的斗争。中央大学历届学生会都是在党的领导下以进步同学为骨干组成的，他们组织广大同学开展了各类进步活动和斗争。

为了在教职工中开展革命工作，1948年，经党组织决定，另一党的秘密外围组织“校友联谊会（简称校联）”也诞生了。斗争更加深入和广泛！

但反动派是决不甘心于自己的失败的，对在他们“首都”的最高学府中轰轰烈烈开展的进步学生运动恨之入骨，拼命加强反动党、团以及训导处对学校的控制，同时由中统、军统、宪兵等反动组织向学校派进大批“职业学生”，监视进步同学，开“黑名单”，砸学生自治会，破坏进步活动……，斗争是很艰巨的。1948年8月19日，大批军警特务突然层层包围了文昌桥学生宿舍，带着黑名单和照片搜捕进步同学。尔后，又在年底，两次在深夜冲入学生宿舍捕人。虽然不少同志被捕了，但血腥统治压不倒青年学生的反抗斗争，革命的火焰愈烧愈旺。

1949年初，国民党顽固派玩弄假和平真备战，妄图与人民继续为敌。在党组织领导下，青年学生和广大进步教职员工，为揭破敌人的“和平”阴谋，4月1日，再次游行示威，要民主！要真和平！敌人派出大批特务，围攻毒打，残酷镇压，成贻宾同学(电机系学生，电机系进步社团“电社”成员、“新青社”社员)不幸牺牲，中央政校司机陈祝三和物理系同学程履铎，也同时为革命献出了他们宝贵的生命。他们为国家为人民的英雄业绩，在毛主席著作《南京政府向何处去?》一文中，在雨花台革命烈士陈列馆里都有记述，将受到人民的永久纪念.

黎明前的战斗

1949年初，人民解放军节节胜利，捷报频传，三大战役把国民党的精锐部队基本消灭，反动统治已频临绝境，革命胜利即将来临。此时，国民党政府在忙着“迁都”，中央大学的反动领导也妄图迁校。曾派人到广州和台湾寻找校址，准备了大批木箱，想把图书仪器运走……在新形势下，党组织领导“新青社”、“校联”，通过各种社团，团结广大教工同学，在校内开展了群众性的反迁校和护校斗争。在原校长周鸿经卷款潜逃后，及时成立了校务维持委员会，主持校政，后来又建立了应变委员会，具体开展护校活动。曾组织教职工到伪教育部请愿，索取“应变费”，采购粮食燃料等，以备急需；组织纠察队保护人民财产；检修好柴油发电机，准备必要时自行发电……

此外，在党直接领导下，秘密翻印了毛主席的《新民主主义论》、《反对自由主义》等有关著作，组织进步同志学习，以便在思想上、理论上作好迎接解放的准备。还组织精干力量，以“解放南京先遣支队”的名义，秘密投寄信件，警告伪政府要害部门，不得盗窃、转移、破坏人民的财产和资料档案，违者严惩！

党组织一再交代：要严密组织，做好迎接解放的一切准备，警惕黎明前的黑暗，防止敌人逃跑前暗下毒手……。临近解放，校内校外夜巡，严防敌人突然破坏。同志们和广大教工、同学在积极行动，为了使南京和我们学校能够完整地回到人民的手中而进行着斗争！

在党的领导下，在革命实践斗争中，中央大学的地下组织，从组织上、思想上、宣传鼓动工作上，为迎接南京的光辉解放，做了大量的准备工作。除相继撤退到解放区的同志之外，到解放时，在校的地下党员已发展到100多人，未转党的新青社员还有50余人。我们学校绝大多数的教工和同学也都逐渐提高了认识，站到了拥护解放、拥护共产党的进步行列一边！

盼星星，盼月亮，1949年4月，百万雄师强渡长江，解放南京，宣告了国民党反动统治的彻底垮台，取得了中国革命的历史性伟大胜利。

南工前身——中央大学进步学生运动的战斗历程，仅仅是整个革命历史运动过程中的一个重要的组成部分，但它将永留史册，光彩夺目。这生动地说明了，中国共产党是我们革命事业的核心领导力量，而人民群众则是革命的真正英雄。

多少革命前辈为了无产阶级的革命事业，为了中华民族的解放，前仆后继，顽强斗争；多少革命先烈为了实现共产主义的伟大理想，慷慨献出了自己宝贵的生命。

回顾往昔，深感胜利得来不易；瞻望未来，革命征途任重道远！希望青年同学们，在党的领导下，树立远大的革命理想，继承和发扬革命传统，正确处理集体与个人、政治与业务的关系，齐心协力，艰苦奋斗，排除万难，勇攀高峰，为实现祖国的“四化”而努力！

（原载1979年10月15日《人民南工》）

后 记

东南大学电机学科，经过各位前辈、老师们的艰苦创业，辛勤耕耘，及长期持续努力，在为国家服务、学科建设方面，已取得许多值得称道的成绩。20世纪80—90年代，大约20多年时间，随着国家形势发展，学科又积极开展教学、科研、人才培养等工作，也探索了电机学科的更新与改革，为其今后的发展，打下了良好基础。同时，我校与国内有关领导部门和有关高校、科研及企业单位，也已建立了良好的互动友好关系。对于国家经济建设、科技发展、高校发展，电机学科有着十分重要的意义，它必将发挥重要作用、有着光辉的发展前景！

本书的出版，经过了十余年的酝酿、准备及实施历程。1997年在校系领导及校外有关单位及同事促使下，曾由当时在校的黄建中等博士生们进行了相关材料的集中和整理，打下了基础。在上述素材资料基础上，依据需要，这次又将四个科研发展方向的主要研究成果，做了进一步的调整、编排和处理。

这次本书的出版，得到东南大学出版社的支持。并得到在校任职的林明耀、程明、郑建勇、黄学良等教授的热情赞助，积极关心支持，协助整理有关资料，对稿件进行必要的审校等。出版社领导和陈跃同志以及有关同志为本书的出版认真负责，付出了艰辛劳动，为使本书能成为一本有纪念价值、有一定参考意义的书籍，做出了巨大努力，在此谨表衷心谢意。

显然，本书对有关各方面科研成果的收集尚不够全面，也难免有所疏漏，甚至错误之处，欢迎读者指正！

周 鹗

2011年12月18日于南京

后记

[illegible]